园林绿化工程施工技术

中国风景园林学会园林工程分会
中国建筑业协会古建筑施工分会　编著

中国建筑工业出版社

图书在版编目(CIP)数据

园林绿化工程施工技术/中国风景园林学会园林工程分会，中国建筑业协会古建筑施工分会编著. —北京：中国建筑工业出版社，2007（2024.7 重印）

ISBN 978-7-112-09691-6

Ⅰ. 园… Ⅱ. ①中…②中… Ⅲ. 园林-绿化-工程施工-施工技术 Ⅳ. TU986.3

中国版本图书馆 CIP 数据核字(2007)第 181826 号

本书是由工作在一线的专家和工程技术人员执笔撰稿，是中国建筑工业出版社 2005 年 9 月出版的《古建园林工程施工技术》一书的姊妹篇，两本书在培养园林古建项目经理和园林绿化项目经理时，可分别作为主教材和辅助教材。

本书的可贵之处还在于：其一，兼容性，既重点系统阐述园林植物的材料选择、种植、养护、病虫害防治，园林工程等，也简要概述了园林建筑及中外园林艺术。地域包括了我国华北、江南和岭南地区，书中很多章节都以三地内容对比出现，给人耳目一新的感觉。其二，新技术应用，如介绍软容器囤苗技术、反季节移植技术、盐碱地绿化施工技术、为节水创造的管浇渗灌技术、为解决植物果实污染采取的抹头重修剪技术，以及屋顶花园新材料应用技术等。其三，有创新点，如较深入地研究探讨土壤化学性质对园林绿化的影响和对园林树木引种的影响，提出园林绿化养护中解决盐碱危害和酸危害的办法，指出挖掘乡土树种中的误区等。

* * *

责任编辑：郑淮兵
责任设计：董建平
责任校对：梁珊珊　王　爽

园林绿化工程施工技术

中国风景园林学会园林工程分会
中国建筑业协会古建筑施工分会　编著

*

中国建筑工业出版社出版、发行(北京西郊百万庄)
各地新华书店、建筑书店经销
北京鸿文瀚海文化传媒有限公司制版
建工社（河北）印刷有限公司印刷

*

开本：787×1092 毫米　1/16　印张：40¾　字数：990 千字
2008 年 2 月第一版　2024 年 7 月第十五次印刷
定价：**78.00** 元
ISBN 978-7-112-09691-6
(16355)

编委会成员名单

主 编 单 位：中国风景园林学会园林工程分会

中国建筑业协会古建筑施工分会

名誉主任委员：甘伟林

主 任 委 员：王泽民

委 员：（以姓氏笔画排名）

丁学军　王金满　刘大可　吴劲章　吴治平

严晓勤　沈惠身　张乔松　张杭岭　张东林

张顺喜　张兆森　金石声　周　荣　林鸿辉

曹小弟　曹晓梅　商自福　康俊水　黄勇强

韩丽莉

办公室主任：商自福

主 编：张东林　王泽民

副 主 编：金石声　张乔松

撰 稿：张东林　金石声　张乔松　王泽民　丁学军

严晓勤　刘大可　沈惠身　韩丽莉　周　荣

康俊水　束永志　曹晓梅　吴承元　李长樱

李连龙

参加编写人员：钱伯康　陈坤军　何仲坚　叶振华　代色平

刘晓娟　冯爱卿　李鹏初　刘湘源　胡武军

董国华　卢树洁

序

两年前，中国风景园林学会园林工程分会和中国建筑业协会古建筑施工分会，组织编写出版了《古建园林工程施工技术》一书。理论联系实际，将科学知识和应用技术融为一体，通俗实用，针对性强。已作为我国园林古建工程项目经理的培训教材，受到学界专家的好评和从业人员的欢迎。这是学术团体和行业组织为园林古建事业人才培养所做的一件大好事。

现在，中国风景园林学会园林工程分会继续组织编写了这本《园林绿化工程施工技术》，这是学会为提高我国园林绿化施工队伍业务素质作出的又一件大好事。

半个多世纪以来，我国城市园林绿化事业走过了曲折发展的道路。近 20 年，随着国家经济的快速前进和城市化进程的加快，园林绿化建设也是突飞猛进。今天，我们许多城市都是高楼林立，路桥纵横，人们在水泥、金属、玻璃构成的僵硬、冷漠的空间里忙碌着。正是城市园林绿化建设者，他们精心设计，精心建造，辛勤养护管理，为城市营造了赏心悦目、生机勃勃的绿色空间，维护着有益人们身心健康的生活环境。

我国园林绿化工程建设队伍，在长期的施工实践中，积累了丰富的经验教训。这部《园林绿化工程施工技术》的编写人员，就是各地专业队伍中，多年从事园林绿化建设的技术负责人。他们把专业知识和实践经验融汇一体，成就了我国园林绿化施工方面一部科学性、实用性和针对性极强的工具书。本书的可贵之处还在于：其一，兼容性，既重点系统阐述园林植物的材料选择、种植、养护、病虫害防治，园林工程等，也简要概述了园林建筑及中外园林艺术。地域包括了我国华北、江南和岭南地区，书中很多章节都以三地内容对比出现，给人耳目一新的感觉。其二，新技术应用，如介绍软容器囤苗技术、反季节移植技术、盐碱地绿化施工技术、为节水创造的管浇渗灌技术、为解决植物果实污染采取的抹头重修剪技术，以及屋顶花园新材料应用技术等。其三，有创新点，如较深入地研究探讨土壤化学性质对园林绿化的影响和对园林树木引种的影响，提出园林绿化养护中解决盐碱危害和酸危害的办法，指出挖掘乡土树种中的误区等。

相信本书的出版会大有助于园林绿化施工队伍人才培养和工程质量的提高，促进城市园林绿化建设事业的健康发展。

中国风景园林学会

常务副理事长

2007 年 9 月

目　录

第一章　园　林　树　木

第一节　园林树木的生长发育习性及园林应用特点

不同树种有其不同的生长发育特点及规律，如生长速度、各器官的发育规律，了解这些规律及特点对正确地选择树种及制定正确合理的施工和养护措施至关重要。此节不求全面深入介绍和了解树木生长习性，只根据实践经验，介绍园林工程及养护中相关的部分。

一、根系生长特点及园林应用

（一）根系分类

根系生长除受外部环境因子制约外，其自身遗传决定其分为两大类型：一为深根性树种，二为浅根性树种。

深根性树种根系生长特点是：根系发达，主根明显并起主导作用，扎根深，侧根则处从属地位。从其地上部分可以看出主干明显，有明显领导主枝的大多属深根性树种。如油松、白皮松、桧柏、银杏、毛白杨、臭椿、核桃、白蜡、无患子、枫香、香樟、金钱松、肉桂、水曲柳等。相反，没有明显的主导根，若干条主根多向水平方向扩展，相对扎根较浅，称为浅根性树种。如刺槐、火炬树、香椿、枣树、云杉、侧柏、泡桐、广玉兰、柳杉、凤凰木、南方红豆杉、八角、榕树、大叶榕、菩提榕、高山榕、橡胶榕等，其侧根横向发展，尤其是落叶树种，当遇到适宜土壤条件很容易形成蘖苗破土而出，在浅根性树种周围可滋生出很多根蘖苗。

移植树木时，按规范要求根系存留(土球直径)应是胸径的 8～10 倍，一般只适用于深根性树种。浅根性树种因其主根及大量吸收根都横向、向外发展，按 8～10 倍断根移植，根系肯定损失很大，成活率很难保证。一般大规格的浅根性树种移植应采用逐年缩根措施。浅根性大树(胸径 20cm 以上)最好不要移植，如移植应加大量树冠修剪量，保持地上及地下生长树势的平衡，保证移植的成活率。浅根性树种易倒伏，不适宜作行道树应用。浅根性树种因易发生大量根蘖苗，如刺槐和火炬树，在绿地树种设计和养护中应处理好和其他园林植物材料的共生关系。园林苗圃养护浅根性树种则应注意每年进行断根处理，刺激大量发根，提高出圃苗移植成活率。

（二）根的生长年周期

华北地区原生树种根的生长，要求温度比枝条萌芽所需温度低，所以春季根系生长比地上部生长要早。但从南方引进的树种则相反，因春季气温上升快，会出现先萌芽后生根的情况。柿子、紫薇等原产暖地，引种北方后因地温低，所以根系生长晚，发芽相对也晚。发芽晚的树种春季安排移植顺序应靠后，有利于提高树木移植成活率。

南方的落叶乔木在春季土壤解冻后根系开始生长，一直到秋天落叶后才进入休眠期，因此移栽应在春季土壤解冻后萌芽前或秋季落叶后土壤冰冻前进行；而华南、江南一带的常绿乔木和灌木，在年生长周期中没有明显的休眠期，只是在干旱或低温时期暂时停止生长，一旦温度水分条件适宜即能萌发新梢。因此南方常绿乔木虽然没有明显的休眠期，但是在秋梢停止生长至春季新芽萌发之前的冬季，树液的流动明显变缓，所以常绿乔木应在春季土壤解冻后发芽前或秋季在新梢停止生长后、降霜前进行移栽比较适宜。

原产华北地区的松类树种春季根系生长和地上部分差不多同时进行，但南方引进的雪松根系对温度要求更高些，为了提高移植苗和保养苗的成活率和保存率应相对采取提高地温的养护措施，如提前灌春水、加盖地膜(塑料布)提高地温等对其生长有利。华北地区常绿针叶树、松柏类雨季有个生长停顿期，立秋后(8月份)根生长特别旺盛，一直延续到11月，所以北京地区常把雨季作为移植常绿针叶树比较好的时机。

环境因子如土壤水分、土壤盐分、土壤物理性质、土壤温度对根系影响及主要表现在生态习性一节论述。

二、树干、枝条生长及园林应用

(一) 枝干年生长规律

枝干是树木的骨架，决定树木高生长和树冠体量，其生长年周期因树种不同可分为全年不间断一次生长和两次生长(即春季生长、盛夏休眠、秋凉再生长)，故枝条有春梢和秋梢之分。为了加大年生长量，对本地树种应在其生长旺盛期适时给足肥水促其生长。对从南方向原生地以北地区引种的各类植物在秋后养护中，应控制肥水，控制其秋梢生长，使其组织更加充实，增加越冬抗寒能力，避免冬季哨条。

(二) 树木的分枝方式

乔木(包括小乔)及有主枝的灌木树种主干形成方式不同，其分枝方式可分为四类。

1. 主轴(总状分枝)分枝式

该类树种顶端优势极强，有明显的领导主干。主干、主枝、顶芽始终保持优势，树干通直，树形挺拔。如雪松、桧柏、杨树、银杏、乐昌含笑、金钱松、水杉、水松、池杉、落羽松、圆柏、南洋杉、木棉等。园林养护及移植修剪中一定注意保护其领导干及主枝的先端优势，才能使其维持旺盛的生长势和优美的树形。如银杏和杨树一定要保护树干主尖，移植修剪决不能采取抹头方式。杨树尤其是大规格杨树一旦主干受损，其树生长势将被削弱。银杏的侧主枝不能进行重短截，如需要平衡树势常采用疏枝进行处理，否则生长势及树形都会受到影响。

2. 合轴分枝式

顶端生长势不强，顶芽生长弱，常被侧芽取代，抽出新枝逐段合成主干，称合轴分枝。如榆、刺槐、悬铃木、柳、国槐、香椿、紫薇、梨、桃、梅、樱花、栾树、香樟、桂花、广玉兰、香橼、无患子、合欢、榕树、大叶榕、红花紫荆、朴树、人面子、苹婆、假苹婆、刺桐、大叶紫薇等。园林苗圃培育此类树种的主干，常采用短截留壮芽的提干(养干)方法。有的路树为了整条道路分枝点整齐划一，并促其形成多主枝扩生树冠，常采取抹头方式进行栽植修剪，如柳、椿、白蜡、国槐、青桐、悬铃木等，已形成传统做法。养护修剪，为扩大树冠则采因主枝短截的形式，如国槐的三股六叉的分枝修剪养冠技术。

3. 假二歧分枝式

树干顶梢在休眠前不能形成强壮的顶芽，下面侧芽又是对生，在下个生长季，二个侧芽同时萌发分生侧枝。如泡桐、梓树、黄金树、卫矛、女贞、丁香、桂花、龙船花、狗牙花、风铃木海南菜豆、黄梁木、柚木、山牡荆等，其小苗养干、提干的方法只能是将其转变成合轴分枝方式，在二芽中留一壮芽(留一壮枝)，使主干接着向上生长(提干)。

4. 多歧分枝式

这类树休眠期其顶芽优势不强，有若干侧芽可同时并进、抽枝生长，称之多歧分枝方式。如臭椿、苦楝、青桐等。其小树提干多采用抹芽法，或短截后培养中心主枝。

(三) 枝茎生长特点

1. 枝条生长方向(向上和直生性)

茎干及枝明显地背地直立或斜上生长，多数树木如此，也有变异型，常采用其为观赏型。如窄冠型：新疆杨、西府海棠、窄冠毛白杨、河南桧柏；垂枝型：垂枝榆、垂柳、垂枝桃、垂枝樱花、龙爪槐；正常枝条因细胞组织分裂应笔直向前生长，有个别变异细胞分裂不一致，形成曲线型向前延伸生长，形成曲枝，作为一种观赏特点，称为龙游(曲枝型)型，如龙桑、龙枣、龙须柳、疙瘩槐(刺槐变种)、八角枫等。

2. 枝干的直立性(攀缘生长)

乔灌木生长，有树干支撑树冠称为干性，有些树种只能匍匐地面生长，茎细长柔软，自身不能直立并形成树冠，只能借助它物向上、向周围生长，占领空间，称为藤本或藤木。这类树种是垂直(立体)绿化很好的植物材料。据其生长特点分类如下。

(1) 缠绕类：常用作棚架绿化。

华北地区：紫藤、南蛇藤、金银花、山荞麦、杠柳。

江南地区：紫藤、南蛇藤、金银花、油麻藤、木通等。

岭南地区：禾雀花、何首乌、变色牵牛、七爪龙、常春油麻藤、大果油麻藤、大花老鸦嘴、翼叶老鸦嘴等。

(2) 吸附类：常用作墙面绿化或作地被植物应用。

华北地区：地锦、五叶地锦、美国凌霄、扶芳藤。

江南地区：五叶地锦、地锦、中国凌霄、美国凌霄、薜荔、络石、常春藤、扶芳藤等。

岭南地区：异叶爬山虎、青龙藤、猫爪藤、中国凌霄、美国凌霄、络石、石楠藤等。

(3) 钩攀类：常用于篱、栅绿化。

华北地区：蔓性蔷薇、藤本月季。

江南地区：钩藤、木香、蔷薇类、叶子花、云实、藤本月季等。

岭南地区：叶子花、鹰爪花、仙人藤、使君子、钩藤等。

(4) 卷须类：棚架绿化材料。

华北、江南地区；葡萄类。

岭南地区：珊瑚藤、葡萄、珠帘藤、鸡蛋果等。

3. 枝条平展性(匍匐生长)

有较低矮的直立主干，枝条横向生长，又无攀缘附着器官的藤木或无直立枝条的灌木。如偃柏、铺地柏、铺地龙柏、平枝栒子等，常作木本地被应用。在无攀缘附着物条件下藤木类也成匍匐生长状，也常作地被应用。

三、叶的生长及园林应用

（一）叶的生长规律

叶的生长自叶芽萌发开始，经历短时期生长后成形，阔叶树的叶片停止增大，针叶树叶子停止增长。叶的形状及大小和遗传性有关，也和其生长部位的生长势及生活环境的肥力相关。一般生长在枝条基部节上的叶片和秋梢的叶片较小。营养状况不良植株的叶片相对较小。对落叶树而言，其寿命只有一个生长季(从展叶到叶落)。常绿树叶的寿命较长，如油松、华山松一般 2～3 年；白皮松 3～5 年；云杉、冷杉、紫杉的叶生存时间可达 10 年。一旦环境不利其正常生长，如油松、白皮松其枝梢部的一年生叶梢部的可存活 1～2 年，靠近下部的针叶会枯黄并脱落。云杉的内膛枝叶(生长时间过长)一旦枯死脱落，形成烧膛现象，其观赏性会大减。我们认为云杉类树种在平原地区的土壤和气候条件下，其“观赏寿命”是有限的，华北平原地区种植 1.5～3.5m 规格的云杉景观效果可以，4.5m 以上规格云杉常发生烧膛现象。

（二）叶的观赏性和生存环境密切相关

有些彩叶树种在春季冷凉气候条件下，颜色鲜艳。如红叶碧桃、红枫，进入盛夏高温下其色素变淡转为暗淡的黄绿色，只有枝梢新生叶色保持部分紫红色。红枫在高温下还会出现焦叶现象。观秋叶树种其观赏性受生存环境影响更大。观香山红叶的黄栌，在山坡少水、缺肥条件下，气温下降后，叶绿素很快变为花青素，叶色红艳。但在平原地区，肥水充足，其长势旺、叶大肥厚，直到上冻落叶也不会变红。元宝枫、白蜡、栾树等其秋叶观赏性都和其营养环境及树木个体生长势相关。在遮荫环境下彩叶树种的颜色表现暗淡，会失去景观效果。

四、花芽分化及开花结果

（一）花芽分化规律

植物生长到一定年龄后，开始由单一的营养生长向繁殖生长与营养生长转化。花芽分化是繁殖生长的开始。花芽分化受树种遗传性、植株的营养生长状况制约，树木生理一般规律是，营养生长旺盛积累充足养分可以促进繁殖生长，进而多开花结果。但也有营养生长越旺盛花芽分化反而弱，开花结果少，而一旦环境条件不利其营养生长时，繁殖生长、花芽分化开始增强。典型例子是竹子，一旦环境条件相当恶劣，就会导致竹子开花、结果转向繁殖生长。松类、柏类及银杏树种也很典型，结果量增多的松、柏树肯定是因环境生存条件不良，导致树势被削弱的结果。银杏因繁殖生长过大(结果过多)，导致营养生长削弱(养分分配所致)，年生长中出现提前黄叶、落叶，严重影响景观，此时应及时采取营养复壮措施。这也是我们选银杏的雄株作绿化树种的原因之一。

（二）花芽分化类型

树木的花期取决于其花芽分化期。根据不同树种花芽分化特点，可以分为四种类型。

1. 夏秋分化型

其花芽分化在上一年的夏秋季已经完成，第二年早春开花，有些甚至先花后叶。如迎春、连翘、玉兰、丁香、榆叶梅、桃、樱花、海棠、紫藤、刺桐、木棉、美丽异木棉等。

2. 冬春分化型

原产于我国南方的暖地树种，秋梢停止发育后，即 11 月到第二年 4 月花芽分化与形成。如柑、橘、柚、龙眼、荔枝。

3. 当年分化型

春季萌芽，新枝发育，在当年生枝条顶端或叶腋形成花芽并开花，不需要经过低温过程。多为夏秋开花树种，如：紫薇、木槿、合欢、珍珠梅、海南红豆、秋葵、布渣叶等。

4. 多次分化型

有些树种是生长期内多次萌生新枝条，发新枝同时即分化花芽，一年可多次开花。如月季、四季桂、茉莉、葡萄、无花果、金橘、红花紫荆、桃叶珊瑚、南洋樱花、龙船花、鸡蛋花、使君子、大红花、鸡冠刺桐、白兰等。

根据不同的树种花芽形成特点，在树木修剪整形及控制花期时应采取不同的养护修剪技术措施。在养护修剪章节中有具体要求。

五、果实的生长发育及树木的雌雄特性

（一）果实成熟生长规律

因遗传性不同，各树种在开花后，果实生长发育所需时间长短不同，如榆、柳、杨树当年春季授粉后，经短时期(1～2个月)果实即可成熟。有些蔷薇科观花及观果的树种8～10月份成熟，而松树类则当年授粉，翌年秋果实才能成熟，掌握其花期、果期，对育苗采种及突出其花、果观赏性必不可少。

（二）花的分工及分布规律

对园林树种选择关心更多的还有树木的雌雄性问题。大多数植物属于两性花，不分雌雄株。有些树种的花分工较细，只有雄蕊或只有雌蕊的两种花称之为单性花。两种单性花生于同一株树上称为雌雄同株，不生在同一株树上称为雌雄异株。有些树的花，既有两性花又有单性花，称为花杂性，单性花与两性花生于同一植株上称为杂性同株。雄花、雌花、两性花不在同一株树上称为杂性异株。

1. 雌雄异株

园林树种中常见的雌雄异株的树种较多，如桧柏、杨、柳、银杏、杜仲、白蜡、桑、柘、构、黑枣、秋枫、重阳木、血桐、木油桐、黄连木等。从生长特点讲雌雄株的树形差异较大；雄株其主枝开张角度相对小，整体树冠抱团，茁壮向上，树势挺拔。而雌株普遍表现为主枝开张角度相对较大，整体树冠外扩，枝条疏散。从生理角度看，雌株因繁殖生长消耗养分，表现为营养生长势不如雄株，落叶树会出现早期落叶现象。从生态效果、园林景观以及污染问题(银杏臭果)考虑，雄株普遍优于雌株。银杏、杜仲、白蜡、黑枣、桑树、构树园林种植应选择雄株。目前山东林业部门已大量培育绒毛白蜡雄株无性系。农业为经济收入考虑，银杏、桑、黑枣(君迁子)等选雌株定植，甚至将雄株小苗嫁接换头为雌株。

杨、柳树因其雌株种子飞絮招来路人不满，全社会动员，甚至动用科技力量去雌灭絮，甚至提出把雌性杨柳淘汰出局。其实大可不必，飞絮从人的鼻孔生理结构上讲，绝对吸不到人体内，因而不会有“过敏”反应。真正危害环境的元凶不是雌株飞絮，在飞絮期如有一场小雨或喷一次清水(像打药一样)很快可解决问题。雄株的雄花(柔荑花序，俗称杨树狗子)散发的大量花粉才是对人体直接危害的“可吸入颗粒物”。如果造成大量相对集中满城、满街的杨柳雄株，集中散发大量花粉，造成人体过敏反应，那将是最可怕的事情。园林工作者应从科学角度帮助政府作出正确决策。

2. 雌雄同株

常见常用的雌雄同株树种主要是悬铃木、核桃、枫杨、多花山竹子、福木、梧桐、红桑、狗尾红、石栗、乌桕、山乌桕、油桐等。因悬铃木的球果(头状花序)散发出带纤毛的种子，造成人体过敏反应，深受其害。因其为雌雄同株，因此只能选少球悬铃木进行优株繁育，或像欧洲园林采用重修剪，只留1～2年生枝条的养护办法(1～2年生枝不结果，见第十章“园林树木修剪”一节)。对老树处理没有好的办法，有的地区采取伐除策略，有的大树开始向北方城市转移(大树进城)。北方城市应谨慎处理，最好是种植不要集中，密度不要过大。居住区(学校、幼儿园)种植应慎用。

3. 杂性异株

常见的杂性异株树种是臭椿、米兰、四季米兰。臭椿为北方乡土树种，应用较为广泛，尤其是其雄株优良无性系“千头椿”已经成为主要行道树种之一。臭椿的雄株树形及长势都很好，其雌株结果量较少，其两性花植株结果量大且残果宿存，经冬不落，影响景观，对树势影响也很大，应控制使用。臭椿的雌株中还有一变种为“红果臭椿”，此红果臭椿果期如满树红辣椒，红得耀眼很具观赏性，北京市园林局东北旺苗圃曾在20世纪90年代初繁育过一批。千头椿、红果臭椿等优种无性系常用根插繁育自根苗。

4. 杂性同株

七叶树、橄榄、乌榄、龙眼、荔枝、盐肤木等。

六、树木的繁育方式与品种选育

(一) 树木的繁育方式决定园林树木的生命周期

园林树木从生到死的生长发育全过程称生命周期。因繁殖方式不同，存在两种不同的生命周期。一是有性繁殖的生命周期。有性繁殖即由种子萌发而长成的单株，称实生苗。生命过程经历胚胎期、幼年期、成年期、衰老期。只有到成年期才具有稳定的开花结果能力，达到预期的观赏效果，这一时间较长。不同树种幼年期长短不同，农谚称“桃三、杏四、梨五年”，即是桃树从播种小苗到开花挂果需3年，梨树则需要5年，雪松和银杏需要十多年才到结果期，银杏被人们称之为“公孙树”即是爷爷种树孙子见果实。而生命周期短的花石榴、矮生紫薇1～2年则可见花。二是营养繁殖的生命周期。营养繁殖的树木，利用其营养器官的再生能力繁育的植株，其生命周期中不需经历较长时间的幼年期，即可具备开花结果的能力。其生理年龄已经到成年期，只需积累一定量营养即可开花结果。园林苗木繁育常用扦插、压条、分株、嫁接等手法取得选育好的园艺品种苗木，以达到景观观赏期提前的目的。

(二) 苗木繁殖方式及苗木类型

1. 繁殖方式的分类

因繁殖方式不同，可分为三类苗木，即实生苗、自根苗、嫁接苗。

(1) 实生苗

用种子繁育的苗木称为实生苗，其后代变异大，其表现覆盖树种的所有遗传特性。如紫薇播种小苗花色有紫色、红色、白色以及三种颜色的中间色。其他遗传性如抗寒性变异很大，有抗寒的和不同程度不抗寒的。从这些繁多的花色和抗性中可以人为地选择出品质优良的园艺观赏品种。

(2) 自根苗

自根苗就是利用营养体繁殖的苗木。其特点是，下一代可以保留其优良特性，如原株的颜色、抗性、长势等。经过精心选择的优良单株，用营养体繁殖可形成一个单株无性系，这个方法是培养优良园艺品种的主要手段。常用的繁殖技术有扦插、压条、分根、组培等。

(3) 嫁接苗

把人为选择的优良园艺品种的枝、芽嫁接在具有亲和力的同属或种的树体上，形成新的植株，仍会保持原有园艺品种的优良特性。其中有部分特性会受到根苗(砧木)的影响。嫁接育苗的优点是成苗速度快。如重瓣榆叶梅、品种碧桃等。以山杏为砧木的紫叶李比以山桃为砧木的紫叶李色彩要鲜艳。以望春玉兰为砧木的品种玉兰比以山玉兰(白玉兰实生苗)为砧木的品种玉兰耐盐碱能力要强，在北京地区很少出现焦边黄化现象。以苦杏仁的山杏嫁接的品种李子味道发苦，反之甜杏仁的山杏嫁接的品种李子发甜。

2. 实生苗、园艺品种苗的不同

实生苗、园艺品种苗繁育方式不同，其结果不同。

(1) 观赏树形不同

实生苗因胚根发达、根系苗壮，地上部分相应挺拔；而扦插苗由皮孔或愈合组织生根，根系发育相应较弱，生长初期地上部分相应也弱，干性差些。如雪松的实生苗树形挺拔，干性强；而扦插苗则干性弱，小苗弯曲，大苗树形较散。应该选用雪松实生苗。沙地柏的实生苗，干性较强，侧枝弱，主侧枝匍匐性差。而扦插苗，尤其是多代扦插苗，干性差，分枝多，主侧枝匍匐性好，正适合作为木本地被材料。

(2) 花色、花形观赏性不同

实生苗的遗传变异性强，不能保证园艺品种的优良观赏特点；营养繁育的园艺品种苗可有目的地繁育好的花色品种。如紫薇、木槿、棣棠应选用花色好的扦插苗，碧桃、榆叶梅、樱花应选育重瓣、观赏性优的嫁接苗；黄刺玫应选用重瓣品种的分株苗或扦插苗。以上树种的实生苗花色变异很大，绝大部分为观赏性很差的单瓣花型。

(3) 花期不同

花期是园林树木观赏的主要物候项目与观赏特征之一，其中包括某树种何时开始见花、陆续开花时间多长等观赏特点。有些树种(或变种、品种)一年内有多次开花的特点，还有的树种不同、单株花期不同。根据我们园林景观观赏需要，有目的地选育其特色品种，用营养体繁育自根苗或嫁接苗。紫薇的实生苗色彩斑斓，花期有早有晚，我们发展的优良品系，如北京地区从四川成都引种的红薇(四川红)无性系，始花期为6月下旬，从河南洛阳引种的“洛阳红”无性系始花期在7月上旬，但开花末期到9月中旬。栾树实生苗花期6～8月，此花期不是指某个单株，而是指该树种。这其中有6月份开花的单株，有在8月份开花的单株，由此可分为早花栾、晚花栾的品系。奥运会2008年8月8日开幕，作为大树开黄花的晚花栾树就可作为优良品种入选。棣棠实生苗为单瓣花，只春开一季，扦插繁育的重瓣棣棠可陆续开至8～9月份。黄刺玫的实生苗单瓣，色彩淡黄不鲜艳，花后大量产果(人称红果黄刺玫)，严重影响营养生长，灌丛发育受到限制。扦插或分株的重瓣黄刺玫，花重瓣色金黄鲜艳，花期长，花后不育，植株发育旺盛。

设计者、购买者应标明需要的树种的变种、变型、花色品种，切不可只标树种(实生苗)，很多树种的实生苗在园林美化中是不受欢迎的。如榆叶梅、黄刺玫、棣棠、桃、樱花等实生苗单瓣、色浅、观赏性很差。紫薇、木槿的实生苗则达不到我们花色景观的要求。

复习思考题

1. 树木的深根性和浅根性生长特点有何不同，当地哪些树种属浅根性？
2. 如何针对树木深根及浅根生长特点进行施工及养护管理？
3. 根的年生长周期有何特点？在施工养护中采取何措施？
4. 落叶乔木分枝方式有几类？修剪时有何具体要求？
5. 藤木根据生长特点分几类？当地有哪些常见树种？
6. 叶的观赏性和生存环境有哪些相关性？
7. 树木花芽的分化有几种类型？
8. 树木的花在构造和分工上有几种类型？园林树种应如何选择雌雄株？
9. 按繁殖方式不同可把园林苗木分哪三类，各有何特点？
10. 实生苗和园艺品种苗观赏性上有何不同？

第二节 园林树木的生态习性(和外界因子关系)及园林管理要求

一、温度因子对树木生长的影响及园林应用

树木原生态环境决定其对不同温度的适应性。园林树木离开原生态环境进行栽培，往往会产生不适应或受伤害。园林养护管理的任务之一就是为树木创造一个适生的温度环境。其主要表现为以下四个方面。

1. 寒害

寒害是指在摄氏零度以上低温使植物受害的情况，主要是热带喜温植物。

2. 冻害

环境温度降到摄氏零度以下，细胞间隙的水出现结冰现象，导致细胞结构受损。

3. 生理干旱

北方常发生在暖冬或小气候的特殊环境，其特点是环境气温高。如背风向阳处或保护地塑料棚内，因气温高叶面代谢活动加强，蒸腾强度加大，而根部的地温低，甚至处于冻土层，完全没有供水能力，导致植株枝叶严重失水现象发生。苗圃保护地栽培及绿地防寒措施不当，经常会出现苗木枝叶失水抽条，关键是生理干旱所致。生理干旱发生后植株从上向下抽干，叶片绿色、不脱落，叶质变得干脆。

华北地区称江南引来的抗寒性较弱的树种为“边缘树种”。同理江南称从岭南引进的耐寒性较弱的树种也为“边缘树种”。如北京引进的青桐、悬铃木、马褂木、七叶树、雪松、龙柏、蜀桧、大叶女贞、大叶黄杨、锦熟黄杨、小叶女贞、紫薇、紫荊等；上海、杭州引种的加那利海枣、银海枣、中东海枣、华盛顿棕榈等；岭南地区典型的边缘树种在广州以北种植引进的龙船花、椰子、雨树、印度塔树、红纸扇爪哇木棉等边缘树种应栽植在小气候好的环境中，或加风障、护干等保护措施。关于霜害常见于对草本植物或木本小苗(苗圃)的伤害，对成年苗木伤害不突出。

近20多年华北地区气候明显变暖，极端最低温很少出现，尤其是楼区营造了不少小气候环境。如20世纪80年代北京市园林科研所测定楼前区(背风向阳)小气候相当于淮河流域；广玉兰、大叶女贞、石楠、蚊母、刺桂、南天竹、枸骨等在楼前区可正常生长、能

开花，有的还能结实。同理，江南地区同样可以在小气候较好的环境下引种岭南的一些树种，以丰富城市绿化的植物材料。

4. 热害

高温对植物的伤害，称为热害。南方比北方突出。一是高温可造成物理伤害，如焦叶、皮烧等；另一个原因是高温使植物体代谢失调，致使养分制造(光合作用)和消耗(呼吸作用)失调，不利于其生长发育，造成很多北方树种、高寒树种在南方生长不良、存活困难。如杨树类、桃、苹果等引种到华南会生长不良，不能正常开花结实。热害对草本植物的影响，如冷地型禾草在江南生长不良，暖地型禾草耐热，适合南方生长是典型例子。

二、光照因子对树木生长的影响及园林应用

（一）按光照强度对树木分类

某植物原生态环境光照特点决定了其对光照的适应性。按对光照的需求程度分类为：阳性植物、阴性植物、中性植物。

阳性植物：全光照下生长良好而不能忍受荫蔽的植物，如大多数落叶乔木类。

阴性植物：在较弱光照条件下生长良好，如人参、三七、富贵草等草本植物及大多数林下木、林缘灌木和藤木类等。

中性植物：在充足光照条件下生长正常，但有不同程度的耐阴能力。中性植物中可分为偏阳和偏阴种类。

（二）常用的耐阴树种

随楼区渐多和绿化复层的要求，楼体阴面、大树冠下面，需求更多的是偏阴树种。

(1) 华北地区常用的有：冷杉属、云杉属、粗榧属、红豆杉属、椴属、荚蒾属、常春藤属、八仙花属、忍冬属等。常用树种：云杉、冷杉、矮紫杉、粗榧、金银木、天目琼花、珍珠梅、棣棠等。

(2) 江南地区常用的有：冬青、铁冬青、紫金牛、(无刺)枸骨、金边黄杨、珊瑚树、茶花、厚皮香、杨梅、天竺桂、日本冷杉、罗汉松、桧柏等。

(3) 岭南地区常用的有：阴香、鸭脚木、澳洲鸭脚木、短序鱼尾葵、鱼尾葵、垂榕、亚里垂榕、橡胶榕、灰莉、菜豆树、幌伞枫、棕竹、细叶棕竹等。

（三）光照对观叶树观赏性的影响

观彩叶树种一般需要全光照的条件，才能表现其观色效果，如紫叶李、紫叶小蘖、金叶女贞、变叶木、斑叶鸭脚木、白桑等，在蔽荫条件下表现色泽暗淡。种植设计一定要考虑其光照条件。

三、水分因子对园林植物的影响及园林应用

按对水分需求及适应性分为耐旱树种、耐水湿树种、中生树种三大类，其中又各有程度不同。

（一）树木对水湿环境适生规律

(1) 对阔叶树而言，一般情况是耐水湿强的树种，其耐旱能力也较强。如柳类、桑构类、梨类、白蜡、枣、柽柳、雪柳等。

(2) 深根性树种大多耐旱，如松类、栎类、臭椿。浅根性树种大多不耐旱，如杉木、刺槐。

(3) 针叶树类(包括银杏)中其自然分布广和属于大科、大属的树木较耐旱，如松科、柏科。分布狭窄及属于小科、小属，如一科一属一种或仅几种者耐旱力较弱，如银杏、粗榧、紫杉。

(4) 在耐水湿性方面常绿树不如落叶树，松科、木兰科、杜仲科、无患子科、梧桐科、锦葵科、豆科(紫穗槐、紫藤等例外)、蔷薇科(梨属例外)等耐淹性较差。

(二) 选择常用的耐旱、耐水湿树种

1. 耐旱树种

耐旱树种多来源于干旱山区，常作为当地山区造林树种。

华北地区：荆条、酸枣、油松、侧柏、国槐、栾树、丁香、太平花、溲疏等。

江南地区：青檀、朴树、栾树、合欢、枫香、西府海棠、碧桃、红叶李、意大利杨、柽柳、刺榆、山梅花、重阳木、樱木石楠、日本冷杉、落羽杉、柏木、刺柏等。

岭南地区：台湾相思、马尾松、叶子花、构树、龙船花、桉树等。

2. 耐水湿树种

华北地区：柳树、白蜡、柽柳等。

江南地区：柳树、枫杨、重阳木、喜树、江南桤木、柽柳、湿地松、落羽杉、水杉、池杉、中山杉、墨西哥落羽杉等。

岭南地区：蒲桃、洋蒲桃、水翁、小叶榕、池杉、水松、落羽松、黄槿、杨叶肖槿、枫杨等。

四、空气污染因子对园林植物的影响

经济发展、工业发达造成城市污染严重，对严重污染地区很多树种不能适应，而有些树种能抗污染并具有吸收有害气体能力。我们应有针对性地选择树种，帮助解决污染造成的环境伤害。污染源分为：氧化性类型，如氯气；还原性类型，如硫化物、甲醛等；酸性类型，如硫酸烟雾、氟化氢、氯化氢等；碱性物，如氨气等；其他还有粉尘型污染。简述一些常用抗污树种供参考。

(一) 抗二氧化硫树种

华北地区：臭椿、国槐、榆树等。

江南地区：广玉兰、天竺桂、珊瑚朴、白蜡、苦楝、乌桕、合欢、茶花、紫薇、大叶冬青、冬青、夹竹桃、臭椿、旱柳、水蜡、木芙蓉、栀子花、银杏、柳杉、柏木、胡桃、刺槐、棕榈等。

岭南地区：木麻黄、构树、榕树、高山榕、大叶榕、台湾相思、海桐、九里香、蒲桃、棕榈等。

(二) 抗光化学烟雾树种

华北地区：银杏、海州常山、悬铃木等。

江南地区：银杏、枇杷、悬铃木、朴树、罗汉松、柳杉、乌桕、夹竹桃、海桐、紫薇、石榴、榉树、大叶女贞等。

岭南地区：朴树、罗汉松、乌桕、夹竹桃、海桐等。

(三) 抗氯及氯化氢的树种

华北地区：耐毒能力强的有，木槿、合欢、美国地锦、槐、榆等。

江南地区：山槐、赤杨、女贞、山茶、桂花、意杨、紫薇、石榴、卫矛、臭椿、柏木、皂荚等。

岭南地区：印度橡胶榕、小叶榕、大叶榕、樟树、南酸枣、小蜡树、龙柏、木麻黄、无花果、栀子、板栗等。

（四）滞尘能力强的树种

针叶树：松、柏、云杉。

落叶乔木类：榆树、构树、泡桐、国槐、法桐等冠大荫浓、叶片有绒毛的树种。针叶树比杨树滞尘能力大30倍。

五、土壤因子对园林植物的影响及应对措施

土壤因子包括土壤化学性质和土壤物理性质。园林绿化常提到“适地适树”，其中土壤因子是关键。

（一）按对土壤酸碱适应性的分类

依植物对土壤酸碱度的要求可分为以下三类。

（1）酸性土植物：适宜在偏酸或较重酸性土壤中生长。

华北地区：松类、白桦、壳斗科树种、六道木、杜鹃等。

江南地区：云锦杜鹃、栀子、榕树、山茶类等。

岭南地区：杜鹃属、马尾松、毛竹、佛肚竹、观音竹、台湾相思、红楠等。

（2）中性土植物：可适应中或偏酸、偏碱土壤，大多数植物属此类。

（3）碱性土植物：适宜在偏碱或重碱性土壤中生长。

华北地区：柽柳、沙棘、沙枣、紫穗槐等。

江南地区：柏木、青檀、琅玡榆、老鸦柿、柽柳等。

岭南地区：无忧树、山刺柏、柽柳等。

（二）土壤化学性质对植物生长的影响

土壤化学性质对园林植物影响主要有两个方面。

1. 土壤酸碱性对树种的影响

同一城市地域土壤差异应引起园林工作者注意。如北京城市土壤地域差异很大，北部山区为燕山山脉，其母岩为花岗岩、片麻岩，其成土为偏酸性。而房山、门头沟区为太行山系，其母岩多为石灰岩，其成土多为偏碱性，为钙质土。其植被差异也很大：北部山区壳斗科树种较繁茂，产栗子，而西部山区石灰岩地带除栓皮栎外较少壳斗科树种，不产栗子。一般规律是成土母质为石灰岩的(有泡沫反应)偏碱性，成土母质为硅酸岩的为中偏酸性。山区、山前冲积扇偏酸，平原及低洼排水不良地区偏碱。挖掘乡土树种首先应考虑其原生态土壤性质。

处于江南地区的杭州，在主城区基本以微酸性土壤为主；而处于钱塘江南北两岸的萧山区和高新开发区、下沙地区，却是以碱性土壤为主。由此而表现为在主城区生长健壮的香樟、广玉兰、深山含笑、杜英、茶梅、杜鹃等喜酸性植物，在萧山沿江地带和下沙地区生长表现明显很差，甚至出现萌发能力下降、树叶发黄等现象。

距杭州仅一百多公里的上海，也属于微碱性土壤，作为上海市树的白玉兰，则属于喜酸性植物，在种植时必须对土壤作改良处理，必要时还需要更换酸性黄土，以保证其生长健壮。

岭南地区以酸性土为主，但也有因石灰岩地段形成的偏碱性土。就是广州一地，也有酸性土和碱性土不同的分布，加上因建设所导致的硅酸盐水泥和建筑垃圾的污染影响，情况十分复杂。据调查，广州园林绿地的土壤，pH 值在 7.0 以上的占了 60%，7.0 以下的占 40%。因此，必须根据不同地段的实测结果来考虑改土或选择植物。

2. 盐分含量即土壤溶液浓度对园林树木的影响

土壤溶液浓度对植物生存、生长影响更为严重。有不少称之为乡土植物的树种在海拔较高山区的棕壤、淋溶褐土含盐量少的土壤环境中生长良好，而一旦引种下山到平原区的"潮土地区"就会不适应，甚至不能存活，如白桦、花楸类、六道木、天女木兰、华北落叶松、壳斗科(栓皮栎除外)树种等，而在山区生长很繁茂。这里除了平原地区钙质土偏碱性外，很大程度在于土壤环境的含盐浓度的影响。这就是自古以来北京城市绿化中在平原地区的很多山区树种未能很好存活下来(见不到)的主要原因。最典型的是北京的古松树，其九成多存在于靠近西、北山区脚下的皇家园林及寺庙中，而在城市平原地区的寺庙及皇家园林中，古松只存在于地处高处排水良好的北海公园的团城和景山上，如白袍将军、遮荫侯等少数几株。京西平坦地区的公主坟能存留多株古油松、古白皮松，是因为其下为永定河故道，土层下堆积较厚的卵石、粗沙，阻断了盐分随地下水上升的途径，加上土壤质地排水良好，经多年雨水及人工灌水向下淋溶，造成这一地区土壤少盐的环境。土壤盐分含量高会造成很多外引树种，包括从本地山区引种到平原地区的树种发生黄化，表现为焦边黄叶，生长势弱直至死亡。如木兰类、绣线菊类、锦带花类、山楂、玫瑰、栒子类等。为展示其景观效果应采取相应的种植设计和养护管理措施。做个恰当的比喻：如同将淡水鱼放入海水中饲养，是绝对不合适的。在挖掘乡土树种资源和创建、恢复自然植物群落课题中应首先考虑土壤的酸碱性和土壤溶液的盐分种类及含量，慎重行事。

岭南沿海地区有很多因海水影响而形成的盐碱土。如在广州的番禺地区，就有因海水与淡水交界地区形成的盐碱土。广州南沙区的海滨公园建设工程，不少标段因为盐碱土使很多不耐盐的植物死亡。因此，在岭南地区受海水影响的地方，应以耐盐的滨海植物为主，如黄槿、水黄皮、海芒果、银叶树、草海桐、露兜树、假茉莉、木槿属植物和红树林植物。至于改土，只能是重点地段用改土的办法，大面积改土代价太大。

六、城市内园林树木生存环境及其对树木的影响

城区是相对郊区而言的，城区的生态环境对园林植物影响很大。

(一) 城市小气候特点对树木的影响

(1) 气温、地温偏高，冻层浅，楼前区背风向阳小气候环境更适宜引种南方的阔叶常绿树种。

(2) 城市建筑及道路硬质铺装面过大，空气湿度相对小，不利于一些树种生长，造成一些树种焦边干叶，如椴属、枫杨等。

(3) 城市建筑物高大，影响正常光照，应选择耐阴树种种植。

(二) 城市土壤特点对树木的影响

(1) 其影响主要反映在土壤密实度及透气性上。由于人踏车压和建筑基础的夯实造成土壤密实度增高，相应的透气性过差，影响树木根系生长和分布。一般树木正常生长的土壤硬度在 $8kg/cm^2$ 以下。在土壤硬度超过 $14kg/cm^2$ 的地方，松类、云杉、银杏、元宝枫等根系生长困难，几乎没有根系分布。在同样硬度条件下，栾树、白蜡、臭椿、国槐、刺槐等根系均有分布，但当硬度大于 $22kg/cm^2$ 时树木根系生长受阻。应掌握不同树种耐土壤硬度的特点，移植树木应扩大树坑，改良栽植基质的物理性质。路肩、人行步道种植行道树应选择耐土壤密实的树种，以延长其生长寿命。

（2）城市绿地土壤化学性质，主要表现为盐碱反应。城区大都在平坦的平原地带，相对地下水位高，有些地域排水不畅，很容易造成盐分积累。为了改善土壤化学性质，应注意改进排水设施，加强排水管理和防止溶雪剂的污染。

复习思考题

1. 园林树木因对环境温度不适应，常表现哪几种生理伤害？
2. 当地有哪些常见的耐阴树种？
3. 当地有哪些耐旱和耐水湿树种？
4. 当地有哪些抗污染树种？
5. 当地哪些园林树种属于酸性植物，哪些属于碱土植物？
6. 土壤的化学性质对园林树木生存、生长及景观有何影响？
7. 城市小气候和城市土壤对园林树木有何影响？

第三节　园林树木的观赏性及园林绿化应用

园林树木是组成园林景观的主要材料，种类丰富，具有美丽的姿态、丰富的色彩和四季的变化。掌握园林树种的观赏特点十分必要。园林树木观赏特点主要有五个方面。

一、园林树木的树形及枝形观赏性

园林树木的树形（枝形）形成原因可概括为三种：一是遗传，由遗传因子传宗接代相承下来。二是大自然造就，其中包括气候因素、病虫危及因素等。北京城区近郊区的平头油松原本有主干主尖，但每年春季都会遭遇松梢螟的危害，据苗圃调查，危害率达70%，年复一年，侧枝横向发展形成平头大顶。在长城外的延庆县城区油松绝大部分都有主干主尖，原因是气候冷凉抑制了该虫害发生。三是人工造型，如为了提高观赏效果把榆叶梅等一些花灌木修剪成单干圆头形，把碧桃修剪成杯形。利用垂枝国槐的生长特点在其下垂枝条的弯曲部位取上方芽进行短截，将其修剪成伞形，取名龙爪槐。有的利用树木枝条，编枝修剪成各种艺术造型，盆景制作更是典型的人工造作。

（一）树形（株形）观赏

不同树种其千姿百态的树形是构成园林景观的因素之一。根据美化配置的需要，通常可将园林树木的树形分为下述各类型。

1. 针叶树类

圆柱形：如杜松、塔柏等；

尖塔形：如雪松、窄冠侧柏；

圆锥形：如圆柏；

盘伞形：如老龄油松；

卵圆形：如球柏；

密球形：如万峰桧；

倒卵形：如千头柏；

偃卧形：如鹿角桧；

匍匐形：如铺地柏；

丛生形：如翠柏。

2. 阔叶树类

圆柱形：如钻天杨、新疆杨；

卵圆形：如加杨；

圆锥形：如银杏幼树；

棕榈形：如千头椿、棕榈；

倒卵形：如刺槐；

扁球形：如板栗；

倒钟形：如槐；

球形：如元宝枫；

伞形：如龙爪槐；

馒头形：如馒头柳；

斜平顶形：如合欢；

圆球形：如黄刺玫；

丛生形：如玫瑰；

拱枝形：如连翘；

匍匐形：如铺地蜈蚣。

(二) 枝形(枝条变异)

1. 垂枝形

一般树木枝条的离心生长性决定其向上或斜上方生长。因其基因变异改变了这个常规，变为枝条下垂，从而具有枝形特有的观赏性。常见的有下列品种。

华北地区：垂柳、垂枝榆、垂枝碧桃、垂枝樱花、龙爪槐等。

江南地区：垂柳、垂枝碧桃、垂枝梅、龙爪槐、垂枝早樱、金丝垂柳等。

岭南地区：垂柳、串钱柳等。

2. 曲枝形

枝条顶端生长点不断的细胞分裂，促使枝条向正前方延伸，但因某些遗传变异影响使其不断改变延伸方向，形成曲枝。因其奇特而具有观赏性。常见的有下列品种。

华北地区：龙须柳、龙桑、龙枣、疙瘩槐(刺槐)等。

江南地区：龙游梅、龙爪桑等。

岭南地区：八角枫等。

二、叶的观赏性

叶的观赏点主要有叶形和叶色。作为近观，叶形的奇特可作为重点，如银杏叶如扇面，马褂木以叶似马褂而得名。作为园林景观还应以宏观群体的颜色为主。如香山红叶，只见远山片片红晕，银杏秋色可把道路两侧装扮为金光大道。叶色又可分为彩叶和秋叶两类。

(一) 彩叶树种

彩叶树种即发芽抽枝展叶即为异色的树种。

1. 常见的观红叶树

华北地区：紫叶李、紫叶矮樱、紫叶桃、紫叶小檗、紫叶黄栌等。

江南地区：紫叶李、紫叶桃、紫叶矮樱、红枫、红羽毛枫、红叶石楠、红花檵木、紫叶小檗等。

岭南地区：紫锦木、变叶木、红桑、红花檵木等。

2. 常见的观黄叶树

华北地区：金叶女贞、金叶连翘、金叶接骨木等。

江南地区：金叶女贞、金森女贞、金边六月雪、金边扶芳藤、花叶胡颓子、花叶芦竹、金边黄杨、金叶瓜子黄杨、金叶小檗、金叶大花六道木等。

岭南地区：金千层、变叶木等。

（二）观秋叶树种：

观秋叶树种是指秋季气温变冷后叶绿素转变为花青素，叶子出现黄色、红色景观的树种。

1. 常见的秋红叶树种

华北地区：黄栌、元宝枫、火炬树、地锦、小檗、五叶地锦、柿、卫矛等。

江南地区：杜英、美国紫树、卫矛、山麻杆、枫香、鸡爪槭、乌桕、五角枫等。

岭南地区：枫香、红乌桕、漆树、滨盐肤木、大叶紫薇等。

2. 常见的秋黄或黄褐色的树种

华北地区：银杏、白蜡、马褂木、加杨、柳、梧桐、栾树。

江南地区：银杏、白蜡、无患子、黄金槐、梧桐等。

岭南地区：乌桕、木棉、枫香、大叶榕、银杏等。

无论彩叶还是秋叶树的叶色观赏都和其生态环境相关。如彩叶树应在全光下色彩鲜亮，荫蔽处色彩暗淡。在高温季节彩叶颜色常变得暗淡，如紫叶桃、紫叶李。秋叶树种常受立地水肥条件和气温影响，难以展现秋色美观。如黄栌在山区少水、少肥条件下秋色如火，而植于平地水、肥充裕、长势旺盛则经秋直到落叶都是绿色。

三、花的观赏性

花的观赏性有花色、花形、花量、花期等要素。其中花色和花量为园林景观观赏重点，即是要求群体的色彩效果。例如一盆观赏月季在眼前摆放，可近观其一朵或几朵花的花形、花色之美，而园林景观则要追求成片种植达到宏观色彩之美，如丰花型月季、地被月季、藤本月季等。

（一）花色

有些树种具有两种或数种花色，分为各花色品种。如刺槐、樱花、玉兰、丁香、月季、紫薇、牡丹、蔷薇、碧桃、木槿、贴梗海棠、杜鹃、绣线菊等。有些则只有一种颜色，表现深浅不同，可归于一个色系。

1. 红色系花

华北地区：海棠、杏、合欢、石榴、锦带花、毛刺槐、榆叶梅等。

江南地区：海棠、杏、桃花、合欢、石榴、茶花等。

岭南地区：木棉、冬红、大红花、红花紫荆、安石榴、刺桐、龙牙花、希美丽等。

2. 黄色系花

华北地区：迎春、连翘、金钟花、黄刺玫、棣棠、栾树、蜡梅、小檗等。

江南地区：海滨木槿、金桂、迎春、连翘、金钟花、云南黄馨、金丝桃、蜡梅、棣棠、伞房决明、结香等。

岭南地区：黄钟花、云南黄素、复羽叶栾树、黄兰等。

3. 蓝色系花

华北地区：紫藤、木蓝、毛泡桐、八仙花等。

江南地区：紫藤、八仙花等。

岭南地区：蓝花楹、可爱花、蔓马樱丹、蒂牡花等。

4. 白色系花

华北地区：溲疏、太平花、荚蒾、珍珠梅、梨、白鹃梅、枸橘等。

江南地区：广玉兰、白玉兰、银桂、四照花、栀子花、日本早樱、溲疏、红叶李、白花夹竹桃、火棘、六月雪、大花六道木、欧洲荚蒾、木绣球等。

岭南地区：白兰、深山含笑、茉莉、狗牙花、栀子等。

（二）花期

1. 一个树种不同单株，花期早晚不同

如栾树遗传性不同的单株，有6月份开花的，称为早花栾；有8月份开花的称为晚花栾。紫薇，不同地区生态型不同，开花先后不同，引自成都的红花紫薇6月下旬开花，引自河南洛阳的红花紫薇7月上旬才开花。

2. 花期长短不同

实生苗单瓣棣棠只春季一茬花，自根苗重瓣棣棠从春季开始直到8、9月份花开不断。二乔玉兰一般春季一茬花，长春二乔玉兰可观春、夏两季花。好的月季花品种在水肥管理到位情况下可表现为三季有花。紫薇虽然称为百日红，但因品种差异和养护条件差异花期差异较大，应进行品种选育。

（三）花香

以花的芳香而论，可分为：清香型，如太平花、金银花；甜香型，如桂花；浓香型，如白兰花等；淡香型，如玉兰；浊香型，如北京丁香、海州常山。

四、果的观赏性

春花秋实，除秋叶外，观果是秋季景观又一特点。园林景观仍是以观果实群体色彩为主，以近观果实形色为辅。

1. 观红色果实

观果最佳的当属红色果实。

华北地区：水栒子、山楂、观果海棠、樱桃、小檗类、平枝栒子、天目琼花、接骨木、金银木等。

江南地区：小檗类、杨梅、红果冬青、西府海棠、花石榴、珊瑚树、四照花、胡颓子、南天竹、火棘、海桐、紫金牛等。

岭南地区：铁冬青、枸骨、珊瑚树、坚荚树、龙船花、枕果榕、圣诞椰子、大王椰、朱砂根等。

2. 观兰紫色果实

华北地区：紫珠、海州常山、蛇葡萄、李子等。

江南地区：女贞、葡萄、十大功劳等。

岭南地区：山菅兰、白棠子、鬼灯笼等。

3. 观黄果

华北地区：柿子、卫矛、南蛇藤等。

江南地区：枇杷、柿树、柑橘、香橼、金橘、佛手、贴梗海棠、倭海棠、黄果山楂等。

岭南地区：柿子树、高山榕、四季桔、金橘等。

五、观干(枝)皮

树干、枝条除因其生长习性而直接影响树形外，它的颜色亦具有一定的观赏价值。尤其是叶落后，枝干的颜色更为显目。

1. 观白色干皮者

华北地区：白皮松、悬铃木、白杨系杨树、白桦等。

江南地区：光皮树(斑皮抽水树)、榔榆、银缕梅、花皮榆等。

岭南地区：白千层、粉单竹等。

2. 观青绿色干皮者

华北地区：青桐、竹等。

江南地区：青桐、青榨槭、竹类等。

岭南地区：毛竹、青杆竹、爪哇木棉、美丽异木棉等。

3. 观红色枝条者

华北地区：红瑞木、山杏、观古铜色干皮的山桃等。

江南地区：红花檵木、红茎蓖麻、红瑞木等。

岭南地区：龙船花、红花檵木、紫锦木等。

4. 冬季观绿色枝条者

华北地区：迎春、棣棠等。

江南地区：迎春等。

岭南地区：爪哇木棉、美丽异木棉等。

5. 观黄色枝条者

华北地区：如金枝梾木、金枝国槐、金竹等。

江南地区：金枝国槐、金丝柳、黄皮刚竹、金镶玉竹、黄杆乌哺鸡等。

岭南地区：黄金间碧竹、琴丝竹等。

6. 呈现斑驳色彩者

华北、江南地区：悬铃木、天目木姜子、黄槽竹、木瓜等。

岭南地区：龟甲竹、魔芋等。

复习思考题

1. 园林树木主要表现哪五个方面的观赏性?
2. 当地有哪些表现突出的观曲枝和观垂枝的树种?
3. 当地有哪些观彩叶及观秋色叶树种?
4. 花的观赏性主要表现在哪几方面?
5. 当地有哪些表现突出的观果树种?
6. 当地有哪些观枝干树种?

第四节　园林树木的用途分类

一、适用生态环保树类

生态环保类树种主要作用是水土保持、护坡，作为地被、防二次扬尘作用。其生长及生态习性应是对环境适应性强，对水、肥要求不严，耐粗放管理。华北地区常用树种有：火炬树、紫穗槐、雪柳、刺槐、榆树、构树、地锦、五叶地锦等；江南地区常用树种有：栾树、椿树、珊瑚朴、柿树、江南桤木、杂交杨、毛泡桐、匍地柏、绣线菊、倭海棠、矮紫薇、花叶蔓常春花、小叶扶芳藤、五叶地锦、三叶地锦、紫叶金银花、伞房决明等；岭南地区典型的树种：银合欢、桉树、台湾相思、大叶相思、香根草、野葛、山毛豆等。

二、适用行道树类

(一) 路树树种选择条件

行道树是城市道路绿化骨干，因其所处环境特殊，对其要求也较高。路树标准应归结为：一是对道路环境适应性强，保存率高；二是冠大荫浓；三是具有一定观赏性。三项中关键是第一项保存率问题。路树的保存率应达到十年内应不低于95%。保存率受以下条件制约。

1. 适应立地土壤条件

路树应选适合当地土壤化学性质的树种，如酸碱性、盐分浓度等。北京市城区个别路段选用壳斗科栎属树种上路，存活2～3年后会陆续死亡。另外还应适应立地土壤物理性质，如硬实度、透气性等。对不适应土壤硬实的树种如柳树、松类、银杏、元宝枫等，如作为路树应用应尽量扩大树坨，改良栽植基质。

在江南地区，为丰富行道树种，近年来除悬铃木以外，还陆续选用了杜英、杂交鹅掌楸等。根据生长情况看，在道路中心宽大的分隔带生长尚可，但由于杜英喜温暖阴湿环境，要求排水良好、湿润肥沃土壤，杂交鹅掌楸喜深厚肥沃、排水良好的沙质酸性土壤，不耐贫瘠、干燥；而作为一般道路的行道树，种植穴受限制，生长环境、土质和供水要求均难以满足此两种树种的正常生长的需要，因此作为人行道侧的单纯行道树，杜英和杂交鹅掌楸表现就不尽人意。

2. 适应立地气候条件

路树应考虑树种对当地气候条件适应性，如温度、湿度等。

对外引的抗寒性弱的树种应慎用，如北京地区的悬铃木、青桐、鹅掌楸等。近年天气变暖，又有些楼区造成小气候环境，不排除应用成功的可能，但一旦遭遇特殊气候年景将造成损失。20世纪70年代初，冬季北京展览馆路法桐、合欢遭遇严重冻害、全军覆没就是严重教训，所以在公路、风口处应控制使用。

对华北地区的干燥气候和日灼不适应的树种如七叶树、枫杨、椴树等也应慎用。七叶树作为路树应用时，西南方向树皮易灼伤发生皮裂。枫杨曾在阜外大街上路，结果是因空气湿度小落叶不断，给环卫工人造成负担；而生长在紫竹院、动物园湖边的枫杨长势很正常。

至于近年来陆续从南方地区引种的棕榈科植物，除了在浙江南部地区生长尚正常，在浙北、上海等地区，除小气候条件特别好的位置外，生长都较差，而且夏季要搭遮荫棚，冬季树身树叶均需绑扎保暖材料，可观赏期很短，实用价值不大。在岭南，椰子、泰国龙船花、雨树、红纸扇等不耐寒的植物不宜种在珠江以北地区。

3. 无毁灭性病虫害

病虫害是导致保存率降低的主要因素，尤其是毁灭性、难以控制的病虫害。易受蛀干害虫危害的树种，如元宝枫、柳树等，由于路树土壤环境硬实、不透气，树势削弱后很容易导致蛀干害虫严重危害。长安街新华门两侧元宝枫，1994 年全部更换为栾树。合欢在树势弱后会发生镰刀菌导致的枯萎病，整枝、整树死亡。从民国时期东交民巷种植合欢，直到 20 世纪 80 年代燕山石化主干道种植合欢都没有好的结果。楸树在北京有不少古树，纵观其树形会发现，古老的主干健在，但树冠发育不全。其原因主要是楸螟对一、二年生枝条危害所致。如将楸树上路必须控制楸螟对一、二年生枝条的危害。岭南地区典型的问题树种——凤凰木是很好的观花树种，但在岭南地区，不宜大面积种植，否则，夏天的 7、8、9 三个月的凤凰木夜蛾很容易暴发。马尾松近年受到松突圆蚧和天牛传播的松材线虫的严重危害，已不适宜用作行道树。

4. 深根性树种适用，浅根性不适用

刺槐作为路树，解放后一直在沿用，但最终结果是树干东倒西歪，树根横向乱窜，给市政管理带来很多麻烦。市内老刺槐路树已经全部清理更新。

5. 选择无污染、树型又好的树种(雄株)

路树种植在某地区相对集中，又亲近人群，所以应选择无污染而树形及长势又好的树种。银杏的果实味臭，应选雄株。白蜡应选雄株树形好。臭椿为杂性异株，应选择雄株无性系，如千头椿。法桐为雌雄同株，球果纤毛污染环境，应选少球的单株无性系变种。至于毛白杨的雌株飞絮已经遭到全社会声讨，但真正让人们忧虑的应是满街雄株(雄花序)花粉。花粉为可吸入颗粒物，是使人过敏的元凶。面对大自然赋予我们的多样化物种，不要妄言用高科技去消灭某树种，关键是无论雄株、雌株，只要不相对集中就不会对环境造成威胁。其实雌株杨树(不仅毛白杨)飞絮期只要一场小雨或用高压喷枪喷 1～2 次清水(不用农药)就可以解决问题。木棉果实开裂也会产生飞絮，但木棉每年能结果的不多，一般不到 10%。凤凰木一类的落叶树会给清扫带来麻烦，而且还容易造成城市的排水系统的堵塞，因此，不宜种得太多，更不宜大量作为路树，宜少量种在不用清扫的绿地中。

（二）常选用的行道树

(1) 华北地区：国槐、白蜡、栾树、千头椿、银杏、泡桐、杨树类、柳树类等。

(2) 江南地区：香樟、广玉兰、乐昌含笑、杜英、无患子、青桐、银杏、珊瑚朴、马褂木、悬铃木、合欢、栾树、枫香、榉树等。

(3) 岭南地区：小叶榕、大叶榕、高山榕、垂榕、白兰、非洲桃花心、白千层、人面子、芒果、扁桃、红花紫荆、洋紫荆、羊蹄甲、海南蒲桃、非洲榄仁、榄仁树、阿江榄仁、莫氏榄仁、大叶紫薇、椰子、大王椰、假槟榔、复羽叶栾树、大叶相思、海南红豆、秋枫、假苹婆、石栗、尾叶桉、大叶桉、雨树等。

三、适用园景树类

孤植树及园景树主要为突出显示树木个体美，通常作为主景应用。要求体量高大、姿态奇异并有突出观赏特点。园景树种类较多，常用的有：雪松、油松、白皮松、合欢、栾树、元宝枫、垂柳、七叶树、悬铃木、枫杨、槐、樱花、紫叶李、西府海棠、垂丝海棠等。

四、适用植篱类

植篱，顾名思义就是用植物作篱笆，起到阻隔、圈出范围或阻挡视线的作用。用作植篱的树种应是可控制高生长并耐修剪、枝叶紧凑、常绿或有观赏或利用特点的树种。根据其观赏利用特点可分为：绿篱、彩叶篱、花篱、刺篱等。

1. 常用绿篱

华北地区：桧柏、侧柏、大叶黄杨、锦熟黄杨等。

江南地区：石楠、光叶石楠(珊瑚树)、四季桂、小蜡、水蜡、雀舌黄杨、瓜子黄杨、大叶黄杨、狭叶十大功劳、小叶女贞等。

岭南地区：福建茶、山指甲、九里香等。

2. 常用彩叶篱

北京地区：红叶小檗、金叶女贞等。

江南地区：金叶女贞、红叶石楠、红花檵木、金边黄杨、金叶瓜子黄杨等。

岭南地区：红花檵木、金露花、各种变叶木、银姬小蜡树、斑叶假连翘等。

3. 常用花篱

华北地区：矮生木槿、绣线菊类、棣棠、锦带花类等。

江南地区：木槿、木芙蓉、倭海棠、大花栀子、棣棠、金钟花等。

岭南地区：各种龙船花、红花檵木、小叶米兰、茉莉、栀子、铁海棠等。

4. 常用刺篱

华北地区：花椒、枸橘等。

江南地区：枸骨、野蔷薇、十大功劳等。

岭南地区：各种叶子花、仙人藤、虎刺、大花假虎刺、铁海棠等。

五、适用木本地被类

木本地被要求生长低矮、枝条细密、覆盖地面的木本植物材料，常用于复层结构种植。常用的木本地被分为三类。

1. 匍匐型小灌木

匍匐型小灌木即生长低矮、枝条横向生长的灌木。

华北地区：平枝栒子、沙地柏、偃柏等。

江南地区：铺地柏、高山柏、水栀子、紫金牛、龟甲冬青、金丝桃、倭海棠、大花六道木、杜鹃等。

岭南地区：叶子花、铺地榕、马樱丹、蔓马樱丹、锡兰叶下珠等。

2. 藤木类：

华北地区：地锦、美国地锦、小叶扶芳藤、金银花等。

江南地区：常春藤、花叶蔓常春花、洋常春藤、小叶扶芳藤、地锦、美国地锦等。

岭南地区：异叶爬山虎、金银花、蔓马樱丹、山蒌、假蒌等。

3. 用于地被的竹类

华北地区：阔叶箬竹、箬竹等。

江南地区：菲白竹、菲黄竹、大叶箬竹、鹅毛竹、铺地竹、凤尾竹、赤竹等。

岭南地区：观音竹、菲黄竹、菲白竹等。

六、适用于立体(垂直)绿化的藤木类树种

利用墙面、棚架、篱垣等设施在立面空间进行绿化种植称为立体绿化。常用的植物材料分为三类。

1. 棚架类

棚架类即缠绕棚架结构物、枯树、灯杆向上生长占领空间的绿化植物材料。

华北地区：紫藤、南蛇藤、杠柳、金银花、山荞麦、葡萄等。

江南地区：藤本蔷薇、黄木香、凌霄、紫藤、葡萄、南蛇藤、铁线莲、金银花等。

岭南地区：何首乌、大花老鸦嘴、翼叶老鸦嘴、山银花、珊瑚藤、禾雀花、使君子、鸡蛋果、珠帘藤、金杯花等。

2. 墙面类

墙面类即利用气生根的吸盘沿墙面向上生长占领空间的绿化植物材料。

华北地区：中国地锦、美国地锦、小叶扶芳藤、大叶扶芳藤、常春藤、美国凌霄等。

江南地区：爬藤榕、小叶扶芳藤、大叶扶芳藤、三叶地锦、五叶地锦、络石、薜荔、常春藤、凌霄等。

岭南地区：异叶爬山虎、青龙藤、猫爪藤、中国凌霄、美国凌霄、络石、石楠藤等。

3. 篱垣类

篱垣类即利用枝刺倒钩，相互拉扯向上簇拥生长的藤本类树木。

华北地区、江南地区：蔷薇、藤本月季等。

岭南地区：各种叶子花、七姐妹、仙人藤、虎刺、大花假虎刺、铁海棠等。

七、竹类

全国可分三个竹区。

1. 黄河—长江竹区

相当于北纬 30°～37°之间；主要竹种为散生毛竹、刚竹、淡竹、桂竹、毛金竹、水竹、紫竹及其他变种。混生型竹种有苦竹、箬竹、箭竹。渭河平原南部以及太行山东南麓有大面积竹林存在，是北方竹子生产基地。

2. 长江—南岭竹区

本区为散生竹、丛生竹混合区。散生竹有毛竹、刚竹、淡竹、桂竹、水竹、哺鸡竹等；丛生竹有慈竹、料慈竹、凤凰竹等；混生竹种有苦竹、箬竹等。是毛竹中心产区。一般在山区和偏北部分主要是散生竹种和混生竹种，而在偏南的平原地区，则丛生竹种较多。

3. 华南竹区

本区以丛生竹为主。主要竹种簕竹属有青皮竹、撑篙竹、大眼竹、茶秆竹。还有单竹属、慈竹属。村前屋后都有丛生竹林，海拔较高地方有大面积散生竹种和混生竹种。

华北地区应从黄河流域引种竹源。北京地区引种多年的竹种主要为早园竹和箬竹，其次为淡竹、黄金间碧玉、黄槽竹、紫竹等。

复习思考题

1. 按园林用途分类，可分几种？

2. 当地哪些树种适合用于生态环保种植？
3. 当地哪些树种适宜应用行道种植，应具备哪些必要条件？
4. 当地哪些树种适合用于植篱种植？
5. 当地哪些树种适合用于地被种植？
6. 当地哪些树种适合用于立体绿化种植？
7. 当地适宜的竹种有哪些？

第二章　露地园林花卉及地被

第一节　露地花卉分类及生长习性

露地花卉是相对温室花卉而言的，指在当地自然条件下不加保护设施能完成全部生长发育过程的花卉。露地花卉根据生活周期和地下形态特征可分为：一二年生花卉，宿根花卉，球根花卉，水生花卉，木本花卉。

一、一二年生花卉

在一二年内完成全部生活史的花卉，称为一二年生花卉。即从播种、营养生长，到开花、结实，即死亡，都在一二年内完成一个生命周期，下一个生命周期仍从种子萌芽开始。

（一）一年生花卉生长习性和用法

一年生花卉喜温暖，不耐冬季严寒，大多不能忍受0℃以下的低温，生长发育主要在无霜期进行。通常情况下，春播秋实，又叫春播花卉。一年生花卉的原产地大多数在热带、亚热带地区，性喜高温，遇霜冻即枯死，如常见的鸡冠花、百日草、中国凤仙、翠菊等。一年生花卉常常用于“十一”国庆节的花坛布置。

（二）二年生花卉生长习性和用法

在跨度两年内完成其生活史的花卉，称为二年生花卉。通常二年生花卉在秋季播种，当年只进行营养生长，第二年春夏季开花、结实、死亡。因其在秋季播种，次年夏季来临之前开花结实，因此二年生花卉又称为秋播花卉。如金盏菊、金鱼草等。这类花卉大多原产于温带，在生长发育阶段喜欢较低的温度，幼苗能够忍耐－4℃或－5℃的低温，对夏季高温的抵抗力却很差。二年生花卉常用于“五一”节的花坛布置。

（三）多年生代替一年生使用

一些原产于热带、亚热带的花卉，在原产地能够存活两年以上，但在温带、寒带则不能露地越冬，因此常常作为一二年生花卉栽培。如雏菊、矮牵牛、一串红、三色堇等。

一年生花卉和二年生花卉的种类繁多，同一种花卉往往又有很多的品种和类型，它们的表现各不相同。总而言之，一二年生花卉大都以种子繁殖，栽培管理简单，对土壤要求不严，在排水良好的土壤上生长更为健壮。因为一二年生花卉只在生长季节应用，所以一般可以不考虑其抗寒性。

（四）华北地区常用一二年生花卉（表2-1-1）

华北地区常用一二年生花卉表　　　**表2-1-1**

序号	中名	高度(cm)	观赏特性
1	翠菊	30～100	花期6～10月，花色丰富
2	金盏菊	25～60	花期4～6月，花黄、橙、乳白
3	万寿菊	60～90	花期6～10月，花黄、橙色

续表

序号	中名	高度(cm)	观赏特性
4	鸡冠花	20～60	花期7～10月，花色丰富
5	百日草	50～90	花期6～9月，花白、黄、红、紫等色
6	孔雀草	20～40	花期6～10月，花黄、橙色
7	波斯菊	120～150	花期6～10月，花白、粉及深红等
8	麦秆菊	40～90	花期8～10月，花白、黄、橙、褐、粉红及暗红
9	蛇目菊	60～80	花期6～9月，花黄、红褐或复色
10	千日红	20～60	花期7～10月，花紫红、白、粉色
11	一串红	50～80	花期5～7月或7～10月，花红色，有一串白、一串紫变种
12	矮一串红	15～30	花期同上，花亮红色
13	凤仙花	30～80	花期7～9月，花色丰富
14	锦团石竹	20～30	花期5～9月，花色丰富
15	美女樱	15～50	花期6～9月，花白、粉、红、紫等
16	矮牵牛	20～60	花期6～9月，华北地区除冬季外，可三季有花，花色丰富
17	牵牛花	300	花期7～9月，一年生缠绕草本，花色丰富
18	茑萝	600～700	花期8～10月，一年生缠绕草本，花红、粉、白
19	三色堇	10～30	花期4～6月，花色丰富
20	半支莲	10～15	花期7～8月，花色丰富
21	紫茉莉	60～100	花期夏秋，花红、橙、黄、白等
22	金鱼草	15～120	花期3～6月，花色丰富
23	地肤	30～150	叶色嫩绿
24	五色苋	10左右	叶绿色或红褐色
25	雁来红	100～150	入秋顶叶红、黄、橙色
26	银边翠	50～100	梢叶白或镶白边

（五）江南地区常用一二年生花卉（表2-1-2）

江南地区常用一二年生花卉表 **表2-1-2**

序号	中名	高度(cm)	观赏特性
1	金盏菊	＜20	花期2～5月，花黄、橙色
2	万寿菊	40～70	花期7～8月，花黄、橙色
3	鸡冠花	20～40	花期7～10月，花玫红、红、黄色
4	百日草	40～70	花期5～8月，花紫、红、橙、黄、粉、白等色
5	孔雀草	20～40	花期7～8月，花黄、橙、褐色
6	波斯菊	50～140	花期9～10月，花粉红、玫瑰红、紫红、蓝紫、白色
7	千日红	20～60	花期7～10月，花紫红、粉色、浅黄、浅红、白色
8	一串红	30～80	花期7～10月，花鲜红色，有白、蓝色变种
9	凤仙花	20～40	花期7～8月，花玫红、红、粉、白色
10	石竹	20～40	花期4～6月，花紫、红、粉、白等色
11	美女樱	15～50	花期4～10月，花紫、红、粉、白、蓝等色
12	矮牵牛	20～40	花期5～8月，花色有蓝、紫、红色，并带有白条
13	茑萝	200～700	花期5～8月，一年生缠绕草本，花红、粉、白
14	三色堇	10～20	花期2～5月，花色丰富，有紫、黄、红、白、复色等

续表

序　号	中　　名	高度(cm)	观　赏　特　性
15	半支莲	10～15	花期7～8月，花色丰富，有紫、玫、红、粉、黄、白、复色等
16	金鱼草	20～40	花期4～6月，花色丰富
17	地　肤	50～150	观赏期7～8月，叶色嫩绿
18	雁来红	40～100	观赏期9～10月，入秋顶叶红、黄、橙色
19	彩叶草	40～60	观赏期7～10月，叶色丰富，有红绿黄褐等色及一叶多色，品种众多
20	夏　堇	20～30	花期7～10月，花紫青、桃红、蓝、紫、深桃红及紫色等，花冠杂色
21	长春花	20～40	花期5～9月，花色有白、紫红等
22	翠　菊	20～40	花期7～10月，花色有蓝、紫、红、粉、白色等
23	矢车菊	40～60	花期4～6月，花色有蓝、紫、红、白色等
24	雏　菊	10～20	花期2～5月，花色有红、粉、白色等
25	桂竹香	30～60	观赏期4～6月，花色橙黄、橘黄、褐黄、紫红或两色混杂
26	羽衣甘蓝	20～40	观赏期11～2月，叶色红、黄、白、复色等
27	紫荼菜	20～40	观赏期11～2月，叶色紫红
28	花菱草	20～35	花期4～6月，花色有橙、黄、白色等
29	虞美人	40～60	花期4～5月，花色丰富艳丽
30	醉蝶花	60～120	花期6～9月，花玫瑰、紫色或白色
31	银边翠	60～80	观赏期5～7月，叶绿色、顶叶白色或全叶白色
32	旱金莲	30～50	花期2～3月、7～9月，花色有紫红、红、粉红、橙、橘黄、黄、乳白及复色
33	矮雪轮	20～30	花期4～6月，花色较多，有白、淡紫、浅粉、玫瑰色等
34	福禄考	15～45	花期2～9月，花色有大红、桃红、粉红、玫瑰红、蓝紫、纯白等
35	金鱼草	20～90	花期5～6月，花色有白、淡红、深红、肉色、深黄、浅黄、黄橙等
36	二月兰	20～70	花期2～5月，花淡蓝、蓝紫或淡红色，少量白色
37	蓝亚麻	30～40	花期5～8月，花色浅蓝
38	须苞石竹	30～60	花期5～10月，花色有红、白、紫、深红等
39	黄帝菊	30～50	花期4～9月，舌状花金黄色，管状花黄褐色
40	麦秆菊	50～120	花期7～9月，花色有黄、橙、红、粉、白色
41	红绿草	5～15	观赏期9～10月，叶色深红或中绿色
42	蜀　葵	100～200	花期6～7月，花紫、红、粉、黄、白、复色等，花色丰富
43	雁来红	20～50	观赏期8～10月，叶色深红、红白相间
44	紫　苏	20～50	观赏期5～8月，叶色紫红
45	飞燕草	40～120	花期5～6月，花紫、红、青、白色

（六）岭南地区常用一二年生花卉（表 2-1-3）

岭南地区常用一二年生花卉表　　表 2-1-3

序　号	中　　名	高度(cm)	观　赏　特　性
1	金盏菊	25～60	花期11～4月，花黄、橙、乳白
2	万寿菊	60～90	花期10～5月，花黄、橙色
3	鸡冠花	20～60	花期全年，花色丰富
4	百日草	50～90	花期全年，花白、黄、红、紫等色
5	孔雀草	20～40	花期10～5月，花黄、橙色
6	波斯菊	120～150	花期全年，花白、粉及深红等
7	千日红	20～60	花期6～11月，花紫红、白、粉色

续表

序号	中名	高度(cm)	观赏特性
8	一串红	30～80	花期10～5月，花红色，有一串白、一串紫变种
9	矮一串红	15～30	花期同上，花亮红色
10	凤仙花	30～80	花期7～9月，花色丰富
11	锦团石竹	20～30	花期11～5月，花色丰富
12	美女樱	15～50	花期全年，花白、粉、红、紫等
13	矮牵牛	20～60	花期10～6月，花色丰富
14	茑萝	600～700	花期8～10月，一年生缠绕草本，花红、粉、白
15	三色堇	10～30	花期11～4月，花色丰富
16	半支莲	10～15	花期3～11月，花色丰富
17	紫茉莉	60～100	花期夏秋，花红、橙、黄、白等
18	金鱼草	15～120	花期11～5月，花色丰富
19	地肤	30～150	叶色嫩绿
20	雁来红	100～150	入秋顶叶红、黄、橙色
21	彩叶草	30～60	叶色丰富，品种众多
22	夏堇	30～60	花期5～11月，花色丰富
23	黄星菊	30～50	花期5～11月，花黄色
24	长春花	25～50	花期5～11月，花色丰富，有白、粉、红等

二、宿根花卉

(一) 宿根花卉生长习性

宿根花卉为多年生草本花卉，是指植物体能够存活两年以上，地下部分根茎发育正常、无变态的草本花卉。宿根花卉一般表现有较强的耐寒性，耐寒的表现是，在低温条件下休眠，茎叶枯死，根茎生长点在土壤中仍然保持活力，春季气候适宜条件下重新萌发，开始下一个生命周期。如此反复，可以多年开花。

宿根花卉由于多数品种的雌雄蕊瓣化而不结实，或种子不育，因此大部分宿根花卉都以分株繁殖为主。凡属早春开花的种类，往往适宜在秋季或初冬进行分根，如芍药、荷包牡丹、鸢尾等；而夏秋开花的种类则多在早春萌动前进行分株，如桔梗、萱草、八宝景天等。有的种类也可以在营养生长期掰取茎上的腋芽或嫩茎进行扦插繁殖。有的种类也可以采用播种繁殖，但若没有特殊制种技术则不能保证繁殖苗原有优良品种的观赏性。播种苗常作砧木使用。播种法也常用来进行品种杂交选优。

(二) 宿根花卉的主要生长特点

(1) 生命力强，多年生。一次栽植后可以多年观赏，管理简单，成本低。关键是加强越冬管理，保护好根茎生长点，以利于翌年再生。

(2) 种类多，品种多，园林用途广泛。宿根花卉种类繁多，形态各异，可以用作花境、花坛、花带、花丛，用于美化环境。植株低矮，高度一致，密集生长的特点，又是改善生态环境，作为地被植物的很好选材。

(3) 生态类型多。依据宿根花卉对不同生态环境的适应，可以将其分为多种类型，如耐旱型、耐湿型、耐阴型及耐瘠薄型等，因此可以有选择地用于不同环境的美化和绿化。

(4) 有自播繁衍的生长特点。许多宿根花卉能利用自身种子自行繁衍，可以省去人工繁殖成本。

(5) 由于在原地宿根生长时间较长，蘖芽分生过多，影响了单株的生存空间，应适时分株，进行更新复壮。有些花卉存在重茬问题，如小菊类宿根花卉应在1～2年后进行移栽换土。

(三) 华北地区常用的宿根花卉(表2-1-4)

华北地区常用的宿根花卉表 **表2-1-4**

序号	中名	高度(cm)	观赏特性
1	菊花	60～150	花期10～11月，花色丰富
2	芍药	60～120	花期4～5月，花色丰富
3	蓍草	5～100	花期夏秋，花白、粉、黄色
4	千叶蓍	30～100	花期6～8月，花白色
5	荷兰菊	60～100	花期9～10月，花深蓝紫、白、紫红色
6	紫菀	40～200	花期8～9月，花淡紫色
7	大金鸡菊	30～90	花期6～9月，花黄色
8	大天人菊	60～90	花期6～10月，花黄色，基部红褐色
9	紫松果菊	60～120	花期6～10月，舌状花淡粉、洋红至紫红色，管状花褐色
10	黑心菊	60～90	花期6～9月，舌状花黄色基部暗红色，筒状花深褐色
11	银叶菊	15～40	叶银白色
12	一枝黄花	30～150	花期7～8月，花黄色
13	蜀葵	120～180	花期6～8月，花色丰富
14	芙蓉葵	100～200	花期6～8月，花色丰富
15	耧斗菜	60～90	花期5～6月，花白、紫
16	落新妇	50～100	花期7～8月，花红紫色
17	常夏石竹	20～30	花期5～7月，花白、粉红、紫色
18	瞿麦	30～40	花期5～6月，花浅粉紫色
19	皱叶剪夏罗	60～80	花期6～7月，花砖红色
20	荷包牡丹	30～60	花期4～5月，花白、粉红色
21	八宝景天	30～50	花期7～9月，花淡红色
22	费菜	20～40	花期6～7月，花成黄色
23	垂盆草	9～18	花期7～9月，花黄色
24	宿根福禄考	60～120	花期7～8月，花色丰富
25	随意草	60～120	花期7～9月，花白、粉紫色
26	桔梗	30～100	花期6～9月，花蓝、白色
27	萱草	30～80	花期6～7月，花黄、橘黄、橘红、红
28	玉簪	30～40	花期6～7月，花白色
29	紫萼	30～40	花期6～8月，花淡紫色
30	鸢尾	30～40	花期5月，花白、蓝紫色
31	德国鸢尾	40～60	花期4～5月，花紫或淡紫色
32	马蔺	30～60	花期5～6月，花堇蓝色
33	火炬花	50～60	花期6～10月，花红、黄色

(四) 江南地区常用的宿根花卉(表2-1-5)

江南地区常用的宿根花卉表 表 2-1-5

序号	中名	高度(cm)	观赏特性
1	菊花	20~200	花期9~1月，花色极其丰富，有黄、白、绿、紫、红、粉、复色等
2	蜀葵	120~300	花期6~8月，花色丰富，有紫、粉、红、白、复色等
3	垂盆草	10~15	花期5~6月，花黄色
4	萱草	30~80	花期5~7月，花色有黄、橘黄、橘红、红色等
5	玉簪	30~50	花期6~8月，花白色
6	紫萼	50~80	花期6~7月，花淡紫、堇紫色
7	鸢尾	30~80	花期4~5月，花有蓝、紫、黄、白、淡红等色
8	德国鸢尾	30~40	花期5~6月，花色有黄、淡蓝、蓝紫、淡紫红、褐色及白色等色
9	日本鸢尾	30~60	花期4~5月，花色为淡兰紫色带黄色斑纹
10	射干	50~120	花期7~9月，花瓣呈橘黄色，有深红色斑点
11	芍药	50~100	花期4~5月，花色有白、黄紫、粉、红等色
12	七叶一枝花	30~100	花期5~7月，花色黄绿色
13	荷包牡丹	30~60	花期5~7月，花色外两瓣粉红色，内两片白色
14	芭蕉	200~400	花期7~8月，花黄色
15	地涌金莲	40~60	花期6~9月，花莲座状，苞片呈金黄色，花两列，淡紫色
16	耧斗菜	40~60	花期4~6月，花色有蓝、紫、红、黄、白等色
17	紫菀	40~50	花期8~9月，边缘舌状花、淡紫色，中间管状花，黄色
18	大花金鸡菊	50~90	花期5~9月，花黄色
19	大花秋葵	50~200	花期6~9月，花色有白、粉红、玫红至深红色，中心深红色
20	蜀葵	100~200	花期6~7月，花色有紫、红、粉、黄、白、复色等，花色丰富
21	天竺葵	15~50	花期3~11月，花色有紫、红、粉、橙、黄、白、复色等，花色丰富
22	常夏石竹	10~40	花期5~11月，花色有红、粉、白、复色
23	毛地黄	60~120	花期4~6月，花冠有粉、白、紫红色，内面具有斑点
24	蛇鞭菊	100~150	花期7~8月，花色有淡紫、粉、白色
25	剪夏罗	50~80	花期7~8月，花色淡橙红色
26	马薄荷	70~100	花期6~9月，花红色
27	火炬花	80~120	花期6~7月，花圆筒形，上部深红、橘红色、下部黄色
28	随意草	60~120	花期7~9月，花色有紫、红、粉、白色
29	金叶过路黄	10~15	花期5~7月，花黄色；观叶期3~11月，叶片金黄色，冬季呈红褐色
30	石菖蒲	30~40	花期5~7月，花淡黄绿色
31	吉祥草	10~40	花期10~11月，花淡紫红色；观叶期全年，叶片黄绿色
32	天人菊	50~90	花期7~10月，舌状花上部黄色基部紫色，管状花紫褐色
33	美丽月见草	30~50	花期5~10月，花色有、粉、白色
34	蛇莓	5~15	花期4~5月，花黄色
35	无毛紫露草	10~25	花期5~10月，花冠紫蓝色，花蕊黄色
36	马蔺	10~60	花期4~5月，花有天蓝、蓝紫色
37	大花飞燕草	30~120	花期5~6月，花色有蓝、紫、红、粉白等色
38	白三叶	30~40	花期4~7月，花白色或淡红色
39	红花酢浆草	10~35	花期4~7月，花为淡紫红色，有深紫红色条纹
40	紫叶酢浆草	15~30	花期4~11月，开粉红带浅白色的小花，叶片为艳丽的紫红色
41	亚菊	15~60	花期8~9月，花黄色

续表

序号	中名	高度(cm)	观赏特性
42	白及	30～60	花期4～5月，花紫色或淡红色
43	白晶菊	15～25	盛花期3～5月，边缘舌状花银白色，中央筒状花金黄色
44	松果菊	60～150	花期6～7月，舌状花紫红色，管状花橙黄色
45	金光菊	30～90	花期5～10月，花色有橘红、深红、粉红、水红等颜色
46	一叶兰	20～70	花期4～5月，花色呈褐紫色
47	国兰	10～80	花期春兰2～3月，蕙兰3～5月，建兰5～12月，寒兰11～1月；国兰花色丰富，有黄、绿、紫红、深紫等色，一般有杂色脉纹与斑点，也有洁净无瑕的素花

（五）岭南地区常用的宿根花卉（表2-1-6）（岭南地区多数花卉都是常绿的，严格意义上冬天枯死的宿根花卉几乎没有）

岭南地区常用的宿根花卉表　　表2-1-6

序号	中名	高度(cm)	观赏特性
1	菊花	60～150	花期11～2月，花色丰富
2	蜀葵	120～180	花期5～10月，花色丰富
3	垂盆草	9～18	花期3～5月，花黄色
4	萱草	30～80	花期6～9月，花黄、橘黄、橘红、红
5	玉簪	30～40	花期6～8月，花白色
6	紫萼	30～40	花期6～8月，花淡紫色
7	鸢尾	30～40	花期3～5月，花白、蓝紫色

三、球根花卉

（一）球根花卉生长习性

根茎变态膨大成球块状的多年生草本花卉称之为球根花卉。凡是生长期能在露地过冬的称为露地球根花卉（在华北地区部分球根花卉仍需要入冬前将球根挖起，置于室内越冬的也属于此类）。

球根花卉的生长习性不同，栽植时间也有所区别，一般分为两种类型。凡是春季栽植于露地，夏季开花、结实，秋季气温下降时，地上部分即停止生长并逐渐枯萎，地下部分进入休眠状态者，称为春植球根花卉，如美人蕉、唐菖蒲等。春植球根花卉的原产地大多在热带、亚热带地区，故生长季节要求高温环境，其耐寒力较弱。凡是秋季栽植于露地，其根茎部在冷凉条件下生长，并度过一个寒冷冬天，翌年春天再逐渐发芽、生长、开花者，称为秋植球根花卉，如百合、郁金香等。这类球根花卉的原产地大多为温带地区，因此耐寒力较强，却不适应炎热的夏季。

（二）球根花卉种类

球根花卉与宿根花卉的区别在于球根花卉地下部分有各种变态根茎。这些变态根茎根据形态不同，可以分为五种类型：球茎、块茎、根茎、鳞茎、块根。前四者为茎变态，后者为根变态。

鳞茎：茎部短呈圆盘状，上部有肥厚的鳞片状的变态叶，鳞片叶内贮藏着丰富的养分供植物初期生长用。其圆盘茎的下部发生多数须根，由鳞片间萌生叶及花茎。如郁金香、百合、水仙等。

球茎：为变形的地下茎，呈扁球状，较大，其上有节，节上有芽，由芽萌生新植株。当植株开花后，球茎的养分耗尽逐渐枯萎，新植株增生新球茎。如唐菖蒲、小苍兰等。

块茎：为变形的地下茎，外形不整齐，块茎内贮藏着大量养分，其顶端存在的芽于翌年萌生新苗。如仙客来、球根海棠、白头翁、晚香玉等。大部分有块茎的种类其块茎为多年生，虽然顶端有多数发芽点，但自然分球繁殖力很小，因此常常采用播种繁殖为主，此外晚香玉是鳞茎状块茎，其上部具有鳞片状茎，但着生在一块较大的块茎上，因此通常仍将其划为块茎类。

根茎：稍带水平发育的膨大的地下茎，其内贮藏着养分。在地下茎的先端或节间生芽，翌年萌生出叶及花茎，其下方则生根。根茎上有节及节间，每节上也可以发生侧芽，如此可以分生出更多的植株，而原有的老根茎逐渐萎缩死亡，如美人蕉、荷花等。

块根：地下部为肥大的根，无芽，繁殖时必须保留旧的茎基部分，又称根冠。次年春天在根冠四周萌发出许多嫩芽，利用新萌生的嫩芽，用掰取的芽进行扦插繁殖。或将芽和块根的一部分切下，进行分株繁殖。如大丽花、花毛茛等。

（三）华北地区常用的球根花卉(表 2-1-7)

华北地区常用的球根花卉表 **表 2-1-7**

序号	中名	高度(cm)	观赏特性
1	大丽花	30～120	花期 6～10 月，花色丰富
2	美人蕉	70～150	花期 6～10 月，花深红、橙红、黄、粉、乳白色等
3	葡萄风信子	20～30	花期 3～5 月，花蓝色
4	卷丹	50～150	花期 7～8 月，花橘红色
5	喇叭水仙	30～50	花期 3～4 月，花黄或淡黄色
6	蛇鞭草	60～200	花期 7～9 月，花紫红色

（四）江南地区常用的球根花卉(表 2-1-8)

江南地区常用的球根花卉表 **表 2-1-8**

序号	中名	高度(cm)	观赏特性
1	朱顶红	30～40	花期 5～6 月，花有白、粉红、黄、紫等色，此外还有红白双色品种
2	大花美人蕉	100～150	花期 6～10 月，花色有乳白、淡黄、橘红、粉红、大红、紫红和洒金等
3	石蒜	30～70	花期 4～9 月，花色有紫红、淡紫红、鲜红和白色带浅红条纹
4	葱兰	10～40	花期 7～9 月，花白色外被紫红色晕
5	红花葱兰	20～30	花期 6～9 月，花玫瑰红色
6	郁金香	30～40	花期 3～4 月，以红、黄、紫色为主调，花色极其丰富
7	番红花	15～35	花期 10～11 月，花有白、紫、淡紫、橙等色，另有黄花品种番黄花
8	水鬼蕉	50～80	花期 6～7 月，花白色
9	忽地笑	40～60	花期 8～10 月，花黄色或橙色
10	球根秋海棠	20～35	花期 4～11 月，花色丰富，有粉红、淡红、橘红、黄、橙、乳白、白、紫红及多种过渡色
11	大丽花	50～150	花期 7～10 月，花色有白、黄、橙、粉、红、紫及复色等色

续表

序　号	中　　名	高度(cm)	观　赏　特　性
12	花毛茛	20～45	花期2～5月，花分重瓣和半重瓣，有白、橙、黄、红、紫、褐等多种色彩
13	风信子	20～45	花期3～4月，花色有红、黄、粉、白、堇和蓝紫色
14	芍　　药	50～100	花期4～5月，花色有白、黄紫、粉、红等色，少有淡绿色
15	百　　合	40～150	花期6～9月，花为橙红、白、鲜红、紫红等色，带有紫黑色斑点或无斑点
16	麝香百合	50～120	花期6～7月，花瓣纯白色，花药橙黄色
17	晚香玉	60～80	花期5～11月，花单瓣的多为白色、重瓣的多为淡紫色
18	唐菖蒲	30～150	花期3～8月，有红、白、黄、粉、玫瑰红、浅紫、橙红、天蓝及紫红等深浅不同或复色品种
19	水　　仙	20～30	花期1～3月，花白色、环状副冠金黄色

（五）岭南地区常用的球根花卉(表2-1-9)

岭南地区常用的球根花卉表　　**表2-1-9**

序　号	中　　名	高度(cm)	观　赏　特　性
1	朱顶兰	30～80	花期2～5月，花色丰富
2	美人蕉	70～150	花期6～10月，花深红、橙红、黄、粉、乳白色等
3	石　　蒜	20～70	花期8～11月，花色丰富
4	葱　　兰	20～30	花期6～8月，花白色
5	风雨花	20～30	花期6～8月，花粉红色
6	蜘蛛兰	60～150	花期4～10月，花白色
7	文殊兰	80～150	花期4～10月，花白色
8	红花文殊兰	80～150	花期4～10月，花红色
9	贺春兰	20～30	花期1～3月，花粉红色
10	网球花	20～30	花期3～5月，花红色

四、水生花卉

（一）水生花卉生长习性

在水中或亲水湿地生长的多年生或球根花卉称为水生花卉。如荷花、睡莲、千屈菜、水葱等。水生花卉大多为草本花卉。

水生花卉适生水的深度要根据具体的花卉种类而定，挺水、浮水植物通常生长在60～100cm的水中，或更浅些。水越深则水中氧气的含量越少，水越深水温越低，对水生植物的生长不利。千屈菜、水葱等在临水沼泽即可生长。

水生花卉的繁殖多以分根法为主，很少采用播种法。一些耐寒种类则可以在水中越冬，而半耐寒的种类则每到秋后或结冰前提高水位，使根部在冰层下越冬，若少量栽植则可以挖出后在不结冰的温室越冬。甚至终年都在温室生长。

（二）水生花卉分类

根据其生长特点，可以将水生花卉分为：①挺水植物，其根生植于泥土中，茎叶挺出水面，如荷花、水生鸢尾等；②浮水植物，其根生于泥土中，叶片浮于水中或略高于水面，如睡莲、王莲等；③沉水植物，根生于泥土中，茎叶全部生长在水中；④漂浮植物，根生长在水中，叶片漂浮在水面，可以随水流动。沉水的及漂浮类不能作为园林植物应用。

（三）华北地区常用的水生花卉（表 2-1-10）

华北地区常用的水生花卉 **表 2-1-10**

序号	中　名	高度(cm)	栽培水深(cm)	观 赏 特 性
1	荷　花	100	60～80	花期 6～9 月，花色红、粉红、白、乳白、黄
2	睡　莲	浮水植物	10～60	花期 6～9 月，花色丰富
3	菖　蒲	60～80	5～10	花期 7～9 月，花黄绿色
4	千屈菜	30～100	5～10	花期 7～9 月，花紫红色
5	凤眼莲	漂浮植物	60～100	花期 7～9 月，花堇紫色
6	芡　实	浮水植物	＜100	观叶，观赏期 6～10 月
7	水　葱	60～120	5～10	观叶，观赏期 5～10 月
8	慈　菇	100	10～20	花期 7～9 月，花白色，观叶为主
9	荇　菜	漂浮植物	100～200	花期 6～8 月，花鲜黄
10	香　蒲	150～350	20～30	花期 5～7 月，花浅褐色，观茎叶
11	芦　苇	100～300	无要求	观茎叶

（四）江南地区常用的水生花卉（表 2-1-11）

江南地区常用的水生花卉表 **表 2-1-11**

序　号	中　名	高度(cm)	栽培水深(cm)	观 赏 特 性
1	荷　花	100～150	60～100	花期 6～8 月，花色有红、粉红、白、乳白、黄等色
2	睡　莲	浮水植物	20～80	花期 5～9 月，花色有紫、红、粉红、白、乳白、金黄等色
3	水菖蒲	50～150	5～10	花期 6～9 月，肉穗花序，黄绿色
4	黄菖蒲	60～120	5～10	花期 5～6 月，花艳黄色
5	花菖蒲	50～80	5～10	花期 5～8 月，花有黄、鲜红、蓝、紫色等，并具蓝、灰、黑色斑点和条纹
6	花叶菖蒲	60～90	5～10	叶片边缘具白色、米色或金黄色斑纹，观叶
7	千屈菜	30～120	5～10	花期 6～10 月，花玫瑰红、桃红或蓝紫色
8	凤眼莲	漂浮植物	60～150	花期 8～10 月，花堇紫色。凤眼莲属世界十大恶性杂草之一，慎用
9	芡　实	浮水植物	80～120	花期 6～8 月，花红、黄或淡紫色；观叶，观赏期 5～10 月
10	水　葱	100～200	5～10	花期 6～8 月，花浅黄褐色；以观叶为主，另有花叶品种
11	慈　菇	70～100	5～10	花期 6～9 月，花白色，基部具紫斑；叶三角形箭状，以观叶为主
12	荇　菜	10～15	40～60	花期 5～8 月，花金黄色
13	香　蒲	150～250	10～20	花期 6～7 月，穗状花序圆柱形，浅褐色，状如烛，故别称“水蜡烛”
14	花叶香蒲	50～150	10～20	叶片绿夹黄白色条纹，观叶
15	芦　苇	200～500	20～80	花期 7～10 月，花深褐色，以观花穗、茎叶为主
16	萍蓬草	5～10	30～60	花期 4～9 月，花黄色
17	荸荠(马蹄)	40～80	6～9	观叶

续表

序号	中名	高度(cm)	栽培水深(cm)	观赏特性
18	再力花	80～200	20～30	花期7～9月，花紫堇色
19	梭鱼草	100～150	10～20	花期5～10月，花蓝紫色或白色，上方两花瓣各有两个黄绿色斑点
20	水芹	20～50	10～20	花期5～8月，花白色
21	黄花蔺	15～30	10～20	花期7～9月，花黄色
22	水蕨	10～30	10～20	观叶
23	三白草	30～80	10～20	花期4～8月，花米白色，顶部2～3枚叶花期呈乳白色，观叶
24	泽泻	50～100	5～10	花期6～8月，花白色，观叶为主
25	泽芹	60～120	5～10	花期7～9月，花白色，观叶为主
26	旱伞草	40～100	10～20	花期6～7月，花白色或黄褐色；观叶为主
27	燕子花	30～60	5～10	花期5～6月，花深紫色、蓝紫带白纹
28	溪荪	40～100	5～10	花期3～5月，花天蓝色，基部有黑褐色网纹及黄色斑纹
29	灯心草	40～100	5～10	花期5～6月，花绿色
30	芦竹	200～600	5～10	花期9～11月，花黄褐色，观茎叶、花穗
31	花叶芦竹	100～150	5～10	叶面初春乳白间碧绿色，仲春至夏秋金黄间碧绿色，观叶
32	雨久花	50～80	5～10	花期7～9月，花蓝色
33	浮萍	浮水植物	6～100	叶呈卵形，上表面淡绿至灰绿色，下表面紫绿至紫棕色，观叶
34	花叶鱼腥草	20～50	5～10	心形叶，具粉红色花斑，叶面红、黄、绿三色斑驳，观叶
35	红蓼	40～80	5～10	花期7～10月，穗状花序，花玫瑰红色
36	大薸	浮水植物	60～100	叶聚生成莲座形，观叶
37	藨草	80～100	10～20	叶三棱形、色泽碧绿
38	水毛花	50～120	10～20	茎秆翠绿色，观茎秆
39	海寿花	70～100	10～30	花期5～10月，穗状花序蓝紫色或紫白色，带黄斑点
40	圆币草	10～15	5～10	叶圆伞形，状如铜钱，叶面油绿富光泽，叶形玲珑优雅，观叶
41	芒	150～300	5～10	观叶、花穗
42	红菱	浮水植物	60～100	花期7～10月，花白色；叶深绿色，背面紫红色，有光泽，观叶、观花

(五) 岭南地区常用的水生花卉(表2-1-12)

岭南地区常用的水生花卉表 **表2-1-12**

序号	中名	高度(cm)	栽培水深(cm)	观赏特性
1	荷花	100	60～80	花期5～11月，花色红、粉红、白、乳白、黄
2	睡莲	浮水植物	10～60	花期全年，花色丰富
3	菖蒲	60～80	5～10	花期7～9月，花黄绿色
4	千屈菜	30～100	5～10	花期5～10月，花紫红色
5	凤眼莲	漂浮植物	60～100	花期3～11月，花堇紫色
6	芡实	浮水植物	<100	观叶，观赏期4～11月

续表

序　号	中　　名	高度(cm)	栽培水深(cm)	观　赏　特　性
7	水　　葱	60～120	5～10	观叶
8	慈　　菇	100	10～20	花期 7～9 月，花白色，观叶为主
9	荇　　菜	漂浮植物	100～200	花期 6～8 月，花鲜黄
10	香　　蒲	150～350	20～30	花期 5～7 月，花浅褐色，观茎叶
11	芦　　苇	100～300	无要求	观茎叶
12	萍　　蓬	30～50	20～30	花期夏季，花黄色
13	荸荠(马蹄)	40～80	10～20	观叶
14	再 力 花	80～150	20～30	花期夏季，花紫色
15	梭 鱼 草	60～100	20～30	花期 5～10 月，花紫色、白色
16	水　　芹	40～60	20～30	花期 3～8 月，花白色
17	黄 花 蔺	40～60	20～30	花期 3～8 月，花黄色
18	水　　蕨	20～30	10～20	观叶
19	水　　芋	40～100	20～30	观叶
20	三 白 草	40～80	20～30	花期 3～10 月，花白色

五、木本花卉

具有木质化的茎、干，且株形低矮、枝条瘦弱，可以作盆栽观赏的花灌木类，在花卉行业称为木本花卉。木本花卉为多年生花卉，寿命很长，可以用作庭院绿化及盆栽观赏。如牡丹、月季、腊梅、丁香等。

木本花卉可以采用播种、扦插、嫁接、压条等方法繁殖。露地木本花卉的耐寒性通常较强，一些热带、暖温带引种到华北寒冷地区的木本花卉耐寒性较差。尤其是小苗和刚移植 2～3 年的苗木，冬季必须进行防寒处理，或栽植到楼前区小气候好的环境中。

复习思考题

1. 露地园林花卉按生命周期及形态特征可分为几类？
2. 各类花卉的生长习性如何，应用特点是什么？
3. 当地常用的一二年生花卉有哪些？
4. 当地常用的宿根花卉有哪些？
5. 当地常用的球根花卉有哪些？
6. 当地常用的水生花卉有哪些？
7. 木本花卉如何定义？

第二节　露地花卉生态习性及管理要求

花卉的生长发育与环境的关系非常密切。不同的花卉对环境有不同的要求，这主要是与原产地的气候条件长期依存而形成的生物学特性。外界环境因子中影响最大的是温度、光照、水分、空气和土壤，这些因子互相联系又互相制约。花卉栽培也要求适地适花，只有适宜的环境条件，花卉才能正常地生长发育。各地区生态环境条件不同，所选用的花卉种类也不同。

一、温度适应性

温度是影响植物生长发育的最重要的环境因子之一，温度的高低直接或间接影响植物的生长发育，影响着花卉的分布、花卉的引种和栽培。各种花卉的抗寒能力与耐热能力不同，根据抗寒力的高低，可以将花卉分为耐寒性花卉、半耐寒性花卉、不耐寒性花卉三类。

耐寒性花卉：原产于寒带或温带，抗寒性较强，一般能耐0℃甚至−10℃以下的低温。华北地区的二年生露地花卉及露地宿根花卉多属于此类，如菊花、玉簪、大花秋葵、萱草、蜀葵、金鱼草、二月兰、石竹等。

半耐寒性花卉：原产于温带较暖地区，耐寒力较强，在北方冬季稍加保护即可越冬。露地二年生花卉中一部分耐寒力稍差的种类属于此类，如金盏菊、紫罗兰、美女樱等。

不耐寒性花卉：原产于热带或亚热带，生长期需要高温，不能耐0℃甚至10℃以下温度。露地一年生花卉和温室花卉属于此类。

原产于热带地区的花卉，其温度基点较高，一般在18℃开始生长。而原产温带的花卉，其基点温度相对前者较低，一般10℃开始生长，地上部分营养器官的生长最适合温度约为20～25℃，最高温度为35℃左右。而原产于寒带或高山的花卉，温度基点则更低。

地温即土壤基质的温度，对根系生长至关重要。灌溉或盆花浇水时要考虑到水温与地温接近，温室花卉养护尤其敏感，浇灌的水温与地温温差过大，根部就会萎蔫，严重时会导致死亡，因此，一般夏季浇水在早晚进行，而冬季则在中午前后进行。地温最低不得低于10℃，如金盏菊、紫罗兰、金鱼草等草花，以15℃左右的地温最为适宜。

温度对花卉的花芽分化和发育有很大的影响，有些花卉必须经过低温阶段才能进行花芽分化，这种低温对花芽分化的促进作用即春化作用。许多原产于温带中北部以及各地的高山花卉，都具有这种特点。二年生花卉如金盏菊、雏菊等在子叶开展后不久经过一段时间的0～5℃低温才可能进行花芽分化。牡丹、芍药如果进行春播则不能解除上胚轴的休眠，丁香、碧桃若无冬季的低温则春天不能开花，为了使百合、水仙、郁金香在冬季开花，就必须在夏季进行冷藏处理。

二、光照和花卉生长发育

光在三个方面影响花卉的生长发育，即光照强度、光质和光周期。下面仅介绍光照强度与光周期对花卉的影响。

（一）光照强度

根据花卉对光照强度的要求不同，可以将其分为四类。

强阴性花卉：一般指在1000～5000lx的光照强度条件下能正常生长发育的花卉，如大部分的蕨类植物、天南星科部分植物、兰科部分植物等。栽培时通常要求遮光率保持在80%左右。

阴性花卉：一般指在5000～12000lx的光照强度条件下能正常生长发育的花卉，如大部分的观叶植物、凤梨科、秋海棠科、茶花、玉簪、铃兰、麦冬、杜鹃等。栽环境通常有散射光照射，光照过强时要遮光，遮光率通常保持在50%左右。

半阴性花卉：又称为中性花卉，一般指在12000～30000lx的光照强度条件下能正常生长发育的花卉，或对光照强度要求不严格的花卉。此类花卉不喜强光，尤其是直射光，栽培时要求稍遮光，避免烈日暴晒。如茉莉、文殊兰、桂花、天竺葵、南天竹、夹竹桃等。

阳性花卉：指在30000lx以上光照强度条件下能正常生长发育的花卉。通常在全光照条件下生长良好，不耐庇荫。大部分露地绿化的花灌木以及仙人掌类、鸡冠花、半支莲、荷花等都属于此类。

光照的强弱对花蕾的开放时间也有影响，有些花卉必须在强光下开放，如半支莲、酢浆草等；而有的花卉必须在弱光下开放，如月见草、紫茉莉、晚香玉等需要在夜间开花，而牵牛花、亚麻等只在每日的晨曦开放。绝大多数花卉白天开放，夜晚闭合。

园林绿化中耐阴花卉地被常用作林下复层种植。

华北地区常用：玉簪、麦冬、连钱草、二月兰。

江南地区有：沿阶草、吉祥草、麦冬、二月兰、玉簪、萱草、六月雪、紫金牛、万年青、天目地黄、兰花三七、亮绿忍冬、大吴风草、多花筋骨草、金边阔叶麦冬。

岭南地区有：假金丝马尾、麦冬、白蝴蝶(白蝶合果芋)、萱草、玉簪、蚌花、小蚌花、吊竹梅、花叶荨麻等。

(二) 光周期

光周期是指每天光照明暗交替呈现周期性变化的规律。在北半球，春分和秋分昼夜平分，夏至白天最长、夜间最短，冬至白天最短、夜间最长。根据植物开花对日照长短的反应，将植物分为三类。

短日照花卉：指花芽分化需要日照时间在12h以下才能完成的植物，如菊花、一品红、蟹爪兰、波斯菊、旱金莲等。这类花卉通常在早春和深秋开花，如用人工缩短光照，也可以使之提前开花。

长日照花卉：指花芽分化需要日照时间在12h以上才能完成的植物，如果日照短于12h，植物只进行营养生长而不形成花芽。长日照类花卉通常在夏季开花。如唐菖蒲、飞燕草、绣球、凤仙花以及各种秋播二年生花卉等。

中日照花卉：光照时间的长短对花芽分化无明显的影响，即在长日照和短日照的条件下均能开花的花卉，如月季、香石竹、天竺葵、紫茉莉、仙客来、矮牵牛等。

日照长度还能促进某些植物的营养繁殖。短日照能促进某些植物块茎、块根的形成和生长，某些在正常日照中不能很快产生块根的种类，经短日照处理诱导形成块根。具有块茎类的秋海棠与大丽花块根的发育为短日照所促进。

三、水环境和花卉生长适应性

花卉种类对水分环境适应性不同。依据花卉对水分环境适应性，可以将其分成三类。

旱生花卉：此类花卉耐旱性强。为了适应干旱的环境，它们在外部形态和内部结构上都产生了许多适应性变化，如叶片变小或退化等。如仙人掌、景天等。

湿生花卉：此类花卉耐旱性弱，适生水中或亲水环境。如荷花、睡莲、千屈菜等。

中生花卉：此类花卉对水分的要求介于以上二者之间。大多数花卉属于这一类。

为绿化美化水景，提高景观档次和效果，常常选栽一些露地水生花卉。

四、土壤和花卉生长适应性

各种植物对土壤pH值的要求不同，但大多数的植物都适宜在中性、弱酸或弱碱的条件下生活，而不喜欢过酸或过碱的土壤。依据花卉对土壤酸碱度的要求，可以将花卉分为以下几种。

耐酸花卉：这类花卉只有在pH值4～6的酸性土壤中才能生长良好。如杜鹃、山茶、栀子、兰花、紫鸭趾草、彩叶草等。南方酸性土壤地区应用广泛。

弱酸性花卉：这类花卉只有在 pH 值 5～6 的酸性土壤中才能生长良好。如百合、秋海棠、仙客来、大岩桐、樱草、蒲包花、非洲菊、唐菖蒲、八仙花等。北方及江南地区土壤基质经适当改良后，也可以适应。

中性偏酸或偏碱花卉：这类花卉只有在 pH 值 6～8 的微酸性或中性偏碱的土壤中生长良好。如菊花、金鱼草、文竹、月季、一品红、茉莉、天竺葵、石竹、仙人掌、扶郎花等。

土壤酸碱度对某些花卉的花色变化有重要的影响。八仙花在 pH 值呈酸性时花色为蓝色，pH 值呈碱性时花色为粉红色。

复习思考题

1. 花卉的温度适应性有哪些特点？
2. 按花卉对光照的要求可分为几类，当地常用的耐阴花卉地被有哪些？
3. 按花卉对光周期反应不同可分为几类，当地常见的短日照花卉有哪些？
4. 按花卉对水分的要求和适应性可分为几类，常见的各有哪些？
5. 按花卉对土壤的酸碱适应性可分为几类，常见的各有哪些？

第三节 园林地被植物

一、地被植物材料的定义

地被植物是指用于覆盖地面，防止地面裸露的低矮草本、小灌木、藤本植物等。地被和草坪的功能是一致的，所不同的是大部分地被植物材料具有花卉的观赏性。很多宿根花卉密植后是很好的地被，所以把地被材料放在花卉一章表述。

地被植物在园林绿化中应用广泛，除了和草坪一样可以覆盖地面、保持水土、美化装饰外，地被植物还有枝叶、花、果等方面的观赏价值，而且养护便利、低成本、低维护、无需经常修剪。

二、园林地被的分类及应用特点

（一）园林地被的分类

1. 草本地被

草坪草为很好的草本地被，但其泛指用作地被的禾本科草种，国内外通称草坪禾草。有相同地被用途的其他草本植物材料则被称之为草本地被，不能称之或罗列为草坪。因为它们生理特点和管理要求差异很大，在园林概念上最好不要混谈。草本地被共同特点是生长低矮、丛生、丛叶紧凑、具地上匍匐茎或地下横走茎(根茎)，扩展性强。很多宿根花卉经密植和精细管理也可列为草本地被。

2. 木本地被

木本地被一般分为直立生长型和匍匐型两种。按生态习性又可分为阳性和耐阴两种。绝大多数木本地被耐阴性较强。

木本地被的应用情况在园林树木一章已做介绍。

（二）地被植物应用特点

如同草坪一样，仍然要按照不同种类的生态特性和生长速度，加以考虑。

(1) 要根据地被植物对环境的适应能力来进行种植设计。例如，抗旱性、抗热性、抗寒性、耐阴性、耐湿性、耐盐碱性等。

(2) 要选择适合当地条件的地被种类。

(3) 要根据不同地被植物的生物学特性，估算植物的生长速度，计算种植密度，掌握地面完全绿化郁闭所需要的时间。

三、华北地区常用的草本地被(表 2-3-1)

华北地区常用的草本地被植物表 **表 2-3-1**

序号	中名	生态习性	观赏特性
1	二月兰	一二年生，耐寒，耐阴	花期 3～5 月，花紫色或淡红色
2	半支莲	一二年生，喜干燥沙质土壤	花期 7～8 月，花色丰富
3	紫花地丁	多年生，喜阴，耐寒	花期 4～7 月，花紫色
4	八宝景天	多年生，耐寒，耐旱，喜半阴	观花，观叶
5	落新妇	多年生，耐寒，喜半阴	花期 6～9 月，花淡红紫色
6	麦冬	多年生，耐寒，耐旱，耐阴	观叶
7	白三叶	多年生，耐旱，耐寒，不耐阴	观花，观叶
8	小冠花	多年生，喜光，耐半阴，耐寒	花期 6～9 月，花紫色、淡红色或白色
9	常夏石竹	多年生，喜光，耐寒，耐旱	花期 5～7 月，花紫、粉红或白色
10	萱草	多年生，适应性强	花期 6～7 月，花黄、橘黄、橘红、红
11	玉簪	多年生，阴性，喜湿，忌强光	花期 6～7 月，花白色
12	鸢尾	多年生，喜光，耐寒，喜温暖湿润	花期 5 月，花白、蓝紫色
13	垂盆草	宿根，喜光，耐寒	观叶
14	蛇梅	宿根，喜光，耐寒	观叶、观果

四、江南地区常用的草本地被(表 2-3-2)

江南地区常用的草本地被植物表 **表 2-3-2**

序号	中名	生态习性	观赏特性
1	二月兰	一、二年生，耐寒，耐阴	花期 2～5 月，花淡蓝、蓝紫或淡红色，少量白色
2	半支莲	一年生，喜排水良好的沙质或腐殖质壤土	花期 7～8 月，花色丰富
3	紫花地丁	多年生，耐光喜半阴，耐寒，耐旱	花期 4～5 月，花紫堇色
4	八宝景天	多年生，耐寒，耐贫瘠干旱，喜强光干燥	花期 6～10 月，花紫红、玫红、淡粉红、白色
5	落新妇	多年生，耐寒，喜半阴	花期 5～6 月，花淡红紫色
6	白三叶	多年生，耐旱，耐寒，喜黏性土，耐半阴	花期 4～7 月，花冠白色或淡红色，可观花、观叶
7	常夏石竹	多年生，喜光，耐寒，耐旱，耐贫瘠	花期 5～10 月，花紫、粉红或白色
8	大花萱草	多年生，喜阳耐半阴，适应多种土壤，耐旱、耐湿	花期 5～9 月，花有大红、粉红、黄、白及复色等
9	玉簪	多年生，耐寒，喜阴湿，忌强光	花期 6～7 月，花白色
10	鸢尾	多年生，喜阳耐半阴，耐寒，喜温暖湿润	花期 4～5 月，花有蓝、紫、黄、白、淡红等色

续表

序号	中名	生态习性	观赏特性
11	垂盆草	多年生，耐寒，耐旱，耐湿，耐瘠薄，喜半阴	花期5~6月，花淡黄色，观叶为主
12	佛甲草	多年生，适应性强，喜光，极耐寒、旱，怕涝	花期5~6月，花淡黄色，观叶为主
13	蛇莓	多年生，喜光，耐阴湿	花期4月，黄色；果期5月，红色；观叶、果
14	大吴风草	多年生，喜温湿，耐半阴，畏强光	花期11~12月，花黄色，观叶为主
15	白穗花	多年生，喜温凉、喜酸性土壤，湿润，较耐阴	花期5~6月，花白色，观叶为主
16	红花酢浆草	多年生，阳性，耐阴，喜温湿，耐干旱，不耐寒	花期4~9月，花淡红色，有深色条纹
17	紫叶酢浆草	多年生，喜温湿，耐半阴，畏严寒，较耐干旱	花期4~11月，花粉红带浅白色，叶片为紫红色
18	丛生福禄考	多年生，耐寒，稍耐旱，耐盐碱，喜阳，稍耐阴	花期4~9月，花有紫红色、白色、粉红色等
19	虎耳草	多年生，喜阴湿	花期5~6月，花白色，观叶为主
20	吉祥草	多年生，喜阴湿，畏强光，耐寒耐阴性强	花期8~10月，花茎紫红色，花淡紫红色
21	沿阶草	多年生，喜温暖，耐旱、抗热，畏寒，忌盐碱	花期6~7月，花白色或稍带紫色
22	麦冬	多年生，耐寒，耐旱，耐光，喜阴	花期6~8月，花淡紫色，以观叶为主
23	金边阔叶麦冬	多年生，耐寒，耐旱，喜阴湿	叶边金黄、内侧银白与翠绿色相间，观叶
24	美女樱	多年生，喜温湿，喜光，不耐旱，较耐寒	花期5~10月，花有蓝、紫、粉红、大红、白、玫瑰红等色
25	金叶过路黄	多年生，喜光，较耐半阴，抗寒性较强	叶色从3月至11月呈金黄色，冬季红褐色，观叶
26	葱兰	多年生，喜光，耐半阴，耐寒力强	花期7~9月，花白色，外被紫红色晕
27	长春花	多年生，喜温暖，喜光，不耐寒，忌水湿	花期6~9月，花冠白色、紫红色或粉红色
28	花叶蔓长春	多年生，喜温暖，喜光，也耐阴	花期4~5月，花蓝色，以观叶为主
29	活血丹	多年生，喜温暖，不耐寒，喜阴，畏强光	花期3~4月，花淡紫红色，以观叶为主
30	马蹄金	多年生，喜温湿，耐寒，耐热	花期4~5月，花冠淡黄色，以观叶为主
31	马蔺	多年生，适应性极强，耐盐碱，耐寒，耐旱，耐踏	花期4~5月，花蓝紫色
32	花叶燕麦草	多年生，喜光，喜阴凉，耐旱，耐湿，耐贫瘠	叶片中肋绿色，两侧乳黄色，夏季两侧黄色，观叶
33	多花筋骨草	多年生，喜半阴、湿润，耐涝、耐旱、耐阴，耐暴晒	花期4~5月、10~12月，花蓝紫色
34	无毛紫露草	宿根，喜凉湿，耐寒，喜光，耐瘠和偏碱土，怕涝	花期5~10月，花冠紫蓝色，花蕊黄色
35	兰花三七	宿根，极耐阴，喜凉湿，耐寒	花期6~9月，花紫色
36	天目地黄	多年生，喜阴湿，耐寒、耐阴	花期3~5月，花冠紫红色
37	万年青	宿根，喜阴湿，耐寒、畏强光，忌积水	花期5~6月，黄色果期11~12月，朱红色，观果、叶

五、岭南地区常用的草本地被(表 2-3-3)

岭南地区常用的草本地被植物表 **表 2-3-3**

序号	中名	生态习性	观赏特性
1	三裂蟛蜞菊	多年生，有一定的耐阴性，适应性强	花期 3～11 月，花黄色
2	大花马齿苋	多年生，喜排水良好土壤	花期 3～11 月，花色丰富
3	蔓花生	多年生，喜阳，不大耐寒	花期 3～11 月，花黄色
4	大叶红草	多年生，不耐寒，耐修剪，可造型	观叶，叶红色
5	假金丝马尾	多年生，耐寒，喜半阴	观叶
6	麦冬	多年生，耐寒，耐旱，耐阴	观花
7	白三叶	多年生，耐旱，耐寒，不耐阴	观叶
8	白蝴蝶	多年生，喜光，耐半阴，耐寒	观叶，叶绿白色
9	马蹄金	多年生，喜光，耐寒	观叶，叶近圆形
10	萱草	多年生，适应性强	花期 6～7 月，花黄、橘黄、橘红、红
11	玉簪	多年生，阴性，喜湿，忌强光	花期 6～7 月，花白色
12	蚌花	多年生，耐阴，喜温暖湿润	观叶，叶背紫红色，花期 4～5 月，花白色
13	小蚌花	多年生，耐阴	观叶，叶背紫红色
14	吊竹梅	多年生，耐阴	观叶，叶面有白带，叶背紫红色
15	花叶荨麻	多年生，耐阴	观叶，叶面有白色斑纹

复习思考题

1. 园林地被植物如何定义，如何分类？
2. 本地区常用的草本地被植物有哪些？

第三章　园林草坪与草种

第一节　草坪禾草概论

一、草坪定义及生长特点

草坪系指以禾本科多年生植物为主体的草本地被植物。真正的草坪禾草属于禾本科，是单子叶植物。其中单子叶草坪草中有少部分属于莎草科，如苔草类、羊胡子草。国内外俗称草坪禾草就是这个道理。禾本科草的生长特点之一就是根茎生长点低，覆盖地面效果好，可以耐定期低修剪，并保持良好的生长势，这是草坪禾草具有的独特性能。禾草能长出坚韧、持久、耐践踏的草皮，是运动场和娱乐场的一种杰出的地面覆盖材料。而双子叶植物其生长点在植株顶端，细胞分裂和新生组织发生在顶部，修剪和践踏会对正常生长造成严重的伤害，和草坪禾草养护管理差异较大。为区别对待，在园林植物中把双子叶植物，生长低矮稠密的草本材料统称为草本地被，如白三叶、麦冬等。

二、草坪的特征

（1）由禾本科多年生草本植物组成。

（2）植被覆盖度大，郁闭如毯。

（3）自然生长或人为修剪后可表现为高矮均匀一致。

（4）有一定的可践踏性，有一定的可恢复能力。

（5）草种单一或仅性状相似的少数种或品种混生，侵占性强。

三、草坪的地位作用

（1）生态保护作用：因其稠密叶片如毯状覆盖地面，使黄土不露天，防止二次扬尘，同时防止水土流失，改善、保护生态环境。

（2）园林景观效果作用：草坪是园林景观重要的组成部分，可以给景观配以满目青翠的底色，这是其他植物材料不可替代的。

（3）园林风格表现：中国园林的风格表现为“山水园林”。西方园林的风格是“疏林草坪”，大面积建植开阔草坪正是西方园林风格的一大要素。

（4）运动休闲绝好场地：高尔夫、网球、足球场等运动场草坪、公园绿地休憩草坪为人们亲近自然提供了最佳场所。绿地草坪在园林绿化建设中地位显得越加重要。

复习思考题

1. 草坪和地被定义有何不同？
2. 了解草坪的特征及在园林绿化中的地位作用。

第二节　草　坪　分　类

草坪可按用途进行分类，也可按其生态习性进行分类。

一、草坪草用途分类

草坪按照其在园林绿化中的用途，可以分为四种类型。

（一）绿地景观草坪

绿地景观草坪又叫装饰草坪，要求草种绿色期长，叶色翠绿观赏效果好，叶片细，修剪后观感细腻，手感柔和。主要布置在如大门出入口处、城市绿地雕塑、喷泉四周和城市建筑纪念物前，主要作为重要入口和园林主要景物的绿色装饰和背景陪衬。一般具有很好的观赏性，栽培养护管理技术严格，一般不允许游人入内践踏。

华北地区常用草种主要是早熟禾、多年生黑麦草等。

江南地区常用草种有狗牙根、天堂草、百慕大、早熟禾、黑麦草、高羊茅、马尼拉、结缕草、假俭草等。

岭南地区常用草种有马尼拉草、日本半细叶结缕草、夏威夷草、细叶结缕草、两耳草等。

（二）游憩草坪

游憩草坪是供游人散步、休息、游憩和进行户外活动的草坪。一般面积较大，允许游人入内游憩活动，管理粗放，草种选择耐践踏、抗性强的种类。叶片细、草坪修剪后手感柔和。

华北地区常用的有早熟禾、野牛草、黑麦草等。

江南地区常用草种有假俭草、马尼拉、狗牙根、百慕大、天堂草等。

岭南地区常用草种有马尼拉草、日本半细叶结缕草、夏威夷草、细叶结缕草、两耳草等。

（三）运动草坪

运动草坪是指提供进行体育运动的草坪。例如足球场草坪、网球场草坪、高尔夫球场草坪等。草种要选择有弹性、耐频繁践踏、自身萌蘖力强、恢复力强的草种。如足球场、网球场草坪常用草种如下：

华北地区常用草种：结缕草、早熟禾、高羊茅、多年生黑麦草等。

江南地区常用草种：以暖季型草种为主，如结缕草类、狗牙根等。

高尔夫球场发球区、球道及高草区、果岭草种选择各不相同。

华北地区：发球区、球道可选用绿色期长的早熟禾、高羊茅，有些地区球道选用了节水型的结缕草、野牛。果岭地区则选用草质细腻的剪股颖类草种。

江南地区：高尔夫球道草坪常采用改良后的狗牙根、结缕草、沟叶结缕（马尼拉）草等。果岭草坪则采用杂交狗牙根。

岭南地区：果岭地区常用草种有杂交狗牙根，冬季可用多年生黑麦草、细羊茅等作为果岭草坪的补播材料。还有狗牙根属的天堂草、匍匐剪股颖、海滨雀稗等草种。

（四）护坡护岸用环境保护草坪

护坡护岸环境保护草坪是指铺设在坡地、水岸边，用于防止水土流失的草坪。覆盖地面，防止二次扬尘，起到黄土不露天作用。要求草种环境适应性强，耐粗放管理。最好选用当地的乡土草坪草种。

华北地区常用草种：野牛草、结缕草、羊胡子(大小)、高羊茅等。

江南地区常用草种：结缕草、马尼拉、狗牙根、假俭草等。

岭南地区常用草种：假俭草、地毯草、百喜草、画眉草、竹节草、双穗雀稗等。

二、禾草生态型分类

按禾草生态习性不同，分为冷季型、暖季型两种草坪禾草。

(一) 冷季型草坪禾草

冷季型草是适宜生活在冷凉地区的草坪禾草，在16～24℃的范围内最适合生长。常见的冷季型草种有草地早熟禾、多年生黑麦草、剪股颖、高羊茅、羊胡子(大、小)草等。其中草地早熟禾和剪股颖能耐低温，高羊茅和黑麦草则不适应过低的气温。高羊茅和黑麦草在北京或偏北地区由于低温干旱，有些品种越冬保存率会受影响。冷季型禾草的耐热性很差或中等，不少冷季型禾草如剪股颖、早熟禾，不适合在南方生长。其中高羊茅、黑麦草的耐热性要稍强些，在江南地区主要用于冬季休眠的暖季型禾草的补播，为草坪增添绿色。冷季型禾草主要靠欧美进口草籽，国内乡土草种只有羊胡子属于冷季型草坪草。冷季型草坪禾草春秋冷凉气候生长旺盛，盛夏温度高时进入休眠期。在北方地区，相比暖季型禾草其表现为绿色期较长。绿色期可达270天。

(二) 暖季型草坪禾草

暖季型草坪禾草适合生长在南方，当温度在27℃或更高时生长最好，冬季低温和春季晚霜大部分暖季型禾草会受害。多数暖季型草在气温下降到10℃ 时便进入休眠状态。园林绿地中常见的暖季型草种有野牛草、中华结缕草、沟叶结缕草(马尼拉)、细叶结缕草(天鹅绒)、狗牙根、杂交狗牙根、假俭草、钝叶草、地毯草等。耐寒性较强，能在华北地区正常越冬的暖季型禾草主要有野牛草、中华结缕草，在北方地区绿色期最多达180天。大部分暖季型禾草分布在江南、岭南。在华北地区相比冷季型禾草，其表现为绿色期较短，“五一”开始返青，“十一”后开始枯黄。暖季型禾草在江南、岭南地区其绿色期较长，个别草种可常绿。

(三) 草种的绿色期

草种的绿色期即年生长期，和草种遗传特性有关，也和其所处环境气候条件及栽培养护条件相关。下面就草坪绿色期调查结果(相对平均值)进行介绍，供使用者参考(表3-2)。

草坪草绿色期(天)　　　　**表 3-2**

草种	华北	江南	岭南	西安	成都
剪股颖	270				
早熟禾	270				
高羊茅	270				
黑麦草	270				
羊胡子	250	270			
野牛草	170				
结缕草	180	260			

续表

草　　种	华　　北	江　　南	岭　　南	西　　安	成　都
中华结缕草	180	275			280
沟叶结缕草		270	常绿		
细叶结缕草		240	常绿	185	
狗　牙　根		240	270		250
杂交狗牙根		280	＞280		260
钝　叶　草		280	常绿		
地　毯　草			300		
假　俭　草		250			

三、国内常用草坪禾草习性及应用各论

建国前国内草坪很少，常见的都是乡土的野生禾草，因其侵占性强，能形成单一草种的地被，不用修剪，表现高矮一致，基本具备草坪的标准。如北方地区生长的羊胡子(大、小)草，黄河流域以南生长的结缕草、狗牙根等表现都很好。建国后园林草坪得到重视，华北地区园林主要应用的是羊胡子草。20世纪60年代初引进野牛草后，因社会原因直到80年代初才得到大量推广应用，当时成为北京的主要草种。1983年后，开始引进欧美地区的冷季型草。经过近半个世纪的努力，尤其近20多年对引种国外冷季型草坪的认识，全国各地对园林草坪草种的应用基本达到共识。

(一) 冷季型草坪禾草

1. 草地早熟禾

草地早熟禾原产于欧洲，是欧美最广泛使用的草坪禾草。草地早熟禾植株呈丛生或疏丛状，根茎分蘖不强烈，无地上横走茎。根须状，具较发达的根状茎，在良好土壤条件下，能通过地下茎扩展形成致密草坪，耐践踏力中等，恢复能力强。耐寒性强，在－27℃地区能安全越冬。耐热能力差，草地早熟禾的品种差异较大，南京地区有些草地早熟禾的品种可以越夏，大多数品种夏季枯萎率可达75％。土壤适应性强，喜肥水，不耐瘠薄。耐阴性一般，欧美地区已经培育出一批耐阴品种。耐旱能力强，表现在夏季持续干热期间，处于休眠状，当秋季凉爽后，即刻恢复生长势。尽管培育出一批抗病品种，但其抗病性仍属一般。早熟禾属中的草地早熟禾在草坪应用上处于首位，被广泛应用于绿地草坪中，常作为观赏、休憩及运动场草坪。

在早熟禾属中还有粗茎早熟禾、加拿大早熟禾、一年生早熟禾等草种，国内应用较少。粗茎早熟禾优点是耐阴性强，能生长在潮湿排水不良土壤中。加拿大早熟禾形成草坪质量差，很适于干旱、酸性、瘠薄土壤中生长。大多数草坪中一年生早熟禾被认为是一种杂草。有的草种经销商错误地把一年生早熟禾种子引到国内应引起业内同行重视。一年生早熟禾有两个亚种，一个是一年生，另一个如正常管理可变成多年生，基本上为丛生。最大特点是繁殖生长旺盛，抽穗结籽能力强，甚至修剪低到6.4mm时仍能产生种子，这些种子几乎能立即发芽，国内绿地草坪中已经发现这种情况。草地早熟禾的品种差异较大，在应用时应注意选择当地条件下适宜的品种。

2. 高羊茅

羊茅属中高羊茅在园林草坪中应用最多。其次还有紫羊茅及其变种，但因耐热性差、喜酸性土、易染病等条件限制，在国内应用面小。紫羊茅的最大优点是耐阴，它是冷季型草坪禾草中最耐阴的草种。另草坪资料中常见有“细羊茅(Fine fescue)”，细羊茅是紫羊茅、羊茅及硬羊茅的统称。它们不同于高羊茅的叶片宽、粗糙的特点，形成草坪密度高，质地细密。细羊茅耐阴性差，不耐践踏，不耐盐碱，国内应用较少。

高羊茅又名苇状羊茅，根茎生长点分蘖性强，为丛生型。耐寒性一般，在北京地区可安全越冬，但在较干燥、寒冷地区容易受低温伤害。在冷季型草中高羊茅是最耐热的草种。在过渡带和温带南部，生命力表现强劲，江南一带有所应用。土壤适应性强，具有一定的耐盐能力。根系强健，耐旱，耐践踏，但由于没有根茎、蔓茎，受损后恢复能力差。草质粗糙，叶色灰绿，穗秆坚硬，可粗放管理，一般不作为观赏草坪。国外常用于高速路两侧生态保护绿化。高羊茅不耐低修剪。

3. 多年生黑麦草

多年生黑麦草为丛生型，根系发达，分蘖众多。它不耐长期干旱，不耐很高或很低的温度，在极冷或非常炎热的环境下寿命短。20 世纪 80 年代初，北京三元桥绿地多年生黑麦草坪越冬保存率仅 30%，其中也有干旱的因素。在东北、内蒙古越冬困难。耐热性也差，在南方常用于狗牙根等暖季型草的秋末冬初复播，以弥补冬季草坪的绿色。多年生黑麦草的最大特点是发芽迅速，幼苗垂直生长速度快，分蘖性强。常被作为先锋草种，和早熟禾或高羊茅混播，可先期发芽成坪，保护混播的其他目的草种顺利发芽、成长。但它在混播中的比例要求控制在 10%～20%以下。多年生黑麦草对土壤适应性强，喜肥，耐阴性差，恢复能力相当差，但耐践踏性能强。经试验，每日人为踏压 4 次，地上鲜草与干重减少，而地下的鲜草的干重增加，地上草高度减少，而分蘖数增加；地下根部长度减少，根的数量增加。常作为运动场草坪草种。由于该特点，多年生黑麦草用作受损草坪的修补草种，填补斑秃。

4. 匍匐剪股颖

剪股颖属有细弱剪股颖、高山剪股颖、匍匐剪股颖等。20 世纪 80 年代初刚引种时，被人们称为本特草(英文名音)。应用较多的是匍匐剪股颖的几个品种，其叶片细密，外形美观。具有匍匐茎，草蔓落地生根，覆盖度高，受损后恢复力强。根系浅，忌干旱。耐寒性强，耐热中等。土壤适应性强，耐盐碱性好。对水、肥要求高，容易染病，需高成本养护。耐低修剪，高尔夫果岭区养护修剪可达 5mm，形成致密平坦草坪。主要用于高尔夫球场的果岭和发球区、草地保龄球场和网球场等运动场地。匍匐剪股颖是一种需精心养护的禾草，因其根系浅，地上部分生长迅速、蔓性强，易染病害等，所以水、肥、修剪、打药等管理必须到位。由于管理技术性强、成本高，一般不用作绿地庭园草坪。

5. 羊胡子草

羊胡子草为华北地区乡土草种，承德离宫、京城皇苑的草坪主要是羊胡子。20 世纪 80 年代曾有人将其误划为暖季型草。常见的有大羊胡子草(异穗苔草)和小羊胡子草(白颖苔草)两种。春季返青较早，3～4 月份返青。秋季枯黄期晚，10～11 月份枯黄，叶绿色期较长。盛夏炎热时进入休眠期，有黄叶、枯梢现象。外形整齐美观，不用修剪。建国后到 20 世纪 80 年代一直是北京城市绿化的主要观赏和装饰性草坪草种。羊胡子草自播能力极强，在自然条件下可自然形成草坪。大羊胡子草丛生型，具长的横走地下茎。叶基生、细狭、草质柔软。春季其花序、果序呈明显的黑穗。耐寒性强，耐旱，耐盐碱。耐阴性强，正常光照的20%即可正常生长，常分布于庇阴林下。不耐践踏，恢复力差。小羊胡子草生态习性基本同大羊胡子草，耐阴性不如大羊胡子草，常见于田埂、边坡。北京野生的草坪草种大羊胡子草常见，小羊胡子草由于人为清除已少见。羊胡子草因其结实率高，常用种子繁殖，也可用草块建植。

大羊胡子草常用作观赏草坪和林下耐阴草坪。因不耐践踏，应作封闭管理。

（二）暖季型草坪禾草

1. 野牛草

野牛草在美国为干旱草原的牧草，不进行灌溉也能存活。为20世纪30年代从美国引至兰州用于治沙试验的草种。50年代末由中国科学院植物所胡淑良先生引入北京，由于历史原因直到70年代末、80年代初北京市才大规模推广应用，曾一度成为北京绿地当家草坪草种。其在暖季型草种中耐寒性最强，可在－34℃低温下安全越冬。耐干热、高温，耐干旱。耐阴性极差，在树阴遮光环境下，常被当地羊胡子草侵占。野牛草具有发达的匍匐茎，落地生根，垂直生长速度较慢，质地细密。土壤适应性强，耐盐碱性土壤。几乎没有致命的病虫害，非常耐粗放管理，不施肥，不用打药，不修剪，甚至可以不浇水。最大不足是，在北京地区5月1日左右才返青，10月1日前后叶开始进入休眠、枯黄，绿色期为180天。如加强水肥管理，9月初进行一次修剪，绿色期可延长到10月中下旬。

该草种虽属暖季型草，但在江南暖湿条件下引种并不理想，未能推广应用。由于结实率低，目前草坪建植主要应用分栽法。常用于粗放管理的场所，并能形成漂亮的草坪。应成为北方干旱地区环保和节水型绿地草坪的首选草种。

2. 结缕草属草种

结缕草属草种为华中、华东地区乡土草种，历史多有记载。从南向北分布有细叶结缕草(天鹅绒)、沟叶结缕草(马尼拉)和叶片粗糙、株形较相似的中华结缕草、结缕草、大穗结缕草等。结缕草属的几个草种分布特点是由南向北叶子逐渐变宽并粗糙，叶子细且柔软的是分布靠南的细叶结缕草，最宽且粗糙的是分布靠北的中华结缕草、结缕草等，沟叶结缕草介于中间。叶子宽且粗糙的种抗寒性强，如结缕草可在北京以及辽宁安全越冬，细叶结缕草在北京则不能过冬，介于二者中间的沟叶结缕草在小气候好的条件下可以在北京越冬。亚运会丰台体育场棒球场应用的就是沟叶结缕草。

结缕草属草种具有根状茎和匍匐茎，建植覆盖率较高，耐践踏，较耐阴，土壤适应性强，耐盐碱，耐干旱。华北地区很少有病虫害发生，耐粗放管理。

(1) 中华结缕草又称老虎皮草，是江南地区主要当家草种，在上海及长江三角洲地区已有100多年栽培历史。在中国海岸线大部分地区都有中华结缕草和结缕草组成的单生或共生群落。采集种子容易，常用播种方法建植草坪。中华结缕草分布靠南，结缕草分布靠北。

(2) 沟叶结缕草又名马尼拉草(英文音)，属于半细叶类型。略能耐寒，抗旱力强，土壤适应性强。根状茎发达，分蘖能力强，覆盖度大。生长旺盛，成坪速度快，具较强的侵占和竞争力。养护管理粗放、成本低。种子较难采收，多用营养体建植草坪。在江南、岭南广泛用于绿地草坪、运动场和环保草坪。

(3) 细叶结缕草又名天鹅绒，广州称为台湾草。最初由日本引进，江南、岭南应用较多。通常呈密集丛生状，茎秆纤细，叶细腻，观赏性强。具地下根茎和地上匍匐茎，草蔓落地生根，成新植株，和杂草竞争力强。耐寒性差，华北地区不能过冬。不太耐阴，耐干旱，肥水充分条件下草丛容易隆起，形成草垫影响正常生长，可用修剪方法解决。在江南、岭南常作为观赏草坪种植。华南地区全年常绿。和沟叶结缕草一样种子采收困难，一般采用营养体法建植草坪。

3. 狗牙根属草坪禾草

狗牙根属草坪禾草在黄河以南地区广为应用。常用的有两种，一是中国原产的狗牙根；一个是国外引进的叫天堂草，也叫杂交狗牙根，有几个很好的品种。都具有横走的根茎和匍匐茎，匍匐茎紧接地表生长，十分发达。每节有根并生长直立茎。狗牙根属草坪耐践踏，践踏后恢复力强，试验每天踏压 10 次的情况下，对草生长仍然有利。

（1）狗牙根耐寒性较差，1953 年北京市园林部门从河南引进，栽植在陶然亭、龙潭公园，背风向阳处还可以，河坡处保存率极低，1957 年停止应用。狗牙根土壤适应性强，耐轻度盐碱。能耐干旱，也能耐长时间水淹。强阳性，耐阴性差。因狗牙根种子少，不易采收，国内传统做法是分根建植。目前国外已经培育出一些品种狗牙根，并能供应商品种子。狗牙根覆盖力强，管理粗放，常用于运动场草坪和环保草坪。

（2）天堂草又称杂交狗牙根，是美国园艺工作者把非洲狗牙根和普通狗牙根杂交而成。观赏性强，具有叶丛密集、低矮，叶细弱、色嫩绿的优点。耐修剪，践踏后恢复力强。抗寒、抗病性比传统狗牙根强。天堂草种子尚无商品供应，国内多采用撒蔓法建植草坪。天堂草在江南、岭南广泛用于足球、垒球、曲棍球、网球等体育场地草坪。也常作绿地观赏和休息地草坪。

4. 假俭草

假俭草主要分布长江流域以南，江南有很多野生群落，岭南地区也有分布。植株低矮，仅 10～15cm。具有贴地面生长的匍匐茎，像爬行的蜈蚣，俗称“蜈蚣草”。在肥水充裕条件下，匍匐茎蔓延迅速，不需要经常修剪自身能形成紧密、茂盛的草坪，野草很难侵入。由于根系浅，耐旱能力稍差，在干旱时需要灌溉。较耐寒，霜冻低温时叶色暗绿至紫红色，在江南地区所产种子大部分因遭晚霜不能成熟，结实率不高。适生于中偏酸土壤，耐盐能力差，当假俭草在碱性土或含高钙质土壤中生长时，常发生缺铁性黄化症。对水、肥、修剪的要求低，适用于粗放管理。耐践踏性差，一般用于人流不大的地方。对病害感染率较低，但线虫危害严重。

该草结实率低，常采用营养体建植。假俭草可用于绿地观赏草坪，也是优良的环保草坪。

5. 钝叶草

钝叶草原产于西印度群岛，在美国南部钝叶草是主要草坪植物，几乎占了佛罗里达州草地的一半。广州引种后推广到云南、四川等地种植。主要用于林间休憩草坪，林下观赏植被，应用广泛。

钝叶草植株低矮，具健壮匍匐茎，蔓性强，平展地面，平整美观。质地虽粗糙，但色泽好。耐践踏性一般，恢复能力好。土壤适应性强，耐盐碱，尤其在沿海地区，可经盐水淋溅。耐阴性强，在遮荫下，它比任何亚热带草种都长得好。耐热性强，但在暖季型草中是耐寒性最差者，遇霜冻枯萎，在广州等地可达到常绿。易染由病毒引起的衰退病

(SAD)，很严重。种子难收集，只能用匍匐茎分栽建植。

钝叶草常用于绿地观赏草坪、耐阴草坪。

6. 雀稗属草坪

该属的两个种在草坪中常应用。

(1) 两耳草

两耳草又称水竹节草，具匍匐茎，根系发达，具有极强的侵占性，易形成良好的草坪。喜湿，匍匐茎有很强的趋水性，耐水湿，不耐干旱。再生能力强，耐践踏，耐修剪。抗病虫害能力强。

岭南地区常见应用，耐寒、耐旱相对比地毯草要强。霜冻低温叶色仍呈翠绿色。枝叶生长旺盛需要多次修剪进行控制。主要特点是耐阴，全日照下生长良好。主要靠播种繁殖，出苗迅速，40～60天成坪。也可用营养体建植，一个月即可成坪。常用于地势低洼，排水不畅处建植草坪。

(2) 美洲雀稗

原产于巴西，后引入美国。适应美国南部较为温暖的地区气候。凭借短的根状茎和匍匐茎扩展，形成草坪稀疏，密度低。耐践踏，恢复能力弱到中等。对土壤适应性一般，耐瘠薄，耐盐碱能力差。根系发达，扎根深，耐干旱。抗病虫害，适宜粗放管理场所，几乎不需人为管护，故被广泛应用。中国台湾、江西已有应用。主要靠播种繁殖，也可用营养体建植。

7. 地毯草

普通地毯草原产于西印度群岛和中美洲，生长在美国南部，与钝叶草是两种最不耐寒的禾草。

地毯草在岭南所建草坪中占比例最大。又称大叶油草。植丛低矮，具匍匐茎，株高8～30mm，叶片柔软，宽而钝、生长稠密，匍匐茎蔓延、侵占性强，覆盖率高，具有观赏性强的特点，但夏季高而粗的果序影响观瞻，应用修剪及时去除。可作为粗放管理草坪，几乎不耐践踏。很适应酸性、贫瘠、潮湿土壤，不耐盐碱。耐半阴。耐寒能力差，在广州出现霜冻后叶片枯黄现象。该草属于浅根性暖季禾草，喜水湿，不耐旱。适应粗放管理和潮湿、排水不良地方。病虫害问题不严重。

地毯草结实率和发芽率均高，繁殖容易，可用种子和营养体建植草坪。

在岭南地区常作为绿地观赏草型和优良的环保草种。

8. 竹节草

竹节草主要分布在岭南，又名黏人草。有粗壮分枝的匍匐茎，其覆盖地面的生长能力极强。被誉为华南最好的水土保持草种。缺点是结籽时果序基部基盘常插入行人衣履上，不易脱落。如适时修剪可抑制结籽。另一缺点是耐寒性差，霜冻后枯黄。广州的绿色期270天左右。

复习思考题

1. 按园林绿化中的用途，草坪分为几类？各类草坪各地常选用哪些草种？
2. 按生态习性草坪草分为哪两类，有何生理特点？
3. 了解当前常用各种草坪禾草的习性、用途。

第三节　草坪草种的应用选择

一、选择应用的原则

(1) 草坪设计中，草种的选择主要取决于草种的综合抗性的强弱。综合抗性是指草种对环境的适应能力。其中包括草种耐旱、耐寒、耐热、耐湿、耐阴、耐瘠薄土壤、耐酸碱等多种抗性。

(2) 应根据草坪设计的使用功能不同、草坪的建植环境要求、草坪的建植费用及后期对草坪养护技术的掌握、管护费用等四方面来综合考虑草坪草种的选用。

二、草坪草种选择要点

(一) 根据生态环境不同选择草种

(1) 温度条件：根据本地区的气候因子，选择适应本地区的具有耐寒、耐热习性的草种。

(2) 光照条件：根据草坪建植立地光照条件选择阳性或耐阴习性的草种或耐阴品种。

(3) 环境湿度条件：根据本地区全年降雨量多少，栽植的立地潮湿、排水是否困难以及养护供水条件，选择耐旱或者耐水湿的草种。

(4) 土壤条件：根据本地区土壤化学性质，选择耐酸性土壤草种、耐盐碱草种，还是土壤适应性强的草种；选择喜肥草种还是耐土壤瘠薄的草种。

(二) 园林绿化功能要求

园林观赏草坪：北方选绿色期长的、色彩翠绿的冷季型草；南方选草叶细腻、坪面整齐的草种。

运动场草坪：选择耐践踏，恢复力强的草种。

环保草坪：主要目的为防风固沙、防水土流失；应选对当地环境适应性强，可粗放管理，根系发达，地上匍匐茎和地下根茎发达，扩展性、覆盖能力强的草种，选择病虫害少的草种。

(三) 养护管理条件不同，要求标准不同

养护条件充分，投入高，可选择档次高的观赏草坪。缺乏养护条件，水、肥、修剪、防病等管理跟不上，养护投入低的场所选择可粗放管理的草坪。

三、常见草坪草种生长习性对比

(一) 暖季型草种(表 3-3-1)

常见暖季型草种　　**表 3-3-1**

生长习性＼草种	野牛草	结缕草	狗牙根	钝叶草	地毯草	假俭草
扩展性	强	强	强	强	强	中
叶片质地	细	粗至中	细至中	粗糙	粗糙	中
草层密度	高	中至高	高	中等	中等	中等
土壤适应性	强	强	强	强	酸性土	酸性土
建成速度	快	很慢	很快	快	中等	中等

续表

生长习性 \ 草种	野牛草	结缕草	狗牙根	钝叶草	地毯草	假俭草
恢复能力	中	中慢	优	好	不好到中	不好
耐践踏性	中	优	优	中等	差到中	差
耐寒性	强	中	差至中	弱	很差	很差
耐热性	优	优	优	优	优	优
耐旱性	优	优	优	中等	差	差
耐阴性	中至差	好	很差	优	中等	中等到好
耐盐碱	好	好	好	好	差	差
潜伏病害	低	中	高	高	低	低
耐水渍	中	差	优	中	中	差
线虫问题	—	严重	严重	—	—	严重
养护水平	低	中	中到高	中	低	低

（二）冷季型草种（表 3-3-2）

常见冷季型草种 **表 3-3-2**

生长习性 \ 草种	匍匐剪股颖	草地早熟禾	多年生黑麦草	高羊茅	羊胡子草
扩展性	强	稍强	丛生	丛生	丛生
叶片质地	细致	细至中	细至中	粗至中	细致
草层密度	高	中至高	中	低至中	中
土壤适应性	中	中至强	中至强	强	强
建植速度	中	慢至中	快	中至快	中
恢复能力	最好	好	不好至中	不好至中	不好至中
耐践踏	差	中等	中等	好	中等
耐寒性	强	强	中到差	中	强
耐热性	中	中到差	中到差	好	中至差
耐旱	差	好	中	很好	很好
耐阴	中至好	差	差	中至好	好
耐盐	最好	差	中	好	好
养护水平	高	中至高	中	低至中	低至中
潜伏病害	高	中	中	低	低

复习思考题

1. 草坪草种选择的原则及要点是什么？
2. 掌握各草坪草种的生长习性和生态适应性。

第四章　园林植物材料标准

第一节　种与品种表述

园林植物的称谓是联系设计者、施工者、育苗者三方的纽带。虽然植物分类学中明确指出植物名称分为地方名、学名、拉丁名三种称谓，便于不同范围内人群进行交流，但业内人士在种、变种、品种称谓时仍存有很多不规范之处。

(1) 种、亚种、变种、和变型的概念。植物在种族的延续中不断产生变化，按其变化差异，在种下被分为亚种、变种(var.)、变型(f.)和栽培变种(cv.)。“亚种”是种内的变异类型，有形态构造差异也存在地域分布差异。“变种”也是种内变异类型，虽有形态构造差异，但没有明显地带性分布区域之别。“变型”是指形态特征上变异较小的类型，如花色、花形、毛的有无、叶面色斑等。正是由于有这些差异，我们在表述变种、变型等植物材料时就不能忽视其称谓的准确性。如选用紫薇时就不能含糊地统称“紫薇”而应准确地称到其变型名称，红色花称为“红薇”，深紫色花称为“翠薇”(f. rubra Lav)，纯白色花称为“银薇”(f. alba Nichols)。园林植物很多是采用的其具有某种观赏特点的变种、变型、品种等。在园林苗木中为了使其保持优良变异特性，采取的是其自根苗(扦插苗、分株苗、压条苗)或嫁接苗的形式进行繁育。而用种子繁育的实生苗(籽播苗)只能表现本种习性特点，丧失了其变种、品种的观赏性，如单瓣的榆叶梅、单瓣黄刺玫、单瓣棣棠等。称谓的不到位往往造成选苗、购苗的差错，把一些景观效果差的“实生苗”种当成园艺品种苗“变型、变种、品种”购进并栽植于绿地。如近年很多榆叶梅、黄刺玫、棣棠等单瓣实生苗被大量用于绿地，从而严重影响景观效果。在对拉丁名不熟悉的情况下可在“种名”前加以描述，如重瓣榆叶梅、重瓣黄刺玫、重瓣棣棠等以示区分。

(2) 有些容易混淆的同属种应准确地称谓到“种名”，不能到“属名”为止。如珍珠梅，同属的常见有华北珍珠梅和东北珍珠梅两个种。这两个种最大差异是，东北珍珠梅花，果序直立，残花、残果宿存，俗称“山高粱”，严重影响景观效果。同样观花效果，我们当然应选用华北珍珠梅，因为它没有残花、残果宿存现象。当前，就是在称谓上没有认真对待，统称为珍珠梅，致使大量东北珍珠梅(山高粱)进入绿地。又如榉属的树种大叶榉、光叶榉、小叶榉(大果榉)，其分布及抗寒性不同。靠近华北应引种抗寒性较强的光叶榉，大叶榉较适合长江流域栽种。泡桐属、楸树属下的树种生态习性差异都较大，设计应用时不应简单称谓“泡桐”、“楸树”，应准确地称谓到种名，如灰楸、金丝楸，毛泡桐、白花泡桐、南方泡桐、兰考泡桐等，后边应附加拉丁名。

复习思考题

1. 如何规范园林植物应用时的称谓？

2. 当前园林苗圃、绿化设计、绿化施工单位在苗木名称应用中存在哪些问题?

第二节　木本苗质量及规格标准

苗木质量标准一般分为株型质量、生长质量和包装质量。

一、苗木株型及规格标准

(1) 落叶乔木：主枝匀称、树冠丰满、分枝点到位。胸径 5.0cm 以上，快长树胸径 7.0cm 以上，落叶小乔木胸径(地径)3.0cm 以上。用于路树的落叶乔木分枝点高度不低于 2.8m。园景及孤植树分枝点高度为 2.5m。

(2) 针叶常绿乔木：树冠圆满匀称，具有地表分枝，要求不偏冠、不脱腿，高度在 2.5m 以上。

(3) 灌木：灌丛形，灌丛丰满，主枝不少于 5 个。主枝平均高度达 1.0m 以上。匍匐型灌木，应有 3 个以上主枝，主枝达 0.5m 以上。单干圆冠型，主枝分布均匀，地径 2cm，树高 1.2m 以上。

(4) 藤木：分枝数不少于 3 个，主蔓直径在 0.3cm 以上，主蔓长度在 1.0m 以上。

(5) 植篱苗：灌丛丰满，分枝均匀，常绿苗不脱腿，苗龄在 3 年以上或 50cm 以上。

(6) 嫁接苗：包括花灌木和高接乔化苗木，要求嫁接在 3 年以上，接口愈合牢固，无砧木滋生现象。

(7) 竹类：散生竹，2～4 年生苗龄，大中型竹苗具竹竿 1～2 个以上，小型竹苗具竹竿 3～5 个以上；丛生竹；具竹竿 5 个以上。

二、苗木生长质量考察内容

植株健壮，整体树形匀称，枝叶繁茂，色泽正常，根系发达。

(1) 移植次数要求：在圃繁殖苗必须移植过 2～3 次，外引山苗必须在圃养护 3 年以上。

(2) 无病虫害：经检疫不带病虫，无病虫危害状。进场时必须出示苗木出圃单(证)和树木检疫证明(外地苗木)。

(3) 无机械损伤：整个植株完整，枝、叶、根完好，无机械损伤，无冻害及哨条。

(4) 保证苗木含水量：①掘苗前必须灌水，充实枝干水分；②移植、运输环节避免植株失水。

三、掘苗包装质量

(1) 按规范要求掘苗，保证根冠幅长度或土球大小。

(2) 裸根苗尽可能多带护心土。

(3) 土球打包及箱板苗要求球形规整，包装牢固。

(4) 裸根小灌木包装保湿完好。

(5) 裸根小苗沾浆均匀、饱满，保护完好。

四、木本苗出圃规格标准

为方便设计者、苗木生产者、绿化施工者三家苗木市场流通，对不同苗木规格标准作如下规定(表 4-2)。

木本苗出圃规格标准一览表　　表 4-2

苗木分类	指标	分级	级差
绿篱苗	高度	0.8～1.0m、1.0～1.2m、1.2～1.5m、1.5～1.8m	0.2～0.3m
常绿大乔木	高度	2～2.5m、2.5～3m、3～3.5m、3.5～4m	0.5m
落叶大乔木	胸径	4～5cm、5～6cm、6～7cm、7～8cm	级差 1cm
小乔木	基径(地径)	2.5～3cm、3.5～4cm、4.5～5cm	0.5cm
单干灌木	基径(地径)	2.5～3cm、3.5～4cm、4.5～5cm	0.5cm
多干灌木	基径、分枝(主枝)数及粗度	有 3～5 个主干，每个主干粗 1～1.5cm	分枝点高于 30cm 的可要求地径粗度
丛生灌木	按主枝数，丛高(不同树要求有异)		
小灌木(如月季、迎春、牡丹等)	按几年生为指标	最小 2～3 年生	
嫁接苗	按嫁接几年为指标，乔木按干径	如龙爪槐按主干胸径指标，还应嫁接 3 年以上	

复习思考题

1. 园林绿化木本苗在质量及规格标准上有哪些具体规定?
2. 木本苗出圃规格等级有哪些具体规定?

第三节　露地栽培花卉及草坪出圃质量要求

一、露地栽培花卉应符合的规定

(1) 一、二年生花卉。其株高一般为 10～50cm，冠径为 15～35cm，分枝不少于 3～4 个，植株健壮，色泽明亮。

(2) 宿根花卉。宿根花卉必须是品种符合设计要求，根系完好发达，并有 3～4 个壮芽，无损伤、无病虫害。

(3) 球根花卉。块茎和球根花卉必须是块茎和球根完整无损，无腐烂和病虫，并有 2 个以上的芽眼或芽。

(4) 观叶植物。其叶片分布均匀，排列整齐，形状完好，色泽正常。

(5) 水生植物。水生植物根、茎、叶发育良好，植株健壮。

二、草块、草卷质量要求

(1) 草块、草卷必须是生长均匀，根系密布，无斑秃，无病虫害；出圃前三天浇水，进行适度修剪。草卷厚度 1.8～2.5cm，主要用于早熟禾、多年生黑麦草、高羊茅和结缕草。草块厚度 2～3cm，主要用于羊胡子草。草块、草卷长度适度，每卷(块)规格一致、厚度一致。

(2) 野牛草主要用分株繁殖，原草覆盖度应达90%以上，杂草不得超过2%。

三、草种子、花种子质量要求

(1) 草种、花种必须有品种、品系、产地、生产单位、采收年份、纯度、发芽率等标明种子质量的出厂检验报告或说明，并在使用前作发芽率试验，以便调整播种量，失效、有病虫害的种子不得使用。商业种子应附检疫证明。

(2) 应出示种子发芽率试验记录。

复习思考题

1. 掌握露地栽培花苗质量规格的具体规定。
2. 掌握草坪建植中草卷、草块的质量要求。
3. 掌握草种、花种的质量要求。

附录4-1 北京市城市园林绿化用植物材料木本苗标准

木本苗木使用应符合《城市园林绿化用植物材料木本苗》(DB11/T 211—2003)的规定(节选)

附 录 A

(规范性附录)

北京市城市园林绿化常用落叶乔木主要规格质量标准

类型	树种	学名	干径(≥cm)	修剪后主枝长度(≥m)	冠径(≥m)	分枝点高(≥m)	移植次数(≥次)
落叶乔木	银杏(♂)	*Ginkgo biloba*	7		1.5	2.5	3
	水杉	*Metasequoia glyptostroboides*	7		1.2		3
	毛白杨(♂)	*Populus tomentosa*	7	0.5		3.0	2
	旱柳(♂)	*Salix matsudana*	7	0.5		2.5	2
	垂柳(♂)	*Salix babylonica*	7	0.5		2.5	2
	馒头柳(♂)	*Salix matsudana* var. *umbraculifera*	7	0.4		2.5	2
	金丝垂柳	*Salix alba* 'Tristis'	7	0.4		2.5	2
	核桃	*Juglans regia*	7	0.5			3
	枫杨	*Pterocarya stenoptera*	7	0.4			2
	栓皮栎	*Quercus variabilis*	5		1.2		3
	白榆	*Ulmus pumila*	7	0.5			2
	垂枝榆	*Ulmus glabra* 'Camperdownii'	4		1.0	2.0	
	榉树	*Zelkova schneideriana*	5	0.4			3
	小叶朴	*Celtis bungeana*	5	0.4			2
	青檀	*Pteroceltis tatarinowii*	5	0.4			2

续表

类型	树种	学名	干径(≥cm)	修剪后主枝长度(≥m)	冠径(≥m)	分枝点高(≥m)	移植次数(≥次)
落叶乔木	玉兰	*Magnolia denudata*	4		1.0		3
	望春玉兰	*Magnoia biondii*	5		1.0		3
	二乔玉兰	*Magnolia×soulangeana*	4		1.0		3
	杂种鹅掌楸	*Liriodendron chinense×tulpifera*	5		1.2		2
	杜仲	*Eucommia ulmoides*	7	0.4			2
	悬铃木	*Platanus acerifolia*	7	0.5		3.0	2
	西府海棠	*Malus spectabilis*	3		0.8		2
	垂丝海棠	*Malus halliana*	3				
	钻石海棠	*Malus* 'Sparkler'	3		0.8		
	王族海棠	*Malus* 'Royalty'	3		0.8		
	紫叶李	*Prunus cerasifera* 'Atropurpurea'	4		0.8		2
	樱花	*Prunus serrulata*	4		1.0		2
	山桃	*Prunus davidiana*	4		0.8		2
	山杏	*Prunus armeniaca* var. *ansu*	4		0.8		2
	合欢	*Albizzia julibrissin*	5	0.4			2
	皂荚	*Gleditsia sinensis*	5	0.5			3
	刺槐	*Robinia pseudoacacia*	5	0.4			2
	槐树	*Sophora japonica*	7	0.5		2.5	3
	龙爪槐	*Sophora japonica* var. *pendula*	4		1.0	2.0	
	臭椿	*Ailanthus altissima*	7	0.4		2.5	2
	千头椿	*Ailanthus altissima* 'Qiantou'	7	0.4		2.5	2
	丝绵木	*Euonymus bungeanus*	5	0.4			2
	元宝枫	*Acer truncatum*	7	0.4		2.5	2
	鸡爪槭	*Acer palmatum*	4		0.8		2
	七叶树	*Aesculus chinensis*	5	0.5			3
	栾树	*Koelreuteria paniculata*	7	0.4		2.5	2
	枣树	*Ziziphus jujuba*	4	0.4			3
	糠椴	*Tilia mandshurica*	5	0.4			3
	蒙椴	*Tilia mongolica*	5	0.4			3
	梧桐	*Firmiana simplex*	7	0.4			2
	桂香柳	*Elaeagnus angustifolia*	3				
	柿树	*Diospyros kaki*	5	0.4			2
	君迁子	*Diospyros lotus*	5	0.4			2
	绒毛白蜡	*Fraxinus pennsylvanica*	7	0.4		2.5	2
	北京丁香	*Syringa pekinensis*	4		1.0		2

续表

类型	树　种	学　名	干径（≥cm）	修剪后主枝长度（≥m）	冠径（≥m）	分枝点高（≥m）	移植次数（≥次）
落叶乔木	流苏	*Chionanthus retusus*	4		0.8		3
	毛泡桐	*Paulownia tomentosa*	7	0.5		2.5	2
	梓树	*Catalpa ovata*	6	0.4			2
	楸树	*Catalpa bungei*	6	0.4			2
	黄金树	*Catalpa speciosa*	6	0.4			2

附　录　B

（规范性附录）

北京市城市园林绿化常用常绿乔木主要规格质量标准

类型	树　种	学　名	树高（≥m）	干径（≥cm）	冠径（≥m）	分枝点高（≥m）	移植次数（≥次）
常绿乔木	辽东冷杉	*Abies holophylla*	3		1.2		2
	红皮云杉	*Picea koraiensis*	3				
	白杆	*Picea meyeri*	2		1.5		3
	青杆	*Picea wilsonii*	2		1.5		3
	雪松	*Cedrus deodara*	4		2.0		3
	油松	*Pinus tabulaeformis*	4		1.5		3
	白皮松	*Pinus bungeana*	3		1.5		3
	华山松	*Pinus armandii*	3		1.5		3
	侧柏	*Platycladus orientalis*	3		1.2		2
	桧柏	*Sabina chinensis*	4		1.0		3
	西安桧	*Sabina chinensis* cv.	2.5		1.2		3
	龙柏	*Sabina chinensis* ‘Kaizuca’	2.5		1.0		2
	蜀桧	*Sabina komarovii*	3		1.0		2
	女贞	*Ligustrum lucidum*		4	1.2		2

附　录　C

（规范性附录）

北京市城市园林绿化常用灌木主要规格质量标准

类型	树　种	学　名	主枝数（≥个）	蓬径（≥m）	苗龄（≥a）	灌高（≥m）	主条长度（≥m）	基径（≥cm）	移植次数（≥次）
落叶灌木	牡丹	*Paeonia suffruticosa*	5	0.5	6	0.8			2
	紫叶小檗	*Berberis thunbergii*	6	0.5	3	0.8	0.8		
	蜡梅	*Chimonanthus praecox*				1.5			1

续表

类型	树种	学名	主枝数(≥个)	蓬径(≥m)	苗龄(≥a)	灌高(≥m)	主条长度(≥m)	基径(≥cm)	移植次数(≥次)
落叶灌木	太平花	*Philadelphus pekinensis*	5	0.8	3	1.2			1
	溲疏	*Deutzia scabra*	5	0.8	3	1.2			1
	香茶藨子	*Ribes odoratum*	5	0.8	4	1.5			1
	绣线菊类	*Spiraea*	5	0.8	4	1.0			1
	珍珠梅	*Sorbaria kirilowii*	6	0.8	4	1.2	1.0		1
	平枝栒子	*Cotoneaster horizontalis*	5	0.5	4				1
	水栒子	*Cotoneaster multiflorus*	5	0.8	3	1.2			1
	贴梗海棠	*Chaenomeles speciosa*	5	0.8	5	1.0			1
	品种月季								1
	丰花月季		4	0.5	3	0.8			1
	地被月季		3	0.8	3		0.8		1
	重瓣黄刺玫	*Rosa xanthina*	6	0.8	4	1.2	1.0		1
	重瓣棣棠	*Kerria japonica* var. *pleniflora*	6	0.8	6	1.0	0.8		5
	鸡麻	*Rhodotypos scandens*	5	0.8	4	1.2			1
	碧桃	*Prunus persica* f. *suplex*	3	1.0	5	1.5		3	1
	山碧桃		3	1.0	5	1.5		3	1
	垂枝碧桃	*Prunus persica* f. *pendula*	3	1.0	5	1.2		3	1
	紫叶碧桃	*Prunus persica* f. *atropurpurea*	3	1.0	5	1.5		3	1
	寿星桃	*Prunus persica* f. *densa*	3	0.8	6	1.2		2	1
	重瓣榆叶梅	*Prunus triloba* f. *plena*	3	1.0	5	1.5		3	1
	毛樱桃	*Prunus tomentosa*	3	0.8	5	1.2		3	1
	麦李	*Prunus glandulosa*	3	1.0	5	1.2		3	1
	郁李	*Prunus japonica*	3	0.8	5	1.2		3	1
	杏梅	*Prunus mume* var. *bungo*	3	0.8	5	1.2		2	1
	美人梅	*Prunus mume* 'Meiren Mei'	3	0.8	5	1.2		2	1
	紫叶矮樱	*Prunus*×*cistena*	3	0.8	5	1.2		2	1
	紫荆	*Cercis chinensis*	5	0.8	6	1.5		6.2	1
	花木蓝	*Indigofera kirilowii*	5	0.5	4	1.0			1
	锦鸡儿	*Caragana sinica*	5	0.5	4	1.0			1
	多花胡枝子	*Lespedeza floribunda*	5	0.8	4	1.2			1
	枸橘	*Poncirus trifoliata*	5	0.8	4	1.0			1
	黄栌	*Cotinus coggygria*	5	0.8	3	1.5			1
	美国黄栌	*Cotinus obovatus*	5	0.8	3	1.5			1
	木槿	*Hibiscus syriacus*	5	0.5	3	1.2			1
	柽柳	*Tamarix chinensis*	5	0.8	3	1.5			1

续表

类型	树种	学名	主枝数（≥个）	蓬径（≥m）	苗龄（≥a）	灌高（≥m）	主条长度（≥m）	基径（≥cm）	移植次数（≥次）
落叶灌木	沙棘	*Hippophae rhamnoides*	5	0.8	3	1.5		7	1
	紫薇	*Lagerstroemia indica*	5	0.8	4	1.5			1
	单干紫薇		5	0.8	4	1.5		8.2	1
	红花紫薇		5	0.8	4	1.5		2	1
	白花紫薇		5	0.8	4	1.5		2	1
	花石榴		5	0.8	3	1.2		9.2	1
	果石榴		5	0.8	3	1.2		3	1
	红瑞木	*Cornus alba*	6	0.8	4	1.0	0.8		1
	黄瑞木	*Cornus sericea* 'Flaniramea'	6	0.8	4	1.0	0.8		1
	山茱萸	*Cornus officinalis*	5	0.8	5	1.2		10.3	1
	四照花	*Cornus kousa*	5	0.8	5	1.2		3	1
	连翘	*Forsythia suspense*	5	0.8	3	1.0	1.0		
	金钟花	*Forsythia viridissima*	6	0.8	3	1.0	1.0		1
	紫丁香	*Syringa oblata*	5	0.8	3	1.5			1
	白丁香	*Syringa oblata* var. *affinis*	5	0.8	3	1.5			1
	波斯丁香	*Syringa persica*	6	0.8	3	1.2	1.0		1
	蓝丁香	*Syringa meyeri*	5	0.8	3	1.5			1
	小叶女贞	*Ligustrum quihoui*	5	0.8	3	1.5			1
	金叶女贞	*Ligustrum vicaryi*	5	0.5	3	0.8			1
	水蜡	*Ligustrum obtusifolium*	5	0.8	3	1.5			2
	迎春	*Jasminum nudiflorum*	5	0.5	4	0.8	0.6		
	海洲常山	*Clerodendrum trichotomum*	5	0.8	3	1.5			1
	小紫珠	*Callicarpa dichotoma*	5	0.5	3	1.2			1
	宁夏枸杞	*Lycium barbarum*	5	0.5	3	1.2			1
	锦带花	*Weigela florida*	6	0.5	3	1.0	0.8		1
	红王子锦带	*Weigela florida* 'Red prince'	6	0.5	3	1.0	0.8		1
	海仙花	*Weigela coraeensis*	5	0.8	4	1.2			1
	猬实	*Kolkwitzia amabilis*	5	0.8	3	1.5			2
	糯米条	*Abelia chinensis*	5	0.8	3	1.5			2
	金银木	*Lonicera maackii*	5	0.8	3	1.5			1
	鞑靼忍冬	*Lonicera tatarica*	5	0.8	3	1.5			1
	金叶接骨木	*Sambucus nigra* 'Aurea'	5	0.8	3	1.5			1
	天目琼花	*Viburnum sargentii*	5	0.8	3	1.5			1
	香荚蒾	*Viburnum farreri*	5	0.8	4	1.2			1

续表

类型	树　　种	学　　名	主枝数(≥个)	蓬径(≥m)	苗龄(≥a)	灌高(≥m)	主条长度(≥m)	基径(≥cm)	移植次数(≥次)
常绿灌木	矮紫杉	*Taxus cuspidata*	4	0.5	6	0.5			1
	铺地柏	*Sabina chinensis* 'Procumbens'	3	0.6	4		0.5	1.5	1
	鹿角桧	*Sabina chinensis* 'Pfitzeriana'	3	0.5	4	0.8			1
	粉柏	*Sabina squamata*	3	0.5	5	0.8			2
	砂地柏	*Sabina vulgaris*	3	0.6	4		0.5		1
	洒金柏	*Platycladus orientalis* 'Beverleyensis'	3	0.5	4	1.2			1
	粗榧	*Cephalotaxus sinensis*	4	0.5	4	0.8		2	1
	锦熟黄杨	*Buxus sempervirens*	3	0.3	4	0.5			1
	朝鲜黄杨	*Buxus microphylla*	3	0.3	4	0.5			1
	枸骨	*Ilex cornuta*	3	0.6	4	0.8			1
	大叶黄杨	*Euonymus japonicus*	4	0.5	4	0.8			1
	北海道黄杨	*Euonymus japonicus* 'Cu Zhi'	3	0.3	3	1.0			1
	胶东卫矛	*Euonymus kiautshovicus*	4	0.8	3	1.0			1
	凤尾兰	*Yucca gloriosa*		0.5	4	0.5		2	1

附　录　D

（规范性附录）

北京市城市园林绿化常用藤木主要规格质量标准

类型	树　　种	学　　名	苗龄(≥a)	分枝数(≥个)	主蔓径(≥cm)	主蔓长(≥m)	移植次数(≥m)
常绿藤木	小叶扶芳藤	*Euonymus fortunei*	4	3	1.0	1.0	1
	大叶扶芳藤	*Euonymus fortunei* var. *radicans*	3	3	1.0	1.0	1
	常春藤类	*Hedera*	3	3	0.3	1.0	1
落叶藤木	山荞麦	*Fagopyrum esculentum*	2	4	0.3	1.0	1
	蔷薇	*Rosa multiflora*	3	3	1.0	1.5	1
	白玉棠	*Rosa multiflora* var. *albo-plena*	3	3	1.0	1.5	1
	木香	*Rosa banksiae*	3	3	1.0	1.2	1
	藤本月季		3	3	1.0	1.0	1
	紫藤	*Wisteria sinensis*	5	4	2.0	1.5	2
	南蛇藤	*Gelastrus orbiculatus*	3	4	0.5	1.0	1
	山葡萄	*Vitis amurensis*	3	3	1.0	1.5	1
	地锦	*Parthenocissus tricuspidata*	2	3	0.8	2.0	1
	美国地锦	*Parthenocissus quinquefolia*	2	3	1.0	2.5	1
	软枣猕猴桃	*Actinidia arguta*	3	4	0.5	2.0	1
	中华猕猴桃	*Actinidia chinensis*	3	4	0.5	2.0	1
	美国凌霄	*Campsis radicans*	3	4	0.8	1.5	1
	金银花	*Lonicera japonica*	3	3	0.3	1.0	1

附　录　E

（规范性附录）

北京市城市园林绿化常用竹类主要规格质量标准

树　种	学　名	苗龄（≥a）	母竹分枝数（≥支）	竹鞭长（≥m）	竹鞭个数（≥个）	竹鞭芽眼数（≥个）
早园竹	*Phyllostachys propinqua*	3	2	0.3	2	2
紫竹	*Phyllostachys nigra*	3	2	0.3	2	2
黄金间碧玉	*Bambosa vulgaris* var. *striata*	3	2	0.3	2	2
黄槽竹	*Phyllostachys aureosulcata*	3	2	0.3	2	2
箬竹	*Indocalamus tessellatus*	3	2	0.3	2	

附录 4-2　岭南地区木本苗出圃规格标准

广州市地方技术规范—城市园林绿化植物材料（DB440100/T 105—2006）（节选）

1　苗木的基本要求

1.1　基本品质要求

1.1.1　苗圃的苗木应具备生长健壮、枝叶繁茂、冠形完整、色泽正常、根系发达、无热害冻害等基本质量要求。

1.1.2　出圃及种植前苗木病虫草害允许发生指标应符合 1.1.2.1 和 1.1.2.2 的规定，所有病虫株均应处理后方能出圃。

1.1.2.1　单株或成批苗木均不允许出现检疫性病虫草害。主要检疫性病虫草害见表 1。

主要检疫性病虫草害种类　　**表 1**

序　号	中　文　名	学　名
1	松突圆蚧	*Hemiberlesia pitysophila*
2	棕榈象	*Rhynchophorus palmarum*
3	椰心叶甲	*Brontispa longissima*
4	非洲大蜗牛	*Achatina fulica*
5	美国白蛾	*Hyphantria cunea*
6	日本金龟子	*Popillia japonica*
7	松材线虫	*Bursaphelenchus xylophilus*
8	烟粉虱	*Bemisia tabaci*
9	南非石竹卷蛾	*Epichoristodes acerbella*
10	美洲潜叶蝇	*Liriomyza trifolii*
11	刺桐姬小蜂	*Quadrastichuserythrinae*
12	菟丝子属	*Cuscuta* spp.

1.1.2.2 非检疫性病虫草害允许发生的指标应符合表 2 的规定。

出圃和定植苗木非检疫性病虫草害允许发生的指标 **表 2**

危害部位	种类		单株允许出圃的发生率	整批允许出圃的发生率	备注
叶部	病害	细菌性病害、病毒性病害	病叶率<3%	病株率<1%	
		白粉病、锈病、炭疽病、叶斑病、黑斑病、灰斑病、煤污病	病叶率<5%	病株率<3%	
	虫害	潜叶类和卷叶类害虫	虫叶率<3%	虫株率<2%	
		食叶性害虫：毒蛾、夜蛾、天蛾、刺蛾、蓑蛾、螟蛾、叶甲、金龟子成虫、叶蜂、蜗牛等	虫叶率<2%	虫株率<3%	
		刺吸性害虫：蚜虫、蚧虫、粉虱、木虱、蓟马、盲蝽、网蝽、叶蝉、叶螨、瘿螨等	虫叶率<5%	虫株率<5%	
茎干	病害：枝枯病、腐烂病、溃疡病、丛枝病等		病枝率<3%	病株率<1%	主干不允许发病
	钻蛀性害虫：红棕象甲、海枣小象甲、天牛、木蠹蛾、吉丁虫、蛀螟等		0	0	枝干有虫孔率<5%
根部	根部病害：白绢病、软腐病、疫病、枯萎病、线虫病等		0	0	
	地下害虫：蛴螬、蝼蛄、地老虎等		0	0	
	园林杂草：酢浆草、天胡荽、水花生、喜旱莲子草、微甘菊、五爪金龙等		0	0	

1.1.3 可出圃苗木及工程验收苗木应有标牌，标明种类(中文植物名称与拉丁学名)、规格、数量和质量。工程验收苗木还应有出苗单位标识。

1.1.4 苗木出圃前需假植一次，时间根据苗木生物学特性而定，假植期应在 3 个月以上。野生苗和山地苗应经苗圃养护培育 3 年以上，能适应当地环境和生长发育正常后才可应用。

1.1.5 出圃苗木土球应为其基径的 6～8 倍或胸径的 8～10 倍，深根性树种土球厚度应为土球直径的 4/5 以上，浅根性树种土球厚度应为土球直径的 3/5。裸根苗木掘苗的根系幅度应为其基径的 8～10 倍，尽量保留护心土。

1.1.6 嫁接苗接口必须完全愈合，接口平整、牢固。

1.1.7 苗木植物检疫应按国家有关规定执行。

1.2 各类型苗木规格质量标准

1.2.1 乔木

1.2.1.1 乔木类常用露地和容器苗主要规格质量标准应符合表 A 的规定；常用假植苗和种植前验收的苗木主要规格质量标准应符合表 G 的规定。

1.2.1.2 乔木类苗木具主轴的苗木应有主干枝，主枝应分布均匀。

1.2.1.3 单干类苗木质量以胸径等级划分规格，以株高、冠幅为规定指标；针叶乔木基径类苗木产品质量以基径等级划分规格，以株高、冠幅为规定指标。所有针叶乔木如龙柏、圆柏、南洋杉、竹柏、长叶竹柏、罗汉松、墨西哥落羽杉及轮生的苗木种类如细叶榄仁、美丽异木棉、木棉、尖叶杜英、盆架子等还需具有主梢，枝条轮生树种增加轮数为规定指标。

1.2.1.4 乔木胸径或基径规格的划分，5～6cm 表示 4.5～6.5cm，7～8cm 表示 6.5～8.5cm，临界值划到下一个规格。其余类推。

1.2.1.5 行道树用阔叶乔木类应具主枝 3～5 支，胸径不小于 7.0cm，道路绿化行道树的枝下高最少为 2.5m。

1.2.1.6 高接乔木嫁接时间应在 3 年以上，接口平整、牢固。

1.2.2 灌木

1.2.2.1 单干型常用露地和容器苗主要规格质量标准应符合表 B 的规定，常用假植苗和种植前苗木主要规格质量标准应符合表 H 的规定；丛生型常用露地和容器苗主要规格质量标准应符合表 C 的规定，常用假植苗和种植前的苗木主要规格质量标准应符合表 I 的规定。

1.2.2.2 单干型灌木应具主干、分枝均匀。

1.2.2.3 丛生型灌木应灌丛丰满、主侧枝分布均匀。

1.2.2.4 绿篱(植篱)型灌木应冠丛丰满、分枝均匀、下部枝叶无光秃。

1.2.2.5 灌木类苗主要质量标准以灌高等级划分规格，应符合表 I 的规定。单干型以冠幅、基径为规定指标，丛生型以冠幅、分枝数为规定指标。灌高大小临界值划到下一个规格。

1.2.3 棕榈类

1.2.3.1 单干型棕榈常用露地和容器苗主要规格质量标准应符合表 D 的规定，常用假植苗和种植前苗木主要规格质量标准应符合表 J 的规定；丛生型棕榈常用露地和容器苗主要规格标准应符合表 E 的规定，丛生型棕榈常用假植苗和种植前苗木主要规格标准应符合表 K 的规定。

1.2.3.2 单干型棕榈类应具主梢，主干粗壮，无病枯。

1.2.3.3 丛生型棕榈类丛生脚枝丰富粗壮，灌丛丰满，主侧枝分布均匀。

1.2.3.4 单干型棕榈类以地径等级划分规格，以裸干高、干高、株高、冠幅为规定指标。丛生型棕榈类以苗高等级划分规格，以冠幅、分枝数为规定指标。临界值划到下一个规格。

1.2.4 地被类

1.2.4.1 地被类常用袋苗主要规格质量标准应符合表 F 的规定。

1.2.4.2 地被类应植株高度基本一致、分枝均匀、叶片色泽光亮，无明显病虫害。

1.2.4.3 以营养袋划分规格，苗高、冠幅为规定指标。

2 检验方法

2.1 测量苗木胸径、基径等直径时用胸径尺，读数精确到 0.1cm。测量苗木株高、灌高、枝下高、裸干高、冠幅等长度时用钢卷尺、皮尺，读数精确到 1.0cm。

2.2 测量苗木胸径，断面畸形时，测取最大值和最小值的平均值；测量苗木基径，基部膨胀或变形时，从其基部近上方正常处测取。

2.3 测量乔木株高时不计徒长枝。

2.4 测量灌高时，取每丛 3 个以上主枝高度的平均值。

2.5 测量冠幅，取树冠垂直投影面上最大值和最小值直径的平均值，最大值与最小值的比值应小于 1.5。

2.6　品质指标通过感观检测。

2.7　病虫草害苗圃及苗木种植前现场检验方法。

检验方法按《森林植物检疫技术规程》规定的方法。

2.7.1　现场检测前检测员应按报检园林植物检测地段及园林植物种类确定调查对象和调查方法，作好观察、采集、鉴定用的工具和记录表格等准备。

2.7.2　苗圃检测一般先进行普查。普查要选择有代表性的路线，必要时可采用定点(定株)检查。

2.7.3　苗木种植前，用肉眼或借助放大镜直观检查植物顶梢、叶片、茎干及枝条等有无病变、病害症状、虫体及危害特征(斑点、虫孔、虫粪等)，必要时挖取苗木检查根部。初步确定病虫种类、分布范围、发生面积、发生特点、危害程度。

2.7.4　对在踏查过程中发现的病虫草害需进一步掌握危害情况的，应定点做完全取样。

2.7.5　定点调查样地的地被面积应不少于调查总面积的1%～5%，乔木、灌木总株数少于30株的全数调查，总株数大于30株的调查株数应不少于30株。

2.7.6　对抽取的样株进行逐株检查。统计调查总株数、病虫草种类、被害株数和危害程度，计算病叶率、病枝率、虫叶率、虫枝率、病株率、虫株率。

病叶率(%)＝有病叶数/调查总叶数×100

病枝率(%)＝有病枝数/调查总枝数×100

虫叶率(%)＝有虫叶数/调查总叶数×100

虫枝率(%)＝有虫枝数/调查总枝数×100

病株率(%)＝发病株数/调查总株数×100

虫株率(%)＝有虫株数/调查总株数×100

2.7.7　记录调查的结果。

2.7.8　对踏查中发现的植物病虫害，要采集标本若干份，附上采集标签，对一时不能有结果的，待培养或饲养后，供室内进一步检验或送专家鉴定。病害标本要有典型症状并且带有病原体；虫害标本要求虫体完整，具被害状。

3　检验规则

3.1　供方应向需方提供苗木历史档案记录，包括苗木名称、苗龄、假植期等。

3.2　珍贵苗木应逐株进行检验。

3.3　同一批出圃苗木应进行一次性检验，并按10%随机抽样进行质量检验。

3.4　同一批苗木质量检验的允许误差范围不应大于2%，数量检验的允许误差范围不应大于0.5%。

乔木常用露地和容器苗主要规格质量标准　　　　**表A**

序号	苗木名称	胸径(cm)	轮数(层)	株高(cm)	冠幅(cm)
1	龙柏 *Sabina chinensis* cv. Kaizuca	基径5～6		260～310	70～150
		基径7～8		270～320	80～160
		基径9～10		280～320	110～190
2	圆柏 *Sabina chinensis*	基径5～6		320～400	70～110
		基径9～10		460～540	130～170

续表

序号	苗 木 名 称	胸径(cm)	轮数(层)	株高(cm)	冠幅(cm)
3	南洋杉 *Araucaria cunninghamii*	基径 3～4	8～14	330～450	140～200
		基径 5～6	8～14	360～480	150～210
		基径 7～8	9～15	400～520	160～220
4	竹柏 *Podocarpus nagi*	3～4		230～390	80～130
		5～6		270～430	100～150
		7～8		320～480	120～160
5	长叶竹柏 *Podocarpus fleuryi*	3～4		230～390	100～150
		5～6		370～530	120～170
6	罗汉松 *Podocarpus macrophyllus*	3～4		200～290	60～110
		5～6		230～320	80～130
		7～8		300～390	100～150
7	墨西哥落羽杉 *Taxodium mucronatum*	3～4		280～340	120～160
		5～6		310～370	140～180
8	蝴蝶果 *Cleidiocarpon cavaleriei*	5～6		330～400	140～220
		7～8		380～450	180～260
		9～10		400～480	220～300
9	千年桐 *Vernicia montana*	5～6		500～550	100～150
		7～8		550～600	130～180
10	秋枫 *Bischofia javanica*	5～6		330～400	130～230
		7～8		380～450	150～250
		9～10		400～480	170～270
11	石栗 *Aleurites moluccana*	5～6		380～500	110～210
		7～8		420～540	130～230
12	血桐 *Macaranga tanarius*	5～6		250～300	170～240
13	重阳木 *Bischofia polycarpa*	5～6		330～400	160～260
		7～8		380～450	170～270
		9～10		400～480	200～300
14	刺桐 *Erythrina variegata* var. *orientalis*	5～6		370～450	110～180
		7～8		410～490	180～240
		9～10		430～510	250～310
		11～12		460～540	280～350
15	黄脉刺桐 *Erythrina variegata* cv. Aurea Marginata	5～6		330～400	130～230
		7～8		380～450	150～250
		9～10		400～480	170～270
		11～12		450～550	200～300

续表

序号	苗 木 名 称	胸径(cm)	轮数(层)	株高(cm)	冠幅(cm)
16	鸡冠刺桐 *Erythrina crista-galli*	5～6		270～370	120～190
		7～8		290～390	170～240
		9～10		320～420	190～260
		11～12		400～500	220～280
17	降香黄檀 *Dalbergia odorifera*	5～6		400～480	150～220
18	印度紫檀 *Pterocarpus indicus*	5～6		330～420	180～280
		7～8		460～550	200～300
		9～10		500～590	220～320
		11～12		530～620	240～340
19	麻楝 *Chukrasia tabularis*	5～6		420～540	150～220
		7～8		440～560	200～270
		9～10		460～580	220～290
		11～12		480～600	240～310
20	尖叶杜英 *Elaeocarpus apiculatus*	5～6	4	350～4300	160～240
		7～8	4	400～480	200～280
		9～10	5	450～530	250～330
		11～12	6	500～600	280～360
21	山杜英 *Elaeocarpus sylvestris*	5～6		330～400	140～200
		7～8		380～450	160～220
22	水石榕 *Elaeocarpus hainanensis*	5～6		330～400	160～230
		7～8		380～450	180～250
		9～10		400～480	200～270
		11～12		450～550	220～290
23	大叶合欢 *Albizzia lebbeck*	5～6		330～400	200～270
		7～8		380～450	210～280
		9～10		400～480	220～290
24	海红豆 *Adenanthera pavonina* var. *microsperma*	5～6		400～500	180～220
		7～8		450～500	200～250
25	海南红豆 *Ormosia pinnata*	5～6		350～470	130～190
		7～8		350～400	170～230
		9～10		400～450	190～250
26	南洋楹 *Albizia falcata*	5～6		480～540	170～250
		7～8		500～560	200～290
27	楹树 *Albizzia chinensis*	5～6		450～520	120～200
		7～8		580～660	210～290
28	红木 *Bixa orellana*	5～6		370～440	150～200

续表

序号	苗木名称	胸径(cm)	轮数(层)	株高(cm)	冠幅(cm)
29	盆架子 *Winchia calophylla*	5～6	3～4	270～370	130～230
		7～8	4～5	300～400	180～280
		9～10	5～6	400～500	230～330
30	黄槿 *Hibiscus tiliaceus*	5～6		300～350	140～210
		7～8		350～400	160～230
		9～10		400～450	180～250
		11～12		420～500	200～270
31	大叶桃花心木 *Swietenia macrophylla*	5～6		400～520	90～160
		7～8		480～600	120～190
		9～10		540～660	140～200
32	非洲桃花心木 *Khaya senegalensis*	5～6		370～500	130～190
		7～8		460～590	160～220
		9～10		480～610	190～250
		11～12		540～670	220～280
33	白兰 *Michelia alba*	5～6		350～460	130～190
		7～8		370～480	180～250
		9～10		390～500	220～290
		11～12		410～520	250～320
34	广玉兰 *Magnolia grandiflora*	5～6		360～420	120～160
		7～8		420～480	130～170
		9～10		470～530	140～180
		11～12		500～560	150～190
35	海南木莲 *Manglietia hainanensis*	5～6		400～450	150～200
36	黄兰 *Michelia champaca*	3～4		350～420	110～170
		5～6		370～440	120～180
37	火力楠 *Michelia macclurei*	5～6		500～550	130～180
		7～8		520～570	160～220
		9～10		550～600	200～260
38	乐昌含笑 *Michelia chapensis*	5～6		370～520	140～190
		7～8		450～600	180～220
39	美丽异木棉 *Chorisia speciosa*	5～6	4～5	330～400	160～250
		7～8	4～5	380～450	230～320
		9～10	5～6	400～480	250～330
		11～12	5～6	450～520	280～360
		13～15	5～7	470～540	320～400

续表

序号	苗木名称	胸径(cm)	轮数(层)	株高(cm)	冠幅(cm)
40	爪哇木棉 *Ceiba pentandra*	5～6		340～500	120～220
		7～8		400～540	180～280
		9～10		440～580	210～310
		11～12		460～600	270～370
41	木棉 *Bombax malabaricum*	5～6	4～5	310～430	150～240
		7～8	4～5	350～470	170～270
		9～10	5～6	390～510	190～290
		11～12	5～6	430～550	220～320
		13～15	5～7	490～610	280～380
42	马拉巴栗 *Pachira macrocarpa*	7～8		400～480	200～250
		9～10		440～520	250～300
43	女贞 *Ligustrum lucidum*	5～6		450～500	150～200
		7～8		480～530	180～230
44	扁桃 *Mangifera persiciformis*	5～6		330～400	150～200
		7～8		380～450	200～250
		9～10		400～480	220～270
45	芒果 *Mangifera indica*	5～6		330～400	150～220
		7～8		380～450	180～250
		9～10		400～480	210～300
		11～12		450～570	250～320
46	人面子 *Dracontomelon duperreanum*	5～6		330～400	120～220
		7～8		380～450	190～290
		9～10		400～480	200～300
		11～12		520～620	260～360
47	大叶紫薇 *Lagerstroemia speciosa*	5～6		300～350	160～260
		7～8		350～400	180～280
		9～10		400～450	200～300
48	人心果 *Manilkara zapota*	3～4		250～300	100～200
49	垂叶榕 *Ficus benjamina*	5～6		330～400	110～150
		7～8		380～450	150～190
		9～10		400～480	180～220
		11～12		450～550	240～280
50	大叶榕 *Ficus virens* var. *sublanceolata*	5～6		330～400	130～230
		7～8		380～450	160～260
		9～10		400～480	200～300
		11～12		450～550	230～330

续表

序号	苗 木 名 称	胸径(cm)	轮数(层)	株高(cm)	冠幅(cm)
51	高山榕 *Ficus altissima*	5～6		330～400	120～200
		7～8		380～450	140～220
		9～10		400～480	200～280
		11～12		450～550	240～320
52	花叶榕 *Ficus microcarpa* cv. Variegata	5～6		350～400	150～200
53	柳叶榕 *Ficus celebensis*	5～6		350～400	100～200
		7～8		400～450	120～220
54	木菠萝 *Artocarpus heterophyllus*	5～6		400～500	110～180
		7～8		420～520	150～220
		9～10		500～600	220～290
55	菩提榕 *Ficus religiosa*	5～6		330～400	120～200
		7～8		380～450	160～240
		9～10		400～480	200～280
		11～12		450～550	220～300
56	琴叶榕 *Ficus lyrata*	5～6		300～350	170～220
57	细叶榕 *Ficus microcarpa*	5～6		330～400	130～200
		7～8		380～450	180～250
		9～10		400～480	200～270
		11～12		450～550	280～350
58	印度橡胶榕 *Ficus elastica*	5～6		330～400	130～210
		7～8		380～450	180～260
		9～10		400～480	220～300
		11～12		450～550	250～330
59	银桦 *Grevillea robusta*	5～6		450～550	150～200
		7～8		500～600	170～220
		9～10		540～640	230～280
60	花叶榄仁 *Terminalia mantaly* var. *variegata*	7～8		420～470	170～230
		9～10		450～500	200～250
61	细叶榄仁 *Terminalia mantaly*	5～6	4～5	400～500	140～240
		7～8	5～6	500～600	180～280
		9～10	6～7	550～650	200～300
		11～12	6～8	650～750	270～370
62	柿树 *Diospyros kaki*	5～6		400～500	100～150
63	凤凰木 *Delonix regia*	5～6		370～500	140～260
		7～8		400～530	200～320
		9～10		440～570	240～360
		11～12		470～600	260～380

续表

序号	苗 木 名 称	胸径(cm)	轮数(层)	株高(cm)	冠幅(cm)
64	红花羊蹄甲 *Bauhinia blakeana*	5～6		330～400	170～270
		7～8		380～450	200～300
		9～10		400～480	220～320
		11～12		450～550	240～340
65	黄槐 *Cassia surattensis*	3～4		300～400	110～190
		5～6		320～420	140～220
		7～8		340～440	200～280
		9～10		360～460	240～320
		11～12		400～500	280～360
66	腊肠树 *Cassia fistula*	5～6		400～480	130～200
		7～8		450～530	170～240
67	双翼豆 *Peltophorum pterocarpum*	5～6		330～400	150～200
		7～8		380～450	170～220
		9～10		400～480	220～270
		11～12		450～550	240～290
68	铁刀木 *Cassia siamea*	5～6		360～460	150～250
		7～8		450～550	200～300
		9～10		500～600	250～350
		11～12		630～750	300～400
69	白千层 *Melaleuca leucadendron*	5～6		430～500	100～130
70	串钱柳 *Callistemon viminalis*	5～6		330～400	150～200
		7～8		380～450	190～240
		9～10		400～480	220～270
		11～12		450～550	290～340
71	海南蒲桃 *Syzygium cumini*	5～6		360～460	120～200
		7～8		450～550	140～220
		9～10		500～600	170～250
		11～12		520～650	180～260
72	蒲桃 *Syzygium jambos*	5～6		330～400	140～220
		7～8		380～450	220～80
		9～10		400～480	260～320
73	福木 *Garcinia subelliptica*	5～6		220～300	70～110
		7～8		260～340	80～120
		9～10		300～380	90～130
74	幌伞枫 *Heteropanax fragrans*	5～6		280～420	150～200
		7～8		300～440	170～220
		9～10		320～460	180～240
		11～12		400～540	200～250

续表

序号	苗木名称	胸径(cm)	轮数(层)	株高(cm)	冠幅(cm)
75	大花五桠果 *Dillenia turbinata*	7～8		380～440	180～270
		9～10		480～540	190～280
		11～12		510～570	240～330
76	阳桃 *Averrhoa carambola*	5～6		330～400	130～180
		7～8		380～450	140～190
		9～10		400～480	150～200
77	朴树 *Celtis sinensis*	5～6		350～450	100～160
78	楝叶吴茱萸 *Evodia meliaefolia*	5～6		370～420	170～220
79	黄樟 *Cinnamomum porrectum*	5～6		400～480	150～200
		7～8		450～530	170～220
80	假柿 *Litsea monopetala*	5～6		220～300	160～220
81	阴香 *Cinnamomum burmannii*	5～6		330～400	130～200
		7～8		380～450	170～240
		9～10		400～480	220～290
		11～12		450～550	280～350
82	樟树 *Cinnamomum camphora*	5～6		450～520	130～180
		7～8		470～540	150～200
83	吊瓜木 *Kigelia pinnata*	5～6		330～400	120～180
		7～8		380～450	160～220
		9～10		400～480	200～260
		11～12		450～550	270～330
84	海南菜豆树 *Radermachera hainanensis*	5～6		360～460	120～180
		7～8		450～550	140～200
		9～10		500～600	160～220
85	火焰木 *Spathodea campanulata*	5～6		350～500	120～200
		7～8		400～550	180～260
		9～10		420～570	220～300
		11～12		450～600	300～380
86	蓝花楹 *Jacaranda acutifolia*	5～6		360～460	100～200
		7～8		450～550	200～300
		9～10		500～600	260～360
87	猫尾木 *Dolichandrone cauda-felina*	5～6		400～470	130～180
		7～8		430～500	150～200
88	洋红风铃木 *Tabebuia impetiginosa*	5～6		350～400	150～200
89	鱼木 *Crateva religiosa*	5～6		330～400	160～230
		7～8		380～450	200～270

单干型灌木常用露地和容器苗主要规格质量标准 **表 B**

序号	树　种	灌高(cm)	冠幅(cm)	基径(cm)
1	圆柏 *Sabina chinensis*	120～150	50～70	3～4
		150～180	60～80	3.5～4.5
		180～210	70～90	4.0～5.0
2	紫锦木 *Euphorbia cotinifolia*	60～80	50～60	1～1.5
		80～100	60～80	1～1.5
3	鹰爪 *Artabotrys hexapetalus*	100～120	80～100	2～3.5
		120～150	90～120	3～4.5
		150～180	110～130	3～4.5
4	福建茶 *Carmona microphylla*	20～40	20～40	1.5～2.5
		40～60	40～60	2～3
5	鸡蛋花 *Plumeria rubra* cv. Acutifolia	120～150	120～210	4～7
		150～180	120～210	4～7
		180～210	130～220	5.5～8.5
6	夹竹桃 *Nerium indicum*	100～120	60～80	7.5～10.5
		130～150	80～100	7.5～10.5
7	杂交鸡蛋花 *Plumeria*×*hybrida*	80～100	60～80	3.5～4
		100～120	80～100	3.5～4
		120～150	100～120	4～4.5
8	红花檵木 *Loropetalum chinense* var. *rubrum*	60～80	60～70	2.5～3
		80～100	80～90	2.5～3
		100～120	90～100	3.5～4
9	罗汉松 *Podocarpus macrophyllus*	180～200	60～100	4～6
		210～250	100～120	4～6
10	灰莉 *Fagraea ceilanica*	60～80	60～80	3～3.5
		80～100	80～100	3～3.5
		100～120	100～120	4～4.5
11	含笑 *Michelia figo*	60～80	60～80	2～3
		80～100	90～100	4.5～5
		100～120	100～110	4.5～5
12	肉桂 *Cinnamomum cassia*	100～120	90～110	3.5～4.5
		120～150	100～120	4～5
		150～180	120～140	4～5
		180～210	140～160	5～6
13	桂花 *Osmanthus fragrans*	180～210	80～100	3～4
		210～240	110～150	3.5～4.5
		240～270	100～110	3.5～4.5

续表

序号	树　种	灌高(cm)	冠幅(cm)	基径(cm)
14	尖叶木犀榄 *Olea cuspidata*	60～80	70～80	2.0～2.5
		80～100	80～90	2.5～3.0
15	细叶紫薇 *Lagerstroemia indica*	80～100	60～70	2.5～3.5
		100～120	80～90	2.5～3.5
		120～150	100～120	2.5～3.5
16	花叶榕 *Ficus microcarpa* cv. Variegata	120～150	80～100	3～4
		150～180	80～100	3.5～4
17	柳叶榕 *Ficus heteropleura*	180～210	100～110	4.5～5.0
		210～240	120～130	5.0～5.5
18	垂榕 *Ficus benjamina*	180～210	70～110	5.5～8
		210～240	110～150	9～11.5
		240～270	120～160	10～12
		270～300	150～190	10～12
19	茶花 *Camellia japonica*	120～150	0.4～0.6	4.5～5.5
		150～180	0.7～0.9	4.5～5.5
		180～210	0.9～1.1	5～6
20	洋金凤 *Caesalpinia pulcherrima*	100～120	50～70	1～3
		120～150	50～70	1～3
21	九里香 *Murraya paniculata*	80～100	70～90	2.5～3.0
		100～120	80～100	2.5～3.0

丛生型灌木常用露地和容器苗主要规格质量标准　　表 C

序号	树　种	灌高(cm)	冠幅(cm)	分枝数(个)
1	变叶木 *Codiaeum* spp.	40～60	30～60	3～5
		60～80	40～70	3～5
		80～100	50～80	4～6
		100～120	50～80	4～6
2	红背桂 *Excoecaria cochinchienensis*	40～60	30～50	3～4
		60～80	60～80	3～4
		80～100	70～90	3～5
		100～120	80～100	3～5
		120～150	90～110	3～5
3	红桑　*Acalypha wilkesiana*	80～100	80～100	3～6
4	紫锦木 *Euphorbia cotinifolia*	60～80	30～60	2～4
		80～100	50～80	2～4
		100～120	70～100	2～4
		120～150	80～110	2～4

续表

序号	树　种	灌高(cm)	冠幅(cm)	分枝数(个)
5	仙戟变叶木 *Codiaeum variegatum* var. *pictum*. f. *lobatum*	40～60	20～40	2～4
		60～80	40～60	2～4
		80～100	40～60	2～4
		100～120	60～80	2～4
6	锦叶扶桑 *Hibiscus rosa-sinensis* 'Cooperi'	40～60	50～80	4～9
		60～80	60～90	4～9
		80～100	70～100	4～9
		100～120	80～110	4～9
7	勒杜鹃类 *Bougainvillea* spp.	80～100	80～100	3～6
		100～120	100～120	3～6
		120～150	110～130	3～6
8	锦绣杜鹃 *Rhododendron pulchrum*	40～60	30～50	3～8
		60～80	50～70	3～8
		80～100	80～100	3～8
		100～120	90～110	3～8
9	鹰爪 *Artabotrys hexapetalus*	80～100	60～80	4～8
		100～120	80～100	4～8
		120～150	90～120	4～8
10	海桐 *Pittosporum tobira*	40～60	40～60	3～6
		60～80	60～80	3～6
		80～100	80～100	3～6
		100～120	90～120	3～6
		120～150	110～130	3～6
11	花叶海桐 *Pittosporum tobira* 'Variegatum'	40～60	40～60	2～5
		60～80	60～80	2～5
		80～100	80～100	2～5
		100～120	90～120	2～5
		120～150	110～130	2～5
12	红绒球 *Calliandra haematocepha*	40～60	40～60	3～6
		60～80	60～80	3～6
		80～100	80～100	3～6
		100～120	90～120	3～6
		120～150	100～130	3～6
13	瓜子黄杨 *Buxus sinica*	60～80	60～70	3～7
14	福建茶 *Carmona microphylla*	40～60	40～60	2～4
		60～80	60～80	2～4
		80～100	70～90	2～4
		100～120	80～100	2～4
		120～150	100～120	3～5

续表

序号	树　　种	灌高(cm)	冠幅(cm)	分枝数(个)
15	黄蝉 *Allemanda neriifolia*	60～80	60～80	2～4
		80～100	80～100	2～4
		100～120	100～120	2～4
16	黄花夹竹桃 *Thevetia peruviana*	100～120	80～100	3～6
		120～150	90～110	3～6
17	夹竹桃 *Nerium indicum*	60～80	40～50	3～6
		80～100	50～60	3～6
		100～120	60～80	3～6
		120～150	80～100	3～6
18	狗牙花 *Ervatamia divaricata* cv. Gouyahua	40～60	40～60	2～4
		60～80	50～80	2～4
		80～100	60～90	2～4
		100～120	70～110	2～4
		120～150	80～120	2～4
19	红花檵木 *Loropetalum chinense* var. *rubrum*	40～60	30～50	2～4
		60～80	60～70	2～4
		80～100	80～90	2～4
		100～120	90～100	2～4
20	大红花 *Hibiscus rosa-sinensis*	40～60	30～50	3～5
		60～80	50～70	3～5
		80～100	60～80	3～5
		100～120	70～100	4～6
		120～150	90～100	4～6
21	木槿 *Hibiscus syriacus*	40～60	30～50	3～5
		60～80	50～70	3～5
22	米兰 *Aglaia odorata*	40～60	40～60	2～5
		60～80	60～80	2～5
		80～100	70～90	2～5
		100～120	80～100	2～5
23	冬红 *Holmskioldia sanguinea*	100～120	100～120	3～5
		120～150	120～140	4～6
24	金叶假连翘 *Duranta repens* cv. Dwarf Yellow	40～60	40～60	3～6
		60～80	50～70	3～6
		80～100	60～80	3～6
		100～120	80～90	3～6
		120～150	90～100	3～6

续表

序号	树种	灌高(cm)	冠幅(cm)	分枝数(个)
25	灰莉 *Fagraea ceilanica*	60～80	60～90	3～6
		80～100	70～100	3～6
		100～120	80～110	3～6
		120～150	90～120	3～6
26	含笑 *Michelia figo*	40～60	40～60	2～4
		60～80	60～80	2～4
		80～100	80～100	2～4
		100～120	100～120	2～4
		120～150	110～130	2～4
27	桂花 *Osmanthus fragrans*	60～80	40～60	3～5
		80～100	50～70	3～5
		100～120	70～100	3～6
		120～150	80～120	3～6
28	花叶山指甲 *Ligustrum sinense* 'Variegatum'	40～60	40～60	3～6
		60～80	50～70	3～6
		80～100	60～80	3～6
		100～120	70～90	3～6
		120～150	80～100	3～6
29	尖叶木犀榄 *Olea cuspidata*	60～80	60～80	3～5
		80～100	80～100	3～5
		100～120	100～120	3～5
		120～150	110～130	3～5
30	茉莉花 *Jasminum sambac*	40～60	40～60	3～6
		60～80	50～70	3～6
		80～100	60～80	3～6
31	肉桂 *Cinnamomum cassia*	80～100	70～110	3～5
		100～120	80～120	3～5
		120～150	90～130	3～5
32	细叶紫薇 *Lagerstroemia indica*	60～80	30～60	3～5
		80～100	40～80	3～5
		100～120	50～90	3～5
		120～150	60～100	3～5
33	紫雪茄花 *Cuphea articulata*	20～40	20～40	6～10
34	希茉莉 *Hamelia patens*	40～60	40～60	3～6
		60～80	60～80	3～6
		80～100	80～100	3～6
		100～120	100～120	3～6
		120～150	120～150	3～6

续表

序号	树　　种	灌高(cm)	冠幅(cm)	分枝数(个)
35	白蝉 *Gardenia jasminoides* var. *fortuniana*	40～60	40～60	2～4
		60～80	50～70	3～5
		80～100	60～80	3～5
		100～120	80～100	3～5
		120～150	120～150	4～6
36	龙船花 *Ixora chinensis*	40～60	30～50	3～6
		60～80	40～60	3～6
		80～100	60～80	3～6
		100～120	70～90	3～6
		120～150	80～100	3～6
37	鸳鸯茉莉 *Brunfelsia australis*	40～60	30～60	3～7
		60～80	50～80	3～7
		80～100	70～100	3～7
38	黄榕 *Ficus microcarpa* ‘Golden Leaves’	60～80	60～80	3～6
		80～100	80～100	3～6
		100～120	100～120	4～7
		120～150	110～130	4～7
39	金钱榕 *Ficus microcarpa* var. *crassifolia*	80～100	80～100	3～5
		100～120	80～100	3～5
		120～150	90～110	3～5
40	茶花 *Camellia japonica*	20～40	20～40	2～4
		40～60	30～60	3～5
		60～80	50～80	4～6
		80～100	60～100	4～6
		100～120	60～110	4～6
41	红果仔 *Eugenia uniflora*	40～60	30～50	3～5
		60～80	50～70	3～5
		80～100	60～80	3～5
		100～120	80～100	3～5
		120～150	90～110	3～5
42	鸭脚木 *Schefflera* spp.	40～60	60～70	7～9
		60～80	70～80	7～9
		80～100	80～90	7～9
		100～120	110～120	7～9
43	胡椒木 *Zanthoxylum* ‘Odorum’	60～80	50～90	3～5
		80～100	70～110	3～5
		100～120	80～120	3～6
		120～150	90～130	3～6

续表

序号	树　　种	灌高(cm)	冠幅(cm)	分枝数(个)
44	九里香 *Murraya paniculata*	40～60	40～60	3～6
		60～80	60～80	3～6
		80～100	70～90	3～6
		100～120	80～100	3～6
		120～150	90～110	3～6

单干型棕榈常用露地和容器苗主要规格质量标准　　　　**表 D**

序号	树　　种	地径(cm)	裸干高(cm)	干高(cm)	株高(cm)	冠幅(cm)
1	霸王棕 *Bismarckia nobilis*	25～30		80～120	200～360	270～330
		30～35		90～130	230～400	280～340
		35～40		100～140	280～440	290～350
2	布迪椰子　*Butia capitata*	30～35	30～40		210～270	240～300
3	菜王椰子 *Roystonea oleracea*	30～35	80～160		540～660	240～370
		35～40	100～180		610～730	250～380
4	大王椰子 *Roystonea regia*	20～25	40～80		320～380	270～310
		25～30	50～90		360～420	280～330
		30～35	100～150		400～460	300～350
		35～40	110～160		600～660	310～360
		40～45	120～170		620～680	350～400
5	棍棒椰子 *Hyophorbe verschaffeltii*	20～25	60～80		170～220	160～220
		25～30	80～100		210～260	170～230
		30～35	90～110		230～290	180～240
		35～40	100～120		240～300	200～260
6	国王椰子 *Ravenea rivularis*	20～25		90～130	270～400	210～390
		25～30		100～140	280～410	220～400
		30～35		110～150	300～430	240～420
		35～40		110～150	310～440	250～430
7	红领椰子 *Neodypsis leptocheilos*	15～20	50～100		420～520	350～400
		20～25	100～150		480～580	370～420
8	狐尾椰子 *Wodyetia bifurcata*	20～25	50～140		340～480	150～300
		25～30	120～210		430～580	190～340
		30～35	180～270		480～620	200～350
9	华盛顿葵 *Washingtonia filifera*	20～25	50～100		180～280	160～260
		25～30	60～110		200～300	200～300
		30～35	70～120		210～310	220～320
		35～40	80～130		240～340	230～320
		40～45	100～150		250～350	230～320

续表

序号	树　种	地径(cm)	裸干高(cm)	干高(cm)	株高(cm)	冠幅(cm)
10	皇后葵 *Syagrus romanzoffianum*	15～20	150～250		400～500	150～250
		20～25	170～270		480～580	200～300
		25～30	180～280		530～630	240～340
11	加拿利海枣 *Phoenix canariensis*	20～25		70～90	110～210	190～250
		25～30		80～100	140～240	250～310
		30～35		80～100	160～260	260～320
		35～40		90～110	200～300	270～330
		40～45		90～110	220～320	270～330
12	假槟榔 *Archontophoenix alexandrae*	15～20	80～180		350～450	200～300
		20～25	100～200		430～530	220～320
		25～30	130～230		450～550	240～340
13	美丽针葵 *Phoenix roebelenii*	5～10	40～90		80～180	110～180
		10～15	50～100		100～200	120～190
14	蒲葵 *Livistona chinensis*	25～30	200～230		420～440	170～260
		30～35	210～240		440～460	190～280
		35～40	220～250		460～480	210～300
15	青棕 *Ptychosperma macarthurii*	15～20	30～60		300～450	420～520
		20～25	40～70		350～500	440～540
		25～30	50～80		400～540	470～570
16	三角椰子 *Neodypsis decaryi*	10～15	20～70		180～360	100～250
		15～20	30～80		300～480	160～310
		20～25	40～90		370～550	200～350
		25～30	50～100		430～620	220～370
17	银海枣 *Phoenix sylvestris*	30～35		110～160	260～330	350～500
		35～40		120～170	320～390	360～510
		40～45		150～190	340～410	370～520
		45～50		160～200	380～450	380～530
18	长穗鱼尾葵 *Caryota ochlandra*	10～15		170～190	350～430	180～270
		15～20		180～220	360～440	200～290
		20～25		180～220	380～460	210～300
		25～30		190～230	420～500	230～320
19	中东海枣 *Phoenix dactylifera*	35～40		180～240	300～480	200～260
		40～45		200～250	310～490	210～270
		45～50		210～260	320～500	220～280

从生型棕榈常用露地和容器苗主要规格质量标准　　表 E

序号	苗木名称	株高(cm)	冠幅(cm)	分枝数(个)
1	短穗鱼尾葵　*Caryota mitis*	300～350	290～390	5～9
		350～400	350～450	5～9
2	三药槟榔 *Areca triandra*	150～200	170～200	4～8
		200～250	200～230	4～8
		250～300	260～290	4～8
		300～350	300～330	4～8
		350～400	350～400	4～8
3	散尾葵 *Chrysalidocarpus lutescens*	100～150	110～140	5～10
		150～200	150～180	5～10
		200～250	200～230	5～10
		250～300	260～290	5～10
		350～400	320～350	5～10
		400～450	360～390	5～10
4	细棕竹　*Rhapis gracilis*	100～150	100～130	9～15
5	棕竹 *Rhapis excelsa*	50～100	70～100	4～6
		100～150	100～130	7～9
		150～200	150～180	8～12
		200～250	200～230	8～12

地被常用袋苗主要规格质量标准　　表 F

序号	树　　种	营养袋(斤)	株高(cm)	冠幅(cm)
1	大叶红草　*Alternanthera dentate* cv. Ruliginosa	3	10～15	10～15
2	蜘蛛兰　*Hymenocallis speciosa*	3	10～30	10～20
3	大花美人蕉　*Canna generalis*	3	30～40	20～30
4	红绿草　*Alternanthera bettzickiana*	3	10～15	5～10
5	冷水花　*Pilea notata*	3	10～20	5～10
6	沿阶草　*Ophiopogn japonicus*	3	5～10	10～15
7	假花生　*Alysicarpus vaginalis* var. *diversifolius*	3	5～10	10～20
8	小蚌兰　*Rhoeo spathaceo* cv. Compacta	3	10～20	10～15
9	白蝴蝶　*Syrgonium podophyllum*	3	10～15	10～15

乔木常用假植苗和种植前苗木主要规格质量标准　　表 G

序号	树　　种	胸径(cm)	轮数(层)	株高(m)	冠幅(≥m)
1	龙柏 *Sabina chinensis* cv. Kaizuca	基径 5～6		≥2.2	0.6
		基径 7～8		≥2.5	0.8
		基径 9～10		≥2.8	1.0

续表

序号	树　种	胸径(cm)	轮数(层)	株高(m)	冠幅(≥m)
2	圆柏　*Sabina chinensis*	基径 5～6		≥3.0	0.8
3	南洋杉 *Araucaria cunninghamii*	基径 3～4	8～14	≥3.0	1.0
		基径 5～6	8～14	≥3.5	1.2
		基径 7～8	9～15	≥4.0	1.5
4	墨西哥落羽杉 *Taxodium mucronatum*	3～4		≥2.5	1.0
		5～6		≥3.0	1.2
5	长叶竹柏 *Podocarpus fleuryi*	3～4		2.5～3.0	0.8
		5～6		3.1～3.5	1.0
6	竹柏 *Podocarpus nagi*	3～4		2.0～2.5	0.8
		5～6		2.6～3.0	1.0
		7～8		3.1～3.5	1.5
7	罗汉松 *Podocarpus macrophyllus*	3～4		2.0～2.5	0.6
		5～6		2.5～3.0	0.8
		7～8		3.0～3.5	1.0
8	鱼木 *Crateva religiosa*	5～6		3.0～3.5	1.2
		7～8		3.6～4.0	1.5
9	蝴蝶果 *Cleidiocarpon cavaleriei*	5～6		3.5～4.0	1.0
		7～8		4.1～4.5	1.5
		9～10		4.6～5.0	2.0
10	千年桐 *Vernicia montana*	5～6		4.5～5.0	0.8
		7～8		5.0～5.5	1.0
11	秋枫 *Bischofia javanica*	5～6		3.5～4.0	1.0
		7～8		3.6～4.0	1.2
		9～10		4.1～4.6	1.5
12	石栗 *Aleurites moluccana*	5～6		3.0～3.5	0.8
		7～8		3.6～4.0	1.0
13	血桐　*Macaranga tanarius*	5～6		2.5～3.0	1.2
14	重阳木 *Bischofia polycarpa*	5～6		3.0～3.5	1.2
		7～8		3.6～4.0	1.5
		9～10		4.1～4.5	1.8
15	刺桐 *Erythrina variegata* var. *orientalis*	5～6		3.0～3.5	1.0
		7～8		3.6～4.0	1.5
		9～10		4.1～4.5	2.0
		11～12		4.6～5.0	2.5
16	黄脉刺桐 *Erythrina variegata* cv. Aurea Marginata	5～6		3.0～3.5	1.0
		7～8		3.6～4.0	1.5
		9～10		4.1～4.5	2.0
		11～12		4.6～5.0	2.5

续表

序号	树　　种	胸径(cm)	轮数(层)	株高(m)	冠幅(≥m)
17	鸡冠刺桐 *Erythrina crista-galli*	5～6		2.5～3.0	1.0
		7～8		3.1～3.5	1.2
		9～10		3.6～4.0	1.5
		11～12		4.1～4.6	1.8
18	降香黄檀 *Dalbergia odorifera*	5～6		3.5～4.0	1.2
19	印度紫檀 *Pterocarpus indicus*	5～6		3.0～3.5	1.2
		7～8		3.6～4.0	1.5
		9～10		4.1～4.5	1.8
		11～12		4.6～5.0	2.0
20	麻楝 *Chukrasia tabularis*	5～6		3.0～3.5	1.0
		7～8		3.6～4.0	1.5
		9～10		4.1～4.5	1.8
		11～12		4.6～5.0	2.0
21	大叶桃花心木 *Swietenia macrophylla*	5～6		3.5～4.0	0.8
		7～8		4.1～4.5	1.0
		9～10		4.6～5.0	1.5
22	非洲桃花心木 *Khaya senegalensis*	5～6		3.5～4.0	1.0
		7～8		4.1～4.5	1.2
		9～10		4.6～5.0	1.5
		11～12		5.1～5.5	1.8
23	尖叶杜英 *Elaeocarpus apiculatus*	5～6	4	4.0～5.0	1.5
		7～8	4	4.5～5.5	2.0
		9～10	5	5.0～6.0	2.5
		11～12	6	5.5～6.5	2.8
24	山杜英 *Elaeocarpus sylvestris*	5～6		3.5～4.0	1.0
		7～8		4.1～4.5	1.5
25	水石榕 *Elaeocarpus hainanensis*	5～6		3.0～3.5	1.2
		7～8		3.6～4.0	1.5
		9～10		4.1～4.5	1.8
		11～12		4.6～5.0	2.0
26	大叶合欢 *Albizzia lebbeck*	5～6		3.5～4.0	1.0
		7～8		4.1～4.5	1.5
		9～10		4.6～5.0	2.0
27	海红豆 *Adenanthera pavonina* var. *microsperma*	5～6		3.5～4.0	1.5
		7～8		4.1～4.5	2.0
28	南洋楹 *Albizzia falcata*	5～6		4.0～4.5	1.0
		7～8		4.6～5.0	1.5

续表

序号	树　种	胸径(cm)	轮数(层)	株高(m)	冠幅(≥m)
29	楹树 *Albizzia chinensis*	5～6		3.5～4.0	1.2
		7～8		4.1～4.5	1.5
30	红木　*Bixa orellana*	5～6		3.0～3.5	1.0
31	盆架子 *Winchia calophylla*	5～6	3～4	≥3.0	1.2
		7～8	4～5	≥3.5	1.5
		9～10	5～6	≥4.0	2.0
32	黄槿 *Hibiscus tiliaceus*	5～6		3.0～3.5	1.0
		7～8		3.6～4.0	1.2
		9～10		4.1～4.5	1.5
		11～12		4.1～4.5	1.8
33	白兰 Michelia alba	5～6		3.0～3.5	1.0
		7～8		3.6～4.0	1.5
		9～10		4.0～4.5	2.0
		11～12		4.6～5.0	2.5
34	广玉兰 *Magnolia grandiflora*	5～6		3.0～3.5	0.8
		7～8		3.5～4.0	1.0
		9～10		4.1～4.5	1.2
		11～12		4.6～5.0	1.5
35	海南木莲　*Manglietia hainanensis*	5～6		3.5～4.0	1.2
36	黄兰 *Michelia champaca*	3～4		3.0～3.5	0.8
		5～6		3.5～4.0	1.0
37	火力楠 *Michelia macclurei*	5～6		4.0～4.5	1.0
		7～8		4.6～5.0	1.5
		9～10		5.1～5.5	1.8
38	乐昌含笑 *Michelia chapensis*	5～6		3.0～3.5	1.0
		7～8		3.5～4.0	1.5
39	马拉巴栗 *Pachira macrocarpa*	7～8		3.5～4.0	1.5
		9～10		4.1～4.6	2.0
40	美丽异木棉 *Chorisia speciosa*	5～6	4～5	3.5～4.0	1.5
		7～8	4～5	4.0～4.5	2.0
		9～10	5～6	4.2～4.7	2.2
		11～12	5～6	4.5～5.0	2.5
		13～15	5～7	470～540	3.0
41	木棉 *Bombax malabaricum*	5～6	4～5	≥3.0	1.0
		7～8	4～5	≥3.5	1.5
		9～10	5～6	≥4.0	1.8
		11～12	5～6	≥4.5	2.0
		13～15	5～7	≥5.0	2.5

续表

序号	树种	胸径(cm)	轮数(层)	株高(m)	冠幅(≥m)
42	爪哇木棉 *Ceiba pentandra*	5～6	4～5	≥3.0	1.2
		7～8	4～5	≥3.5	1.5
		9～10	5～6	≥4.0	1.8
		11～12	5～6	≥4.5	2.0
43	女贞 *Ligustrum lucidum*	5～6		3.5～4.0	1.2
		7～8		4.1～4.5	1.5
44	扁桃 *Mangifera persiciformis*	5～6		3.0～3.5	1.0
		7～8		3.6～4.0	1.5
		9～10		4.1～4.5	2.0
45	芒果 *Mangifera indica*	5～6		3.0～3.5	1.0
		7～8		3.6～4.0	1.5
		9～10		4.1～4.5	2.0
		11～12		4.6～5.0	2.5
46	人面子 *Dracontomelon duperreanum*	5～6		3.0～3.5	1.0
		7～8		3.6～4.0	1.5
		9～10		4.1～4.5	1.8
		11～12		4.6～5.0	2.0
47	大叶紫薇 *Lagerstroemia speciosa*	5～6		3.0～3.5	1.0
		7～8		3.6～4.0	1.5
		9～10		4.1～4.6	2.0
48	垂叶榕 *Ficus benjamina*	5～6		3.0～3.5	0.8
		7～8		3.6～4.1	1.0
		9～10		4.1～4.5	1.5
		11～12		4.6～5.0	2.0
49	大叶榕 *Ficus virens* var. *sublanceolata*	5～6		3.0～3.5	1.0
		7～8		3.6～4.0	1.5
		9～10		4.1～4.5	2.0
		11～12		4.6～5.0	2.2
50	高山榕 *Ficus altissima*	5～6		3.0～3.5	1.0
		7～8		3.6～4.0	1.5
		9～10		4.1～4.5	2.0
		11～12		4.6～5.0	2.5
51	花叶榕 *Ficus microcarpa* cv. Variegata	5～6		3.0～3.5	1.0
52	柳叶榕 *Ficus celebensis*	5～6		3.5～4.0	0.8
		7～8		4.0～4.5	1.0

续表

序号	树　　种	胸径(cm)	轮数(层)	株高(m)	冠幅(≥m)
53	木菠萝 *Artocarpus heterophyllus*	5～6		3.5～4.0	1.0
		7～8		4.1～4.5	1.2
		9～10		4.6～5.0	1.5
54	菩提榕 *Ficus religiosa*	5～6		3.0～3.5	1.0
		7～8		3.6～4.0	1.5
		9～10		4.1～4.5	2.0
		11～12		4.6～5.0	2.2
55	琴叶榕　*Ficus lyrata*	5～6		3.0～3.5	1.2
56	细叶榕 *Ficus microcarpa*	5～6		3.0～3.5	1.0
		7～8		3.6～4.0	1.2
		9～10		4.1～4.5	1.5
		11～12		4.6～5.0	1.8
57	印度橡胶榕 *Ficus elastica*	5～6		3.0～3.5	1.0
		7～8		3.6～4.0	1.2
		9～10		4.1～4.5	1.5
		11～12		4.6～5.0	1.8
58	人心果　*Manilkara zapota*	3～4		3.0～3.5	1.0
59	银桦 *Grevillea robusta*	5～6		3.5～4.0	1.2
		7～8		4.1～4.5	1.5
		9～10		4.6～5.0	1.8
60	花叶榄仁 *Terminalia mantaly* var. *variegata*	7～8		4.0～4.5	1.5
		9～10		4.5～5.0	2.0
61	细叶榄仁 *Terminalia mantaly*	5～6	4～5	≥4.0	1.0
		7～8	5～6	≥4.5	1.5
		9～10	6～7	≥5.0	2.0
		11～12	6～8	≥5.5	2.5
62	柿树　*Diospyros kaki*	5～6		3.5～4.0	1.0
63	凤凰木 *Delonix regia*	5～6		3.0～3.5	1.0
		7～8		3.6～4.0	1.5
		9～10		4.1～4.5	2.0
		11～12		4.6～5.0	2.5
64	海南红豆 *Ormosia pinnata*	5～6		3.0～3.5	1.0
		7～8		3.6～4.0	1.2
		9～10		4.1～4.6	1.5
65	红花羊蹄甲 *Bauhinia blakeana*	5～6		3.5～4.0	1.0
		7～8		4.1～4.5	1.5
		9～10		4.6～5.0	1.8
		11～12		5.1～5.5	2.0

续表

序号	树　　种	胸径(cm)	轮数(层)	株高(m)	冠幅(≥m)
66	黄槐 *Cassia surattensis*	3～4		2.5～3.0	0.8
		5～6		3.1～3.5	1.0
		7～8		3.6～4.0	1.5
		9～10		3.6～4.0	2.0
		11～12		4.1～4.5	2.5
67	腊肠树 *Cassia fistula*	5～6		3.5～4.0	1.0
		7～8		4.1～4.5	1.5
68	双翼豆 *Peltophrum pterocarpum*	5～6		3.0～3.5	1.2
		7～8		3.6～4.0	1.5
		9～10		4.1～4.5	1.8
		11～12		4.6～5.0	2.0
69	铁刀木 *Cassia siamea*	5～6		4.0～4.5	1.2
		7～8		4.6～5.0	1.5
		9～10		5.1～5.5	1.8
		11～12		5.6～6.0	2.0
70	白千层 *Melaleuca leucadendron*	5～6		4.0～4.5	1.0
71	串钱柳 *Callistemon viminalis*	5～6		3.5～4.0	1.0
		7～8		4.1～4.5	1.5
		9～10		4.6～5.0	2.0
		11～12		5.1～5.5	2.5
72	海南蒲桃 *Syzygium cumini*	5～6		3.5～4.0	1.0
		7～8		4.1～4.5	1.2
		9～10		4.6～5.0	1.5
		11～12		5.1～5.5	1.8
73	蒲桃 *Syzygium jambos*	5～6		3.0～3.5	1.0
		7～8		3.6～4.0	1.5
		9～10		4.1～5.0	2.0
74	福木 *Garcinia subelliptica*	5～6		2.0～2.5	0.7
		7～8		2.6～3.0	0.8
		9～10		3.1～3.5	0.9
75	幌伞枫 *Heteropanax fragrans*	5～6		3.0～3.5	1.0
		7～8		3.6～4.0	1.2
		9～10		3.6～4.0	1.5
		11～12		4.1～4.5	1.8
76	大花五桠果 *Dillenia turbinata*	7～8		3.5～4.0	1.0
		9～10		4.1～4.5	1.5
		11～12		4.6～5.0	2.0

续表

序号	树　种	胸径(cm)	轮数(层)	株高(m)	冠幅(≥m)
77	阳桃 *Averrhoa carambola*	5～6		3.0～3.5	1.0
		7～8		3.6～4.0	1.2
		9～10		4.1～4.5	1.5
78	朴树 *Celtis sinensis*	5～6		3.5～4.0	1.0
79	楝叶吴茱萸 *Evodia meliaefolia*	5～6		3.0～3.5	1.2
80	黄樟 *Cinnamomum porrectum*	5～6		3.5～4.0	1.0
		7～8		4.6～5.0	1.5
81	假柿 *Litsea monopetala*	5～6		2.5～3.0	1.2
82	阴香 *Cinnamomum burmannii*	5～6		3.0～3.5	1.0
		7～8		3.6～4.0	1.5
		9～10		4.1～4.5	2.0
		11～12		4.6～5.0	2.5
83	樟树 *Cinnamomum camphora*	5～6		3.5～4.0	1.0
		7～8		4.1～4.5	1.2
84	吊瓜木 *Kigelia pinnata*	5～6		3.0～3.5	1.0
		7～8		3.6～4.0	1.5
		9～10		4.1～4.5	2.0
		11～12		4.6～5.0	2.5
85	海南菜豆树 *Radermachera hainanensis*	5～6		3.5～4.0	1.0
		7～8		4.1～4.5	1.2
		9～10		4.6～5.0	1.5
86	火焰木 *Spathodea campanulata*	5～6		3.0～3.5	1.0
		7～8		3.6～4.0	1.5
		9～10		4.1～4.5	2.0
		11～12		4.6～5.0	2.5
87	蓝花楹 *Jacaranda auctifolia*	5～6		3.5～4.0	1.0
		7～8		4.1～4.5	1.5
		9～10		4.6～5.0	2.0
88	猫尾木 *Dolichandrone cauda-felina*	5～6		3.5～4.0	1.0
		7～8		4.1～4.5	1.5
89	洋红风铃木 *Tabebuia impetiginosa*	5～6		3.0～3.5	1.0

单干型灌木常用假植苗和种植前苗木主要规格质量标准　　**表 H**

序　号	树　种	灌高(m)	冠幅(≥m)
1	圆柏 *Sabina chinensis*	1.2～1.5	0.5
		1.5～1.8	0.6
		1.8～2.1	0.7

续表

序号	树种	灌高(m)	冠幅(≥m)
2	紫锦木 *Euphorbia cotinifolia*	0.6～0.8	0.3
		0.8～1.0	0.5
3	鹰爪 *Artabotrys hexapetalus*	1.0～1.2	0.8
		1.2～1.5	1.0
		1.5～1.8	1.2
4	福建茶 *Carmona microphylla*	0.2～0.4	0.2
		0.4～0.6	0.4
5	杂交鸡蛋花 *Plumeria×hybrida*	0.8～1.0	0.6
		1.0～1.2	0.8
		1.2～1.5	1.0
6	鸡蛋花 *Plumeria rubra* cv. Acutifolia	1.2～1.5	0.8
		1.5～1.8	1.0
		1.8～2.1	1.2
7	夹竹桃 *Nerium indicum*	2.7～3.0	2.0
		3.0～3.5	2.2
8	红花檵木 *Loropetalum chinense* var. *rubrum*	0.6～0.8	0.6
		0.8～1.0	0.8
		1.0～1.2	1.0
9	罗汉松 *Podocarpus macrophyllus*	0.8～1.0	0.6
		1.0～1.2	0.8
10	灰莉 *Fagraea ceilanica*	0.6～0.8	0.6
		0.8～1.0	0.8
		1.0～1.2	1.0
11	含笑 *Michelia figo*	0.6～0.8	0.6
		0.8～1.0	0.8
		1.0～1.2	1.0
12	桂花 *Osmanthus fragrans*	1.8～2.1	0.6
		2.1～2.4	0.8
		2.4～2.7	1.0
13	尖叶木犀榄 *Olea cuspidata*	0.6～0.8	0.6
		0.8～1.0	0.8
14	肉桂 *Cinnamomum cassia*	1.0～1.2	0.6
		1.2～1.5	0.8
		1.5～1.8	1.0
		1.8～2.1	1.2

续表

序　　号	树　　种	灌高(m)	冠幅(≥m)
15	细叶紫薇 *Lagerstroemia indica*	0.8～1.0	0.6
		1.0～1.2	0.8
		1.2～1.5	1.0
16	垂榕 *Ficus benjamina*	1.8～2.1	0.8
		2.1～2.4	1.0
		2.4～2.7	1.2
		2.7～3.0	1.4
17	花叶榕 *Ficus microcarpa* cv. Variegata	1.2～1.5	0.6
		1.5～1.8	0.8
18	柳叶榕 *Ficus heteropleura*	1.8～2.1	0.8
		2.1～2.4	1.0
19	茶花 *Camellia japonica*	1.2～1.5	0.5
		1.5～1.8	0.8
		1.8～2.1	1.0
20	洋金凤 *Caesalpinia pulcherrima*	1.0～1.2	0.4
		1.2～1.5	0.6
21	九里香 *Murraya paniculata*	0.8～1.0	0.6
		1.0～1.2	0.8

丛生型灌木常用假植苗和种植前苗木主要规格质量标准　　　　**表 I**

序号	树　　种	灌高(m)	冠幅(≥m)	分枝数(≥个)
1	变叶木 *Codiaeum* spp.	0.4～0.6	0.2	3
		0.6～0.8	0.3	3
		0.8～1.0	0.4	4
		1.0～1.2	0.5	4
2	鹅掌柴 *Schefflera oclophylla*	0.4～0.6	0.4	4
		0.6～0.8	0.6	4
		0.8～1.0	0.8	5
		1.0～1.2	1.0	5
3	仙戟变叶木 *Codiaeum variegatum* var. *pictum* f. *lobatum*	0.4～0.6	0.2	2
		0.6～0.8	0.4	2
		0.8～1.0	0.5	2
		1.0～1.2	0.6	2
4	红背桂 *Excoecaria cochinchienensis*	0.4～0.6	0.2	3
		0.6～0.8	0.4	3
		0.8～1.0	0.6	3
		1.0～1.2	0.8	3
		1.2～1.5	1.0	3

续表

序号	树　　种	灌高(m)	冠幅(≥m)	分枝数(≥个)
5	红桑　*Acalypha wilkesiana*	0.8～1.0	0.6	3
6	紫锦木 *Euphorbia cotinifolia*	0.6～0.8	0.3	2
		0.8～1.0	0.5	2
		1.0～1.2	0.7	2
		1.2～1.5	0.8	2
7	锦叶扶桑 *Hibiscus rosa-sinensis* ‘Cooperi’	0.4～0.6	0.4	4
		0.6～0.8	0.5	4
		0.8～1.0	0.6	4
		1.0～1.2	0.8	4
8	锦绣杜鹃 *Rhododendron pulchrum*	0.4～0.6	0.3	4
		0.6～0.8	0.4	4
		0.8～1.0	0.6	4
		1.0～1.2	0.8	4
9	鹰爪 *Artabotrys hexapetalus*	0.8～1.0	0.8	4
		1.0～1.2	1.0	4
		1.2～1.5	1.2	4
10	海桐 *Pittosporum tobira*	0.4～0.6	0.4	3
		0.6～0.8	0.6	3
		0.8～1.0	0.8	3
		1.0～1.2	1.0	3
		1.2～1.5	1.2	33
11	花叶海桐 *Pittosporum tobira* ‘Variegatum’	0.4～0.6	0.5	3
		0.6～0.8	0.6	3
		0.8～1.0	0.7	3
		1.0～1.2	0.8	3
		1.2～1.5	1.0	3
12	红绒球 *Calliandra haematocepha*	0.4～0.6	0.3	3
		0.6～0.8	0.5	3
		0.8～1.0	0.7	3
		1.0～1.2	0.8	3
		1.2～1.5	0.9	3
13	瓜子黄杨　*Buxus sinica*	0.6～0.8	0.6	3
14	福建茶 *Carmona microphylla*	0.4～0.6	0.4	2
		0.6～0.8	0.6	2
		0.8～1.0	0.8	2
		1.0～1.2	1.0	2
		1.2～1.5	1.0	3

续表

序号	树　　种	灌高(m)	冠幅(≥m)	分枝数(≥个)
15	狗牙花 *Tabernaemontana divaricata*	0.4～0.6	0.4	2
		0.6～0.8	0.5	2
		0.8～1.0	0.6	2
		1.0～1.2	0.7	3
		1.2～1.5	0.8	3
16	黄蝉 *Allemanda neriifolia*	0.6～0.8	0.6	2
		0.8～1.0	0.8	2
		1.0～1.2	1.0	2
17	黄花夹竹桃 *Thevetia peruviana*	1.0～1.2	0.8	3
		1.2～1.5	0.9	3
18	夹竹桃 *Nerium indicum*	0.6～0.8	0.3	3
		0.8～1.0	0.4	3
		1.0～1.2	0.5	3
		1.2～1.5	0.6	3
19	红花檵木 *Loropetalum chinense* var. *rubrum*	0.4～0.6	0.2	3
		0.6～0.8	0.4	3
		0.8～1.0	0.6	3
		1.0～1.2	0.8	3
20	大红花 *Hibiscus rosa-sinensis*	0.4～0.6	0.3	3
		0.6～0.8	0.4	3
		0.8～1.0	0.5	3
		1.0～1.2	0.6	4
		1.2～1.5	0.8	4
21	木槿 *Hibiscus syriacus*	0.4～0.6	0.4	3
		0.6～0.8	0.5	3
22	米兰 *Aglaia odorata*	0.4～0.6	0.3	2
		0.6～0.8	0.4	2
		0.8～1.0	0.6	2
		1.0～1.2	0.8	2
23	冬红 *Holmskioldia sanguinea*	1.0～1.2	0.8	3
		1.2～1.5	1.0	4
24	金叶假连翘 *Duranta repens* cv. Dwarf Yellow	0.4～0.6	0.4	3
		0.6～0.8	0.5	3
		0.8～1.0	0.6	3
		1.0～1.2	0.8	3
		1.2～1.5	0.9	3

续表

序号	树　种	灌高(m)	冠幅(≥m)	分枝数(≥个)
25	灰莉 *Fagraea ceilanica*	0.6～0.8	0.6	3
		0.8～1.0	0.7	3
		1.0～1.2	0.8	3
		1.2～1.5	0.9	3
26	含笑 *Michelia figo*	0.4～0.6	0.5	2
		0.6～0.8	0.6	2
		0.8～1.0	0.7	2
		1.0～1.2	0.8	2
		1.2～1.5	1.0	2
27	桂花 *Osmanthus fragrans*	0.6～0.8	0.4	3
		0.8～1.0	0.5	3
		1.0～1.2	0.7	4
		1.2～1.5	0.8	4
28	花叶山指甲 *Ligustrum sinense* 'Variegatum'	0.4～0.6	0.4	3
		0.6～0.8	0.5	3
		0.8～1.0	0.6	3
		1.0～1.2	0.7	3
		1.2～1.5	0.8	3
29	尖叶木犀榄 *Olea cuspidata*	0.6～0.8	0.6	3
		0.8～1.0	0.8	3
		1.0～1.2	1.0	3
		1.2～1.5	1.0	3
30	肉桂 *Cinnamomum cassia*	0.8～1.0	0.6	3
		1.0～1.2	0.8	3
		1.2～1.5	1.0	3
31	茉莉花 *Jasminum sambac*	0.4～0.6	0.4	3
		0.6～0.8	0.5	3
32	细叶紫薇 *Lagerstroemia indica*	0.6～0.8	0.3	3
		0.8～1.0	0.4	3
		1.0～1.2	0.5	3
		1.2～1.5	0.6	3
33	龙船花 *Ixora chinensis*	0.4～0.6	0.2	3
		0.6～0.8	0.3	3
		0.8～1.0	0.4	3
		1.0～1.2	0.4	3
		1.2～1.5	0.4	3

续表

序号	树　种	灌高(m)	冠幅(≥m)	分枝数(≥个)
34	希茉莉 *Hamelia patens*	0.4～0.6	0.4	3
		0.6～0.8	0.6	3
		0.8～1.0	0.8	3
		1.0～1.2	1.0	3
		1.2～1.5	1.2	3
35	紫雪茄花　*Cuphea articulata*	0.2～0.4	0.2	6
36	白蝉 *Gardenia jasminoides* var. *fortuniana*	0.4～0.6	0.3	2
		0.6～0.8	0.4	3
		0.8～1.0	0.5	3
		1.0～1.2	0.6	3
		1.2～1.5	0.8	4
37	鸳鸯茉莉 *Brunfelsia australis*	0.4～0.6	0.3	3
		0.6～0.8	0.5	3
		0.8～1.0	0.7	3
38	黄榕 *Ficus microcarpa* 'Colden Leaf'	0.6～0.8	0.6	3
		0.8～1.0	0.8	3
		1.0～1.2	1.0	4
		1.2～1.5	1.1	4
39	金钱榕 *Ficus microcarpa* var. *crassifolia*	0.8～1.0	0.6	3
		1.0～1.2	0.8	3
		1.2～1.5	0.9	3
40	茶花 *Camellia japonica*	0.2～0.4	0.2	2
		0.4～0.6	0.3	3
		0.6～0.8	0.4	4
		0.8～1.0	60～	4
		1.0～1.2	0.8	4
41	红果仔 *Eugenia uniflora*	0.4～0.6	0.4	3
		0.6～0.8	0.5	3
		0.8～1.0	0.6	3
		1.0～1.2	0.7	3
		1.2～1.5	0.8	3
42	鸭脚木 *Schefflera* spp.	0.4～0.6	0.4	4
		0.6～0.8	0.5	4
		0.8～1.0	0.6	4
		1.0～1.2	0.7	4

续表

序号	树　种	灌高(m)	冠幅(≥m)	分枝数(≥个)
43	胡椒木 *Zanthoxylum* 'Odorum'	0.6～0.8	0.5	3
		0.8～1.0	0.7	3
		1.0～1.2	0.8	3
		1.2～1.5	0.9	3
44	九里香 *Murraya paniculata*	0.4～0.6	0.4	3
		0.6～0.8	0.5	3
		0.8～1.0	0.6	3
		1.0～1.2	0.7	3
		1.2～1.5	0.8	3
45	勒杜鹃类 *Bougainvillea* spp.	0.8～1.0	0.8	3
		1.0～1.2	0.9	3
		1.2～1.5	1.0	3

单干型棕榈常用假植苗和种植前苗木主要规格质量标准　　表 J

序号	苗　木　名　称	地径(cm)	裸干高(m)	干高(cm)	株高(≥m)	冠幅(≥m)
1	霸王棕 *Bismarckia nobilis*	25～30		0.80～1.2	2.0	1.0
		30～35		0.9～1.3	2.5	1.5
		35～40		1.0～1.4	3.0	2.0
2	布迪椰子 *Caryota mitislourei-ro*	30～35	0.3～0.4		2.0	1.5
3	菜王椰子 *Roystonea oleracea*	30～35	0.8～1.6		5.0	1.5
		35～40	1.0～1.8		5.5	1.5
4	大王椰子 *Roystonea regia*	20～25	0.4～0.8		3.0	2.0
		25～30	0.5～0.9		3.5	2.0
		30～35	1.0～1.5		4.0	2.0
		35～40	1.1～1.6		5.5	2.0
		40～45	1.2～1.7		6.0	2.5
5	棍棒椰子 *Hyophorbe verschaffeltii*	20～25	0.2～0.4		1.5	1.0
		25～30	0.4～0.6		2.0	1.0
		30～35	0.6～1.0		2.0	1.0
		35～40	1.0～1.4		2.5	1.5
6	国王椰子 *Ravenea rivularis*	20～25		0.9～1.3	2.5	1.0
		25～30		1.0～1.4	2.5	1.0
		30～35		1.1～1.5	3.0	1.5
		35～40		1.1～1.5	3.0	1.5
7	红领椰子 *Neodypsis leptocheilos*	15～20	0.5～1.0		4.0	2.5
		20～25	1.0～1.5		4.5	2.5

续表

序号	苗木名称	地径(cm)	裸干高(m)	干高(cm)	株高(≥m)	冠幅(≥m)
8	狐尾椰子 *Wodyetia bifurcata*	20～25	0.5～1.4		3.0	1.0
		25～30	1.2～2.1		4.0	1.5
		30～35	1.8～2.7		4.5	1.5
9	华盛顿葵 *Washingtonia filifera*	20～25	0.5～1.0		1.5	1.0
		25～30	0.6～1.1		2.0	1.5
		30～35	0.7～1.2		2.0	1.5
		35～40	0.8～1.3		2.5	1.5
		40～45	1.0～1.5		2.5	1.5
10	皇后葵 *Syagrus romanzoffianum*	15～20		1.5～2.0	4.0	1.0
		20～25		2.0～2.5	4.5	1.0
		25～30		2.0～3.0	5.0	1.5
11	加拿利海枣 *Phoenix canariensis*	20～25			1.0～1.5	1.0
		25～30		0.2～0.3	1.3～2.0	1.5
		30～35		0.4～0.5	1.5	1.5
		35～40		0.4～0.5	2.0	1.5
		40～45		0.4～0.5	2.0	1.5
12	假槟榔 *Archontophoenix alexandrae*	15～20	0.8～1.8		3.5	1.0
		20～25	1.0～2.0		4.0	1.0
		25～30	1.3～2.3		4.5	2.0
13	美丽针葵 *Phoenix roebelenii*	5～10	0.4～0.9		0.8～1.5	0.8
		10～15	0.5～1.0		1.0～1.5	0.8
14	蒲葵 *Livistona chinensis*	25～30	2.0～2.3		4.0	1.0
		30～35	2.1～2.4		4.0	1.0
		35～40	2.2～2.5		4.5	1.0
15	青棕 *Ptychosperma macarthurii*	15～20	0.3～0.6		3.0	2.5
		20～25	0.4～0.7		3.5	2.5
		25～30	0.5～0.8		4.0	3.0
16	三角椰子 *Neodypsis decaryi*	10～15	0.2～0.7		2.0	0.8
		15～20	0.3～0.8		3.0	1.0
		20～25	0.4～0.9		3.5	1.0
		25～30	0.5～1.0		4.0	1.0
17	银海枣 *Phoenix sylvestris*	30～35		1.1～1.6	2.5	2.5
		35～40		1.2～1.7	3.0	2.5
		40～45		1.5～1.9	3.5	2.5
		45～50		1.6～2.0	3.5	3.0

续表

序号	苗 木 名 称	地径(cm)	裸干高(m)	干高(cm)	株高(≥m)	冠幅(≥m)
18	鱼尾葵 *Caryota ochlandra*	10～15		1.7～1.9	3.5	1.0
		15～20		1.8～2.2	3.5	1.0
		20～25		1.8～2.2	4.0	1.0
		25～30		1.9～2.3	4.0	1.5
19	中东海枣 *Phoenix dactylifera*	35～40		1.8～2.4	3.0	1.0
		40～45		2.0～2.5	3.0	1.0
		45～50		2.1～2.6	3.0	1.0

从生型棕榈常用假植苗和种植前苗木主要规格质量标准　　表 K

序号	苗 木 名 称	灌高(m)	冠幅(≥m)	主枝数(≥个)
1	短穗鱼尾葵 *Caryota mitis*	3.0～3.5	2.0	5
		3.5～4.0	2.5	5
2	三药槟榔 *Areca triandra*	1.5～2.0	1.0	4
		2.0～2.5	1.0	4
		2.5～3.0	1.5	4
		3.0～3.5	1.5	4
		3.5～4.0	2.0	4
3	散尾葵 *Chrysalidocarpus lutescens*	1.0～1.5	0.8	5
		1.5～2.0	0.8	5
		2.0～2.5	1.0	5
		2.5～3.0	1.5	5
		3.5～4.0	2.0	5
		4.0～4.5	2.5	5
4	细棕竹 *Rhapis gracilis*	1.0～1.5	0.8	9
5	棕竹 *Rhapis excelsa*	0.5～1.0	0.5	4
		1.0～1.5	0.8	7
		1.5～2.0	1.0	8
		2.0～2.5	2.0	8

第五章　园林绿化工程技术准备

绿化施工组织者应做好施工前的管理及准备工作，其中主要工作是认真熟悉施工图纸。在熟悉施工图纸的基础上，掌握工程投资及预算，掌握工程投入的成本。第三大项任务就是从工程开始就要掌握摸清施工地段的土壤状况，包括它的物理及化学性质。因为土壤状况是树木栽植和养护的基础，是我们制定施工组织计划的前提。俗话说，我们是“土里刨食的”，对所在地土壤进行调查，有针对性地提出改良措施，为植树工程及后续的养护做好技术准备。往往本地施工者因对本地土壤早有了解，技术措施也早有把握，不把土壤改良当回事。一旦异地施工，对土壤状况生疏，很容易造成疏忽，采取的技术措施也会缺乏针对性。对绿地土壤性质的掌握是工程前期准备的一项重要工作内容。

第一节　绿化施工前期管理工作的主要内容

承担绿化工程施工的单位，在工程的开工之前，必须做好施工的一切相关准备工作。

一、了解工程概况

(1) 工程范围和工程量：包括全部工程及单项工程的范围(如植树、草坪、花坛等范围)、数量、规格和质量要求，以及相应的园林设施及附属工程任务(如土方、给水排水、园路、园灯、园椅、山石及其他园林小品的位置、数量及质量要求)。

(2) 工程的施工期限：包括全部工程总的进度期限，以及各个单项工程的开工日期、竣工日期和各种苗木栽植完成的日期。应特别注意植树工程进度的安排，应以不同树种的最适栽植日期为前提，其他工程项目应围绕植树工程来进行，并尽量给植树工程施工现场创造条件。

(3) 掌握工程投资及设计概算(预算)，包括主管部门批准的投资额度和设计预算的定额，以便于编制施工预算计划。

(4) 设计意图：施工单位拿到设计单位全部设计资料(包括图面材料、文字材料及相应的图表)后应仔细阅读，看懂图纸上的所有内容，并听取设计技术交底和主管部门对此项工程的绿化效果的要求。同时在熟悉图纸的基础上，会同设计和业主单位进行图纸会审，解决图纸的缺陷和合理的调整。

(5) 了解施工现场地上与地下情况：向有关部门了解地上物处理要求、地下管线分布现状、设计单位与管线管理部门的配合、协调情况。

(6) 定点放线的依据：首先，要请业主提供施工现场及附近的水准点，以及测量平面位置的导线点，以便作为定点放线的依据。如不具备上述条件，则需和设计单位协商，确定一些永久性的参照物，作为定点放线的依据。

(7) 工程材料的来源：了解各项工程材料来源渠道，其中主要是苗木的出圃地点、时间及数量和质量。

(8) 机械和车辆：要了解施工所需要的机械和车辆，做好准备工作。

二、现场踏勘

在了解工程概况之后，组织有关人员到现场进行细致的勘察，了解施工现场的位置、现状、施工条件，以及影响施工进展的各种因素。同时还要核对设计施工图纸。现场踏勘，对于正确地编制施工计划，恰当地组织指挥施工，以及保证满意的施工效果都有十分重要的作用。

现场踏勘的内容，一般有如下几项：

(1) 土质情况：了解当地土壤性质，确定是否需要换土，估算换土量，了解好土来源和渣土的处理去向，确定土壤改良方案。

(2) 交通状况：了解现场内外能否通行机械车辆，如果交通不便则需确定开通道路的具体方案。

(3) 水源情况：了解水源、水质、供水压力等，确定灌水方法。

(4) 电源：接电地点、电压及负荷能力。

(5) 各种地上物的情况：如房屋、树木、农田、市政设施等，明确地上物如何处理，办理原有树木的移伐手续。

(6) 安排施工期间的生产、生活设施：如办公、宿舍、食堂、厕所、料场、囤苗地点等位置。将生产、生活设施的位置标明在平面图上。

三、编制施工组织设计

施工组织设计就是某项绿化工程任务下达后，开工之前，施工单位制定的组织这项工程的施工方案，即是对此项工程的全面计划安排。

其内容如下：

(1) 施工组织：确定项目部以及下属的职能部门，如生产指挥、技术、劳动工资、后勤供应、宣传、安全、质量检验等部门。

(2) 确定施工程序，并安排具体进度计划：项目比较复杂的绿化工程，最理想的施工程序应当是：征收土地→拆迁→整理地形→安装给水排水及电气管线→修建园林建筑→道路、广场等铺设→种植乔灌木→铺栽地被、草坪→布置花坛。如有需用吊车的大树移栽任务，应安排在铺设道路广场以前，将大树栽好，以免移植过程中损伤路面(交叉施工例外)。在许多情况下，不可能完全按上述程序施工，但必须注意，确定施工程序时，前后工程项目不能互相冲突。

(3) 安排劳动计划：根据工程任务量和劳动定额，计算出每道工序所需用的劳力和总劳力数量，需用时间，确定劳力来源及劳动组织形式。

(4) 安排材料、工具供应计划：根据工程进度的需要，提出苗木、工具、材料的供应计划，包括规格、型号、用量、使用进度等。

(5) 机械运输计划：根据工程的需要，提出所需用的机械、车辆的型号、使用的台班数及具体日期。

(6) 制定技术措施：按照工程任务的具体要求和现场情况、阶段气候情况，制定具体的施工工艺保证、进度保证、质量保证、安全保证措施等。

(7) 绘制平面图：比较复杂的绿化工程，必要时还应在编制施工组织设计的同时，绘制施工现场布置图，图上需标明测量基点、临时工棚、苗木假植地点、施工水电布置及施工临时交通路线等。

(8) 制定施工预算：以投标报价为依据，结合实际工程情况、质量要求和当时市场价格，编制合理的施工预算，做好成本控制计划。

(9) 技术培训：开工前应对全部参加施工的劳动人员技术能力进行了解、分析，在此基础上，确定技术培训内容和贯彻操作规程，搞好技术培训。

(10) 制定有针对性的文明施工和安全生产措施。

总之，绿化工程开工之前，合理、细致地制定施工组织设计，使整个工程中每个施工项目相互衔接合理、互不影响，才能以最短的时间、最少的劳力、最节省的材料、机械、车辆、投资和最好的质量顺利完成工程任务。

四、施工现场的准备

清理障碍物是开工之前必要的准备工作。其中拆迁是清理施工现场的第一步，主要是对施工现场内不予保留并有碍施工的市政设施及房屋、构筑物等进行拆除和迁移，然后即可按设计图纸进行地形整理。城市街道绿化的地形比公园简单些，主要是与四周的道路、广场合理地衔接，使绿地内排水畅通。如果采用机械整理地形，还必须搞清是否有地下管线，以免发生事故。

复习思考题

1. 绿化施工前期准备工作有哪三项主要内容？
2. 了解工程概况包括哪些具体项目？
3. 现场踏勘的主要内容有哪几项？
4. 如何编制施工组织设计？

第二节　园林绿化图纸识别

施工组织者必须熟练地识别各类施工图纸，明确设计意图。施工图是绿化工程的技术依据。

一、园林图纸结构

(一) 图纸幅面、标题栏、会签栏

1. 图纸幅面

园林制图一般采用国际通用的 A 系列幅面规格的图纸。A0 幅面的图纸称为零号图纸(0#)，A1 幅面的图纸称为壹号图纸(1#)；A2 幅面的图纸称为贰号图纸(2#)；A3 幅面的图纸称为叁号图纸(3#)；A4 幅面的图纸称为肆号图纸(4#)等。相邻幅面的图纸的对应边之比符合开方 2 的关系(图 5-2-1)，图纸图幅的规格及尺寸见表 5-2-1。

园林设计图纸的图幅规格　　**表 5-2-1**

图幅 / 代号	A0	A1	A2	A3	A4	A5
$b \times l$(mm)	841×1189	594×841	420×594	297×420	210×297	148×210
c(mm)	10	10	10	5	5	5
a(mm)	25	25	25	25	25	25

注：① b——图纸宽度；② l——图纸长度；③ c——非装订边各边缘到相应图框线的距离；④ a——装订宽度，横式图纸左侧边缘、竖式图纸上侧边缘到图框线的距离。

2. 标题栏与会签栏

标题栏又称图标，用来简要地说明图纸的内容。标题栏中应包括设计单位名称、工程项目名称、设计人、审核人、制图人、图名、比例、日期和图纸编号等内容。会签栏内应填写会签人员所代表的专业、姓名和日期(图 5-2-1)。

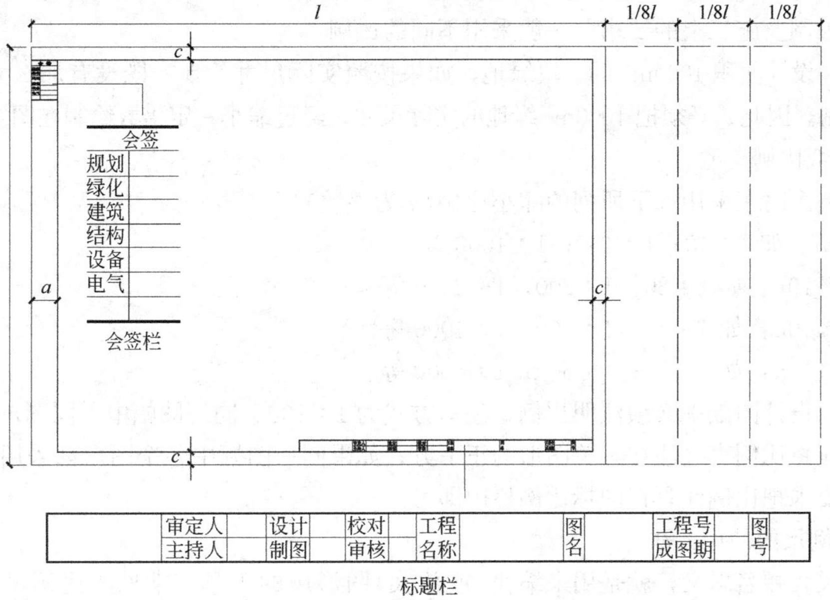

图 5-2-1　图纸幅面、标题栏与会签栏

（二）图纸线型和宽度等级所示内容

制图中常用线型共四种，分别有实线、虚线、点划线、折断线，各种线型及适用范围见表 5-2-2。

各种线型及适应范围一览表　　　　**表 5-2-2**

序　号	线型名称	宽度	适用范围图示	图　示
1	粗实线	≥b	图框线，立面图外轮廓线，剖面图被剖切部分的轮廓线	
2	标准实线	b	立面图的外轮廓；平面图中被切到的墙身或柱子的图纸	
3	中实线	$b/2$	平、立面图上突出部分外轮廓线	
4	细实线	$b/4$	尺寸线、剖面线、分界线	
5	点划线	$b/4$	中心线、定位轴线	
6	粗虚线	b	地下管道	
7	虚　线	$b/2$	不可见轮廓线	
8	折断线	$b/4$	被断开部分的边线	

(1) 实线的宽度(b)可为 0.4～1.2mm。具体宽度由图纸上图形的复杂程度及其大小而定，复杂图形和较小的图形，实线宽度应该更细。在同一张图纸上，按照同一种比例绘制

的图形，宽度必须一致。

(2) 虚线的线段及间距应保持长短一致，线段长约 3～6mm，间距约 0.5～1.0mm。

(3) 点划线每一线段的长度应大致相等，约等于 15～20mm，间距约 2.0mm。

(三) 图纸比例

图纸比例是实物在图纸上的大小(或长度)与实际大小(或长度)的比值。设计图纸受幅面大小的限制及施工上的要求，一般采用不同的比例。

例如，设计面积 1000m^2 的一块绿地，如果按照实际尺寸绘制，既没有那么大的图纸，也无法绘制。因此，必须把 1000m^2 绿地的实际尺寸，经过缩小一定倍数绘制在图纸上。

1. 图纸比例类型

一般制图时多采用如下所列的缩小比例(n 为整数)。

1∶10n：如 1∶10；1∶100；1∶1000 等。

1∶2×10n：如 1∶20；1∶200；1∶2000 等。

1∶4×10n：如 1∶40；1∶400；1∶4000 等。

1∶5×10n：如 1∶50；1∶500；1∶5000 等。

在任何设计图纸中必须注明比例，注写方式为 1∶100。同一图幅中不同图形采用不同比例时，应将比例直接注在有关图形的正下方；如果同一图幅中各个图形都采用同一比例时，则只要求把比例注写在图标比例栏内即可。

2. 比例尺的使用方法

比例尺，顾名思义，就是用来缩小(或放大)图形用的工具。常见的比例尺为三棱柱形，又叫三棱尺。尺上刻有六种刻度，分别表示出图纸中的常见比例，即 1∶100、1∶200、1∶250、1∶300、1∶400、1∶500。

也有另外一种直尺形的比例尺，又叫作比例直尺。它只有一行刻度和三行数字，表示出三种比例，即 1∶100、1∶200、1∶500。

比例尺上的数字是以米(m)为单位，当我们在使用比例尺上某一比例时，可以直接以米为单位，截取或直接读出图纸上某一线段的实际长度，不用再换算。因此，比例尺用起来方便快捷，是园林施工中必备的工具之一。

(四) 图例

图例是所设计的各种园林造景元素在图纸上的平面投影表示法。

图例是具有图案装饰性的一种设计符号，没有固定的模式，但必须与实物间有很强的联想关系，如此构图才有依据，图面才能清晰美观，阅图者一目了然，有见图如见实物之感。园林绿地规划设计常见的图例有树木、花草、水池、桥体、建筑小品(亭、廊、榭)、园路等(表 5-2-3)。

常 见 图 例 **表 5-2-3**

名　称	图　例	说　明
规划的建筑物		用粗实线表示
原有的建筑物		用细实线表示
规划扩建的预留地或建筑物		用中虚线表示

续表

名　称	图　例	说　明
拆除的建筑物	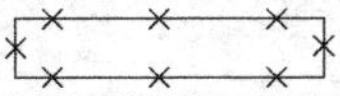	用细实线表示
地下建筑物	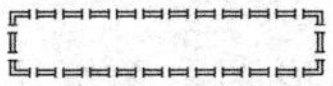	用粗虚线表示
坡屋顶建筑	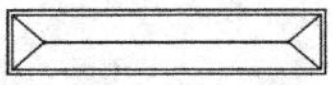	包括瓦顶、石片顶、饰面砖顶等
草顶建筑或简易建筑		
温室建筑	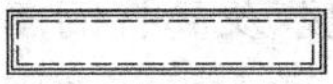	
喷泉		
雕塑		仅表示位置，不表示具体形态，以下同
花台	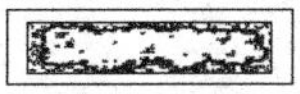	也可依据设计形态表示
坐凳	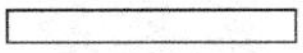	
花架	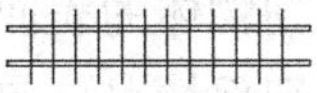	
围墙	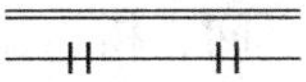	上图为实砌或漏空围墙； 下图为栅栏或篱笆围墙
栏杆	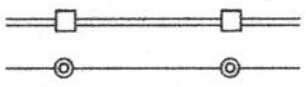	上图为非金属栏杆 下图为金属栏杆
园灯		
饮水台		
指示牌		

（五）指北针

指北针是园林设计图纸上不可缺少的表现内容，是设计图上用来表示实际位置的方向标志。在绿化施工当中，也是栽植树木花草和确定栽植朝向、位置的主要依据。如果图纸上没有标注方向，就会给施工和定点放线带来很大的不便。

在常见图纸上，指北针的画法很多(图 5-2-2)，但无论怎样，指北针的箭头所指方向一定朝北，所以，通常在箭头上方标注有中文的“北”字，或是用英文字母“N”来表示北方。

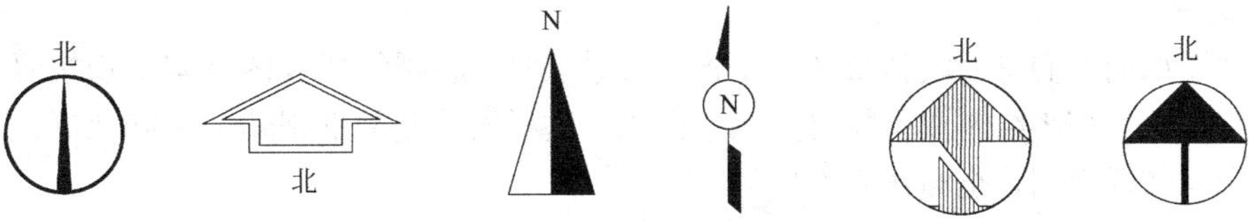

图 5-2-2　指北针的画法

园林图纸上，一般多习惯将图纸上方指向北，但有时也依据图纸的类型不同，或者因绿化设计的特殊地块不同，指北针会指向图纸的左边或右边方向，甚至指向下方。

二、园林设计图的常见类型

园林设计图是施工的重要依据，是进行现场施工的可靠技术保障。园林绿化设计图常见主要有六大类型。

（一）地形图

反映实际地貌、地物的图，叫作地形图。图纸比例多为1∶1000或1∶5000。

（二）平面图

在施工总图的基础上，用平面方式表示地面物体，包括各个景区的建筑位置、高程、设计等高线、坡坎高程、河底线、岸边线及高程的图，叫作平面图。平面图是一种直角投影，与航空照片很相似。在园林绿化设计中，通常用平面图来表示物体的尺寸大小、外观形状和物体之间的距离以及地面建筑物的平面轮廓线；建筑体量的大小；挖湖堆山的位置；道路、广场、园桥、花坛、大门的位置和外轮廓；树木花草的栽植位置和树冠的投影、栽植的区域等。

（三）立面图和断面图

1. 立面图

在物体的正前方平视物体，通过看到物体的表面情况所作出的图，叫作立面图。通常立面图可以帮助我们了解物体某一面的细部情况，包括物体的高低、宽窄尺度之间、形态对比之间的关系。例如可以传达树与树之间、树与建筑之间的高低搭配、质感对比等幅面的信息。

2. 断面图

断面图是从某个特定位置，纵向或横向剖开物体表面，反映物体内部结构的图。可以根据需要任意选择位置作图。

（四）施工图和大样图

1. 施工图

在园林施工中，用于指导工程施工，详细设计的一整套技术图纸，叫作施工图。如种植设计图，道路，给水、排水和用电管线布置图等。

2. 大样图(或详细施工图)

由于有些局部工程的细部构造，必须用更详细的图纸来表达出设计意图或作辅助说明，因此，经常画出比例较大的图(常为1∶10、1∶20、1∶50)，这种图纸叫作大样图(或详细施工图)。

（五）效果图

一般效果图分为透视图和鸟瞰图两种类型。

1. 透视图

透视图如同人们身处园林景区，正视前方景点时，将视线所及的真实景物按照一定比例和透视关系，缩小绘制成一幅自然风景图画，这样所绘制的低视角的实际地形、地貌和景观的图叫作透视图，也叫作立面效果图。

2. 鸟瞰图

如果站在视点较高的地方，看上去如同飞鸟在高空中俯看的效果，这种图就叫作鸟瞰图。

效果图作为辅助设计表现图，很容易帮助我们了解绿地设计的全貌。因此，在选择园林设计方案初期，为准确表达设计师的设计意图，往往采用这种图起到直观易懂的效果。但是透视图和鸟瞰图的绘制比例并不准确，也不便标注出各种尺寸，所以不能当施工图用。

(六) 竣工图

在完成施工任务以后，为了反映原设计图纸与实际绿化施工后的差异，用于竣工存档的图，叫做竣工图。竣工图通常作为甲方应有的基础资料加以保存，因此，必须及时由施工方(或委托设计方)绘制后交付甲方。

三、园林造景素材的类型及表示法

(一) 园林造景素材的种类

园林规划设计主要是从外形、大小、数量和位置上，把园林绿地中的地形、水体、山石、道路、建筑、植物(包括常绿和落叶乔木、灌木，花草、地被植物)等园林造景素材，通过设计构思和绘图表现反映在图纸上。园林造景素材的主要类型见表 5-2-4。

园林造景素材的主要类型 **表 5-2-4**

植　物	包括落叶乔木、常绿乔木、落叶灌木、常绿灌木、竹类、宿根花卉、球根花卉、一二年生草本花卉、水生植物、地被植物、草坪等
亭	亭是园林绿地中最常见的点景建筑。亭的形式很多，从平面上看，常见的有圆亭、方亭、三角亭、六角亭、扇面亭、双环亭等
廊	廊在中国古典园林中应用广泛，廊从平面上看，常见的有曲廊、直廊、回廊等
园　桥	园桥在园林绿地中既有园路的特征，也有建筑的特征。园桥从平面上看，常见的有平桥、曲桥、直桥、拱桥、廊桥、亭桥等
园　路	园路是园林绿地的骨架和脉络。园路在平面表示上，多为两条平行的直线或曲线，两条平行线的宽度按照园路的分级来确定。园路按照性质和功能可分为三个等级： 主干道(主要园路)：路面宽度为 4～6m； 次干道(次要园路)：路面宽度为 2～4m； 游步道(游憩小路)：考虑到二人并行，路面宽度一般为 1.2～2.0m，也可设计为 1m 或者更窄的园中小径
广　场	广场在园林绿地中主要起到组织空间，集散人流的作用。广场在形式上可以是规则式布局或者是自然式布局
驳岸	园林中水系池岸的处理，一般可以是自然式缓坡，也可以是人工砌筑的自然式或规则式驳岸。驳岸通常在平面图上仅作示意，立面图、剖面图上才可以详细表现其构造做法
山石	山石结合园林建筑可以增加景色。掇山置石还可作护坡、花台、挡土墙、驳岸等
园　凳	园凳是提供游人休息、赏景的重要园林设施。一般在园林平面图上很难准确标注，因此必须在施工图中详细表现构造做法
园　灯	园灯是园林夜间照明和装饰点景的设备。一般在园林平面图上很难准确标注，因此必须在施工图中详细表现构造做法
栏　杆	栏杆在园林中主要起到防护、分隔和装饰美化的作用。常见的栏杆有铁、石、木、竹、钢筋混凝土等，讲求朴素、自然、坚实
铺　装	园林绿地中的铺装多用于道路和广场中。按照铺装材料的不同，可分为整体铺装(沥青、三合土、混凝土等)、块状铺装(块石、片石、卵石镶嵌等)、简易铺装(砂石、陶砾、木屑等)三种

（二）园林造景素材的表示法

园林规划设计表现在图纸上，反映的是园林绿地中的地形(包括山石和水体)、道路、建筑、植物(包括常绿和落叶乔灌木以及花草等)的外形轮廓和位置、数量以及大小。这是我们进行园林规划设计的基本表现手法。

1. 园林植物平面表示法

在园林设计平面图纸上，常常有许多大大小小的“圆圈”，圆圈中心还有大小不同的“黑点”。一般来讲，黑点是用来表示种植设计中，树种的位置和树干的粗细的。黑点画得越大，就表明这棵树树干越粗。圆圈是用来表示树木冠幅的形状和大小的。由于树木种类繁多，大小各异，如果仅仅利用一种圆圈符号来表示树木的平面画法是不够的，不能从图纸上清楚地表达设计师的设计意图。因此，在植物的平面表示符号中就大致区分出了乔木、灌木、草地和花卉，在乔灌木中又区分出了针叶树和阔叶树，以及现状树木和新植树木的不同。对于一些重点树木，尤其是点景和造景树种，还可以用不同的树冠曲线来加以强调和修饰。例如松柏类树种可以用成簇的针状叶来表示树冠的平面；杨树可用三角形叶片来表示树冠的平面；柳树则用线、点结合的方式来表示树冠平面等。

(1) 树木平面表示法。由于我国幅员辽阔，不同城市地域的园林设计，在图纸上表示树木的方式也不尽相同，目前也没用完整统一和规范的园林图例。因此，在园林平面图中，往往可以看到图纸上有相应的图例，把图纸中各种不同符号所代表的内容表达出来，让设计意图一目了然(图 5-2-3)。

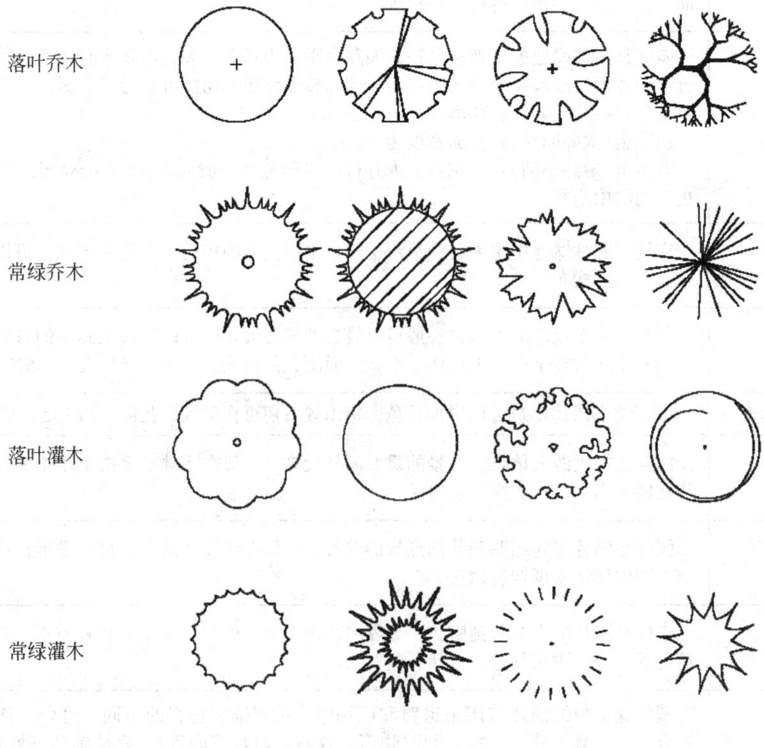

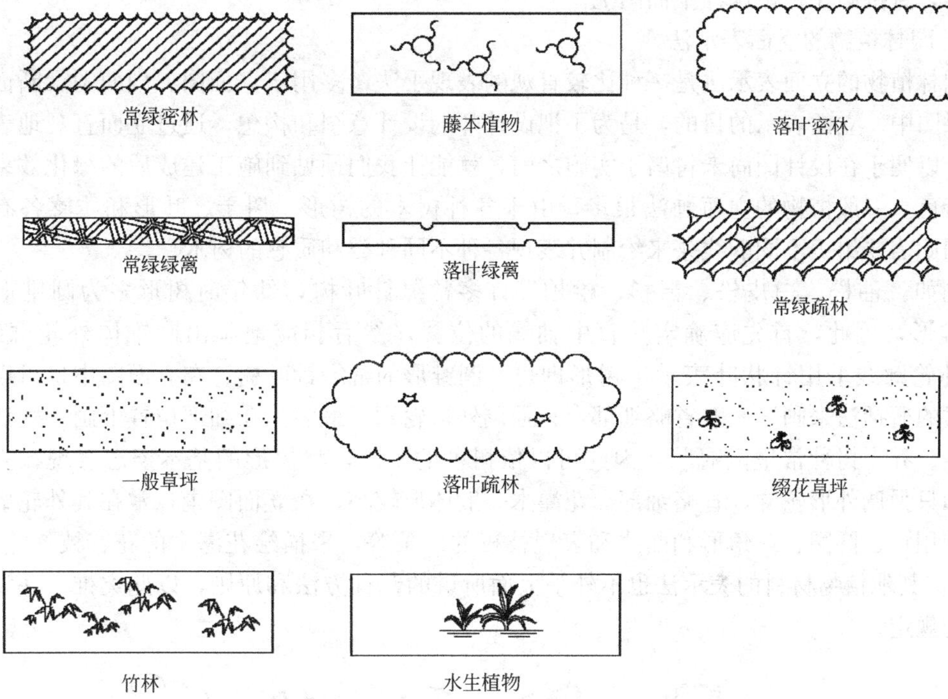

图 5-2-3　园林植物的平面表示法

在绿化种植施工图中，平面表达符号则要求简单清楚，能区分出乔木和灌木，针叶树与阔叶树。一般情况下，绿化种植平面图上表示的树木树冠直径(简称冠径)，都是表示绿地施工基本成形后，树木显示出的设计效果和密度，所以树木的冠径尺寸一定要相对准确。一般高大乔木的冠径采用 5～6m，孤立树冠径采用 7～8m，中、小乔木冠径采用 3～5m，一般绿篱宽度采用 0.5～1.0m，花灌木的冠径采用 1～2m。这是应掌握的基本数据。

(2) 片植花灌木的平面表示法。由于花灌木成片种植较多，常用花灌木冠幅外缘连线来表示(图 5-2-3)。

(3) 绿篱的平面画法。绿篱一般分为针叶绿篱和阔叶绿篱两种类型。按照管理形式又可分为修剪绿篱和自然型绿篱(图 5-2-3)。

1) 针叶绿篱多用斜线或弧线交叉表示。

2) 阔叶绿篱则只画绿篱外轮廓线或加上种植位置的黑点来表示。

3) 修剪绿篱又称整形式绿篱，外轮廓线整齐平直。

4) 不修剪绿篱又称自然式绿篱，外轮廓线为自然曲线。

(4) 草坪和地被植物平面表示法。草坪和地被植物可用小圆点、线点和小圆圈等来表示(图 5-2-3)。

(5) 露地花卉平面表示法。露地花卉种类很多，其平面表示法也很多，花带可以用连续的曲线来画出花纹，或者利用自然的曲线画出花卉的种植范围，中间也可以用不同大小的圆圈来表示花卉(图 5-2-3)。为了取得直观的装饰效果，有时也利用所要种植的简单花卉图案，直接画在种植设计平面图上。

2. 园林植物的立面表示法

园林植物的立面表示法是一种比较直观的表现手法，多用于立面图、剖面图、断面图和效果图中。立面表示的目的，是为了把设计师的设计意图和构想，通过立面直观地表达出来，以便于在设计图尚未付诸于实施之前，就能让我们预见到施工建成后的绿化效果和景观特色。一般植物的立面画法很多，由于各种树木的树形、树干、叶形和质感各有特点，因此需要组织不同的线条来绘制并表现各种不同种类和质感的树木。

例如，油松、白皮松、云杉、桧柏等许多常绿针叶树，幼年时树形多为圆锥形或广圆锥形，因此，首先应确定垂直中轴线的位置，然后相应地画出圆锥体外轮廓线，再在外轮廓线上用针状叶表示出树形即可。圆锥形的常绿针叶树，在立面图中也可以用图案式的概括法来画。一般省略细部，只强调外形轮廓，最多只在细部位置上画一些装饰性线条。乔木树种常呈散冠状，因此可以依树种的不同，将树形的基本姿态表现在立面上。即只强调外形轮廓，省略细部。花灌木一般体形较小，在立面图中，常在其外轮廓线内，利用点、圆圈、三角形和曲线和表现枝杈的线条等，来描绘花灌木的花、枝、叶(图5-2-4)。其他植物材料的表示法也不外乎上面所讲的几种方法和原则，以此类推。并没有绝对的规定。

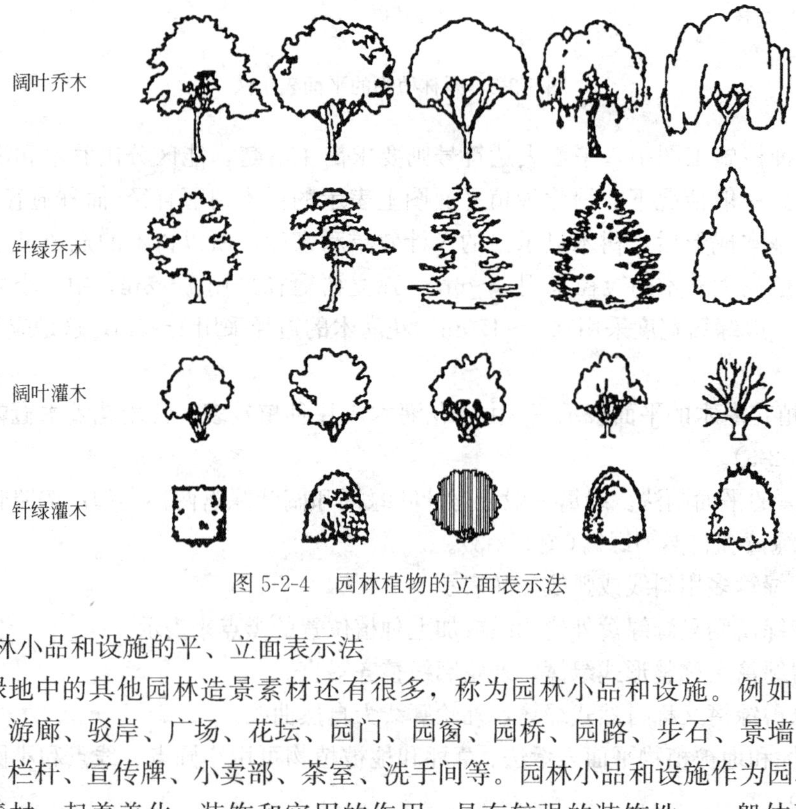

图 5-2-4　园林植物的立面表示法

3. 园林小品和设施的平、立面表示法

园林绿地中的其他园林造景素材还有很多，称为园林小品和设施。例如，园亭、楼阁、水榭、游廊、驳岸、广场、花坛、园门、园窗、园桥、园路、步石、景墙、铺装、园凳、园灯、栏杆、宣传牌、小卖部、茶室、洗手间等。园林小品和设施作为园林设计中的重要造景素材，起着美化、装饰和实用的作用。具有较强的装饰性，一般体形小、数量多、分布广、形式多样，对园林绿地的景观影响不可忽视。因此，在平立面设计图中，如何识别各种设施的平立面表示法，也是施工的关键(表5-2-5)。

园林小品和设施的图面表示法 表 5-2-5

名称	图例	说明	名称	图例	说明
自然山石假山	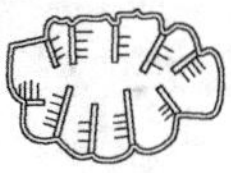		溪涧	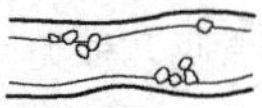	
人工塑石假山			护坡	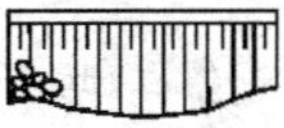	
土石假山		包括“土包石”、“石包土”及土假山	雨水井		
独立景石			消火栓井		
自然形水体	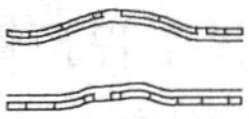		喷灌点		
规则形水体	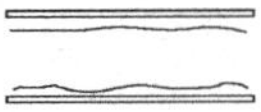		台阶		箭头指向表示向上
跌水、瀑布	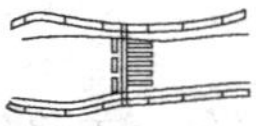		汀步	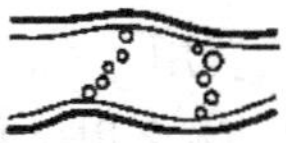	
旱涧	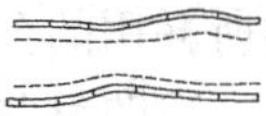				

四、常见市政管线的图面表示法

园林绿化工程的施工建设和城市市政建设密不可分。市政管线的位置直接关系到园林绿化设计的方式和实施的步骤，限制了某些园林植物的栽植范围和深度，与市政管线出现交叉施工时，尽量在不影响园林景观的整体效果的前提下，安全避让市政管线。在现状图上识别各种市政管线的表示方法，对施工者至关重要(表 5-2-6)。

常见市政管线的图面表示法 表 5-2-6

管线名称	管线图例	管线名称	管线图例
污水管		煤气	
雨水管线		电杆	
上水管		高压杆线	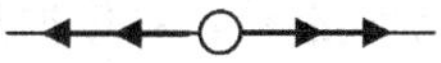
高压水管		热力	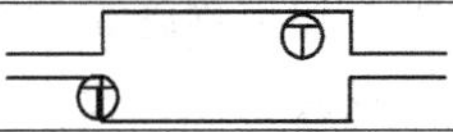
电信		规划中线	
电力	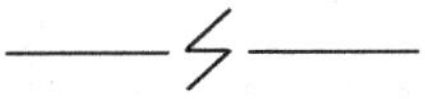		

复习思考题

1. 园林施工图纸结构分几部分？

2. 园林绿化图纸常见几种类型？

3. 掌握造景素材的表示法。

第三节　园林绿化工程造价及成本控制

园林绿化工程首先讲社会效益，但完成工程本身必须考虑经济效益。掌握工程造价是项目负责人进行成本控制的基础，是绿化工程前期准备的一项重要内容。

一、有关绿化工程造价的规定

1989年，建设部根据绿化种植工程的特点、规律，颁布了《仿古建筑及园林工程预算定额》，对园林建筑和绿化种植工程造价的计价方法，作了详细而又明确的规定。之后，各地又根据自己的实际情况，分别编制和颁布了地方性园林建设工程预算定额。这些文件、规定和定额，是目前各地绿化部门和园林施工企业在进行投资匡算、设计概算、合同预算、竣工结算时重要的必不可少的依据。

二、绿化种植工程造价的组成内容

绿化种植工程造价由两大部分内容组成：一是工程直接费用；二是工程间接费用。

（一）工程直接费用

工程直接费用，顾名思义是指完成绿化种植工程的直接成本部分，主要包括三个方面。

（1）人工费用：包括场内种植和竣工后养护一个月的时间内所耗用的全部人工费用。

（2）材料费用：包括苗木费以及种植时必需的辅助材料费。辅助材料包括灌溉用材料，肥料、农药、树木养护材料如草绳、铁丝，以及各类桩柱等包括耗材和折旧材料。

（3）机械费用：包括大规格苗木吊装运输费，浇水车，挖掘机等建筑机械用费。

人工、材料、机械三项费用，按照正常的施工方法，在定额中均有详尽的规定。由于施工的气候条件，如雨期、冬期施工定额另有规定，允许定额规定以外的不确定因素，由甲、乙双方根据施工现场的实际情况，进行洽商。经过甲、乙双方协商同意，并在施工合同中增加补充条款，方可增加工程费用。

（二）工程间接费用

工程间接费用，是指完成绿化工程直接费用之外，施工企业必须收取的其他费用。其中包括施工管理费、企业的合法利润、上缴国家（或上级管理部门）的税金和规费、安全文明施工费用等。工程间接费用收取有具体比例规定。

三、绿化种植工程造价计算依据

工程造价计算依据是绿化工程施工设计图、施工图。由设计确定苗木品种、规格、数量，要有和工程施工期相配套的苗木市场价格信息资料。按设计提出施工技术方案，确定人工、机械、材料投入。通过设计完备的表格得出预算结果。另一种是采用电脑软件计算方法，是工程造价计算发展的主要方向。

四、绿化种植工程预算造价的计算

绿化种植工程预算造价的计算，一般程序如下：

(1) 依据施工设计图上的工程苗木名称、品种、规格、数量和市场苗价信息中相对应的苗木单价及种植人工费综合后形成单价，再将需种植苗木数量和单价相乘计算出各单项合价。再将所有合价累加，计算出该工程所需的苗木种植总费用。

(2) 依据施工设计图所要求的地形标高和施工现场地形、土质等实际情况，确定施工方案。计算进、出土方数量，再根据投标文件确定的土方单价，分别计算该工程弃运渣土费用和回填种植土费用。其中土方有死方和活方、坚土和软土以及冻土之分。

(3) 依据施工设计图上的施工面积和定额的有关规定，计算在苗木种植前，必须发生的绿地土方平整、筛土、换土等所需的人工费用。

(4) 依据施工组织设计确定的机械设备使用要求，列表计算所有需用机械设备的台班数量，按机械设备市场台班价或相关定额规定的台班费用、大型机械进、退场费用等，计算出机械设备使用费。

把以上四项费用相加，就组成了该绿化种植工程全部的直接费用。在此数据基础上，再根据各地园林工程预算定额规定的费率标准和计算公式，计算出该绿化种植工程全部的间接费用。

综上所述，一项绿化种植工程，其完整的造价应分别计算以下各项费用：直接费用包括苗木费用、土方费用、种植费用(含绿地整理费用)、机械设备费用；间接费用包括管理费、企业利润、税金、规费等费用。

五、绿化种植工程土方量和土方费用的计算

在计算种植工程土方量时，必须事先察看现场的土壤条件是否能满足设计要求，再根据实际情况合理计算。土方费用的大小，对工程投资费用和苗木后期养护费用均有较大影响。根据规定：含有建筑垃圾的土壤、盐碱土、重黏土、沙土和含有其他有害成分的土壤，应根据设计要求全部或部分用种植土加以更换或改良。一般草坪种植土壤的厚度不小于 30cm，乔木种植土壤厚度不小于 100cm，大乔木种植土壤厚度不小于 180cm，灌木种植土壤厚度不小于 80cm。

(一) 绿化种植工程中通常土方会发生的几种情况

(1) 原地形标高、土壤质量均符合设计和园林植物生长要求，不需另外增加土方费用。

(2) 原地形标高符合设计要求，不需进土或出土，但土壤质量太差，需就地深埋垃圾土，作深翻土处理。

(3) 原地形标高太低，需场外进土。

(4) 原地形标高太高，或基本和设计标高一致，但不符合种植要求，需外运垃圾土，再进种植土。

(5) 原地形土方量不需进土或出土，但根据设计标高、地形需要重新进行地形造型。

施工单位应根据以上情况分析，结合施工现场实际情况，确定种植土方施工方案，作为绿化种植工程土方费用计算的依据。

(二) 土方量的计算

土方量的计算，应根据垃圾土就地深埋、垃圾土外运和汽车进土、种植土场内人工驳运、人工堆地形、绿地整理等各项作业，逐项分列，再匹配相应的土方单价进行计算，累计之和为该工程的土方总费用。一般计算方法如下：

(1) 当原地形标高、土壤质量符合绿化设计和植物生长要求，不需另行增加土方时，只计算绿地整理费用。绿地整理是园林植物种植前一项必不可少的施工步骤，按平方米计算，可套用各地园林工程定额相应的土方基价。

(2) 原地形标高符合设计要求，但少量土方质量不符合植物生长要求时，一般采用将好土深翻到表面、垃圾土深埋到地下的施工方法处理，其土方量的多少，可按实际挖土量计算。

(3) 原地形标高太低，明显缺土时，一般采用种植土内运的方式解决，套用相应定额计算。

(4) 当原地形标高太高，有多余土外运时，按实际外运土方量及相应单价，计算其外运土方费用。

(5) 当遇到施工现场因设计要求，需堆置高低起伏的微地形时，根据不同的堆置高度，分别计算堆土量，并根据相应的定额，计算其土方堆地形费用。

实际施工中，由于情况错综复杂，应区别不同情况，按以上介绍的不同的计算方法逐项进行土方费用的计算。

六、绿化工程中苗木种植费用的计算

苗木种植是绿化工程中主要工序。苗木种植费用的计算是根据施工设计图上苗木的数量乘以相对应的定额种植费用基价或自行按市场情况的价格，计算出该品种苗木的合价，合价累计之和即为该工程的种植费用。

定额种植费用的基价，是根据苗木的各种内在质量规格指标和不同规格苗木种植所需的人工消耗量确定的。所谓苗木内在质量规格指标，不是通常所指的苗木高度、蓬径等外形尺寸，而是指苗木根部所带泥球大小、胸径大小、地径大小等尺寸指标。通常在计算时，常绿乔木、灌木以土球大小，落叶乔木、灌木、绿篱以苗木高度，草坪以铺种的不同方式，攀缘植物以地径大小等不同标准，套用相应的定额种植费用。

除古树、特大树的种植、移植、保护费用可由双方协商确定外，计算出的工程苗木种植费用一般均应包括苗木种植、竣工移交后1～2年的养护工作(部分地区单纯花坛种植养护为10天)费用。竣工移交前的养护期内，若有死亡苗木，应由施工单位补种齐全后，方可正式移交给甲方(业主)，由甲方(业主)进行后期的绿化养护和日常管理工作。

七、绿化工程间接费用的计算

绿化工程间接费用是构成绿化工程成本费用以外必须收取的企业合法利润和上缴国家的税金、规费等费用。一般包括两部分内容：一部分内容是定额规定，固定不变的，如税金、规费及招标文件规定的安全、文明、临时设施、环境保护费用；另一部分是属于定额指导价、可由施工企业自行决定收取额度的费用，如施工管理费、利润，还有随着市场价格的变动，由定额管理部门发布信息，可以浮动计取的费用组成。

固定不变的费用包括：定额规定的税金、规费及招标文件规定的安全、文明、临时设施、环境保护费用。

可以浮动计取的费用包括：施工企业的管理费、利润、夜间施工增加费、缩短工期增加费等；人工、材料、机械的补差费用，以及因各个工程施工条件的复杂性，定额没有作具体规定，由甲、乙双方根据施工现场条件的实际情况，双方可以酌情协商的费用。

八、工程造价的表达形式

（一）固定造价

固定造价指该工程在实施期间，不因市场价格变化而作调整的工程造价。在确定固定造价时，应事先考虑价格风险因素，并在合同中明确造价包括的范围。

（二）可调造价

可调造价指该工程在实施期间，可随市场价格变化而作调整的工程造价，其调整的范围和计算方法，应在合同条款中事先约定。

（三）工程成本加酬金造价

工程成本加酬金造价指该工程无法直接套用现行预算定额，计算工程造价时，可参考现行的工程造价的依据和方法，以工程成本为基础，通过甲乙双方协商(或竞标)的方法确定。

施工组织者必须对工程造价、各项支出心中有数，抓紧施工各环节，提高工作效率，在保证质量和进度的前提下，降低工程投入成本。

复习思考题

1. 掌握绿化工程相关造价的规定、政策及相关定额。
2. 掌握工程造价的组成内容和计算依据。
3. 掌握工程预算造价的计算程序及取费的规定。

第四节　绿地土壤的理化性质及管理与改良

一、研究绿地土壤理化性质的必要性

进场之前，首先必须了解该地区土壤的类型及其特点，是我们园林绿化栽植养护的基础工作。土壤理化性质的研究是搞好种植和养护的基础，不同植物要求不同土壤，适地适树是园林绿化成败的关键。所谓的适地，严格地说是适应立地的土壤，不能误以为是那个气候相似的地区就可以了。所谓的乡土，不能误以为本地区即为乡，而忽视了本地区有不同的地带性土壤类型。挖掘乡土树种，首先应考虑其原生态地区的土壤性质和引种目的地的土壤在理化性质，首先是化学性质上是否一致。

不少地区、地域地形跨度较大，有山区，有山前冲积扇，有平原、湿地。造就土壤类型复杂，土壤性质多变。一般高山区多为棕壤，低山区、山前冲积扇为淋溶褐土、褐土，所含盐分少。接近平原地区因成土基质及成土水环境关系，城区、平原地区则为潮土类型，属盐碱性质。有些特殊土壤生态型的树种从山区很难挖掘到平原地区来种植。

总的规律是石灰质土壤偏碱(常说的泡沫反应)，而硅酸岩质形成土壤偏酸。南方雨水丰富的地区土壤淋溶厉害，土壤偏酸。高海拔的地区偏酸，低海拔地区偏碱，规律是随海拔降低，pH 值升高。有些树种分布在高海拔地区，在引种中往往被解释为海拔高、气候冷凉，这些植物因为平原地区温度高所以不适应。应该说有这个生态因素，但主要因素还是对土壤的酸碱性质的适应性。

土壤种类及其化学性质提醒园林工作者在挖掘乡土树种和适地适树的设计实践中应认真研究本地区的土壤地带性特点。

二、土壤的物理性质的指标及改良的方法

（一）土壤质地

土壤质地实地分为四大类，即沙土、壤土、黏土、石质土。其中壤土肥力好，既通气透水，又保水保肥。改良土壤质地常用物理掺合法，即沙质土掺加黏土，黏土掺加沙土，土壤适合大多数植物生长。

（二）土壤结构

团粒结构的土壤最好。浸水后不易散碎的团粒为水稳性团粒，是肥沃土壤的标志。其特点是孔隙适当、透气透水性好，而且保水保肥。腐殖质、黏粒（硅酸盐黏土）、钙离子（游离碳酸钙）是团粒的胶结剂。增加土壤有机质；秸秆还田，往缺钙土壤中加钙；盐碱地增施石膏，酸性土增施石灰等都是改善土壤结构的有效措施，可促进形成水稳性团粒结构。

（三）土壤表观密度

土壤表观密度是指单位体积的自然状态下土壤的干重，单位 g/cm^3。土壤表观密度数值可作为土壤肥力指标之一。表观密度和土壤质地、结构及有机质含量相关。土壤表观密度变动一般在 1.0～1.8g/cm^3。黏重土壤不利于根系发育，沙质土为 1.4～1.7g/cm^3，黏质土为 1.1～1.6g/cm^3，农业耕作土的土壤表观密度以 0.9～1.2g/cm^3 较好。而大多数盆栽花卉对基质表观密度要求要小于 1.0g/cm^3。

按北京市《城市园林绿化工程施工及验收规范》地方标准，绿地种植土要求：土壤疏松，其有机质含量不低于 10g/kg，表观密度不得高于 1.3g/cm^3。

根据《上海市新建住宅环境绿化建设导则》规定：灌木、花坛、花境及竹类种植土壤有机质含量不小于 30g/kg，表观密度不大于 1.20～1.30g/cm^3；乔木、地被草坪种植土壤有机质含量不小于 20g/kg，容重不大于 1.25～1.30g/cm^3；行道树种植土壤有机质含量不小于 25g/kg，表观密度不大于 1.30g/cm^3。

浙江省《园林绿化技术规程》中，也对树木建植、地被种植和草坪建植的土壤有机质含量分别作出了不同的量化规定。

广州市在《园林种植土》标准中规定：一级种植土的有机质不小于 24.6g/kg，表观密度不大于 1.25g/cm^3；二级种植土的有机质不小于 17.6g/kg，表观密度不大于 1.25g/cm^3。

（四）土壤孔隙度

土壤孔隙是指土壤颗粒或团粒之间的空间。分为毛管孔隙和非毛管孔隙。毛管孔隙常充满水，而非毛管孔隙常充满空气。结构不良的土壤总孔隙度仅 25%～30%，一般土壤总孔隙度在 35%～65%之间。结构良好的土壤总孔隙度为 55%～65%；富含腐殖质的团粒结构土壤总孔隙度可达 70%；草炭土总孔隙度可达 90%。非毛管孔隙占总孔隙的 1/5～2/5 为好，这样可保证良好的通气透水性。一般土壤中非毛管孔隙应占 3%～5%，是指排除重力水后，留下的大孔隙。

按北京市《城市园林绿化工程施工及验收规范》地方标准，绿地种植土要求：土壤非毛管孔隙度，不得低于 10%。

《上海市新建住宅环境绿化建设导则》规定：乔木、行道树种植土壤非毛管孔隙度不小于 8%；其他植物种植土壤非毛管孔隙度不小于 10%。

浙江省《园林绿化技术规程》中，也作出了地被种植和草坪建植的通气孔隙度不小于6%、总孔隙度不小于50%的量化规定。

广州市在《园林种植土》标准中规定一级和二级种植土的通气度不小于10.1%，花坛和草坪的种植土的通气度不小于18.9%。

（五）土壤物理性质改良措施

综合以上指标，可以归结出土壤物理性质改良的以下措施。

（1）客土法，改良土壤质地。

（2）增加土壤有机质含量。

（3）加强耕作疏松土壤。

（4）增加围挡和增加透气铺装，减少人为践踏。

（5）扩大树木栽植坑，改换栽植土。雨水充沛的地区和黏重的土壤栽植坑底应建立透气排水设施。

三、土壤的化学性质及改良的方法

土壤溶液有两个属性：一是它的酸碱性；二是其盐分浓度。二者对园林植物生长及存活有直接影响。进入某地施工首先应搞清立地土壤的酸碱性及土壤溶液的盐分浓度。

（一）土壤酸碱性的测量

土壤有酸性、中性和碱性之分，是土壤的基本化学性质之一。土壤的酸碱性常用土壤溶液的pH值来表示，大多数土壤的pH值变动在4～9之间，某地区、地带、某种类型的土壤pH值是相对稳定的。测量土壤pH值的方法如下。

1. 取土样

土壤pH值一般存在位差，采样应取土壤不同深度代表剖面的土样。

（1）同一时间内采取样品；

（2）多样的位置剖面上采取；

（3）表土层上的样品一般不用；

（4）在10个以上的地方采取样品。

2. 制标准液

取5g被测土样，放入50ml的烧杯中，用量筒取25ml蒸馏水，放入加土样烧杯中，搅拌1min后完全混合后静放30min左右，过滤下的清液为待测液。

3. 测试

简单的比色法，试纸盒上有14种颜色表示标准色板。撕下一张试纸，蘸一点待测液，试纸很快显色。将其与比色板颜色对照，取相同颜色位置，即是被测土壤的pH值。随着科技发展，已有用探头的表针式或数字式仪器问世。

按北京市《城市园林绿化工程施工及验收规范》地方标准，绿地种植土要求：土壤pH值应一般为7.0～8.5。如采取措施降低pH值会更有利于大多数园林植物生长。

按《上海市新建住宅环境绿化建设导则》的规定：乔木、行道树种植土壤的pH值为6.0～7.8；竹类植物种植土壤的pH值为5.0～6.5；灌木、花坛、地被等植物的种植土壤pH值为6.0～7.5。

按浙江省《园林绿化技术规程》规定：树木栽植土的pH值应控制为6.5～7.5，普通花卉和地被、草坪栽植土的pH值为6～7.5，酸性花卉栽植土的pH值为5～7。

岭南地区相应的规范标准：广州市在《园林种植土》标准中规定，一级和二级种植土的pH值为5.5～7.5，花坛土的pH值为6.0～7.5，草坪土的pH值为5.5～7.0。

（二）土壤中可溶性盐分的存在特点和相应治理措施

北京地区的油松对土壤盐分很敏感，在地下水含盐量为0.23%的青年湖公园，普遍针叶焦枯。在北京市东南郊、通县、大红门一带低湿地区栽植较难成活，只能在坡地高处栽植。曾在清华大学西门低洼处种植油松全部死亡。油松、白皮松对盐反应敏感，浓度达0.18%～0.2%即可引起盐害。由于土壤盐分问题，天安门广场、毛主席纪念堂的油松已经更换了多次。

1. 盐分积累对植物的伤害

地下水上升至地表蒸发后将盐分留在地表，形成盐分积累。虽然近年来全国很多地区干旱少雨，地下水位下降得较深，但平原地区土壤中含盐量仍偏高。土壤中可溶性盐对植物的生长产生三方面影响：一是盐类中对植物有害的盐分引起的伤害；二是影响根的水和养分吸收；三是因盐分过高而导致磷、铁之类营养元素成无效状态，造成植物营养元素缺乏。不少园林植物对高浓度盐的土壤溶液敏感，常出现严重营养不良、焦边、黄化等表现，最终导致死亡。

2. 土壤溶液盐分浓度表现有以下特点

(1) 浅层地下水灌溉用水的含盐量直接影响土壤盐分含量。很多地区用深水井的“淡水”进行灌溉和洗盐，可改善作物盐环境。

(2) 土壤盐分浓度的位差。干旱少雨、蒸发量大的季节，会使盐分滞留在地表，形成土壤剖面自上而下的位差。控制地表水的蒸发量，用覆盖地膜、树叶、烂草，增加植被覆盖率等耕作措施可减少盐分在土壤表层的聚集。同一种不耐盐树种的小苗，由于根系处于盐渍严重的浅层，表现为受害严重。当其长高大后，根系分布到盐分浓度小的深层，则表现受害趋轻。如锦带花类花灌木种植在城区绿地，小苗因根区处在土壤表层20cm内，含盐量高，长势弱、黄化。原地生长4～5年后，其大苗的根系扎到40cm或更深，生长会逐渐趋于正常。

(3) 土壤剖面盐分浓度的变化规律受灌水和降雨影响较大。如农田、苗圃的大水漫灌可使土壤表层盐分通过重力水带到作物根层以下，从而改善其根区土壤高盐环境。这就是为什么在土壤渗透性好的苗圃地，集中养护“不耐盐树种”能较正常生长的原因。这些不耐盐树种一旦种植到绿地，用不了几年就会因盐害树势变弱，最终死亡。这就是“白桦树”20世纪60年代在北京市园林苗圃成功育苗（可育成5～6cm苗木）而进入绿地养护最终失败的实践。

(4) 地区土层结构对盐分积累的影响。如果土壤耕作层下有沙砾层，地下水上升被隔断，相应地上耕作灌水通过重力水将盐分带到隔离层以下起到了排盐作用，造成根区土壤少盐环境。此作用在山前冲积扇成土母质中表现突出，如北京西山脚下平缓地带，土层厚度一般为1～2m，下部全是沙和卵石层。地下水及盐分被隔在土层下，土壤中盐分被多年淋溶含量较小。例如，园林局的西南郊苗圃处在此地区，很多不耐盐的外引树种生长很好，同样的苗木在东北旺苗圃等土壤含盐量高，没有特殊土层构造的圃地则酸性土植物生存、生长都很困难。

(5) 土壤盐分季节性变化规律对不耐盐树种的影响。春、秋盐分在地表集结最严重，常见地表结成一层白霜，0～10cm 土壤含盐量可达 0.7%，会严重影响小苗和浅层根系的生长。而雨季，土壤表层盐分普遍随雨水和浇灌水下移至大树的深根部位，导致一些不耐盐的多年生花灌木、小乔木黄化、发生叶焦边等现象。当然，用这些树种不耐夏季高温作解释也有一定道理，但相对比同一季节在排水良好、含盐量小的地区同样树种的良好表现，就会感到站不住脚了。

（三）土壤盐分测定及含盐标准

生产实践中，土壤的盐渍度是用标准状态下的土壤溶液的电导率 *EC* 值来表示的，通常都把土壤被水饱和至正好呈脱黏点时的土壤溶液作为标准状态。如果这种饱和的浸提液在 25℃时的电导率小于 0.4mS/cm，这大约相当于土壤溶液中的盐分小于 0.3%时，对绝大多数作物可能都不会产生盐害；如果溶液的电导率超过 0.8mS/cm，溶液的盐分大约相当于 0.5%时，只有耐盐作物才可以生长。

按北京市《城市园林绿化工程施工及验收规范》地方标准，绿地种植土要求土壤含盐量不得高于 0.12%。

按《上海市新建住宅环境绿化建设导则》的规定：乔木、行道树种植土壤的 *EC* 值(基质中可溶性盐含量)为 0.35～1.2mS/cm；竹类植物种植土壤的 *EC* 值为 0.25～1.2mS/cm；灌木、花坛、花境等植物的种植土壤 *EC* 值为 0.5～1.5mS/cm；地被、草坪等植物的种植土壤 *EC* 值为 0.35～1.2mS/cm。

岭南地区相应的规范标准：广州市在《园林种植土》标准中规定通用种植土的 *EC* (mS/cm)值为 0.16～0.60mS/cm，花坛土的 *EC* 值为 0.20～0.80mS/cm。

四、几种常见土壤类型及其特点

土壤的地带性较强，同一地区因成土母质不同、地形不同、水分状况不同，形成不同性质土壤。绿化施工前必须明了现场土壤类型，才能有针对性提出有效措施方案。如广州某绿化公司承接北京市门头沟山区一个培训中心工程，进场前公司技术人员首先取土样进行化验，进行鉴定，得知当地为钙质土壤，明确告之甲方此工程不宜种植酸性土树种，否则后果由甲方承担。此明智之举使公司处于主动地位。

（一）石灰性土壤的特点

我国广大半潮湿、半干旱地区的半淋溶土和钙质土，因淋溶作用较弱，土体中普遍有碳酸钙沉积，都属石灰性土壤，呈中性至弱碱性反应(pH 值为 7.0～8.8)。石灰岩风化发育的土壤，pH 值、盐基饱和度较高。北方由次生黄土形成的土壤(潮土)碳酸钙含量一般可达 $100g/cm^3$，在山麓及冲击扇地形上的土壤其含量低于 $50g/cm^3$。石灰性土壤比酸性土壤具有更好的形成团粒结构的条件，对改善土壤物理性、保水保肥性和提高耕作质量有重要意义。其最大不足是当石灰性土壤 pH 值在 7～8 时会降低磷和一些微量元素如铁、锰、铜、硼、锌的有效性。另外，在石灰性土壤中施用铵态氮，易导致氨的挥发，造成养分损失。

（二）盐碱土概念及其区域特点

在土壤分类系统中盐碱土是一个土纲，其中包括盐土和碱土两个亚纲，所谓的“盐碱土”在土壤学中也称为盐渍土。广义的概念是，在盐土和碱土外还包括盐化和碱化了的其他各类土壤，这些土类的主要特点是含有大量可溶性盐类，妨碍了一般植物正常生长。盐土可按盐分的类型即所含盐的种类进行分类，如碳酸盐、硫酸盐、氯盐等。还要按盐化程度(含盐量)进行分级，从盐分种类及含盐浓度两方面看其对植物的危害。我国的盐碱土主要分布在沿海和内陆盐湖区。主要有：滨海海浸盐碱土区，从北到南沿海岸线一带的滨海冲积平原；黄淮海斑状盐碱土区，即黄河下游、海河、淮河流域中下游等地。有地势低平、排水不畅、高矿化地下水等特点，区内成土类型主要为草甸(潮土)型。

就华北地区而言，华北平原为潮土亚类、湿潮土亚类。在土壤形成历史上，地表水及土壤内排水都不好，易成涝，受潮化影响较深。平原部分大都属于盐碱化的"潮土"土壤。其主要特点是属钙质土且含盐量高，不利于那些不耐盐碱的花灌木如绣线菊以及桦木、松类、栎类树种生存。在挖掘乡土树种，树种选择上应慎重。

很多外引的对土壤适应性很差的园林植物，对土壤的选择性很强，园林绿化树种种植设计，养护技术必须在土壤管理上有针对性地进行规范，才能成功。很多适合中、酸性土壤及对盐害敏感的植物材料在平原地区潮土类土壤中不适合生长，必须采取相应的排盐改土措施。

改良盐碱土的施工措施在本章第六节阐述。

(三) 酸性土的概念

酸性土壤和石灰性土壤在土壤酸碱性上是相对应的两大类。酸性土主要分布在我国南部，如红壤、砖红壤、赤红壤都是酸性土。北亚热带至寒带的湿润淋溶土，如黄棕壤、棕壤、棕色针叶林土多属于弱酸至微酸土壤。森林土壤的酸性与林型有关，针叶林比阔叶林土壤酸性强。大兴安岭落叶松下土壤 pH 值在 4.5 左右，而白桦林下土壤 pH 值多为 6.0～6.5。酸性土的成因和成土母质、母岩有关，也和大区气候相对应。南方雨水充沛，土壤淋溶作用强烈，钙、镁、钾大量淋失，对植物产生不利影响。北方偏酸性土壤主要分布在花岗岩、火成岩山区和高山区。

改良酸性土的施工措施在本章第七节阐述。

五、园林绿地土壤养分

土壤养分是土壤肥力的重要组成部分，直接关系到园林绿地植物的生长发育。入场前掌握施工现场土壤养分状况，有针对性地进行改良，进行施肥，是非常必要的。土壤养分主要分大量元素和微量元素。其中大量元素：碳、氢、氧、氮、磷、钾、硫、钙、镁；微量元素：锰、硼、铜、锌、钼、铁、氯。下面仅就主要养分元素进行介绍，掌握绿地土壤养分标准。

(一) 土壤氮素

一般土壤含氮量为 0.02%～0.03%，某些森林土壤含氮量可高达 0.5%以上。土壤中氮素有有机态氮和无机态氮两种形态。可被植物利用的只有无机态氮中硝态氮和铵态氮，称速效氮；其含量往往不足全氮的 0.1%～1%。铵态氮在碱性土壤环境中易分解挥发，应覆土施用以减少损失。而硝态氮易随水移动造成淋溶损失，控制在雨季及沙质土壤中施用。

按北京市《城市园林绿化工程施工及验收规范》地方标准，绿地种植土养分要求，全氮量不得低于 1.0g/kg。各地区都有规范要求。

广州市在《园林种植土》标准中规定全氮量不小于 1.02g/kg。

(二) 土壤磷素

磷素含量受成土母质和成土过程双重影响，变化很大。我国土壤中含磷量变动在 0.01

~0.20(0.02~0.40P_2O_5)之间。总趋势由南到北逐渐提高。南方红壤类含磷很低其全P_2O_5一般不足0.1%，某些贫瘠红壤可低至0.01%以下；北方石灰性土壤含磷较高，多为0.1%~0.3%。在土壤剖面中分布，尤其是有效磷，以表层最高。植物能吸收的是可溶性的无机磷和可溶性有机磷化合物。在大多数土壤中，磷素有效的最适pH值为6.0~6.5，这时磷的固定最少。为此应采取相应耕作措施，使土壤中磷变为可溶性有效磷。在北方碱性环境中可溶性磷会被固定，应和有机肥一起施用。增加土壤有机质，创造局部酸性环境可减少磷的固定，同时使难溶性无机磷得以释放。施用方式上采用条施、穴施、颗粒肥等，减少与土壤接触，有利于减少磷的固定。

衡量土壤磷素养分状况，主要有全磷量和速效磷两指标。全磷量只能表示其贮备状况的相对指标，不意味其供应充足。当土壤全磷量(含磷量)低至0.03%~0.04%以下时反应磷的短缺，施用磷肥效果会明显。速效磷即土壤中能溶于水(或弱酸)、可被植物吸收的磷。在中性和石灰性土壤中，用0.5mol/L $NaHCO_3$浸提法；指标大于10μg/g表示有效磷高，小于5μg/g表示可能缺乏。在酸性土壤中采用稀酸或络合剂浸提法，变幅在5~100μg/g。普遍规律是有机质含量高的土壤其速效磷含量也高。

按北京市《城市园林绿化工程施工及验收规范》地方标准，绿地种植土养分要求，全磷量不得低于0.6g/kg。各地区都有规范要求。

岭南地区相应的规范标准：广州市在《园林种植土》标准中规定全磷量不小于1.40g/kg。

（三）土壤钾素养分

土壤含钾量(以K_2O计)大约为0.5%~2.5%。东北及华北为1.8%~2.6%，华东为1.6%~2.0%，华南为0.4%~1.8%，南方石灰岩发育的红壤为0.2%~0.8%。红壤和砖红壤风化、淋溶严重，含钾量多在1%以下。全国呈北高南低趋势。黏质土壤高于沙质土壤，有机质高的土壤及表土层中有效钾(包括交换性钾和水溶性钾)含量较高。土壤风化释放出钾，释放得快，淋溶也多。有机酸和土壤胶体可参与钾素的固定和释放。有机质及黏粒胶体使速效钾转变为缓效钾，减少了钾的流失。

钾在土壤中含量指标，主要有全效钾、缓效钾、速效钾，其中全效钾只表明其贮量。缓效钾指的是2∶1型黏土矿物层间(还有黑云母中)固定的钾，表示土壤供钾潜力即补充速效钾消耗的潜力。土壤速效钾包括交换性钾和水溶性钾两种形态，其中交换性钾占90%以上，水溶性钾不足10%。速效钾的实际含量范围大约为50~500μg/g，一般占土壤全钾量的0.1%~2.0%，是反映土壤供应能力的现实指标。

按北京市《城市园林绿化工程施工及验收规范》地方标准，绿地种植土养分要求，全钾量不得低于17g/kg。各地区都有规范要求。

广州市在《园林种植土》标准中规定全钾量不小于21.50g/kg。

（四）土壤中钙素养分

土壤含钙量决定于成土母质、风化程度、淋溶作用强弱。石灰性土壤含钙可达10%~25%以上；中度淋溶的土壤，如北方的非石灰性土壤，一般也不缺钙。南方，红壤和砖红壤因风化和淋溶强烈，往往有缺钙现象，含钙一般在200μg/g或更低，需要施钙质化肥。

（五）土壤中铁素

植物体含铁在 100μg/g，而一般土壤中含铁量高达 2%～4%(红壤、砖红壤中铁相对集中)。铁的供应主要是生物有效性问题。影响铁有效性的因素主要是 pH 值、螯合作用、石灰及磷肥施用等。酸性土壤中植物一般不缺铁，碱性条件使铁有效性降低。土壤中增施有机质有利于形成螯合铁，从而增加铁的生物有效性。向土壤中大量施用石灰或磷肥都会使有效铁被固定。植物缺铁现象多出现在干旱和半干旱地区的石灰性土壤或碱性土壤，有些敏感的植物会发生黄化现象。氧化还原交替频繁发生(干湿交替)的土壤，因铁的淋失和凝聚，也会使植物缺铁。应查明原因，采取相应措施增加本地土壤中铁素的生物有效性。采用叶面喷施铁肥也可补充铁素。

复习思考题

1. 园林绿化工程为什么应首先了解当地土壤理化性质？
2. 土壤物理性质有哪几项指标？
3. 土壤物理性质改良的主要措施是什么？
4. 土壤的化学性质主要有哪两个属性？
5. 如何改良土壤酸碱性？
6. 了解土壤中可溶性盐分存在特点和相应治理措施。
7. 常见的土壤类型及其特点是什么？
8. 园林绿地土壤主要养分的有效性及其指标是什么？

第五节　城市绿地土壤的特点及改良措施

一、城市绿地土壤的概念

绿地土壤根据人为介入和干扰程度分为以下几类：

(1) 自然土壤：基本上没有或很少受人为干扰，如自然山林、野地、湿地的土壤。土壤肥力和自然植被生存相适应，养分自然循环，没必要施肥，自然植被和土壤和谐相处。

(2) 耕作土：主要指农业林业活动所形成的土壤。其特点是通过人为耕作改良，在土壤结构和养分供给两方面为农作物和林产品创造了必要条件。形成表层土壤肥沃、称为熟土，深层土壤肥力差、称为生土的特点。耕作土又被称为园田土。

(3) 营养土：为人工制造的，具有土壤同等肥力的栽培基质。可以是纯无土的，大部分是以草炭为主掺加蛭石、珍珠岩、沙等按比例混合而成，花卉培养常使用。以无土基质、园田土及腐叶土掺合一起的营养土常用于盆花栽培，称之为盆土。在盆土基础上配以轻质辅料减轻土壤表观密度，常作为屋顶绿化土壤基质。

(4) 城市绿地土壤：城市绿地土壤是指城镇地区被人为干预、改动最多的土壤。土壤肥力(水分、养分、空气、热量)系统已经或多或少遭到了破坏，不利于植物生长。主要指原建筑施工遗留用地、原道路施工场地、原城镇居住区范围用地的土壤。当然，也有原农田转为绿地的，如北京市紫竹院公园，经过挖湖堆山，土壤层次已经发生大变动，表土层很多都是生土，缺乏肥力。最典型的城市绿地是陶然亭公园，原基础绝大部分是老城区的垃圾场。

二、城市绿地土壤的主要特点

(一) 自然土壤层次紊乱

由于建筑活动频繁，城市绿地原土层被扰动，表土经常被移走或被底土盖住。适宜植物生长的表土层已经不复存在，代之以大面积的建筑施工挖出的底层僵土或生土，打乱了原有土壤的自然层次。

（二）土壤渣化严重

历史上其城市建筑经过多次的拆建，废弃的渣土大部就地消纳，人们生活和生产中利用能源、物资而产生的废弃物也多就地填埋。据调查，北京城市土壤中混杂有数十种的渣砾，其中含量较多的是砖瓦渣、煤球灰渣，其次是煤焦渣、石灰渣、砾石。在旧城区掺杂深度达2～6m。新建市区一般土壤表层的渣砾多为时代较近的第一次侵入物，其分布深度多在0.5m以内。各类渣砾基本不含可供植物吸收的养分，且pH值较本地自然土壤普遍偏高(多为8～12，个别调查点上达15)。加剧了土壤贫瘠化，对树木生长十分不利。例如在北京陶然亭公园部分煤球灰渣含量达80%～90%的地段栽植的油松、白皮松长势弱，针叶黄化，枯尖，生长衰弱甚至死亡，即使适应能力强的槐树，长势也较一般植株为弱。

（三）土壤密实度高

在城市环境里由于人踏车压、建筑机械施工碾压，使土壤密实度增高。密实的土壤硬度大，土壤通气性差，影响树木根系生长和分布。据对北京市城区道路、公园、居住区绿地上测定土壤硬度数值分析，土壤硬度值为0.7～110kg/cm^2，一般适于树木生长的土壤硬度在8kg/cm^{2}以下。松类、银杏、元宝枫、云杉等树种，在土壤硬度超过14kg/cm^{2}的地方，几乎没有根系分布。

（四）土壤中缺乏有机物质，土壤养分贫瘠

相对于自然发育的(山林、野地)土壤和耕作土，城市绿地土壤中返回的有机质很少，绿地土壤中的有机物质中只有被微生物转化和被植物吸收，而很少通过外界施肥等加以补充。年复一年，致使城市绿地土壤中的有机物质日益枯竭。北京市化验结果是，土中的有机质低于1%。上海调查结果，凡保留落叶较好的封闭绿地，有机质含量能达到2%左右，而大部分“生土”，有机质仅为0.7%。土壤中有机质过低，不但土壤养分缺乏，也导致土壤物理性质恶化。因历史形成等原因，城市绿地土壤养分往往偏低。

（五）土壤pH值偏高

以北京和上海为例，这两个地区自然土壤为石灰性土壤，pH值为中性至微碱性。如果城区绿地土壤中夹杂较多石灰墙土，会增加土壤中的石灰性物质。长期用矿化度很高的地下水灌溉也会使土壤碱性增加，生活用水污染，排水不畅，都会造成土壤盐分积累，促使土壤向盐碱化发展，土壤盐碱化对大多数园林植物生长不利。对中水的应用，因盐分过高应慎重。

三、改良城市绿地土壤的措施

（一）筛土、换土

施工进场后首项作业就是清除垃圾，包括建筑垃圾和生活垃圾，常用方法是筛土。对不适合园林植物生长的灰土、渣土、没有结构和肥力的生土，尽量清除，换成适合植物生长的园田土。过黏、过分沙性土壤应用客土法进行改良。筛土、换土的深度要求：草坪、花卉、地被，30～40cm；乔、灌木结合挖掘树坑，50～60cm。

（二）保持土壤疏松，增加土壤透气性

可采取下列措施：

1. 设置围栏等防护措施

城市绿地为避免人踩车轧，可在绿地外围设置铁栏杆、篱笆或绿篱进行封闭式管理。土壤表观密度为1.3g/cm^{3}左右，比较理想。

2. 改善树木栽植坑的局部土壤环境

(1) 在路肩三合灰土中定植路树，要规范树坑大小，尽量扩大树坑，清除灰土，换耕作土或掺加草炭、松针土等进行改良。

(2) 需要行人的周围地面，采用透气、透水铺装，或铺设草坪砖。

(三) 增加土壤有机质，熟化土层

如农业培肥土壤采用"秸秆还田"一样，城市绿地土壤也同样采取掺加松针土、腐叶土、草炭土，回收树叶、烂草等措施改良土壤。

(四) 改进排水设施

对地下水位高的绿地，应加强排水管理，或局部抬高地形，采用台式种植。在土壤过于黏重而易积水的地区，可挖暗井或盲沟，并与透水层相通，或埋设盲管与市政排水相通。

(五) 防止城市生态环境的污染

北方城市靠近道路的绿地，主要是防止冬季融雪剂的污染。应设挡板，防止盐水溅入。已经污染的应清除表层盐渍的土壤，进行换土处理。

复习思考题

1. 城市绿地土壤有何特点？
2. 如何改良城市绿地土壤？

第六节　盐碱土地区绿地土壤管理方法及技术要求

盐碱地园林绿化的不利因素很多，主要矛盾是土壤中含有过多的可溶性盐分。根据"盐随水来，盐随水去，盐随水上，盐随水下"这一水盐的运动规律，通常利用排灌措施，把土壤中的盐分随水排走，并建立隔离层，阻断含盐地下水沿毛细管孔隙上升，将地下水位控制在临界深度以下，以达到土壤脱盐和防止返盐的目的。胜利油田胜大园林公司在多年的绿化实践中总结了很好的盐碱土壤管理经验。

一、盐碱土客土绿化施工技术

客土绿化，是挖走盐碱土后，回填含盐量小的种植土来进行绿化的一种方式，以彻底改变植物生长的不良基质。为了防止本地土壤中盐分侵入，设立隔离体系：下部用石屑、炉渣等颗粒较大的材料隔离下部盐碱土与客土，阻断毛细管水的上升；横向用墙、板、薄膜等与周边盐土隔离，防止盐分横向渗透。客土表面覆沙、树皮等，抑制客土水分蒸发。此技术能够在较短的时间内取得较好的绿化效果，但其成本过高。根据投入成本的大小和施工难易常用以下做法。

(一) 大穴客土

1. 简单客土

挖长、宽各1.5m，深1m的树穴，填满客土，灌水沉实后即可植树，植后客土表面覆盖5～10cm厚沙、树皮等。此法适合地势较高、排水良好、含盐量较低的地区行道树绿化工程，以栽植耐盐碱树种为主。这种方法改土效果较快。一般树种当年成活率都可以达到90%以上，以后随着水肥等一系列科学管理，大多数树木生长良好。在树木管理中，应注意不要打破穴土表面的覆盖层，否则，穴周围和下部的土壤盐碱容易通过穴土表面的水分蒸发而进入穴土，危害树木。

2. 封闭型客土

封闭型客土设施投入较大。上部周围做钢筋混凝土挡土堰口（地上20cm，地下10～20cm），穴周围用薄膜封住，穴底部垫20cm鹅卵石，并加盖土工布。然后填客土，客土的深度一般为80cm左右，表面覆盖5～10cm厚的中沙、树皮等。此法适合于行道树绿化工程，以栽植耐盐碱树种为主。与简单客土绿化相比，上部盐水更容易下渗到下部，而下部及树穴周围盐水更难污染客土，从而加大了穴内土壤不被周围盐碱侵入的保险系数。上部周围的钢筋混凝土堰口，既挡住了穴周围表层盐碱入侵的通道，又挡住了穴内肥、水、土的外漏，同时显得整齐、美观。当地势较低、土壤含盐量较高时，采用此法，比"简单客土"法更容易保护客土，防止盐化。此方法必须保证隔盐层处在地下水位以上，否则，就起不到隔盐的效果。

（二）隔盐袋改土植树

根据种植池大小和植物要求，用塑料薄膜制成各种规格的隔盐袋，隔盐袋一般高0.8cm，底部打若干筛孔，填满客土后即可植树。此法适用于地势较高、土壤含盐量低于0.5%的区域。为了使土壤水分能顺利渗透到隔盐袋下的土层中去，在底部打若干筛孔。在灌溉和降雨时，重力水在土壤的非毛管孔隙中向下移动，当含盐地下水沿土壤毛细管上升时，遇到隔盐袋阻隔，还能阻断土壤中盐分横向或纵向入渗的通路，从而使袋内客土不受盐碱的侵染。地下水位高时，隔盐袋极有可能埋放在地下潜水位以下，下部客土就会被地下水浸泡，这时，需要抬高地面(隔盐袋)再行种植。

（三）客土抬高地面、底部设隔离层及渗水管复合型改土技术

这种技术设施复杂，是最为完善的治盐碱的技术，成本较高。

将种植地挖深60～80cm，周围做高出原地面10～50cm的挡土墙，底部填20cm厚的鹅卵石或直径3～5cm的石子，上盖土工布，然后填满客土。种植地下挖的深度根据当地的地下水位确定，一般不应超过该地的常水位。种植池抬高的高度，应根据所设计的园林植物特性和种植池面积确定。一般乔木树种应抬高些，灌木低些；怕盐碱涝的树种应高些，耐盐耐涝的树种则可低些；种植池面积较大时抬高的可低些，较小时则应高些。近几年来，多采用钢筋混凝土或条石作挡土墙，虽然一次性投资较高，但坚固性很强。结合造园及小品装饰，外面用大理石或用瓷砖，美观大方，效果更好。此法适用于土壤含盐量较高的任何区域。

为了彻底控制地下盐水聚集，在客土层下部布设一套排水设施，主要由渗水管、检查井、强排井等组成。应用渗水管汇集地下水，渗水管根据绿地面积设计排列形式，汇水辐射距离一般为25m范围内。主管线每隔30m设检查井，管线坡降不小于0.5%。渗水管外包扎用棕麻、编织袋、土工布等，降低土粒进入渗水管；渗水管周围填厚12～20cm的石子，以保证汇水畅通，及时排出。

实践证明，客土抬高地面能相对降低地下水位，再加上底部隔离层和周围挡土墙隔断

了盐碱纵向、横向入侵的通道，再加设排水设施，使客土能够长期处于淡化状态，园林植物免遭盐碱危害。实验表明，换土7年后，客土0～60cm土层含盐量仍控制在0.1%以下；效果最差的，土壤含盐量也控制在0.2%以下。经过取样调查还发现，不仅客土未发生次生盐渍化现象，而且隔离层下部的盐碱土也在逐渐淡化，含盐量大多为0.2%～0.4%。由此可见，客土抬高地面，底部设隔离层，加设排盐管道设施，这一微区改土措施，是滨海盐碱地区园林绿化有效、快捷的方法。

（四）封底式客土抬高地面技术

将种植土挖深60～80cm，底部压实，做水泥砂浆防水层，留好排水孔，周围做防水挡土墙(高出地面20～50cm)，呈坛状，底部填20cm厚的石子，覆盖土工布或5cm厚稻草，填满客土。此法适用于土壤含盐量很高、排水条件较差的重点景区绿化工程。

当绿地的土壤含盐量很高，地势又比较低洼，排水不良时，采用这种改土方法，能更有效地隔断下部及周围盐碱进入坛内客土的通道。而通过风和人为活动带入客土表面的盐碱则通过灌溉和降雨淋洗到坛底，通过排水孔排到坛外。同时，当灌溉或下雨时，如果客土中有积水，也可通过排水孔排到坛外，以免遭受涝害。当然，如果遇上大涝，升高的地下水也可能通过排水孔渗向坛内客土。不过，这种情况不多见。因此，虽然封底式客土抬高地面这种微区改土措施相对投资较大，绿化成本较高，但在土壤盐碱严重，地下水位高，矿化度大的滨海盐碱地区，仍是一种有效、快捷、效果稳定的绿化方法。此技术绿化应注意以下几点。

(1) 客土施工面积要尽量加大。大面积的客土可为树木提供充分的营养空间，避免侧面盐渗的威胁。

(2) 在进行种植设计时，应适量减少深根性的乔木树种，增加浅根性的乔木树种、灌木树种、藤本树种和其他地被植物，以产生最大的生态效益。

(3) 在养护管理中，要适当增加浇水次数，解决地下水分利用不足的缺陷。

(五)盐碱地客土法绿化施工技术

1. 排盐管网设计

绿地排盐管网的布置，应预先了解绿地周围的市政管网情况，它往往影响管网的走向和埋深。根据就近排出的原则，排盐管网的终端与城市雨水管网相接。

(1) 排盐管间距和埋深的确定

从地下水下降模型可以看出，排盐管埋深越大，所影响的范围越大，间距也可增大。从确定埋深入手，再确定间距。

排盐管间距，根据排水曲线和埋深确定。以粉沙壤土为例，埋深150cm时的影响范围是80～100m，为使地下水或重力水排除时间短一些，并考虑管壁堵塞等因素，间距一般可确定在30～50m范围之内。

(2) 排盐管网的布置形式

排盐管网布置在绿地规划设计平面图上，一般应先确定干管出水口，管网干网位置，再确定排盐管检查井位置，各级支管位置。下面仅从设计地下排水系统和水体位置为基本点，介绍几种基本布置形式。

1) 正交式布置：支管汇入干管，直接排走的布置方式，平面上支管与干管成90°角正交。靠近城市排水管网或水体时采取这种布置。优点是排盐干管以最短的距离将水排出，管线长度短，管径小，造价低。

2）汇合式布置：多条干管汇集总管排走的布置方式。在正交式布置的基础上，遇到排水口设置较远时，设置干管，使地下水汇入并引向排水口。较大型园林绿地一般都采取这种布置形式。

(3) 排盐管网的布线施工要点

1）管底标高。是从管网干管最远点开始，自下游管向上游管设计纵坡依次计算，到支管与干管汇合检查井处，再继续向上游管段进行计算。一般应考虑各区域园林植物的种类，在保证其最小有效土层的条件下，计算出管底高程并推出各检查井处管底高程。在不能保证干管水流自然导入城市排水系统时，可考虑人工强排。

2）裹滤层。为使排水管渗水孔不被土粒堵塞，应在管外设置裹滤层，排盐管类型不同，具体做法也不一样。比如无砂混凝土裹滤层一般用2～3层棕皮或无纺布包裹，铁丝缠紧即可。

3）排盐管检查井和基础。检查井是为以后检查清除管线堵塞设置的，系统中也是管线拐弯相交时的连接方式。通常采用圆形砖混结构，构造可从城市排水图集中选取。

4）排盐管的类型及应用。现常用的排盐管有无砂混凝土管、PVC渗水管、无纺布钢丝管三大类。无砂混凝土管是以混凝土为主要原料制成的圆形管材，管壁以石子、水泥加水混合搅拌后浇筑，不加砂料，仅在管口6～10cm处加砂料。一般专门的混凝土预制工厂均可生产。管径可根据设计要求加工。近年来，各地还使用一般混凝土管在管壁加工3～5cm直径渗水孔作为排盐管(尤其是排盐干管使用)，同样可以达到排水排盐的目的。PVC渗水管是国内生产的一种以PVC为材料的排水管，是在管壁加工螺纹状沟槽，槽底设渗水孔作为排盐管使用。管径有50mm、70mm、100mm等多种型号。PVC排盐管的优点是施工方便。

裹滤层用无纺布和沙子，不需设管道基础，但构件造价稍高，而且生产厂家少。无纺布钢丝管是以近年国外开发的透水无纺布连接钢丝制成的可伸缩的渗水管，也有多种型号。前几年仅国外和我国台湾省生产，最近国内也已建有生产线。具有运输、施工简便的优点，但因钢丝防腐能力差，生产厂家少，构件本身成本也高，因而没有被普及。

5）自动强排装置。排盐管网设计时，常常会遇到因拟排入雨水管网底标高较高、排盐干管地下水不能自然排入的问题，即使勉强可以排入，雨季也容易产生倒灌，使绿地内地下水位骤然上升，引起土壤大面积返盐。为解决这一问题，唯一的选择是设置强排设施。胜利油田胜大园林公司设计了一种自动强排装置，主要构件和原理是，浮球和传感器监测水位，由传感器控制水泵抽水。这一装置简便实用，已被用于绿化改碱工程，效益明显。

2. 排盐盲沟设计

在绿地面积较小时，为降低工程造价可考虑不埋设排盐管，而改用排盐盲沟的做法。设计原理与排盐管相类似，只是将排盐管位置填充石子、沙子，甚至建筑垃圾作为滤料，地下水汇集至沟内自然排走。排盐盲沟的纵坡比排盐管大得多，一般在5%以上。设计要点是底面严格按纵坡施工，滤料填埋时底层先填大径粒，依次是中径粒、小径粒分填，两侧以中径粒或小径滤粒填实。排盐盲沟的设置可以较排盐管浅一些，密度也较大，可以和隔盐层一起设置。

3. 隔盐层设计

隔盐层是盐碱地绿化工程常用的改盐工程措施之一，设在植物根层之下，目的是提高土壤水下渗能力，切断含盐水分沿土壤毛细管上升的路径，用于客土或非客土绿化工程。隔盐层设置深度依客土厚度而定，也可参照植物所需最小土壤厚度确定。隔盐层厚度一般为 20～30cm，过厚则不经济。为保持土壤有良好的排水性透水性，隔盐层应做出 1%～2%的排水坡度，并向排盐管或排盐盲沟的位置倾斜。用作隔盐层的材料很多，如石子、中沙、炉渣、卵石等。按照节约的原则，就地取材，哪种材料取用方便就用哪种。作物秸秆或土工布一般铺设在其他材料上层，起到盐土层与客土层隔离作用。

4. 挡土墙设计

这里说的挡土墙不同于水工挡土墙或重力式挡土墙，而是客土外缘的界墙，用于隔断客土部分与外界的水分联系。实际上，也可称其为花池池壁。挡土墙一般从隔盐层以下砌筑，墙基处在隔盐层下方，采取墙面与水平面垂直的直立式。挡土墙种类按材料分为红砖墙、毛石墙、预制混凝土板墙等多种。需要说明的是，红砖墙容易因土壤持水、冻胀而出现断裂，近年已很少采用。挡土墙设计还应考虑美观、经济，视作园林小品，丰富园林景观。

（六）施工程序

施工程序：清理现场、放线、填挖盐碱土、平整场地、铺设渗水管和隔离层、铺设水管线、砌池壁、填种植土、施有机肥、翻地、沉实、整平、园林植物定点放线、地面铺装及园林建筑小品的施工建设。

1. 施工前的准备

为了顺利施工，施工人员不仅要熟悉图纸，掌握设计者的意图，还必须到现场进行实地勘察，弄清楚地下水位的高低、地下排水管的走向等现场的准确情况，制定行之有效的措施。

2. 清理现场、放线

将图纸上的诸元素按比例将其位置关系投放到实地上，必须做到认真准确。园林植物的定点放线应放在种植土沉实之后进行。

3. 填挖盐碱土，平整场地

施工现场土方填挖基本完成后，要对整个场地再进行细部的夯实，灌水完成“水夯”。最后再根据工程需要进行地形整理。

4. 铺设渗水管和隔离层

(1) 埋设渗水管。集中连片的绿地，渗水管的全套工程由集水管、检查井、排水管出水口组成。若是独立且面积较小的地块，一般集水管直接通到地下水管线(或强排井)中。渗水管沟槽、检查井基槽一般与挖填土同步完成。要求渗水管沟槽成倒梯形，宽度、深度按设计要求。在铺设渗水管前，一般先将检查井(强排井)按图纸要求砌好(一般砖砌)，水泥砂浆抹面，并留好与渗水管的接口。沟槽内均匀铺设 5cm 左右厚的石子层，用土工布(玻璃丝布或蛇皮带)将每根渗水管提前裹紧(只将渗水管两端无孔隙部分外露)，并用细铁丝将两端及中间固定，然后按设计坡向平接在渗水管沟槽内(图 5-6-1)。两管之间的接头用砖垫平稳，再用水泥砂浆将接头密封。全部完成养护 1 天后，用石子充填整个渗水管沟槽即可。排盐管道的选择上，经过长期的实验，目前比较适合作排盐管的有 HD-PE 的

*DN*110 PVC 波纹滤管，不仅管径比较小，而且外包土工布之后，周围所使用的过滤沙也大大减少。

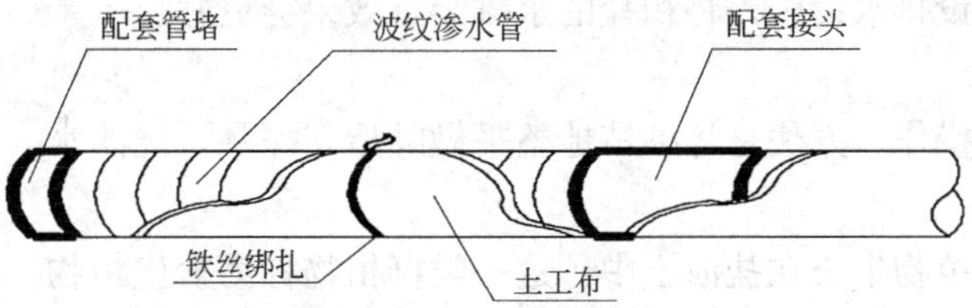

图 5-6-1　渗水管绑扎示意图

施工除严格按设计要求进行外，还应注意以下几个问题：渗水管沟槽深度要高于地下常水位线；渗水管系统以上所有管线的上缘应处于石子层下层或稍低于石子层底层标高 5cm 左右；集水管的间距以 25m 左右为宜，长度不能超过 100m，坡降 5‰；集水管和排水管一般呈相互垂直方向铺设(图 5-6-2)。

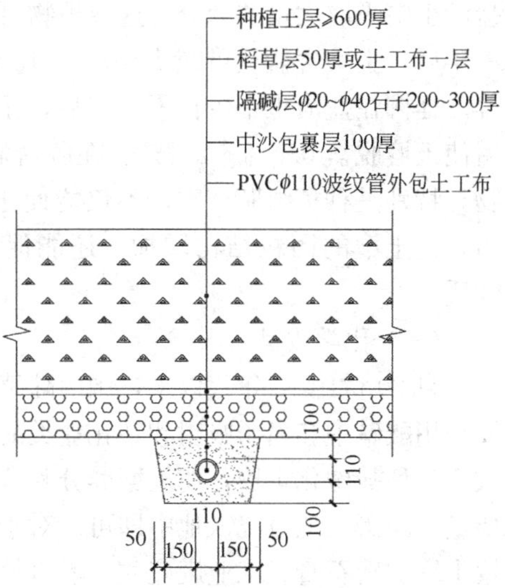

图 5-6-2　种植构造断面示意图

(2) 铺设隔离层。隔离层由石子和作物秸秆或土工布组成。渗水管铺设结束后，整个地块均匀铺设 20～30cm 厚的石子层。传统的做法是在石子层上铺盖稻草(麦秸)5cm 左右。要求铺盖结束后，无石子层外露现象，且草层厚度均匀，稻草层在此可阻止客土充填到石子间隙，起垫层作用。在整个施工过程中要确保渗水管全套工程的完好无损及石子层厚度均匀、平整。稻草的使用效果不错，铺设方便，但是季节性强，不易找到稳定的供应渠道。目前在东营地区广泛地采用土工布作为隔离层，土工布质地密实，强度比较高，铺设过程简单。

5. 填充种植土

盐碱地区所换绿化用土在调运之前，必须取土样化验含盐量，含盐量低于 0.1%方能使用。在填客土时，要防止隔离层或渗水管被破坏，在大规模客土进池前，先均匀铺上 20cm 左右的客土，将稻草层压盖，确保隔离层的完整无损。池内填土一般要高出池壁 5cm 左右，这样经沉实后可比池壁上沿下降 1～2cm，便于以后养护管理。若设计中有微地形，倒运客土时，要同时考虑，同步完成。

二、盐碱土原土改良绿化施工技术

盐碱地绿化的首要条件是改良土壤，控制土壤盐离子含量。而具体到绿化措施和施工工艺，又因面积大小、绿化功能和立地条件的不同而不同。下面简单介绍目前国内常见的种植土壤改良方式。

(一) 淡水洗盐

其原理是淡水压盐，排水洗盐，隔离层防止返盐，此法适宜于地势较高排水良好的区域。方法是：先深翻，土块晒干后，再灌淡水，如此反复3～5次，再进行绿化。利用淡水灌溉土地后，土壤盐分被淋溶到植物根层以下，从而给植物根系创造了一个少盐环境。如果同时在地下埋设排水设施，将积盐的水排走，效果会更好。

（二）生物改盐

这种方法较易操作，方法是将种植地整平做畦后，深翻，浇淡水，在适宜播种期播入绿肥、种子即可。

自然界中许多植物生长在盐渍土中，这一类群植物称为盐生植物。实践证明，在盐渍土上种植盐生植物和抗盐植物，能使盐渍土脱盐。另一些盐生植物，如柽柳、蔓荆、罗布麻、滨藜、沙枣、白刺、枸杞、二色补血草等都是泌盐植物，它们体内都有盐腺细胞，从盐渍土中吸取大量的盐分。这些植物可生长在土壤含盐量为1%以上的盐渍土中，经生长一年后，土壤含盐量可减少10%～13%。其中，脱盐率高的是柽柳、白刺、二色补血草等。柽柳在盐渍土中生长了3年后，土壤含盐量从1.45%降低到0.33%；苜蓿种植3年后使土壤脱盐0.8%～2.1%。在脱盐后的土壤中氮、磷、钾肥也在增加。盐生和耐盐植物，特别是种植绿肥植物，不仅能使土壤脱盐，而且能够增加土壤有机质，提高土壤肥力，使土壤的团粒结构增加，还能促进微生物的活动，进一步改善土壤的物理、化学性质。

（三）化学改良

自20世纪90年代以来，国内陆续研制出了一些有机和无机的特种肥料。这些肥料主要利用酸碱中和离子吸附和转化盐类的化学反应原理，降低土壤的含盐量和酸碱度，进而改良各种盐碱化土壤，使土壤养分和营养变为可利用状态。而且这些肥料使用简便，按需要量在灌溉土地时浇入地中即可。对于重盐碱化土壤，可结合采用耕作、水利措施，向土壤中增加磷石膏、工业废硫酸、黑矾等化合物进行改良。这种改良只是局部的(表层)和暂时的。

（四）铺设暗管排水

此法适用于地势低洼、排水不良的绿化区。在客土改盐部分中已作介绍。

（五）增施有机肥料

绝大多数的滨海盐碱土板结、贫瘠、肥力低下，改良盐渍土、增施有机肥是不可缺少的措施。多施有机肥可使土壤变得疏松、孔隙度大、表观密度低，土壤水分、物理性能和结构得到改善，增加土壤有机质，提高土壤的保水、保肥能力。此外，有机肥料产生的有机酸，既能中和游离的碱，置换土壤复合体上的交换性钠，又可溶解土壤中含有的碳酸钙，使钙离子和钠离子相互作用而置换出交换性钠离子。有机质含量越高，抑制水盐运动的作用越强。因此，增施有机肥是改良盐渍土的重要措施之一。

有机肥的种类很多，主要包括人粪尿、马粪、猪粪、牛粪、鸡粪等，在施用前必须经过充分腐熟。另外，除盐生植物以外的植物残体、枯枝落叶，在无盐环境下，经过沤制、腐烂也是很好的有机肥。

（六）地面覆盖

使用小麦、玉米、水稻等农作物秸秆以及杂草、锯末、树木枯枝落叶等进行地面覆盖，也是滨海盐碱地改良的良好措施。它一方面可大大减少土壤表面的水分蒸发，防止土壤深层盐分的上升；另一方面可拦截地表径流，便于浇灌水和雨水的下渗，提高洗盐效果。另外，通过灌水沤腐，可大量增加土壤腐殖质，降低土壤的 pH 值，改善土壤结构，提高土壤肥力。为了确保覆盖效果，覆盖物的撒铺厚度以 10cm 以上为宜。

在良好的排灌条件下，采取深耕、洗盐，结合增施有机肥或种植绿肥等措施，可使轻度或中度滨海盐碱地得到改良。

（七）修筑台田，修建灌、排系统

成片大面积植树地块，采用修筑条台田，抬高地面，完善灌排系统，然后通过灌水洗盐，降低土壤中的盐碱含量。

盐碱地区一般具有排水不畅、地下水埋藏线浅、含盐量及矿化度高的特点，受盐涝的双重危害。改良盐碱的措施首先应该是挖沟排盐、灌水洗盐。基础工程就是修建灌、排系统。

1. 灌水系统的修建

在绿化区域内，根据面积大小和淡水资源的供应情况埋设上水管线，并且每隔 50～100m 安装上一个上水阀门。为了美观和防冻，上水阀门处要修建上水井，井上要加盖。北方地区入冬前要把管线内的存水放干，或者往上水井内填碎草保温。

2. 排水系统的修建

在修建灌水系统的同时，要开挖各级排水沟，间距为 100～200m，若土壤质地轻，盐化程度不重，间距可适当增大。沟深一般为 1.5～2.5m，要达到地下水位。

依据园林绿化的功能要求，所开挖的各级排水沟，要作如下处理。

(1) 明沟砌筑。对于主排水沟，可结合造景，用块石砌筑坡岸，沟深增加至 5m 左右，沟宽增加至 10m 以上，沟内保留一定的水面，沟的走向可根据规划设计稍作弯曲。这样，既能起到排盐作用，又可成为生动活泼的水景。

(2) 埋设暗管。对于支排水沟，可埋设暗管排水。材料可用陶瓷管、水泥管或塑料管等。规格依据排水流量而定，一般直径在 30cm 以上。埋设时应做好渗水处的过滤层，以免周围泥沙随水进入管内造成堵塞。每隔 30～50m 应设暗管检查井，以便定期清理淤泥，防止堵塞。

(3) 埋填渗水材料：沟内埋设 40cm 左右厚度的卵石或直径 5cm 以上的石子，上面再填铺 5～10cm 厚的中沙。也可在沟内填铺一排建筑上用的空心砖，具有不阻塞、排水效果持久、施工简单的优点。

三、盐碱土绿化植物的选择

由于盐碱地土壤内大量盐分的积累，引起一系列土壤物理性状的恶化。因此，所选的树种必须具有耐盐碱、耐水湿、耐贫瘠等特性。

（一）绿化植物选择

1. 发掘利用当地野生资源

野生植物是自然选择形成的原始种质资源，它不仅对盐碱地区的土壤、气候等环境条件具备很强的适应性，同时很多种植物还具有很高的观赏价值，在盐碱土绿化中可以直接应用。由于盐碱地区植物种类单一，而且生长广泛，因此在过去的一段时间里，风景园林设计思想一直对本地湿地植物比较抵触，觉得大量采用湿地植物使景观“不上档次”。但是，随着近些年来设计思想的改变，不少设计师开始寻找有盐碱地区特色的植物造景设计道路，一些长期被认为是杂草荒草的植物也逐渐地被人们所接受，如柽柳、芦苇等，不仅降低了绿化成本，还取得了良好的景观效果。在低成本绿化中，将场区周围的自然植被，挖来直接铺在所需绿化地带，绿化效果也很好。

2. 选择耐盐碱的植物

盐碱地的原生植物种类比较单一，仅仅依靠本地的植物进行绿化造景是不够的，因此，有计划地引进和改良一些耐碱植物，是丰富盐碱地绿化苗木种类的可行之路。

经过十几年的改良，盐碱地区可选用的绿化植物也日益丰富，目前在实际工艺操作中比较成熟的植物有：白蜡、火炬树、沙枣、桧柏、紫穗槐、木槿、刺槐、海棠、紫叶李、臭椿、苦楝、合欢、国槐、蜀桧、接骨木、杏树、醉鱼草、金银木、龙柏、扶芳藤、柽柳、剑兰、白刺、马蔺、紫花苜蓿、鸢尾、早小菊等。

3. 建设本地苗圃，将植物驯化与培养相结合

沿江地区应建设一些本地苗圃，引进部分耐盐碱的植物品种，栽植培养使其进一步驯化，从中选择能较好适应盐碱地区条件的品种，并在绿化工程中加以应用。

对于同种苗木，外地苗圃的苗木需要 2～4 周才能适应、生长转旺，而自盐碱地本地苗圃移栽的苗木则只需要 1～2 周的时间就能生长转旺，而且苗木成活率较外地苗圃苗木要高。因此，建设本地苗圃，增强苗木对本地气候和自然环境的适应性，也是提高苗木成活率的有效途径。

（二）适时移栽

盐碱地绿化春秋两季皆可。但一些容器苗、常绿树可在雨季移植。雨季雨量充沛，盐分随水而下渗，可使土壤上层盐分含量大大降低，而且雨水充沛，温度高，有利于新栽苗木根系的恢复和生长。最佳栽树时间要因树种而异，如杨、柳树宜早不宜晚，应在土壤化冻后立即栽，栽后发叶早成活快，又可避过干热风危害。刺槐、合欢、白蜡、法桐栽早了既不发芽，又要损失树内水分，不利成活。宜在树芽萌动时种植。桧柏、侧柏(指当地苗)在雨季栽植，成活率也很高。落叶大树在立冬前后栽植成活率高。

（三）适当密植、浅栽

滨海盐碱地地区具有风速大、蒸发量大、高盐、高水位、高矿化度的特点，绿化宜适当密植，以减少盐分的上升。而且盐碱地土壤瘠薄，植物生长相对较慢，适当密植，可提早郁闭，从而降低风速，减少地面蒸发，保持土壤湿度，抑制土壤返盐返碱，有利于苗木的生长。土壤中密集的根系，分泌有机酸，可中和土壤盐碱，改善盐碱土理化性质，产生生物改碱作用，促进植物群落的生长发育。浅栽的根系容易受到灌溉淡水的保护，得以在逆境中生存。

四、盐碱土绿地养护管理措施

养护措施主要从抑制土壤返碱、改良土壤、提高苗木长势及提高苗木本身的抗性着手。

（一）土壤管理

盐碱土最直观的表现是土壤板结，土壤结构性差，灌溉后土粒很容易自动分散，并形成结皮，进而阻止水分渗入和降低土壤贮水能力。松土可切断土壤毛细管，减少水分蒸发，改良土壤通气状况，促进微生物活动，有利于难溶养分的分解，提高土壤肥力，同时还有效地防止土壤次生盐碱化。因此，在雨后和灌水后对绿地裸露地块及时松土，是滨海盐碱地区绿地养护管理的一项重要措施。

为了改善土壤结构，消灭表层土壤的害虫和病菌，每年冬前在浇完封冻水后对绿地中的裸露土壤进行深翻，深度一般为 15～30cm，树木周围应浅些，做到尽量不破坏树木侧根。在土壤上部有覆盖层的，要保存好，不能打破，否则土壤容易返盐，危害树木生长。

（二）水分管理

盐碱地区的地下水矿化度较高，不仅植物无法吸收利用，而且危害植物根系的生长。树木生长发育所需要的水分，只有依靠外界提供淡水。因此，及时适量供水，是保证树木新陈代谢和健壮生长的重要措施之一。

浇水原则：根据“大水压盐，小水引盐”规律，浇水时一定要浇足、浇透，以防止土壤的次生盐渍化。日常灌溉把握不浇半截水，更不要频繁浇水的灌溉原则。要做到大雨排水、小雨灌水，尤其后者，因为小雨将地表盐分溶至根层，会引起根细胞水分外渗，死苗现象更为严重。小雨后灌水，水要一次性浇透，才能有效地抑制土壤返盐，保证植物正常生长。

围埝蓄水：苗木定植后必须在树的周围做好围埝，用人工浇水或蓄积雨水进行洗盐淋碱。

开沟排水：做好开沟排水，解决地下水位高所造成的盐水顶托，同时也有利于雨水的淋洗。

（三）养分管理

“土生芽，气生根”，加强肥料管理是保证树木正常生长的关键，及时松土、增施有机肥，不仅可以保持土壤水分，改善土壤结构，还可以减少返盐现象的发生。追肥应选施生理酸性化肥。

复习思考题

1. 掌握盐碱土客土绿化施工技术工艺。
2. 掌握盐碱土原土改良绿化施工技术工艺。
3. 盐碱土绿化植物材料如何选择？
4. 盐碱土绿地养护管理主要技术关键是什么？

第七节　酸性土土壤管理方法及技术措施

我国酸性土壤主要有红壤、黄壤、赤红壤、砖红壤及酸性硫酸盐等种类，分布在长江以南的广大热带、亚热带地区和云贵川等地。土壤的 pH 值普遍小于 5.5，其中有相当一部分小于 5.0，甚至是 4.5，而且面积还在扩大，土壤酸度还在升高。这主要是近些年来由于施用化肥和酸雨的双重影响，使其 pH 值呈现逐渐降低的趋势。

一、酸性土的特性

（一）土壤酸性强

土壤酸度是由交换性氢和交换性铝两部分引起的。我国南方强酸性土壤总酸度中，一般交换性氢只占 1%～3%，其余全为交换性铝，是决定土壤酸度的主要因素。由于 Al^{3+} 的水解，从而产生 H^+，这是土壤出现强酸性的主要原因。另外，其水解产物 $Al(OH)^{2+}$、$Al(OH)^+$ 等对根系生长具有毒害作用，抑制植物对水分、矿物质元素如钙、镁的吸收。

（二）养分缺乏

由于高温多雨的成土条件，酸性土矿物质强烈分解和淋溶，使氮和矿物质如钾、钙、镁等大量损失，加剧了磷的固定，促进了铝、锰等元素的释放，因此土壤中矿物质养分及微量元素普遍缺乏，这些养分在园林绿化中需要通过施肥来补充。

（三）有机质缺乏

受高温高湿气候的影响，酸性土壤中有机质的分解速度较快，在旱地好气条件下有机质的分解速度更是惊人。而在园林绿化中偏重化肥等无机养分的施用，忽略了有机肥的投入，同时园林绿化过程产生的枯枝落叶又被作为垃圾清走，因此，土壤有机质普遍缺乏是一个显著特点。

二、酸性土的改良技术措施

（一）化学改良剂改良酸性土壤

传统的酸性土壤改良的方法是运用石灰（生石灰和熟石灰），可以中和土壤的活性酸和潜性酸，生成氢氧化物沉淀，消除铝毒。同时可通过加强微生物活动促进有机酸的分解，加强土壤有益微生物的活动，从而促进有机质的矿质化和生物固氮作用，增加有效养分给源，减弱固磷作用，促进无机磷的释放。酸性土施用石灰后，土壤胶体由氢胶体变为钙胶体，使土壤胶体凝聚，有利于水稳性团粒结构的形成，可改善土壤的物理性状。此外，施用石灰还能减少病虫害（表 5-7）。

使某酸性土壤的 pH 值向中性变化所需的碳酸钙用量（单位：kg/1000kg）　　**表 5-7**

土壤质地	腐殖质含量			
	缺乏（5%）	丰富（5%～10%）	很丰富（10%～20%）	20%以上
沙　土	0.56	1.13	1.5～2.25	
沙壤土	1.13	1.69	2.25～3.00	
壤　土	1.69	2.05	3.00～3.75	
黏壤土	2.20	2.87	3.75～4.50	
黏　土	2.81	3.38	4.50～5.25	
腐殖质土				4.5～7.5

注：施用生石灰按上述数字的 60%计算；施用消石灰按上述数字的 80%计算。

除了应用石灰外，一些矿物和工业副产物也能起到改良酸性土壤的效果，如白云石、磷石膏、磷矿粉、粉煤灰、碳法滤泥、黄磷矿渣粉等。白云石是碳酸钙和碳酸镁以等分子比的结晶碳酸钙镁［$CaMg(CO_3)_2$］。磷石膏是磷复肥和磷化工行业的副产物，主要成分是硫酸钙，还有一定量的 PO_4^{3-}、F^-、Fe^{3+}、Al^{3+}、未分解的磷矿粉和酸不溶物等，不但可以用来改良盐碱地，还可以作为一种酸性土壤的心土改良剂。磷矿粉是另外一种磷化工行业的副产品，不仅能增加土壤有效磷含量，还能提高土壤 pH 值，增加土壤负电荷量，增加交换性钙含量和降低交换态铝含量。粉煤灰是火力发电厂的煤经过高温燃烧后的残留物，呈粒状结构，主要含有硅、铁、铝和微量元素。碳法滤泥是糖厂的废弃物，施用碳法滤泥可明显提高土壤的 pH 值和土壤速效磷的含量。

以上改良剂能对酸性土壤起到一定的改良效果，有的甚至能改良心土，而且大部分是一些工业副产品，比较廉价。但是这些改良剂中的大多数含有一定量的有毒金属元素。如磷石膏、磷矿粉中含有少量的铅(Pb)、镉(Cd)、汞(Hg)、砷(As)、铬(Cr)。粉煤灰中也含有少量的铅(Pb)、镉(Cd)、砷(As)、铬(Cr)。虽然含量较少，但是也存在着对环境的污染。目前我国进口部分磷矿，很多国家的磷矿中镉平均含量都高于我国，使用时应该注意镉的污染。

施用化学改良剂前，应先对土壤进行化学分析，根据土壤酸碱度、所用面积、土壤质地和种植苗木确定施用量。改良剂应在种植苗木之前，撒在表面，通过翻土混匀。以后每隔 1～2 年再进行分析、施用。

（二）生物措施改良酸性土壤

生物改良主要是利用生物有机肥、土壤改良剂及土壤中的一些动物来达到改良土壤的目的。广州市园林科学研究所将枯枝落叶堆肥研制的土壤改良剂，应用到园林绿化工程中，其可明显改良提高土壤的酸碱度，增加土壤有机质含量、养分含量及中微量元素含量，同时增加土壤中微生物数量，改善土壤的通气性、保水保肥性，提高植物成活率。生物改良不仅提高土壤的酸碱度，而且对提高土壤有机质含量、养分含量尤其是微量元素含量，增加土壤中微生物数量具有明显作用。

（三）适当的水肥管理措施

合理选择氮肥品种，土壤的酸化程度取决于氮肥的种类和施入的深度。氮肥应选用尿素、碳铵等碱性肥料品种，尽量避免施用硫酸铵等酸性肥料品种。另外，不同配方的化肥对酸性土壤酸度的影响也不同。氮肥的带状施用造成的土壤酸化程度要比撒施的小。通过合理的淋水措施让施入的肥料尽可能减少其随水淋失，这样可以减少氮肥对土壤酸化的影响。

（四）增加土壤有机质含量

枯枝落叶直接还土是一项可行措施，园林植物生长从土壤中带走了碱性物质，枯枝落叶直接还土不但能改善土壤环境，而且还能减少碱性物质的流失，对减缓土壤酸化是有利的。

复习思考题

1. 酸性土壤的特点是什么？
2. 掌握酸性土壤改良技术工艺。

第六章　园 林 植 树 工 程

第一节　栽植树的定点放线

照图施工的技术关键是准确地将图上位置落实到地面上，其中包括高程。

一、定点放线基本做法

（一）基准线定位法

一般选用道路交叉点、中心线、建筑外墙的墙角、规则型广场和水池等建筑物的边线。这些点和线一般都是相对固定的，是一些有特征性的点和线。利用简单的直线丈量方法和三角形角度交会法即可将设计的每一行树木栽植点的中心连线和每一株树的栽植点测设到绿化地面上。

（二）平板仪定点放线

测量基点准确的公园绿地可用平板仪定点，测设范围较大，即依据基点将单株位置及连片的范围线按设计图依次定出，并钉木桩标明，木桩上应写清树种、棵数。图板方位必须与实地相吻合。在测站位置上，首先要完成仪器的对中、整平、定向三项作业，然后将图纸固定在小平板上。一人测绘，两人量距。在确定方位后量出该标定点到测站点距离，即可钉桩。如此可标出若干有特征的点和线。必须注意的是，在施测30多个立尺点后应检查图板定向是否有变动，应及时发现并纠正。平板仪定点主要用于面积大，场区没有或少有明确标志物的工地。也可先用平板仪来确定若干控制标志物，确定基线、基点，再使用简单的基准线法进行细部放线，以减少工作量。

（三）网格法

网格法适用范围大、地势较平坦的且无或少明确标志物的公园绿地。对于在自然地形并按自然式配置树木的情况，树木栽植定点放线常采用坐标方格网法。其做法是，按比例在设计图上和现场分别划出距离相等的方格（20m×20m最好），定点时先在设计图上量好树木对其方格的纵横坐标距离，再按比例定出现场相应方格的位置、钉木桩或撒灰线标明。如此地面上就具有了较准确的基线或基点。依此再用简单基准线法进行细部放线，导出目的物位置。

（四）交会法

适用于范围较小、现场内建筑物或其他标记与设计图相符的绿地，以建筑物的两个固定位置为依据，根据设计图上与该两点的距离相交会，定出植树位置。

（五）支距法

适于范围更小、就近具有明显标志物的现场。是一种常用的简单易行的方法。如树木中心点到道路中心线或路牙线的垂直距离，用皮尺拉直角即可完成。在要求精度不高的施工及较粗放的作业中都可用此法。

二、测设技术要求

（一）平面位置确定后必须作明显标志，孤立树可钉木桩、写明树种、刨坑规格（坑号）。树丛界限要用白灰线画清范围，线圈内钉一个木桩写明树种、数量、坑号，然后用目测的方法决定单株小点位置，并用灰点标明。目测定点必须注意以下几点：

（1）树种、数量符合设计图。

（2）树种位置注意层次，中心高、边缘低或由高渐低的倾斜树冠线。

（3）树林内注意配置自然，切忌呆板，尤应避免平均分布，距离相等、邻近的几棵不要成机械的几何图形或一条直线。

（二）需要标高的测点应在木桩上标上高程。

三、几种放线作业做法

（一）独植乔木栽植定点放线

放线时首先选一些已知基线或基点为依据，用交会法或支距法确定独植树中心点，即为独植树种植点。

（二）丛植乔木栽植定点放线

根据树木配置的疏密程度，先按一定比例相应地在设计图及现场画出方格，作为控制点和线，在现场按相应的方格用支距法分别定出丛植树的诸点位置，用钉桩或白灰标明。

（三）路树栽植定点放线

在已完成路基、路牙的施工现场，即已有明确的标定物条件下采用支距法进行路树定点。一般是按设计断面定点，在有路牙的道路上以路牙为依据，没有路牙的则应找出准确的道路中心线，并以之为定点的依据，然后用钢尺定出行位，大约每 10 株钉一木桩（注意不要钉在刨坑的位置之内）作为行位控制标记，然后用白灰点标出单株位置。若道路和栽植树为一弧线，如道路交叉口，放线时则应从弧线的开始至末尾以路牙或中心线为准在实地画弧，在弧上按株距定点。

由于道路绿化与市政、交通、沿途单位、居民等关系密切，植树位置除依据规划设计部门的配合协议外，定点后还应请设计人员验点。在定点时遇下列情况也要留出适当距离（数据仅供参考）。

（1）遇道路急转弯时，在弯的内侧应留出 50m 的空档不栽树，以免妨碍视线。

（2）交叉路口各边 30m 内不栽树。

（3）公路与铁路交叉口 50m 内不栽树。

（4）道路与高压电线交叉 15m 内不栽树。

（5）桥梁两侧 8m 内不栽树。

（6）另外如遇交通标志牌、出入口、涵洞、控井、电线杆、车站、消火栓、下水口等，定点都应留出适当距离，并尽量注意左、右对称。定点应留出的距离视需要而定，如交通标志牌以不影响视线为宜，出入口定点则根据人、车流量而定。

（四）绿篱、色块、灌丛、地被种植定点放线

先按设计指定位置在地面放出种植沟挖掘线。若绿篱位于路边、墙体边，则在靠近建筑物一侧画出边线，向外展出设计宽度，放出另一面挖掘线。如是色带或片状不规则栽植则可用方格法进行放线，规划出栽植范围。

（五）花坛施工的定点放线

花坛的放线是根据设计的形状(几何图形)和比例，运用画法几何知识分别确定轴心点、轴心线、圆心、半径、弧长、弦长等要素，用常规放线工具将其测放在施工现场，用灰线圈出范围。

(六) 土方工程及微地形放线

堆山测设：用竹竿立于山形平面位置，勾出山体轮廓线，确定山形变化识别点。在此基础上用水准仪把已知水准点的高程标在竹竿上，作为堆山时掌握堆高的依据。山体复杂时可分层进行。堆完第一层后依同法测设第二层各点标高，依次进行至坡顶。其坡度可用坡度样板来控制。在复杂地形测放时应及时复查标高，避免出现差错而返工。

(七) 建筑基槽定点放线

园林建筑物主轴线测好后，详细测设建筑物各轴线交点(角桩)的位置，并用中心桩标定出来，再根据中心桩测出基槽中心线。

因施工时挖槽，角桩与中心桩均被挖掉，所以在挖槽前要把各轴线延长到基槽外做好标志，作为恢复轴线的依据。延长轴线标志的做法有龙门板和轴线控制桩两种。

1. 设置龙门桩

龙门桩必须放置在平面的转角处或坡面上的坡度变化处。具体做法：

(1) 在基槽开挖线外 1.5m 处钉桩，其外侧与基槽平行。

(2) 在桩上测设零点标高线，沿桩上零点标高线钉龙门板，板的上沿与零点标高对齐。钉完后复查标高。

(3) 设置轴线钉：采用经纬仪定线法，将轴线投测到龙门板上沿，用小钉标定。

(4) 设置施工标志：以轴线钉为准，将基础线与基槽开挖边线标定在龙门板上沿，以此为据，拉线在地面撒灰线标记。

2. 测设轴线控制桩

轴线控制桩又称引桩或保险桩。一般设置在基槽边线外 2～3m 处、不受施工干扰又便于引测的地方。在基槽外侧轴线的延长线打上木桩，用小钉在桩上做精确标志。在小钉上拉线即可在施工时恢复轴线进行复查。

测设定义：在建筑场地上根据设计图纸所给定的条件和有关数据，为施工做出实地标志而进行的测量工作称为测设，又称放样。

复习思考题

1. 定点放线有哪几种基本做法?
2. 掌握不同种植工程定点放线程序。
3. 掌握简单的基槽工程定点放线的做法。

第二节　树木栽植的规划要求

为处理好植树和环境的关系，使树木定植后有一个合理的生存空间，对树木栽植位置作出了相应的规定。

一、行道树种植规划要求

(一) 行道树种植方式

(1) 高大乔木为主的行道树，种植在宽度在 1.5m 以上的条形绿化带中。

(2) 行道树种植在间距相等的树池中。树池与树池之间以铺装形式过渡。一般树池的尺寸为 1.25m× 1.25m 的正方形。树池中央栽植的行道树树干与一侧道牙的间距必须在 0.5m 以上。

一般当道路宽度比较大(宽度为 50～100m)时，道路绿化设计采用林荫带绿化手法效果最好。林荫带一般宽度为 5～20m 不等。

(二) 要注意道路绿化树木种植与道路宽度之间的关系

在一般可能的条件下，绿化隔离带在道路中所占的面积比例，最好在 20%以上(表 6-2-1)。

绿化植物所需的最小种植隔离带宽度(m)　　表 6-2-1

植物种类	单行乔木	双行乔木	大　灌　木	小　灌　木	草　　坪
最小种植宽度	1.25～2.0	2.5～5.0	1.2	0.8	1.0

(三) 种植要注意道路绿化与地下管线的关系

在城市道路绿化设计中，处理好绿化种植和各种市政道路管线设施之间的关系。下面是市政地下各种管线和地上架空电线，以及各种公用设施和道路绿化种植之间的关系数据，可以作为道路绿化的种植参考(表 6-2-2、表 6-2-3)。

绿化中树木与市政地下管线的最小水平距离(m)　　表 6-2-2

地下管线名称	乔　　木	灌　　木
电力电缆	1.2～1.5	1.5～1.0
通信电缆	1.2～1.5	1.5～1.0
给水管	1.0	
给水干管	1.0～1.5	
排水管	1.0～1.0	
排水沟	1.0	0.5
消防龙头	1.2	1.0
煤气管道(低中压)	1.2～2.0	1.0～2.0
热力管线	2.0	2.0

绿化行道树与市政地上架空电线的最小间距(m)　　表 6-2-3

电　线　电　压	树冠至电线的最小水平距离	树冠至电线的最小垂直距离
1kV 以下	1.0	1.0
1～20kV 以下	3.0	3.0
35～110kV 以下	4.0	4.0
150～220kV 以下	5.0	5.0

二、居住区绿地树木种植规划要求

(一) 宅间绿地种植规划要点

树种选择以落叶乔木为好，因为常绿树种植过多会给居民造成心理压抑，并且不利于冬季采光。灌木配置不宜繁杂，以免造成管护负担，同时造成首层住户光照不足、通风不畅。在居住建筑的东、西山墙两侧应种植高大的乔木，或进行垂直绿化，以遮挡阳光直晒和防风。

（二）道路和停车场绿地树木种植要求

居住区道路绿化多采用行道树式等距栽植，最好每个楼区都应选择不同的树种进行绿化，便于居民识别楼座和方向。

建设林荫停车场，采用树池(树池宽度应大于 1.25m)和种植带(宽度也应大于 1.25m)内种植高大庭荫树的方法。

（三）居住区绿地种植要点

规则式种植当中，乔木距建筑物墙面要 5m 以外，小乔木和灌木酌情减少，但不宜少于 2m 距离，保证树木有足够的生长空间。行列栽植，株行距一般乔木采用 3～8m，甚至更大；灌木采用 1～5m。

（四）片林种植常用做法

1. 丛植

是指由 3 株到 10 余株乔木或乔灌木组合种植而成的种植形式，又叫做树丛。

2. 群植

群植树木形成的配植形式叫做树群。组成树群的树木数量一般在 20～30 株以上。

（五）树篱

树篱是指利用灌木或小乔木以规则式种植形式密植后，形成的单行或多行的紧密结构。

1. 树篱根据高度分四类

矮绿篱：$H<50$cm；

中绿篱：$H=50\sim120$cm；

高绿篱：$H=120\sim160$cm；

绿墙(树墙)：$H>160$cm

2. 绿篱的种植密度

绿篱的种植密度根据使用目的、树种以及苗木规格、种植地带的宽度不同来确定。

(1) 一般单行绿篱按 3～5 株/m 密度栽植，宽度 0.3～0.5m。

(2) 双行绿篱按 5～7 株/m 的密度栽植，宽度 0.5～1.0m。

(3) 矮篱和一般绿篱，株距常常采用 0.3～0.5m，行距则为 0.4～0.6m。

(4) 双行式绿篱成三角形交叉排列。

(5) 绿墙的株距一般可采用 1.0～1.5m，行距为 1.5～2.0m。

复习思考题

1. 道路绿化种植有哪些规范要求？
2. 居住区绿地种植有哪些规范要求？

第三节　移植前修剪技术要求

一、移植前修剪的目的

（一）平衡树势，保证成活

移植树木，不可避免地会损伤一些树根，为使新植苗木成活，迅速恢复树势，必须对地上部分树冠适当剪去一些，以减少水分供应的不平衡。非季节移植尤其如此。

（二）培养树势、树形

通过修剪可以使移植后的树木形成理想的树冠形态。如路树统一定干高度后，进行抹头修剪，发出新枝茁壮，便于下步整形，外观也整齐一致。

（三）减少病虫害

剪除带病虫枝条，可防病虫。

（四）防止树木倒伏

通过修剪，减轻树梢重量，在春季多风沙及夏秋季多台风地区的新植树木地区的新植树尤为重要。

二、移植修剪的常用方法及技术要求

（一）疏枝

目的是剪除树冠的一部分枝条，减少地上部分耗水量。主要用于丛生灌木和主轴明显先端优势强的乔木，如银杏。灌木疏枝剪口应与地面平齐；落叶乔木疏枝剪口应与树干平齐不留桩；针叶常绿树疏枝留短桩。

（二）短截

目的是剪除枝条的一部分，减少树冠整体耗水量。分轻（留2/3）、中（留1/2）、重（留1/3）短截三种手法。短截位置应选在枝条叶芽上方的0.3～0.5cm的适宜之处，剪口应稍斜向背芽的一面。根据树冠发展趋势，可选留适合方向的芽。

丛生（地表多分枝）灌木短截留苗高度、乔木短截保留枝长度，应以原苗生长势及养护条件为前题，生长势弱、根系损伤严重应重剪。

（三）摘叶、摘心

摘叶常用于阔叶常绿树在非正常季节进行移植作业时，为控制蒸腾量、保存完好的冠形不进行枝条短截修剪而采取的应急措施。摘叶时应保护腋芽不受损伤。摘心指剪除顶端的嫩芽，迫使其停止延长生长。

（四）修根

多用于裸根移植作业时，对过多、过长的根、劈裂损伤的根进行修剪。剪口一定要平滑。

（五）树木移植前修剪注意事项

（1）修剪时先将枯干、带病、破皮、劈、裂的根和枝条剪除，过长的枝条应加以控制。

（2）较大的剪口、伤口应涂抹防腐剂。

（3）使用花枝剪时必须注意上、下口垂直用力，切忌左右扭剪，以免损伤剪口。

（4）粗大的枝条最好用手锯锯断，然后再修平锯口，修除大枝要保护皮脊。

（5）大乔木在栽植前修剪，灌木在栽植后修剪。

三、落叶乔木的移植修剪

（1）凡属具有中央领导干、主轴明显的树种（如银杏、杨树类），应尽量保护主轴的顶芽，保证中央领导干直立生长，不可抹头。银杏主枝具先端优势，可进行轻短截，以疏枝为主。

（2）主轴不明显的树种（如槐、柳类、栾树），通过修剪控制与主枝竞争的侧枝，对侧枝进行重短截。为统一分枝点，使树冠整齐一致，可统一抹头栽植。

（3）对于分枝点高度的要求：行道树一般应保持 2.8m 以上的分枝高度；同一条道路上相邻树木分枝点高度应基本一致；绿地景观树木的分枝点一般为树高的 1/3～1/2 左右。

（4）一些常用乔木移植修剪具体要求：

1）疏枝为主短截为辅，如玉兰、银杏。

2）疏枝短截并重，如杨树、槐树、栾树、白蜡、臭椿、元宝枫。

3）短截为主，如合欢、悬铃木、柿树、楸树、青桐。

四、常绿树移植修剪的方法及技术要求

（一）松类树移植修剪法

以疏枝为主，一是剪去每轮中过多主枝，留 3～4 枝主枝；二是剪除上下两层中重叠枝及过密枝；三是剪除下垂枝及内膛斜生枝、枯枝、机械损伤枝等。

（二）柏类树移植修剪法

柏树的大苗一般不进行修剪，发现双头或竞争枝应及时剪除。

（三）阔叶常绿树修剪常用技术

1. 江南地区常用手法

阔叶常绿树的水分蒸腾量大，在移栽时应根据不同情况，在保证树形基本完整的前提下对树冠进行必要的修剪，以提高阔叶常绿树的移栽成活率。阔叶常绿树常见移植修剪分为短截、疏枝和摘叶三种方法。

（1）对于移栽较容易、移栽成活率较高的阔叶常绿树，如桂花、乐昌含笑、女贞等，移植修剪以疏枝为主。修剪重点是保留树冠外形，对树冠内膛适当修空。在起掘后、移栽前应剪去疏枝量的 1/2～2/3，剩下的栽后再修剪；疏枝时剪口紧贴枝干，不留残桩，剪口平滑，无树皮撕裂、残伤。

（2）对于移栽困难、移栽成活率较低的阔叶常绿树，如香樟、木荷、楠树、杨梅等，在移栽时就必须对树冠进行中度或强度修剪。修剪手法以短截为主，首先确定需要保留的树冠范围，然后用桑剪将保留范围以外的枝条剪去，剪口选在叶芽以上 0.3～0.5cm 左右的部位，斜口应向芽背，剪口不伤芽，一般要保留外侧芽。如遇有粗枝，则可采用手锯进行短截，锯枝后要用快刀将截口修平，同时涂刷抗菌防腐剂或用薄膜包扎，防止雨水侵入。

（3）对于萌发能力较差的阔叶常绿树如广玉兰，应扩大泥球直径，尽量安排在正常季节移植；在移栽时应以修剪枯枝、病枝、伤枝、徒长枝、内膛枝和重叠枝为主，然后摘去大部分树叶。

（4）阔叶常绿树的修剪量由以下因素决定。

1）树种：不同的树木移栽成活的难易程度不同。对于比较容易成活的品种，在移栽时可以少剪，如桂花、女贞、杜英、珊瑚树、厚皮香等；但对于比较难成活的移栽品种就要多剪或重剪，如香樟、楠树、木荷、杨梅等。

2）树龄：树龄和移栽成活率成反比。阔叶常绿树小苗移栽后的再生能力远大于大苗，而大树移栽的成活率就很低。因此，阔叶常绿树小苗移栽可以少修剪甚至不剪；阔叶常绿树大苗移栽则应视情况多剪或重度修剪。

3）移栽季节：树木在休眠期移栽易成活，在江南地区，春秋季节移栽成活率高，反之则低。因此在正常季节移栽可轻剪，非正常季节移栽就要适当重剪。

4）移栽方法及技术：移栽时带的泥球大、种植过程规范、种植养护及时可少剪，反之要多剪。

5）树木的生长状况：已预先断根处理过的和近期迁移过的树木因为须根较多可以少剪，而实生苗和多年未移栽的树木，因主根发达须根稀少，必须重度修剪。

6）移栽后的功能要求：作为行道树需要形态、高度基本一致，修剪时就要兼顾整条道路的一致性。骨架大的要多剪，骨架小的要少剪；要求树势挺拔的就只能修分叉枝，绝对不能修剪主轴领导枝。

2. 岭南地区阔叶常绿树的移植修剪常用技术

(1) 根据不同季节及环境条件对树木进行适度的修剪。

1）在湿度适宜且环境条件较好的场合栽植，可进行轻度修剪，以保留较为完整的树冠。

2）在夏季的炎热天气和深秋至初冬的干燥天气条件下栽植，修剪量应加大，以达到保持树木地上部分与地下部分水分代谢平衡的效果。

(2) 不同栽培方式的苗木，应采用不同的修剪量。

1）容器栽培的苗木，由于移植时几乎没有损伤树苗的根系，可以不修剪，或仅剪去树冠的嫩梢、疏去过密的叶片。

2）应用的是地栽苗木，则要采取收缩树冠的方法，截去外围的枝条，并适当剪除树冠内部的弱枝和重叠枝，均匀地抽疏树冠，修剪量可达 1/3～3/5，以确保移植后树木地上部分与地下部分水分代谢平衡。

五、灌木移植修剪的方法及技术要求

灌木移植修剪目的，一是保成活；二是为成活后造型打好基础。二者如果产生矛盾，应以保成活为主。对花灌木小苗移植一般都采用重短截方式，辅以疏枝的做法。

(1) 单干圆头型灌木，如榆叶梅类的应进行短截修剪，一般应保持树冠内高外低，成半球形。

(2) 丛生或地表多干型，如黄刺玫、连翘类灌木进行疏枝修剪，多疏剪老枝，促使其更新。原则是外密内稀，以利通风透光。

(3) 常用灌木移植修剪具体要求：

1）疏枝为主短截为辅，如黄刺玫、太平花、连翘、玫瑰、金银木。

2）短截为主，如紫薇、月季、蔷薇、白玉棠、木槿、锦带花、榆叶梅、碧桃。

3）只疏不截，如丁香、杜鹃、红花檵木等大苗移植，为保证移植后当年还能开花而采取的措施。

六、新植绿篱苗的修剪

桧柏、侧柏绿篱苗按绿篱设计高度和篱形，为保成活率，栽植浇足第一水并扶正后立即进行抹头修剪(粗剪)。浇完三遍水确定成活后进行细致修剪，要求棱角清晰，形面平整，线条流畅美观。

复习思考题

1. 树木移植修剪主要目的是什么？

2. 掌握树木移植前修剪常用方法和技术要求。

3. 落叶乔木、常绿乔木各地区移植修剪有何具体要求。

4. 掌握灌木移植修剪技术。

5. 掌握新植绿篱苗修剪要求。

第四节　裸根苗栽植技术

一、号苗

号苗时，除了根据绿化设计规定的规格、数量选定苗木外，苗木应生长健壮、枝叶繁茂、根系发达、无病虫害、无机械损伤、无冻害，是基本质量要求。此外还要注意以下几点：

(1) 苗木应是经过移植培育、在圃5年生以下的苗木，移植培育至少1次，5年生以上(含5年生)的必须经1～2次移植。

(2) 野生苗及山地苗应经苗圃养护培育3年以上，在适应本地环境，根系充分发育后才能选用。

(3) 作行道树种植的苗木，分枝点不低于2.8m。

(4) 从外地运进的苗木必须做好检疫工作。

(5) 对已选定的苗木，乔木要在树干上、灌木要在较低树枝部位做出明显标记(如涂色、拴绳、挂牌等)以免差错，并多备份几棵。对特殊要求苗木，要进行编号，以便栽植时定点排序。

二、挖掘裸根苗

裸根掘苗适用于休眠状态的落叶乔、灌木以及易成活的乡土树种，由于根部裸露，容易失水干燥，且易损伤弱小的须根，其树根恢复生长需较长时间。最好的掘苗时期是春季根系刚刚活动、枝条萌芽之前。当地乡土树种也可秋季掘苗栽植。

(一) 掘苗前的准备工作

1. 灌水

苗木生长处的土壤过于干燥应先浇水，反之土质过湿则应设法排水，以利操作。

2. 捆拢

对于冠丛庞大的灌木，特别是带刺的灌木(如花椒、玫瑰、黄刺玫等)，为方便操作，应先用草绳将树冠捆拢起来，但应注意松紧适度，不要损伤枝条。捆拢树冠可与号苗结合进行。

3. 试掘

因不同苗木、不同规格根系分布规律不同，为保证挖掘的苗木根系规格合理，特别是对一些不明情况地区所生长的苗木，在正式掘苗之前，最好先试掘几棵。

(二) 掘苗方法及技术要求

1. 裸根苗木掘苗的根系幅度

落叶乔木应为胸径的8～10倍，落叶灌木可按苗木高度的1/3左右。注意尽量保留护心土。

2. 操作规范

挖苗工具要锋利，从四周垂直挖掘，侧根全部挖断后再向内掏底，将下部根系铲断，轻轻放倒，留适量护心土。遇粗大树根用锯锯断，要保护大根不劈不裂，尽量多保留须根。

3. 包装保护

掘后如长途运输，根系应作保湿处理，如沾泥浆、沾保水剂等，也可用湿麻袋、塑料膜等进行保湿外包装。

4. 假植

苗木掘出后如一时不能运走，或到工地后不能立即栽植，应进行假植处理。假植时间过长，应适量灌水保持土壤湿度。

三、裸根苗运输及假植

（一）装苗

1. 装车前的检验

运苗装车前须仔细核对苗木的品种、规格、数量、质量等。

2. 装运裸根苗技术要求

(1) 装运乔木时树根应在车厢前部，树梢朝后，顺序排列。

(2) 车后厢板和枝干接触部位应铺垫蒲包等物，以防碰伤树皮。

(3) 树梢不得拖地，必要时要用绳子围拢吊起来，捆绳子的地方需用蒲包垫上。

(4) 装车不要超高，压得不要太紧。如超高装苗，应设明显标志，并与交通管理部门进行协调。

(5) 装完后用苫布将树根部位盖严并捆好，以防树根失水。

（二）运输途中

(1) 押运人员在运输途中要和司机配合好，检查苫布是否漏风。长途行车必要时应洒水浸湿树根，休息时防止风吹日晒。

(2) 卸车：卸车时要轻拿轻放。要从上向下顺序拿取，不准乱抽，更不能整车推下。

（三）假植

苗木运到施工现场，如在 2～4 小时以上不能栽植者，应先用湿土将树根埋严，称“假植”。

(1) 裸根苗木短期假植法：在栽植处附近选择合适地点挖假植沟，沟宽、沟深应适合根冠大小，沟长度根据苗量自定。然后在沟中立排一行苗木，紧靠树根再挖一同样的横沟，并用挖出来的潮湿的细土，将第一行树根埋严，如此循环直至将全部苗木假植完。要求每排假植苗木数相同，以便取苗时心中有数。枝条细小苗木可采取全埋法。

(2) 如假植时间较长，可在四周围堰、灌水。根系一定要用湿土埋严，不透风，保证根系不失水。枝干粗大、树冠大的苗木应在假植期间加盖苫布。小型花灌木应适时喷水。

四、挖掘树坑

（一）树木种植坑(穴)规格要求

要按设计规定位置挖坑，坑的大小应根据根系和土质情况确定，一般应比根系直径大 40～60cm 左右，坑的深度一般是坑径的 3/4～4/5，坑壁要上下垂直，即坑的上口下底一样大小。坑的规格参照表 6-4-1、表 6-4-2。

裸根乔木挖种植穴规格(cm)　　表 6-4-1

乔木胸径	种植穴直径	种植穴深度	乔木胸径	种植穴直径	种植穴深度
3～4	60～70	40～50	6～8	90～100	70～80
4～5	70～80	50～60	8～10	100～110	80～90
5～6	80～90	60～70			

裸根花灌木类挖种植穴规格(cm)　　表 6-4-2

灌木高度	种植穴直径	种植穴深度	灌木高度	种植穴直径	种植穴深度
120～150	60	40	180～200	80	60
150～180	70	50			

（二）人工挖掘树坑操作程序

主要工具：锹和十字镐。

操作方法：以定点标记为圆心，以规定的坑径为直径，先在地上画圆，沿圆的四周向内向下直挖，掘到规定的深度，然后将坑底刨松后、铲平。栽植裸根苗木的坑底刨松后，要堆一个小土丘以使栽树时树根舒展。如果是原有耕作土，上层熟土放在一侧，下层生土放另一侧，为栽植时分别备用。

刨完后将定点用的木桩仍应放在坑内，以备散苗时核对。作业时要注意地下各种管线的安全。

（三）挖掘机挖掘树穴操作

挖坑机的种类很多，必须选择规格对路的，操作时轴心一定要对准点位，挖至规定深度，最后人工辅助修整坑内面及坑底。

（四）挖树坑作业的技术要求

(1) 位置、高程准确，树坑规格准确。新填土方处刨坑，应将坑底夯实。在斜坡挖坑，应先铲一个小平台，然后在平台上挖坑，坑的深度以坡的下口计算。

(2) 绿地内自然式栽植的树木，如发现地下障碍物，严重妨碍操作时可与设计人员协商，适当移动位置，而行列树则不能移位，可在株距上调整。

(3) 耕作层明显的场地，挖出的表土与底土分开堆于坑边，还土时将表土先填入坑底，而底土做开堰用。如土质不好应把好土与次土分开堆置。行道树刨坑时堆土应与道路平行，不要把土堆在树行间，以免栽树时影响测量。

(4) 遇路肩、河堤等三合灰土时，应加大规格，并将渣土清除，置换好土。

(5) 刨坑时如发现电缆、管道等，应停止操作，及时找有关部门解决。

五、散苗

将树苗按设计图要求、散放于定植坑边称“散苗”。操作要求如下：

(1) 爱护苗木轻拿轻放，不得损伤树根、根皮和枝干。

(2) 散苗速度与栽苗速度相适应，边散边栽，散毕栽完，尽量减少树根暴露时间。

(3) 假植沟内剩余的苗木，要随时用土埋严树根。

(4) 行道树散苗时应事先量好高度，保证邻近苗木规格大体一致。

(5) 对有特殊要求的苗木，应按规定对号入座，不要搞乱。

六、栽苗

苗放入坑内然后填土、踩实的过程称“栽苗”。

(一) 栽苗的操作程序

一人将苗放入坑中扶直，另一人将坑边的好土填入，填土到坑的一半时，用手将苗木轻轻往上提起，使根颈部分与地面相平，让根系自然地向下舒展开来，然后用脚踏实土壤，继续填入好土，直到填满后再用力踏实或夯实一次，用土在坑的外缘做好浇水堰。

(二) 栽苗的技术要求

(1) 平面位置和高程必须符合设计规定。

(2) 树身上下垂直，如果树干有弯曲，弯应朝西北方向。行列式栽植必须保持横平竖直，左右相差最多不超过半个树干。

(3) 栽植深度：裸根栽植的乔木应比原土痕深5～10cm，灌木应与原土痕齐平。

(4) 路树等行列树栽植要求：每隔20棵事先栽好“标杆树”，然后以两棵标杆树为瞄准依据，栽中间的树。

(5) 浇水堰做好后，将捆绕树冠的草绳解开，以便枝条舒展。

七、立支柱

较大苗木为了防止被风吹倒或浇水后发生倾斜，应在浇水前立支柱进行固定支撑，北方春季多风地区及南方台风多发区更应注意。

(一) 单支柱

用坚固的木棍或竹竿，斜立于下风方向，埋深30cm，支柱与树干之间用麻绳或草绳隔开，然后用麻绳捆紧。对枝干较细的小树，在侧方埋一较粗壮的木柱，作为依托。

(二) 双支柱

用两根支柱垂直立于树干两侧与树干平齐，支柱顶部捆一横担，用草绳将树干与横担捆紧，捆前先用草绳将树干与横担隔开，以免擦伤树皮。行道树立支柱不要影响交通。

(三) 三支柱

将三根支柱组成三角形，将树干围在中间，用草绳或麻绳把树和支柱隔开，然后用麻绳捆紧。

八、灌水

水是保证树木成活的关键，栽后必须连灌三次水，栽植灌水不仅为保证根区湿度，还有夯实栽植土壤的作用。

(一) 开堰

苗木栽好后灌水之前，先用土在原树坑的外沿培起高约15～20cm左右圆形土堰，并用铁锹将土堰拍打牢固，以防跑水。

(二) 灌水

苗木栽好后24小时之内必需浇上水，栽植密度较大树丛，可开片堰进行大水漫灌。三天后浇第二水，苗木栽植后7～10天之内必须连灌第三遍水，第三遍水应浇足。水浇透的目的主要是使土壤填实，与树根紧密结合。

九、扶直封堰

(一) 扶直

第一遍水渗透后的次日，应检查树苗是否有歪倒现象，发现后及时扶直，并用细土将堰内缝隙填严，将苗木稳定好。

（二）封堰

三遍水浇完，待水分渗透后，用细土将灌水堰填平。封堰土堆应稍高于地面。南方封堰防止积水，北方地区封堰为了保墒。秋季植树应在树干基部堆成30cm高的土堆，有保墒、防寒、防风作用。

十、其他栽后的养护管理工作项目

（1）对受伤枝条和栽前修剪不够理想枝条的复剪。

（2）病虫害的防治。

（3）巡查、维护、看管，防止人为损坏。

（4）场地清理，做到场光地净、文明施工。

复习思考题

1. 掌握裸根苗木号苗的程序和质量标准。
2. 掌握挖掘裸根苗木的施工程序和技术要求。
3. 掌握裸根苗木栽植的施工程序和技术要求。
4. 掌握裸根苗木栽后管理的作业程序和技术要求。

第五节　带土球苗栽植技术

带土球移植苗木，移植时随带原生长处土壤，保护根系。土球用蒲包、草绳或其他软材料进行包装，称“带土球移植”。由于在土球范围内根部不受损伤，并保留一部分已适应原生长特性的土壤，同时减少了移植过程中水分的损失，对恢复生长有利。但由于土球笨重，不便于操作，消耗包装材料，增加运输费用，投入成本加大，所以凡裸根移植可以成活者，一般不要求带土球移植。目前移植常绿树、珍贵落叶树、竹类等应用此种方法。带土球移植另一条件限制是土壤质地，松散的沙质土不适宜带土球移植。

一、带土球苗的挖掘

（一）土球规格要求

带土球苗木掘苗的土球直径：

（1）乔木为苗木胸径（落叶）或地径（常绿）的8～10倍，土球厚度应为土球直径的4/5以上，土球底部直径为球直径的1/3，形似苹果状。

（2）灌木、包括绿篱土球苗，土球直径为其高的1/3，厚度为球径的4/5左右。

（3）常绿树掘土球苗规格见表6-5-1。

针叶常绿树土球苗的规格要求（cm）　　**表6-5-1**

苗木高度	土球直径	土球纵径	备注
苗高80～120	25～30	20	主要为绿篱苗
苗高120～150	30～35	25～30	柏类绿篱苗
	40～50		松类
苗高150～200	40～45	40	柏类
	50～60	40	松类

续表

苗木高度	土球直径	土球纵径	备注
苗高 200～250	50～60	45	柏类
	60～70	45	松类
苗高 250～300	70～80	50	夏季放大一个规格
苗高 400 以上	100	70	夏季放大一个规格

（二）掘苗前的准备工作

（1）号苗：同裸根掘苗。

（2）控制土球湿度：一般规律是土壤干燥，挖掘出地土球坚固、不易散。若苗木生长处的土壤过于干燥，应提前几天先浇水；反之土质过湿则应设法排水，待比较干燥后进行掘苗作业。

（3）捆拢树冠：对于侧枝低矮的常绿树(如雪松、油松、桧柏等)，为方便操作，应先用草绳将树冠捆拢起来，但应注意松紧适度，不要损伤枝条。捆拢树冠可与号苗结合进行。

（4）将准备好的掘苗工具，如铁锹、镐、蒲包、草绳(提前洇湿)、编织布等包装材料提前运抵现场。

（三）带土球掘苗程序及技术要求

1. 质量要求

土球规格要符合规范要求，土球完好，外表平整光滑，形似红星苹果，包装严紧，草绳紧实不松脱。土球底部要封严，不能漏土。

2. 挖掘土球步骤

（1）以树干为中心画一个圆圈，标明土球直径的尺寸，一般应较规定稍大一些，作为掘苗的根据。

（2）去表土(挖宝盖)：画好圆圈后，先将圈内表土(也称宝盖土)挖去一层，深度以不伤地表的苗根为度。

（3）沿所画圆圈外缘向下垂直挖沟，沟宽以便于操作为宜，一般作业沟为 60～80cm。随挖、随修整土球表面，操作时千万不可踩土球，一直挖掘到规定的深度(土球高度)。

3. 掏底

球面修整完好以后，再慢慢从底部向内挖，称“掏底”。直径小于 50cm 的土球可以直接掏空，将土球抱到坑外“打包”；而大于 50cm 的土球，则应将土球底部中心保留一部分，支撑土球以便在坑内“打包”（表 6-5-2）。

留底规格表(cm) **表 6-5-2**

土球直径	50～70	80～100	100～140
留底规格	20	30	40

4. 打包程序

土球挖掘完毕以后，用蒲包等物包严，外面用草绳捆扎牢固，称为“打包”。打包之前应用水将蒲包、草绳浸泡潮湿，以增强它们的强力。

(1) 土球直径在50cm以下的可出坑(在坑外)打包。

方法：先将一个大小合适的蒲包浸湿摆在坑边，双手捧出土球，轻轻放入蒲包正中，然后用湿草绳将包捆紧，捆草绳时应以树干为起点从上向下，兜底后，从下向上纵向捆绕。绳间距应小于8cm。

(2) 土质松散，以及规格较大的土球，应在坑内打包。

方法是用蒲包包裹土球，从中腰捆几道草绳使蒲包固定，随后按规定缠绕纵向草绳。纵向草绳捆扎方法：先用浸湿的草绳在树干基部固定后，然后沿土球垂直方向稍成斜角(约30°左右)向下缠绕草绳，兜底后再向上方树干方向缠绕，在土球棱角处轻砸草绳，使草绳缠绕得更加牢固，每道草绳间隔8cm左右，直至把整个土球缠绕完。

(3) 根据土球直径大小，决定缠绕强度和密度。

1) 土球直径小于40cm，用一道草绳缠绕一遍，称“单股单轴”。

2) 土球较大者，用一道草绳，沿同一方向缠绕两遍，称“单股双轴”。

3) 土球很大、直径超过1m者，须用两道草绳缠绕，称为“双股双轴”。

纵向草绳缠绕完一圈后在树干基部收尾捆牢。

(4) 系腰绳：直径超过50cm的土球，纵向草绳收尾后，为保护土球，还要在土球中腰横向捆草绳称“系腰绳”。

方法是用草绳在土球中腰横绕几遍，然后将腰绳和纵向草绳穿连起来捆紧。

根据土球大小，规定腰绳道数(表6-5-3)。

腰绳道数按下表规定 **表6-5-3**

土球径(cm)	50	60～100	100～120	120～140
腰绳道数	3	5	8	10

(5) 封底：凡在坑内打包的土球，在捆好腰绳后，用蒲包、草绳将土球底部包严，称“封底”。

方法是先在坑的一边(树倒的方向)挖一条放倒树身的小纵向沟，顺沟放倒树身，然后用蒲包将土球底部裸土之处堵严，再用草绳对兜底的纵向绳进行连接，一般在土球底部连接成五角形。

5. 注意事项

(1) 土质过于松散，不能保证土球成形时，可以边掘土球边用草绳从中间围捆，称为打“内腰绳”。然后再在内腰绳之外打包。

(2) 为保证土球不散，掘苗、包装全过程，不管土球大小，土球上严禁站人。

(3) 雨季，土球必须抬出坑外待运，避免被水浸泡。

二、带土球苗的运输与假植

苗木的运输与假植也是影响植树成活的重要环节，实践证明“随掘、随运、随栽、随灌水”，可以减少土球在空气中暴露的时间，对树木成活大有益处。

(一) 装车前的检验

运苗装车前须仔细核对苗木的品种、规格、数量、质量等。待运苗的质量要求是：常绿树主干不得弯曲，主干上无蛀干害虫，主轴明显的树必须有领导干。树冠匀称茂密，不烧膛。土球完整，包装紧实，草绳不松脱。

（二）带土球苗的装车技术要求

（1）苗高 1.5m 以下的带土球苗木可以立装，高大的苗木必须放倒，土球靠车厢前部，树梢向后并用木架将树头架稳，支架和树干接合部加垫蒲包。

（2）土球直径大于 60cm 的苗木只装一层，土球小于 60cm 的土球苗可以码放 2～3 层，土球之间必须排码紧密以防摇摆。

（3）土球上不准站人和放置重物。

（4）较大土球，防止滚动，两侧应加以固定。

（三）卸车

卸车时要保证土球安全，不得提拉土球苗树干，小土球苗应双手抱起，轻轻放下。较大的土球苗卸车时，可借用长木板从车厢上将土球顺势慢慢滑下，土球搬运只准抬起，不准滚动。

（四）假植

土球苗木运到施工现场如不能在一二天之内及时栽完，应选择不影响施工的地方，将土球苗木码放整齐，土球四周培土，保持土球湿润、不失水。假植时间较长者，可遮苫布防风、防晒。树冠及土球喷水保湿。雨季假植，尤其是南方、防止被水浸泡散坨。

三、带土球苗木的栽植

（一）树木土球苗种植坑(穴)挖掘

按设计规定的平面位置及高程挖坑，坑的大小应根据土球直径和土质情况确定。注意地下各种管线的安全。

1. 规格要求

（1）一般乔木坑穴应比土球直径放大 40～60cm 左右，坑的深度一般是坑径的 3/4～4/5，坑的上口下底一样大小。

（2）花灌木及绿篱坑穴规格见表 6-5-4、表 6-5-5。

花灌木类土球苗挖种植穴规格(cm) **表 6-5-4**

灌木高度	种植穴直径	种植穴深度	灌木高度	种植穴直径	种植穴深度
120～150	60	40	180～200	80	60
150～180	70	50			

绿篱苗挖种植穴规格表 **表 6-5-5**

绿篱苗高度(m)	单行式　宽(cm)×深(cm)	双行式　宽(cm)×深(cm)
1.0～1.2	50×30	80×40
1.2～1.5	60×40	100×40
1.5～1.8	100×40	120×50

2. 土球苗挖树坑操作程序及技术要求同裸根苗

（二）散苗

较小的土球苗木，指直径 50cm 以下的，用人抬车拉的方式将树苗按图纸要求(设计图或定点木桩)散放于定植坑边。大规格土球应在吊车配合下一次性完成定植。

（1）轻拿轻放，不得损伤土球。散苗速度与栽苗速度相适应，散毕栽完。

(2) 行道树苗木应事先量好高度、粗度、冠幅大小，进行排队编号，保证邻近苗木规格大体一致。绿篱苗木散苗时应事先量好高度，分级栽植。

(3) 对有特殊要求的苗木应按规定对号入座，不要搞错。

(4) 散苗后要及时用设计图纸详细核对，发现错误立即纠正，以保证植树位置正确。

(三) 乔木土球苗栽植程序

1. 调整栽植深度

预先量好土球高度，看与坑的深度是否一致，如有差别应及时挖深或填土，绝不可盲目入坑，造成土球来回搬动。土球苗栽植深度应略低于地面 5cm。松树类土球苗应高出地面 5cm，忌讳栽深，影响根系发育。

2. 调整树体正直和观赏面朝向

土球入坑后，应先在土球底部四周垫少量土，将土球加以固定，注意将树干立直，常绿树树形最好的一面应朝向主要的观赏面。

3. 去包装、夯实

将包装剪开尽量取出，易腐烂之包装物可脱至坑底，随即填好土至坑的一半，用木棍夯实，再继续填满、夯实，注意夯实不要砸碎土球，随后开堰。

4. 栽苗的注意事项和要求

(1) 平面位置和高程必须符合设计规定。

(2) 树身上下垂直，如果树干有弯曲，弯应朝西北方向。

(3) 栽植行列树时，应事先栽好“标杆树”。每隔 10～20 棵先栽好一株，然后以这些标杆树为瞄准依据，全面开展定植工作。行列式栽植必须横平竖直，左右相差最多不超过半树干。

(四) 绿篱及色块苗栽植程序及技术要求

(1) 掌握好栽植深度，土球和地面持平。

(2) 选择绿篱苗按苗木高度顺序排列，相差不超过 20cm，三行以上绿篱选苗一般可以外高内低些。

(3) 解脱包装物，逐排填土夯实，土球间切勿漏空。及时筑堰浇水，扶直。

(4) 粗剪：按设计高度抹头，进行粗剪。缓苗后进行篱形和篱侧面的细剪。

(5) 色块、色带宽度超过 2m 的，中间应留 20～30cm 作业道。

(五) 栽植后的养护管理工作

基本同上述的裸根苗，对大土球苗可以双堰灌水。即土球本身做第一道堰，坑外沿做第二道堰。先立支撑固定后浇外堰，踏实后再浇内堰，为土球补水。

复 习 思 考 题

1. 掌握挖掘包装带土球苗木的施工程序和技术要求。
2. 掌握吊装运输带土球苗木的施工程序和技术要求。
3. 掌握栽植带土球乔木的施工程序和技术要求。
4. 掌握栽植带土球绿篱及色块苗的施工程序和技术要求。

第六节　木　箱　移　植

当移植树木较粗大，土球直径超过150cm以后，从安全角度考虑，应改用木箱移植法。木箱移植是大树移植工程比较可靠的技术工艺。用方木箱包装移植法移植的树木，规格胸径可达40cm。近年来该工艺得到诸多方面的创新和改进，如用加筋的铁板替换了木板，板间的连接固定也改为更为安全可靠的铁螺栓等。但总工序及技术要求未大变，此介绍为传统做法。

一、移植时间

实践证明用方木箱移植树木保持了比较完整的根系，土壤和根系始终保持着比较正常的水分供应关系，只要严格按照技术要求操作，认真搞好工程质量，再加上移植以后完善的养护管理措施，即使在非正常的植树季节，用此法移植树木，也完全能够收到良好的效果。但是，由于在移植过程中根系毕竟会受到不同程度的损伤，树木生理活动机能也会受到一定程度的影响，加之方木箱包装移植大树成本很高，苗木来源比较困难，所以应当尽量在正常的植树季节移植，尤其是春季移植，对树木成活和以后的生长发育最为有利。

二、掘苗前的准备工作

与前节带土球移植准备工作基本相同。因作业复杂，参加人员较多涉及吊装、运输、安全等，应组成一个作业组，其中掘箱苗最少需4个人。另外主要是工具材料的准备要求完备。

木箱移植是一项较为大的系统工程，所需工具材料规格尺寸要求严格，需要提前做好充分细致的准备，往往是缺一不可。此项工作须专人负责。以挖掘一株1.85m×1.85m×0.80m方木箱苗所需用的工具、材料、机械、车辆等为例，见表6-6-1(供参考)。

掘方木箱所用机具与材料　　　**表6-6-1**

名称		数量、规格及用途
材料类	材料木板	箱板(边、底、上板)，厚5cm；带板(纵钉箱板上)厚5cm、宽10～15cm、长80cm；箱板上口长1.85m、底口长1.75m，共4块，用三块带板钉好后高0.8m；底板约长2.1m、厚5cm、宽10～15cm，4～5块；上口板约长2.3m、宽10～15cm、厚5cm，4块
	铁皮(铁腰)	约80根，厚0.2cm，宽3cm，长80～90cm，每条打10个孔，孔间距5～10cm，两端对称
	钉子	约750个，3～3.5寸
	杉篙	3根，比树身略高，作支撑用
	支撑横木	4根，10cm×15cm木方，长1m左右，在坑内四面支撑木箱用
	垫板	8块，厚3cm，长20～25cm，宽15～20cm，用来支撑横木和垫木墩用
	方木	10cm×10cm～15cm×15cm，长1.50～2.00m，约需8根，吊装、运输、卸车时垫木箱用
	圆木墩	约需10个，直径25～30cm，支垫木箱底
	蒲包片	约10个，包四角填充上、下板
	草袋	约10个，围裹保护树干用
	扎把绳	约10根，捆杉篙起吊牵引用

续表

名称		数量、规格及用途
工具类	花剪	2把，剪枝用
	手锯	1把，锯树根用
	木工锯	1把，准备锯上、下板用
	铁锹	圆头，锋利铁锹3～4把，掘树用
	平锹	2把，削土台、掏底用
	小板镐	2把，掏底用
	紧线器	2个，收紧箱板用
	钢丝绳	2根，0.4寸，每根连打扣长约10～12m，每根附卡子4个
	尖镐	2把，刨土用
	铁锤、斧	2～4把，钉铁皮用
	小铁棍	2根，粗0.6～0.8cm，长40cm，拧紧线器用
	冲子、剁子	各1个，剁铁皮及铁皮打孔用
	鹰嘴扳子	1个，调整钢丝绳卡子用
	起钉器	2个，起弯钉用
	油压千斤	1台，上底板用
	钢尺	1把，量土台用
	废机油	少量，坚硬木板润滑钉子用
机械类	起重机	按需要配备起重机1～2台，土质松软处，应用履带式起重机 (木箱1.50m用5吨吊，木箱1.8m用8吨吊，木箱2.0m用15吨吊)
	车辆	数量、车型、载重量，视需要而定

三、掘木箱苗土台的程序及技术要求

(一) 木箱土台规格要求

土台加大，保留的根系越多，对成活有利。但土台加大后重量也随之成倍增加，给装卸、运输及掘苗、栽植等作业都会带来很大困难，因而要在保证移植成活的前提下，尽量减小土台规格。确定土台大小应根据树木规格、株行距等因素综合考虑，一般可按树木胸径(离地的1.3m处)的8～10倍。胸径如超过上述规格应另行确定(表6-6-2)。

北京地区目前方木箱规格执行如表6-6-2(油松)。

树木胸径与方木箱规格 **表6-6-2**

树木胸径(cm)	木箱规格(m)	树木胸径(cm)	木箱规格(m)
15～18	1.5×1.5×0.6	25～27	2.0×2.0×0.7
19～24	1.8×1.8×0.7	28～30	2.2×2.2×0.8

(二) 画线

开挖前以树干为正中心，比规定边长多5cm画成正方形，作为开挖土台的标记，画线尺寸一定要准确无误。

(三) 挖作业沟

沿边线的外沿挖掘，沟的宽度要方便工人在沟内操作，一般要达 60～80cm，土台四边比预定规格最多不得超过 5cm，立面中央部分应略高于四边，一直挖到规定的土台高度。

（四）铲除表土

为减轻重量，将表土铲到树根开始分布之处，从此向下计算土台高度，这项操作称“去表层土”，表面四角要水平。

（五）土台修整

土台掘到规定高度后，用平口锹将土台四壁修整平滑称“修平”。修平时遇到粗根，要用手锯锯断，不可用铁锹硬切，会造成土台损伤。粗根的断口应稍低陷于土台表面，修平的土台尺寸要略大于边板规格，以保证箱板与土台紧密靠紧。土台形状与边板一致，呈上口稍宽，底口稍窄的倒梯形，这样可以分散箱底所受压力。修平时要多次用箱板实地核对，以免返工和出现差错。挖出的土堆放在离土台较远的地方，由辅助工协助工作。

四、组装木箱的程序及技术要求

（一）上边板(上箱板)

(1) 立边板：贴立边板，如有不紧之处应随之修平，边板中心要与树干成一条直线，不得偏斜。土台四角用蒲包片包严，边板上口要比土台上顶低 1～2cm，以备吊装时土台下沉之余地。如果边板高低规格不一致，则必须保证下端整齐一致，对齐后用棍将箱板顶住，经过仔细检查认为满意后，用上、下两道钢丝绳将钉有竖带的边板绑好。

(2) 上紧线器：先在距箱板上、下边 15～20cm 处横拉两条钢丝绳，于绳头接头处相对方向(东对西或南对北)的带板上安装紧线器，收紧紧线器时应上下两个要同时用力，还要掌握收紧下线的速度稍快于收紧上线的速度。收紧到一定程度，用木锤锤打钢丝绳，直至发出嘣嘣的弦音，则表示已经收紧了，可立即钉铁皮。

(3) 钉箱板：最上、最下的两道铁皮各距箱板上、下口 5cm。1.5m×1.5m 的木箱每个箱角钉铁皮 7～8 道；1.8～2m 的木箱钉 8～9 道；2.2m×2.2m 的木箱钉 9～10 道。每条铁腰子须有两对以上的钉子，钉在带板上。铁皮必须拉紧，用小铁锤轻敲铁皮，发出铛铛的绷紧弦音则证明已经钉牢，即可松开紧线器，取下钢丝绳。

（二）掏底与上底板

装好边板后将箱底土台挖空，安装上封底箱板，称“掏底上箱板”。

(1) 加深边沟：钉完箱板以后沿木箱四周继续将边沟挖深 30～40cm，以备掏底操作。

(2) 四方支撑：在掏挖中间底以前，为保障操作人员的安全，应将四面箱板上部，用四根横木顶牢。检查无误后再掏中心底。

(3) 上底板时，先将一端紧贴边板钉牢在木箱带板上，固定后用圆木墩垫实，另一头用油压千斤顶起，与边板贴紧，随即用铁皮钉牢。撤去千斤顶，木墩垫实。掏底可两侧同时进行，两边底板上完后再继续向内掏挖。底板间距基本一致，为 10～15cm。

(4) 在掏中央底板时，底面中间应稍突出，以利收得更紧，掏底时如遇粗根要用手锯锯断，断口凹陷于土内，以免影响底板收紧。掏中心底时要特别注意安全，操作时头部和身体千万不要伸在木箱下面。风力达到四级以上时，应停止操作。

上中间底板的方法与两侧底板相同。掏底过程中，如果发现土质松散，应加薄板垫实，如脱落少量底土可以用草垫、蒲包填实后再上底板。如底土大量脱落不能保证成活时，则应请示现场技术负责人设法处理。

(5) 掏底和上底板作业严禁将头部和身体伸入箱底。

(三) 上盖板

先修整土台上表面，使中间部分稍高于四周，表层有缺土处用潮湿细土填实，土台应高出边板上口 1～2cm，土台表面铺一层蒲包后，在上面钉盖板。

五、木箱移植中的吊、运、卸及假植

(一) 吊装、运输注意事项

吊装、运输是大树移植中的一个重要环节，它直接影响到工程的进度、质量和安全。该项作业牵涉到市政、交通等多方面的配合问题，事情比较复杂，所以各道工序都要予以重视。

1. 木箱苗装车操作要领

(1) 钢丝绳在木箱下部 1/3 处左右将木箱拦腰围住。注意树干的角度，使树头稍向上倾斜即可。缓缓吊起，在吊杆下面不准站人。

(2) 树身躺倒前，用草绳将树冠围拢起来，以保护树冠少受损伤。事先选好躺倒的方向，以尽量不损伤树冠、又便于装车为原则。树身躺倒后，应在分枝处挂一根小绳，以便在装车时牵引方向。

(3) 装车时树梢向后，木箱上口与卡车后轮轴垂直成一线，车厢板与木箱之间垫两块 10cm×10cm 的方木，长度较木箱稍长但不超过车厢，分放于钢丝绳前后。木箱落实后用紧线器和钢丝绳将木箱与车厢刹紧，树干捆在车厢后的尾钩上。在车厢尾部用两根木棍交成支架，将树干支稳，支架与树干间垫蒲包，保护树皮防止擦伤。

2. 木箱苗运输

运输大苗必须有专人在车厢上负责押运，押运人员必须熟悉行车路线、沿途情况、卸车地区情况，并与驾驶人员密切配合，保证苗木质量、行车安全。

(1) 装车后、开车前，押运人员必须仔细检查苗木的装车情况，要保证刹车绳索牢固、树梢不得拖地、树皮与刹车绳索、支架木棍及汽车槽箱接触的地方，必须垫上蒲包等防止损伤树皮。对于超长、超宽、超高的情况，要事先办理好行车手续，还要有关部门(如电管部门、交管部门等)派技术人员随车协作。

(2) 押运人员必须随车带有挑电线用的绝缘竹竿，以备途中使用。

(二) 木箱苗卸车

事先设计好卸车场地及停车位置。

(1) 木箱落地前，在地面上横放一根长度大于边板上口、40cm×40cm 的大方木，其位置应使木箱落地后，边板上口正好枕在方木上，注意落地时操作要轻，不可猛然触地，振伤土台。

(2) 用方木顶住木箱落地的一边，以防止立直时木箱滑动，在箱底落地处按 80～100cm 的间距平行地垫好两根 10cm×10cm×200cm 的方木，让木箱立于方木上，以便栽苗时穿绳操作。此时即可缓缓松动吊绳，按立起的方向轻轻摆动吊臂。使树身徐徐立直，稳稳地立在平行垫好的两根方木上，到此卸车就顺利完成了。注意当摆动吊臂，木箱不再滑动时，应立即去掉防滑方木。

(三) 木箱苗假植

掘苗后，如不能入坑栽植，应找适宜的场地进行假植。

1. 原坑假植

在掘苗一月之内不能运走，则应将原土填回，并随时灌水养护；如一个月之内能运走，则可不回填土，但必须经常在土台上和树冠上喷水养护。

2. 工地假植

苗木运到工地后半个月内如不能栽植者则需假植。

(1) 假植地点应选择在交通方便、水源充足、排水良好、便于栽植之处。

(2) 假植苗木数量较多时，应集中假植，苗木株行距以树冠互不干扰、便于随时出苗栽植为原则，为了方便随时吊装栽植，每 2～4 行苗木之间应留出 6～8m 的汽车通行道路。

(3) 工地假植的具体操作方法：在木箱四周培土至木箱 1/2 处左右，去掉上板和盖面蒲包，在木箱四周起土堰以备灌水用，树干用杉篙支稳即可。

(4) 假植期间加强养护管理，主要是灌水、防治病虫害、雨季排水和看护管理，防止人为损坏。

六、木箱苗的栽植技术

(1) 栽植位置必须用设计图细致核实，保证无误，地形标高要用仪器复测，因为大树入坑以后再想改动就很困难了。

(2) 刨坑：栽植方木箱树、栽植坑应挖成正方形，每边比木箱宽出 50～60cm，土质不好的地方还要加大，需要换土的应事先准备好客土(沙质壤土为宜)，需要施肥的，则应事先准备好腐熟的优质有机肥料，并与回填土充分拌合均匀，栽植时填入坑内。坑的深度应比木箱深 15～20cm，坑中央用细土堆一个高 15～20cm、宽 70～80cm 的长方形土台，纵向与底板方向一致。控制栽植深度的技术要求同土球苗。

挖坑时要注意各种地下管线的安全。

(3) 在吊树入坑时，树干上面要包好麻包、草袋，以防擦伤树皮。入坑时用两根钢丝绳兜住箱底，将钢丝绳的两头扣在吊钩上。起吊过程中注意吊钩不要碰伤树木枝干，木箱内土台如果坚硬，土台完好无损，可以在入坑前，先拆除中间底板，如果土质松散就不要拆底板了。

(4) 大树入坑前要注意调整树冠观赏面，以发挥更好的景观效果。如为大树则应保持原生态方向。

(5) 树木入坑前，坑边和吊臂下不准站人。入坑后为了校正位置，可由 4 个人坐在坑沿的四边用脚蹬木箱的上口，保证树木定位于树坑中心，坑边还要有专人负责瞄准照直，掌握好植树位置和高程，落实并经检查后方可拆除两侧底板。

(6) 树木落稳后，要仔细检查一次，认为没有问题，即可摘掉钢丝绳，慢慢从底部抽出，并用三根杉篙或长竹竿捆在树干分枝点以上，将树木撑牢固。

(7) 树木撑稳定后，即可拆除木箱的上板及所覆盖的蒲包，然后开始填土，当填至坑的 1/3 处时，方可拆除四周边板，否则会引起塌坨。每填 20～30cm 厚的一层土，作一次夯实，保证栽植牢固，填满为止。

(8) 填土以后应及时灌水，一般应开双层灌水堰；外层开在树坑外缘，内层开在苗的土台四周。灌水作业程序同土球苗栽植。

七、木箱苗移栽工程的安全规定

(1) 作业前必须对现场环境(如地下管线的种类、深度、架空线的种类及净空高度)、运输线路(道路宽度、路面质量、立体交叉的净空高度)、其他空间障碍物、桥涵、宽度、承载车能力及有效的转弯半径等进行调查了解后，制定出安全措施，方可施工。

(2) 挖掘树木前，应先将树木支撑稳固。

(3) 掏底作业安全要求：

1) 装箱树木在掏底前，箱板四周应先用支撑物固定牢靠。

2) 掏底时应从相对的两侧进行，每次掏空宽度不得超过单块底板宽度。

3) 箱体四角下部垫放的木墩，截面必须保持水平，垫放时接触地面的一头，应先放一大于木墩截面1～2倍厚实的木板，以增大承载能力。

4) 掏底操作人员在操作时，头部和身体不得进入土台下。

5) 风力达到四级以上时(含四级)，应停止掏底作业。

6) 在进行掏底作业时，地面人员不得在土台上走动、站立或放置笨重物件。

(4) 机具安全：挖掘、吊装树木使用的工具、绳索、紧固机件、丝扣接头等，应于使用前由专人负责检查，不能保证安全的，不得使用。

(5) 作业人员自身安全：

1) 操作坑周围地面，不可随意堆放工具、材料，必须使用的工具材料，应放置稳妥，防止落入坑内伤人。

2) 操作人员必须配带安全帽、革制手套。

(6) 吊装操作及运输安全：

1) 吊、卸、入坑栽植前要再检查钢丝绳的质量、规格、接头、卡环是否牢靠、符合安全规定。

2) 起重机械必须有专人负责指挥，并应规定统一指挥信号，非指定人员不得指挥起重机械或发布信号。

3) 装车后，木箱或土球必须用紧线器或绳索与车厢紧固结实后方可运行。

4) 押运人员在车厢上站立于树干两侧，严禁在木箱或土球底部、前面站立。

5) 押运人员在车辆运行过程中，应随时注意检查绳索和支撑物有无松动、脱落，并及时采取措施认真加固。

6) 押运人员要随车携带挑线竹竿，注意排除影响通行的架空障碍物，并与司机密切配合，注意安全行驶。

7) 装、卸车时，吊杆下或木箱下，严禁站人。

8) 卸车放置垫木时，头部和手部不得伸入木箱与垫木之间，所用垫木长度应超过木箱。

9) 大树栽植前卸下的底板，要及时搬离现场，放置时钉尖向下堆放，不准外露，以免伤人。

10) 树木吊放入坑时，树坑中不得站人，如需重新修整树坑，必须将木箱吊离树坑，操作人员方能下坑操作。

11) 栽植大树时，如需人力定位，操作人员坐在坑边进行，只允许用脚蹬木箱上口，不得把腿伸在木箱与土坑中间。

复习思考题

1. 利用木箱移植苗木需要做哪些施工准备工作？
2. 掌握挖掘木箱苗土台的施工程序及技术要求。
3. 掌握组装木箱包装的施工程序及技术要求。
4. 掌握木箱苗移植的吊装、运输及假植施工程序及技术要求。
5. 掌握木箱苗栽植作业施工程序及技术要求。
6. 木箱苗移植工程中有哪些安全规定？

第七节　大树移植的方法及技术要求

随着城市绿化水平的不断提高和绿化施工节奏的加快，要求绿化景观形成时间短、见效快。为此，适当移植大树，形成绿地骨架已成为加速绿化、美化城市的一个重要手段。但是，目前许多地区大树移栽成风，造成了破坏大树原生地生态的不良后果；另外，由于长途运输和挖苗方法的不合理，造成了大批大树死亡，严重破坏了生态资源，这是不应该提倡的。因此，在园林绿化工程中不宜过量移栽大树。

一、大树移植的概念

（一）大树的界定

按园林绿化施工规范规定胸径或基径 10～20cm 的称为大规格苗木，落叶乔木胸径大于 20cm，常绿树胸径(基径)超过 15cm 称为大树。

（二）大树的来源及生长特点

1. 来源于城市绿地

大树很少是从园林苗圃培育的，大多数是园林绿化改造工程中需要调整的种植了几十年的树木。这些苗木大都是苗圃培育而后定植的，经过多次移植，根系比较发达，移植成活率高。栽植基质土壤较好，便于挖掘土球或箱板苗的土台。总的讲大树移植的困难小些，成活率会高些。

2. 来源于乡村山林

现在到处要求种大树，于是，农村种植几十年的，野生于山林的大树都成了寻求的目标。这些绝大部分都是野生的实生苗，有不少没有经过移植，没有断过根，只有直根系，侧根很少。根系分布没有规律，移植断根后损失惨重。我们建议这种“山苗”最好不用。南方的大树移植成风，利用山苗是造成死亡率高的主要原因。

（三）大树移植的准备工作

在大树移栽前的准备工作内容前面已有论述，所不同的几点应注意。

（1）如确因城市基础设施建设需要移栽古树名木，必须预先报请所属地有关主管部门批准。

（2）现场勘察决定实施方案。

勘察内容：树种及规格，土壤质地，土层厚度。环境条件：建筑物距离，架空线，地下管线，挖掘、吊装、运输作业场地等。进行可行性分析，制定作业方案。

（3）大树移植不再单纯强调观赏面，重要的是注意原生态方向。一定要首先在大树上标明原生地朝向，保证移栽后的阴阳面与原有立地条件一致。

(4) 作业场地的准备：对挖掘大树作业和拟移栽大树作业的周边现场进行清理，保证吊装、运输通畅无阻。超宽超长运输应向交管部门报批，取得批件。

(5) 机械、材料、工具准备同树木土球、箱板移植。

二、大树移植的难点和相应措施

(一) 大树移植的难点

(1) 大树生长地不同于苗圃培育的大规格苗木，土质、地形、周边环境比较复杂，根系发育无规律，按常规确定土球、箱移土台大小，很不可靠。

(2) 大树的根系发育范围要比苗圃培育的大规格苗木大，移植后相对损失比例增大，不利于缓苗，甚至危及成活。

(3) 山区大树绝大部分是野生的未经过移植断过根的苗木，主根多，侧根少，总根量少，靠近树干分布少。有条件的应施用缩根法刺激近树干处增加根量。

(4) 大树树冠庞大，根系被削弱后，地上下水分供求严重失调，必须加大修剪量。

(二) 大树移植时机选择

属于规划中的大树移植，应提前 2～3 年进行缩根处理。按常规，开春移植可靠性会增强，乡土大树也可在秋季移植。大树最忌讳非正常季节移植。

(三) 大树移植前的缩根处理

在城市建设规划和改造中，常常需要扩建道路、调整建筑物的格局，有些原有的绿地被列入新规划的道路和建筑范围，对其中的大树需进行移栽处理。在规划实施前，往往有一段缓冲时间。在此前提下，我们可以对大树预先进行一定的技术处理，使得移植成功率得以提高。最常见的技术手段就是逐年断根法。又称缩根法或盘根法，可在 2～3 年中进行。原理是通过断根刺激主要根系上侧根、支根发育，促使在近树干范围内的根量增加，而掘土球或土台时相对保存下来的根系增多，从而解决了树木移植中代谢失衡的矛盾。具体方法，按以下七个步骤进行：

(1) 按允许年限，沿移植树木土球(或箱板土台)的规范直径范围内缩约 20cm 处挖沟断根，断断续续挖掘的圆弧长度为土球外圆周长的 1/3～1/2。第二和第三年再挖掘剩余的 1/3～1/2。

(2) 挖掘断根沟的宽度约为 30～40cm，深度约 60～80cm，沟内填入营养细土。

(3) 根部处理：在开挖过程中，细根及须根可直接剪断。遇到粗根不能切断，要采用环状剥皮处理，宽度一般为 5～10cm。注意剥皮时不要伤及粗根的木质部。

(4) 断根操作完成后，要及时在沟内覆土。覆土前，可在断根和剥除韧皮部及土壤剖面喷 1000ppm 生根剂，以刺激生根。覆土踏实，浇透水。

(5) 由于部分根系被切断，树木的水分和营养供应将减少，为了保持树木根、冠部分的生长平衡，必须对地上部分的枝叶进行适度修剪。修剪原则同移栽苗木。此外，局部断根后削弱了树木的抗风能力，因此要及时立好支撑。

(6) 断根后的大树，要有专人进行松土、除虫、浇水、排涝等养护管理工作，促进断根大树早发新根，健康生长。

(7) 经过 1～2 年的分段断根处理，树势较为稳定后，可进行移植作业，移前修剪可作简单整理。

（四）大树移植前的修剪和拢冠

1. 大树移植前修剪要求

根据现场和树势情况可选择在掘苗前或落地后进行修剪。对落叶树原则上采取重短截直至抹头。适用于容易萌芽抽枝的树种，如悬铃木、槐树、柳树、元宝枫等。在分枝点上部留 3～5 个主枝，每个主枝留 50～60cm 长，并立即用截口封闭剂或愈伤涂膜剂涂刷截口，也可在涂刷愈伤涂膜剂后采用塑料薄膜扎好锯口，以减少水分蒸发和雨水侵蚀伤口，其余的侧枝、小枝一律在齐萌发处锯掉。银杏大树以疏枝为主，短截为辅，不要伤害主尖。修剪时注意不要造成枝干劈裂。

2. 拢冠作业

江南常用的常绿树木如广玉兰、乐昌含笑、桂花、雪松等，树冠较大，为便于吊装，防止枝干受损，起掘前要对树冠进行束冠处理。根据现场和树势情况可选择在掘苗前或落地后进行。操作时首先将绳一端扎在大树主干上，再横向卷绕，将外伸的枝干收紧，再将绳尾在主干上扎紧。用另一根绳纵向将横向卷绕的绳子固定，使树冠不致散开。

三、大树移植常用的方法

（一）大树裸根移植

适用乡土落叶乔木的休眠期移植作业，适于因生长环境及土质不能掘土球，不能掘箱板土台时应用。移植程序和技术要求同裸根苗木移植。大树裸根移植应注意几点。

（1）大树的修剪作业可分两步进行，在挖掘之前可锯下部分枝条，放倒之后按规范要求细致修剪。

（2）大树裸根苗的挖掘。

1）挖掘下锹范围比土球苗要大一个规格。尽可能多地保留侧根和须根。掏底时采用单侧深挖，以便于推倒树木。根据土质情况决定去土多少，尽可能多留护心土。去除散落的土时应注意不要伤根。

2）根部套浆：为提高裸根大树的移植成活率，可在掘苗现场挖泥浆池，将过筛的原土加水搅拌成泥浆，将掘起的树苗根部浸入，或把泥浆涂刷在已起掘的苗木根系；为促进根系的生长，还可以在泥浆中加入萘乙酸、2，4-二氯苯酚代乙酸、吲哚乙酸等生根剂。

（3）吊装裸根大树，不准捆干提拉，容易伤干皮。应多点位捆绑吊装，严禁使用钢丝绳，应用黄麻绳或专用吊带吊装。

（4）运输途中至栽植，应对根系进行喷水等措施，为裸根保湿。

（5）安排紧凑，提前准备好种植坑，即到即栽，一次到位不要假植。

（6）如栽植土和原生态土壤差异较大，应从原生地区取土作为移栽回填土，或进行土壤改良。栽前对裸根进行生根素处理。

（7）较高大的树木裸根栽植后，根基相当不稳，必须及时设立牢固的支撑，以防大风、台风。

（二）大树带土球移植技术

大树胸径都在 15～20cm 以上，土球直径要求最少也要 1.5m 以上，如果土质不好很容易散坨。带土球移植大树常用于土质较坚硬或现场无法用箱板施实移植的情况。主要施工程序和技术要求同一般带土球苗木移植。有几点特殊要求。

1. 土球规格

按规范要求，土球直径可按树干胸径的8～10倍为标准，如果拟移栽大树属于珍贵品种、古树名木或无法在适宜种植季节移栽，土球直径应该视实际需要放大一个规格。

2. 大树土球苗吊装、运输技术要求

技术要求同一般土球苗。针对大树吊装、运输强调以下几点：

(1) 确定大树及土球重量，匹配相当吨位的起重机械、机具、吊绳。

(2) 大树移植掘苗、吊装及卸苗栽植场地的环境条件应能保证吊装运输机械车辆的安全操作和运行，遵守起重作业的各项安全规定。

(3) 吊装大树土球应采取保护措施，为了防止钢索嵌入土球，在起吊前用厚度在3cm以上的木板插入起吊索具和泥球之间，或选用软质的白棕绳或专用柔性环形吊带。

(4) 在起吊高度超过8m的大树或在狭窄的区域进行起吊时，必须在全树高度的上1/3处系上3根揽风绳，系绳部位要用麻布或橡皮包裹，防止揽风绳伤及树皮。大树落地时，要在三个方向予以调直，以防大树倾覆伤人；如暂时无法入坑定植，则必须对土球苗木作临时固定或假植，并做好临时支撑。

(5) 大树运输的技术要求同箱板苗。

3. 大树土球苗栽植技术要求

大树土球苗的栽植技术同一般土球苗，就其大树特点强调以下几点：

(1) 移栽大树的种植穴要比土球直径大80cm左右，深度应比土球厚度深20～30cm。如果移栽特大树或移栽地的土质比较差，种植穴就要适当加大、加深。在雨水多、土壤黏重、排水不良的绿地应做地下排水设施。将种植穴按规范要求再掘深20～30cm左右，然后在坑底布设PVC塑料管透水管(也称排盐管)和坑外排水口连通。管上垫卵石或陶粒等厚约20～30cm，上覆土工布。种植坑底部排水设施完成后，用种植土找好深浅，即可定植大树。

(2) 大树吊入种植坑时，应考虑原生态方向。

(3) 进行护干处理。护干可采用草绳、麻布外绑塑料薄膜的处理方式。

(4) 大树土球苗栽植后应使用双堰浇灌法。

(三) 大树箱板苗移植技术

对于特大土球或古树名木的移栽最可靠的办法就是采用箱板进行移植。常用的是木质箱板，其施工程序、技术要求前面已有叙述。南方在箱板材料上有所创新，以下介绍两种：

1. 钢筋混凝土槽包装法

此方法与木箱包装法相似，只是将木板换成钢筋混凝土槽，但应注意的是钢筋混凝土浇捣后要保证28天的养护期后，才能吊装或移动。

2. 钢板包装法

土球四周用钢板和螺栓固定，钢板和土台接触部位用草包填实，防止意外振动导致土台破裂。节约了木材，节省了部分工力。不足之处是加大了箱板苗的重量。

四、岭南地区大树移植常用技术

岭南地区处于潮湿的热带，对大树的移植相对华东及北方难度偏小，有一套本地区常用做法。

大树移植中的大树是一般指胸径20cm以上的乔木。大树移植的基本原则是：就近移植、因树修剪、促根复壮、加强管理。岭南地区以热带、亚热带树种为主，常见的移植大树为：棕榈类的有大王椰子、假槟榔、海枣等；常绿树种有大叶榕、细叶榕、白兰、紫荆、桃花心木、芒果、海南红豆、秋枫、菩提榕、杜英、樟树、人面子、高山榕、幌伞枫、黄槐等；落叶树种有木棉、榄仁树、凤凰木、大叶紫薇、鸡蛋花等。

（一）有时间保证的正常的大树移植方法

1. “断根缩坨”和“扩坨起树”

有时间保证的正常的大树移植，可采取“断根缩坨”和“扩坨起树”的措施。“断根缩坨”就是逐年断根回缩根冠：根据树种习性和生长状况判断成活难易，分1～3年在该树种的休眠或生长缓慢期(如常绿树种宜在春季萌芽前或换叶后)，分次在以树木的干径的3～4倍为半径的圆周范围的四面开沟断根，每年只断全周根系的1/3～1/2，向外开沟的宽约60～80cm、深约50～120cm，具体视根系类型而定。断根时遇2cm以上的粗根应用锯子切断，对切口涂抹防腐剂和促根剂，再回填营养土，并灌水促使其生长出新根。断根后要立支柱防风。

“扩坨起树”就是在起掘树木时，土球大小应比提早断根的土坨大10～20cm，以保留新长出的吸收根。

2. 栽前修剪

修剪技术基本要求同江南和北方。常绿树疏枝修剪时应留1～2cm木橛，不得贴根剪去。落叶树修剪时可适当留些小枝，易于发芽展叶。在非适宜季节移植，应摘除大部分叶片，对大叶紫薇等树种应尽可能摘除全部叶片。棕榈类植物，移植时应剪除部分叶片，适当保留4～6张叶片。

3. 吊装运输

吊装运输，同江南及北方。

4. 大树定植

种植穴为圆穴，应较土球的直径加大60～80cm以上，深度加深30～60cm以上，穴壁应平滑垂直。掘好种植穴后，先在穴底回填疏松种植土，呈半圆土堆，高度为：(树穴深度)－(土球高度)＋(20～30cm)。目的是避免土球底部出现有空隔层，影响以后的根系生长。大树种植前应对其根部施洒开根水，以加速根系的发育。种植土球树木时，不易腐烂的包装物必须先拆除，树木入穴后，土球放稳，树干直立应将土球放稳，随后拆包取出包装物，如土球松散，腰绳以下可不拆除，以上部分则应解开取出。回填的种植土应添加腐殖质、腐熟有机肥，约占种植土比例的1/10～2/10，注意必须充分腐熟，混合均匀。栽植深度根据不同树种而定，一般要高出地面约5cm(木兰科，木棉等植物应高于原地面10～15cm)。要避免土球种植过深造成穴底积水，导致根系因缺氧腐烂。

大树种植后必须支撑防风，对婆娑树形树冠(如细叶榕、大叶榕等)，须用毛竹或杉木以三角或四角紧固支撑，支撑点的高度一般在树木高度的1/3～1/2；直干树形树冠(如木棉、细叶榄仁、棕榈类植物等)种植后，可用钢索分开几点牵引拉固，高度宜在树木高度的1/2～2/3。支撑物的基部应埋入地下30cm以下，支撑点高的要适当深埋，支撑物和地面的角度、牵引角度以45°左右为好。支撑绑扎树木处应加麻袋片等垫物，不可绑扎过紧、磨损树干。

5. 栽后养护

栽后养护，最为重要的是水分管理。黏性土壤，宜适量浇水，防止土壤板结；根系不发达树种，如木棉，土质疏松的应较多浇水，保持土壤湿润，但不能积水；怕涝的木兰科树木如白兰以及肉质根系的树种浇水宜少，以保持土壤不干不湿为度，注意保持树干、叶片的湿度。遇上高温天气，每天应对新种植的树木进行树冠喷水，降温抑制树木的蒸腾。珍贵树种应采取树冠喷雾、树干保湿等措施。雨季时还应注意排涝，树穴内不得有积水。

移植的大树树龄老、修剪重、树势弱、恢复慢，极易受病虫害侵袭。常见的病虫害如椰心叶甲和红棕象甲危害棕榈类植物，天牛危害秋枫、柳树等，枯枝病危害榕树类，还有根腐病、白蚁等。大树移植前，要作好病虫害检查，选择无病虫害的健壮苗木或对其进行提前防治。

岭南地区的台风季节，应加强看管维护，加固支撑。

（二）大树当年移植技术措施

大树当年移植是指在树木的适宜移植季节进行没有提前断根的移植。树木的适宜移植季节，在岭南地区是指：落叶树在落叶后至萌芽期前，多为春季新芽萌发前；常绿树基本在春秋两季为宜，一般以春季移植最佳，但夏季移植应避开新梢生长旺盛期，以及避开台风、高温强日照天气。

正常季节大树当年移植技术措施较有时间保证的能提早断根的正常大树移植，应注意的关键措施是：

(1) 必须带土球移植，在包装、运输、吊装要求许可下，土球尽可能大，保留较多的根系，采取多重包装或用木箱包装，保证土球不散。

(2) 移前修剪根据根系的损失程度而定，树体较大的树修剪应较重，摘除大部分叶片，保留的枝干必须用麻袋片、草绳包扎保护，伤口必须进行防腐处理。

(3) 种植的时间选择，一般应选择在树木蒸腾量较少、避免连天阴雨后土壤大量含水的时期种植，有利于根系及时恢复和生长。

(4) 移植的树穴的直径应大于土球直径的两倍，回填土应用疏松、富含有机质的种植土，回填时要分层夯实，土球底部绝对不能出现有空隔层。

(5) 移植后，浇定根水时应添加生根激素、腐殖酸等促进须根发生；夏秋季采取树冠遮荫、喷雾、树干喷水保湿、叶片喷蒸腾抑制剂等措施保持水分平衡；冬季应采取防风保温措施。

复习思考题

1. 大树如何界定？
2. 大树移植前应做哪些准备工作？
3. 大树移植存在哪些难点，应采取哪些相应措施？
4. 掌握大树移植前的缩根处理技术。
5. 根据移植条件大树移植常选择采取哪些方法，和一般苗木移植有何区别？
6. 岭南地区根据其气候及树木生长特点，大树移植的技术要求是什么？

第八节　非正常季节移植树木的方法及技术要求

一、非正常季节移植概念

正常的移植应选在树木的休眠期，因为休眠期进行移植符合植物生长规律，移植成活率较高。园林植物的休眠期普遍在秋季落叶后至春季萌芽前这段时间。各地区正常植树都在春季进行，一些乡土树种可在秋季进行种植。在华北地区，针叶常绿树种在夏季有个短暂休眠期(7、8月份)，又值多雨季节。华北地区常绿树(松柏)可在雨季进行移植，植物已经开始正常代谢、旺盛生长，此时进行移植，必然导致代谢系统整体平衡遭到破坏，恢复将会很困难，甚至导致死亡。应定义为，树木正常生长阶段进行移植为“非正常季节移植”。

二、非正常季节移植树木的应对措施

(一) 保护根系的技术措施

为了保护移栽苗的根系完整，使移栽后的植株在短期内迅速恢复根系吸收水分和营养的功能，在非正常季节进行树木移植，移栽苗木必须采用带土球移植或箱板移植。在正常季节移植的规范基础上，再放大一个规格。原则上根系保留得越多越好。

(二) 抑制蒸发量的技术措施

抑制树木地上部分蒸发量的主要手段有以下几种：

1. 枝条修剪

(1) 非正常季节的苗木移植前应加大修剪量，以抑制叶面的呼吸和蒸腾作用。落叶树可对侧枝进行截干处理，留部分营养枝和萌生力强的枝条，修剪量可达树冠生物量的1/2以上。常绿阔叶树可采取收缩树冠的方法，截去外围的枝条，适当疏剪树冠内部不必要的弱枝和交叉枝，多留强壮的萌生枝，修剪量可达1/3以上。针叶树以疏枝为主，如松类可对轮生枝进行疏除，但必须尽量保持树形。柏类最好不进行移植修剪。

江南地区对移栽成活率较低的香樟、榧树、杨梅、木荷、青冈栎、楠树等阔叶常绿树和一些落叶树种，修剪以短截为主，以大幅度降低树冠的水分蒸发量。短截应以尽量保持树冠的基本形状为原则，非不得已，不应采取截干措施。

(2) 对易挥发芳香油和树脂的针叶树、香樟等，应在移植前一周进行修剪，凡10cm以上的大伤口应光滑平整，经消毒，并涂刷保护剂。

(3) 珍贵树种的树冠宜作少量疏剪。

(4) 带土球灌木或湿润地区带宿土裸根苗木、上年花芽分化的开花灌木不宜作修剪，可仅将枯枝、伤残枝和病虫枝剪除；对嫁接灌木，应将接口以下砧木萌生枝条剪除；当年花芽分化的灌木，应顺其树势适当强剪，可促生新枝，更新老枝。

(5) 苗木修剪的质量要求：剪口应平滑，不得劈裂；留芽位置规范；剪(锯)口必须削平并涂刷消毒防腐剂。

2. 摘叶

对于枝条再生萌发能力较弱的阔叶树种及针叶类树种，不宜采用大幅度修枝的操作。为减少叶面水分蒸腾量，可在修剪病、枯枝、伤枝及徒长枝的同时，采取摘除部分(针叶树)或大部分(阔叶树)叶子的方法来抑制水分的蒸发。摘叶可采用摘全叶和剪去叶的一部分两种做法。摘全叶时应留下叶柄，保护腋芽。

3. 喷洒药剂

用稀释500～600倍的抑制蒸发剂对移栽树木的叶面实施喷雾，可有效抑制移栽植物在运输途中和移栽初期叶面水分的过度蒸发，提高植物移栽成活率。抑制蒸腾剂分两类：一类属物理性质的有机高分子膜，相当于盖一层不透气的布，保持叶片水分。高分子膜容易破损，3～5 天喷一次，下雨后补喷一次。另一类是生物化学性质的，可促使气孔关闭，达到抑制水分蒸腾的目的。

4. 喷雾

控制蒸腾作用的另一措施是采取喷淋方式，增加树冠局部湿度。根据空气湿度情况掌握喷雾频率。喷淋可采用高压水枪或手动或机动喷雾器，为避免造成根际积水烂根，要求雾化程度要高，或在移植树冠下临时以薄膜覆盖。

5. 遮荫

搭棚遮荫，降低叶表温度，可有效地抑制蒸腾强度。在搭设的井字架上盖上遮荫度为 60%～70%的遮阳网，在夕阳(西北)方向应置立向遮阳网。荫棚遮阳网应与树冠有 50cm 以上的距离空间，以利于棚内的空气流通。一般的花灌木，则可以按一定间距打小木桩，在其上覆盖遮阳网。

6. 树干保湿

对移栽树木的树干进行保护也是必要的。常用的树干保湿方法有两种。

(1) 绑膜保湿：用草绳将树干包扎好，将草绳喷湿，然后用塑料薄膜包于草绳之外捆扎在树干上。树干下部靠近地面，让薄膜铺展开，薄膜周边用土压好，此做法对树干和土壤保墒都有好处。为防止夏季薄膜内温度和湿度过高引起树皮霉变受损，可在薄膜上适当扎些小孔透气；也可采用麻布代替塑料薄膜包扎，但其保水性能稍差，必须适当增加树干的喷水次数。

(2) 封泥保湿：对于非开放性绿化工程，可以在草绳外部抹上 2～3cm 厚的泥糊，由于草绳的拉结作用，土层不会脱落。当土层干燥时，喷雾保湿。用封泥的方法投资很少，既可保湿，又能透气，是一种比较经济实惠的保湿手段。

(三) 促使移植苗木恢复树势的技术措施

非正常季节的苗木移植气候环境恶劣，首要任务是保证成活，在此基础上则要促使树势尽快恢复，尽早形成绿化景观效果。树势恢复的技术措施如下：

1. 苗木的选择

在绿化种植施工中，苗木基础条件的优劣对于移栽苗后期的生长发育至关重要。为了使非正常季节种植的苗木能正常生长，必须挑选长势旺盛、植株健壮、根系发达、无病虫害且经过两年以上断根处理的苗木；灌木则选用容器苗。

2. 土壤的预处理

非正常季节移植的苗木根系遭到机械破坏，急需恢复生机。此时根系周围土壤理化性状是否有利于促生发根至关重要。要求种植土湿润、疏松、透气性和排水性良好。采取相应的客土改良等措施。

3. 利用生长素刺激生根

移植苗在挖掘时根系受损，为促使萌生新根可利用生长素。具体措施可采用在种植后的苗木土球周围打洞灌药的方法。洞深为土球的 1/3，施浓度 1000ppm 的生根粉 APT3 号或浓度 500ppm 的 NAA(萘乙酸)，生根粉用少量酒精将其溶解，然后加清水配成额定浓度进行浇灌。

另一个方法是在移植苗栽植前剥除包装，在土球立面喷浓度 1000ppm 的生根粉，使其渗入土球中。

4. 加强后期养护管理

俗话说“三分种七分养”，在苗木成活后，必须加强后期养护管理，及时进行根外施肥、抹芽、支撑加固、病虫害防治及地表松土等一系列复壮养护措施，促进新根和新枝的萌发。后期养护应包括进入冬季的防寒措施，使得移栽苗木安全过冬。常用方法有风障、护干、铺地膜等。

5. 抗寒措施

对那些在本地不耐寒的树种，非正常季节移植的当年应采取适当的防寒措施。如北方的一些引自南方的树种，江南地区的如罗汉松、枇杷、槭树类、重阳木、夹竹桃等。

三、应用容器囤苗技术进行非正常季节移植

苗木非正常季节移植时，应提前作出计划，在苗木休眠期进行容器苗的制作及囤苗工作。囤苗地点应选择排水良好、吊装运输方便的地段。非正常移植季节将已正常生长的容器苗进行栽植，青枝绿叶进入工地。因根系未受到损伤，栽植成活率可达98%以上。囤苗之前按规范要求对苗木进行移植前修剪，非正常季节移植时不再进行移植修剪，可对树冠进行适当整理。

国外容器苗应用很普遍，国内因国力有限尚未普遍推广。就传统做法已经应用的有以下几种，供参考。

（一）硬容器囤苗

常用木桶、木箱、筐、瓦盆等硬质容器春季囤苗，正常肥水养护，生长季节从容器中移入绿地。该工艺投入成本较高，水肥管理较费工、费力，但安全可靠，常用于规格较小苗木。

1. 箱板囤苗

利用箱板移植树木，适用于规格较大的苗木。选择合适的地点将箱板苗进行长时间假植，可达半年以上。因箱体坚固，土方体积相对较大，根系可以自由发育。箱板苗养护要点是；将土堆到箱体高度的近2/3，围堰浇水。箱内也必须浇水，保证根区湿润。箱内苗木抽枝展叶后，非季节移植随时都可进行。

2. 大筐囤苗

大筐囤苗适用于落叶乔木的囤苗。在囤苗区挖掘比筐宽20cm、与筐的高同深的沟。筐内可铺垫蒲包，春季休眠期将修剪整理好的乔木裸根苗栽入筐中，筐内外填满土，灌水，扶直。为防倒伏，可在树间架横杆，互相扶协。进行正常的养护管理，抽枝展叶后可随时栽植。筐苗经二三个月土埋后可能腐朽。移植时应对筐苗重新用草绳打包。吊运栽植技术要求同土球苗移植。少数根系可能伸出筐外，对成活影响不大。

3. 木桶囤苗

木桶囤苗，因为成本高，常用于2～3m高的常绿树。根据苗的规格选择木桶大小，常用70cm和100cm两种规格，特殊规格可以向厂家定做。春季或雨季将常绿乔木土球装入桶中，空隙填满土，灌水后再次填实，留出10～15cm桶沿，供浇水用。按正常程序养护。木桶苗可用于租摆。栽植时可将桶带(铁皮)切断，桶板回收重装。

4. 瓦盆囤苗

中国传统花卉栽培常用容器。常用于小型花灌木，如月季、牡丹、迎春、杜鹃等。在非正常季节进行扣盆栽植。

5. 塑料桶囤苗

塑料桶分硬质厚壁和薄壁软皮两种，国外育苗制作有各类规格。

塑料硬质厚壁容器用法同木桶。成本较高，推广面小。塑料薄壁软皮用法同瓦盆，因重量轻、价格便宜，市场应用广泛。

（二）软容器囤苗

相对硬质容器而言，软容器是没有自己固有形状的，是包装别的物体而成形的，如土球苗的包装。从习惯用的材料可分为蒲包草绳包装和无纺布包装。

1. 蒲包草绳包装囤苗

(1) 掘苗打包：在休眠期挖掘土球苗，并用蒲包草绳打包。技术要求在土球苗移植一节中已论述。所不同的是，作较长时间的假植，一般 3～6 个月。

(2) 囤苗假植：依据土球苗大小挖适当宽和深的沟，将土球苗排在其中，土球部分全部埋严、灌水，相当于栽植，进行正常养护管理。

(3) 已经抽枝、展叶、开花的软容器苗在非季节栽植时，应从一侧挖掘，露出容器位置，松动周围床土，容器土球可自动与床土分开。注意保护土球不散。

(4) 以蒲包草绳进行的土球包装可能会腐朽，掘出后必须重新打包。吊运、栽植的技术要求同土球苗移植。

2. 可溶性无纺布包装囤苗

(1) 用于乔木非正常季节移植。和乔木土球苗移植不同的是包装材料有所创新，采用拉力较强的、可在一年左右降解的可溶性无纺布（90℃水中溶解）和用聚丙烯多股小绳，取代传统的蒲包草绳，解决了草绳蒲包腐朽的问题，和周围土壤通透性更好，水肥管理更容易。其中一些根系可能会长到包装外，因为量较少，无碍大局。

(2) 用于花灌木非正常季节移植做法：

1) 根据花灌木根系大小，将可溶性无纺布剪裁后做成规格不同的袋状。为了便于剪裁，可按 1/2 周长×高标定，基质充满后自然形成圆柱体。

2) 软容器苗制作。于休眠期将裸根小苗栽于无纺布袋中，袋中的土壤可用园田耕作土，也可用经过改良的花卉用的盆土。基质装填应充实，上口留 1～2cm，提拉墩实。栽苗应居中正直，栽入布袋前，对移植苗枝干及根系应按作业规范作适当修剪。

3) 布袋小苗囤栽作业。已栽入无纺布袋的苗木按规范行株距的要求，栽于苗床里定植，进行常规养护，栽植时布袋上口应略低于床面 3～5cm，便于中耕除草养护作业时不伤及布袋。

(3) 软容器袋装苗掘苗出圃。生长季节容器苗已青枝绿叶，从一侧挖掘，露出容器位置，松动周围床土，容器土球可自动与床土分开。移栽前 3～5 天浇水，控制土坨湿度适中。将突出布袋的个别大根应剪除，粗壮枝条可疏剪。软容器袋规格见表 6-8。

软容器袋规格（1/2 周长×高）及适用对象 **表 6-8**

规格(cm)	适 用 对 象	规格(cm)	适 用 对 象
10×10	花卉、草本地被	40×25	50～80cm 大规格花灌木，3～4 年生苗
25×20	50cm 以下小规格花灌木，2～3 年生小苗		

(4) 起苗运输作业要求。运输，假植过程应给土坨喷水保湿，严禁扯拉容器和苗木干

茎，应以手托起容器、轻拿轻放，保护袋装土坨不散，因绝大部分根系受到保护，成活率得到保证。

软容器苗木非正常季节移植时期多处于高温季节，蒸腾量大，很容易造成失水。应计划周密，尽可能缩小出土、起运、栽植中间环节。容器苗出土后应进行表面喷水，尽量减少软容器包装的土球失水，及时栽植。有条件的可在容器表面喷施保水剂和生根剂。

(5) 软容器苗应用时限。反季节移植，一般是春季休眠期进行软容器囤苗，而后进行保养 3～5 个月，雨季进行绿化施工栽植。囤苗养护对超过一年的软容器苗，应在第二年休眠期重新进行软容器苗制作。

(6) 可溶性无纺布规格和应用。可溶性无纺布，分 $40g/m^2$ 和 $25g/m^2$ 二种规格。小苗可用 $25g/m^2$ 规格，大规格苗木如大灌木、落乔等用 $40g/m^2$ 规格无纺布。该可溶性无纺布主要特点是 1～2 年内降解，对根系无伤害。

该创新技术在 1950 年大庆长安街绿化改造工程中，非正常季节移植大小苗木 22 万株，节约了大量工力、材料，移植成活率可达 98%以上，取得圆满成功。

四、岭南地区非正常季节移植树木的方法及技术要求

岭南地区气候条件和树种习性与北方及江南差异很大，单独进行介绍。

(一) 岭南地区关于非正常季节移植树木的理解

不同植物因其移植习性的差异，在不同的季节或气候条件下，成活率有很大的差异。对多数植物而言，春秋两季移植较好。而不同植物的适宜移植季节又有所区别：如热带植物，例如棕榈、鸡蛋花等，不宜在低温季节移植，宜在 4～10 月移植；松树类宜在大寒前后移植；落叶树种，如红花楹、木棉等，宜在春季萌芽前或冬季落叶后、降霜前移植；常绿树种，如白兰、非洲桃花心木等，宜在春季新芽萌芽前或换叶后移植。容器苗原则上全年均可移植。

非正常季节移植树木就是在不适宜移植的季节移植树木，非正常移植季节是根据具体的树木品种而具体不同的，而且即使在适宜移植季节里，遇到岭南地区的一些特殊的天气，如春天淫雨持续土壤泥泞、夏天台风前夕的连续高温晴热天气、初秋的“秋老虎”高温干燥强光照时期等，也应参考非正常季节移植树木的技术要求进行移植。

(二) 岭南地区对非正常季节移植树木采取的应对措施

非适宜季节的移植应采取提前环状断根，加大土球体积，或提早在适宜季节起苗用容器假植等措施处理。

1. 保护根系措施

常规起苗，土球大小是干径的 6～10 倍，非正常季节应增大到 10～15 倍。起苗前 2～3 个月将四周侧根均分为 4 份，分两期断根，每期断对角的两份，两期之间间隔 1 个月以上。起苗时，土球范围应在提早断根的范围外 10～20cm，应保护好土球不松散，用草绳等把土球包好，以防散球。根系的切口应保持平滑。条件许可时，可在根系切口处涂抹杀菌剂、防腐剂，如根腐灵、多菌灵等；移植前后应对土球灌施促根剂，如 IBA、萘乙酸等。

起苗的时间，应避免在夏季高温的中午、大雨天或连续雨天之后。起苗后不能及时运走的必须作好覆盖和保湿，特别是对根系的覆盖；运输过程和到栽植地栽植前也必须作好覆盖和保湿。从起苗到栽植完毕在最短时间内完成，有助于提高成活率。

2. 抑制树叶蒸发量措施

(1) 修剪。岭南地区夏季高温多雨植株生长旺盛、秋季高温干燥强光照植株蒸腾量大、冬季的北风天干燥低温植株根系休眠缺乏再生能力，这些时期移植树木的修剪应适当重剪。

非正常季节移植树木，应提前疏枝，适当修剪，可摘叶的应摘去部分叶片，但不得伤害幼芽。修剪的强度一般在全冠的1/5～1/3，必要时，对于生长较快、树冠恢复容易的细叶榕等可剪掉全冠的1/3～1/2，对较易于恢复生长、已提早断根且根系保护较好、从起苗到栽植时间短的树木可以采取轻度修剪，尽量以摘除叶代替修剪，摘除的叶量以1/2～2/3为宜。修剪应保持树冠完整。修剪的伤口应消毒，并涂保护剂。

(2) 遮荫和喷水(雾)。夏秋季，起苗后不能及时运走的必须作好遮荫，可用遮阳网、草席、麻袋等覆盖土球和树干枝叶；运输过程和到栽植地栽植前也必须作好覆盖。栽植后，可用遮荫棚对树冠进行遮荫，棚的大小和树的冠幅相当，亦可以用麻袋片或草绳包裹树干，用遮阳网遮盖树冠，待新芽萌出长成成熟叶后方可拆除。高温、干燥天气移植，应定期对树冠喷雾，以保持湿度，提高苗木的成活率。

秋冬季移植棕榈等热带植物，应采取防风保温措施。移植后，对树冠覆盖遮阳网防霜冻，能搭塑料薄膜保温棚保温更好。还可采取地面盖草、树侧设风障等防风保温措施。以冬季移植未经提早断根的大规格海枣为例，对顶端的生产点、叶心用干净的稻草包裹，然后把其余的叶片以叶心为中心围拢、用草绳捆扎，防止叶心冻伤，植株死亡。包扎要在次年天气回暖、春季来临时才可以解除。移植尽量在温度较高的时候，抓紧在冬季短暂回暖的天气、一天中温度较高的中午前后。树干要用稻草、麻袋包裹防寒；回填土后，浇透定根水后，对地面用稻草、枯枝叶等覆盖。

(3) 护干及支撑。在高温干燥季节，移植后至树冠恢复前，应采取树干喷水、包裹湿的草绳、麻袋片的方法，防止树干裂皮。秋冬季移植棕榈等热带不耐寒的树种，要用稻草、麻袋片或草绳将主干包起来，高度不低于1.5m，或用石灰水对主干涂白来减少树体受外界温差的影响，避免树干裂致死，条件许可的应对树干和主要枝干进行完全包裹。

岭南地区7～9月的台风雨季节，对移植时间不长、根系浅的树木(如：黄槐)必须进行支撑，本地多采用竹竿、木棍为支撑物的三角支撑法。一般在树木高度的1/3～1/2；但大王椰子、木棉、细叶榄仁等比较高的品种，支撑点高度宜在树木高度的1/2～2/3；黄槐等浅根性的品种，支撑点高度要在树木的分枝点以上；保留的树冠大、枝叶浓密的树木，支撑点高度也应适当增高。

3. 病虫害防治

新移植树木的抗病虫能力差，在高温多雨季节移植，易于发生病害；高温干燥季节，易于发生虫害。反季节移植的养护期要根据编制的病虫害防治计划进行调查、防治。如：移植前后，对根系、枝干的伤口要用杀菌剂消毒，并用塑料薄膜、环氧树脂或植物专用伤口涂补剂包封伤口；对橡胶榕、鸡蛋花等伤口乳汁较多的树种，修剪后，应待伤口乳汁停止流出后，再进行伤口消毒和封涂，防止病原菌从伤口入侵。久雨初晴，应喷施广谱的杀菌剂预防病害。树势恢复前，易受天牛、木蠹蛾、白蚁等钻蛀性害虫危害，特别是垂柳、秋枫、大叶榕等树种，应在移植前检查处理，移植后，可采取树干涂刷石硫合剂、在种植地悬挂诱虫灯诱杀成虫等预防措施。

（三）囤苗非正常季节移植技术

已有移植计划非正常季节移植，可在适宜季节提早半年到一年断根起苗用容器假植的措施进行处理，这样既可保证成活率，也可使移植时能保持更好的树冠和移植后恢复更快。具体的做法是：在该种树木适宜移植的季节，适当修剪后，按苗木胸径5～8倍大小范围确定土球大小，断根起苗，用口径大于土球直径20cm以上、深度大于土球深度30cm以上的无纺布或塑料种植袋假植，添加的种植土应选择富含有机质理化性状良好的土壤，种植后支撑固定，护干，进行养护。时间或场地条件不足的，断根起苗后，可用遮阳网、草绳或铁丝网等材料把土球包裹牢固后原地囤苗假植。经过囤苗假植的树木进行反季节移植时，轻剪或只摘除1/2叶片，移植中注意在除去种植袋或包裹物时要保护好土球。

复习思考题

1. 非正常季节移植的定义。
2. 非正常季节移植应采取哪些应对技术措施？
3. 掌握各种容器囤苗，非正常季节栽植的施工技术工艺。
4. 岭南地区特殊的气候条件下非正常季节移植技术要点。

第九节　竹类移植方法与技术要求

竹类的移植地区性很强，各地区分布的竹种不同，散生竹、丛生竹、混生型竹掘苗、养护、栽植技术要求差异很大。各地区环境生态的差异也决定了移植时机、养护特点的不同。本节内容按地区特点分别介绍。

一、华北地区竹类移植方法与技术要求

（一）竹苗选择

北京地区主要是散生竹，有刚竹、淡竹、水竹、紫竹及其变种。混生型竹种有箬竹。散生竹移栽常选择一二年生、生长健壮、无病虫害、分枝低、枝叶繁茂、鞭色鲜黄、鞭芽饱满、根鞭健全、无开花枝的母竹。

（二）移植时机

华北地区以3月中旬至4月上旬和雨季7月中下旬为宜，其间为竹子年生长休眠期。春季3～4月竹笋尚未萌发拔节。7月竹竿、枝叶已成形，地上部暂缓生长，正值雨季空气湿度大适合移植。4月底5月上旬正是竹笋出土拔节的高生长阶段，最好不进行移植。中原地区的秋季移植方法，对北京地区冬季低温、风大、干燥气候很不适宜。

（三）竹苗挖掘及竹蔸搬运的技术要求

1. 母竹挖掘

掘苗要带好竹鞭，尤其要带好去鞭。中、小型散生竹留来鞭30cm，去鞭40～50cm。首先确定竹鞭的方向，一般情况下竹鞭走向和第一层枝盘方向一致。挖竹时，在距母竹40cm处用锄轻轻挖开土层，找到竹鞭，按来鞭30cm、去鞭40cm截断竹鞭，再沿母竹来去鞭方向呈椭圆形挖好。厚度一般为20～25cm，可视笋的位置适当加厚。要保护好竹鞭，确保母竹与竹鞭良好接合。尽量做到少伤竹鞭、鞭根和笋芽，不能强行用力摇动竹竿，以

免损伤笋竿连接点。

2. 竹苗移植修剪

北京地区干旱条件下，春季移植，常规要求必须打尖，留枝4～5盘去梢。夏季移植、近距离移植可以不打尖。打尖目的是控制母株蒸腾量，如果是为了保持景观，又有喷水保湿的养护条件，也可以不进行打尖修剪。

3. 包装运输

常用蒲包片、草绳进行包扎，喷水保湿。长途运输必须篷布遮盖，中途要喷水。上下车搬运必须对竹蔸用双手抱起或多人抬的方法，严禁拉扯竹竿。要轻搬轻放保护护心土不散。

（四）竹苗的栽植

1. 栽植地准备

（1）竹林地选择：选背风向阳、光照充足、排水良好的位置。土壤要求富含有机质、肥沃，疏松透气，土层深度达50cm以上的沙质壤土为好。

（2）整地：采用全垦整地，深度30～40cm，筛土，清除绿地中的建筑垃圾和生活垃圾。现场土壤质地较差应进行土壤改良，掺加一定比例草炭土、腐叶土或松针土。穴挖好后将表土回填底部。

2. 栽植坑规格及栽植密度

栽植穴的规格长宽不宜统一，可按竹蔸大小决定，也可按设计图的丛植范围决定，但深度应达到40cm并换成耕作土，有条件的应多加有机肥、草碳、腐叶土等。

散生竹(垞)种植间距视竹竿多少、蔸垞大小而定，大型散生竹间距为3～4m，小型散生竹间距为2～3m。可自然式种植，不一定都等距离栽植。注意不要定植过密，给成活以后行鞭留下适当的空间。

3. 栽植技术要领

栽竹不同栽树，栽竹成活关键在于竹鞭；竹鞭是地下茎，在土中横向生长，故不宜栽深，否则影响竹鞭的生长行鞭；移栽时注意竹鞭的保护，切忌损伤鞭根、芽，也不可损伤竹鞭与竹竿连接处。

具体操作：先将表土填于穴底，使之深浅适宜。解除包扎物，将母竹蔸放入穴中，使竹鞭及根舒展，下部与土壤密接，种竹的深度一般以竹鞭在土中20～25cm为宜，覆土深度比母竹原土部分高3～5cm。四周踏实，浇足“定蔸水”后，再行覆土。覆土要求下层宜紧，上层宜松。

（五）栽后养护

（1）移栽后立柱或横杆互连支撑，减少母竹晃动，提高移栽成活率。

（2）栽后天气久晴，土壤干燥时应适时喷水。

（3）母竹移栽后的养护管理。如发现露鞭或竹蔸松动要及时覆土，除草松土时不要伤竹根、竹鞭和笋芽；孕笋期封闭竹园，严禁踩踏。

二、江南地区竹类移植方法与技术要求

江南地区属于混合竹区，既有刚竹属、箬竹属和苦竹属的散生竹，又有慈竹属、簕竹属等丛生竹等分布。下面，我们将按丛生竹和散生竹两大类分别介绍竹类的移栽方法和技术要求。

(一) 丛生竹的移植方法与技术要求

丛生竹没有地下横走的竹鞭、仅靠竹竿基部的芽发成竹笋、长出新竿的竹子。一般丛生竹的竹蔸、竹枝和竹竿上的芽，都具有繁殖能力，故可采用移竹、埋蔸、埋竿、插枝等方法进行繁衍移植。

1. 换土、整地

竹子地要求有灌溉条件，又要排水良好。由于丛生竹类地下茎入土较浅，出笋期在夏秋，新竹当年不能充分木质化，经不起寒冷和干旱，它们对土壤的要求高于一般树木。按照丛生竹喜酸、喜肥、喜温湿、怕水涝的生长特性，移栽丛生竹应选用土层深厚、肥沃疏松、排水良好、略偏酸性的沙质土壤。

在大多数情况下，移栽地的土壤理化性质并不适宜丛生竹的生长要求，这时就需要对土壤进行换土处理。清除垃圾，清除过于黏重的土壤和盐碱土，换上松针土、草炭土、腐叶土等 pH 值在 4.5～7.0、疏松肥沃的土壤，为增加土壤渗水和排水性能适当掺加河沙。

大多数丛生竹生长的过程中需要大量的水分来满足其生长发育的需要。但又怕地下积水，引起地下根蔸的缺氧窒息死亡。故移植地应作有利于排水的微地形。

2. 移植时间

丛生竹一般在 3～4 月份发芽、6～8 月份发笋。因此移植最好选在 1～3 月间竹子的休眠期进行，此时气温低，叶面水分蒸发少，有利移植成活。当年即可出笋，2 年即可形成景观效果。

此外，在江南地区的梅雨季节移栽也较适宜，因为此时空气湿度高，母竹资源丰富，成活率也高。但近年来因为全球气候变化异常，梅雨季节延续时间变化很大，对移栽竹子会带来一定的风险。

虽然江南地区因平均气温适宜，在其他月份也可以进行移植，但和一般树木的移栽相同，在夏季的 6～8 月份气温过高、湿度偏低，移竹的难度增大，成活率很低，一般应避免在此季节移栽。

3. 移植程序及技术要求

作为园林景观种植，需要立即见效，故一般竹林只采用移植法进行栽植。移竹栽植又称分蔸栽植，种植程序一般分为选竹、挖竹、运输、栽植等四个阶段。

(1) 选择母竹：一般要求母竹必须是生长健壮、枝叶繁茂、节间匀称、分枝较低、无病虫害、无开花枝、竿基的芽眼肥大充实、须根发达的 1～2 年生的竹竿。此类竹竿发笋力强，栽后易成活，是丛生竹移栽最理想的母竹。2 年生以上的竹竿，竿基芽眼已有部分发笋成芽，残留下来的也基本趋于老化，失去了萌发能力，而且根系也开始衰退，不宜选作母竹。1～2 年生的健壮竹株一般都着生在竹丛边缘。

此外，选择母竹还要大小适中，一般大竿竹种要选胸径为 3～5cm、小竿竹种胸径为 2～3cm、竿基上有健壮芽 4～5 个的成竹。母竹过于细小，根茎生长点再生能力差，影响成活；过于粗大，挖掘、搬运、栽植都不方便，移栽后抗风能力较差，也不宜选作母竹。

(2) 挖掘母竹(分株)：丛生竹的竹蔸部分(即竹子的竿基和竿柄)就是地下茎，竹蔸节间短缩，似烟斗形状，只有竹根，没有竹鞭。竿柄细小而无根，是母竹和子竹的联系部分。丛生竹的竿柄一般较短，节数较多，相当于散生竹的竹鞭。竿基肥大多根，每节着生 1 芽眼，又叫笋目，交互排成 2 列，芽眼数目按不同的竹种而有变化。大型丛生竹较多，小型丛生竹较少。因此在掘苗时必须选择生长旺盛的1～2年生竹丛，在离其竹丛中心25～30cm外围，由远到近，逐渐深挖。防止损伤竿基部的芽眼，竿基部的须根应尽量保留。在靠近老竹的一侧，找出母竹的竿柄与老竹竿基的连接点，然后用利刃、山锄或快刀切断母竹的竿柄，连竹带土挖起。在切断母竹竿柄时必须特别注意，防止劈破或撕裂竿柄或竿基，否则会影响新竹的抽生和生长，严重的甚至使母竹的根系因受伤导致腐烂，造成移栽后死亡。

挖掘时，要根据竹种特性和竹竿大小，决定竹子的带土量和母竹竿数。一般较大竹种如银丝大眼竹(斑坭竹)，因竹株大、根系发达，可采用单株挖掘，带土要多些；小型竹种如孝顺竹、凤尾竹等，竹株较小，密集丛生，竹根分布也较集中，可以3～5株，成丛状挖起栽植。为了保证移栽的成活率，竹蔸掘起后要用稻草或麻布将竹蔸连土包扎好，防止损伤芽眼并保证宿土不致脱落。

(3) 竹苗运输：竹苗起掘后尽快运输到位。如运输路途较远，要使用编织袋或草袋将竹苗包裹好，并用绳子扎紧。上下车要轻搬、轻装、轻卸，不要使竹苗受损或宿土脱落。丛生竹苗装车应直立，以防止运输途中因苗木堆压造成损伤，因竹叶较薄，易风干失水，故运输车厢要用篷布覆盖，防止风吹日晒使竹苗失水降低成活率。长途运输时，还应在途中喷水保湿，减少水分蒸发。

(4) 栽植方法：由于丛生竹的地下茎节间短缩，不能在土中作长距离的蔓延生长，为了加快生长速度、尽快形成景观效果，栽植密度要大些。一般在溪流两岸，平坦而肥沃的土壤上，栽植的行株距可大些，而在丘陵起伏土壤条件较差的地方，株行距就要小些。对于需要点景的部位，可以20～30竿呈丛状种植。

在土质疏松肥沃的地方，只需将地面按设计要求整形而不需整地，即可开穴栽竹；而在土壤条件较差的地方，要先实施客土更换，经过土壤改良后再整形、挖穴。种植穴的大小根据母竹根蔸的大小而定，约大于母竹根蔸的1～2倍，以使根系舒展，一般为50cm×70cm、深30cm左右。因丛生竹喜肥，在萌发竹笋时也需要消耗大量养分，因此可在开挖的穴底部施用一些腐熟的农家肥作底肥，在肥料层上需覆盖20cm左右的疏松土壤作为隔离。然后将母竹植于穴中，母竹竿基的两侧芽眼应垂直重叠。调整好母竹的种植位置后，分层填入表土压实，使竹子的根系与土壤紧密接触，灌水，最后覆土以超过母竹原入土深度3cm左右为宜。覆土表面应塑成馒头形，以防积水烂根。

丛生竹的移竹(分蔸)栽植是我国劳动人民千百年来一直沿用的竹子繁殖方法，只要注意母竹质量、栽植季节和技术，一般成活率较高，发笋多而大，3～5年即可形成竹林。

(二) 散生竹的移植方法与技术要求

江南地区散生竹种很多，其中园林栽培应用广泛的有：毛竹、刚竹、淡竹、紫竹、金镶玉竹、龙鳞竹、早园竹等。华北地区散生竹主要有刚竹、淡竹、水竹、紫竹及其他变种。混生型竹种有箬竹。这些竹种的生长规律和繁殖特点大同小异，因而移栽技术也大致相同。园林移植散生竹一般采用直接将母竹从竹林里分离出来，用于园林造园种植或事先将母竹移植到苗圃地里去培育2～3年，待竹苗增殖以后，再起苗用于园林造园的母竹移植方法。但对于数量稀少的珍贵竹种如龙鳞竹、金镶玉竹、紫竹等，也经常采用在苗圃中先用竹鞭或种子进行竹苗繁殖，然后再进行园林移栽。下面，我们以园林栽植使用最为广泛的母竹移植方法来阐述散生竹移植方法与技术要求。

1. 换土、整地

为了培育速生优质的竹林景观，在散生竹移栽前，必须根据竹子对立地条件的要求，选择适宜的土壤和地形条件。

散生竹生长速度快，有强大的地下竹鞭系统。散生竹在碱性土上生长不良，因此，移栽散生竹的土壤要求深度在 50cm 以上，肥沃，湿润，排水和透气性能良好的酸性、微酸性或中性沙质土或沙质壤土，pH 值以 4.5～7 为宜。散生竹大都不耐水湿，因此种植地的地下水位以 1m 上下为宜。此外，过于黏重瘠薄的红土、黄土以及盐碱土等，对竹子生长不利，不能种植散生竹。如必须种植，要进行客土更换，因为散生竹生长土层深度要求较高，因此换土厚度必须达到 50cm 以上。

在移栽竹子前，还应对移栽地全面翻土，深度 30～50cm，筛土清除建筑垃圾和生活垃圾，将表土翻入底层，有利于有机物质的分解；底土翻到表层，有利于矿物质的风化。

和丛生竹生态习性一样，散生竹也不能在积水中正常生长，故移植地必须作有利于排水的整形，整成自然坡地以利自然排水。特别是在比较平坦的地块上毛竹的移植，一般还需要在种植带沟底设置碎石等滤、排水系统，在其上铺设 1～2 层土工布，在土工布上回填 30cm 以上的松散微酸性黄土。滤、排水系统必须和种植区域内的总排水系统有效连接，确保雨季积水能迅速排除。

2. 移植时间

在江南地区，散生竹一般在 3～5 月出笋，6～7 月新竹生长旺盛，8～10 月行鞭发芽，11 月～翌年 2 月是竹子生长比较缓慢的时期。所以，冬季至早春(即 11 月至翌年 2 月，除冰冻期外)是散生竹适宜的移栽季节。

散生竹近距离移栽，只要挖母竹时注意保护鞭根、多带宿土，1 年中除高温伏天和冬天冰冻期以外，都可进行移栽。

3. 移栽方法

散生竹移栽方法有：移母竹、移鞭、截竿移蔸鞭、实生苗移栽等多种方法。作为景观栽竹，需要立即见效，因此在园林种植上一般采用移母竹法和实生苗移栽法。

(1) 母竹的选择：母竹质量优劣对移栽成活的质量影响很大。散生竹母竹质量主要反映在年龄、粗度和生长势等方面。1～2 年生母竹所连的竹鞭，一般处于壮龄阶段(3～5 年生)，鞭色鲜黄，鞭芽饱满，鞭根健全，因而容易栽活和长出新竹、新鞭；而 3 年生以上的竹子已趋于老龄，老竹必定连着老鞭，鞭色常呈黄棕或深棕色，鞭芽多数已腐烂，鞭根也明显稀疏，不易栽活。有的虽能栽活，但因竹鞭上活芽不多，出笋和行鞭都较困难，故而不宜选作母竹。另外，园林应用的母竹不宜过粗或过细，因为粗大的竹竿，易受风吹摇晃，不易栽活；过细的竹子往往生长不良，出笋行鞭能力弱，景观效果差，也不宜选作母竹。

根据各地的实践经验，毛竹的母竹直径以 3～6cm 左右为宜。刚竹、淡竹、早园竹等中小型散生竹的母竹根际直径 1～3cm 左右为宜。造林母竹应该生长健壮、分枝较低、枝叶繁茂、竹节正常、无病虫害。在竹林中选定了合格的母竹后，可在竹竿上做好标志。

(2) 竹苗起掘：竹苗挖掘前要先确定竹鞭走向，竹鞭走向大致和竹子最下一层枝条走向平行。用山锄挖开土层，找到竹鞭，再沿母竹的来鞭和去鞭两侧 20～50cm 处截断竹鞭。一般大型竹保留来鞭 30～40cm，去鞭 70～80cm；中小型竹保留来鞭 20～30cm，去鞭 50～60cm。断鞭操作时，要面对母竹，用山锄或快刀斩断竹鞭，要求截断面光滑，鞭蔸多留宿土。然后沿着与竹鞭平行的两侧逐渐挖深，掘出母竹。挖掘时不能动摇竹竿，以确保母竹竹蔸与竹鞭的良好接合，因为竹鞭与竹竿的连接处很细，俗称"螺丝钉"，极易受损伤乃至断裂，使得竹鞭与根的输导组织被破坏，栽植后不易成活或无法萌发新竹；起苗时要尽量多保留鞭蔸上的宿土。土球直径以 25～30cm 为宜。

早园竹、黄纹竹、花竿早竹、箣竹、罗汉竹、箸竹等中小型散生竹，经常有几株母竹靠近生长在同一鞭上的现象，挖母竹时，可将 3～5 株一同挖起为一"丛"母竹，造景效果更好更自然。如每丛株数过多时，可疏去一些生长较弱的竹子，留 3～5 株健壮竹苗即可。

为了不影响栽植后的观赏效果，挖掘的母竹不应去梢，但要加强母竹的运输过程和栽培管理，采取多喷雾化水来减少叶面水分蒸发。

(3) 竹苗运输：运输母竹首先必须包扎好土球。大型竹如毛竹一般可用稻草或蒲包、麻袋等将竹鞭和宿土一起包扎好，将竹鞭顺着同一方向层层叠放在车厢内。车厢内最好垫一层草包，以防鞭芽和竿根部的"螺丝钉"处折断或宿土震落。中小型竹可将竹苗 10～20 株扎成捆，将竹苗放在竹筐里或直接装车运输。为确保竹苗不失水，可在竹筐或车底垫一层湿草包或湿苔藓。竹苗放置时应竹鞭对竹鞭、竹梢对竹梢分层放，上面再用湿草包覆盖，并在根部填放一些湿润的苔藓、稻草等物，以防根部失水枯死。装车时，应适当露出竹竿，以利通气。装卸过程不准拉扯竹竿，应搬移土球。如运输线路较长，途中要对母竹覆盖并对竹叶喷水，以减少水分蒸发。

(4) 栽植：栽植散生竹首先要控制好栽植密度。为了考虑尽快形成绿化景观，栽植散生竹的间距可控制在(50～80)cm×(50～80)cm 左右。为达到自然竹林的景观效果，栽植时应疏密有致，不能按规则阵列式种植，同时还应做到随到随植。栽植穴的规格，视竹种不同和母竹土球大小而异，一般情况下，毛竹移植，穴长 1.0m，宽 0.5～0.6m，深 0.4m 左右；刚竹、淡竹、早竹等中小型散生竹移栽，穴长 0.8～1.0m，宽 0.4～0.5m，深 0.3～0.4m 为宜；挖穴时，要把下层土和表土分别放置于穴的两侧。在坡地上挖坑时，应注意坑的长边与等高线平行。坑的尺寸一般应不小于宿土和鞭根直径的 1.5 倍，以栽植后鞭根舒展为原则。常规的要求是：深挖穴、浅栽竹、下壅紧、表土松、水浇足。具体为：栽植前先在穴底垫 15cm 左右种植土，有条件的可在栽植穴底部铺施一层有机肥，厚度 10～15cm 左右，然后覆盖一层种植土。栽植时解除包装，深度适中，鞭根舒展，覆土的深度比母竹原来的入土部位稍深 3～6cm，上部培成馒头形，填土时要防止踏伤鞭根和笋芽。踩实后起围堰、浇透水。待水渗入后，加盖一层松土，并将包扎母竹的稻草等物，覆盖在母竹周围，以减少土壤水分蒸发。然后用竹、木桩和麻绳架设支撑架，支撑架可扎成水平方向的网格状，使新移栽的竹子形成一个稳定的整体，以防止风吹摇晃或倒伏。

在景观绿地和庭院中栽种散生竹时，应注意与其他植物的生长关系，尤其要注意散生竹强大的地下竹鞭生长对地面设施、铺装及其他植物生长的影响。必要时可在栽种前按其发展控制面积预先埋下隔离板，隔离板的深度 30～40cm，上口不要露出地面。

三、岭南地区竹类移植方法与技术要求

(一) 岭南竹苗掘苗技术

1. 散生竹掘苗程序及技术要求

岭南地区竹类繁育有三种方法：一是利用母竹；二是利用根株；三是利用竹笋。

（1）母竹挖掘技术：

1）母株的选择：选择在竹园的边缘便于挖掘搬运的母竹，母竹要求生长旺盛、健壮、分枝节位低、无病虫害。

2）挖掘母竹技术要求：先在要挖的母竹周围表土层浅挖，找出竹鞭，寻找竹鞭是按竹株最下一盘枝杈生长方向找，分清来鞭和去鞭。通常来鞭留 20～30cm，去鞭留 40～50cm，切断竹鞭截面要求光滑，不致竹鞭劈裂。然后沿竹鞭两侧挖至 40cm 深，截断母株底根，保护好根的完整，将竹鞭、根与母竹一起挖出。

3）母竹根部保护：挖出的母竹要用稻草捆扎好，维护好竹鞭与母竹的竹蔸，不受机械损伤、不失水。

4）母竹的修剪：挖出的母竹应留枝 4～5 盘，即可将顶梢截去，切口保持平滑。

（2）根株挖掘技术：选取二年生健壮的竹株，离地面 35～40cm 截竿，仅留竹桩及竹鞭，先在苗地或容器培育成苗再移植于施工现场。其挖掘技术要点要求基本与母竹挖掘相同。

（3）竹笋挖掘技术：

1）竹笋选择：在竹笋出土时，选取体形小、粗壮、无病虫害，露出地面不足 30cm 的竹笋作为育苗材料。

2）挖掘程序：先沿生笋的竹鞭挖开表土，让竹鞭露出，然后在竹笋来鞭与去鞭各留长 50cm，挖掘竹笋必须多带宿土，保留更多的须根。

2. 丛生竹掘苗技术

丛生竹母竹挖掘要掌握技术环节如下：

（1）挖掘范围：挖掘时要在母竹株 25～30cm 的外围，扒开表土，由远至近逐渐挖深。

（2）确定母竹位置，分株：挖掘时要在母竹的一侧，找准母竹竿柄与老竹竿基的连接点后，用刀或利锯切断母竹的竿柄，连蔸一起挖起，在切断操作时要防止劈裂或撕裂竿柄基，防止损伤竿基部的芽眼，竿基部的须根应尽量保留。

（3）每蔸分株根数：每蔸挖掘母竹的竿数及带土量要根据竹的品种、生长特性和茎竿粗细来确定，一般根径较长或较粗大竿的品种如麻竹、撑篙竹、梨竹、绿竹、慈竹等可采用单株挖蔸。小型竹如孝顺竹、观音竹、凤尾竹其株形细小、密集丛生，可 3～5 株成墩挖掘。

（4）母竹修剪：母竹挖起后，竹竿留 2～3 盘枝，在靠近节间斜向将顶梢截除。切口保持平滑呈马耳形。

（5）包装：竹蔸掘起后要用稻草或麻布将竹蔸连土包扎好，防止损伤芽眼并保证宿土不致脱落，根系不失水。

（二）岭南地区竹类栽植技术

1. 散生竹移植方法

岭南地区散生竹分二大类：一类是从竹林分株进行移植；另一类是在苗圃利用根株法和竹笋法培育成容器苗，下地移植。两种移植法各有长处。

（1）母竹移植方法。多采用直接从竹园中挖取母竹移植于施工现场。散生母竹移植技术方法如下：

1）挖掘栽植技术要领：要掌握深挖穴，浅栽竹，高培土的要点。

2）栽植适宜季节：散生竹 2～5 月为出笋期，4～7 月为幼竹生长期，11 月至翌年 1 月整个竹株处于休眠期，在此时移植有利提高成活率。

3）整地改土：以深厚、肥沃湿润的壤土为最适宜，栽植前要施放基肥，不适宜土壤要进行改良。栽植地应排水良好。

4）精心组织、精心施工：母竹挖好后要做到随挖随运随种。栽植时切口用泥浆涂封，以防失水而干枯。母竹放好后分层填土，踏实，埋深比母竹原土痕深10cm，堆成馒头形。

(2) 苗圃容器苗移植法。容器苗基本不受季节限制，便于施工。移植成活率较高。栽植程序及技术要求同上。

1）根株法：仅留竹桩及鞭根采用容器或在苗圃苗地培植成母竹进行移植。

2）竹笋育苗法：采用挖好的竹笋进行埋植于容器或苗地培育成母竹进行移植。

2. 从生竹移植方法

从生竹栽培移植常采用母竹移植法、带蔸(根)埋竿法、插枝育苗法。

(1) 母竹移植的技术关键：

1）从生竹移植要选好季节，从生竹移植最适宜在1～3月在竹竿茎笋萌动前进行移植最为适宜。

2）做到随挖随运，在搬运过程中应注意保护竹竿表皮和竿基笋目，运输前要盖上篷布减少水分蒸发，运到现场后若不能及时种植应放置阴凉避风处，并遮盖好。

(2) 带蔸(根)埋竿移植的栽植技术：

1）将母竹倾斜地面45°放置穴中种植，并茎竿切口向上。

2）切口灌以泥浆，防止竹竿干枯。

3）夯实蔸(根)际的填土，种植后浇足水。

(3) 插枝育苗的关键技术：

1）选择母最适是二年生，竹直径4～6cm的茎竿，无病虫害。

2）母竹插枝两端要靠竹节端，切口呈马耳环形。切口平滑，无劈裂缝。

3）将母竹倾斜地面45°放置穴中种植，并茎竿切口向上。夯实填土，种植后浇足水。

复习思考题

1. 掌握北京地区竹类移植的技术工艺。
2. 掌握江南地区竹类移植的技术工艺。
3. 掌握岭南地区竹类移植的技术工艺。

第十节　立体绿化种植工程

一、垂直绿化的形式及适宜的绿化材料

藤本植物沿立面向空间发展而形成“垂直绿化”或“立体绿化”，既装饰了建筑外表，为城市立体景观增添自然的生机，还能够改善城市的生态系统和生活环境。利用藤本植物的缠绕性、吸附性、钩攀性、卷须性等生长特点进行垂直绿化，包括墙面绿化、围墙与护栏绿化、花架绿化，这是向空中发展立体绿化的重要途径。

(一) 墙面绿化，附壁式

在楼侧墙下的地面种植槽或容器中种植具有吸盘或气根的藤本植物，使之依附建筑物

立面延伸扩张，形成绿色壁毯。主要利用吸附类藤木，如中国地锦、美国地锦、扶芳藤、常春藤等。

（二）围墙与护栏绿化，篱垣式

利用藤本植物把篱架、矮墙、护栏、铁丝网等硬性单调的土木构件进行装饰，变成枝繁叶茂、郁郁葱葱的绿色围栏，既美化环境，又隔声、避尘，还能形成令人感到亲切安静的封闭空间。主要利用钩攀类或缠绕类藤木，如蔷薇、藤本月季、金银花等。

（三）花架绿化，棚架式

利用花架的花池或走廊侧边种植藤本植物，引导向上而覆盖花架、走廊的顶部、侧面，形成荫棚或绿廊。常用的主要是缠绕类的藤木，如三叶木通、紫藤、凌霄、杠柳等。

（四）坡面绿化

用于土坡、假山石的绿化美化。利用藤木攀附于种植坡面既美化景观又可稳定坡面土壤，防止浇水或雨水冲刷。

（五）植物立体造型

可以利用缠绕类藤木将造型的框架完全包覆起来，用藤本植物给以整形或绑扎，而形成绿色门洞、景窗。顺死树枯枝把藤本植物牵引向上，形成枯木逢春浓密的绿色景观，在各大名胜古迹经常见到。

（六）悬蔓式

利用种植容器种植藤蔓或软枝植物，不让它有任何依附向上生长，而是让其凌空向下悬挂，形成别具一格的景观。

二、垂直绿化的种植环境及采取的相应措施

要创造必要的栽培条件。立面绿化离不开地面栽植基础，因地面狭窄，栽植的基质空间比较小，另外垂直绿化施工应根据不同攀缘植物特性，选用不同的方法和不同的被攀缘物。常用以下做法处理这个矛盾。

（一）砌筑栽植池

为保证攀缘植物的种植基础可在立体绿化物下方砌栽植池，池的大小、深浅视攀缘植物种类和生长特性而定。如用地锦攀缘墙面，可在建筑物墙下方可利用的面积内砌筑宽25～30cm、深30～40cm的栽植池，填实经过改良的园田土，池边留3～5cm边沿供浇水用。如栽植的是葡萄、猕猴桃或植株高大粗壮的紫藤等，栽植池应适当加大些，土层也要深厚些。

（二）建筑物散水的改造和利用

(1) 可将藤木种在散水外绿地内，缺点是植株上墙需要牵引。

(2) 破散水砌成种植池，池内填充种植土，将植株栽在池内，便于牵引上墙，管理简便。

(3) 在散水上砌成栽植池，或在散水上放置大型容器，将植株栽在容器内，此法水肥管理费事。

（三）容器栽植

在不便于砌筑栽植池的地方，可用大木箱或大型容器进行栽植，箱或大型容器的大小视攀缘植物种类和栽植条件而定，要选用肥力较高、透水、透气性能好的基质作栽植土。常于立交桥区悬蔓式种植时应用。

（四）建立支架

花架是藤木的载体，可做成立体的也可做成单面的。

立体支架适用于缠绕类藤木，如紫藤、木香、南蛇藤、杠柳、金银花等。

单面支架、其中包括常见的栏杆，需要人为的牵引，如藤本月季、金银花等。单面花架也常用在墙的立面，引导吸附类的藤木向上爬行，如立交桥的墙根绿化，可克服一些藤木对墙面吸附的困难。

采用缠绕性和蔓性的攀缘植物如金银花、藤本月季等时，要立支架，可以用竹竿、绳等牵引，也可根据绿化需要建棚架、栏杆。

三、栽植的要求

（一）栽植密度的要求

1. 用于墙面及立面绿化的种植密度

应依据树种生长速度和预计几年后生长空间来决定种植密度。如地锦类，尤其是美国地锦，生长快、吸盘节间长、生长量大，枝条能很快爬满墙。如果栽植密度过大，枝条会过多，互相拉扯，造成枝条脱落墙下的危险。通过观察，在西房山全部种美国地锦，仅五年之间就可爬上七层楼。中国地锦吸附墙面能力比美国地锦更强。

栽植的密度是：在散水上砌栽植池，凌霄、美国地锦每米栽 1 株，效果很好。中国地锦每米种 2 株。考虑每年修剪和空间占有，用于篱笆种植的藤本月季 3～5 株/m。

2. 用于棚架绿化的种植密度

用于棚架绿化的紫藤、木香、金银花等因种植池面积有限、种植过密反而影响生长，有很多老的藤萝架，整架只一株树。

枝干粗大的紫藤、葡萄 1～2 株/m，枝干较粗，生长发育快的如木香 2～3 株/m。金银花、铁线莲等 3～5 株/m。

（二）栽植前的修剪

藤木的栽前修剪主要目的是保成活率，因其没有树冠，修剪以短截为主，每株留 2～3 根主枝即可。如地锦、美国地锦选苗越粗越好，任其苗有多长，只留 0.5～1m 进行短截。目的是先养根系，根的发育是藤木生长的基础。

对于生长发育慢，年生长量小的如紫藤则修剪应放量，根据生长势，短截不应过短。

（三）藤木栽植土的改良

藤木大都属于下木，生活在林缘或树下，其生长环境土壤肥力较强，这些藤木的生态习性是喜肥。以藤本月季为例，20 世纪 90 年代初北京开始引进、繁育、推广，但始终未能达到预期的景观效果，没能达到“三季有花”的景观效果。2003 年海淀中关村路和相继西北三环路中心隔离带绿化工程，栽植的藤本月季长势和观赏效果格外喜人，花繁叶茂，关键是栽植基质进行了改良，掺加一定比例草碳土和有机肥，盛花期前后跟紧追施复合肥。立体绿化种植基础面积有限，土壤基质改良至关重要。

四、垂直绿化施工后期养护要点

（一）枝蔓牵引

牵引工作是攀缘植物能否迅速上墙、上架的关键，尤其是地锦类，年生长量很大，美国地锦每年生长量可达 3～4m，不及时牵引，堆在地上乱爬生长量小、效果差。

（二）修剪整枝

要适当修剪：修剪的目的是减轻植株自身的重量，防止枝条下垂。主要剪掉过多的下垂枝、细弱枝、干枯枝、病虫枝、被损伤的枝条等。修剪的时间以冬、春为主，夏季也可随时修剪。

（三）加强肥水管理

和其他树木绿化目标有所不同的是藤本树木的立体、垂直绿化关键是要生长量，没有生长量就反映不出立体绿化效果。如此，加强水肥管理至关重要。

（四）病虫害防治

如果发现病虫害应及时防治，一般情况病虫害较少。

复习思考题

1. 根据植物材料生长特点，垂直绿化常采取哪些形式？
2. 不同的垂直绿化形式应选择哪些当地植物材料？
3. 针对垂直绿化种植环境选择了哪些不同的种植基础设施？
4. 垂直绿化栽植及管理有哪些技术要求？

第七章 草坪建植工程

第一节 草坪用地的准备

一、排灌系统的设置

(一) 草坪地供水

草坪灌溉形式一般有漫灌、浇灌、喷灌几种。其目前应用较多的是浇灌和喷灌。浇灌多指用人工浇淋，其特点是灵活性强，但工作效率低。喷灌是指通过动力加压，通过喷头把水喷射到草坪上。其特点是工作效率高，是目前草坪应用最多的灌溉方式。喷灌系统一般由水源、水泵、输水管、阀门、喷头、动力(电源)等组成，自动化系统还包括控制器。一般用于灌溉的水源有河湖、池塘、贮水池、水井、自来水等，水源必须符合质量要求，用自然水源要注意是否受环境污染，不符合质量标准的要进行净化。

供水系统工程第十九章有专述。

(二) 草坪地排水一般要求

草坪用地最忌涝洼积水，草坪用地在设计和施工中必须满足防涝要求，能顺畅排水。对相对平坦的小片草坪用地应整理出0.1%～0.3%坡度，雨水通过地面径流排出。对面积较大的绿地采用微地形排水方法，通过地形引导地面径流至园路及市政排水口排出。

1. 草坪地微地形的坡度要求

为避免水土流失、坡岸塌方、崩落等现象的发生，任何类型草坪的地面坡度设计，都不能超出所处地形土壤的自然安息角(一般角度为30°左右)。如果地形坡度一旦超过了这一角度，就必须采取工程措施进行护坡处理，否则会导致水土流失，影响草坪效果。

草坪设计的最小允许坡度，还应该从地面的排水要求来考虑。例如，规则式的游憩草坪，除必须确保最小排水坡度以外，其设计的地形坡度不能超过5%(如体育运动草坪，除确保排水所需最小坡度外，越平整越安全)；自然式游憩草坪设计的地形坡度最大不要超过15%。当坡度大于15%时，就会形成陡坡，不能保证游憩活动的安全，并且也不利于草坪机械进行养护作业。

2. 运动场地排水设施

对运动场地等需要相对平坦的运动草坪，单纯利用地上坡度排水较困难，则采用沙沟和盲管的配套排水设施。雨水首先进入沙沟中，沙沟宽度可为20～30cm，深30～40cm，底部填砾石并设置透水塑料管，透水管管径5～8cm(市售规格)，沟内填沙，每条沙沟的间隔按当地降水量及土壤质地设计，常为3～10m。排水沙沟支管可平行或人字形布设，连接至主管后按设计走向及坡向将积水引出场外。如本地每次雨量不是很大情况下，沙沟底可铺设10cm左右厚砾石，上盖土工布防土壤下漏，积水后可沿沟底坡度将水排出。运动草坪档次、建植结构各不同，设计方案及做法差异较大，原理相通。

二、草坪用地整理

(一) 坪床的清理

草坪用途和档次不同，如各种运动场地草坪和档次高的观赏草坪所需土壤及基质要求较高，有专业要求。这里只介绍一般的园林绿地草坪。

植草的土壤要求疏松、肥沃、表面平整；对于妨碍草坪建植和影响草坪养护的各种杂物，如建筑垃圾、生活垃圾、园林垃圾原则上要采取过筛处理。如土壤中含有砖石，易伤害在草坪上活动和休憩的游人，养护修剪时也会使剪草机受到损伤。土壤处理厚度为 20～30cm。

坪床上的许多多年生杂草(如茅草等)对新建植的草坪会带来严重危害，即使在深翻土壤后用铁耙也难以清除这些杂草。残留在土壤中的根、根茎、茎、块茎等以后仍会再次蔓延。控制杂草最有效的方法是在草坪建植前两周使用熏蒸剂和非选择性、内吸型除草剂除草，被毒害的杂草应及时清理干净。

(二) 坪床的压实及平整

局部的"动土"即"活方"的地段必须用水夯(灌大水)或机械夯实，防止地面塌陷。对进行过深翻的地表耕作土层要用压滚压实。其密实度应达到，人进入踏不出脚窝，小型作业车辆进入压不出车道沟。滚压应掌握适度，不能造成土壤结构板结，关键是在潮而不湿的条件下进行。整地时常用 60～200kg 人力推动的压滚，或 80～500kg 的机动压滚。

在苗床基础和地表压实的基础上进行整平，做到地表面平展、无凸凹不平情况。有利于播种或铺草作业及后期养护管理。

(三) 坪床土壤的改良

草坪土壤应具备良好的物理、化学性质，对土质较差的土壤应加以改良。

1. 物理性质改良

对过黏、过沙性土壤进行客土改良。专用草坪及运动场草坪土壤基质有其特殊要求，如高尔夫球的发球台和果岭必须覆沙，要求通气透水良好的沙性基质。一般的园林绿地草坪土质和肥力应达到农田耕作土标准即可。

常用的改良土壤肥力的办法是增加土壤有机质含量。掺加适量的草碳、松林土或腐叶土，均匀施入腐熟的有机肥，如家禽粪、各种饼肥等。无论施用何种肥料，都必须先粉碎、撒匀翻入土中，否则会使同一地块草坪生长势不一致，高矮、颜色不均，影响景观效果。施用的肥料不能选用牛、羊或马的粪便，因其中含有大量杂草种子，会造成草坪中杂草丛生，严重破坏草坪的纯净度，给后期养护工作带来极大困难。施入未被腐熟的有机肥，会招致地下害虫严重危害。为防止土壤中潜伏的害虫危害草坪，在施有机肥的同时，应同时施以适量的农药杀虫。

2. 土壤化学性质改良

不良的土壤化学性质严重影响草坪小草出土和草坪后期存活，酸性土和盐碱较重的土壤必须进行改良。在播种建植草坪中常遇此难题。

(1) 酸性土壤改良。向土壤中撒施石灰粉在国外资料中常被提到，那是因为欧美地区酸性土所占比例较多。我国南方草坪建植中改良酸性土壤是必要措施。常用的方法是施用 20～100 目细粒石灰粉。应撒播均匀无死角。根据土壤酸度和质地，一般施用量平均 $200g/m^2$，强酸性可施用 $300～400g/m^2$，间隔数月可再施一次。可在几周内将土壤 pH 值提高一个单位。

(2) 碱性土壤改良。北方土壤浇水干燥后，表层常有一层盐皮。表明表层盐分浓度较大，会严重影响种子发芽和小苗存活。常采用施用石膏、磷石膏方法，去除地表盐渍，保护草籽发芽。常用表施 120g/m^2 磷酸石膏粉，然后旋耕入 10cm 厚土壤中效果快，播种前施用能保护草籽出全苗。施用硫磺粉改良作用较慢。施用硫酸亚铁一般碱性土施 30～50g/m^2，重盐碱的可分批分次施入。应该指出的是化学方法改良土壤只能是局部(表层)的和短期的。一旦草苗出土成坪后，表层盐害会自动减轻。

复习思考题

1. 草坪用地排灌设施有哪些要求?
2. 掌握草坪用地整理施工程序和技术要求。

第二节 种子建植工艺

一、草坪种子建植时机

冷季型草坪草种在北方地区应掌握在春秋两季进行播种。早春指 3～4 月，最好在 4 月中旬以前完成播种。因为地温上升对冷季型草种发芽不利，尤其是早熟禾种子对温度较为敏感，在 28～34℃下明显比 18～25℃下发芽少。尽管在 25℃下预处理达 24 小时，在 30～40℃也没有发芽。冷季型草最低在 10℃可发芽，但一般多在 15℃时出土，20～30℃是发芽盛期，而在 35℃以上则妨碍发芽，受到抑制。如果进入 5 月份必须进行播种作业，应该使用苇帘或遮阳网进行床面遮阳降温保湿处理。早熟禾出土小苗在盛夏一般处于休眠状，展叶困难，生长缓慢，高温高湿下容易受病，如果早春播种，盛夏已经育成壮苗，则有利于草坪的夏季养护。另外进入 5 月份，野草、野菜(双子叶杂草)会随播种苗一起蜂拥而至，增加了清除杂草的工作量。

最好时机是在 8～9 月进行播种，此时气温、地温正适合冷季型草发芽生长，而当地野生草则不再出土，减少了清除杂草的工作量。当年入冬前能很快成坪。

暖季型草在华北地区 3～4 月份因地温低暖季型草种子不能发芽。应在 5～6 月份播种最好，晚些可持续至 7 月份，南方暖季型草播种可持续到 8 月份。初夏播种，最大矛盾是出土的目的草小苗和当地杂草的竞争，需投入大量人力物力清除杂草。北京地区暖季型草只有结缕草坪用播种建植。

二、草坪种子建植播种量

(一) 播种量的依据

播种量可以根据千粒重、纯净度、发芽率、单位面积留苗量等条件及指标用数学公式进行计算。除此之外还应考虑影响种子出苗的播种工艺、水分条件等人为因素。国外书籍介绍的播种量参考数据大都是用于机械化播种的，如小面积的手工作业、精细播种用量可酌情减少。应当认识到，过大播种量会造成草坪草生长质量下降、生长势弱、易受病虫危害、寿命缩短。

(二) 发芽率试验

批种子发芽率、纯净率的资料必须由草种经销商提供，并由施工单位自己通过试验进行核实，施工前交给监理部门验证进行备案。试验应在草坪播种作业前进行，要求快速准确。

常规方法是在室内进行，采用发芽皿或浅盆，基质可放脱脂棉、纱布、沙、蛭石、草炭等无土基质。试验前对器皿、基质及种子进行消毒，常用药剂为0.15%福尔马林。试验规模小、基质量小，也可用高温进行基质和器具的消毒。温度控制在20～25℃，基质湿度为饱和含水量的60～70%，空气湿度为80～90%。供试草籽随机抽取100粒，均匀撒布、不要互相接触，避免发霉互相感染。按试验规则做四组重复。记录种子发芽始期、发芽高峰期、发芽末期。发芽末期是指连续5天发芽数不足供试种子总数1%时结束试验。此间可测算出种子发芽势。

发芽势＝种子发芽高峰期发芽粒数÷供试总数×100%。

发芽势反映种子品质，发芽势高的种子出苗迅速、整齐。发芽率代表批种子总体质量，发芽个数取四组平均数，计算公式：

发芽率＝发芽粒数÷供试总数×100%。

此法可在较短时间内掌握种子质量并决定播种量。通过发芽势试验可掌握该草品种的发芽规律，采取相应的播后管理措施。

（三）常用草坪草种播种量（表7-2）

种子播种量 **表7-2**

播种量	精细播种(g/m^2)	粗放播种(g/m^2)	播种量	精细播种(g/m^2)	粗放播种(g/m^2)
剪股颖	3～5	5～8	羊胡子草	7～10	10～15
早熟禾	8～10	10～15	结缕草	8～10	10～15
多年生黑麦草	25～30	30～40	地毯草		10～12
高羊茅	20～25	25～35	假俭草		18～20
狗牙根	8～10	10～15	百慕大草		5～7

三、草种的混播原则及具体做法

（一）草坪禾草混播原理

草坪是一生物群落，如果只有单一草种，虽然能获得最高的纯度和一致性，造就美丽纯净、形色均一的草坪外观，但由于单一草种的遗传背景单一，形成的草坪会对环境适应性表现得很脆弱，养护管理要求很高。如果该单一种或品种不能战胜不良环境，将会失去整个草坪。混播是指包括两种以上生态习性互补的草坪草种或相同草坪草种内不同生态特性的品种按一定比例混合播种，混播可适应差异较大的环境条件，更快地形成草坪，并可使草坪寿命延长。

（二）草坪禾草进行混合播种的常用做法

用草坪禾草种子混播进行建植，在冷季型草中应用较多。在欧美，混播采用种数已由8～10种逐渐改为2～3种。理论上设计的各种互补的混播方案，因受气候、土壤、养护条件多因子制约，实践操作非常复杂和困难。北京地区曾多次引入混播草种（一般3～4种）在使馆区试种，头一年效果较好，逐年出现不均匀、不整齐的毛病，直至放弃。通过近几年的实践已总结出不少成功或成熟的做法。特殊草坪（高尔夫、运动场）用种子混播建植草坪经验很多，这里仅介绍绿地草坪禾草种子混合播种常用技术。

(1) 草地早熟禾因其品质优良，通常是混合种子中的主体，混播中常占总量的60%以上。草地早熟禾可以与细羊茅(Fine fescue)和多年生黑麦草共存，细羊茅是指羊茅属(Festuca)的叶片质地细密的一些种和亚种，如羊茅、硬羊茅、紫羊茅的几个亚种的总称。草地早熟禾(60%)和细羊茅类的紫羊茅(Commutata)(25%)加多年生黑麦草(15%)是常用组合。早熟禾和细羊茅一起生长，最终有一个会成为优势种。如阳光、水、肥充足草地早熟禾占优势，如遮荫、水、肥供应不充裕，则对细羊茅发展有利。20世纪90年代后欧美地区有一种趋势，不大使用细羊茅，因其病害严重，恢复能力较弱。还因为草地早熟禾已培养出耐阴性强的品种，可以替代细羊茅。国内很少用紫羊茅的原因是虽然其耐阴能力强，但对土壤适应性、尤其对盐碱土壤适应性差。

(2) 现在国内外发展趋势是，单一的某草种的几个品种，即“混合品种”的组合，已经普遍用于混播。如仅采用一个草种，那么至少应选用本草种的三个不同特点的品种进行混播。即使一种病害或一个恶劣环境伤害了一个品种，整个草坪也不致被毁。如天安门广场绿地的观赏草坪就是选用的草地早熟禾的耐寒、耐热、耐旱、抗病的四个不同特点的品种混播的，结果是从景观效果、管理效果都较成功。

(3) 应用较多且功效可靠的是以多年生黑麦草为配方的与草地早熟禾或高羊茅的混播组合。多年生黑麦草加入混播草种中，是因为其最先发芽，幼苗生长迅速，起到先锋草种作用，为发芽及生长较迟缓(2～3周发芽)的早熟禾、高羊茅等提供了庇护条件。混合的技术关键是多年生黑麦草所占比例一般不能超过15%～20%。

(4) 关于高羊茅(Festuca arundinacea)为主体的混播。现在市场上经常出现有高羊茅和其他草种的混播配方，可能是出于误解。高羊茅是冷季型草坪禾草中是最耐热的一种，寿命长，其扩展主要靠分蘖，因此呈丛生型。因为其丛生、根系发达、长势强健、质地粗糙，同其他草种混合播种时特别不协调。如果和其他草混合，至少应占混播总量的80%。当前常以高羊茅为主体(80%)，只和黑麦草(20%)混合播种。

四、草坪种子预处理

(一) 草坪种子消毒

草坪种子消毒的主要目的是预防因种子带菌传播的病害。通常应用50%多菌灵可湿性粉剂配制成种子重量0.3%～0.5%的溶液或70%百菌清可湿性粉剂配制成种子重量0.3%的溶液，翻拌浸泡种子24h。如因药量少，不易搅拌均匀，可以增加翻拌时间，或将药先与细土拌匀后再与种子拌匀。托布津、代森锌、敌克松、萎锈灵等农药也可用于药剂拌种。

(二) 种子催芽

大多数草坪种子很容易发芽，尤其是冷季型草种，不用催芽处理可直接播种。但对一些发芽困难的(如结缕草种子)草种，或为了加快草坪建植进度，则需于播种前进行种子催芽处理。种子经过催芽，出苗快，质量好。常用做法如下：

1. 冷水浸种法

此法适用于比较容易发芽的草种。可在播种前，将种子浸泡于冷水中数小时，捞出晾干，随即播种，目的是让干燥的种子吸到水分，这样播后容易出苗。羊胡子草籽预处理，北京地区的做法是，将种子放入编织袋中，用自来水冲泡。3～4天后摊开略干后掺沙播种。

2. 积沙催芽法

此法适用于发芽比较困难的草种，如结缕草的种子。可将种子装入布袋内，投入冷水中浸泡 48 或 72h 左右，然后用两倍于种子的河沙拌和均匀，再将它置入铺有 8cm 厚度河沙的木箱内摊平，最后在木箱上口处，覆盖厚 8cm 的湿河沙。移至室外用草帘覆盖，经 5 天后再移至室内(室温控制在 24℃左右)。木箱内沙子保持一定湿度，约经 12～20 天时间的积沙催芽，湿沙内的结缕草种子大部分开始破口，或显露出嫩芽，此时即可连同拌和的河沙一起播种。技术关键是环境温度必须达到 20℃以上。此法的实用价值是，缩短了土壤中发芽时间，避免了杂草竞争，减少了播后管理工作量。

3. 堆放催芽法

此法适用于进口的冷季型草籽，如早熟禾、黑麦草、高羊茅等草籽。将种子掺入 5～10 倍的湿河沙中，堆放在室外全日照下，沙堆上覆盖塑料薄膜，以防止水分蒸发及适当保温。堆放催芽的时间一般 1～2 天，每天翻倒 1 次。冷季型草籽一般干播也能出苗，但采用堆放催芽以后，可以大大提高它的出苗率。

4. 化学药物催芽法

此法针对个别草籽，如结缕草种子的外皮具有一层附着物，水分和空气不易进入，直接播入土中，发芽率很低。为提高其发芽率，一般用 0.5%烧碱浸泡 24h，漂洗干净，然后再用清水浸泡 6～10h，捞出略晒干，即可播种。

五、种子直播技术要领

(一) 播种作业程序

如农业播种工艺一样，把种子均匀地撒于坪床土上，并把它们均匀混入表土中。具体做法是，在草坪建植用地准备妥善的条件下，退着将表土 1～2cm 用工艺耙松动，在松动的表土上按播种量撒播种子。可以手工或用简单的手摇式、手推式播种机播种。为保证播种量相对均匀，可按单位面积将坪床划分成数个区域，称出每个区域所需的种子量进行播种，容易掌握种子分散密度。种子均匀撒播后，采取正向作业，向前用园艺钉耙平耥，目的是将土和撒播的种子在地表 1cm 左右厚的土壤中混合，然后用 50～60kg 压滚进行压实，使种子和土壤紧密接触，同时避免浇水冲走种子。地表面漂浮的种子和处于深处的种子可能不会发芽，但处于适中位置的种子肯定会发芽。这里不应该用“覆土若干公分”去提出播种深度的量化要求，因为生产实践中、大规模生产活动中不可能按量化厚度去进行覆土实际操作。有些草种发芽较迟缓，如早熟禾的某些品种需 15～20 天才能出土，此间播后喷水一定注意保持土壤的持续湿润。如条件许可，在播种面覆盖苇帘、无纺布、遮阳网等覆盖物，起到降温保湿作用，以利于苗全苗壮。播后管理中保证喷灌设施的正常运行是种子发芽的关键所在。

(二) 播种建植的技术关键

1. 掌握播种时机

(1) 冷季型草华北地区播种在秋季 8～9 月最好，春季最好在 4 月中旬以前播种完成。接近“五一”或“五一”之后播种时，烈日暴晒、地温升高，种子发芽展叶受到抑制，状如针尖而不展叶，影响其正常生长。此间应在床面铺盖苇帘、遮荫布等遮阳物为其降温保湿度过难关，一旦展叶后即可正常生长。“五一”以后本地野草会蜂拥而至，加大管理的难度，所以春播应赶早不赶晚。

（2）暖季型草主要是结缕草和狗牙根，5～6月地温上升后播种才能发芽。此时野生暖季型草也会同时出土，造成草荒。为解决这个矛盾常采用提前处理种子催芽的技术，减少草籽在土壤中待萌发的时间，比野草提前出土成坪。

（3）岭南地区草坪建植时机：岭南大部分地区长夏无冬，以暖季型草坪为主，原则上全年均可建植，播种建植的最佳时期为3～4月和10～11月。部分的结缕草草坪冬季采用补播黑麦草的办法延长绿色期，补播时间为10月底到11月。

2. 处理播种土壤

北京、天津不少地方表层盐碱严重，出苗困难，常造成大面积斑秃。解决的办法是提前进行土壤处理：一是进行翻地、晒土。然后，大水漫灌，将表层盐通过重力水带到下层土壤中。第二步，在地表撒施磷酸石膏，每亩75kg，进行浅层（10cm）旋耕。在此基础上进行播种，只要小苗生根展叶后即可渡过此难关。

3. 严格控制单位面积播种量

无论是人工播种还是机械化播种，播种量过大都是有害的。草坪卷农场采用播种机进行播种，技术关键是精确调整播种量装置，调整下种深度。机械播种量往往大于人工撒播量，我们所接触的不少国外文字资料中提供的大都是额定机械播种量，小面积的人工撒播所需播种量可以在此基础上酌减。播种量加大的缺点是出苗拥挤，单株营养环境差、易生病，草坪寿命短。

六、种子喷播建植技术要领

种子喷播技术是国外引进技术，需要专业喷播机械，近年来国内已有引进并已国产化，此项技术正在推广。

（一）喷播技术概述

草籽喷播技术是利用装有空气压缩机的喷浆机组，通过强大的压力，将混合草籽、粘着剂、保水剂、添加剂（木纤维）、肥料等配制而成的黏性草籽浆，直接喷射至整理好的草坪建植用地上。种子喷播技术工艺主要用于草坪施工面积较大、坡面多、微地形较复杂、绿地土壤土层较浅的草坪绿化施工现场。此法是解决公路两侧、铁路路基、江河坡岸、水库护坡以及飞机场等大面积草坪建植施工的好办法。北方地区以冷季型草种为主，高羊茅、早熟禾、黑麦草等冷季型草种播种较多地采用该工艺。在我国南方地区狗牙根、百喜草、假俭草等暖季型草应用较多。

（二）草种喷播机具

专用液压喷播机由物料罐、压力泵、传导喷管、喷枪组成。机具的大小及功率、容量各有不同。一般园林绿化所用的喷播机应该选用灵活转移的小型机具为宜，可适用小型运输车装载搬运，几个人就可抬起或搬运到几百米的山体上。为提高工作效率，应备有两台喷播机，以便于交替操作。国内也生产，容量为$1m^3$、一次可喷播一亩的喷播机。

（三）喷播主材

1. 木纤维或纸浆

它是指天然林木的剩余物经特殊处理后的成絮状的短纤维，这种纤维经水混合后成松散状、不结块，给种子发芽提供苗床的作用。水和纤维填充物的重量比一般为30：1，纤维的使用量平地约为45～60kg/亩，坡地约为60～75kg/亩，根据地形情况可适当调整。

2. 粘合剂

它是种子和木纤维的媒体，在喷播过程中，能使种子和木纤维紧密结合，并能使它们粘牢在所播种的地块上，使喷播后的种子更加均匀。使用粘合剂时一定要看好使用说明，要使用无毒无害能达到绿色环保标准的产品。粘合剂的用量根据坡度的大小而定，一般为纤维重量的3%，坡度较大时可适当加大。粘合剂常用量3～5 g/m^2。

3. 保水剂

它具有高倍率的吸水性能，用于喷播层的保水，给种子萌芽期提供水分。保水剂的用量根据当地气候不同可多可少，根据不同土壤质地决定保水剂使用量，黏性土壤用量可少些，沙质土壤要加大使用量，一般保水剂用量为6g/m^2。

4. 染色剂

它要选用无毒无害的产品，主要作用是指示喷射是否到位及相对厚度。用以检查喷播均匀度。有些木纤维本身是绿色的可不再添加染色剂。

5. 草坪喷播建植用种量与材料配比

不同草种用种量按规范确定，养护条件好的可递减，养护条件差的可递增。例如早熟禾，春季播种量为15g/m^2，秋季为18g/m^2。最好选用某草种的3～4个不同特点的品种进行混播组合，以促成优势互补。一次配料量(即贮料灌有效容积)可喷播总面积乘以单位面积播种量，即是每次配料投入的种子数量。

其他辅料比例调剂原则是：依据地形坡度(平地、小坡、大坡)去调配添加剂(木纤维、纸浆)、粘合剂的比例。按土壤质地调剂保水剂比例。这些都是施工者自己经验总结。以上提供数据仅供参考。

(四) 喷播草坪建植的施工程序及技术要求

1. 场地准备

草坪喷播前的用地准备作业内容及标准前面已有介绍。大面积的平整地要有一定坡度。播种地进行粗整，然后要用铁滚进行镇压。如果土壤过于干燥，应在喷播前三四天进行补水，以保证土壤湿度。

2. 配料

把水加到物料罐体的1/3处，然后打开循环压力泵，加入木纤维、草籽进行循环搅拌，随着罐内水量加大再加入粘合剂和保水剂进行搅拌。罐内水加满后，将罐体内的浆料继续搅拌5～10min。保水剂充分吸水后待用。

3. 喷播技术要领

平地喷播作业是由里向外进行，坡地由高向低进行喷播。某单位自制小型喷播机可喷出10m，为保证工艺可靠每单元喷8m。握紧喷头，左、右方喷洒，喷洒幅宽5～6m长，进深1m，喷播接茬时应压茬40～50cm。喷播完成后，要进行巡视检查，防止漏喷。喷后晾晒2～3h，待地表浆全部干燥结壳后，人员可以进入，进行铺设无纺布作业。

4. 铺盖无纺布

铺设无纺布目的是防止阳光曝晒，保湿降温，更重要的是防止人工灌水或雨水对草籽的冲刷。两条布搭茬应重叠10～15cm，并用竹签、木棍或钢丝固定牢，防止被大风吹开。操作人员要穿平底鞋，以免破坏建植地平整度。

5. 喷播后养护

在确定给水系统正常工作后，即可给水，每天3～4次，根据墒情及天气变化进行增减。关键是，一旦浇过水后，切记不可再断水，以免破坏种子的出土。冷季型草种根据草种不同一般7～10天后种子开始发芽，12～20天芽苗基本发齐，待芽苗长到5～7cm时揭去无纺布，揭无纺布前要给小苗控水，揭布后要及时补水，最好选在下午3点后或傍晚前后揭无纺布。视小苗生长情况春秋季25～35天就可进行第一次修剪，基本上达到了建坪要求。

6. 喷播建植草坪的技术难点

喷播技术关键是掌握喷枪的人的喷撒手法。每桶料中的草籽量是个定数，按额定每平方米播种量必须将桶中的浆料均匀喷播到额定的土地面积上。要求每个角落种子分布要均匀，避免个别地面重喷和漏喷。要求施工人员熟练无误地掌握好这项技术。

七、草坪植生带建植草坪简介

草坪植生带是在两层再生棉或吸水纸之间，按照适宜的密度均匀地撒上草籽，加以固定，制成草坪草种植带。也有在纤维毯毡中布设草籽的称为植生毯。坪地准备好后，将植生带摊铺在地面。要求在其上均匀覆土0.5cm，喷水保湿，直至出苗。植生带建植工艺是20世纪80年代末推出的一项草坪建植技术，当时只是为了坡地建植草坪时防止种子被冲刷，而被北京亚运会绿化工程采用的一项草坪建植技术工艺。经过近十多年实践，业界认为该技术工艺存在不少问题，覆土厚度难操作，厚薄不匀出苗不齐，虽然种子不被浇灌水或雨水冲走，但其上的覆土很容易被冲走，结果是覆土变薄，甚至露出种子。此工艺浪费工力，浪费材料、资金，可操作性差，可靠性差，实际工效差，现已被淘汰。

复习思考题

1. 掌握草坪种子建植时机。
2. 掌握草坪种子建植适宜的播种量。
3. 国内常用的种子混播做法有哪些？
4. 如何作好种子播前预处理？
5. 掌握种子直播的技术要领。
6. 了解种子喷播和草坪植生带建植工艺。

第三节 营养体建植草坪

一、草坪营养体法建植简述

（一）适合营养体法建植的草种

由于某些草坪草的种子缺乏或取得成本较高，在草坪建植时常采用营养体法繁殖技术工艺。采用营养体法建植草坪的草种的另一大特点是本身具有地上或地下横走茎。营养体法建植草坪工艺主要有分栽建植、埋蔓建植、草块(砌块)建植、草坪卷建植。比种子建植简便快捷、可靠。有些草种可用多种方法建植草坪的，则权衡经济效益、建植速度、建植效果等取其一。如冷季型草常用播种建植草坪，但考虑建坪速度和质量及躲避杂草等因素，当前北方主要用草坪卷建植工艺。北方野牛草因种子采集困难，其本身又具强劲的地上横走茎，所以草坪用分栽法建植。在江南地区，比较常用营养体法建植的草种一般为暖季型草，主要有狗牙根、地毯草、结缕草、沟叶结缕草等；冷季型草的匍匐剪股颖也可采取分栽建坪。岭南地区常用营养体法建植的草种有沟叶结缕草、细叶结缕草、狗牙根、杂交狗牙根、地毯草、钝叶草、假俭草。

（二）营养体法建植的时机

营养体法建植最好的时机是草坪旺盛生长时，冷季型草在春秋冷凉季节，暖季型草在盛夏高温季节。发芽、展叶、抽条(爬蔓)时都可以进行。冬季休眠期因为草株地上部分枯萎导致(分株、埋蔓)繁殖系数变小，成本加大。草块和草坪卷建植全年都可进行，国外常使用未返青的休眠草皮卷，其基质以草碳及木纤维为主。

二、分栽建植草坪方法及技术要求

（一）分栽法简述

草坪分栽建植分为根茎法栽植和分株栽植两种。而其中根茎法栽植方法在江南地区应用较为普遍。一般对于种子繁殖(种子少)较困难、又具有较发达的地上横走茎或地下根茎的草种如细叶结缕草、沟叶结缕草或匍匐茎、根状茎较发达的狗牙根等草种，多采用此方法进行繁育。分栽建植的优点是繁殖简单，能大量节省草源，一般 $1m^2$ 的草块可以栽成 5～$10m^2$ 或更多一些。与播种相比，此法的栽植管理也比较简单方便。缺点是草坪覆盖郁闭周期比较长，不能马上见效，因此对需要立即见效的草坪建植工程不宜选用此方法。草坪分栽建植对种植时间也有一定要求，最佳的种植时间是草坪生长季的中期，过早尚未形成足够的营养体，种植时间过晚，当年不能覆盖地面，无法形成景观。对于暖季型草种，在春末夏初时进行分栽建植效果最好。

（二）分栽建植草坪技术要求

1. 坪床的要求与播种建植相同

2. 分株栽植程序

将原草坪块状铲起，3～5 株一撮拉开，连同匍匐茎一起挖坑栽下，栽种可采用条栽或穴栽。条栽可按 30cm 的距离开沟，沟深 4～6cm；每隔 20cm 左右分栽一撮(3～5 株)。穴栽则可按 5～10cm 见方挖穴，穴深约 5cm，将预先分好的植株栽入穴中，埋土踏实。

3. 栽植密度要求

栽植密度、即行株距可根据施工要求自行调整，株行距可以 10cm×10cm、也可以 15cm×15cm。密植成坪快，费工、费料加大成本。稀植成坪慢，省工、省料成本降低。按 15cm×15cm 行距的经验数字进行施工，繁殖系数可达 1∶10，即买 $1m^2$ 密度较大的母草可分铺建植 $10m^2$ 草坪。

4. 栽后整理

栽植后地面随即平整，利用压滚进行镇压。目的是使草根茎与土壤密切接触，同时使地面平整无凹凸便于后期养护管理。如灌水后出现坑洼、空洞等现象应及时覆土，再次滚压。

三、埋蔓建植草坪技术要领

适用于具发达的匍匐茎草种。江南地区狗牙根草坪建植常用此方法，只要先将草坪成片铲起，冲洗掉根部泥土，将匍匐茎切成 3～5cm 长短的草段，上面覆盖耕作土即可，具体做法如下：

（一）条植埋蔓法

利用人工开沟，深 3～5cm，将草蔓捋于沟中，行距 20～30cm，再挖第二道沟，将挖出土填到前一沟中，草蔓外露 1/4～1/3，如此往复。还可利用机械，农用手扶的播种机、播种器，将开沟器调到适宜深度，草蔓放入犁沟后将两侧土复原，平整清场后滚压。

（二）坪床埋蔓法

坪床准备好后，将草蔓均匀撒铺在已经整理好的坪床上，掌握适宜的密度，一般 $1m^2$ 原草可铺 $5m^2$。为方便覆土作业，可将成卷的铁纱网铺展开压在草蔓上，覆土厚度 1cm 左右。覆土耙平后撤出铁纱网，进行下一单元作业。覆土不必将草蔓全部埋严。

覆土并压实后，可覆盖较薄的无纺布或规格较稀的遮阳网，降温保湿，然后浇透水，保持土壤湿润，一般 20 天左右就可以滋生新的匍匐茎。用草茎繁殖要注意苗期的肥水管理，在草坪覆盖度达 70%时，再进行适度的碾压，以利于草坪平整和草茎扎根，提高草坪质量。

四、草块建植

（一）草块建植草坪简述

草块建植草坪是完整保护草坪根系、迅速成坪的技术工艺之一。草坪分块移栽繁殖法在南方广泛应用。将圃地通过种子繁殖或营养繁殖培育成密度适中、生长优良健壮的草坪，按照 30cm×30cm、25cm× 30cm、20cm×20cm 等不同的大小规格切割成草皮块，捆扎装车运至绿地，在整平的场地上铺设，使之迅速形成新草坪。用草块建植草坪的优点是受时间和季节限制小，草坪草块建植可在全年进行，能高效、快速地形成草坪，栽后养护也比较简单；其缺点是成本高，繁殖系数为 1：0.8 或更低些。对匍匐茎发达的草种，也可采用间铺的方法，留下的空间让草蔓自行覆盖。这样可以节约成本，但成坪速度会减慢。

在江南、岭南地区，冷季型的高羊茅草、黑麦草，暖季型的狗牙根、百慕大、天堂草、结缕草等均可采用草块建植。北京地区建植羊胡子草坪常用此法。

（二）草块法建植草坪的程序及技术要求

1. 铲运草块

铲草块前应修剪，提前三天灌水，保证草块湿度。将选定的优良草坪，一般取 30cm×30cm 的方块状，使用薄形平板状的钢质铲（平锹），先向下垂直切 3cm 深，然后再用横切，草块的厚度约 2～3cm，草块带土应厚度一致。

2. 密铺法

采用密铺法铺栽草块时，块与块之间应保留 1～2cm 左右的间隙，以防形成边缘重叠或翘起。草块之间的隙缝应填入耕作土，用木板拍实后进行滚压，浇水后检查，如有漏空、或低洼处，填土找平。一般浇水 3～5 天后要再次滚压，以促进草块与土壤的密切结合及提高块与块之间的平整度。

3. 间铺法

即草块铺设时各块间间距适当留大些，总体上讲，所铺草皮约占总面积的 1/2。一般爬蔓分生能力较强的暖季型草种可选择采用。注意草块应适当向下栽，和地面找平，铺后滚压。

4. 点铺法

将草皮割成约 3cm×3cm 小块状，按点状铺设，一般点铺草皮约占铺设总面积的 1/5～2/5。点铺也需选择爬蔓分生能力较强的草种，对于草源不足、经费紧张或不急于成坪的工程可选用此法。小草块应适当深栽和坪面一致，铺后滚压。

五、草坪卷建植技术

（一）草坪卷建植简述

草坪卷建植草坪是从国外引进的新工艺，1996年由天津、1998年由北京开始引进国外机械和技术生产草坪卷。草坪卷和草块只是形状不同，草块多为手工用平锹或专用工具铲取，而草坪卷则必须用专用大型铲草机(进口)或小型铲草机(有国产)铲取。铲草机的制式宽度为30cm或加宽到35cm，长度控制在100cm，卷成草坪卷。天津等地可生产宽1.2m的足球场用的结缕草草卷。北方冷季型草种草坪、结缕草等常用草卷建植，因产品规格、质量较规范，建植技术工艺日趋成熟。现存问题是，商家为追求利润，所用草坪品种质量得不到保证。为追求缩短生产成品周期，不是采用加尼龙丝网工艺，而是采用加大播种量的手法，导致草密度过大，草坪生长势减弱，易感染病害，从而寿命缩短。以致造成1～2年就要更新的恶劣情况。

（二）草坪卷建植方法及技术要求

（1）草坪卷生产者应选择优良品种，应严格规范播种量，生产周期最少6～8个月。国外草坪卷农场一般每年出一茬，经北京市园林局东北郊苗圃试验，利用尼龙丝网铺底，两年出三茬。

（2）草坪卷应薄厚一致，起卷厚度要求为1.8～2.5cm。运距长、掘草到铺设间隔时间长时，可适当加厚。要求草卷基质(带土)及根系致密不散。沙质土壤不适合生产草坪卷。

（3）草坪卷出圃前要求应进行一次修剪。铲取草卷之前2～3天应灌水，保证草卷带土湿润。草坪卷应健康，无病虫害、无杂草。

（4）草坪建植用地按规范进行平整、压实，喷水湿润土壤，待铺。

（5）铺设时应准备大号裁纸刀，对不整齐的边沿截平，长短需求不要用手撕扯，应用裁纸刀裁断。草卷应铺设平坦，草卷接缝间隙应留1cm，严防边沿重叠。用板将接缝处拍严实，清场后进行滚压，使卷间缝隙挤严，根系与土壤密切接触。灌水后出现漏空低洼处填土找平。

复习思考题

1. 营养体建植草坪常采取哪几种技术工艺?
2. 哪些草种或施工条件适宜利用营养体建植草坪?
3. 掌握分栽(分株)法建植草坪的施工程序及技术要求。
4. 掌握埋蔓法建植草坪的施工程序及技术要求。
5. 掌握砌草块法建植草坪的施工程序及技术要求。
6. 掌握铺草坪卷法建植草坪的施工程序及技术要求。

第八章　花卉及地被的应用和栽植工程

园林工程中应用的花卉有木本、藤本和草本三大类。木本花卉生命周期长，花期有季节性，主要满足绿化层次和增加绿地色彩，因此常用于公园、居住区绿地等种植。藤本花卉属于攀缘性植物，应用有一定的局限性。主要作用为构筑物的墙面局部遮挡和花架、棚架、篱垣等绿化覆盖、丰富构架景观，也可作为悬垂绿化种植在石坎边、河道两侧等部位。草本花卉具有花朵繁茂、花期较长、品种多样、色彩丰富、花期长、移栽方便等许多优点，是园林中应用最为广泛的一类花卉植物。特别是作为园林露地栽培，可应用于花坛、花境、花钵、花丛等种植，可形成五彩缤纷景观，是城市节假日环境布置中不可缺少的重要手段之一。但草花投资大，前期栽培要求高，因此不宜大量使用。

由于花卉在园林景观中属于近观类植物景观，因此，在园林绿化施工中，花卉的栽种技术要求更高，在养护管理上要求更为严格细致。

第一节　花卉应用及栽植技术

花卉的栽植方法可分为种子直播、裸根移植、钵苗移植和球茎种植四种基本方法。考虑到木本花卉归属于灌木类植物，因此，本节主要介绍草本花卉的栽植方法。

一、种子直播

种子直播大都用于草本花卉。首先要作好播种床的准备。

(1) 在预先深翻、粉碎和耙平的种植地面上铺设 8～10cm 厚的配制营养土或成品泥炭土，然后稍压实，用板刮平。

(2) 用细喷壶在播种床面浇水，要一次性浇透。

(3) 小粒种子可撒播，大、中粒种子可采取点播。如果种子较贵或较少应点播，这样出苗后花苗长势好。点播要先横竖划线，在线交叉处播种。也可以条播，条播可控制草花猝倒病的蔓延。此外，在斜坡上大面积播花种也可采取喷播的方法。

(4) 精细播种，用细沙性土或草碳土将种子覆盖。覆土的厚度原则上是种子粒径的 2～3 倍。为掌握厚度，可用适宜粗细的小棒放置于床面上，覆土厚度只要和小棒平齐即能达到均匀、合适的覆土厚度。覆好后拣出木棒，轻轻刮平即可。

(5) 秋播花种，应注意采取保湿保温措施，在播种床上覆盖地膜。如晚春或夏季播种，为了降温和保湿，应薄薄盖上一层稻草，或者用竹帘、苇帘等架空，进行遮荫。待出苗后撤掉覆盖物和遮挡物。

(6) 对床面撒播的花苗，为培养壮苗，应对密植苗进行间苗处理，间密留稀，间小留大，间弱留强。

二、裸根移植

花卉移栽可以扩大幼苗的间距、促进根系发达、防止徒长。因此，在园林花卉种植中，对于比较强健的花卉品种，可采用裸根移植的方法定植。但常用草花因植株小、根系短而娇嫩，移栽时稍有不慎，即可造成失水死亡。因此，在花卉、特别是对草本花卉进行裸根移植时，应注意以下几点要求。

(1) 在移植前两天应先将花苗充分灌水一次，让土壤有一定湿度，以便起苗时容易带土、不致伤根。

(2) 花卉裸根移植应选择阴天或傍晚时间进行，便于移植缓苗，并随起随栽。

(3) 起苗时应尽量保持花苗的根系完整，用花铲尽可能带土坨掘出。应选择花色纯正、长势旺盛、高度相对一致的花苗移栽。

(4) 对于模纹式花坛，栽种时应先栽中心部分，然后向四周退栽。如属于倾斜式花坛，可按照先上后下的顺序栽植；宿根、球根花卉与一、二年生草花混栽者，应先栽培宿根、球根花卉，后栽种一、二年草花；对大型花坛可分区、分块栽植，尽量做到栽种高矮一致，自然匀称。

(5) 栽植后应稍镇压花苗根际，使根部与土壤充分密合；浇透水使基质沉降至实。

(6) 如遇高温炎热天气，遮荫并适时喷水，保湿降温。

三、钵苗移植

草花繁殖常用穴盘播种，长到4～5片叶后移栽钵中，分成品或半成品苗下地栽植。这种工艺移植成活率较高，而且无需经过缓苗期，养护管理也比较容易。

钵苗移植方法与裸根苗相似，具体移栽时还应注意以下几点。

(1) 成品苗栽植前要选择规格统一、生长健壮、花蕾已经吐色的营养钵培育苗，运输必须采用专用的钵苗架。

(2) 栽植可采用点植，也可选择条植；挖穴(沟)深度应比花钵略深；栽植距离则视不同种类植株的大小及用途而定。钵苗移栽时，要小心脱去营养钵，植入预先挖好的种植穴内，尽量保持土坨不散；用细土堆于根部，轻轻压实。

(3) 栽植完毕后，应以细孔喷壶浇透定根水。保持栽植基质湿度，进行正常养护。

四、球根类花卉种植

球根类花卉大都花茎秀丽、花多而艳美、花期较长，在花坛、花境布置中应用广泛。

球根类花卉一般采用种球栽植，不同品种栽植要求略有差别。

(1) 球根类花卉培育基质应松散而有较好的持水性，常用加有1/3以上草碳土的沙土或沙壤土，提前施好有机肥。可适量加施钾、磷肥。栽植密度可按设计要求实施，按成苗叶冠大小决定种球的间隔。按点种的方式挖穴，深度宜为球茎的1～2倍。

(2) 种球埋入土中，围土压实，种球芽口必须朝上，覆土约为种球直径的1～2倍。然后喷透水，使土壤和种球充分接触。

(3) 球根类花卉种植后水分的控制必须适中，因生根部位于种球底部，控制栽植基质水分不能过湿。

(4) 如属秋栽品种，在寒冬季节，还应覆盖地膜、稻草等物保温防冻。嫩芽刚出土展叶时，可施一次腐熟的稀薄饼肥水或复合肥料，现蕾初期至开花前应施1～2次肥料，这样，可使花苗生长健壮、花大色艳。

复习思考题

1. 掌握花卉地被播种的作业程序及技术要求。

2. 掌握花卉地被小苗裸根移植的作业程序及技术要求。

3. 掌握花卉地被钵苗移植的作业程序及技术要求。

4. 掌握花卉地被球根类种植的作业程序及技术要求。

第二节　花卉造景形式

花卉的造景可分为花境、花坛、花丛三种常用形式。

一、花坛建植技术

(一) 花坛的定义

传统的花坛是指在具有一定几何形轮廓的种植床内栽植各种色彩的观赏植物而构成花丛花坛或华美艳丽纹样和图案的种植形式。花坛中也常采用雕塑小品、观赏石及其他艺术造型点缀。种植床中常以播种法或移栽成品、半成品花苗布置花坛，这些花卉是种植在花池的土壤基质中的。

现代意义的花坛是指利用盆栽观赏植物摆设或各种形式的盆花组合(穴盘)组成华美图案和立体造型的造景形式，如文字花坛、图案花坛、立体花篮、各种立意造型，如每年节日街头和天安门广场不同立意的大型立体花坛。因工业现代化给我们提供了各类花苗容器和先进的供水系统如滴灌、渗灌、微喷，可以脱离传统花坛(几何型花池)的种植表现手法，而用花卉容器苗进行取代。现在已经可以定义为，“花坛是利用花卉容器苗摆设成景的一种园林艺术手法”。

(二) 花坛的分类

常见的花坛形式有平(斜)面花坛和立体花坛两大类。

1. 平(斜)面花坛建植技术

(1) 花坛种植床的要求。一般的花坛种植床多是高出地面 7～10cm，以便于排水。还可以将花坛中心堆高形成四面坡，坡度以 45%为宜。种植土的厚度依植物种类而定：种植一年生草花，土壤基质为 20～30cm；多年生花卉和小灌木，土壤基质为 40～50cm。

(2) 花坛放样。根据施工图纸的要求，将设计图案在植床上按比例放大，划分出各品种花卉的种植位置，用石灰粉撒出轮廓线。一般种植面积较小、图案相对简单的平(斜)面花坛，可按图纸直接用卷尺定位放样；如种植面积大、设计的图案形式比较复杂，放样精度要求较高，则可采用方格网法来定位放样。

模纹花坛是指用园林植物配置成各种图形、图案的花坛，由于图形的线条规整，定点放线要求精细、准确。可先以卷尺或方格网定出主要控制点的位置，然后用较粗的镀锌钢丝按设计图样，盘绕编扎好图案的轮廓模型，也可以用纸板或三合板临摹并刻制图案，然后平放在花坛地面上轻压，印压出模纹的线条。文字花坛可按设计要求直接在花坛地面上用木棍用双勾法划出字形，也可和模纹花坛一样用纸板或三合板刻制，在地面上印压而成。

(3) 花坛花卉栽植及摆设。栽植间距一般以花坛在观赏期内不露土为原则。一般花坛以相邻植株的枝叶相连为度，对景观要求高、株形较大的花卉或花灌木，为避免露空，植株间距可适当缩小。如果用种子播种或小苗栽种的一般花坛，其间距可适当放大，以花苗长大、进入观赏期后不露土为标准。模纹花坛以表现图案纹样为主，多选用生长缓慢的多年生观叶草本植物，栽前应修剪控制在10cm左右，过高则图案不清。模纹花坛可以用容器小苗或穴盘扦插苗进行色彩组合。

栽植或摆设顺序应遵循以下原则：独立花坛，应由中心向外的顺序种植；斜面花坛，应由上向下种植；高矮不同品种的花苗混植时，应按先高后低的顺序种植；模纹花坛，应先种植图案的轮廓线，后种植内部填充部分；大型花坛，宜分区、分块种植。

花卉栽植深度以花苗原土痕为标准，栽得过浅，花苗容易倒伏，不易成活；栽得过深，易造成花苗生长不良、甚至根系腐烂而死亡。草本花卉一般以根颈处为深度标准栽植。

利用容器苗花卉摆置花坛，比栽植要容易，摆置顺序同栽植顺序。必须考虑供水途径的可行方案。

(4) 浇水。浇水技术要求同花卉栽植。要求盛花期必须加强给水管理。给水尽可能使用喷灌技术，给水均匀充分，不留死角，也不会冲击小苗。人工进行浇灌应小心谨慎，水头要匀，不能冲击花苗。

2. 立体花坛建植技术

(1) 立体花坛结构。立体花坛常用钢材、木材、竹、砖或钢筋混凝土等制成结构框架，采用专用的花钵架、钢丝网等组合表现各种动物、花篮等形式多变的器物造型等，在其外缘暴露部分配置花卉草木。

立体花坛因体形高大，上部需放置大量花卉容器和介质荷载，抗风能力的要求很高；同时立体花坛又常常设在人流密集的公共场所，因此必须高度重视结构安全。结构部分必须经过专业人员设计，必要时还要对基础承载力进行测定。

(2) 立体花坛摆设程序及技术要求。立体花坛的常用花卉布置主要为盆花摆设和种植花卉相结合的方式。如采用专用花钵格栅架，外观统一整齐，摆放平稳安全，但一次性投资较大。格栅尺寸需按照摆放花钵的大小决定。

立体花坛表面朝向多变，对于花卉种植有一定局限，为固定花卉，有时需要将花苗带土用棕皮、麻布或其他透水材料包扎后，一一嵌入预留孔洞内固定，为了不使造型材料暴露，一般应选用植株低矮密生的花卉品种并确保密度要求；栽植完成后，应检查表面花卉均匀度，对高低不平、歪斜倒伏的进行调整；如种植五色苋之类的草本植物，可在支架表面保留一定距离固定钢丝网，在支架和钢丝网间填充有一定黏性的种植土，土内可酌加碎稻草以增加黏结力。在钢丝网外部再包上蒲包或麻布片，然后在其上用竹签扎孔种植。种植完成后还需要做表面修剪成形。

应用容器苗花卉摆置花坛相对要容易，如果容器大小不等、摆置植物材料大小不一、甚至还有动用吊车起重的大规格桶装树，相对摆放顺序，应先容器大的、苗大的植物，小的容器花卉插空、垫底。一面观的，先摆后面，后摆前面的；两面以上观的，先摆中心后摆边沿的。

摆设立体花坛技术关键是供水要求，立体花坛最好采用滴灌、渗灌，一般的用微喷设施。

二、花境建植技术

(一) 花境定义及分类

花境主要是模拟自然界中林缘地带多种野生花卉交错生长的状态，并运用艺术手法设计的一种花卉应用形式。花境布置多利用在林缘、墙基、草坪边缘、水边和路边坡地、挡土墙垣等地的位置，将花卉设计成自然块状混交，展现花卉的自然韵味。花境所表现的主题，是观赏植物本身所特有的自然美，以及观赏植物自然组合的群落美。

按花境的栽植形式可分为：①单侧观赏：以树丛、绿篱、墙垣、建筑为背景的花境。一般接近游人一侧布置低矮的植物；逐远逐高，花境总宽度为3～5m。②双侧观赏：在道路两侧或草地、树丛之间布置，可以供游人两侧观赏的花境。一般栽种植物要中间高、两边低，不会阻挡视线。花镜总宽度在4～8m。常以多年生花卉为主，一次建成可多年使用。

（二）花苗准备

花境花卉的选择：几乎所有的露地花卉都可以布置花镜，尤其是宿根花卉和球根花卉的效果更好。花镜的布置通常平面上要求采用块状自然组合，而观赏上则要求达到变化的立体效果，即同一季节中彼此的色彩、姿态、体量及数量要协调，四季美观，又有季相交替。

花境栽植选用苗木质量的高低、规格大小都会直接影响到栽植成形的效果，因此，选择生长健壮、造型端正的苗木是花境种植效果的基本保证。多年生宿根花卉株高应为10～40cm，冠径为15～35cm，分枝不应少于3～4个，叶簇健壮，色泽明亮，根系完整。球根类花卉应茎芽饱满、根茎茁壮、无损伤；观叶植物应叶色鲜艳、叶簇丰满、株形饱满。此外，所选苗木数量还应比设计要求的用量多10%左右，以便作为栽植时补充。

（三）整地及土质改造

花境栽种的大都为多年生花卉，观赏期限较长，施工完成后须考虑多年应用，因而理想的土壤是花境成功的重要保障。花境种植床的土壤基质应进行改良，富含有机质具有较好的物理化学性质，第一年栽种时要施足基肥。种植土层厚度根据品种不同要求应为30～50cm。为使排水良好，种植床宜设置3%左右的坡度。单面花境靠路边略低，后部抬高；双面花境或岛式花境应该让中部略高，四周倾斜降低。对原有地面过于低洼不利排水的种植床，可以用石块、木条等垒边，形成类似花坛的台式花境进行改善。

在种植前应进行土壤消毒，可采用40%的福尔马林配成1∶50或1∶100倍药液泼洒土壤，用量为2.5kg/m^2，泼洒后用塑料薄膜覆盖5～7天，揭开晾晒10～15天后即可种植；或用多菌灵原粉8～10g/m^{2}撒入土壤中进行消毒。

对土壤有特殊要求的植物，可在其种植区采用局部换土措施。要求排水好的植物可在种植区土壤下层进行沥水改造。对某些地下根茎生长旺盛的植物，抑制其对周边的侵占，可用立砖或铝板在地表30～40cm处阻隔。

（四）划块放样

用卷尺、小木桩按设计范围在植床上定位，以白灰或草绳在植床上划分出不同花卉植物的种植区块；为防止地下根茎互相穿插混生，破坏花境的观赏效果，可在各区块间用砖、石或铝板设置隔离带。

（五）花境栽植技术

花境栽植应尽量采用容器苗，种植时应仔细除去容器，保护根系不受损伤。应根据不同花卉体量调节种植株行距，花苗种植深度以根茎部位为准，避免种植过深；种植后将根坨之间空隙用土壤基质填实，压紧栽正，防止浇水后倒伏。最后整理场地覆土平整。

种植顺序一般是单面花境从后部高大的植株开始，依次向前栽植逐层低矮的植物。对于双面或岛式花境，应从中心部位开始栽植；对于混合花境，应先栽大型植株，定好骨架后再依次栽植宿根花卉、球根花卉及一、二年生草花。在种植时要考虑好株距，并充分考虑植株的生长速度和个体成形时的大致规格及所需空间，预先留出花卉的生长空间，达到预期最好的观赏效果。

（六）花境栽后管理

花境花卉种植结束后，应及时浇足水分到土壤饱和为止，用灌水对土壤基础进行压实，使土壤和根系密切接触。在花境中宿根花卉应用较多，但宿根花卉由于多年开花，因而需要不断补充营养才能保持最佳状态。多数宿根花卉一般每年在春秋各施一次基肥即可，肥料以有机肥为主，这样能够发挥持久的效力。在幼苗生长期可以施氮肥，促进营养器官的发育。在孕蕾期和开花期，应施加磷肥，促进开花，延长花期。

花境虽不要求年年更换，但日常管理非常重要。每年早春要进行松土、施肥和补栽；有时还要更换部分植株或补播一、二年生花卉。对于不需人工播种、自然繁衍的种类，要进行定苗、间苗，不能任其自然生长，导致花境整体杂乱。在生长期中，要注意松土、除草、除虫、施肥、浇水等，还要及时清除枯萎落叶，保持花境整洁。

三、花丛建植技术

严格地说，花丛也是将自然风景中散生于草坡、林缘、水滨的野草花卉景观形式经艺术提炼后应用于园林的一种花卉种植方法。花丛布置在草坪与树丛之间，可对林缘与草坪之间起联系和过渡的作用。如在乔木林下栽植，可提高林带的景观效果；花丛也可布置在自然曲线道路转折处、台阶或铺装场地之中。

花丛建植的技术要求与花境类似，首先要对土壤进行深翻并施入充分发酵腐熟的有机肥，然后按先高后低、先内后外的顺序依次植入花卉植物。为方便管理，花丛植物品种宜选择宿根、球茎类花卉或有自播繁衍能力的一、二年生草本花卉。

复 习 思 考 题

1. 花卉造景形式常分为哪几种？
2. 现代意义的花坛如何定义，常分为哪两类？
3. 掌握花坛建植施工程序及技术要求。
4. 花境的定义，如何分类？
5. 掌握花境的建植施工程序及技术要求。

第三节　地 被 建 植 技 术

地被植物是以体现植物的群体美而取胜的，一般以密植为好，以利于尽快郁闭，迅速成景。地被植物是指生长低矮、枝叶密集、扩展性强、成片栽植能迅速覆盖地面的观叶、观花的植物材料。可分为草本地被和木本地被。地被植物种类繁多，有蔓生、丛生、常绿、落叶及多年生宿根类植物。无论采用何种方法种植，在栽植地被植物前均应深翻土壤25～30cm以上，进行种植土壤基质改良。地被植物种类繁多，建植方法不尽相同，下面介绍几种常用地被的种植方法。

一、丛生类草本(木本)地被种植技术

丛生类草本地被大都比较耐阴，可在林下大片栽种。

华北地区最好在早春种植，有些草本地被和矮生竹类可在雨季种植，常用有麦冬类、沿阶草、箬竹类、白三叶等。江南地区常用的丛生类草本地被有阶沿草、麦冬、吉祥草、兰花三七、菲白(黄)竹、箬竹等品种，常采用分株栽植。先将丛生苗成墩挖出，抖掉株丛上的泥土，将根茎部用刀或手掰开，每丛 3～5 株、分带根系。密度按其扩展特性掌握，以不裸露地面为宜。栽后浇透水，平时注意清除杂草，保持土壤湿润，生长期需追施 2～3 次液肥，促使其良好生长。植株达到一定郁闭度，杂草可被抑制。

二、蔓生类草本(木本)地被种植技术

常用的蔓生类地被有常春藤、洋常春藤、金叶过路黄、花叶蔓长春花、络石、小叶扶芳藤等。

栽植匍匐类植物常选用 1～2 年生以上、植株生长健壮、根系丰满的苗木。为便于栽植和促进分枝，在栽植前要对藤蔓进行适当修剪。栽植时可单株、也可数株丛植，按间距 20～30cm 种植，埋土深度应比原土痕深 2cm 左右。栽植时应舒展植株根系，并分层踏实。栽植完成后，将藤蔓拉平舒展，使其自然匍匐在地面上或者假山上，以促使其气生根的萌发生长。

蔓生类地被长势比较健旺，要适时进行修剪，及时疏枝，清除过密的匍匐茎和发病的下位叶。

复习思考题

1. 掌握丛生类草本(木本)地被种植技术。
2. 掌握蔓生类草本(木本)地被种植技术。

第九章　屋顶绿化工程

第一节　屋顶绿化的基础知识

一、屋顶绿化的定义

屋顶绿化是指在高出地面以上，周边不与自然土层相连接的各类建筑物、构筑物等的顶部以及天台、露台上的绿化。在城市中，地面可绿化用地少而价高，如果对占城市用地60%以上的建筑屋顶进行绿化，则是对城市建筑破坏自然生态平衡的一种最简捷有效的补偿办法，是城市中重要的、有生命的基础设施建设。

二、屋顶绿化的类型

为使用和交流方便，通常我们根据屋顶绿化的组成元素和植物的不同，将它们分为以下几种类型。

（一）花园式屋顶绿化

花园式屋顶绿化近似于地面绿化，是根据屋顶具体条件，选择小型乔木、低矮灌木和草坪、地被植物进行植物配植，设置园路、座椅、山石、水池和亭、廊、榭等园林建筑小品，提供一定的游览和休憩活动空间的复杂绿化。花园式屋顶绿化以植物造景为主，宜采用乔、灌、草结合的复层植物配植方式，具有较好的生态效益和景观效果。其荷载一般为250～500kg/m^2。

（二）简单式屋顶绿化

简单式屋顶绿化是利用低矮灌木或草坪、地被植物进行绿化，不设置园林小品等设施，一般不允许非维修人员活动的简单绿化。简单式屋顶绿化以草坪地被植物为主，可配置宿根花卉和花灌木，讲求景观色彩。可用不同品种植物配置出图案，结合园路铺装，形成屋顶俯视图案效果。其荷载一般为100～200kg/m^2。

（三）地下建筑顶板绿化

地下建筑顶板绿化是指在地下车库、停车场、商场、人防等建筑设施顶板上进行绿化。它是和屋顶绿化接近的一种特殊形式的绿化。地下建筑顶板的覆土与地面自然土相接，不完全被建筑物所封闭围合。可进行植物造景，形成以乔木、灌木、花卉和草坪地被等组成的复式种植结构，并配以座椅、休闲园路、园林小品及水池等形成永久性的园林绿化。其绿化组成和花园式绿化相似，但也要根据具体情况进行调整。地下建筑顶板覆土种植的荷载一般不小于600kg/m^2。

复习思考题

1. 屋顶绿化的定义是什么？
2. 根据组成元素和植物的不同，屋顶绿化分为哪几种类型？

第二节　屋顶绿化的安全要求

建造屋顶绿化，必须考虑好安全要求，这其中包括建筑结构安全、活动人员的防护安全和出入口的设置等问题。

一、屋顶承重安全

屋顶的承重安全，主要是指建筑屋顶结构荷载是否安全、合理。屋顶荷载是指通过屋顶的楼盖梁板传递到墙、柱及基础上的荷载。结构上通常把屋顶结构所承受的荷载分为两大类：静荷载和活荷载。静荷载通常指的是屋顶结构本身以及作为屋顶结构一部分的永久性构筑物产生的荷载，它包括屋顶结构自身各部分产生的荷载，以及防水、保温材料和长久使用的机械设备如空调设备、通风设备等产生的荷载。屋面构造层、屋顶绿化构造层和植被层等产生的荷载都属于静荷载。活荷载是指家具、可移动擦窗设备等临时设备，以及其他临时放置的物体所产生的荷载。雨、雪、风和屋顶绿化中活动人群产生的荷载都属于活荷载范畴。与静荷载相比，活荷载相对而言要小得多，但对它同样要重视。

（一）屋顶绿化设计时必须明确的荷载的相关指标和技术资料

（1）除了屋顶结构及其设备外，实施屋顶绿化所允许的最大荷载值。

（2）屋顶所允许的活荷载。

（3）屋顶结构中支柱和承重梁的位置。因为位于柱梁之间的屋顶与支柱梁上部的屋顶所能支撑的荷载是不同的，后者所能承受的荷载远远大于前者。

这些参数决定屋顶绿化设计的内容和材料的选择，以及屋顶允许的活动人数。在屋顶绿化施工前，必须对屋顶绿化荷载进行核算。计算时必须以材料的水饱和状态时的比重作为基数进行计算。

（二）屋顶绿化相关材料荷载参考值

1. 植物材料平均荷重和种植荷载(表 9-2-1)

植物材料平均荷重和种植荷载参考表　　**表 9-2-1**

植物类型	规格(m)	植物平均荷重(kg)	种植荷载(kg/m^2)
乔木(带土球)	H=2.0～2.5	80～120	250～300
大灌木	H=1.5～2.0	60～80	150～250
小灌木	H=1.0～1.5	30～60	100～150
地被植物	H=0.2～1.0	15～30	50～100
草坪	1m^2	10～15	50～100

注：选择植物应考虑植物生长产生的荷载变化，种植荷载包括种植区构造层自然状态下的整体荷载

2. 其他相关材料密度参考值(表 9-2-2)

其他相关材料密度参考值一览表　　**表 9-2-2**

材　料	密度(kg/m^3)	材　料	密度(kg/m^3)
混凝土	2500	河卵石	1700
水泥砂浆	2350	豆　石	1800

续表

材　料	密度(kg/m³)	材　料	密度(kg/m³)
青石板	2500	钢质材料	7800
木质材料	7800		

（三）其他荷载安全控制措施

屋顶绿化设计和建造时应将花架、水池、景石等重量较大的景观元素设置在建筑承重墙、柱位置，保证建筑整体结构的安全。因为承重墙、柱的荷载承受能力远远大于楼板的承重能力。

绿化设计中要注意选用中小型植物材料，且要求在养护管理中进行整形修剪，保证植物形态的美观，并控制植物重量。

二、屋顶防护安全

（一）防护围栏

为防止高空物体坠落，保护游人安全，屋顶周边应设置高度在110cm以上的防护围栏、女儿墙或其他围挡设施。围挡的构造设计要防止儿童攀爬，围栏不要设置低矮的横向隔板，以防儿童攀爬坠落。

（二）出入口的设置

为了消防疏散等安全要求，屋顶绿化应设有两个出口，必要时应设置专门的疏散楼梯。屋顶花园的出入口选址要方便使用者的出入。理想的位置是在使用率最高的室内集散空间的附近，如公共餐厅附近等位置，这样人们很容易就能观赏到花园的景色，有助于增加花园的吸引力。另外，为了方便残疾人，出入口铺装高度要尽可能接近室内地坪的高度。

复习思考题

屋顶绿化的安全要求包括哪几方面？

第三节　屋顶绿化的构造组成

屋顶绿化和地面绿化相比，其生长条件发生了巨大变化。在自然地面上生长的植物根系不会受到土层厚度的限制，没有重量的限制；能正常吸收土壤的养料和水分；地下水分可通过土壤毛细管由地下向上给以补充。屋顶绿化缺少这些优越条件，在设计施工中还要注意建筑结构承重、排水、防水等要求。创造条件，尽可能满足植物的需求，保证植物的正常生长，根据不断的研究探索和多年的实践经验，常见的屋顶绿化构造组成自下向上依次是：屋面结构层→找坡层→保温层→找平层→防水层→耐根穿刺层→保护层→排(蓄)水层→过滤层→种植土层→绿色植被(图9-3)。

这些结构组成有时独立设置，有时互相组合。例如，经过精心设计，常将排水层和蓄水层合为一体。在施工中，根据屋顶绿化需要进行选择设置。在简单式屋顶绿化和地下建筑顶板覆土绿化中，没有排水和过滤的需要时，就不用铺设排水层和过滤层。

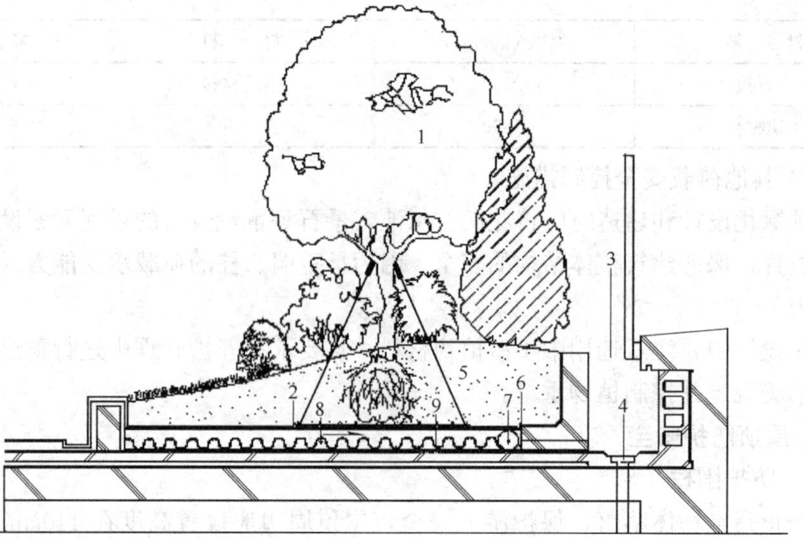

图 9-3　屋顶绿化的构造组成

1—大乔木；2—地下树木支架；3—与围护墙间留出空隙，或使种植基质厚度低于防水层高度 15cm 以下；4—环形排水管；5—种植基质层；6—过滤层；7—渗水管；8—排(蓄)水层；9—隔根层

复习思考题

常见的屋顶绿化构造组成包括哪些部分？

第四节　屋顶绿化的防水层和耐根穿刺层

屋顶绿化的防水层作用是保护建筑物不受绿化种植用水和植物根系的破坏，造成渗漏。除了在户外气候条件下具有良好的防渗漏性能外，尤其要具有耐植物根系穿透、耐腐蚀、耐微生物侵蚀等特点。

一、屋顶绿化对建筑基层的要求

根据国家标准《屋面工程技术规范》(GB 50345—2004)，屋面排水坡度一般要求为 2%～3%。根据屋顶绿化实际要求，屋面坡度宜为 2%～3%。当坡度小于 2%时，宜选用材料找坡；当坡度为 3%时，宜选用结构找坡。天沟、檐沟的纵向坡度不应小于 1%，沟底落差不得超过 200mm。水落口周围直径 500mm 范围内坡度不应小于 5%，水落管径不应小于 75mm，屋面水落管的最大汇水面积宜小于 $200m^2$。

二、屋顶绿化防水等级要求

根据国家标准《屋面工程技术规范》(GB 50345—2004)，国内将屋面工程防水按照建筑物的性质、工程特点、重要程度、使用功能要求、地区自然条件以及防水层耐用年限等，分为四级，并按屋面防水等级的设计要求，进行屋面防水工程的施工。屋顶绿化的防水等级要求比一般住宅防水高出一级，即应达到建筑二级防水标准，防水使用年限为 15 年。建筑屋面防水等级划分见表 9-4。

建筑屋面防水等级划分 表 9-4

项目	屋面防水等级			
	Ⅰ	Ⅱ	Ⅲ	Ⅳ
建筑物类别	特别重要的民用建筑和对防水有特殊要求的工业建筑	重要的工业与民用建筑、高层建筑	一般的工业与民用建筑	非永久性建筑
防水层耐用年限	25 年	15 年	10 年	5 年
防水层选用材料	合成高分子防水卷材、高聚物改性沥青防水卷材、合成高分子防水涂料、细石防水混凝土等	高聚物改性沥青防水卷材、合成高分子防水涂料、合成高分子防水卷材、高聚物改性沥青防水涂料、细石防水混凝土、平瓦等	三毡四油沥青防水卷材、高聚物改性沥青防水卷材、合成高分子防水涂料、合成高分子防水卷材、高聚物改性沥青防水涂料、细石防水混凝土、沥青基防水涂料、刚性防水层、平瓦、油毡瓦等	二毡三油沥青防水卷材、高聚物改性沥青防水涂料、沥青基防水涂料

注：摘自《屋面工程技术规范》(GB 50345—2004)。

三、屋顶绿化防水材料的选择

屋顶绿化应作二道防水设防，上道为耐根穿刺防水层，下道为普通防水层，两道防水层的材料应紧密结合。随着国内防水工业和材料的发展进步，以及国外防水技术和理念的引进，耐根穿刺防水材料逐渐成为屋顶绿化工程防水施工的首选材料。种植屋面基本构造层见图 9-4。

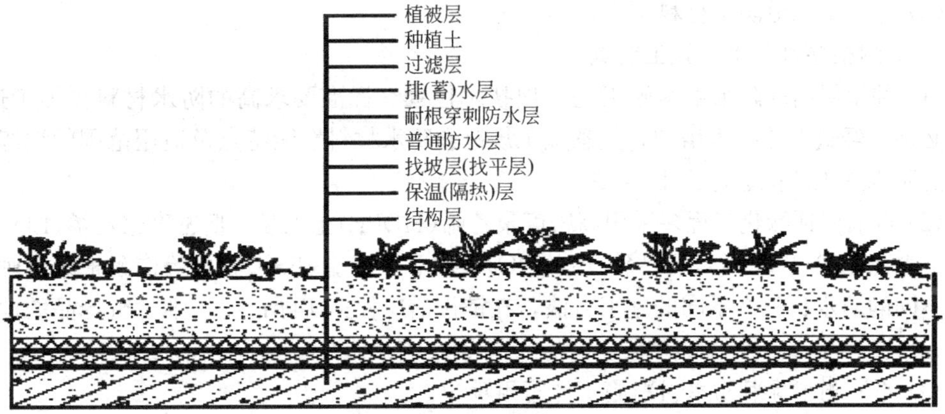

图 9-4 种植屋面基本构造层

四、耐根穿刺防水层的重要性及材料选择

（一）设置耐根穿刺防水层的必要性

在建筑屋面结构层上进行绿化，由于排水、蓄水、过滤等功能的需要，屋顶绿化远比地面绿化复杂得多。由于种植土层较薄、营养面积较小、地势干燥，一些植物的根系又具有一定的穿刺能力，例如禾本科刚竹属(*Phyllostachys*)、蔷薇科梨属火棘(Pyrus fortuneana)等，普通防水材料容易被植物的根系穿透导致屋顶发生渗漏。因此从建筑安全考虑，必须设置耐根穿刺防水层来引导和限制植物根系的生长。

（二）耐根系穿刺防水材料的选择原则

（1）耐根穿刺防水材料的选用应符合国家相关标准的规定。

（2）应具有国内外相关检测机构出具的物理性能检测合格报告。

（3）应具有耐根穿刺防水卷材检测机构出具的合格证明。

（4）以目前国内防水市场所占份额较大的柔性防水卷材为主。

（三）常用的耐根穿刺防水材料

耐根系穿刺防水层材料通常选用铅锡锑合金卷材、高密度聚乙烯(HDPE)和低密度聚乙烯(LDPE)土工膜、聚氯乙烯等，可以起到隔断根系以免破坏防水层的作用。

（四）耐根穿刺防水保护层

根据各种耐根穿刺防水层需要，其保护层可选用下列材料。

（1）高密度聚乙烯土工膜，单位面积质量不小于200g/m^2。

（2）聚乙烯丙纶复合防水卷材，单位面积质量不小于300g/m^2。

（3）化纤无纺布，单位面积质量不小于200g/m^2。

（4）沥青油毡。

（5）水泥砂浆1∶3(体积比)，厚度15～20mm。

（6）C20细石混凝土，厚度40mm。

五、屋顶绿化防水工程施工要点

（一）屋顶绿化防水设计要点

（1）屋顶绿化防水层要二道设防，下道为普通防水层，上道必须选择耐植物根系穿刺的防水材料。

（2）上、下二道防水材料不许兼容。

（二）耐根穿刺防水层施工要点

（1）种植屋面的防水工程施工是一项技术性强、标准要求高的防水材料再加工过程，因此必须由经过专业技术培训，熟悉施工规范和防水材料性能特点及适用范围的训练有素的专业防水施工队伍进行施工。

（2）目前屋顶绿化工程多采用高密度聚乙烯(HDPE)土工膜、低密度聚乙烯(LDPE)土工膜、聚氯乙烯(PVC)卷材、聚烯烃(TPO)卷材和铝合金(PSS)卷材等作耐根系穿刺防水层。不同的防水材料有不同的施工方法，在铺设前应根据实际情况仔细了解产品的性能和使用方法。

（3）不同耐根穿刺防水材料施工注意事项

1）铅锡锑合金防水卷材可空铺。铺设铅锡锑合金防水卷材前，应将普通防水层表面清扫干净，并弹线；搭接缝采用焊条焊接法施工，焊缝必须均匀，搭接宽度不应小于5mm。铺贴保护层前，防水层表面不得留有沙粒等尖状物。

2）高密度聚乙烯土工膜宜空铺法施工。卷材搭接宽度为100mm，单焊缝的有效焊接宽度不小于25mm，双焊缝的有效焊接宽度为(10mm×2＋空腔宽)，焊接严密，不得焊焦、焊穿；焊接卷材应铺平、顺直；变截面部位卷材接缝施工应采用手工或机械焊接。采用机械焊接时，应使用与压焊机配套的焊条焊接。

3）聚氯乙烯防水卷材宜采用冷粘法铺贴，大面积采用空铺法施工时，距屋面周边800mm内的卷材应与基层满粘；搭接缝采用热风焊接施工，卷材长边和短边的搭接宽度均不应小于100mm，单焊缝的有效焊接宽度为25mm，双焊缝的有效焊接宽度为(10mm×2＋空腔宽)。

4）铝胎聚乙烯复合防水卷材宜与普通防水层满粘或空铺，卷材搭接缝采用双焊缝焊接时，搭接宽度不小于100mm，双焊缝的有效焊接宽度为(10mm×2＋空腔宽)。

(4) 防水保护层的施工要点

采用水泥砂浆保护层时，应抹平压实，厚度均匀，并设分格缝，分格缝间距宜为6m；若采用聚乙烯膜、聚酯无纺布或油毡作保护层时，宜空铺法施工，搭接宽度不应小于200mm；若采用细石混凝土作保护层时，保护层下面应铺设隔离层。

六、屋面防水层漏水原因分析和处理措施

(一) 原屋面防水层存在的缺陷

屋顶女儿墙和天沟沿口等节点处容易出现防水层渗漏，特别是刚性防水层在施工完成后可能会出现裂缝而漏水。经走访防水专家，调查分析产生裂缝的原因包括：①屋面由于昼夜温差变化或太阳热辐射引起的热胀冷缩；②屋面板受力后的翘曲变形；③地基沉降或墙体承重后坐浆收缩等原因引起的屋面变动等。

(二) 屋顶绿化施工操作不当

在屋顶防水层上进行多项园林工程施工，容易因施工操作不当造成防水层破坏导致漏水。如在缺乏保护层的防水层上直接进行园林施工，即使不打洞穿孔或埋设固定铁件，施工不精心，仍会破坏屋顶防水和排水构造，造成屋顶漏水。

(三) 屋顶抗渗防漏问题的处理

当植物所使用的水肥呈一定酸碱性时，会对屋面防水层产生腐蚀作用，从而降低屋面防水性能。补救方法是在原防水层上加抹一层厚1.5～2.0cm的火山灰硅酸盐水泥砂浆后再覆土种植。同普通硅酸盐水泥砂浆相比，火山灰硅酸盐水泥砂浆具有耐水性、耐腐蚀性、抗渗性好及喜温润等显著优点。与覆土层共同作用下，屋顶防水效果将更加显著。

七、以铜—聚酯复合胎基根阻沥青防水卷材为例说明耐根防水的施工程序

铜—聚酯复合胎基根阻沥青防水卷材是一种采用专利SBS改性沥青制成的防水卷材。沥青涂层中含有活性极强的生物阻根添加剂，中间一层铜—聚酯复合胎基赋予产品独具的植物根阻拦功能，上表层为蓝绿色板岩颗粒。使用铜蒸汽处理复合胎基，植物根及根状茎无法穿透，是具有更高的抗穿刺性能防水卷材。

施工工艺如下：

基层处理应符合《屋面工程质量验收规范》(GB 50207—2002)规定。基层应平整、牢固，抗压强度不小于0.2MPa，并要求表面干燥。

将保温板固定在基层上，并按施工要求铺贴自粘底层防水卷材。铜复合胎基根阻防水卷材与第一层防水材料错开500mm平铺，搭接至少80mm(短边100mm、长边80mm)，搭接施工必须热风管。

复合铜胎基根阻防水卷材采用丙烷气体喷灯对卷材进行均质全面焊接，使用热风管。上一层材料的施工必须连续进行。

八、屋顶绿化防水性能的检查方法

屋顶绿化防水性能的检查方法有积水法、喷淋法、电脉冲法和烟气法等。

（一）积水法

积水法必须在未绿化屋顶前进行。一般仅限于坡度小于5%的屋顶，因为砌筑檐口的砖砌体是一个封闭的整体，因此通过侧面升高的槽可形成屋面防水层。一般从防水层上渗漏的水会在水平方向上流动，并且会流到离雨水位置比较远的地方。将屋顶排水口用充气橡皮袋或其他物体塞紧。

（二）喷淋法

喷淋法必须在未绿化屋顶前进行。一般用于坡度大于5%的屋顶和有外挑檐的屋顶。方法是在屋顶平面以降雨的形式，在屋顶创造一个持续不断的水薄膜层。

（三）电—脉冲法

电—脉冲法在绿化屋顶建造后且建筑构造厚度达30cm时均可进行。方法是对需检查的平面灌满水或喷灌，在顶棚下边流出水的位置，固定一个电极且通过电缆连接传感器，在屋顶平面检查电流的变化情况，由于水的导电性，电流通过屋顶结构土的水时会发生变化，由此判断和检查出屋面防水层损坏的位置。

（四）烟气法

烟气法必须在未绿化屋顶前进行。方法是打开屋面防水层，把防水层的烟气管焊上，通过烟气发生器把一些染过色的烟气从屋面防水层的背后挤压进去。在渗漏部位可观察到逸出的烟气，并可确定破损位置。如果水已经渗入保温层，可直接通过烟气管对保温层进行干燥，然后必须把烟气管的管口重新焊上。此方法优点在于检查无需用水即可进行，避免由于保温层湿透而引起的弊端。

综上所述，检查屋顶绿化防水性能常用四种方法中，积水法和喷淋法简便易行，检查成本低，但也有弊端。一般在渗水情况下用积水法和喷淋法无法准确查明渗漏位置；处在下面的保温层会被全部浸湿，必须进行干燥的处理，会增加建筑构造层清除和重建的费用。通过示范工程实践表明，屋顶绿化防水处理方法以刚柔并济为好，即柔性防水和刚性防水相结合。屋顶绿化使用柔性防水材料时，在其上还应设置1层水泥砂浆刚性保护层或细石混凝土保护层。即绿化屋面可以采用2道或多道(复合)防水设防，避免绿化施工的影响。采用水泥砂浆保护层时，应厚度均匀抹平压实，并设分格缝，分格缝间距宜为6m；采用细石混凝土作保护层时，保护层下面应铺设隔离层。

复习思考题

1. 屋顶绿化对建筑防水有什么要求？
2. 常见的耐根穿刺防水材料有哪几种？
3. 屋面防水性能的检查方法有哪几种？

第五节　排(蓄)水材料和隔离过滤材料

屋顶绿化排(蓄)水和过滤系统至关重要，是保证屋顶绿化安全持久的基础设施。根据屋顶绿化的不同类型，采用何种排(蓄)水和过滤系统，选择何种排(蓄)水材料和过滤材料，是屋顶绿化成果的关键环节，其重要性仅次于防水材料的选择。

一、屋顶绿化排(蓄)水材料的选择

(一) 排(蓄)水材料选择原则

(1) 排(蓄)水层材料品种较多，为了减轻屋面荷载，应尽量选择轻质材料，建议优先选用塑料、橡胶类凹凸型排(蓄)水板或网状交织排(蓄)水板材料。

(2) 应按照屋顶绿化实际工程所需的受压强度、排水量、流速以及现场条件等因素综合考虑选用。

(3) 屋顶绿化工程排(蓄)水材料的排水量，应按照当地最大降雨强度时的雨水量或建筑屋面排水量加以计算并确定。

(4) 年降水量小于蒸发量的地区，宜选用具有蓄水功能的排水板。

(二) 排(蓄)水材料类型

排水层所用材料有天然砾石、人工烧制陶粒、塑料排水板和橡胶排水板等。

1. 由天然石材制成的排水层

(1) 卵石可作为排水层的材料，堆积密度 2000kg/m^3 以上，几乎不贮藏水分。

(2) 熔岩和浮石为多孔的天然石，堆积密度 1000kg/m^3 左右，其多孔结构能在内部贮存水分，饱和水状态下的密度仍小于砾石。

2. 由组合矿物质材料组成的排水层

陶粒、泡沫玻璃和砖瓦等建筑废料可作为排水层的材料，有一定的保温作用，有一定的空隙，密度低。排水材粒径在 4～16mm 为宜，避免毛细管水上升浸湿种植层。陶粒排水层陶粒粒径不应小于 25mm，堆积密度不宜大于 800kg/m^3，铺设厚度宜为 100～150mm。

陶粒(卵石)排水层的优点是价格低廉，排水性好；缺点是保水性差，排水层重量大(卵石为 1800kg/m^3)，对屋顶荷载要求高，且因排水层厚度大，周边维护墙相对高度增加，施工难度加大。

3. 塑料排水层

(1) 塑料排水板。主要有聚苯乙烯、聚乙烯制成的排水板，运用聚乙烯泡沫垫、聚氨酯泡沫垫等排水材料。在形状设计上，采用凹凸变化的特殊设计，使得排水板在凹槽部分可贮存一定的水分，通过蒸发作用渗入到种植基质中以供植物使用。凹凸型排(蓄)水板的主要物理性能应符合表 9-5-1 的要求，塑料排水板类型和塑料凹凸型排(蓄)水板样式见图 9-5-1。

凹凸型排(蓄)水板主要物理性能 **表 9-5-1**

项目	单位面积质量 (g/m^2)	凹凸高度 (mm)	抗压强度 (kN/m^2)	抗拉强度 (N/50mm)	延伸率 (%)
性能要求	500～900	≥7.5	≥150	≥200	≥25

塑料排水板作排水层材料，其优点是：①具有较好的蓄水能力，抗压性强，排水性好，板体轻薄，容易搬运，施工便捷；②可根据土壤厚度选用不同规格的板体；③对屋面防水层可起到一定的辅助保护作用。其缺点是价格较贵。根据使用材料和规格不同，价格为 25～80 元/m^2 不等。

图 9-5-1　塑料凹凸型排(蓄)水板种类

(2) 塑料网状交织排水板。塑料网状交织排水板由丝状体聚酰胺材料制成，其主要物理性能应符合表 9-5-2 的要求。网状交织排水板类型见图 9-5-2。

网状交织排(蓄)水板主要物理性能　　表 9-5-2

项目	抗压强度(kN/m^2)	表面开孔率(%)	空隙率(%)	通水量(cm^3/s)	耐酸碱性
性能要求	≥50	≥95	85～90	≥380	稳定

图 9-5-2　聚酰胺网状交织排(蓄)水板类型

塑料网状交织排水板作为排水层材料，其优点是：①具有较好的排水能力，抗压性强，板体轻薄，容易搬运，施工便捷；②可根据土壤厚度选用不同规格的板体；③适合于以排水为主的屋顶绿化或地下设施覆土绿化。其缺点是：保水性差、灌溉要求高。根据使用材料和规格不同，价格在 25～40 元/m^2 不等。

4. 橡胶排水板

橡胶排水板的主要物理性能应符合表 9-5-3 的要求。

橡胶排水板规格及性能参数　　表 9-5-3

名称	规格及性能	名称	规格及性能
产品尺寸	500mm×500mm/1000mm×1000mm	硬度	75±3(邵氏 A)
单片重量	1.75kg/7kg	老化系数	≥0.65(90℃×24h)
拉伸强度	≥15kgf/cm^2	脆化温度	≥−30℃
伸长率	≥150%	板孔排水量	≥18m^3/h
永久变形	≤30%	板下排水量	≥10m^3/h
撕裂强度	≥4N/m	体系排水量	≥1m^3/h

橡胶排水板作为排水层材料，其优点是：①具有较好的排水能力，抗压性强，施工便捷；②可根据土层厚度选用不同规格的板体；③适合于大面积屋顶绿化或地下设施覆土绿化。通过通汇家园屋顶绿化施工案例调查，其缺点：是排水速率过快、保水性差、灌溉要求高。市场价格在 60 元/m^2 左右。

二、屋顶绿化过滤材料的选择

设置过滤材料的目的是防止屋顶绿化种植基质随浇灌和雨水而发生流失，从而影响种植基质的成分和养料，同时易造成建筑屋顶排水系统的堵塞，使得整体建筑出现排水不畅。

（一）屋顶绿化过滤材料选择原则

(1) 过滤层材料滤水速率应不小于 2.5m/s。

(2) 应选择聚丙烯或聚酯无纺布(非织造布)，单位面积质量 150～300g/m^2 的过滤层材料。

(3) 无纺布材料宜选用尺寸稳定性好的长纤维材料。

（二）屋顶绿化过滤层材料类型

屋顶绿化过滤层材料主要为无纺布(非织造布)。是将纺织短纤维或者长丝进行定向或随机撑列，形成纤网结构，然后采用机械、热粘或化学等方法加固而成。无纺布生产纤维中 23%为聚酯，8%为粘胶，2%为丙烯酸纤维，1.5%为聚酰胺，剩余 3%为其他纤维。

无纺布材料单位面积质量用 g/m^2 表示。如果单位克数太小，过滤层材料过薄，施工当中很容易损坏，起不到阻止种植基质流失的作用；如果单位克数太大，过滤层材料过厚，又容易造成过滤层材料渗滤水速度太慢，从而不利于屋面排水。无纺布材料类型见表 9-5-4。

过滤用无纺布类型和工艺过程　　表 9-5-4

序号	分　类	工艺过程
1	水刺无纺布	将高压微细水流喷射到一层或多层纤维网上，使纤维相互缠结在一起，从而使纤网得以加固而具备一定强力
2	热合无纺布	在纤网中加入纤维状或粉状热熔粘合加固材料，纤网再经过加热熔融冷却加固成布
3	浆粕气流成网无纺布	采用气流成网技术将木浆纤维板开松成单纤维状态，然后用气流方法使纤维凝集在成网帘上，纤网再加固成布
4	湿法无纺布	将置于水介质中的纤维原料开松成单纤维，同时使不同纤维原料混合，制成纤维悬浮浆，悬浮浆输送至成网机构，纤维在湿态下成网再加固成布
5	纺粘无纺布	在聚合物已被挤出、拉伸而形成连续长丝后，长丝铺设成网，纤网再经自身粘合、热粘合、化学粘合或机械加固方法，使纤网变成无纺布
6	熔喷无纺布	聚合物喂入—熔融挤出—纤维形成—纤维冷却—成网—加固成布
7	针刺无纺布	利用刺针的穿刺作用，将蓬松的纤网加固成布
8	缝编无纺布	利用经编线圈结构对纤网、纱线层、非纺织材料(例如塑料薄片、塑料薄金属箔等)或它们的组合体进行加固，以制成无纺布

经过屋顶绿化施工案例的调查，同时对比不同屋顶绿化的后期使用效果，适合于屋顶绿化的过滤层材料，单位面积质量要求为 150～300g/m^2。

（三）过滤层材料的技术指标参数

屋顶绿化常用过滤层材料(过滤用无纺布)的技术指标参数见表 9-5-5。

过滤用无纺布的技术指标参数表　　表 9-5-5

型　号	定量(g/m^2)	厚度(mm)	幅宽(m)	滤水速率(m/s)	卷长(m/卷)	屋顶绿化使用选择
WY-CP-450	450	10	1.8	2.5	20	蓄水作用大，适合花园式屋顶绿化
WY-CP-9-340	340	8～9	1.8	2.5	20	
WY-CP-240	240	7～8	1.8	2.5	20	
WY-CP-200	200	4～5	1.8	2.5	20	蓄水作用小，适合简单式屋顶绿化
WZ-CP-350-1.5	350	5～6	1.8	1	20	
WZ-CP-240-1.5	240	4～5	1.8	1	20	
WZ-CP-240	240	5～6	1.8	1	20	

三、屋顶绿化排(蓄)水层设计与施工

(一) 排(蓄)水层的设计要求

(1) 排(蓄)水层应结合排水沟分区设置。

(2) 应有完善的排水系统设计。排水设计应考虑特大暴雨时的应急排水措施。排水层必须与排水系统(排水管、排水沟、水落口等)连接以保证排水畅通。

(3) 排(蓄)水层可设计明沟排水或暗沟排水。排水明沟设计可设置在屋面四周，距女儿墙不少于 300mm，形成排水通道。暗沟排水设计时应设置排水检查孔，并每间隔一定距离设排水孔，确保排水畅通。

(二) 排(蓄)水层施工要点

(1) 用陶粒(或卵石)材料作排水层使用时，要注意保障防水层不被破坏。由于陶粒(或卵石)大小不匀，其棱角容易损坏或穿透防水层，因此，施工时应在防水层上部做水泥砂浆刚性保护层。并且预先在刚性保护层上铺设厚度 2cm 的一层细沙(粒径 1～2mm)。

(2) 橡胶排水板作排水层使用时，应注意满铺处理，其上应设置过滤层和保湿层，其下应辅助使用疏水剂，以保证屋顶防水安全、万无一失。

施工做法见图 9-5-3。

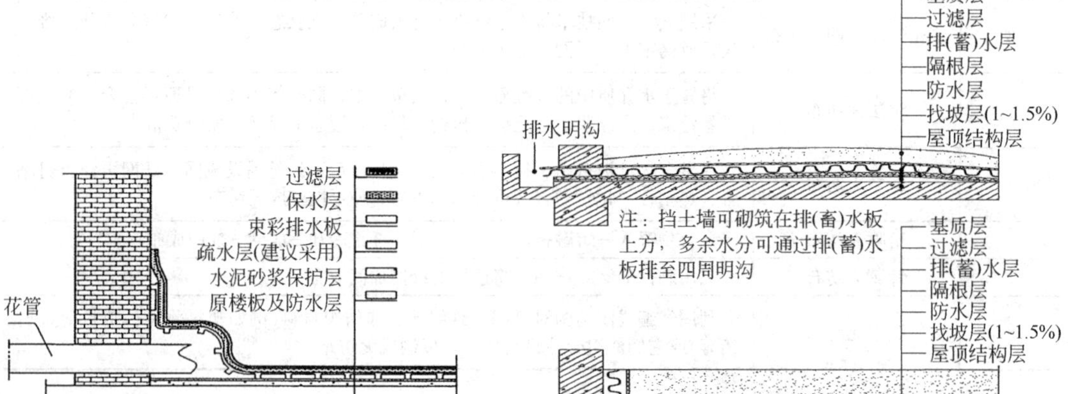

橡胶排水板铺设方法　　塑料排(蓄)水板铺设方法

图 9-5-3　屋顶绿化排(蓄)水板铺设方法示意

(3) 用塑料排(蓄)水板作排水层材料使用时，应注意：

1) 要保障防水层不被破坏。在普通防水层上施工时建议做水泥砂浆刚性保护层，并设置隔根膜(聚乙烯等)起到辅助防水的作用。

2) 排水板应铺设平整，搭接缝部位凹、凸搭扣应套牢固定。

3) 不同类型的屋顶绿化以及不同的植物种类，采用材料、规格不等的排(蓄)水板材料(图 9-5-4)。

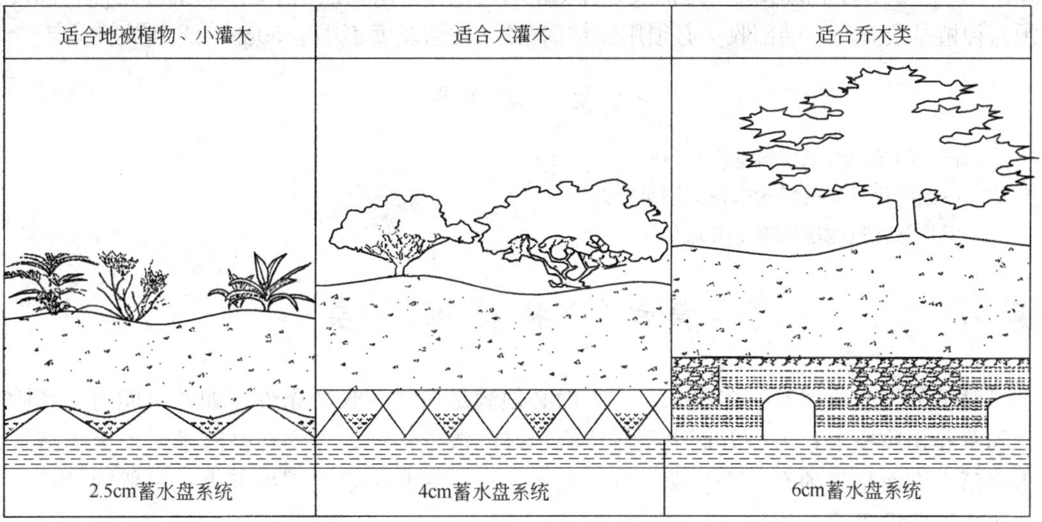

图 9-5-4　塑料排(蓄)水板规格与种植形式

(4) 当屋面坡度较大(坡度不小于 5%)时，屋顶绿化排(蓄)水层材料必须采取防滑措施，通常采用胶结剂于屋面防水刚性保护层上进行点粘处理。

(5) 在排水层施工时要注意，施工前应清理屋面，屋面无凸起杂物或凹坑，在屋顶绿化种植基质较薄时(≤10cm)，屋面平整度要小于 1cm，避免产生积水坑。

(6) 排水板应与屋面找坡方向呈垂直方向铺设，按照坡度方向自上而下以屋面瓦方式逐步进行铺设、叠加和搭接。铺设完毕后不宜曝晒，应立刻铺设施工通道，并及时覆土或浇筑混凝土。

(7) 设置种植挡土墙时，挡土墙下部应设泄水孔或排水管。挡土墙宽度应不小于 150mm，高度可视种植基质厚度确定。挡土墙顶部高度应比种植基质高(≥30mm)。

(8) 施工时应根据排水口设置排水观察井，并定期检查屋顶排水系统的通畅情况。及时清理枯枝落叶，防止排水口堵塞。

四、屋顶绿化过滤层设计与施工要点

(一) 过滤层的设计要求

(1) 根据屋顶绿化不同类型，选择单层卷状材料或双层组合的卷状材料。花园式屋顶绿化宜采用双层材料组成的卷状材料；简单式屋顶绿化宜采用单层卷状材料。

(2) 过滤层材料必须与排(蓄)水材料配合使用。

(3) 过滤层材料的搭接宽度不应小于 150mm。

(4) 过滤层应沿种植基质周边向上铺设，并与种植基质同一高度。

（二）过滤层施工要点

（1）单层卷状材料使用时，一般为聚丙烯或聚酯无纺布材料。材料宽度为 2.0～4.0m，长度 100～300m 不等，单位面积质量必须大于 150g/m^2。过滤层材料直接铺设在排(蓄)水层上面，搭接缝的有效宽度必须达到 10～20cm。

（2）双层组合的卷状材料使用时，上层是过滤兼有蓄水功能的蓄水棉，单位面积质量为 200～300g/m^2；下层为起过滤作用的聚丙烯或聚酯无纺布材料，单位面积质量为 100～150g/m^2。将无纺布滤水层一道敷设在排(蓄)水层上，并且在种植池四周上翻延伸，高度必须与种植基质齐高，端部收头必须用胶粘剂粘结(粘结宽度不小于 50mm)或金属条固定。

复习思考题

1. 常用的排(蓄)水材料有哪几种?
2. 屋顶绿化过滤材料的选择原则是什么?
3. 屋顶绿化过滤层的施工要点是什么?

第六节　种植基质层

对于种植基质层有许多要求。一方面必须满足植物生长的条件，如贮水能力、孔隙容积和营养物质要求；另一方面也要保证有很好的渗透性能，以便在强降水时不至于造成水淹；第三方面是必须有一个长期充分的根系生长空间和一定的固根能力。一般的种植基质理化性状要求见表 9-6-1。

种植基质理化性状要求　　　　**表 9-6-1**

理化性状	要求	理化性状	要求
湿密度	450～1300kg/m^3	全氮量	＞1.0g/kg
非毛管孔隙度	＞10%	全磷量	＞0.6g/kg
pH 值	7.0～8.5	全钾量	＞17g/kg
含盐量	＜0.12%		

一、花园式屋顶绿化的种植基质

花园式屋顶绿化要求植物生长达到最佳化，形成状态稳定的植物群落。这就要求使用相适应的种植基质。

目前常用的种植基质主要包括改良土和轻型无机基质两种类型。

1. 改良土

改良土一般由田园土、排水材料、轻质骨料和肥料混合而成。用于花园式屋顶绿化时，必须要注意，有机物质成分绝对不能超过基质体积的 40%，否则在植物生长过程中会出现基质沉陷现象，这样会使根的生长空间减少。由于花园式绿化在管理上是定期维护，因此种植基质能够贮存 30%体积的水就足够了。

如果要种小乔木，使用改良土时厚度需要 100cm 左右。施工时，基质不能作单层处理，因为基质底部的有机物分解时会腐烂。这时应作两层结构处理。上层用配制好的改良土；自 60cm 以下，要尽可能不用有机成分，可由 60%体积的弱黏性的沙质底土和 40%体积的砂骨料组成。屋顶绿化基质荷重应根据湿密度进行核算，不应超过 1300kg/m^3。

2. 轻型无机基质

轻型无机基质是采用非金属矿物质，根据土壤的理化性状及植物生理特点研制生产的"人工土壤"，具有轻量、洁净、排水通透、保水保肥、施工简便、适宜植物生长等优良特性。其特有的团粒多孔结构更加适宜植物的根系发育，对树木具有良好的固着作用。定量设计的可调节的阳离子交换能力(CEC)使其能有效控制树木等植物的快速生长，缓解了因树木快速生长而导致的荷重增加与建筑荷载之间的矛盾。使用这种基质时需要配合排水材料和表面覆盖材料一起使用。

目前常用的改良土与轻型无机基质的理化性质见表 9-6-2。

常用改良土与轻型无机基质理化性质　　表 9-6-2

理化指标		改良土	超轻量基质
密度(kg/m^3)	干密度	550～900	120～150
	湿密度	780～1300	450～650
导热系数		0.5	0.35
内部孔隙度(%)		5	20
总孔隙度(%)		49	70
有效水分(%)		25	37
排水速率(mm/h)		42	58

3. 种植基质配制

常用的种植基质类型和配制比例参见表 9-6-3，可在建筑荷载和基质荷重允许的范围内，根据实际酌情配制。

常用基质类型和配制比例参考　　表 9-6-3

基质类型	主要配比材料	配制比例	湿密度(kg/m^3)
改良土	田园土，轻质骨料	1∶1	1200
	腐叶土，蛭石，沙土	7∶2∶1	780～1000
	田园土，草炭，(蛭石和肥)	4∶3∶1	1100～1300
	田园土，草炭，松针土，珍珠岩	1∶1∶1∶1	780～1100
	田园土，草炭，松针土	3∶4∶3	780～950
	轻沙壤土，腐殖土，珍珠岩，蛭石	2.5∶5∶2∶0.5	1100
	轻沙壤土，腐殖土，蛭石	5∶3∶2	1100～1300
轻型无机基质	无机介质	—	450～650

注：基质湿容重一般为干密度的 1.2～1.5 倍。

二、简单式屋顶绿化的种植基质层

简单式屋顶绿化的植物，通常选择耐旱的植物种类。生长过程中，不要求植物长势达到最佳化。种植基质选择的关键是保证植物根系有稳定的生长空间并且没有杂草，满足植物基本的水肥需求。

施工中，配制简单式绿化基质的原材料和花园式绿化相似，但要降低有机物质的含量。常用的材料有膨化黏土及带密集孔隙的天然石、沙等组成的混合物。厚度一般为 8～10cm。10cm 厚的基质在饱和水状态下荷载为 90～110kg/m^2。

根据实际需要，简单式绿化的种植基质层有双层和单层两种构造方式。

（一）双层构造方式

有一些简单式绿化同标准的三层建筑构造排水层、过滤层和种植基质层不一样，仅由排水层和种植层组成。施工时，要避免有泥沙阻塞出水口，种植层必须尽可能用细粒成分组成，以便和下面的排水层组成稳定的过滤层。由于安全原因，要尽可能避免使用双层建筑构造方式。

（二）单层构造方式

单层构造方式是将排水层、过滤层和种植基质层合为一体。

单层构造的有机物质的含量不能超过体积的5%。当使用有足够贮水能力的混合物时，可不用添加有机物。这样会使植物的生长能力降低，相应的发育周期也会延长。为了改善贮水能力和营养成分，可加上一定量的黏土粉。

施工中，单层构造在屋顶排水坡度低于2%的时候不允许使用。因为此时排水性能不好，易造成淤水，对植物造成伤害。

三、屋顶绿化种植土厚度要求

屋顶绿化乔、灌、草植物对种植基质厚度有不同要求。屋顶花园种植小乔木、灌木和花卉、地被植物等，种植土层平均厚度要求不小于300mm；简单式屋顶绿化，种植土层厚度要求不小于100mm。屋顶绿化植物生长适宜的种植基质厚度可参考表9-6-4选择，并可利用树池或局部微地形处理进行乔木、灌木栽植。

屋顶绿化植物生长适宜的种植基质厚度 **表9-6-4**

屋顶绿化种植模式	植物种类	种植基质深度(cm)
简单式屋顶绿化	地被植物	30～35
	宿根花卉	30～35
	草坪	25～30
花园式屋顶绿化	小乔木	80～100
	大灌木	60～80
	灌木	35～60
	地被植物	30～35
	宿根花卉	30～35
	草坪	25～30

四、屋顶绿化种植基质施工程序

（一）施工流程图(图9-6)

（二）施工要点

(1) 在屋顶绿化工程覆土时，种植基质注意不要过分踩实，否则会使种植基质结构遭到破坏，其结构透气性和保水性大大降低。

(2) 后期养护管理浇水方式对基质的水、气关系也有很大影响。种植基质覆土越浅越需要少量多次，以避免破坏种植基质的透气性。

(3) 分层次、喷淋式均匀浇水，浇透水后均匀压实。

(4) 乔、灌木移栽要求为容器苗或带土球移植；苗木移栽后一定要踏实，以保证保水效果及成活率。

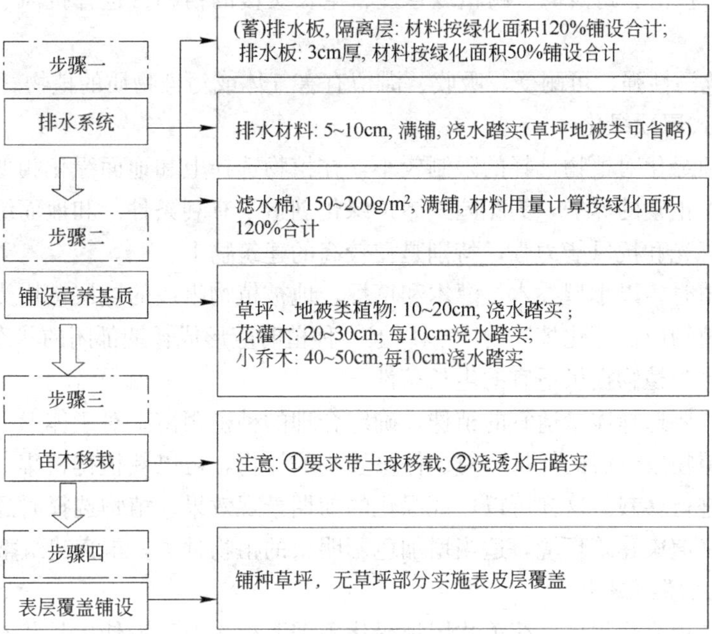
步骤一
排水系统
步骤二
铺设营养基质
步骤三
苗木移栽
步骤四
表层覆盖铺设
(蓄)排水板, 隔离层: 材料按绿化面积120%铺设合计;
排水板: 3cm厚, 材料按绿化面积50%铺设合计
排水材料: 5~10cm, 满铺, 浇水踏实(草坪地被类可省略)
滤水棉: 150~200g/m², 满铺, 材料用量计算按绿化面积120%合计
草坪、地被类植物: 10~20cm, 浇水踏实;
花灌木: 20~30cm, 每10cm浇水踏实;
小乔木: 40~50cm,每10cm浇水踏实
注意: ①要求带土球移载; ②浇透水后踏实
铺种草坪，无草坪部分实施表皮层覆盖

图 9-6　施工流程图

复习思考题

1. 常用的种植基质包括哪些类型？
2. 屋顶绿化中乔灌草对种植基质厚度有何要求？
3. 掌握屋顶花园种植基质铺设程序。

第七节　植物选择与种植

植物选择与种植是屋顶绿化中最重要的一个环节，其他所有措施都是为了屋顶上植物的成活和生长。屋顶绿化植物的正常生长受许多因素的影响，如基质厚度、屋面倾斜角度、光照和局部小气候等等。在绿化种植中，要全面了解植物本身的特性，了解植物对生长环境及维护管理的要求，做到合理地选择利用植物，使功能和种类的选择恰当地结合起来。

一、植物选择

（一）植物选择原则

（1）不同的植物有其各自独特的观赏效果，选择时没有统一的标准和规则。当一个屋顶绿化只采用同一品种时，从观赏价值到病虫害防治，都存在一定问题。将多种植物种类组合起来种植，效果会好得多。因此，条件允许时，要尽可能地多品种组合。

（2）屋顶绿化选择植物时以低矮灌木、草坪、地被植物和攀缘植物为主，原则上不用大型乔木，有条件时可少量种植耐旱小乔木。遵循植物多样性和共生性原则，以生长特性和观赏价值相对稳定、滞尘控温能力较强的乡土植物和引种成功的植物为主。

（3）要选择须根发达的植物，不宜选用根系穿刺性强的植物，防止植物根系穿透建筑防水层。

(4) 选择易移植、耐修剪、耐粗放管理、生长缓慢的植物；选择抗风、耐旱、耐高温的植物。

(5) 选择抗污性强，可耐受、吸收、滞留有害气体或污染物质的植物。

(二) 花园式屋顶绿化

花园式屋顶绿化对植物选择的限制较小，在植物选择上和地面绿化相似。因为理化性质好的基质加上正常的养护，为花园式屋顶绿化创造了有利条件。和地面绿化相比，屋顶绿化植物要求喜光和抗风能力强，特别是在较高的建筑物上。

在植物配植时，以小型乔木、灌木和草坪、地被植物组成的复层结构为主。乡土植物和引种成功的植物应占绿化植物的 80%以上。种植时应形成长期郁闭的状态，阻止外来竞争植物的生长，为植物提供适宜的生长条件。

在施工中，要选择体量适宜的植株，确定合理的种植距离。对于体形大的乔灌木，种植距离取决于植物成形后的体量。对于体量较小的植物，可以栽植得密集一些，待长到一定程度时，再进行移栽。这样可以保证绿化的前期景观效果。植物选择时还要注意利用丰富的植物色彩来渲染建筑环境，适当增加色彩明快的植物种类，丰富建筑整体景观。

(三) 简单式屋顶绿化

和花园式屋顶绿化相比，简单式屋顶绿化不需要植物处于最佳生长状态，不需要植物有年最大生长量，因此也不必提供最佳的生长环境。选择植物时注意以下要点：

(1) 以低成本、低养护为原则。

(2) 要适合在日照强烈，风力较大而且比较干旱的地方生长。

(3) 所用植物的滞尘和控温能力要强。

(4) 根据建筑自身条件，尽量达到植物种类多样、绿化层次丰富、生态效益突出。

(5) 在植物选择时，也要考虑后期的养护管理条件，要根据维护的方法和时间等因素来选择合适的植物种类。

(四) 地下建筑顶板绿化

地下建筑顶板种植土较厚，植物选择和种植技术要点和地面相似，要根据工程实际情况进行选择配植。

(五) 华北、岭南地区屋顶绿化常用植物(表 9-7-1、表 9-7-2)。

华北地区屋顶绿化常用植物种类推荐表 **表 9-7-1**

乔木			
油松	阳性，耐旱、耐寒；观树形	玉兰 *	阳性，稍耐阴；观花、叶
华山松 *	耐阴；观树形	垂枝榆	阳性，极耐旱；观树形
白皮松	阳性，稍耐阴；观树形	紫叶李	阳性，稍耐阴；观花、叶
西安桧	阳性，稍耐阴；观树形	柿树	阳性，耐旱；观果、叶
龙柏	阳性，不耐盐碱；观树形	七叶树 *	阳性，耐半阴；观树形、叶
桧柏	偏阴性；观树形	鸡爪槭 *	阳性，喜湿润；观叶
龙爪槐	阳性，稍耐阴；观树形	樱花 *	喜阳；观花
银杏	阳性，耐旱；观树形、叶	海棠类	阳性，稍耐阴；观花、果
栾树	阳性，稍耐阴；观枝叶果	山楂	阳性，稍耐阴；观花

续表

灌　木			
珍珠梅	喜阴；观花	碧桃类	阳性；观花
大叶黄杨＊	阳性，耐阴，较耐旱；观叶	迎春	阳性，稍耐阴；观花、叶、枝
小叶黄杨	阳性，稍耐阴；观叶	紫薇＊	阳性；观花、叶
凤尾丝兰	阳性；观花、叶	金银木	耐阴；观花、果
金叶女贞	阳性，稍耐阴；观叶	果石榴	阳性，耐半阴；观花、果、枝
红叶小檗	阳性，稍耐阴；观叶	紫荆＊	阳性，耐阴；观花、枝
矮紫杉＊	阳性；观树形	平枝栒子	阳性，耐半阴；观果、叶、枝
连翘	阳性，耐半阴；观花、叶	海仙花	阳性，耐半阴；观花
榆叶梅	阳性，耐寒，耐旱；观花	黄栌	阳性，耐半阴，耐旱；观花、叶
紫叶矮樱	阳性；观花、叶	锦带花类	阳性；观花
郁李＊	阳性，稍耐阴；观花、果	天目琼花	喜阴；观果
寿星桃	阳性，稍耐阴；观花、叶	流苏	阳性，耐半阴；观花、枝
丁香类	稍耐阴；观花、叶	海州常山	阳性，耐半阴；观花、果
棣棠＊	喜半阴；观花、叶、枝	木槿	阳性，耐半阴；观花
红瑞木	阳性；观花、果、枝	蜡梅＊	阳性，耐半阴；观花
月季类	阳性；观花	黄刺玫	阳性，耐寒，耐旱；观花
大花绣球＊	阳性，耐半阴；观花	猬实	阳性；观花
地　被　植　物			
玉簪类	喜阴，耐寒、耐热；观花、叶	大花秋葵	阳性；观花
马蔺	阳性；观花、叶	小菊类	阳性；观花
石竹类	阳性，耐寒；观花、叶	芍药＊	阳性，耐半阴；观花、叶
随意草	阳性；观花	鸢尾类	阳性，耐半阴；观花、叶
铃兰	阳性，耐半阴；观花、叶	萱草类	阳性，耐半阴；观花、叶
荚果蕨＊	耐半阴；观叶	五叶地锦	喜阴湿；观叶；可匍匐栽植
白三叶	阳性，耐半阴；观叶	景天类	阳性耐半阴，耐旱；观花、叶
小叶扶芳藤	阳性，耐半阴；观叶；可匍匐栽植	常春藤＊	阳性，耐半阴；观叶；可匍匐栽植
砂地柏	阳性，耐半阴；观叶	苔尔曼忍冬	阳性，耐半阴；观花、叶；可匍匐栽植

注：加“＊”为在屋顶绿化中，需在一定小气候条件下栽植的植物。

岭南地区常见屋顶绿化植物种类一览表　　　　表 9-7-2

序号	种名	科名	别名	学名	备注
1	竹柏	罗汉松科	山杉、罗汉柴	*Podocarpus nagi*	乔木
2	罗汉松	罗汉松科	土杉、罗汉杉	*Podocarpus macrophyllus*	乔木
3	垂枝红千层	桃金娘科	柳叶红千层、串钱柳	*Callistemon salignus*	乔木

续表

序号	种名	科名	别名	学名	备注
4	小叶榄仁	使君子科		*Terminalia mantaly*	乔木
5	水石榕	杜英科	海南胆八树	*Eleaocarpus hainanensis*	乔木
6	鸡冠刺桐	蝶形花科		*Erythrina crista-galli*	乔木
7	阳桃	酢浆草科	羊桃、五敛子、五棱子	*Averrhoa carambola*	乔木
8	黄皮	芸香科	黄弹、黄枇、黄皮子	*Clausena lansium*	乔木
9	人心果	山榄科	鸡蛋果	*Manilkara zapota*	乔木
10	杂交鸡蛋花	夹竹桃科		*Plumeria* × *hybrida*	乔木
11	鸡蛋花	夹竹桃科	缅栀子、蛋黄花	*Plumeria rubra cv. Acutifolia*	乔木
12	短穗鱼尾葵	棕榈科	丛立孔雀椰子	*Caryota mitis*	乔木
13	鱼尾葵	棕榈科	单枝鱼尾葵	*Caryota ochlandra*	乔木
14	散尾葵	棕榈科	黄椰子	*Chrysalidocarpus lutescens*	乔木
15	蒲葵	棕榈科	扇叶葵、葵树	*Livistona chinensis*	乔木
16	美丽针葵	棕榈科	软叶刺葵	*Phoenix roebelenii*	乔木
17	国王椰子	棕榈科		*Ravenea rivularis*	乔木
18	狐尾椰子	棕榈科		*Wodyetia bifurcata*	乔木
19	旅人蕉	旅人蕉科		*Ravenala madagascariensis*	乔木
20	大鹤望兰	旅人蕉科	白鸟蕉	*Strelitzia nicolai*	乔木
21	洋紫荆	苏木科	宫粉羊蹄甲	*Bauhinia variegata*	乔木
22	苏铁	苏铁科	铁树、凤尾蕉	*Cycas revoluta*	灌木
23	含笑	木兰科	香蕉花	*Michelia figo Spreng*	灌木
24	鹰爪	番荔枝科	鹰爪兰、鹰爪花	*Artabotrys hexapetalus*	灌木
25	紫薇	千屈菜科	怕痒树	*Legerstroemia indica*	灌木
26	石榴	安石榴科	安石榴、若榴	*Punica granatum*	灌木
27	红杏	安石榴科	海棠石榴	*Punica granatum var. pleniflora*	灌木
28	簕杜鹃	紫茉莉科	宝巾，三角花，叶子花	*Bougainvillea glabra*	灌木
29	花叶簕杜鹃	紫茉莉科	斑叶宝巾	*Bougainvillea specioglabra*	灌木
30	海桐	海桐花科	山瑞香	*Pittosporum tobira*	灌木
31	茶花	山茶科	山茶花	*Camellia japonica*	灌木
32	大红花	锦葵科	朱槿、扶桑	*Hibiscus rosa*－*sinensis*	灌木
33	悬铃花	锦葵科	炮仗红	*Malvaviscus arboreus var. penduliflorus*	灌木
34	变叶木	大戟科	洒金榕	*Codiaeum variegatum var. pictum*	灌木
35	朱缨花	含羞草科	红绒球、红合欢	*Calliandra haematocephala*	灌木
36	双荚槐	苏木科	金边黄槐	*Cassia bicapsularis*	灌木

续表

序号	种名	科名	别名	学名	备注
37	龙牙花	蝶形花科		*Erythrina corallodendron*	灌木
38	红花檵木	金缕梅科	红彩木	*Loropetalum chinese var. rubrum*	灌木
39	花叶榕	桑科		*Ficus microcarpa cv. Variegata*	灌木
40	垂榕	桑科	垂叶榕	*Ficus benjamina*	灌木
41	星光榕	桑科	星光垂榕	*Ficus benjamina cv. Starlight*	灌木
42	黄榕	桑科	黄金榕	*Ficus mirocarpa cv. Golden Leaves*	灌木
43	九里香	芸香科	千里香	*Murraya exotia*	灌木
44	四季米仔兰	楝科		*Aglaia duperreana*	灌木
45	米仔兰	楝科	米兰、树兰、鱼子兰	*Aglaia odorata*	灌木
46	鸭脚木	五加科	鹅掌柴	*Schefflera octophylla*	灌木
47	映山红	杜鹃花科	杜鹃花	*Rhododendrom simsii*	灌木
48	山指甲	木樨科	小蜡树	*Ligustrum sinense*	灌木
49	桂花	木樨科	木樨	*Osmanthus fragrans*	灌木
50	黄素馨	木樨科	迎春	*Jasminum mesnyi*	灌木
51	尖叶木樨榄	木樨科		*Olea curpidata*	灌木
52	灰莉	马钱科	华灰莉	*Fagraea sasakii*	灌木
53	狗牙花	夹竹桃科	山马茶	*Ervatamia divaricata cv. Flore pleno*	灌木
54	栀子	茜草科	水横枝	*Gardenia jasminoides*	灌木
55	福建茶	紫草科	基及树	*Carmona microphylla*	灌木
56	金边龙舌兰	龙舌兰科	菠萝麻	*Agave Americana cv. Marginata*	灌木
57	剑麻	龙舌兰科	琼麻	*Agave sisalana*	灌木
58	青铁	龙舌兰科	绿叶朱蕉	*Cordyline terminalis cv. Ti*	灌木
59	龙血树	龙舌兰科		*Dracaena angustifolia*	灌木
60	红边竹蕉	龙舌兰科	千年木、缘叶龙血树	*Dracaena marginata*	灌木
61	黄纹万年麻	龙舌兰科	黄纹缝线麻	*Furcraea foetida cv. Striata*	灌木
62	酒瓶兰	龙舌兰科		*Nolina recurvata*	灌木
63	露兜	露兜树科	红刺林投	*Pandanus utilis*	灌木
64	酒瓶椰子	棕榈科		*Hyophorbe lagenicaulis*	灌木
65	棕竹	棕榈科	筋斗竹、观音竹	*Rhapis excelsa*	灌木
66	细棕竹	棕榈科	细叶棕竹	*Rhapis gracilis*	灌木
67	紫藤	蝶形花科	藤萝、朱藤、黄环	*Wisteria sinensis*	藤本
68	金银花	忍冬科	忍冬花、金银藤	*Lonicera japonica*	藤本
69	炮仗花	紫葳科	炮仗藤	*Pyrostegia venusta*	藤本

续表

序号	种名	科名	别名	学名	备注
70	爬山虎	葡萄科	爬墙虎	*Parthenocissus trcuspidata*	藤本爬墙
71	凌霄	紫葳科		*Campsis grandiflora*	藤本爬墙
72	满地黄金	蝶形花科	花生藤	*Arachis pintoi cv. Amarillo*	地被
73	龙船花	茜草科	山丹丹	*Ixora chinensia*	地被
74	希美丽	茜草科	希茉莉	*Hamelia patens*	地被
75	鸳鸯茉莉	茄科	双色茉莉、番茉莉	*Brunfelsia acuminata*	地被
76	金脉爵床	爵床科	黄脉爵床	*Sanchezia nobilis*	地被
77	金露花	马鞭草科	假连翘	*Duranta repans*	地被
78	马缨丹	马鞭草科		*Lantana camara*	地被
79	龟背竹	天南星科	蓬莱蕉	*Monstera deliciosa*	地被
80	春羽	天南星科	羽裂蔓绿绒	*Philodendron Selloum*	地被
81	红铁	龙舌兰科	朱蕉	*Cordyline terminalis*	地被
82	大叶仙茅	仙茅科		*Curculigo capitulate*	地被
83	红花文殊兰	石蒜科		*Crinum amabile*	地被
84	文殊兰	石蒜科		*Crinum asiaticum var. sinicum*	地被
85	蜘蛛兰	石蒜科	水鬼蕉	*Hymenocallis americana*	地被
86	花叶艳山姜	姜科	花叶月桃	*Alpinia zerumbet cv. Variegata*	地被
87	肾蕨	肾蕨科	蜈蚣草、篦子草、石黄皮	*Nephrolepis auriculata*	地被
88	绿景天	景天科		*Crassulaceae*	地被
89	双穗雀稗	禾本科	两耳草	*Paspalum distichum*	地被
90	台湾草	禾本科	细叶结缕草	*Zoysia tenuifolia*	地被

江南地区常见屋顶绿化植物种类一览表 **表 9-7-3**

乔　木			
桂花	喜阳较耐阴；香花类；观树形	羽毛枫	中性；观树形、观叶
罗汉松	半阴性，不耐寒；观树形	鸡爪槭	阳性，喜湿润；观叶
珊瑚树	强阴性，耐修剪；观树形、观果	樱花	阳性；观树形、观花
桧柏	偏阴性；观树形	香港四照花	阳性耐阴；观树形、观叶
龙爪槐	阳性，稍耐阴；观树形	椤木石楠	弱阳性；观叶
茶花	中性；观花	香柏	阳性；观树形、观叶
厚皮香	中性耐阴；观树形	翠柏	中性偏阳，观树形、观叶
含笑	喜半阴温湿；香花类；观树形	西府海棠	阳性；观花、果
杜英	中性；观树形、观叶	垂丝海棠	阳性；观花、果

续表

乔　木			
红、黄、白玉兰	阳性；观花	贴梗海棠	阳性；观花、果
二乔玉兰	阳性；观花	紫叶李	阳性，稍耐阴；观花、叶
无患子	阳性稍耐	木本绣球	弱阳性；观花
合欢	阳性	青枫	半阴性；观树形、观叶
碧桃	阳性；观花	木槿	阳性耐半阴；观花
红叶桃	阳性；观花、观叶	栾树	阳性；观花
梅花	阳性；观花	红翅槭	阳性耐阴；观叶
红枫	中性；观树形、观叶	小型单生竹	阳性；观竿、叶
灌　木			
大叶黄杨	阳性，耐阴，较耐旱；观叶	胡颓子	弱阳性；观叶、果
瓜子黄杨	阳性，稍耐阴；观叶	六月雪	阳性，耐阴；观叶
雀舌黄杨	阳性，耐半阴；观叶	金丝桃	阳性稍耐阴；观花
凤尾兰	阳性；观花、叶	杜鹃	中性；观花
金叶女贞	阳性，稍耐阴；观叶	火棘	阳性；观果
红叶小檗	阳性，稍耐阴；观叶	枸骨	喜阴湿；观树形、观果
连翘	阳性，耐半阴；观花、叶	南天竺	中性、耐阴；观叶、果
紫叶矮樱	阳性；观花、叶	金桔	阳性；观果
寿星桃	阳性，稍耐阴；观花、叶	云南黄馨	中性；观花
棣棠	喜半阴；观花、叶、枝	小腊	喜光稍耐阴；观树形
红瑞木	阳性；观花、果、枝	珊瑚树	强阴性；观果
迎春	阳性，稍耐阴；观花、叶、枝	马醉木	中性；观花、叶
紫薇	阳性；观花、叶	红花檵木	阳性；观花、叶
花石榴	阳性，耐半阴；观花、果、枝	匍地柏	阳性；观树形
紫荆	阳性，耐阴；观花、枝	蓝冰柏	中性；观树形、叶
洒金珊瑚	阴性；观叶	瑞香	半阴性；观树形、花
八仙花	耐半阴；观花	绣线菊	中性喜光耐阴；观花、叶
木槿	阳性，耐半阴；观花	紫荆	阳性；观花
腊梅	阳性，耐半阴；观花	倭海棠	阳性；观花、果
红叶石楠	阳性稍耐阴；观叶	八仙花	喜半阴；观花
天目琼花	喜阴；观果	结香	喜半阴；观树形、花
海州常山	阳性，耐半阴；观花、果	海滨木槿	阳性耐半阴；观树形、花
茶梅	弱阳性；观花	红（金）叶小檗	喜光稍耐阴；观树形、叶
龟甲冬青	阳性稍耐阴；观叶	金钟花	阳性；观花

续表

灌木			
蚊母	阳性稍耐阴；观叶	大花六道木	阳性；观花、叶
夹竹桃	阳性；观花、叶	矮紫薇	阳性；观花
大花栀子	中性；香花类、观花	紫叶矮樱	阳性稍耐阴；观树形、叶
水栀子	中性耐稍阴；香花类、观花	四照花	中性；观花、果
八角金盘	强阴性；观叶	花叶柳	阳性；观叶
阔叶十大功劳	耐阴；观叶	溲疏	弱阳性；观花
狭叶十大功劳	耐阴；观叶	伞房决明	阳性；观花
海桐	中性；观树形、叶	月季类	阳性；观花
地被植物			
玉簪类	喜阴，耐寒、耐热；观花、叶	马蔺	阳性稍耐阴；观花、叶
萱草类	阳性，耐半阴；观花、叶	矮美人蕉	阳性；观花、叶
石竹类	阳性，耐寒；观花、叶	紫花地丁	阳性；观花
鸢尾类	阳性，耐半阴；观花、叶	地毯福禄考	阳性；观花
景天类	阳性耐半阴，耐旱；观花、叶	美女樱	阳性；观花
白三叶	阳性，耐半阴；观叶	多花筋骨草	阳性较耐阴；观花
小叶扶芳藤	阳性，耐半阴；观叶；可匍匐栽植	无毛紫露草	阳性较耐阴；观花
常春藤	阳性，耐半阴；观叶；可匍匐栽植	亮绿忍冬	阳性耐阴；观叶
花叶蔓常春花	喜光耐阴；观叶	常夏石竹	阳性；观叶、花
佛甲草	阳性；观叶	葱兰	阳性耐半阴；观花
阔叶麦冬	阴性耐阴；观叶	红花酢浆草	阳性耐阴；观叶、花
金叶过路黄	阳性；观叶	紫叶酢浆草	喜光，耐阴湿；观叶、花
天目地黄	阴性；观花	金边六月雪	阳性较耐阴；观叶、花

二、绿化种植方法

屋顶绿化施工时，要根据植物种类、种植时间和养护方法来选择适宜的种植方法。常用的方法有栽植、播种和植物生长垫等。

（一）通过栽植的方法进行绿化

花园式屋顶绿化在种植乔木和灌木的时候，选择栽植的方法进行绿化。

1. 容器苗、带土球苗栽植

屋顶绿化选苗时，以容器苗为佳。并且，所选苗木须在容器中经过一年的养植。几乎所有的木本植物都可以栽种在容器中培育。容器苗可保证移植成活率，不用栽植前修剪，能迅速达到景观效果。栽植后的木本植物，除了必要的松土、除草和浇水等管理外，还应该对植株进行固定处理。带土球苗栽植同绿地栽植，对土球苗必须作固定处理。

2. 裸根的木本植物

没有土球的苗木，在栽种时，最好选择规格较小的植株。种植后，将苗木的一大部分枝条进行重剪，这样有利于减少蒸腾量，利于植物生根成活。

（二）通过播种进行绿化

绝大部分草坪和地被都可以进行播种绿化。播种分干播法和湿播法两种方法。干播法是将种子均匀地撒在屋顶上并覆土，这适用于发芽一致的种子，价格低廉。施工时，用沙、锯沫等混合，用手撒播。湿播法是将种子和水、粘合剂混合在一起，用喷枪均匀地喷播。这适合于倾斜角度较大的屋面，使用粘合剂起到短时间固定的作用。

（三）用植物生长垫绿化

植物生长垫是将预先制作好的生长基质与植物组合在一起，多用于简单式屋顶绿化，如佛甲草种植块。使用生长垫进行绿化，施工快捷方便，植物缓苗期短。生长垫一般用塑料再生物或有机肥料制成（图 9-7-1）。

图 9-7-1　植物生长垫栽植佛甲草

三、植物固定技术

屋顶绿化必须考虑到自然界暴风、骤雨等自然力的影响所存在的植物风倒隐患。屋顶绿化必须对种植在屋顶、高度大于 2m 的树木进行防风固定处理。固定方法有两种，主要包括：

（1）地上牵引、支撑固定；

（2）埋件，地上牵引、支撑固定（图 9-7-2）。

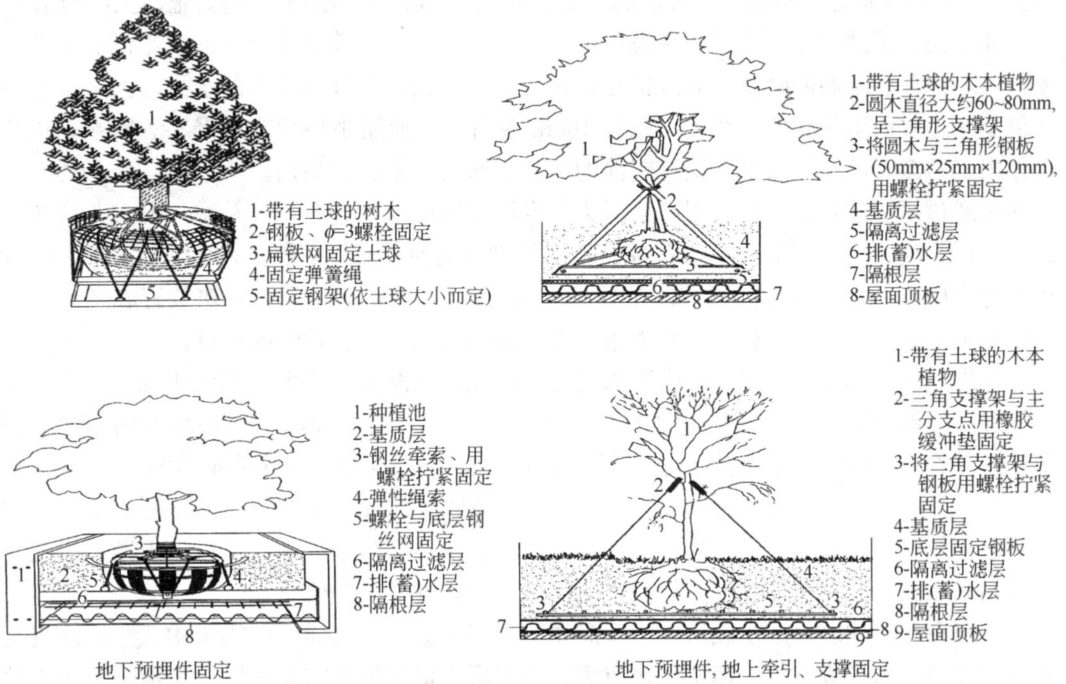

图 9-7-2　屋顶绿化树木固定方法

复习思考题

1. 屋顶绿化植物的选择原则是什么？
2. 屋顶绿化种植方法有哪几种？
3. 屋顶绿化植物固定方法有哪几种？

第八节　屋顶绿化园林小品

屋顶绿化中的园林小品包括水景、景亭、花架、景石、雕塑、园路铺装、座椅和种植池等。

一、园林小品的设置原则

为提供游憩设施和丰富屋顶绿化景观，可根据屋顶荷载和使用要求，适当设置园亭、花架等园林小品。园林小品设计要与周围环境和建筑物风格相协调，适当控制尺度，并注意选择在建筑承重位置设置。材料选择应质轻、牢固、安全。施工中与屋顶楼板的衔接处要单独作防水处理。

二、水景

园林水景主要包括水池、瀑布、小溪、喷泉和雕塑流水等。在屋顶绿化中设置水景时，主要限制因素是重量和强风。在建筑设计时就应考虑好水景设计，准确计算荷载要求，确保屋顶结构的安全。在施工中可将供水设备等安装在建筑的隐蔽位置，如顶棚内，避免影响花园景观效果。

平坦宽阔的水面不易受强风的影响，但喷泉和喷雾却可能有问题。水在落入下面的水池前可能被风吹走，造成附近绿地积水，或在附近铺装上形成积水，参观者也有可能被水淋湿。为解决这个问题，可以在喷泉系统中安装风力感应器，在风速达到特定值时关闭喷水。

如果当建筑结构完成之后才考虑添加水景，那么要严格遵守建筑物荷载限制。但即使屋顶有严格荷载限制的时候，通过精心设计，也可以创造富有感染力的水景。大多数水的效果是通过水面感受到的。在水深只有 10cm 左右时，使用小型喷头或瀑布、喷泉，也能创作出丰富多彩的水景效果，这与很深的水池中水的效果没有差别。

水通过水泵进行循环的过程中会因为蒸发而逐渐减少，需要进行补水。通过与建筑的给水系统相连的一个浮动阀门，就可以很容易地进行补给(水可通过下面楼层顶棚上的管道进行供应)。如果想创造一个天然的石头环境，可以巧妙地将天然石块放置在建筑承重柱等承重位置上，同时在柱子之间承重能力较差的位置上布置较轻的材料。

在屋顶上使用水景要特别关注防水问题，避免屋顶漏水。较大的水池边缘，可以用成型的混凝土缘石以多种方式进行建造。一般情况下，水都比较浅。如果水池内壁涂成黑色，水深在 25～40cm 时就会给人深不可测的感觉。下面介绍两种建造水池的方法。

(1) 建造水池最为简单的方法，是直接把水池底部的混凝土浇筑在防水层表面上，同时利用钢筋浇筑混凝土做成水池壁。水池壁和池底都要作防水处理，可以涂上防水水泥或者涂刷防水涂料。使用时要经常检查水池防水情况，并及时维修。

一般在屋顶和防水层建成后使用。需要事先将钢筋连接筋插入结构板中，然后在混凝土保护板的上面形成混凝土池壁，建成后，在混凝土保护板上需要铺设一个覆盖整个水池范围的第二个防水层。防水层应该沿墙往上铺设，并越过墙的顶部。水池壁要略高于水面。最后同时浇筑水池的底部以及最终的水池壁，并对表面进行磨光处理。

(2) 使用预制玻璃纤维槽来建造小水系。平底水槽应该平放在一个水平的排水层上，同时排水层上要铺设过滤布。

要想在荷载相对较小的屋顶上建造水景，可以使用较浅的水池和预制人造岩石。把轻质混凝土和玻璃纤维注入仿制天然岩石的塑料模子，并涂上耐久涂料，就可以制造出以假乱真的石材。这样就可以在屋顶建造一个有山有水的全新世界。虽然有人反对在景观中使用人造要素，但人工元素可以克服屋顶的限制，达到自然理想的园林景观(图 9-8-1、图 9-8-2)。单纯使用天然材料有时是不现实的。

图 9-8-1　玻璃纤维人造流水

图 9-8-2　天然石水景(荷载大)

三、种植池

屋顶绿化的种植池在视觉上有立体感，经常被放在平台、阳台、走廊或需要经常被移动的绿化部分，有很好的装饰作用和一定的围护安全作用。因它的荷载比较集中，应设计在承重结构墙上，荷载问题必须与结构人员协商，征得其同意。

在系统设计时，种植池相当于一个小面积的花园式屋顶绿化，需要有完整的排水层、过滤层和植物层等系统。每一层系统材料和花园式屋顶绿化相同。

种植池要能够保持土壤的湿度，并有良好的排水条件，以防止土壤的腐败。由于种植池在寒冷的冬季可能完全被冻透，应采取有效措施防止种植容器被冻裂。在池壁设置 1～2cm 厚的垫层，如聚苯乙烯，可减少冻胀的压力，起到缓冲的作用。

(一) 种植池的材料

要将种植容器作为屋顶花园永久性的构成元素进行考虑，所使用的材料要经久耐用。经常使用的材料有木材、混凝土、陶瓷和塑料容器。木质容器要在内表面衬上铜或镀锌铁，来防止表面腐蚀。为了排水，容器底部安装直径为 1～2cm 的排水管。

(二) 设置

种植池可直接摆放在屋顶，当直接设置在屋面防水层上时，一定要设置一个附加的保护层。如混凝土砂浆保护层等(图 9-8-3)。

图 9-8-3　铺装上的种植池

四、景石和雕塑

在屋顶花园中，景石和雕塑是重要的造景元素，很适合突出特色和创造焦点。在施工过程中，要注意景石雕塑的重量不能超出屋顶的承载力。选择景石和雕塑的位置时，除考虑景观因素外，最好将其放置在承重柱、承重梁或其他经过加固的屋顶部分之上。如果建筑设计和屋顶绿化设计同时进行，就能够在建筑结构设计时加以考虑，避免超重现象。需要注意的是，当雕塑有水池或喷泉时，水所增加的重量也要计算在荷载内。如果屋顶荷载有限制，可以改变景石和雕塑的材料以减轻重量。空心金属、塑料和水泥人造石等材料重量都较轻。

五、园路铺装

屋顶绿化的园路铺装设计手法应简洁大方，与周围环境相协调，追求自然朴素的艺术效果。材料选择以轻型、生态、环保、防滑材质为宜。

屋顶上温度变化大，有很大的温度应力，用天然石材或混凝土作铺装材料，会有一定的膨胀和收缩。这会引起铺装面层发生变形，面层很容易与基础结构分离。灌浆勾缝的铺装没有伸缩的余地，经常出现面层移位和灰缝开裂的现象。这时水会渗入到铺装的砂浆垫层和铺装缝之间，因冻胀造成进一步的损坏。因此，屋顶绿化就需要采取特殊的措施进行铺装。

1. 采用砾石垫层的铺装

在铺装面层下部铺设小砾石等作基础垫层，或利用排水砾石层作基础垫层。天然石材或混凝土块的厚度在4～5cm为宜。排水层的砾石就可以作为基础，砾石大小以2～8mm为宜。铺设时要保证排水层的连贯性，以确保排水通畅。铺装石板的规格宜控制在40cm×40cm～50cm×75cm。在允许的公差范围内，将砾石整平并拉好参照线，保证排水的最小坡度，排水方式不仅可以表面明排，也可以利用接缝进行排水。

坡度小或者完全没有坡度的屋面，可使用透水铺装，不过透水铺装必须及时清洗，以便保证渗水性。

2. 用支座形式进行铺装

这种方法，是将铺装板材铺设在可调的支座上，在板下形成架空层。与砾石垫层铺装的方法相比，可减少铺装重量。此外，架空层可起到保温隔热作用，这样会避免温度应力造成的损害。但是会产生集中荷载，需要通过一个特别稳定的保护层，对应力产生缓冲作用。有时尘土等通过缝隙会进入架空层，需要定期清理。铺装面层本身必须坚固，在设计荷载下不会造成破坏。施工时一般选用大规格的板材，如100cm×100cm的规格。

3. 木铺装

木铺装有很强的艺术装饰作用。木铺装的重量很小，板与板之间应留5～10mm缝隙，这样能保证很好的通风性和木板的伸缩。它们需要定期维护，如刷洗、涂漆和固定等。为保护环境资源、克服木材易风化腐烂的缺点，也可选用复合木材作为天然木材的替代品。

4. 陶瓷类面层铺装

广场砖等陶瓷类铺装，材料的厚度小、规格小，不可能支撑在支座上，也不可能铺在砾石等松散垫层上。为了保证这种铺装面层的稳定性，经常使用水泥结合层。由于水泥砂浆基础会因热胀冷缩产生变形，因此铺装时必须设置伸缩缝，并尽可能保持非渗透性。铺装伸缩缝设置间距一般为2.0cm，保证铺装形成相对独立的单一个体，这样就会避免温度变化造成损坏。

铺装施工时，水泥砂浆比例为1∶4，砂浆中可掺入建筑用胶，改善砂浆性能。铺装材料的颜色应避免使用深色，避免太阳辐射产生不良影响。

为了保证雨水能够及时排出，铺装表面要保证至少百分之一的排水坡度。铺装的排水可利用伸缩缝来完成(图9-8-4)。伸缩缝要及时清洗。

图9-8-4 设置伸缩缝的硬质铺装

复习思考题

1. 屋顶绿化中园林小品的设置原则是什么?
2. 掌握屋顶花园园林小品建筑的程序及技术要求。

第九节 照明系统和灌溉设施

一、照明系统

灯光照明会使屋顶花园的夜景非常引人注目。造型优美的灯具也有很好的装饰效果。屋顶绿化灯具选择以小型草坪灯、射灯、壁灯为主，避免选用大型庭院灯。

在规划设计阶段就要考虑好照明系统的设置。在施工中，安装防水、种植基质等材料前先安装电线管道系统，就可以避免后期重新挖掘种植土和移栽、恢复绿化植物。使用陶粒等排水材料时，电线管道安装在屋顶表面上，隐藏在排水层和种植层的下面。如果使用塑料排水板，可以将电线管道和灌溉管道安装在排水材料的表面上，并在上面填种植土。屋顶照明系统应采取防水、防漏电措施。

灯具固定时要保证建筑防水的安全性。最好将灯具和建筑构筑物、园林小品，如花架、围栏等结合起来，或设置独立的灯具基础，以减少对防水层的破坏，降低施工难度。必须穿过防水层固定灯具时，必须在施工后把防水层修补好。

现在屋顶绿化经常用一种太阳能灯具。这种灯具依靠白天收集的太阳能，夜晚用于照明(图9-9-1)。不用铺设电源线，固定简便。但照度有限，可用于要求不高的照明需求。简单式屋顶绿化原则上不设置夜间照明系统(图9-9-2)。

图 9-9-1　太阳能草坪灯

图 9-9-2　壁灯

二、灌溉技术设施

灌溉是弥补自然降水在数量上的不足与时空上的不均、保证适时适量地满足屋顶绿化植物生长所需水分的重要措施。以往的屋顶绿化工程，很多没有配套完整的灌溉系统，灌水时只能采用大水漫灌或人工洒水。不但造成水的浪费，而且往往由于不能及时灌水、过量灌水或灌水不足，难以控制灌水均匀度，对屋顶植物的正常生长产生不良影响。因此，采用高效的灌水方式势在必行。

屋顶绿化因种植基质层较薄，灌溉渗吸速度快，基质容易干燥。因此，灌溉要求采用少量频灌法灌溉，以提高灌溉质量。屋顶绿化灌溉主要有微喷技术和微灌技术。

（一）微喷技术的主要形式及特点

1. 固定式微喷系统

管道采用固定式，具有操作方便、运行费用低等优点，但设备利用率低，单位面积投资大(25 元/m^2)。微喷具有调节小气候和美化景观的功能，适用于花园式屋顶绿化。

2. 移动式微喷带

移动使用，单位面积投资低，但劳动强度较大。适用于简单式屋顶绿化(单位价格 10 元/m^2)。

（二）微灌技术的主要形式及特点

微灌是一种精细高效节水的灌溉技术，具有省水、节能、适应性强等特点，通过安装在毛管上的滴头、孔口或滴灌带等灌水器使水流成滴状进入屋顶绿化基质层，单位面积投资大(35 元/m^2)。根据管网及灌水器的布设位置分为地表滴灌(滴灌)和地下滴灌(渗灌)。

1. 地表滴灌系统

管网及灌水器布设在地表或地表面以上，是目前最常用的微灌技术。

2. 地下滴灌系统

管网及灌水器均埋在地下，具有减缓毛管和灌水器老化、方便作业、防止损坏和丢失等优点。其缺点是灌水器易堵塞且不易处理。

（三）屋顶绿化喷灌技术要求

喷灌系统的设计和管理必须适应屋顶绿化的特点，才能满足其需水要求，保证正常生长。

(1) 喷灌设备的安装不能影响屋顶绿化的养护作业。屋顶草坪需要修剪，因此，除应选择草坪专用埋藏式喷头外，同时需精心施工，使之避免与屋顶其他机械作业发生矛盾。

(2) 设备选型和管网布置应适应屋顶绿化的种植方式。由于景观的需要，屋顶绿化种植地块形状不规则，且有时同一屋顶绿化工程中地块呈零星分布，增加了喷灌系统中设备选型和管网布置的难度。

(3) 屋顶绿化灌水管理应与植物病害防治结合起来。在灌水管理中，制定合理的灌溉制度，包括灌水周期、灌水时间、灌水延续时间等，对控制屋顶植物病虫害十分重要。

(4) 从节水角度考虑，屋顶绿化灌溉一般应选在早、晚进行。早、晚间植物蒸腾和地表蒸发的速率最小，水分可以得到充分的利用。应尽量避免炎热夏季中午灌溉。

复习思考题

1. 掌握屋顶花园照明系数的设计与安装程序及技术要求。
2. 掌握屋顶花园的灌溉系统的设计安装程序及技术要求。

第十节　屋顶绿化施工基本操作程序

一、基本操作程序

清扫屋顶表面→验收基层(包括闭水试验和防水找平层的质量检查)→绿地种植池池壁施工→铺设排(蓄)水兼隔根层材料→铺设过滤层材料→铺设喷灌系统→安装雨水观察口→铺设种植基质→种植植物→植物固定支撑处理→铺设绿地表面覆盖层材料。

二、简单式和花园式屋顶绿化的施工流程图(图 9-10)

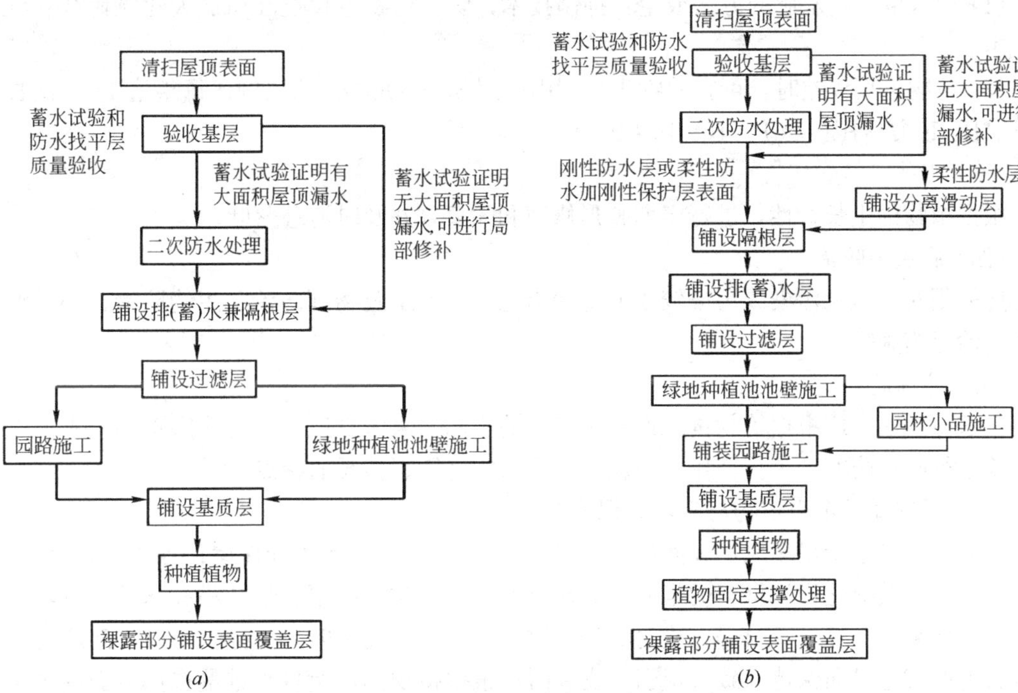

图 9-10　简单式和花园式屋顶绿化施工流程图

(a)简单式屋顶绿化施工流程图；(b)花园式屋顶绿化施工流程图

三、施工中运输和搬运问题

将屋顶绿化材料运上屋顶可采用起重机、垂直升降机或人工搬运的方式。在使用起重机时要注意，工作区域尽可能没有电线和电话线通过，施工时应采取相对安全的措施。可制造货板或货箱吊运小包装的材料。如不能及时摊开，搬运中要注意材料堆放的荷载不能超过屋顶荷载和屋顶保温层的承重能力，尽可能将材料堆放在建筑承重墙柱的位置。

复习思考题

屋顶绿化施工的基本操作程序是怎样的？

第十一节　屋顶绿化养护管理技术

屋顶绿化需要通过养护管理来保证稳定的绿化效果。养护管理工作包括灌溉、修剪、施肥和防寒等工作。和地面绿化相比，屋顶绿化需要更多的灌水和施肥。

一、花园式屋顶绿化养护管理要点

（一）浇水

（1）花园式屋顶绿化养护管理除参照 DBJ 11/T 213—2003 执行外，灌溉间隔一般控制在 10～15 天。

（2）简单式屋顶绿化一般基质较薄，应根据植物种类和季节不同，适当增加灌溉次数。

（二）施肥

（1）应采取控制水肥的方法或生长抑制技术，防止植物生长过旺而加大建筑荷载和维护成本。

（2）植物生长较差时，可在植物生长期内按照 $30\sim50g/m^2$ 的比例，每年施 1～2 次长效 N、P、K 复合肥(N∶P∶K=15∶9∶15)。

（三）修剪

根据植物的生长特性，进行定期整形修剪和除草，并及时清理落叶。

（四）病虫害防治

应采用对环境无污染或污染较小的防治措施，如人工及物理防治、生物防治、环保型农药防治等措施。

（五）防风防寒

在寒冷地区，应根据植物抗风性和耐寒性的不同，采取搭风障、支防寒罩和包裹树干等措施进行防风防寒处理。使用材料应具备耐火、坚固、美观的特点。

1. 加固支撑、牵引植物材料，确保安全

北方地区冬季干旱多风，瞬间风力有时可达 7～8 级，因此要确保屋顶绿化植物材料、基础层材料以及绿化设施材料的牢固性。对于屋顶上的常绿乔木、落叶小乔木及体量较大的花灌木要采取支撑、牵引等方式对其进行固定。在固定植物时，支撑、牵引方向应与植物生长地的常遇风向保持一致。牵引、支撑时应根据植物体量及自身重量选择适当的固定材料。对于枝条生长较密的植物，冬季还应进行适当修剪，使其通风透光，提高抗风能力。

2. 搭设御寒风障

对于新植苗木或不耐寒的植物材料，应当适当采取防寒措施。五针松、大叶黄杨、小叶黄杨等不耐风的新植苗木应采取包裹树冠、搭设风障等措施确保其安全越冬。在背风、向阳、小气候环境好的地点可不必搭设或灵活掌握。所使用的包裹材料要具备良好的透气性。

二、简单式屋顶绿化养护管理要点

（一）浇水

（1）简单式屋顶绿化一般基质较薄，应根据植物种类和季节不同，适当增加灌溉次数，有条件的屋顶可设置微喷、滴灌等设施进行喷灌，水源压力应大于 $2.5kg/cm^2$。

（2）冬季要适当补水，必须保证土壤的含水量能够满足植物存活的需要。如果冬季屋面土壤过分干旱，很容易造成土壤基质疏松，植物严重缺水，植株下部幼芽逐渐干瘪最终造成植株死亡。因此，在冬季降水量减少的情况下，可于 11 月底结合北方园林植物浇“冻水”之时为其浇水。这样可以有效地防风固尘、保持土壤及空气湿度，使小芽生长饱满。试验表明，冬季含水量高的地方，佛甲草的长势优良，绿色期可延长至 12 月中旬，返青时间也可提早 15～20 天。

（3）维护人员要经常对屋顶绿化进行巡视，检修屋顶绿化各种设施，尤应注意灌溉系统是否及时回水，防止水管冻裂。

（二）施肥

根据植物的长势，可在生长期内按照所用基质以及植物生长情况适当施肥。每年施 1～2 次长效 N、P、K 复合肥。

（三）修剪、除草

修剪根据植物的生长特性，进行定期维护和除杂草，并控制年生长量。春季返青时期需将枯叶适当清除，可加速植被返青。

（四）覆盖

屋顶佛甲草绿化易出现鸟类毁苗现象。其中危害最为严重的鸟类有喜鹊、乌鸦和家鸽等，常常将佛甲草连根刨起。冬季可适当采用绿色无纺布覆盖方式，预防鸟类对屋顶绿化的损害。冬季时，为保证来年返青质量以及防止“黄土露天”、“二次扬尘”等情况的发生，应使用绿色无纺布对新铺草坪地被进行覆盖。覆盖后的草坪，可有效保护土壤、防止老苗及基础材料被风吹走，有利于来年屋顶绿化草坪地被的提前返青。

复习思考题

1. 花园式屋顶绿化的养护管理要点是什么？
2. 简单式屋顶绿化的养护管理要点是什么？

第十二节　红桥市场屋顶绿化施工实录

一、红桥市场建筑概况

北京红桥市场位于崇文区天坛东门外，西临天坛东路，北临法华寺街，向西面远眺，可直接看到天坛。市场商业楼地上 5 层，地下 3 层，地上总高 18m，主要经营珍珠首饰、小商品以及海鲜品。

二、红桥市场屋顶绿化施工技术

（一）屋顶绿化概况

红桥市场屋顶绿化位于市场建筑4层顶部，垂直距地面高差为15m，总面积为2151m^2，绿地面积为1228m^2。主要功能是接待来访宾客，并为商家和顾客提供休闲场所。建设时间为2005年4月4日至5月8日。

绿化布局依照建筑格局分为南、北两区。其中，南区以大型集会活动为主，北区以游人休息、观赏为主。绿化组成包括园路铺装、水景、长廊、舞台、微地形及绿化植物等。其中植物以小型乔、灌木为主，结合地被植物和草坪，在符合建筑结构安全要求的前提下，保证景观效果，满足使用要求，并尽可能减少养护费用。

（二）屋顶绿化设计方案(图9-12-1)

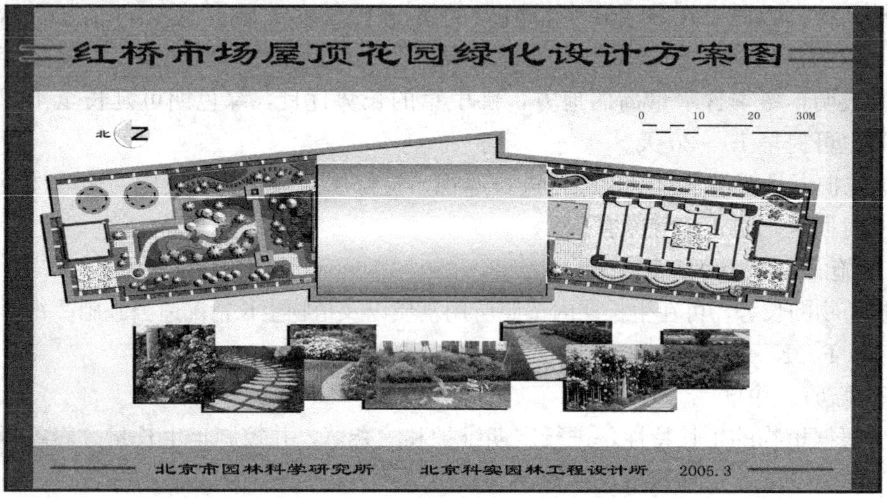

图9-12-1 红桥市场屋顶绿化设计方案图

（三）屋顶绿化荷载计算(表9-12-1)

屋顶绿化植物种植基质厚度和荷载一览表 **表9-12-1**

植物类型	规格(m)	基质厚度(cm)	种植荷载(kg/m^2)
大乔木	$H>3$	>60	250～300
小乔木	$H=2.5$～3	50～60	200～250
大灌木	$H=1.5$～2.5	30～50	150～200
小灌木	$H=1.0$～1.5	20～30	50～150
草本、地被植物	$H=0.2$～1.0	10～20	50～100

（四）屋顶绿化结构组成(图9-12-2、图9-12-3)

（五）隔根层

隔根层布置在屋顶绿化结构最底层，作用是防止植物根系穿透防水层，进而对建筑结构造成威胁。此次所使用的材料为HDPE(高密度聚乙烯)，施工中采用搭接措施，搭接宽度为1.0m。

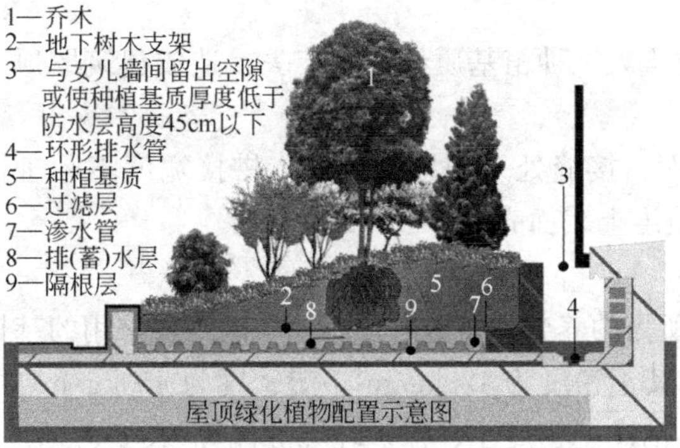

图 9-12-2　屋顶绿化标准断面图 1

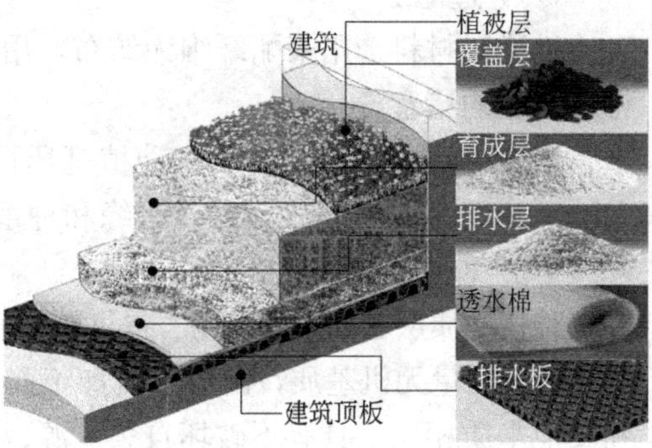

图 9-12-3　屋顶绿化标准断面图 2

（六）保湿毯

保湿毯布置于隔根层上部，作用是涵养一定水分，在干旱时供给植物，避免植物干湿交替频繁的现象。这非常适合于北方干旱地区。此次所使用的材料为 600g/m² 聚酯纤维无纺布，蓄水量为 4～5L/m²。

（七）排蓄水层兼隔根层

排蓄水兼隔根层由 PE(聚乙烯)制成，具有辅助隔根作用，并能够改善基质底部的通气状况，吸收种植层中渗出的水分，并将多余水分及时排走，有效缓解瞬时集中降雨对屋顶承重造成的压力。排蓄水层铺设在保湿毯上面，铺设方式见图 9-12-4。

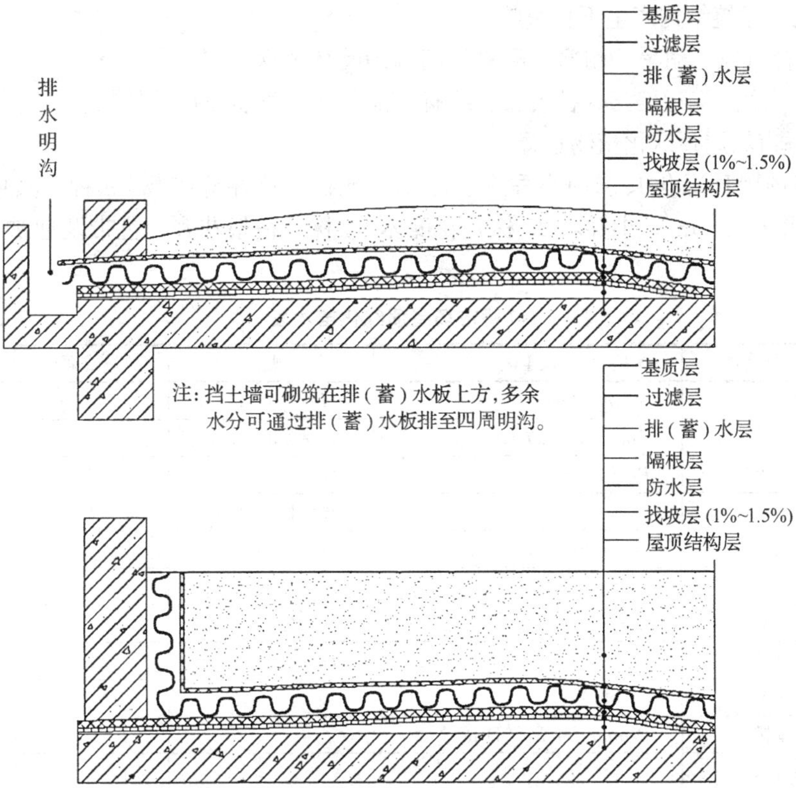

图 9-12-4　屋顶绿化排蓄水板铺设方法示意图

（八）过滤层

过滤层材料选用聚酯纤维无纺布，用于防止人工种植基质经冲刷流失，造成建筑屋顶排水系统的堵塞。

铺设方法：过滤层铺设在种植基质层下面。接缝处采用搭接措施，搭接宽度不小于10cm，并向建筑侧墙面延伸，边缘和种植基质层上表面齐平。

（九）种植基质层

种植基质层起到固着植物、提供植物生长所需的养分和水分的作用。本次工程采用的基质是人工轻量无机基质，由火山岩加工而成。其干密度为120kg/m^3，湿密度为450kg/m^3。和其他基质相比，具有不破坏自然资源、卫生洁净、密度小、保护环境等优势(表9-6-3)。

（十）屋顶绿化植物选择和配置

红桥市场屋顶绿化作为屋顶绿色休闲空间，结合屋顶的结构和荷载现状分析，种植设计确定了以具有较高观赏价值的小型乔、灌木为主景，结合佛甲草、冷季型草等地被植物的方案。设计中将屋顶花园南北两侧分别功能化，北侧作为小游园，设置廊架、水池、休憩设施；南侧作为集会广场，以铺装为主，点缀色块植物。

1. 屋顶绿化植物选择标准

（1）以种植低矮的灌木、地被植物和宿根花卉、藤本植物等为主。减少大乔木的应用，有条件时可少量种植耐旱小乔木。

（2）选择须根发达的植物，避免植物根系穿刺建筑防水层。

（3）选择易移植、耐修剪、耐粗放管理、生长缓慢的植物，避免植物迅速生长、急剧加大的荷载对建筑结构产生不良影响。

（4）选择抗风、耐旱、耐寒、耐夏季高温的园林植物。

（5）选择耐空气污染，具备吸收、缓解和滞留污染物质作用的植物。

2. 红桥市场屋顶绿化植物选择

红桥市场屋顶绿化共选用小乔木、灌木、地被、草坪等植物39种。其中冷季型草720m^2，佛甲草240m^2，小乔木25株，花灌木94株，宿根花卉、色带及地被植物148m^2(表9-12-2)。

红桥市场屋顶绿化苗木表 **表9-12-2**

编号	植物名称	拉丁名	规格	数量或面积	备注
1	桧柏	*Sabina chinensis*	H=1.3～1.5m	2	
2	油松	*Pinus tabulaeformis*	H=0.8～1.0m	5	
3	紫叶李	*Prunus cerasifera*	D=3～4cm	6	
4	海棠果		H=1.2～1.5m	1	
5	紫薇	*Lagerstroemia indica*	H=1.5m	2	丛植
6	榆叶梅				
7	花石榴	*Punica granatum* var.			
8	龙爪槐	*Sophora japonica* f. *pendula*	H=1.2～1.5m	2	D=5cm
9	红瑞木	*Cornus alba*			
10	寿星桃	*Prunus persica* 'Densa'			
11	碧桃				
12	紫叶矮樱	*Prunus* x *cistena*			

续表

编号	植物名称	拉丁名	规格	数量或面积	备注
13	平枝枸子				
14	迎春	*Jasminum nudiflorum*			
15	绣线菊	*Spiraea salicifolia*			
16	大叶黄杨球	*Euonymus japonicus*			
17	小叶黄杨球	*Buxus microphylla*			
18	大叶黄杨篱	*Euonymus japonicus*			
19	小叶黄杨篱	*Buxus microphylla*			
20	红叶小檗篱	*Berberisthunbergii*	三年生	3	
21	棣棠	*Kerria japonica*			
22	棣棠球	*Kerria japonica*			
23	红王子锦带	*Weigela florida* cv. Red Prince	$H=1.0$m	5	
24	箬竹	*Indocalamus tessellatus*			
25	沙地柏	*Sabina vulgaris*	三年生	15m^2	
26	凤尾丝兰	*Yucca gloriosa*			
27	红月季	*Rosa Sohloss Mannicim*	三年生	8.6m^2	曼海姆宫殿
28	紫萼玉簪	*Hosta ventricosa*	三年生	12m^2	
29	鸢尾	*Iris* ‘Navy Doll’	三年生	2.6m^2	“洋娃娃”
30	大花萱草	*Hemerocallis fulva* var.	三年生	3.6m^2	
31	粉八宝景天	*Sedum erythrostictum*	三年生	16m^2	
32	费菜	*Sedum aizoon* L. var.	三年生	2.5m^2	
33	佛甲草	*Sedum lineare*	三年生	177.5m^2	
34	藤本月季	*Rosa* cv.	三年生	30	橘红色火焰
35	五叶地锦				
36	凌霄				
37	常春藤	*Hedeta nepalensis*	三年生	1.5m^2	
38	水菖蒲				
39	冷季草			116m^2	

3. 屋顶绿化种植设计（图 9-12-5、图 9-12-6）

（十一）屋顶绿化施工操作程序

为保证建筑结构安全、防水安全和植物成活，施工中按照科学严谨的顺序进行。具体步骤如下：

清扫屋顶表面→验收基层（蓄水试验和防水找平层质量检查）→隔根层→铺设保湿毯→铺设排（蓄）水兼隔根层→铺设过滤层→铺设喷灌系统→绿地种植池池壁施工→安装雨水观察口→铺设人工轻量种植基质层→植物固定支撑处理→种植植物→铺设绿地表面覆盖层。

三、红桥市场屋顶绿化的施工技术要点

（一）粘钢加固技术

由于红桥市场在建设时，没有考虑屋顶绿化，屋顶设计为普通不上人屋面，荷载为150kg/m^2；而根据计算，屋顶绿化建设要增加荷载 300kg/m^2。所以在屋顶绿化实施前要对现状建筑结构进行补强加固改造。

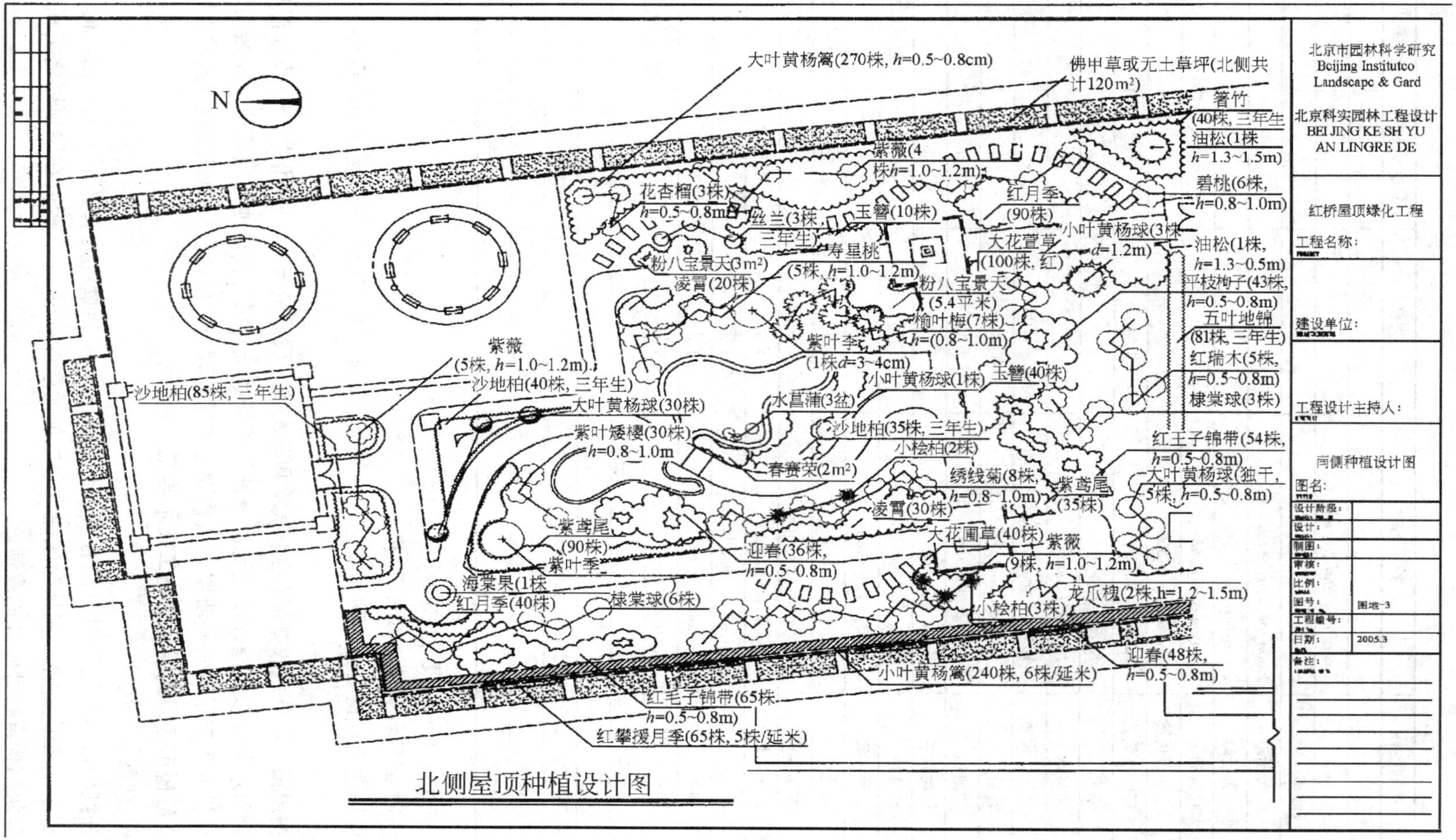

图 9-12-5 红桥市场屋顶绿化北区种植图

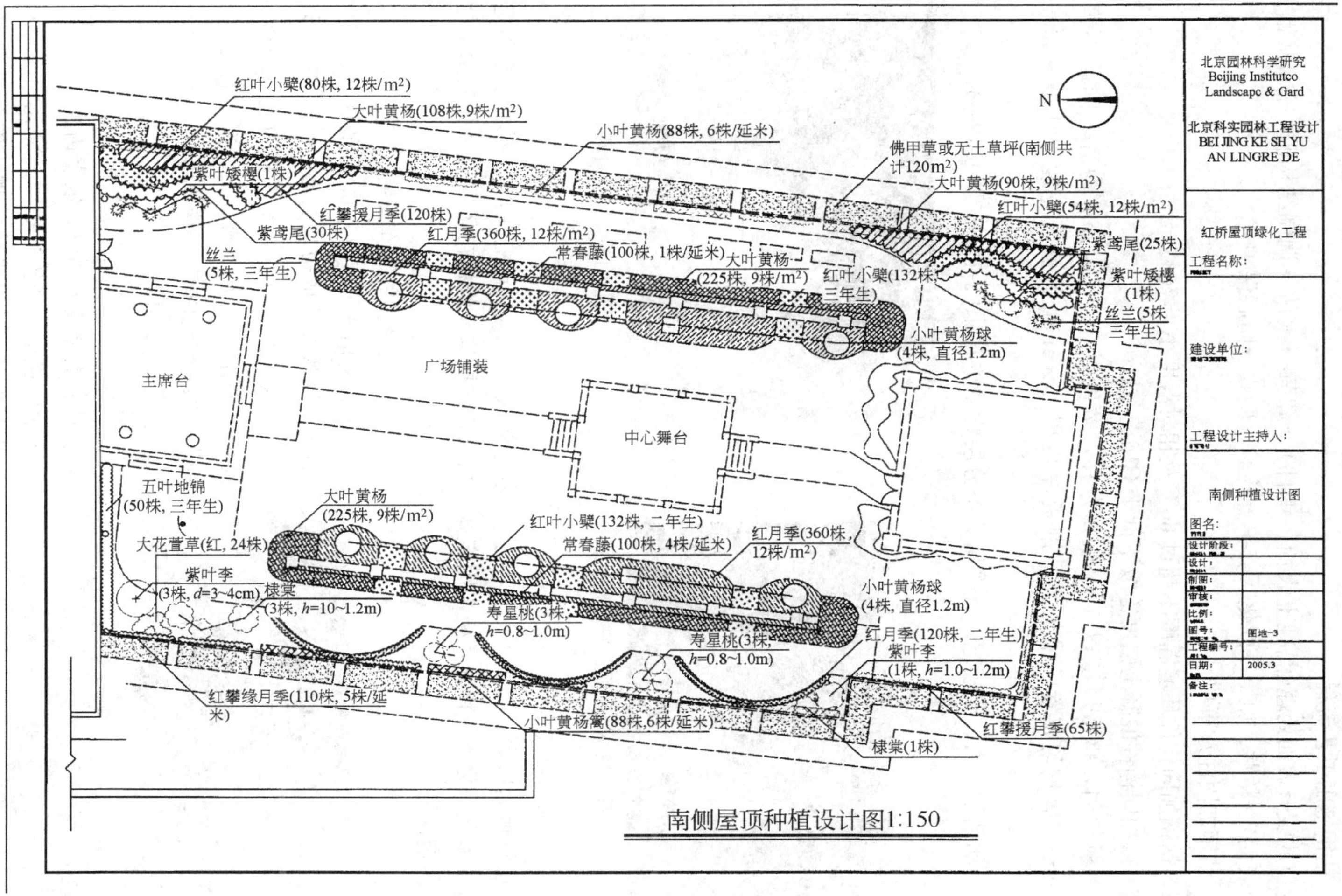

图 9-12-6　红桥市场屋顶绿化南区种植图

1. 具体方法

采用在建筑梁板表面粘钢的方法进行补强加固，使建筑结构荷载增加 350kg/m^2。

2. 粘钢施工工艺流程

定位放线→表面处理(混凝土表面、钢件)→卸荷→预贴→调制结构胶→涂胶(钢件、混凝土表面)→粘贴、加压→固化、养护→检验、验收→防腐保护。

3. 粘钢加固注意事项

(1) 粘钢加固构件环境温度不超过 60℃及相对湿度小于 70%。

(2) 被加固构件混凝土强度等级不低于 C15。

(3) 板加固，钢板厚度以 3～4mm 为宜，宽度以 50～100mm 为宜，间距不宜超过 500mm，宜均匀布置。梁加固，钢板厚度以 4～6mm 为宜，宽度以 100～300mm 为宜。

(4) 如粘钢量大、梁较宽，宜采用分条分层粘贴防腐(图 9-12-7、图 9-12-8)。

图 9-12-7　屋顶开槽

图 9-12-8　钢板预贴

(二) 乔木固定技术

屋顶较地面风力大，乔木体形较大，容易倒伏，尤其是新植乔木，必须考虑固定技术。由于屋顶绿化条件特殊，树木固定就要采取特殊措施。红桥市场屋顶绿化采用了“金属网拍固定法”。

图 9-12-9　金属网拍(施工中照片)

1. 金属网拍的制作安装

金属网拍选用直径为 6mm 的钢筋，间距为 200mm 网状绑扎成边长为 2m×2m 正方形(网拍大小以略大于树冠投影面积为宜)。安装时，将金属网拍放置于树木种植土底部，上覆过滤无纺布，然后放置树木，回填种植土，踩压密实。

2. 绑扎牵引绳

牵引绳一端固定于金属网拍边缘，一端固定于树木主要枝干部位。依靠树木自身重量和种植土的重量，使树木稳固。绑扎中注意对树木枝干的保护，用橡胶等物质作垫层处理(图 9-12-9、图 9-12-10、图 9-12-11)。

图 9-12-10　网拍上加无纺布(施工中照片)

图 9-12-11　用绳子固定(施工中照片)

（三）设置隔离带

屋顶防水中，边缘和角落最容易出现渗漏情况。在此次施工过程中，在屋顶边缘设置了 500mm 宽的隔离带。这有利于建筑和防水的检修，有利于防火，有利于保护建筑墙体的清洁美观(图 9-12-12)。

图 9-12-12　铺设中的隔离带

（四）屋顶设施出风口处植物的选择

屋顶经常有空调室外机、通风口等设施，这些地方在绿化时必须考虑风对其周围植物的影响。

在此次绿化中选择了小叶黄杨和紫叶小檗等低矮、抗风的植物进行绿化，保证了苗木成活，保证了景观效果。

（五）标志性植物的选择

基于红桥市场的商业经营性质，在绿化设计中，选用的植物要求姿态美观、观赏性强。特别选种一株姿态奇特、极富观赏性的造型油松，作为红桥市场的标志性植物，取名“红桥迎客松”。此举丰富了绿化的内涵和情趣，提高了绿化的品位(图 9-12-13)。

（六）水池假山的处理

为提升园林景观品位，丰富屋顶绿化的内容和情趣，屋顶花园中设置了假山和水池。为保证建筑结构安全，在设计中采用了轻质的人造石和轻体砖，既满足了景观需求，又保证了荷载安全(图 9-12-14)。

图 9-12-13　红桥迎客松

图 9-12-14　人工石岸水池

四、结束语

红桥市场屋顶绿化功能设施完备，景观效果突出，植物生长正常，使用效果良好，做到了生态效应、景观效应与使用功能的完美结合，是屋顶绿化的典范。它的建设，极大地提升了建筑的景观效果；在寸土寸金、缺少绿地的商业区，为市场提供了一处宝贵的休闲、观赏绿地。

复习思考题

红桥市场屋顶绿化的施工技术要点有哪些？

第十章　园林绿地养护工程

园林绿地的养护管理工作，在城市绿化中占据十分重要地位。养护好坏关系到绿化美化成果，关系到发展和扩大设计景观效果。一个成功的园林绿化工程其实就是一个不间断的细心周到的工程养护的过程，即所谓的“三分种七分养”。树木的养护就是根据园林树木的生长习性和生态习性，对树木采取的土壤管理、灌溉、施肥、防治病虫、防寒、中耕除草、修剪等技术措施。而对树木的看管、巡查、围护、保洁、宣传爱护绿化植物等园务性工作则称为管理。

第一节　园林绿地养护管理标准

养护管理是一个综合的系统工程，评比的内容较多，目的是追求景观效果的不断完美。

一、北京地区绿地养护标准规定

（一）特级养护质量标准

（1）绿化养护技术措施完善，管理得当，植物配置科学合理，达到黄土不露天。

（2）园林植物：

1）生长健壮。新建绿地内各种植物两年内达到正常形态。

2）园林树木树冠完整美观，分枝点合适，枝条粗壮，无枯枝死杈；主侧枝分布匀称、数量适宜、修剪科学合理；内膛不乱，通风透光。花灌木开花适时，株形丰满，花后修剪及时合理。绿篱、色块等修剪及时，枝叶茂密，整齐一致，整形树木造型雅观。行道树无缺株，绿地内无死树。

3）落叶树新梢生长健壮，叶片大小、颜色正常。在一般条件下，无黄叶、焦叶、卷叶，正常叶片保存率在95%以上。针叶树针叶宿存3年以上，结果枝条在10%以下。

4）花坛、花带轮廓清晰，整齐美观，色彩艳丽，无残缺，无残花败叶。

5）草坪及地被植物整齐，覆盖率99%以上，草坪内无杂草。草坪绿色期：冷季型草不得少于300天；暖季型草不得少于210天。

6）病虫害控制及时，园林树木无蛀干害虫的活卵、活虫；在园林树木主干、主枝上平均每$100cm^2$介壳虫的活虫数不得超过1头，较细枝条上平均每30cm不得超过2头，且平均被害株数不得超过1%。叶片上无虫粪、虫网。被虫咬的叶片每株不得超过2%。

（3）垂直绿化应根据不同植物的攀缘特点，及时采取相应的牵引、设置网架等技术措施，视攀缘植物生长习性，覆盖率不得低于90%。开花的攀缘植物应适时开花，且花繁色艳。

（4）绿地整洁，无杂物、无白色污染（树挂）。对绿化生产垃圾（如树枝、树叶、草屑等）、绿地内水面杂物，重点地区随产随清，其他地区日产日清，做到巡视保洁。

(5) 栏杆、园路、桌椅、路灯、井盖和牌示等园林设施完整、安全，维护及时。

(6) 绿地完整，无堆物、堆料、搭棚，树干上无钉拴刻画等现象。行道树下距树干2m范围内无堆物、堆料、圈栏或搭棚设摊等影响树木生长和养护管理的现象。

（二）一级养护质量标准

(1) 绿化养护技术措施比较完善，管理基本得当，植物配置合理，基本达到黄土不露天。

(2) 园林植物

1) 生长正常。新建绿地内各种植物3年内达到正常形态。

2) 园林树木树冠基本完整，主侧枝分布匀称、数量适宜、修剪合理，内膛不乱，通风透光。花灌木开花及时、正常，花后修剪及时。绿篱、色块枝叶正常，整齐一致。行道树无缺株，绿地内无死树。

3) 落叶树新梢生长正常，叶片大小、颜色正常。在一般条件下，黄叶、焦叶、卷叶和带虫尿、虫网的叶片不得超过5%，正常叶片保存率在90%以上。针叶树针叶宿存2年以上，结果枝条不超过20%。

4) 花坛、花带轮廓清晰，整齐美观，适时开花，无残缺。

5) 草坪及地被植物整齐一致，覆盖率95%以上，除缀花草坪外草坪内杂草率不得超过2%。草坪绿色期：冷季型草不得少于270天，暖季型草不得少于180天。

6) 病虫害控制及时，园林树木有蛀干害虫危害的株数不得超过1%；园林树木的主干、主枝上平均每$100cm^2$介壳虫的活虫数不得超过2头，较细枝条上平均每30cm不得超过5头，且平均被害株数不得超过3%。叶上无虫粪，被虫咬的叶片每株不得超过5%。

(3) 垂直绿化应根据不同植物的攀缘特点，采取相应的牵引、设置网架等技术措施，视攀缘植物生长习性，覆盖率不得低于80%，开花的攀缘植物能适时开花。

(4) 绿地整洁，无杂物、无白色污染(树挂)。绿化生产垃圾(如树枝、树叶、草屑等)、绿地内水面杂物应日产日清，做到保洁及时。

(5) 栏杆、园路、桌椅、路灯、井盖和牌示等园林设施完整、安全，基本做到维护及时。

(6) 绿地完整，无堆物、堆料、搭棚，树干上无钉拴刻画等现象。行道树下距树干2m范围内无堆物、堆料、搭棚设摊、圈栏等影响树木生长和养护管理的现象。

（三）二级养护质量标准

(1) 绿化养护技术措施基本完善，植物配置基本合理，裸露土地不明显。

(2) 园林植物

1) 生长正常。新建绿地各种植物四年内达到正常形态。

2) 园林树木树冠基本正常，修剪及时，无明显枯枝死叉。分枝点合适，枝条粗壮。行道树缺株率不超过1%，绿地内无死树。

3) 落叶树新梢生长基本正常，叶片大小、颜色正常。在正常条件下，有黄叶、焦叶、卷叶和带虫粪、虫网叶片的株数不得超过10%，正常叶片保存率在85%以上。针叶树针叶宿存1年以上，结果枝条不超过50%。

4) 花坛、花带轮廓基本清晰、整齐美观，无残缺。

5）草坪及地被植物整齐一致，覆盖率90%以上，除缀花草坪外草坪内杂草率不得超过5%。草坪绿色期：冷季型草不得少于240天，暖季型草不得少于160天。

6）病虫害控制比较及时，园林树木有蛀干害虫危害的株数不得超过3%；在园林树木主干、主枝上平均每$100cm^2$介壳虫的活虫数不得超过3头，较细枝条上平均每30cm不得超过8头，且平均被害株数不得超过5%。被虫咬的叶片每株不得超过8%。

(3) 垂直绿化能根据不同植物的攀缘特点，采取相应的技术措施，视攀缘植物生长习性，覆盖率不得低于70%。开花的攀缘植物能适时开花。

(4) 绿地基本整洁，无明显杂物，无白色污染(树挂)。绿化生产垃圾(如树枝、树叶、草屑等)、绿地内水面杂物能日产日清，能做到保洁及时。

(5) 栏杆、园路、桌椅、路灯、井盖和牌示等园林设施基本完整，能进行维护。

(6) 绿地基本完整，无明显堆物、堆料、搭棚、树干上无钉拴刻画等现象。行道树下距树干2m范围内无明显的堆物、堆料、圈栏或搭棚设摊等影响树木生长和养护管理的现象。

二、杭州市城区园林绿地养护质量标准规定(表10-1-1、表10-1-2)

杭州市城区绿地养护质量标准 **表10-1-1**

分级标准类别	一级标准	二级标准	三级标准
植物	生长势旺盛，树形完美	生长势好，树形良好	生长势一般，基本保持树形
杂草控制	基本无杂草	无大型和缠绕性、攀缘性杂草	零星区域的杂草控制在5cm以下，藤类杂草及大型杂草应予清除
病虫害控制	食叶性害虫危害的叶片每株小于5%；刺吸性害虫危害的叶片每株小于10%；无蛀干性害虫危害	食叶性害虫危害的叶片每株小于10%；刺吸性害虫危害的叶片每株小于20%；蛀干性害虫危害率小于5%	食叶性害虫危害的叶片每株小于15%；刺吸性害虫危害的叶片每株小于30%；蛀干性害虫危害率小于10%
时花花坛	月月有花，花期整齐，图案美观	四季有花，花期整齐，整体效果好	适时开花，有整体色彩效果
草坪	草种纯正，无空秃。草高不得超过8cm，常绿草高不得超过6cm，生长季节不枯黄	草种基本纯，草坪覆盖率应大于95%，中心区不得有空秃现象。草高不得超过8cm，常绿草高不得超过6cm	草种基本纯，草坪覆盖率应大于90%，中心区不得有空秃现象。草高不得超过10cm
设施、卫生	完好，无损，整洁	基本完好，整洁	有必要设施，无沉积垃圾

杭州市城区行道树养护标准 **表10-1-2**

分级标准类别	一级标准	二级标准	三级标准
生长势	好	正常	基本正常
叶片	健壮，在正常条件下不黄叶、不焦叶、不卷叶、不落叶	正常，较严重黄叶、焦叶、卷叶的株数在2%以下	基本正常，较严重黄叶、焦叶，卷叶的株数在10%以下
枝干	健壮，无明显枯枝死杈	正常，无明显枯枝死杈	基本正常
树冠	完整美观，分枝点合适。内膛不乱，通风透光	基本完整，主侧枝分布均匀，通风透光	90%以上的树冠基本完整，有绿化效果

续表

分级标准类别	一 级 标 准	二 级 标 准	三 级 标 准
病虫害控制	基本无病虫害危害。食叶害虫危害的叶片每株不超过5%，刺吸性害虫危害的叶片每株不超过10%，无蛀干性害虫的活虫、活卵	病虫害危害未达到明显程度。食叶害虫危害的叶片每株不超过10%，刺吸性害虫危害的叶片每株不超过15%，蛀干性害虫危害的株数在2%以下	有病虫害控制措施。食叶害虫危害的叶片每株不超过20%，刺吸性害虫危害的叶片每株不超过25%，蛀干性害虫危害的株数在5%以下
树穴	有侧石，有平整盖板或种植地被植物，黄土不裸露	有平整盖板或种植地被植物，黄土不裸露	有较完整的覆盖
其他	无断桩、坏桩，桩位扎缚规范。有防治措施	基本无断桩、坏桩，桩位扎缚有效。有一定的防治措施	有一定的防治措施

其他各省市也都根据本地区气候土壤植被特点制定了相应的园林养护标准，如广东省地方规范《城市绿地养护技术规范》(DB44/T 268—2005)、《上海市工程建设规范园林绿化养护技术等级标准》等，对绿地养护质量要求均作出了详尽的规定。园林绿化施工养护企事业单位应认真执行当地规定，搞好养护工作，努力提高绿地景观效果。

复习思考题

1. 园林绿地养护工程包括哪些作业内容？
2. 掌握养护标准各等级的指标要求。

第二节 灌溉与排水

北方地区靠自然降水满足不了树木的生长需要，必须依靠人工灌水，根据不同生长阶段的需要量来补充土壤水分的不足。园林绿地灌溉应顺应自然，乡土树种、大树等靠土壤水分足以维持其正常生长的可不进行灌水或掌握干旱季节给予适当补水。草本植物材料、根系较浅的小苗及根系发育恢复阶段的新植苗木应作为灌溉重点。结合实际掌握灌水，既保证青枝绿叶又要节约用水。合理灌溉就是要求灌溉要区分不同季节、不同土壤、不同树种、不同生长阶段、不同作业内容，实施不同的方式方法、有不同的技术要求。否则顾此失彼、盲目灌溉，既浪费了水源、又达不到预期目的。

在南方，因为雨水充沛，常常会在雨季形成局部涝灾；对于不耐水湿的植物而言，长期浸水是一种致命的威胁，因此，为了确保树木的健康生长，在考虑给水的同时，我们还必须考虑在雨季的排水措施。

一、灌溉

(一) 灌溉的季节性

1～2月冬季休眠期，如秋冬雨雪极少、秋季冻水耗尽的年份应及时补水。尤其是草本地被、宿根花卉及根系浅的木本小苗。

北京地区3～6月份是干旱季节，雨水少。树木发芽展叶进入生长旺盛时期，需水量最大，人工灌水是惟一供给树木生长的措施。按土壤质地、持水量多少，北京地区一般是每月浇一次。

7～8 月是北京地区的雨季，降雨集中，雨量较充沛，空气湿度增大，一般不需要浇水。但有的年份雨季也出现干旱，也应灌溉。

9～10 月是北京秋季，对引自南方的树种应该控制灌水，防止树木徒长，减轻冬季萧条现象。但当年新植小苗和喜水树木还应灌溉。

11～12 月树木落叶休眠。为使树木很好地安全越冬，特别是越冬易受冻害树种，避免因根部干旱缺水而受害，一定要浇足冻水。浇灌冻水时机应掌握在土壤刚刚进行封冻时进行，即夜冻昼化时，不可过早，也不能过晚。

（二）灌水量及水质

灌水量的要求：根据北京地区气候特点和多年树木养护经验，在春季对树木应该做到开大堰、浇大水、浇足水。除生长壮年乔木外，无论公园、绿地、行道树，春季先开浇水堰。堰的高度、厚度为 10～15cm，不跑水、不漏水。已安装铁箅子的行道树应该清理 10cm 的容水空间或在铁箅子下四角埋浇水花管。喷灌方式适合草坪和花灌木，对高大乔木用单株或成片连堰浇灌，也可采用滴灌，保证树根部湿度。

不同理化性质的土壤对水分的涵养程度不同，灌水的要求也不同。黏重的土壤保水能力强，灌水量及次数应适当减少。沙质土漏水漏肥，每次灌水量可少些、次数应多些。最好采用喷灌。有机质含量高、持水量高的土壤或人工基质，灌水次数及数量可少些。

土壤中的水主要靠自然降水、人工灌水和地下水。其中人工灌水的水源分河湖水与井水，有条件的应使用河水，其养分含量优于井水。在使用再生水浇灌绿地时，水质必须符合园林植物灌溉水质要求。

（三）灌水的时机和方法

1. 灌水时机

北京地区对树木养护灌溉次数在雨雪量正常年份，每年不少于 6 次，即春秋干旱季节 3、4、5、6、9、11 月各一次。近年来，北京地区树木生长环境发生变化，一是天气干旱少雨；二是大面积铺装，造成稀少的雨水不能渗入土壤；三是地下水位迅速下降，造成喜水的、速生杨柳树都生长不旺盛。所以对小树、珍贵树种的浇水次数要适当增加。同时也要改变过去一些规定，如乔木定植 3～5 年后，灌木最少 5 年，就不再灌水的做法。只要树根生活范围内土壤干旱就要及时浇水。

2. 浇水方法

常用方法有下列几种：

（1）围堰灌溉。常用于孤植乔木。用胶管引水入树垵，水量足，树堰内 10cm 的深的灌水相当于 100mm 降雨量，可达对大树 40～60cm 的根部。

（2）喷灌。目前使用较普遍的一种灌溉方法。适合花卉、草坪和花灌木灌溉，对高大乔木效果差。

（3）滴灌和渗灌。应该在绿地灌溉中推广的方法，因为节约效应好。对道路中心隔离带及地形地势不便人工作业的地方更安全方便。

3. 灌水新技术工艺应用

透水管渗灌技术，是一项从欧洲新引进的技术，在欧洲城市绿化中应用相当普遍。

“透水管渗灌”即是在树木栽植施工时将透气管道按设计要求，罗旋盘形埋布在树木根区位置，通过透水管道直接灌水达到根区。管内水在土壤中迅速渗透，有效地增加根区土壤的水分含量，给根区也创造了透气环境。简单地归结，透气渗灌技术有如下优点：一是浇水可直达根区，向四周渗透，即时补给了水分，又不会造成土壤板结，节约了用水量。二是对精细养护的树木，可以随水加肥(加药)，解决了传统施肥作业的困难。三是透气管道给根区土壤创造了既保障补水又保障透气的双向生态环境，对促进树木生长、改善老树、古树生存环境起到了关键作用。四是该项技术用于坡地、坡面供水，将透水管埋于坡面垂直方向 15～20cm 深处(不用挖梯田、鱼鳞坑)，可解决从坡面浇灌时水土流失的难题。树堰还是要保留的，主要作用不是用于浇水，而是用于透气和收积自然降水。堰上面可用植被或有机、无机料覆盖物保护，防止二次扬尘。此系统可用于盐碱地土壤的排盐作业。

在多雨且土壤黏重的南方，将透水渗灌设施略加改造，可利用其将树堰内积水通过坡向排出。

(1) 北京市政绿化重点工程“管浇渗灌”应用图例(图 10-2-1～图 10-2-5)

(2) 国外绿化施工养护中“管浇渗灌”节水施工图例(图 10-2-6～图 10-2-12)

图 10-2-1　国槐栽植——透水管渗灌施工

图 10-2-2　长安街国槐新植——管浇渗灌施工效果

图 10-2-3　长安街路树养护——管浇渗灌

图 10-2-4　人民大会堂新植白皮松土球苗——管浇渗灌施工

图 10-2-5　白皮松新植——管浇渗灌效果

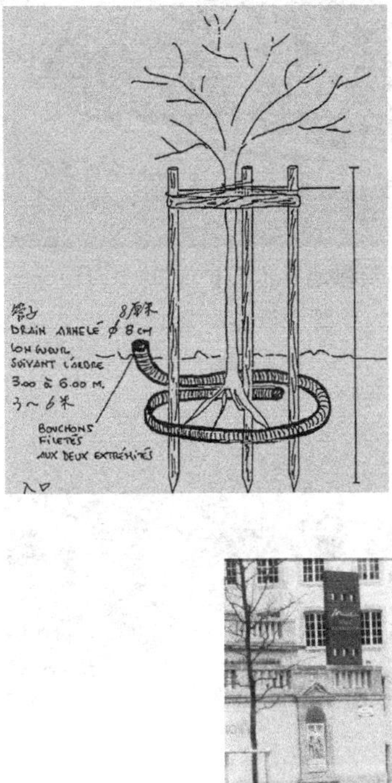

图 10-2-6　卢森堡王宫广场植树工程
(3 月 11 日)——管浇渗灌

图 10-2-7　巴黎街头行道树浇水设施——管浇渗灌

图 10-2-8　巴黎街头行道树养护——管浇渗灌

图 10-2-9　荷兰果园养护(3 月 10 日)——管浇渗灌

图 10-2-10　巴黎绿地乔木养护(3 月 10 日)——管浇渗灌

图 10-2-11　巴黎绿地灌木养护(3 月 10 日)——管浇渗灌

图 10-2-12　巴黎路边坡地绿化养护(3 月 10 日)——管浇渗灌

4. 灌水和排盐技术的应用

对盐碱地区或轻盐碱地区的不耐盐树木的养护，在灌水技术措施方面有特殊要求。技术要点：其一是浇灌深水井、含盐量少的水，不能利用浅层地下水，浅层水含盐量偏高。其二是一次灌水量必须大，使其大部分形成重力水，淋溶盐后向下渗入根层下部，从而使根区处于暂时少盐环境，此环境可使不耐盐植物得以恢复生机。其具体做法：树木种植后首先要浇一次透水，之后每隔 7～10 天再分别浇两次透水，每次浇水后要及时松土，树穴浇三次水后要进行树池封堰，既能保水又能防止返盐返碱。后期的浇水则视天气和树木生长情况进行合理浇灌，每次浇水要浇透，但浇水次数不可太频繁。盐碱土地区下小雨后补浇一次透水的做法值得借鉴。北京地区玉兰类、绣线菊类、玫瑰、锦带花类、山楂、水栒子等对土壤盐分敏感树种可适用此法。

二、园林防涝及排水方式

因为土壤物理性能造成土壤通透性较差，某些树种忌水湿会造成烂根，严重时会使树木死亡。北京地区怕涝树种有油松、白皮松、臭椿、桃树、洋槐等。岭南地区，如木兰科的树种让水泡过根部5个小时就会造成根部发黑、霉烂直至不能成活。应注意雨季积水区应在2～3个小时内将地面水排清。岭南地区在4～6月，北京地区在6月中旬雨水季节来临前应对排水系统进行清疏，南方防涝作业应作为重点安排。

（一）地表径流

绿化设计、施工应考虑公园、绿地的排水坡度问题。常用排水坡度为0.1%～0.3%。土地平整不留坑洼死角。制造绿地微地形，有高低错落的地形，低处和排水口相贯通，大雨过后，绿地内不留水洼。

（二）暗沟排水

暗沟又称盲沟。在公园、绿地中，地面无法和外界排水贯通的低洼部位应埋设管道或砖砌暗沟，将低洼处积水引出，既保证地面景观的完整性和一致性，又便利交通、节约用地。

南方土壤黏重地区会造成树穴积水，应在树穴坑底铺垫卵石及透水暗管将树穴坑内积水导出。平坦的运动场草坪可利用铺设沙沟盲管和场外排水系统沟通(见草坪建植排水)。

（三）明沟排水

明沟排水即在地表挖明沟，引出低洼处积水排出绿地。目前城市绿地中应用较少。

排涝工程在设计和绿化施工中已经作了必要的安排。养护工作主要是检查、落实，及时调整疏通。北京地区雨量多集中在7、8月份，要随时警惕突降大雨、暴雨及大风等灾害的发生。雨季前应组织好排涝抢险救灾队伍。南方雨季排水更应作为养护重点。

复习思考题

1. 季节性(阶段性)灌水有何技术要求？
2. 灌水量和水质有何要求？
3. 各地区如何掌握本地区气候特点和适宜的灌水时机？
4. 了解“透水管渗灌”新工艺，推广应用。
5. 如何通过灌水压盐改善根区土壤盐环境？
6. 掌握防涝和排水方法，了解如何对本地区忌涝树种进行重点保护。

第三节　园林树木修剪

一、园林树木修剪的目的与作用

（一）调整树势，促控生长

树木通过修剪，可以使水分、养分集中供应留下的枝芽，促使局部生长；若修剪过重，对树体又有削弱作用。因而可以通过修剪来恢复或调节均衡树势，既可使衰弱部分壮起来，也可使过旺部分弱下来。对潜芽寿命长的衰弱树或古树，适当重剪，结合施肥、浇水，促潜芽萌发，进行更新复壮。

（二）美化树形

中国园林属自然园林范畴，树形也以自然为美，但因环境和人为的影响，使树形遭到破坏，通过整形修剪，使树木的自然美与人为干预后的艺术揉为一体。园林建筑的艺术美与整形修剪后树木的自然美进一步发挥出来。

从树冠结构来说，经过人工整形修剪的树木，各级枝序的分布和排列会更科学、更合理，使各层主枝上排列分布有序、错落有致，各占一定位置和空间，互不干扰，层次分明，主从关系明确，结构合理，必然是很美的树形。

（三）协调比例

在园林景点的许多环境中，园林树木有时主要和某些景点或建筑小品相互烘托，起衬托作用，因此不需过于高大，所以就必须通过整形修剪，及时调整树木与环境比例，达到良好效果。对树木本身来说，通过整形修剪，可控制植株一定高度与形体，协调冠高比例，确保其观赏需要。

（四）调解矛盾

城市中，由于市政建设设施复杂，常与树木发生矛盾，尤其是行道树上面架有电线，地面有人流车辆等问题。为保证树枝上下不摩擦架空电线，不妨碍交通，主要靠修剪解决，而且应该做到及时、合理。

（五）改善通风透光条件

自然生长或修剪不当的树木，往往枝条密生，树冠郁闭，内膛枝细弱老化、枯死。树冠顶部枝密、叶茂，下部光脱，而且冠内湿度相对较大，易发生病虫危害。通过修剪疏枝，使树冠内通风透光，促使下部枝条健壮生长，对开花、结果树有利，可促使花芽分化，减少病虫害的发生，提高树木的观赏性。

（六）疏枝干，减轻自然灾害

通过疏密和缩冠修剪，南方可抵御台风危害，北方可减少冰雪危害。

（七）增加开花结果量，提高观赏性

对于观花观果植物，正确修剪可使养分集中到保留的枝条，促进大部分短枝和辅养枝成为花果枝，形成较多花芽，从而达到着花繁密、增加结果量的目的。通过整形修剪，还可以调节树木生长节律，促控开花结果，达到提早或延迟开花、着花着果时间延长、花色更艳、果实更大等观赏效果。

二、园林树木修剪的时期与作业内容

（一）冬季修剪

1. 作业内容

冬季修剪又称休眠期修剪。自秋季树木落叶至春季萌芽前，凡是修剪量大的乔灌木整形、截干、缩剪、更新都应在冬季休眠期进行。

2. 作业顺序安排

冬季修剪可安排先修耐寒树种，后修一般耐寒树种，最后进入 2 月底 3 月上旬再修耐寒性稍差的树种，如月季、紫薇、紫荆等，因为过冬后它们会抽条，修剪时抽到哪个部位剪到哪。南方阔叶常绿树的修剪应安排在早春萌芽前进行。

3. 对伤流的技术处理

对伤流特别严重的树种，如桦木、葡萄、复叶槭、胡桃、悬铃木、四照花、元宝枫、枫杨等，一是尽可能不修或小枝轻度短截，二是掌握修剪时机。伤流严重的树种修剪应避开根系吸水、根压较大，而枝条(芽)还在休眠时，忌讳晚秋和冬季修剪，掌握在根系开始活动且发芽后再行修剪。葡萄可在落叶后、防寒前(埋土防寒)进行修剪，此间伤口愈合较快。

（二）夏季修剪

夏季修剪又称生长期修剪。自树木叶芽萌动至当年停止生长前(4～9月)。夏季修剪主要内容和目的是调整主枝方位，疏删过密枝条，摘心、剪除蘖芽等，在生长期调整树势可减少养分损失，提前育好树形。其作业内容包括：

(1) 新植国槐、白蜡等乔木的去蘖、留定主枝修剪。

(2) 花灌木的幼树的扩大树冠、去梢或摘心的修剪。

(3) 上一年夏秋形成花芽的早春开花类灌木的花后修剪。

(4) 当年多次形成花芽的花灌木的选壮芽及去残花的修剪。

(5) 绿篱和造型苗木的整形修剪。

(6) 嫁接园艺品种苗的去砧修剪等。

(7) 观叶、观干花灌木的扩大树冠的修剪。主要是去梢，在生长季促发新枝。如红叶石楠、金叶女贞、红瑞木等。

三、园林树木修剪的基本方法

（一）疏枝

疏枝又称疏剪。疏枝的对象是细弱枝、过密枝、重叠枝、交叉枝、嫁接苗的砧木萌枝等。疏枝可使枝条分布均匀，扩大空间，改善通风透光条件，保持树冠下部不空脱，更利于花芽分化。疏除大型轮生枝(卡脖枝)要逐年进行。

（二）短截

1. 轻短截

剪去枝条顶梢，即剪去枝条长度的1/5～1/4。适用于花果树强枝修剪。如西府海棠强壮树上生长旺盛的枝条采取轻短截，刺激下部多数叶芽萌发，形成短枝，次年开花，分散枝条养分，缓和了树势。

2. 中短截

剪到枝条中部饱满叶芽处，即剪去枝条长度1/3～1/2。适用于生长势中等的树木或枝条修剪。使新生枝条不会徒长也不会变弱。

3. 重短截

剪到枝条下部饱满芽处，即剪去枝条长度2/3～3/4，剪口叶芽偏弱，刺激后生长1～2个壮枝。适用于老树、弱枝的复壮更新修剪。

4. 极重短截

在枝条基部留2～3个芽剪截。由于剪口芽为瘪芽，芽质量差，能萌发1～3个短、中枝，有时也会萌发旺枝。观赏树木中紫薇冬季修剪多用此法。

（三）回缩修剪

不只限于一年生枝条，可剪到多年生枝处，即连同生长一年生枝条的母枝剪去一部分。树木多年生长，株行距过密或修剪方法不当，造成枝条都集中在树冠最上部，下部形成光脱，用回缩修剪方法，促使下部萌发新枝。碧桃、紫薇、紫荆等常用此法。

（四）去蘖

去蘖即去除植株各部附近的根蘖苗或树干上萌蘖的措施。应该在未木质化时徒手去蘖。根蘖要贴地表剪去，不留木桩。新植抹头国槐所生新枝，应分两次去除。第一次适当多留几枝，防止风吹折断。第二次定型修剪，选择方向、位置、角度适宜的枝条留下，剪去多余萌蘖枝。

（五）锯大枝

对于粗大的枝条，进行短截或疏枝，多用锯进行。要求锯口平齐、不劈不裂。锯除粗大的树枝时，为避免锯口处劈裂，可先在确定锯口位置的地方，在枝下方向上先锯一切口，深度为枝粗度的1/5～1/3(枝干越成水平方向，切口就越应深些)，然后再在锯口上向下锯断，可防劈裂。疏除靠近树干的大枝时，要保护皮脊(皮脊是指主枝靠近树干粗糙有皱纹的膨大部分)，在皮脊前下锯，伤口小，愈合快。

四、剪口芽的选留及剪口处理

（一）剪口芽的选择及操作

修剪各级骨干枝的延长枝时，应注意选择健壮的叶芽。短截枝条剪口应选在叶芽上方0.3～0.5cm处，剪口应稍斜向背芽的一面。剪口芽的正确的剪法是：剪口斜切面与芽方向相反，其上端与芽端相齐，下端与芽腰部齐，剪口面不大，利于水分养分对芽输导，剪口芽不会干枯，很快愈合，芽也会抽梢良好。

（二）剪口芽的方向的选择

芽的位置引领伸长枝生长的方向。根据树冠整形要求和实际环境条件，决定留哪个方向的芽。一般是垂直生长的干，短截留芽应与上一年方向相反，保证延长枝不偏离主轴，侧方斜生枝剪口芽留外侧或树冠空疏处的芽。水平生长的枝，短截时应选留向上生长的芽。

（三）疏枝的位置选择

落叶乔木疏枝剪口应与树干平齐、不留桩。流胶、流油的树种如松类、山桃等疏枝应留3～5cm的桩，便于伤口愈合。灌丛型花灌木如黄刺玫、蔷薇、珍珠梅疏枝剪口应尽可能与地面平齐。

（四）伤口的保护措施

细小枝条因伤口小愈合封口较快，病害侵染机会少，可不作处理。较大伤口的处理，要用快刀修平，不使伤口有毛糙的锯槎。大树枝和树液多的树木在修剪后，伤口容易腐烂，应先以2%～5%的硫酸铜溶液或0.1%的升汞水溶液进行截口消毒，然后涂上防腐剂将伤口封闭，以防雨水、病菌侵入、烈日暴晒而影响剪口愈合，截切时须注意不要伤及相临保留的枝芽。伤口保护常用油漆代替，欠科学合理。介绍两种配方供参考。

(1) 一般常用保护剂：用动物油1份、松香0.7份、蜂蜡0.5份，加热溶化拌均匀。

(2) 松香清油合剂：松香、清油各1份。先将清油加热至沸，再将松香粉加入搅拌即可。

五、园林树木整形修剪

（一）整形修剪的依据

根据树木生长习性顺其自然进行抚育修剪，既符合其正常的生长规律，又达到景观美化的效果，称之为整形修剪。利用树种的生长规律，人为进行强制修剪，使其树冠形成人为的几何或美术造型，称之为造型修剪。

1. 根据园林树木在园林中的功能

园林中树木应用的目的各不相同，对整形修剪的要求也不同，即使同一种树木在不同的应用中，其修剪方法也不同。首先要依据园林植被的生态功能和树木栽植的目的进行修剪。自然式植被的园林生态景观，修剪时就要顺其自然生长，保持与维护自然的树姿、树形；在特定位置如假山上、水系边的植物，有时就需要整形修剪成单面倾斜形；若是规则式的园林景观，就要按照环境的风格将树木相应整修成几何形、动物形或花瓶、螺旋等各种特定形状的树形。

2. 根据树种的品种特性

不同树种，其生长、开花结果习性都不尽相同。因此，整形修剪的方法和轻重程度也不一样。对园林树木的修剪，要遵循树木的生物学特性。有的树木如香樟、悬铃木、紫薇、木芙蓉等经过强度修剪、甚至截干，仍会很快萌发、生长枝叶。而有的树木如广玉兰、杨梅、罗汉松等品种，在强度截干修剪后，就很难有潜伏芽萌生。

3. 根据树木的生态环境、树木与环境的关系

在不同的自然条件下，树木生长势也不一样，其修剪方法、修剪程度就不一样。如水、肥、光等较差的、生长势弱的，就需要轻剪，以保证其观赏效果。一般景观绿地的树木，需要协调好树木与周围其他林木、树木与周边配置的花、草、石、小品建筑等关系，还要处理好树木与游人观赏游览的关系，避免出现树木长大后阻挡园路通行、影响透视线等现象。通过修剪调整，可使环境的景观和生态更趋于完美。

（二）常见的整形修剪做法

1. 杯状形

这种树形无中心主干，仅有相当一段高度的树干，自主干上部分生 3 个主枝，均匀向四周排开，3 个枝各自再分生 2 个枝而成 6 个枝，再从 6 枝各分生 2 枝即成 12 枝，即所谓“三股、六杈、十二枝”的树形。这种几何状的规整分枝不仅整齐美观，而且冠内不允许有直立枝、内向枝的存在，一经发现必须剪除。这种树形在城市行道树中极为常见，如碧桃和上有架空线的国槐修剪即为此形。

2. 自然开心形

由杯状形改进而来，此形无中心主干，中心也不空，但分枝较低，3 个主枝分布有一定间隔，自主干上向四周放射而出，中心又开展，故为自然开心形。但主枝分枝不为二叉分枝，而为左右相互错落分布，因此树冠不完全平面化，并能较好地利用空间，冠内阳光通透，有利于开花结果。在园林中的碧桃、榆叶梅、石榴等观花、观果树木修剪采用此形。

3. 尖塔形或圆锥形

此形是有明显中央领导干的树木，主干是由顶芽逐年向上生长而成。主干自下而上发生多数主枝，下部长，逐渐向上缩短，树冠外形呈尖塔形或圆锥形。园林中，雪松、水

杉、毛白杨等在整形修剪中广泛应用此形。

4. 圆柱形或圆筒形

有中心主干，且为顶芽逐年向上延长生长而形成。自近地面的主干基部向四周均匀地发生许多主枝，而主枝长度自下向上相差甚少，故整个树形几乎上下同粗。如龙柏、圆柏、杜松、柱形桧柏、黑杨雄株、新疆杨等为此形。

5. 圆球形

此形特点：一段极短的主干，在主干上分生多数主枝，主枝分生侧枝，各级主侧枝均相互错落排开，利于通风透光，因此叶幕层较厚，绿化效果较好，园林中广泛应用。如大、小叶黄杨、小叶女贞、球形龙柏等常修成此形。

6. 灌丛形

园林中大多数花灌木常用此形，如棣棠、黄刺玫、珍珠梅、连翘等。此形特点为：主干不明显，每丛自基部留主枝十几个，其中保留 1～3 年生主枝 3～4 个，每年剪掉 3～4 个老主枝，更新复壮，目的保持主枝常新而强健，年年有花。

7. 自然馒头形

此形多用于馒头柳。特点：有一定主干，幼树长到一定高度时短截，在剪口下选留 4～5 个强健枝作主枝，主枝间有一定距离，各占一定方向，不交叉、不重叠。第二年短截主枝，促发侧枝，扩大树冠，但侧枝适当留用，并且相互错开，以便充分利用空间。

8. 疏散分层形

主要用于果树(落叶)，如苹果、梨、海棠等。中心干逐段合成，主枝分层，第一层 3 主枝，第二层 2 主枝，第三层 1 主枝。此形因主枝较少，层次排列不密，光线通透，利于开花结果。

9. 伞形

此形在园林绿化中常用于建筑物出入口两侧或规则式绿地出入口，两株对植，起导游指示作用，在池边、路角处起点缀作用，效果也很好。特点：有明显主干，所有侧枝下弯倒垂，逐年由上方芽继续向外延伸扩大树冠，成伞形，如龙爪槐、垂枝碧桃、垂枝榆等。

10. 棚架形

这种类型主要应用于园林绿地中蔓生植物。凡是有卷须或缠绕性植物均可自行依支架攀缘生长，如葡萄、紫藤；不具备这些特性的藤蔓植物(木香、爬蔓月季)则靠人工搭架引缚。便于它们延长扩展，又可形成一定遮荫面积，供游人休息观赏，而形状由搭架形成而定。

六、不同园林用途的修剪技术要求

园林绿化中植物生长特性和生态习性被用来完成各种绿化和美化任务，人们利用修剪技术更完美地发挥其优势，具体做法如下。

(一) 片林和路树的乔木整形修剪

1. 片林修剪

对于杨树、油松、法桐、银杏等有主轴的树种，在修剪时尽量保护中央领导枝。如果出现竞争枝(双头枝)，选一个强壮的留下，剪掉另一个。如果领导枝枯死、折断了，另选一个强侧枝扶助，使其成为中央领导枝。适时修剪主干下部的侧枝，逐步提高其分枝点，最后达到合理高度即可。合轴分枝式的乔木国槐、栾树等主要是控制主轴的竞争枝，注意提干到 2.5m 以上高度，培养主干，为今后疏移提供合格苗木。为使片林呈现丰满的林冠线，林缘分枝点应低于林内为佳，林间树木及时剪除干、枯、病虫枝。

2. 行道树修剪

行道树以道路遮荫为主要功能，同时有卫生防护和美化街道等作用。城市中行道树与道路交通、电路及通信网线、建筑等多有矛盾，这些矛盾，必须通过修剪作业来解决。路树要求分枝点高 2.5～3.5m，主枝是呈斜上生长，下垂枝一定保持在 2.5m 以上。郊区道路行道树分枝点可以略高些，高大乔木分枝点可提高到 4m。同一条街的分枝点必须整齐一致。

为解决和架空线的矛盾，可采用杯状形整形修剪，可避开架空线，每年除冬季修剪外，夏季随时剪去触碰电线的枝条。枝梢与电话线相对距离 1m，与高压线、变压设备相对距离 1.5m。在交通路口 30m 范围内的树冠不能遮挡交通信号灯。

对于偏冠的行道树，重剪倾斜方向枝条，对另一方轻剪以调整树势。行道树修剪，还要随时剪掉干枯枝、病虫枝、细弱枝、交叉枝、重叠枝。对于过长枝在壮芽处短截；对于卡脖枝逐年疏除，防止环状剥皮削弱树势；徒长枝一般疏除，如果周围有空间可采取轻短截的方法促发二次枝，弥补空间。

总之，行道树通过修剪，应保持叶茂、形美、遮荫大，不影响人的行走和车辆行驶，不妨碍架空线的安全。

（二）花灌木修剪

1. 新植灌木的修剪

灌木一般裸根移植，为保证成活一般作强修剪。一些带土球的珍贵花灌木，如紫玉兰等，可轻剪栽植，当年开花的一定要剪除花芽，有利于成活和生长。

(1) 有主干灌木或小乔木：如碧桃、榆叶梅等，修剪时应根据需要保留一定主干高度，选留 3～5 个方向合适、分布均匀、生长健壮的主枝短截 1/2 左右，其余疏掉，如有侧枝疏去 2/3，留下的短截，其长度不能超过主枝的高度。

(2) 无主干灌木(丛生型)：如玫瑰、黄刺玫、连翘等，自地下生出多数粗细相近的枝条，选 4～5 个分布均匀、生长正常的，留下的丛生枝短截 1/2，其余疏去，并剪成内高外低的圆头形。

2. 养护灌木的修剪

(1) 有主干灌木或地表多分枝灌木：植株保持内高外低的自然丰满半圆球形，灌丛中央枝上的小枝要疏剪。外围丛生枝及小枝应短截，促发斜生枝，如果栽植时间较长，应有计划疏除老枝、培养新枝。

(2) 丛生型灌木：经常短截突出灌丛外的徒长枝，使灌丛保持整齐均衡。丛生灌木保持适量健壮主枝，使根盘小主枝旺，控制灌丛密度，疏除老条培养新条。对于灌丛内的干枯病虫枝、细弱枝等随时疏剪。

(3) 花后及时剪掉残花残果，及时剪掉嫁接苗的砧蘖，避免消耗养分。

3. 观花灌木控花修剪

为了满足人们对开花植物的观赏期、花量的要求，常用修剪方法来控制花灌木的花期和开花量，此类修剪方法称为“控花修剪”。

(1) 当年枝条上形成花芽并开花的灌木，如月季、玫瑰、木槿、紫薇、珍珠梅、黄花决明、杜鹃、茶梅、含笑、栀子花、六月雪、金丝桃、大花六道木、八仙花、木芙蓉、大红花、叶子花、桃叶珊瑚等，应于休眠期(花前)重剪，有利于促发壮枝和花芽分化，花大、花色艳、花期长。对于当年多次形成花芽的树种如月季、茉莉等，在天气回暖时可将枝条留在适宜高度，留壮芽进行短截，加强肥水管理。如月季从第一次开花修剪到下次开花一般需45天左右，如果在8月中旬进行短截修剪可保证国庆节开花。华东地区生长期较长，有些春花树种可采取摘叶的方法，促使花芽萌发、年内二次开花。如桃、梅、海棠等，当其花芽长到饱满后进行摘叶，经20天左右就能开花。

(2) 在当年夏秋形成花芽、第二年早春开花的灌木，如迎春、连翘、海棠、碧桃、榆叶梅、绣线菊、牡丹、红檵木、黄馨、金钟、瑞香等，此类应在花后1～2周内适度修剪，回缩树冠。一方面可以防止结果或形成徒长枝消耗养分；另一方面通过短截促发副梢，使副梢在夏秋花芽分化期形成花芽，为来年多开花做好准备。

丁香为顶花芽类型，冬季修剪壮枝时不能短截。隔年枝条上开花的灌木，冬季修剪主要疏剪内膛细弱枝、下垂枝、病虫枝、干枯枝，对健壮开花枝要根据花芽数量多少，进行短截。花芽少，轻短截，多留花芽开花，花芽多，要中短截，使花大、花艳、花期长。在皇家园林或庙宇园林中，多用疏枝，少用短截，使其树形飘逸自然。

(3) 多年生枝条开花灌木，如紫荆、贴梗海棠等，应注意培育和保护老枝，培养树形。剪除干扰树形并影响通风透光的过密枝、弱枝、枯枝或病虫枝。

4. 观花兼观果的灌木修剪

金银木、水栒子、荚蒾等应在休眠期轻剪。其原则是幼树扩冠，老树缩冠，保持一定的体量和防止中空。

(三) 绿篱、色块和藤木修剪

绿篱的修剪，既为了整齐美观、美化园景，又可使绿篱生长健壮茂盛、延长寿命。树种不同、形式不同、高度不同，采用的整形修剪方式也不一样。

1. 自然式绿篱的修剪

多用在绿墙、高篱、刺篱和花篱上。为遮掩而栽种的绿墙或高篱，以阻挡人们的视线为主，这类绿篱采用自然式修剪，适当控制高度，并剪去病虫枝、干枯枝，使枝条自然生长，达到枝叶繁茂，以提高遮掩效果。

以防范为主结合观赏栽植的花篱、刺篱，如黄刺玫、花椒等，也以自然式修剪为主，只略加修剪。冬季修去干枯枝、病虫枝，使绿篱生长茂密、健壮，能起到理想的防范作用即可达到目的。

2. 整形式绿篱的修剪

中篱和矮篱常用于绿地的镶边和组织人流的走向。这类绿篱低矮，为了美观和丰富景观，多采用几何图案式的整形修剪，如矩形、梯形、倒梯形、篱面波浪形等。修剪平面和侧面枝，使高度和侧面一致，刺激下部侧芽萌生枝条，形成紧密枝叶的绿篱，显示整齐美。绿篱每年应修剪2～4次，使新枝不断发生，每次留茬高度1cm，至少也应在“五一”、“十一”前各修整一次。第一次必须在4月上旬修完，最后一次修剪在8月中旬。

整形绿篱修剪时，要顶面与侧面兼顾，从篱体横面看，以矩形和基大上小的梯形较好，上部和侧面枝叶受光充足，通风良好，生长茂盛，不易产生枯枝和中空现象。修剪时，顶面和侧面同时进行。只修顶面会造成顶部枝条旺长，侧枝斜出生长。

3. 图案色带修剪

常用于大型模纹花坛、高速公路互通区绿地的修剪。图案式修剪要求边缘棱角分明、图案的各部分植物品种界限清楚、色带宽窄变化过渡流畅、高低层次清晰。为了使图案不致因生长茂盛形成边缘模糊，应采取每年增加修剪次数的措施，使图案界限得以保持。为保证国庆节颜色鲜艳，北京地区色带色块最后修剪必须在 8 月 10 日～15 日前完成。

4. 植物造型修剪

常用黄杨、松柏等萌芽性强、耐修剪的植物材料做成鸟兽、牌楼、亭阁、拱门等立体造型，点缀园景。为保持其形象，不让随意生长的枝条破坏造型，每年应多次进行修剪。造型修剪的要求是：高度一致，整齐划一，形面及四壁平整，棱角分明。

5. 藤木类整形修剪

藤木类如紫藤、南蛇藤、金银花、地锦、凌霄、蔷薇、十姐妹、藤本月季、扶芳藤、黄木香、铁线莲、薜荔、白花油麻藤、大花老鸦嘴、珊瑚藤、炮仗花、鸡蛋果等，其主干不能直立生长，常利用其攀缘、缠绕、吸附、卷须等特性向上生长，作立体绿化。其造型由支撑攀附物体的形状决定。常见的几种方式及整形修剪的特点如下：

(1) 棚架式。藤木以缠绕上升，布满架上，造型随架形而变化。栽植初期，应在近地表处重剪，使发生数条强壮主蔓，然后垂直引主蔓于棚架顶部，并使侧蔓均匀地分布架上。如北京最常用的紫藤整形修剪如下：

紫藤定植后，选一个健壮枝条作主藤干培养，剪去先端不成熟的部分，剪口下侧枝疏去一部分，减少竞争，保证主蔓优势，然后引主蔓缠绕在支柱上，使之自行依逆时针方向缠绕。从根部发出的枝条，如果粗壮，可重短截，其余齐基部疏除。主干上生出的主枝，只留 2～3 个作辅养枝，其余疏掉。夏季对辅养枝摘心，抑制其生长，促主枝生长。第二年冬将中心主干枝短截至壮芽处，从主干枝两侧，选 2 个枝条作主枝短截，要留出一定距离，将主干上其余枝条留一部分作辅养枝，其余疏掉；以后的修剪，要达到枝条不过多重叠或生长过长。每年冬季剪除干枯枝、病虫枝，对小侧枝只留 2～3 个芽行短截。

江南地区常用的藤木类植物美国凌霄，由于枝蔓髓部较大，老枝容易中空，越冬后枯死的枝条较多，故应在发芽前后剪除死枝。棚架栽培修剪方法以“疏剪”为主，疏除过密枝及枯枝。凌霄的根蘖很多，应及时除去。由于凌霄的花序顶生，修剪时一般不行短截，否则会把花序剪掉。

而对于藤本月季，修剪方法则与凌霄有所不同，应首先将过密的枝蔓从基部剪掉，保留健壮枝条，用人工牵引的方法将其按照一定的图案格式绑扎在棚架上。如果藤蔓已覆盖全部花架，可适当疏剪掉部分枝条，防止重叠枝生长，以利于开花。每年花谢后和花芽分化以前，将病虫枝、缠绕枝、重叠枝及衰老枝从基部剪掉，防止丛生枝蔓过密而造成紊乱，使藤蔓分布均匀，阳光通透，以利于新枝生长。

岭南地区的白花油麻藤、大花老鸦嘴、珊瑚藤、炮仗花、鸡蛋果、使君子、叶子花等常用手棚架式种植，修剪技术同上。

(2) 附壁式。本式常用于吸附类藤木，方法简单，只需要重剪短截后将藤蔓引于墙面，可自行依靠吸盘或吸附根而逐渐布满墙面，常见的如中国地锦、五叶地锦、凌霄等。有些种类攀附能力差(如五叶地锦)，或墙面光滑，不易攀附，近年见有用固定于墙面的钢丝协助附壁的，效果良好。由于株距过密，枝条不能吸附墙体而下垂，应及时疏剪主蔓和下垂枝。

(3) 篱垣式。本式多用于缠绕类等较小藤木。只需将枝蔓直立牵引于篱垣上，培养主干，以后每年对侧枝行短截，即可形成篱垣的形式。常用的如金银花、凌霄、藤本月季、蔓性蔷薇、大花铁线莲、常春藤、花叶常春藤、络石、仙人藤、叶子花、粉花凌霄、珊瑚藤、美丽帧桐、珠帘藤、铁脚威灵仙等。

(4) 灯柱式。在灯柱上围以丝网，用吸附类或缠绕藤木，借丝网沿灯柱上升生长。使灯柱从地表到要求高度全部被枝叶缠绕覆盖，要经常对下部及下垂枝条进行修剪，培养直立骨架，加快植株生长，达到理想效果。

七、树木修剪作业程序及安全管理规定

(一) 树木修剪程序

概括为：一知、二看、三剪、四清理、五保护。

一知：坚持上岗前培训，使每个修剪人员知道修剪操作规程、规范及每次修剪作业的目的和特殊要求。包括每一种树木的生长习性、开花习性、结果习性、树势强弱、树龄大小、周围生长环境、树木生长位置(行道、庭荫等)、花芽多少等等，都在动手前讲清楚、看明白，然后再进行操作。

二看：修剪前，先观察树木，从上到下，从里到外，四周都要观察。根据对树木“一知”情况，再看前一年修剪后新生枝生长强弱、多少，决定今年修剪时，留哪些枝条，决定采用短截还是疏枝，是轻度还是重度。做到心中有数后，再动手进行修剪操作。

三剪：根据因地制宜、因树修剪的原则，应用疏枝、短截两种基本修剪方法或其他辅助修剪方法进行合理修剪。修剪时最忌无次序、不加思索地乱剪，应留枝条未留，该剪的枝条却留下了。经验告诉我们，剪绿篱和色块应从外沿定好起点位置，由外向内修剪，高大乔木由上向下修剪，灌丛型花灌木由冠外向丛心修剪。这样避免差错或漏剪，保证修剪质量和提高速度。

四清理：修剪下的枝条及时集中运走，保证环境整洁。枝条要求及时处理，如粉碎、堆肥，对病虫危害枝及叶应集中销毁，避免病虫蔓延。

五保护：直径超过4cm以上的剪锯口，应用刀削平，涂抹防腐剂促进伤口愈合。锯除大树杈时应注意保护皮脊。

(二) 修剪作业的安全管理措施

1. 作业人员自身安全防范

(1) 作业人员按规定穿好工作服、工作鞋，戴好安全帽、防护眼镜，系好安全绳和安全带等。

(2) 操作时精力集中，不许打闹谈笑，上树前不许饮酒。

(3) 身体条件差、患有高血压及心脏病者，不准上树。

(4) 按规范要求操作，如攀树动作、大树作业修剪程序等，由老带新、培养技能。

2. 组织管理安全措施

(1) 安全组织完善：设安全质量检查员、技术指导员、交通疏导员。

(2) 现场组织严密：工具材料、机械设施、园林垃圾、施工区、道路安全区等安排有序。

(3) 调度指挥合理：

1) 五级以上大风不可上树，停止作业。

2) 截除大枝要由有经验的老工人统一指挥操作。多人同在一树上修剪，注意协作，避免误伤同伴。

3)公园及路树修剪，要有专人维护现场，树上树下互相配合，防止砸伤行人和过往车辆。

4) 在高压线附近作业，要特别注意安全，避免触电，需要时请供电部门配合。

5) 路树修剪应和交管人员协作，设定禁行安全标志，有交通疏导员配合作业。

3. 机械及工具安全

(1) 保证工具、器具、机械的完好率，如升降机、油锯等事先进行全面检查和维护保养。

(2) 工具使用安全规范：

1) 梯子必须牢固，要立得稳。单面梯将上部横挡与树身捆牢，人字梯中腰拴绳，角度开张适当。

2) 上树后作业前要系好安全绳，手锯绳套拴在手腕上。

3) 修剪工具要坚固耐用，防止误伤或影响工作。

4) 使用高车修剪，要支放平稳，操作过程中，听从专人指挥。

八、园林树木修剪各论

为增强本书的实用性，特选若干代表性树种进行综合修剪各论，举一反三，有效指导园林养护中的修剪技术。

(一) 落叶乔木整形修剪举例

1. 国槐

树形圆形，萌芽力强，寿命长。无论自然生长枝条或经过短截后枝条顶部，都会抽生4～6个壮枝，其下部抽生少量细小枝或者不萌发新枝。这样就会生成轮生枝状态。这是国槐的特点之一。

(1) 新植国槐大树修剪：因近年新植国槐规格增大，干径超过10cm以上。修剪应改变大抹头的方法，需要保留1.5～2.5m的原树冠。而且修剪成圆形，所留枝条切忌剪成高低一样平顶。所留树冠大小，要根据不同季节、根系质量好坏和浇水条件而定。

(2) 行道树修剪：树冠上方有缆线穿过，应用杯状整形，但只要“三股六杈”，不要“十二枝”。因为行道树，株距多为5m，树冠枝过多，易造成下部光脱之患。6个大杈需要留侧枝、扩大树冠。如果树冠上方没有缆线穿过或孤植国槐，应修剪成圆形树冠。树冠内大枝条数量应尽量减少。必要时疏剪密枝，使冠内通风透光。

(3) 新植行道国槐：因为树木规格大，会萌发6～10个粗壮枝条。修剪方法有两种：一是在当年夏季6月上、中旬，选出保留的主枝，采取摘心剪法，促生二次枝，其余粗壮枝条立即疏剪。这种方法，一年扩大树冠相当两年，见效快。另一种方法是在冬季将生长旺盛的粗枝，选择方向、位置理想的进行短截，多余粗枝疏除。这种方法树冠扩大慢些，短截时剪下很长一段枝条，浪费了很多水分、养分。

2. 毛白杨(种在无架空线下)

首先定干。一般行道树分枝点高2.5～3m，如果郊区可定4m以上。定干后选留主枝，毛白杨有主轴，主尖明显，所以必须保留主尖，主尖如果受损，必须扶个侧枝作主尖，防止发生竞争枝，出现多头。

选主枝：毛白杨是主轴极强的树种，每年在主轴上形成一层枝条。因此，新植树木修剪时每层留1～2个主枝，全株共留9个主枝，主枝与主枝之间隔40～60cm，分布在主干不同方向。其余疏掉，然后短截所留枝。一般下层稍长，留30～35cm，中层20～25cm，上层10～15cm。所留主枝与主干的夹角40°～80°。剪后长成圆锥形，以后每年正常修剪，5年以后树保持冠高比3∶5左右即可。对树干内的密生枝、交叉枝、细弱枝、干、枯病虫枝疏除。对竞争枝、主枝、背上的直立徒长枝，当年在弱芽处短截，第二年疏除。如果有卡脖枝要逐年地疏除，防止造成环剥影响生长。

3. 银杏

银杏是有中心主干的树种，顶端优势强盛。一般栽植后可任其生长，但随主干延长，周围产生分枝，则形成圆锥状主干形。成年后主干不再长高，树冠向四周扩大，形成自然圆头形。银杏枝条有长短枝之分，枝条每年只生长一次。长枝顶芽及顶下数芽仍发育成长枝，短枝顶芽发育成短枝或分化为混合芽，形成结果枝。根据银杏枝芽的生长习性，要达到银杏树姿雄伟壮丽，无论任何季节、任何时期、树木大小、生长强弱，养护修剪时严格掌握多疏枝、少短截或不短截，即使经过短截的主枝，今后逐年疏掉。

行道树定植修剪，首先确定分枝点高度，分枝点以下枝全部疏除，分枝点以上主枝自下而上疏掉一部分，主枝间留出40～60cm距离，主枝的位置要围绕主干向上排列，达到5～7个为好。其他部分主枝采用回缩修剪到侧枝处作为营养枝处理。中央领导枝如有竞争枝，疏去一个，或短截一个到弱枝处，用以辅助中央领导枝的优势。

公园绿地栽植的银杏，分枝点不可太高，根据树木的不同龄期，保持一定冠干比即可。

4. 馒头柳

馒头柳各层主枝间距离较近。定干高度为3～3.5m，全树留5～6个主枝，然后短截，第一层50cm左右，第二层50cm左右。夏季要掰芽去蘖，分枝点以下的蘖芽全除。主枝上选方向合适、分布均匀的芽留3～4个(相互错开)，第二次定芽，每个主枝留2～3个发育成枝。以后发育成馒头形树冠，保持冠高比1∶2。

5. 合欢

4年以上的合欢栽植时首先定干，定干高度为2.7～3m。在主干上选3个大枝(健壮、方向合适)作为自然开心形的主枝，这3个主枝有适当间隔相互错开，不可为轮生。以后生长靠这3个斜向外方生长的主枝扩大树冠。栽植第二年对这3个主枝短截，留40～60cm，同时主枝上的侧枝适当留几个(2～3个)，彼此间相互错落分布，各占一定空间，侧枝要自下而上，保持一定从属关系。以后树体高大只作一般修剪，剪掉干枯、病虫枝和大直立徒长枝。合欢容易因伤口感病，修剪后的伤口必须进行消毒和保护。

6. 悬铃木

悬铃木树形端正，主干直、分枝多、树冠大，生长快、成荫面积大，萌芽力强、耐修剪、易更新，栽前分枝点高3～4m。可按“三股、六杈、十二枝”进行杯状形树冠修剪。孤植庭荫树，可保持直立中央领导干，每隔50cm左右留一主枝，每主枝上留2～4个侧枝，直到组成高大树冠。

悬铃木的控果修剪：悬铃木为雌雄同株树种，对球果的污染不可能选雄株，国内外都开始培育少球悬铃木无性系品种。对已有的大树球果问题，国外主要采取重短截的措施。其原理是，悬铃木的1～2年生枝不结果或少结果。隔2～3年在树木的主枝干(二次、三次枝)上重短截一次，即可收到1～2年生枝不结果的效果。以此技术控制繁殖生长，达到不结或少结果的目的(图10-3-1～图10-3-3)。

图10-3-1 法国第荣市路树，法桐抹头修剪后萌生的1～2年生枝不结果

图10-3-2 法国嘎纳，城市路树法桐重修剪控制繁殖生长

图10-3-3 法国第荣市新植“少球悬铃木”的应用

（二）常绿针叶树的修剪

1. 松类树木的修剪

(1) 油松、樟子松、黑松顶端优势比较明显，主干容易形成，地表生成的侧枝对主干无任何竞争。其生长特点是，每年生成一轮侧枝，如果数量过多，则会削弱领导干的生长优势，特别是十年生以后，顶端优势渐弱，这时应适量自下而上清除轮生枝，留量为全树高的2/3。对留下的轮生枝可进行疏删，每轮留3～4个主枝，使其空间分布均匀。

(2) 白皮松的修剪有所不同。白皮松侧枝生长角度小、向侧上方收拢，往往造成侧枝和领导主枝竞争的形势，而形成低位多干树形。园林苗圃中白皮松多干式树形较多。要培养单干形白皮松必须从小苗做起，逐年调整主侧枝关系，对有竞争力的侧枝利用短截方法，削弱其生长势，培养领导主干。

(3) 雪松是有主轴的树种，顶端优势极强，自然树形为尖塔形。因此修剪时必须保护好顶梢，如果出现双头，选一强壮枝作主尖，另一个重剪回缩，剪口下留小侧枝。当顶梢附近有较粗壮的侧枝与主梢形成竞争时，必须将竞争枝短截，削弱生长势，利主尖生长。雪松主枝也有轮生特点，合理安排各主枝，主枝不宜过多，以免分散营养，每层主枝间要有一定间隔。在同一层主枝上有大小不同的枝条，如果过密，细弱枝多，可疏去一部分。如果主枝头被破坏，可用附近强壮侧枝代替主枝，能使整个树体长势均衡、疏朗匀称、美观大方，保证尖塔形的树形。

总之各种松类树种都必须从抚育小苗干始，注意疏除或短截徒长枝，以培养出主、侧枝分明的优美树形。在松类树种单干型乔木培养上还要区分全冠型(地表分枝型)和提干型两种。苗圃培养的苗木一般以全冠型为主，少数可作轻度的地表提干，提干高度50～60cm即可。从山区引进的松树大多为提干型，树冠控制在全树高的1/2～2/3较为合理，大树、古树另当别论。

2. 柏类树木的修剪

(1) 桧柏和侧柏培养大苗的修剪主要是注意培养领导主干，注意随时清除侧生竞争枝。竞争侧枝的清除应从小苗开始，尤其是侧柏侧枝竞争比较严重，清除的工作量较大。稍不留意就会形成侧枝徒长，如剪除不及时，树冠会造成部分缺损、很难弥补。其他如西安刺柏、河南桧、蜀桧可自然形成领导主干，侧枝竞争力不强。但也应注意，一旦有竞争力的侧枝形成后，会造成劈头散发、杂乱的树形，成为劣苗。在养护管理过程中，应逐年进行检查性修剪，冬、夏各一次，对双头枝、侧方徒长枝进行重短截。苗圃培养的柏类树种大都是全冠型乔木，很少提干。柏树类苗木可以通过修剪培养各种几何造型和动物造型。

(2) 龙柏的修剪有两个方向，一是修成龙柏球，一是修剪成亚乔木。龙柏的侧枝生长势比较强，如任其自然生长，会形成多头状，散乱无形。修剪应采用辅育主干、控制侧枝徒长的策略，在保持一定冠幅的情况下对侧枝进行经常的短截或剪梢、摘心，用促发众多分枝的手法，使树冠更加丰满，形成旋转向上、紧密优美的树形。

(三) 常绿阔叶树的养护修剪

1. 香樟

香樟为阔叶常绿大乔木，树冠球形，萌芽力、成枝力强，耐修剪。是江南地区应用广泛的常绿阔叶造景树种。

(1) 移栽前的修剪：香樟移栽时，在保留必要土球规模的前提下，可适当保留树体骨架枝条(三分叉)和1/3的叶面积。如此移栽树体元气损伤小，恢复生长快。但如在非移栽季节移栽，则必须进行重修剪，甚至截秆种植。由于截秆种植会严重破坏香樟的成景效果，因此在实际应用时应尽量避免。

(2) 香樟大树移栽修剪：一般以疏枝为主，短截为辅。修剪时保留原有的树冠和主要骨干枝，只将徒长枝、交叉枝、病虫枝及过密枝剪去，多留强壮的萌芽枝。

(3) 树形培育：定植后的香樟，除要抓紧肥、水、防病治虫等日常管理外，每年春、夏还要进行整形修剪工作，保持主枝的生长优势，防止树冠过分偏、矮和主干弯曲，以形成卵球形的优良树冠。对一些交叉、过密枝适当剪除，病虫枝、枯枝则一概除去。

2. 桂花

桂花为江南著名的香花类常绿阔叶乔木，终年常绿，枝繁叶茂，秋季开花。

(1) 移植修剪：桂花是一种移栽成活率高、萌芽力和成枝以及伤口愈合能力较弱的树种。移植桂花时，为了保持完整的树形，修剪应以维持其自然冠形为宜，以轻剪为主，重点短截徒长的顶部枝条，疏除杂乱枝。冠幅保持在2.5～3m左右。

大树移栽修剪：因大桂花萌蘖能力差，所以绝对不可采用截干、截枝的方法，只能疏剪内膛细弱枝，以维持树形，作摘叶处理，留下叶柄，保护腋芽，保留原树叶数量的1/3。这样可保留原树冠构架。

(2) 整形修剪：桂花的整形修剪可分为单干圆头形、球状整形修剪和畸形树整形修剪三类。单干圆头型修剪是当幼树长到1m高时打顶，使3个侧枝各分3个左右小枝，之后仅需在生长过程中对徒长枝、细弱枝及重叠枝作适当修剪。花期后把开过花的枝留下2～3节，其余则剪掉。第二年发出新枝，其上会着生花芽。干高和低可根据需要选择。一般成形的桂花枝下高应保持在1.5m左右。

球状整形修剪：是在桂花的生长过程中，取地表多主枝状，不断对萌发的新枝轻剪，修成球形树冠。对徒长枝要短截，很容易达到球形树冠的效果。

桂花树的树形整理：长期不注意修剪整形的，很容易长成畸形树，散乱不成形。长得很高而下部缺少枝叶的植株，可将主干2/3或3/4以上部分截去，促使下部树干另发新枝。来年发现徒长枝、位置不当的枝条以及其他杂乱枝条应全部剪除，使之形成丰满的自然形。当树干基部或中部有丛生萌蘖时，要及时将芽抹去。

3. 广玉兰

广玉兰的发枝力很低、萌芽力差，不耐修剪，故修剪时要谨慎，切不可任意剪除枝条，以免影响树形。

(1) 移植修剪：广玉兰因其枝叶繁茂、叶片大，新栽树苗水分蒸腾量大，容易受风害，所以移栽时可采取缩冠的方式进行修剪，保留原有的树冠和主要骨干枝，疏剪徒长枝、内膛枝、重叠枝等。留强壮的萌芽枝，保持树形的完整；修剪量约为全部枝条的1/5左右。进行摘叶处理，摘除枝条叶片量的1/3为宜。

(2) 养护修剪：技术关键是养好主干，培养单干型树。在幼树期，为使中心主枝生长好，应及时除去侧枝顶芽，保证中央主枝的优势。对主干上的第一轮主枝，要剪去朝上枝，主枝顶端附近的新枝要注意摘心，降低该轮主枝及附近枝对中央主枝的竞争力。

4. 大叶女贞

大叶女贞属常绿阔叶小乔木。萌蘖、萌芽力强，耐修剪，极易造型，生长快；可形成灌木和小乔木状。

(1) 移植修剪：大叶女贞移栽时，对于不需要的而且比较大的侧枝可以分次剪掉，比如第一年剪掉1/2或1/3，第二年继续剪掉1/2、1/3或者全部剪掉。目的是更新老枝叶，代以萌生新枝叶，如果不按以上方法做的话就容易形成老苗僵苗。

(2) 养护修剪：可根据景观需要通过修剪培养成低冠、高冠小乔，以及丛生状、球状造型等。

5. 茶花

茶花生长缓慢，不宜强度修剪。

(1) 移植修剪：茶花树冠发育均匀，一般不需特殊修剪。新移植苗为确保成活，可进行适度修剪、摘叶和除蕾工作，一般以清理杂乱枝为主，少量的新发嫩枝也应剪去。较大的剪口必须涂上白乳胶或抗菌防腐剂封闭伤口。摘叶处理，摘叶量以叶片总数的1/3以内为宜。摘蕾是栽培管理重要的一环，一般每枝宜保留1个花蕾。茶花花期较长，花后应及时剪除残花，这对增强树势有很大好处。

(2) 养护修剪：因茶花一年仅抽枝发叶一次，所以年生长量有限，在养护管理过程中不宜作过量的修剪。为了使株形匀称、分布均匀，应进行牵引、打弯及扭折等处理。修剪的目的是抑强扶弱，使株形更加紧凑美观；使植株更加通风透气，免受病虫危害，生长强劲有力；使新枝萌发力强且数量增多，新枝长度明显增加。

茶花的植株一般着生花蕾较多，因而有必要疏掉部分花蕾。花蕾开始膨大的8～9月份进行疏蕾。疏蕾必须注意不要碰伤叶芽。也可在7月份进行1次轻度修剪，9月份喷施1次赤霉素，也可起到疏蕾的效果。在花芽长到黄豆粒大小时进行。通常一个枝条上只留一个花蕾，花开得大而艳丽。嫁接植株最好在第一年不使其开花。由于观赏目的的不同，茶花的疏蕾原则也不同。为使花朵开得大或者参加展览评比，或者作切花之用，每个枝条顶部只需留一个花蕾，其余应全部疏掉；自己欣赏的盆栽或地栽茶花每个花枝可留1～3个花蕾。而且选留的大、中、小花蕾应各占一定比例，以使植株开花持续不断。不同茶花种群的花蕾着生习性有明显的不同，疏蕾方法也应随之而改变。茶梅品种花着生量极多，花朵小，疏蕾量可适当减少。云南茶花花蕾易簇生，花大，消耗养分较多，每个花枝最多只能留一个花蕾。有些红山茶品种，特别是树势衰弱的植株，易形成簇状花蕾，疏蕾时应根据树势的强弱选留向阳的饱满花蕾，每个花枝保留一个健壮花蕾。

茶花的修剪一年四季都可进行，但是最理想的时间应安排在花后进行修剪。因茶花是在二年生枝上开花，如早春修剪常会把花枝剪去，改为花后修剪就可避免。由于不同品种的茶花花期不同，修剪定形时间可从12月份延至翌年2～3月份。修剪定形要掌握以下原则。

1）疏枝：徒长枝、交叉枝和重叠枝，开过花的枝条也要疏除、不留残桩。每株留3个主枝。

2）回缩修剪：回缩过高枝条，使剪口下部萌发新芽，让植株更加丰满。

3）疏芽：及时抹去萌发出的多余新芽，一般每个萌芽点留2个芽为宜。

4）整形：按照栽培及造景要求，可将茶花修剪成圆头形、直筒形、矮冠形、绿篱形或其他不同的形状。

5）摘叶：茶花每片叶的寿命在4年以上，摘除部分老叶，提高光合效率。

6. 乐昌含笑

乐昌含笑为阔叶常绿大乔木，树干通直，树形优美，枝叶繁茂，生长迅速。

(1) 养护修剪：乐昌含笑下部枝条和侧枝生长较旺，不及时进行整枝修剪，将对其生长和树形造成不利影响。在8月下旬至9月上旬，视苗木侧枝生长情况进行轻度修剪，主要是修剪上部竞争侧枝和下部枝，连续3～4次。应及时剪除干高1.5m以下的下部萌芽枝。冬季休眠或半休眠期，清理杂枝。

(2) 移植修剪：乐昌含笑的移植通常于3月中旬至4月上旬进行，秋季也可。因乐昌含笑属于移栽成活率中等的植物品种，大苗移植须强行修剪，除保留主干和部分主要侧枝以外，需将其余树枝和70%以上的树叶去除。将侧枝的伤口锯平，顶端用白乳胶或抗菌防腐剂封闭或以塑料薄膜包扎。

7. 杜英

杜英根系发达，萌芽力强，耐修剪。生长速度中等偏快。

(1) 养护修剪：一年生小苗常规修剪，宜在苗木移栽前或移栽时进行。疏除小苗高2/3以下侧枝。对侧枝进行短截处理。二年生以上苗木常规修剪，要求突出主梢，使树冠呈宝塔形，枝下高为植株的1/2左右。1～1.5m以上侧枝修剪成宝塔形。

(2) 移栽苗木修剪：主要采取疏枝、摘叶的修剪方法，剪去2/3以上的枝、叶。修剪要突出主梢，也就是要让主梢生长优势明显。在江南杜英会出现冻伤现象，如主梢受冻害应把临近的侧梢扶正，同时短截其他侧梢。修剪一般在4月与8月进行。为防止冻伤，不要在冬季进行修剪作业。

8. 杨梅

杨梅系杨梅科杨梅属阔叶常绿果树，树冠呈自然半球形。生长势强，树冠大。

杨梅的修剪期一般为每年的秋冬季节。秋季修剪是指在10月下旬至11月份夏梢停止生长后进行的修剪，修剪对象为结果的壮年树和准备结果的幼树。过早修剪易萌发秋梢，过迟则易遭受冻害。

以采果、观果为主的杨梅树修剪：锯去上部直立枝、两树交叉枝、下部拖地枝、冠内密生枝、重叠枝。对一个枝条上抽生的多个小枝，树冠上部的应去强枝、留弱枝，树冠下部的去弱枝留强枝。做到一枝一梢，剪去无花枝和秋梢。长势较弱的结果树修剪宜推迟到春季2月下旬至3月上旬进行，过早修剪易受冻害，过迟又会影响开花抽梢。

注意及时调整树形的结构，根据花量调整修剪量，采取以疏删为主、适当短截的方法，更新结果枝组。通过整形修剪培养矮化开张的树冠，使树体通风透光，达到立体结果。树冠高度控制在4m以内，做到上部不直立，下部不拖地，四周不拥挤，中间不重叠，内膛不光秃，园内不郁闭。杨梅修剪有别于其他落叶果树，一般以削弱营养生长、缓和树势、促进花芽形成为主。对营养过旺的树，可通过删除部分营养枝、环割主枝及副主枝、扭伤新梢及断根等措施，来促进营养生长向生殖生长转化。

对趋于衰老的杨梅树，应视树势进行局部更新，将主干和主枝分2～3年分批进行短截。开春后除去过多萌蘖，促进新枝抽发和根系生长，重新恢复树冠和开花结果量。

作为景观树木栽植的杨梅树，一般常放任其自然生长，每年仅在秋季对徒长枝、枯枝、病虫枝、衰弱枝进行适当修剪，使树冠形成均匀的半圆形。这种树形结果少、产量低，但树势优美，造景效果明显。

9. 香泡(酸柚、枸橼、香抛树)

香泡为常绿阔叶乔木，植株生长快、适应性强、耐旱、耐寒、抗病。树冠高大，花、叶、果特大，有三千多年的栽培历史。适宜用作别墅庭院绿化、公共绿地、休闲公园、行道树等，移栽成活率高。

香泡修剪主要采取疏枝、摘除夏季腋芽(不结果)和疏花疏果(去密去小)，在座果已定的夏季剪去杂枝，减少养分的消耗。生长过旺的枝，可留40cm短截，促生侧枝。

结果树的修剪主要有春剪和夏剪：春剪为了整形，夏剪为了保果。开花及幼果生长期要及时疏花抹芽，每果枝原则上保留1～2朵饱满花朵。老树修剪目的是更新。

对用于园林造景的香泡树，主要目的是欣赏树形，秋季兼有观果作用，栽培目的并非多结果。因此，修剪常采取内通外旺的剪法，剪除树冠内部的枝条，利用树冠外围绿叶层结果。修剪主要在冬季采果后进行。而抹除夏梢是控制树冠、提早结果的重要措施之一。

(四) 花灌木修剪举例

1. 碧桃

碧桃是具独立小主干的春季开花灌木，花芽着生在二年生枝条上。喜光是其特征，所以用杯状或开心形整枝修剪。

自然开心形修剪技术：定植后，从新枝中选出3个主枝，均匀分布在主干上方，基部角度开张60°左右。对确定的3个主枝进行中短截，剪口芽留在外侧。待夏季新枝生长达

50cm左右时，在30～40cm处摘心，促生副梢扩大树冠。到冬季修剪时留主枝的延长枝，适当短截。并选出第一侧枝(约在距主枝基部50～60cm处)，夏季修剪时，在新生副梢中选出第二侧枝。第二侧枝一定要着生在第一侧枝的对侧。

碧桃一般花后修剪为好。将开完花的枝条短截，留3～4芽，到春季新梢长到一定长度时，摘心，以控制枝条的生长，促花芽分化。摘心后可能会发出二次枝，同样摘心，能分化出花芽最好，不能分化出花芽的后年即为花枝。冬季修剪，花枝尽量多留少疏。长花枝一般宜留3～7组左右花芽短截。开花枝部位越低越好，最好靠近骨干枝，如果出现上强下弱的，在花后修剪时要及时回缩上部强枝。

为防止花枝伸展过长及主枝伸展过远，必须更新修剪。花后留一定长度短截，下部发出几个新梢，冬剪时留靠近母枝基部、发育充实的1个枝条，作开花枝，其余枝条连同母枝一齐剪掉。选留的开花枝适当短截，促使开花，花后仍短截，当年下部发出几个新梢，明春新梢开花后再如上年一样，留一枝更新。

2. 西府海棠

早春开花，花芽着生在短枝上，幼树生长势强，萌发的枝条多数直立，到开花时枝条稍有开展。夏季高温时多数芽分化为混合芽，翌年萌发叶丛短枝(3cm左右)，顶端开花，短花枝可连年开花。花后及时剪去残花，不让其结果，减少养分消耗，保证短花枝连年开花。

花后夏季修剪，将生长势强的枝条摘心，抑制其生长，促使其中下部多分化混合芽。以休眠期修剪为主，将生长枝适当短截，使营养集中，以利于形成大量开花短枝。疏剪一些直立枝，使内膛通风透光，利于花芽分化。但主干、主枝基部直立枝要选方向位置合适的留下，适当短截，使基部多生中短枝，这些枝可作更新老枝用。

3. 紫荆

晚春开花，花芽着生在二年、多年生枝的中下部，每叶腋可着生7～8个花芽，老枝叶腋着生的花芽数量比二年生枝的花芽多且饱满。冬季枝条先端易枯萎，抗寒性能差、萌蘖性强、易更新。早春萌芽前将有花芽的枝条先端枯死或长势弱的秋梢剪去，将无花芽的枝条从饱满芽处短截，促生新枝。

夏季进行摘心修剪，剪口芽留外芽为宜，扩大树冠。利用徒长枝或萌蘖枝进行重短截，长出新枝代替衰老枝。将衰老枝、病虫枝、细弱枝逐年疏剪。

4. 连翘

早春开花，花着生在二年生发育中等的枝条上，除少数芽外，中上部位大部分腋芽均可分化为花芽。

花后修剪，为控制植株高度，将开完花的枝条留4～5个左右的饱满芽行强短截，促发新枝，备翌年开花用。如需植株每年增高，可按增高要求进行短截。夏季将当年生新枝进行摘心(1～2次)，抑制枝条生长，节省养分，促花芽分化。疏剪徒长枝，也可利用徒长枝进行强短截，到隐芽处，促生新侧枝，利用这些新侧枝作明年的开花枝，也可作更新老枝用，对衰老的枝条可逐年地疏剪。

对于多年失修的老株，枝条过密，株形被破坏，应在花后及时修剪。除保留少数幼枝外，一部分枝条自基部留10～30cm强短截，促发新枝。当新枝长到一定长度时进行摘心，促分侧枝。如果新枝多而细弱，适当疏除部分。有了新枝，可将衰老枝自基部全部疏剪掉。

5. 紫薇

当年生枝条开花。枝条萌芽力强、耐修剪，一般修剪成地表多干型。现在常用的单干型紫薇对北方不太适合。冬季可将当年枝短截，翌年剪口下发出 3～4 个新枝，每个新枝头都会有花。为节约养分，花后修剪，控制结籽。第二年冬季同样在一年生枝底部选壮芽短截，春天萌发壮枝，形成大花序，如此逐年进行。时间过长会造成内空、花序外延的现象。为解决这个问题应隔 3～4 年对主枝进行一次回缩修剪。单干型紫薇因北京地区生长季短，树体本身根压小，树冠部分的枝条弱，花序小，景观效果差，按单干扶养主枝的修剪方法很难修剪抚育成小乔木的树形。

复习思考题

1. 明确园林树木修剪的目的、作用。
2. 掌握园林树木修剪的时机和作业内容。
3. 掌握园林树木修剪的基本方法。
4. 掌握剪口芽选留和剪口处理技术。
5. 园林树木整形修剪的依据是什么？
6. 常用的整形修剪有几种做法？
7. 掌握不同用途树木修剪的施工技术。
8. 树木修剪的施工程序是什么？
9. 树木修剪施工安全管理内容是什么？
10. 掌握本地区各类树种修剪手法。
11. 如何通过修剪，解决世界名树——悬铃木的球果污染问题？

第四节　园林树木养分管理

一、园林绿地土壤管理关键是提高有机质含量

(一) 园林绿地土壤的特点

园林绿地和农田地、林地不同，其来源很复杂，有刚开发的耕作田地，也有荒山秃岭，更有代表性的是人们居住集中的城市绿地。我们研究的应该是城市绿地土壤。其特点如下。

1. 土壤层次紊乱

城市绿地原土层被扰动，土层中常掺入在建筑房屋、道路时挖出的底层僵土或生土，打乱了原有土壤的自然层次。底层僵土或生土是不适宜植物生长的。

2. 垃圾多

土体中外来侵入体多而且分布深，建筑垃圾、生活垃圾等对园林植物生长不利。

3. 表观密度高

由于人为活动造成城市绿地土壤表层表观密度高，土壤透气和渗水能力差，土壤结构不好，物理性质差。

4. 有机质含量少

历史原因导致城市绿地中的植物残落物，大部分被清除或分解，致使城市绿地土壤中的有

机物质日益枯竭。土中的有机质常常低于1%。不但土壤养分缺乏，也导致土壤物理性质恶劣。

5. 土壤 pH 值偏高

以北京和上海为例，这两个地区自然土壤为石灰性土壤，pH 值为中性到微碱性。城市污水和积水造成土壤含盐量增加。

面对城市绿地土壤如此突出的特点，如何培养土壤的肥力是摆在园林工作者面前的首要任务。

（二）增加土壤有机质是培肥城市绿地土壤的关键

土壤肥力是指土壤不间断地为植物提供水分、养分、空气和热量的能力。施用无机肥(化肥)只能给植物补充土壤中不足的养分，而这些养分往往是土壤中不特别缺乏的。实践证明很多乡土植物(树木、野草)不需要施肥仍然能生长正常。我们养分管理的目标是让“小树快快长大”，让花灌木多多开花，让园林植物都青枝绿叶。为了达到以上目标必须培养土壤肥力，而不仅仅是给土壤补充某种养分肥料。培养土壤肥力的最有效、最直接的做法就是增加绿地土壤有机质。对有些非常缺乏氮磷钾无机养分的上壤，要使园林植物正常生长发育，当然需要施无机肥(化肥)加以补充，尤其是一些草本植物更会敏感些。国外非常重视增加土壤有机质，日本有专门的公司利用专用机械粉碎绿地和果园修剪下来的树枝、树叶、花草残体，经过堆腐后返回绿地，这应该理解为中国农业的“秸秆还田”。欧洲则随处可见把草碳作为增加绿地土壤有机质的主要材料。应该认识到土壤有机质的作用。

(1) 有机质是植物养分的重要来源：有机质分解后，可释放出氮、磷、钾等植物所需要的所有养分。

(2) 利于形成团粒结构：腐殖质是形成团粒结构的胶结物质，可使沙土变得有结构，黏土变疏松，容易耕作。

(3) 提高土壤保水保肥能力：有机质中的腐殖质，吸水吸肥能力强，它能吸附养分离子，避免养分流失。

(4) 刺激植物生长发育：腐殖质能提供植物发育所需要的各种酶、生长刺激素等。

总之增加土壤有机质含量是城市绿地养分管理的物质基础。

二、常用的肥料种类及特点

（一）肥料的概念及分类

凡是施入土壤中或喷洒于花木的地上部分(根外追肥)，能直接或间接供给植物养分、提高花木质量、改良花木土壤的理化性状和肥力的物质，都称肥料。

肥料的分类见表 10-4-1。

肥　料　种　类　　　　**表 10-4-1**

肥料种类	有机肥料	人粪尿，家禽、家畜类粪尿等 堆肥、饼肥 腐殖酸类肥料
	无机肥料	氮肥：硫铵、硝铵、磷铵、尿素 磷肥：过磷酸钙、磷铵、磷矿粉 钾肥：硫酸钾、氯化钾 复合肥料：磷酸二氢钾、磷酸铵、钼酸铵 微量元素肥料：硫酸亚铁、硫酸锌、硼砂、硼酸
	微生物肥料	根瘤菌、固氮菌、菌根菌

（二）常用的无机肥料

凡是用化学方法合成的或者是开采矿石经加工精制而成的肥料，称化学肥料，又称无机肥料，简称化肥。

1. 无机肥料的特征

(1) 无机肥料养分含量高。

(2) 无机肥养分单纯。一般化肥只含一种或几种营养元素，便于根据植物及土壤情况选择使用。

(3) 无机肥肥效快，持续时间短。

(4) 有酸碱反应。

(5) 长期使用化肥使土壤板结，造成土壤盐渍化，破坏土壤结构。

(6) 使用方便。化肥体积小，养分含量高，运输和使用方便。化肥贮存时要注意防潮，避免结块而导致施肥时困难。

2. 常用无机肥料简介

无机肥料包括氮肥、磷肥、钾肥、复合肥料、微量元素肥料等。

(1) 氮肥：

1) 铵态氮肥：即肥料成分中都有铵离子(NH_4^+)，如氨水、硫酸铵、氯化铵等。它们的共同特点是：易溶于水，可及时供给植物需要的氮素。遇碱性物质可分解出氨气来，氨气易挥发。移动性小，被土壤胶体吸附后，不易随水流失。

2) 硝态氮肥：主要有硝酸铵、硝酸钾、硝酸钙等。它们的共同特性是：①吸湿性强：在潮湿的空气里，硝酸态氮肥会潮解，要防潮。②移动性强：不能被土壤胶粒吸附，易随降水或灌溉水流失。最好不用硝态氮肥作基肥，也不要在雨季或沙质土中施用。硝态氮肥有助燃性，贮藏运输时不要和易燃品放在一起。

3) 尿素：是固体氮肥中含氮量最高的肥料。在土壤中移动性大，容易流失。尿素施在土壤中，要经过一段时间的转化，一般为7～10天，尿素转化为碳酸氢铵后，植物才能吸收。

尿素适于根外追肥，苗木喷洒尿素适宜浓度为0.1%～0.5%。

(2) 磷肥：

1) 水溶性磷肥：主要是过磷酸钙，水溶液呈酸性反应，由于含有大量石膏，适用于碱性土中。速效磷在土壤中是不稳定的。在酸性土壤中，生成磷酸钙和磷酸铝的沉淀。在石灰性土壤中，速效磷与土壤中钙结合成难溶性的物质，降低了过磷酸钙的有效性，这称为磷的固定。所以要集中施用(条施或穴施)，或是与有机肥以1∶2或者1∶4的比例混合，制成颗粒肥料。再有就是以1%或2%的浓度配成溶液喷洒在苗木叶子上。

2) 弱酸溶磷肥：如钙镁磷肥，只溶于弱酸中。

3) 难溶性磷肥：如磷矿粉、骨粉。

后两种磷肥适合酸性土壤中，如南方种花，盆底铺的基肥就是粗骨粉(含磷20%左右，3%～5%的氮素)。

(3) 钾肥：主要是硫酸钾和氯化钾，都是生理酸性肥料，都能溶于水。但在盐碱性土壤中不要用氯化钾。草木灰是植物体燃烧后残留的灰分，内含钾、磷、钙、镁、硫、铁等多种元素，以钙最多、钾次之，可算作钾肥，以水溶性钾为主，是碱性反应。不适于盐碱土，也不宜于与铵态氮混合。

(4) 微量元素肥料：植物必需的微量元素有锌、铜、铁、硼、钼、锰、氯，为土壤补充微量元素的肥料园林绿化中常不多用。

3. 主要化肥的有效成分含量(表 10-4-2)。

主要化肥的有效成分含量(%) 表 10-4-2

氮　肥	含 氮 量	磷　肥	含 氮 量
硫酸铵	20～21	磷矿粉	14
氯化铵	24～25	过磷酸钙	14～19
碳酸氢铵	17		
氨　水	15～17	**钾　肥**	**含 钾 量**
硝　铵	33～35	氯化钾	50～60
尿　素	44～48	硫酸钾	50

(三) 常用的有机肥

有机肥料是指含有丰富的有机质的肥料，一般是动植物的残体和动物的排泄物，由农家自已在当地种植、收集、堆制而成，所以习惯上称农家肥料。

1. 有机肥料特性

(1) 有机肥料中所含营养多是有机状态的，植物不能直接吸收，一定要经过微生物的分解才能转化成可溶解的养分。肥效缓慢，但肥效持续时间长，有的不仅当年有效，也有较长的后效。

(2) 有机肥中的大量腐殖质能吸附土壤中的钾、钠、铵、镁、钙等养分，使这些营养元素不会被水淋失。腐殖质中的腐殖酸和腐殖酸盐可以形成缓冲溶液，减弱因施化肥而引起的土壤酸碱变化，有助于各种促酵作用，保证植物有个正常的生长环境条件。

(3) 有机肥料中的腐殖质胶体，可以促土粒形成团聚体(土壤团粒结构)，所以说有机肥有改良土壤理化性质的作用。

2. 有机肥料分类及主要养分含量(表 10-4-3)。

常用有机肥料中所含的氮、磷、钾(%) 表 10-4-3

肥料种类		人粪尿	畜　粪	饼　肥	禽　类	绿　肥	河　泥	垃　圾	炉　灰	骨　粉	毛　发
有效成分	氮	0.5	0.5	6	1.63	0.56	0.3	0.2	—	4	12
	磷	0.2	0.2	1.32	1.54	0.13	0.3	0.2	0.3	20	0.04
	钾	0.2	0.2	2.13	0.85	0.43	0.3	0.2	0.2	0	0

3. 园林植物常用的有机肥料

(1) 人粪尿。人粪稀贮存在城市大楼附近的化粪池中，是人粪尿和水的混合物，是以氮为主的完全肥料。一个成年人一年可排泄人粪尿 1580 斤(其中人粪 180 斤，人尿 1400 斤)，折合 8～9 斤氮，一个人一年的粪尿均可施肥一亩地。

人粪的组成中有水分 70%～80%，有机质 20%，主要是纤维、腊脂、蛋白质氨基酸、酶等，另有 5%的灰分和磷酸盐，氯化物以及钙、镁、钾、钠等盐类，还有大量微生物及寄生虫卵。人尿的组成中有水 90%，另有水溶性有机物和无机盐约 5%，其主要成分是尿素、氯化钠。长期施用人粪尿的土壤，如城郊菜田会产生盐渍化后果，对一些不耐盐的树种如松柏类造成伤害，出现黄化现象。

(2) 家畜粪尿与厩肥。牲畜粪尿是富含有机质和多种营养成分的完全肥料。厩肥就是以牲畜粪尿为主、混以各种垫圈材料积制而成的肥料。

牲畜粪的养分含量各有不同，以羊粪中的氮、磷、钾含量最多，猪粪、马粪次之，牛粪最少。另外牲畜粪的粪质粗细和含水量多少不同。如牛粪含水量多，通气性差，分解缓慢，发酵温度低，肥效迟缓，称为冷性肥料。马粪中纤维素高，粪的质地粗，疏松多孔，水分含量少，同时粪中含有大量的高温纤维素分解菌，能促进纤维素分解发出的热量多腐熟快，称热性肥料。在制造堆肥时加入适量马粪可促进堆肥腐熟。猪粪性质柔和，后劲长，含较多磷、钾元素，南方习惯用猪粪施在桂花上，对开花有保证。

(3) 堆肥。堆肥是利用城市园林垃圾、氮肥等主要原料堆积而成。堆积过程以好气性微生物分解为主，发酵时产生高温。微生物越活跃，堆肥腐熟得越快、越好。微生物活动需要有水分、空气、温度、堆肥材料的碳氮比(C/N)，以及微生物所处环境的酸碱度等。堆肥时应该尽量满足微生物的需要，以使微生物活跃。

(4) 绿肥。凡是把正在生长的绿色植物直接耕翻入土或是割下后运往另一块地当做肥料翻入土中的都叫绿肥。适于在北京地区栽种的如田菁、沙打旺、草木樨、紫花苜蓿、紫穗槐等。尤其是豆科绿肥，如紫穗槐、紫花苜蓿等能固定空气的氮素，可增加土壤的含氮量。

栽培绿肥最好在盛花期稍前的时期内进行，因为这时新鲜物质增长量最高，茎叶中的养分含量最多，而且组织尚幼嫩，易分解。新鲜绿肥在土壤中腐烂需要15天左右。在园林生产中可用来栽种绿肥的地方很多，如荒坡、隙地、湖面、水边、池塘、河岸等都可用来发展种植绿肥。

(5) 饼肥及糟渣肥。

饼肥是油料作物的种籽榨油后剩下的残渣，主要有大豆饼、棉子饼、菜子饼、茶子饼、花生饼等。饼肥含氮量高，是优质的有机肥。但饼肥中的氮、磷为有机态的，不能直接供给植物利用，只有经过腐熟，被微生物分解后才能使植物吸收，由于饼肥的碳氮比小，分解速度快，很容易发挥肥效(表10-4-4)。

主要饼肥中氮、磷、钾三要素的平均含量(%)　　　**表 10-4-4**

种　类	N	P_2O_5	K_2O
大豆饼	7.00	1.32	2.13
棉子饼	3.41	1.68	0.97
菜子饼	4.60	2.48	1.40
茶子饼	1.11	0.37	1.23
桐子饼	3.60	1.30	1.30
柏子饼	5.16	1.39	1.19

绿地施用饼肥作追肥时，事先要充分粉碎。施用时要拌入少量农药，以免招引地下害虫。与小苗保持一定距离，以防止饼肥分解发酵时产生的热量灼伤小苗。

糟渣肥，有些农产品加工中产生的各种糟渣，有的可直接作肥料。如花卉业常用芝麻酱渣作基肥或追肥，它含氮量6.59%、含磷3.30%、含钾1.30%，有很高的肥效。其他像可可壳、咖啡渣、麦芽渣、饴糖渣、甘蔗渣、酒糟、醋糟等也都是很好的有机肥。

(6) 家禽类粪肥。家禽粪是指鸡、鸭、鹅、鸽粪等。家禽粪的性质和养分含量与家畜粪尿有所不同，家禽粪中氮、磷、钾的含量比各种家畜粪尿都高。因家禽饮水少，各种养分的浓度也较高。其中以鸡、鸽粪养分含量最高，而鹅、鸭粪的含量较低(表10-4-5)。

新鲜家禽类粪肥养分含量(%) 表10-4-5

种类	水分	有机物	氮	磷(P_2O_5)	钾(K_2O)
鸡粪	50.0	25.5	1.67	1.54	0.85
鸭粪	56.6	26.2	1.10	1.40	0.62
鹅粪	77.1	23.4	0.55	0.50	0.95
鸽粪	51.0	30.8	1.76	1.78	1.00

(7) 草炭和腐殖酸类肥。

草炭又称泥炭或泥煤，它是一种矿物质不超过50%(干基计算)的可燃性有机矿物。新鲜草炭颜色呈棕褐色。在自然状态下持水很高，矿化较浅的泥炭，保留有植物残体，呈纤维状，肉眼看出疏松的结构；矿化较深的泥炭呈可塑状。国外园艺栽培基质主要应用草炭。

近十几年，合理地利用泥炭、褐煤、风化煤这些宝贵的资源生产出了多种腐殖酸类肥料，例如腐殖酸及其衍生盐类等。这些产品已在农业、园林多方面广泛应用，取得很好的效益。

(8) 泥肥。河、塘、沟、湖中的淤泥统称泥肥。它是水中植物、小动物、微生物残体及落入水中的枝叶、杂草等，经嫌气性细菌分解而成。泥肥为迟效性肥料，肥效长而稳定，其中腐殖质类物质必须经过好气细菌继续分解后，养分才能被植物利用。它不仅可以供给植物养分，而且可改善土壤物理性质增厚耕作层，是很好的改土肥料。

泥肥属冷性肥料，为了使泥肥养分迅速转化，施用前应先将挖出的泥肥铺开，晾晒一段时间后，再打碎施用。

(9) 杂肥。骨灰、兽蹄、兽角、鱼粕、烟筒灰均为杂肥，常用于花卉种植。

骨灰含较多磷素，全磷量可超过20%，但多属难溶性磷，适合施在酸性土壤中。如观花和杂木类苗木，可用骨灰作基肥，或用骨灰1份、加水10份配成骨灰液肥浇施。施量以每月2～3次为宜。

蹄、角类为高氮肥料，含氮量可达10%～14%，氮素为复杂的蛋白形态，不易分解。可将蹄角泡水后埋入土中作花木基肥，或泡发腐熟后，取其清液，兑水浇施。

烟筒灰是工厂烟筒扫下来的黑粉。其中除游离碳素外，含氮量较高，有的可达3.5%，大部分为速效的铵态氮。

(四) 特种化肥及菌肥

1. 微量元素肥料

一般情况，土壤中所含微量元素完全可满足植物的需要，不需要施用微量元素肥料，但在不良的土壤条件下，不少微量元素成为不溶状态，植物无法利用会出现缺素症，这时就需要补充微量元素。微量元素肥料主要有：

(1) 硼肥：硼砂或硼酸。皆为白色结晶粉末，最好用于根外追肥。用浓度为 0.1%～0.2%溶液喷于叶面。对十字花科植物较敏感。

(2) 铁肥：硫酸亚铁。由于铁肥施入石灰性土壤中很快变成难溶性化合物，植物不能吸收，所以最好不要把铁肥直接施在土表，而是将硫酸亚铁配成 0.2%～0.5%的溶液，喷施在叶面上。北方温室养花，常将其放入浸泡腐熟的麻酱渣水中，称为矾肥水(酸性环境)，可提高其肥效。做法是：硫酸亚铁 2～3kg、饼肥 5～6kg、水 200～250kg，日晒 20 多天腐熟，稀释后施用。

此外还有锰肥、锌肥、钼肥、铜肥。

2. 复合肥料

凡是含有氮、磷、钾等主要营养元素中两种以上成分的化学肥料都称为复合肥料。如硝酸钾(含钾和氮素)、氨化过磷酸钙(含氮和磷素)、磷酸铵(含磷和氮素)等。现世界先进国家化肥多向复合肥料方向发展。

常用的有氮、磷、钾三元复合肥料。其中各营养元素的含量习惯用 $N\text{-}P_2O_5\text{-}K_2O$ 相应的百分含量来表示。如 12-24-12 即表示含氮 12%，含磷 24%，含钾 12%。

复合肥料有以下优点：

(1) 含多种营养元素，有效成分高。能发挥养分间的相互作用，提高肥料的利用率。

(2) 养分分布均匀，每株植物都可吸收均匀浓度的养分。

(3) 无用的副成分含量很少，减少对植物和土壤的不良影响。

(4) 生产成本降低，施用时节省劳力。施肥方便。

市售花肥片、颗粒肥等都属复合肥料。

3. 缓释肥料

目前，在国内外都发展应用长效复合肥料，就是在粒状水溶性复合肥料表面涂覆半透水性或不透水性物质，形成包膜层，使其中的有效养分通过包膜的微孔慢慢释放出来，为植物吸收利用，从而减少养分损失，提高肥料利用率。美国、日本、荷兰等园林发达国家的花肥多是专用缓释肥料。一次施用后，肥效可维持数月至一年以上。缓释肥料施用在碱性土壤中，可减少营养成分(磷、铁)的被固定，提高肥效。

4. 微生物肥料

微生物肥料也称菌肥，它是用科学的方法把自然界中的一些有益于园林树木花卉生长发育的微生物(菌根菌)从土壤中或植物体内分离出来，经人工养殖加工而制成的生物性肥料。微生物肥料本身不含大量的营养元素，而是通过有益微生物的活动来改善植物的营养条件，帮助植物吸收养分，从而促进树木花卉的生长发育。

微生物肥料中的菌，有的能与植物共生在根系上形成根瘤。如根瘤菌，利用空气中的氮素，直接为高等植物供应氮素养分。有的则在土壤中大量繁殖加快了土壤有机质的分解；有的则能抑制病原菌的活动，从而改善树木花卉的营养条件；有的则会增加土壤中的氮素含量，如自生固氮菌。有些微生物可以分解土壤矿物质，有解钾、解磷的能力，为植物制造养分。微生物肥料具有生产较简单、使用方便、用量少、成本低，对人、畜、树木花草无污染等优点。但微生物肥料的运输、施肥等过程中要特别注意保证菌根菌的生活条件(避光、水分、空气、温度等)，否则菌根菌不能存活，微生物肥料就无效。

菌根分为外生菌根、内生菌根。外生菌根是在林木幼根表面发育，菌丝包被在根外，只有少量菌丝穿透表皮细胞。如松、云杉、冷杉、落叶松、栎等都是外生菌根。内生菌根以草本最多。如兰科植物具有典型的内生菌根，另外柏、雪松、核桃、白蜡、杜鹃、葡萄、柑橘、茶等是内生菌根。

菌根菌和植物的根系共生，在根内、外形成发达的菌丝，帮助植物吸收土壤里的水分和有机或无机的营养元素。菌根菌是好气的，在通气良好的酸性土壤中生长发育良好。园林树木栽培管理中，对那些与菌根菌共生的树种一定要注意为菌根创造生存发育的有利条件。如果土壤环境盐碱、透气性差，不利于菌根菌活动，和其共生的树木生长也会受影响，甚至死亡。

三、合理施肥的方式方法

（一）基肥

基肥又称底肥，是为满足植物整个生长发育期对养分的要求，在栽植之前，结合整地、定植或上盆、换盆时施入的肥料。基肥应多施含有机质多的迟效肥（肥效发挥得缓慢），一般以有机肥为主。基肥要求施用均匀，不留粪底。树木尤其是乔木施好基肥至关重要，因为树木栽植后需要定植十几年、几十年甚至上百年，根部土壤结构的改良全靠有机肥的基肥来解决。坑穴中施入足够的腐叶土、松针土、草炭等应作为规范进行要求。刚定植的树木不要施入过量的化肥作为基肥，尤其是松类树种。

（二）追肥

在植物生长期间施入肥料的方法叫追肥。目的是解决植物不同发育阶段对养分的要求，补充土壤对植物养分的供应不足部分。应以施速效性肥料化肥为主。

1. 园林树木的追肥方式方法

在原定植时基肥的外围进行土壤改良，施肥仍以有机肥为主、化肥为辅。深度 20～30cm 左右，以不伤及根为限。可采取以下方法进行。

(1) 撒施：按额定施肥量，把肥料均匀地撒在苗床表面，浅耙混土后灌水。

(2) 条施、穴施法：在苗木行间或行列附近开沟，肥料施入后覆土。在树冠投影边缘，挖掘单个洞穴，施肥后覆土。

(3) 环沟施肥：沿树冠投影线外缘，挖 30～40cm 宽环状沟，施入肥料后覆土踏实。

(4) 放射状沟施：以树干为中心，向外挖 4～6 条渐远渐深的沟，将肥料施入后覆土、踏实。

2. 花灌木及草本植物的追肥

(1) 撒掩：化肥或有机肥混入根区土壤中利用灌水、渗透到根区供植物吸收。其做法同农作物施肥。铵态氮肥类必须覆土施用。硝态氮忌沙土地或雨季施用。

(2) 随水施：多用于草花、草坪，将肥料溶于水中，浇灌在床面或行间后浅耙或覆土，或配置定比施肥罐，用喷灌、滴灌、渗灌随水施用。

3. 根外追肥又称叶面喷肥

草本花卉和果树养护，常把肥料溶液或悬浮液喷洒在苗木叶子上，以喷叶背面为好。喷洒时间以早晚空气湿度大、有露水时为宜。肥料溶液浓度控制在 0.3%左右。如尿素喷洒 0.2%～0.5%的溶液。过磷酸钙喷洒使用 0.5%～1%的溶液。注意浓度不宜过高，用量不宜过多，以免灼伤叶片和造成浪费。

4. 园林绿地施肥注意事项

(1) 施有机肥一定要发酵腐熟，避免招引病虫害。

(2) 施用化肥必须粉碎成粉状，用量准确，撒布均匀，避免肥害；施肥后必须及时灌水，充分发挥肥效。

(3) 必须考虑使用不影响市容卫生和不产生空气污染的有机肥料种类。

四、合理施肥的原则

为客观指导园林绿地的养分管理，更好地发挥肥效，避免出现肥害，提出以下要求。

(一) 有机肥、无机肥配合施用

化肥可根据不同树种需求有针对性地用于追肥，适时给予补充。有机肥所含必须元素全面，又可改良土壤结构，可作底肥，肥效稳定持久。有机肥还可以创造土壤局部酸性环境，避免碱性土壤对速效磷、铁素的固定，有利于提高树木对磷肥的利用率。

(二) 不同树木施不同的肥料

落叶树、速生树应侧重多施氮肥。针叶树、花灌木应当减少氮肥比例，增加磷钾素肥料。刺槐一类的豆科树种以磷肥为主。对一些外引的边缘树种，为提高其抗寒能力应控制其氮素施肥量，增加磷钾素肥料。松、杉类树种对土壤盐分反应敏感，为避免土壤局部盐渍化而对松类树木造成危害，应少施或不施化肥，侧重施有机肥。

(三) 不同土壤施不同肥料

根据土壤的物理性质、化学性质和肥料的特点有选择地施肥。碱性肥料宜施用于酸性土壤中，酸性或生理酸性肥料宜在碱性土壤中施用，既增加了土壤养分元素，又达到了调节土壤酸碱度的目的。

(四) 看花木生长发育需求施肥

(1) 营养生长旺盛期多施氮肥。花果、生殖生长期多施磷钾肥。

(2) 移植苗前期根系尚未完善吸收功能，只宜施有机肥作基肥，不宜过早追施速效化肥。

(3) 遭遇病虫害或旱涝灾害，根系受到严重损害时，应适当缓苗，不要急于施重肥。

(4) 园林植物尤其是草本花卉、草坪，休眠期控制施肥量或不施。

五、无机肥料(化肥)的合理施用

和农业施肥追求增加作物产量不同，园林绿化施化肥是为了小苗的适度生长，提高其抗性，保证青枝绿叶及开花结实的观赏性。施化肥不能不问土壤、不问植物需求、不问肥料种类、不问肥料养分含量，不能盲目下指标，如某些资料中规定施用量(每平方米多少克)。盲目地滥施化肥，不仅造成浪费，反而会引起植物徒长，或易受病虫侵害影响生长发育，并造成环境的二次污染。合理施用化肥应注意以下几点。

(一) 测土施肥

必须测定绿地土壤有效养分含量。针对栽植花木对养分的需求量，参考合理施肥土壤养分指标，确定施肥量。土壤主要养分指标如下($ppm=10^{-6}$)。

1. 土壤硝态氮含量大于 20ppm 时，证明土壤有效氮水平高；含量为 10ppm～20ppm 时，有效氮水平中等，施氮肥有效果；含量小于 10ppm 时，有效氮水平低，施氮肥效果明显。

2. 土壤含速效磷(以 P_2O_5 表示)大于 30ppm 时为丰富；含 10ppm～30ppm 时为中等；含量小于 10ppm 时为缺乏磷。

3. 土壤中含速效钾（以 K_2O 表示）大于 150ppm 时，说明土壤含钾丰富；含速效钾 100ppm～150ppm 时为高水平；含量为 50ppm～100ppm 时为中等；含速效钾 25ppm～50ppm 时为低等；含速效钾小于 25ppm 时为缺钾，这种土壤施钾肥效果明显。

（二）养分合理配比施肥

不能单纯施用一种营养元素肥料，如氮、磷、钾应按比例施用。不同植物、不同土壤需求和供给矛盾很复杂。通俗客观地讲，就是扭转单一施用氮肥的习惯，最好施用复合肥。无土栽培应用的营养元素配方可以参考，但实际土壤养分管理中应用的某类植物营养元素配方很少见。市场上所能见到的只有“草坪专用肥”或某果树、蔬菜专用肥等。

（三）在植物营养最大效率期加强施肥

化肥的有效性是指肥料溶解于水后经根吸收进入植物体内才能有效发挥作用。一般植物营养最大效率期常常出现在植物生长即营养生长、生殖生长的旺盛时期。树木小苗培养及花卉、草坪对化肥很敏感。在花木休眠期、大树及土壤养分基本不缺乏的条件下，没必要追施化肥。

复习思考题

1. 如何理解城市绿地土壤改良的关键是增加土壤有机质？
2. 掌握常用肥料的种类和应用特点。
3. 掌握合理施肥的方式方法。
4. 合理施肥的原则是什么？
5. 化肥如何合理施用？

第五节 园林树木防护

园林树木离开原生态环境进行栽培，会受到外界环境的胁迫伤害，如低温、高温造成的生理伤害，风雪、飓风造成的机械伤害。为了避免这些外来因素的伤害，在园林绿化养护作业时应提前做好各项防范工作。

一、对温度胁迫伤害的预防

（一）低温对园林植物的伤害及防范措施

1. 低温伤害主要生理原因

一是寒害：主要发生在南方，热带、亚热带地区，即在 0℃以上、10℃以下低温对植物产生伤害。

二是冻害：环境温度降到摄氏零度以下，细胞间隙的水出现结冰现象，导致细胞结构受损。

三是生理干旱：北方常发生在暖冬或小气候好的特殊环境，其特点是环境气温高、开始代谢活动，而根部地温低、甚至处于冻土层，完全没有供水能力，导致枝叶严重失水现象发生。

2. 北京地区园林绿化需要防寒的树种

入冬前应防寒的树种大致可分为以下几类。

（1）柏类中的小苗：除一些乡土树种外，有些柏类小苗及至中档规格苗木均需防寒，如龙柏、撒金柏、蜀桧、翠柏、万峰桧、花柏。

(2) 松类苗木：部分松类苗木的幼苗，即1～2年生播种苗均应防寒，雪松、乔松的中档苗(2m左右)及当年移植的大苗应防寒。

(3) 阔叶常绿树：阔叶常绿树的小苗都要防寒，如大叶黄杨、小叶黄杨、金叶女贞等。中档规格的苗木(2m左右)如大叶女贞、刺桂、蚊母、石楠等应在保护地内过冬，保养几年后可在楼前区小气候好的位置栽植。一般常绿阔叶树应引种胸径4～6cm以上规格的苗木，其抗寒性要强些，可在楼前区安全越冬。

(4) 落叶灌木类：一些原产黄河、长江流域的树种，其小苗在北京地区难以露地越冬，如决明、火棘、紫薇、紫荆、石榴、蜡梅、美国凌霄等。3年生以上大苗组织充实，抗寒性会有所增强，可以在露地越冬，但必须防寒。

(5) 落叶乔木类：属温热带引进树种，胸径小于2～3cm的小苗耐寒性较差，径干粗壮，根系发达后抗性增强。如合欢、青桐、法桐、泡桐、玉兰、黄山栾等。直接从黄河流域引进中档规格、胸径4～5cm的苗木进入绿地，抗寒性可增强，经防寒处理后可安全越冬。

(6) 竹类：有些竹子品种在北京表现出一定的抗寒能力，但怕干风，仍需要采取防寒措施，以利于其竹笋、竹鞭的存活。防寒的主要方法是夹风障，地面覆盖树叶、马粪、杂草等增加地温。竹子应在小气候好的地段种植。

江南地区冬季极度低温常在−3～5℃上下，对于本土植物品种大都可以安全过冬。近年来随着园林绿化植物品种多样化观念的提出及推广，在加强适地品种引种栽植的同时，还陆续引进了一些诸如华盛顿棕榈、布迪椰子、加拿利海枣等有一定耐寒能力的棕榈科植物。因连年暖冬影响，容易造成防寒意识淡薄，当低温冰冻来临时，极易产生冻害甚至死亡。因此，园林树木的防寒抗冻措施不可疏忽。

3. 常用的防寒技术措施

近几年气候转暖，有些缓解，但仍应采取必要措施。一是尽可能从设计开始将植物栽植在小气候好的环境中。二是从水肥管理上入手，控水、少施氮肥，增强其抗性。三是尽量选大苗栽植，如落叶及常绿乔木应栽植胸径5～6cm以上规格的，花灌木栽植3年以上的，抗寒性更强些。四是小苗、新植苗木是防寒重点，最少连续2～3年进行防寒。具体做法如下。

(1) 灌冻水防寒。树木浇灌冻水有两个作用：一是可以增加土壤湿度，使树苗在过冬前吸足水分，可相对增加抗风、抗干旱能力，减少萧条的可能性；二是增加土壤的热容量，提高地温，保护根系不受冻害，尤其对倒春寒造成的冻害作用显著。应掌握浇灌冻水的时机，过早、过晚效果都不好，即夜冻昼化阶段灌足一次冻水。

(2) 覆土防寒：主要用于灌木小苗、宿根花卉，封冻前，将树身压倒覆30～40cm的细土，拍实。

(3) 根部培土：冻水灌完后，结合封堰在树根部起直径50～80cm、高30～40cm的土堆。

(4) 扣筐、扣盆防寒：一些植株比较矮小的露地花木，如牡丹、月季等，可以采用扣筐、扣盆的方法。

(5) 架风障：在上风方向架设风障。风障要超过树高。

(6) 石硫合剂涂白防寒：涂白就是在苗木的树干涂上熟石灰，形成一种保护膜层。膜层可以起到抗风保湿、保温作用，减少树干皮部水分蒸腾。白色涂剂在日间光照下，可以反射光线，减少昼夜温差。华北地区对一些抗寒性稍差和苗干怕日灼的苗木，如香椿、柿树、合欢、悬铃木、七叶树等常用此法。涂白剂浓度不可太黏稠，应加入适量粘着剂，防止涂剂脱落。涂白剂配方为：石灰 5kg；硫磺 0.5kg；水 20kg。

(7) 护干防寒：新植落乔和小灌木用草绳或用稻草包干或包冠。

(8) 树冠防寒：北方引种的阔叶常绿的火棘、枸骨、蚊母、石楠，江南的常绿树如枇杷、海枣等抗寒能力低的树种，可在冬季冰冻期来临前，用保暖材料将树冠束缚后包扎好，待气温回升后再拆除。

(9) 小棚保护地防寒：北方对新植的大叶黄杨球、绿篱等常用架设小棚方法进行保护，应注意所用棚布应是带颜色(绿色)的无纺布，避免棚内过分增温引发生理干旱。

(10) 地面覆盖物防寒：覆盖物防寒的作用是提高地温，保持土壤的湿度，减少冻层的厚度，从而起到保护树苗安全越冬的目的。对新移植的竹子、雪松等在加风障的同时，在根部铺撒马粪、树叶、锯末、秫秸等物，可使土壤晚封冻早解冻，利于苗木越冬。

（二）高温燥热对园林植物的伤害及防范措施

1. 热害的生理原因

高温对植物的伤害，称为热害。南方比北方突出。许多原属高海拔地区或冷凉地区生长的树种，其生态习性决定了其在高温、干燥的环境中很难适应，必然导致生长发育不良。高温增加了植株的蒸腾作用强度，超出了其能忍耐的极限，给植物造成伤害，高温可造成物理伤害，如焦叶、皮烧等。高温使植物体代谢失调，致使养分制造(光合作用)和丢失(呼吸作用)不利于其生长发育，造成很多北方树种、高寒树种在南方生长不良，存活困难，如杨树类、桃、苹果等引种到华南会生长不良、不能正常开花结实。对草本植物影响，如冷地型禾草不如暖地型禾草耐热是典型例子。

华北地区盛夏，当气温达到 35℃以上时，许多树种即表现出受害状，如七叶树、赤杨、花楸、白桦、小叶椴等叶缘枯焦；大花水亚木、北五味子、天女木兰、华北落叶松等如不在遮阳条件下较难度过盛夏；又如紫杉在北京当气温达到 40℃时，叶面大部分受日灼伤害产生突起；华中地区抗高温能力较差的植物品种有杨梅、厚朴、羽毛枫、八角金盘、洒金珊瑚、茶梅等。

2. 防暑降温的常用措施

(1) 种植环境改造：将易日灼的苗木间种在大树行间，可减轻日灼危害，促进苗木生长。如西南郊苗圃种植的珙桐在大树荫下生长良好。各公园的椴树种植在大树丛中，很少出现焦叶。

(2) 搭荫棚：花灌木常用苇帘、遮阳网等进行防晒降温处理。

(3) 在江南地区，则常采取增加环境湿度、喷雾、喷水降温措施。

二、对风、雪、火自然灾害的预防

（一）防雪及冰凌

北方和南方的早春及秋冬雨雪往往产生雪压和冰凌，使树枝弯垂甚至折断或劈裂。尤其是枝叶茂密的常绿树如竹子、针叶、阔叶常绿树、雪松、香樟等，应将树冠上的积雪及时打掉，防雪压折断树枝。对生长旺盛的竹林，进入秋季可进行削梢修剪。

（二）园林树木的防风

1. 江南、岭南地区夏季防台风暴雨

风灾的后果轻者影响树木生长，重者还会造成人员死亡和其他事故。因此，抗台是园林养护工作中的一项极其重要的内容。在台风季节来临之际，首先必须作好防台抗台紧急预案，随时掌握台风的移动路线和方向，在可能受到台风袭击的地区采取以下预防措施。

(1) 加固支撑保护：对于树冠浓密的大树、特别是新栽植的大树，要加强对台风迎风面的支撑，支撑材料宜采用杉原木和钢管。

(2) 树冠疏稀修剪：对枝条较脆的树种和建筑、供电线路附近的大树，要采取临时修剪的措施，将树冠适当清空，以减小受风面积。

(3) 综合防范措施：台风往往对沿海城市的绿化破坏最大，因此，沿海城市应加强防台抗台绿化工作实践经验的总结，以及对各绿化品种受台风影响的调查和研究，按地区特征和台风的强度，选择深根性、硬材质的乡土树种，设置具有针对性的防护林带，通过正确的种植方法和有效的养护管理以提高植物的抗台能力，将台风对绿化造成的损失降低到最低限度。

(4) 加强防范的组织管理：落实抗台小组值班制，随时掌握台风对园林绿化的影响程度和应采取的抢救措施。

2. 北方地区园林绿地防风的管理措施

一年中，春季、雨季和冬季多风，特别是雨季，土壤湿润松软，树冠枝叶茂密，常造成树木倒伏的事故。轻者影响树木生长，重者造成树木死亡，甚至造成人身伤亡和其他破坏事故。故雨季之前应采取防风措施。

(1) 修剪。树冠过于密浓高大者(如杨树)或浅根性的易倒伏树种(如洋槐)等在6月上中旬进行适当疏剪，利于通风，减少风的阻力。

(2) 培土。对根系浅的树种或者栽植覆土较浅的树根加厚根部培土。

(3) 支撑。对一些珍贵树木或树冠大又在风口地方的乔木，必要时在迎风方向设立支撑物。尤其是新植大树，根系尚未发育完好，必须做好防风支架。支撑物与树皮之间用软物隔开，防止磨破树皮。

(三) 园林树木的防火

北方地区防火主要在晚秋及冬春季节的落叶休眠期，重点防范区在风景区。江南地区秋冬季节气候干燥，常绿树种较多，枝叶繁茂，很容易酿成绿地火灾。因此，在秋冬季节进入植物休眠阶段期间，是预防火灾的重点时期。

1. 作好防火宣传

要在各景区进山入林路口和旅游景区设置森林防火宣传警示牌、张贴标语、悬挂横幅等，提醒广大游客进山游玩勿忘防火。

2. 加强对游人的防火管理

严禁携带火种和易燃物品进山入林，严禁在林内从事野炊、吸烟等行为。

3. 加强看管巡查

各旅游景点、林区等重点区域要确定专人，划区包干。

(1) 特别是在每年冬至，南方大部分地区都有祭奠先人的习俗，在此时段，更需加强流动检查管理，严禁林区用火。

(2) 在秋末冬初，可在林区每隔一段距离，清除枯叶，割去杂草，设置防火隔离带，并备好消防器具及消防设施，以备不时之需。

(3) 在容易引起火灾的配电房、烧烤场等地段，可成排种植珊瑚树、油茶、木荷等有防火隔离作用的植物品种，以减缓火灾发生时火的蔓延速度，减小火灾损失。

(4) 在火灾高危等级期间，要严格执行24小时防火值班制度，准确报告火情动态，及时核查、反馈信息，确保信息畅通。林区消防专业队伍要随时处于临战状态，一旦发现火情，能够做到迅速出击，集中力量打歼灭战，坚持杜绝过夜火；明火扑灭后，要彻底清理余火，防止死灰复燃。

复习思考题

1. 低温对园林植物的伤害主要有几种表现?
2. 本地区有哪些需要冬季防寒的树种?
3. 掌握常用的防寒技术措施。
4. 了解高温对某些园林植物的伤害和防热降温的主要措施。
5. 掌握本地区对自然灾害如风、雪、冰凌的防护措施。

第六节　园林绿地养护的其他措施

一、中耕除草

(一) 中耕除草的目的和意义

杂草滋生会与树木争夺水分、养分。特别是新植树木、花卉、草坪中的杂草，不但影响植物正常生长，而且杂草丛生，高矮、色泽不齐，影响观瞻。所以要及时清除绿地、树根下的杂草。当然，对于一些郊野性的公园、绿地，对野草不必完全清除，但在生长旺盛期应控制其高度。秋冬季节清除干草，防止火灾。野草少时可用人工拔除，面积较大可以用锄头，结合中耕松土进行，对树根生长有利。其主要作用如下。

(1) 中耕的目的主要是松动表层土壤，增加土壤的透气性，有利于根系进行呼吸作用。中耕切断了土壤毛管上升水，既减少了土壤表层水的蒸发量、增加了土壤的保墒能力，又减少了盐碱涝洼地地表盐分积累。由于土壤的疏松有利于好气细菌的活动，促进了有机质分解，增加了土壤肥力。中耕松土有利于改善土壤的理化性质，有利于苗木生长。

(2) 绿地除杂草作业主要针对花灌木小苗区，宿根花卉、花境的养护，解决杂草与苗争光、争水、争肥的问题，保证幼苗正常的生长条件，维护景观效果。清除杂草又是清除病虫害中间寄主的一项植保工作综合治理措施。

(二) 中耕除草的技术要求

中耕除草作业在4～9月份进行，长达半年之久，约耗费全年总用工的20%～30%。夏季杂草旺盛季节所耗用工力达到本季绿化养护用工的50%以上，在抚育管理中是一项重点作业。提高作业效率，总结了六个字："除早、除小、除了"。除早：是指除草工作要早安排、提前安排，只有安排并解决了杂草问题之后，其他作业如施肥、灌水等才有条件进行。除小：是指清除杂草从小草开始就动手，不能任其长大、形成了危害才动手，那时既造成了苗木损失，又增大了作业工作量。除了：是指清除杂草要清除干净、彻底，不留尾巴，不留死角，不留后患。如果一次作业不彻底，用不了几天，又会卷土重来，浪费了时间和工力。

（三）中耕除草的作业安排及作业方式

中耕除草的时间及次数是根据不同条件和目的决定的。北方地区春季干旱，杂草难以萌芽生长。秋季、立秋以后寸草结籽，杂草停止了营养生长，在这两个时期以中耕作业为主。夏季高温多雨，杂草生长茂盛、容易形成草荒，进入6月份以后则应以除草为主。灌水或大雨过后，为防止土壤板结，应安排中耕松土，以利于小苗生长。中耕除草方式有以下几种。

（1）人力中耕除草。这是目前绿地采用最多的、也是主要的中耕除草的方式。使用的工具有小锄、中锄、大锄，其中以小锄使用最多。小锄中耕劳动强度大、工作效率低，急需改进，但目前尚无有效的办法，尤其是小苗区中耕除草离不开它。

（2）机械中耕除草。机械中耕除草主要用于大行距、行距1m以上的大苗保养区，如片林的养护。利于小型拖拉机、手扶拖拉机配带小型耕、耙、旋等农机具穿行行间进行翻土、松土作业。

（3）各种型号割灌机除草，为了生态保护，可以将野生杂草或小灌木用割灌机修剪成整齐一致高度，达到维护园林景观的目的。

中耕和除草这两项工作往往结合在一起实施，生产计划中则作为一项工序安排。

（四）园林绿地的化学除草

1. 绿地化学药剂除草应用特点

绿地种植的特点是苗木品种多、规格多、养护类型多。所以在消灭杂草的同时，保护其他园林植物的难度较大。尤其对除草剂在土壤中的残留监测尚无可靠的技术手段情况下，对同一地块以后种植改造，能否造成药害，没有十分的把握。针对园林绿地苗木养护特点，虽然经过多年绿地化学除草的试验，总结了一些有益的经验，但仍有不少搞不清原因的教训，远不如果园化除、农作物专用化除技术工艺那样单纯、可靠。所以化除在园林绿地中的实施、推广近年来受到一定的阻力。尚无完善可行的化学除草技术规范形成，还要谨慎行事。按北京市园林绿化养护要求，以不施用化除为好。

2. 园林绿地化除的施用原则

施用原则是二十多年来经验和教训的总结，是防止化除药剂残留并毒化土壤的必要措施，也是防止苗木造成药害的重要手段。

（1）必须选择残效期短的除草剂。园林绿地养护周期较长，几年连续使用同一种除草剂必然造成残效积累，最终造成药害，对绿地苗木必然造成不良后果。

（2）必须经过试验确定除草剂产品的性质及施用技术。化除药剂产品更新较快，经常推出一些新品种除草剂。应组织专业人员认真试验，从中筛选针对不同树种适用的药剂和适合本绿地条件的施用方法。比如同一种药剂利用“位差”灭草原理，在黏重土壤中施用，表土吸附形成药膜抑制杂草萌生，在沙质土壤中施用时，由于化除药剂下渗至根区，灭草效果不佳，苗木反遭毒害。另外不同树种对不同药剂敏感度不同，必须进行药害试验，取得可靠数据资料后方可投入生产中应用。

（3）坚持化学除草（化除）和人工除草相结合。化学除草确实节省工力、效率高，但单纯应用化除控制杂草必然造成药剂用量增加，对土壤和苗木造成不良后果。生产管理中必须坚持化除和人工除草相结合的原则，既保证了除草的效率，又保证了苗木安全。

（4）化学除草只适用于植物材料单纯的绿地如片林、防护林、高尔夫草坪和边坡杂草区等。

3. 安全使用注意事项

(1) 坚持药剂使用发放登记制度。登记内容包括：药剂名称、喷洒对象(苗木品种、规格)、区号(施用面积)、施用量(施用浓度)、施工负责人。登记入册，以备查验。为下茬栽培管理提供依据。

(2) 做到“三专”：指定专人负责；确定专用机具(分开药箱、清水箱)，不能移作他用；设立除草剂专用库，不能和农药混放。

(3) 安全操作要求：不能漏喷，不能重喷，风天、雨天不能喷，残液及包装瓶等按规范安全谨慎处理。施工人员做好自身安全防护。

二、围护隔离

树木根部土壤疏松透气，生长良好。土壤板结，妨碍树木正常生长，特别对一些根系较浅的树种和花灌木、常绿树，反应更为敏感强烈。对这些树木应尽早用绿篱或围篱保护起来，减少行人踩踏。应注意，为不妨碍观赏视线，突出主要景观，绿篱应适当低矮一些。围篱的造型和花色要简单朴素，不要喧宾夺主。

三、看管巡查

为了保护绿地免受人为损坏，一些重要绿地应设看管和巡查工作人员，其职责是：

(1) 看护所管绿地，宣传保护绿地、爱护树木的有关法规。发现有损坏树木的现象及时劝阻制止，严重者交城管部门处理。

(2) 与有关单位部门如电力、电信、交通、城建等市政单位配合协作、保护树木。

复习思考题

1. 中耕除草的目的作用是什么？
2. 掌握中耕除草作业技术要求。
3. 如何在园林绿地中施用化学除草，应掌握什么施用原则？
4. 园林绿地养护中，为围护隔离、看管巡查提出哪些要求？

第七节　竹林养护措施

一、华北地区竹林养护技术

(一) 北方竹林养护特点

华北地区引种成功的有早园竹、黄槽竹、箬竹等，以散生竹为主。竹子在北方生长主要受气温和湿度的影响，生存受到危胁，生长期受到限制，生长量小，生长势弱。另外受黏重土壤影响，再遇严重的盐碱环境，发育肯定不良。为解决以上问题，在竹林栽植时应考虑到背风、向阳的生态环境，适当地进行土壤改良，为养护创造较好的条件。

(二) 竹林的水分管理

华北地区应在2月下旬开始浇春水，竹鞭已开始萌动，这时不但要进行灌水，还要进行叶面喷水，称之为催笋水。竹笋的粗壮生长都在这个时期。4～5月竹笋出土期，同样不能缺水。5～6月是北京地区最干燥的季节，此时又是竹笋开始拔节的关键期，竹子当年的高生长全在这个期间，浇足拔节水，保证竹杆有一定高度。

7、8月份雨季视土壤湿度给予补水。9～10月份是竹林孕笋期，应保证土壤湿度。11～12月，为提高竹林的越冬能力，冻水要浇足、浇透。冻水对竹子在北京能否安全越冬起着至关重要的作用。冬季过于干旱时可适当喷水。

（三）竹林的养分管理

竹林应以施有机肥为主，土壤的有机质含量是竹林生长的关键。每年秋季应将烂草、落叶在竹林中铺设10～20cm厚，用以改良土壤结构。3～4月是竹笋发育期，5～6月是拔节期，7～9月是行鞭育笋期。在这三个旺盛生长期应每月施1次化肥，肥料以氮、磷、钾的比例5∶2∶4为宜的复合肥为主，根据土壤养分状况确定施肥量。竹林应于每年秋季结合施入有机肥适量培土。

（四）竹林的间伐及老竹清理

竹林过密应适当间伐或间移，剪密留稀、剪小留大，使留竹分布均匀。竹林的间伐修剪应在晚秋或冬季进行，淡竹、刚竹等小径竹种南方间伐以“存三去四不留七”的经验来确定采伐年龄。北方则按生长势保留4、5年生以下立竹，去除6、7年生以上、尤其是10年生以上老竹的原则进行。使竹林立竹年龄组成为1～2度竹占40%左右，3～4度竹占45%以上，5度竹占15%左右。

过密过旺的竹林应于11月适当钩梢，防范压雪及早春冰凌的危害。未钩梢的密竹林，应于降雪后及时抖掉竹冠积雪，及时清除枯死竹干和枝条，砍除老竹、病竹和倒伏竹。

（五）竹林的更新复壮措施

竹林每经过3～5年，应深翻、断鞭，将4年生以上的老鞭及每年砍伐后的竹蔸挖出。在竹林计划延伸的位置，深翻土地，并压入青草或填有机质含量高的土杂肥，引导竹鞭发育。间伐竹蔸的土坑及时用土杂肥回填，为新鞭引入创造条件。

（六）隔离维护，保持景观

隔离维护有两项工作。①隔离地下部分：散生竹地下竹鞭具有很强的地下横走能力，向外蔓延扩展，穿插到周边草坪、色块、灌木丛中破坏景观，所以一定要用隔离物进行防护。②发现竹鞭穿插，马上予以切断挖除，并采取相应补救措施。竹鞭隔离墙可用立砖、铝板等材料，深度为30～40cm。地上部分加设阻拦设施，阻止游人进入。对拥入行人道中的竹群设横杆阻拦，或进行伐移。

（七）竹林的防寒

新植竹子，成活2～3年地上地下部分尚未发育充分成熟，在冬春北方干风季节采用风障进行防寒。结合覆盖杂草、树叶、地膜等减少冻土层深度，保护竹鞭越冬。浇灌冻水也是防寒的必要措施。

二、江南地区竹林养护技术

江南是竹子的主产区，竹子也是江南的主要观赏植物材料之一。养护管理要求更高，更加规范。为保持观赏竹生长旺盛、青翠美观，必须做好竹子栽后的养护管理工作。

（一）设置护栏，防止践踏

在园林景观区内的竹林每年都会萌发新笋，使竹林得到更新，因此，不能让人畜进入林内践踏，导致土壤板结和踩断竹笋。竹林的外缘必须设置有一定景观效果的各种铁质、木质、竹质、塑质的围栏。

（二）科学施肥，改良土壤

每年笋期后要中耕松土1次，并加入一些腐叶土、泥炭土等腐殖质，使之疏松透气，以利于鞭根生长。每年还要适当施加堆肥、河泥、腐叶土等增加土壤肥力。观赏竹施肥应以有机肥为主，结合速效肥。新造竹林，竹鞭伸长不远，施肥以围绕竹株开沟放入为好；无论是有机肥、化肥均可使用，但应掌握浓度不宜太大。随着立竹量的增加，施肥量可逐年增加。

第一次施肥在早春2～3月份。此时，随着春季气温的逐渐上升，竹笋生长加快，并开始陆续出土。施肥主要采用速效肥为主，称为“长笋肥”。可施复合肥45～75g/m^2。

第二次为笋期后的5～6月。由于经过笋期的发笋、长竹，竹林内部积累的养分已大量消耗，地下鞭根系统也正准备进入生长高峰。施肥应以化肥结合有机肥进行，称为“长鞭肥”。可结合竹林地松土时埋施腐殖质肥1～1.5kg/m^2，并追施复合肥30～45g/m^2。

第三次施肥，毛竹为9～10月份，中小型竹为10～11月份，称为“催芽肥”。因此时竹林经前期的新鞭生长，林地已密布了大量的新鞭、新根，对吸收和积累养分极为有利，若能及时补充肥料，则对促进笋芽分化及冬季安全越冬非常有利。宜施速效肥为好，一般可施复合肥150g/m^2。此时施肥必须把肥料埋入土中，不要撒在地面上。化肥宜开浅沟施入，并覆土防止挥发。此时不宜对林地土壤深翻松土，以免鞭根、笋芽受到损伤。因此不宜施体积大的厩肥、堆肥等有机肥。

第四次施肥是竹林处于缓慢生长的12月份，称为“孕笋肥”。此时，由于外界环境温度下降，鞭段上的笋芽已开始停止分化。施肥主要采用有机肥为主，将厩肥、堆肥或河泥等有机肥料直接铺撒在竹林地表。铺撒在地表的有机肥可待翌年的6月份，竹林进行深翻松土时，深埋地下。施肥量可控制在4.5kg/m^2。

（三）排水浇灌，合理留笋

竹子喜湿润、怕积水。栽植后的第一年水分管理最为重要。母竹经挖、运、栽植，根系受到损伤，吸收水分能力减弱，极易由于失水而枯死和因排水不良而鞭根腐烂。因此，若久旱不雨、土壤干燥时，必须及时浇水；而当久雨不晴、林地积水时，又必须及时排水。新栽的竹林，天晴时每天早晚要对叶面喷水1～2次；当发现竹叶出现暂时萎蔫时，更要增加保湿遮荫等措施。在干旱天气，至少3～5天要浇一次透水，并保持土壤湿润。

竹林浇水灌溉的重点时段在3～5月竹笋生长期和7～9月竹鞭生长与笋芽分化期。3～5月竹笋生长需水量较大，在竹笋出土前应浇水灌溉，出土后保持土壤湿润。7～9月竹鞭生长旺盛，笋芽开始分化，如果缺水，会影响竹子行鞭及笋芽分化形成，影响来年新竹的数量。

在每年笋期，需要做好护笋工作。在园林景观中，只有母竹和幼竹混生后，才能形成自然清雅的竹林景观，因此竹笋是形成竹林景观的基本保证。然而，由于竹笋幼嫩而富含营养，易遭受虫、畜和人为危害，因此，在出笋期的防护工作尤为重要。留笋养竹，要根据竹林密度和观赏造景的需要，做到疏密有度、大小合理。竹林密度过大时，也应及时删除多余竹笋。

（四）深翻土地，诱鞭生长

新造竹林，竹子稀疏，阳光充足，杂草容易滋生。因而在竹林郁闭之前，每年要松土除草2～3次。竹子成林以后，杂草的生长得到了控制，松土的目的主要在于改善土壤的物理性状，提高土壤的透气性，更新鞭根系统。一般竹林可选择在6月(发笋成竹较迟的竹林，可适当推迟)深翻松土，深度在25～30cm。在松土的过程中，要及时挖除老鞭和竹蔸，释放林地空间，同时压入青草或填有机质含量高的土杂肥，以促使竹鞭的繁衍生长。

（五）适时间伐，清理整形

新竹萌发快、数量多，会造成竹林密度过大，影响竹园的正常生长，景观效果也将变差，因此应及时间伐。间伐应根据“留远挖近，留强挖弱，留稀挖密”，保留四五年生的竹，砍除六七年生的竹。除了有特别意义或具特殊观赏效果的竹子，十年以上的老竹原则上不再保留。疏除离母竹较近的部分弱竹、病枯竹和密度过大的竹，使林内竹株布局形状呈均匀的散状分布。间伐可结合笋期后的5～6月竹林松土施肥时或在晚秋或冬季竹林休眠期进行，用山锄将老竹、病竹连蔸一起挖去，或者于冬季休眠时统一砍伐并挖去老竹蔸，使竹林保持健康生长状态和合理的密度，便于通风透光，减少病虫害发生。竹林间伐后，在留下的坑中及时填满土壤，做到随挖随填。填土也可防止坑中下雨积水而导致烂鞭。

观赏竹林必须保持青翠整洁，对蜘蛛网、枯竹病枝以及瘦弱歪斜不雅观的竹子要经常进行清理。根据需要，对竹丛及枝叶进行修剪、整形，满足观赏需要。

（六）隔离维护，保持景观

散生竹地下竹鞭具有很强的穿透力，不进行隔离就会向外蔓延扩展，不仅原造型设计的竹丛形态会走样，而且会穿插到周边草坪、道路以及其他植物地带，破坏景观。特别是在周边分块栽植其他竹子的场合，容易发生不同竹子的穿插混生，破坏景观效果。所以一定要对隔离物定时进行维护，发现竹鞭穿插，马上予以切断挖除，并采取相应补救措施。

（七）加强管理，防病治虫

1. 江南观赏竹林的病害

观赏竹林病害主要有竹黑粉病、竹煤污病、竹丛枝病、竹黑痣病、竹秆锈病、竹水枯病等。

一旦发现竹园内有病害发生，必须立即采取相应措施，对竹水枯病、竹黑粉病等危害严重的竹株应及时将患病竹株砍除，挖掉地下竹鞭，并烧毁，在受害竹株的邻近喷波尔多液，以免病情扩散蔓延。对危害较轻的病害或刚开始发病的竹株，应及时剪除带病枝叶，并喷2～3次波尔多液防护；由蚜虫引致的煤污病，当蚜虫发生时喷洒40％乐果1500倍液或50％敌敌畏1000倍液杀灭蚜虫。凡是发生病害的竹园，不论面积大小，都应挖除病株，清理带病枝叶及枯枝落叶，及时喷药。同时采取松土除草、施肥、合理疏伐等措施，促使竹园通风透光，使竹株生长健壮。

2. 江南观赏竹林的虫害

观赏竹林虫害主要有竹蚜虫、竹蚧虫、竹蝗、夜蛾类等。

对于竹蚜虫可剪除有卵竹叶并加以焚毁；每隔6～7天用80％敌敌畏乳剂、50％杀螟松乳剂和40％氧化乐果乳剂1000倍药液喷杀成虫，连续2～3次；竹介壳虫可用80％敌敌畏乳剂或40％氧化乐果乳剂1000倍液喷杀。

对于竹蝗可在露水干后用50％马拉硫磷1000倍药液进行竹林下部喷药杀蛹；成虫上竹后可施放用林丹做成的烟剂，每亩用0.5～0.75kg放烟熏杀。

对于夜蛾类的虫害，因刺蛾成虫有较强的趋光性，可于傍晚7～9时用灯光诱杀；对斑蛾、刺蛾可在结茧期间结合竹园除草、松土，破坏化蛹场所，消灭蛾茧；也可在幼虫危害期用90%敌百虫结晶、40%乐果乳油1000～1500倍药液喷杀或50%辛硫磷乳油1000倍药液喷杀，每隔5～7天喷1次，连续2～3次。此外，在出笋前后也可在笋上喷洒三唑磷、辛硫磷1000～1500倍药液，杀死初孵幼虫，每隔5天1次，连续2～3次。

三、岭南地区竹林养护技术

岭南是竹子的主产区，竹子的种类约有百余种，以合轴型丛生竹为主，散生型较少。我们要根据不同竹种的习性，做好竹子栽后的养护管理工作。

（一）松土施肥

每年春季笋期后要中耕松土1次，使之疏松透气，以利竹鞭的延伸和生长。还要适当施加有机质的堆肥、腐叶土等增加土壤肥力，竹林的落叶不要当垃圾清走，以使落叶能够归根，增加土壤的有机质。施肥以腐熟的有机肥为主，化肥一般少用。施肥方法最好结合松土，将肥料翻入土内。

岭南竹林1年宜施肥2～3次，第一次施肥应为笋期后的4～5月，竹林准备进入生长高峰。第二次为8～9月份，补充夏季生长的肥力消耗。第三次是11～12月份，可称为“孕笋肥”。施肥主要采用有机肥为主，将厩肥、堆肥或河泥等有机肥料直接铺撒在竹林地表。

（二）保护新笋

岭南地区每年的12月份左右，新笋就会陆续长出。为保护新笋不受践踏破坏，我们在11月就要检查竹林的围护情况，修整栏杆或设置临时围栏和劝导、提示游人的标志。

（三）间伐复壮

竹林的新笋如果萌发快、数量多，会造成竹林密度过大，影响生长，并使竹丛老化，严重者会使竹子开花枯死。因此应该及时地进行间伐和复壮的工作。间伐应根据“留远挖近，留强挖弱，留稀挖密”，保留四五年生的竹，砍除六七年生以上的竹，特别是十年以上的老竹。疏除离母竹较近的部分弱竹、病枯竹和密度过大的竹，使竹丛呈均匀分布。间伐在笋期后的5～6月或在晚秋进行；不但将地上的老竹砍去，更要将老竹、病竹连蔸一起挖去，疏除地下部分的根盘缠绕和过于密集的情况；间伐后，应及时用肥沃的富含有机质的土壤进行培土，以保证竹鞭及根系的正常生长。

（四）病虫防治

1. 岭南观赏竹林的病害

岭南观赏竹林病害主要有竹黑粉病、竹煤污病、竹丛枝病、唐竹黑痣病等。

竹丛枝病（竹雀巢病、竹扫帚病）：每年春季砍除病枝烧毁，清洁田园；春夏间用1∶100的波尔多液喷洒；及时疏除过密的竹丛；加强除草、松土和施肥的管理措施。

竹煤病（煤烟病）：由蚜虫和介壳虫引起，防治先杀灭虫害，清除病源。

唐竹黑痣病：病株在夏初喷洒1∶2∶200波尔多液或65%代森锌600倍液。

2. 岭南观赏竹林的虫害

岭南观赏竹林虫害主要有竹蚜虫、竹蚧虫、竹蝗、竹象鼻虫类等。

竹蚜虫：可剪除有卵竹叶并加以焚毁；每隔6～7天用80%敌敌畏乳剂和40%氧化乐果乳剂1000倍药液喷杀成虫，连续2～3次；竹介壳虫可用80%敌敌畏乳剂或40%氧化乐果乳剂1000倍液喷杀。

竹蝗：冬春孵化前在竹株稀疏的地方查掘卵块；在露水干后用50%马拉硫磷1000倍

药液进行竹林下部喷药杀蛹；成虫上竹后可施放用林丹做成的烟剂，每亩用0.5～0.75kg放烟熏杀。

竹象鼻虫：利用成虫的假死性，在5～8月成虫羽化出土时进行人工捕捉；在产卵孔下面捕杀卵和幼虫；用80%的敌敌畏1000倍液喷洒成虫；用90%敌百虫、80%敌敌畏300倍液注射毒杀幼虫。

复习思考题

1. 各地区竹林类型及生长有哪些特点？
2. 掌握本地区竹林养护技术措施。

第八节　古树名木养护管理

古树一般指树龄在百年以上的大树；名木指树种稀有、名贵或具有历史价值和纪念意义的大树。古树名木是活文物，是无价宝，它有几百年甚至上千年的生长史，一旦死亡无法再现。因此做好古树名木的养护管理工作十分重要。古树应建立档案：其中树龄在300年以上的和特别珍贵稀有或具有重要历史价值和纪念意义的古树名木定为一级；其余定为二级。明确管理责任单位，其档案分级管理，抄报上一级管理部门备案。

一、古树衰老原因

古树衰弱死亡也是自然现象，加强养护管理可以延迟死亡现象的到来。古树衰弱原因主要有以下几点。

（一）土壤密实度过高

1975～1977年，北京市园林局绿化处技术人员研究发现，凡是游人密集、反复被车辆轧碾的土壤板结，透氧性、渗水性差，密实度高，对古树生长十分不利。

（二）树木周围铺装面过大

为使城市黄土不露天，在古树四周铺装不透气的地面，并且使用大量无机料作垫层，使地下空气减少，更不可能进行气体和水分交换。近几十年地下水位下降过快，根区水分缺乏，出现老树焦梢现象。

（三）根部营养不良

树根千百年生长在固定位置，吸收周围土壤的养分，但很少进行养分的补充，树根不可能无限扩大，营养缺乏，使树衰老。

（四）人为的损害

在树下堆物、堆料，进行建设，建厂建房、修路、挖土，埋管线、树上刻画、钉钉子等使树体严重受害。

（五）管理不科学

堵树洞方法不适当，缺乏修剪或修剪方法不对。支撑不合理。

（六）自然灾害

雷击、雹打、雪压、雨涝、风折都使树势消弱。

二、养护管理措施

（一）保护好古树的生长及生存环境

（1）古树保护范围宜设置围栏，与树干距离不小于3m，防止人为践踏。

（2）不要随意改变古树原有的生长环境条件，因为古树适应了生活千百年的环境。对人为造成的不利于古树生长环境的行为，应及时纠正。损伤严重的依据古树保护管理法规进行处理。

（3）在坡坎地生长的古树，应加固坡坎或种植地被植物，防止水土流失。

（4）高大古树，安装避雷装置，防雷击。

（5）及时发现并防治周边树木发生的病虫害。

（二）加强古树水分管理

（1）大部分古树根生活在干旱土层，因此每年春季灌足水非常重要。3～5月份要求灌水3～4次，最好在树冠投影范围内，做大堰，浇足水。

（2）在11月中旬灌足越冬的冻水。

（3）在雨季做到树下不积水，低洼易涝地段挖明沟或设暗管排水。

（三）因树因地改土施肥

在早春和晚秋，沿树冠投影外沿，采取环状或放射沟状，深度为30～40cm，不要深及根部，施用发酵、腐熟的有机肥、草炭等，松栎类可施用松针土掺入适量化肥，施后浇水。古树尤其是松类不施用化肥。

（四）使古树、名木生长各项环境指标控制在允许范围内

（1）土壤有效孔深度不得低于10%。

（2）土壤表观密度不得超过1.3g/cm^3。

（3）土壤含水量控制为5%～20%，以15%～17%为宜。

（4）土壤中固相、液相、氧相比控制在5∶3∶1左右。

（5）控制土壤含盐量不超过0.1%。

（6）土壤中有机质含量不低于1.5%。

（7）太阳光照强度不低于8000lx。

（五）处理好古树与周围其他植物之间关系

（1）松柏类古树周围可适量保留壳斗科树种如栎、槲等以利菌根活动。

（2）古松树树冠垂直投影范围内，严禁种植核桃、接骨木、榆树，避免对其生长产生抑制作用。

（3）对古树周围生长的阔叶树、速生树和杂灌草进行控制。

（六）衰弱树木复壮措施

（1）改善古树生长环境，排除一切生态隐患。

（2）根治病虫害。

（3）经诊断，主要是缺肥的弱树，及时科学合理地补充肥料。

（4）改良土壤透气性，如在树冠垂直投影下松土，沿边缘挖沟(坑)埋入树枝，填入适量沙石，改良土壤。在地势低洼或排水不良的黏土地，要做永久性排水设施。

（5）维护树体安全：对倾斜主干及时进行设支撑，防止倾斜倒伏；对衰老的枝杈、病枝进行修整；对树洞进行填堵。

（七）古树养护及复壮工程必须由具有二级或二级以上园林绿化施工资质的企业承担。施工方案必须报专家组论证。

复习思考题

1. 古树衰弱死亡的主要原因是什么？

2. 为维护古树的生存环境，应采取哪些积极而有效的防护措施？

3. 掌握古树复壮的养护措施。

第九节 草坪养护

草坪的养护管理是园林绿化养护管理中的重要组成部分，也是园林景观的重要保障。只有根据草的种类及其生长情况，经常、适时地进行灌溉、修剪、施肥、防治病虫、消除杂草以及更新复壮等养护管理工作，才能使建好的草坪保持美观，延长草坪的使用寿命。不同类型草坪需要不同的养护水平，养护水平取决于所要求的草坪质量、草坪作用和养护经费。高尔夫球穴区必须精细管理，常用剪股颖类草种，投入较高的养护经费。公路两侧及边坡生态保护草坪常用野牛草、高羊茅类草种，很少施肥和浇水，属粗放管理区。园林绿地草坪应介于其间，大多数属于欢赏草坪，应给以中上等管理水平。管理水平高低决定草坪质量。

一、草坪养护管理的质量标准

草坪质量主要表现在四个方面：一是颜色，健康的叶色为绿色(不同草种深浅不同)，色泽不够鲜亮，偏黄色说明缺肥水、或有病虫害发生。二是质地，是指叶片宽度和手感柔软度，主要和选择的草种有关。三是密度，是草坪质量最主要指标，草株过密会影响草坪的正常发育，养护管理缺失或不到位会导致草坪稀疏斑秃。四是均匀度，是以上三个指标的综合。高质量的草坪外形(高矮)整齐、色泽一致、质地和密度一致。杂草、斑秃、不同色泽、不同质地都会影响其均匀度。以上除草坪草种选择因素外，都和养护有直接关系。

(一) 特级标准

(1) 草坪地植被整齐，覆盖度达到 99%。

(2) 草坪内无杂草。

(3) 生长茂盛，颜色正常。冷季型草绿色期达 300 天，暖季型草绿色期达 210 天。

(二) 一级标准

(1) 草坪及地被植物整齐一致，覆盖率达 95%以上。

(2) 草坪内杂草率不超过 2%。

(3) 冷季型草坪绿色期不少于 270 天，暖季型草坪不少于 180 天。

(三) 二级标准

(1) 草坪地被植物整齐一致，覆盖率达 90%以上。

(2) 杂草率不超过 5%。

(3) 冷季型草坪绿色期不少于 240 天，暖季型草不少于 160 天。

以上标准为北京地区绿地草坪养护质量等级标准。而上海市草坪建植和草坪养护管理的技术规程中也有明确规定，如草坪覆盖率不得小于 95%，全年绿色期不得少于 220～250 天等。江南、岭南地区草种不同，气候条件不同，绿色期不同，可根据本地特点另定，对草坪养护质量进行量化控制。

二、水分规定管理

(一) 草坪水分管理的指导思想

首先应明确草坪灌水和农作物、花卉灌水目的不同。农作物、花卉如果在生长的任何环节缺失水分则将严重地影响其开花结果，影响产量，造成经济损失。草坪则不同，水分只要保障其存活、保证有健康的绿叶就达到了养护的目的。西方引进的冷季型草坪草种原本是作为牧草的，管理比较粗放。北京本地的冷季型乡土草种羊胡子草，中原地区暖季型乡土草种如结缕草、狗牙根，对大陆性季风的干旱很适应，外引的野牛草抗旱性更强。需水量较大的是从欧美引进的冷季型草种。各种草耐旱能力差异很大，应该根据草种的需水特点区别对待(表 10-9-1)。

草坪草种耐旱能力 **表 10-9-1**

抗旱能力区别	草坪草种
极好	野牛草、结缕草、羊胡子、狗牙根、美洲雀稗
很好	高羊茅、细羊茅
较好	草地早熟禾、加拿大早熟禾
一般	多年生黑麦草、纯叶草
较差	剪股颖类、多花黑麦草、粗糙早熟禾、假俭草、地毯草

长时间缺水会导致草种萎蔫，一旦给水补充就能恢复饱满。干旱时间过长，叶子可能受害，但根茎生长点、根状茎、匍匐茎上的芽幸免于死，一旦补水将开始新的顶端生长，但我们养护中不希望看到这个结果。见湿见干是灌水的原则，没有必要像养护水生植物一样，过多地、过分地去灌水，造成园林草坪用水的不必要的浪费。过量灌水将降低草坪抗病能力，还将引发病害。

(二) 季节性水分管理

1. 春季浇好返青水

冷季型草坪在土壤解冻时开始代谢活动，经过干旱的冬季，为了尽快、尽早萌芽，应及时灌好返青水。在干旱的春季，要保证地表 1cm 以下潮湿，这样会引导根系向纵深发育，增强其该生长季的抗旱能力。不要求地表总保持水湿状态。

2. 夏季尽量控水

夏季雨水多，空气湿度较大，此阶段又值冷季型草休眠期，对水、肥的需求不如春季强烈。控水是指见干见湿，能不浇就不浇，因为水分过多对休眠草坪生长不利。夏季应注意，冷季型草坪不要在阴天和傍晚浇灌水，这样非常容易引发病害。大雨过后，低洼地积水应在 2～3 小时内及时排出。

3. 秋季浇好冻水

秋季较干旱，应保证根系部土壤湿度，看墒情浇水。北京地区为了草坪安全越冬应浇灌好冻水。在土壤水昼化夜冻的 11 月底至 12 月初普遍浇灌一次透水。

4. 冬季注意补水

草坪根系分布浅，如秋冬雨雪过少、表层土壤失水严重时，应在 1～2 月份进行补水。主要是针对冷季型草，尤其是多年生黑麦草，北京地区冬季必须补充一次水。土壤质地疏松的、持水量小的沙性土也应该在冬季适量补水。

（三）灌水作业的技术要求

1. 灌水的方式方法

国内因养护条件有限，设施落后，最常用的灌水方式有以下三种。

(1) 漫灌：是把出水口放在一点上，让其形成径流向四周渗润。待土壤湿润后再移到另一处。漫灌虽然省事，但往往由于草坪地表面的不平和草坪草的阻力造成灌溉不均匀，还会造成水的浪费。

(2) 浇灌：多指用人工浇淋，其特点是灵活性强，但工作效率低，浇灌不均匀。

(3) 喷灌：通过加压，由喷头把水喷射到草坪上。其特点是工作效率高，但有可能因喷头的设置不合理及风向等因素导致喷洒不均匀。

不管何种方式都要求不留死角，应一次性浇透。

2. 草坪用水选择

使用再生水灌溉时，水质必须符合园林植物灌溉水质要求。河湖水含植物养分丰富，是浇灌园林植物的优质水源，对病害抗性强的乡土草种、暖季型草等浇灌比较适宜。河湖水对夏季容易染病的冷季型草应谨慎使用。

3. 浇水和其他作业配合

施肥作业后应立即浇水，更新复壮、打孔、梳草作业后结合覆土、覆沙立即浇水。叶面施药后不能浇水。

三、草坪养分管理

（一）草坪养分管理的指导思想

城市绿化用地的土壤因填充非耕作土(生土)和大面积平整而突显养分不足和不均匀。草坪建植前土壤改良及均匀施基肥至关重要。草坪建植后主要以追肥为主。

首先应明确草坪施肥和农作物、花卉施肥目的不同。农作物施肥后会明显地增大生长量、增加产量，花卉则增加花量、延长花期，达到改善景观效果。草坪则不同，保证其正常生长发育，有健康的绿叶就达到了养护的目的。过多地施肥促成植株生长加快，反而增加草坪修剪的工作量。冷季型草夏季施肥还会增加生病的机率。园林草坪施肥应掌握其特点、规律和目的进行养分管理。北京地区本地的冷季型乡土草种羊胡子草，南方暖季型乡土草种如结缕草、狗牙根、外引的野牛草，在当地的耕作土壤中完全可以不进行施肥。应该纠正的是不要用农业的养分管理标准指导草坪施肥。另外应区别一般绿地草坪(农田耕作土)和特殊草坪如高尔夫果岭、运动场草坪等的养分管理标准。因为特殊草坪的栽培基质多为沙性土、漏水漏肥，必须用化肥去及时补充。有些书本中给我们提供的施肥量化指标很多都是从农业、从特殊草坪养分管理中照搬过来的。

应该指出的是，外引的冷季型草对养分比较敏感。在播种量过大、植株过密情况下，在草坪土壤基质沙性过大、保肥性较差情况下，在草坪生长多年形成根层较厚、营养吸收困难情况下，必须在生长旺盛期进行合理追肥。

（二）施肥时机

冷季型草坪应在3～4月和9～10月冷凉季节，冷季型草生长旺盛时施肥。夏季是冷季型草的休眠期，施肥后根系不吸收，反而造成富养环境，致使真菌繁衍引发病害。暖季型草坪应在6～8月高温季节施肥，暖季型草坪生长旺季阶段也正是其需要养分最多的时期。新建植的暖季型草坪应加大施肥量，可使草蔓横向迅速发展，加快郁闭速度，增加覆盖率。

进入养护期的草坪可根据生长旺盛期草坪营养色泽，及时追肥以保持翠绿色。包括给不同营养色泽地块区别施肥，使草坪景观色泽一致。

（三）追肥施肥量

施肥量和施肥次数由多种因子决定，如要求草坪的质量水平、生长规律、年生长量、土壤质地(保肥能力)、提供的灌溉量(包括雨水)等。更重要的是栽植土壤本身能提供养分的水平，如果坪床土很肥沃就没必要过分地追加养分。应该明确的是施肥是补充土壤每年供给植物生长不足的那部分养分，施肥量就是指不足的那部分量。原则上应测土施肥，国内现有管理水平很难办到，但应明白这个道理。

我们可以根据国外通过试验提供的各种草坪草种年生物量(一年生长季)所推算出的所需氮素的数量作为施肥量的基本依据(表10-9-2)。最常用的氮素施用量是4.8g/m^2。

草坪草种所需氮素数量 **表10-9-2**

草　种	年所需N素量(g/m^2)	草　种	年所需N素量(g/m^2)
匍匐剪股颖	2.5～6.3	普通狗牙根	2.5～4.8
早熟禾	2.5～4.8	改良狗牙根	3.4～6.9
高羊茅	1.9～4.8	假俭草	0.5～1.5
多年生黑麦草	1.9～4.8	钝叶草	2.5～4.8
野牛草	0.5～1.9	地毯草	0.5～1.9
结缕草类	2.5～3.9	美洲雀稗	0.5～1.9

有了这个基数就可以计算出含N量不同的肥料(如硫胺含氮21%、尿素含氮48%)的全年单位面积用量。有了全年用量就可以计算出全年分几次及每次施用量。施用复合肥和专用草坪肥或缓施肥等更为科学合理，以氮素为主体进行计算施用量，在总量基础上略减。这里要强调指出，必须重视原坪床土壤的养分状况：比较肥沃的土壤施肥量，在理论数字基础上还要进行削减；对需氮量少的野牛草、地毯草等没必要施过多的肥，甚至不施肥，从而降低养护成本。高尔夫球场、运动场等比较特殊的草坪另有施肥量的技术要求。

（四）施肥方式方法

1. 撒施

不同于其他园林植物施肥在株行间，直接施到根区，草坪施肥只能用撒施。而撒施的技术关键是单位面积要适量，要撒施均匀，否则局部施肥量过大，一是刺激猛烈生长造成坪面景观不一致，二是造成肥害灼伤草坪、形成斑秃。撒肥常用撒播机，有滴式和旋转式(离心式)两种，各有所长应选择使用。

2. 随水施

有条件的可以通过喷灌系统随水施肥。还可以用喷雾器等工具进行叶面喷肥，注意喷洒浓度为0.1%～0.5%，不可过浓。

3. 随土施

结合草坪复壮、梳草、打孔，给草坪覆沙、覆肥土时加入腐熟打碎均匀的有机肥或化肥。

4. 施肥和其他养护作业的衔接

为使各项养护作业安排合理，互相促进而不产生矛盾，常用做法是；先进行修剪，然后进行施肥作业，施肥后浇水冲肥入土，需要防病情况下进行喷洒农药，形成药膜不被破坏，起到杀菌防护作用。其中任何两项顺序最好不要颠倒。

四、草坪修剪

(一) 草坪修剪目的和作用

修剪是建植高质量草坪的一个重要管理措施，修剪的主要目的是创造一个美丽的景观。通过修剪结束其繁殖生长进程，不让其抽穗、扬花、结籽。结籽会严重影响其营养生长，不利于草坪分蘖、更新和越夏。修剪还可以促进植株分蘖，增加草坪的密集度、平整度和弹性，增强草坪的耐磨性，延长草坪的使用寿命。及时的修剪还可以改善草坪密度和通气性，减少病虫害发生；修剪抑制草坪杂草开花结籽，失去繁衍后代的机会，而逐渐使之从草坪中消失。秋后合理修剪草坪，还可以延长暖季型草坪草的绿色期。在冬季草坪休眠、枯黄期之前的修剪是冬季绿地防火的必要措施。

(二) 草坪修剪的时机、次数及控制高度

1. 修剪时机、次数

总原则是控制高生长，修剪整形以提高景观效果。草种不同，环境条件不同，生长季节不同，长势不同，一般不宜提出修剪次数的量化指标。冷季型草修剪频率会高些，暖季型草相对要少些。高尔夫球场、运动场草坪修剪有其特殊要求。

(1) 暖季型草坪修剪。暖季型草坪，北京地区“五一”前后返青，进入 6 月下旬以后如果生长旺盛，影响景观，可进行第一次修剪。7、8 月份生长旺盛期视草的高生长定修剪频率。立秋过后生长进入缓慢期，为了“十一”国庆节景观效果，8 月底 9 月初进行一次修剪，结合水肥管理延长绿色期。10 月中下旬草叶枯黄前修剪一次，减少枯叶带来的火患。用于护坡、环保的暖季型草坪生长季可不修剪，秋季枯黄前必须为防火修剪一次。南方暖季型草生长势旺的粗草类(如假俭草)修剪次数要多于细草类(如马尼拉草、百慕大草、细叶结缕草等)。

(2) 冷季型草坪修剪。冷季型草坪 3 月上、中旬返青开始旺盛生长，4 月中旬结合整理返青后草坪长势不均情况和“五一”美化节日景观进行一次修剪。5 月上旬开始进入早熟禾抽穗期，掌握时机控制抽穗扬花，进行适时修剪。进入夏季 6 月下旬进行一次修剪，为越夏做好准备。盛夏休眠期视长势掌握修剪时机，因高温、高湿气候，加上修剪造成伤口容易染病，最好减少修剪次数。立秋过后，冷季型草开始旺盛生长，直至冬季休眠前，可酌情控制高度，掌握修剪频率。

2. 修剪高度

草坪禾草的根茎生长点靠近土壤表面，是重要的分生组织。保护根茎生长点极为重要。只要根茎生长点保持活力，即使禾草的叶子和根系受到损害也会很快恢复生长。另一个是禾草的叶片生长点即“中间层分生组织”，其存在于叶子基部与叶鞘结合部。叶子被修剪后，切去的是老化的叶子，下边的新叶部分仍在存活并有更新的部分长出来。明白了禾草的生长特点，在修剪时就应注意保护根茎生长点和中间层生长点，根据不同草种的生长点高低决定限制修剪高度，千万不要伤害生长点，并适量保留叶片为植株提供营养。每次只能修剪草高的 1/3 的原则就是根据这个道理规定的。草种不同，“中间层分生组织”高度不同，要求修剪的适宜高度也不同(表 10-9-3)。

草坪草种的剪草高度范围 **表 10-9-3**

草　种	剪草高度范围(cm)	草　种	剪草高度范围(cm)
匍匐剪股颖	0.5～1.3	狗 牙 根	1.3～3.8
细弱剪股颖	1.3～2.5	杂交狗牙根	0.6～2.5
早 熟 禾	3.8～6.4	地 毯 草	2.5～5.0
高 羊 茅	3.8～7.6	假 俭 草	2.5～5.0
多年生黑麦草	3.8～6.4	钝 叶 草	3.8～7.6
野 牛 草	1.8～5.0	美洲雀稗	5.0～10.2
结 缕 草	1.3～5.0		

地表位置上的根茎生长点及叶片和叶鞘结合部的中间层分生组织，有些草种偏高，修剪得可以高些，生长点偏低的草种，就比较耐低修剪。国外根据不同草种试验得出以上修剪高度范围的结论，只提供参考。可根据禾草生长环境、生长势、肥力状况、管理水平、修剪机械(旋刀式、滚筒式)性能、修剪目的等因素酌情处理。取修剪高度的上线或再高些，管理粗放些，投入少些。但下线不要突破，关系到禾草的生长点不被伤害。修剪频率多少的另一个制约因素是不能伤害叶片和叶鞘结合部的中间层分生组织，不能剪除过多的绿色叶片，特规定，每次只能修剪草高的 1/3 的原则。如草株过高，应按 1/3 的原则，增加修剪次数，使额定草坪高度逐步到位。

（三）修剪作业的程序及技术要求

（1）修剪应选择晴天草坪干燥时进行，严禁在雨天或有露水时修剪草坪，安排在施肥、灌水作业之前。

（2）修剪机具必须运行完好，刀片锋利。

（3）进场前进行场地清理，清除垃圾异物。

（4）剪草方式应经常变换，一是不要总朝向一个方向，二是不要重复同一车辙。

（5）修剪作业完毕后应清理现场，修剪废弃物等全部清出。

（6）遇病害区作业，应对机具进行药物消毒，清理出的带病草末集中销毁。

（7）冷季型草坪夏季管理，修剪作业后应按顺序安排施肥、灌水、打药防病。

（四）剪草机具安全使用规定

1. 剪草机操作员安全操作要求

（1）剪草机分为后推步行式剪草机和坐式剪草机，操作员必须熟悉指导手册，熟练掌握驾驭技术。

（2）旋转型剪草机必须总是向前推进，不许往后拉。

（3）草坪斜面作业时，步行式剪草机应横向作业，坐式机应纵向作业。

（4）操作员离机，必须关闭发动机，即使离开 1 分钟。

（5）检修、清理刀片时必须关闭发动机，严禁待机操作。

（6）剪草机转动时，不要移动集草袋。

2. 剪草机具应设专人管理使用，旁人严禁操作

3. 添加燃料安全规定

发动机冷却后加油，不允许在草坪作业面加油。

4. 剪草作业时注意周围人员的安全，注意对相邻树木、花卉的保护

五、草坪杂草的防治

建植所选用的草坪草种称为目的草。目的草之外生长的草(包括单子叶、双子叶)统称为杂草。杂草的存在影响草坪外观的均匀一致性，有碍景观，还会导致目的草的生存、生长受到危害，造成死亡，形成斑秃。目的草建植的草坪很稠密，足以抑制多数杂草的生存和发展。选择适宜的草种和规范的养护管理是防治杂草的关键。

（一）选择草坪建植时机

(1) 冷季型草春播赶早进行，不能迟于4月下旬。随着地温升高，当地的暖季型野草会大量萌生，给除草造成困难。最好时机在秋后8～9月份，地温下降，野草不再萌生，冷季型草能很快郁闭。

(2) 暖季型草播种在5～6月份，这时野草也随之而来，为解决这个矛盾应采取种子预先处理的措施，抢先提前发芽出苗，可以抑制一部分杂草滋生。如结缕草、狗牙根等可用此工艺。

（二）选择草坪建植工艺

采用草坪卷建植草坪可有效地控制原有野草种子，将其压在草皮卷下面不得萌发。

（三）新建植草坪以人工为主

新建草坪尤其是冷季型草坪赶在当地野草大量萌生前完成郁闭，对少量的野草应按“除早、除小、除了”的原则进行人工清除，不留后患。比较难解决的是暖季型草坪中的野草，因为是同时萌生，所以在建植初期尚未郁闭前应全力以赴清除杂草。

（四）养护阶段以机械除草为主

养护阶段的冷季型草坪除个别大草利用人工拔除外，主要利用机械修剪，坚持剪到立秋以后，野草花序被清除，避免了种子生成。野生的暖季型草进入秋季会自然转入休眠，而冷季型的目的草正进入旺盛生长期，直至第二年春季冷季型目的草会始终处于优势，野生草受到彻底抑制。照外国人的理念，“野草也是绿色的”，在这个阶段允许少数野草共存。

（五）慎用化学除草

北京市园林绿地草坪为避免伤害其他园林植物，原则上应禁用化学除草。为减少环境污染，纯大面积专用草坪应控制少用化学除草。南方杂草猖獗，用人工控制很困难，常应用化学除草。为安全使用特提出以下技术要求。

(1) 草坪化除施用原则：使用化学除草要针对防除杂草的生长特点、发生规律，确定适当的除草剂和使用剂量。生长中的绿化草坪多采用芽后除草剂，一般选用选择性强、对草坪草及目标植物影响不大的除草剂，如草坪阔叶净、2，4—D。类除草剂等。除草剂在杂草2～3叶期使用效果最佳，用量为0.225～0.3ml/m^2，稀释500～600倍喷洒。灭生性的非选择性除草剂，因其对任何植物均具有杀伤作用，所以主要用于建坪前的坪床杂草防除处理。对于这类药剂的使用，一定要根据除草剂的残效期，确定建植草坪的时间，确保新建植草坪不受其残留药性的药害。

(2) 江南地区，对混在暖季型草坪中的当地冷季型禾本科杂草的化除，可在暖季型草坪草进入休眠期、茎叶已枯死、不能吸收任何农药时喷洒草甘膦、百草枯等非选择性除草剂(用量为0.1～0.5g/m^2)。此时冷季型杂草尚未休眠，叶片和根系仍可吸收农药，可杀

死杂草而不影响暖季型草坪草翌年返青。

(3) 草坪化除技术要求：喷施除草剂必须在无风天气时进行。喷除草剂时喷枪要压低，以免飘到周围灌木、花卉及农作物上造成药害。靠近花草、灌木、小苗的草坪除草，应采取人工除草方法，严禁使用除草剂。化学除草的安全使用技术要求见本章第六节。

六、草坪病虫害防治

(一) 草坪病害生理

草坪发生的病害大多数是真菌病害，很少是病毒或细菌引发的，如南方的钝叶草衰退病毒病和狗牙根的疑似细菌引发的病。线虫不直接危害草坪，是被线虫危害的伤口引发真菌病害。病害有的危害叶、形成叶斑，有的危害茎和根、造成其枯萎。

1. 不同菌种危害到不同草坪禾草(表 10-9-4)

几种菌种及其所危害的草种 **表 10-9-4**

病原体	主要危害草种
棉桃腐烂病	多年生黑麦草、狗牙根、草地早熟禾、剪股颖、假俭草
褐斑病	剪股颖、多年生黑麦草、钝叶草
银元斑病	剪股颖、多年生黑麦草、钝叶草
镰孢霉枯萎病	早熟禾、假俭草
灰叶斑病	钝叶草
长蠕孢属病	冷季型草、狗牙根、结缕草
蛇孢壳菌属斑病	剪股颖
粉状霉病	草地早熟禾、细羊茅、狗牙根
腐霉枯萎病(脂肪斑、棉花状枯萎病)	剪股颖、多年生黑麦草、狗牙根
锈病	冷季型草、结缕草、狗牙根

2. 不同病害发生的外部条件不同，从中可有针对性进行防治(表 10-9-5)

草坪草病害发生的外部条件 **表 10-9-5**

病原体	温度(℃)	湿度	营养条件	管理缺陷
褐斑病	15.5～32	湿潮	氮过量	排水不良
银元斑病	21～27	干旱	少肥	枯草层厚
镰孢霉枯萎病	27～35	干旱	高氮	
灰叶斑病	21～29.5	湿潮	氮过量	排水不良
长蠕孢属病	春秋	湿潮	高氮	低剪
蛇孢壳菌属斑病	4～21	湿潮	低氮	盐碱地、枯草层厚
腐霉枯萎病	26～35	阴雨潮湿	高氮	排水不良
锈病	春秋	干旱	贫瘠	遮荫

3. 病害防治的主要途径

以上是常见真菌病害的发生条件及所危害的主要草种情况。通过病害表现去鉴定病害菌种，有时很难，甚至要请植保专家在实验室条件下进行。我们要做的是，通过致病条件分析，找到解决问题的办法。城市绿地条件下，按照养护规范一般不会缺肥、缺水，所以很少会发生缺肥、缺水引发的病害。从气候条件看，引发病害的高温和高湿是养护中难以操控的，需要通过养护管理努力化解，最后防线是药物防治。其中高氮引发病害要通过养分管理解决，厚的枯草层要通过复壮去处理。

（二）预防为主、综合防治的技术措施

1. 选择抗病草种及品种

（1）华北地区，选择抗病性较强的暖季型草，如野牛草、结缕草和当地乡土草种冷季型的羊胡子草，在北方地区很少生病。冷季型草的抗病表现顺序为：羊胡子草(大、小)＞高羊茅＞多年生黑麦草＞草地早熟禾＞剪股颖。在购买冷季型草籽时应选择抗病性强的品种。选择多个抗病性品种进行组合混播也是很好的措施，单一品种草会毁掉整个草坪。

（2）江南，应选择抗病性较强的结缕草、地毯草、假俭草及黑麦草、高羊茅。最常用的选择是采用黑麦草和结缕草混播建植，既可达到冬夏常绿的效果，又能提高整体草坪的抗性。

（3）岭南，应选择假俭草、地毯草、竹节草、双穗雀稗等。

2. 改善草坪营养环境

健壮的草坪可以抵御任何草坪病害，合理的养护措施是病害防治的关键。

（1）规范播种量、控制草坪密度。播种量过大，草坪过于稠密，争肥争水，不通风透光，草苗瘦弱，抵御病害能力下降。尤其是草皮卷生产者不规范的播种量是造成草卷建植草坪寿命短的直接原因。草坪过密，枯草层(死根、叶)形成过快，为病原体提供了食物和繁衍地。过厚的枯草层消弱了草坪生长势，应及时打孔覆土复壮。

（2）规范修剪、通风透光。修剪可以使草高整齐一致，更重要的是通过适时修剪，尤其是匍匐茎发达的草种的修剪，可使草坪通风降湿、透光杀菌。为避免病害发生，修剪作业应注意的问题如下。

1）剪草刀具不锐利，造成伤口创面过大，创面将不容易愈合，是引发病害的因素。

2）夏季病害高发期应减少修剪次数，减少真菌侵染的机会。

3）修剪不当，修剪高度过低，会造成生长势衰弱，极易引发病害。

4）修剪带病草叶应全部清除、销毁。剪草机具彻底消毒。

（3）夏季水肥管理技术要求：

1）夏季是病害高发期，入夏之后应控水，掌握见湿见干的原则，控制土壤含水量。雨后应及时排水。

2）休眠期的冷季型草坪一定要控肥，避免高氮环境。夏季草坪高氮环境给真菌滋生提供了养分条件，容易引发疾病。

3）暖季型草坪要求在夏季适当地施肥，这是增强草坪抗性的必要措施。

4）草坪施肥应均衡氮磷钾比例，应施用复合肥或专用草坪肥，其中含钾量至少是氮素的1/3，有助于增加抗性。草坪土壤养分瘠薄，施肥量又少，生长势弱，也会引发银元斑病、锈病等病害。

3. 控制致病环境

高温和高湿两者结合是真菌繁衍的必要条件，在高温难以操控的条件下，严格控制环境湿度是防病的技术关键。对于冷季型草，进入夏季，在夜间气温超过20℃情况下，严格控制环境湿度。严禁在阴天和傍晚进行草坪灌水作业，尤其是喷灌，叶子、茎干及地面水湿是真菌蔓延的最佳途径。

（三）草坪病害的药物防治

1. 药物防治机理

草坪养护中，药物防治病害是必要手段。杀菌剂按功能机理可分为保护剂和治疗剂。保护剂在草坪未发病前施用，消灭病菌或阻止病菌侵染。治疗剂在草坪染病后施用，以内吸形式进入植物体内，起到杀菌作用。

杀菌剂又可分为触杀型和内吸型两种。触杀型杀菌剂常作为保护剂，防治病的初发，阻止病菌蔓延。可有效地防治叶、茎表面真菌，不能杀灭组织内部真菌。触杀型杀菌剂有效期较短，通常为几天到两周。雨水可破坏其杀菌作用，剪草也会破坏其作用的发挥。内吸型杀菌剂有效期较长，多为3～6周，原理是，药剂可通过根吸收，通过组织转移到全株，阻止病原体蔓延，可治愈有病的植株。

2. 药物防治的技术要求

（1）以预防性施药为主。药物防治应从草坪建植开始。草籽经常会携带病原，播种前应进行种子消毒。种子消毒常用0.01%～0.03%纯粉锈宁拌种。土壤和肥料消毒常用50%多菌灵、70%敌克松、50%五氯硝基苯，每亩1.5～2.5kg。幼苗的保护：小苗出土后10天左右施药一次，遇高温、高湿季节5～7天开始打药，成苗后恢复常规养护。

按草坪病害发生的规律，提前施药，进行主动预防。注意观察疫情发生，在病害初期进行防治，控制疫情蔓延，把损失减到最小。

（2）农药剂型选择。按防治目的选择内吸型或触杀型。不能确定病原时，应选择适用范围广的杀菌剂或使用两种杀菌剂。尤其为内吸型杀菌剂，长期使用会产生抗性，应轮换应用不同杀菌剂。

（3）按药剂使用说明实施，药液浓度、施用量要规范。喷洒雾化好，喷布均匀，叶正反面尽可能都要喷到。施药应遵循先低浓度、后高浓度的原则。

（4）当夜间温度超过20℃，为控制真菌蔓延，开始保护性施药。用作保护剂的触杀型杀菌剂一般干燥天气10～15天施药一次；中到大雨后立即施药；连续大雾4天施一次。

（5）内吸型杀菌剂多数是经过根进入植株的，施药后须灌水，有助于根对药剂的吸收。对已经生病的草坪进行抢救，4～5天施一次内吸型农药。

3. 常用药剂

（1）以预防为主的保护剂：也称为接触型（触杀型），如百菌清、代森锰辛、福美双、克菌丹、敌菌灵。常用75%百菌清可湿性粉剂500～1000倍，80%代森锰辛可湿性粉剂400～600倍。

（2）治疗剂：属内吸型，如敌克松、苯菌灵、代森锌、甲基托布津、乙基托布津、粉锈宁。

常用50%多菌灵可湿性粉剂800～1000倍，70%托布津可湿粉剂500～800倍，25%粉锈宁可湿性粉剂1200～1500倍。

4. 药物防治和其他作业合理安排

先修剪，清除病叶后，进行施药作业。叶面喷药后不能紧跟着浇水，尤其不能用喷灌。

在开放草坪喷洒农药时，要注意做好有效的安全措施，防止游人发生中毒事故。

5. 药物防治具体实施及安全操作要求详见第十一章。

（四）草坪虫害防治

1. 虫害防治原则

草坪植物的虫害，相对于草坪病害来讲，对于草坪的危害较轻，也比较容易防治，但如果防治不及时，亦会对草坪造成大面积的危害。按其危害部分的不同，草坪害虫可分为危害草坪草根部及根茎部的地下害虫和危害草坪草茎叶部的地上害虫两大类。叶部害虫通过修剪结合喷洒杀虫剂进行处理，防治相对简单。比较难的是地下害虫，如蛴螬、线虫、蝼蛄的防治。地下害虫常用局部(危害区)灌药方法解决。

虫害对草坪的威胁关键在于虫口密度，小的虫口密度对草坪不会产生危害，常被人们忽视。园林绿地草坪治理虫害的原则是尽可能不用农药治虫，尽可能地减少农药对环境的污染、对游人的伤害。在非常有必要使用农药治虫时，应选择游人稀少的时候，采取有效的安全措施。

各种虫害具体防治技术要求，详见第十一章。

2. 各地主要虫害

(1) 岭南地区草坪常见的虫害：

地下害虫：①蛴螬类；②蝼蛄；③蚯蚓；④线虫。

地上害虫：①地老虎类；②黏虫类，在岭南地区主要危害对象是马尼拉草、细叶结缕草、海滨雀稗等草种；③斜纹夜蛾；④蝗虫。

(2) 江南地区草坪常见的虫害：蛴螬、象鼻虫、金针虫、地珠、蝼蛄、地老虎、蟋蟀、蚂蚁、蚯蚓、细毛蝽、稻绿蝽、赤须蝽、绿盲蝽、斜纹夜蛾、淡剑纹夜蛾、甜菜夜蛾、草地螟、黏虫、蝗虫、蚜虫、蜗牛、螨类等。

(3) 华北地区草坪常见的虫害：蛴螬、象鼻虫、蝼蛄、地老虎、黏虫等。

七、草坪更新复壮

（一）草坪复壮

草坪建植养护多年后会出现老化现象，表现为生长势下降，管理难度加大，景观效果降低。原因主要是草坪禾草自身生长过程使根部形成较厚的枯草层，俗称草垫层，由被更新的老根、根状茎、匍匐茎等木质化残骸组成。薄的枯草层是有益的，分解的有机质可给植物提供养分，为根提供水、气、温度条件，还能防止杂草萌生。一旦厚度超过1.3cm就会影响草坪的正常生长。厚的草垫本身保水保肥能力就差，会使根系和土壤隔离，致使草坪根系分布过浅而影响根对水肥的吸收，导致草坪草的生长质量下降。外部原因是人为践踏使土层板结，导致土壤透气性差。定时进行草坪的复壮是十分必要的。草坪复壮与更新的主要措施有打孔、疏草和覆土(沙)。冷季型草最好在夏末秋初进行，暖季型草在春末夏初进行。复壮就像动手术，对草坪有较大破坏作用，为使草坪很快恢复生机，应加强水肥管理。

1. 打孔

当草坪土壤出现板结、土壤的通透性下降时，应该进行土壤的打孔作业。打孔作业是通过打孔机来完成，打孔的直径为6～18mm，深度约为5～8cm，其间距为8～10cm。经过打孔，可使草坪留下一个个小洞，能有效地改善土壤的通气状况，促进草坪草根系的生长和对营养的吸收。打孔的草坪应湿润，有利于打孔机工作，打孔后立即覆肥土并灌水。

2. 疏草

疏草又叫垂直切割，一般通过疏草机来完成。疏草的程度可根据草坪草的密度和枯草层的厚度来确定。通过疏草，不仅可以把大部分的枯草和过密的草坪草疏走，还可以通过疏草机的刀具作用，划破草坪的表土层，从一定程度上改善土壤的保水和透气性能。垂直修剪应在土壤和枯草层相对干燥时进行，可减少破坏性和便于操作。

3. 覆土

在打孔和梳草作业的基础上进行覆土会有效改善土壤的透气透水性，增加土壤肥力。覆盖的基质一般要求具有良好的通透性和保水性，含丰富的有机质和肥分，覆土厚度约1cm。覆土作业一般在秋末和春末或疏草后进行。覆土，主要是覆沙，是专用草坪(果岭)管理中一项主要内容，是单独进行的。

（二）草坪修补

草坪修补也称为局部更新。由于自然条件伤害(水涝)及人为损坏，病虫的伤害等使草坪失去了完整性景观，给草坪的日常管理带来很大困难。必须对难以复壮的部分进行整理修补。

在华北地区冷季型草修补的最简单办法是用铲草皮机(小型)将破损范围清除，清理坪床，重新铺植健壮的草皮卷。每年天安门广场摆完花坛后，对毁坏的草坪都要例行修补。夏季病害严重的冷季型草坪，进入9月后，把受损的草坪全部清除，进行彻底的土壤消毒后，铺植健壮草坪卷，恢复景观。用草皮卷更新草坪成本高，但见效快。

南方草坪很多是暖季型草，如发现有成片斑秃或质量变差的地块，应针对具体情况制订修补计划。大多数暖季型草坪草依靠根茎或匍匐茎进行无性繁殖的能力很强，如狗牙根在适宜的温度、湿度和土壤条件下，日平均生长速度为0.9cm/d，高的可达1.4cm/d。因此暖季型草坪如在国庆或春节后、受损面积较大时，应采用草坪块移栽法修补，修补移植后应立即灌水，以利于其迅速恢复生长和覆盖地面。春季或“五一”期间，草坪开始进入生长期，发现难以恢复的斑秃，同样用草块补植。暖季型草坪，时间允许的情况下可在5～6月份用种子补播。对于过分板结的地段，应彻底清理和改良床土后补播草种或补铺草块进行修复。南方应用的冷季型高羊茅草坪的修补更新，应在早春或入秋利用播种完成。

复习思考题

1. 草坪质量主要表现在哪四方面?
2. 掌握本地区草坪养护质量管理分级标准。
3. 掌握草坪水分管理的指导思想。
4. 如何作好季节性水分管理?
5. 掌握不同灌水方式方法的技术要求。
6. 明确草坪养分管理的指导思想。
7. 掌握不同类型的草坪施肥技术。
8. 掌握草坪修剪的程序及技术要求。
9. 如何综合防治草坪杂草?
10. 如何综合防治草坪病虫害?
11. 掌握草坪更新复壮的程序及技术措施。

第十节　宿根花卉及地被的养护技术

宿根花卉是指植株的根部冬季宿存于土壤中，来年春季能够重新萌芽生长的多年生草本花卉。宿根花卉的日常养护和一般的植物相似，休眠期的管理是宿根花卉养护管理的重点。地被植物是指由一些低矮的灌木、小型藤蔓类、蕨类、匍匐性竹类植物和宿根草本植物组成，覆盖地面以防露土的植物群体。因为地被是以群体美观取胜的，所以一般均采用密植方式栽植。

一、宿根花卉的养护管理

（一）灌溉

宿根花卉虽然可以从天然降雨中获得所需要的水分，但是由于天然降雨的不均匀，常常不能满足宿根花卉的生长需要。特别是干旱缺雨的季节，对宿根花卉正常生长有很大的影响，因此灌溉工作是宿根花卉养护管理的重要环节。

灌溉用水以软水为宜，避免使用硬水，最好用河水、池塘水和湖水。井水温度往往和地面温度相差较大，一般应抽取存放一段时间后，再行使用；工业废水常有污染，对植物有害，不可利用。

宿根花卉幼苗期，因植株过小，宜使用细孔喷壶或雾状喷灌系统喷水，以免水力过大将小苗冲倒并玷污叶面。幼苗栽植后的灌溉对成活关系甚大，幼苗会因干旱而使生长受到阻碍，甚至死亡。一般情况下在移植后要随即灌一次透水；过 3～4 天后，灌第二次水；再过 5～6 天，灌第三次水。灌水完成后要及时松土。有些在盛夏易染病的宿根花卉应控制环境湿度。

（二）施肥

宿根花卉养护中养分管理可参考绿地养护一章。应强调的是宿根花卉属草本植物，比木本植物对肥料养分更敏感。宿根花卉和草坪也有区别，如果土壤养分不足、不全面，则会严重影响其开花，影响景观效果。

1. 基肥

基肥以有机肥料为主，常用的有厩肥、堆肥、饼肥、骨粉、动物干粪等。有机肥对改进土壤的物理性质有重要作用。通常宿根花卉堆肥施用量为 1～2.25kg/m^2。厩肥和堆肥常在整地时翻入土内，饼肥、骨粉和动物干粪可施入栽植沟或定植穴的底部。目前在宿根花卉栽培中也开始采用无机肥料作为部分基肥，与有机肥料混合施用。

2. 追肥

追肥是补足基肥的不足，以满足宿根花卉不同生长发育阶段的需求。常用的有化肥，最好施用复合肥，如泥炭土、饼肥(水)等。在生长旺盛期及开花初期，可在叶面喷施化肥，施用浓度一般不宜超过 0.1%～0.3%。叶面施肥常用的肥料有尿素、磷酸二氢钾、过磷酸钙等。

宿根花卉在幼苗时期的追肥，主要目的是促进其茎叶的生长，氮肥成分可稍多一些，繁殖生长期，应以施磷、钾肥料为主。宿根(球根)花卉追肥次数较少，一般只需追肥 3～4 次，第一次在春季开始生长后；第二次在开花前；第三次在开花后；秋季休眠后，应以堆肥、厩肥、豆饼等有机肥料，进行第四次追肥。

对于一些花期较长的宿根(球根)花卉，如美人蕉、大丽花等，在花期亦应适当给予追肥，以补充连续开花对养分的需要，以利于延长花期。

(三) 中耕除草

松土和除草是花卉养护的重要环节。种植土壤表层因降雨、浇水施肥等因素的影响，会逐渐板结而妨碍土壤的透水通气性能。松土的目的是为宿根花卉的根系的生长和养分的吸收创造良好的条件。松土的深度依宿根花卉根系的深浅及生长时期而定，以防伤及花卉根系。松土时，株行中间处应深耕，近植株处应浅耕，深度一般为 3～5cm。中耕作业、除草和施肥作业同时进行。

杂草和花卉争水争肥，严重影响园林景观，必须随时清除。按人工除草要求要做到除早、除小、除了，不留种子，不留后患。除草不仅要清除栽培地上的杂草，还应将附近环境中的杂草除净。多年生杂草必须连根拔除。最好不用化学除草，很少有专门保护宿根花卉的除草剂，而且对其他的园林植物威胁很大。此外采用“地面覆盖”，如草炭、塑料地膜等可防止杂草发生。

(四) 修剪整形

很多宿根花卉一般不用修剪，自然生长，不用人为控制。有一部分宿根花卉品种花叶并茂，枝条生长迅速、茂密，自然生长植株较高，下部枝叶枯黄，植株易倒伏、杂乱，可通过适当的低修剪使高度控制在适当的范围内，使枝叶细腻、花枝增多、花数增加、花期一致。有些花卉为了表现其独特的观赏特点，必须采取一些修剪措施。其修剪的手法主要是摘心、除芽、捻梢、曲枝、去蕾、修枝等。如菊花摘心可以使枝条充实；除芽的目的在于除去过多的腋芽，限制枝数的增加和过多花朵的萌发，使保留的花朵大而美丽；捻梢也是为了抑制新枝条的徒长，促进花芽形成；扭枝手法常用在立菊的整形时，把强壮直立的枝条向侧方压曲，弱枝则扶之直立；去花蕾是指除去侧蕾而留顶蕾，菊花、大丽花多用此法；修枝就是在宿根花卉开花后，对不具备观赏价值的残枝、残花、残果及枯枝、病虫害枝等剪除，从而改善植株的通风透光条件，减少养分的消耗。南方一些绿色期较长的宿根花卉到了秋季开始进入休眠阶段，秋季的修剪整形可以使植株减少养料消耗，促使翌年开花增多。

宿根花卉整形的形式一般有：单干式、多干式、丛生式、悬崖式等。整形的形式要根据宿根花卉本身的生物学特性以及观赏的需要而定。

1. 单干式

只留一个主干，不留分枝，如独头大丽菊和独本菊等。这种方法可将养分集中供给顶蕾，培养大而鲜艳的花朵，可充分表现品种特性。

2. 多干式

留主枝数个，每一枝干顶端开 1 朵花，开花数较多。如大丽菊、多头菊、牡丹等。

3. 丛生式

通过植株的自身分蘖或生长期多次摘心修剪，促使发生多数枝条。全株成低矮丛生状，开花数多。如早小菊、棣棠等。

4. 悬崖式

使全株枝条向同一方向伸展下垂，有些可通过墙垣或花架悬垂而下。多用于早小菊类品种的整形。

（五）防寒越冬

宿根花卉防寒越冬是一项保护措施，保证其越冬存活和翌年的生长发育。宿根花卉适应性较强，如萱草、玉簪、菊花、牡丹、月季等都可在露地条件下安全越冬。但也有一些花卉如大丽菊、美人蕉、菖兰等虽有一定的御寒能力，但不耐低温，冬季就应加强防护。防寒对于宿根花卉讲，就是有针对性地保护其根茎生长点和那些蘖芽。

防寒方法很多，常见应用的主要方法有以下几种：

1. 覆盖法

在霜冻到来前，在地面上覆盖干草、落叶、泥炭土、蒲帘、塑料膜等，直到翌年春晚霜过后去除覆盖。

2. 培土法

有些花卉在冬季来临时，地上部分全部休眠，但根茎生长点还在缓慢生长，如芍药、牡丹、八仙花等。可在这类花卉根部周围培土，起到保温、保墒作用。

3. 灌水法

秋季浇灌冻水，保护根茎越冬。早春提早浇灌返青水，防倒春寒，既可保墒又可提高地温。

4. 保护地越冬

有些球(块)根类宿根花卉如大丽菊、菖兰、美人蕉等在冬季土温降至0℃以下时，地下根茎部分会被冻伤。常用做法是掘出，放入低温冷窖或室温下保存，用木屑、沙、草炭等通气基质堆放保持一定潮湿度，贮藏于5～10℃的温度环境下越冬。

（六）病虫害防治

1. 病害的防治

宿根花卉属草本植物，在栽培过程中，容易遭受多种真菌病的危害，影响花卉的正常生长和景观效果。病害的防治关键是加强栽培管理，提高花卉本身的抗性。宿根花卉的病害，一般由真菌引起，和草坪病害防治一样，避免高温、高湿等致病条件，如保持场地阳光充足、空气流通等。如果花卉病害发生，应立即隔离栽培并喷施农药，防止病害蔓延，将病株或发病枝叶销毁。

具体病虫害防治，见植保章节。

2. 病毒病防治的综合措施

宿根花卉病毒病很普遍，危害也严重。它能危害多种宿根花卉，例如水仙、兰花、香石竹、百合、大丽花、郁金香、牡丹、芍药、菊花、唐菖蒲、非洲菊等。病毒侵染后引起叶片上轮廓不清晰的褪绿斑驳、局部组织或器官变形。叶脉生长受抑制，叶片变皱，叶缘向上或下卷；严重者心叶畸形、内卷呈喇叭筒状，植株矮缩，不开或很少开花，花朵变形、变态，影响或失去观赏价值。宿根花卉病毒病的防治到目前为止，国内外尚未找到一种彻底而有效的治疗方法，因此需采用以预防为主的多种措施进行综合治理，才能取得较好效果，控制其发展，减轻其危害。其主要措施如下：

（1）选用耐病和抗病优良品种，是防治病毒病的根本途径。在种植前，必须严格挑选无毒繁殖材料，如块根、块茎、鳞茎、种子、幼苗等。

（2）铲除杂草，减少病毒侵染来源。

（3）适期喷洒40%氧化乐果乳剂1000～1500倍液，消灭蚜虫、叶蝉、粉虱等传毒昆虫。

（4）发现病株，应及时拔除并销毁。接触过病株的手和工具，要用肥皂水洗净，预防人为地接触传播。

（5）加强栽培管理，注意通风透光，合理施肥与浇水，促进花卉生长健壮，以减轻病毒危害。

（6）和草坪不同的是，宿根花卉虫害的综合防治不能通过修剪清除一部分茎叶上害虫，主要用农药除虫或用生物法防治。

具体防治方法可参照第十一章。

二、地被植物的养护管理内容

（一）地被植物的水分管理

地被植物水分管理内容和宿根花卉基本相同。其特点是，地被一般都抗旱性较强，需水量相对较小。种植密度很高的草本地被植物及叶质薄、叶面积大、蒸腾量大的品种，适当加大灌水量，要求一次性浇透。雨季涝洼地积水应及时排除。

（二）施肥

对观花地被植物，应施复合肥或加施磷钾肥。单纯观叶的地被植物，施肥量可以减少，避免因徒长而增加管理难度。常用的施肥方法有喷施法，该方法操作简便，适合大面积使用，可在植物生长期进行，以增施稀薄的硫酸铵、尿素、过磷酸钙、氯化钾等无机肥为主。有时亦可在早春和秋末或植物休眠期前后，采用撒施方法，结合覆土进行。此外还可以因地制宜，充分利用各地的堆肥、厩肥、饼肥、河泥及其他有机肥源。必须注意的是，所有堆肥必须充分腐熟、过筛，均匀撒施。

（三）修剪

一般低矮类型的地被品种，不需经常修剪，以粗放管理为主。但对于开花地被植物，少数残花或花茎高的，须在开花后适当压低，或者结合种子采收适当整修。地被中有一部分品种花叶并茂，但自然生长的植株和花梗较高，如鸢尾类、玉簪类、萱草类、薄荷、藿香蓟等，植株和花梗可达 0.5m，下部叶易枯黄，可适当摘除老叶。有些木本地被，如金边六月雪、金丝桃、绣线菊、紫叶小檗、水栀子、紫金牛等，密植成片，当地被应用，可通过枝条的短截来控制过高生长。一般一年中修剪 2～3 次即可。以藤木作为地被种植的，如常春藤、地锦等，每年春、夏进行两次摘稀，清除过多枝叶，避免匍匐枝堆积，有利于通风透光。

（四）更新补缺

在地被植物生长过程中，常常由于各种不利因素，使成片的地被出现衰老和死亡。除了有些品种具有自身更新能力外，一般均需要从观赏效果、覆盖效果等方面考虑，在必要时进行适当的调整和更新。特别一些观花类的多年生地被如酢浆草、鸢尾、萱草等，会随生长期延长、大量分蘖造成营养空间减少，发生自然衰退现象，应每隔 3～5 年进行翻耕，重新分栽，并施足基肥，促进萌发新根、复壮生长。早春开花的在去年秋季进行，夏秋开花的在早春进行。在地被植物大面积栽培中，最怕出现部分死亡形成的空秃现象，破坏景观效果。一旦出现空秃，应立即检查原因，加强养护，如属人为踩踏死亡应考虑设置护栏，对空缺处进行同品种规格补栽，以恢复景观。

（五）病虫害防治

地被植物大多对病虫害的抵抗力较强，一般在地被群落中尚未出现严重病虫害侵袭。但也有一些值得引起重视的病虫害要加以防范。大面积地被植物栽植，在南方园林绿地最容易发生的病害是立枯病，能使成片的地被枯萎。如病情发生，应采用 200～400 倍的 50%代森铵溶液喷药或浇灌，阻止其蔓延扩大。其次是黄化病，属生理性病害，在未经改良的碱性土壤上种植酸性地被植物，出现叶子黄化的情况较多，黄化不仅影响观赏，严重时还会出现成片死亡。预防的方法是在种植地被之前，在土壤中要多施有机肥，以降低土壤 pH 值，提高土壤有机质含量和肥力；在日常养护中采用磷酸二氢钾溶液和腐熟的豆饼、青草、硫酸亚铁浸泡混合液交替喷洒的方法可控制黄化病的发生或扩散。其他如灰霉病、煤污病、白绢病等，多由环境阴湿、排水不畅、雨季温暖多雨引起，这些病害会严重影响地被的观赏效果。具体防治方法见第十一章。一旦发生病害应拔除病株，集中烧毁，并用 70%的五氯硝基苯药土每亩 1～2.5kg 加适量细土拌匀消毒。南方酸性土壤环境，其周围可撒施石灰粉及草木灰等进行预防，在发病区喷施 1%波尔多液或 0.3Be 石硫合剂防治，也有一定的预防效果。

地被植物最易发生的虫害是蚜虫、红蜘蛛等。虫情发生后应对症下药，及时用 100 倍的 50%的杀螟松乳剂、2000 倍的氧化乐果或 40%的乙酰甲胺磷乳剂，均可防治。地被植物虫害防治主要是在于观察虫情，一旦发现便及时防治，则可预防发生严重后果。

三、露地花卉花期控制技术

(一) 催延花期的意义

在园林环境中栽植的花卉植物，常需要在一些特定的节假日盛开，这就需要人为地控制花期。控制花期有抑制(推迟花期)和促成(提早花期)两种手段。催延花期是园林绿化养护中常用技术，应用花期调控技术，可以增加节日期间观赏植物开花的种类；延长花期，满足人们对花卉消费的需求；提高观赏植物的社会价值和商品价值。

(二) 花芽分化的类型

只有了解了花芽分化的时期和规律才能更好地进行促成和抑制栽培。在此，简单介绍花芽分化的类型。

1. 夏秋分化型

花芽分化一年一次，于 6～9 月高温季节进行，至秋末花器的主要部分形成，越年早春或春天开花。但其性细胞的形成必须经过低温。许多木本类的花卉，如牡丹、梅花等，都属于此类。球根花卉的花芽分化也发生在夏秋高温季节。秋植球根花卉在夏季高温季节进入休眠状态，花芽分化正是在休眠期进行。春植球根花卉则在夏季生长期进行花芽分化。

2. 冬春分化型

原产于温暖地区的某些草本花卉及一些园林树种多属于此类，特点是分化时间短并且连续进行。如柑橘的花芽分化在 12 月至次年 3 月完成。一些二年生花卉和春季开花的宿根花卉仅在春季温度较低时进行。

3. 当年一次分化的开花类型

一些当年夏秋开花的种类，在当年枝的新梢上或花茎顶端形成花芽。如紫薇、木槿、木芙蓉以及夏秋开花的宿根花卉如萱草、菊花、蜀葵、大花秋葵等。一年生花卉的花芽分化时间较长，只要在营养生长达到一定的程度时，即可分化花芽而开花，播种期的早晚和生长的情况决定一年生花卉花期。

4. 多次分化类型

一年中多次发枝，每次枝顶均能形成花芽并开花。如月季、茉莉、倒挂金钟、香石竹等四季性开花的花木及宿根花卉，在一年中都可以多次分化花芽。

5. 不定期开花类型

每年只分化一次花芽，但无一定时期，只要达到一定的叶面积就能开花，依植物体自身养分的积累程度而异，如凤梨科和芭蕉科的某些种类。

（三）催延花期的几种常用技术

1. 温度处理催延花期

在日照条件及水肥条件满足的前提下，温度就成为影响开花早晚的主要控制因素。人为创造满足植物的开花温度条件，即可达到控制花期的目的。

（1）升温调节法：冬春寒冷季节，增加温度可阻止一些热带花卉植物进入休眠，防止其受冻害，并提早开花。如牡丹、杜鹃、瓜叶菊、绣球花等经加温处理后，能提早花期。元旦和春节的时令花卉都是通过温室增温促成开花的。“五一”开花的月季，北京地区可自 2 月上盆，开始在一般的保护地(塑料棚)养护，4 月上中旬即可出现花蕾，供春季绿化施工选用。

（2）降温调节法：

1）降温延缓休眠期。球根花卉除少数几个品种外，绝大多数品种均需在花芽发育阶段低温处理，才能提前开出高质量的鲜花。冷藏处理首先应根据各类球根花卉特点与处理目的，选择最适低温；利用低温使花卉植株产生休眠的特性，一般在 2～4℃低温条件下，大多数球根花卉的种球可以较为长期贮藏，以推迟花期。当需要开花时，进行促成栽培，即可达到控制花期的目的。降温可以推迟木本植物休眠期，如北京早春 4 月上中旬正常开花的连翘、榆叶梅、碧桃等，在秋季落叶后上木桶运到昆明，放入 0℃以下的冷库中，3 月份转入 0～5℃的低温保鲜库，4 月上旬放入自然光照中，正赶上昆明世博会“五一”节开花。

2）降温延缓生长期。荷花玉兰正常花期在 6 月中下旬，如要推延花期至“十一”，可以在 6 月中旬将有花蕾的植株放在 2～4℃的冷库中，在“十一”前半个月移出冷库，则可在“十一”开花。

3）降温促花芽萌动。有些植物花芽形成后要经过适当的低温，促进花芽萌动。桂花在天气凉爽的秋季开花，尤其是夜温对其开花影响较大，在花芽形成后连续给予夜间 18℃的低温，4～6 天则花芽萌动而开花。

2. 光照处理

利用植物对光照的反应控制花期。

（1）利用光照长短方法，控制花期。

对于一些短日性植物如菊花、蟹爪兰、一品红等，其正常花期为 11～12 月份秋冬季节，此间自然光照时间较短，如果要“十一”盛开，则需提前进行短日照处理，在保护地每天从下午 5 时至次日上午 8 时进行遮盖黑布暗处理。早花品种的菊花需提前 50～70 天，一品红单瓣品种 45～55 天，重瓣品种 55～65 天，叶子花 45 天，蟹爪兰 50 天即可开花。

遮光处理要注意以下几点：①遮光必须严密，如有漏光则达不到预期效果；②遮光必须连续进行，如有间断则前期处理失去作用，例如一品红经过处理后苞片开始变红，如果此时中断处理，则苞片又返回到绿色状态；③遮光处理时温度不可高于30℃，否则开花不整齐；④遮光处理时应按照正常栽培管理给予适当的水肥。一品红、叶子花处理时间不可过早或过迟，过早则“十一”时花色不艳，过迟则开不了花。

菊花的短日照处理和长日照处理在切花生产中常被应用。如推延菊花花期，可在自然短日照期，即9～10月份夜间给予间断光照，令其难以形成花芽，每天补光6小时，则花期可以推迟至元旦。但此间白天必须保证15～20℃以上室温。一般灯泡安置在花卉上方1m处，100W灯泡有效光照面积为$4m^2$左右。采用短日照处理的植株要求生长健壮，处理前停施氮肥，增施磷、钾肥。

(2) 利用日夜倒照的方法，使昙花白日开花。

昙花为夜间开花的植物，如果在花蕾形成后，开花前4～6℃，白天将昙花遮光处理保持黑暗，夜间给予$100W/m^2$的光照，则昙花可以在白天开花。

3. 利用繁殖期控制花期

通常情况下，一二年生草本植物都有相对固定的生育期，即从播种到开花的时间是相对稳定的，可以根据生育期的长短，确定播种或扦插时间。如一串红的生育期为90天左右，万寿菊的生育期是75天左右。因此“十一”摆放的一串红一般在5月底或6月初播种，万寿菊在6月中下旬播种。考虑到冬季阳畦的温度低，“五一”用的花坛花卉可以适当早播种，矮牵牛、一串红于12月在温室播种和养护，三色堇于10月底在冷室播种，阳畦养护。不同种类或品种其生育期长短不一样，花卉种子经销商会在商品说明上给予介绍。

球根花卉如郁金香、风信子、百合花、唐菖蒲等多在冷库中贮存，冷藏时间满足花芽完全成熟后，从冷库中取出种球，放在高温环境中进行促成栽培。从种球发芽至开花所需日数常为定数，不同品种天数不同，种球经销商会为用户提供技术指导。

4. 控制营养生长的措施来控制花期

当年形成花芽并开花的花卉，在营养供应(水、肥、光照)充分条件下，从萌芽、展叶、抽枝到顶端形成花芽，时间相对稳定。根据这一规律进行花期控制。主要做法是修剪与摘心。

(1) 修剪控制花期：主要针对木本花卉当年形成花芽的树种。

需要月季“十一节”开花，则当年的8月15日左右，在适宜的枝条上选饱满芽，进行短截修剪，加强肥水管理即可。

紫薇、木槿、珍珠梅通过花后修剪可形成二次花。

(2) 摘心控制花期：主要针对草本花卉。一串红必须进行适时摘心促使其枝冠丰满，需使一串红“十一节”开花，需提前26天停止摘心。早小菊不同品种分别在6～7月进行最后一次摘心，则“十一节”可以开花。天竺葵、金盏菊等开花后修剪可以择期陆续开花。

5. 植物生长调节剂控花法

(1) 促进开花：赤霉素可促进矮牵牛等长日照花卉在短日照条件下开花。赤霉素可代替低温处理，打破休眠，促进开花。如用100mg/L赤霉素每周喷洒杜鹃1次，连喷5次，可有效控制杜鹃花不同花期达5周，并保持花大色艳。此外，萘乙酸(NAA)，2，4—二氯苯氧乙酸(2，4—D)、苄基腺嘌呤(BA)、矮壮素、丁酰肼、乙烯利等均有打破花芽及贮藏器官休眠的作用。

(2) 利用植物生长调节剂延迟开花或延长花期已广泛应用于木本花卉植物中。如用1000mg/kg丁酰肼(B_9)喷洒杜鹃蕾部，可延迟杜鹃开花达10天；采用萘乙酸及2，4—D处理菊花，也可延迟花期，达到调控花期的目的。

复习思考题

1. 掌握宿根花卉养护管理的技术措施。
2. 掌握地被植物养护管理的技术措施。
3. 掌握露地花卉花期控制的常用技术。

第十一节　绿地养护年阶段划分和养护工作内容

一年之中园林植物生长有它特定的规律性，不同的树种又有特定的生长规律。针对本地区生态环境特点和所针对的园林植物材料及病虫害的不同种类，制订较详细的养护管理阶段计划，可以有针对性地指导本地区的绿地养护工作。

一、华北地区全年养护管理工作

(一) 阶段的划分

(1) 冬季阶段：12月至次年1、2月份。冰封大地，树木休眠期。

(2) 春季阶段：3、4月份。大地回春，各种树木陆续发芽、展叶，开始生长。

(3) 初夏阶段：5、6月份。气温迅速上升，树木大量生长。

(4) 盛夏阶段：7、8、9月份。高温多雨，正是树木生长的时期。

(5) 秋季阶段：10、11月份。气温较低，树木陆续准备休眠了。

注：为了安排工作计划的需要，可以把12月份和1、2月份单独分开划分。

(二) 各阶段树木养护管理工作的主要项目

1. 冬季阶段：12月至1、2月份

(1) 整形修剪：各种树木除常绿树和一些不宜冬剪的树木，应在休眠时期作一次整形修剪。

(2) 防治病虫：用挖虫蛹、刮树皮等方法消灭各种越冬虫源。有一些农药如石硫合剂可在冬季自己制作。

(3) 积肥：利用冬闲时期应大搞积肥。

(4) 积雪：下大雪后应及时堆在树根上，以增加土壤水分，对安全越冬和次年生长大有益处。但必须注意千万不可堆放施过盐水的雪。

(5) 维护巡查：加强树木的看管保护，以减少人为破坏。做好防火工作。

(6) 检修机械：对养护管理工作中所需用的机械、车辆、工具检修保养。

(7) 做好春季绿化工程准备工作。

2. 春季阶段：3、4月份

(1) 灌水：北方地区冬春干旱多风沙，蒸发量很大，而树木发芽须大量水分，土壤解冻后应及时灌返青水。

(2) 施肥：凡有条件的应于树木萌芽前给树木施用有机肥料，以改善土壤的营养条件，保证树木生长的需要。

(3) 病虫防治。

(4) 修剪：在冬季整形修剪基础上进行复剪，并适时剥芽、去蘖。

(5) 拆除防寒物。

(6) 补植缺株。

(7)维护巡查，做好防火工作。

3. 初夏阶段：5、6月份

(1) 灌水：在缺水的年份对绿地进行水分补充。

(2) 病虫防治。

(3) 施肥：正值树木及花草旺盛生长期，对缺肥地块进行追施化肥。

(4) 修剪：以剥芽、去蘖为主，春季开花树木在花后修剪。

(5) 除草：成片绿地应在雨季前将野草除净。

(6) 维护巡查。

4. 盛夏阶段：7、8、9月份

(1) 病虫防治。

(2) 中耕除草。

(3) 施肥：除氮肥外，根据需要追施磷、钾肥料。

(4) 汛期排水防涝，要组织抢险队伍及时处理可能发生的紧急情况。

(5) 修剪：雨季前将过于高大的树冠，适当疏稀、截短，可增强抗风能力。配合架空线(特别是电力电源线)修剪，国庆节前对绿篱进行整形修剪。

(6) 扶直：汛期对发生倒歪倾斜的树木及时扶正，必要时应设支撑。

(7) 维护巡查。

(8) 补植常绿树：可利用雨季补植常绿树、竹子等的缺株。

5. 秋季阶段：10、11月份

(1) 灌冻水：落叶后到土壤封冻前灌足水，水后及时封高堰。

(2) 防寒：不耐寒树种，冬季需采取不同措施防寒，以保安全越冬。

(3) 施底肥：落叶后、封冻前施有机肥作底肥。

(4) 病虫防治。

(5) 补植缺株：以耐寒乡土树种为主，进行秋季植树。

(6) 维护巡查，做好防火准备工作。

二、江南地区全年养护管理工作各养护作业月历

(一) 树木养护工作月历

长江以南、南岭以北、云贵高原以东的这一地区为江南地区。江南地区气候特点为四季分明、气候温暖、降水丰富，年平均气温 15～17℃。1月份平均温度在 4℃以下，7月份平均温度可达 28℃以上。初霜 11 月上旬，终霜 3 月中旬，无霜期 230～260 天。四季分明，年降水量 1100～1600mm，以春雨、梅雨和台风雨为主。常年梅雨量 350～550mm，约占全年的 25%～31%，这对各种园林植物的生长十分有利。同时，由于季风强度出现的时间年际变化较大，也会出现旱、涝、洪灾、高温、低温等自然灾害。我们据此定出树木

养护工作月历如下。

1月份：江南地区天气寒冷，干燥，常有冰冻和雪，雨水较少。此时天气寒冷，土壤封冻，露天树木处于休眠状态。

(1) 整形修剪：冬季落叶树停止生长，这时修剪养分损失少，伤口愈合快，可全面展开整形修剪作业。常绿树虽冬季为其休眠期，但剪去枝叶有冻害的危险，故不宜在此阶段作修剪。对松柏类树木，只剪干枯枝、折损枝、严重病虫枝，剪口要稍离主干，且不宜一次修剪过多，防止流胶过多，影响来年树势。

(2) 清除积雪：再降雪期间要及时清除常绿树和竹子上的积雪，减少因积雪造成的折枝危害。

(3) 防治虫害：冬季是消灭园林树木害虫的有利时机。可在树下疏松的土中，挖虫蛹，挖早茧，刮除枝干上的虫苞，剪除蛀干害虫过多的枝杈并焚毁。

(4) 防火：江南冬季天气干燥，火灾隐患严重，必须加强对枯枝、枯叶的清理工作，全面做好防火工作。

2月份：气温较上月有所上升，开始缓慢回暖，但有时还会出现倒春寒，天气干旱，还常有大风和降雪，树木仍处于休眠状态。

(1) 修剪：继续进行栽种苗木的修剪，月底以前把树木冬季修剪作业完成。

(2) 除虫：同上月。

(3) 补苗：对于移栽后死亡的苗木，应选好相同品种规格的苗木，做好春季补苗的准备工作。

(4) 防寒补水：认真检查、及时修复、加固防寒措施。在小气候好的地区，对去年新栽苗木进行补水。

(5) 施肥：追施有机肥料，改善土壤肥力。

(6) 植树准备：做好春季植树的准备工作。

3月份：江南地区3月份的气候特点是时寒时暖，气候多变化；仍有春雪和低温晚霜现象发生。到3月中下旬，气温继续上升，树木开始萌芽。

(1) 补苗：3月12日为我国植树节，土壤解冻以后，组织好春季植树工作，同时抓紧清除死亡苗木，实施补栽。

(2) 施肥：土壤解冻以后，对应施肥的树木，施用基肥并浇水；并根据树木耐寒能力，分批撤除防寒设施。

(3) 修剪：在冬季整形修剪的基础上，对抗寒能力较差的树木进行复剪，并进行剥芽去蘖。

(4) 浇水：3月上旬，应给树木、草坪浇一次水。

(5) 防治病虫害：继续采用挖蛹等措施，为全年病虫防治工作打下良好基础。

4月份：天气开始转暖、潮湿、多春雨。气温继续上升，树木均萌芽、开花、展叶，开始进入生长旺盛期。

(1) 补苗：继续补苗，必须争取在萌芽前，全部完成补苗工作。

(2) 施肥：继续施基肥，至中下旬可追施速效肥。

(3) 修剪：对早春开花苗木，下旬开始进行花后修剪，做好修枝扫尾工作。

(4) 防治病虫害：仔细观察苗木虫害情况，灭虫于幼虫期。集中捕杀天牛，主要用毒棉签等封杀未羽化的天牛幼虫。

5月份：进入初夏，气候特点是天气暖湿，常有雷雨和连续阴雨天气，树木生长旺盛。

(1) 浇水：树木抽枝，展叶盛期，需水量大，应及时浇水。

(2) 施追肥：结合浇水，追施速效肥，或根据需要进行叶面喷施。

(3) 修剪：剪残枝，中旬以后时进入第一次抹芽阶段，对乔灌木进行剥芽，去除干蘖及根蘖；作好花灌木的花后修剪和灌木整形。

(4) 防治病虫害：及时做好园林植物病虫害的预测预报工作，做到治早治小，为全年降低虫害防治成本打下基础。刺蛾第一代开始孵化，但尚未达到危害程度，应根据实际情况作出相应防治措施。由蚧虫、蚜虫等引起的煤污病也进入了盛发期，在5月中、下旬可喷洒10～20倍的松脂合剂及50%三硫磷乳剂1500～2000倍用以防治及杀死虫害。

(5) 除草：在雨季来临之前，将杂草清除干净。

6月份：江南地区6月份气温高，日照长，经常出现35℃以上的持续高温天气，中下旬进入梅雨季节。到6月下旬夏至以后盛夏就要来临，气温将继续升高。

(1) 灌、排水：做好抗旱保苗工作，在高温干旱期内，要加强灌溉；大雨过后要及时排涝。

(2) 修剪：集中力量在下旬前将抹芽完成；在雨季来临前，疏剪树冠和修剪与架空线发生矛盾的枝条；做好球类、色块、绿篱的修剪工作。

(3) 植树：抓紧梅雨季节进行常绿树补植工作。

(4) 松土除草：及时对表土进行松土并同时清除杂草，防止草荒。

(5) 追施肥：鉴于城市环境卫生等原因，可使用复合化肥和菌肥，如必须施粪肥，应于夜间开沟施肥，并及时掩土。

(6) 防治病虫害：加强植物病虫害发生情况的检查工作，针对病虫害的发生情况及时进行药物防治。6月中、下旬，刺蛾进入孵化盛期，应及时采用50%杀螟松乳剂500～800倍液喷洒，或用复合Bt乳剂进行喷施；继续对天牛进行人工捕捉。

7月份：本月江南已进入盛夏，天气炎热，除中旬以后可能发生台风和局部地区雷阵雨外，晴热少雨，干旱常见。

(1) 视天气情况做好抗台、防涝和抗旱浇水、保苗工作。在台风来临前，要做好抗台支撑加固工作，并事先作好劳力组织、物资材料、工具设备等方面的准备。台风期应随时派人检查，发现险情及时处理。

(2) 结合松土进行除草、施肥、浇水，以达到最好的效果；后期应增施磷、钾肥，使植株健壮。

(3) 修剪：进行第二次抹芽，抽稀树冠防风，并及时扶正歪倒的树木。

(4) 防止病虫害：继续对天牛及刺蛾进行防治。防治天牛可以采用50%杀螟松1∶50倍液注射，然后封住洞口。蚜虫危害和香樟樟巢螟要及时地剪除，并销毁虫巢，以免再次危害。潮湿天气要注意白粉病及腐烂病，并及时采取防治措施。

8月份：天气炎热，仍有台风、暴风雨，但也常发生伏旱天气。

(1) 浇水：上中旬仍注意浇水抗旱，松土盖草保水。

(2) 修剪：完成第二次抹芽，除一般树木夏修外，要对绿篱进行造型修剪。

(3) 除草：杂草生长进入旺盛期，要及时除草，并可结合除草进行施肥。

(4) 防止病虫害：同7月份。

(5) 抗台风工作：对树木的背风面要加密支撑，适当修空树冠的迎风面，以减小风害。

(6) 巡查抢险：发现险情及时处理，对歪倒的树木进行扶直或主柱，对低洼积水处要及时排涝。

9月份：天气由炎热转为凉爽，白露前多“秋老虎”天气，白露后往往多秋风、秋雨、台风。

(1) 修剪：行道树三级分叉以下剥芽；绿篱造型修剪；及时清理死树。

(2) 施肥：对生长较弱、枝条不够充实的树木，追施一些钾肥和磷肥。

(3) 中耕除草：国庆节前全面松土并彻底消灭杂草。

(4) 防治病虫害：樱花、桃、梅等穿孔病进入发病高峰，可采用500%多菌灵1000倍液防止侵染。天牛开始转向根部危害，注意根部天牛的捕捉。做好其他病虫害的防治工作。

(5) 做好国庆节前花坛摆花及养护工作。

10月份：雨水显著减少，秋高气爽，多晴天，天气渐渐凉爽，有时有早霜。

(1) 植树：作好秋季植树的准备，本月下旬落叶树木发生落叶时，就可以开始栽植。

(2) 绿地养护：及时去除死树，及时浇水。对生长不良的草花要及时施肥。

(3) 防治病虫害：减少害虫越冬量；继续捕捉根部天牛，香樟樟巢螟也要注意观察防治。

11月份：本月中上旬天气与10月份相似，雨水显著减少，多晴天，有时会出现霜冻。

(1) 植树：作好乡土树种秋季补植，在土壤冰冻前完成。

(2) 翻土：对绿地土壤翻土，暴露并捕捉准备越冬的害虫。

(3) 浇水：在地面封冻前完成对土壤普遍充足的浇水灌溉；对新栽植树木每10天浇水一次。

(4) 防治病虫害：检查并消灭越冬虫苞、虫茧和幼虫。

12月份：天气渐冷，常有寒潮影响，多暴冷和霜冻天气。树木枝干停止生长且木质化。

(1) 施肥：对缺肥而生长较差的树木，落叶之后要在树木根部施肥；在香樟换叶前对那些有黄化现象的、枝条稀疏的苗木进行施肥，以“尿素＋硫酸亚铁＋水”实施浇灌处理。

(2) 防治病虫害：对树上过冬的虫卵或成虫要喷洒药剂，及时采取火烧或深埋处理有病虫的枝和叶，消灭越冬病虫。

(3) 防冰冻或大雪对树冠及竹梢的压折损伤，确保树冠的完好。

(二) 草坪养护作业月历

1月份：此阶段为暖季型草坪的休眠期，应注意防止火灾发生。

2月份：同上，如遇冬旱，则应适当补水，以促进草坪安全越冬。

3月份：对草坪中的低洼处用肥土填平。先将低洼草坪铲起，用肥土垫平，然后将草坪复原，并浇水、镇压。对土层板结的草坪，进行打孔作业。

4 月份：天气渐暖，暖季型草冬季休眠结束，开始进入复苏生长阶段，冷季型草开始萌发新芽。因此时南方人习惯外出踏青，为防止过度踩踏损伤嫩芽。应设置围栏保护。

(1) 施肥：对检查发现生长欠佳的草坪地块，如色泽失常，应增施追肥促进绿叶返青。施肥以复合肥为主。还可在叶面喷施营养液，促进吸收。

(2) 除杂草：对双子叶类杂草，如车前草、蒲公英等由人工除去。

(3) 修剪：4 月下旬起，江南地区大部分生长快的草坪种类，如黑麦草、狗牙根、地毯草等混栽草坪，均应开始第一次剪草。剪草时可配合梳草、打孔进行草坪清理。

(4) 浇水：春季气候干燥、风大、干旱、气温较高，应增加灌水次数。

5 月份：草坪植物开始进入旺盛生长时期，也是草坪定期剪草的起始期。由于各类草坪草品种不同，生长快慢差异很大，因此间隔的天数不应硬性规定。一般情况下，茎叶向上直立的如黑麦草、高羊茅草等比匍匐性的结缕草、狗牙根草等要间隔短一些。凡检查有锈病发生的草坪地块，应在锈病孢子扩散前及时喷射锈钠或石硫合剂，控制病情扩大。

6 月份：进入梅雨季节，暖季型草坪生长加快，此时须对草坪进行一次低修剪，使草坪保持良好的通风状态，低矮美观。因梅季多雨水，应预先做好排涝准备，注意防止草坪积水霉烂。如发现草坪因缺肥失色，应结合浇水施追肥。

在本月如发现草坪有过多的蚂蚁、蚯蚓拱掘土壤，应及时觅找蚁穴，倒入 1～2 汤匙的二硫化碳熏杀，或用敌百虫 1000 倍液将其毒死，或使用无毒害的青虫菌等生物性农药防治。

7 月份：天气持续炎热，草坪同上月一样，应进行常规的定期剪草。冷季型草适当高留，暖季型草可适当低剪。

继续做好夏季草坪抗旱浇水及防涝工作。

8 月份：盛夏是暖季型草坪的生长旺盛期，也是杂草旺长和最易产生病虫害的季节。因此清除杂草是主要工作。

(1) 对恶性杂草可采用喷洒内吸型除草剂的方法处理。

(2) 如需在暖季型草坪中复播冷季型草种，则可在本月下旬开始撒播草籽。撒播前应先将暖季型草坪剪低，冷季型草种混入沙土撒播后应及时使用“钉滚”耙松土壤，使播下的草籽落入土壤中，并及时浇水，促进草籽萌发。

(3) 本月份是使用除莠剂和施用氮肥的最后月份。

9 月份：自本月起，草坪已属于秋季养护时期，剪草间隔应适当延长，留草高度应比夏季升高。观赏草坪一般留草高度为 2cm，一般草坪留草高度为 3cm。

由于气温下降，草坪害虫如草地螟、蝼蛄、金龟子幼虫等开始活跃，应积极采取有效措施，防治病虫害。

本月中、下旬可进行修补草坪上凹凸不平、秃裸空白以及草坪切边等秋季管理工作。对所有草坪，均可在本月上、中旬使用“钉耙”清除垃圾及厚的碎草片，刺激分蘖和地下走蔓的发生。对经常踩踏板结发硬的地块，使用农业钢叉进行刺孔，深度应为 10cm 以下，并撒布一层配制的混合覆盖土，并用扫帚将叶片上的土粒扫掉。

在草坪上追施完全肥料或磷质肥料，以促进草坪草根群强大，增强其抗病能力和越冬能力。

草坪上如有鼠洞时，则需要捕鼠填洞，提高草坪平整和美观程度。

本月是建植冷季型草坪的最佳季节，可在本月份或下月初以播种草籽、铺草块等方法铺设新草坪。

10月份：正规的剪草工作在本月初结束，最后一次剪草时的留草高度应适当升高，以利草坪草正常越冬。

本月起可开始进行铺草块或草坪植生带方法建立新草坪。

11月份：本月天气变冷，气温明显下降，草坪到了准备越冬的阶段。虽然偶尔还会出现气温回升的小阳春天气，但总的趋势是下降的。此阶段草坪养护工作是一年中的关键时期，涉及草坪能否安全越冬、能否保证翌年正常返青、能否延长草坪的绿色期，因而需要做好细致的养护工作。为保证草坪的安全越冬，要做好以下几项工作。

(1) 梳、剪草：草坪在越冬前要进行适量梳草，使用梳草机去掉草坪中的干草、烂草、枯草。使用梳草机时应注意抬高机械高度，进行清理，并及时将清理出来的草装袋，运出现场。梳草可以使植株减少营养消耗，去除草坪上多余的杂物。在上述的工序完成后，选择天气晴朗温暖、土面较干实的天气，再适当增加一次剪草，此次剪草是全年的最后一次。冷季型草坪在本月中下旬修剪1次，具体时间需根据每年的天气情况和草坪生长情况来确定，但不宜太晚。修剪高度为3～5cm，修剪清扫后适当追施复合肥。

(2) 施肥：为了增加土壤的地力、肥力，需施部分有机肥，以保证草坪第二年的正常生长。有机肥肥效长、肥力持久、营养元素较全，能增加植物的抗逆能力，保证草坪安全越冬。

施肥的方法可采用撒施，施肥后立即进行喷灌，让肥料充分溶解。

为了增加植物根系分蘖，增强茎叶的抗性，也可给草坪增施一些磷、钾肥或缓释复合肥。

(3) 除虫：如果在草地上发现有蜗牛危害，要及时施药杀除。

(4) 清扫：为了保持观赏草坪的平整美观，应及时清除积存在草坪上的秋季树木落叶。

(5) 草坪建植：本月仍是使用铺草块建植新草坪的好季节，一般情况下，容易成活发根，有利于越冬。

(6) 工人培训：各绿化养护专业企业应充分利用冬闲，合理安排有关业务进修和培训工作，提高绿化养护工作人员的业务素质和水平。

12月份：本月江南地区已进入冬季，草坪逐渐进入休眠期，此时应彻底除杂草一次。如发现有蜗牛危害，可及时施药杀除。

注意潮湿地块及雨雪时土壤冻结情况，禁止在草坪上踩踏，否则会使草坪草受严重伤害。

冷季型草坪应在12月入冬前进行一次冬灌，有利于冬绿型草坪越冬生长。

(三) 地被养护工作月历

1月份：江南地区处于1年中气温最低的时期，绝大多数宿根地被处于休眠或半休眠状态。此时可对越冬地被酌施有机肥料，遇到过分干燥天气，春季开花和早春萌生的地被容易受冻，应选择晴天中午适当浇水。

2月份：夏季开花的宿根、球根地被需更新复壮的可在2月份至3月初将植株或地下部分挖起分株，栽植地松土、施基肥后，再重新种植。多余的可以扩大种植。对早春开花的地被如二月兰、水仙等施追肥。如气温回暖，可于下旬浇返青水。

春节前后公共绿地游人量多，要做好地被的围护和管理工作，以减少践踏造成的损失。

3月份：及时检查地被的春季复苏情况，适当浇水。控制游人入内，特别是春花地被要禁止游人踩踏。随着气温回升，注意及时施药，防止蚜虫、地老虎的危害。观叶地被开始萌发，可施春肥促使其生长，对4、5月开花的地被，及时施肥可促使花蕾的形成和发育。

葱兰、韭兰等球根、宿根地被植物分栽可在月初进行。地被的缺株要在中、下旬及时补种，以利于植株生长的一致。萱草等在叶萌动后要追肥催苗。

4月份：清明前后是地被返青的高峰，要注意防止游人入内践踏；松土除草、提高土壤温度和透气性。从4月份起，对观花地被每月追薄肥1～2次，以延长花期。

对有黄化现象的水栀子等木本观花地被，每两周进行磷酸二氢钾和矾肥水交替施肥1次，调整土壤pH值，一直坚持到8月份。

5月份：注意加强浇水施肥，使开花地被花蕾饱满。本月是蚜虫、红蜘蛛以及军配虫等病虫害普遍发生季节，应加强防治。

对春季开花地被植物进行花后植株整理，应及时采收地被植物成熟的种子，如二月兰等。种子采收后将地上部分植株拔去。不留种的应剪去枯萎的花蒂，并及时施肥以延长绿叶期；对秋天开花的地被植物要浇水施肥，使其花蕾饱满。

“五一”长假是春季游园的高峰，要加强管理，防止人为对地被植株的损坏。

6月份：江南地区全面进入梅雨季节，要注意病害的发生。每隔10～15天喷洒200倍波尔多液一次；加强防治蚜虫、红蜘蛛的危害；春季开花植物要施花后肥，为孕育明年的花蕾作准备。

继续采集春花种子，去谢花，保持地被群落的观赏效果。梅雨季节应注意地面排水。

7月份：中耕、除草、施追肥。干旱时要在早晚浇水或喷雾，提高空气湿度；天气炎热，应避免施用浓肥，可结合浇水酌施薄肥；继续防治蚜虫、红蜘蛛等病虫害。

对常春藤、过路黄、扶芳藤等枝蔓茂密的藤本观叶地被，可施用硫酸铵溶液，促进其生长。对金丝桃等枝叶稠密的灌木地被，进行枝条的抽稀，修剪内部的无用枝，以改善通风透光，减少内部枝叶的枯黄。

8月份：加强土壤和空气湿度的管理，平时要经常浇水和喷水；在暴雨和台风季节要开挖临时排水沟，以防积水；秋后对地被种植地进行土壤改良。

9月份：对秋花地被进行施肥；继续防治蚜虫等病虫害；适当进行植株整理，去掉破坏整体效果的过长、过高枝条，以保证地被整体效果；做好秋播地被苗期养护工作。

“十一”黄金周即将来临，要在月底对地被种植范围进行围护，以防游人进入践踏。

10月份：地被生长高峰已过，要对地被植物进行整理。修剪徒长枝、竖向枝可促使枝条开展，加大覆盖面；对春花宿根花卉地被进行分株、移栽。

“十一”黄金周是旅游高峰，游客密集，要加强园林管理力度，严格防止地被被践踏。

11月份：大部分地被植物开始进入休眠或半休眠，要施冬肥和秋花“花后肥”。霜降后萱草、玉簪、蕨类等宿根地被地上部分开始枯死，要清理枯枝黄叶并修剪地面枯黄部分，进行地被植物的种子采收。

12月份：本月江南地区已进入冬季，应在严冬到来之前，对一些易受冻害的地被植物提前做好防寒工作。可采用撒木屑、盖稻草、覆土、浇水等措施防寒；深翻施肥，促使翌年萌蘖粗壮。作好养护总结，制定下一年度的养护计划。

三、岭南地区全年养护管理工作

根据岭南地区的地理气候和环境条件以及树木生长的特点，养护管理工作可分为五个阶段。

第一阶段：12月、1月、2月。这段时间气温最低，有时出现低温湿雨，树木基本处于休眠期。主要养护管理工作有：对秋旱严重的树木加强淋水，改善树木生长环境的缺水状况；继续深施基肥，2月时对抽梢的树木施追肥、施花前肥并及时松土；对树木进行冬季常规修剪：在树木发芽前进行整形修剪，修剪主要对象是除了不宜在冬季修剪树种外的落叶乔灌木；病虫害的防治工作：结合修剪或人工摘除越冬虫卵、虫茧、虫囊，清除病虫枝叶，清除杂草和枯萎的乔灌木，消灭越冬病虫源，加强对白粉病、灰霉病和蚜虫的防治；抓紧时间检修保养各种园林机械设备和专用车辆，补充必要的工具；对耐寒性较差的树种采取适当的防寒措施，2月下旬可撤防寒设施。

第二阶段，3月、4月。气温开始转暖，地温逐渐升高，各种树木陆续萌动发芽，舒根展叶。主要养护管理工作是：追施有机肥提高土壤肥力，除草松土，浇返青水；还要对新发芽的树木进行剥芽处理；进行树木的补植、移植；对新植树木立支撑柱。开始对树木进行造型或继续整形修剪，修剪绿篱、对树冠过密的树木疏枝，剪去枯死枝和残花。继续对新植的树木立支柱、淋水养护。

这段时间也是病虫害和病菌的高发期，随气温回升，一些害虫开始活动，要加强病虫害的防治，如食叶性害虫、地下害虫、吸汁害虫等，应注意防治。加强对白粉病、苗木立枯病、灰霉病、草坪叶枯病、锈病的防治。此时为大多数蚧虫卵的孵化期，应及时对初孵若虫进行防治。还可用灯光诱杀天牛、地老虎等成虫。及早对螨类、木虱、夜蛾、毒蛾、刺蛾、斑蛾、天蛾等害虫进行防治。

第三阶段，5月、6月。节令已转入夏季，气温逐渐升高、晴天湿度下降。树木生长也转入旺季，新萌发的枝叶基本都已成熟，观花的植物也开始开花。主要养护管理工作有加强对新植树木的管理、修剪绿篱及春花树木花后修剪、除去绿地和树堰内的杂草。加强除草松土、施肥工作。病虫害的防治：蚜虫、叶蝉、蓟马、蚧虫、木虱、粉虱、网蝽、夜蛾、毒蛾、刺蛾、天蛾、粉蝶、凤蝶、叶螨等害虫进入危害盛期，要加强防治。用人工捕杀天牛成虫。金龟子进入危害期，可用灯光诱杀或用杀虫剂喷杀。防治木蠹蛾、天牛、红棕象甲、椰心叶甲等钻蛀性害虫。防治锈病、炭疽病、叶斑病等。6月份做好台风前的修剪和支撑工作。树木花后修剪以及植物的整形。

第四阶段，以7月、8月、9月。岭南地区进入酷暑高温、台风频发、雨量颇多的时节，主要养护管理工作是防台风和排涝工作。组织绿化树木防风抗灾抢险队，对树木进行强修剪、加固支撑保护支撑保护，增强树木的抗风力。修剪易被风折的枝条。对地势低洼的树木，特别是那些忌水淹的树种做好填坑、挖沟排水的准备工作。风雨过后加强巡查，及时处理被台风吹倒的树木。加强绿篱等的整形修剪。中耕除草、松土，尤其加强花后树木的施肥。防治病虫害：继续对叶螨、粉虱、木虱、蓟马、蚧虫、网蝽、夜蛾、毒蛾、刺蛾、天蛾、蝶类等害虫以及木蠹蛾、天牛、红棕象甲、椰心叶甲等钻蛀性害虫的防治。用灯光诱杀金龟子或用杀虫剂喷杀。防治炭疽病、青枯病、叶斑病、茎腐病、锈病等。

第五阶段，10 月、11 月。气候转入秋季，气温逐渐降低，树木也将进入休眠越冬。主要养护管理工作是做好树木的防寒工作，对不耐寒的树种分别采取不同防寒措施，确保树木安全越冬。对珍贵树种，古树名木或重点地块在树木休眠前后追施有机肥，增强这些树木越冬抗寒能力。秋旱严重地区加强树木的灌水。可开始进行冬季修剪并对乔木主干进行涂白，高度约为 1.0～1.5m。清理部分一年生花卉，并进行松土除草。防治病虫害：继续对叶螨、叶蝉、粉虱、木虱、蓟马、蚧虫、网蝽、夜蛾、毒蛾、刺蛾、天蛾、蓑蛾、枯叶蛾、蝶类等害虫的防治。防治木蠹蛾、天牛、红棕象甲、椰心叶甲等钻蛀性害虫。防治炭疽病、叶斑病、锈病、白粉病、灰霉病、青枯病等。

复习思考题

1. 全年绿地养护的各节段如何划分？
2. 掌握本地区各项养护管理作业的节段(季或月)内容安排。

第十一章　园林植物病虫害防治

第一节　园林植物病虫害防治概述

一、园林害虫概述

（一）害虫危害植物方式和危害性

1. 食叶

将园林植物叶片吃花、吃光，轻者影响植物生长和观赏，重者可造成园林植物生长势衰弱，甚至死亡。

2. 刺吸

以针状口器刺入植物体吸取植物汁液，有的造成植物叶片卷曲、黄叶、焦叶，有的引起枝条枯死，严重时使树势衰弱，可引发次生害虫侵入，造成植物死亡。刺吸害虫还是某些病原物的传媒体。

3. 蛀食

以咀嚼方式钻入植物体内啃食植物皮层、韧皮部、形成层、木质部等，直接切断植物输导组织，造成园林植物枯枝干杈，严重的，甚至整株枯死。

4. 咬根、茎

以咀嚼方式在地下或贴近地表咬断幼嫩根茎或啃食根皮，影响植物生长，严重时可造成植物枯死。

5. 产卵

某些昆虫在产卵时将产卵器插入树木枝条产下大量的卵，破坏树木的输导组织，造成枝条枯死。

6. 排泄

刺吸害虫在危害植物时的分泌物不仅污染环境，而且还能引起某些植物发生煤污病。

（二）检查园林植物害虫的常用方法

1. 看虫粪、虫孔

食叶害虫、蛀食害虫在危害植物时都要排粪便，如槐尺蠖、刺蛾、侧柏毒蛾等食叶害虫在吃叶子时排出一粒粒虫粪。通过检查树下地面上有无虫粪就能知道树上是否有虫子。一般情况下，虫粪粒小则虫体小，虫粪粒大说明虫体较大；虫粪粒数量少，虫子量少，虫粪粒数量多，虫子量多。另外，蛀食害虫，如光肩星天牛、木蠹蛾等危害树木时，向树体外排出粪屑，并挂在树木被害处或落在树下，很容易发现。通过检查树木上有无虫粪或虫孔，可以发现有无害虫。虫孔与虫粪多少能说明树上发生的虫量多少。

2. 看排泄物

刺吸害虫在危害树木时的排泄物不是固体物而是呈液体状，如蚜虫、介壳虫、斑衣蜡蝉等在危害树木时排出大量“虫尿”落在地面或树木枝干、叶面上，甚至洒在停在树下的车上，像洒了废机油一样。因此，通过检查地面、树叶、枝干上有无废机油样污染物可以及时发现树上有无刺吸害虫。

3. 看被害状

一般情况下，害虫危害园林植物，就会出现被害状。如食叶害虫危害植物，受害叶就会出现被啃或被吃等症状；刺吸害虫会引起受害叶卷曲或小枝枯死，或部分枝叶发黄、生长不良等情况；蛀食害虫危害，被害处以上枝叶很快呈现生长萎蔫或叶片发黄等明显状况，如小木蠹蛾危害银杏主干后，其上部叶片明显发黄，与下部绿色叶片形成鲜明对比；同样，地下害虫危害植物后，其植株地上部也有明显表现。只要勤观察，勤检查就会很快发现害虫的危害。

4. 查虫卵

有很多园林害虫在产卵时有明显的特征，抓住这些特征就能及时发现并消灭害虫。如天幕毛虫将卵环状产在小枝上，冬季非常容易看到；又如斑衣蜡蝉的卵块、舞毒蛾的卵块、杨扇舟蛾的卵块、松蚜的卵粒等都是发现害虫的重要依据。

5. 拍枝叶

拍枝叶是检查桧柏、侧柏或龙柏树上是否有红蜘蛛的一种简单易行的方法。只要将枝叶在白纸上拍一拍，然后可看到白纸上是否有蜘蛛及数量多少。

6. 抽样调查

抽样调查是检查害虫的一种较科学的方法，工作量较大。通常是选择有代表性的植株或地点进行细致调查。根据抽样调查取得的数据确定防治措施。

二、病害概述

（一）园林植物病害的危害性

1. 危害叶片、新梢

可造成叶片部分或整片叶子出现斑点、坏死、焦叶、干枯，影响生长和观赏。如月季黑斑病、毛白杨锈病、白粉病等。

2. 危害根、枝干皮层

引起树木的根或枝干皮层腐烂，造成输导组织死亡，导致枝干甚至整株植物枯死。如立枯病、腐烂病、紫纹羽病、柳树根朽病等。

3. 危害根系、根茎或主干

由于生物的侵入和刺激，造成各种各样肿瘤，消耗植物营养，破坏植物吸收。如线虫病、根癌病等。

4. 危害根茎维管束，造成植物萎蔫或枯死

病原物侵入植物维管束，直接引起植物萎蔫、枯死。如枯萎病。

5. 危害整株植物

病原物侵入植株，引起各种各样的畸形、丛枝等，影响植物生长，甚至造成植物死亡。如枣疯病、泡桐丛枝病等。

6. 低温危害

可直接造成部分植物在越冬时抽梢、冻裂，甚至死亡。如毛白杨破肚子病等。

7. 盐害

北方城市冬季雪后撒盐或融雪剂对行道树危害较大，严重时可造成行道树的死亡。

（二）检查园林植物病害的方法

园林植物病害种类很多，按其病原可将病害大致分两类：一类是传染性病害，其病原有真菌、细菌、病毒、线虫等。二类是非传染性病害，其病原有温度过高或过低、水分过多或过少、土壤透气不良、土壤溶液浓度过高、药害及空气污染等不利环境条件。

检查、及时发现病害对控制和防治病害的大发生十分重要。常用的方法有：

1. 检查叶片上出现斑点

一般周围有轮廓，比较规则，后期上面又生出黑色颗粒状物，这时再切片用显微镜检查。叶片细胞里有菌丝体或子实体，为传染性叶斑病，根据子实体特征再鉴定为哪一种。病斑不规则，轮廓不清，大小不一，查无病菌的则为非传染性病斑。传染性病斑在一般情况下，干燥的多为真菌侵害所致。斑上有溢出的脓状物，病变组织一般有特殊臭味，多为细菌侵害所致。

2. 看叶片正面生出白粉物

多为白粉病或霜霉病。白粉病在叶片上多呈片状，霜霉病则多呈颗粒状。如黄栌白粉病、葡萄霜霉病。叶片背面(或正面)生出黄色粉状物，多为锈病。如毛白杨锈病、玫瑰锈病、瓦巴斯草锈病等。

3. 检查叶片黄绿相间或皱缩变小、节间变短、丛枝、植株矮小情况

出现上述情况多为病毒所引起。叶片黄化，整株或局部叶片均匀褪绿，进一步白化，一般由类菌质体或生理原因引起。如翠菊黄化病等。

4. 观察阔叶树的枝叶枯黄或萎蔫

(1) 如果是整枝或整株的，先检查有没有害虫，再取下萎蔫枝条，检查其维管束和皮层下木质部，如发现有变色病斑，则多是真菌引起的导管病害，影响水分输送造成；如果没有变色病斑，可能是由于茎基部或根部腐烂病或土壤气候条件不好所造成的非传染性病害。

(2) 如果出现部分叶片尖端焦边或整个叶片焦边，再观察其发展，看是否生出黑点，检查有无病菌，如果发现整株叶片很快都焦尖或焦边，则多由于土壤、气候等条件所引起。

5. 检查松树的针叶枯黄

如果先由各处少量叶子开始，夏季逐渐传染扩大，到秋季又在病叶上生出隔段，上生黑点的则多为针枯病，很快整枝整株全部针叶焦枯或枯黄半截，或者当年生针叶都枯黄半截的，则多为土壤、气候等条件所引起。

6. 辨别树木花卉干、茎皮层起泡、流水、腐烂情况

局部细胞坏死多为腐烂病，后期在病斑上生出黑色颗粒状小点，遇雨生出黄色丝状物的，多为真菌引起的腐烂病；只起泡流水，病斑扩展不太大，病斑上还生黑点的，多为真菌引起的溃疡病，如杨柳腐烂病和溃疡病。

树皮坏死，木质部变色腐朽，病部后期生出病菌的子实体(木耳等)，是由真菌中担子菌所引起的树木腐朽病。

草本花卉茎部出现不规则的变色斑，发展较快，造成植株枯黄或萎蔫的多为疫病。

7. 检查树木根部皮层病变情况，如根部皮层产生腐烂、易剥落的多为紫纹羽病、白

纹羽病或根朽病等；前者根上有紫色菌丝层；白纹羽病有白色菌丝层；后期病部生出病菌的子实体(蘑菇等)的多为根朽病，根部长瘤子，表皮粗糙的，多为根癌肿病。幼苗根际处变色下陷，造成幼苗死亡的，多为幼苗立枯病。

一些花卉根部生有许多与根颜色相似的小瘤子，多为根结线虫病，如小叶黄杨根结线虫病。地下根茎、鳞茎、球茎、块根等细胞坏死腐烂的，如表面较干燥，后期皱缩的，多为真菌危害所致；如有溢脓和软化的，多为细菌危害所致。前者如唐菖蒲干腐病，后者如鸢尾细菌性软腐病。

8. 检查树干树枝流脂流胶

其原因较复杂，一般由真菌、细菌、昆虫或生理原因引起。如雪松流灰白色树脂、油松流灰白色松脂(与生理和树蜂产卵有关)、栾树春天流树液(与天牛、木蠹蛾危害有关)、毛白杨树干破裂流水(与早春温差、树干生长不匀称有关)、合欢流黑色胶(是由吉丁虫危害引起)等。

9. 观察树木小枝枯梢

枝梢从顶端向下枯死，多由真菌或生理原因引起，前者一般先从星星点点的枝梢开始，发展起来有个过程，如柏树赤枯病等；后者一般是一发病就大部或全部枝梢出问题，而且发展较快。

10. 辨认叶片、枝或果上出现斑点

病斑上常有轮状排列的突破病部表皮的小黑点，由真菌引起，如小叶黄杨炭疽病、兰花炭疽病等。

11. 检查花瓣上出现斑点

并见有发展，沾污花瓣，花朵下垂，为真菌引起的花腐病。

三、螨类概述

螨类属节肢动物门，蛛形纲，俗称“红蜘蛛”。

红蜘蛛是园林植物上一类重要的刺吸式有害生物，特别是在干旱、高温季节，繁殖快、危害重，能造成很多重要的观赏植物叶片发黄、干枯、焦叶、落叶。

红蜘蛛个体小，通常在0.2～0.5mm左右。体形有卵圆、圆形等。体色有红褐色、橘黄色、淡黄色、淡绿色等。

红蜘蛛以卵或成螨在植株上、落叶里、土缝等处越冬。一年可繁殖10多代，条件合适时，5～6天可完成1代。

四、园林植物病虫害综合治理

(一) 综合治理概念和特点

病虫害防治方针是预防为主，综合治理。综合治理考虑到有害生物的种群动态和与之相关的环境关系，尽可能协调地运用适当的技术和方法，使有害生物种群保持在经济危害水平之下。

综合治理有两大特点。其一是它容许一部分害虫存在，这些害虫为天敌提供了必要的食物。其二是强调自然因素的控制作用，最大限度地发挥天敌的作用。

综合治理的原则：

1. 经济、安全、简易、有效

对植物、天敌、人畜等，不致发生药害和中毒事故。既要考虑节约用钱、简单易行，又要有良好的防治效果。

2. 协调措施、减少矛盾

化学防治常常会杀伤天敌，这就要求化学防治与生物防治相结合，尽量减少二者之间的矛盾，达到既防治害虫，又保护天敌的目的。

3. 相辅相成，取长补短

各种防治措施各有长短，综合治理就是要使各种措施相互配合，取长补短，有机地结合起来。

4. 力求兼治，化繁为简

自然情况下，各种病虫害往往混合发生，在防治时，应全面考虑，适当进行药剂搭配，选择合适的时机，力求达到一次用药兼治几种病虫的目的。

5. 要有全局观念

综合治理要从园林业全局出发，要考虑生态环境，以预防为主。

(二) 园林植物病虫害综合治理方法

1. 植物检疫法

植物检疫是国家或地方行政机关通过颁布法规禁止或限制国与国、地区与地区之间，将一些危险性极大的害虫、病菌、杂草等随着种子、苗木及其植物产品在引进、输出中传播蔓延，对传入的要就地封销和消灭，是病虫害综合防治的一项重要措施。

从国外及国内异地引进种子、苗木及其他繁殖材料时应严格遵守有关植物检疫条例的规定，办理相应的检疫审批手续。

苗圃、花圃等繁殖园林植物的场所，对一些主要随苗木传播，经常在树木、木本花卉上繁殖和危害的、危害性又较大的(如介壳虫、蛀食枝干害虫、根部线虫、根癌肿病等)病虫害，应在苗圃彻底进行防治，严把随苗外出关。

2. 栽培管理预防法

病虫害的发生和发展都需要一定的适宜的环境条件。栽培管理预防法是通过改变栽培技术措施，控制病虫害的发生和危害。如采取选用抗病虫品种、合理的水肥管理、实行轮作和植物合理配置、消灭病源和虫源等措施，及时清除病叶及虫枝，并加以妥善处理，减少侵染来源。

3. 物理机械和引诱剂法

根据某些害虫的生活习性，应用光、电、辐射、人工等物理手段防治害虫。

(1) 利用高温处理，可防治土壤中的根结线虫；

(2) 利用微波辐射可防治蛀干害虫；

(3) 设置塑料环可防治草履蚧、松毛虫等；

(4) 利用趋性灭杀害虫，如饵料诱杀、灯光诱杀、潜所诱杀等；

(5) 人工捕捉，采摘卵块虫包，刷除虫或卵，刺杀蛀干害虫，摘除病叶病梢，刮除病斑，结合修剪剪除病虫枝、干等。

4. 生物防治

生物防治是用有益生物来控制病虫害的方法。主要有以虫治虫、以微生物治虫或治病、以鸟治虫等。

保护和利用病虫害的天敌是生物防治的重要方法。主要天敌有：天敌昆虫、微生物和鸟类等。天敌昆虫分寄生性和捕食性两类。寄生性天敌主要有赤眼蜂、跳小蜂、姬蜂、肿腿蜂等。捕食性天敌主要有螳螂、草蛉、瓢虫、蝽象等。

增植蜜源(开花)植物，鸟食植物，有利于各种天敌生存发展。

选择无毒或低毒药剂，避开天敌繁育高峰期用药等，有利于天敌生存。

5. 化学防治

害虫大发生时可使用化学药剂压低虫口密度。

施药方法主要有喷雾、土施、注射、毒土、毒饵、毒环、拌种、飞机喷药、涂抹、熏蒸等。

(1) 在城区喷洒化学药剂时，应选用高效、无毒、无污染、对害虫的天敌也较安全的药剂。控制对人毒性较大、污染较重、对天敌影响较大的化学农药的喷洒。用药时，对不同的防治对象，应对症下药，按规定浓度和方法准确配药，不得随意加大浓度。

(2) 抓准用药的最有力时机(既是对害虫防效最佳时机，又是对主要天敌较安全期)。

(3) 喷药均匀周到，提高防效，减少不必要的喷药次数；喷洒药剂时，必须注意行人、居民、饮食等安全，防治病虫害的喷雾器和药箱不得与喷除草剂的合用。

(4) 注意不同药剂的交替使用，减缓防治对象抗药性的产生。

(5) 尽量采取兼治，减少不必要的喷药次数。

(6) 选用新药剂和方法时，应先试验。证明有效和安全时，才能大面积推广。

复习思考题

1. 害虫危害园林植物的方式主要有哪些？
2. 检查园林植物害虫的常用方法有哪些？
3. 园林植物病害的危害性主要表现有哪些？
4. 简述检查园林植物病害的方法。
5. 简述螨类对园林植物的危害。
6. 园林植物病虫害综合防治的方法主要有哪些？举例说明。

第二节　园林植物主要虫害及防治技术

一、华北地区园林植物主要虫害及防治技术

(一) 食叶害虫及防治技术

1. 槐尺蠖(*Semiothisa cinerearia* Bremer et Grey)

属鳞翅目，尺蛾科，俗称“吊死鬼”。分布华北、华中、西北等地区。

幼虫吃槐树、龙爪槐等叶片。幼虫吐丝排粪，到处乱爬，影响卫生。

老熟幼虫体长19.5～39mm左右。卵，扁椭圆形，长约0.58～0.67mm。蛹，圆锥形，红褐色。

华北一年3～4代，以蛹在树下或墙根等处表土层中越冬。危害期5～9月。北京地区第一代幼虫5月上、中旬孵化危害，第二代幼虫6月下旬孵化危害。

防治方法：

(1) 春秋两季挖蛹，消灭虫源；夏季幼虫吐丝下垂时，人工清扫幼虫。

(2) 保护和利用天敌，如螳螂、赤眼蜂、胡蜂、姬蜂及麻雀等天敌。

(3) 幼虫期使用 Bt 粉剂 1500～2000 倍喷雾防治或喷施灭幼脲 1 号 8000～10000 倍液防治幼虫。必要时也可喷施 4000 倍 20%菊杀乳油药液等化学药剂。

2. 春尺蠖(*Apocheima cinerarius* Erschoff)

属鳞翅目，尺蛾科，又叫杨尺蠖、沙枣尺蠖。分布华北、东北、西北等地区。

幼虫取食杨、柳、苹果、海棠、槐树等树木叶片，严重时吃光叶片。

成虫雌雄异型。雌蛾无翅，体长 15～17mm，灰褐色。卵，椭圆形，绿色。老熟幼虫体长 30mm 左右。蛹，纺锤形。

北京地区一年发生 1 代，以蛹在土中过冬。3 月中下旬成虫羽化，交尾产卵。4 月初，幼虫孵化并分散危害幼芽、嫩叶。4 月中下旬危害最严重。5 月初，老熟幼虫吐丝下垂落地，钻入土中化蛹过冬。

防治方法：

(1) 3 月中旬前，可在树干下部围钉塑料薄膜环，截住雌蛾上树产卵。

(2) 上树前，在树干基部撒 25%西维因可湿性粉剂毒杀上树雌成虫。

(3) 在幼虫低龄期喷 10000 倍的 20%灭幼脲 1 号胶悬剂液等杀虫剂。

3. 桑刺尺蠖(*Zamacra excavata* Dyar)

属鳞翅目，尺蛾科，又叫褶翅尺蛾。分布华北、西北、华中等地区。

取食白蜡、元宝枫、海棠、核桃、金银木、栾树、太平花等叶片。

幼虫，1、2 龄时体色酱色，4 龄幼虫绿色，体长 27mm 左右；幼虫显著特点是背上有三根刺。卵，扁椭圆形，成片产于枝干上或叶片上。茧，长约 15～20mm，椭圆形，灰褐色；蛹棕褐色。

北京一年发生 1 代，在树干基部土下的树皮上作茧化蛹过冬。3 月中旬(毛白杨雄花刚开)为成虫羽化盛期。4 月上旬，幼虫孵化危害，白天多在叶柄或小枝上停留，把头卷曲在腹部呈“?”形。5 月中旬幼虫下地化蛹。

防治方法：

(1) 发生严重地区，可于 6～12 月份在树干基部挖茧蛹。

(2) 可在低龄期喷 10000 倍的 20%灭幼脲 1 号胶悬剂杀幼虫，也可喷 2000 倍的 50%辛硫磷乳油药液等。

(3) 庭院里的低矮花灌木上的幼虫也可人工捕杀。

4. 卫矛尺蠖(*Calospilos suspecta* Warren)

属鳞翅目，尺蛾科，又名丝棉木金星尺蠖。分布华北、东北、西北、华东、中南等地区。

幼虫取食卫茅、大叶黄杨等树木，严重时能将树叶吃光。

幼虫老熟时体长 33mm 左右，体黑色。卵，椭圆形，稍扁，长 0.8mm 左右。蛹，圆锥形，末端具一臀棘。

北京地区一年发生 3 代，以蛹在土中过冬。5 月下旬第一代幼虫孵化，初孵幼虫群集危害，2 龄后分散，有假死性，受惊吐丝下垂。第 2 代幼虫期在 7 月中旬至 8 月上旬，第 3 代幼虫期在 8 月中旬至 9 月下旬。

防治方法：同槐尺蠖。

5. 木橑尺蠖(*Culcula panterinaria* Bremer et Grey)

属鳞翅目，尺蛾科。国内分布较广，华北等地均有发生。

幼虫取食黄栌、木橑、杨、柳、合欢、刺槐、椿树、泡桐、核桃、石榴、美人蕉、萱草、月季、杏、李、苹果、大山樱、花椒、榆树等叶片。

老熟幼虫体长 70mm 左右，食料不同，体色有差异，常为绿色、褐色、灰褐色等。卵，扁圆形，绿色。蛹，长约 30mm，纺锤形，黑褐色。

该虫一年发生 1 代，以蛹在浅土层、碎石堆等处越冬。成虫羽化不整齐，5～8 月均有成虫羽化，7 月中下旬为羽化盛期。卵成块状，上覆盖有棕黄色毛。卵期 10 天左右。初孵幼虫较活泼。7～8 月危害最重，易暴食成灾。

防治方法：参照槐尺蠖的防治方法。

6. 槐潜叶蛾(*Phyllonorycter acaciella* Mn)

属鳞翅目，潜叶蛾科。分布河北、北京等地区。

幼虫钻入槐树、龙爪槐叶片内取食叶肉，造成大量焦叶、枯叶。

幼虫体长 5mm 左右，黄白色。茧，丝质白色。蛹，长约 2mm。

北京地区一年 3 代，以包在茧内的蛹在树枝、树干或附近建筑物上越冬。5 月上中旬第 1 代幼虫孵化，钻入叶内取食叶肉。6 月上旬老熟幼虫爬出叶肉，吐丝下垂，随风飘荡，在叶背或枝干上作茧化蛹。第 2 代幼虫于 6 月下旬至 7 月中旬孵化危害，第 3 代幼虫于 8 月中旬至 9 月下旬孵化危害。

防治方法：

(1) 冬春季刷除树枝树干及树木附近建筑物上的越冬虫茧，并妥善处理。

(2) 危害期喷 4000 倍的 20%灭扫利乳油等药剂。

7. 杨白潜叶蛾(*Leucoptera susinella* Herrich-Schaffer)

属鳞翅目，潜蛾科。分布华北、东北等地区。

孵化的幼虫钻入杨树叶片内取食叶肉，造成叶片焦枯。

幼虫体长 5mm 左右，黄白色，足不发达。茧，白色丝质。

北京地区一年发生 3 代。5 月下旬第 1 代幼虫孵化，钻入杨树叶片内取食叶肉，内有 4、5 头幼虫危害，排有黑色虫粪，被害处形成不规则的黑黄色斑，造成杨树叶片焦枯。6 月中、下旬幼虫从叶内爬到叶外，在叶背等处吐丝作茧化蛹。第 2 代成虫于 7 月中、下旬羽化。第 3 代成虫于 8 月中、下旬开始羽化。10 月下旬第 3 代幼虫作茧化蛹越冬。

防治方法：

(1) 冬、春季可人工刷除树干及建筑物上越冬的虫茧，消灭虫源。

(2) 幼虫危害初期可喷 40%氧化乐果乳油 1000 倍液或 20%菊杀乳油 2000 倍液等药剂。

8. 桃潜叶蛾(*Lyonetia clerkella* Linnaeus)

属鳞翅目，潜叶蛾科，又叫桃叶潜蛾。北京、河北、山东、河南、陕西等地均有发生。

幼虫潜入叶片内，在叶肉中串食成弯曲潜道，造成叶片枯黄或早期脱落。受害的树种有各种碧桃、李、杏、樱桃、苹果、梨树等。

幼虫体长约 6mm，有黑褐色胸足 3 对。越冬茧，长椭圆形，白色，有丝粘在树木枝干或叶片上。

一年发生6～7代，以蛹越冬。桃树展叶时，成虫羽化产卵于叶片上，卵孵化后幼虫钻入叶内取食，幼虫老熟后有吐丝下垂的习性，在树木枝干、叶片上作茧化蛹。危害期5～10月。10月份作茧化蛹过冬。

防治方法：

(1) 清理落叶，刷除树木枝干上的越冬虫茧。

(2) 危害严重地区，在成虫发生期，最好在桃树展叶期喷药，可喷20%菊杀乳油2000倍液。幼虫期也可喷50%杀螟松乳油800～1000倍液等。

9. 元宝枫细蛾(*Caloptilia dentata* Liu et Yuan)

属鳞翅目，细蛾科。分布北京等地区。

幼虫潜入元宝枫叶肉危害，将树叶片卷成筒状，并啃食叶片，造成叶片枯干，降低观赏价值。

老熟幼虫体长7mm左右，圆筒形，乳黄色。蛹长5mm左右。

北京一年发生3～4代，以成虫在草丛根际处过冬。4月上旬，成虫通常在叶片主脉附近产卵。4月下旬第1代幼虫开始孵化，先由主脉潜入叶肉危害，潜道线状，由主脉伸向叶缘叶尖，在啃去叶尖部分叶肉后，钻出潜道，将叶尖卷成筒状，在筒内继续危害，5月上旬是幼虫卷叶盛期。幼虫老熟时，钻出卷叶，在叶背作薄茧化蛹。6月下旬，第2代幼虫开始孵化潜叶危害，7月上旬开始卷叶危害。7月下旬，第3代幼虫开始孵化潜叶危害，8月上中旬大量卷叶危害。10月中旬以成虫越冬。

防治方法：

(1) 秋冬季，清除树木附近杂草、枯落叶，消灭越冬成虫。

(2) 幼虫孵化盛期，可喷20%菊杀乳油1500～2000倍液或喷1000～1500倍的40%氧化乐果乳油等。

10. 柳毒蛾(*Stilpnotia candida* Staudinger)

属鳞翅目，毒蛾科，又称雪毒蛾。分布东北、华北、西北及华中等地区。

幼虫取食杨、柳树叶片。

成虫体长18mm左右，体白色，足上具有黑白相间的环纹。卵扁圆形，灰白色，卵块覆盖白色胶状物。老熟幼虫体长50mm，体背部灰黑色。蛹黑褐色，长有黄白毛。

北京一年2代，以幼龄幼虫在树皮缝等处结薄茧越冬。4月中旬危害，幼虫昼伏夜出。7月为第一代幼虫危害盛期，9月第二代幼虫孵化危害，10月越冬。

防治方法：

(1) 4月下旬至5月中旬，在树干基部撒5%西维因粉剂，杀上下树幼虫。

(2) 结合养护管理，人工采卵、灭蛹。

(3) 幼虫期使用3000倍的氯氰菊酯、4000倍的灭扫利等药剂喷雾防治。

11. 侧柏毒蛾(*Parocneria furva* Leech)

属鳞翅目，毒蛾科，又名柏毒蛾。分布北京、河北、河南、山东、青海、江苏等省市。

幼虫吃侧柏、桧柏等的叶片。树势衰弱，还易发生蛀干性虫害。

老熟幼虫体长为25mm左右，灰绿或褐色。卵，扁圆形，青绿色。蛹长10mm左右，绿或绿褐色。

河北地区一年发生2代，以幼虫和卵在树干缝内和叶上越冬。3月下旬至4月上旬(柏树发芽期)越冬幼虫开始危害，越冬卵孵化。幼虫危害期分别在4～5月(越冬代)、7～8月(第一代)、第二代于9月下旬开始陆续越冬。以越冬代和第一代幼虫危害大。

防治方法：

(1) 保护和利用天敌，如螳螂、步行虫、蜘蛛、益鸟、胡蜂、广大腿小蜂等。

(2) 发生严重时，喷10%多来宝悬浮剂1000倍，或2000倍20%菊杀乳油等胃毒剂或触杀剂等药剂。

12. 舞毒蛾(*Lymantria dispar* Linnaeus)

属鳞翅目，毒蛾科，又名秋迁毛虫。分布华北、西北、东北、华中、华东等地区。

幼虫取食叶杨、柳、樱桃、榆树、李、杏、苹果、山楂、核桃、海棠、栎树等500余种植物。

雌雄异型。雄蛾体长18mm左右，前翅暗褐色或褐色。雌蛾体长28mm左右，前翅黄白色。老熟幼虫体长50～75mm，灰褐色，第1～5体节上的瘤为蓝色，第6～11体节上的瘤为红色。卵，卵圆形，成块状，上面盖有暗黄色毛。

北京、辽宁一年发生1代，以卵在树木、砖石及建筑物上越冬。4月间幼虫孵化，先多群集在卵块上，一般白天不活动，2龄以后夜间取食幼芽、嫩叶。幼虫有吐丝下垂迁移的习性，幼虫期40余天。7月下旬成虫羽化产卵。

防治方法：

(1) 于秋冬季或早春，人工刮除卵块并妥善处理刮下的卵块。

(2) 低龄幼虫期可喷20%灭幼脲1号胶悬剂8000～10000倍液或20%菊杀乳油2000倍液等药剂。

13. 灰斑古毒蛾(*Orgyia ericae* Germar)

属鳞翅目，毒蛾科。分布华北、西北、东北、华中等地区。

幼虫取食蔷薇、玫瑰、丰花月季、海棠、杨、柳、苹果、梨、李、栎等的叶片。

雌雄二型。雌蛾翅退化，体长14～16.3mm。老熟幼虫体长18～27mm。一般底色为青灰色至黑色。体节第一节两侧各有一斜伸向前方的黑色毛束，长约10mm，第十一节背部有一伸向后方的黑色毛束。

北京、陕北、宁夏地区一年发生2代，以卵在枝杈、附近建筑物等处的雌虫茧内越冬。5月中旬至6月上旬幼虫孵化危害。7月中旬至8月下旬第2代幼虫孵化，9月间成虫产卵过冬。

防治方法：

冬春季清除卵块；低龄期可喷2000倍20%菊杀乳油等触杀剂或胃毒剂。

14. 杨扇舟蛾(*Clostera anachoreta* Fabricius)

属鳞翅目，舟蛾科，又名杨社天蛾。分布广泛，“三北”地区发生较严重。

幼虫取食杨树、柳树叶片，具有突发性危害。

幼虫体长37mm左右，灰绿色，体上有灰白色细毛和黑瘤。腹部第1和第8节背部各有枣红色毛瘤。卵，成片产于叶片等处，圆形，橙红色。

华北地区一年4～5代，以蛹在茧内或于枯叶、杂草、土中、树皮缝及建筑物缝隙处越冬。4月下旬为成虫羽化产卵期，卵呈块状，每块有100多粒卵，卵期10天左右。5月至9月为幼虫危害期，世代重叠严重。

防治方法：

(1) 及时摘除虫苞或卵块；幼虫低龄期可喷20％灭幼脲1号胶悬剂8000～10000倍液，或化学药剂如灭扫利3000倍、来福灵5000倍等防治幼虫。

(2) 保护和利用茧蜂、舟蛾赤眼蜂、黑卵蜂防治。

15. 杨二尾舟蛾(*Cerura menciana* Moore)

属鳞翅目，舟蛾科，又名杨二叉。分布东北、华北、西北、华中、华东等地区。

幼虫吃杨树、柳树叶片。

成虫，体长24mm左右，全体灰白色。老熟幼虫体长50毫米左右，青绿色；体背有紫红色三角形斑纹，臀足变成枝状，向体后翘起，像一对尾巴。茧，扁椭圆形，灰褐色，坚硬。

北京地区一年发生2代，以蛹在茧内过冬。6月上、中旬第一代幼虫孵化危害，把叶咬成孔洞或缺刻。7月中旬幼虫老熟，在树皮或建筑物上做茧化蛹。8月上旬第2代幼虫孵化危害。9月幼虫老熟做茧化蛹过冬。

防治方法：

(1) 注意保护螳螂、茧蜂、赤眼蜂、黑卵蜂等天敌。

(2) 冬春季刮除树皮上、建筑物上等处的虫茧，消灭越冬蛹。

(3) 低龄幼虫期使用每毫升含孢子100亿以上的Bt乳剂。

(4) 必要时虫期喷10000倍的20％灭幼脲1号胶悬剂，或于较高龄幼虫期喷500～1000倍的20％灭幼脲1号胶悬剂，或1500～2000倍的50％辛硫磷乳油，或2000倍的20％菊杀乳油等化学农药杀幼虫。

16. 苹掌舟蛾(*Phalera flavescens* Bremer)

属鳞翅目，舟蛾科，又名苹果天社蛾、舟形毛虫。分布东北、华北、华中等地。

幼虫吃叶。受害树种有苹果树、海棠树、梨树、榆叶梅、杏树、李、梅、桃树、樱桃、山楂等。

成虫体长25mm左右，全体黄白色。卵，圆形，黄白色。幼虫，老熟幼虫体长50mm左右，初孵化时黄褐色，后变紫红色。体上有黄白色长毛，体侧有浅紫红色条纹。蛹，深褐色，末端有短刺6个。

东北、华北地区一年发生1代，以蛹在土中过冬。第二年7月间雌蛾把卵集中产于叶背面，卵期7天左右，8月上旬幼虫孵化，群集危害，长大后分散危害，早晚取食，常把整枝整树的叶子蚕食一光，仅留下叶柄。幼虫突然受惊，即吐丝下垂。静止时撅尾抬头，体形似舟。9月上旬幼虫入土化蛹过冬。

防治方法：

(1) 幼虫群居危害期剪掉虫叶、虫枝或振落幼虫。

(2) 低龄幼虫期喷10000倍的20％灭幼脲1号胶悬剂，或2000倍的50％辛硫磷乳油，或2000倍的20％菊杀乳油等杀幼虫。

17. 榆绿叶甲(*Galerucella aenescens* Fairm.)

属鞘翅目，叶甲科，又称榆绿金花虫。分布华北、东北、西北等地。

成虫和幼虫取食榆树、垂枝榆叶片。

成虫体长 8mm 左右，近长方形，头褐黄色，鞘翅绿色，有金属光泽。卵，黄色，梨形，似炮弹直立两行排列。老熟幼虫体长 11mm，深黄色，体背有黑色毛瘤。蛹，乌黄色，椭圆形，背部有黑褐色毛。

北京一年发生 1～2 代，以成虫在屋檐、砖石堆、墙缝及杂草等处越冬。4 月上旬越冬成虫补充营养危害榆树，4 月下旬开始在叶背产卵，5 月上旬幼虫孵化，啃食叶肉呈网状，6 月中旬至 7 月上旬为第一代成虫高峰期，此时危害严重易成灾。部分羽化较早的成虫则产卵，幼虫孵化后继续危害，8 月成虫羽化越冬。

防治方法：

(1) 在幼虫群集在树干化蛹时，人工刷除老熟幼虫和蛹。

(2) 使用化学药剂烟参碱乳油 1000 倍等防治。

(3) 保护和利用天敌，如瓢虫、小蜂、太平鸟、灰喜鹊、大山雀等。

18. 黄栌黄点直缘跳甲(*Ophrida xanthospilota* Baly)

属鞘翅目，叶甲科。分布山东、北京等地区。

成虫、幼虫取食黄栌叶片、花蕾，大发生时，能将叶片吃光。

成虫长椭圆形，体长 7mm 左右，黄棕色。卵，圆柱形，金黄色，长径 1mm 左右。幼虫，初孵时黄色，后变淡绿色；老熟幼虫体长 8～13mm，头黑褐色，胸、腹部浅黄色，体躯被有无色透明的黏液，似蜡膜状。幼虫取食期间，体背上常有黑色黏条状虫粪。蛹，离蛹，椭圆形，体长 6mm 左右，淡黄色。土茧，椭圆形或卵圆形，长 6.5～10.5mm，由细土粒粘着而成。

北京地区一年发生 1 代，以卵在黄栌小枝上过冬。4 月下旬为卵孵化盛期，5 月初 90%以上的卵孵化，幼虫咬食花蕾、幼芽、嫩叶。5 月中旬大量幼虫老熟，陆续坠地，并钻入 1.5cm 左右深的土中作茧化蛹。6 月上旬成虫开始羽化，取食黄栌叶补充营养，6 月中、下旬大量成虫出现，成虫寿命 2 个多月。7 月上旬开始交尾产卵，卵多产在黄栌二年生小枝的分杈处，卵成块，每块 10 多粒，外被有黑紫或褐色的胶状物。直至 8、9 月份仍见有成虫和新产的卵。

防治方法：

(1) 4 月底 5 月初过冬卵孵化盛期喷 1000～1500 倍的 50%辛硫磷乳油，或 2000～3000 倍的 20%速灭杀丁乳油，或 2000 倍 20%菊杀乳油等，杀幼虫。

(2) 在山区可于幼虫危害期，在树干的两侧交错位置上分别轻轻刮去死表皮 15cm 长一段成半圆环，涂一遍 10～20 倍 40%氧化乐果乳油杀吃树叶的虫子。

19. 天幕毛虫(*Malacosoma neustria testacea* Mothsch)

属鳞翅目，枯叶蛾科，俗称“顶针虫”。分布东北、华北、西北、江苏、湖南、江西等省市。

幼虫取食杨、柳、海棠、山桃、山杏、元宝枫、黄刺玫、樱花、红叶小蘖等叶片。此虫寄主植物种类丰富，常常把树叶吃光，易造成幼树死亡。

老熟幼虫体长 55mm，体侧有鲜艳的兰灰色、黄色和黑色带。幼虫的头蓝灰色。卵，椭圆形，灰白色，顶部中间下凹，卵产于小枝上，呈顶针状。茧丝质灰白色；蛹，黑褐色，有金黄色的毛。

北京一年1代，以卵越冬。4月初幼虫孵化，低龄幼虫群集危害嫩叶，吐丝结网，白天群集潜伏在天幕状网巢内，昼伏夜出。老龄幼虫分散危害，易暴食成灾。6月上中旬成虫羽化产卵，卵多产在当年的小枝梢上。

防治方法：

(1) 秋冬季剪除“顶针”状卵块；4月中下旬捣毁网幕，消灭幼虫。

(2) 采用化学药剂如喷施菊酯类来福灵3000倍药液等防治幼虫。

(3) 应用核多角体病毒和抱寄蝇、黑卵蜂防治。

20. 黄刺蛾(*Cnidocampa flavescens* Walker)

属鳞翅目，刺蛾科，俗称“洋辣子”。分布东北、华北、西北、华中等地。

幼虫取食杨、柳、黄刺玫、玫瑰、月季、海棠、紫薇、牡丹、石榴等100多种园林植物。

老熟幼虫体长25mm，体短粗，黄绿色，背面有个紫褐色哑铃状斑，各节有枝刺4个，枝刺较大。茧，长11～15mm，椭圆形，坚硬，表面有白色与褐色相间的条纹，好似麻雀蛋。

一年1～2代，幼虫在树杈、树枝上作茧越冬。幼虫危害期分别为6月下旬至7月下旬，8月下旬至9月下旬，常常仅留叶柄。

北京地区常见的刺蛾除黄刺蛾外、还有褐边绿刺蛾、扁刺蛾、双齿绿刺蛾等。

防治方法：

(1) 冬季剪除枝干上的刺蛾虫茧；夏季可人工摘除花灌木上的初孵幼虫。

(2) 保护和利用天敌。幼虫期使用Bt粉剂1500～2000倍喷雾防治，保护螳螂、蠋蝽、赤眼蜂、刺蛾广肩小蜂、刺蛾紫姬蜂、上海青蜂等天敌。

(3) 药剂防治如采用辛硫磷1000倍液防治幼虫，或喷施3000倍的20%菊杀乳油等。

21. 美国白蛾(*Hyphantria cunea* Drury)

属鳞翅目，灯蛾科，又名秋幕毛虫。分布丹东、沈阳、天津、山东、河北、北京等地。

幼虫吃植物叶片，食性很杂，危害榆树、杨树、柳树叶、法桐、泡桐、樱花、白蜡、臭椿、连翘、丁香、美国地锦等100多种植物。

成虫体长为14mm左右，体纯白色，多数雄蛾前翅散生几个黑色或褐色斑点。成虫外形易与星白灯蛾、柳毒蛾混淆。卵圆球形，卵表有刻纹。老熟幼虫体长32mm左右，头部黑色(部分红色)，体黄绿色或黑灰色，背中线为黄白色。体背毛瘤黑色，毛瘤上长有白色长毛。蛹深褐至黑褐色。

辽宁、天津地区一年发生2～3代，以茧内蛹在杂草丛、落叶层、砖缝及表土中越冬。两代区5～10月为幼虫危害期，世代重叠。成虫有趋光性，卵产在树冠外围叶片上，呈块状。幼虫共7龄，5龄进入暴食期。初孵幼虫群栖危害，并吐丝结网缀叶1～3片，随着虫龄增长，食量加大，使网幕增大。3代区幼虫发生在5～11月，以8月危害最严重。

防治方法：

(1) 加强外购苗的植物检疫，防止美国白蛾传入。

(2) 人工及时摘除初孵幼虫虫苞，消灭幼虫。

(3) 保护天敌，释放周氏啮小蜂等。

(4) 幼虫危害期，使用药剂防治初孵幼虫，如喷 Bt 乳剂 600 倍液，或喷灭幼脲 1 号 10000 倍液等。

(5) 利用白蛾化蛹特点，人工绑扎杂物。

22. 合欢巢蛾(*Y. ponomeuta* sp)

属鳞翅目，巢蛾科。分布华北、华东等地区。

幼虫结巢吃叶，严重时满树虫巢，大量叶片的叶肉被啃光或咬成残缺不全，树冠呈现一片干枯景象。

成虫体长 6mm 左右，前翅银灰色。卵椭圆形，黑绿色，成片。老幼虫体长 9～13mm。初孵时黄绿色，渐变黑绿色。幼虫受惊后非常活跃，往后跳动，吐丝下垂。蛹长 6mm 左右，红褐色，包在灰白色丝茧中。

北京一年发生 2 代，以蛹在树皮缝里、树洞里、附近建筑物上，特别是墙檐下过冬。7 月中旬幼虫孵化，先啃食叶片，稍长大后吐丝把小枝和叶连缀一起，群体藏在巢内啃食叶片危害。8 月中旬第 2 代幼虫孵化危害，这时易出现灾害，树冠出现枯干现象。9 月底幼虫开始作茧化蛹过冬。

防治方法：

(1) 秋、冬、春季人工刷除树木枝干和附近建筑物上的过冬茧蛹。

(2) 及时剪掉虫巢，消灭幼虫。幼虫期可喷 2000 倍 20%菊杀乳油等杀虫剂。

23. 黄栌缀叶丛螟(*Locastra muscosalis* Walker)

属鳞翅目，螟蛾科，又名核桃缀叶螟。分布东北、华北、西北、华中、华东、华南及西南等地区。

幼虫吃叶，是北京地区黄栌树的一种主要食叶害虫。受黄栌缀叶螟危害的树种还有核桃树、漆树等。

成虫体长 17mm 左右，全体黄褐色。卵，球形，块状，每块有卵 100 粒左右。老熟幼虫体长 30mm 左右，头黑色，有光泽。越冬茧长 18mm 左右，扁椭圆形，中部稍鼓起，红褐色，略似柿子籽，较坚硬。

北京地区一年发生 1 代，幼虫在树下土中作茧过冬。6～7 月为产卵盛期，卵成块产于叶面主脉两侧，卵期 10 多天。7 月中旬幼虫开始孵化，并群集吐丝结网，啃食叶肉。随着虫体增大，缀叶由少到多，能将多片叶片和小枝连缀成一个大巢，幼虫在巢内取食，故俗称黄栌巢蛾。虫体大时，分散缀叶作巢危害，咬食叶片，8 月上旬出现大片树叶被吃光现象。8 月底幼虫开始老熟，陆续钻入树根旁的松软土层、杂草灌木丛下等处作茧过冬，入土深 5～10cm，比较集中。

防治方法：

(1) 挖树下过冬虫茧，消灭幼虫；夏季人工摘巢，消灭幼虫。

(2) 于低龄幼虫期喷 1000～1500 倍的 50%辛硫磷乳油或 2000 倍的 20%菊杀乳油等。

24. 油松毛虫(*Dendrolimus spectabills* Butler)

属鳞翅目，枯叶蛾科。分布东北、华北等地区。

幼虫取食油松、黑松、华山松、白皮松和落叶松等的叶片，是松树的毁灭性害虫。

老熟幼虫体长为 65mm 左右，体灰黑色。卵，椭圆形，粉红色。茧，灰褐色丝质，蛹棕褐色。

北京地区一年发生1代，以幼虫在落叶、杂草丛下或土缝中越冬。翌年3月上中旬越冬幼虫开始上树危害，4、5月危害严重。6月下旬幼虫开始老熟，在枝杈、针叶上作茧化蛹。7月中旬成虫羽化，每只雌蛾可产卵300粒左右。卵产在针叶上，呈团块状。2龄后分散危害针叶。7月下旬幼虫孵化危害，10月中旬陆续下树越冬。

防治方法：

(1) 保护和利用天敌，如胡蜂、螳螂、蠋蝽、益鸟、赤眼蜂等。

(2) 3月初前，在树干基部落叶里等捕捉越冬幼虫。夏季采摘卵块和蛹茧。

(3) 2月底前在树干上围钉宽约20cm的塑料薄膜环阻止幼虫上树，或者在树干上用2.5%溴氰菊酯乳油等触杀剂类药剂喷涂30cm左右宽的药环毒杀上树幼虫。

(4) 幼龄期喷8000～10000倍的20%灭幼脲1号胶悬剂或500～600的每毫升含孢子100亿以上的Bt乳剂。也可喷1000倍的50%辛硫磷乳油等化学药剂。

25. 黄杨绢野螟(*Diaphania perspectalis* Walker)

属鳞翅目，螟蛾科，又名黄杨卷叶螟。分布江苏、河北、河南、山东、北京等地。

幼虫取食锦熟黄杨、朝鲜黄杨、雀舌黄杨等园林植物。具有突发性危害。

成虫体长23mm左右。体密被白色鳞片。卵，长圆形。老熟幼虫体长40mm，圆筒形，体绿色。蛹褐色，臀部有8个刺钩。

华北一年2代，以幼虫在缀叶中过冬。3月下旬至4月上旬越冬幼虫开始活动危害。5月上旬为危害盛期，幼虫有吐丝结巢的习性。第一代幼虫危害期为6月中旬至7月下旬，此代发生普遍且危害严重。第二代于7月下旬至9月上旬，9月中下旬幼虫越冬。

防治方法：

(1) 及时摘除带虫缀叶，消灭虫源。

(2) 幼虫危害期，可用2.5%溴氰菊酯3000倍液或10%吡虫啉可湿性粉剂1000～1500倍液等喷雾防治幼虫。

26. 臭椿樗蚕蛾(*Philosamia cynthia* Walker et Felder)

属鳞翅目，大蚕蛾科，又名樗蚕、乌桕樗蚕蛾。分布东北、华北、华中、华东、华南、西南等地区。

幼虫吃叶，大发生时，能将成片树木叶片吃光。受害树种有臭椿、千头椿、花椒、核桃、悬铃木、合欢、刺槐、枫杨、泡桐、柑橘、乌桕、冬青、樟等。

成虫体长30mm左右，体翅均绿褐色。卵，长1.5mm左右，扁椭圆形，灰白色。幼虫，老熟幼虫体长75mm左右，腹部黄绿色，附有白粉。蛹，长28mm左右，最宽处10mm左右，褐色。茧，长卵形，长约50mm左右，最宽处25mm左右，外层较薄似蚕丝。

一年发生2代，以包在茧中的蛹在树枝树干上或附近建筑物上过冬。5、6月份成虫羽化产卵于叶背，每雌蛾产卵300粒左右，卵成堆；卵期12天左右。6月间第一代幼虫孵化危害，幼虫历期30天左右；8、9月间第二代幼虫孵化危害。10月间幼虫开始作茧化蛹过冬。

防治方法：

(1) 保护绒茧蜂等天敌。

(2) 冬春季摘除虫茧；夏季人工捕杀幼虫。

(3) 虫量多时于低龄幼虫期喷6000～8000倍20%除虫脲，或1000倍50%辛硫磷乳油等灭杀幼虫。

27. 柳厚壁叶蜂(*Pontania* sp.)

属膜翅目，叶蜂科。分布华北等地区。

幼虫啃食柳树叶肉，造成虫瘿，引起叶片早落。垂柳受害较严重。

成虫体长5mm左右，体土黄色，有黑色斑纹，头土黄色。幼虫污白色，体长12mm左右，有腹足8对，胸足3对。蛹黄白色。茧长椭圆形。

北京地区一年发生1代，以老幼虫在土中结茧过冬。次年4月中、下旬成虫羽化，产卵于柳叶边缘的组织内，一处一粒。幼虫孵化后，在叶内啃食叶肉，受害部位逐渐肿起，4月下旬叶边缘开始出现红褐色小虫瘿，幼虫藏在其中取食。虫瘿一般在叶缘与主脉之间，逐渐增大加厚，上下鼓起，呈肾形或椭圆形，大者可长达12mm左右，宽6mm左右，呈紫褐色。一片叶上有一至数个虫瘿，严重时，在树下举目可见到虫瘿，带瘿叶提早变黄。幼虫在瘿内一直危害到11月，随落叶落在地面，从瘿内爬出钻入土中或铺装地面砖缝土中作茧过冬。

防治方法：

(1) 随时扫除落叶并处理，消灭瘿内幼虫。及时摘除树上幼龄虫瘿叶。

(2) 虫量多，受害严重的树，可于4月下旬至5月中旬幼虫全部孵化，虫瘿刚鼓起至形成黄豆粒大的红色虫瘿时(即瘿壁开始增厚之前)，喷800倍的50%杀螟松乳油，或1500倍的20%菊杀乳油等杀幼虫。最好在傍晚时喷药。

28. 蔷薇叶蜂(*Arge pagana* Panzer)

属膜翅目，三节叶蜂科，又称“黄腹虫”。分布北京、山东、河南等省市。

幼虫取食月季、蔷薇、黄刺玫、十姐妹、玫瑰等叶片。

成虫体长8mm左右，前翅半透明黑色，带有金属蓝光泽，腹部橙黄色。老熟幼虫体长23mm左右，体黄绿色，体背有黑褐色突起，头淡黄色。茧，椭圆形，暗黄色。蛹，乳白色。

北京一年发生2代，以幼虫在土中作茧越冬。5月成虫羽化飞出产卵，卵多产在距顶梢10～20cm半木质化枝条的组织内，卵排列成“八”字形，每雌虫产卵50多粒。初孵幼虫群集于嫩叶上取食，有迁移危害的习性，幼虫昼夜取食，有自相残杀的习性。两代幼虫分别发生在6月和8月，9月底老熟幼虫越冬。

防治方法：

(1) 及时剪除卵枝并烧毁；幼虫群集危害期及时摘除虫叶，消灭幼虫。

(2) 幼虫危害期6月和8月使用化学药剂40%氧化乐果乳油1000倍液或20%菊杀乳油2000倍液等防治。

29. 红头阿扁叶蜂(*Acamtholyda erythrocephala* Linnaeus)

属膜翅目，叶蜂科。分布东北等地区。

幼虫吃松树针叶。

雌成虫体长12～15mm，头部红褐色，翅烟褐色。雄成虫体长11～13mm。卵长2～3mm，长圆柱形，两端稍圆，暗褐色。老熟幼虫体长22～26mm，淡绿灰色。蛹，黄绿色。

一年发生1代，以老熟幼虫入土做土室越冬。5月上旬为羽化盛期。5月中旬为幼虫孵化盛期，6月中下旬老熟幼虫坠落地面，入土越冬，多分布在树冠投影内0～10cm深的松土层中。幼虫取食期约为16～25天。

防治方法：

(1) 保护和利用天敌，如异色瓢虫、黑蚂蚁、蜘蛛、蠼螋等。

(2) 人工捕杀群集取食的幼龄幼虫。

(3) 幼虫期可喷1000倍50%杀螟松乳油等。

30. 豆天蛾(*Clanis bilineata tsingtauica* Mell)

属鳞翅目，天蛾科，又名豆虫。分布东北、华北等地区。

幼虫吃叶，受害树种主要有刺槐，也危害大豆等作物。

成虫，体长45mm左右，米黄色。卵，椭圆形，黄白色。老熟幼虫体长60mm左右，头绿色，密生黄色突起。体深绿色，腹末有一弧形突起的尾角。蛹，长椭圆形，红褐色。

北京地区一年发生1代，以老幼虫在10cm左右深的土中过冬。7月上旬幼虫开始孵化危害，喜于早晨在嫩梢处蚕食叶片，幼虫期39天左右。9月上旬幼虫老熟入土过冬。

防治方法：

(1) 人工捕杀幼虫。也可于低龄幼虫期喷2000倍20%菊杀乳油等杀虫剂。

(2) 保护和利用黑卵蜂等天敌。

31. 梨星毛虫(*Illiberis pruni* Dyar)

属鳞翅目，斑蛾科。分布华北地区。

幼虫吃叶，受害树种主要有海棠、梨、苹果、沙果等。

成虫体长9～13mm，全体黑色，翅半透明。卵，椭圆形，数百粒成块。老熟幼虫体长20mm左右，灰白色，虫体两端细中间粗，头缩入胸节。蛹，黄白色，长12mm左右。茧，白色丝质。

北京地区一年发生1代，危害二次，以幼虫在树皮缝里结茧过冬。次年4月上旬(海棠树发芽期)过冬幼虫开始活动，咬食幼芽、花蕾。4月中、下旬，海棠、梨展叶开花后，幼虫吐丝缀合叶片呈饺子状，躲于其中啃食叶肉，吃完一叶后，再转新叶危害，每头幼虫一生吃7片叶左右。6月上、中旬幼虫老熟，在卷叶内化蛹。6月下旬成虫羽化交尾产卵成块状产于叶背。7月上旬第1代幼虫孵化，初龄幼虫群集把叶啃成灰白色透明网状。7月下旬幼龄幼虫开始钻入树皮缝内结茧过冬。

防治方法：

(1) 秋冬季轻刮树木上的翘皮、裂缝的死皮部分，集中处理，消灭过冬幼虫。

(2) 7月下旬树干上绑草绳，诱杀过冬幼虫。

(3) 春季及时摘掉虫包叶，消灭初发生的幼虫。

(4) 虫量大时，可喷1000～1500倍的50%杀螟松乳油，或1500～2000倍的20%菊杀乳油，或1000～1500倍的50%辛硫磷乳油等杀虫剂，灭杀幼虫。

32. 苹果褐卷叶蛾(*Pandemis heparana* Schiffermuller)

属鳞翅目，卷蛾科。分布东北、华北等地。

幼虫取食海棠、苹果、梨、桃、樱桃、月季、蔷薇、大丽花、绣线菊、樱花等嫩芽、嫩叶等。

成虫体长10mm左右，体为黄褐色。卵，直径0.7mm，每个卵块百余粒，上盖有透明胶质物。老幼虫体长20mm左右，绿色。蛹，长12mm左右，纺锤形，暗褐色。

北京地区一年发生3代，以幼虫在树皮缝里过冬。次年4月中旬(苹果、海棠展叶期)开始活动危害，咬食嫩芽嫩叶。6月上、中旬第一代幼虫孵化危害，初孵化时群栖在叶上，把叶啃成灰白色网状，长大后分散危害。如叶与果实接连，则吐丝把叶粘于果实上，咬食果皮果肉。幼虫活泼，受惊后从卷叶内退出而落。7月中、下旬第二代幼虫孵化危害。7～9月间常危害大丽花、蔷薇、月季等花卉。9月间第三代幼虫孵化危害。10月间开始过冬。

防治方法：

(1) 发现虫卷叶，及时摘除消灭幼虫。

(2) 危害初期喷1000～1500倍的20%菊杀乳油，或50%辛硫磷乳油等杀幼虫。

(3) 9月间在树干上缠草绳，诱杀过冬幼虫。清除杂草、落叶等消灭幼虫。

33. 苹果顶梢卷叶蛾(*Spilonota lechriaspis* Meyrick)

属鳞翅目，小卷蛾科，又名拟白卷叶蛾。分布东北、华北等地区。

幼虫取食海棠、苹果、梨等果树的嫩梢，影响顶端生长。

成虫体长6～7mm，前翅近长方形，暗灰色。幼虫，体长5～9mm，乳白色。越冬幼虫淡黄色。蛹，长6～8mm，黄褐色，纺锤形。茧，椭圆形，白色丝质。

北京地区一年发生2、3代，以幼虫在枝顶端卷叶内，作薄茧过冬。第二年4月中旬随着果树发芽，开始先危害花、嫩芽，把顶端的嫩芽、嫩梢完全卷曲，进而吐丝卷叶，在内危害。5月下旬幼虫老熟，在卷叶内作茧化蛹。6月中、下旬第一代幼虫孵化危害。8月中、下旬第二代幼虫孵化危害。10月间以幼虫在枝梢顶芽内过冬。

防治方法：

(1) 冬季结合修剪，剪掉被害顶梢，消灭过冬幼虫。

(2) 幼虫危害初期，喷1000～1500倍20%菊杀乳油，或1000倍50%杀螟松乳油等杀虫剂消灭幼虫。

34. 碧皑袋蛾(*Acanthoecia bipars* Walker)

属鳞翅目，袋蛾科。分布华北、华中、华东等地区。

幼虫吐丝缀叶、树皮碎片营造护袋，并啃食叶片，严重时能将树木叶片吃光。受害树种有法桐、海棠、刺槐、白蜡、珍珠梅、黄刺玫、紫荆、石榴、榆叶梅、梅、小叶黄杨、月季、地锦等多种树木和花卉。北京地区城区街巷、胡同、庭院、围墙内外等距建筑物近的一些树木受害较重。

雄成虫体长8mm左右，体黑褐色。雌成虫体长16mm左右，无翅，足退化，似蛆状。头褐色，体黄白色。腹部肥大。幼虫，体长16mm左右，头淡黄色。蛹，雄蛹长13mm左右。雌蛹比雄蛹稍大，褐色，护袋圆锥形，长17mm左右，土黄色，外表粗糙。

北京地区一年发生1代，以卵在护袋雌蛹壳上过冬，护袋多在树木枝干或附近建筑物上。次年4月下旬至5月上旬孵化危害。8月中旬后，陆续化蛹，9月出现成虫，雄虫羽化后去找雌蛾交配，产卵于护袋蛹壳上过冬。

防治方法：

(1) 秋冬季清除树干上和附近建筑物上的虫袋，消灭过冬卵。

（2）花灌木等矮小树木和花卉，可人工摘虫袋，消灭幼虫、蛹和卵。

（3）虫量多可喷800～1000倍的50%辛硫磷乳油杀虫剂等，杀初孵幼虫。

35. 榆锐卷叶象虫（*Tomapoderus ruficollis* Fabricius）

属鞘翅目，象甲科。分布东北、华北、西北等地区。

成虫、幼虫危害叶片。受害树木有垂枝榆、榆树等。

成虫体长15mm，喙、头、足和前胸背板黄红色，鞘翅蓝色，有金属光泽，两侧近平行，前端和后端直。卵，黄白色，卵形，长约1mm。幼虫体橙黄色，长约20mm。

一年发生1代，以成虫在土中越冬。第二年5月成虫上树，先产1粒卵于叶背面，然后把叶卷成十分紧密的圆柱形筒，卵包于其中。幼虫孵化后在卷筒内取食，生长较缓慢，于8月老熟，咬破卷叶，落地入土化蛹、羽化越冬。

防治方法：

（1）人工摘除卷叶虫筒，减少和消灭虫源。

（2）虫量大时，也可喷杀虫剂消灭成、幼虫。

36. 二十八星瓢虫（*Henosepilachna vigintioctomaculata*）

属鞘翅目，瓢虫科。分布东北、华北、西北等地区。

成虫、幼虫取食叶肉。受害树种有榆叶梅、碧桃、柳树、菊花、荨麻、茄、马铃薯等。

成虫瓢形，长6～8mm，体背黄褐至红褐色，被黄灰短毛。每鞘翅有14个黑斑。卵梭形，黄色。幼虫长圆形，灰褐色，体各节背面着生一横列分枝的硬长刺。蛹，离蛹，长圆形。

因地区不同，年发生的代数不同。成虫和幼虫均在叶背啃食叶肉。

防治方法：

（1）利用成虫有假死性，可振落下地消灭成虫。

（2）幼虫危害期可喷10%吡虫啉可湿性粉剂800倍液等杀虫剂。

37. 山楂黄卷蛾 *Archips crataeganus*（Hubner）

属鳞翅目，卷蛾科。分布东北等地区。

幼虫食叶。

成虫体长6～12mm，头、触角、胸及腹的腹面黄褐色。雄蛾体形较雌蛾小。卵椭圆形，长0.8～0.9mm，宽0.4～0.5mm，卵粒紧密排列呈块状，上有灰黑色覆盖物，卵块形状不规则。老熟幼虫体长17～23mm，体背灰褐色，腹黄褐色。

丹东地区一年发生1代，以卵在3～4年生的枝条上越冬。4月下旬（银杏展叶期）卵开始孵化，孵化高峰期在5月上旬；幼虫危害高峰期在6月上中旬，成虫羽化高峰期在6月下旬。幼虫孵出后爬到叶片上吐丝粘缀叶片居其中取食。5月下旬至6月上旬老熟幼虫吐丝将枯叶卷缩或将2～3片枯叶粘在一起，虫子居其中并停止食叶，进入滞育状态，然后开始化蛹，蛹期5～7天。

防治方法：

（1）加强植物检疫，防止外购苗带虫。

（2）结合冬季修剪，剪除卵块。

（3）幼虫孵化初期喷灭幼脲3号，危害盛期可喷洒菊杀乳油2000倍等。

（二）刺吸害虫及防治技术

1. 松蚜(*Cinara pintabulaeformis* Zhang et Zhang)

属同翅目，蚜虫科。分布东北、华北、西北、华南等地。

成虫和若虫危害油松、白皮松、华山松、红松等1～2年生嫩枝或幼树的枝干。严重时顺松针或枝干流黏水，严重影响树木生长，甚至能造成白皮松树势严重衰弱、萧条以至死亡。

有翅胎生雌蚜，体长3mm左右，黑色或黑褐色，翅透明。无翅胎生雌蚜体长5.5～6mm，体比有翅雌蚜粗壮，黑色或黑褐色。腹部常被有白粉。卵，长1.3～1.5mm，长椭圆形。若蚜，卵孵化的若蚜与无翅雌蚜相似，体色较浅。胎生若蚜体长2mm左右。

北京一年10多代，以卵在松针上过冬。次年3月底4月初(油松顶梢开始发芽)若蚜开始孵化。多在松梢的松针基部刺吸危害，逐渐向枝、干上扩展。4月中旬开始进行孤雌生殖，胎生小若蚜。春天完成一代，约需20天左右，夏天10多天就能完成一代。6月出现有翅胎生雌蚜，继续传播扩散和繁殖。5、6月和10月危害最严重。秋季出现有翅胎生雄蚜，雌雄交尾后，11月初产卵在松针上过冬，每根松针上产卵8～10粒，排列成行。

防治方法：

(1) 保护食蚜蝇、草蛉、瓢虫等天敌。

(2) 春季虫量少时，结合浇水可用喷清水冲洗。

(3) 在越冬卵孵化盛期喷5000～6000倍的2.5%溴氰菊酯乳油或2000倍20%菊杀乳油或1000～1500倍的40%氧化乐果乳油等。

(4) 干旱天气及受害严重的树木，要及时浇水。

2. 柏蚜(*Cinara tujafilina del* Guercio)

属同翅目，蚜虫科。全国分布。

刺吸侧柏，对侧柏苗危害更大。危害严重时，嫩枝和柏叶上虫体密集成层，大量排尿，顺枝条柏叶流水，常引起黑霉病，使柏叶变黑，影响光合作用和树木生长，受害侧柏苗和绿篱冬天极易抽条(枯梢)，甚至枯死。

无翅胎生雌蚜体长3.7～4mm，体咖啡色。有翅胎生雌蚜体长3～3.5mm，黑绿色，翅透明。卵，椭圆形，长约1.2mm，初黄绿色，后变黑色。若蚜，深绿色或黑绿色，与无翅成蚜相似。

北京一年10多代，以卵在柏叶上过冬。次年3月底4月上旬(柳芽吐出绿芽长3mm左右时)若虫孵化危害，多成群栖息在二年生黄绿色枝条上，体与枝条颜色相似。并开始胎生若蚜。5～6月份、9～10月份危害严重。

防治方法：同松蚜。

3. 刺槐蚜(*Aphis robiniae* Macchiati)

属同翅目，蚜虫科。分布东北、华北、西北、华东等地。

以刺吸方式危害刺槐、龙爪槐、槐树、紫穗槐等树木，影响新梢生长，并排泄蜜露，污染环境，大量迁飞时眯眼，影响行人。

成蚜，有翅胎生雌蚜，长1.6mm左右，黑或黑褐色。翅长2.8mm左右，透明。无翅胎生雌蚜，卵圆形，长2mm左右，较肥胖，漆黑色或黑褐色，少数为黑绿色。若蚜，体长1mm左右，黄褐色或黑褐色，腹管较长。

北京一年20多代，主要以无翅胎生雌蚜在地丁、野苜蓿等杂草的根际等处过冬，少量以卵过冬。次年3～4月在杂草等越冬寄主上大量繁殖，4月中、下旬产生有翅胎生雌蚜，5月初(中龄刺槐初花期)迁飞到槐树上危害，并胎生小蚜虫。气温增高，虫量猛增，5、6月份在槐树上危害最严重。喜危害枝、干上的萌芽、嫩梢嫩叶和花穗等，被害嫩枝枯萎卷缩弯垂，在叶和梢上排泄大量油状蜜露，易引起黑霉病，妨碍顶端生长，受害严重的花穗不能开花。5月下旬开始迁飞至杂草、农作物等其他寄主上生活，6月中旬后槐树上已少见。8月下旬开始，又迁飞至槐树上危害一段时间，然后过冬。

防治方法：

(1) 对一些低矮龙爪槐等树木，当蚜虫初飞至树木的一些萌芽上大量繁殖危害时，随时剪掉萌芽消灭蚜虫，防止扩展。

(2) 其他防治方法参考松蚜。

4. 栾树蚜虫(*Periphyllus koelreuteriae* Takahashi)

属同翅目，蚜虫科。分布华北、西北、华中、华东等地。

是栾树上的一种主要害虫。严重时嫩梢、嫩叶上布满虫体，刺吸树木养分，受害枝梢弯曲，叶片卷缩。影响枝条生长，造成树势衰弱，甚至死亡。

有翅胎生雌蚜体长3.3mm左右。头、胸黑色。无翅胎生雌蚜体长3mm左右，黄或黄褐色。若蚜，浅绿色，与无翅成蚜相似。

一年数代，以卵在芽缝、树皮裂缝等处过冬。次年4月上旬(栾树刚发芽)过冬卵孵化为若蚜。4月中旬无翅雌蚜形成，开始胎生小蚜虫。4月下旬出现大量有翅蚜，进行迁飞扩散，虫口大增。4月下旬和5月份危害最严重，尤其喜群集主干、大枝上萌生的嫩枝梢上危害。6月中旬后虫口逐渐减少。至10月中、下旬有翅蚜迁回栾树，并大量胎生小蚜虫，危害一段时间后，产生有翅胎生雄蚜和无翅胎生雌蚜，交尾后产卵过冬。

防治方法：

(1) 保护和利用天敌。

(2) 过冬虫卵多的树木，于早春树木发芽前夕，喷30倍的20号石油乳剂。

(3) 于4月份及时剪掉带虫的树干上的萌生嫩枝，消灭初发生的蚜虫。

(4) 虫量大并已卷叶时，可喷1500～2000倍的40％氧化乐果乳油，或1000～1500倍的50％灭蚜松乳油等。

5. 紫薇长斑蚜(*Tinocallis kahawaluokalani* Kirkaldy)

属同翅目，蚜虫科。分布华北、华中、西南等地。

危害紫薇、银薇，造成叶片发黄、落叶。蚜虫刺吸能传播病毒并排泄大量蜜露，常引起煤污病，使枝、叶变黑，影响开花和观赏。

成蚜，无翅胎生雌蚜体长3mm左右，长椭圆形，黄绿色。有翅胎生雌蚜体长2.5mm左右，长卵圆形，黄绿色。若蚜和成蚜相似，体较小。

北京一年发生10多代，在其他寄主上过冬。次年6月开始迁至紫薇上繁殖和危害，8月份危害最严重。10月后陆续迁移过冬。

防治方法：

(1) 注意保护和利用天敌。虫量不多时，也可喷清水冲洗。

(2) 6月蚜虫危害时，根部埋施3％呋喃丹颗粒剂，灌木冠丛直径每20cm(单株干径每厘米)用药1～2g，覆土后浇水，或浇灌1000倍的40％氧化乐果乳油，灌丛直径每20cm(或单株干径每厘米)浇药水1.5kg左右。

(3) 必要时可喷1000～1500倍的50%灭蚜松乳油，或4000～5000倍的2.5%溴氰菊酯乳油，或1500～2000倍的40%氧化乐果乳油等。

6. 月季长管蚜(*Macrosiphum rosivorum* Zhang)

属同翅目，蚜虫科。分布华北、华中、华东、辽宁等地。

危害月季、蔷薇、白兰等植株的新梢、嫩叶、花梗和花蕾。

成蚜，无翅胎生雌蚜，体长4.2mm左右，浅黄绿色，腹管长圆筒形，长达尾端。有翅胎生雌蚜，体长3.5mm左右，草绿色。腹管较长，略超过尾部。翅膜质透明。若蚜淡黄绿色。

北京一年发生10多代。4月开始危害，4月下旬开始出现有翅蚜，5月份危害最严重。9月后虫量又开始增多。

防治方法：同紫薇长斑蚜。

7. 菊姬长管蚜(*Macrosiphoniella sanborni* Gillette)

属同翅目，蚜虫科。分布东北、华北、西北、华中、华东，华南等地。

危害菊花、野菊花的嫩梢、叶、花蕾、花朵。蚜虫刺吸危害能传播病毒病。

成蚜，无翅胎生雌蚜，长1.5mm左右，黄褐色至黑褐色。有翅胎生雌蚜，长1.7mm左右，翅透明。若蚜，形态和无翅胎生雌蚜相似，体稍小。

北京一年10多代，多以无翅雌蚜在留种的芽上过冬。次年4月开始胎生小蚜虫，5月出现有翅蚜迁飞扩散，5～7月虫量增多，雨季少见，10月开始过冬。

防治方法：同紫薇长斑蚜。

8. 杨白毛蚜(*Chaitophorus populialbae* Boyer de Fonscoloube)

属同翅目，蚜虫科，又名毛白杨蚜虫。分布西北、华北地区。

危害毛白杨、箭杆杨等杨树。喜危害嫩叶，严重时叶背布满虫体，大量排尿，潮湿季节更易招致煤污病，枝、叶变黑。

无翅胎生雌蚜体长2mm左右，浅绿色，眼红色。有翅胎生雌蚜体长2mm左右，翅长2mm左右，绿色，眼红色。若蚜，绿色。

北京一年发生20代左右，以卵在枝条芽腋处等处过冬。次年4月(毛白杨发芽期)过冬卵孵化，爬到新生嫩叶背面危害。4月下旬出现大量有翅蚜迁飞扩散。6月中、下旬开始发生煤污病。7月上、中旬虫口下降，树上少见。8月下旬又开始繁殖和危害，10～11月份大量发生，危害严重。11月中旬大量成虫在枝条上或顺树干爬动，寻找缝隙、伤疤等处产卵过冬。

防治方法：

(1) 保护和利用异色瓢虫等天敌。杨树上蚜虫天敌较多，尽可能少用对天敌杀伤较大的广谱杀虫剂。

(2) 3月中旬树木发芽前，喷30倍的20号石油乳剂杀卵。

(3) 根部埋施3%呋喃丹颗粒剂或开穴浇灌40%氧化乐果乳油。

9. 柳瘤大蚜(*Tuberolachnus salignus* Gmelin)

属同翅目，蚜虫科。分布山西、山东、北京、陕西、宁夏等地区。

危害立柳、垂柳、馒头柳树的树干与枝条，严重时树干、树枝上虫体成片，造成树势衰弱，其分泌液易招致黑霉病，使树干发黑。

成蚜，无翅胎生雌蚜，体长3.5～4.5mm，体灰黑色，有细毛。腹部膨大，第五节背中央有椎形突起瘤。有翅胎生雌蚜，黑色，翅透明，翅痣细长。

北京一年发生10多代，以成虫在柳树干下部树皮缝中或其他隐蔽处过冬。次年3月底过冬成虫开始向树上移动，5、6月盛发，夏季较少，秋季8月份再度盛发。10月开始陆续爬入树干缝隙等处过冬。

防治方法：

(1) 剪除虫枝销毁。

(2) 发现树干或大枝上有成群蚜虫活动或危害时，可喷清水冲洗。

(3) 可喷洒抗蚜威2000～3000倍液或烟草水50～100倍液，每周一次，连续2～3次。

10. 元宝枫蚜虫(*Perphyllus aiacerivorus* Zhang)

属同翅目，蚜虫科。分布北京、河北、天津等地。

元宝枫普遍发生。危害严重时，叶背布满一层黑色虫体，刺吸叶片的汁液，排尿在叶上，极易引起黑霉病，影响树木生长。

无翅胎生雌蚜体长1.8mm左右，鸭梨形，暗褐色或黑色。有翅胎生雌蚜体长1.6～1.8mm，翅长3mm左右，全体黑色或暗褐色。若蚜，黄褐色，与无翅成虫相似。

北京一年发生10多代，以卵在树皮缝里过冬。次年3月底(元宝枫树发芽期)过冬卵开始孵化，多集聚在芽缝处。4月上旬(元宝枫树显蕾期)为孵化盛期。4月下旬出现有翅蚜，开始迁飞传播和胎生小蚜虫，进入点片发生阶段。4月底5月上旬虫口显著增加，6、7月危害最严重。8、9月份虫口减少，10月下旬在元宝枫树上出现有翅蚜，并胎生小蚜虫，陆续出现雌雄蚜，产卵过冬。

防治方法：同栾树蚜虫。

11. 绣线菊蚜(*Aphis citricola* van der Goot)

属同翅目，蚜虫科。分布东北、华北等地区。

危害海棠、苹果、梨等树木嫩芽嫩梢嫩叶，受害树梢弯曲，叶片皱缩。

成蚜，无翅胎生雌蚜体长1.6mm左右，黄色、黄绿色。有翅胎生雌蚜，体较无翅的小，头、胸、腹管黑色，腹部黄绿色。若蚜，鲜黄色。

北京一年发生10多代，以卵在枝条的芽缝等处越冬。4月上旬过冬卵开始孵化为若蚜。4月中旬开始胎生小蚜虫，5、6月大量传播和繁殖，7月份严重。8月后渐减少。10月份产卵过冬。

防治方法：

(1) 注意保护和利用天敌。

(2) 结合修剪，剪掉虫多枝并妥善处理。

(3) 过冬卵量多的，在早春树木发芽前喷30～40倍的20号石油乳剂杀过冬卵。虫量多时，喷3000～4000倍的2.5%溴氰菊酯乳油等。

12. 桃蚜(*Myzus persicae* Sulzer)

属同翅目，蚜虫科。分布全国各地。

危害山桃、碧桃、夹竹桃、李、樱花、梅花、番石榴、蜀葵、菊花等。

成蚜，体长2mm左右。卵，椭圆形，初为绿色，后变为漆黑色。若蚜，形态与无翅雌蚜相似，体较小，淡绿或淡红色。

北京一年发生10多代，以卵在桃、樱花、李等树木的枝梢、芽缝等处过冬。4月初过冬卵开始孵化，若蚜群居在芽上危害，展叶后多集聚在叶背取食，不断胎生小蚜虫，5月份危害冬寄主严重，受害叶片呈不规则卷曲，并排有油状液体。5月上旬开始出现有翅胎生雌蚜，陆续迁飞至一些花卉、农作物、蔬菜等夏寄主植物上去繁殖和危害。9、10月又迁回桃、李等树上危害，交配，产卵过冬。

防治方法：参照松蚜。

13. 桃粉蚜虫(*Hyalopterus arundinis* Fabricius)

属同翅目，蚜虫科。分布华北、华中、华东等地。

危害山桃、碧桃、李、梅等树木。严重危害时，叶背布满虫体，叶片边缘稍向背面纵卷，叶片上排泄有一层油状物，易招致黑霉病。

无翅胎生雌蚜体长2.5mm左右，体绿色，体表有一层白粉。有翅胎生雌蚜体长2.1mm左右。若蚜，淡绿色，与无翅成蚜相似。

北京一年发生10多代，以卵在枝条芽缝等处过冬。4月初过冬卵孵化为若蚜，危害幼芽嫩叶，后进行孤雌生殖，胎生小蚜虫。5月出现胎生有翅蚜虫，迁飞传播，继续胎生小蚜虫，点片发生，数量日渐增多。6、7月危害最严重。8、9月迁飞至其他植物上危害，10月又回到碧桃上，危害一段时间，出现有翅雄蚜和无翅雌蚜，在枝条上产卵过冬。

防治方法：同桃蚜。

14. 桃瘤蚜(*Myzus momonis* Mats)

属同翅目，蚜虫科。分布东北、华北、华中、华东等地。

危害山桃、碧桃、榆叶梅、樱花、樱桃、梅花等树木。受害叶片叶缘向背面卷成长形瘤状，瘤上现出红色，严重的全叶卷成绳状或皱缩成团。

无翅胎生雌蚜体长2mm左右，深绿色或黄褐色，中胸两侧有小型瘤状突起。有翅胎生雌蚜体长1.8mm左右，淡黄褐色。若蚜与无翅成蚜相似。

北京一年发生10多代，以卵在桃枝芽缝处过冬。5月上旬出现危害现象。6月大量繁殖，危害严重。8月后迁移，10月后又飞回到碧桃等树上产卵过冬。

防治方法：同桃蚜。

15. 棉蚜(*Aphis gossypii* Glover)

属同翅目，蚜虫科。分布全国各地。

危害木槿、石榴、花椒、紫荆、玫瑰、夹竹桃、扶桑、梅花、蜀葵、一串红、香石竹、鸡冠花、瓜叶菊、仙客来、牡丹、兰花等树木和花卉的嫩梢、叶和花蕾等，同时排泄大量蜜露，诱发黑霉病，影响植物生长、开花和观赏。

无翅胎生雌蚜体长1.6mm左右，夏季黄绿色，秋季深绿、暗绿、黑色。体外被有薄层蜡粉。有翅胎生雌蚜体长1.5mm左右，淡黄色、浅绿色、或深黄色。若蚜，体黄绿色或黄色。

一年发生20代左右，以卵在木槿、石榴等冬寄主的枝条芽缝等处过冬。3月中、下旬木槿芽刚萌动时，卵孵化，在冬寄主上繁殖3、4代，多群集叶背、花蕾上刺吸汁液危害，5、6月危害严重。6月产生大量有翅蚜，陆续迁至蜀葵、一串红、菊花、香石竹以及农作物等夏寄主上去繁殖、扩散和危害。10月又迁回至木槿、石榴等冬寄主上交尾产卵过冬。

防治方法：

(1) 虫量不多时，可喷清水冲洗，重点喷冲叶背和花蕾。

(2) 4 月下旬根部埋施 3%呋喃丹颗粒剂，或浇灌 40%氧化乐果乳油或喷 1000～1500 倍的 50%灭蚜松乳油，或 4000～5000 倍的 2.5%溴氰菊酯乳油等。

(3) 保护和利用天敌。

16. 夹竹桃蚜(*Aphis nerii Boyer de* Fonscolombe)

属同翅目，蚜虫科。分布东北、华北、西北、华中、华东等地。

危害夹竹桃、黄花夹竹桃等，严重时，整个嫩梢幼叶上布满虫体。

成蚜体黄色，长约 2mm。若蚜无翅，形似成蚜。

华北地区一年发生约 10 代，以若、成蚜在枝条皮缝内越冬。5～6 月数量大，繁殖快。高温多雨夏季虫口密度明显下降，9～10 月发生小高峰，11 月陆续越冬。

防治方法：

(1) 蚜虫发生轻时，用清水冲刷虫体。

(2) 大发生时可喷 25%灭蚜灵乳油 500 倍或 2000 倍 20%菊杀乳油等。

(3) 保护和利用天敌，如蚜茧蜂、食蚜蝇、草蛉、瓢虫等。

17. 草履硕蚧(*Drosicha corpulenta* Kuwana)

属同翅目，硕蚧科，又名“草鞋蚧”。分布华北、东北、华中、华东等地区。

危害国槐、白蜡、栾树、柳树、杨树、核桃、樱花、柿树、香椿等园林植物。若虫和雌成虫聚集在树木枝干和芽上，吸食汁液，造成被害芽萎缩，树势衰弱；排泄物污染环境；到处乱爬，影响市民生活。

雌成虫扁椭圆形，体长约 9mm，褐色，体被薄层蜡粉，体形似草鞋状。雄虫体长 4mm，紫红色，前翅黑色。卵，长圆形，黄色至红褐色，卵袋为白色棉絮状。若虫，体形与雌成虫相似，小而色深。

一年发生 1 代，以 1 龄幼虫或卵在被害树木附近的墙缝、树皮裂缝等处越冬。1 月下旬越冬幼虫开始活动，卵开始孵化。3 月下旬至 4 月中旬为上树危害期。若虫沿树干爬到幼芽、嫩枝上取食汁液。4 月下旬雄虫化蛹，5 月上旬变成虫，并于 5 月中旬开始产卵，越夏、越冬。

防治方法：

(1) 清理树木周围砖石等杂物，填堵建筑物的缝隙，消灭越冬卵和若虫。

(2) 保护和利用天敌，如红环瓢虫、厚缘四节瓢虫等。

(3) 在此虫上树前在树干上围塑料薄膜阻止若虫上树，或在树干基部设置药环毒杀上树若虫。

(4) 危害初期喷施 1500 倍速蚧克等化学药剂进行防治。

18. 桑白盾蚧(*Pseudaulacaspis pentagona* Targioni)

属同翅目，盾蚧科，又名桑白蚧。分布广泛，西北、华北等地均有发生。

危害国槐、白蜡、樱花、山茶、悬铃木、龙爪槐、杨、柳、丁香、紫薇、紫荆、黄杨和女贞等近百种植物。造成生长势衰弱，发芽晚，叶小枯梢，新条萎缩死亡。

雌成虫介壳长 2mm，近圆形，灰白或黄白色。虫体橘红或橙黄色。雄虫介壳白色，溶蜡状，长筒形。雄成虫体橙黄色，有白色翅 1 对。

华北和西北地区一年发生 2 代，以受精雌成虫在寄主枝条上越冬。越冬雌成虫在 4 月下旬(柳絮飞扬)开始产卵，5月中旬卵开始孵化，5月下旬至6月上旬为孵化盛期，成群刺吸危害。一般以2～3年生枝条受害最严重。7月底第二代若虫孵化。9月中旬受精雌成虫在枝干上越冬。

防治方法：

(1) 加强植物检疫，防止新栽植树木带虫。

(2) 3月上中旬树木未发芽前，喷30倍20号石油乳剂，杀越冬雌成虫。

(3) 若虫孵化期可喷1000倍50%马拉硫磷乳油或其他杀虫剂农药。

(4) 低矮树木也可人工刷虫。

(5) 保护和利用天敌。

19. 黄杨粕片盾蚧(*Parlagena buxi* Tak.)

属同翅目，盾蚧科。又名黄杨芝糠蚧。分布浙江、北京、山西、辽宁等地。

危害锦熟黄杨、雀舌黄杨、朝鲜黄杨、卫矛、榆树、枣树等。该蚧在植株叶片和枝上刺吸汁液，使叶片褪绿出现黄斑，落叶，严重时可造成植株死亡。

雌雄介壳异形。雌虫介壳长为1mm，长椭形，灰白色。雄虫介壳长为2mm左右，细长棒形，灰白色。

华北地区一年发生3代，以受精雌成虫越冬。5月上旬至6月中旬为第一代若虫孵化期，6月上旬为高峰期，石榴盛花期正是第一代若虫防治适期。第二代若虫出现在7月中旬，8月世代重叠严重。第三代若虫在8月下旬至10中旬，9月为盛发期。

防治方法：

(1) 加强检疫，防止栽植带虫植株。

(2) 若虫期喷施1000倍40%氧化乐果乳油或2000倍的20%菊杀乳油等。

(3) 保护和利用天敌。

20. 卫矛矢尖盾蚧[*Unaspis euonymi*(Comstock)]

属同翅目，盾蚧科。分布东北、华北、西北、华东、华中等地。

刺吸枝干或叶，可造成枝梢枯死。常见受害树种有大叶黄杨、卫矛、丁香、木槿、南蛇藤、山梅花、忍冬、瑞香、富贵草、鸢尾等。

雌成虫介壳长梨形，长2～4mm，褐色至紫褐色，前端尖，后端宽。雄成虫介壳长条形，长约1mm，白色溶蜡状。

辽宁一年发生2～3代，华东地区一年发生3代，以受精雌成虫越冬。华中地区5月上旬至下旬第一代若虫孵化危害，第一代若虫孵化盛期7月中下旬。第一代发育较整齐，以后各代极不整齐。

防治方法：

(1) 加强检疫，不栽有虫苗木。

(2) 若虫孵化期喷内吸或触杀剂农药，特别要抓住1代若虫孵化期喷药。

21. 槐坚介壳虫(*Parthenolecanium corni* Bouche)

属同翅目，介壳虫科。分布东北、华北等地区。

刺吸树木枝干汁液，虫多时枝条上虫体重叠成层，排泄黏液，易引起黑霉病，造成树木萧条甚至枯死。刺槐、白蜡、朝鲜槐、雪柳、卫茅、悬铃木等常受害。

雌成虫体长6mm左右，宽4.5mm左右，棕红色，背部鼓起。若虫，初孵化时，椭圆形，白色，固定后为扁椭圆形，米黄色。过冬若虫体长 0.6mm 左右，扁椭圆形，棕色。

北京地区一年发生 3 代，以 2 龄虫在枝条的皮缝处过冬。3 月中旬开始活动，3 月底为过冬若虫活动盛期，4 月初若虫选好嫩枝，固定危害。5 月中旬雌成虫在枝条上产卵。6 月中旬、8 月中旬、10 月下旬分别为第 1、2、3 代若虫孵化盛期。

防治方法：

(1) 勿栽植带虫苗木。

(2) 于 3 月下旬树木将要发芽前喷 30～35 倍的 20 号石油乳剂，杀过冬若虫。

(3) 于若虫孵化爬行期及危害期喷 800～1000 倍的 50%马拉硫磷乳油，或 1500 倍的 20%菊杀乳油等。

(4) 注意保护二点黑瓢虫等天敌。

22. 大玉坚介壳虫(*Eulecanium gigantea* Shinji)

属同翅目，介壳虫科。分布东北、华北等地区。

危害国槐、刺槐、白蜡、栾树、岑叶枫、核桃、海棠、杨树等树木。刺吸取树木汁液，排尿流水，影响树木生长和环境卫生。

雌成虫体长 8～11mm，宽 8mm 左右，高 6～8mm，钢盔形，成熟前褐色，且有白霜，老熟时暗紫褐色。雄成虫体长 2.5mm 左右，橙黄褐色。若虫，长椭圆形，体长 0.6mm 左右，黄色，有 2 根尾毛。

北京地区一年发生 1 代，以若虫在枝、干的皮缝处过冬。3 月底开始活动，选择幼嫩枝条，固定危害。4 月中旬虫体成熟而肥大，密集着生在枝条上，似“糖葫芦”状。5 月上旬开始产卵，每雌虫产卵数千粒。5 月下旬为若虫孵化盛期，若虫从壳内爬出，到叶片背面或嫩梢上去危害。10 月后开始过冬。

防治方法：参照槐坚介壳虫。

23. 毛白杨长白介壳虫(*Lopholeucaspis japonica* Ckll)

属同翅目，盾蚧科。分布东北、华北、华中、华东、华南等地。

刺吸树木枝干汁液，受害部位，杨树类树皮变为粉色，红叶李、小叶女贞、花椒等树皮变为灰黑色，出现很多纵向裂缝。严重时虫体群集环绕枝干，造成枝条干枯，使树木生长衰弱，甚至死亡。受害树种有毛白杨、新疆杨、北京杨、加杨、河北杨、柳树、核桃、黄刺玫、山楂、红叶李、小叶女贞、樱花、花椒、梨、苹果等树木。

雌介壳长 1.5mm 左右，宽 0.3mm 左右，长形，稍弯曲，表面有一层白粉。雄成虫体长 1mm 左右，翅展 2mm 左右，黄褐色或紫黑色。若虫体长 0.3mm 左右，长椭圆形，略扁，两端较钝，淡紫色。若虫固定后背上附着一层白色丝状物。一次脱皮后，体表分泌蜡质与脱下的皮壳形成深黄色介壳。

北京地区一年发生 2 代，以若虫在枝、干上过冬。3 月开始危害。4 月中旬雄成虫开始羽化。5 月下旬若虫孵化。8、9 月间第二代若虫孵化，10 月末以若虫在介壳下过冬。

防治方法：

(1) 不栽带虫苗木，栽后发现虫体要及时控制，以减少虫源和防止蔓延。

(2) 人工刷除虫体。

(3) 春季树木发芽前，喷 25～30 倍 20 号石油乳剂。

(4) 若虫孵化期喷内吸、触杀性农药。

(5) 保护寄生蜂等天敌。

24. 白蜡囊介壳虫(*Phenacoccus fraxinus* Tang)

属同翅目，粉蚧科，又名白蜡绵粉蚧。分布北京、河北、河南、山西等地。

刺吸树木汁液，白蜡树受害严重的树枝、树干布满虫体、使树木发芽晚、叶片小、枝条干枯甚至死亡。

雌成虫体长4.5mm左右，椭圆形。身上有一薄层白粉。雄成虫初羽化时体黄白色，翅白色，后体变黑色，腹末有4根白丝，长短各2根。卵椭圆形，黄色，产于白色棉絮状卵囊中。若虫，夏型为黄色，体长不到1mm；冬型为灰色，体长2mm左右，包在灰白色的过冬囊中。过冬囊长2.8mm左右，长扁圆形，灰白色。

北京地区一年发生1代，以若虫在树枝树干上作白囊过冬。3月底4月初，若虫出囊活动，出囊分雌雄，进行交尾后，雄虫死去。雌虫爬到嫩枝上开始吸食树木汁液，身体增大。4月中旬产卵，多在分杈处作卵囊，把卵产在囊中。5月上旬，若虫孵化，出卵囊后爬到叶片背面主脉两侧刺吸危害。一直危害到10月上旬，开始爬回枝、干上作囊过冬。

防治方法：

(1) 植树时要严格选苗，勿栽带虫苗木。

(2) 加强水、肥及修剪等养护管理，增加植株抗虫能力。

(3) 虫量较多的树木于3月底过冬若虫出囊盛期，或于10月上旬若虫回到树枝、干上爬动时，喷800～1000倍的80%敌敌畏乳油，或1500倍的20%菊杀乳油，或700～800倍的50%马拉硫磷乳油等。

(4) 保护瓢虫等天敌。

25. 柿绵介壳虫(*Acanthococcus kaki* Kuwana)

属同翅目，绵蚧科。分布华北等地区。

危害柿树，成若虫刺吸枝、叶、果。严重时，虫体布满枝干、叶和果，影响树木生长及果实的质量，甚至造成枯枝干杈，整株树木枯死。

雌成虫体长2.8mm左右，扁椭圆形，紫红色。雌介壳长3mm左右，椭圆形，体表面有棉絮状物，似毛毡状。雄成虫体长1.2mm左右，紫红色。翅一对，暗白色，腹末有一小性刺，雄介壳长1mm左右，椭圆形，似蛹壳。过冬若虫体扁平椭圆形，长0.5mm左右，紫红色。体表有短的刺状突起，形似“刺猬”。

北京地区一年发生4代，以若虫在二年生以上的枝条皮层裂缝、芽腋鳞片间、干柿蒂及树干粗皮缝隙中过冬。4月底5月初(柿树发芽展叶期)过冬若虫开始爬至嫩叶、叶柄、叶背刺吸危害。5月中下旬形成白色蜡质囊壳，并在囊壳内产卵，每雌可产130粒卵，卵期10天左右。6月下旬、7月中旬、8月中下旬、9月下旬分别为第1、2、3、4代若虫孵化期。10月份过冬。

防治方法：

(1) 勿栽带虫苗，栽后发现带虫植株要及时控制。

(2) 加强肥、水等养护管理，增强树势和抗虫力。

(3) 于柿树将要发芽前喷30～35倍的20号石油乳剂，或3～5Be的石硫合剂杀越冬若虫。

(4) 秋、冬季刷除枝干上的虫体。

(5) 于若虫爬出卵囊期，喷 700～800 倍的 50%马拉硫磷乳油，或 1000～1500 倍的 20%菊杀乳油等，每隔 7～10 天喷一次，连续 2～3 次。

(6) 注意保护二点黑瓢虫等天敌。

26. 桃球介壳虫(*Lecanium kunoensis* Kuwana)

属同翅目，介壳虫科。分布河北、北京等地。

刺吸树木枝干汁液。受害严重的树木虫体布满枝梢，影响生长，甚至造成树木枯死。受害树木有碧桃、海棠、紫叶李、杏、梅等。

雌成虫介壳半球形，直径 3～4mm。黄褐色至黑褐色，有光泽。雄成虫体长 1.2mm 左右。若虫长椭圆形，背面浓褐色，腹面淡黄色。

北京地区一年发生 1 代，以若虫在枝条上过冬。4 月上旬开始活动。5 月上旬(飞柳毛刚结束)雌虫体开始变硬，形成介壳，并在壳内产卵。5 月下旬若虫开始孵化，由壳下爬出至枝条上危害。10 月后过冬。

防治方法：

(1) 勿栽植带虫苗木，栽后发现虫害及时控制。

(2) 早春树木发芽前，喷 25～30 倍的 20 号石油乳剂，或含油量 5%的蒽油乳剂液杀过冬若虫。

(3) 雌虫肥大期至产卵前，人工刷除雌成虫。

(4) 若虫孵化活动期喷 1000～1500 倍的 20%菊杀乳油，或 700～800 倍的 50%马拉硫磷乳油等，每隔 7～10 天喷一次，连续喷 3～4 次。

(5) 保护和利用黑缘红瓢虫等天敌。

27. 日本龟蜡蚧(*Ceroplastes japonica* Green)

属同翅目，硕蚧科。分布全国。

成、若虫刺吸玉兰、柿树、常春藤、夹竹桃、碧桃、海棠、紫薇等园林植物。能引起煤污病，导致树势衰弱，枯枝干杈。

雌成虫体长 4mm，紫红色，背面有白色厚蜡壳。雄虫体长 1.3mm，翅透明。若虫初孵若虫体扁平，足 3 对，固定后，身体背部全部被蜡，周缘有 12 个三角形蜡芒。

一年发生 1 代，以受精雌虫在枝上越冬。5 月开始产卵，6 月中旬为产卵盛期，每头雌成虫可产卵 1000 多粒。6 月下旬至 7 月中旬为若虫孵化盛期，固定取食后开始分泌蜡质，逐渐形成星芒状蜡壳。雄若虫 2 龄，于 9 月上旬羽化为成虫。雌成虫 3 龄，受精后于 10 月下旬开始越冬。

防治方法：

(1) 在园林植物调运时应加强检疫，杜绝虫源。

(2) 保护和利用天敌，如红点唇瓢虫等。

(3) 危害期采用根施 3%呋喃丹颗粒剂或喷施 3000 倍吡虫啉或 1500 倍速蚧克等防治。

28. 新刺白轮盾蚧(*Aulacaspis neospinosa* Tang)

属同翅目，盾蚧科。分布华北等地。

成虫和若虫群居在枝干上刺吸汁液。月季、蔷薇、藤本月季、兰花常受害。

雌介壳近圆形，直径 2.1mm 左右，白色。雌成虫略呈长卵圆形，体长 1.2mm 左右，紫红色。雄介壳长形，白色，长 1mm 左右。雄成虫体长 0.5mm 左右，橘黄色。若虫初孵时卵圆形，扁平，体长 0.2mm 左右，棕红色。

河北一年发生 3 代，北京地区一年 2～3 代，以 2 龄若虫和少部分雌成虫在枝、干上过冬。4 月中旬开始产卵。6 月中旬、8 月上旬和 10 月上旬为若虫孵化盛期。11 月上旬开始越冬。

防治方法：

(1) 引品种月季时，要严把检疫关，勿栽植带虫花木。

(2) 虫量不多的，人工刷除或入冬时将虫多的枝条剪掉处理。

(3) 若虫孵化期可喷菊杀乳油或杀螟松等药剂。

29. 柳蛎盾蚧(*Lepidosaphes salicina* Borchsenius)

属同翅目，盾蚧科。分布东北、华北、西北等地区。

成若虫刺吸枝干汁液，受害树木有柳树、杨树、白蜡、榆树、核桃、卫矛、枣、黄檗、椴树、忍冬、丁香、稠李、蔷薇、红瑞木等。

雌成虫介壳牡蛎形，长 3.2～4mm，栗褐色，外被薄层灰色蜡粉。雄成虫介壳长约 1.2mm。

沈阳地区一年发生 1 代，以卵在雌虫介壳下越冬，5 月中旬越冬卵开始孵化，6 月初为孵化盛期，若虫期为 30～40 天，7 月上旬出现成虫，8 月初产卵，雌虫平均产卵约 100 粒左右。

防治方法：

(1) 经常修剪，保持通风透光，减少虫害发生。

(2) 若虫初孵时向枝叶喷洒 10%吡虫啉可湿性粉剂 2000 倍液等。

(3) 在植物冬眠期间可向植株喷洒 3～5Be 石硫合剂。

(4) 保护天敌昆虫，如蚜小蜂、跳小蜂、瓢虫、草蛉等。

30. 紫藤灰粉蚧 [*Dysmicoccus wistariae*(Geen)]

属同翅目，粉蚧科。分布辽宁等地。

刺吸嫩枝，受害树种有紫藤、苹果树、梨树、山楂树、樱花树、花楸、紫杉、柳杉、桦树等。

雌成虫体椭圆形，长 3.5～5mm，紫褐色，背面覆盖白色絮状蜡丝。雄成虫体黑色，长约 2.5mm。若虫椭圆形，淡紫褐色。蛹椭圆形，红紫色。

大连地区一年发生 1 代，以 2 龄若虫在树干裂缝内群集越夏和越冬，虫体上覆盖白色絮状蜡丝。翌年春，开始活动危害，出现性分化，4 月上旬化蛹，4 月中旬雌成虫羽化，4 月下旬雄成虫羽化，5 月末开始产卵。卵胎生，卵经几个小时即孵化为若虫，6 月上旬是若虫孵化盛期。初孵若虫分散到嫩枝、叶腋处危害，以背光处密枝为多。

防治方法：

(1) 冬季刷除越冬虫体，减少虫源。

(2) 若虫发生期喷花保乳剂 100 倍或菊杀乳油 2000 倍液等。

(3) 保护和利用天敌。

31. 紫薇绒蚧(*Eriococcus lagerostroemiae* Kuw)

属同翅目，绒蚧科。分布东北，华北、华中、华东等地。

危害紫薇、石榴等树木的枝干。枝条上布满虫体，刺吸树木的汁液，并大量排泄黏液，易诱发煤污病，造成树木黄叶、枯枝以致死亡。

雌成虫卵圆形，体长3mm左右，体紫红色，被有白蜡粉，外观呈灰色，体背有少量的白蜡丝。雄成虫体长1.2mm左右。紫或褐色。翅半透明。过冬若虫体长1mm左右，紫红色。体背有少量白蜡丝。

北京地区一年发生2代，以若虫在枝条或干上的皮缝处、空蜡囊中过冬。4月上旬过冬若虫开始活动，4月中下旬开始分雌雄，4月底5月上旬雄虫羽化。5月下旬雌虫开始产卵，6月上旬为产卵盛期。6月上旬至下旬第一代若虫孵化，6月中旬为孵化高峰期，此代虫态较整齐。8月中旬至9月底第二代若虫孵化危害，此代虫态不整齐。

32. 大青叶蝉(*Cicadella viridis* L.)

属同翅目，叶蝉科。又名大绿浮尘子。分布东北、华北、西北、长江流域等地。

主要是产卵危害，把卵产于树木皮层内，形成伤口，冬天易造成受害枝梢抽条。常见受害树木有杨树、柳树、榆树、槐树、椿树、桑树、梧桐树、桧柏树等的苗木和幼嫩枝条，还危害桃树、海棠树、苹果树等的枝干。

成虫，体长8～10mm，头黄绿色。前翅绿色，顶端半透明。卵，长圆形，稍弯曲，乳白色。若虫，形态似成虫，比成虫小。

北京地区一年发生3代，以卵在树木枝、干的皮层内过冬。4月中旬至5月初若虫孵化，刺吸苗木的汁液，逐渐长翅变为成虫。6月第一代成虫危害。7、8月第二代成虫危害。9、10月第三代成虫危害。10月上旬开始在树木枝、干上的皮层内产卵过冬。每头雌虫产卵百粒左右，卵排列成块，每块7～8粒，产卵处稍鼓起，呈月牙形。

防治方法：

(1) 结合整形修剪，剪掉虫卵多的枝条，消灭过冬卵。

(2) 于过冬卵孵化盛期，喷2500～4000倍的20%速灭杀丁乳油，或80%敌敌畏乳油1000倍等。

33. 斑衣蜡蝉(*Lycorma delicatula* White)

属同翅目，蜡蝉科，又名椿皮蜡蝉。分布华北、西北、华中、华东、华南。

危害千头椿、臭椿、香椿、悬铃木、红叶李、紫藤、法桐、槐、榆、黄杨、美国地锦和葡萄等。成虫和若虫刺吸嫩梢幼叶汁液，造成叶片枯黄，嫩梢萎蔫，枝条畸形以及诱发煤污病。

成虫体长约18mm，灰褐色。后翅基部为鲜红色。若虫1～3龄，体为黑色。

华北地区一年发生1代，以卵在枝干和附近建筑物上越冬。4月越冬卵孵化。小若虫群居危害，稍有惊动便蹦跳而逃离。6月中下旬出现成虫，成虫和若虫常常数十头群集危害，此时寄主受害更加严重。成虫将卵产在避风处，卵块覆盖有黄褐色分泌物，类似黄土泥块贴在干皮上。

防治方法：

(1) 发现卵块及时刮破卵块。

(2) 若虫孵化盛期可喷2000倍20%菊杀乳油或其他触杀剂或内吸剂农药。

34. 黑蝉(*Cryptotympana atrata* Fabricius)

属同翅目，蝉科，又名蚱蝉，俗名知了。分布华北、西北、华东、华中及西南等地。

雌成虫用产卵器把枝条刺破，将卵产在枝条里，造成树木枝条失水而干枯。受害树木有柳树、杨树、柿树、元宝枫、榆树、海棠、樱桃、槐树、桑树、杏树、桃树、苹果树等。

成虫，体长 55mm 左右，漆黑色。卵长 2.5mm 左右，稍弯曲，乳白色。若虫，俗称知了猴，老熟时体长 35mm 左右，土黄褐色，无翅，能爬行。脱下的皮为蝉蜕。

北京地区数年完成一代，以卵和若虫过冬。次年在枝条内过冬的卵孵化，钻入土中，吸食植物根的汁液，至冬天潜入土层深处过冬。幼虫一生都在土中生活。6 月间快羽化时，黄昏及夜间钻出土表，爬至树上，脱皮羽化，成虫寿命 60 余天。7 月下旬开始产卵，8 月上中旬为产卵盛期，多产于 4～5mm 粗枝梢上。卵孔纵斜排列，比较整齐。每一卵孔有卵 6～8 粒，一个枝梢上多时能有 90 多粒卵。

防治方法：

(1) 夏秋季发现枯死梢及时剪掉烧毁，消灭虫卵。

(2) 成虫羽化期及时捕捉刚出土的若虫和新羽化的成虫。

35. 国槐木虱(*Cyamophila willieti* Wu)

属同翅目，木虱科。分布华北等地区。

以成、若虫刺吸槐树嫩梢、嫩叶，其排泄物易污染树木，影响树木枝梢生长。

体形似小蝉，体橙黄色略带绿色，体长 3mm 左右，能飞会跳。若虫，初孵时白黄色，腹部橙黄色，复眼红色，体略扁。

北京一年数代，多以成虫在树洞、树皮缝等处过冬。3 月底 4 月初开始活动，多产卵于嫩梢、嫩芽的毛丛中，4 月中旬开始孵化出若虫，多在叶背或嫩梢、嫩叶上危害。近 5 月出现大量成虫，并在叶背留有很多脱的皮。5、6 月份干旱季节危害最严重。7、8 月雨季虫量见少，9 月后虫量又有回升，10 月后过冬。

防治方法：

(1) 保护和利用瓢虫等天敌。

(2) 危害初期，喷 1500～2000 倍的 20%菊杀乳油或 40%氧化乐果乳油等。

36. 青桐木虱(*Thysanogyna limbata* Enderlein)

属同翅目，木虱科。分布华北、华东、华中、陕西、甘肃等地。

以成、若虫刺吸青桐嫩梢嫩叶，并分泌白色蜡质丝，常数十个藏在白棉絮状的蜡丝中吸食树木汁液，枝杈处布满白色棉絮状物，影响生长与观赏。

成虫，体长 5～6.9mm 左右，体黄绿色。若虫，初孵时长方形，茶黄色微带绿色，翅芽稍现，老熟时长圆形，长 3～5mm，淡翠绿色，翅芽明显可见。

一年发生 2～3 代，以卵在枝条的基部阴面及树皮里过冬。次年 4 月底开始孵化，分泌蜡丝和黏液，污染叶面和地面。6 月上旬成虫开始羽化，6 月下旬为羽化盛期。成虫喜跳跃、能飞翔，继续危害，雌雄交尾后产卵于叶背。7 月中旬第二代若虫孵化危害，历期 20 多天，8 月初第二代成虫羽化，9 月上旬第三代若虫危害。发生世代很不整齐。10 月下旬成虫产卵越冬。

防治方法：

(1) 于若虫期用高压喷雾机喷清水，冲掉白蜡丝团。

(2) 必要时，喷 1000～1500 倍的 40%氧化乐果乳油，或蚜虱净 1000 倍液或吡虫啉 2000 倍等。

(3) 保护寄生蜂、草蛉等天敌。

37. 梨网蝽(*Stephanitis nashi* Esaki et Takeya)

属半翅目，网蝽科，又名“军配虫”。分布全国。

危害月季、海棠、樱花、蜡梅、杜鹃、地锦等园林植物。成虫和若虫群栖在叶背危害，被害叶片退绿，叶面呈黄白斑点，叶背呈黄褐色锈斑，引起早期落叶，影响长势和果品质量。

成虫体长 4mm，黑褐色，翅半透明，布满网状纹。若虫体形似成虫，无翅，3 龄后有翅芽，腹节两侧有数个刺突。

北京一年可发生 3～4 代，以成虫在落叶、杂草、树皮缝等处越冬。4～10 月均可危害，以 7～8 月危害严重，世代重叠。雌成虫在叶背叶肉中产卵，常常十几粒产在一起。若虫成虫在叶背危害，并分泌黄褐色黏液和粪便，成锈状斑。

防治方法：

(1) 清除落叶和杂草，减少虫源。防治越冬代成虫和第一代若虫。

(2) 保护和利用天敌，如草蛉、小花蝽等。

(3) 危害期喷施 3000 倍吡虫啉、1500 倍净叶宝乳液等。

38. 丁香蓟马(*Dendrothrips ornatus* Jablonowsky)

属缨翅目，蓟马科。分布东北、华北、西北等地。

危害丁香的幼芽和叶片，使整株树叶失绿变成灰白色，以至干枯。

雌成虫体长约 1mm，黑褐色，雄成虫体约 0.5mm，黄色。若虫初孵乳白色，眼红色。蛹具翅芽 4 个。

北京地区一年 6、7 代，以雌成虫在树木基部落叶层、松土层，树皮缝中等处过冬。3 月下旬过冬成虫开始爬上树，多先在树丛下部枝条的芽上取食危害，随着气温增高，树木展叶，逐渐往冠丛的上边和外缘发展。成、若虫多在叶背锉吸危害，受害叶片正面出现一些失绿灰白小点。5 月日渐严重，6 月份最为严重。

防治方法：

(1) 于秋冬季清除树下的枯枝、落叶、杂草等，并作处理以消灭过冬虫源。

(2) 早春灌水、翻地消灭越冬成虫。

(3) 于 3 月中旬过冬成虫爬上树前，在树干和基部撒施 25%西维因可湿性粉剂，消灭过冬成虫和防止上树。

(4) 危害叶片时，可喷 1500～2000 倍的 20%菊杀乳油，或 800～1000 倍的 40%氧化乐果乳油，或喷爱福丁等内吸、触杀药剂等。

(三) 蛀食害虫及防治技术

1. 光肩星天牛(*Anoplophora glabripennis* Motsch)

属鞘翅目，沟颈天牛科，俗称“花牛”。分布东北、华北、西北、华东等地。

幼虫危害杨、柳、槭、榆、苦楝、枫、樱花等多种阔叶树。该虫的幼虫在树木枝干的木质部钻蛀虫道，造成枯枝干梢，甚至整株死亡。

成虫体长约 30mm，鞘翅为黑色，上有不规则的白斑。卵白色，稍弯曲，似“黄瓜籽”。老熟幼虫约 55mm 左右，乳白色，足退化。蛹，离蛹，黄白色。

北京 1～2 年发生 1 代，以幼虫在树干蛀道内越冬。幼虫危害期 3 月至 11 月上旬，5

月开始化蛹，成虫羽化期为6月至7月中旬。成虫产卵时，先在树木枝干上咬一“一”字形刻槽，然后再在产卵槽内产1粒卵。8月份大量幼虫孵化，产卵槽口由白变为红褐色，并显出湿润和红粪沫，表明幼虫已孵化蛀入危害。9月底开始往木质部里钻蛀，并另凿一新的排粪口。当年幼虫一般钻入木质部4～5mm深处越冬。第二年4月份，越冬幼虫继续危害，通常是向上蛀入危害。世代不整齐，5～9月都可见到成虫。

防治方法：

(1) 及时清除被害木，进行处理，消灭虫源。

(2) 成虫发生量大可人工捕捉或喷施3000倍的氯氰菊酯等药剂消灭成虫。

(3) 虫量大时，可在8月份幼虫孵化高峰期喷3000倍2.5%溴氰菊酯等。

(4) 幼虫危害期利用注射器向排粪口里注射辛硫磷等药剂或塞磷化锌毒签等防治已蛀入的幼虫。

(5) 挂置鸟巢，招引啄木鸟等益鸟防治害虫。

2. 桑天牛(*Apriona germari* Hope)

属鞘翅目，天牛科，又名褐天牛。分布华北、华东等地区。

以幼虫蛀食毛白杨、构树、桑树、柳、刺槐、榆、无花果、苹果等树木的树干及主枝。幼虫在木质部内由上往下蛀食危害，每隔一段凿一个排粪孔，与外面相通，往外排出红褐色虫粪、流红水和木屑，常引起木材腐朽，严重影响树木生长和木材使用价值。

雌成虫体长45mm左右，雄成虫36mm左右，黑色，体上密生黄褐色短毛，前胸两侧各有1刺状突起，翅鞘基部有多数黑色小颗粒。足黑色。腹部黄褐色，老幼虫体长60mm左右，圆筒形，乳白色，无足。

北京2～3年完成1代，华东地区2年完成1代。以幼虫在被害木头里过冬。次年4月上旬开始危害，排粪孔流出红褐色液和粪沫，5、6月危害严重。6月幼虫老熟，在隧道内化蛹。7月成虫羽化外出，啃食枝条表层，在枝干上咬成“U”字形伤口，补充营养。幼虫孵化后蛀食木质部，逐渐进入髓部，向下蛀食危害，11月在木质部里过冬。幼虫在木头里危害2～3年。

防治方法：

(1) 及时剪除、锯掉虫多的树枝和树木，消灭过冬虫源。

(2) 在幼虫危害期，用注射器从最下面的排粪孔往内注射10～50倍的20%菊杀乳油或50%辛硫磷乳油等，注完用湿泥严封孔口。也可以用磷化锌毒签插入蛀孔并用泥封住。

(3) 人工捕杀成虫。

(4) 保护天敌。

3. 刺角天牛(*Trirachys orientalis* Hope)

属鞘翅目，天牛科。分布东北、华北、西北、华东、华中、华南等地区。

幼虫蛀食国槐、银白杨、垂柳、旱柳、臭椿、合欢、榆、加杨、刺槐、梨树等树木的树干、大枝。树龄高、树势弱，受害重。幼虫蛀食木质部，破坏树木的输导功能，造成树木枯梢以至死亡。

成虫体长40mm左右，宽10mm左右，体灰黑色至棕黑色，被有棕黄色及银灰色闪光的绒毛，触角，雄虫第3～7节、雌虫第3～10节具有明显的内端刺，雄虫第6～10节还有较明显的外端刺，幼虫，体长50mm左右，淡黄至黄色。

北京地区二年发生1代，少数三年1代，以幼虫及成虫在被害木内过冬，需经3～4个年度。5、6月间成虫外出活动，外出盛期在5月末6月初，羽化孔较大，长椭圆形。随着虫体增大，幼虫常到洞口活动，并排出大量丝状粪屑，落在树干基部。幼虫一直危害到10月而过冬，下一年继续危害。幼虫老熟后于8～10月化蛹，蛹期20多天，10月间羽化为成虫而过冬。

防治方法：

(1) 成虫外出盛期人工捕捉成虫。

(2) 有计划地更新伐除处理一些虫多的老树木，减少虫源。

(3) 加强养护措施，增强树势，减少受害。

(4) 幼虫危害排粪期用药泥(1份敌杀死，10～50份黄黏土，加适量水和成泥团)塞入排粪孔中，并严封孔口，毒杀幼虫。

4. 双条杉天牛(*Semanotus bifascaitus* Motschulsky)

属鞘翅目，天牛科。分布辽宁、华北、华东、华南、西南等地区。

幼虫蛀食危害侧柏、桧柏、龙柏、罗汉松等针叶树，是生长衰弱和新移栽管理跟不上的柏树的一种毁灭性蛀干害虫。幼虫蛀食韧皮部、木质部常造成大量新植柏树整株死亡。

成虫体长约10mm，扁圆筒形。鞘翅为黑褐色，有两条棕黄色的横带。卵白色，形似大米。老熟幼虫15mm左右，乳白色，圆筒形，无足。蛹黄色。

北京一年发生1代，以成虫在树干蛹室内越冬。3月上中旬至4月上旬为成虫活动高峰。成虫将卵产在树皮表面的缝隙中。幼虫孵化后蛀食危害韧皮部，同时将木质部表面蛀成弯曲不规则的坑道。4～8月为幼虫危害期。

防治方法：

(1) 在调运苗木时应严格检疫，杜绝带虫树木的调进及调出。

(2) 及时清除被害木，妥善处理，消灭虫源。

(3) 3～4月利用柏木油或柏木枝干作诱饵，诱杀成虫。也可以在此期间对新移植的或生长衰弱的柏树，每隔7～10天喷一次1000倍氧化乐果乳液或阿克泰4000倍液等灭杀产卵成虫和初孵幼虫。

(4) 加强水肥管理，提高树势，减少受害。

(5) 幼虫期释放肿腿蜂寄生天牛幼虫。

5. 桃红颈天牛(*Aromia bungii* Fald)

属鞘翅目，天牛科。分布东北、华北、西北、华中、华南、华东等地。

幼虫蛀食树干，造成树势衰弱，甚至使树木枯死。受害树种有碧桃、桃树、山桃、杏树、榆叶梅、李树等。

成虫体长26～37mm，前胸为深红色，其余均为黑色，有光泽。老熟幼虫体长42～50mm，初为乳白色，老熟时略带黄色。

北京地区2～3年发生1代，以幼虫在被害枝、干内过冬。次年6、7月间成虫羽化外出，雨后晴天中午最多。雌成虫多在主干或主枝基部皮缝处先咬成方裂口，再产卵。树干基部较多，有的蛀入地下根内，蛀成长而稍弯曲的隧道，并向外排出大量红褐色虫粪和木屑，粘在孔口和堆积在树下地面上，易造成流胶，严重时树干被蛀空，树枝枯死。

防治方法：

(1) 成虫羽化期捕杀成虫。

(2) 幼虫危害期用铅丝从排粪孔顺隧道钩杀幼虫。

(3) 用10～50倍菊杀乳油或辛硫磷注射虫孔或插入磷化锌毒签并封孔口。

6. 青杨天牛(*Saperda populnea* L.)

属鞘翅目，天牛科，又名杨树枝天牛。分布东北、华北、西北等地区。

幼虫蛀食杨树一年生枝条，形成瘤状虫瘿，严重时枝条上虫瘿成串，枝条易干枯、风折。受害树种有毛白杨、北京杨、二青杨、美杨、加杨、银白杨、河北杨、小叶杨等。

成虫体长11～13mm，黑色，体表密布灰黄色绒毛，鞘翅上各有4个黄色绒毛斑。老熟幼虫13～15mm，稍扁，深黄色。

北京地区一年1代，以老幼虫在被害枝条内过冬。3月开始化蛹，4月下旬5月初(柳树飞絮时)为成虫羽化盛期，补充营养，造成许多鲜叶脱落。5月中旬幼虫开始孵化危害，一直到10月过冬。

防治方法：

(1) 剪掉虫瘿消灭里面的幼虫。

(2) 害虫量大可在成虫羽化盛期喷2000倍的20%菊杀乳油等杀成虫。

(3) 有条件情况下，可在幼虫危害期6～9月释放天牛肿腿蜂。

(4) 注意保护天敌。

7. 苹果枝天牛(*Oberea japonica* Thunb.)

属鞘翅目，天牛科。分布东北、华北等地区。

幼虫蛀食海棠、樱桃、苹果、梅等树木的枝条。严重时造成枝条枯死。

成虫体长15～18mm，橙黄色，密生黄色绒毛。幼虫体长28～30mm，全体橙黄色。

北京地区一年发生1代，以幼虫在被害枝条内过冬。次年6月成虫羽化，在当年生枝条的皮层内产卵。幼虫孵化后即钻入髓部，由上往下危害，受害枝条上部叶片枯黄。7～8月间在被害枝条上每隔一段咬一排粪孔，排出淡黄色粪便，有的粘在排粪孔口，有的落在地上。一直危害到11月，幼虫在枝条内过冬。

防治方法：

(1) 从最下边的排粪孔注射10～50倍的80%菊杀乳油或者插入磷化锌毒签，并用湿泥封住虫孔。6月份，成虫羽化期捕杀成虫。

(2) 发现受害枝条要及时剪除并销毁，防治幼虫。

8. 菊天牛(*Phytoecia rufiventris* Gautier)

属鞘翅目，天牛科，又名菊小筒天牛。分布东北、华北、华东、华南及四川、陕西等地。

幼虫蛀食菊花、朱顶红、蒿、野生菊等茎秆，造成植株不能开花或枯死。

成虫圆筒形，长6～12mm，黑色，鞘翅上被有灰色绒毛，前胸背板中区有一近卵形的橙红色斑。老熟幼虫体长9～10mm，淡黄色。

北京地区一年发生1代，以成虫在根际附近的根茎内过冬。次年4月中旬开始活动，一直到5月都见有成虫。白天多在叶背等处交尾，产卵时，先在菊花嫩梢距顶端约15mm左右处，咬伤嫩茎的皮层成半圆形刻痕，再在此伤痕下面约1cm左右处，咬成同样的刻痕，然后在两刻痕之间的皮层内产上1粒卵。刻痕处不久变黑，上面梢头因失水而萎蔫。

幼虫刚孵出时，先在原处啃食，再向下蛀食，6月底有些幼虫已蛀到根际处，9月在根际或根内化蛹，10月以成虫过冬。

防治方法：

(1) 剪除虫枝销毁；成虫羽化期，人工捕杀。

(2) 幼虫孵化期可喷20%吡虫啉1000倍液防治幼虫。

(3) 多用扦插苗，少用分株苗，减少虫害传播。

9. 芫天牛(*Mantitheus pekinensis* Fairmaire)

属鞘翅目，天牛科。分布内蒙古、北京、山西等地区。

幼虫蛀食树木根皮及木质部，造成受害部前根部死亡，影响根系吸收和输导，造成树势衰弱，招致其他次生性害虫危害，加速受害树木死亡。

成虫雌雄异型。雌成虫体外形很像芫菁，体长18～21mm，宽5～6.5mm，黄褐色。鞘翅短，仅达腹部第2节。后翅缺，腹部膨大，不为鞘翅覆盖。雄成虫体长和体色与雌成虫相似，较窄，鞘翅覆盖整个腹部。有后翅，触角长度超过体长。老熟幼虫长筒形，略扁，长约30mm，白色略带黄色。

北京地区两年发生1代，以幼虫在土里越冬。6月末7月初老熟幼虫开始化蛹，8月中旬至9月下旬成虫羽化，卵多产在树干2m以下的翘皮缝下，成片块状，每块几十粒至数百粒不等。9月开始幼虫孵化，不久幼虫即爬或落至地面，钻入土中咬食细根根皮和木质部。幼虫至少在土中危害2年。

防治方法：

(1) 羽化期人工捕杀成虫。

(2) 成虫产卵期人工刮除翘皮下的卵块。

(3) 幼虫孵化期在树干周围撒西维因粉剂毒杀下落幼虫。

(4) 幼虫危害根部时可用1000倍辛硫乳液等浇灌防治幼虫。

10. 锈色粒肩天牛 [*Apriona swainsoni*(Hope)]

属鞘翅目，天牛科。分布东北、华北、西北等地区。

成虫啃食枝梢嫩皮，造成新梢枯死；幼虫蛀食树木枝、干，造成主枝或整株树木枯死。受害树种有国槐、龙爪槐、蝴蝶槐、金枝槐。

成虫体长31～42mm，宽9～12mm，栗褐色，被棕红色绒毛和白色绒毛斑。前胸背板中央有大型颗粒状瘤突。鞘翅基部有黑褐色光亮的瘤状突起，翅面上有白色绒毛斑数十个。老龄幼虫体长42～58mm，宽10～14mm，乳白色微黄。

两年完成1代，以幼虫在树皮下和木质部蛀道内越冬。5月中旬幼虫老熟化蛹。6月中旬成虫羽化出孔，补充营养。雌成虫先在树干上用口器将树干缝处咬出一道浅槽，深约1cm，再对准浅槽产卵，用绿色分泌物覆盖卵块。幼虫孵化后在皮层下钻蛀虫道，稍大后蛀入木质部。

防治方法：

(1) 加强植物检疫，防止人为带虫传播。

(2) 羽化期人工捕杀成虫。

(3) 幼虫危害期用磷化锌毒签插入虫道防治幼虫。

(4) 保护天敌花绒穴甲等。

11. 槐小卷蛾(*Cydia trasias* Meyrick)

属鳞翅目，卷蛾科，又称国槐叶柄小蛾。分布华北、西北等地区。

危害国槐、龙爪槐、蝴蝶槐等。以幼虫蛀食羽状叶柄基部下的柄下芽、花穗和种子，造成叶片脱落，树冠枝梢出现光秃枝。

老熟幼虫体长 8mm 左右，圆柱形，黄色，透明。蛹，褐色。

北京一年发生 2 代，以幼虫在槐豆内越冬为主，其次在枝条和树皮缝内越冬。5 月底至 6 月上旬为成虫羽化高峰期。卵散产。初孵幼虫经 2h 左右，即可钻蛀危害幼嫩复叶叶柄基部。老熟幼虫有迁移危害习性，一头虫可造成几个小枝干枯脱落。6 月中旬至 7 月上旬，7 月下旬至 8 月为幼虫危害期，以第二代幼虫危害严重，树冠上出现明显光秃枝。9 月幼虫开始转移槐豆危害，并在槐豆等处越冬。

防治方法：

(1) 抓住幼虫在槐豆内越冬的习性，结合冬季修剪，剪除槐豆。

(2) 幼虫危害期，6 月中旬、7 月底是药剂防治适期，可喷施菊杀乳油 2000 倍液等防治。

(3) 利用性诱剂诱杀成虫。

(4) 生长季节可及时剪除受害枝条。

12. 夏梢小卷蛾［*Rhyacionia duplana*(Hubner)］

属鳞翅目，卷蛾科，又叫锈翅小卷蛾。分布北京等地区。

以幼虫蛀食油松当年生新梢，尤其喜危害树冠顶部新梢。数头以至十余头幼虫在一起蛀食。初孵幼虫开始在表皮及松针鞘基部危害，受害处出现松脂，排出小粪粒，稍大后向梢内部蛀食直到顶端。受害梢扭曲，继而停止生长，逐渐枯死。

成虫体长 6～7.5mm，前翅灰褐色，近外缘部分锈褐色。幼虫体长 8～12mm，体橘黄色。蛹红褐色，长 5～7.5mm，茧白色。

北京地区一年发生 1 代，以幼虫在被害梢下部的上年生枝条上结白色蜡质茧越夏。夏末开始化蛹，九月中旬全部化蛹，并以蛹越冬。第二年 3 月中下旬成虫羽化。4 月下旬至 5 月初为孵化高峰期。幼虫在新梢内蛀食 25～30 天左右，于 5 月下旬从被害梢内转移出来，爬到上年生枝条上，少数爬到受害梢基部并在枝条与针叶基部之间吐丝结白色蜡质茧，常数个以至十多个茧排在一起。

防治方法：

(1) 6 月中旬至次年 3 月间，可剪除带虫茧枝梢并妥善处理。

(2) 幼虫孵化期可喷 50%杀螟松 700～1000 倍液等。

13. 梨小食心虫(*Grapholitha molesta* Busck)

属鳞翅目，小卷叶蛾科，俗称梨小。国内分布很广。

幼虫蛀食枝梢、果实，造成被害枝梢萎蔫，影响树木生长和观赏。受害树种有碧桃、桃树、杏树、李树及梨树等。

成虫体长 6mm 左右，全体灰黑色。幼虫老熟时体长 12mm 左右，腹部背面淡红色。

北京地区一年发生 3 代，以幼虫在树干、树枝的凹凸不平处，枝条剪口的髓心处作茧过冬，也有在土缝里或落叶里过冬的。次年 4 月中旬开始化蛹，4 月下旬成虫羽化产卵。5 月上旬幼虫孵化，钻入嫩梢危害，一般蛀食枝条长 3～4cm，受害部分变红褐色，叶子萎蔫下垂。5月下旬幼虫爬出枝条，到枝、干上去作茧化蛹。7月初第二代幼虫孵化钻入枝梢。8月中旬第三代幼虫孵化钻入枝梢危害，9月底开始过冬。

防治方法：

(1) 5月上旬第一代幼虫孵化危害时，及时剪掉受害带虫枝梢并妥善处理。

(2) 必要时在幼虫危害期喷施化学药剂防治初孵化幼虫。

(3) 保护天敌。

14. 松梢螟(*Dioryctria rubella* Hampson)

属鳞翅目，螟蛾科。分布东北、华北、西北、华中、西南、华东、华南等地。

幼虫蛀食油松、马尾松、红松、黑松、华山松、樟子松、云杉、冷杉等的顶梢。

老熟幼虫25mm，体表有褐色毛片，着生刚毛。蛹，纺锤形，红褐色。

华北地区一年发生2代，以幼虫在松树受害梢髓部越冬。4月幼虫开始危害，5月上旬化蛹。5月下旬成虫羽化，成虫产卵在新梢顶端、针叶的基部或新球果上，卵散产。幼虫有转移危害习性，被害蛀口有积粪或松脂。4月、6月至11月为幼虫危害期，世代重叠。

防治方法：

(1) 及时修剪被害枝梢及球果，并妥善处理。

(2) 幼虫期喷施吡虫啉2000倍液等防治。

(3) 保护天敌防治害虫。

15. 小木蠹蛾(*Holcocerus insularis* Staudinger)

属鳞翅目，木蠹蛾科，又叫小线角木蠹蛾、小褐木蠹蛾。分布华北、东北、西北、华中、华东等地。

小木蠹蛾危害树种有白蜡、国槐、龙爪槐、银杏、丁香、榆树、樱花、海棠、元宝枫等植物。幼虫常常是几十至几百头群集在蛀道内危害。造成被害处千疮百孔。重者树皮环剥，全株死亡。

老熟幼虫体长40mm左右，体背鲜红色。卵椭圆形，卵表有网状纹。

两年1代，跨3个年度，以幼虫在被害枝干内越冬。5月下旬至8月上旬为化蛹期，6～9月为成虫发生期，羽化时将蛹壳半露在羽化孔外。成虫在树木枝干的伤疤处、裂皮缝处成堆产卵。每年3月中旬至10月下旬为幼虫危害期。幼虫危害时，从树皮缝处排出细黄褐色虫粪便和木屑。

防治方法：

(1) 及时剪除受害枝条，减少虫源。

(2) 加强检疫，防治从异地带入虫源。

(3) 初孵幼虫危害时，可用10倍40%氧化乐果乳油或20%菊杀乳油直接涂刷，然后用塑料薄膜包扎。已蛀入的幼虫可用药剂注射或用磷化铝毒签进行熏蒸。

(4) 保护利用天敌，如利用芫菁夜蛾线虫、白僵菌、寄生蝇、姬蜂。挂置鸟巢，招引啄木鸟等益鸟防治害虫。

16. 芳香木蠹蛾(*Cossus cossus orientalis* Gaede)

属鳞翅目，木蠹蛾科。分布华北、西北、东北等地。

幼虫蛀食杨、柳以及榆、白蜡、构、丁香、苹果和梨等多种树木。危害状与小褐木蠹蛾相似。

老熟幼虫体长为80mm左右，圆筒形。体背面为暗紫红色。卵椭圆形，灰褐色，卵表有网纹。蛹褐色。

华北地区两年发生1代，跨3年。小幼虫在树干蛀道内越冬，第二年秋以老熟幼虫在土中结茧越冬。第三年5月在土壤中的茧内化蛹。6月成虫羽化，将卵产在主干上的伤口和粗皮裂缝中，卵呈块状。初孵幼虫先食卵壳，其后蛀食韧皮部，随着虫龄的增长，幼虫分散蛀食木质部，其危害状不如小褐木蠹蛾那样千疮百孔，幼虫也比较分散。3～11月是幼虫危害期，11月开始越冬。

防治方法：

(1) 幼虫孵化初期，可用10～50倍40%氧化乐果涂抹被害处，并用塑料布包裹被害处。

(2) 幼虫已经蛀入的，可用10～20倍20%菊杀乳油注射，并用胶泥堵住虫孔，也可用塑料布包裹被害处。

(3) 在9～10月，也可捕杀下树老熟幼虫。

(4) 及时修剪受害严重的枝干并妥善处理消灭虫源。

17. 臭椿沟眶象(*Eucryptorrhynchus brandti* Harold)

属鞘翅目，象甲科。分布于东北、华北、华东等地。

幼虫蛀食千头椿、臭椿等造成树木生长衰弱、死亡。还有沟眶象同时发生。

成虫体长约11mm左右，黑色。前胸背板白色，刻点小而浅。幼虫体长约14mm左右，乳白色。沟眶象体长为18mm左右，前胸背板多为黑或赭色，小部分为白色。幼虫体长为18mm左右，乳白色。

北京地区一年发生1代，以幼虫或成虫在树干内和土内越冬。翌年5月越冬幼虫化蛹，6～7月成虫羽化，7月为羽化盛期。在土中越冬的成虫于4月下旬开始危害。成虫盛发期在4月下旬至5月中旬。7月下旬至8月中旬出现第二次成虫盛发高峰期，至10月还可见到成虫，虫态很不整齐。成虫有假死、补充营养习性。

防治方法：

(1) 加强检疫，严把苗木出圃关，杜绝带虫出圃。

(2) 成虫发生盛期，可人工捕捉成虫。

(3) 化学防治，如成虫盛发期在树干基部撒25%西维因可湿性粉剂等毒杀成虫；也可在成虫盛发期喷1000倍辛硫磷乳油；幼虫孵化期间，可往被害处涂煤油溴氰菊酯或向根部灌1000倍辛硫磷乳油等。

18. 楸螟(*Omphisa plagialis* Wileman)

属鳞翅目，螟蛾科。分布东北、华北、西北、华中、华东等地区。

幼虫蛀食新梢，造成受害枝条枯死，破坏顶端生长。受害树种有楸树、梓树、黄金树等。

成虫体长15mm左右，翅白色并有黑褐色斑纹，前翅近顶端有2条黑褐色波状横纹。幼虫体长20mm左右，灰白色，各体节有灰色斑点，上生有细毛。蛹纺锤形，褐色，长15mm左右。

北京地区一年发生2代，以幼虫在一、二年生枝条里或幼苗茎里过冬。次年4月开始危害。4月下旬幼虫老熟，化蛹。5月上旬成虫开始羽化，喜在枝条尖端叶芽或叶柄间产卵。5月中旬幼虫开始孵化，从嫩梢叶柄处钻入枝条内蛀食髓部，并从排粪孔排出黄白色虫粪和木屑。当新梢长10cm时，正是第一代幼虫危害盛期，被害枝条6月初即萎蔫，随后干枯，梢尖变黑，向下弯曲。6月中、下旬第二代成虫羽化。7月第二代幼虫孵化危害，严重时几乎每个枝梢都被蛀食，一直危害到11月，幼虫在枝条内过冬。

防治方法：

(1) 加强植物检疫，防止苗木带虫。

(2) 及时剪掉新受害的虫枝，消灭幼虫。

(3) 幼虫孵化蛀入期喷40%氧化乐果1000倍液或菊杀乳油1500倍液等防治初孵幼虫。

19. 合欢吉丁虫(*Chrysochroa fulminaus* Fabricius)

属鞘翅目，吉丁虫科。分布华北、华东等地区。

幼虫蛀入树皮危害韧皮部与木质部边材，破坏树木输导功能，造成树木枯死。

成虫体长3.5～4mm，铜绿色，稍带有光泽。老熟时体长5～6mm，头很小，黑褐色，胸部较宽，腹部较细，无足。

北京地区一年发生1代，以幼虫在被害树干内过冬。次年5月下旬幼虫老熟在隧道内化蛹。6月上旬(合欢树花蕾期)成虫开始羽化外出，并到树冠上咬食树叶，补充营养。多在干和枝上产卵，每处产卵1粒，幼虫孵化潜入树皮危害，至9、10月被害处流出黑褐色胶，一直危害到11月幼虫开始过冬。

防治方法：

(1) 加强植物检疫，勿栽植带虫苗木。

(2) 栽后加强养护管理，发现危害及时除治将要枯死的树木，减少虫源。

(3) 成虫羽化期，喷1500～2000倍的20%菊杀乳油等杀成虫。

(4) 于幼虫初在树皮内危害时，往被害处(如已流胶应刮除)涂煤油溴氰菊酯混合液(1∶1混合)，杀树皮内的幼虫。

(5) 树干涂白防止产卵。

20. 柳吉丁虫(*Meliboeus cerskyi* Obenberger)

属鞘翅目，吉丁虫科。分布北京、河北等地区。

蛀食柳树枝干，尤其喜危害新植的和衰弱的幼树。

成虫体长5mm左右，紫铜色。幼虫体长11mm左右，乳白色，体扁平细长，带状，胸部扁宽，体分节明显，无足，腹末有一对尾刺。

北京地区一年发生1代，以幼虫过冬。次年4月开始危害，6月上旬老熟幼虫化蛹。7月上、中旬大量成虫羽化，并在枝干上交尾产卵，每处产卵1粒。幼虫孵化后蛀食皮层，被害处变黑并流出红褐色胶状液。到秋季钻入木质部内过冬。

防治方法：

(1) 加强养护管理，特别是新植树木，要保证栽植质量并及时浇水。

(2) 及时将要枯死的树木修剪或更新处理，消灭虫源。

(3) 成虫羽化盛期喷2000倍的2.5%溴氰菊酯乳油，或2000倍的20%菊杀乳油等杀成虫。

(4) 幼虫初孵化期在树上黑点流胶处涂抹煤油溴氰菊酯混合液(1∶1)，杀初孵幼虫。

21. 苹果透翅蛾(*Conopia hector* Butler)

属鳞翅目，透翅蛾科，俗名串皮虫。分布东北、华北等地。

幼虫串食枝、干皮层，致使树势衰弱甚至致使整枝、整株树木枯死。受害树种有海棠、苹果、樱桃、李、杏、梅等。

成虫体长12～16mm，翅展20mm左右，体黑色并具有蓝色光泽。老熟幼虫体长22～25mm，头黄褐色，胴部乳白色微带黄褐色。

北京地区一年1代，以幼虫在树皮下过冬。4月开始蛀食皮层。5月下旬化蛹。6月下旬至7月上旬为成虫羽化盛期。成虫多产卵在树干基部或分枝点处的裂皮缝或伤疤处，卵散产。幼虫孵化初期先危害皮层浅处，串成许多长约7cm的弯曲隧道，内有棕红色虫粪和液体，幼虫长大后逐渐往深处钻，11月过冬。

防治方法：

(1) 6月上旬进行树干涂白，防止或减少产卵。

(2) 在5～6月间于幼虫新潜入树皮并排新鲜虫粪处及周围松软处，用刀刮破树皮，用铅丝将虫钩出杀死。

(3) 于幼虫初潜入期往受害的干、枝上涂抹溴氰菊酯泥浆(2.5%溴氰菊脂乳油1份，黄黏土5～10份，加适量水和成泥浆)，毒杀初孵化的幼虫。

(4) 受害严重，将要枯死的树木及时伐除处理。

22. 白杨透翅蛾(*Paranthrene tabaniformis* Rottenberg)

属鳞翅目，透翅蛾科。分布东北、华北、西北、华中、华东等地。

幼虫蛀食当年生枝条，易造成风折，对繁殖苗危害重。受害树种有毛白杨、新疆杨、北京杨、银白杨、河北杨、美杨、加杨、小叶杨、柳树等。

成虫，粗看似胡蜂。体长11.3～20.8mm，青黑色。初龄幼虫为淡红色，老熟幼虫黄白色，体长30.8～33mm。蛹长12.5～23.8mm，纺锤形。

北京地区一年1代，以幼虫在被害枝、干的虫瘿内过冬。次年4月开始蛀食，5月中下旬开始化蛹，5月末6月初成虫开始羽化，7月上、中旬为羽化盛期，羽化后蛹壳留在羽化孔口内外各一半。成虫喜产卵于芽腋等处。6月上、中旬幼虫陆续孵化从嫩枝叶腋等处钻入，排出红褐色粪屑。10月后幼虫在虫瘿内过冬。

防治方法：

(1) 及时剪掉并销毁虫瘿，消灭幼虫。

(2) 幼虫孵化期，每隔7～10天喷一次40%氧化乐果乳油600～800倍液，或20%菊杀乳油1500倍液或50%杀螟松乳油800～1000倍液。

(3) 危害初期，也可人工向排粪孔注射50倍菊杀乳油等。

(4) 保护和利用啄木鸟等天敌。

23. 北京枝瘿象甲(*Cocotorus beijingensis* Lin et Li)

属鞘翅目，象甲科。分布北京、河北等地。

幼虫蛀食小叶朴树的新枝嫩梢，形成虫瘿。树冠上长满虫瘿，造成枯枝。

成虫体椭圆形，长7mm左右，褐色。鞘翅褐色或黑褐色。幼虫纺锤形，老熟时体长6mm左右，黄白色。

北京地区一年发生 1 代，以成虫在虫瘿内过冬。3 月上旬，雄虫外出交尾，3 月中旬产卵。4 月初(朴树的萌芽已显露出第三片叶)幼虫开始孵出，并蛀入新梢危害，刺激细胞增生，开始形成虫瘿，后期虫瘿最大者长 2.6cm 左右，宽 1.5cm 左右，呈椭圆形，褐色或褐绿色，质地坚硬，瘿壁很厚。幼虫期 150 天左右，8 月中旬幼虫在瘿内化蛹，8 月下旬成虫羽化，10 月成虫在瘿前端咬一羽化孔后越冬。

防治方法：

(1) 于成虫外出期喷一两次 1500～2000 倍的 20%菊杀乳油，或 2000～2500 倍的 2.5%溴氰菊酯乳油等杀成虫和初孵幼虫。

(2) 结合修剪，剪除虫瘿销毁，减少或消灭虫源。

24. 柏肤小蠹(*Phloeosinus perlatus* Chapius)

属鞘翅目，小蠹科，又名罗汉肤小蠹。分布很广。

成虫和幼虫蛀食危害侧柏、桧柏、龙柏和柳杉等。常与双条杉天牛一起危害，加速柏树的衰弱与死亡。

成虫体长为 3mm 左右，赤褐或黑褐色，无光泽。老熟幼虫体长约 3mm，乳白色，略弯曲，黄褐色。

华北地区以一年发生 1 代为主，少数一年 2 代，以成虫或幼虫在树内越冬。4 月上旬越冬成虫陆续飞出，雌虫寻找生长势衰弱的柏树，蛀圆形侵入孔，雄虫随之而入，共蛀交尾室，在其内交配。雌成虫产卵粒数不等。幼虫在韧皮部和木质部间蛀食，5 月幼虫老熟化蛹。6～8 月为成虫期。新羽化的成虫取食柏树枝梢基部，被害的枝梢遇风即折断，发生严重时使两年生枝叶脱落。9 月中旬成虫再次飞到衰弱的柏树上咬皮潜入越冬。

防治方法：

(1) 对生长衰弱柏树要及时浇水，适当施肥、松土，增强生长势。

(2) 新植柏树首先要按规范栽植，浇水及时，促进树木成活。同时要喷施 20%菊杀乳油 2000 倍液等药液防治成虫及初孵幼虫。

(3) 保护天敌。

25. 日本双棘长蠹(*Sinoxylon japonucus* Lesne)

属鞘翅目，长蠹科。分布华北、西北、华中等地区。

以成虫、幼虫蛀食衰弱枝条，造成受害枝条枯死。

成虫体长 4.6mm 左右圆筒形，黑褐色。鞘翅黑褐色，后端急剧向下倾斜，斜面合缝两侧有刺状突起 1 对。幼虫蛴螬形，乳白色，老熟时体长约 4mm。

北京地区一年发生 1 代，以成虫在枝条蛀道内越冬。4 月下旬成虫飞出，蛀入其上面的弱枝内危害和产卵，一个弱枝上常有几处被蛀入作母坑道。幼虫也在枝内蛀食，将木质部蛀成白色碎末状。6 月上旬开始化蛹羽化为成虫。7～8 月成虫飞出，10 月后成虫开始蛀入约 2cm 粗的健壮枝条内，横向环行蛀食树枝木质部，形成一个环状蛀道，切断养分和水分的输导。

防治方法：

(1) 加强养护，提高树木生长势，增强抗虫性。

(2) 4 月中旬至 6 月上旬彻底剪除和处理带虫枝。

26. 松纵坑切梢小蠹(*Tomicus piniperda* Linnaeus)

属鞘翅目，小蠹科。分布辽宁、华北、华东、湖南、江西、西南等地区。

危害树势衰弱或新移栽的油松、黑松等树木的枝、干和嫩梢，造成梢枯风折。

成虫体长 4mm 左右，栗褐色，有光泽。老幼虫体长 3mm 左右，乳白色。

北京地区一年发生 1 代，以成虫在被害树干的皮层里等处过冬。次年春成虫外出，潜入松梢内危害，潜入孔圆形，周围堆积一圈松脂。4、5 月间成虫潜入衰弱树木枝、干较厚的皮层交尾产卵。5 月下旬幼虫孵化危害。6 月间幼虫在子坑道末端化蛹。6、7 月间新成虫出现，并蛀入新梢补充营养。9 月间成虫多进入树干的皮层里危害并过冬。成虫产卵期长达 2 个多月，虫态不整齐。

防治方法：

(1) 加强养护管理，增强树势，预防或减少害虫侵入。

(2) 及时剪伐虫害严重的新枯死枝及枯死树等，消灭或减少虫源。

(3) 虫量大时，可在成虫外出补充期喷触杀剂、胃毒剂防治成虫。

27. 玫瑰茎蜂(*Sylista similes* M.)

属膜翅目，茎蜂科。分布北京等地区。

幼虫蛀食玫瑰的茎，造成很多枝条枯萎。受害的还有月季等花卉。

成虫体长 20mm 左右，体黑色，有光泽。老熟幼虫体长 20mm 左右，乳白色。头浅黄色，尾端有一褐色尾刺，足不发达。

北京地区一年发生 1 代，以幼虫在被害枝条内过冬。次年 4 月过冬幼虫开始危害，4 月底幼虫老熟，在枝条内化蛹。5 月上、中旬(柳絮盛飞期)成虫羽化交尾产卵于当年生枝条嫩梢。5 月中、下旬(玫瑰盛花期)幼虫孵化，从嫩梢钻入枝条的髓部往下危害，受害枝条嫩梢萎蔫干枯。到秋季有的钻入枝条的地下部分，有的钻入上年生较粗的枝条里去作薄茧过冬。

防治方法：

(1) 5、6 月间及时剪掉萎蔫的嫩梢，消灭里面的幼虫。

(2) 注意保护寄生蜂等天敌。

28. 柳瘿蚊(*Rhabdophaga salicis* Schrank)

属双翅目，瘿蚊科。分布东北、华北、华中、华东等地。

幼虫蛀食柳树新芽新梢，可引起受害部以上枝梢枯死。

成虫体长 3～4mm，紫红或紫黑色。老熟幼虫体长 3～4mm，橙黄色。

据观察在北京地区一年发生 2 代，以老熟幼虫在枝条内过冬。次年 4 月上、中旬开始活动，蛀食枝梢。4、5 月成虫羽化。卵多产于瘿瘤的羽化孔中，也有的产在新枝嫩芽上或粗糙皮缝间。产卵于瘿瘤中的幼虫孵化后，从瘿瘤中钻入树皮危害。产于芽基部的卵，孵化后钻入新芽内，受害枝条上旧的瘿瘤增大，新芽受害部位逐渐膨大，形成新的虫瘿，上部枝梢枯死。6、7 月间出现第二代成虫，继续产卵，并孵化幼虫继续危害。10 月后以幼虫在枝条内过冬。

防治方法：

(1) 加强植物检疫，不栽植带虫苗木。

(2) 冬季整形修剪，剪掉虫多的枝条，消灭里面过冬的幼虫。

(3) 害虫发生量大可在幼虫孵化期喷施 20%吡虫啉 1000～1500 倍液等药液。

29. 菊瘿蚊（*Diarthronomyia* sp.）

属双翅目，瘿蚊科。分布北京等地区。

幼虫危害小菊等嫩芽、嫩叶，在顶芽、侧芽上形成大量虫瘿，严重时受害株率达90％以上，影响菊花生长、开花。受菊瘿蚊危害的有甘野菊等。

雌成虫体长3～3.5mm，是一种纤细的小蚊虫。幼虫，小时淡黄色，大时橘黄色至橘红色。体纺锤形，两端较尖，老熟时体长3.5mm左右。蛹，腹部橘红色。

北京地区一年发生3～4代，以幼虫在土内过冬。次年4月上、中旬出现成虫，多产卵于小苗的嫩芽或嫩叶处。5月下旬发现虫瘿，6月下旬瘿内见有大量蛹。7月上旬第一代成虫羽化外出，产卵于幼芽、嫩叶、老叶等处，幼虫孵化并危害，形成虫瘿，一处一般有虫瘿1～3个，最多可达6个，严重的一株上有虫瘿二三十个，几乎每个顶梢和叶腋处都有虫瘿。虫瘿多为桃形，最大的长约5mm，宽约4mm，瘿内有室，室内有1～7头幼虫危害。8月初第二代成虫羽化。8月底9月上旬出现第三代成虫羽化高峰。9月中旬还见有很多蛹。10月下旬幼虫入土过冬。世代不整齐。

防治方法：

（1）深翻土，消灭越冬幼虫。

（2）防治附近甘野菊上的瘿蚊，减少虫源。

（3）初见虫瘿后，可向小菊根部浇灌1000倍的40％氧化乐果乳油等内吸剂，毒杀幼虫，每平方米浇药水4kg。

（四）地下害虫及防治技术

危害园林植物的地下害虫主要有地老虎、蝼蛄、蛴螬、金针虫、白蚁等。

1. 地老虎的防治方法

（1）诱杀成虫。利用成虫的趋光性，在成虫羽化盛期点灯诱杀，或用糖醋毒液毒杀成虫。

（2）种植诱集作物。春季在苗圃中撒播少量苋菜籽，吸引害虫到苋菜上危害，以减轻对花木的危害。

（3）人工捕杀。清晨在断苗周围或沿着残留在洞口的被害枝叶，拨动表土3～6cm，可找到幼虫。每亩地用6％敌百虫粉剂500g，加土25000g拌匀，在苗圃撒施，效果好。

2. 蝼蛄的防治方法

（1）灯光诱杀成虫，晴朗无风闷热天气诱集量尤多。

（2）用50％氯丹粉加适量细土拌匀，随即翻入地下。约每亩地用药2500g。

（3）蝼蛄具有强烈的趋化性，尤喜香甜物品。因此，用炒香的豆饼或谷子500g，加水500g和40％乐果乳剂50g，制成毒饵，以诱蝼蛄。

3. 蛴螬的防治方法

（1）用40％氧化乐果800倍液、2.5％敌杀死2000倍液等喷杀成虫。

（2）用50％氯丹粉剂或50％辛硫磷乳剂等加适当细土拌匀，翻入土下，毒杀幼虫。

（3）在幼虫盛发期用50％辛硫磷600倍液浇于土中，对消灭幼虫有良效。

4. 金针虫的防治方法

（1）金针虫的卵和初孵幼虫，分布于土壤表层，对不良环境抵抗力较弱。翻耕曝晒土壤，中耕除草，均可使之死亡。

(2) 用防治蝼蛄的方法氯丹粉剂处理土壤。

5. 白蚁的防治方法

(1) 白蚁有趋光性，五六月间点灯诱杀有翅蚁。

(2) 用50%氯丹乳剂1000倍液浇根，驱杀地下白蚁。

(3) 对准蚁巢喷灭蚁剂。

二、江南地区园林植物主要虫害及防治技术

(一) 食叶害虫及防治技术

1. 蓑蛾类

蓑蛾属鳞翅目，蓑蛾科，又名袋蛾、避债蛾、皮虫、吊死鬼等。大多数为雌雄异形。幼虫都吐丝作虫囊，上面粘着各种断枝残叶，造成各种形式的虫囊，形似披蓑衣，故得名蓑蛾。蓑蛾种类较多，江南地区最常见的有大蓑蛾、茶蓑蛾、小蓑蛾、白囊蓑蛾等4种，是危害园林植物的主要杂食性食叶害虫之一。

蓑蛾类主要防治方法：

(1) 冬季和早春人工摘除虫囊，消灭幼虫。也可结合日常管理摘除护囊。

(2) 药剂防治。在初龄幼虫期喷洒杀虫剂。如80%敌敌畏乳剂800倍液、50%马拉松乳剂1000倍液，都有良好的防治效果。

(3) 保护和利用天敌。蓑蛾幼虫的寄生蜂、寄生蝇种类较多，对人工采摘的护囊可入纱网内，使天敌羽化后能够飞出。

(4) 利用黑光灯或性信息素诱杀雄成虫。

2. 刺蛾类

刺蛾属鳞翅目，刺蛾科。其幼虫为刺毛虫，成虫为中型蛾子。刺蛾种类很多，江南地区园林植物的主要刺蛾有桑褐刺蛾、黄刺蛾、褐边绿刺蛾、丽绿刺蛾、扁刺蛾、中国绿刺蛾等，常危害悬铃木、枫杨、杨、柳、榆、枣、乌桕、苹果、月季、海棠、紫荆、桂花、香樟、红叶李、梅、刺槐等多种园林植物。

刺蛾类主要防治方法：

(1) 消灭越冬虫茧。可结合抚育修枝、松土等进行，特别是黄刺蛾茧目标明显，可人工剥杀虫茧。人工摘除虫叶，初孵幼虫有群集习性，且目标明显，可结合管理人工摘除。

(2) 利用黑光灯诱杀成虫。

(3) 药剂防治中、小龄幼虫。可喷施50%敌敌畏800～1000倍液、50%马拉硫磷或50%杀螟松1000～2000倍液、亚胺硫磷1000～1500倍液。

(4) 保护天敌。如上海青蜂、姬蜂等。

3. 舟蛾类

舟蛾，过去又名“天社蛾”，属鳞翅目，舟蛾科。幼虫大多颜色鲜艳，背部常有显著的峰突，臀足不发达或退化成为可向外翻缩的枝形尾角，栖息时一般只靠腹足固着，头尾翘起，形如龙舟，故有舟形毛虫之称。江南地区园林植物的主要舟蛾有杨扇舟蛾、杨二尾舟蛾、国槐羽舟蛾、黄掌舟蛾等，以幼虫危害各种杨树、柳树的叶片。

舟蛾类主要防治方法：

(1) 消灭越冬蛹。可结合松土、施肥等挖除蛹。人工摘除卵块、虫苞。

(2) 初龄幼虫期喷施杀螟松乳油1000倍液、辛硫磷乳油2000倍液。

(3) 利用黑光灯诱杀成虫。

(4) 保护和利用天敌。如黑卵蜂、舟蛾赤眼蜂、小茧蜂等。

4. 毒蛾类

毒蛾属鳞翅目，毒蛾科多为中型蛾子。体粗壮多毛，前翅广，触角栉齿状或羽毛状，雄蛾更显著。足多毛。雌蛾腹端有毛丛，产卵时用以覆盖卵块。幼虫具有特殊长毒毛，故一般称之为毒毛虫。其毒毛在结茧化蛹以及羽化时，使蛹体及蛾体上亦往往附带毒毛，稍有不慎，即会刺人肌肤。毒蛾种类很多，全世界已知的约有2500种，江南地区园林植物的主要毒蛾有桑毛虫、豆毒蛾、柳毒蛾、杨毒蛾、乌桕毒蛾等几种，危害杨、柳、乌桕、橘、女贞、杨、枇杷、重阳木等多种林木、果树。

毒蛾类主要防治方法：

(1) 消灭越冬虫体，如刮除舞毒蛾卵块，搜杀越冬幼虫等。对于有上、下树习性幼虫，用溴氰菊酯毒笔在树干上划1～2个闭合环(环宽1cm)，毒杀幼虫。

(2) 灯光诱杀成虫。

(3) 幼虫期喷5%定虫隆乳油1000～2000倍液或80%敌敌畏乳油1500倍液等。

(4) 保护天敌。

5. 夜蛾类

夜蛾属鳞翅目，夜蛾科，种类极多，是昆虫纲中的大科，危害方式有食叶性、切根(茎)性、还有钻蛀性。危害蕾和花等。江南地区主要园林植物食叶性夜蛾有斜纹夜蛾、银纹夜蛾、梨剑纹夜蛾、桃剑纹夜蛾、红棕灰夜蛾、桑夜蛾、玫瑰巾夜蛾、石榴巾夜蛾、旋皮夜蛾、黏虫等。主要危害月季、百合、仙客来、荷花、菊花、万寿菊、大丽花、一串红、梅花、李、樱花、豆类、黑麦草、早熟禾、翦股颖、结缕草、高羊茅等多种花卉、草坪和蔬菜。

夜蛾类主要防治方法：

(1) 消除杂草或于清晨在草丝中捕杀幼虫。人工摘除卵块、初孵幼虫或蛹。

(2) 灯光诱杀成虫或利用趋化性，用糖醋诱杀。糖：酒：水：醋(2：1：2：2)混合液加少量敌敌畏诱杀。

(3) 初孵幼虫期及时喷药，如50%马拉硫磷乳油500～800倍液、2.5%溴氰菊酯乳油4000～6000倍液、5%定虫隆乳油1000～2000倍液。

(4) 保护天敌。

6. 尺蛾类

尺蛾属鳞翅目，尺蛾科，尺蛾因其幼虫的行动姿态而得名。成虫体细翅大，静止时平铺，翅薄飞翔力弱，有的种类雌成虫无翅。幼虫枯枝状，拟态很强。尺蛾种类很多，江南地区园林植物常见尺蛾有丝棉木金星尺蛾、国槐尺蠖、木撩尺蠖、大造桥虫等，主要危害大叶黄杨、扶芳藤、榆、槐树、龙爪槐、杨、柳、美人蕉、月季、菊花、一串红、万寿菊、萱草等多种园林植物。

尺蛾类主要防治方法：

(1) 结合肥水管理，人工挖除虫蛹。人工捕杀落地准备化蛹的幼虫。

(2) 初龄幼虫期喷施杀虫剂，如75%辛硫磷乳油、80%敌敌畏乳油1000～1500倍液、2.5%三氟氯氰菊酯乳油3000～10000倍液。

(3) 利用黑光灯诱杀成虫。

7. 天蛾类

天蛾属鳞翅目，天蛾科，是一类大型蛾子。四翅狭长、后翅短三角形，身体粗壮，飞翔迅捷，成虫身体花纹怪异，有些种类能吱吱发声，其特征是触角尖端弯曲有一小钩，很易与其他蛾类区别。幼虫粗大，虫身上有许多颗粒，体侧大都有斜纹一列，尾部背面有一钉形突起。蛹有喙，围着于蛹体上或与蛹体离开。尺蛾种类较多，本地区园林植物上常见的有蓝目天蛾、刺槐天蛾、桃天蛾、红仙花天蛾、霜天蛾、云纹天蛾、爬山虎天蛾、葡萄天蛾、红天蛾等，以幼虫食叶，危害杨、柳、梅花、桃、樱花、刺槐、藤萝、海棠、葡萄、梧桐、丁香、女贞、泡桐、白蜡、苦楝、樟、楸等多种园林花木。

天蛾类主要防治方法：

(1) 结合耕翻土壤，人工挖蛹。根据树下虫粪寻找幼虫进行捕杀。

(2) 虫口密度大，危害严重时，于幼虫期喷洒 80%敌敌畏 1000 倍液、50%杀螟松乳油 1000 倍液、50%辛硫磷乳油 2000 倍液。

(3) 灯诱成虫。

8. 枯叶蛾类

枯叶蛾属鳞翅目，枯叶蛾科，是中等至大型蛾子。体躯粗壮，被厚毛，后翅肩叶发达，静止时形似枯叶而得名。幼虫大型多毛，有毒，常统称毛虫。全世界已知的有 1400 多种，本地区园林植物中最常见的有马尾松毛虫、杨枯叶蛾、李枯叶蛾、栎黄枯叶蛾、天幕毛虫等。主要以幼虫危害马尾松、湿地松、火炬松、梅花、桃、樱花、李、杏、杨、柳、海棠等多种园林植物。

枯叶蛾类主要防治方法：

(1) 消灭越冬虫体，可结合修剪、肥水管理等消灭越冬虫源。

(2) 物理机械防治。人工摘除卵块或孵化后尚群集的初龄幼虫及蛹茧；灯光诱杀成虫；于幼虫越冬前，干基绑草绳诱杀。

(3) 化学防治。发生严重时，可喷洒 2.5%溴氰菊酯乳油 4000～6000 倍液、50%敌敌畏乳油 2000 倍液、50%磷胺乳剂 2000 倍液、25%灭幼脲 3 号稀释 1000 倍液喷雾防治，或喷粉防治 4 龄前的幼虫。

(4) 生物防治。利用松毛虫卵寄生蜂；用白僵菌、青虫菌、松毛虫杆菌等微生物制剂使幼虫致病死亡；保护、招引益鸟。

9. 螟蛾类

螟蛾属鳞翅目、螟蛾科，种类很多，我国已知 1000 种左右，有许多种类是农、林业大害虫。本地区园林植物的主要食叶性螟蛾有樟巢螟、棉大卷叶螟、竹织叶野螟等。主要以幼虫吐丝卷叶危害香樟、毛竹、淡竹、刚竹、苦竹、大花楸葵、秋葵、黄秋葵、木槿、芙蓉、女贞、木棉、扶桑、蜀葵、冬葵和海棠等多种园林植物。

螟蛾类主要防治方法：

(1) 消灭越冬虫源，如秋季清理枯枝落叶及杂草，并集中烧毁。在幼虫危害期，可用人工捏虫苞。

(2) 灯诱成虫。

(3) 发生面积大时，可于初龄幼虫期喷 80%敌敌畏乳油 800～1000 倍液，或 50%辛硫磷乳油1200倍液，或敌敌畏1份+灭幼脲3号1份后再稀释1000倍液喷杀幼虫。

(4) 开展生物防治。卵期释放赤眼蜂，幼虫期施用白僵菌等。

10. 蝶类

蝶类属鳞翅目中的蝶亚目，包括所有“蝴蝶”，我国记载的有2300多种，在本地区园林植物中常见的有凤蝶、白粉蝶、赤蛱蝶等，常危害柑橘、金橘、柠檬、佛手、花椒、黄波罗、羽衣甘蓝、旱金莲、菊花、一串红等一、二年生草本花卉和宿根、球根花卉等。

蝶类主要防治方法：

(1) 人工摘除越冬蛹，并注意保护天敌。结合花木修剪管理，人工采卵、杀死幼虫或蛹体。

(2) 幼虫发生期喷施杀虫剂。如80%敌敌畏乳油1000倍液、20%除虫菊酯乳油2000倍液。

(3) 开展生物防治。保护益鸟或利用青虫菌等防治幼虫。

11. 叶蜂类

叶蜂属膜翅目叶蜂总科，叶蜂科的害虫，种类极多，形态构造生物学特性差异很大。其共性的特征是幼虫外表很像鳞翅目幼虫，惟腹足有6～8对而且无趾钩。许多种幼虫体表覆盖一层白黏状分泌物，还有体表具有暗色黏状分泌物，幼虫体节通常由横褶再分成许多小环节。一般在长卵形丝茧中化蛹。江南地区园林植物中常见的叶蜂有樟叶蜂、月季叶蜂等，主要危害樟树和蔷薇、月季、十姐妹、黄刺玫、玫瑰等花卉。

叶蜂类主要防治方法：

(1) 冬春季结合土壤翻耕消灭越冬茧。寻找产卵枝梢、叶片人工摘除卵梢、卵叶或孵化后尚群集的幼虫。

(2) 幼虫危害期喷洒50%杀螟松1500倍液，或20%杀灭菊酯2000倍液，或80%敌敌畏乳油1500～2000倍液。

12. 大蚕蛾类

大蚕蛾属鳞翅目，大蚕蛾科，是昆虫中最大的一类，色泽鲜艳又誉称“凤凰蛾”。翅上有透明的眼斑，喙不发达。幼虫能吐丝作茧，体型很大，体表有枝刺，无毒，这类昆虫我国记载的有28种。江南地区园林植物中最主要的有樗蚕蛾、绿尾大蚕蛾二种。常危害臭椿、乌桕、香樟、冬青、柑橘、悬铃木、含笑、白兰花、叶子花、柳、枫杨、木槿等多种园林树木。

大蚕蛾类主要防治方法：

(1) 人工捕捉幼虫和冬夏季采茧烧毁。

(2) 黑光灯诱杀成虫。

(3) 药剂防治：用90%敌百虫或50%杀螟松1000～1500倍液或20%杀灭菊酯2000倍液防治。

13. 巢蛾类

巢蛾属鳞翅目，巢蛾科，多为中小型蛾子。前翅多白色或灰白色，有许多小黑点，幼虫一般吐丝成网巢，群居危害。蛹的腹部气门突起呈疣状。已知的种类800种左右。在本地区园林植物上有卫矛巢蛾和大叶黄杨巢蛾二种。主要危害大叶黄杨、卫矛、桃叶卫矛、栎树、山花楸等多种园林植物。

巢蛾类主要防治方法：

(1) 人工防治：幼虫吐丝结网，栖息网上，收集丝网及幼虫一并烧毁。

(2) 保护天敌：蠼螋常吃它的卵，蓝山雀也啄食其幼虫。

(3) 药物防治：喷施40%乙酰甲胺磷或50%杀螟松各1000倍液；或25%西维因可湿性粉500倍液；或20%二氯苯醚菊酯2000倍液，均有很好效果。

14. 灯蛾类

灯蛾属鳞翅目，灯蛾科，中文沿用灯蛾这一名称，是根据其成虫趋光性强，夜间扑灯的生活习性而来的。种类很多，全世界约有3000余种。本地区园林植物中最主要的有星白雪灯蛾、人纹污灯蛾。主要危害菊花、月季、茉莉等。

灯蛾类主要防治方法：

(1) 摘除卵块和尚群集危害的有虫叶并处理。

(2) 冬季换茬耕翻土壤。

(3) 成虫羽化盛期利用黑光灯诱杀成虫。

(4) 保护天敌，寄生性天敌有灯蛾绒茧蜂、舟蛾赤眼蜂，捕食性天敌有小花蝽三色长蝽和多种草蛉。

(5) 药物防治：喷施90%敌百虫；50%辛硫磷1000倍液；95%巴丹可溶性粉1500～2000倍液。

15. 卷蛾类

卷蛾属鳞翅目，卷蛾科，种类很多，据估计全世界约有3500种。卷蛾幼虫常吐丝将几个叶片缠缀在一起或卷叶危害。卷蛾成虫都有趋光性，江南地区园林植物中常见的有茶长卷蛾、忍冬双斜卷蛾等，主要危害山茶、牡丹、蔷薇、桃、樱花、海棠、石榴、紫藤、忍冬、百合花等多种园林植物。

卷蛾类主要防治方法：

(1) 发生季节可利用黑光灯诱杀成虫。

(2) 人工捕捉：在发生危害初期或危害不多时，可根据危害状，随时摘除有虫叶。

(3) 药物防治：喷施50%杀螟松1000倍液；40%乙酰甲胺磷500倍液，还可兼治其他害虫。

16. 负蝗类

负蝗属直翅目，蝗科，又名锥头蝗，尖头蚱蜢，江南地区最常见的有长额负蝗和短额负蝗二种。蝗虫喜食草坪禾草，成虫和若虫(蝗蝻)蚕食叶片和嫩茎，大发生时可将寄主食成光秆或全部食光，还危害一串红、凤仙花、鸡冠花、三色堇、千日红、长春花、金鱼草、冬珊瑚、菊花、月季、茉莉、扶桑、大理花、栀子花等多种花卉，是一类重要害虫。

负蝗类主要防治方法：

(1) 初龄若虫集中危害时，可随时捕捉处死。

(2) 药剂防治。发生量较多时可采用药剂防治，常用的药剂有3.5%甲敌粉剂、4%敌马粉剂喷粉，$30kg/hm^2$；50%马拉硫磷乳油、75%杀虫双乳油、40%氧化乐果乳油1000～1500倍液喷雾、50%杀螟松1000倍液。

(3) 毒饵防治。用麦麸100份＋水100份＋40%氧化乐果乳油0.15份混合拌匀，$22.5kg/hm^2$，也可用鲜草100份切碎加水30份拌入上述药量，$112.5kg/hm^2$。随配随撒，不能过夜。阴雨、大风和温度过高或过低时不宜使用。

(4) 保护和利用天敌。主要有鸟类、蛙类、益虫、螨类和病原微生物。

17. 叶甲类

叶甲属鞘翅目，叶甲科。叶甲又名金花虫，小至中型，体卵形或圆形，颜色变化大，有金属光泽。幼虫肥壮，3对胸足发达，体背常具枝刺、瘤突等附属物，成虫和幼虫都咬食叶片。成虫有假死性，多以成虫越冬。江南地区园林植物中常见的有榆蓝叶甲、榆黄叶甲等，主要危害榆树等树木。

叶甲类主要防治方法：

(1) 幼虫群集于树干化蛹时，扫集烧毁。

(2) 喷洒80%敌敌畏1000～1500倍液或50%杀螟松1000～1500倍液，对幼虫和成虫都很有效。

(二) 刺吸害虫及防治技术

1. 叶蝉类

叶蝉属同翅目，叶蝉科，身体细长，体后逐渐变细，常能跳跃，能横走，且易飞行。统称浮尘子，又名叶跳虫，种类很多。江南地区园林植物中最常见的有大青叶蝉、小绿叶蝉、葡萄二星叶蝉等，危害木芙蓉、杜鹃、梅、李、樱花、海棠、梧桐、扁柏、桧柏、杨、柳、刺槐、桃花、红叶李、葡萄、槭等多种花木。

叶蝉类主要防治方法：

(1) 加强庭园绿地的管理，勤除草；结合修剪，剪除被害枝叶以减少虫源。

(2) 在成虫、若虫危害期，喷施40%氧化乐果乳油、80%敌敌畏乳油1000倍液、2.5%敌杀死2000倍液、20%杀灭菊酯2000～3000倍液进行防治。

2. 蜡蝉类

蜡蝉属同翅目，蜡蝉科，江南地区园林植物中最常见的有斑衣蜡蝉，其特征是初孵若虫白色而柔软，约半小时后渐变为黑色，并显出白点，不久即开始取食。其他各龄初蜕皮的若虫全体呈粉红色，不久变为黑色，并显出红色及白色的斑纹。成虫、若虫均有群集性，常数十乃至数百头栖息于树干或枝叶上，以叶柄基部为多。以成虫或若虫刺吸汁液危害。并诱发煤污病，严重削弱花木生长势。刺槐、青桐、悬铃木、三角枫、五角枫、女贞、合欢、杨、珍珠梅、樱花、海棠、黄杨、桃、葡萄等花木常受其害。

蜡蝉类主要防治方法：

(1) 结合冬季修剪，剪除过密枝条和枯枝，并将卵块压碎，减少虫源。成虫盛发期，可用小网捕捉。

(2) 若虫、成虫发生期，喷洒50%辛硫磷1500倍液或2.5%敌杀死乳油2000～3000倍液。

(3) 保护利用天敌。如舞毒蛾卵平腹小蜂和若虫期的多种寄生蜂等。

3. 木虱类

木虱属同翅目，木虱科。体小型，形状如小蝉，善跳能飞。触角绝大多数10节，最后一节端部有两细刚毛。其危害方式是刺吸嫩叶嫩枝。在江南地区园林上最常见的是青桐木虱，常危害梧桐。

木虱类主要防治方法：

(1) 苗木调运时加强检查，禁止带虫材料外运。

(2) 结合修剪，剪除带卵枝条。

(3) 保护和利用天敌。天敌昆虫主要有寄生蜂、瓢虫、草蛉、食蚜蝇等。

(4) 若虫发生盛期，喷施40%氧化乐果乳油1000倍液、25%亚胺硫磷乳油1000倍液或50%马拉松乳油1000倍液进行防治。

4. 粉虱类

粉虱类属同翅目，粉虱总科。体微小，雌雄均有翅，翅短而圆，膜质，翅脉极少，前翅仅有2～3条，前后翅相似，后翅略小。体翅均有白色蜡粉，故称粉虱。本地区园林植物的粉虱最常见的有橘粉虱、黑刺粉虱、马氏粉虱、温室粉虱等，危害倒挂金钟、茉莉、兰花、凤仙花、一串红、月季、牡丹、菊花、万寿菊、五色梅、扶桑、绣球、旱金莲、一品红、大丽花、蔷薇、春兰、米兰、玫瑰、山茶、榕树、樟树、柑橘等多种花卉树木。

粉虱类主要防治措施：

(1) 加强植物检疫工作，避免将虫带入塑料大棚和温室。

(2) 在花卉旁边悬挂黄色木板或塑料板，板上涂粘虫胶或粘虫油。振动花卉枝条，使白粉虱成虫飞舞，粘到板上。

(3) 清除大棚和温室周围的杂草，以减少虫源。注意保护天敌。

(4) 用80%敌敌畏乳油1000倍液、40%氧化乐果乳油1000倍液、2.5%溴氰菊酯乳油2000倍液、10%二氯苯醚菊酯2000倍液喷雾。

(5) 保护天敌。如粉虱寡节小蜂、刺粉虱黑蜂、草蛉及红点唇瓢虫等。

5. 蚜虫类

蚜虫属同翅目，蚜总科，已知种类近4000种，危害园林植物的蚜虫已定名的有39种。蚜虫常造成枝叶变形，生长缓慢停滞，严重时造成落叶以致枯死。植物受蚜害时由于其唾液中含有某些氨基酸，注入植物组织后，引起生长素增多或分解减少而出现斑点、卷叶、皱缩、虫瘿、肿瘤等多种被害状，同时其排泄物常诱发煤污病。蚜虫的另一大害是可传带上百种植物病毒病害和其他病害，造成很严重的间接危害。

蚜虫类主要防治方法：

(1) 注意检查虫情，抓紧早期防治。盆栽花卉上零星发生时，可用毛笔蘸水刷掉。刷下的蚜虫，要及时处理干净，以防蔓延。木本花卉上的蚜虫，可在早春刮除老树皮，剪除受害枝条，消灭越冬卵。

(2) 保护和利用天敌。适当栽培一定数量的开花植物，有利于天敌活动。早期尤其是天敌多时，不施用广谱性杀虫剂或少用农药。有条件的地区可人工饲养与释放草蛉和瓢虫。

(3) 烟草末40g加水1kg，浸泡48h后过滤制得原液，使用时加水1kg稀释，另加洗衣粉2～3g或肥皂液少许，搅匀后喷洒植株，有很好的效果。

(4) 药剂防治。虫口密度大时，可喷施40%氧乐果乳油1000倍液、50%杀螟松乳油1000倍液、10%吡虫啉可湿性粉剂2000倍液，药效可达40～50天。或地下埋施涕灭威，然后灌水，防治已卷叶危害的蚜虫效果好。

6. 蚧虫类

蚧虫又称介壳虫，种类很多。植物的根、茎、叶、果等部位都有不同种类的蚧虫寄生。对有些植物造成严重威胁，有些危险种类，已被列入国际植物检疫对象。在蚧虫中有少数种类的分泌物质可以作医药、工业资源。如白蜡虫、紫胶虫、胭脂虫等。

蚧虫属同翅目胸喙亚目内的一个总科，在形态上和木虱、粉虱、蚜虫等有不少类似之处，容易发生混淆。但蚧虫无论在它的若虫或成虫期，它的足末端仅有一个爪，可与上述胸喙亚目昆虫区别，还有如雌成虫足已消失的种类，只要见到有较长的口针和不分头胸腹的虫体，即为蚧虫。目前，我国已知蚧虫650种左右，其中有很多与园林植物有密切的关系。江南地区最普遍最严重的蚧虫有草履蚧、红蜡蚧、日本龟蜡蚧、角蜡蚧、吹绵蚧、桑白盾蚧、紫薇绒蚧、黑松松干蚧、藤壶蚧、褐软蚧、常春藤圆蚧、糠片盾蚧、黄糠蚧、仙人掌盾蚧、橘粉蚧、广菲盾蚧、蔷薇白轮蚧、拟蔷薇白轮蚧、榆蛎蚧等。

蚧虫类主要防治措施：

(1) 加强植物检疫，防止蚧虫随苗木、果品、花卉的调运传播。

(2) 栽培管理措施。通过园林技术措施来改变和创造不利于蚧虫发生的环境条件。如选育抗虫品种，实行轮作，合理施肥，清洁花圃，提高植株自然抗虫力；合理确定株植密度，合理疏枝，改善通风、透光条件；冬季或早春，结合修剪，剪去部分有虫枝，集中烧毁，以减少越冬虫口基数；蚧虫少量发生时，可用软刷、破布或竹片轻轻清除，或用布团蘸煤油抹杀。

(3) 化学防治。冬季喷施1次10～15倍的松脂合剂或40～50倍的机油乳剂，以消灭越冬代雌虫；冬季和春季发芽前，喷施3～5Be石硫合剂或3%～5%柴油乳剂，消灭越冬代若虫；对出土的初孵若虫，早春可在根际周围的土面上喷施50%西维因可湿性粉剂500倍液或50%辛硫磷乳油1000倍液。对植株上危害的若虫，在初孵若虫期进行喷药防治。常用药剂有：40%氧化乐果乳油、25%亚胺硫磷乳油、80%敌敌畏乳油、50%甲胺磷乳油、0.3～0.5Be石硫合剂或10%高效灭百可乳油2000倍液，或25%杀虫净乳油400～600倍液。每隔7～10天喷1次，共喷2～3次。喷药时要求均匀周到。

此外，近年来研究用高分子膜混合喷雾，可以提高杀虫效果。高分子膜喷洒在植株上后，形成一层薄膜，使虫体呼吸困难，以致窒息死亡。

(4) 生物防治。蚧虫天敌多种多样，种类十分丰富。要保护和利用天敌，在天敌较多时，不使用药剂或尽可能不使用广谱性杀虫剂，在天敌较少时进行人工助迁或人工饲养繁殖，发挥天敌的自然控制作用。

7. 盲蝽类

盲蝽属半翅目，刺吸性害虫，最大特征无单眼，故谓盲蝽，体较柔软，小型至中型。多数植食性，少数肉食性，种类很多，本地区园林观赏植物中主要有绿盲蝽、中黑盲蝽和苜蓿盲蝽，危害菊科、锦葵科、茄科等多种花卉植物，对菊花的危害最严重，其他如月季、一串红、扶桑、大丽菊、紫薇、木槿、石榴、海棠、苹果、桃、樱桃、地肤、翠菊、山茶花等都有不同程度的危害。

盲蝽类主要防治方法：

(1) 清除周围杂草、蒿、野生胡萝卜、苜蓿、紫云英等。

(2) 喷施50%杀螟松或40%氧化乐果各1000倍液，虫口密度较高时可喷施10%～20%合成除虫菊酯各1000～2000倍，但菊酯类不能连续应用，更忌用一种菊酯连续应用，因很易产生抗药性。另外因现有药剂杀卵作用均不理想，为此每隔1周左右喷1次，要连续喷 2～3 次。

8. 网蝽类

网蝽类属半翅目，网蝽科，成虫、若虫都群集在叶背面刺吸汁液，受害叶背面出现很多似被溅污的黑色黏稠物。这一特征易区别于其他刺吸害虫。整个受害叶背面呈锈黄色，正面形成很多苍白斑点，受害严重时斑点成片，以至全叶失绿，远看一片苍白，提前落叶，不再形成花芽。杜鹃、樱花、梅花、月季、西府海棠、垂丝海棠、贴梗海棠、桃花、苹果、梨易受其害。

网蝽类防治方法：

(1) 冬季彻底清除落叶、杂草并进行冬耕、冬翻。

(2) 对茎、干较粗并较粗糙的植株涂刷白涂剂。

(3) 在越冬成虫出蛰活动到第一代若虫开始孵化阶段是药剂防治最有利的时机，有多种药剂有效。可供选用的药剂：50％杀螟松 1000 倍液，或 40％氧化乐果 1000～1500 倍液，10％～20％拟除虫菊酯类 1000～2000 倍液，隔 10～15 天喷施 1 次，连续喷施 2～3 次。

(4) 用 3％呋喃丹颗粒剂埋入盆栽杜鹃花的土壤中(每盆 5g 左右，入土深 5cm)，可达到防治该虫的目的。

9. 蓟马类

蓟马是全部缨翅目昆虫的总称。种类很多，食性较复杂，而大多为植食性，是许多花木的重要害虫。最常见或最严重的有花蓟马、黄胸蓟马、烟蓟马、红带网纹蓟马等。主要危害香石竹、唐菖蒲、大理花、美人蕉、木槿、菊花、扶郎花、凤仙花、棣棠、矮牵牛、葱兰、石蒜、紫薇、合欢、凌霄、荷花、夹竹桃、扶桑、木芙蓉、月季、玉簪、夜来香、大波斯菊、秋葵、茉莉、剑兰、月季、玫瑰、兰花等园林植物。

蓟马类主要防治方法：

(1) 在少数植株被危害时，可用手捏杀成虫和若虫，或用肥皂水冲洗。

(2) 在大面积发生高峰前期，喷洒 40％氧化乐果乳油 1500 倍液、80％敌敌畏乳油 3000 倍液、50％马拉硫磷乳油 4000 倍液、10％吡虫啉可湿性粉剂 2000 倍液，防治效果良好。也可用番桃叶、乌桕叶或蓖麻叶对水 5 倍煎煮，过滤后喷洒。

(三) 蛀食害虫及防治技术

1. 天牛类

天牛属鞘翅目，天牛科，身体多为长形，大小变化很大，触角丝状，着生在额的突起上，常超过体长，至少为体长的 2/3，复眼肾形，包围于触角基部。幼虫圆筒形，粗肥稍扁，体软多肉，白色或淡黄色，头小，胸部大，胸足极小或无。成虫产卵一般咬刻槽后产于树皮下，少数产于腐朽孔洞内以及土层内。天牛种类很多，分布广泛，危害普遍，几乎每一种树木，都受不同种类的天牛所侵害。对矮灌木、草本花卉、甚至草皮也有危害。天牛全世界已知的约 20000 种，江南地区危害最严重或有代表性的有星天牛、光肩星天牛、云斑天牛、桑天牛、薄翅锯天牛、刺角天牛、桃红颈天牛、双斑锦天牛、黄杨筒天牛、枝条天牛、菊天牛等。

天牛类主要防治方法：

(1) 适地适树。采取以预防为主的综合治理措施，加强管理，增强树势，伐除受害严重植株，合理修剪，及时清除园内枯立木、风折木等。

(2) 人工防治。①成虫羽化后人工捕杀成虫，时间最好选择中午进行，羽化后越早越好。②寻找产卵刻槽，可用锤击、手剥等方法消灭其中的卵。③钩杀，刺杀幼虫。寻找有新鲜虫粪及木屑排出的地方，幼虫即在附近。可用铁丝或其他利器杀死幼虫。特别是当年新孵化后不久的小幼虫，此法更易操作。

(3) 药剂防治。在幼虫危害期，先用镊子或嫁接刀等将有新鲜虫粪排出的排粪孔清理干净，然后塞入磷化铝片剂或磷化锌毒签，并用黏泥堵死其他排粪孔，或用注射器注射80％敌敌畏、50％杀螟松50倍液，或在树干基部刮去表皮(10～30cm)，用40％氧化乐果原液涂环，毒杀初孵幼虫。

(4) 饵木诱杀。用侧柏木段做饵木，诱杀古柏上的双条杉天牛，并及时修补树洞，效果很好。

(5) 保护利用天敌。如人工招引啄木鸟，利用天牛肿腿蜂、啮小蜂等。

2. 蠹蛾类

蠹蛾属鳞翅目，包括木蠹蛾科和豹蠹蛾科。中至大型蛾子，二者最明显的区别在于豹蠹蛾的下唇须极短，决不伸向额的上方。蠹蛾都以幼虫蛀害树干和枝梢。江南地区常见的有蒙古木蠹蛾、柳干木蠹蛾、六星黑点蠹蛾、咖啡木蠹蛾、相思拟木蠹蛾等，危害柳、榆、丁香、银杏、山荆子、金银花、核桃、石榴、苹果、梨、桃、柿、枣、樱桃、茶、木槿、杨、刺槐、香椿、樟树、重阳木、合欢、紫荆、荔枝等。

蠹蛾类的防治措施：

(1) 加强管理，增强树势，防止机械损伤，伐除受害严重的枝干，及时剪除被害枝梢(咖啡木蠹蛾)，以减少虫源。

(2) 成虫期利用黑光灯诱杀。

(3) 幼虫孵化后未侵入树干前喷施50％磷胺、50％杀螟松、40％氧化乐果、50％久效磷乳油1000～1500倍液。

(4) 幼虫初蛀入韧皮部或边材表层期间，用40％氧化乐果乳剂柴油液(1∶9)，或50％杀螟松乳油柴油液涂虫孔。

(5) 对已蛀入枝、干深处的幼虫，可用棉球蘸40％氧化乐果乳油50倍液，或50％敌敌畏乳油10倍液注入虫孔内。并于蛀孔外涂以黄黏泥，可收到良好的杀虫效果。

3. 透翅蛾类

透翅蛾属鳞翅目，透翅蛾科，最显著的特征前后翅无鳞片而透明，成虫很像胡蜂，常到花丛取食花蜜，幼虫蛀食茎干木质，形成肿瘤，危害园林植物最常见的有葡萄透翅蛾、白杨透翅蛾等，以幼虫蛀食葡萄、白杨等枝干。

透翅蛾类主要防治方法：

(1) 选择抗虫品种。消灭越冬幼虫，可结合修剪将受害严重且藏有幼虫的枝蔓剪除，或用解剖刀等将虫瘤剖开，杀死幼虫。6、7月份经常检查嫩梢，发现有虫粪或枯萎的枝条及时剪除。如果被害枝条较多，不宜全部剪除时，可用铁丝从蛀孔处刺入，杀死初龄幼虫。

(2) 可从蛀孔处注入80％敌敌畏乳油20～30倍液或用棉球蘸敌敌畏药液塞入孔口内。

(3) 利用雌性诱芯诱杀雄蛾。

（四）地下害虫及防治技术

1. 蝼蛄类

蝼蛄是典型的地下害虫，体躯结构适宜于在土中生活，前足粗壮，开掘式，胫节阔，有4个大型的齿，跗节基部有两个大齿，适宜于挖掘土壤和切碎植物的根部；后足腿节不甚发达，不能跳跃。发音器不发达，听器在前足胫节上，状如裂缝，尾须较长。蝼蛄在我国分布普遍，危害较重的是非洲蝼蛄和华北蝼蛄，食性很杂。

蝼蛄类主要防治方法：

（1）施用厩肥、堆肥等有机肥料要充分腐熟，可减少蝼蛄、金龟子产卵。

（2）灯光诱杀成虫。特别在闷热天气、雨前的夜晚更有效。可在19：00～22：00时点灯诱杀。

（3）毒饵诱杀。用80％敌敌畏1.5kg拌入50kg煮至半熟或炒香的饵料（麦麸、米糠等）作毒饵，傍晚均匀撒于苗床上。但要注意防止畜、禽误食。

（4）鲜马粪或鲜草诱杀。在苗床的步道上每隔20m左右挖一小土坑，将马粪、鲜草放入坑内，次日清晨捕杀，或施药毒杀。

2. 地老虎类

属鳞翅目，夜蛾科。又名切根虫，顾名思义是切断幼苗根部的害虫，实际还切断地上部幼茎、木质部茎干的皮层而使整株死亡等。种类很多，国内约有10多种，本地区主要的有小地老虎、大地老虎二种。食性很杂，幼虫危害寄主幼苗、草坪。

地老虎类主要防治方法：

（1）及时清除苗床及铺地杂草，减少虫源。

（2）诱杀成虫。在春季成虫羽化盛期，用糖醋液诱杀成虫。糖醋液配制比为糖6份、醋3份、白酒1份、水10份加适量敌敌畏，或用红薯1.5kg煮捣烂加少量酵面发酵带酸味，加等量水调成糊状，再加醋0.5kg及25％西维因可湿性粉剂50g，盛于盆中，于近黄昏时放于苗圃地中。用黑光灯诱杀成虫。

（3）在播种前或幼虫出土前，用幼嫩多汁的新鲜杂草70份与25％西维因可湿性粉剂1份配制成毒饵，于傍晚撒于地面，诱杀3龄以上幼虫。

（4）人工捕杀。清晨巡视苗圃，发现断苗时，刨土捕杀幼虫。

（5）药剂防治。幼虫危害期，用40％氧化乐果乳油500倍液、75％辛硫磷乳油1000倍液喷雾。

3. 金龟甲类

金龟甲属鞘翅目，金龟子科，种类多，食性杂，有不少种类的幼虫即蛴螬危害园林植物的根和根茎，成虫又是食量大，危害重的食叶害虫。

金龟子类主要防治方法：

（1）黑光灯诱杀成虫，在成虫羽化期，闷热天气，效果极好。

（2）在成虫盛发夜晚检查其嗜食植物，利用其假死性，可振落捕杀。

（3）在受害较重的地区或受害植物的周围可种植蓖麻，金龟子撞到或取食蓖麻时会麻醉坠落，每天清晨即可在蓖麻下扫集处死。

（4）成虫发生盛期，可洒40％乐果乳油800倍液、80％敌敌畏乳油1000倍液，50％杀螟松乳油、75％辛硫磷、60％双硫磷乳油2000倍液，效果良好。

(5) 蛴螬防治：

1) 不使用未腐熟的有机肥，或将多种能杀死蛴螬的农药与堆肥混合施用。冬季翻耕，将越冬虫翻至土表冻死。

2) 用50%辛硫磷颗粒剂，30～37.5kg/hm^2 处理土壤，或用5%氯丹粉剂7.5～22.5kg/hm^2，掺细土375～750kg充分混合制成毒土，均匀撒于地面，或于地面喷粉，于播种前随施药、随耕翻、随耙耘。

3) 苗木出土后，发现蛴螬危害根部，可用75%辛硫磷、25%乙酰甲胺磷、50%磷胺、20%甲基异柳磷1000～1500倍液灌注苗木根际。灌注效果与药量多少关系很大，如药液被表土吸收而达不到蛴螬活动处，效果就差。

4) 灌水淹杀蛴螬。

(6) 保护利用天敌。

4. 白蚁类

白蚁属等翅目昆虫，分土栖、木栖和土木栖3大类，危害苗圃苗木的白蚁主要有台湾乳白蚁、黑翅土白蚁和黄翅大白蚁等，危害多种园林树木。

白蚁类主要防治方法：

(1) 喷药粉灭蚁。常用的有灭蚁灵、砷素剂。砷素剂的配方主要有2种：亚砷酸85%、水杨酸10%、砒红5%；亚砷酸80%、水杨酸10%、砒红5%、升汞5%。最好在主巢或白蚁很多的副巢施药，在白蚁严重危害部位，群飞孔或主蚁道施药亦可。

(2) 挖巢法。可在冬季白蚁集中巢内时挖巢。

(3) 诱杀法。在经常发生白蚁危害的圃地周围，投放白蚁喜食的饲料，如松木、蔗渣、桉树皮、木薯茎等作饵料，放在30cm^2 的诱杀坑或诱杀箱中，并用洗米水淋湿。诱杀箱置于白蚁经常出没之处，经10～20天白蚁群集多时，用灭蚁灵或砷素剂灭蚁粉喷杀。只要药量和诱杀箱及坑的位置适当，也可全歼蚁群。

(4) 压烟灭蚁。找到通向蚁巢的主道口，将压烟筒的出烟管插入主道。用泥封住道口，以防烟雾外逸，再把杀虫烟剂(可用敌敌畏插管烟剂)放入筒内点燃，扭紧上盖，烟便自然沿蚁道压入蚁巢，杀虫效果很好。

(5) 在白蚁分飞期，用灯光诱杀。

5. 软体动物类

软体动物类害虫主要有蜗牛和蛞蝓两种，主要危害草坪等。初期食量较小，仅食害叶肉，留下表皮或吃成小孔洞。稍大后可用唇舌刮食叶、茎，造成大的孔洞和缺刻，严重时可将叶片食光或将苗咬断，造成缺苗。排出的粪便还可污染草坪，造成菌类侵入伤口，致使草坪苗腐烂。遮荫潮湿的草坪发生较重。

软体动物类主要防治方法：

(1) 人工捕捉。发生数量少时，可根据贝壳捡拾蜗牛，集中杀灭。还可于傍晚设置蚕豆、绿肥或油菜叶堆，诱杀蜗牛，次日清晨将诱到的集中杀死。

(2) 施氨水。用稀释成70～100倍液的氨水，于夜间喷洒，可毒杀成、幼虫，同时施肥。

(3) 撒石灰粉。在田间撒石灰粉75～112.5kg/hm^2 或茶枯粉45～75kg/hm^2，可毒杀蜗牛。茶枯粉还可毒杀蛞蝓。

(4) 药剂防治。用8%灭蜗灵颗粒剂或用蜗牛敌(10%多聚乙醛)颗粒剂，用量1.5g/m^2。或用蜗牛敌配制成2.5%～6%有效成分的豆饼粉或玉米粉等毒饵，于傍晚撒入田间诱杀蜗牛。用蜗牛敌1份、豆饼10份、饴糖3份制成毒饵撒于田间，可诱杀蛞蝓。用硫酸铜拌细土(1∶3)，防治蛞蝓效果较好。用25%福尔马林喷雾亦有效。

三、岭南地区园林植物主要虫害及防治技术

(一) 食叶害虫及防治技术

1. 主要种类

鳞翅目的灰白蚕蛾、榕透翅毒蛾、斜纹夜蛾、金龟子成虫、麻斑樟凤蝶、短尾樟凤蝶、尺蠖、螟蛾、天蛾、曲纹紫灰蝶、拟小稻叶夜蛾、卷叶蛾、蓑蛾、潜叶蛾、天蛾、枯叶蛾、斑蛾、蝶类；鞘翅目的叶甲、台龟甲、金龟子；膜翅目的叶蜂；直翅目的蝗虫等。

2. 发生与危害特点

主要危害园林植物的叶、嫩梢、花蕾、花瓣，危害时被害部呈现白色纱窗状、孔洞、缺刻、或整叶吃光。有的卷叶为虫苞，有的潜叶危害呈现白色弯弯曲曲的弧道，如潜叶蝇。

3. 防治技术

(1) 日常做好清园工作，勤清除杂草及枯枝落叶，结合花木的整形修剪，清除虫茧、虫囊、卵块、卵囊、虫体，减少虫源。

(2) 在成虫发生期利用昆虫的趋化性、趋光性，采用灯光诱集和性诱剂诱杀。

(3) 直接捕杀个体大、危害症状明显的、有假死性或飞翔能力不强的成虫。

(4) 幼虫发生期，根据不同种类的食叶害虫，选用药剂喷洒：可用80%敌敌畏800～1000倍、50%辛硫磷1000倍、32.5%尽胜1000～1500倍、2.5%保得乳油2000～2500倍、35%赛丹乳油1000倍、10%除尽悬浮剂、10%高效灭百可乳油1500倍液等喷雾防治。掌握在初孵幼虫或低龄期用药物防治效果最好。同时可用昆虫生长调节如米螨、卡死克、抑太保、病毒制剂虫瘟一号等混配或交替使用。

(二) 刺吸害虫及防治技术

1. 主要种类

一类是昆虫纲中同翅目的白兰台湾蚜、棉蚜；介壳虫的柑橘吹绵蚧、日本龟蜡蚧、红蜡蚧、考氏白盾蚧、樟白盾蚧、褐圆盾蚧、黄片盾蚧、糠片盾蚧等；温室白粉虱、黑刺粉虱、蒲桃个木虱、榕痣木虱、叶蝉；半翅目的蝽象、网蝽；缨翅目的榕管蓟马、黄胸蓟马等。另一类是蜘蛛纲中蜱螨目叶螨总科的各种叶螨如柑橘全爪螨、二斑叶螨等。

2. 发生与危害特点

以刺吸式口器危害植物的叶、嫩梢、花蕾、花瓣、果实，刺吸汁液，受害叶部常出现各种褪色斑点，嫩叶皱缩，新梢扭曲，或在叶、茎、根上形成虫瘿。有的种类如蚜虫、介壳虫、木虱危害园林植物时分泌出泌露，常诱发煤烟病。蚜虫、叶蝉、粉虱等是病毒病的媒介。

3. 防治技术

(1) 加强植物检疫，不用带虫的材料繁殖。

(2) 加强栽培管理，改善栽培环镜，对生长过密的植物应及时适当进行疏株。

(3) 结合修剪将虫枝叶清除，集中烧毁，减少虫源。

（4）粉虱类、叶蝉类、蚜虫类的成虫发生期可用黄板诱杀防治。

（5）在蚧虫类、粉虱类、螨类、叶蝉类、蚜虫类的发生初期，可选用物理制剂进行防治以保护天敌，保护环境。

（6）药物防治：根据害虫发生情况，应抓住卵孵化盛期、若虫期喷药，防治叶蝉类、蚜虫类、粉虱类可用25％阿克泰水分散粒剂、5％锐劲特悬浮剂、24％万灵水剂、70％艾美乐水分散粒剂等喷雾防治，防治蚧虫可用40％氧化乐果800～1000倍、40％融蚧乳油1000倍、40％速扑杀1000～2000倍加0.1％肥皂粉或洗衣粉、99.1％加德士矿物油100～200倍等喷雾防治。防治螨虫可用50％溴螨脂1000～3000倍、20％螨克乳油1000～2000倍、1.8％阿维素4000～6000倍、15％哒嗪酮乳油2000～3000倍、1.8％爱福丁乳油3000倍等防治。每隔10天喷一次，连续2～3次。药剂交替轮换使用或与增效剂混用。

（三）蛀食害虫及防治技术

1. 主要种类

蛀干、蛀茎、蛀新梢以及蛀蕾、花果、种子等的各种害虫。危害园林植物的有鞘翅目的天牛类：星天牛、樟密缨天牛、合欢双条天牛、眉斑楔天牛、橘光绿天牛、红棕象甲、椰棕扁叶甲、海枣小象虫、吉丁虫类、小蠹虫类；鳞翅目的木蠹蛾、透翅蛾、织蛾、卷叶蛾、螟蛾、夜蛾；膜翅目的茎蜂、树蜂等。

2. 发生与危害特点

多以幼虫蛀食寄主植物的茎干，形成蛀孔和蛀道，导致寄主植物枝枯、萎蔫或整株、整片枯死。有的种类成虫期也危害植物，如象甲类、叶甲类等。

3. 防治技术

（1）加强栽培管理，结合修剪将虫枝清除，集中烧毁，减少虫源。

（2）对于钻干害虫应用具有熏蒸作用的杀虫剂防治，可用黄泥10份＋25％西维因3份混合均匀或用棉球浸渍80％敌敌畏、40％氧化乐果20～50倍液，塞于蛀孔熏杀，或用磷化铝1/4片塞入蛀孔，用黄泥封孔，熏杀幼虫。也可通过树干注射药液、涂干、根部埋药等无公害防治方法毒杀幼虫。

（3）采集释放和加强保护利用天敌。如花绒坚甲是多种天牛的重要天敌。

（四）地下害虫及防治技术

1. 主要种类

蛴螬、蝼蛄、小地老虎等。

2. 发生危害特点

以咀嚼式口器咬食种子、幼苗、根部、根际处、叶片等。常咬吃发芽种子、咬断幼根幼茎或植株根皮，造成幼苗死亡，形成缺苗断垄，植株叶片枯黄，草坪成片枯死形成斑秃等。

3. 防治技术

（1）加强苗木管理，铲除园圃地及其附近的杂草、枯枝落叶。

（2）勿用未腐熟的有机肥料或将杀虫剂与堆肥混合施用，也可结合灌溉杀虫。

（3）发现害虫及时用药剂防治，可在植物根部灌50％辛硫磷乳剂1000～1500倍、2.5％溴氰菊酯3000倍液或撒施10％毒死蜱颗粒剂1～2kg/亩防治。或用米乐尔拌沙，均匀地撒在受害植物地上，淋水溶解药物渗透到土中杀死蛴螬、小地老虎，或用金龟子乳状杆菌防治。

(4) 用诱杀灯诱杀成虫。

复习思考题

1. 华北地区园林植物主要食叶害虫通常分布在哪几个目内？举例说明。
2. 举三种在“五一”前常发生的能将寄主植物吃光的害虫，并简述防治方法。
3. 简述防治蚜虫的主要方法。
4. 防治介壳虫的主要方法有哪些？举例说明。
5. 举 3～5 种光肩星天牛喜危害的树种，简述防治方法。
6. 简述双条杉天牛、小木蠹蛾的危害特点及防治措施。
7. 常见的地下害虫主要有哪些？
8. 如何防治蛴螬？
9. 江南地区园林植物食叶害虫大致分哪几类？举例说明。
10. 简述食叶害虫的防治方法。
11. 江南地区园林植物刺吸害虫常发生的有哪几类？
12. 木虱类害虫对园林植物有什么危害？如何防治？
13. 简述江南介壳虫的主要防治方法。
14. 如何防治蓟马的危害？
15. 蠹蛾类危害有什么特点？防治措施有哪些？
16. 如何防治白蚁的危害？
17. 蜗牛和蛞蝓如何防治？
18. 简述岭南地区园林植物食叶害虫的防治方法。
19. 岭南地区园林植物刺吸害虫常发生的有哪几类？
20. 简述岭南地区介壳虫的主要防治方法。
21. 如何防治蓟马的危害？
22. 简述蛀食害虫的防治措施。
23. 常见地下害虫有哪几类？如何防治？

第三节　园林植物主要害螨及防治技术

一、华北地区园林植物主要害螨及防治技术

1. 松红蜘蛛(*Oligonychus ununguis* Jacobi)

属蜱螨目，叶螨科，又名针叶小爪螨。分布华北、西北、华中、华东等地。

以刺吸方式危害油松、黑松、云杉针叶树。

成螨，雌成螨体长 0.4mm 左右，椭圆形，淡橙黄色至橙黄色；雄成螨体比雌成螨小。卵，球形，直径 0.1mm 左右。若螨体长 0.15mm 左右，淡黄色。

北京一年发生 10 多代，以卵在松针基部的松枝上过冬。次年 4 月上旬卵开始孵化，4 月中旬全部孵化。5 月初出现大量第一代若螨，吐丝拉网。5～7 月份危害最严重，受害严重的针叶先变灰绿色，后变为灰黄色，甚至造成大量落叶。11 月产卵过冬。

防治方法：

(1) 螨量少时，可喷清水冲洗或喷 0.1～0.3Be 的石硫合剂清洗。

(2) 4 月上中旬、5 月上旬卵孵化期可喷 2000 倍的 73%克螨特乳油等杀螨剂。

(3) 注意保护天敌。

2. 柏小爪螨(*Oligonychus perditus* Pritchard et Baker)

属蜱螨目，叶螨科，又名桧柏红蜘蛛。分布华北、东北、西北、华中等地。

以刺吸方式危害桧柏、侧柏、沙地柏、龙柏等。严重时，柏叶上粘一层灰尘，使叶片变灰黄、失水、发干、造成枯叶。

雌成螨体长 0.3mm 左右，倒鸭梨形。体淡黄白色。雄成螨体比雌的小。卵，球形，直径 0.11mm 左右，杏黄至杏红色。若螨体长 0.15mm 左右，浅黄白色。

北京地区一年发生 10 多代，以卵在桧柏、侧柏叶上和叶鞘里等处过冬。次年 4 月上旬(桧柏吐出新芽长 4mm 左右)过冬卵开始孵化，至 4 月中旬全部孵化危害。4 月下旬开始产第一代卵。5 月上旬第一代幼螨孵化危害。高温、干旱繁殖迅速。5～7 月危害最为严重。8 月份雨季时螨量下降，9 月份还继续繁殖和危害一段时间。10 月上旬开始以卵越冬。

防治方法：同松红蜘蛛。

3. 杨柳红蜘蛛(*Eotetranychus Populi* Koch)

属蜱螨目，叶螨科，又名杨始叶螨。分布华北、东北、西北等地。

以刺吸方式危害杨树、柳树。

雌成螨体椭圆形，长 0.4mm 左右，淡黄绿色。卵球形，直径 0.14mm 左右，淡黄色。若螨短卵形，体长 0.17mm 左右，淡黄色。

北京一年发生 10 多代。多在枝，干上过冬。次年 4 月中旬开始危害，5 月下旬至 6 月上旬螨量明显增多，先从树冠下部内膛贴近干、枝的叶片开始，逐渐向外、向上扩展。严重时出现大量黄叶、焦叶和落叶。

防治方法：

(1) 螨量在不影响树木生长的情况下，有条件时可喷清水冲洗或喷 0.1～0.2Be 的石硫合剂冲洗。

(2) 在发生初期喷 2000 倍的 73%克螨特乳油，或喷 1000 倍卡死克等。

(3) 注意保护天敌。

4. 毛白杨瘿螨(*Eriophyes dispar* Nal)

属蜱螨目，瘿螨科。分布华北、西北等地。

以刺吸方式危害 5 年生以上的毛白杨，形成毛白杨皱叶病，严重时树上几乎挂满瘿球，不但影响树木生长和观赏，还在 6 月份特别是雨后，大量瘿球落地，瘿球上常有很多蚜虫和排泄的黏液，落地后似黑粪便，很不卫生。

雌成螨体长 0.23mm 左右。若螨体长 0.13～0.16mm，足 2 对。

北京一年 5 代，以卵在受害芽内过冬。次年 4 月初卵开始孵化，在冬芽内危害；4 月下旬大量成螨出现，受害芽叶已形成瘿球，大的直径达 15mm 左右。5 月初在瘿球内产第一代卵，以后有世代重叠现象。5 月上旬若螨开始出瘿球，在枝条上爬行，5 月中旬爬行的若螨剧增，并有的侵入黄米粒大小的冬芽，有的脱皮后变为成螨再从芽苞缝钻入芽的里层，危害幼芽。第一代若螨或成螨于 5 月中旬至 6 月下旬转移到新枝条上的冬芽内危害。一般多侵害枝条上第 1～9 位的芽(从当年生枝条基部向枝梢数)。以后各代均在冬芽内繁殖和危害，10月开始过冬。传播、蔓延主要靠苗木、风力、昆虫、爬行等。

防治方法：

(1) 可于4月中下旬，螨未转移至冬芽前，人工剪掉瘿球处理。

(2) 瘿球多的树木，可于4月中旬至5月上旬喷1000倍40%的氧化乐果等药剂。

5. 柳刺皮瘿螨(*Aculops niphocladae* Keifer)

属蜱螨目，瘿螨科。分布华北、华中等地区。

危害柳树，受害叶片表面产生珠状叶瘿，危害严重时，被害叶片有数十个虫瘿，影响生长和观赏效果。

雌螨体纺锤形，扁平，长0.18～0.21mm，黄棕色，足2对。

一年发生数代，以雌成螨在芽鳞间和一二年生枝条上的裂隙或凹陷处越冬。迁移能力差，主要靠风、昆虫、人畜等传播。每叶瘿在叶背仅有1个开口，螨体可经此口转移到新叶上危害，形成新的虫瘿。

防治方法：

(1) 树木冬眠期，向枝干上喷3～5Be石硫合剂。

(2) 6～7月，瘿螨侵入期喷1.8%爱福丁乳油3000倍等内吸杀螨药剂，每周喷1次，连续喷3～4次。

6. 国槐红蜘蛛(*Tetranychus truncatus* Ehara)

属蜱螨目，叶螨科。分布北京、天津、河北、陕西、山西等地。

以刺吸方式危害国槐、龙爪槐、五叶槐等，严重时可造成黄叶、落叶。

成螨，雌成螨体长0.4mm左右，倒鸭梨形，锈褐色或淡红褐色。卵浅红色，球形，直径0.13mm左右。若螨淡黄色或略带红色。

北京一年发生10余代，以成螨和若螨在树木的裂缝等处过冬。次年4月中下旬开始危害。5月上中旬产卵，中下旬第一代螨危害，进入6月螨量大增，槐树内膛靠近树干的小枝上出现明显的被害状，逐渐向外、向上扩展，受害叶片变成灰绿，主脉两侧有黄白小点，叶上有吐的丝和灰尘，叶片两面有大量卵和若螨、成螨。7月中旬出现大量黄叶、落叶现象。10月后开始陆续过冬。

防治方法：

(1) 在螨量少时，可用高压喷雾器喷洒清水冲洗树叶，每周可喷2～3次。

(2) 螨量较多时，可喷1000倍的10%速效浏阳霉素或2000倍的73%克螨特乳油，或5%尼索朗乳油等。

7. 山楂红蜘蛛(*Tetranychus viennensis* Zacher)

属蜱螨目，叶螨科。分布东北、华北、西北、华中、华东等地。

刺吸危害山里红、核桃、碧桃、苹果、海棠、梨、槐树、樱花、柳、杨、木槿、石榴、李、杏、山桃、榆叶梅等树木，造成树木叶片发黄、焦叶、落叶。

雌成螨有冬型和夏型之分，冬型体长0.4mm左右，朱红色；夏型体长0.6mm左右，呈卵圆形，鲜红色或暗红色。卵，圆球形，橙红色。卵孵出的幼螨体近圆形，长0.18mm左右，黄白色至黄绿色，足3对。若螨，淡绿色或浅橙黄色，体椭圆形，长0.32mm左右，足4对。

北京一年8代左右，以雌成螨在枝干的翘皮缝里、树枝上粘的枯叶里等处过冬。次年

4月初(海棠树发芽期)过冬雌螨开始活动，4月中、下旬为盛期。4月中旬开始产第一代卵。5月中旬为第一代幼螨孵化盛期，进入6月开始大量发生，以后各代不整齐。6、7月危害最严重。9月中下旬开始过冬。

防治方法：

(1) 人工防治。9月份在枝干上绑些草绳，诱杀过冬红蜘蛛，次年1、2月解下处理，消灭螨源；也可在冬季轻刮翘皮，清理枝干上枯叶的过冬红蜘蛛，消灭螨源。

(2) 4月中旬或5月中旬，可喷7.5%农螨丹乳油1000～1500倍液或2000倍的73%克螨特乳油，或1500～2000倍的5%尼索朗乳油，或2000倍的20%甲氰菊酯乳油，或800～1000倍的20%螨卵酯可湿性粉剂等杀螨剂。

(3) 保护或利用天敌。

8. 苹果红蜘蛛(*Panonychus ulmi* Koch)

属蜱螨目，叶螨科。分布东北、华北、西北、华中、华东等地。

危害苹果、梨、海棠、核桃、李、桃、樱花、月季、玫瑰、紫藤等。

成螨体长0.5mm左右，体形近圆形。体红色或暗红色。卵葱头形，扁圆，长径0.13mm左右，顶部生有一根短毛。越冬卵深红色。若螨，形态和成螨相似，体长0.25mm左右。

北京一年8、9代，以卵在枝条基部轮纹、伤疤、芽腋、果胎等处过冬。次年4月下旬(国光苹果初花期)为幼螨孵化盛期，时间比较集中，当连续2～3天平均气温达到15℃时，大量幼螨孵化，90%以上集中在5～10天内孵化。5月10日左右(元帅品种盛花期)开始产第一代卵，5月底(元帅品种终花后一周左右)第一代幼螨大部孵化危害。6月以后，世代不整齐，常常卵多于螨。6、7月份危害最严重造成树木烧膛、焦叶、枯叶。9月下旬开始产卵过冬。

防治方法：

(1) 越冬卵量多时，可在早春树木发芽前喷25～30倍的20号石油乳剂杀卵。

(2) 螨量大时，可喷2000倍的73%克螨特乳油，或1000倍的20%螨克乳油等杀螨剂。

(3) 注意保护天敌。

(4) 适时浇水，补偿树木因干旱和螨害所造成的失水。

9. 苜蓿红蜘蛛(*Bryobia praetiosa* Koch)

属蜱螨目，叶螨科。分布东北、华北等地区。

危害苹果、樱桃、梨等树木，可造成树木烧膛、焦叶、落叶。

雌成螨体长0.6mm左右，褐色。卵球形，深红色。若螨，褐色或绿色。

北京一年发生5代左右，以卵在较粗的枝条分叉处、裂皮缝、伤疤等处过冬。次年4月中、下旬(海棠初展叶期)幼螨孵化危害。成螨活泼，多集中在叶面危害。5月中旬开始产第一代卵，进入6月后世代交替不整齐。6、7月危害严重。

防治方法：同苹果红蜘蛛。

10. 朱砂叶螨(*Tetranychus cinnabarinus* Boisduval)

属蜱螨目，叶螨科。分布东北、华北、西北、华中等地区。

以刺吸方式危害海棠、樱花、樱桃、白玉兰、臭椿、刺槐、木槿、龙爪柳、杨、李、梅花、石榴、扶桑、茉莉、月季、桂花、蔷薇、蜀葵、凤仙花、一串红等树木和花卉，危害严重时造成叶片大量脱落。

雌成螨椭圆形，体长0.5mm左右，锈红色或深红色，越冬螨橙红色。卵，球形，直径0.13mm左右，杏红色。幼螨，近圆形，长径0.17mm左右，淡黄或黄绿色，足3对。若螨，形态和成螨相似。

北京一年10多代，以雌螨在树木枝干的裂缝、翘皮、落叶、杂草根际处及石块下等多处过冬。次年4月上中旬开始活动，4月下旬产卵。5月上、中旬孵化出第一代幼螨。6～7月份繁殖最快，危害最严重并出现大量落叶。

防治方法：同苹果红蜘蛛。

11. 竹裂爪螨(*Schizotetranychus bambusae* Reck)

属蜱螨目，叶螨科。分布北京、河北、河南、广东、广西等地。

以刺吸方式危害多种竹子，严重时造成黄叶、提早落叶，影响生长和观赏。

雌成螨长椭圆形，长0.38mm左右，淡绿或淡黄色。卵球形，直径0.1mm左右，淡黄色。幼螨，体近圆形，淡黄白色，足3对。若螨，形态和成螨相似，淡黄色，足4对。

北京地区一年发生10代左右，以成螨在落叶层中、土缝中、杂草根际等处过冬。次年4月开始危害，5～7月危害最严重。高温、干旱、种植过密、通风不良等条件下，发生和危害更为严重。雨季，螨量下降，9月螨量有所回升，10月开始陆续过冬。

防治方法：

(1) 秋冬季应清理竹林内的枯落叶、杂草等消灭越冬螨。

(2) 危害初期，可喷2000～3000倍的73%克螨特乳油，或1000倍的10%速效浏阳霉素乳油等杀螨剂。

(3) 保护和利用瓢虫、草蛉等天敌。

12. 茶黄螨(*Polyphagotarsonemus latus* Banks)

属蜱螨目，附线螨科。分布河北、北京等地区。

危害月季、地锦、常春藤、大丽花、八角金盘、菊等多种观赏植物的幼嫩部分，造成叶片边缘卷曲、皱缩、发僵及蔓梢弱嫩等，影响生长和观赏。

雌成螨体短卵圆形，长0.2mm左右，琥珀色，有光泽。雄成螨体较小。肉眼看不清，不易发现。

北京6月开始发生，在气温较高时，繁殖较快，夏天4～5天即可完成一代。被害植株从7月开始新出的嫩叶几乎全部表现出被害状。地锦受害的嫩叶纵卷成细长辣椒状，表面皱缩，成、若螨在皱叶内活动和刺吸危害。8、9月份为发生高峰，危害严重。

防治方法：

(1) 危害期可喷2000倍的73%克螨特乳油，或1000～1500倍的40%氧化乐果乳油等药剂。

(2) 危害期在植株周围须根最多处埋施3%呋喃丹颗粒剂，木本植物干径每厘米用药1～1.5g；草本盆花的花盆内口径20cm用药1g左右，如植株过大或花盆增大，可适当增加药量，施后覆土浇水(可食植物和在饮水井附近不要使用)。

(3) 保护捕食螨、瓢虫等天敌。

二、江南地区园林植物主要害螨及防治技术

螨类不是昆虫，是蛛形纲的一些微小节肢动物。整个身体只能分为颚体和躯体两部分，螯肢多特化为针和口针鞘，称为喙，突出在前足体的前缘，属刺吸口器。在园林观赏植物上有很多害螨，如叶螨、瘿螨、球根粉螨、甲螨等。食性杂，除直接使植物出现退绿、黄点、褐斑、落叶、变形、形成大小不等的瘿瘤，促使球根腐烂等以外，还传播各种病源，特别是病毒病。江南地区园林害螨中最常见或危害最严重的有以下几种：

1. 朱砂叶螨

属真螨目，叶螨科。危害月季、芙蓉、蜀葵、海棠、一串红、樱花、白玉兰、梅、棣棠、孔雀草、凤仙花、醉鱼草等花木。被害叶片初呈黄白色小斑点，后逐渐扩展到全叶，造成叶片卷曲，枯黄脱落。降雨，特别是暴雨，可冲刷螨体，降低虫口数量。

朱砂叶螨主要防治方法：

(1) 清除枯枝落叶和杂草，以减少翌年螨源。

(2) 早春，树体喷布5%的柴油乳剂，控制其早期的扩展蔓延。

(3) 于植物芽开裂期，喷布石硫合剂进行防治。每隔1周喷施1遍，连喷3遍，使用浓度为：第一遍3～5Be，第二遍0.3～0.5Be，第三遍0.1～0.3Be。

(4) 生长季节虫口密度大时，可结合蚜虫和蚧虫等其他害虫的防治，在树冠喷布40%水胺硫磷1500倍液或5%尼索朗1500倍液、20%灭扫利2000～3000倍液防治。

(5) 保护和利用天敌。如食螨蓟马、小花蝽、草蛉、瓢甲、植绥螨等。

2. 二斑叶螨

二斑叶螨又名二点叶螨、棉叶螨、棉红蜘蛛等，属真螨目，叶螨科。危害月季、野蔷薇、茉莉、花菱、凤仙花、孔雀草、无花果、桃、梨、樱桃、柑橘、桂花、一串红、蜀葵、木芙蓉、木槿、茑萝、石竹、枸杞、鸭跖草、还有红花羊蹄甲等。幼螨、若螨、成螨都能危害，一般都在叶背主脉附近的丝网下栖息，用1对由螯肢特化而来的口针，穿刺到植物的组织里，吸取细胞汁液和叶绿粒，使叶面先出现退色黄点，后成为黄褐斑而提前脱落，严重时一片凋萎，造成重大损失。

二斑叶螨主要防治方法：同朱砂叶螨。

3. 柑橘全爪螨

柑橘全爪螨又名瘤皮红蜘蛛，柑橘红蜘蛛，属真螨目，叶螨科。危害柑橘、金橘、桂花、蔷薇、胡颓子、橡皮树等。其成螨、幼螨、若螨均能危害，受害叶片正面出现许多灰白色小点，失去光泽，严重时一片苍白，造成大量落叶，严重影响生长发育和观赏价值。

柑橘全爪螨主要防治方法：

(1) 生物防治：柑橘全爪螨的天敌有食螨瓢虫、小黑瓢虫、六点蓟马、草蛉、大赤螨和钝绥螨等。

(2) 化学药剂防治：20%三氯杀螨醇1000倍液，或50%三环锡5000倍液或90%灭螨胺900倍液，都有明显效果，后两种还有抑制卵孵化的作用。

4. 锈壁虱

锈壁虱又名锈螨，属真螨目，瘿螨科。危害柑橘类植物。其危害以刺吸口器刺入叶片、幼果等表皮组织吸取汁液。受害后初期呈灰绿色，失去光泽，以后变成紫红色或古铜色，严重的还形成木栓组织，表皮粗糙出现许多网状裂纹。

锈壁虱主要防治方法：

(1) 反其趋荫习性，注意通风透光。

(2) 喷施药物，因其世代多，危害期长，一般要在5月下旬至6月上旬、6月下旬至7月上旬、7月下旬至8月上旬、9月、12月初各喷施1次。可选用的药剂有：石灰硫磺合剂，春夏0.3～0.5Be。用20％三氯杀螨醇1000倍液，加20％三氯杀螨砜500倍液。50％三硫磷2000倍液。40％氧化乐果1500～2000倍液。以上药剂交替使用，冬季以石灰硫磺合剂为宜，可兼治多种病虫。

5. 侧杂食跗线螨

侧杂食跗线螨又名侧多食跗线螨、嫩叶螨、茶背跗线螨、茶壁虱等，属真螨目，跗线螨科。危害扶郎花、仙客来、秋海棠、飞燕草、山茶、柑橘、榆桩、茉莉、合欢、银杏、芒果、咖啡等多种植物。主要危害嫩叶、嫩茎、花、幼果等。嫩茎、嫩叶受害后呈黄褐色或灰褐色，受害严重的嫩叶沿叶缘向叶背卷曲，叶肉增厚，叶质变硬而脆，受害嫩梢扭曲畸形。扶郎花嫩叶、心叶受害后萎缩畸形，花茎扭曲舌状花瓣残缺稀疏，严重影响切花的产量和质量。

侧杂食跗线螨主要防治方法：

(1) 生物防治：天敌有捕食性蓟马、盲走螨等。

(2) 加强栽培管理，降低植株周围湿度，注意通风透光。

(3) 喷施20％三氯杀螨醇1000倍液，或40％氧化乐果1000～1500倍液。国外用2酯杀螨醇也有较好效果。

6. 球根粉螨

球根粉螨又名刺足根螨，危害球根类花卉如郁金香、菖兰、小菖兰、水仙、鸢尾、百合、葱兰和风信子等。球根粉螨不仅危害田间生长的球根，还能继续危害贮藏期的球根，在生长期使地上部萎黄，球根不长，引起腐烂。在贮藏期可加速传播，促使腐烂。其本身可直接造成伤口，若有现成伤口更促使其危害。球根粉螨更重要的危害是传播细菌、真菌等病原。

球根粉螨主要防治方法：

(1) 球根植物要注意换茬，还必需进行土壤消毒，在栽培过程中还要防止人为伤口，这是预防的积极措施。

(2) 种球的热处理，在贮藏前后，提高贮藏室气温至40℃时，经24小时可全部致死。

(3) 药物防治：可用20％三氯杀螨醇1000倍液，根际泼浇，贮藏前后浸泡15～20分钟，或25％可湿性三氯杀螨砜1000倍液浸泡24小时。

三、岭南地区园林植物主要害螨及防治技术

1. 主要种类

(1) 瘿螨：常危害寄主植物，引起毛毡病、瘿瘤病等。

(2) 叶螨：危害植物叶片，引起叶片皱缩、卷曲，叶面布满小斑点。

2. 防治方法

(1) 加强栽培管理，进行合理修剪，使之通风透光。及时清除虫叶和枯枝落叶，以减少螨源。

(2) 药剂防治。可喷施50％溴螨酯1000～3000倍、20％螨克乳油1000～2000倍、15％哒嗪酮乳油2000～3000倍、1.8％爱福丁乳油3000倍等防治。每隔10天喷一次，连续2～3次。

复习思考题

1. 常见的螨类有哪几类？举例说明。
2. 茶黄螨对植物有什么危害？如何防治？
3. 山楂红蜘蛛主要寄主有哪些？有什么危害特点？如何防治？
4. 简述锈壁虱的防治措施。
5. 球根粉螨的危害有什么特点？如何防治？
6. 华北地区危害针叶常绿树的红蜘蛛有哪几种？如何防治？

第四节　园林植物主要病害及防治技术

一、华北地区园林植物主要病害及防治技术

（一）真菌性病害及防治技术

1. 月季黑斑病

症状：全国大部分地区都有发生。叶片感病初期出现紫褐色或褐色小点，日渐扩大为近圆形，病斑紫褐色或黑褐色，后期病斑周围叶片发黄，病斑上生有小黑点，即病菌的分生孢子盘。严重时，病斑连片，叶片变黄、脱落。

病原：蔷薇放线孢菌［*Actinonema rosae*(Lib.)Fr.］。

(1) 病害发生规律：病菌以分生孢子在病残体上过冬。5、6月份病菌多从植株下部叶片开始侵染、发病，产生分生孢子，并随风雨扩大再侵染，8月份发病最严重。

(2) 环境条件：温度在24℃左右，相对湿度98%时病害发生快。

(3) 寄主抗病性有差异，如抗病性较强的有杏花村丰花月季、草莓冰淇淋、伊斯贝尔、金凤凰、曼海姆宫殿等。

防治方法：

(1) 秋冬季清除病株与病叶，妥善处理，消灭和减少病源。

(2) 适时修剪，通风透光；浇水勿将泥土飞溅在叶片上，减少叶片淋水。

(3) 选用干净无菌土栽植。

(4) 发病初期，喷75%百菌清可湿性粉剂700～800倍液或喷800～1000倍50%多菌灵可湿性粉剂等药剂，7～10天喷一次，至8月底。

2. 圆(桧)柏-梨(苹果)锈病

症状：柏树小枝及针叶受害处出现黄色斑点，其后形成菌瘿，直径为3.5mm左右。初起表面平滑，以后中心部分略隆起，渐渐凹凸不平，露出孢子角。冬孢子角深褐色，当春雨连绵时，冬孢子角吸水膨大，呈胶质花瓣状。严重时菌瘿累累，造成大量针叶和枝条枯死。

病原：梨胶锈菌(*Gymnosporangium haraeanumsyd*)为转主寄生，性子器扁平形或近球形，锈子器圆筒形，外观呈灰黄色毛状物；冬孢子双胞有柄。

病害发生规律：

(1) 病害循环：病菌以菌丝体在圆柏等寄主的菌瘿组织中越冬。次春3月形成冬孢子角吸水萌发形成担孢子随风雨传播侵染梨、苹果等。

在梨树上形成性孢子、锈孢子经风传到圆柏等柏类植物上。传播距离不能超过 5km。缺乏夏孢子阶段，没有再侵染。

(2) 环境条件：春季雨水多气温回升较快有利于病害发生。

(3) 寄主抗病性有差异，桧柏、欧洲刺柏等易感，柱柏和金羽柏较抗病。

防治方法：

(1) 园林技术防治：避免柏树与梨树等在 5km 范围内混植，如特殊情况下需要混植，则应选用较抗病的树种。

(2) 药剂防治：春雨前喷施 84%杀毒矾，抑制冬孢子的萌发，8～9 月份在柏树上喷施 160～200 倍波尔多液，可以收到较好的效果。

3. 白粉病类

症状：发病部位表面初现白色霉点(菌丝体及分生孢子梗和分生孢子)，后霉点转呈灰色至污黄色的霉斑，霉层中还可见许多小的黑粒(闭囊壳)。严重时霉斑连合成片，患部组织褪绿变黄以至干枯。

病原：各种白粉菌。

发病规律：

(1) 病害循环：病菌以菌丝体和闭囊壳在病株或枯枝落叶上越冬，以子囊孢子经气流传播进行初侵染，发病后产生分生孢子作为再侵接种体侵染致病。

(2) 发病条件：白粉病发生发展与气象条件、栽培管理和品种抗性等有关。

发病适温为 15～25℃。冬春气温较常年偏高，雨日和雨量偏少的气候条件最适合白粉病发生。

植株密度过高，通风透光差，偏施氮肥多，有利发病。品种抗性有明显差异。

防治方法：

(1) 选用抗病品种。

(2) 修剪病枝叶，清除落叶，集中销毁。

(3) 加强栽培管理，合理密植，配方施肥，清沟排渍降湿，促根系生长，防止植株早衰。

(4) 药剂防治：发病初期(病叶率≤10%)选喷 20%三唑酮乳油 1000 倍液；40%福星乳油 8000 倍液或 20%三唑酮硫磺悬浮剂 1000 倍液 1～2 次，隔 7～10 天一次，喷匀喷足。25%敌力脱 4000 倍；12%腈菌唑 3500 倍。

4. 炭疽病

症状：叶片上初为褪绿小斑点，扩大后叶片中间为圆形或近圆形浅褐色斑点，叶片边缘为半圆形或不规则病斑，一般比叶片中间的斑大。后期病斑中央变灰白并出现黑色小点(分生孢子盘)，边缘为黑褐色。

发病规律：

(1) 病害循环：病菌以菌丝体及分生孢子盘在病叶或枯枝落叶及病残体上越冬，次年春天产生分生孢子，风雨传播进行初侵染。当年发病病斑可形成分生孢子进行多次再侵染。

(2) 发病条件：高温(22～28℃)、多雨高湿的气候条件有利于病害发生。偏施氮肥，植株过密，通风不良加重病害。许多植物的不同品种间抗病性有明显差异。

防治方法：

(1) 减少侵染来源：冬季清除枯枝落叶和病残体，发病季节结合修剪剪除病枝叶或病斑。

(2) 园林技术防治：加强栽培管理，合理密植，增强通风透光，控制氮肥用量，增施磷、钾肥，提高抗病性。

(3) 推广抗病品种。

(4) 化学防治：发病初期喷0.5%～1%的波尔多液，或50%多菌灵500倍液、75%甲基托布津800倍液。

5. 翠菊枯萎病

症状：

(1) 苗期，全株叶片变黄萎蔫，根系发生不同程度的腐烂。

(2) 成株，由下而上叶片出现发黄，最后全株枯死，剖开茎基部可见维管束变褐。

病原：尖孢镰刀菌翠菊变种(*Fusarium oxysporum* var. *callistephi*)，是一种土壤习居菌。

发病规律：病菌在土壤中越冬，从根部侵染。幼苗出土后10～20天最易感病。连作，高温多雨，大水漫灌，发病严重。

防治方法：

(1) 避免连作，及时拔除病株烧毁，减少病源数量。

(2) 土壤消毒：福尔马林50倍液，4～8kg/m^2浇土，或热力处理。

(3) 科学管水，合理施肥。防止漫灌，及时开沟排水，多施腐熟有机肥。

(4) 发病初期用50%多菌灵500倍或10%治萎灵300倍液淋病株蔸。

6. 香石竹枯萎病

世间性病害，危害多种石竹属植物。

症状：从根部侵入，初植株一侧开始失绿变褐萎蔫。以后叶片枯萎整株萎蔫和枯死。剖开干可见维管束变褐。

病原：尖镰孢香石竹专化型(*Fusarium oxysporum Schlecht*. f. *sp*. *dianthi*)

发病规律：病原菌在病残体或土壤中越冬，温度适宜湿度高时产生分生孢子，借气流和雨水等传播。繁殖材料及土壤是重要的传播来源。土壤湿度高，温度23～28℃有利于发病。品种抗病性有明显差异。

防治方法：

(1) 建立无病母本圃。

(2) 选育推广抗病品种。

(3) 染病苗床要换土或消毒(覆膜暴晒或热蒸汽处理)。

(4) 药剂防治：栽种前用50%多菌灵、70%甲基托布津或30%土菌消(恶霉灵)500倍浇土，或灌根。

(5) 生物防治：荧光假单胞杆菌处理土壤或沾根有一定的防治效果。

7. 杨树烂皮病(腐烂病)

症状：

(1) 干腐：主干、大枝及树干分叉处，初为暗褐色水渍状病斑，略肿胀，皮层腐烂变软，手压有渗出，后期失水下陷并长出许多针头状突起的分生孢子器，秋、冬可产生子囊壳。当病斑环绕树干一周后引起上部死亡。

(2) 枝枯：1～4 年生小枝，病斑灰色，环绕一周后枝条死亡。后期长出小黑点状的子囊壳。

病原：污腐皮壳菌(*Valsa sordida*)。

发病规律：

(1) 病害循环：病菌在枝干病部越冬，次春产生分生孢子，借风雨和昆虫传播，从伤口或死亡组织侵入。条件适宜时，产生分生孢子多次再侵染。

(2) 病菌的寄生性：典型的弱寄生菌，潜伏侵染普遍。病菌常年潜伏在树体上，先在各种衰弱部分生活，再侵入活组织。

(3) 气候条件：平均气温 10～15℃发展最快，有春秋两个发病高峰。冻害可加重发病。春季干旱有利于发病。

(4) 与林带结构和树龄等有关：林带边缘发病最严重。当年定植幼树和 6～8 年生树发病重。

(5) 不同树种的抗病性有差异，小叶杨、加杨和美国白杨等较抗病。

防治方法：

(1) 选育推广抗病良种。

(2) 插条应冷藏于 2.7℃ 以下阴冷处，防止干燥失水。

(3) 科学整枝，修剪应逐年进行，去除病枝，清除重病树。

(4) 营造半透风式防护林。

(5) 对大树，剪枝，刮除病斑并涂药。药剂有：10%碱水、0.1%升汞、5%甲基托布津和双效灵(1∶10 倍)。

8. 银杏茎腐病

危害多种树木，可引起大量死苗。

症状：茎基部初现黑褐色病斑环绕茎基部一周全株死亡，叶片下垂不脱落。病苗根颈部皮层稍皱缩，内部组织腐烂呈海绵状或粉末状。拔出根部只剩下光滑的木质部。

病原：菜豆壳球孢(*Macrophomina phaseolina*)。

发病规律：

(1) 病菌是土壤习居弱寄生菌，从伤口侵入。夏季炎热，土壤温度升高，损伤苗木茎基部，利于病菌侵入。

(2) 苗圃地积水，苗木生长差，发病显著增加。

(3) 病害一般在梅雨季节后 10～15 天开始发生，直至 9 月中旬才停止蔓延。6、7、8 三个月天气持续亢热，发病就重。

防治方法：采取以促进寄主生长健壮，提高抗病力及在夏季降低苗床土温为主的综合防治措施。

(1) 施足底肥和土壤消毒：播种前 14 天，每亩施 25kg 硫酸亚铁，翻耕耙平土壤。

(2) 高温催芽：3 月上旬末把种子上炕加温催芽，室温保持在 20～35℃，当催芽至种壳破裂，胚根露出时，即可取出播种。

(3) 适当密播，防止灼伤。

(4) 地膜覆盖，促早苗齐苗：播种后喷足水，盖膜，长江流域至4月20日前后，苗木已大量出土，揭膜。

(5) 高温季节，适时遮荫(上午10时～下午4时)或苗木间覆草，并及时浇灌，降低土表温度。

9. 松瘤锈病

症状：树干或枝条上形成木瘤，表面不规则开裂。

病原：栎柱锈菌(*Cronartium quercuum*)。

发病规律：

(1) 病害循环：栎叶上冬孢子萌发(8～9月)产生担孢子，气流传播侵入松树，潜伏期1～2年，第二、三年形成性子器和性孢子，第三、四年产生锈子器和锈孢子，气流传播侵染栎树。

(2) 环境条件：夏季凉爽，空气湿度高的地区多发。

防治方法：

(1) 适地适树，不种松栎混交林。

(2) 修剪病瘤并涂抹0.025%～0.05%的链霉素菌酮软膏，挖除重病树。

(3) 幼林喷65%福美铁或福美锌或代森锌500倍。

(二) 细菌性病害及防治技术

1. 青枯病

青枯病是一种维管束病，属细菌性枯萎病。主要发生在长江流域以南地区，在北方也有发生，尤其是在盛夏高温多雨季节危害较严重。

病状及其特征：此病在苗期不表现症状，仅在花前及开花期表现症状。首先是顶部叶片萎缩，随后下部叶枯萎、叶片保持绿色，只是颜色稍淡，故称青枯病。初期白天叶萎蔫，夜晚恢复正常，很易让人误解为“缺水萎蔫”而导致死亡。病株根部常变腐烂，茎部表皮粗糙，并产生白色不定根、切断病茎用手挤压，可从断面的变色导管中渗出污白色黏液，这是此病的重要特征。

该病病菌随病株在土壤中越冬，在土中可存活达14个月至6年。病菌随雨水或流水、农具、昆虫等媒介传播，并从寄主根部或茎部的伤口或皮孔侵入危害。

发病条件：高温高湿是发病的主要条件。当土壤温度达20℃时开始发病，25℃发病达到高峰。北方地区一般发病在6～8月，在土壤含水量大或久雨之后转晴，气温急剧上升时，发病更加严重。另外，地势低洼，排水不畅、重茬、缺钾肥、管理不善等都易发病，且酸性土壤发病重，微碱性土壤轻。

防治方法：

(1) 轮作一般发病地块实行3年轮作，发病重的实行4～5年轮作。

(2) 调节土壤pH值。青枯病菌宜在微酸性土壤生长，因此在酸性土壤地面撒施适量石灰，然后深翻，将土壤pH值调至微碱性，并结合施入腐熟有机肥。

(3) 药剂防治。发现病株及时拔除烧毁。发病初期或大雨后喷200～500ppm农用链霉素或1∶1∶240波尔多液，每7～10天喷一次，连续喷3～4次；也可用5%福美双可湿性粉剂500倍液或灌石灰水防治。

2. 软腐病

病状：其病害主要发生在叶片和茎上。叶片上多数从叶基部开始发病，病部无光泽，正背面暗绿色，水渍状，并呈不规则状，严重时沿叶脉向上发展，从而导致病叶腐烂而变软下垂。

病原及发病特点：

病原为欧氏杆菌属。菌体单生，杆状，周生鞭毛多根，有荚膜，革兰氏染色阴性。病菌生长适温为28℃，病菌对葡萄糖、蔗糖、木糖、果糖和山梨醇发酵等都能产酸产气。其存活于土壤中的病残体上，经雨水、灌溉水、昆虫和人的操作传播，由伤口侵入寄主。高温高湿且通风不良的条件下，发病严重。6～9月份发病较多。

防治方法：

(1) 在操作中要避免造成伤口，促进植物生长健壮，防治害虫，减少虫伤。

(2) 使室内经常通风，降低湿度。

(3) 发病初期，可用链霉素或土霉素200～1000ppm喷洒植株病部。

3. 细菌性根癌病

该病害分布广泛，寄主范围也很广，能危害菊、石竹、天竺葵、樱花、桃、月季、梅、桧柏、银杏、柳、夹竹桃等300多种观赏树木和果树。

病原及发病特点：该病多发生在苗木上，特别是嫁接苗发病较多，主要发生在根颈处，也可发生在主根、侧根以及地上部的主干和侧枝上。发病初期病部膨大呈球形或球形的瘤状物。早期瘤为白色，质地柔软，表面光滑，以后，瘤渐增大，质地变硬，褐色或黑褐色，表面粗糙、龟裂。肿瘤的大小形状各异，草本植物上的肿瘤较小，木本植物及肉质根的肿瘤较大。由于根系受到破坏，重则引起全株枯死，轻的则造成植株生长缓慢、叶色不正，同时也易诱发胴枯病、树脂病等其他病害。

该病由细菌引起，为根癌土壤杆菌。这种病原细菌可在病瘤内或土壤病株残体上生活1年以上，若2年内得不到侵染机会，它就会失去致病力和生活力。病原菌传播主要靠灌溉水和雨水等，嫁接、地下害虫危害等所造成的伤口往往为入侵口。远距离传播靠病苗和种条。病原菌从伤口入侵，经数周以上可逐渐出现症状。由于病原菌具有诱发癌肿的质粒，当细菌侵入寄主后，这种质粒就能进入到寄主细胞核内的去氧核糖核酸中，以后癌肿细胞就迅速增殖。偏于碱性及湿度大的沙壤土中发病率较高。连作地病害发生较多。嫁接以切接比芽接发病率要高。苗木根部伤口发病较重。

防治方法：

(1) 本病通过土壤传播，病组织为侵染源，所以要求选植健株，忌种病株或用带菌土。

(2) 严格进行检疫，一旦发现病株，需及早把病株及周围土壤掘除干净。

(3) 种植前用氯化苦进行土壤熏蒸消毒。

(三) 病毒、类菌质体病害及防治技术

1. 病毒病害

病毒病害是由病毒引起的。近年来，病毒病已上升到仅次于真菌性病害的地位，病毒是极微小的一类寄生物，它能危害多种名贵花卉，例如水仙、兰花、香石竹、百合、大丽花、郁金香、牡丹、芍药、菊花、唐菖蒲、非洲菊等。其症状有花叶黄化、卷叶、畸形、丛矮、坏死等。

病毒主要通过刺吸式昆虫和嫁接、机械损伤等途径传播，甚至在修剪、切花、锄草时，手和园艺工具上沾染的病毒汁液，都能起到传播作用。

常见的有郁金香病毒病、仙客来病毒病、一串红花叶病毒病及菊花、大丽花病毒病等。大多数病毒是由于花卉生产基地的管理工作跟不上去，使蚜虫、叶跳蝉、白粉虱等害虫的滋生蔓延及杂草丛生等传播侵染而引起的病毒病。

症状及发病特点：植物受病毒危害后逐渐在外部表现出来的形态特征称为外部症状。外部症状依据在叶片等组织上的分布情况，可分为局部症状和系统症状。

局部症状是指将病毒接种植物叶片后，病毒沿侵染点周围产生斑点，分褪绿斑、坏死斑、环斑。

系统症状是指病毒侵染寄主后能够在整个植株中活动并产生危害，在叶片、茎杆、果实等组织系统产生症状。

(1) 变色

包括花叶、斑驳、碎色三个类型。病毒侵染后引起叶片不均匀褪绿称为花叶症状；斑驳指病叶上有褪绿斑点，点较大，边缘不明显，分布不均匀；变色现在表现在花瓣或果实上时称为碎色。山茶病毒病感染后叶片上出现一些黄色斑驳或褪绿斑，呈黄绿相间的花叶状。蔷薇花叶受病毒危害后，叶片变小，中脉部位产生环状和水波淡黄色的花纹。花叶是引起花卉产量和质量损失的主要原因。

(2) 褪绿、黄化

全株或部分器官表现为浅绿色或黄色，黄化不像花叶那样普遍。如菊花花叶病表现为叶片上出现轮廓不清晰的褪绿斑驳。

(3) 斑点、条纹

常发生于叶、茎、果实等部位，表现为坏死斑、坏死条纹、褪绿斑或褪绿条纹。牡丹病毒 1 号在叶子上有环状和线状斑，以各种坏死斑危害牡丹。水仙花纹病毒在叶子与茎上引起苍白或黄色的条纹及条斑。

(4) 环斑、栎叶及蚀纹

三者多出现在叶片上，同心纹形的斑称为“环斑”。沿叶脉有栎树叶状变色纹的称为“栎叶”。叶片出现不规则线纹症状称为蚀纹。如烟草环斑病毒产生环斑，烟草蚀纹病毒产生蚀纹。

(5) 明脉、黄脉、脉带

明脉和黄脉为花叶症状的前期，先为叶脉透明称“明脉”，继而叶脉变黄称“黄脉”，“脉带”是指沿叶脉变深绿色。如菊花脉斑驳病表现沿叶脉褪绿，出现明脉症状。

(6) 皱叶、卷叶

局部组织或器官的变形。叶脉生长受抑制，叶肉仍然生长，叶片变皱，叶缘向上或下卷。如美人蕉花叶病发病后沿叶脉产生黄色条纹，条纹逐渐变褐坏处，呈撕裂状，严重者心叶畸形、内卷呈喇叭筒状，植株矮缩、不开或很少开花。又如百合丛生病在病株基部丛生部位叶黄，不形成花茎，叶子变小，扭曲下垂，开畸形花或不开花。

(7) 丛生、矮化

病株顶芽受抑制，侧芽大量萌发，枝条丛生者称“丛生”或“丛枝”。节间缩短，植株均匀变矮称“矮化”。病毒侵染后常引起植株变小，如矮缩、矮化、丛生和扭曲，有时病毒侵染后不表现明显症状，称为潜伏侵染。植株矮化常减少叶片大小、叶间距及叶片数目，也可能引起果实种子变小，其原因是由于引起细胞分裂减少、生长缓慢。

(8) 畸形

病毒侵染后引起寄主不正常发育，称为畸形。如伤瘤病毒(WTV)侵染白三叶草时在茎部产生瘤状物；豌豆耳突花叶病毒(PEWV)侵染豇豆产生耳突。

(9) 坏死

坏死是指组织、器官及整个植物的坏死，如烟草坏死病毒。马铃薯X病毒(PVX)和马铃薯Y病毒(PVY)也能引起坏死。当病毒侵染寄主后，坏死很快传播到生长点细胞，且被杀死，接着整个叶片萎蔫死亡。烟草花叶病毒(TMV)和黄瓜花叶病毒(CMV)混合感染西红柿后植株顶端坏死，叶片变小。

大丽花病毒病在叶子上引起淡绿色的环形斑，花叶畸形，节间缩短，而侧枝生长，引起丛生、矮化、花蕾极少或不开花等。

防治技术：防治病毒病更需以预防为主，综合防治。主要防治措施有：

(1) 选择耐病和抗病优良品种，是防治病毒病的根本途径。严格挑选无毒繁殖材料，如块根、块茎、鳞茎、种子、幼苗、插条、接穗、砧木等；

(2) 铲除杂草，减少病毒侵染源；

(3) 适期喷洒40%乐果乳剂1000～1500倍液消灭蚜虫、粉虱等传毒昆虫；

(4) 发现病株及时拔除并烧毁，接触过病株的手和工具要用肥皂水洗净，预防人为的接触传播；

(5) 温热处理，如一般种子可用50～55℃温汤浸10～15min；加强栽培管理，注意通风透光，合理施肥与浇水，促进花卉生长健壮，可减轻病毒危害。

2. 类菌质体病害

在园林植物上发生普遍，不同植物上其症状也表现不一。

症状：

(1) 表现为花瓣窄细，呈绿色萼片或叶片状，花冠变绿，花变成叶，如月季绿萼病。

(2) 表现为叶片狭长黄化，腋芽增多丛生，植株矮缩，如翠菊黄化病。

(3) 表现为隐芽萌发，节间缩短，侧枝丛枝，叶序紊乱形成扫帚状，叶小而薄，花蕾畸形，如泡桐和枣树丛枝病，苗木和幼树的发病率一般在5%～30%，感病严重的幼苗和幼树可当年枯死。

病原与发病规律：病原为类菌质体(MLO)，由于有些情况均与病毒病的症状、侵染和防治方面相近，习惯上把该病纳入病毒病中介绍，其实MLO不属于病毒。

类菌质体又称类菌原质等，是介于病毒与细菌之间的微生物，形态多变，有球状、杆状、颗粒状和不规则形状等。该病原，通过嫁接、昆虫(如盲蝽、茶翅蝽、叶蝉等)、菟丝子进行传播，而种子、汁液和土壤不能传播。

防治技术：

(1) 加强检疫：严格把好出圃关，严禁从病区引病苗木。

(2) 消灭菌源：苗圃内发现病株或病枝及时处理烧毁，清除杂草和枯枝落叶，以消灭病源，防止扩散蔓延。

(3) 及时防虫：喷施20%菊杀乳油或20%菊马合剂2000倍液防治椿象、叶蝉等刺吸性害虫，减少媒介昆虫的传播蔓延。另外，使用的嫁接工具要消毒。

(4) 药剂防治：在剪口或伤口处涂土霉素凡士林(1∶9)药膏。应用盐酸四环素或土霉素碱，进行注射或根灌方法防治。应用中要详参药剂说明书。

(四) 寄生性种子植物及防治技术

1. 菟丝子

菟丝子属旋花科，菟丝子属。它是一种全寄生性攀缘寄生的草本植物，没有根，叶退化成鳞片状或没有叶片，藤茎丝状，不含叶绿素，不能进行光合作用，可以以种子或茎段进行繁殖、扩散。落入土中的种子，在温湿度适宜时，即可发芽，生出幼茎，遇到寄主时缠绕寄主危害；其茎段只要同寄主接触，即可继续产生和分枝，生长、蔓延、缠绕，继续危害。

常见寄主有夹竹桃、木槿、珊瑚树、女贞、香樟、栌木、水蜡、桂花、一串红等多种园林观赏植物。被害植株由于其寄生吸取养分，直接影响其营养生理的正常开展，同时，因日本菟丝子的缠绕危害，严重影响园林景观，更由于这类寄生植物的繁殖和再生能力极强，所以防治和控制不容忽视。

日本菟丝子茎较粗，直径约2mm，叶退化成鳞片，花冠管状，分枝多，黄白色，有紫色突起斑。

日本菟丝子的植株缺乏叶绿体，根系不发达，靠吸垫在寄主植株上吸取营养和水分，以维持其生活，它以种子在土中越冬，第二年5、6月间发芽，长出棒状幼苗，缠绕寄主的茎部，同时即产生吸根与寄主紧密结合，靠吸根吸取寄主的养分和水分，从而正常生长发育，其植株的地下部分就逐渐枯死。8、9月间开花，10月以后种子发育成熟，至第二年萌发。其种子有很强的后熟能力，即使种子未成熟，同样经过后熟，第二年仍会萌发。土壤湿润，杂草丛生的环境会使该寄生植物大量发生。

防治方法：

(1) 清除杂草，营造通风洁净的生态环境，可减少该类寄生性植物的发生。

(2) 于冬季深耕土，可使该植物的种子冻死或深埋，也可减少第二年的发生。

(3) 于春末夏初勤检查，发现发病的植株，应予拔除烧毁，控制蔓延。

(4) 发生早期，可用“鲁保一号”菌粉喷杀之。

2. 槲寄生

是园林常见寄生性木本植物，能寄生危害枫杨、杨柳、槭树、蔷薇和多种松柏科、壳斗科观赏植物。它为常绿小灌木，常寄生在受害树木枝干上的植株非常明显，尤其冬季寄主落叶后更为显著。由于寄生后夺走了寄主部分无机盐类和水分，影响它的营养生理，并能对寄主产生毒害作用，因而，导致受害花木叶片变小，提早落叶，抽芽晚，不开花或延迟开花，果实易落或不结果。树木枝干受害处最初略为肿大，以后逐渐形成瘤状，木质部也受破坏，严重时枝条或全株枯死。

槲寄生枝圆筒形，二叉分枝，黄绿色；叶倒卵形至长椭圆形，先端钝，近于无柄；花顶生，无柄，带黄色；果实黄色椭圆形，肉质，果皮有黏胶质。

槲寄生以植株在寄主枝干上越冬，每年产生大量种子传播危害。种子主要由鸟类传播，由于浆果内果外皮有一层吸水性很强的黏性物质，具有保护种子的作用，因此种子即使被吞食，排出体外依旧不丧失生活力，并靠外皮的黏性物粘附在树皮上，于合适环境下就能发芽。发芽后在胚根尖端与树皮接触处形成吸盘，并分泌消解素，以吸盘上产生的初生吸根自伤口或无伤体表，穿过寄主枝条皮层进入木质部。进入寄主体内的初生吸根又分生出垂直的次生吸根，与寄主的导管相连，从中吸取水分和无机盐。与此同时胚芽发育长出茎叶，如有根出条则沿寄主枝条延伸，每隔一定距离形成一吸根钻入寄主皮层定植，并形成新的植株。因此，根出条愈发达，危害性也愈大。

防治方法：

连年彻底砍除被害枝是唯一有效的措施。砍除时，除将寄生物一起砍除外，还应彻底除尽根出条和寄主体内吸根延到的部分，才能收到良好效果。砍除应在寄生物果实尚未成熟前进行。冬季寄主多已落叶，寄生物容易发现，是防除的最佳时机。

（五）线虫病及防治技术

花木线虫病是由病原线虫侵染引起的一类病害，几乎所有的花木都会发生这类病，轻的花木生长不良、畸形、矮化、变色腐烂、不开花、降低或失去观赏价值，重的全株枯死。有的线虫还会传播真菌、细菌和病毒等病原菌。

常见几种线虫病症状：

1. 根结线虫病症状

根结线虫雄成虫线状，体长1～2mm，雌成虫梨形，体长0.8mm，宽0.5mm，植物体内寄生。发病花木根部长有许多从小米粒到黄豆大小，大的直径超过1cm的根结，大多串生，少数单生。病株地上部生长不良，矮小，叶片皱缩、变小、褪绿发黄，提早脱落，严重时全株枯黄，花小而少，或不开花结实。

根结线虫有70多种，我国最常见的有南方根结线虫(*M. incognita*)、花生根结线虫(*M. arenaria*)、爪哇根结线虫(*M. javanica*)和北方根结线虫(*M. hapla*)4种，它们常混合发生，这4种线虫几乎危害所有花木，损失占全部根结线虫损失的90%以上。

2. 茎线虫病症状

茎线虫雌雄成虫都呈线状，细长，体长约2mm，头尾弯曲成圆形，较活跃。危害花木的种类大多为内寄生，在鳞茎、球茎、块茎和块根内取食，引起植物组织坏死，扭曲畸形，地上部生长缓慢，矮小、发黄，严重则枯死，少数种类危害茎叶，造成茎肿大扭曲、叶片皱缩变小、矮化丛生等症。

茎线虫约50种，主要有腐烂茎线虫，又称马铃薯块茎线虫(*D. destructor*)，危害百合、水仙、郁金香、唐菖蒲、风铃草、菊花和蕨类等300多种植物。

3. 滑刃线虫病症状

雌雄成虫蠕虫形或长纺锤形。危害花木的线虫大多为内寄生，追随植物生长点危害，在叶片叶肉和幼芽组织内取食，叶片因受大叶脉限制，被害叶成多角形坏死斑，叶片皱缩扭曲，全株矮缩，枯叶片下垂而不落叶，严重时全株萎蔫，也侵害花，造成畸形不开花或干枯。

危害花木的滑刃线虫有多种，以菊花叶芽线虫(*A. ritzemabosi*)和草莓芽线虫(*A. fragariae*)较常见。被害花木有菊花类、珠兰、唐菖蒲、水仙、郁金香、秋海棠类、毛茛类、石槲兰、杜鹃、牡丹、石竹等。

防治方法：

防治花木线虫病，实行"预防为主，综合防治"方针，协调防治以控制病害。

(1) 轮作：实行水旱轮作，与水稻、水生蔬菜或水生花卉等轮作1年，就有很好的防治效果。防治根结线虫病，可与辣椒、大葱、大蒜、韭菜、禾本科牧草、草坪和玉米、小麦和大麦等禾本科作物轮作。防治南方根结线虫还可与花生轮作，在爪哇根结线虫为主地区，还可与棉花、花生轮作，在花生根结线虫为主地区，还可与甘薯、棉花轮作，在北方根结线虫为主地区，还可与棉花、西瓜轮作，轮作年份长，防治效果好，一般轮作2～3年。

(2) 灌水：土壤淹水时间夏季1～3周，冬季3～5周，有较好防治效果。

(3) 培育无线虫健壮苗木：要在无病区、无病土或前茬为水稻水生作物田育苗，从健株上留取繁殖材料，加强苗期病虫害防治。

(4) 处理病残体和除草：花木出售后及时清除地面病残体，拔除和拾光散落土中的病根，经常清除线虫杂草寄主，都会减少线虫数量、减轻发病。

(5) 肥料：增施有机肥，既可促进有益微生物繁殖，控制线虫发生，又可刺激花木生长健壮，增强耐病力。所施有机肥必须没有线虫，并要充分腐熟。

(6) 药剂：处理花木苗防治根结线虫，40%克线磷EC(乳剂)100倍泥浆涂根。种子处理防治各种线虫，用40%甲基异硫磷EC1000～2000倍浸种2～4小时或0.5～0.7kg/亩拌种。处理花卉球茎、鳞茎，防治根结线虫、茎线虫和叶芽线虫，用50%辛硫磷EC50倍浸2小时，80%敌敌畏EC1000倍浸24小时，或40%福尔马林200倍，44.4～46.7℃浸3小时。

(六) 其他有害生物病害及防治技术

家白蚁

是园林主要蛀干害虫，据不完全调查，危害的园林植物有桧柏、柏木槐、紫藤、盘槐、合欢、桃、梅、广玉兰、白玉兰、桂花、女贞、构树、罗汉松、马尾松、雪松、黑松、五针松、黄连木、无患子、三角枫、羽扇槭、柑橘、黄金树、毛竹、淡竹、板栗、苦槠、麻栎、柳杉、重阳木、七叶树、黄柏、枫香、苦楝、紫薇、泡桐、枫杨、悬铃木、梧桐、白杨、河柳、垂柳、臭椿、沙朴、榔榆、银杏、木槿、棕榈、夹竹桃、牡丹、卫矛等。

由于家白蚁可以蛀食树干，使树木的水分和养分不能正常输送，从而导致枝叶变小，叶片失绿，后期会使枝叶局部枯死，乃至整株枯死。由于该虫蛀食树干木质部，使树干的牢固度下降，极易受大风的侵袭而使树干中断。古树由于其生长势的下降，常可导致家白蚁的侵袭，而家白蚁危害后，又可使古树进一步衰落，这样就形成恶性循环，最后使古树提前枯死。另外，家白蚁也是建筑物的主要害虫，树木上的白蚁往往也会侵袭附近的园林建筑，造成更大的损失。

家白蚁筑有明显的巢群结构，蚁路呈扁条形由泥、木屑和白蚁的排泄物组成。于5、6月份筑有块状突出的排泄物至成虫发育成熟，气温适宜时，会咬穿排泄物形成分群孔。有翅繁殖蚁成群飞出，找合适的场所交尾，形成新的群体。一般5月中旬至7月上旬为该种白蚁的分群期。

防治方法：

(1) 利用有翅成虫趋光习性，可于分群盛期，采用点灯诱杀有翅繁殖蚁。

(2) 家白蚁一般于树干锯口或根部附近有孔隙或伤口的部位侵入，所以应注意锯口涂保护剂，并于根际施辛硫磷等杀地下害虫的药剂，施药处应再覆土，以防止日光和空气的直接接触，可延长药效时间。

(3) 注意加强树木，特别是古树的养护管理，提高其抗虫能力，可减少受白蚁的危害。

(4) 采用毒饵诱杀，通过白蚁接触传递，灭治白蚁，在灭蚁灵禁用的情况下，可暂用亚砒酸粉剂取代。经进一步筛选试验后，再改用其他合适的农药。

(七) 生理病害及防治技术

主要是由于气候和土壤等条件不适宜引起的。常发生的生理病害有：

(1) 夏季强光照射引起灼伤；冬季低温造成冻害。

(2) 水分过多导致烂根；水分不足引起叶片焦边、萎蔫。

(3) 土壤中缺乏某些营养元素，出现缺素症等。如缺氮引起老叶大量变黄，缺磷则在叶色正常的情况下到期不开花，缺钾则发生大量落叶以致整株衰枯；施肥过量或施未经腐熟的有机肥，导致嫩尖枯焦。

(4) 水土偏碱使喜酸类植物的叶子变黄脱落；水土偏酸使喜碱类植物衰弱，叶片枯焦。

(5) 冬季撒融雪剂不当，能使行道树大量受害，生长不良，甚至整株枯死。

(6) 施药不当，能使树木受药害，出现焦叶、落叶，生长衰弱，甚至枯死。

生理病害不传染，只要及时改善栽培环境，采取相应的适于植物生长发育要求的措施，就有可能好转。

二、江南地区园林植物主要病害及防治技术

(一) 真菌性病害及防治技术

1. 白粉病类

白粉病是世界性病害，寄主十分广泛。常见寄主有月季、蔷薇、玫瑰、丁香、木芙蓉、牡丹、芍药、紫薇、百日草、凤仙花和早熟禾、细羊茅、狗牙根等草坪，危害叶片、新梢、花蕾、花梗、茎等，被害部位表面长出一层白色粉状物，同时枝梢弯曲，叶片皱缩畸形或卷曲，严重时叶片萎缩干枯，花少而小，严重影响植株生长、开花和观赏。白粉病病原菌种类繁多，常见的有月季白粉病、瓜叶菊白粉病、草坪白粉病等，但病菌的生物学特性、侵染环节、症状、防治方法等类同。

白粉病主要防治方法：

(1) 消灭越冬病菌，秋冬季结合修剪，剪除病弱枝，并清除枯枝落叶等集中烧毁，减少初侵染来源。

(2) 加强栽培管理，栽植时，勿种植过密，适当疏剪，以创造通风透光的环境。不利病害发生。同时，要合理施肥，氮肥不宜过多，生长季节发现少量病叶、病梢时，及时摘除烧毁，防止扩大侵染。

(3) 化学防治。发芽前喷布 3～4Be 的石硫合剂。发病初期喷施 15%粉锈宁可湿性粉剂 1500～2000 倍液，50%托布津可湿性粉剂 200～1000 倍液、50%多菌灵可湿性粉剂 600～1000 倍液，温室内可用 10%粉锈宁烟雾剂熏蒸。

2. 锈病类

锈病是园林植物上普遍发生的严重病害，江南地区园林植物最常见的锈病有以下

2 种：

(1) 海棠锈病，又名梨桧锈病。主要危害海棠、苹果、梨和桧柏。在海棠、苹果、梨与桧柏混栽的公园、绿地等处发病严重，常引起早期落叶，受害严重的桧柏小枝上病瘿成串，造成柏叶枯黄，小枝干枯，甚至整株死亡。

(2) 细叶结缕草锈病。该病主要发生在结缕草的叶片上，发病严重时也侵染草茎。早春叶片一展开即可受侵染。发病初期叶片上下表皮均可出现疱状小点，逐渐扩展形成圆形或长条状的黄褐色病斑，稍隆起。发病严重时整个叶片橘黄色、卷曲干枯。

锈病类主要防治方法：

(1) 在园林栽培时，避免海棠、梨、苹果等与桧柏混栽。

(2) 栽培管理防病。加强栽培管理，提高抗病性。结合庭院清理和修剪，及时将病枝芽、病叶等集中烧毁，以减少病原。生长季节多施磷、钾肥，适量施用氮肥。合理灌水，降低田间湿度。发病后适时剪草，减少菌源数量。适当减少草坪周围的树木和灌木，保证通风透光。

(3) 药剂防治。目前，三唑类杀菌剂是防治锈病的特效药剂。防治效果好，持效期长，在发病初期喷洒 15%粉锈宁可湿性粉剂 1000 倍液或 25%粉锈宁 1500 倍液，防治效果达 93%以上，药效维持在 1～2 个月，或用 70%甲基托布津可湿性粉剂 1000 倍液防治，效果也良好，或用 25%三唑酮可湿性粉剂 1000～2500 倍液、12.5%特普唑可湿性粉剂 2000 倍液喷雾。

3. 炭疽病类

炭疽病是园林植物上普遍发生的严重病害，江南地区园林植物最常见的炭疽病有以下三种。

(1) 兰花炭疽病。此病危害春兰、墨兰、蕙兰、建兰、寒兰等兰属植物，还危害虎头兰、宽叶兰、广东万年青等多种花卉。该病危害叶片、嫩茎和果实。叶片上的病斑以叶缘和叶尖较为普遍，病斑长圆形、梭形或不规则形大斑，有深褐色不规则线纹数圈，病斑中央灰褐色至灰白色，边缘黑褐色，后期病斑上散生有黑色小点，严重时叶片斑痕累累，影响兰花的正常生长。

(2) 梅花炭疽病。此病危害梅花叶片及嫩梢，在叶片上初期为近圆形或椭圆形小褐斑，后期逐渐扩大成较大的斑，叶缘上的病斑呈不规则形，灰褐色至灰白色，边缘红褐色或暗紫色，病斑上生有轮纹状黑色小点。被害叶片极易脱落，引起叶片早落，削弱树势，影响观赏价值。

(3)山茶炭疽病。此病是山茶、油茶的主要病害，主要危害叶片和新梢。在叶片上病斑多自叶尖或叶缘开始，初发生时为小点，后扩大成不规则的大斑，黄褐色至褐色，最后中央灰白色，其上散生或轮生许多小黑点或淡红色具黏液的分生孢子堆。枝梢被害后，形成梭形、下陷的溃疡斑，边缘淡红色，后期呈黑褐色。花器和果皮也可被侵染。

炭疽病类主要防治方法：

(1) 选育抗病品种。避免从重病区调运种苗。冬春彻底清除病枝、果、叶，减少初侵染来源。生长季节，及时摘除病叶，剪去病梢集中烧毁。刮去枝干上的病斑并涂药保护。

(2) 发病前喷药保护，可喷 50%多菌灵可湿性粉剂 800～1000 倍液。发病期定时喷药，可喷75%甲基托布津1000倍液或其他杀菌剂。每隔7～10天，喷1次，连喷3～4次。

4. 灰霉病类

江南地区园林植物最常见的灰霉病有以下两种。

(1) 仙客来灰霉病。此病主要危害仙客来、月季、倒挂金钟、百合、扶桑、樱花、白兰花、瓜叶菊、芍药等多种温室花卉和其他园林植物。造成叶、茎、花各部位霉烂，严重时使植株死亡。叶片上先由叶缘出现水浸状暗绿色斑纹，逐渐扩大到全叶，使叶片变成褐色腐烂，最后全叶褐色干枯。叶柄和花梗受害后，发生水浸状腐烂并软化，产生灰霉层。花器受害后，同样也腐烂并长出灰霉层。在湿度大的条件下，发病部位密生灰霉层。发病严重时，叶片枯死，花器腐烂，霉层密布。

(2) 四季海棠灰霉病。此病又名月季灰霉病。是四季海棠常见病害，也侵害竹叶海棠、斑叶海棠、月季。危害花、花蕾、嫩茎等部位，使被害部位霉烂。在花上、花蕾上初为水渍状不规则小斑，稍下陷，后变褐腐败，病蕾枯萎后垂挂于病组织之上或附近。在温暖潮湿的环境下，病部产生大量灰色霉层。

灰霉病类主要防治方法：

(1) 加强栽培管理，改善通风透光条件。温室内要适当降低湿度，最好使用换气扇或暖风机。减少伤口。合理施肥，增施钙肥，控制氮肥用量。及时清除病株销毁，减少侵染来源。

(2) 生长季节喷施杀菌剂，如50%代森锰锌可湿性粉剂300倍液、20%甲基托布津1000倍液、50%苯莱特可湿性粉剂1000倍液。每半月喷1次，并注意交替用药。

5. 叶斑病类

多发生于叶和果实，病斑圆形，多角形或不规则具轮纹等，病部组织坏死。江南地区园林植物最常见的叶斑病类有以下几种。

(1) 月季黑斑病。此病为月季的一种发生普遍而又危害严重的病害，还危害蔷薇、黄刺玫、山玫瑰、金樱子、白玉棠等近百种蔷薇属植物及其杂交种。常在夏、秋季发生，感病初期叶片上出现褐色小点，后逐渐扩大为圆形或近圆形的斑点。边缘呈不规则的放射状。病部周围组织变黄，病斑上生有黑色小点，即病菌的分生孢子盘，严重时病斑连片，甚至整株叶片脱落，成为光秆，影响开花和生长。

(2) 大叶黄杨褐斑病。此病危害大叶黄杨，5月中、下旬开始发病，6～7月为侵染盛期，8～9月为发病盛期。病斑多从叶尖、叶缘开始发生，初期为黄色或淡绿色小点，后扩展成直径2～3mm近圆形褐色斑，病斑周缘有较宽的褐色隆起，并有一黄色晕圈，病斑中央黄褐色或灰褐色，后期几个病斑可联结成片，病斑上密布黑色绒毛状小点。受害植株叶片发黄枯萎，过早落叶，严重时可使整株死亡。

(3) 柳杉赤枯病。此病危害1～6年生柳杉苗木，5～6月梅雨季节为发病高峰期，并进行再侵染。苗木6～8月死亡率最高。秋季如果降雨较多，则9月可能出现第二次发病高峰，10月以后病害停止蔓延。一年生实生苗死亡率最高，随着苗龄增长，抗病力逐渐增强。病菌主要危害幼苗和幼树的枝叶，也能危害主茎。常先侵害下部枝叶，初期为褐色小斑点，渐变成赤褐色，后变成灰褐色枯死。病害逐渐向上部枝叶蔓延，致使上部枝叶、茎或全株枯死。

(4) 桂花褐斑病。此病为桂花的重要病害之一，5～6月气温升高时初次侵染。至10月份病情逐渐减轻。发病初期在叶片受害部位出现褪绿变黄褐的小斑点，以后逐渐扩大为黄褐至灰褐色的近圆形或多角形斑，直径2～10mm，外缘有一黄色晕圈。在叶片正面病斑上产生大量细小灰黑色霉点。病斑可相连成片，造成叶片枯黄脱落，影响开花结果。

(5) 草坪褐斑病。此病是所有草坪病害中分布最广的病害之一。病菌主要侵染植株的叶、鞘、根、茎，引起苗枯、根腐、基腐、鞘腐和叶腐。它不仅造成草坪植株死亡，更严重的是造成草坪大面积斑秃，极大地破坏草坪景观。当草坪草生长在高温条件并生长开始停止时，利于病菌的侵染和病害的发展。枯草层较厚的老草坪，菌源量大，发病重。低洼潮湿，排水不良；田间郁蔽，小气候湿度高；偏施氮肥，植株旺长，组织柔嫩；冻害；灌水不当等因素都有利于病害的发生。

(6) 杜鹃叶斑病。杜鹃叶斑病又叫角斑病、褐斑病。初期病害在叶上产生紫红色小斑点，沿叶脉扩展成不规则形的黑褐色斑，正面较背面为深。后期病斑中部灰褐色，上生小黑点。放大镜下，小黑点绒毛状，严重时一叶可有多个病斑。最后整个叶片发黄，提前脱落。导致长势减弱，引起大量落叶，幼苗期甚至整株死亡。

叶斑病类主要防治方法：

(1) 加强养护管理，增强树势，选用无病植株种植。合理施肥与轮作，种植密度要适宜，以利通风透光，降低湿度，并注意浇水方式，避免喷灌。盆栽土壤要及时更新，以增强寄主抗病能力。彻底消除病残落叶及病死植株，并集中烧毁。休眠期喷施3～5Be的石硫合剂。

(2) 加强草坪管理，平衡施肥，增施磷、钾肥，避免偏施氮肥。避免漫灌和积水，避免傍晚灌水。改善草坪通风透光条件，降低湿度。及时修剪，夏季剪草不要过低。

(3) 发病期间药剂防治。特别是在发病初期及时喷施杀菌剂，如50%多菌灵可湿性粉剂800倍液、50%托布津可湿性粉剂1000倍液、50%退菌特可湿性粉剂1000倍液、65%代森锌可湿性粉剂800倍。草坪播种用三唑酮、三唑醇、五氯硝基苯等杀菌剂拌种。用量为种子重量的0.2%～0.3%。病草坪春季及早喷25%三唑酮可湿性粉剂或其他三唑类内吸杀菌剂，或用50%灭霉灵可湿性粉剂500～800倍液。

(4) 选育抗病品种。

6. 叶畸形类

(1) 桃缩叶病。此病危害桃树、山桃、碧桃、樱花、李、杏梅等，此病于4月末至5月初为发病盛期，进入6月则停止发病。叶片感病后，一部分或全部皱缩扭曲，叶片由绿色变为黄色至紫红色，病处肥大增厚，质地变脆。春末夏初时，被害叶表面出现一层灰白色粉层。后期病叶变褐干枯脱落，嫩梢发病后变为灰绿色或黄色，病梢节间缩短并肿胀，叶片呈丛生状、卷曲，严重时枝梢枯萎死亡。

(2) 杜鹃饼病。杜鹃饼病又称叶肿病、瘿瘤病。此病为杜鹃花上的一种常见病害。还危害茶、山茶及石楠科植物。病害发生的适宜温度为15～20℃，每年春末夏初和秋末冬初发病。病部初期产生浅色半透明近圆形斑，背面略呈淡红色，以后逐渐扩大成黄褐色，叶肿大变形，正面凹下，背面隆起，呈半球形。表面产生白色至灰白色粉状物。后期病斑变为黑褐色并枯萎脱落。幼芽及花感病后，变厚形成瘿瘤，影响植株生长及观赏效果。

叶畸形类主要防治方法：

(1) 及时摘除病叶和幼芽，并集中烧毁。加强栽培管理，合理密植，改善通风透光条件，以增加植株抗病能力。

(2) 化学防治。植株发芽前喷药保护，如3～5Be的石硫合剂等。发病时喷65%代森锌可湿性粉剂600～700倍液，或0.3～0.5Be的石硫合剂3～5次。

7. 毛竹枯梢病

主要危害毛竹，还危害刚竹、淡竹等其他竹种。病菌危害当年新竹，于7月上旬在主梢或枝条的某一节杈处先出现棕红色小斑点，并扩大成舌状或梭形的淡褐色病斑，后颜色逐渐变成深褐色。随着病斑的扩展，病部以上枝叶逐渐变黄，纵卷，直至枯萎脱落，枝梢枯死，造成枯枝、枯梢。严重时，竹林远看似火烧状。

毛竹枯梢病主要防治方法：

(1) 加强检疫，严禁从疫区和疫情区调运有病原的竹苗、母竹移植到新区。对病区的竹材及制品进行消毒或禁止调运。

(2) 5～6月幼竹展枝放叶期喷洒50%多菌灵可湿性粉剂1000倍，每隔10天喷1次，连喷3次，或用50%苯来特可湿性粉剂1000倍，用同样方法喷洒。

8. 月季枝枯病

病害主要发生于枝条及嫩茎上，初期为红色或紫红色圆斑，后逐渐扩大成较大的病斑，病斑中心灰褐色，稍下陷，边缘紫褐色，略隆起，周围常有1个红色晕圈，病斑包围枝条一周时，病部以上的枝叶全部枯死，甚至全株枯死。

月季枝枯病主要防治方法：

(1) 及时剪除病弱枝并拔除病株，集中销毁。修剪时选择晴天进行，并对剪口进行消毒，可用1%硫酸铜液消毒，再涂抹伤口保护剂，如波尔多液。

(2) 药剂防治。如多菌灵、托布津等。

9. 棕榈干腐病

棕榈干腐病又叫枯萎病、腐烂病、烂心病，是棕榈的重要病害。病害多从叶柄基部开始发生。初期病部为黄褐色，并沿叶柄逐渐扩展到全叶，致使叶片枯死。以后病斑扩大到树干并产生紫褐色病斑，致使维管束变色坏死，树干腐烂，树干上叶片枯萎，植株渐趋死亡。其中以干梢部的幼嫩组织腐烂最为严重。发病后期，枯叶及叶柄基部具白色菌丝。最终地下根系也随之腐烂，致使全株枯死。

棕榈干腐病主要防治方法：

(1) 适时适量剥棕，以清明前后为宜，并及时清除病死株和重病株。

(2) 从3月下旬或4月上旬开始，每10～15天喷药1次，连喷3次，树梢及树心喷药要周全。如多菌灵、托布津等。

10. 苗木猝倒病和立枯病

本病危害针叶树和阔叶树，以松杉类针叶树幼苗最易感病。土壤带菌是最重要的侵染来源。长期连作感病植物，土壤中积累了较多的病原菌；种子质量差、发芽势弱、发芽率低；幼苗出土后遇连续阴雨、光照不足、幼苗木质化程度差、抗病力低；在栽培上播种迟、覆土深、揭草不适时、施用生肥等易发病。苗木得病后，倒而枯死者称为猝倒病；死而不倒者称为立枯病。这是因为发病期不同所出现的不同症状。

苗木猝倒病和立枯病主要防治方法：

（1）培育壮苗，提高抗病性。不选用瓜菜地和土质黏重、排水不良的地块作为圃地。精选种子，适时播种。推广高床育苗及营养钵育苗，加强苗期管理，培育壮苗。

（2）用多菌灵配成药土垫床和覆种。具体方法是：用10%可湿性粉剂75kg/hm^2，与细土混合，药与土的比例为1：200。此外，还可选用以五氯硝基苯为主的混合药剂处理土壤，如五氯硝基苯与代森锌或敌克松，比例为3：10，4～6g/m^2，以药土沟施。或用2%～3%硫酸亚铁浇灌土壤。种子消毒用0.5%高锰酸钾溶液（60℃）浸泡2h。

（3）幼苗出土后可喷洒多菌灵50%可湿性粉剂500～1000倍液或喷1：1：200倍波尔多液，每隔10～15天喷洒1次。

11. 苗木茎腐病

苗木茎腐病又名颈缩病。危害银杏、扁柏、香榧、杜仲、鸡爪槭、马尾松、金钱松、水杉、柳杉、板栗、枫香、刺槐、乌桕、桑树等多种针阔叶树种的苗木。主要是由于夏季炎热、土温增高，苗茎受高温灼伤，病菌由此侵入而发病。初期茎基部近地面处变成深褐色至褐色，叶片失去正常绿色，稍向下垂。病部包围茎基部并迅速向上扩展，引起全株枯死。

苗木茎腐病主根防治方法：

（1）夏季苗木架设荫棚，行间覆草，适当灌水，间作绿肥等措施，可降低土表温度，防止根颈灼伤，减少病害发生。

（2）用有机肥作基肥或追肥，不但能促进苗木生长，提高抗病能力，而且可能影响土壤中颉抗性微生物群体的变化，抑制病菌的生长和蔓延。

12. 苗木紫纹羽病

紫纹羽病又称紫色根腐病。是多种植物上一种常见的根部病害。根部被害后，皮层腐烂，极易剥落。木质部初呈黄褐色，湿腐；后期变为淡紫色。病害扩展到根颈后，菌丝体继续向上延伸，乌黑干基。病株地上部分的症状，表现为顶梢不抽芽，叶形短小、发黄、皱缩卷曲，枝条干枯，最后全株枯萎死亡。低洼潮湿、排水不良的地区，有利于病原菌的滋生，病害发生一般较重。

苗木紫纹羽病主要防治方法：

（1）选用健康苗木栽植，对可疑苗木进行消毒处理：在1%硫酸铜溶液中浸泡3小时，或在20%石灰水中浸泡半小时，处理后用清水冲洗后再栽植。

（2）在生长期间要加强管理，肥水要适宜，促进苗木健壮成长。发现病株应及时挖除并烧毁，周围土壤要进行消毒。

（3）贵重观赏树木实行外科治疗：将病部切除，然后用波尔多液或其他药剂处理。周围病土最好移走，用无菌土填充。

13. 苗木白绢病

该病危害60多个科中的200余种植物。病害一般于6月上旬开始发生，7～8月为发病盛期，病害开始发生时，苗木根部和茎基部接近土壤处变褐色坏死，不久即产生白色绢丝状菌丝体，天气潮湿时，菌丝体还可在根际土壤表面蔓延，并产生出小型菌核。菌核初为白色，在不断增大时变为淡黄色，最终变为褐色或茶褐色，如菜籽状。与此同时，苗木地上部分逐渐枯萎而死亡，如将病苗拔起，其根部皮层已腐烂，表面也有白色菌丝体和菌核产生。

苗木白绢病主要防治方法：

(1) 土壤消毒，可用70%五氯硝基苯1kg加细土15kg拌匀，结合整地作床翻入床面表土层，进行土壤消毒。在发病地上施用石灰750kg/hm^2，可以减轻下一年的病害。

(2) 发病初期，用1%硫酸铜液浇灌，或70%五氯硝基苯500倍液，或用0.1%酸性升汞浇灌苗根，以防止病害继续蔓延。在菌核形成前，挖除病株，并仔细掘除周围病土，加入新土。

(3) 加强管理，注意排水，消灭杂草，增施有机肥。

14. 香石竹叶斑病

香石竹叶斑病，又名茎腐病，日本称为斑点病，为世界性的病害。它是香石竹生产中最为严重的一种病害。病害在叶、茎、蕾和花上发生，以叶部最常见。病害的侵染来源是有病插条和土中的病残体，病菌即在这些地方越冬，分生孢子也可以越冬，翌年萌发侵染危害。靠气流、雨水传播。从气孔和伤口侵入，病害从4月上旬到初冬均可发生，温室中则全年发病。而以8月下旬～9月上旬台风季节发病迅速而严重。

香石竹叶斑病主要防治方法：

采用综合防治，在健康植株上选择无病插条，提倡温室或遮雨栽植，露地栽培时可搭上塑料棚架透风、透光但雨淋不到。实行2年以上的轮栽，或种植较为抗病的品种。应用组织培养苗，瓦筒栽培，幼苗健壮，排水良好时可大大地减少发病。露地栽培时应喷施杀菌剂保护，1周或10天1次，直到冬季移入室内为止。摘芽、切花之后应立刻喷药。75%百菌清、50%代森锰锌、50%克菌丹、80%代森锌500倍液可任选一种，以百菌清效果最好。1%波尔多液，1周1次效果良好，但叶上留有污迹，花期更有碍观赏，不大理想。

15. 菊花黑斑病

菊花黑斑病，又叫褐斑病、斑枯病，是菊花上的一种严重病害。我国菊花产区都有此病发生。

病菌以菌丝和分生孢子器越冬，借风雨传播。发病时间从育苗到成株期均可发生。秋季多雨发病严重，植株过密，发病也重。病株从下部叶片开始，发病初期在叶上出现圆形或椭圆形大小不一致的紫褐色病斑，后变成黑褐色到黑色，后期病斑中心转浅灰色，出现细小黑点，严重时只有顶部2～3张叶片无病，发黑干枯，顺序向上枯死。

菊花黑斑病主要防治方法：

采取综合措施。在栽培管理上要注意选种和换种抗病品种，取健株上部的侧芽作为插条，不用根蘖繁殖。加强肥水管理，避免过多施氮肥，合理密植，清沟排水，避免连作，更换盆土。也可以搭塑料棚防雨。发病初剪除病叶集中烧毁。药剂防治上要及时喷药保护。幼龄时15～20天1次，成株期7～10天1次，共喷3～5次。可以喷施和淋施相结合。药剂可用：80%敌菌丹800倍液，50%多菌灵1000倍液，45%百菌清、多菌灵混合胶悬剂1000倍液，80%敌菌丹和50%甲基托布津混合液(800+1500倍)，50%苯来特与50%锌铜敌菌丹混合液(1500+600倍)等。

16. 花木煤污病

此病危害山茶、米兰、扶桑、夜来香、白玉兰、五色梅、阴绣球、牡丹、蔷薇、夹竹桃、木槿、桂花、玉兰、紫背桂、含笑、紫薇、苏铁、金橘、橡皮树等。当枝、叶的表面有蚜虫、蚧虫等分泌物，或灰尘、植物的渗出物时，病菌即可在上面生长发育，重复不断发生病害。发病初期煤烟状霉层呈点片状，以后逐渐扩大增厚，点片联结愈合，可将整个叶片覆盖。严重时，霉层薄片状，可裂开、翘起和剥落，造成植株生长不良，花形变小，花量明显减少，影响开花和观赏。

花木煤污病主要防治措施：

(1) 花木种植不宜过密，并应适当修剪，以利通风透光，切忌环境湿闷。

(2) 及时防治蚜虫、蚧虫、木虱等害虫。

(3) 使用杀虫剂时，加入紫药水 10000 倍液混合喷洒，防治效果较好。

(二) 细菌性病害及防治技术

细菌性病害在自然界很普遍，危害江南地区园林植物的细菌性病害主要有以下几种。

1. 桃细菌性穿孔病

此病主要发生在桃树的叶片上，枝梢及果实也能受害，引起穿孔。一般在 5 月份起细菌开始侵染新叶、新梢及幼果并可继续侵染秋梢。温暖多雨、多雾，气候潮湿时容易病重，下部萌生枝多发病重，老树发病重，管理不善，桃林荒芜，通风透光不良，树势衰弱时病重。有叶蝉、蚜虫危害时也会加重病情。受害叶片初期出现淡褐色水渍状圆形、多角形病斑，周围有淡黄色晕圈。边缘容易产生离层，造成圆形穿孔。许多病斑连在一起时，穿孔形状即成不规则形。严重时病斑可达数十个，病叶提前脱落，果受害后生油渍状褐色小点，后病斑扩大，颜色加深，最后呈黑色凹陷龟裂。病枝以皮孔为中心产生水渍状带紫褐色的斑点，后凹陷龟裂。

桃细菌性穿孔病主要防治法：

应着重卫生措施，如冬季清除病落叶和枯枝或翻土深埋，加强肥水管理，注意通风透光等，药剂防治可在发芽前喷 1∶1∶120 倍波尔多液，开花后喷 1∶4∶240 硫酸锌石灰液，10～15 天 1 次，共喷 3～4 次。

2. 鸢尾细菌性软腐病

该病发生于球根类鸢尾上时，新叶的先端发黄，不久外面的叶子也同样发黄，全株立枯。此类病株根颈部位发生水渍状软腐，地上部容易拔起。球茎(根)糊状腐败，发出恶臭。在其他鸢尾上时，从地下茎扩展到叶和根颈，叶开始水渍状软腐，污白色到暗绿色立枯。地上部植株容易拔起，根茎软腐，有恶臭。种植前球根发病时，似冻伤水渍状斑点，下部变茶褐色、恶臭，具污白色黏液。轻病球根种后叶先端出现水渍状褐色病斑，展叶停止。不久全叶变黄枯死，整个球根腐烂。细菌从伤口侵入，借流水、农具传播。连作病重，高温、高湿尤其是土壤潮湿时发病多。在鸢尾中，德国鸢尾、澳大利亚鸢尾发病普遍。

鸢尾细菌性软腐病主要防治法：

对本病的防治主要是加强抚育管理：要挑选无病球根种植，分根繁殖时不用有病的根株，挖掘时要避免产生伤口，温室栽培时要更换新土种植，发现病株即拔除销毁。贮藏期间发现有病球根随时剔除。虫伤是造成软腐细菌入侵的条件，防治鸢尾害虫是最基本的防治措施。

3. 樱花根癌病

樱花根癌病发生于根颈部位。最初病部出现肿大，不久扩展成球形或半球形的瘤状物。幼瘤白色，按之有弹性，以后变硬。癌肿表面粗糙，褐色或黑褐色。严重时地上部表现为生长不良，叶色发黄。苗木受到侵害时，根的数量减少，植株矮化。癌肿可使根茎变粗，粗度可以是原根茎的两倍或几倍，有时可大如拳头。病原细菌在病瘤内或土壤中可存活1年以上，借灌溉水或雨水传播，也可借苗木、嫁接或农具以及地下害虫等传播，病菌只能从伤口侵入，潜育期几周直到数月。

樱花根癌病主要防治法：

加强检查，销毁有病植株，可疑病株隔离种植，并标记观察，要栽培无病苗木，植前用链霉素500～1000倍液浸泡30min。对有病史的土壤，应实行轮作或土壤消毒，每亩施硫磺粉或漂白粉5～15kg，轻病株也可外科治疗，切除瘤后用石灰或波尔多液涂抹。用甲醇、冰醋酸、碘片(50∶25∶12)混合液涂敷病瘤，能使病瘤消失。国外用青霉素、链霉素、土霉素、金霉素粗制品注射或浸泡病瘤也有疗效。

（三）病毒、类菌质体病害及防治技术

病毒、类菌质体病害是园林植物的第二大病害，主要危害观赏植物，影响其产量和品质。本地区主要病毒、类菌质体病害有以下几种。

1. 郁金香碎色病

郁金香碎色病又称郁金香白条病，郁金香病毒，这是一种世界性病害。郁金香碎色病是造成郁金香种球退化的重要原因之一，在自然栽培的情况下，重瓣郁金香往往比单瓣郁金香更易感病。患病叶片出现浅绿色或灰白色条斑，有时形成花叶。在红色或紫色品种上产生碎色花，花瓣上形成大小不等淡色斑点和条斑。在淡色或白色花的品种上，其花瓣碎色症状并不明显，这是由于花瓣本身缺少花色素的缘故，严重时植株生长不良。郁金香碎色病毒也危害麝香百合。

2. 菊花矮化病

菊花矮化病又称菊花丛矮病，世界性病害，分布范围很广。感病菊花植株矮小，叶片及花朵变小。花色呈粉红色和红色的菊花品种，花瓣表现为透明状，并提前开花。其病毒可以通过汁液传毒，嫁接以及农事操作的刀具切口都能传播。菟丝子也能传毒，菊花感染这类病毒后，不是很快产生症状，一般是6～8个月才表现症状。此病毒寄主除菊花外，还有野菊、瓜叶菊、大丽花、百日草等。

3. 美人蕉花叶病

美人蕉花叶病发生极为普遍，由于采用营养分根繁殖，使病毒代代相传，逐年加重。病株叶子上初期为褪绿小点或花叶，严重时叶子畸形、卷曲、黄化，植株矮小，甚至枯萎。花瓣上形成碎锦。

4. 一串红花叶病

一串红病毒症状主要表现有深浅绿相间花叶，黄绿相间花叶。严重时叶片表面高低不平，甚至类似蕨叶症状，蚜虫与病害的发生有很大的相关性。

5. 水仙花叶病

水仙花叶病在世界各水仙产区均有发生。病毒病是造成水仙种球退化的关键原因，使鳞茎越种越小。有些植株畸形，萎黄，枯死。使水仙生产遭受重大损失。水仙生长初期为无症状，或产生轻微的绿色斑驳。随着病情的加重，成为明显花叶，严重时叶子扭曲，黄化，植株明显瘦小。水仙花叶病毒的寄主范围很广，有红口水仙、黄水仙、风信子、长春花、千日红、矮牵牛、豌豆、豇豆等。

6. 唐菖蒲花叶病

唐菖蒲花叶病是唐菖蒲上普遍发生的一种病害。有时还与菜豆黄花叶病毒形成复合感染，产生明显花叶。病叶深绿与浅绿相间，成斑块状花叶，严重时叶片变形，黄化。有些品种花瓣碎色。病毒借助球茎传到下一个生长季节。蚜虫和叶蝉作非持久性传播。很多蔬菜和杂草是它的毒源植物。

7. 翠菊黄化病

翠菊黄化病主要特征是黄化丛矮，不开花，或植株很矮小提前开花，花畸形，很小。无论是地栽或盆栽均有发生。生长初期叶片发黄，叶脉轻微黄化，叶芽增多成为丛枝，植株矮小，萎缩。花小，变色或无花。菟丝子和叶蝉能传毒。病原体可以在很多种多年生植物上保存下来，完成其侵染循环。

8. 矮牵牛花叶病

矮牵牛花叶病在矮牵牛生长区都有发生，对发展矮牵牛生产非常不利。病株叶子上常常发现有花叶和斑驳症状，有些植物上形成条斑。传毒的关键在于工具及手指等机械传播。

病毒病类的防治措施：

(1) 加强检疫，防止病苗及其繁殖材料进入无病区，选用健康无病的插条、种球作为繁殖材料。建立无病毒母本园，避免人为传播。对有病鳞茎可在45℃温水中浸泡1.5～3h。

(2) 在田间日常管理中，如摘心、掰芽、整枝等过程中，要注意手和工具的消毒，可用3%～5%的磷酸三钠或热肥皂水。

(3) 定期喷杀虫剂防昆虫传播病毒。如用4%氧化乐果1500～2000倍液喷雾。

(4) 发现病株及时拔除。

(四) 寄生性种子植物及防治技术

在种子植物中，少数种类由于缺少叶绿素或某种器官的退化而成为异养生物，在其他植物上营寄生生活。寄生性种子植物都是双子叶植物，全世界大约有2500种以上，分属于12个科。其中最常见和危害最大的有桑寄生科、菟丝子科、列当科等。

1. 桑寄生科

桑寄生科植物为常绿小灌木，有27属，多分布在热带和亚热带地区。最常见的为桑寄生属。该属最常见的有桑寄生和樟寄生2种，常寄生于山茶、石榴、木兰、蔷薇、金缕梅等植物上。

2. 菟丝子科

菟丝子为一年生攀缘草本植物，仅有一菟丝子属。本地以中国菟丝子和日本菟丝子最为常见。中国菟丝子主要危害草本植物，以豆科植物为主，还寄生于菊科、藜科等植物。常危害一串红、翠菊、美女樱、长春花及扶桑等植物。日本菟丝子主要寄生在木本植物上，常危害杜鹃、六月雪、山茶花、木槿、紫丁香、榆叶梅、珊瑚树、银杏等。

寄生性种子植物主要防治方法：

防治桑寄生，应清除病枝。桑寄生在寄主落叶后易于辨认，因此，最好在冬季或其果实成熟前铲除，特别要注意铲除其吸根和匍匐茎。防治菟丝子主要应精选种子和实行种苗检疫，防止将菟丝子带入苗圃和未发生地区。此外，用生物制剂“鲁保一号”防治菟丝子，效果显著。

（五）线虫病及防治技术

线虫是一类低等动物，属于线形动物门线虫纲。在自然界分布很广，土壤内和植物上的不少线虫能危害植物，引起植物线虫病。目前危害较严重的有仙客来、牡丹、月季等根结线虫病；菊花、珠兰等叶枯线虫病；水仙茎线虫病以及检疫病害松材线虫病。线虫除直接引起植物病害外，还成为其他病原物的传播媒介。

1. 松材线虫病

松材线虫病又称松树萎蔫病，是松树的一种毁灭性病害。松树受害后针叶失绿变为黄褐色至红褐色，萎蔫，最后整株枯死，但针叶长时间不脱落。外部症状的表现，首先是树脂分泌急剧减少和停止，蒸腾作用下降，继而边材水分迅速降低。日本黑松、赤松、琉球松、华山松、云南松等高度感病。黄山松、樟子松、粤松和乔松比较抗病。高度抗病的有火炬松、北美短叶松等。

松材线虫病主要防治方法：

(1) 加强植物检疫，严禁将疫区内的病死木材及其制品外运或输入无病区。

(2) 及时、彻底地消除病死木，并进行化学或物理处理。

(3) 防治天牛，减少传播媒介。

(4) 用克线磷 200g/株根埋处理，可明显减轻松材线虫病的发生。

(5) 生物防治。应用管氏肿腿蜂、白僵菌黏膏防治松褐天牛，效果较好；野生灌木苦豆草中所含的苦豆碱，对松材线虫具有极强的杀除作用。

2. 根结线虫病

根结线虫病常在月季、海棠、桂花、仙人掌、仙客来、凤仙花、楸、梓、柳等苗木中发生。被害植株的侧根和支根(主要侵染嫩根)，产生许多大小不等的瘤状物，初表面光滑，淡黄色，后粗糙。剖开可见瘤内有白色透明的小粒状物，即根结线虫的雌成虫。病株根系吸收机能减弱，病株生长衰弱，叶小，发黄，易脱落或枯萎，有时会发生枝枯，严重的整株枯死。

根结线虫病主要防治方法：

(1) 加强植物检疫，以免疫区扩大。

(2) 在有根结线虫发生的圃地，应避免连作感病寄主，应与松、杉、柏等不感病的树种轮作 2～3 年。圃地深翻或浸水 2 个月可减轻病情。

(3) 据报道在行间间作绿肥猪屎豆，可引诱根结线虫的侵染，因侵染猪屎豆的根结线虫不能顺利发育产卵，这样就可减低土壤中根结线虫的虫口密度，减轻危害。

3. 菊花线虫病

菊花线虫病分布于全世界。侵染叶、花芽和花等地上部分，不侵染植株根系。该病还危害翠菊、大理菊、金光菊等。其野生寄主有西番莲等。被侵染的组织不久变为褐色，并逐渐扩大，在叶片上呈现特有的三角褐色斑或叶脉所限制的其他形状的坏死斑，最后整叶被侵染，枯死；枯叶长期挂在茎秆上，直至干枯变黑。该病可引起花变形或花芽干枯，植株外形明显萎缩等。

菊花线虫病主要防治方法：

(1) 不从病区引种。发现病叶及时摘除处理。

(2) 病株应停止喷雾浇水，以免扩散。

(3) 放置勿密，要求通风，保持叶片干燥。

(4) 栽培用具、土壤，应用3%福尔马林液消毒。土壤消毒用量每立方米10L，覆盖2～3h、通风两周后使用。

(5) 插条在扦插前放在温水(50～55℃)中处理5～10min。

4. 水仙茎线虫病

该病除侵染水仙外，还侵害风信子属、郁金香属、大蒜等植物。感病叶上有水泡斑，栽植病球常抽不出叶或过早的抽几片叶，矮化弯曲。球茎侵染时鳞片出现一个或数个褐色环斑，其内有线虫卵、幼虫、成虫。

水仙茎线虫病防治方法：

(1) 用溴甲烷进行种子及土壤消毒。

(2) 温水处理水仙茎：45℃水处理10～15min；55～57℃水，处理3～5min，防止球茎腐烂。

(六) 生理病害及防治技术

园林植物在生长发育过程中，要求一定的环境条件。当环境条件不适宜，而且超出园林植物的适应范围时，园林植物生理活动就会失调，表现失绿、矮化，甚至死亡。因为这种现象是由非生物因素引起的生理病态，不能互相传染，故称生理病害或非侵染性病害。引起园林植物生理病害的原因多种多样，常见的有以下几种。

1. 营养失调

植物的生长发育需要多种营养物质。土壤中缺乏某些营养物质会影响植物正常的生理机能，引起植物缺素症。例如，缺氮主要表现为植株矮小、分枝少、失绿、变色和组织坏死。缺磷植物生长受抑制，植株矮化，叶片变成深绿色，灰暗无光泽，具有紫色素，最后枯死脱落。缺钾植物叶片常出现棕色斑点，不正常皱缩，叶缘卷曲，最后焦枯。缺铁和缺镁主要引起失绿、白化和黄叶等。缺硼引起植株矮化、缩果和落果。缺锌引起桃树小叶病。缺钙引起月季根系和植株顶部死亡，提早落叶。缺锰引起菊花叶脉间变成枯黄色，叶缘及叶尖向下卷曲，花呈紫色。缺硫植物叶脉发黄，叶肉组织仍保持绿色，从叶片基部开始出现红色枯斑。

有些元素如硼、铜、钙、银、汞含量过多，对植物也会产生毒害作用，影响植物的生长发育。

发生缺素症，常通过改良土壤和补充所缺乏营养元素治疗。

2. 水分失调

水是植物生长发育不可缺少的条件。在土壤干旱缺水的条件下，植物常发生萎蔫现象，生长发育受到抑制，甚至死亡。如杜鹃对干旱非常敏感，干旱缺水会使叶尖及叶缘变褐色坏死。土壤水分过多，往往发生水涝现象，常使根部窒息，引起根部腐烂。根系受到损害后，便引起地上部分叶片发黄，花色变浅，花的香味减退及落叶、落花，茎干生长受阻，严重时植株死亡。

出现水分失调现象时，要根据实际情况，适时适量灌水，注意及时排水。

3. 温度不适

高温常使花木的茎干、叶、果受到灼伤。低温也会危害植物。晚秋的早霜常使花木未木质化的枝梢等受到冻害，春天的晚霜易使幼芽、新叶和新梢冻死，花脱落，冬季的反常低温对一些常绿观赏植物及落叶花灌木等未充分木质化的组织造成冻害。冬春之交，昼夜温差过大，也可使树干阳面发生灼伤和冻裂。

树干涂白是保护树木免受日灼伤和冻害的有效措施。预防苗木的灼伤可采取适时的遮荫和灌溉以降低土壤温度。

4. 有毒物质

空气、土壤中的有毒物质，可使花木受害。在工矿区，由于空气中含有过量的二氧化硫、三氧化硫、氯化氢和氟化物等有害气体、粉尘，常使花木遭受烟害。引起叶缘、叶尖枯死，叶脉间组织变褐，严重时叶片脱落，甚至使植物死亡。此外，农药、化肥使用不当，浓度过大或条件不适宜，可使花木发生不同程度的药害，叶片常产生斑点或枯焦脱落。

为防止有毒物质对花木的毒害，应合理使用农药和化肥，在城镇工矿区应注意选择抗烟性较强的花卉和树木进行绿化，改善环境。

三、岭南地区园林植物主要病害及防治技术

（一）真菌性病害及防治技术

1. 白粉病防治技术

(1) 加强管理。栽培环境要通风；合理施肥，氮肥不宜过多增施磷钾肥。

(2) 生长季节发现少量病叶、病梢时，及时摘除烧毁，防止扩大侵染。

(3) 药剂防治：发病初期喷施20%粉锈宁湿性粉剂1000倍或25%百里通乳油800～1500倍液等。7天左右喷1次，连续防治2～3次。温室可用10%粉锈宁烟雾剂或熏蒸罐进行硫磺粉熏蒸。

2. 锈病防治技术

(1) 加强栽培管理，提高抗病性。

(2) 结合园圃清理和修剪，及时将病叶病枝集中烧毁，减少病源。

(3) 发病初期及早用药剂防治，可以用防治白粉病的药剂。

3. 叶斑病(黑斑病、褐斑病、斑点病、枯斑病等)防治技术

(1) 加强养护管理，增强树势。合理施用氮、磷、钾肥，防止植株徒长。种植密度要适宜，以利通风透光。降低湿度，浇水时避免淋过湿。

(2) 减少初侵染源，彻底清除病残落叶及病死植株，集中烧毁。

(3) 发病初期及时喷施杀菌剂，可用75%甲基托布津可湿性粉剂1000倍、40%灭病威800～1000倍、10%世高水分散粒剂1500～2000倍、43%好力克悬浮剂3000～5000倍、宝丽安药剂等。

4. 灰霉病防治技术

(1) 要加强栽培管理，改善通风透光条件。

(2) 及时清除病株烧毁，减少侵染来源。

(3) 抓住防治适期，注意天气季节的变化，针对性用药，温室要经常开窗通风，降低湿度，控制病害发生和蔓延。

(4) 药剂防治用40%施佳乐1000倍、25.5%扑海因1500～2000倍、10%宝丽安500～700倍喷雾防治，间隔期为5～7天，连续用药3～5次，并注意交替用药。

5. 疫病防治技术

(1) 发现病株必须马上拔掉销毁，并用石灰、敌克松等对土壤消毒后才可补种。在播种或扦插前1～2个星期，应用98%必速灭颗粒剂、32.7%斯美地水剂消毒土壤。

(2) 苗期用72.2%普力克水剂800～1500倍、30%土菌消水剂1000～1500倍淋施保护。

(3) 发病期可用72%克露1000～1500倍、10%科佳800～1000倍、20%好靓2000～3000倍喷雾防治。

6. 炭疽病防治技术

(1) 冬春彻底清除病残枝落叶，减少初次侵染源。

(2) 要加强水肥管理，提高植物的抗病性。

(3) 生长季节可用大生1000倍喷雾预防，发病期可用40%灭病威800～1000倍、10%世高水分散粒剂1500～2000倍、50%施保功1000～2000倍、25%施保克乳油800～1500倍喷雾防治，7～10天喷洒一次，连续用药3～4次。

7. 煤污病防治技术

(1) 发现蚜虫、木虱、粉蚧、介壳虫、螨类的危害要及时防治。

(2) 加强植物养护管理，结合修剪疏枝整形，以通风透光。

(3) 防治药剂可以参照防治叶斑病类药剂。

8. 立枯病防治技术

(1) 发现病株马上拔掉销毁，并用敌克松等对土壤消毒后才可补种。

(2) 在种植前1～2个星期，用98%必速灭颗粒剂或32.7%斯美地水剂消毒病土壤。

(3) 苗期可用72.2%普力克水剂800～1500倍、30%土菌消水剂1000～1500倍淋施保护。

9. 白绢病防治技术

(1) 选用无病土壤和肥料是防治该病的关键，旧土和有机肥应消毒后才用，可用98%必速灭颗粒剂或32.7%斯美地水剂消毒。

(2) 发现病株及时拔除，应在菌核形成前进行，并在病穴中施放石灰粉。药剂防治可选用50%扑海因悬浮剂1000～1500倍、50%速克灵800倍、45%特克多600～800倍等。

(二) 细菌性病害及防治技术

1. 青枯病防治技术

(1) 发病严重区实行轮作。

(2) 清除侵染源，种植前对土壤、植株等进行消毒。

(3) 注意防治虫害，减少细菌从伤口侵染。

(4) 发现病株及时拔除，并清除病土，全面淋药防治。

(5) 药剂防治可用72%硫酸链霉素3000～4000倍液、30%氧氯化铜悬浮剂600～800倍、53.8%可杀得2000干悬浮剂900～1200倍、20%好靓2000～3000倍、加收米500～700倍、47%加瑞农可湿性粉剂等淋施防治。

2. 细菌性软腐病防治技术

(1) 发病严重区实行轮作。

(2) 清除侵染源，种植前对土壤、植株等进行消毒。

(3) 施用杀虫剂，减少细菌从伤口侵染的机会。

(4) 防治药剂参考青枯病

3. 细菌性根癌病防治技术

(1) 病土须经热力或药剂处理后方可使用，用溴甲烷或98%必速灭颗粒剂进行消毒。

(2) 病苗须经药液处理后才种植，可选用500～2000mg/kg链霉素30min或在1%硫酸铜液中浸泡5min。

(3) 发病植株可用300～400倍的“402”浇灌或切除肿瘤后用链霉素500～2000mg/kg或土霉素500～1000mg/kg涂抹伤口。

(三) 病毒、类菌质体病害及防治技术

1. 花叶病防治技术

(1) 选用无毒健康植株。

(2) 发现病株及时拔除并烧毁。

(3) 喷洒杀虫剂防治传毒昆虫。

(4) 工具、种子等用前可用10%漂白粉消毒20min。

(5) 用磷酸二氢钾、叶霸等叶面肥与病毒清等药剂混配后喷雾防治。

2. 丛枝病防治技术

(1) 不要在病区采集枝条扦插育苗，禁止病区带病的插枝和苗木运往无病区。

(2) 发现染病的枝条，及时剪除清理。

(3) 发病后用四环素或土霉素等抗生素治疗。

(4) 发现蚜虫、叶蝉类害虫，应及早杀灭。

(四) 寄生性种子植物及防治技术

1. 菟丝子防治技术

(1) 主要是防止将菟丝子带入苗圃和未发生地区。

(2) 发现寄生植物及早清除。

(3) 用生物制剂“鲁保一号”防治。

2. 桑寄生防治技术

加强日常巡查，及早发现和清除寄生植物，最好在冬季或其果实成熟前铲除，特别铲除其吸根和匍匐根。

3. 槲寄生防治技术

加强巡查，及早发现和清除寄生植物。

4. 藻斑病防治技术

可用大生1000倍、1～2Be石硫合剂、0.5%波尔多液等药剂喷雾防治。

(五) 根结线虫病防治技术

(1) 必须加强检疫，防止病苗调入调出。

(2) 使用无线虫的土壤、肥料及种苗。

(3) 发现病株及时清除和烧毁。

(4) 备用于定植的土壤最好在夏日高温天气翻晒数次。

(5) 药剂防治可用10%利满库 2kg/亩，3%米乐尔 1kg/亩等。

(六) 其他有害生物及防治技术

1. 灰巴蜗牛防治技术

(1) 人工捕杀。加强养护管理，经常检查，发现蜗牛及时清除。

(2) 及时清除杂草，以减少蜗牛栖息场所。

(3) 药剂防治。可在植物周围撒生石灰粉，或用8%灭螺灵颗粒剂防治。

2. 蛞蝓防治技术

(1) 人工捕杀，发现蛞蝓及时清除。

(2) 药剂防治。可在植物周围撒生石灰粉，或用8%灭螺灵颗粒剂防治。

(七) 生理病害及防治技术

1. 营养失调

土壤中缺发某营养物质会影响植物正常的生理机能，引起植物缺素症。不同植物表现不同的缺素症状。

主要种类有：

(1) 缺氮：叶浅绿色，植株矮小，茎细，有的裂开，叶小，下部叶浅绿色，黄色后转褐色而枯死。可影响到全株老叶明显变黄和死亡。

(2) 缺磷：叶暗绿，生长慢，有时下叶叶脉(尤其是叶柄)黄色且带紫色，落叶早。可影响到全株老叶明显变黄和死亡。

(3) 缺钾：局部影响较老的和下部的叶。下部叶靠近顶部和边缘有斑点，通常坏死。边缘开始变黄并继续向中间发展，以后老叶凋落。

(4) 缺镁：局部影响较老的和下部的叶。下部叶黄化，在后期坏死。叶脉间黄化，叶脉为正常绿色，叶边缘向上或向下有揉皱，叶脉间突然坏死。

(5) 缺铁：局部影响新叶，顶芽生长良好。叶黄化，叶脉保持绿色，通常无坏斑点，在极端情况下，边缘和顶部有坏死，有时向内发展，仅较大的叶脉保持绿色。

(6) 缺锰：叶黄化，叶脉保持绿色，通常有坏死斑点，并分散整个叶面，呈棋格或最终呈网状，只有最小叶脉保持绿色，花小色彩差。

(7) 缺硫：叶呈淡绿色，叶脉色比中间淡，坏死较少，老叶很少或不死亡。

(8) 缺钙：叶的尖端和边缘坏死，在嫩叶的末端有弯曲，出现上述症状之前根已死亡。顶芽通常死亡。

(9) 缺硼：嫩叶基部破碎，茎及叶柄脆弱，分生组织死亡，有增加分枝的趋势。顶芽通常死亡。

防治技术：

应根据植物不同生长期所需求的各种营养元素人为给予合理的施肥是防止缺素症的根本。当植物出现某种缺素症时应及时给予补充。

2. 温度不适宜

(1) 冻害

主要针对露地越冬的园林植物而言。由于低温的危害，致使植物落叶、枯梢甚至死亡的现象称为冻害。常出现在秋末冬初和早春。

产生冻害的原因：

使植物发生冻害的原因很复杂，主要是植物本身和环境条件。因此当冻害发生时，要从多方面进行分析，找出主要原因来解决防寒问题。

冻害的表现：

1）地上部分的冻害：花芽尤其是顶花芽在早春回暖期易受冻害，内部变褐色而失去萌发力。

2）根颈冻害：根颈停止生长进入休眠最晚，而解除休眠最早，极易受初冬和早春低温的危害而受冻，此处的树皮局部或成环状变色甚至干枯，对植株危害很大。

3）根系冻害：根系无明显的休眠期，其耐寒力较差，尤其是靠近地表的根系。根系是否受冻，通过地上部分枝芽的萌动与生长情况可以看出。

防寒措施：

1）覆盖法：在霜冻到来前，覆盖干草、落叶、草席、牛粪等，直至翌年春晚霜过后去除。常用于一些二年生花卉、宿根花卉，一些可露地越冬的球根花卉和木本植物幼苗。

2）灌水法：北方一些地区，在土壤冻结前，利用水热容量大的特点进行冬灌来提高地面的温度，保护植物不受冻害。

3）培土法：结合灌冻水，在植物根颈处培土堆或壅埋或开沟覆土压埋植物的茎部来进行防寒，待春季萌芽前扒开培土即可。一些花灌木、宿根花卉、藤本植物等多用此法。

4）涂白或喷白：用石灰加石硫合剂对树干涂白，不但减少树干的水分蒸腾，还可防止因昼夜温差大引起对植物的危害，并兼有防治病虫害的作用。对一些苗干怕日灼和不能埋土防寒的落叶乔木适用此法。

5）包扎法：对一些大型的观赏植物，在气温很低的时候或地方，用稻草绳密密地缠绕树干或用草帘包裹植株进行防寒，晚霜过后及时拆除。

6）设风障：对一些耐寒能力较强，但怕寒风的观赏植物，在冬季主风的方向用高粱秆、玉米秆等材料捆编成的篱设风障防寒。

（2）日灼伤

由于气温过高常使植物的茎干、叶、果受到灼伤。

预防措施：

在夏季高温酷暑的地方，可采取适当的叶面喷水、地面灌水，以降低温度，架设遮阳网、修剪枝叶、喷蒸腾抑制剂等措施保护。

3. 干梢

幼龄树木因越冬性不强而发生枝条脱水、皱缩、干枯的现象，称之干梢。

产主干梢的原因：是冬季的生理干旱造成的，即冬季低温持续的时间长，直到早春，由于此时干旱多风、气温迅速回升，树木的地上部分大量蒸腾失水，苗根不能从土壤中及时吸收水分从而发生枯死或干梢的现象。

4. 有毒物质

环境污染：硫化物、氯化物、氟化物等有害气体、粉尘，引起叶缘、叶尖、叶脉间组织变褐色，严重时叶片脱落。

预防措施：

多种植抗硫化物、氯化物、氟化物的树种，以净化环镜。对有硫化物、氯化物、氟化物等有害气体污染的地区要加强经常性的监控，控制污染物的排放及危害。

5. 药害

常在施药后2～3天内，幼嫩的组织首先表现，如叶面被灼伤、斑点、畸形、或枯焦脱落等。

预防措施：

做好操作人员的技术培训工作；喷施农药时要掌握使用的浓度，不能超过植物所忍受的浓度。

复习思考题

1. 华北地区月季常发生的黑斑病、白粉病发生盛期各在什么时期？如何防治？
2. 苹果—桧柏锈病病原菌越冬地点在什么地方？如何控制苹果—桧柏锈病的危害？
3. 简述杨树腐烂病的症状及防治方法。
4. 细菌性根癌病的传播途径是什么？如何防治？
5. 病毒病的主要症状有哪些？如何控制病毒病的发生？
6. 常发生的寄生性种子植物引起的病害有哪些？如何控制？
7. 引发线虫病的线虫主要有几类？如何防治？
8. 引起植物生理病害的主要原因有哪些？如何防治？
9. 江南地区最常发生的炭疽病有哪些？如何防治？
10. 草坪褐斑病的主要症状是什么？如何控制？
11. 桂花褐斑病的主要症状是什么？如何控制？
12. 常见的叶畸形类病害有哪两种？如何防治？
13. 如何控制毛竹枯梢病的危害？
14. 什么条件有利于苗木猝倒病和立枯病发生？如何防治？
15. 桃细菌性穿孔病的发生规律是什么？如何防治？
16. 疫病防治技术主要有哪些？

第五节 常用农药

一、杀虫剂

1. 敌百虫

常用剂型：90％原粉，80％可溶性粉剂，25％油剂，2.5％、5％粉剂，30％乳油。

毒性：低毒。作用方式：胃毒，触杀。

防治对象：对多种鳞翅目幼虫有效，对蝇类特效。还可防治地下害虫。

使用方法：

喷雾：90％原粉800～1000倍液；毒饵：原粉∶水∶饵料按1∶10∶100配制，防治地下害虫。

注意事项：不能与碱性农药混用，现配现用。

2. 敌敌畏

常用剂型：50％，80％乳油。

毒性：中毒。作用方式：熏蒸，触杀，胃毒。残效期1～2天。

防治对象：防治鳞翅目害虫，落叶松花蝇成虫，叶蜂幼虫及蛀干害虫的幼虫。

使用方法：

喷雾：80%乳油 1500 倍液；灌注：5%敌敌畏乳油塞入虫孔用泥封口。

注意事项：对高粱、玉米易产生药害，不能与碱性农药混用。

3. 辛硫磷

常用剂型：50%，40%乳油，5%颗粒剂。

毒性：低毒。作用方式：触杀，胃毒等。

防治对象：对蛴螬及鳞翅目幼虫有特效。适合防治地下害虫。

使用方法：

喷雾：50%乳油 1000 倍液；撒毒土：5%颗粒剂 30kg/hm^2。

注意事项：见光易分解，对铁有腐蚀性，在林木幼苗上慎用。

4. 马拉硫磷

常用剂型：45%乳油，25%油剂，70%优质乳油(防虫磷)。

毒性：低毒。作用方式：触杀，熏蒸。

防治对象：蝗虫，松毛虫，毒蛾，粉蝶，卷蛾，叶蜂的幼虫，小型昆虫。

使用方法：

喷雾：45%乳油 1000 倍液；超低量喷雾：每公顷用 25%油剂 2.25～3L。

注意事项：忌与酸碱性物质混用，注意防火。随配随用。对蜂、鱼、瓢虫高毒。

5. 乙酰甲胺磷

常用剂型：30%，40%乳油。

毒性：低毒。作用方式：内吸，触杀，胃毒。

防治对象：蚜虫，螨类，蚧类及大袋蛾等多种咀嚼式和刺吸式害虫，还可杀卵。

使用方法：喷雾，用 0.05%～0.1%的有效成分。

注意事项：不宜在桑、茶树上使用，不能与碱性农药混合，注意防火。

6. 氧化乐果

常用剂型：40%乳油，18%高渗乳油。

毒性：高毒。作用方式：内吸，触杀。

防治对象：蚜虫，螨类，蚧类等。

使用方法：

喷雾：40%乳油 500～1500 倍液；刮皮涂药：40%乳油 3～5 倍；打孔注药：40%乳油 5～10 倍。

注意事项：不耐贮存，不能库存过久。不能用于蔬菜，茶叶，果树和中药材等。

7. 呋喃丹(克百威、虫螨威、卡巴呋喃)

高毒农药，常用剂型为 3%颗粒剂。具强内吸、触杀和胃毒作用，是一种广谱性内吸杀虫剂、杀螨剂和光线虫剂。一般使用量为 15～30kg/hm^2 用于土壤处理或根施。果树及食用植物禁用。严禁兑水喷雾使用。目前此药已广泛用于盆栽花卉及地栽林木的枝梢害虫。

8. 杀螟硫磷

常用剂型：50%乳油，25%油剂。

毒性：中毒。作用方式：触杀，胃毒，有渗透作用。

防治对象：咀嚼式口器害虫和刺吸式口器害虫。

使用方法：

喷雾：50%乳油 500～1000 倍液；堵虫孔：50%乳油，柴油为 1∶20。

注意事项：对蜜蜂、家蚕高毒，不能与碱性农药混用，药效期短。

9. 溴氰菊酯

常用剂型：2.5%乳油(敌杀死)。

毒性：中毒。作用方式：触杀，胃毒，拒食。

防治对象：对鳞翅目幼虫(如松毛虫，杨毒蛾)及同翅目害虫特效。

使用方法：

喷雾：2.5%乳油 4000～6000 倍液，每公顷有效成分用量 56～225g。制成毒绳，毒笔可防松毛虫幼虫。

注意事项：对蜜蜂、鱼类高毒，不能与碱性农药混用，对螨类无效。低温使用增效，高温减效。

10. 氰戊菊酯(速灭杀丁)

常用剂型：20%乳油。

毒性：中毒。作用方式：触杀，胃毒。

防治对象：鳞翅目，双翅目，半翅目幼虫。

使用方法：

喷雾：20%乳油 2000～4000 倍液。

注意事项：对蜜蜂、鱼类高毒，不能与碱性农药混用。

11. 灭幼脲

常用剂型：20%灭幼脲 1 号胶悬剂，25%悬浮剂。

毒性：低毒。作用方式：胃毒，触杀。

防治对象：对松毛虫，舞毒蛾，美国白蛾等鳞翅目幼虫高效。

使用方法：

喷雾：25%悬浮剂 450～600g/hm^2；20%灭幼脲 1 号胶悬剂 8000～10000 倍。

注意事项：有沉淀现象，使用时摇匀后加水稀释。迟效型，3～4 天见效。不能与碱性物质混用。

12. 抗蚜威

常用剂型：50%可湿性粉剂。

毒性：中毒。作用方式：触杀，熏蒸，内渗。

防治对象：对蚜虫有特效。

使用方法：喷雾：每公顷有效成分为 75～180g。

注意事项：残效期短，不伤天敌。

13. 杀螟丹(巴丹)

常用剂型：50%可溶性粉剂，2%粉剂。

毒性：中毒。作用方式：触杀，胃毒，内吸，拒食。

防治对象：对鳞翅目幼虫及半翅目害虫特别有效，还有杀卵作用。

使用方法：

喷雾：50%可溶性粉剂500～1000倍液；毒饵：2%粉剂加50份麦麸(防治蝼蛄)。

注意事项：对蚕毒性大，对鱼有毒性。

14. 吡虫啉

常用剂型：10%可湿性粉剂，20%可溶性液剂，10%乳油。

毒性：低毒。作用方式：内吸，胃毒，触杀。

防治对象：对蚜虫、叶蝉等刺吸式口器害虫有效，对鞘翅目、双翅目、鳞翅目害虫有效。

使用方法：

喷雾：每公顷10%可湿性粉剂150g，或3000～5000倍液；种子处理，每千克种子用有效成分1g。

注意事项：叶面施用对蜜蜂、家蚕有毒，对鸟类较安全，种子处理对鸟有驱避作用，不可与强碱物质混用。

15. 苏云金杆菌

细菌性杀虫剂。常见剂型有可湿性粉剂(100亿活芽/g)，Bt乳剂(100亿活孢子/ml)，主要用于防治鳞翅目类的食叶害虫，如用100亿孢子/g的菌粉兑水稀释2000倍喷雾。30℃以上施药效果最好，苏云金杆菌可与敌百虫、菊酯类等农药混合使用，效果好，速度快，但不能与杀菌剂混用。

16. 阿维菌素

常用剂型：1.8%乳油。

毒性：低毒。作用方式：胃毒，触杀，内渗。

防治对象：松毛虫等叶面害虫，潜叶害虫，螨类。尤其对常见神经毒剂已有抗性的害虫，害螨防治效果更好。

使用方法：喷雾防治松毛虫幼虫可用8000～13000倍液。

注意事项：对蜜蜂、鸟类低毒，一般施药后2～4天虫螨死亡。持效期长，杀虫为10～15天，杀螨为30～45天。施药在日光照射下影响持效期。

17. 烟参碱

又称百虫杀，是一种植物性药剂。属于低毒、低残留、高效农药。具有触杀和胃毒作用。防治各种蚜虫、粉虱、叶蝉、尺蠖等害虫，使用1.2%烟参碱乳油1000倍液。

18. 速扑杀

又称杀扑磷、速蚧克。属高毒、广谱性有机磷杀虫剂。具有触杀、胃毒和渗透作用。可防治多种刺吸性和咀嚼式口器害虫，尤其对各种介壳虫有特效。使用40%速扑杀乳油1000～2000倍液可有效地防治槐坚蚧、石榴毡蚧、桑白蚧、日本龟蜡蚧、草履蚧等多种介壳虫。

二、杀菌剂

1. 波尔多液

常用剂型：1%等量式(硫酸铜∶生石灰∶水为1∶1∶100)。作用方式：保护。

防治对象：多种植物病害，但对白粉病、锈病效果差。

使用方法：

喷雾：1%等量式，每隔15天喷1次，共1～3次。

注意事项：现配现用，对金属有腐蚀。不宜在桃，李，梅，杏，梨，柿树上使用。

2. 石硫合剂

常用剂型：29%水剂，30%固体剂，45%结晶。

毒性：低毒。作用方式：杀菌，杀虫，杀螨。

防治对象：防治多种病害，尤其对锈病、白粉病最有效，对蚧类、卵和一些害虫也有较好的防治效果，不能防治霜霉病。

使用方法：

喷雾：生长季节0.2～0.5°Be，植物休眠3～5°Be，南方可用0.8～1°Be。

注意事项：不宜与其他乳油剂混用，气温32℃以上不宜使用，不耐贮存。

3. 代森铵

常用剂型：65%、80%可湿性粉剂。

毒性：低毒。作用方式：保护。

防治对象：防治多种植物病害。

使用方法：

喷雾：65%可湿性粉剂200～500倍液，15天喷1次，共2～3次。

注意事项：不能与碱性农药与铜汞制剂混用。

4. 敌磺钠(敌克松)

常用剂型：95%、75%可溶性粉剂，50%可湿性粉剂，2.5%粉剂。

毒性：中毒。作用方式：保护兼治疗，有内吸作用。

防治对象：防治多种病害，如松杉苗的猝倒病等。

使用方法：

药土：每公顷75%可溶性粉剂7.5kg拌细土300kg；拌种：100kg种子
用95%可溶性粉剂150～360g防猝倒病，溶解慢。

注意事项：现配现用，避免光照。

5. 五氯硝基苯

常用剂型：40%、70%粉剂。

毒性：低毒。作用方式：保护。

防治对象：丝核菌引起的立枯病，紫纹羽病，白纹羽病，白绢病。

使用方法：

拌种：用种子量的0.3%～0.5%。拌土：40%粉剂5～6g/m^2覆盖在种子上、下两面。

6. 多菌灵

常用剂型：25%、40%、50%、80%可湿性粉剂，40%悬浮剂。

毒性：低毒。作用方式：保护治疗。

防治对象：对一些子囊菌和大多数半知菌引起的病害有效。

使用方法：

喷雾：1000～1500倍液。土壤消毒15kg/hm^2。涂刷树木伤口：25%可湿性粉剂100～500倍液。

注意事项：药粉不能与幼苗接触。

7. 甲基托布津

常用剂型：50%、70%可湿性粉剂。

毒性：低毒。作用方式：保护治疗。

防治对象：白粉病、黑斑病、灰霉病、立枯病等。

使用方法：喷雾浓度500～1000倍；灌根浓度800～1000倍液。

注意事项：不能与碱性及铜制剂混用，不宜连续使用。

8. 三唑酮(粉锈宁)

常用剂型：15%、20%乳油，25%可湿性粉剂，15%烟剂。

毒性：低毒。作用方式：保护治疗。

防治对象：锈病，白粉病等。

使用方法：

喷雾：25%可湿性粉剂1000～1500倍液。

注意事项：用于拌种时，应严格掌握用量，防止产生药害。

9. 百菌清

常用剂型：75%可湿性粉剂，10%油剂，2.5%烟剂。

毒性：低毒。作用方式：保护。

防治对象：防治落叶病，枯梢病等多种病害。

使用方法：

喷雾：75%可湿性粉剂500～800倍液，10%油剂超低量喷雾，每公顷3～3.75L；放烟：2.5%烟剂15kg/hm^2。

注意事项：对鱼类有毒，对果树敏感，对人的皮肤、眼睛有刺激作用。

10. 白涂剂

常用剂型：生石灰5kg，石硫合剂0.5kg，兽油0.1kg，水20kg。

作用方式：保护。

防治对象：减轻冻害，日灼而发生的损伤，避免病菌侵入。

使用方法：一般在10月下旬或6月间涂刷树干，离地1～2m高。

注意事项：配制时生石灰要消化透。

11. 三福美(退菌特)

常用剂型：50%可湿性粉剂。

毒性：中毒。作用方式：保护。

防治对象：防治赤枯病、叶枯病、软腐病等多种病害，对炭疽病效果显著。

使用方法：

喷雾：50%可湿性粉剂500～800倍液。

注意事项：禁止在茶叶、蔬菜上使用，不宜与含铜药剂混用。

12. 高锰酸钾

为紫红至紫黑色结晶，易溶于水，是强氧化剂。常用0.5%～1%的浓度作表面消毒用；用0.3%液浸苗；用0.5%水溶液喷苗防治立枯病，20min后喷清水洗净苗上药水；用0.5%液浸种可防种子霉烂。

13. 甲霜灵(瑞毒霉、灭霜灵)

具内吸和触杀作用，在植物体内能双向传导，耐雨水冲刷，残效为10～14天，是一种高效、安全、低毒的杀菌剂。对卵菌纲真菌引起的病害有特效，如各种霜霉病、疫霉病、腐霉病等，对其他真菌和细菌害无效，常见剂型有：25%可湿性粉剂、40%乳剂、35%粉剂、5%颗粒剂。使用浓度为25%可湿性粉剂500～800倍液喷雾。用5%颗粒剂20～40kg/hm^2 作土壤处理。可与代森锌混合使用，提高防效。

三、杀螨剂

1. 73%克螨特乳油

能杀死成蜗、幼螨和卵。对益螨及其他天敌无害，一船使用1000～3000倍液，药效期14～35天。

2. 5%尼索朗乳油

属低毒杀螨剂，对天敌安全，对蜜蜂、鸟类毒性很低。对多种植物害螨具有强烈杀幼螨特性；对成螨、锈螨、瘿螨防效较差。叶螨使用l500～2000倍液。

3. 三氯杀螨醇

对叶螨、根螨都有效，如与三氯杀螨砜混用，对螨类有长期的控制效果。对根螨稀释1000～1500倍液，也有良效。

4. 哒嗪酮(15%乳油)

属高效低毒广谱杀螨、杀虫剂，对粉虱、叶蝉、蓟马、蚜虫等刺吸害虫有良好防治效果，对成螨、幼螨均有很高活性，使用倍数2000～3000倍。

5. 速效浏阳霉素

属抗生素类杀螨剂，以触杀作用为主，为低毒性药剂。使用本品1000～2000倍液防治各种害螨，对幼螨、若螨、成螨有明显效果，对螨卵作用较慢。要求在气温15℃以上使用，效果更为理想。

6. 对位二氯苯

将带有根螨的干球茎，放在不漏气的容器或塑料袋中，用4g/L剂量，熏蒸1～2天，可杀死所有活体。

7. 7.5%农螨丹乳油

农螨丹是尼索朗和灭扫利两种药剂混配而成的杀虫、杀螨剂。属于低毒、高效广谱性药剂。具有触杀、胃毒和忌避作用，无内吸杀螨性。残效期为1个多月。

使用本品1000～1500防治二斑叶螨、山楂叶螨、截形叶蛾、苹果全爪螨、朱砂叶螨等，对卵、若螨和成螨均有较好的防治效果。本品与碱性农药不能混用。避免连续使用，与其他杀螨剂交替使用。

四、杀线虫剂

常用的杀线虫剂有熏杀剂和触杀剂两种类型。

熏杀剂：是在土壤中迅速产生有毒气体，杀灭效果最好。但对草坪草毒性较高。通常只在种植前使用，常用的有溴化钾、三氯硝基甲烷、威百亩和氰土利。

触杀剂：必须在浸透定植草坪草带，与线虫直接接触时才能有杀灭能力。常用的药剂有二嗪农、内吸磷、灭克磷、克线磷和丰索磷等。

1. 克线磷(又名力满库)

是一种有机磷杀线虫剂，为10%颗粒剂，是一种较理想的广谱性内吸杀线虫剂，并具有良好的触杀作用。

2. 益舒宝(又叫灭克磷)

是一种有机磷酸酯杀线虫和杀虫剂，为10%颗粒剂，是一种触杀剂。

3. 米乐尔

是一种高效、广谱兼有杀虫及杀线虫作用的有机磷剂，为3%颗粒剂，具有内吸和触杀、胃毒作用，可防治各种线虫病。

五、防腐剂

1. 山梨酸(2，4—已二烯酸)

山梨酸为一种饱和脂肪酸，可以与微生物酸系统中的巯基结合，从而破坏许多重要酶系统的作用，达到抑制酵母、霉菌和好气性细菌生长的效果。它毒性低，只有苯甲酸钠的1/4，但其防腐效果却是苯甲酸钠的5～10倍。使用浓度为2%，山梨酸的使用方法有：溶液浸洗、喷雾或涂抹。

2. 托布津、多菌灵、苯菌灵

这些药物均为苯并咪唑杀菌剂，对青霉、绿霉等真菌有良好的抑制效果，能透过植物表皮角质层杀灭侵染的病原物，是高效、低毒、广谱的内吸性防腐剂。

六、植物生长调节剂

1. 常用植物生长延缓剂

(1) 比久(B9)，又名丁酰肼。易于通过叶面吸收，在植株内具有可移动性，到达植株的各个部位，因此采用叶面喷施，不可灌根，通常喷至叶面滴水。喷施浓度为1250～5000mg/L，必要时可重喷。很多植物在气温较高时对比久没有反应，这是因为温度高植物生长较快，同时，比久在叶面上很快蒸发，使植株的有效吸收量降低。因此，对控制穴盘苗高度来说，北方使用比久比在南方更有效。

(2) 矮壮素(CCC)。可以叶面喷施也可根施。可用矮壮素矮化的花卉主要有一串红、杜鹃、扶桑、球根海棠和石竹。目前，穴盘苗喷施的矮壮素浓度范围为750～3000mg/L。喷施矮壮素可能会使植株的新生叶片产生氯化物药害，喷药后3～5天呈环状脱色。生长延缓剂的混合使用对于控制草花高度是非常有效的，应用也越来越广泛。在某些情况下，可采用比久(2500mg/L)和矮壮素(1500mg/L)混合，控制一品红和三色堇的高度。两种生长延缓剂混合，比两种生长调节剂单独使用效果好，但是，不同品种反应不一。使用该液对于控制夏季和秋季三色堇的生长高度是非常有效的，且在叶面上不产生脱色圈。使用中首先选择不致引起药害的矮壮素浓度，然后，提高或降低比久使用量，调整其有效性。

(3) 嘧啶醇。它比矮壮素和比久作用更明显，适用范围也很广，可用于各种穴盘苗。采用根施或叶面喷施，在植株内易于运输，穴盘苗喷施嘧啶醇的浓度为5～25mg/L。如采用10mg/L的嘧啶醇控制长春花和三色堇高生长非常有效，且不会产生药害。但由于价格高，限制了其广泛使用。

(4) 多效唑和烯效唑。两种新型植物生长延缓剂，几乎对所有的植物都会产生影响。多效唑和烯效唑在植物体内不容易运输，两种药不能通过叶面吸收，但可通过茎和根吸收，所以采用根施，植物根吸收后，将药运输到枝条顶端。两种延缓剂控制徒长作用明显。多效唑的使用浓度范围为2～90mg/L，而烯效唑仅为2～45mg/L。三色堇、天竺葵和长春花对于多效唑和烯效唑非常敏感，金鱼草最不敏感。海棠对于多效唑和烯效唑过于敏感，不能施用。多效唑使长春花叶片产生黑斑，而烯效唑则不会。高浓度多效唑和烯效唑可能推迟非洲凤仙开花。

2. 生长素类生长调节剂

这类药剂低浓度可以促进生长，高浓度则抑制生长。在花卉中广泛应用于促进无性繁殖的插枝生根。常用的药剂有吲哚丁酸(IBA)和萘乙酸(NAA)。使用方法有两种：一种是溶液，把IBA先溶解在极少量酒精中，再加水稀释，配成5000ppm，使用时再稀释至所需要的浓度。另一种是干粉，把IBA按0.1%～1%的比例与滑石粉混匀，将插穗的基部在这种混合药剂中蘸一下可扦插。

3. 赤霉素类生长调节剂

这类药剂具有促进各种花卉发芽、生长、防止花果脱落等作用。赤霉素易溶于水，应随用随配，否则易失效。使用30～100ppm浓度的赤霉素能使许多种一二年生草花(如金鱼草、金盏菊等)和宿根花卉(如菊花、芍药等)的茎叶伸长。实验证明，赤霉素可以有效地打破种子、宿根及球根花卉的休眠规律，促进发芽。观赏花木上喷施赤霉素，同样有抽芽快、枝叶生长旺盛、提早开花等的效果。

复习思考题

1. 常用农药按用途可分哪几类？举例说明。
2. 掌握常用各类农药3～5种。

第六节　农药施用技术及要求

一、喷雾施药技术及要求

(一) 喷雾施药方法

将农药与水按一定要求的比例配成药液，通过喷雾机械雾化并均匀喷洒在植物上。配制的药液要均匀一致。高大树木通常使用高压机动喷雾机喷雾，矮小花木常用小型机动喷雾机或手压喷雾器喷雾。

(二) 喷雾施药要求

(1) 喷药时必须尽量成雾状，叶面附药均匀，喷药范围应互相衔接，“上下内外要打到”，“喷得仔细，打得周到”，达到“枝枝有药，叶叶有药”，打一次药，有一次效果。

(2) 使用高射程喷雾机喷药时，应随时摆动喷枪，尽一切可能击散水柱，使其成雾状，减少药液流失。

(3) 喷药前应作好虫情凋查，做到“有的放矢，心中有数”；喷药后要作好防治效果检查，记好病虫防治日记。

(4) 配药浓度要准确，应按说明书的要求去做。严格遵守其中的“注意事项”，对于标签失落不明的农药勿用。不能发生药害。

二、虫孔注射施药技术及要求

(一) 注射施药方法

用注射器将配好的药液注入虫孔防治蛀干害虫的方法，常用于防治树木主干及主枝上发生的蛀干害虫。注射施药时除准备注射器、药液及堵孔物外，还要准备梯子、安全带等。

（二）注射施药要求

（1）找准蛀食排粪孔。

（2）注射时，虫孔、排粪孔内均要注满药液，注射后用泥团堵住孔口。

（3）一虫多孔时，应先堵塞注射孔以上或以下的虫孔，然后注射。

（4）配药浓度准确，不能用原药直接注射。

三、埋土根施农药技术及要求

（一）埋土根施农药方法

将药剂施于花木根部附近土壤里，通过植物根系吸收传导药剂或直接触杀病虫防治病虫害的方法。埋土根施内吸剂药可防治蚜虫、蚧虫、红蜘蛛、粉虱等。防治地下害虫、线虫及根部病害常埋土根施触杀剂或杀菌剂类农药。

埋土根施农药具体操作因施药防治对象不同而异：防治树木地上部害虫的，要在植株根际附近四周挖4～5个穴，穴深以见到吸收根为准，然后将计算好的药量均匀洒在几个穴，覆土，作好树堰浇水。防治地下害虫或根部病害的可在根际近处开环形沟将药剂施入并覆土。

（二）埋土根施农药要求

（1）挖穴要均匀，穴的远近视植株大小而异，通常在树木胸径8～12倍处内，穴内要见吸收根。

（2）用药量要准确。

（3）施药后立即覆土。

（4）埋药后必须浇水，保持土壤经常湿润。

四、涂抹施药技术及要求

（一）涂抹施药方法

涂抹施药指的是将药剂涂抹在树木树干上防治病虫的方法。防治的对象不同，涂抹的具体操作也有区别。

（1）涂抹药环阻杀上下树木的害虫：将触杀剂类药剂配以其他粘着剂在树干上涂约宽20～30cm药环毒杀上、下树害虫，如草履硕蚧、春尺蠖雌成虫等。

（2）涂抹内吸剂药剂毒杀树木地上部害虫害螨：将树皮适当轻刮并涂一定浓度内吸剂毒杀树木枝干、叶上的害虫、害螨，如在榆树干上涂抹氧化乐果可毒杀榆绿叶甲。

（3）涂抹渗透力强的药剂毒杀初孵蛀干害虫：蛀干害虫在初蛀入树木时会排出粪屑，而且蛀入树木较浅，其时涂抹内吸性强的药剂可杀死初孵幼虫，如小木蠹蛾幼虫初孵时可涂抹菊杀乳油或氧化乐果等，防治效果很好。

（4）涂抹杀菌剂防治腐烂病：树木发生腐烂病后，可在刮除病斑后涂抹杀菌剂防治病害。

（二）涂抹施药要求

（1）选准药剂。

（2）涂抹要均匀细致。

（3）需要刮树皮时应注意刮除轻重程度，不能刮掉活皮。

（4）用药浓度必须准确，不发生药害。

五、毒土施药技术及要求

（一）毒土施药方法

用农药和细土掺匀配成毒土，用于防治地下害虫和土传病菌等病虫害的方法。毒土配制通常采用药与细土比例为1∶30～1∶50。毒土施药随配随用。

（二）毒土施药要求

（1）用药量要准确，药剂与细土要混匀，并均匀周到地撒在单位面积内。

（2）撒在土面的药剂，应立即翻入或旋耕入土中。

（3）沟施毒土防治病害的在施药后应及时覆土。

六、浇灌施药技术及要求

（一）浇灌施药方法

将药剂按一定比例加水稀释后，直接往植物根部浇灌的防治病虫害的方法。防治对象不同，选择的药剂不同，但浇灌方法基本相同。具体操作是：在植株根际附近开挖沟穴，将配制好的药液浇灌入内，待渗完后覆土。

（二）浇灌施药要求

（1）用药量要准确，不能出现药害。

（2）必须浇在吸收根最多处。

（3）渗完后一定封堰。

七、熏蒸施药技术及要求

（一）熏蒸施药方法

利用易挥发或易分解产生毒气及能够汽化的药剂来防治病虫害的方法。熏蒸法适用在密闭的条件下进行，主要用于防治蛀干害虫，防治温室病虫。

（1）将药剂施入虫孔防治蛀干害虫。具体操作是将固体或液体药剂塞入或注入虫孔，并立即封孔。

（2）将药剂汽化防治温室病虫害。具体操作是将药剂均匀放在密闭温室内，通过加热等措施使其汽化熏杀病虫害。

（二）熏蒸施药要求

（1）用药量要准确。

（2）施药环境要密封好。

（3）熏蒸温室病虫后要通风。

八、树干钻孔施药技术及要求

（1）必须按规定的用药量准确配制和使用。

（2）钻孔部位在树基部20cm以上，打孔多个时，各孔之间的距离不少于20cm，并且各孔之间应成螺旋式排列上升。

（3）钻头直径0.5～0.8cm，长5～10cm。钻孔时钻头与树干成45°角，最深处不能达到树木髓心。

（4）钻孔数量可根据树木种类、直径、虫口密度、天气情况决定。一般树干直径大、虫口密度大、降雨量大时钻孔数量就应该多，反之则少。

（5）树干直径5～10cm，可钻孔2～3个；树干直径10cm以上，可钻孔3～5个孔；

最多可钻 7 个孔。

(6) 下一次注射时，宜在原钻孔处进行。

九、安全用药注意事项

(一) 操作时注意事项

(1) 配药时，配药人员要戴胶皮手套，必须用量具按照规定的剂量称取药液或药粉，不得任意增加用量。严禁用手拌药。

(2) 拌种要用工具搅拌，用多少，拌多少，拌过药的种子应尽量用机具播种。如手撒或点种时必须戴防护手套，以防皮肤吸收中毒。剩余的毒种应销毁，不准用作口粮或饲料。

(3) 配药和拌种应选择远离饮用水源，居民点的安全地方，要有专人看管，严防农药、毒种丢失或被人、畜、家禽误食。

(4) 使用手动喷雾器喷药品时应隔行喷。手动和机动药械均不能左右两边同时喷。大风和中午高温时应停止喷药。药桶内药液不能装得过满，以免晃出桶外，污染施药人员的身体。

(5) 喷药前应仔细检查药械的开关接头、喷头等处螺栓是否拧紧，药桶有无渗漏，以免漏药污染。喷药过程中如发生堵塞时，应先用清水冲洗，后再排除故障。绝对禁止用嘴吹吸喷头和滤网。

(6) 施用过高毒农药的地方要竖立标志，在一定时间内禁止放牧、割草、挖野菜，以防人畜食用中毒。

(7) 用药工作结束后，要及时将喷雾器清洁干净，连同剩余药剂一起交回仓库保管，不得带回家去。清洗药械的污水应选择安全地点妥善处理，不准随地泼洒，防止污染饮用水源和养鱼塘。盛过农药的包装物品，不准再用于盛粮食、油、酒水等食品和饲料。装过农药的空箱、瓶、袋等要集中处理。浸种用过的水缸要洗净集中保管。

(二) 施药人员的选择和个人防护

(1) 施药人员应选拔工作认真负责、身体健康的青壮年担任，并应经过一定的技术培训。

(2) 凡体弱多病者，患皮肤病和农药中毒及其他疾病尚未恢复健康者，哺乳期、孕期、经期的妇女，皮肤损伤未愈者不得喷药或暂停喷药。喷药不准带小孩到作业地点。

(3) 施药人员在打药期间不得饮酒。

(4) 施药人员打药时必须戴防毒口罩，穿长袖上衣、长裤和鞋、袜。在操作时禁止吸烟、喝水、吃东西，不能用手擦嘴、脸、眼睛，绝对不准互相喷射嬉闹。每日工作后喝水、抽烟、吃东西之前要用肥皂彻底清洗手、脸和漱口。有条件的应洗澡。被农药污染的工作服要及时换洗。

(5) 施药人员每天喷药时间一般不得超过 6 小时。使用背负式机动药械，要两人轮换操作。

(6) 操作人员如有头痛、头昏、恶心、呕吐等症状时，应立即离开施药现场，脱去污染的衣服，漱口、擦洗手、脸各皮肤等暴露部位，及时送医院治疗。

十、农药配制计算

农药配制计算常用方法是倍数法。

当农药被稀释100倍以上时，计算公式为：农药用量＝水的用量/稀释倍数。

如配制800倍敌敌畏乳液1600kg，求农药用量。

农药用量＝1600kg/800＝2kg。

复习思考题

1. 常用农药施用技术有哪些？各有什么要求？
2. 安全用药注意事项有哪些？
3. 什么叫倍数法？如何用倍数法配制农药？

第十二章　园林工程施工测量

施工测量就是根据施工的需要，把公园、绿地的施工图纸中的园林建筑物、园林小品、道路、人工湖等的平面位置和高程进行定位，以一定的精度测设在地面上。在施工过程中也要进行一系列的测量，以衔接和指导各阶段、各工序的施工。

施工测量贯穿于整个施工过程中，从场地平整、园林建筑物定位、地形整造各类基础到园林建筑物的结构和园路面层的铺装等，都需要进行测量放样，最终依据测量放样的结果，通过施工使图纸上的作品变成景观实物。

园林建筑物施工完成和土山体堆筑完成后，还要定期进行沉降观测和变形观测，这些都是施工测量。

园林工程施工的全过程均离不开施工测量。施工测量的常用器具有钢卷尺、水准仪、经纬仪、全站仪、罗盘仪等。

第一节　园林绿地整体测量

本节主要叙述园林绿地的整体测量。绿地测量放样不同于一般的工业与民用建筑物。园林绿地整体测量放样的项目较多，比如整体测量放样、场地平整、地形整造、园林小品、园林建筑物、园路、广场的定位等。这些项目在施工中也要不断地根据工程的进展情况进行单体项目的施工测量放样。

一、测量放样的原则

园林绿地中有各种园林建筑物、园林小品、广场、园路等，且分布面较广，往往又不是同时开工兴建。为了保证各个单体项目在平面和高程上都能符合设计要求，互相连成统一的整体，园林绿地的整体测量和测绘地形一样，也要遵循“从整体到局部，先控制后分部”的原则。即先在施工现场建立统一的平面控制网和高程控制网，然后以此为基础，测设出各个待建项目的位置。

二、测量放样前的准备

在施工测量之前，应建立健全测量的组织和检查制度。并核对设计图纸，检查总尺寸和分尺寸是否一致，总平面图和单体项目施工图尺寸是否一致，不符之处要向设计单位提出，进行修正。然后对施工现场进行实地踏勘，根据实际情况编制测设详图，计算测设数据。应对施工测量所使用的仪器、工具进行检验、校正。

三、设置绿地建设控制方格网

园林绿地建设控制方格网的布置，应根据园林绿地总平面图上各个单体项目的布置情况，参照施工总平面图及建设单位提供的坐标点，选定绿地方格网的主轴线，然后再布置方格网。方格网的形式可布置成正方形或矩形，当场区面积较大时，常分为两极。首级可采用“十”字形、“口”字形或“田”字形，然后再加密方格网。园林绿地方格网的轴线，应与绿地内主要园林建筑项目的基本轴线平行，并使方格网点接近测设的对象，方格网的折角应严格成90°，正方形方格网的边长一般为100～200m；矩形方格网的边长视绿地中各单体项目的大小和分布而定，一般为5～10m的整数长度。相邻方格网之间应通视，标桩能够长期保存。

绿地建设控制方格网的主轴线，应尽量位于场地中央，它是绿地控制方格网的扩展基础。两根主轴线的垂直交叉点，即为主点。其施工坐标一般由设计单位给出，也可在总平面图上用图解法求得一点的施工坐标，然后推算其他点的施工坐标。在测设之前，应把主点的施工坐标换算成测量坐标。

主轴线中，纵横轴各个端点应布置在场区的边界上，为便于恢复施工过程中损坏的轴线点，必要时主轴线各个端点可布置在场区外的延长线上。为了便于定线、量距和标桩保护，轴线点不要落在待建的项目上。

四、设置绿地建设控制高程点

在待建的绿地上，水准点的密度应尽可能满足安置一次仪器即可测设出所需的高程点。而测量地形整造、广场、园路时敷设的水准点往往是不够的，因此，还需增设一些水准点。在一般情况下，方格网点也可兼作高程控制点。只要在方格网点桩面上中心点旁边设置一个突出的半球状标志即可。

由于绿地中道路、地坪、园林小品等项目较多，因此，需要在合适的地方设置多个控制高程点。特别是绿地中的园林建筑物、园林小品等主要景点的附近要设置高程点，便于这些园林建筑物、园林小品等项目的先行施工。

高程点设置后，应进行往返测量，或单程双线观测，其测量误差应小于闭合水准线路允许闭合差。

施工控制测量的最终成果，必须在地面上精确地固定下来，因而要埋设稳定牢固的标桩。这是施工控制测量中的主要工作之一。

平面控制点的标桩有永久性和临时性两种。永久性标桩的埋设应考虑到在施工和生产中能长期保存，不致发生下沉和位移。标桩的埋深不得浅于0.5m，冻土地区标桩的埋深不得浅于冻土线以下0.5m。标桩顶面以高于地面设计高程0.3m为宜。

临时性标桩一般以木桩为主，也有采用铁桩和金属管段等。其规格和打入地下的深度依地区条件而定。木桩打入土中之后，应将桩顶锯平。为了保证桩位稳定，可将桩四周浮土挖去以混凝土将木桩包固。

复习思考题

园林绿地整体的测量放样原则是什么？

第二节　园林建筑物的施工测量

在园林工程建设中，特别是一些公园及绿地内都会有一些园林建筑物，如：管理房、餐厅、小卖部、厕所等，这些建筑物均应进行单体施工测量，把图纸上设计的尺寸、位置测设到地面上。

一、测量前的准备工作

(1) 熟悉施工图纸。测量前首先熟悉各类图纸，如：总平面图、园林建筑物平面图、基础平面图、基础详图等，要仔细阅读图纸，把图纸读懂读熟。

(2) 备齐各种测量器具，使用前要进行校正。

(3) 现场踏勘，并且进行坐标点的引测。

(4) 准备好设置龙门桩的小木柱、小木板、麻线、白灰等等。

二、园林建筑物的定位测量

园林建筑物的定位测量，就是把设计图中园林建筑物的外廓轴线测设到地面上，然后再根据外廓轴线测放出园林建筑物的细部。

如图 12-2-1 为某管理用房平面图，图中的①轴至⑥轴、Ⓐ轴至Ⓔ轴都是管理房的外廓轴线，首先应定出①轴与Ⓐ轴相交的 M 点，然后再用经纬仪和钢卷尺定出 N 点和 P 点、Q 点。

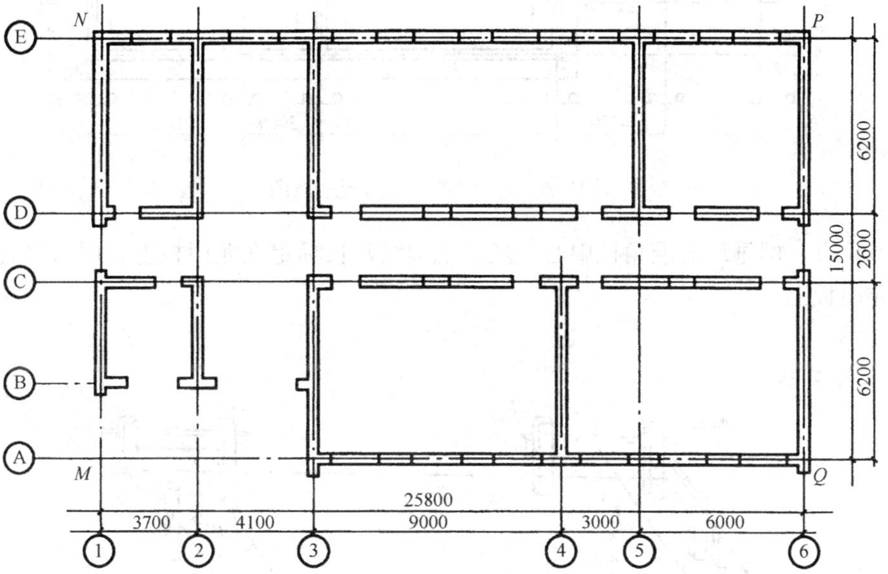

图 12-2-1　某管理用房平面外廓轴线定位示意图

在园林建筑物定位以后，所测设的轴线交点桩，在开挖基槽时将被破坏，施工时为了方便地恢复各轴线的位置，一般是把轴线延长到安全地点，并作好标记。延长轴线的方法有两种：一种是在建筑物的外侧钉龙门桩和龙门板；另一种是在轴线延长线上打木桩，称为轴线控制桩。龙门板的设置方法如下：在四角和中间隔墙的两端基槽之外约 1.5～2m 处(可根据槽深和土质而定)设置龙门桩。桩要钉得竖直、牢固，桩的外侧面应与基槽平行，如图 12-2-2。

然后，根据场地内的水准点，用水准仪将±0 的高程测设在龙门桩上，用红铅笔划一横线(若地形条件不许可，可测设比±0 高或低一整数的高程线)。根据该红线把龙门板钉在龙门桩上，使龙门板的上边缘高程正好为±0。并用水准仪校核龙门板的高程，如果发现有差错，应及时改正。

最后，将经纬仪安放在 N 点(图 12-2-3)，瞄准 P 点沿视线方向在龙门板上定出一点，用小钉标志。倒转望远镜在 N 点附近的龙门板上钉一小钉。如果园林建筑物较小，也可

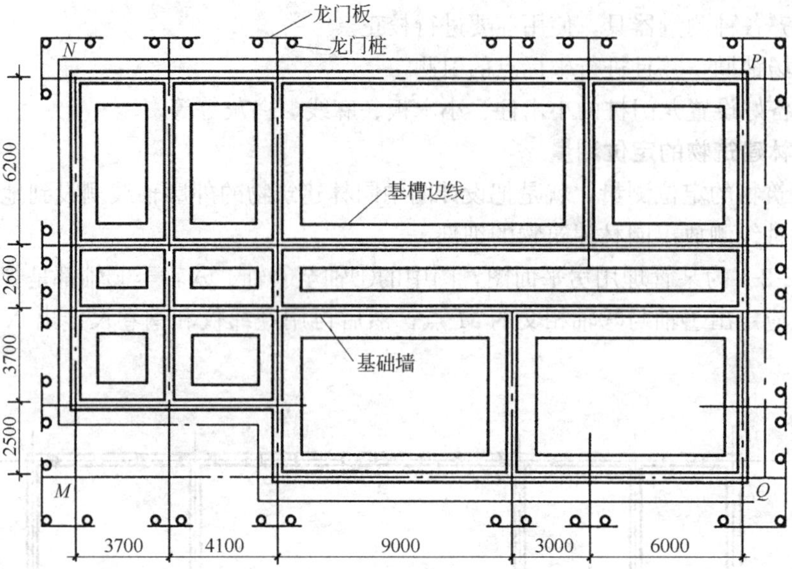

图 12-2-2　龙门桩与龙门板示意图

用小线绳拉直，用垂球对准角桩中心，然后把轴线延长标定在龙门板上。同法将各轴线都引测到龙门板上。

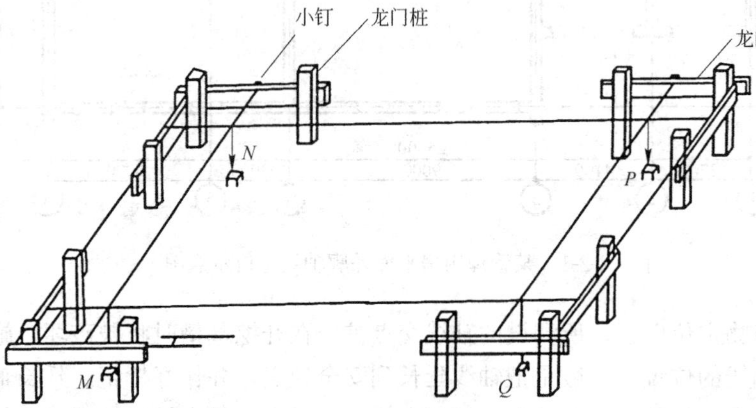

图 12-2-3　龙门桩与龙门板的设置位置

三、基础沟槽施工测量

在园林建筑物，园林小品等测量定位后，就可以开挖基础或沟槽了，此时必须进行沟槽开挖深度的测量，根据设计标高和测设的原地面标高及基础、垫层等的厚度计算沟槽的开挖深度。

当基槽挖到设计底面标高 30～50cm 时，可用水准仪在槽壁上隔 2～3m 打一水平桩，也可以在基槽边的地面上做一个控制桩或龙门板，然后用钢尺或长木尺引测下去。但是深度较深时，一定要使用水准仪进行标高的引测。

第三节　使用全站仪进行园林工程的测量

全站仪是光、电、机、算、贮等功能综合、构造精密的自动化测量仪器。近几年，在大型绿地的建设测量中广泛使用，特别是进行大广场、长距离园路的测量放样，形状不规则的地面、园路、驳岸、河道、土山体等的测量，具有简便、快速、精确的优点。使用前一定要仔细阅读仪器说明书，了解仪器的性能与特点。仪器要专人使用，按期校验、定期检查主机与附件是否运转正常、齐全。在现场观测中仪器与反射棱镜均必须有专人看守以防摔、砸。在测站上的操作步骤如下：

(1) 安置仪器：对中、定平后，测出仪器的视线高 H。

(2) 开机自检：打开电源，仪器自动进入自检后，纵转望远镜进行初始化即显示水平度盘读数与竖直度盘读数。

(3) 输入参数：主要是棱镜常数，温度、气压及湿度等气象参数(后三项有的仪器已可自动完成)。

(4) 选定模式：主要是测距单位、小数位数及测距模式，角度单位及测角模式。

(5) 后视已知方位：输入测站已知坐标(y，x，H)及后视边已知方位(ϕ)。

(6) 观测前视欲求点位，一般有四种模式：①测角度——同时显示水平角与竖直角；②测距——同时显示斜距离、水平距离与高差；③测点的极坐标——同时显示水平角与水平距离；④测点位——同时显示 y，x，H。

(7) 应用程序测量：①按已知数据进行点位测设；②对边测量——观测两个目标点即测得其斜距离、水平距离、高差及方位角；③面积测量——观测几点坐标后，即测算出各点连线所围起的面积；④后方交会——在需要的地方安置仪器，观测 2～5 个已知点的距离与夹角，即可以后方交会的原理测定仪器所在的位置；⑤其他特定的测量，如导线测量等。

复习思考题

在园林建筑物施工中，常设置龙门板，龙门板的作用是什么？

第十三章　园林工程地形整理

第一节　地形整理简述

园林工程中的地形整理，是根据园林绿地的总体规划要求，对现场的地面进行填、挖、堆筑等，为园林工程建设整造出一个能够适应各种项目建设、更有利于植物生长的地形。比如，对于园林建筑物、园林小品的用地，要整理成局部平地地形，便于基础的开挖；对于堆土造景、可以整理成高于原地形标高的地块，场地上的建筑硬块可以填筑在该地块下部，便于上部山体的堆筑；对于园路、广场的用地也可以填筑建筑硬块，并且进行夯实处理，作为园路、广场的基层；对于绿化种植用地，则可以整理成符合设计要求的平地、微土坡等，其表面土层厚度必须满足植物栽植要求；土质必须是符合种植土要求的土壤，严禁将场地内的建筑垃圾及有毒、有害的材料填筑在绿化种植地块。

按照设计的要求，整理营造适宜的地形坡度，常见的设计坡度参考值如图 13-1 所示。

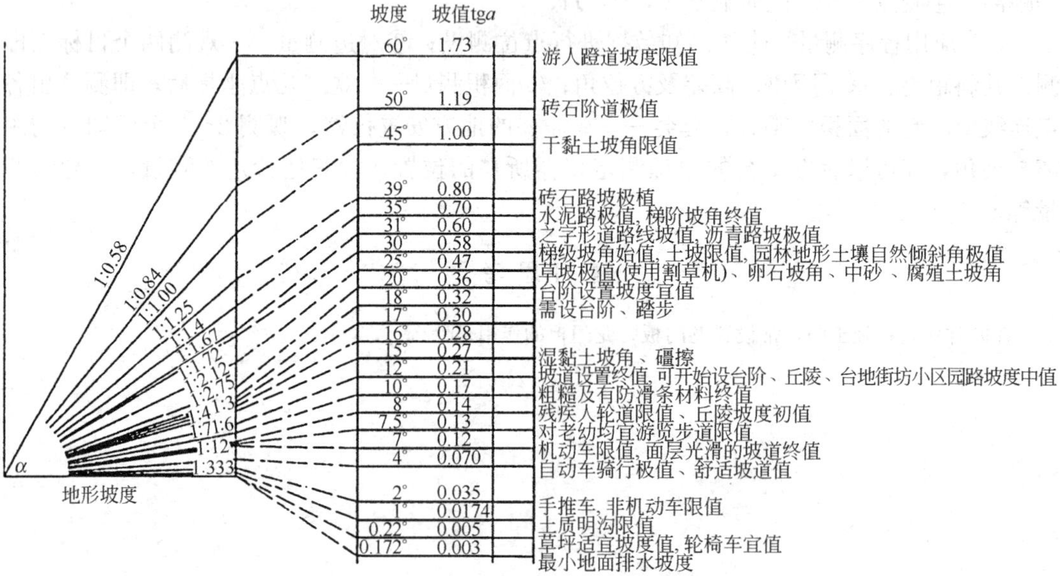

图 13-1　常见地形设计坡度选用

第二节　地形整理的方法

地形整理的方法是采用机械和人工结合的方法，对场地内的土方进行填、挖、堆筑等，整造出一个能适应各种项目建设需要的地形。

一、地形整理的要求

(1) 在园林土方造型施工中，地形整理表层土的土层厚度及质量必须达到《城市绿化工程施工及验收规范》(CJJ/T 82—99)中对栽植土的要求。

(2) 地形整理的施工既要满足园林景观的造景要求，更要考虑土方造型施工中的安全因素，应严格按照设计要求，并综合考虑土质条件、填筑高度(开挖深度)、地下水位、施工方法、工期因素等。

(3) 土壤的种类、土壤的特性与土方造型施工密切相关，填方土料应符合设计要求，保证填方的强度和稳定性，无设计要求时，应符合下列规定。

1) 碎石类土，砂石和爆破石碴(粒径不大于每层铺厚的2/3)可用于离设计地形顶面标高2m以下的填土。

2) 含水量符合压实要求的黏性土，可作各层填料。

3) 碎块草皮和有机质含量大于8%的土，仅用于无压实要求的填方。

4) 淤泥和淤泥质土，一般不能用作填料，但在软土或沼泽地区，其经过处理，含水量符合压实要求，可用于填方中的次要部位。

(4) 填土应严格控制含水量，施工前应检验。当土的含水量大于最优含水量范围时，应采用翻松、晾晒、风干法降低含水量，或采用换土回填、均匀掺入干土或其他吸水材料等措施来降低土的含水量。若由于含水量过大夯实时产生橡皮土，应翻松晾干至最佳含水量时再填筑。如含水量偏低，可采用预先洒水润湿。土的含水量的简易鉴别方法是：土握在手中成团，落地开花，即为土的最优含水量。通常控制在18%～22%左右。

(5) 填方宜尽量采用同类土填筑。如采用两种透水性不同的土填筑时，应将透水性较大的土层置于透水性较小的土层之下，边坡不得用透水性较小的土封闭，以免填方形成水囊。

(6) 挖方的边坡，应根据土的物理力学性质确定。人工湖开挖的边坡坡度应按设计要求放坡，边坡台阶开挖，应随时做成坡势，以利泄水。

二、地形整理前的准备工作

(一) 技术准备

(1) 熟悉复核竖向设计的施工图纸，熟悉施工地块内的土层的土质情况。

(2) 阅读地质勘察报告，了解地形整理地块的土质及周边的地质情况，水文勘察资料等。

(3) 测量放样，设置沉降及水平位移观测点，或观测桩。在具体的测量放样时，可以根据施工图及城市坐标点、水准点，将土山土丘、河流驳岸等高(深)线上的拐点位置标注在施工现场，作为控制桩并作好保护。

(4) 编制施工方案，绘制施工总平面布置图，提出土方造型的操作方法，提出需用施工机具、劳动力、推广新技术计划，较深的人工湖开挖还应提出支护、边坡保护和降水方案。

(二) 人员准备

组织并配备土方工程施工所需各专业技术人员、管理人员和技术工人；组织安排作业班次；制定较完善的技术岗位责任制和技术、质量、安全、管理网络；建立技术责任制和质量保证体系；对拟采用的土方工程新机具、新工艺、新技术，组织力量进行研制和试验。

（三）设备准备

作好设备调配，对进场挖土、堆土、造型、运输车辆及各种辅助设备进行维修检查，试运转，并运至使用地点就位。

（四）施工现场准备

（1）土方施工条件复杂，施工时受地质、水文、气候和施工周围环境的影响较大，因此应充分掌握施工区域内、地下障碍物和水文地质等各种资料数据，对施工场地内的地下障碍物进行核查，确认有可能影响施工质量的管线、地下基础、暗浜及其他障碍物，用于指导施工。并充分估计施工中可能产生的不良因素，制定各种相应的预防措施和应急手段。并在开工前做好必要的临时设施。包括临时水、电、照明和排水系统，以及施工便道的铺设等。

（2）在原有建筑物(构筑物)附近挖土和堆筑作业时，应先考虑到对原建(构)筑物是否有外力的作用而引起危害，作好有效的加固准备及安全措施。

（3）在预定挖土和堆筑土方的场地上，应将地表层的杂草、树墩、混凝土地坪预先加以清除、破碎并运出场地，对需要清除的地下隐蔽物体，由测量人员根据建设单位提供的准确位置图，进行方位测定，挖出表层，暴露出隐蔽物体后，予以清除。然后进行基层处理，由施工单位自检、建设或监理单位验收，未经验收不得进入下道地形整理的工序。

（4）在整个施工现场范围，必须先排除积水。并开掘明沟使之相互贯通，同时开掘若干集水井，防止雨天积水，确保挖掘和堆筑的质量，以符合最佳含水标准。

（5）开挖和堆筑在按图放样定位、设置准确的定位标准及水准标高后，方可进行作业。特别是在城市规划区内，必须在规划部门勘察的建筑界线范围内进行测量定位，并经有关单位核查无误后，方可开工。

（6）地形整理工程施工开工前，必须办妥各种进出土方申报手续和各种许可证。

三、地形整理的方法

（一）地形整理的土方工程量计算

在整个地形整理的施工过程中，土方工程量的计算是一个非常重要的环节，在进行编制地形整理的施工方案或编制施工预算书时，或进行土方的平衡调配及检查验收土方工程时，都要进行土方工程量的计算，土方工程量计算的实质是计算出挖方或填方的土的体积，即土的立方体量。

土方量计算的常用方法是方格网法。其计算步骤和方法如下：

1. 划分方格网

根据已有地形图将欲计算场地划分为若干个方格网。将自然地面标高与设计地面标高的差值，即各角点的施工高度(挖或填)，写在方格网的左上角，挖方为“+”，填方为“-”。

2. 计算零点的位置

在一个方格网内同时有填方或挖方时，应先算出方格网边上的零点的位置，并标注于方格网上，连接零点即得填方区与挖方区的分界线(即零线)。

3. 计算土方工程量

按方格网底面积图形和体积计算公式计算出每个方格内的挖方或填方量。

4. 计算土方总量

将挖方区或填方区所有土方计算量汇总，即得该场地挖方和填方的总土方量。

（二）土方的平衡与调配

计算出土方的施工标高、挖填区面积、挖填区土方量，并考虑各种变化因素（如土的松散率、压缩率、沉降量等），考虑土方的折算系数进行调整后，应对土方进行综合平衡与调配。土方平衡与调配工作是土方施工的一项重要内容，其目的在于取弃土量最少，土方运输量或土方运输成本为最低的条件下，确定填、挖方区土方的调配方向和数量，从而达到缩短工期和提高经济效益的目的。

进行土方平衡与调配，必须综合考虑工程和现场情况、进度要求和土方施工方法以及分期分批施工工程的土方堆放和调运问题，经过全面研究，确定平衡调配的原则之后，才可着手进行土方平衡与调配工作，如划分土方调配区，计算土方的平均运距、单位土方的运价，确定土方的最优调配方案。

1. 土方的平衡与调配原则

(1) 与填方基本达到平衡，减少重复倒运。

(2) (填)方量与运距的乘积之和尽可能为最小，即总土方运输量或运输费用最小。

(3) 土应用在回填密实度要求较高的地区，以避免出现质量问题。

(4) 土或弃土应尽量不占农田或少占农田，弃土尽可能有规划地造田。

(5) 区调配应与全场调配相协调，避免只顾局部平衡，任意挖填而破坏全局平衡。

(6) 选择恰当的调配方向、运输路线、施工顺序，避免土方运输出现对流和乱流现象，同时便于机具调配、机械化施工。

2. 土方平衡与调配的步骤及方法

土方平衡与调配需编制相应的土方调配图，其步骤如下：

(1) 划分调配区。在平面图上先划出挖填区的分界线，并在挖方区和填方区适当划出若干调配区，确定调配区的大小和位置。划分时应注意以下几点：

1) 划分应与房屋和构筑物的平面位置相协调，并考虑开工顺序、分期施工顺序；

2) 调配区大小应满足土方施工用主导机械的行驶操作尺寸要求；

3) 调配区范围应和土方工程量计算用的方格网相协调。一般可由若干个方格组成一个调配区；

4) 当土方运距较大或场地范围内土方调配不能达到平衡时，可考虑就近借土或弃土，此时一个借土区或一个弃土区可作为一个独立的调配区。

(2) 计算各调配区的土方量并标明在图上。

(3) 计算各挖、填方调配区之间的平均运距，即挖方区土方重心至填方区土方重心的距离，可用作图法近似地求出调配区的形心位置 O 以代替重心坐标。重心求出后，标于图上，用比例尺量出每对调配区的平均运输距离。

(4) 定土方最优调配方案，使总土方运输量为最小值，即为最优调配方案。

综上所述的地形整理的土方工程量计算和土方平衡与调配，其实是采用计算体积的方法，计算出挖方和填方的体积，然后采用最短的运输距离，把高出设计高程的土方填至低于设计高程的地方。

（三）地形整理的方法

人工湖的开挖是地形整理的一项工作内容，在园林工程中是典型的挖方工作。

1. 人工湖的开挖

(1) 人工湖开挖的程序一般是：测量放线→排降水→按等深线分层开挖(修坡)→湖岸(修坡)→人工修整。人工湖底有深浅时，应遵循先深后浅或同时进行的施工程序。挖土应自上而下水平分段分层进行，每层 0.3m 左右，边挖边检查人工湖或河流的宽度及坡度，及时修整，至设计标高，再统一进行一次修坡清底，检查人工湖或河流的宽度和标高，要求坑底凹凸不超过 0.2m。

(2) 开挖前，应先进行测量定位，抄平放线，定出开挖边线，按放线分块(段)分层挖土。根据土质和水文情况并且根据设计要求，按设计等深线位置放线，先挖取人工湖中心部位再按等深线向四周围逐步扩大范围，施工中由测量人员及时跟踪监测，随时进行修正，避免超挖。

(3) 河(湖)道开挖过程中会有大量的地下水渗出。每间隔一定距离开掘一个集水坑，坑中积水用泥浆泵抽排，以保证后道工序能正常施工。地面也应作好排水措施，防止地表水流入坑内冲刷边坡，造成塌方和破坏基土。

(4) 在修整河(湖)坡时，为了保证土坡的稳定，挖土机械必须选用斗容量 $1m^3$ 以下的挖土机作业，不得将作业的挖土机履带与所挖河(湖)边线平行作业、行驶、停放。运土汽车应距开挖边线平行 3m 以外行驶。

(5) 对河(湖)有石砌驳岸的边线，应结合驳岸的施工，做到及时挖完后立即进行驳岸施工，防止开挖结束后造成土方的自然坍塌，同时应预留驳岸作业的施工空间。

2. 土山体堆筑

随着国民经济的进一步发展，人们对自然、对生态的渴望越来越高，特别是城市的人们置于钢筋水泥森林的包围中，非常渴望在身边能看到形似自然界的丘陵、山谷、湖泊、小溪，近几年堆筑山体高差超过 5m 的也越来越多，因此土山体的堆筑亦成为地形整理的重要部分。

(1) 土山体的堆筑、填料应符合设计要求，保证堆筑土山体土料的密实度和稳定性。当在有地下构筑物的顶面堆筑较高的土山体时，可考虑在土山体的中间放置轻型填充材料，如 EPS 板等，以减轻整个山体的重量。

(2) 土方堆筑时，要求对持力层地质情况作详细了解。并计算山体重量是否符合该地块地基最大承载力，如大于地基承载力则可采取地基加固措施。地基加固的方法有：打桩、设置钢筋混凝土结构的筏形基础、箱形基础等，还可以采用灰土垫层、碎石垫层、三合土垫层等，并且进行强夯处理，以达到符合山体堆筑的承载要求。

(3) 土山体的堆筑，应采用机械堆筑的方法，采用推土机填土时，填土应由下而上分层填筑，每层虚铺厚度不宜大于 50cm。

(4) 土山体的压实。

1) 土山体的压实应采用机械进行压实

用推土机来回行驶进行碾压，履带应重叠 1/2，填土可利用汽车行驶作部分压实工作，行车路线须均匀分布于填土层上，汽车不能在虚土上行驶，卸土推平和压实工作须采用分段交叉进行。

2) 为保证填土压实的均匀性及密实度，避免碾轮下陷，提高碾压效率，在碾压机械碾压之前，宜先用轻型推土机、拖拉机推平，低速预压 4～5 遍，使表面平实。

3）碾压机械压实填方时，应控制行驶速度，一般平碾、振动碾不超过2km/h；并要控制压实遍数。当堆筑接近地基承载力（达承载力的80%）时，未作地基处理的山体堆筑，应放慢堆筑速率，严密监测山体沉降及位移的变化。

4）已填好的土如遭水浸，应把稀泥铲除后，方能进行下一道工序。填土区应保持一定横坡，或中间稍高两边稍低，以利排水。当天填土，应在当天压实。

（5）土山体密实度的检验。土山体在堆筑过程中，每层堆筑的土体均应达到设计的密实度标准，若设计未定标准则应达到88%以上，并且进行密实度检验，一般采用环刀法（或灌砂法），才能填筑上层。

（6）土山体的等高线。山体的等高线按平面设计及竖向设计施工图进行施工，在山坡的变化处，做到坡度的流畅，每堆筑1m高度对山体坡面边线按图示等高线进行一次修整。采用人工进行作业，以符合山形要求。整个山体堆筑完成后，再根据施工图平面等高线尺寸形状和竖向设计的要求自上而下对整个山体的山形变化点（山脊、山坡、山凹）精细地修整一次。要求做到山体地形不积水，山脊、山坡曲线顺畅、柔和。

（7）土山体的种植土。土山表层种植土要求按照《城市绿化工程施工及验收规范》（CJJ/T 82—99）中的有关条文执行。

（8）土山体的边坡。土山体的边坡应按设计的规定要求。如无设计规定，对于山体部分大于23.5°自然安息角的造型，应该增加碾压次数和碾压层。条件允许的情况下，要分台阶碾压，以达到最佳密实度，防止出现施工中的自然滑坡。

（四）地形整理的验收

地形整理的验收，应由设计、建设和施工等有关部门共同进行验收。

1. 人工湖的验收

（1）检查人工湖的平面形状，湖岸边坡及湖底的标高是否符合设计要求，湖底的土质原状结构是否发生较大的扰动。检查人工湖的湖底处理是否符合设计要求。

（2）若人工湖采取防水措施则需检查人工湖的防水材料的铺设记录及产品合格证书和检验报告，并进行渗水试验。试水时，应将水灌至设计水位标高，连续观察7～10天，做好水面升降记录，水面无明显降落则人工湖检验合格。

2. 土山体的验收

（1）通过土工试验，土山体密实度及最佳含水量应达到设计标准。检验报告齐全。

（2）土山体的平面位置和标高均应符合设计要求，立体造型应体现设计意图。外观质量评定通常按积水点、土体杂物、山形特征表现等几方面评定。

（3）雨后，土山体的山凹、山谷不积水，土山体四周排水通畅。

（4）土山体的表层土符合《城市绿化工程施工及验收规范》（CJJ/T 82—99）中的有关条文要求。

复习思考题

1. 土方堆筑材料应符合哪些规定？
2. 土方平衡与调配的目的是什么？

第十四章　园林铺地及园路工程

园林铺地及园路是建设在公园中或绿地内，起到组织交通、引导游览、划分空间、构成园景、集聚人流等作用的硬质地面。园林铺地及园路在公园中或绿地内，占地面积较大，除去绿化种植地块、园林小品、山体和河流外，几乎都是园林铺地及园路。在园林铺地及园路的面层铺装时，采用不同材料、不同色彩、不同面层和不同花纹组合进行铺装，能铺装成五光十色的地面，并且反映了该公园或该绿地的主题思想，被称作为硬质地面景观。园林铺地及园路的种类较多，是公园或绿地造景的一个重要组成部分。

第一节　工　程　准　备

园林铺地及园路工程施工前的准备工作主要有：技术准备、施工现场准备、施工人员准备、材料准备等。

一、技术准备

技术准备是施工准备的核心。由于任何技术的差错或隐患都可能引起人身安全和质量事故，造成返工、延误工期等财产和经济的巨大损失，因此必须认真地做好技术准备工作。

为了能够按照设计图纸的要求顺利地进行施工，建设成符合设计要求的园林铺地及园路工程；为了能够在拟建工程开工之前，使从事施工技术和经营管理的工程技术人员充分地了解和掌握设计的意图、园路的基层构造、面层铺装的特点及技术要求，以及成景的关键部位与整个公园和绿地建设的关系，施工单位必须认真做好熟悉、审查图纸的工作。这是技术准备的一个重要内容。

二、施工现场准备

施工现场是施工的全体参加者为夺取优质、高速、低消耗的目标，而有节奏、均衡连续地进行施工的活动空间。施工现场的准备工作主要有以下内容，这些准备工作实质上是整个园林景观工程建设的现场准备工作，而园路铺装只是其中的一部分。

（一）做好施工现场的控制网测量

按照建设单位提供的景观工程施工图纸及给定的永久性坐标控制网和水准控制基桩，进行施工测量，设置施工现场的永久性坐标桩，水准基桩和工程测量控制网。

（二）做好“四通一清”，认真设置消火栓

“四通一清”是指水通、电通、道路通畅、通信通畅和场地清理。应按消防要求，设置足够数量的消火栓。

1. 水通

水是施工现场的生产和生活用水的关键，开工后，应在现场续接一些水管和水龙头，保证施工、生活的用水。在园路施工一侧开挖临时排水沟，保证雨天不积水，以防止对园路基层造成侵蚀。

在适当的地方设置沉淀池以及一些排水管和沟渠，施工生产、生活废水排入沉淀池，经沉淀后再排入市政管网中。应在施工现场创造一个良好的给水排水系统，确保施工的顺利进行。

2. 电通

电是施工现场的主要动力来源。特别对于园路铺装工程，有大量的石材切割作业，工程开工前，要按照施工计划的要求，配备一些电箱，配备一些照明电器。

3. 道路通畅

施工现场的道路是组织物资运输的动脉。工程开工前，必须按照施工总平面图的要求，修好施工现场的永久性道路以及必要的临时性道路，形成完整通畅的运输网络，为各种材料与机具的进场、堆放创造有利条件。

如果现场上有永久性道路，那么可以先做永久性道路的基层，基层做完后，可以作为施工便道利用。但是要做好保护工作，在工程结束前，快速进行道路面层的铺装。

4. 通信畅通

施工现场应有一定的通信设施，保证施工过程中的通信，以及应付突发事件。

5. 场地清理

场地清理主要是地形整造，根据设计规定标高进行适当的填、挖，整平施工所需要的场地。

（三）建造临时设施

按照施工总平面图的布置，建造临时设施，为正式开工准备好生产、办公、生活和储存等临时用房。

（四）安装、调试施工机具

按照施工机具需要量计划，组织施工机具进场，根据施工总平面图将施工机具安置在规定的地点或仓库。对于固定的机具要进行就位、搭棚、保养和调试等工作。对所有施工机具都必须在开工之前进行检查和试运转。

（五）做好园林铺地及园路工程的铺装材料的堆放，按照施工进度计划组织铺装材料的进场，并做好保护工作

（六）及时提供建筑材料的试验申请计划

按照建筑材料的需要量计划，及时提供建筑材料的试验申请计划。比如：混凝土或砂浆的配合比和强度等试验，水泥原材料的复试等。

（七）做好雨期施工安排

按照施工组织设计的要求，落实雨期施工的临时设施和技术措施。

三、施工人员的准备

为确保园林铺地及园路工程建设的顺利完成，应根据工程的特点，组织有经验的园林铺地及园路铺装的施工人员进场施工。

四、材料和机具准备

园林铺地及园路工程施工的材料、机具和设备是保证施工顺利进行的物资基础，这些物资的准备工作必须在工程开工之前完成。根据各种物资的需要量计划，分别落实货源，安排运输和储备，使其满足连续施工的要求。

（一）根据施工图纸要求，选用优质的材料

特别是面层铺装材料，应选购一些样品，经建设单位、设计人员看样同意后，再大量进行采购。有些要经过加工的块石，则应先行进行加工。

材料到工地后，按照要求，进行验证、贮存、防护和标识，并做好各类台账记录。

（二）施工机具的准备

根据采用的施工方案，安排施工进度，确定施工机械的类型、数量和进场时间，确定施工机具的供应办法和进场后的存放地点和方式。

（三）测量仪器的准备

测量仪器应按有关规定要求进行检测校正，凡是没有检测校正过的仪器一律不得使用。对于超过使用期限的仪器应及时进行校正，符合要求才能使用。考虑到园林铺地和园路工程施工场地较大，因此应配备全站仪、经纬仪、水平仪、长卷尺等仪器、器具。

复习思考题

铺地工程怎样进行材料和机具准备？

第二节 园路的构造、种类及形式

一、园路的种类、形式

（一）园路的种类

园路有许多种类，在景观建设中，设计图纸经常把园路分为主园路、次园路、人行步道等。这是一种按园路宽度进行的划分，主园路的路面宽度一般为6～7m，次园路的路面宽度一般为3～4m，人行道的宽度一般为0.5～1.5m。

从园路的用途来讲，主园路是公园或绿地内的主要道路，环绕整个公园或整个绿地布置，是主干道，能适应一般车辆的通行。次园路是公园或绿地内的次要道路，路宽一般为主园路的一半，能适应小型车辆及游览车的通行。人行道是供人们休憩、散步、游览的通幽曲径，宽度为0.5～1.5m不等，其与广场、园林小品等相连、相通，布置于高低起伏的地形之间，形成亲切自然、静谧幽深的自然游览步道。

（二）园路的形式

园路不同于一般的城市道路，园路大多数是环绕着整个公园或整个绿地布置，有环状、条状、树枝状等。次园路由主园路伸展而出，人行道由次园路伸展而出，互通互连。人们行走在园路间，可以游览整个公园或绿地的风光。

二、园路的构造

(1) 园路由基层和面层组成，其基层所用的材料一般为碎石、混凝土、砂浆等。由于各种园林铺地及园路所处的地块的不同或用途不同，其基层构造也略有不同，如果园林铺地及园路所处的地块是松土、淤泥土、回填土，则基层的素土必须进行夯实处理，碎石垫层也应厚些，或采用较大的块石填筑，也可以考虑在混凝土中放置钢筋，以加强基层的整体性和承载力。基层的厚度在施工图纸中都有详细的标准，施工时应严格按设计图纸的要求进行施工(表14-2)。

(2) 园林铺地及园路面层主要有：混凝土、花岗石、青石板、水泥面砖、小青砖、鹅卵石、木板、透水砖等。花岗石有许多不同的色彩，比如：黑色、灰色、褐色、黄色、锈石色等，其表面也有火烧面、拉丝面、斧凿面、光面等。因此，设计图纸把这些不同色彩、不同面层的花岗石组成各种花纹图案的园林铺地及园路面层；也有把花岗石、小青砖、

常用园路构造表(单位：mm) 表 14-2

编号	类　　型	结　　构	
1	石板嵌草路	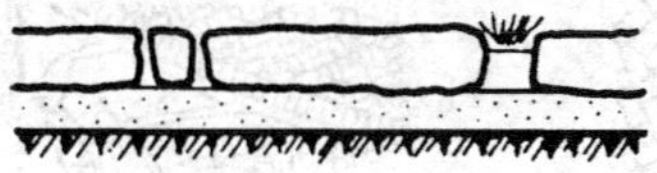	1. 100 厚石板 2. 50 厚黄砂 3. 素土夯实 注：石缝 30～50 嵌草
2	卵石嵌草路	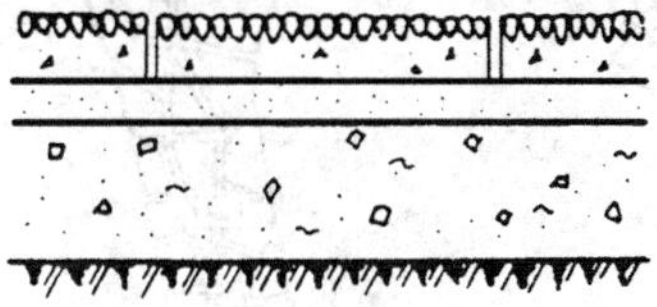	1. 70 厚预制混凝土嵌卵石 2. 50 厚 M2.5 混合砂浆 3. 一步灰土 4. 素土夯实
3	方　砖　路	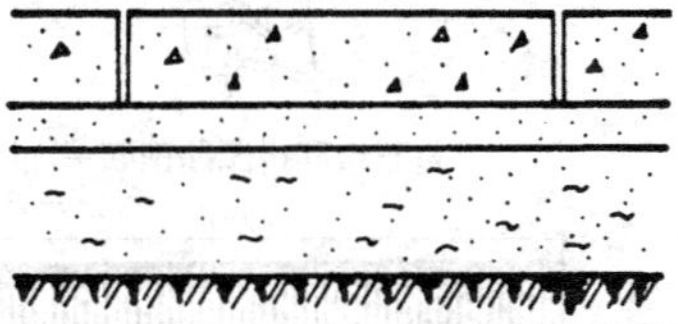	1. 500×500×100C15 混凝土方砖 2. 50 厚粗砂 3. 150～250 厚灰土 4. 素土夯实 注：胀缝加 10×95 橡皮条
4	水泥混凝土路	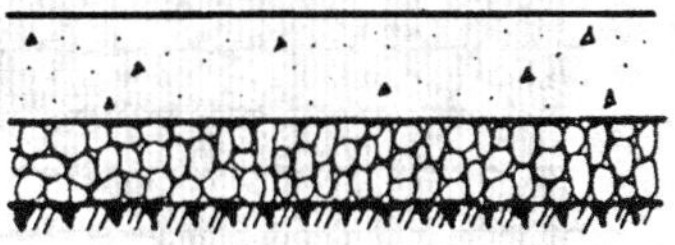	1. 80～150 厚 C20 混凝土 2. 80～120 厚碎石 3. 素土夯实 注：基层可用二渣(水碎渣、散石灰)，三渣(水碎渣、散石灰、道渣)
5	卵　石　路	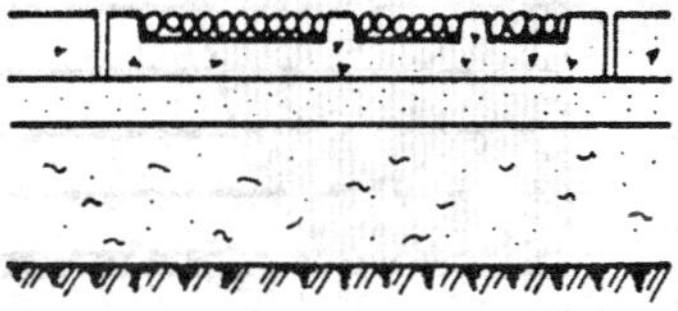	1. 70 厚混凝土上栽小卵石 2. 30～50 厚 M2.5 混合砂浆 3. 150～250 厚碎砖三合土 4. 素土夯实
6	沥青碎石路	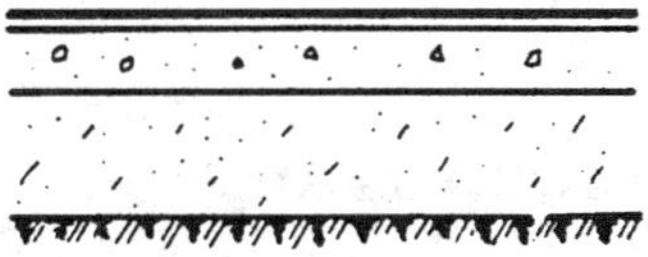	1. 10 厚二层柏油表面处理 2. 50 厚泥结碎石 3. 150 厚碎砖或白灰、煤渣 4. 素土夯实
7	羽毛球场铺地		1. 20 厚 1∶3 水泥砂浆 2. 80 厚 1∶3∶6 水泥、白灰、碎砖 3. 素土夯实
8	步　　石	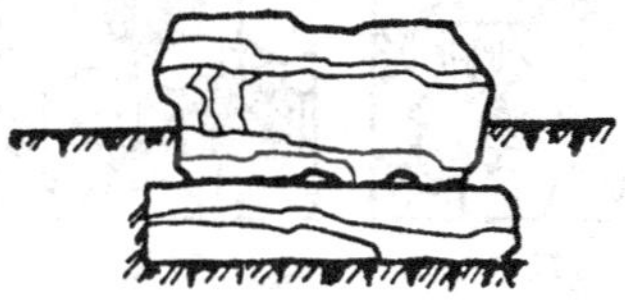	1. 大块毛石 2. 基石用毛石或 100 厚水泥混凝土板
9	块石汀步	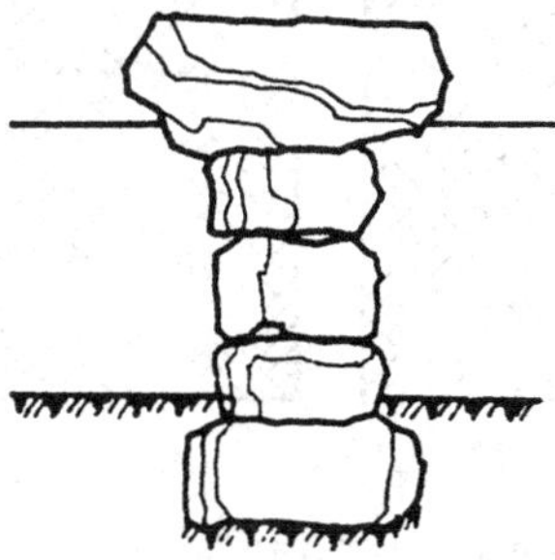	1. 大块毛石 2. 基石用毛石或 100 厚水泥混凝土板

鹅卵石、木板等各种面层材料应用在一起，建成了体现绿地或公园主题思想的硬质铺地景观(图 14-2-1、图 14-2-2)。

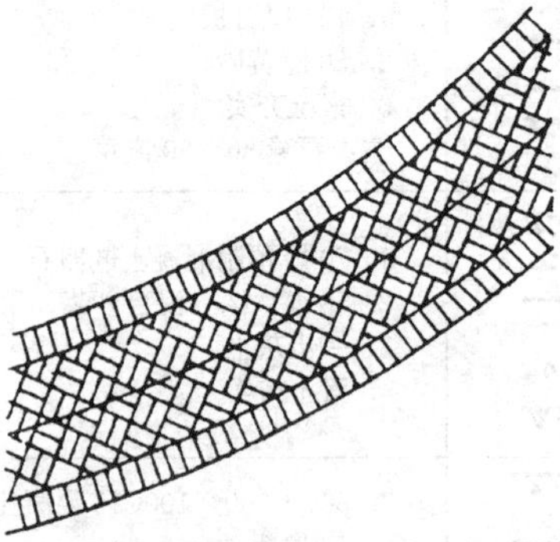

透水砖园路平面图

青石板碎拼园路铺装平面图

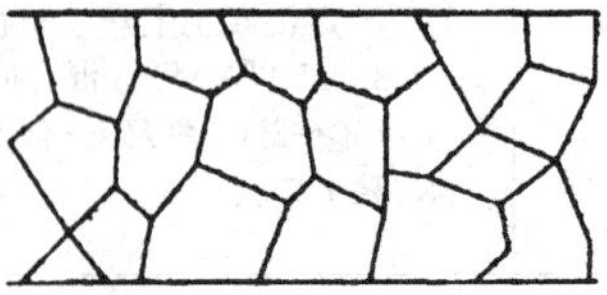

现浇彩色混凝土压模园路

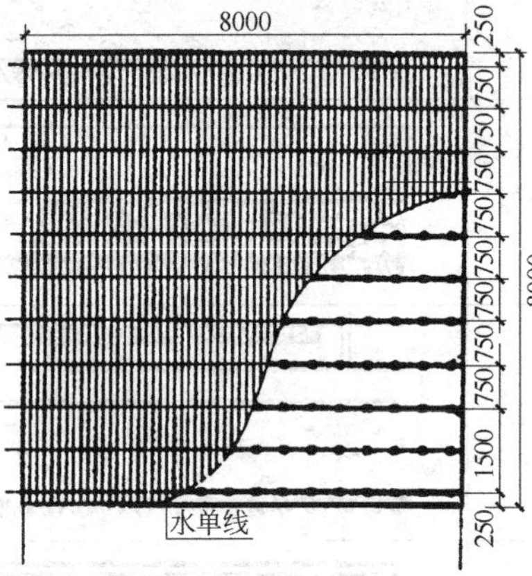

木铺地平面图

图 14-2-1　各种园路面层示意图

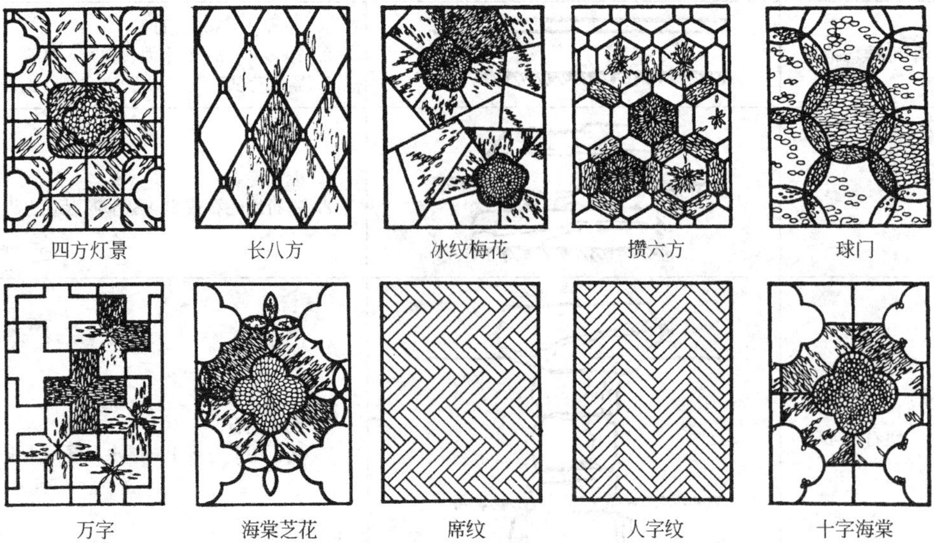

图 14-2-2　卵石及皇道砖园路面层示意图

复习思考题

目前主要的园路面层有哪几种?

第三节 园林铺地及园路的施工技术

根据园林铺地及园路面层铺装材料的不同，可以分为混凝土园路、花岗石园路、碎拼花岗石园路、水泥面砖园路、小青砖园路、鹅卵石园路、植草砖园路、彩色混凝土压模园路、木铺地园路、透水砖园路等。有些园路由各种不同的材料混合铺装，组成了五光十色的图案，这种园路的铺装技术要求高，施工难度也较大。下面主要介绍几种常用块料面层的铺装方法。

一、花岗石园路的铺装方法及施工要点

园路铺装前，应按施工图纸的要求选用花岗石的外形尺寸，少量的不规则的花岗石应在现场进行切割加工。先将有缺边掉角、裂纹和局部污染变色的花岗石挑选出来，完好的进行套方检查，规格尺寸如有偏差，应磨边修正。有些园路的面层要铺装成花纹图案的，挑选出的花岗石应按照不同颜色、不同大小、不同长扁形状分类堆放，铺装拼花时才能方便使用。

对于呈曲线形、弧形等形状的园路，其花岗石按平面弧度加工，花岗石按不同尺寸堆放整齐。对不同的色彩和不同形状的花岗石进行编号，便于施工时不乱套。

在花岗石块石铺装前，应先进行弹线，弹线后应先铺若干条干线作为基线，起标筋作用，然后向两边铺贴开来，花岗石铺贴之前还应泼水湿润，阴干后备用。铺筑时，在找平层上均匀铺一层水泥浆，随刷随铺，用20mm厚1∶3干硬性水泥砂浆作粘结层。花岗石安放后，用橡皮锤敲击，既要达到铺设高度，又要使砂浆粘结层平整密实。对于花纹图案铺贴前应进行弹线，画出花纹图案，对于铺装图案要求较高的先预铺一遍。对花岗石进行试拼，察看颜色、编号、拼花是否符合要求，图案是否美观。对于要求较高的项目应先做一样板段，邀请建设单位和监理工程师进行验收，符合要求后再进行大面积的施工。同一块地面的平面有高差，比如台阶、水景、树池等相交处，在铺贴前，花岗石应进行切削加工，圆弧曲线应磨光，确保花纹图案标准、精细、美观。花岗石铺设后再用彩色水泥砂浆填缝嵌实，面层用干布擦拭干净。花岗石铺设24小时后，应洒水养护1～2次，以补充砂浆在硬化过程中所需要的水分，保证花岗石与砂浆粘结牢固。养护期3天之内禁止踩踏。花岗石面层的表面应洁净、平整、斧凿面纹路清晰、整齐、细洁、色泽一致，铺贴后表面平整，斧凿面纹路交叉、整齐美观，接缝均匀、周边顺直、镶嵌正确，板块无裂纹、掉角、缺楞等缺陷。

二、水泥面砖园路的铺设方法

水泥面砖是以优质彩色水泥、砂，经机械拌合、成型，充分养护而成，其强度高、耐磨、色泽鲜艳、品种多。水泥面砖表面还可以做成方凸纹和圆凸纹等多种形状。水泥面砖园路的铺装与花岗石园路的铺装方法大致相同。水泥面砖由于是机制砖，色彩品种要比花岗石多，因此，在铺装前应按照颜色和花纹分类，有裂缝、掉角、表面有缺陷的面砖，应予剔除。

具体操作步骤如下：

(1) 基层清理：在清理好的地面上，找好规矩和泛水，扫好水泥浆，再按地面标高留出水泥面砖厚度做灰饼，用1∶3干硬砂浆(砂为粗砂)冲筋、刮平，厚度约为20mm，刮平时砂浆要拍实、划毛并浇水养护。

(2) 弹线预铺：在找平层上弹出定位十字中线，按设计图案预铺设花砖，砖缝预留2mm，按预铺的位置用墨线弹出水泥面砖四边边线，再在边线上画出每行砖的分界点。

(3) 浸水湿润：铺贴前，应先将面砖浸水2～3小时(至无气泡放出为止)，再取出阴干后使用。

(4) 水泥面砖的铺贴工作，应在砂浆凝结前完成。铺贴时，要求面砖平整、镶嵌正确。施工间歇后继续铺贴前，应将已铺贴的花砖挤出的水泥混合砂浆予以清除。

(5) 铺砖时，地面粘结层的水泥混合砂浆，拍实搓平。水泥面砖背面要清扫干净，先刷一层水泥石灰浆，随刷随铺，就位后用小木锤敲实。注意控制粘结层砂浆厚度，尽量减少敲击。在铺贴施工过程中，如出现非整砖时用石材切割机切割。

(6) 水泥面砖在铺贴1～2天后，用1∶1稀水泥砂浆填缝。面层上溢出的水泥砂浆在凝结前予以清除，待缝隙内的水泥砂浆凝结后，再将面层清洗干净。完成24小时后浇水养护，完工3～4天内不得上人踩踏。

三、小青砖园路的铺装方法

小青砖园路铺装前，应按设计图纸的要求选好小青砖的尺寸、规格。先将有缺边、掉角、裂纹和局部污染变色的小青砖挑选出来，完好地进行套方检查，规格尺寸如有偏差，应磨边修正。在小青砖铺设前，应先进行弹线，然后按设计图纸的要求先铺装样板段，特别是铺装成席纹、人字纹、斜柳叶、十字缝、八卦锦、龟背锦等各种面层形式的园路，更应预先铺设一段，看一看面层形式是否符合要求，然后再大面积地进行铺装。

操作步骤：

(1) 基层、垫层：基层做法一般为素土夯实→碎石垫层→素混凝土垫层→砂浆结合层。

在垫层施工中，应做好标高控制工作，碎石和素混凝土垫层的厚度按施工图纸的要求去做，砂石垫层一般较薄。

(2) 弹线预铺：在素混凝土垫层上弹出定位十字中线，按施工图标注的面层形式预铺一段，符合要求后，再大面积铺装。

(3) 先做园路两边的“牙子砖”，相当于现代道路的侧石，因此要先进行铺筑，用水泥砂浆作为垫石，并且捂牢。

(4) 小青砖与小青砖之间应挤压密实，铺装完成后，用细灰扫缝。

四、鹅卵石园路的铺装方法

鹅卵石是指直径为10～40mm形状圆滑的河川冲刷石。用鹅卵石铺装的园路看起来稳重而又实用，且具有江南园林风格。这种园路也常作为人们的健身径。完全使用鹅卵石铺成的园路往往会稍嫌单调，若于鹅卵石间加几块自然扁平的切石，或少量的彩色鹅卵石，就会出色许多。铺装鹅卵石路时，要注意卵石的形状、大小、色彩是否调和。特别在与切石板配置时，相互交错形成的图案要自然，切石与卵石的石质及颜色最好避免完全相同，才能显出路面变化的美感。

施工时，因卵石的大小、高低不完全相同，为使铺出的路面平坦，必须在路基上下功夫。先将未干的砂浆填入，再把卵石及切石一一填下，鹅卵石呈蛋形，应选择光滑圆润的一面向上，在作为庭院或园路使用时一般横向埋入砂浆中，在作为健身径使用时一般竖向埋入砂浆中，埋入量约为卵石的2/3，这样比较牢固。较大的埋入砂浆的部分多些，使路面整齐，高度一致。切忌将卵石最薄的一面平放在砂浆中，这将极易脱落。摆完卵石后，再在卵石之间填入稀砂浆，填充实后就算完成了。卵石排列间隙的线条要呈不规则的形状，千万不要弄成十字形或直线形。此外，卵石的的疏密也应保持均衡，不可部分拥挤、部分疏松。如果要做成花纹则要先进行排版放样再进行铺设。

鹅卵石地面铺设完毕应立即用湿抹布轻轻擦去鹅卵石表面的灰泥，使鹅卵石保持干净，并注意施工现场的成品保护。

鹅卵石园路的基层做法一般也是素土夯实→碎石垫层→素混凝土垫层→水泥砂浆→卵石面层。这种基层的做法与一般园路基层的做法相同，故不再叙述。但是因为其面层是鹅卵石，粘结性和整体性较差，所以如果基层不够稳定则卵石面层很可能松动剥落或开裂，所以整个鹅卵石园路施工中基层施工也是非常关键的一步。

五、彩色混凝土压模园路的铺装方法

彩色混凝土压模园路是一种面层为混凝土地面用水泥基耐磨材料(商品名为：彩色强化粉)铺装而成，它是以硅酸盐水泥或普通硅酸盐水泥、耐磨骨料为基料，加入适量添加剂组成的干混材料。具体工艺流程如下：地面处理→铺设混凝土→振动压实抹平混凝土表面→覆盖第一层彩色强化粉→压实抹平彩色表面→撒脱模粉→压模成型→养护→水洗施工面→干燥养护→上密封剂→交付使用。

基层做法同一般园路基层的做法，不再重复叙述，关键是彩色混凝土压模园路的面层做法，它的好坏，直接影响到园路的最终质量。初期彩色混凝土一般采用现场搅拌、现场浇捣的方法，平板式振捣机进行振捣，直尺找平，木蟹打光。在混凝土即将终凝前，用专用模具压出花纹。目前亦可使用商品混凝土地面用水泥基耐磨材料。彩色混凝土应一次配料、一次浇捣、避免多次配料而产生色差。彩色混凝土压模园路的花纹是根据模具而成型的，因此，模具应按施工图的要求而定制，或向有关专业单位采购适合的模具。

六、木铺地园路的铺装方法

木铺地园路是采用木材铺装的园路。在园林工程中，木铺地园路是室外的人行道，面层木材一般是采用耐磨、耐腐、纹理清晰、强度高、不易开裂、不易变形的优质木材。

一般木铺地园路做法是：素土夯实→碎石垫层→混凝土垫层→砖墩→木搁栅→面层木板。从这个顺序可以看出，木铺地园路与一般块石园路的基层做法基本相同，所不同的是增加了砖墩及木搁栅。

木板和木搁栅的木材的含水率应小于12%。木材在铺装前还应作防火、防腐、防蛀等的处理。

（一）砖墩

一般采用标准砖、水泥砂浆砌筑，砌筑高度应根据木铺地架空高度及使用条件而确定。砖墩与砖墩之间的距离一般不宜大于2m，否则会造成木搁栅的端面尺寸加大。砖墩的布置一般与木搁栅的布置一致，如木搁栅间距为50cm，那么砖墩的间距也应为50cm，砖墩的标高应符合设计要求，必要时可以在其顶面抹水泥砂浆或细石混凝土找平。

（二）木搁栅

木搁栅的作用主要是固定与承托面层。如果从受力状态分析，它也可以说是一根小梁。所以，木搁栅断面的选择，应根据砖墩的间距大小而有所区别。间距大，木搁栅的跨度大，断面尺寸相应地也要大一些。木搁栅铺筑时，要进行找平。木搁栅安装要牢固，并保持平直。在木搁栅之间还要设置剪刀撑，设置剪刀撑主要是增加木搁栅的侧向稳定，将一根根单独的搁栅连成一体，增加了木铺地园路的刚度。另外，设置剪刀撑，对木搁栅本身的翘曲变形也起到了一定的约束作用。所以，在架空木基层中，搁栅与搁栅之间设置剪刀撑，是保证质量的构造措施。剪刀撑布置于木搁栅两侧面，用铁钉固定于木搁栅上，间距应按设计要求布置。

（三）面层木板的铺设

面层木板的铺装主要是采用铁钉固定，即用铁钉将面层板条固定在木搁栅上。板条的拼缝一般采用平口、错口。木板条的铺设方向一般垂直于人们行走的方向，也可以顺着人们行走的方向，这应按照施工图纸的要求进行铺设。铁钉钉入木板前，应先将钉帽砸扁，然后再钉入木板内。用工具把铁钉钉帽捅入木板内 3～5mm。木铺地园路的木板铺装好后，应用手提刨将表面刨光，然后由漆工师傅进行砂、嵌、批、涂刷等油漆的涂装工作。

七、植草砖铺地

植草砖铺地是在砖的孔空洞或砖的缝隙之间种植青草的一种铺地。如果青草茂盛的话，这种铺地看上去是一片青草地，且平整、地面坚硬。有些是作为停车场的地坪。

植草砖铺地的基层做法是：素土夯实→碎石垫层→混凝土垫层→细砂层→砖块及种植土、草籽。

也有些植草砖铺地的基层做法是：素土夯实→碎石垫层→细砂层→砖块及种植土、草籽。

从以上植草砖铺地的基层做法中可以看出，素土夯实、碎石垫层、混凝土垫层，与一般的花岗石道路的基层做法相同，不同的是在植草砖铺地中，有细砂层，还有就是面层材料不同。因此，植草砖铺地做法的关键也是在于面层植草砖的铺装。应按设计图纸的要求选用植草砖，目前常用的植草砖有水泥制品的二孔砖，也有无孔的水泥小方砖。植草砖铺筑时，砖与砖之间留有间距，一般为 50mm 左右，此间距中，撒入种植土，再播入草籽，适量施肥后，在适宜的温度、湿度下，草籽发芽长出茂盛的青草，也就成了植草砖铺地。目前也有一种植草砖搁栅，是一种有一定强度的塑料制成的搁栅，成品是 500mm×500mm 的一块搁栅，将它直接铺设在地面上，再撒上种植土，种植青草后，就成了植草砖铺地。

八、透水砖铺地

随着园林绿化事业发展，有许多新的材料应用在园林绿地和公园建设中，透水砖铺地就是一种新颖的砖块。透水砖的功能和特点：

（1）所用原料为各种废陶瓷、石英砂等。广场砖的废次品用来做透水砖的面料，底料多是陶瓷废次品。

（2）透水砖的透水性、保水性非常强，透水速率可以达到 5mm/s 以上，其保水性达到 $12L/m^2$ 以上。由于其良好的透水性、保水性，下雨时雨水会自动渗透到砖底下直到地表，部分水保留在砖里面。雨水不会像在水泥路面上一样四处横流，最后通过下水道完全流入江河。天晴时，渗入砖底下或保留在砖里面的水会蒸发到大气中，起到调节空气湿度、降低大气温度、清除城市“热岛”作用。

其优异的透水性及保水性来源于该产品20%左右的气孔率。该产品强度可以满足，行驶载重为10t以上的汽车。国外，比如日本等，城市人行道、步行街、公寓停车场等地方基本上都是以该产品来代替水泥、石材硬化路面。透水砖的厚度是60～80mm，因此，施工时可以像花岗石一样进行铺筑。

透水砖的基层做法是：素土夯实→碎石垫层→砾石砂垫层→反渗土工布→1：3干拌黄砂→透水砖面层。

从透水砖的基层做法中可以看出其基层做法同花岗石地面基层的做法，只是在基层中增加了一道反渗土工布，去掉了混凝土垫层，使透水砖的透水、保水性能能充分地发挥显示出来。

土工布的铺筑方法可以参照产品说明书的要求进行操作。

透水砖的铺筑方法，同花岗石块石的铺筑方法，由于其底下是干拌黄砂，因此比花岗石铺筑更方便些。

复习思考题

1. 简述花岗石园路的主要施工方法。
2. 简述卵石园路的主要施工方法。

第十五章 园林驳岸工程

驳岸是地面与水体的连接处，是建设在陆地与水体交界处的构筑物，它起到了围护水体、保护水体的边缘不被水冲刷或水淹的作用。在园林工程中，驳岸除以上作用外还是园林水景的主要组成部分。驳岸的形式与其所处的环境、园林景观、绿化配置及水体的形式密切相关，泉、瀑、溪、涧、池、湖等水体都有驳岸，其形式因其水体的形式不同而不同，且与周围的景色相协调。

第一节 驳岸的种类和形式

一、驳岸的种类

驳岸有许多种类和形式，建设在园林景观中的驳岸主要有：钢筋混凝土驳岸、块石驳岸(图 15-1-1)、生态驳岸［比如：草皮驳岸、木桩驳岸(图 15-1-2)、仿木桩驳岸、景石驳岸、沙滩驳岸等］。最常见的驳岸是块石驳岸。

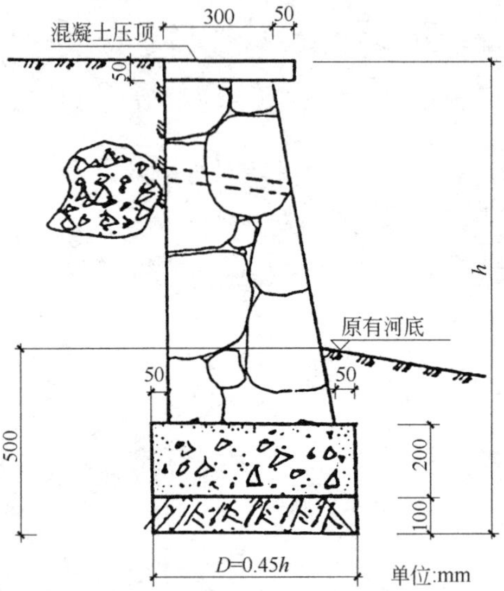

图 15-1-1 块石驳岸

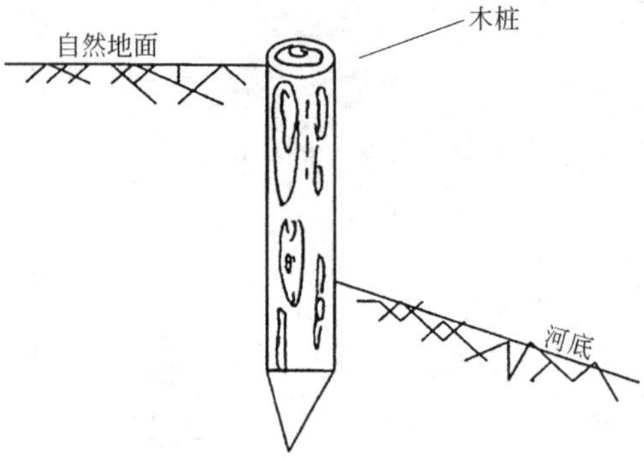

图 15-1-2 木桩驳岸

二、驳岸的结构形式

园林水景中的驳岸结构主要是重力式结构，它主要是依靠墙身自重来保证岸壁稳定，抵抗墙背土压力，这种重力式结构的驳岸也称为挡土墙。重力式驳岸按其墙身的结构可分为浆砌块石、钢筋混凝土、混凝土等。

园林水景中的驳岸高度按水体的深度而定，一般为 1～2.2m。块石驳岸一般不超过 2m。考虑到驳岸的挡土作用，对于超过 2m 的驳岸，都是整体好、强度高的钢筋混凝土驳岸；对于较低的驳岸，一般是采用浆砌块石驳岸。

还有一种是顺着水体的自然边坡而做成的驳岸，比较确切地可以称作为护坡。护坡主要是防止水体与陆地边缘处的泥土被水冲刷而做成的硬“地面”，坡度的陡缓因造景的需要而定(图 15-1-3、图 15-1-4)。

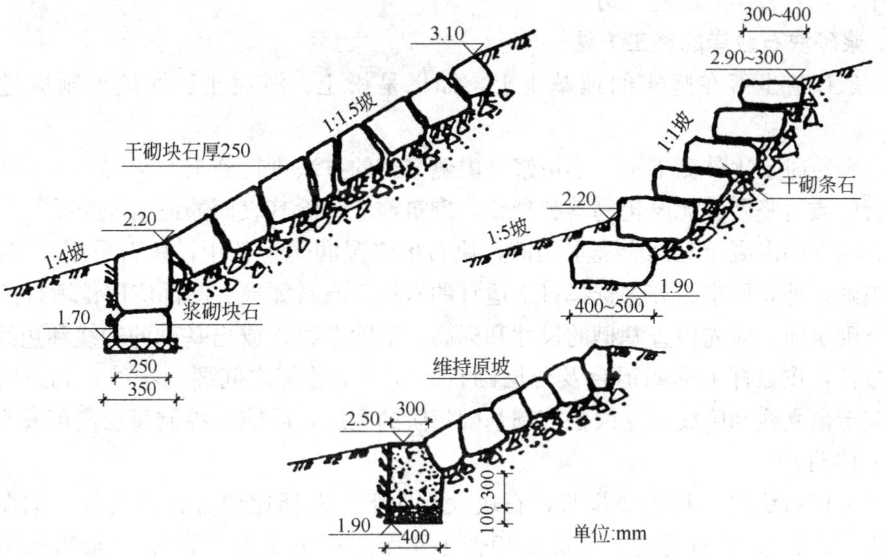

图 15-1-3　几种块石护坡剖面示意图

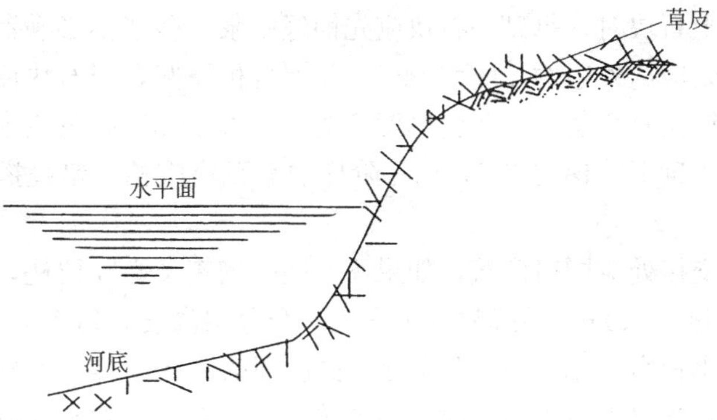

图 15-1-4　草皮护坡剖面示意图

复习思考题

最常见的景观驳岸通常有哪些形式?

第二节　各种形式驳岸的施工方法

在园林水景工程中，有各种形式的驳岸。这些不同形式的驳岸有着不同的施工方法，如前面所提到的重力式驳岸及各种类型的生态驳岸，在实际实施过程中，设计图纸中会有不同的称呼。如果驳岸的岸边的材料或做法略作改变，那么就生成了一种新形式的驳岸。

驳岸施工前，应先修整水体的边缘，水体的边缘应符合园林景观的要求，然后再进行各种形式的驳岸施工。

下面主要介绍浆砌块石驳岸的施工方法和常见的木桩驳岸、仿木桩驳岸、草皮驳岸、沙滩驳岸、景石驳岸等的施工方法。

一、浆砌块石驳岸的施工方法

块石驳岸应坐落在坚实的地基土上，如果是松土、淤泥土、回填土则应进行加固处理。

块石砌筑时采用外侧干砌、不留浆、内侧浆砌的方法进行施工。

块石应质地坚硬、无风化剥落和裂纹，砌筑前应清除其表面的泥垢等杂质。

块石驳岸的混凝土基础应浇水湿润，块石也应湿润阴干备用，块石采用交错组砌法，灰缝不规则，外观要求整齐。选择打下适宜的石块，石料如果有凸部应用铁锤打掉。

块石砌筑前，应先检查基槽的尺寸和标高，清除杂物，放出基础的轴线和边线，立好基础皮数杆，皮数杆上标明退台及分层砌石高度，皮数杆之间要拉准线，砌筑阶梯形基础，还应定出立线和卧线，立线是控制基础每阶的宽度，卧线是控制每层高度及平整，并逐层向上移动。

砌第一层石块时，基底要坐浆，石块大面向下。选择比较方正的石块，砌在各转角上，称为“角石”，角石两边应与准线相合，外面的石块成为“面石”，最后砌填中间部分，成为“填腹石”。砌填腹石时，应根据石块自然形状交错放置，尽量使石块间缝隙最小，然后再将细石混凝土填在空隙中，使主体结构无空隙。

砌筑第二层以上石块时，每砌一石块应先铺好砂浆，砂浆不必满铺、铺到边，尤其在角石及面石处，砂浆应离外边约 40～50mm，并铺得稍厚些，当石块往上砌时，恰好压到要求厚度，并刚好铺满整个灰缝，灰缝厚度宜为 20～30mm，砂浆应饱满。阶梯形基础上阶梯的石块应至少压砌下阶梯的 1/2，相邻阶梯的毛石块应相互错缝搭接，宜选用较大的块石砌筑。

块石的转角及交接处应同时砌筑，如果不能同时砌筑又必须留槎，应砌成斜槎，块石每天砌筑高度应不超过 1.2m。每砌 3～4 皮为一个分层高度，每个分层高度应找平一次；外露面的灰缝厚度不得大于 40mm，两个分层高度间的错缝不得小于 80mm。

找平的方法是：当接近找平高度时，注意选石和砌石，到找平面应大致水平，也就是大平小不平，而不可用砂浆和小石块来铺平。

块石驳岸砌筑完成后，应在块石砌体的外露部分，采用 1∶2 水泥砂浆顺着块石的缝隙进行勾缝，可以勾凸缝，也可以勾凹缝，缝宽 2～3cm，或按设计图纸要求和建设单位的要求决定。

在块石驳岸施工完成后，再做驳岸与陆地相交处的花岗石台阶、绿化种植等，块石驳岸的回填土应在建设单位或监理单位验收合格后，进行回填分层夯实。

驳岸间距 10～20m 设一道沉降缝兼伸缩缝，缝宽 2cm，缝内填沥青麻丝，填深约 15cm。驳岸内设置泄水孔，孔径 5cm，每隔 10～20m 设置一个泄水孔。泄水孔出口应高出水面 20cm 左右。挡土墙的顶部宜选用较整齐的大块石，顶部按设计图纸要求砌筑花岗石或其他装饰类的石块。

二、生态驳岸的施工方法

（一）木桩驳岸的施工

木桩驳岸施工前，应先对木桩进行处理，比如：按设计图纸图示尺寸对木桩的一头进行切削成尖锥状，便于打入河岸的泥土中；或按河岸的标高和水平面的标高，计算出木桩的长度，再进行截料、削尖。

木桩入土前，还应在入土的一端涂刷防腐剂，比如沥青（水柏油）或对整根木桩进行涂刷防火、防腐、防蛀的溶剂。

最好选用耐腐蚀的杉木作为木桩的材料。

木桩驳岸在施打木桩前，还应对原有河岸的边缘进行修整，挖去一些泥土，修整原有河岸的泥土，便于木桩的打入。如果原有的河岸边缘土质较松，可能会塌方，那么还应进行适当的加固处理。

（二）仿木桩驳岸的施工

仿木桩驳岸类似于木桩驳岸的施工方法，并且建成后如同木桩驳岸一样，可以以假乱真。

仿木桩驳岸施工前，应先预制加工仿木桩，仿木桩一般是钢筋混凝土预制小圆桩，长度根据河岸的标高和河底的标高决定。一般为1～2m，直径为15～20cm，一端头成尖状，内配5ϕ10钢筋，待小圆柱的混凝土强度达到100%后，即可施打。成排完成或全部完成后，再用白色水泥掺适量的颜料粉，颜料粉可以是氧化铁红、氧化铁黄、氧化铁棕等，调配成树皮的颜色，用工具把彩色水泥砂浆，采用粉、刮、批、拉、弹等手法装饰在圆柱体上，使圆柱体仿制成木桩。

也可以在河岸边浇捣钢筋混凝土挡土墙，采用木模板做出木柱的半圆状，成片相连。结构完成后，再用工具把彩色水泥砂浆，采用粉、刮、批、拉、弹等手法装饰在圆柱体上，使圆柱体仿制成木桩。

（三）草皮驳岸的施工

河岸的坡度应在自然安息角以内，这样的河坡不会塌方，也可以把河坡做得较平坦些，对河坡上的泥土进行处理，或铺筑一层易使绿化种植成活的营养土，然后再铺筑草皮。

如果河岸较陡，那么可以在草皮铺筑时，用竹钉钉在草坡上，不使草皮下滑。在草皮养护一段时间后，草皮生长入土中，就完成了草皮驳岸的建设。

（四）沙滩驳岸的施工

沙滩驳岸是仿照天然海滩的驳岸，是在平坦的河岸边坡播撒白色的砂石或卵石。

施工时，应先做河岸边坡的基层，因河岸边坡面积较大，因此，河岸边坡基层施工时，要放置钢筋，使河岸边坡整体性好，不开裂、不沉陷。其做法是：素土夯实→碎石垫层→素混凝土垫层→钢筋混凝土→面层白砂石或卵石。

因河岸坡面积较大，因此在基层施工时要设置变形缝，一般为20～30m设置一条，缝隙宽度为2～3cm，采用沥青麻丝嵌缝。待面层铺筑白砂石或卵石后，即可遮去缝隙。

（五）景石驳岸的施工

景石驳岸是在块石驳岸完成后，在块石驳岸的岸顶面放置景石，起到装饰作用。具体施工时不能照搬设计图，而应根据现场实际情况，根据整个水系的迂回曲折点置景石。

景石驳岸的平面布置最忌成几何对称形状，对一般呈不同宽度的带状溪涧，应布置成回转曲折于两池湖之间，互为对岸的岸线要有争有让，少量峡谷则对峙相争。水面要有聚散变化，分割应不均匀。旷远、深远和迷远要兼顾(图 15-2)。

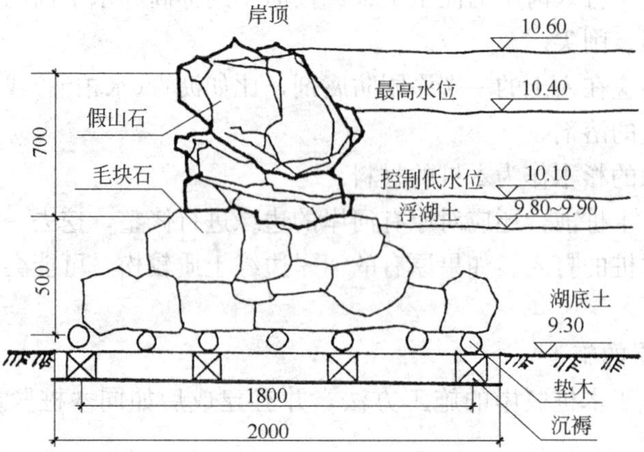

图 15-2　景石驳岸剖面示意图

景石驳岸的断面要善于变化，应使其具有高低、宽窄、虚实和层次的变化，如高崖据岸、低岸贴水、直岸上下、坡岸陂陀、石矶伸水、虚洞含礁、礁石露水等。

复习思考题

1. 块石驳岸的伸缩缝如何设置？
2. 木桩驳岸的木桩在施打入土前应如何进行加工处理？
3. 简述块石驳岸的砌筑要点？

第三节　驳岸工程的质量验收

不同形式的驳岸有不同的质量要求，但是其相同的分项工程的质量要求是一致的，比如驳岸施工中的素土夯实，混凝土、钢筋混凝土、钢筋绑扎等分项工程的质量要求是相同的，都可参照相关的施工技术标准执行，可参照的标准有：

(1)《砌体工程施工质量验收规范》(GB 50203—2002)；

(2)《建筑地基基础工程施工质量验收规范》(GB 50202—2002)；

(3)《混凝土结构工程施工质量验收规范》(GB 50204—2002)；

(4)《建筑装饰装修工程质量验收规范》(GB 50210—2001)；

(5)《建筑地面工程施工质量验收规范》(GB 50209—2002)；

(6)《木结构工程施工质量验收规范》(GB 50206—2002)；

(7)《城市绿化工程施工及验收规范》(CJJ/T 82—99)。

对于木桩驳岸、仿木桩驳岸、草坡驳岸、卵石驳岸、景石驳岸、沙滩驳岸等，这些都是有较高艺术性的生态驳岸，施工质量要从两方面进行保证，首先对于结构部分要保证其安全及使用功能，对于装饰部分要从整体园林景观出发，亦要执行各地区的园林工程施工验收标准。如上海地区应执行《园林工程质量检验评定标准》(DG/TJ 08—19701—2000)。

第十六章　园林水景工程

第一节　水池施工方法与技术要求

一、水池概述

水池作为水景之一广泛应用在园林工程中，水池一般指仿照自然界的湖泊、池塘等人工开挖形成，它是经过浓缩的景观水景，通常水面较小而精致。为体现园林景观的主题而设计成各种不同形状的平面形式。目前水池广泛地应用在大型公共绿地、居住区绿地等各类景观工程中，与小区别墅、广场中心、道路尽端和亭、台、楼、阁等各种建筑相互呼应，形成富于变化的各种组合，也可以在缺乏天然水源的情况下改善局部的小气候(图 16-1)。

图 16-1　典型园林水池平面

a—上水闸门井；*b*—下水闸门井；*c*—喷泉；*d*—睡莲种植盆

二、水池的种类

水池按其结构形式可分为：钢混凝土结构的水池、膨润土池底池壁的水池、自然式池底的水池；按其表现形式可分为：静水、流水、落水、承压水等等。

三、水池的施工方法

水池的施工方法主要是基础开挖、结构施工、防水处理、池岸的处理等。

不同种类和构造的水池有不同的施工方法，下面就目前园林工程中较为常见的三类水池的施工方法分别叙述。

（一）钢混凝土结构水池的施工方法

钢混凝土结构的水池是指池底和池壁都是钢混凝土的水池，施工时应先进行钢混凝土水池底板的施工，然后再浇捣钢混凝土水池的侧壁，最后是做水池的池岸。

1. 钢混凝土水池底板的施工

(1) 钢混凝土水池的底板坐落在坚实的地基土上，如果是松土、淤泥土、回填土，则应进行夯实处理，并且铺筑一层 10～15cm 的碎石，再夯实，然后浇灌混凝土垫层。

(2) 混凝土垫层浇完隔 1～2 天(应视施工时的温度而定)，在垫层面测量确定底板中心，然后根据设计尺寸进行放线，定出底板的边线，画出钢筋布线，依线绑扎钢筋，接着安装底板外围的模板。

(3) 在绑扎钢筋时，应详细检查钢筋的直径、间距、位置、搭接长度、上下层钢筋的间距、保护层及预埋件的位置和数量，看其是否符合设计要求。上下层钢筋均应用铁撑(铁马凳)加以固定，使之在浇捣过程中不发生变化。

(4) 底板应一次连续浇完，不留施工缝。施工间歇时间不得超过混凝土的初凝时间。如混凝土在运输过程中产生初凝或离析现象，应在现场拌板上进行二次搅拌后方可入模浇捣。底板厚度在 20cm 以内，可采用平板振动器，20cm 以上则采用插入式振动器。

(5) 池壁为现浇混凝土时，底板与池壁连接处的施工缝可留在基础上口 20cm 处。施工缝可留成台阶形、凹槽形、加金属止水片或橡胶止水带。

2. 钢混凝土水池池壁的施工

(1) 做钢混凝土水池池壁时，应先立模板以固定之，池壁较厚时，内外模可在钢筋绑扎完毕后一次立好。浇捣混凝土时操作人员可站在模板外侧进行振捣，并应用串筒将混凝土灌入，分层浇捣。池壁拆模后，应将外露的止水螺栓头割去。

(2) 浇捣钢混凝土水池底板和池壁的混凝土均应采用抗渗混凝土，控制好坍落度，采用插入式振动器振捣，使混凝土密实。

(3) 固定模板用的铁丝和螺栓不宜直接穿过池壁。当螺栓或套管必须穿过池壁时，应采用止水措施。常见的止水措施有：

1) 螺栓上加焊止水环。止水环应满焊，环数应根据池壁厚度确定。

2) 套管上加焊止水环。在混凝土中预埋套管时，管外侧应加焊止水环，管中穿螺栓，拆模后将螺栓取出，套管内用膨胀水泥砂浆封堵。

3) 螺栓加堵头。支模时，在螺栓两边加堵头，拆模后，将螺栓沿平凹坑底割去，用膨胀水泥砂浆封塞严密。

(4) 在池壁混凝土浇筑前，应先将施工缝处的混凝土表面凿毛，清除浮粒和杂物，用水冲洗干净，保持湿润。再铺上一层厚 20～25mm 的水泥砂浆。水泥砂浆所用材料的灰砂比应是 1∶1 较好。

(5) 浇筑池壁混凝土时，应连续施工，一次浇筑完毕，不留施工缝。

(6) 池壁有密集管群穿过、预埋件或钢筋稠密处浇筑混凝土有困难时，可采用相同抗渗等级的细石混凝土浇筑。

(7) 池壁混凝土浇捣后，应立即进行养护，并充分保持湿润，养护时间不得少于 14 个昼夜。拆模时池壁表面温度与周围气温的温差不得超过15℃。

3. 水池的装饰

水池的装饰主要是池底、池壁和池顶的装饰。池底、池顶装饰前还应进行抹灰，然后再铺贴面层，通常铺贴陶瓷锦砖或铺贴彩色鹅卵石等；也有的水池是在钢混凝土池壁上铺贴花岗石。

(1) 水池底和侧壁陶瓷锦砖的铺贴。

1) 排砖、分格和弹线：陶瓷锦砖铺贴排砖、分格是按照设计图纸要求，根据水池的底和侧壁的平面和立面形状，进行排列、分格，以保证墙面完整和铺贴各部位操作顺利。根据设计标高弹出若干条水平线和垂直线，两线之间的锦砖应为整数块，再按设计要求与陶瓷锦砖的规格确定分格缝宽度，并准备好分格条，以便按锦砖的图案特征、顺序分别粘贴。

2) 铺贴：陶瓷锦砖宜采用水泥浆或聚合物水泥浆铺贴，一般自下而上进行。

在抹粘结层之前应在湿润的底层上刷水泥浆一遍，然后进行粘贴，水池底或池壁面铺贴陶瓷锦砖，要尽可能一次性完成，不能分次铺贴，否则会影响施工质量。

陶瓷锦砖铺完后约20～30min(砂浆初凝前)稳固后，用清水喷湿护面纸并予以清除。在水泥浆初凝前同时用金属拨板(或开刀)调整弯扭的缝隙，使之间距均匀。如有移动过的小块锦砖应垫上木板轻拍压实敲平。

3) 擦缝、清洗：待全部铺贴完粘结层终凝后，用白水泥稠浆将缝嵌平，并用力推擦，使缝隙饱满密实，随即拭净面层。如果湿度太大，可用棉丝或锯末拭洗干净，有灰尘痕迹处，可用5%盐酸稀溶液洗去，再用清水洗净。

陶瓷锦砖表面应平整、整洁、颜色一致、接缝均匀，不能有缺棱、掉角、砂浆流痕及显著的光泽受损。

养护期间应做好成品保护，防止碰损。

(2) 彩色鹅卵石及花岗石的铺装。

彩色鹅卵石主要是铺装在水池底，铺装方法同鹅卵石路的铺装方法。

花岗石主要是铺装在水池侧壁，其铺装方法与陶瓷锦砖大致相同，操作方法与注意点如下：

1) 粘结砂浆应采用聚合物水泥砂浆，即1：2水泥砂浆，掺入水泥用量5%～10%的108胶。

2) 粘结砂浆厚度不宜过厚，板面较平整的，可控制在4～5mm。

3) 全部花岗石粘贴完，应将板表面清理干净并按板材颜色调制水泥色浆嵌缝，边嵌边擦净。要求缝隙密实，颜色一致。

(3) 池顶装饰。一般水池顶上是以砖、石块、石板、大理石或水泥预制板等作顶石，顶石或与地面平，或高出地面。当顶石与地面平时，应注意勿使土壤流入池内，可将池周围地面稍向外倾。有时在适当的位置上，将顶石部分放宽，以便容纳盆钵或其他摆饰。

(二) 膨润土水池的施工方法

膨润土水池是指水池开挖后，其底板或侧壁采用膨润土防水毯铺设。

膨润土防水毯是采用一种专利针刺法将原产于美国的含高钠质抗污染膨润土均匀地织在聚丙烯强力纤维网之中而制成的一种毯状织物。

高钠膨润土具有特强膨胀性，一个小颗粒在实验室条件下遇水能膨胀 15～17 倍。膨润土防水毯遇水后膨胀形成一层无缝高密度浆状防水毯，能有效地隔绝水的入侵。

膨润土为天然物质，反应为物理过程，因此不会污染环境。

人工湖底层的土层，一般为新挖或新填土。土层结构的稳定需要一段时间，其间土层中应力变化有一个比较复杂的过程。

膨润土防水毯采用柔性联结，通过联结处的水平位移分解应力，可以有效地保证防水体系的完好。另外，由于防水毯本身具有柔软性，遇到复杂的形状可以任意切割、裁剪、拼接。因此特别适用于园林景观中水池、小溪底部的防水。配套的膨润土干粉和浆状膨润土能保证接缝处的密封性。

施工方法极其简单，对施工人员技术素质要求不高，施工速度快。

膨润土铺贴时，按设计图纸要求在收边处折边两道上面放置压顶石，铺贴时表面要平整，上面铺筑砂石时，用人工散铺，厚度要均匀，以防损坏膨润土防水毯。

膨润土铺贴时的搭接宽度为 30cm，并在搭接处撒膨润土干粉增强防水效果。边缘应比水平面高，按图纸要求进行翻卷，并且挖槽锚固或粉刷水泥砂浆。

膨润土完成后，按设计图纸的要求回填一些泥土。

如果人工湖底有管线，那么应以浆状膨润土涂补管边。

膨润土防水毯应架空存放，用胶布或塑料布盖好，避免被暴雨淋湿。

铺贴中遇到复杂的部位和形状，可对膨润土任意切割、裁剪、拼接。并且用配套的膨润土干粉和浆状膨润土在接缝处密封，确保人工湖不渗水。

（三）自然式池底的水池施工方法

自然式池底的水池是在水池开挖后，对池底的黏土进行夯实处理，或在池底铺筑一层优质熟土，即采用优质的黏性土，反复夯实，密实度达到 96％以上，这种水池底的处理方法大多数是应用在较大的水池中，自然式水池底施工时，应使水池底干燥，这样才能对池底的粘土进行夯实处理，然后再铺筑 3∶7 灰土，并且分层夯实。自然式池底的水池做法较简单，关键是要夯实池底黏土和 3∶7 灰土，这样才能保持控制好水池的水位。

四、水池的质量要求及验收

（一）水池的质量要求

水池的基本质量要求是不渗水，一般在水池施工完成后，就应进行试水试验。

试水工作应在水池全部施工完成后方可进行。试水的主要目的是检验结构安全度，检查施工质量。

试水时应先封闭管道孔。由池顶放水入池，一般分几次进水，根据具体情况，控制每次进水高度。从四周上下进行外观检查，做好记录，如无特殊情况，可继续灌水到储水设计标高。同时要做好沉降观察。

灌水到设计标高后，停 1 天，进行外观检查，并做好水面高度标记，连续观察 7 天，外表面无渗漏及水位无明显降落方为合格。

为了保证水池的最终质量，应在水池的各个施工阶段(包括：基坑开挖、垫层、底板及池壁、浇筑、表面装饰等各部位)做好施工质量的控制和验收。

（二）水池的验收

水池在进行试水试验，符合要求后，就可以进行其他项目的验收，比如：钢混凝土水池的面砖装饰、池顶的块石压顶等，按国家有关验收标准进行验收。

钢混凝土池底和池壁参照《混凝土结构工程施工质量验收规范》(GB 50204—2002)进行验收，池底和池壁的陶瓷锦砖和花岗石铺贴参照《建筑装饰装修工程质量验收规范》(GB 50210—2001)进行验收等。

复习思考题

1. 水池的最基本的质量要求是什么？
2. 试对膨润土防水毯应用在水池中的优劣进行分析。

第二节　小　型　水　闸

水闸在风景名胜区和城市园林中应用比较广泛。如承德避暑山庄东面的武烈河旱涝无常，为了保证游览季节有河景可观，采用橡皮坝控制，共设橡皮坝两处。橡皮坝在洪水时期可溢流放水，枯水季节可蓄水，使用效果尚好。在大水体中往往使用机械起动的大型水闸。更广泛的情况是园林中常用的小水闸，其功能与大水闸基本相同。

一、水闸的作用及分类

水闸是控制水流出入某段水体的水工构筑物，主要作用是蓄水和泄水，常设于园林水体的进出水口。水闸按其专门使用的功能可分为进水闸、节制闸和分水闸。

二、闸址选定

必须明确建水闸的目的，了解设闸部位地形、地质、水文等方面的基本情况，特别是原有和设计的各种水位与流速、流量等。要考虑如何最有效地控制整个受益地域。先粗略地提出闸址的大概位置，然后考虑以下因素，最终确定具体位置。

(1) 闸孔轴心线与水流方向相顺应，使水流需通过时畅通无阻。

(2) 避免在水流急弯处建闸。

(3) 选择地质条件均匀、承载力大致相同的地段。

三、水闸结构

水闸结构由下至上可分为以下三部分。

(一) 地基

地基为天然土层经加固处理而成。水闸基础必须保证当承受上部压力后不发生超限度和不均匀沉陷。

(二) 水闸底层结构即闸底

为闸身与地基相联系部分。闸底必须承受由于上下游水位差造成跌水急流的冲力，减免由于上下游水位差造成的地基土壤管涌和经受渗流的浮托力。因此水闸底层结构要有一定厚度和长度的闸底。除闸底外，正规的水闸自上游至下游还包括以下三部分。

1. 铺盖

是位于上游和闸底相衔接的不透水层。其作用是放水后使闸底上游部分减少水流冲刷、减少渗透流量和消耗部分渗透水流的水头。铺盖常用浆砌块石、灰土或混凝土浇灌。铺盖长度约为上游水深数倍。厚度因材料而异，一般为30cm。如黏土夯实则为60～75cm。

2. 护坦

是下游与闸底相连接的不透水层，作用是减少闸后河床的冲刷和渗透。其厚度与跌水之闸底相同。视上下游水位差、水闸规模和材料而定，一般可采用 30～40cm。护坦长度如地基为壤土，约为上下游水位差的 3～4 倍。

3. 海漫

向下游与护坦相连接的透水层。水流在护坦上仅消耗了 70%的动能。剩余水流动能造成对河底的破坏则靠海漫承担。海漫末端宜加宽、加深使水流动能分散。海漫一般用于砌块石，下游再抛石。海漫长度约为闸下游水深的 3～4 倍。

（三）水闸的上层建筑

1. 闸墙

亦称边墙，位于闸门之两侧，构成水流范围，形成水槽并支撑岸土使之不坍。

2. 翼墙

与闸墙相接、转折如翼的部分。使便于与上下游河道边坡平顺衔接。

3. 闸墩

分隔闸孔和安装闸门的支墩，亦可支架工作桥及交通桥。多用坚固的石材制造，也可用钢筋混凝土制成。闸墩的外形影响水流的通畅程度。闸墩高度同边墙。一般闸孔宽约 2～3m。如启闸上下水位差在 1m 以下则闸孔宽度可小于 2m。叠梁式闸板水位差在 1m 以上者，闸孔宽可大于 1m。

复习思考题

小型水闸由哪些部分构成？

第三节　喷泉施工方法与技术要求

一、概述

水是生命的载体，也是人类心灵的向往。它可静观，可动赏；可铺底衬托，可独立成景；可寂静平和，也可清脆悦耳。可声、色、光、影交融，也可一池碧波、一泓清溪、一束喷泉、一挂瀑布，都能使景观瞬间生色增辉，引人注目，水的可赏性包容了环境景观所要求的全部内涵。随着城市的发展与环境艺术的空前繁荣，人们已经认识到现代城市水景不再是仅考虑一池一塘的问题，而是要更多地考虑到整体大环境、大空间的特征、建筑风格、感性表达景观主题以及景观可持续性发展的要求，以使水景能充分发挥补充、点题、烘托、美化等等作用。现代城市水景的表现形式大大超出了传统水景的范围，更多地与现代城市的发展节奏、人的思想意识、当代艺术的发展特点密切相关，已不能拘泥于固有的传统形式，需要更多地注入现代艺术的特质，使其有较为完善的现代城市的环境空间特征。水景艺术已更密切地与现代建筑艺术、城市雕塑艺术、建筑装潢材料、现代灯光配置技术和高科技控制技术结合，广泛地应用于广场、社区、庭园、商场和商务大厦。现代城市水景艺术已不单纯是传统的“水自然形态”的再现，而是多艺术学科和现代技术完美结合的体现。

水可成景，也可成污染源，同时又是诱发水资源浪费的祸首。现代城市水景艺术只有在节水、净化的前提下才能可持续性发展和造福于人类。本节所叙述的喷泉就是应用物理手段，在各种设备的支撑下，使水景艺术更完美，与周围环境更协调的一种理水手法，它由压力水流通过各种喷头构成形态各异的水形，可单一也可组合成景，造型自由度大，形态优美，变化无穷。是水景中的一种表现形式。

二、喷泉的种类

喷泉的种类可以从不同的角度进行划分，主要有以下六个方面。

（一）以喷头形式及喷水形态划分（表 16-3-1、表 16-3-2）

不同喷水形态和喷头　　表 16-3-1

喷水形态	特征	种类	分类特征	采用喷头
射流	自圆形喷嘴喷出的细长透明水柱	直射	单喷嘴射流	直射喷头
		旋转	多喷嘴水平旋转射流	旋转喷头
		水轮	多喷嘴垂直旋转射流	水轮喷头
		集束	多喷嘴平行射流	集束喷头
		礼花	多喷嘴辐射射流	礼花喷头
膜流	自成膜喷头喷出的透明膜状水流	扇形	扇形膜状水流	扇形喷头
		半球	半球形膜状水流	半球喷头
		喇叭	喇叭形膜状水流	喇叭喷头
掺气流	自掺气喷头喷出的气水混合水柱	雪松	粗壮高大的雪松状掺气水柱	雪松喷头
		涌泉	粗壮低矮的涌泉状掺气水柱	涌泉喷头
		玉柱	细柱状掺气水柱	玉柱喷头
水雾	自成雾喷头喷出的雾状水流	粗雾	雾滴较大的普通雾状水流	水雾喷头
		细雾	雾滴细微的云雾状水流	水雾喷头
组合膜流	多个膜流组合在一起形成的水流	蒲公英	多个圆形膜状水流组成的球形或半球形水膜流	蒲公英喷头
波光跳泉	自圆形喷嘴成抛物线间断喷出的透明短水柱	跳泉	多个自圆形喷嘴成抛物线喷出的透明短水柱跳跃相接	跳泉喷头
字幕喷泉	由多个喷头水流组合成文字水形	时钟喷泉	由喷水点组成文字形式	涌泉喷头
水幕电影	高压水流经特种喷嘴喷射出宽大平整的水幕墙供激光光束显示动态画面			特种喷头

喷　泉　水　型　　表 16-3-2

序号	名　称	喷泉水型	备　注
1	单射型	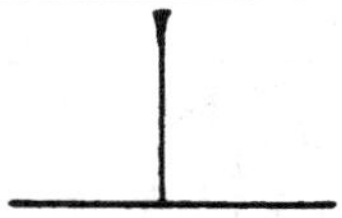	单独布置
2	水幕型	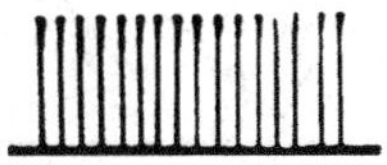	在直线上布置

续表

序号	名　称		喷泉水型	备　注
3	拱顶型			
4	向心型			
5	圆柱型		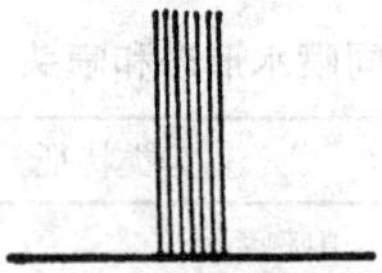	
6	编织型	向外编织	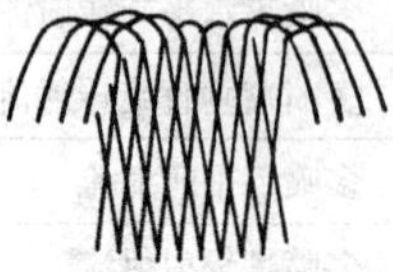	
		向内编织	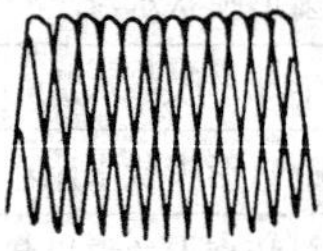	
	篱笆型			
7	屋顶型			
8	喇叭型		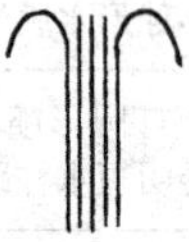	
9	圆弧型			
10	蘑菇型(涌泉型)		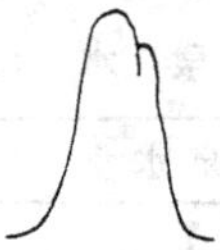	单独布置
11	吸力型		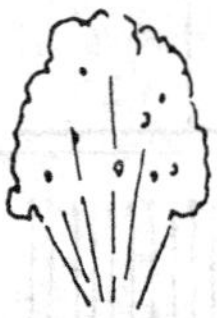	单独布置

续表

序号	名　称	喷泉水型	备　注
12	旋转型	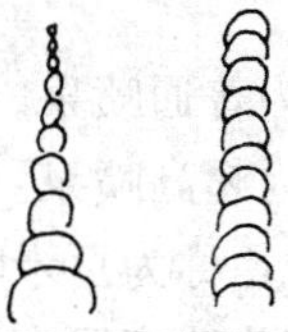	
13	喷雾型	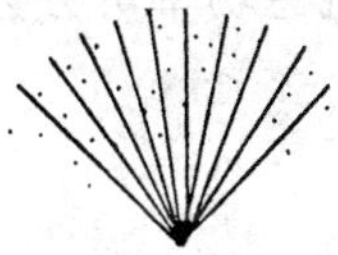	
14	洒水型		
15	扇型	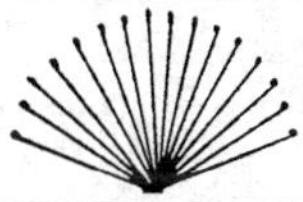	
16	孔雀型	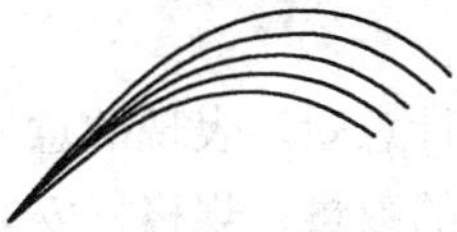	
17	多层花型	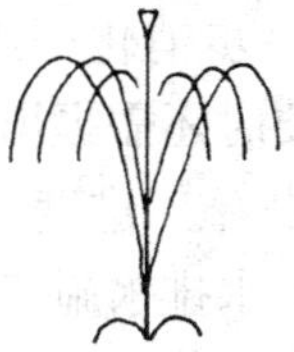	
18	牵牛花型	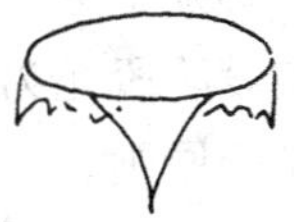	
19	半球型	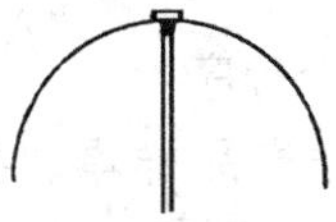	
20	蒲公英型		

（二）以控制方式分类

喷泉作为一种动态水景艺术，需要采用不同的控制方式，从控制方式分类，有手控喷泉、程控喷泉、音乐喷泉、特控喷泉(如：定时、光电、感应、声响、风速等控制)。

（三）按水池结构划分

（1）水喷泉：喷泉水池敞露设置的喷泉。

（2）旱喷泉：喷泉水池隐蔽在地下，地面可供通行、游乐，停喷后地面可作其他用途。

(3) 水旱喷泉：水位可升降控制，兼有水旱两种喷泉特点。

(四) 按喷水高度划分

(1) 垂直喷水高度在50m以内，称为普通喷泉。

(2) 垂直喷水高度在50m以上，称为超高喷泉。

(3) 垂直喷水高度达到100m及以上，称为百米喷泉。

(五) 按设备投资、喷头数量、装机总功率可分为特小型、小型、中型、大型和特大型等数种

(六) 按设备移动性划分

(1) 固定式喷泉。

(2) 半移动式喷泉。

(3) 移动式喷泉。

三、喷泉施工的主要方法

(一) 施工要点

1. 熟读图纸，踏勘现场

熟读图纸首先要理解设计师的设计意图，表现的意境和突出的主题。其次要明确构成喷泉系统各设备、管道、配件等要素的数量、规格、安装标高及相互关系。

踏勘现场及要求：对照现场情况进一步消化图纸技术要求，了解给水排水接驳点位置、管径、标高及该地区水文情况。必要时还需提出设计疑问，请求设计修改或变更。

2. 定施工方案，组织施工协调，安排施工进度

喷泉施工往往与土建、铺装、系统给水排水施工同步或交叉进行，而且往往又受到相关工种进度制约。所以拟定施工方案时，必须了解相关工种的进度并跟踪观察，主动协调紧密配合，尤其在管件预埋、预埋管道敷设阶段尤为重要。一般掌握预埋管件跟踪做，管道敷设按规范做，喷头管件按喷泉特点做的原则。

3. 采购设备、材料和验收保管

采购设备和材料一般需经过以下几个程序：

(1) 招投标阶段，需向建设方递送产品样本、技术参数、产地和生产厂家供审核确认。

(2) 中标后小型管材、配件还需制作样板送审封样。主要设备和管道配件需提供合格证、质保书，重要设备需提供技术参数测试报告，进口设备还需提供报关单等有关质量证明文件。

(3) 材料进场会同监理开箱、清点、确认验收。必要时还需组织权威机构会同监理、生产商进行技术参数复测。

(4) 材料验收后，更需采取有效保管措施，防止缺损、变形、积尘和污染。

4. 加工和安装

喷泉系统一般由喷水循环系统；溢、排水系统；补给水系统；供电及电气控制系统；安全接地系统五大部分组成。其施工方法基本应符合建筑给水排水管道和低压电气专业施工技术标准和规范要求，可参照相关标准执行，但又有其特殊性能要求，有所区别。

(1) 管道敷设

管道材料由喷泉设计要求定，常用材料有 UPVC、PPR、PE、ABS、玻璃钢管(GRP)、不锈钢管、镀锌水管、铜管、衬塑复合钢管等等，不同材料有不同连接方法和技术要求，但敷设方法不外乎室内管道敷设和室外管道敷设两种。可参照相关标准规范要求施工。

1）外管道敷设应着重注意预埋深度，水力坡度，管周保护要求。

2）内管道敷设应着重注意：管道排列间距；横管和立管支、吊架结构规范及设置位置要求和间距；排水管的最小敷设坡度(一般金属管宜为 0.01，塑料管为 0.005)；伸缩节的设置及技术要求。

3）穿越池壁和池底的管道均应设止水环和防水套管，水池的沉降缝、伸缩缝等应设止水带。

(2) 喷水循环系统

循环系统由水泵、管道、控制阀和各类喷头组成最小的运行单元。

1）水泵。主要有潜水泵和陆用泵两类。①潜水泵。就近布置在水池内，不设专用水泵房。一般有立式和卧式两种安装形式，水平安装时，水泵出水口不允许低于水泵底部。水泵吸水口至水面的淹没深度不小于 0.5m。②陆用泵。大多为离心式水泵。水泵布置在专用水泵房或水泵井内。水泵与基础应连接可靠，较大功率水泵需设避震装置。水泵进出水管需设阀门，泵房内需设地漏或排水口，供调试、维修时排水用。水泵吸水口至水池水面的淹没深度不小于 0.5m。③一般在水泵吸水口应设不锈钢滤网，网眼直径一般不大于 5mm。

2）喷头。根据设计要求和水型选择喷头。我国现行行业标准《喷泉喷头》(CJ/T 209—2005)对喷头的术语、分类、技术要求等都作了规定，但目前各厂产品名称、型号、规格仍不统一，选择时需注意各厂产品说明。

喷头安装除与管道牢固连接外，需根据产品说明正确定位喷嘴口与水面的相对距离。

3）阀门。水景工程中阀门主要作用是调节流量、控制水流方向和进行水景程序控制。常用阀门有球阀、止回阀、水下电磁阀、闸阀、蝶阀等。

喷头支管上的调节阀主要调节喷射高度，电磁阀作程序控制。因设计时一般所选择的水泵流量均大于循环系统的总流量，所以在主管路上另设旁通阀，调节系统总流量，一般可选闸阀。

一般在两台及以上水泵向同一个管路系统供水时应设止回阀，在瀑布、壁流等水景中，水泵直接向平衡水槽供水时为防止停止运行时水槽水倒流也需设止回阀，水景中止回阀一般应选用消声止回阀，采购时需注意说明立式还是卧式安装。

(3) 补给水系统

水景工程，因风吹、蒸发、溢流排污、水池渗漏等会造成水量损失，需及时补水。可根据喷水高度、水池防水等级、风速等因素考虑补水量大小。

1）补水量一般可按最大循环流量的 1.0%～2.5%来计算。水池充满时间一般可按 12～48h 计算。补水流量取两者较大值。

补水时间与流量与管网水压有关，可参照表 16-3-3 选择给水阀门规格。

选择给水阀门规格和流量参考表　　表 16-3-3

规格(mm)	20	25	32	40	50	75
流量(m^3/h)	0.1～4	4～9	9～18	18～30	30～43	43～60

2）大、中型水景应设自动补水装置，常用浮球阀或电磁阀(与水位控制器组合)自动控制。小型和特小型水景可设手动控制阀门，人工控制。

3）当利用自来水作补给水时，给水口应设有防止回流污染给水管网的措施，如设置浮球阀、倒流防止器等。空气隔断距离应不小于2.5倍给水口直径。向水池直接补水时，一般补给水口不低于水面100mm。安装倒流防止器的场地应有排水措施，不得被水淹。

（4）溢、排水系统

1）溢水系统的作用主要是稳定水位，防止暴雨或补水系统意外损坏导致池水外溢。溢水系统由池内带格栅溢水口和管道组成，并经管道与就近雨水井(管)连接。

为防止和减少因水波导致水资源无谓流失，一般溢水口标高比水面高50mm。

常见溢水口形式有池壁暗藏溢流堰口式，和漏斗管溢流式。一般溢流堰宽不宜小于300mm。

2）排水系统一般应在水池底部或泵坑内设置泄水口，以利于水池清洗和清淤。泄水口宜设置格栅，栅条间隔不得大于排水管管径的1/4。

3）排水系统尽量采用重力排水方式，通过管道排入就近雨水窨井，当不得已只能排入污水管或有可能出现池外水流倒流入池时，需设止回阀。

当环境水位标高高于水景池底标高时，需设专用水泵进行强制排水。在条件允许且操作方便时也可利用水景喷水泵通过阀门切换兼作强制排水用。

排水管道可通过闸阀或蝶阀控制排水，在池水较浅操作方便时也可利用清扫口旋塞控制排水。

室内排水管敷设时，需注意在管路转向处的管件应带有检查口，以便管道排堵。

以重力排水时，一般排空时间可按12～48h确定。

（5）供电及电气控制系统

施工要求可参照：

1）《供配电系统设计规范》（GB 50052—95）；

2）《低压配电设计规范》（GB 50054—95）；

3）《建筑物电气装置　第7部分：特殊装置或场所的要求　第702节：游泳池和其他水池》（GB 16895.19—2002）。

（6）安全接地系统

水景接地一般在水池施工时就已考虑。对于钢筋混凝土水池，宜将结构配筋的纵横主筋焊接成网，并用镀锌扁钢引出结构层外，以便作电气设备接地极。

施工要求可参照《电气装置安装工程接地装置施工及验收规范》（GB 50169—2006）

5. 调试

调试前必须先清洗水池和注水，新建水池一般碱性偏高，对水泵寿命有影响，应先采取除碱措施，运行初期也应缩短换水周期。

测定各路电气设备绝缘性能和接地电阻，全部合格后调试人员方可下水调试。

一般调试方法是通过调节阀门和控制系统按各喷水循环系统分段调试。注意防止水柱相互撞击。

一般最大喷水高度应小于或等于喷头至就近水池壁的距离，个别短时喷水的水柱高可小于或等于该距离的2倍。

音乐喷泉还须调试音乐、节奏与水景动态相应误差。

6. 验收移交

调试合格后可办理验收移交。

一般需递交以下文件，并负责免费培训和质量三包。文件可参照《建设工程文件归档整理规范》(GB/T 50328—2001)。

(1) 竣工图；

(2) 使用保养说明书；

(3) 设备和主要材料清单及质保文件；

(4) 隐蔽工程测试合格报告。

(二) 质量标准与技术要求

(1) 喷泉景观无明确的评定标准，一般以是否达到景观设计要求，使用单位是否满意为验收标准。水池内的管道一般不需要进行水压试验，但水池以外较长的管段，应按《建筑给水排水及采暖工程施工质量验收规范》(GB 50242—2002)要求进行水压试验。

(2) 水景施工时参照执行的标准、规范和相关规定：

1)《埋地塑料排水管道工程技术规程》(DG/TJ 08—308—2002、J 10185—2002)

2)《埋地硬聚氯乙烯(PVC-U)给水管道工程技术规程》(CECS 17：2000)

3)《建筑排水硬聚氯乙烯管道工程技术规程》(CJJ/T 29—98)

4)《室外给水设计规范》(GB 50013—2006)

5)《室外排水设计规范》(GB 50014—2006)

6)《建筑给水排水设计规范》(GB 50015—2003)

7)《2003全国民用建筑工程设计技术措施——给水排水》

复习思考题

1. 喷泉的分类可从哪几个方面进行考虑？
2. 喷泉室外管道敷设应注意什么？
3. 通常而言喷泉施工的基本原则是什么？

第十七章 园林假山工程

人们通常称呼的假山实际上包括假山和置石两个部分。假山，是以造景游览为主要目的，充分地结合其他多方面的功能作用，以土、石等材料，以自然山水为蓝本并加以艺术的提炼和夸张，用人工再造的山水景物的通称。置石是以山石为材料作独立性或附属性的造景布置，主要表现山石的个体美或局部的组合而不具备完整的山形。一般地说，假山的体量大而集中，可观可游，使人有置身于自然山林之感。置石则主要以观赏为主，结合一些功能方面的作用，体较小而分散。

假山在中国园林中运用如此广泛并不是偶然的。人工造山都是有目的的。中国园林要求达到“虽由人作，宛自天开”的高超的艺术境界。园主为了满足游览活动的需要，必然要建造一些体现人工美的园林建筑。但就园林的总体要求而言，在景物外貌的处理上要求人工美从属于自然美，并把人工美融合到体现自然美的园林环境中去。假山之所以得到广泛的应用，主要在于假山可以满足这种要求和愿望。具体而言，假山和置石有以下几方面的功能作用：①作为自然山水园的主景和地形骨架；②作为园林划分空间和组织空间的手段；③运用山石小品作为点缀园林空间的陪衬建筑、植物的手段；④用山石做驳岸、挡土墙、护坡和花台等；⑤作为室内外自然式的家具或器设。

第一节 假 山 材 料

我国幅员广大，地质变化多端，这为掇山提供了很优越的物质条件。宋代杜绾撰《云林石谱》所收录的石种有116种。明代林有麟著《素园石谱》所收录的石种也有百余种，但其中大多数属于盆玩石，不一定都能适用于掇山。明代计成所著《园冶》中收录了15种山石，则大多数是可以用于掇山的。从一般掇山所用的材料来看，假山的材料可以概括为如下几大类，每一类又因各地地质条件不一而又可细分为多种。

一、湖石

湖石即太湖石，因原产于太湖一带而得名。这是在江南园林中运用最为普遍的一种。也是历史上开发较早的一类山石。我国历史上大兴掇山之风的宋代寿山艮岳也不惜民力从江南遍搜名石奇卉运到汴京(今开封)，这便是“花石纲”，所列之石也大多是太湖石。于是，从帝王宫苑到私人宅园竞以湖石炫耀家门，太湖石风靡一时。实际上湖石即经过熔融的石灰岩，在我国分布面很广，只不过在色泽、纹理和形态方面有些差别。在湖石这一类山石中又分为以下几种，参见图17-1。

(一) 太湖石

真正的太湖石原产于苏州所属太湖中的洞庭西山。据说以其中消夏湾一带出产的太湖石品质最优良。这种山石质坚而脆。由于风浪或地下水的溶蚀作用，其纹理纵横，脉络显隐。石面上遍多坳坎，称为“弹子窝”，扣之有微声。还很自然地形成沟、缝、穴、洞。有时窝

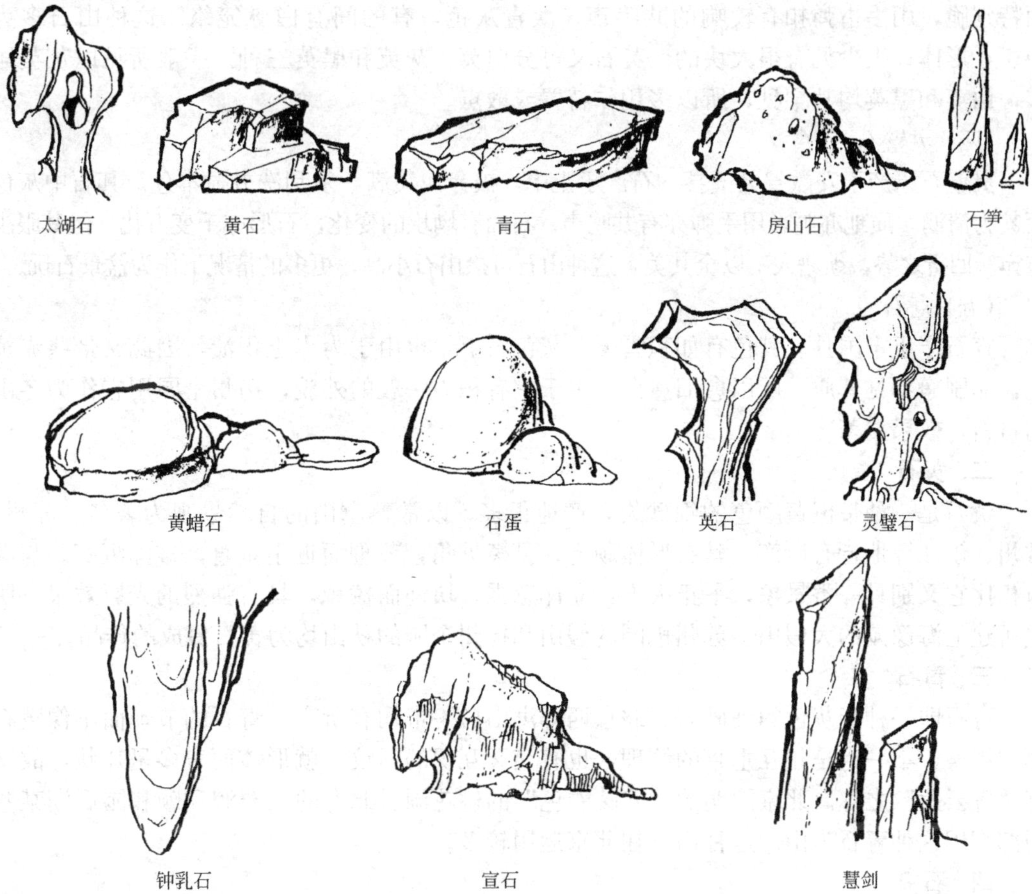

图 17-1　各类假山材料

洞相套，玲珑剔透，蔚为奇观，有如天然的雕塑品，观赏价值比较高。因此常选其中形体险怪，嵌空穿眼者作为特置石峰。此石水中和土中皆有所产。产于水中的太湖石色泽于浅灰中露白色，比较丰润、光洁，也有青灰色的。具有较大的皴纹而少很细的皴褶。产于土中的湖石于灰色中带青灰色。性质比较枯涩而少有光泽。遍多细纹，好像大象的皮肤一样。其实这类湖石分布很广，如北京、济南、桂林一带都有所产。也有称霸世界的“象皮青”。北海琼华岛之南山和东山北部可以见到这种石头。外形富于变化，青灰中有时还夹有细的白纹。据说是金人从艮岳转运来的。太湖石大多是从整体岩层中选择采出来的，其靠山面必有人采凿的痕迹。

（二）房山石

房山石产于北京房山大灰石一带山上，因之为名。也是石灰岩，但为红色山土所渍满。新开采的房山岩呈土红色、橘红色或更淡一些的土黄色，日久以后表面带些灰黑色。质地不如南方的太湖石那样脆，但有一定的韧性。这种山石也具有太湖石的窝、沟、环、洞的变化。因此也有人称它们为北太湖石。它的特征除了颜色和太湖石有明显区别以外，表观密度比太湖石大，扣之无共鸣声，多密集的小孔穴而少有大洞。因此外观比较沉实、浑厚、雄壮。这和太湖石外观轻巧、清秀、玲珑是有明显差别的。

（三）英石

岭南园林中常用英石掇山，也常见于几案石品。原产于广东省英德县一带。英石质坚而特别脆，用手指弹扣有较响的共鸣声。淡青灰色，有的间有白脉笼络。这种山石多为中、小形体，很少见有很大块的。英石又可分白英、灰英和黑英三种。一般所见以灰英居多，白英和黑英均甚罕见，所以多用作特置或散点。

（四）灵璧石

灵璧石原产于安徽省灵璧县。石产于土中，被赤泥渍满，须刮洗方显本色。其石中灰色而甚为清润，质地亦脆，用手弹亦有共鸣声。石面有坳坎的变化，石形亦千变万化，但其眼少有宛转回折之势，须藉人工以全其美。这种山石可掇山石小品，更多的情况下作为盆景石玩。

（五）宣石

宣石产于宁国县。其色有如积雪覆于灰色石上，也由于为赤土积渍，因此又带些赤黄色，非刷净不见其质，所以愈旧愈白。由于它有积雪一般的外貌，扬州个园用它作为冬山的材料，效果显著。

二、黄石

黄石是一种带橙黄颜色的细砂岩，产地很多，以常熟虞山的自然景观为著名。苏州、常州、镇江等地皆有所产。其石形体顽劣，见棱见角，节理面近乎垂直，雄浑沉实。与湖石相比它又别具一番景象，平正大方，立体感强，块钝而棱锐，具有强烈的光影效果。明代所建上海豫园的大假山、苏州耦园的假山和扬州个园的秋山均为黄石掇成的佳品。

三、青石

青石即一种青灰色的细砂岩。北京西郊洪山口一带均有所产。青石的节理面不像黄石那样规整，不一定是相互垂直的纹理，也有交叉互织的斜纹。就形体而言多呈片状，故又有“青云片”之称。北京圆明园“武陵春色”的桃花洞、北海的濠濮涧和颐和园后湖某些局部都用这种青石为山。这种山石在北京运用较多。

四、石笋

石笋即外形修长如竹笋的一类山石的总称。这类山石产地颇广。石皆卧于山土中，采出后直立地上。园林中常作独立小景布置，如个园的春山等。常见石笋又可分为以下四种：①白果笋；②乌炭笋；③慧剑；④钟乳石笋。

五、其他石品

诸如木化石、松皮石、石珊瑚、黄蜡石和石蛋等。木化石古老朴质，常作特置或对置。松皮石是一种暗土红的石质中杂有石灰岩的交织细片，石灰石部分经长期熔融或人工处理以后脱落成空块洞，外观像松树皮突出斑驳一般。石蛋即产于海边、江边或旧河床的大卵石，有砂岩及各种质地的。岭南园林中运用比较广泛。如广州市动物园的猴山、广州烈士陵园等均大量采用。黄蜡石色黄，表面若有蜡质感。质地如卵石，多块料而少有长条形。广西南宁市盆景园即以黄蜡石造。

复习思考题

主要园林假山材料有哪些？各有什么特点？

第二节　置石和假山布置

一、置石

置石用的山石材料较少，结构比较简单，对施工技术也没有很专门的要求，因此容易实现。我们学习掇山最好从置石开始，由简及繁。如果置石得法的话，可以取得事半功倍的效果。也可以说置石的特点是以少胜多、以简胜繁。量虽少而对质的要求更高。大假山虽不易工，山石安置手法又何易。正因为一般置石的篇幅不大，这就要求造景的目的性更加明确，格局谨严、手法洗练，“寓浓于淡”，使之有感人的效果，有独到之处。因此丝毫不会因篇幅小而限制匠心的发挥，可以说深浅在人。从此方面意义讲，这又不是很简单的。这也可以说是置石的艺术特征。

（一）特置

特置山石也是有自然依据的。北魏郦道元在《水经注》里对承德避暑山庄东面“磬锤峰”的描写：“挺在层峦之上，孤石云峰，临崖危峻，可高百余仞”。这是自然风景中的“特置”。特置山石又称孤置山石、孤赏山石，也有称作峰石的。但特置的山石不一定能呈立峰的形式。特置山石大多由单块山石布置成为独立性的石景，常在园林中用作入门的障景和对景，或置视线集中的廊间、天井中间、漏窗后面、水边、路口或园路转折的地方。特置山石也可以和壁山、花台、岛屿、驳岸等结合使用。新型园林多结合花台、水池和草坪、花架来布置。特置好比单字书法或特写镜头，本身应具有比较完整的构图关系。古典园林中的特置山石常镌刻题咏和命名。特置在历史上也是运用得比较早的一种形式。园主们竞相以奇石夸富豪。宋徽宗甚至给峰石加封官爵。《华阳宫纪事》载：“宫门于西入径，广于驰道，左右大石皆林立，仅百余株。以神运昭功敷庆万寿峰而名之。独神运峰广百围高六仞，锡爵磐固。”正是由于这种风尚的发展，在我国园林中出现了一些名石。例如现存杭州的绉云峰，上海豫园的玉玲珑，苏州的瑞云峰、冠云峰、北京颐和园的青芝岫，广州海珠花园的大鹏展翅，海幢花园的猛虎回头等都是特置山石的名品。这些特置山石都有各自的观赏特征。绉云峰因有深的皱纹而得名；玉玲珑以千穴百孔，玲珑剔透而出众；瑞云峰以体量特在姿态不凡且遍布涡、洞而著称；冠云峰兼备透、漏、瘦于一石，亭亭玉立，高矗入云而名噪江南；北京的青芝岫以雄浑的质感、横卧的体态和遍布青色小孔洞而被纳入皇宫内院。可见特置山石必须具备独特的观赏价值，并不是什么山石都可以作为特置用的。

特置就选体量大、轮廓线突出、姿态多变、色彩突出的山石。这种山石如果和一般山石混用便会埋没它的观赏特征。特置山石可采用整形的基座，见图 17-2-1；也可以坐落在自然的山石上面，见图 17-2-2。这种自然的基座称为“磐”。

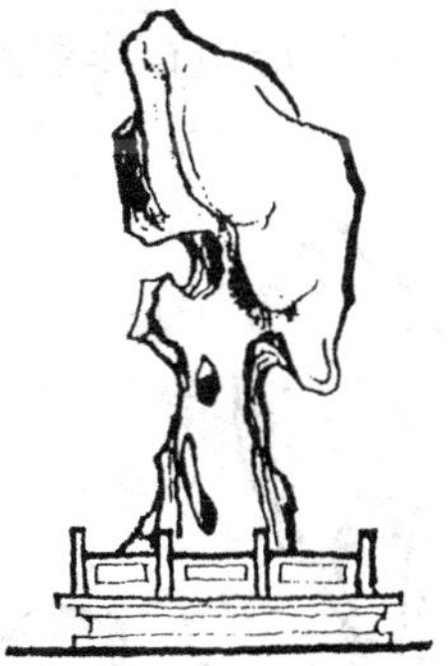

图 17-2-1　有基座的特置

图 17-2-2　坐落在自然山石上的特置

特置山石布置的要点在于相石立意，山石体量与环境相协调，有前置框景和背景色的衬托和利用植物或其他办法弥补山石的缺陷等。苏州网师园北门小院在正对着出园通道转折处，

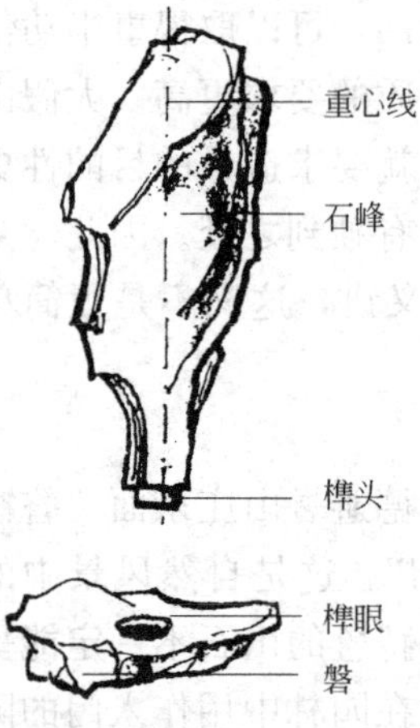

图 17-2-3 石榫头固定

利用粉墙作背景安置了一块体量合宜的湖石，并陪衬以植物。由于利用了建筑的倒挂楣子作框景，从暗透明，犹如一幅生动的画面。

特置山石在工程结构方面要求稳定和耐久。关键是掌握山石的重心线使山石本身保持重心的平衡。我国传统的做法是用石榫头稳定。如图 17-2-3 所示。榫头一般不用很长，大致十几厘米到二十几厘米，根据石之体量而定。但榫头要求争取比较大的直径，周围石边留有 3cm 左右即可。石榫头必须正好在重心线上。基磐上的榫眼比石榫的直径略大一点，但应该比石榫头的长度要深一点。这样可以避免因石榫头顶住榫眼底部而石榫头周边不能和基磐接触。吊装山石以前，只需在石榫眼中浇灌少量粘合材料，待石榫头插入时，粘合材料便自然地充满了空隙的地方。《园冶》所谓："峰石一块者，相形何状，选合峰绞石，令匠凿眼为座。理应上大下小，立之可观。"就是指这种做法。

（二）对置

即沿建筑中轴线两侧作对称位置的山石布置。这在北京古典园林中运用较多。例如锣鼓巷可园主体建筑前面对称安置的房山石。颐和园仁寿殿前的山石布置等。见图 17-2-4。

在材料困难的地方亦可用小石拼成特置峰石。须知两三大石封顶。掌握平衡，理之无失。

（三）散置

散置即所谓"攒三聚五"、"散漫理之"的做法。这类置石对石材的要求相对地比特置要低一些，但要组合得好。常用于园门两侧、廊间、粉墙前、山坡上、小岛上、水池中或与其他景物结合造景。它的布置要点在于有聚有散、有断有续、主次分明、高低曲折、顾盼呼应、疏密有致、层次丰富。明代画家龚贤所著《画决》说："石必一丛数块，大石间小石，然后联络。面宜一向，即不一向亦宜大小顾盼。石小宜平，或在水中，或从土出，要有着落"（图 17-2-5），又说："石有面、有足、有腹。亦如人之俯、仰、坐、卧，岂独树则然乎。"这是可以用以评价和指导实践的。苏州耦园二门两侧，几块山石和松树从两侧护卫园门，共同组成诱人入游的门景。避暑山庄"卷阿胜境"遗址东北角尚存山石一组，寥寥数块却层次多变，主次分明，高低错落，具有"寸石生精"的效果。可见置石的师傅是掌握要领的。北京中山公园"松柏交翠"所在的土丘，用房山石作散点布置，颇具自然的变化。

图 17-2-4 对置

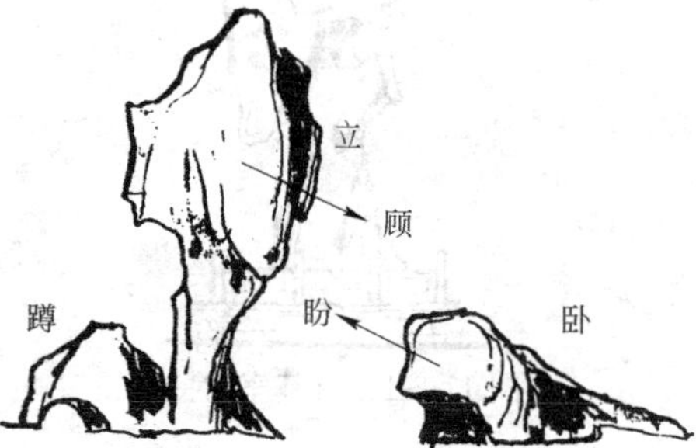

图 17-2-5 散置

（四）群置

群置也有称“大散点”。它在用法和要点方面基本上同散点是相同的。所差异之处是所在空间比较大。如果用单体山石作散点会显得与环境不相称。这样便以较大量的材料堆叠，每堆体量都不小，而且堆数也可增多。但就其布置的特征而言仍是散置。只不过以大代小，以多代少而已。北京北海琼华岛南山西路山坡上有用房山石作的群置，处理得比较成功，不仅起到护坡的作用，同时也增添了山势。山水画中把土山上露出的山石称为“矾头”，用以体现山体之峻嶒。

（五）山石器设

用山石作室内外的家具或器设也是我国园林中的传统做法。山石几案不仅有实用价值，而且又可与造景密切结合。特别是用于有起伏地形的自然式布置地段，很容易和周围的环境取得协调，既节省木材又能耐久，无须搬出搬进，也不怕日晒雨淋。清代杂家李渔在《闲情偶寄》零星小石一节中提到这种用法说：“若谓如拳之石，亦需钱买，则此物亦能效用于人。使其肩背稍平，可置香炉茗具，则又可代几案。花前月下有此待人，又不妨于露处，则省他物运动之劳，使得久而不坏。名虽石也，而实则器也。”

二、与园林建筑结合的山石布置

这是用山石来陪衬建筑的做法。用少量的山石在合宜的部位装点建筑就仿佛把建筑建在自然的山岩上一样的效果。所置山石模拟自然裸露的山岩，建筑则依岩而建。因此山石在这里所表面的实际是大山之一隅，可以适当运用局部夸张的手段。其目的仍然是减少人工的气氛，增添自然的气氛。这是要掌握的要领。常见的结合形式有以下几种。

（一）山石踏跺和蹲配

明代文震亨著《长物志》中“映阶旁砌以太湖石垒成者曰涩浪”所指山石布置就是这一种。这是用于丰富建筑立面、强调建筑出入口的手段。中国传统的建筑多建于台基之上。这样，出入口的部位就需要有台阶作为室内外上下的衔接部分。这种台阶可以做成整形的石级，而园林建筑常用自然山石做成踏跺。北京的假山师傅称为“如意踏跺”，它不仅有台阶的功能，而且有助于处理从人工建筑到自然环境之间的过渡。石材选择扁平状的，不一定都要求是长方形的。间以各种角度的梯形甚至是不等边的三角形则会更富于自然的外观。每级在10～30cm，有的还可以更高一些。每级的高度也不一定完全一样。由台明出来头一级可以与台基地面同高，使人在下台阶前有个准备。所谓“如意踏跺”有令人称心如意的含义，同时两旁没有垂带。山石每一级都向下坡方向有2%的倾斜坡度，以便排水。石级断面要上挑下收，以免人们上台阶时脚尖碰到石级上沿。术语称为不能有“兜脚”。用小块山石拼合的石级，拼缝要上下交错，以上石压下缝。

蹲配是常和如意踏跺配合使用的一种置石方式。从实用功能上来分析，它可兼备垂带和门口对置的石狮、石鼓之类装饰品的作用。从外形上又不像垂带和石鼓那样呆板。它一方面作为石级两端支撑的梯形基座，也可以由踏跺本身层层迭上而用蹲配遮挡两端不易处理的侧面。在保证这些实用功能的前提下，蹲配在空间造型上则可利用山石的形态极尽自然变化。所谓“蹲配”以体量大而高者为“蹲”，体量小而低者为“配”。实际上除了“蹲”以外，也可“立”、可“卧”，以求组合上的变化。但务必使蹲配在建筑轴线两旁有均衡的构图关系。

（二）抱角和镶隅

建筑的墙面多成直角转折。这些拐角的外角和内角的线条都比较单调、平滞。常以山石来美化这些墙角。对于外墙角，山石成环抱之势紧包基角墙面，称为抱角；对于墙内角则以山石填镶其中，称为镶隅。经过这样处理，本来是在建筑外面包了一些山石，却又似建筑坐落在自然的山岩上。山石抱角和镶隅的体量均须与墙体所在的空间取得协调。例如一般园林建筑体量不大，所以无须做过于臃肿的抱角。而承德避暑山庄外围的外八庙，其中有些体现西藏宗教性的红墙的山石抱角却有必要做得像小石山一样才相称。当然，也可以用以小衬大的手法用小巧的山石衬托宏伟、精致的园林建筑。例如颐和园万寿山上的“园朗斋”等建筑都采用此法而且效果较好。山石抱角的选材应考虑如何使石与墙接触的部位，特别是可见的部位能吻合起来。见图 17-2-6。

图 17-2-6　如意踏跺和蹲配、抱角、镶隅

江南私家园林多用山石作小花台来镶填墙隅。花台内点植体量不大却又潇洒、轻盈的观赏植物。由于花台两面靠墙，植物的枝叶必然向外斜伸，从而使本来是比较呆板、平直的墙隅变得生动活泼而富于光影、风动的变化。这种山石小花台一般都很小，但就院落造景而言它却起了很大的作用。苏州拙政园腰门外以西的门侧，利用两边的墙隅均衡地布置了两个小山石花台。一大一小，一高一低。山石和地面衔接的基部种植书带草，北隅小花台内种紫竹数竿。青门粉墙，在山石的衬托下，构图非常完整。这里用石量很少，但造景效果很突出。苏州留园“古木交柯”与“绿荫”之间小洞门的墙隅用矮小的山石和竹子组成小品来陪衬洞门。由于比例合适，景物的主次分明。以上两例均可说明山石小品“以少胜多，以简胜繁”的造景特点。

（三）粉壁置石

即以墙作为背景，在面对建筑的墙面、建筑山墙或相当于建筑墙面前基础种植的部位作石景或山景布置。因此也有称“壁山”的。这也是传统的园林手法。《园冶》有谓：“峭壁山者，靠壁理也。藉以粉壁为纸，以石为绘也。理者相石皴纹，仿古人笔意，植黄山松柏古梅美竹。收之园窗，宛然镜游也。”在江南园林的庭院中，这种布置随处可见。有的结合花台、特置和各种植物布置，式样多变。苏州网师园南端“琴室”所在的院落中。于粉壁前置石，石的姿态有立、蹲、卧的变化。加以植物和院中台景的层次变化，使整个墙面变成一个丰富多彩的风景画面。苏州留园“鹤所”墙前以山石作基础布置，高低错落，疏密相间，并用小石峰点缀建筑立面。这样一来，白粉墙和暗色的漏窗、门洞的空处都形成衬托山石的背景，竹、石的轮廓非常清晰。见图 17-2-7。

图 17-2-7　粉壁置石

（四）回廊转折处的廊间山石小品

园林中的廊子为了争取空间的变化或使游人从不同角度去观赏景物，在平面上往往做成曲折回环的半壁廊。这样便会在廊与墙之间形成一些大小不一、形体各异的小天井空隙地。这是可以发挥用山石小品“补白”的地方。使之在很小的空间里也有层次和深度的变化。同时可以诱导游人按设计的游览序列入游，丰富沿途的景色，使建筑空间小中见大，活泼无拘。上海豫园东园“万花楼”东南角有一处回廊小天井处理得当。自两宜轩东行，有园洞门作为框景猎取此景。自廊中往返路线的视线焦点也集中于此。因此位置和朝向处理得法。石景本身处理亦精炼，一块湖石立峰，两丛南天竹作陪衬。秋日红叶层染，冬天珠果累累。

（五）“尺幅窗”和“无心画”

园林景色为了使室内外互相渗透常用漏窗透石景。这种手法是清代李渔首创的。他把内墙上原来挂山水画的位置开成漏窗，然后在窗外布置竹石小品之类，使景入画。这样便以真景入画，较之画幅生动百倍，他称为“无心画”。以“尺幅窗”透取“无心画”是从暗处看明处，窗花有剪影的效果，加以石景以粉墙为背景，从早到晚，窗景因时而变。苏州留园东部“揖峰辑”北窗三叶均以竹石为画。微风拂来，竹叶翩洒。阳光投入，修篁弄影。些许小空间却十分精美、深厚，居室内而得室外风景之美。

除此以外，山石还可作为园林建筑的台基，支墩和镶嵌门窗。变化之多，不胜枚举。

（六）云梯

即以山石掇成的室外楼梯。既可节约使用室内建筑面积，又可成自然山石景。如果只能在功能上作为楼梯而不能成景则不是上品。最容易犯的毛病是山石楼梯暴露无遗、和周围的景物缺乏联系和呼应。而做得好的云梯往往是组合丰富，变化自如。扬州寄啸山庄东院将壁山和山石楼梯结合一体。由庭上山，由山上楼，比较自然。其西南小院之山石楼梯一面贴墙，楼梯下面结合山石花台与地面相衔接。自楼下穿道南行，云梯一部分又成为穿道的对景。山石楼梯转折处置立石，古老的紫藤绕石登墙，颇具变化。留园明瑟楼更以假山楼梯成景曰：“一梯云”。云梯设于楼之背水面。南有高墙作空间隔离，一门径通。云梯坐落的地盘仅二十多平方米。梯呈曲尺形，南、西两面贴墙。上楼入口处隐用条石搭接，从而减少了云梯基部的体量，使之免于迫促。梯之中段下收上悬，把楼梯间的部位做成自然的山岫，这样便有了强烈的虚实变化。云梯下面的入口则结合花台和特置峰石。峰石上镌刻“一梯云”三字。峰石仅高 2m 多，但因视距很小，峰石有直矗入云的意向。若自明瑟楼楼下或楼北的园路南望。在由柱子、倒挂楣子和鹅颈靠组成的逆光框景中，整个山石楼梯和植物点缀的轮廓在粉墙前恰如横幅山水呈现出来。不失为使用功能和造景相结合的佳例。

三、与植物相结合的山石布置——山石花台

山石花台在江南园林中运用极为普遍。究其原因有三。首先是这一带地下水位较高，土壤排水不良。而中国民族传统的一些名花如牡丹、芍药之类却要求排水良好。为此用花台提高种植地面的高程，相对地降低了地下水位，为这些观赏植物的生长创造了合适的生态条件。同时又可以将花卉提高到合适的高度，以免躬下身去观赏。再者，花台之间的铺装地面即是自然形式的路面。这样，庭院中的游览路线就可以运用山石花台来组合。其三，山石花台的形体可随机应变。小可占角，大可成山。特别适合与壁山结合随心变化。

（一）花台的平面轮廓和组合

就花台的个体轮廓而言，应有曲折、进出的变化。更要注意使之兼有大弯和小弯的凹凸面，而且弯的深浅和间距都要自然多变。有小弯无大弯、有大弯无小弯或变化的节奏单调都是要力求避免的。见图 17-2-8。

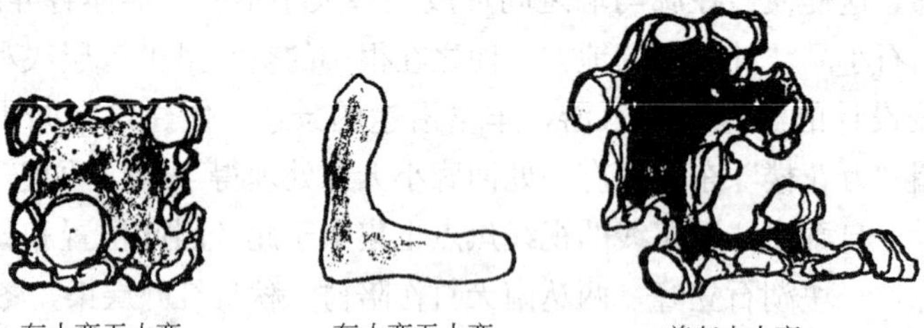

图 17-2-8　花台平面布置

如果同一空间内不只一个花台，这就有花台的组合问题。花台的组合要求大小相间、主次分明、疏密有致、若断若续、层次深厚。在外围轮廓整齐的庭院中布置山石花台，就其布局的结构而言，和我国传统的书法、篆刻的手法，如“知白守黑”、“宽可走马，密不容针”等都有可以相互借鉴之处。庭院的范围如同纸幅或印章的边缘，其中的山石花台如同篆刻的字体。花台有大小，组合起来园路就有了收放；花台有疏密，空间也就有相应的变化。

（二）花台的立面轮廓要有起伏变化

花台上的山石与平面变化相结合还应有高低的变化。切忌把花台做成“一码平”。这种高低变化要有比较强烈的对比才有显著的效果。一般是结合立峰来处理，但又要避免用体量过大的立峰堵塞院内的中心位置。花台除了边缘以外，花台中也可少量地点缀一些山石。花台边缘外面亦可埋置一些山石，使之有更自然的变化。

（三）花台的断面和细部要伸缩、虚实和藏露变化

花台的断面轮廓既有直立，又有坡降和上伸下收等变化。这些细部技法很难用平面图或立面图说明。必须因势延展，就石应变。其中很重要是虚实明暗的变化、层次变化和藏露的变化。做花台易犯的通病也在此。具体做法就是使花台的边缘或上伸下缩，或下断上连，或旁断中连。化单面体为多面体。模拟自然界由于地层下陷、崩落山石沿坡滚下成围、落石浅露等形成的自然种植池的景观。

苏州怡园的牡丹花台位于锄月轩南，台依南园墙而建，自然地跌落成三层互不相遮

挡。花台的平面布置曲折委婉，道口上石峰散立，高低观之多致，正对建筑的墙面上循壁山做法立起作主景的峰石。就是在不开花时，也有一番景象可览。

上海嘉定县秋霞圃内“丛桂轩”前的小院落，面积约 $60m^2$，却利用花台分隔院落。花台的体量合适，组合得体。

四、掇山

掇山较之置石就复杂得多了。需要考虑的因素也更多一些。要求把科学性、技术性和艺术性统筹考虑。掇山之理虽历代都有一些记载，但却分散于不同时代的多种书籍中。除了《园冶》比较集中地论述了掇山以外，尚有明代文震亨著《长物志》、清代李渔著《闲情偶寄》等书可考。历代的假山匠师多由绘事而来，因此我国传统的山水画论也就成为指导掇山实践的艺术理论基础。因此有“画家以笔墨为丘壑，掇山以土石为皴擦。虚实虽殊，理致则一”之说。

假山最根本的法则就是“有真为假，作假成真”。这是中国园林所遵循的“虽由人作，宛自天开”的总则在掇山方面的具体化。“有真有假”说明了掇山的必要性；“作假成真”提出了对掇山的要求。天然的名山大川固然是风景美好的所在，但一不可能搬到园中，二不可能悉仿。只能用人工造山理水以解此求。《园冶》“自序”谓“有真斯有假”说明真山水是假山水取之不尽的源泉，是造山的客观依据。但是又只能是素材。而要“作假成真”就必须渗进人们的意识，通过作者主观思维活动，对于自然山水的素材进行去粗取精的艺术加工，加以典型概括和夸张，使之更为精练和集中。亦即“外师造化，内法心源”的创作过程。因此，假山必须合乎自然山水地貌景观形成和演变的科学规律。“真”和“假”的区别在于真山既经成岩石以后，便是“化整为零”的风化过程或熔融过程。本身具有整体感和一定的稳定性。假山正好相反，是由单体山石掇成的，就其施工而言，是“集零为整”的工艺过程。必须在外观上注重整体感，在结构方面注意稳定性，因此才说假山工艺是科学性、技术性和艺术性的综合体。“作假成真”的手法可归纳为以下几点：①山水结合，相映成趣；②相地合宜，造山得体；③巧于因借，混假于真；④独立端严，次相辅弼；⑤三远变化，移步换景；⑥远观山势，近看石质；⑦寓情于石，情景交融。

复习思考题

1. 置石的特点是什么？有哪些方法？
2. 掇山的法则是什么？“作假成真”手法有几点？

第三节 假山的结构

一、分层结构

假山的外形虽然千变万化，但就其基本结构而言还是和造房屋有共通之处的，即分基础、中层和收顶三部分。

（一）立基——假山的基础

《园冶》论假山基谓：“假山之基，约大半在水中立起。先量顶之高大，才定基之浅深。掇石须知占天，围土必然占地，最忌居中，更宜散漫。”这说明掇山必先有成局在胸，才能确定假山基础的位置、外形和深浅。否则假山基础既起出地面之上，再想改变假山的总体轮廓，再想要增加很多高度或挑出很远就困难了。因为假山的重心不可能超出基础之外。重心不正即“稍有欹侧，久则逾欹，其峰必颓。”因此，理当慎之。

假山如果能坐落在天然岩基上当然是最理想的。否则都需要做基础。做法有如下几种：

1. 桩基

这是一种古老的基础做法，但至今仍有实用价值。特别是水中的假山或山石驳岸用得很广泛。木桩多选用柏木桩或杉木桩。取其较平直而又耐水湿。木桩顶面的直径约在10～15cm。平面布置按梅花形排列，故称“梅花桩”。桩边至桩边的距离约为20cm。其宽度视假山底脚的宽度而定。如做驳岸，少则三排，多则五排。大面积的假山即在基础范围内均匀分布。桩的长度或足以打到硬层，称为“支撑桩”；或用其挤实土壤，称为“摩擦桩”。桩长一般有1m多。如苏州拙政园水边的山石驳岸的桩长约1.5m。颐和园的桩木约为1.6～2m。桩木顶端露出湖底十几厘米至几十厘米。其间用块石嵌紧，再用花岗石压顶。条石上面才是自然形态的山石。此即所谓“大块满盖桩顶”的做法。条石应置于低水位线以下，自然山石的下部亦在水位线下。这样不仅为了美观，也可减少桩木腐烂。颐和园修假山挖出的柏木桩大多完好。江南园林还有打“石钉”挤实土壤的做法。

我国各地气候和土壤情况差别很大。做桩基也必须因地制宜。例如扬州地区多为砂土。土壤不够密实。除了使用木桩以外，还大量地使用灰桩和瓦砾桩。其桩之直径约20cm。桩长0.6～1m多。桩边距约0.5～0.7cm。施工时在木桩顶横穿一根铁杆。木桩打至一定深度便拔出来，然后在桩孔中填入生石灰块，加水捣实，凝固后便有足够的承压力，称为灰桩。如用瓦砾作填实桩孔的材料则为瓦砾桩。这种做法是结合扬州特点的。当地土壤空隙较多，通气较多，加以水湿条件，木桩容易腐烂。同时扬州木材也不多，用这种办法可节约大量木材。苏州土壤黏性较强，土壤本身就比较坚实。对于一般置石或小型假山就用块石尖头打入地下作为基础，称为“石钉”。北京圆明园处于低湿地带，地下水便成为破坏基础的重要因素，包括土壤冻胀对基础的影响。因此采用在桩基上面打灰土的办法，有效地减少了地下水的破坏。

2. 灰土基础

北京古典园林中位于陆地上的假山多采用灰土基础。北京的地下水位一般不高，雨季比较集中，使灰土基础有比较好的凝固条件。灰土既经凝固便不透水，可以减少土壤冻胀的破坏。

灰土基础的宽度应比假山底面积的宽度宽出约0.5m左右，术语称为“宽打窄用”。保证假山的压力沿压力分布的角度均匀地传递到素土层。灰槽深度一般为50～60cm。2m以下的假山一般是打一步素土，一步灰土。一步灰土即布灰30cm，踩实到15cm再夯实到10cm厚度左右。2～4m高的假山用一步素土、两步灰土。石灰一定要选用新出窑的块灰，在现场泼水化灰。灰土的比例采用3：7。

3. 混凝土基础

近代的假山多采用浆砌块石或混凝土基础。这类基础耐压强度大，施工速度较快。在基土坚实的情况下可利用素土槽浇灌。基槽宽度同灰土基的道理。混凝土的厚度陆地上约10～20cm，水中基础约为50cm。高大的假山酌加其厚度。陆地上选用不低于C10的混凝土。水泥、砂和卵石配合的重量比约为1：2：4至1：2：6。水中假山基采用M15水泥砂浆砌块石，或C20的素混凝土作基础为妥。

（二）拉底

就是在基础上铺置最底层的自然山石，术语称为拉底，亦即《园冶》所谓“立根铺以麓石”的做法。因为这层山石大部分在地面以下，只有小部分露出地面以上，并不需要形态特别好的山石。但它是受压最大的自然山石层，要求有足够的强度，因此宜选用顽夯的大石拉底。古代匠师把“拉底”看作叠山之本。因为假山空间的变化都立足于这一层。如果底层未打破整形的格局，则中层叠石亦难于变化。底石的材料要求大块、坚实、耐压。不允许用风化过度的山石拉底。拉底的要点有：

1. 统筹向背

即根据立地的造景条件，特别是游览路线和风景透视线的关系，统筹确定假山的主次关系。根据主次关系安排假山组合的单元，从假山组合单元的要求来确定底石的位置和发展的体势。要精于处理主要视线方向的画面以作为主要朝向。然后再照顾到次要的朝向，简化地处理那些视线不可及的一面。扬长避短，面面俱到。

2. 曲折错落

假山底脚的轮廓线一定要打破一般砌直墙的概念。要破平直为曲折，变规则为错落。在平面上要形成具有不同间距、不同转折半径、不同宽度、不同角度和不同支脉的变化。或为斜八字形，或为各式曲尺形。有的转势缓，有的转势急，曲折而置，错落相安。为假山的虚实、明暗的变化创造条件。

3. 断续相间

假山底石所构成的外观不是连绵不断的。要为中层做出“一脉既毕，余脉又起”的自然变化作准备。因此在选材和用材方面要灵活运用。或因需要选材，或因材施用。用石之大小和方向要严格地按照皴纹的延展来决定。大小石材成不规则的相间关系安置。或小头向下渐向外挑，或相邻山石小头向上预留空档以便往上卡接；或从外观上做出“下断上连”、“此断彼连”等各种变化。

4. 紧连互咬

外观上要有断续的变化而结构上却必须一块紧连一块，接口力求紧密，最好能互相咬住。要尽可能争取做到“严丝合缝”。因为假山的结构是“集零为整”，结构上的整体性最为重要。它是影响假山稳定性的又一重要因素。假山外观所有的变化都必须建立在结构上重心稳定、整体性强的基础上。实际上山石水平向之间是很难完全自然地紧密相连的。这就要借助于小块的石头打入石间的空隙部分，使其互相咬住，共同制约，最后连成整体。

5. 垫平安稳

基石大多数都要求以大而水平的面向上，这样便于继续向上垒接。为了保持山石上面水平，常需要在石之底部用“捶”垫平以保持重心稳定。

北京假山师傅掇山多采用满拉底石的办法，在假山的基础上满铺一层。而南方一带没有冻胀的破坏，常采用先拉周边底石再填心的办法。

（三）中层

即底石以上，顶层以下的部分。这是占体量最大、触目最多的部分。用材广泛，单元组合和结构变化多端。可以说是假山造型的主要部分。其要点除了底石所要求平稳等方面以外，尚需做到：

1. 接石压茬

山石上下的衔接也要求严密。上下石相接时除了有意识地大块面闪进以外，避免在下层石上面闪露一些很破碎的石面。假山师傅称为“避茬”，认为“闪茬露尾”会失去自然气氛而流露出人工的痕迹。这也是皴纹不顺的一种反映。但这也不是绝对的，有时为了做出某种变化，故意预留石茬，待更上一层时再压茬。

2. 偏侧错安

即力求破除对称的形体，避免成四方形、长方形、正品形或等边、等角三角形。要因偏得致，错综成美。要掌握各个方向呈不规则的三角形变化，以便为向各个方向的延展创造基本的形体条件。

3. 仄立避“闸”

山石可立、可蹲、可卧，但不宜像闸门板一样仄立。仄立的山石很难和一般布置的山石相协调，而且往上接山石时接触面往往不够大，因此也影响稳定。但这也不是绝对的，自然界也有仄立如闸的山石。特别是作为余脉的卧石处理等。但要求用得很巧。有时为了节省石材而又能有一定高度，可以在视线不可及之处以仄立山石空架上层山石。

4. 等分平衡

拉底时平衡问题表现不显著，掇到中层以后，平衡的问题就很突出了。《园冶》所谓“等分平衡法”和“悬崖使使其后坚”是此法的要领。如理悬崖必一层层地向外挑出。这样重心就前移了。因此必须用数倍于“前沉”的重力稳压内侧，把前移的重心再拉回到假山的重心线上。

（四）收顶

即处理假山最顶层的山石。从结构上讲，收顶的山石要求体量大的，以便合凑收压。从外观上看，顶层的体量虽不如中层大，但有画龙点睛的作用。因此要选用轮廓和体态都富有特征的山石。收顶一般分峰、峦和平顶三种类型。峰又可分为剑立式(上小下大，竖直而立，挺拔高矗)、斧立式(上大下小，形如斧头侧立，稳重而又有险意)、流云式(横向挑伸，形如奇云横空，参差高低)、斜劈式(势如倾斜山岩，斜插如削，有明显的动势)、悬垂式(用于某些洞顶。龙如钟乳倒悬，滋润欲滴，以奇胜制)。其他如莲花式、笔架式、剪刀式等，不胜枚举。所有这些收顶的方式都在自然地貌中有本可寻。

收顶往往是在逐渐合凑的中层山石顶面加以重力的镇压。使重力均匀地分层传递下去。往往用一块收顶的山石同时镇压下面几块山石。如果收顶面积大而石材不够整时，就要采取“拼凑”的手法，并用小石镶缝使成一体。

二、山石结体的基本形式

假山虽有峰、峦、洞、壑等各种组合单元的变化，但就山石相互之间的结合而言却可以概括为十多种基本的形式。这就是在假山师傅中有所流传的“字诀”。如北京的“山子张”张蔚庭老先生曾经总结过的“十字诀”即安、连、接、斗、挎、拼、悬、剑、卡、垂。此外，还有挑、飘、戗等。江南一带则流传九个字即叠、竖、垫、拼、挑、压、钩、挂、撑。两相比较，有些是共有的字，有些即使称呼不一样但实际上是一个内容。由此可见我国南北的匠师同出一源，一脉相承，大致是从江南流传到北方，并且互有交流。

（一）安

是安置山石的总称。放置一块山石叫做“安”一块山石。特别强调这块山石放下去要安稳。其中又分单安、双安和三安。双安指在两块不相连的山石上面安一块山石。下断上连，构成洞、岫等变化。三安则是于三石上安一石，使之形成一体。安石又强调要“巧安”，即本来这些山石并不具备特殊的形体变化，而经过安石以后可以巧妙地组成富于石形变化的组合体，亦即《园冶》所谓“玲珑安巧”的含义。苏州某些假山师傅对“三安”有另一种解释，把三安当作布局、取势和构图的要领。说三安是把山的组合划分为主、次、配三个部分，每座山及其局部亦可依次三分，一直可以分割到单块的石头。认为这样既可着眼于远观的总体效果，又注意到每个局部的近看效果，使之具有典型的自然变化。见图 17-3-1。

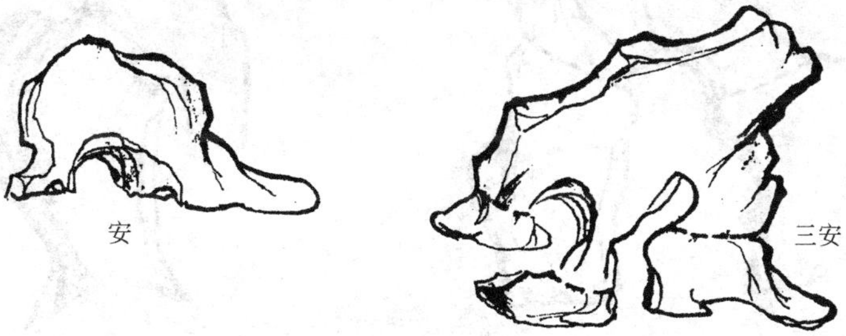

图 17-3-1　安

（二）连

山石之间水平向衔接称为“连”。“连”要求从假山的空间形象和组合单元来安排，要“知上连上”，从而产生前后左右参差错落的变化，同时又要符合皴纹分布的规律。见图 17-3-2。

（三）接

山石之间竖向衔接称为“接”。“接”既要善于利用天然山石的茬口，又要善于补救茬口不够吻合的所在。最好是上下茬口互咬，同时不因相接而破坏了石的美感。接石要根据山体部位的主次依皴结合。一般情况下是竖纹和竖纹相接，横纹和横纹相接。但有时也可以以竖纹接横纹，形成相互间既有统一又有对比衬托的效果(图 17-3-3)。

图 17-3-2　连

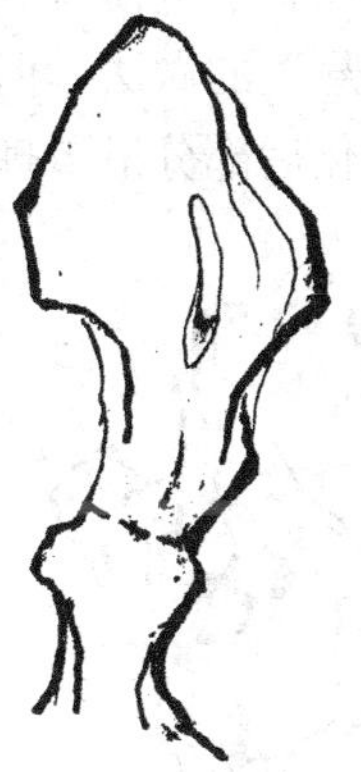

图 17-3-3　接

（四）斗

置石成向上拱状，两端架于两石之间，腾空而起。若自然岩石之环洞或下层崩落形成的孔洞。北京故宫乾隆花园第一进庭院东部偏北的石山上，可以明显地看到这种模拟自然的结体关系。一条山石蹬道从架空的谷间穿过，为游览增添了不少险峻的气氛(图 17-3-4)。

（五）挎

如山石某一侧面过于平滞，可以旁挎一石以全其美，称为“挎”。挎石可利用茬口咬压或土层镇压来稳定。必要时加钢丝绕定。钢丝要藏在石的凹纹中或用其他方法加以掩饰（图 17-3-5）。

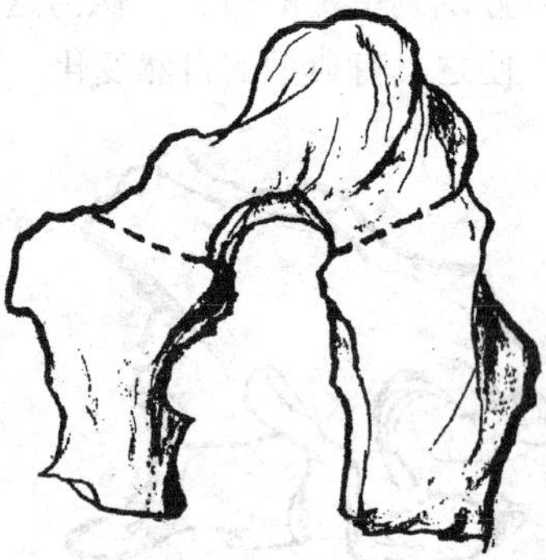

图 17-3-4　斗

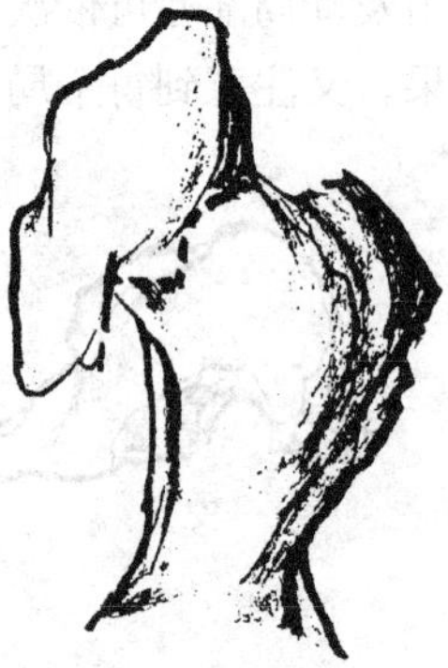

图 17-3-5　挎

（六）拼

在比较大的空间里，因石材太小，单独安置会感到零碎时，可以将数块以至数十块山石拼成一整块山石的形象，这种做法称为“拼”。例如在缺少完整石材的地方需要特置峰石，也可以采用拼峰的办法。例如南京莫愁湖庭院中有两处拼峰特置，上大下小，有飞舞势，俨然一块完整的峰石，但实际上是数十块零碎的山石拼掇成的。实际上这个“拼”字也包括了其他类型的结体，但可以总称为“拼”（图 17-3-6）。

（七）悬

在下层山石内倾环拱环成的竖向洞口下，插进一块上大下小的长条形的山石。由于上端被洞口扣住，下端便可倒悬当空。多用于湖石类的山石模仿自然钟乳石的景观。黄石和青石也有“悬”的做法，但在选材和做法上区别于湖石。它们所模拟的对象是竖纹分布的岩层，经风化后部分沿节理面脱落所剩下的倒悬石体(图 17-3-7)。

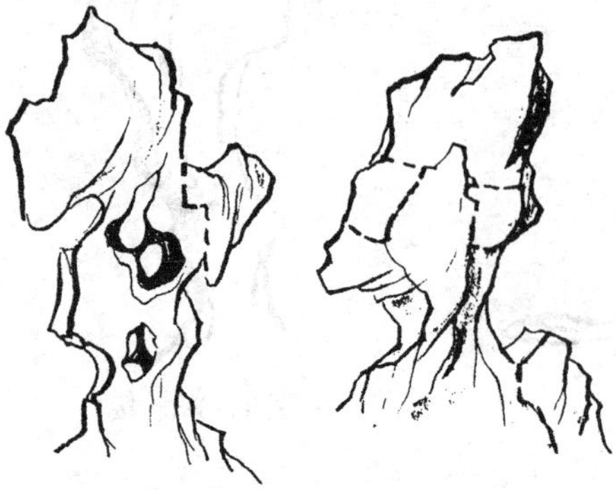

图 17-3-6　拼

图 17-3-7　悬

（八）剑

以竖长形象取胜的山石直立如剑的做法。峭拔挺立，有刺破青天之势。多用于各种石笋或其他竖长的山石。北京西郊所产的青云片亦可剑立。现存海淀礼王府中之庭园以青石为剑，很富有独特的性格。立“剑”可以造成雄伟昂然的景象，也可以作成小巧秀丽的景象。因境出景，因石制宜。作为特置的剑石，其地下部分必须有足够的长度以保证稳定。一般石笋或立剑都宜自成独立的画面，不宜混杂于他种山石之中，否则很不自然。就造型而言，立剑要避免“排如炉烛花瓶，列似刀山剑树”，假山师傅立剑最忌“山、川、小”。即石形像这几个字那样对称排列就不会有好效果(图 17-3-8)。

（九）卡

下层由两块山石对峙形成上大下小的楔口，再于楔口中插入上大下小的山石，这样便正好卡于楔口中而自稳。承德避暑山庄烟雨楼侧的峭壁山，以“卡”做成峭壁山顶。结构稳定，外观自然(图 17-3-9)。

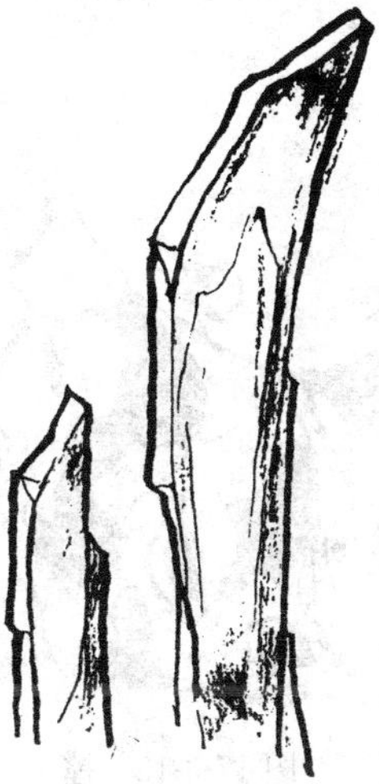

图 17-3-8　剑

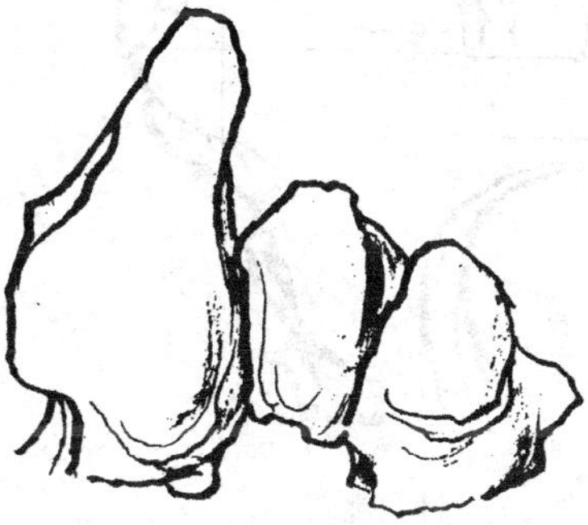

图 17-3-9　卡

（十）垂

从一块山石顶面偏侧部位的企口处，用另一山石倒垂下来的做法称“垂”。“悬”和“垂”很容易混淆，但它们在结构上受力的关系是不同的(图 17-3-10)。

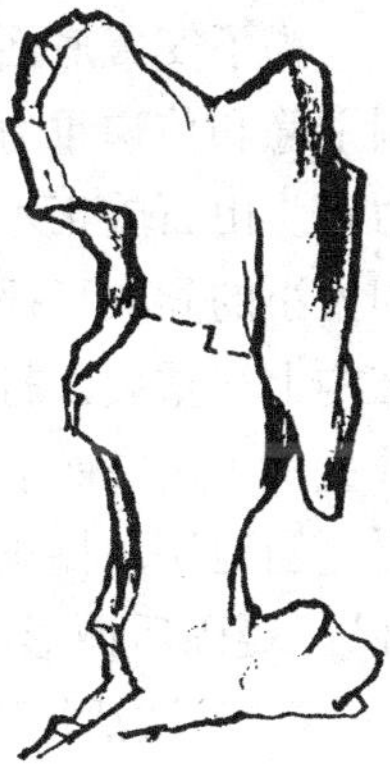

图 17-3-10　垂

（十一）挑

又称“出挑”。即上石藉下石支承而挑伸于下石之外侧，并用数倍重力镇压于石山内侧的做法。假山中之环、岫、洞、飞梁，特别是悬崖都是基于这种结体的形式。《园冶》所谓：“如理悬岩，起脚宜小。渐理渐大。及高，使其后坚能悬。斯理法古来罕者。如悬一石，亦悬一石。再之不能也。予以平衡法将前悬分散后坚，仍以长条堑里石压之，能悬数尺。”叙述了“挑”的要领。挑有单挑、担挑和重挑之分。如果挑头轮廓线太单调，可以在上面接一块石头来弥补。这块石头称为“飘”(图 17-3-11)。挑石每层约出挑相当于山石本身长度的 1/3。从现存园林作品中来看，出挑最多的约有 2m 多。“挑”的要点是求浑厚而忌单薄，要挑出一个面来才显得自然。因此要避免成直线地向一个方向挑。再就是巧安后坚的山石，使观者但见“前悬”而不一定观察到后坚用石。在平衡重量时应把前悬山石上面站人的荷重也估计进去，使之“其状可骇”而又“万无一失”。

（十二）撑

或称戗。即用斜撑的力量来稳固山石的做法。要选取合适的支撑点，使加撑后在外观上形成脉络相连的整体。扬州个园的夏山洞中，作“撑”以加固洞柱并有余脉之势，不但统一地解决了结构和景观的问题，而且利用支撑山石组成的透洞采光，很合乎自然之理（图 17-3-12）。应当着重指出，以上这些结体的方式都是从自然山石景观中归纳出来的。例如苏州天平山“万笏朝天”的景观就是“剑”所宗之本，云南石林之“千钧一发”就是“卡”的自然景观，苏州大石山的“仙桥”就是“撑”的自然风貌等。因此，不应把这些字诀当作僵死的教条或公式，否则便会给人矫揉造作的印象。

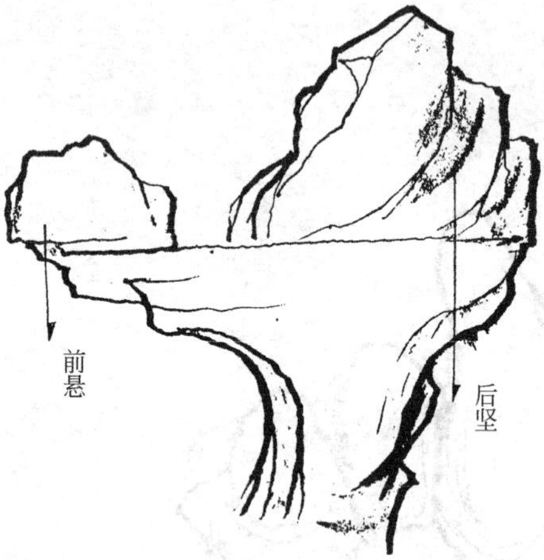

图 17-3-11　挑

图 17-3-12　撑

三、假山结构设施

（一）平稳设施和填充设施

为了安置底面不平的山石，在找平山石的上平面以后，于底下不平处垫以一至数块控制平稳和传递重力的垫片，北方假山师傅称为“捶”（音 sa），江南假山师傅称为垫片或重力石。山石施工术语有“见缝打捶”之说。“捶”要选用坚实的山石捶，在施工前就捶成不同大小的斧头形捶片以备随时选用。这块石头虽小，却承担了平衡和传递重力的要任，在结构上很重要。打“捶”也是衡量技艺水平的标志之一。打捶一定要找准位置，尽可能用数量最少的捶而求得稳定。打捶后用手推试一下是否稳定。至于两石之间不着力的空隙也要适当地用块捶填充。假山外围每做好一层，最好即用块石和灰浆填充其中，称为“填肚”，凝固后便形成一个整体。

（二）铁活加固设施

必须在山石本身重心稳定的前提下用以加固。常用熟铁或钢筋制成。铁活要求用而不露，因此不易发现。古典园林中常用的有以下几种：

1. 银锭扣

为生铁铸成，有大、中、小三种规格。主要用以加固山石间的水平联系。先将石头水平向接缝作为中心线，再扣银锭扣大小划线凿槽打下去。古典石作中有“见缝打卡”的说法。其上再接山石就不外露了。北海静心斋翻修山石驳岸时曾见有这种做法。见图 17-3-13。

2. 铁爬钉

或称“铁锔子”。用熟铁制成，用以加固山石水平向及竖向的衔接。南京明代瞻园北山之山洞中尚可发现用小型铁爬钉作水平向加固的结构；北京圆明园西北角之“紫碧山房”假山坍倒后，山石上可见约 10cm 长、6cm 宽、5cm 厚的石槽，槽中都有铁锈痕迹，也似同一类做法；北京乾隆花园内所见铁爬钉尺寸较大，长约 80cm、宽 10cm 左右、厚 7cm，两端各打入石内 9cm。也有向假山外侧下弯头而铁爬钉内侧平压于石下的做法。避暑山庄则在烟雨楼峭壁上有用于竖向联系的做法(图 17-3-14)。

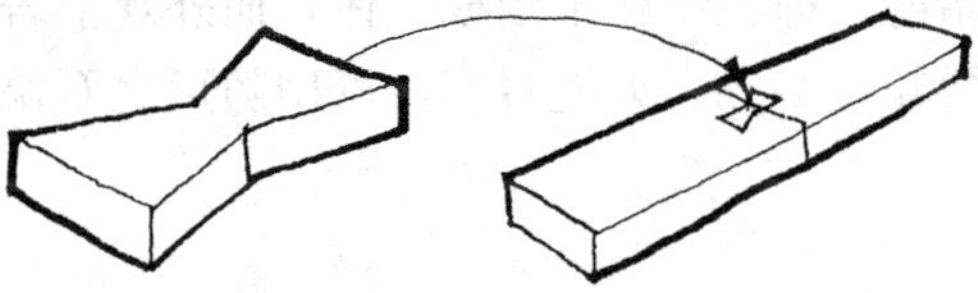

图 17-3-13 银锭扣

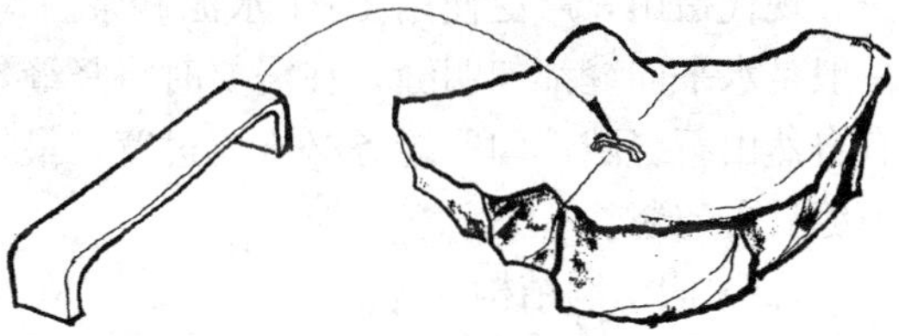

图 17-3-14 铁爬钉

3. 铁扁担

多用于加固山洞，作为石梁下面的垫梁。铁扁担之两端成直角上翘，翘头略高于所支承石梁两端。北海静心斋沁泉廊东北，有巨石象征“蛇”出挑悬岩，选用了长约 2m、宽 16cm、厚 6cm 的铁扁担镶嵌于山石底部。如果不是下到池底仰望，是看不出来的。见图 17-3-15。

4. 马蹄形吊架和叉形吊架

见于江南一带。扬州清代宅园“寄啸山庄”的假山洞底，由于用花岗石做石梁只能解决结构问题，外观极不自然。用这种吊架从条石上挂下来，架上再安放山石便可裹在条石外面，便接近自然山石的外貌(图 17-3-16)。

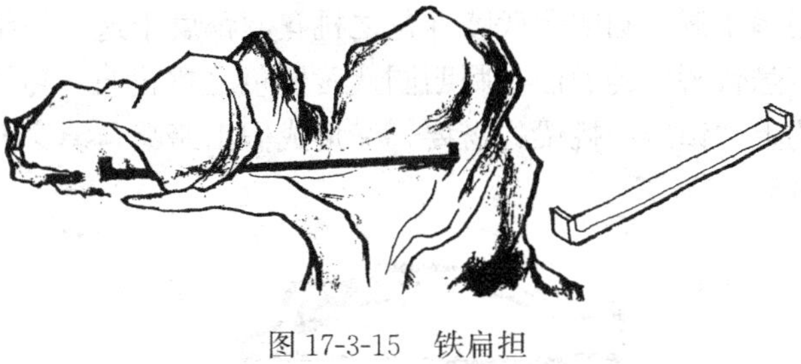

图 17-3-15 铁扁担

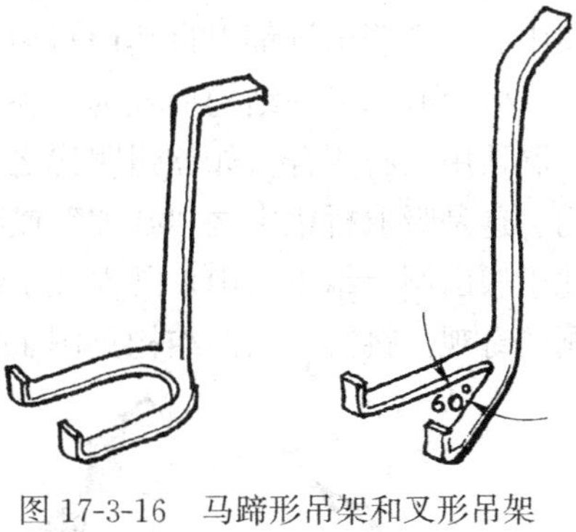

图 17-3-16 马蹄形吊架和叉形吊架

5. 岭南假山

岭南园林多以英石为山，因为英石很少有大块料，所以假山常以铁条或钢筋为骨架，称为模胚骨架，然后再用英石之石皮贴面，贴石皮时依皴纹、色泽而逐一拼接，石块贴上，待胶结料凝固后才能继续掇合。

(三) 勾缝和胶结

掇山之事虽在汉代已有明文记载，但宋代以前假山的胶结材料已难于考证。不过，在没有发明石灰以前，只可能是干砌或用素泥浆砌。从宋代李诫撰《营造法式》中可以看到用灰浆泥假山，并用粗墨调色勾缝的记载。因为当时风行太湖石，宜用色泽相近的灰白色灰浆勾缝。从一些假山师傅拆迁明、清的假山来看，勾缝的做法尚有桐油石灰(或加纸筋)、石灰纸筋、明矾石灰、糯米浆拌石灰等多种，湖石勾缝再加青煤，黄石勾缝后刷铁屑盐卤等，使之与石色相协调。

油灰勾缝与水灰浆勾缝相比较，前者造价高、凝固慢，但粘结性特强，凝固后很结实；后者则造价低、凝固比油灰快，但不及油灰延年。糯米浆或明矾汁拌石灰的硬度都很大。拆石头时只能用钢凿一块块地凿下来。一锤打下，只打出一个小坑而并不大块破碎。但它们的造价都太高。

现代掇山，广泛使用1∶1水泥砂浆。勾缝用"柳叶抹"。有勾明缝和暗缝两种做法。一般是水平向缝都勾明缝，在需要时将竖缝勾成暗缝。即在结构上结成一体，而外观上若有自然山石缝隙。勾明缝务必不要过宽，最好不要超过2cm。如缝过宽，可用随形之石块填缝后再勾浆。

(四) 假山洞结构

《园冶》谓："理洞法，起脚如造屋，立几柱著实，掇玲珑如窗门透亮。及理上见前理岩法，合凑收顶，加条石替之，斯千古不朽也。"说明了洞的一般结构即梁柱式结构(图17-3-17)。整个假山洞壁实际上由柱和墙两部分组成。柱受力而墙承受的荷载不大。因此洞墙部分用作开辟采光和通风的自然窗门。从平面上看，柱是点，同侧柱点的自然连线即洞壁。壁线之间的通道即是洞。

在一般地基上做假山洞，大多筑两步灰土，而且是"满打"。基础两边比柱和壁的外缘略宽出不到1m。承重量特大的石柱还可以在灰土下面加桩基。这种整体性很强的灰土基础，可以防止因不均匀沉陷造成局部坍倒，甚至牵扯全局的危险。有不少梁柱式假山洞都采用花岗石岩条石为梁，或间有"铁扁担"加固。这样虽然满足了结构上的要求，但洞顶外观极不自然，洞顶和洞壁不能融为一体。即便加以装饰，也难求全。圆明园和乾隆花园中有不少假山洞都以自然山石为梁，外观就稍好一些。

假山洞的另一结构形式为"挑梁式"或称"叠涩式"。即石柱渐起渐向山洞侧挑伸。至洞顶用巨石压合。如苏州明代之洽隐园水洞，圆明园武陵春色之桃花洞都属于这一类结构。这是吸取桥梁中之"叠涩"或称"悬臂桥"的做法。圆明园武陵春色之桃花洞，巧妙地于假山洞上结土为山，既保证了结构上"镇压"挑梁的需要，又形成假山跨溪，溪穿石洞的奇观。挑梁式山洞结构见图17-3-18。

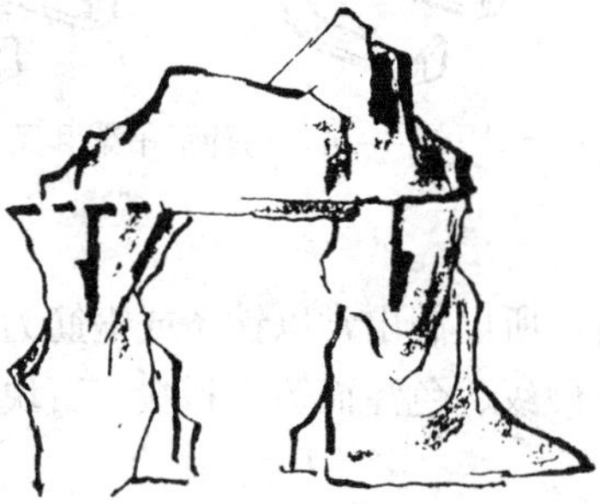

图17-3-17　梁柱式

图17-3-18　挑梁式(叠涩式)

发展到清代，出现了戈裕良创造的券拱式的假山洞结构。根据《履园丛话》记载，戈裕良为常州人，"尝论狮子林石洞，皆界以条石，不算名手。余诘之曰：不用条石易于倾颓，奈何？戈曰，只将大小石钩带联络，如造环桥法，可以千年不坏。要如真山洞壑一般，然后方称能事。余始服其言。”现存苏州环秀山庄之太湖石假山出自戈氏之手。其中山洞无论大小均采用券拱式结构(图 17-3-19)。由于其承重是逐渐沿券成环拱挤压传递，因此不会出现梁柱式石梁压裂、压断的危险，而且顶、壁一气，整体感强。戈氏此举实为假山洞结构之革新。

(五) 山石水景的结构要领是防渗漏

北方有打两步灰土以为预防的做法。而石之理法即：“凡处块石，俱将四边或三边压掇。若压两边，恐石平中有损。如压一边。即罅稍有丝缝，水不能注。虽做灰坚固，亦不能止，理当斟酌”。

图 17-3-19　券拱式

石料到工地后应分块平放在地面上以供“相石”之需。山石小搬运时可用粗绳结套。如一般常用的“元宝扣”使用方便。结活扣而靠山石自重将绳紧压。绳之长度可以调整(图 17-3-20)。山石基本到位后因“找面”而最后定位移为“走石”。走石用铁撬棍操作可前、后、左、右转动山石至理想位置(图 17-3-21)。

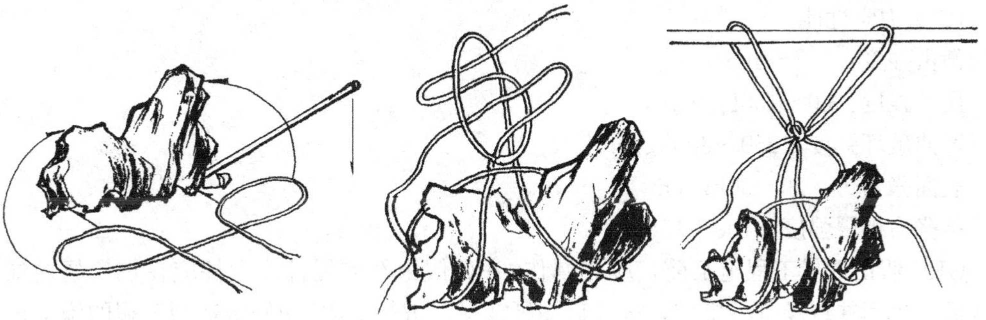

图 17-3-20　元宝扣、活扣

图 17-3-21　走石

复习思考题

1. 一般假山分为几层？每层有什么特点？
2. 假山山石结构的基本形式有哪些？

第四节　GRC 塑假山的施工工艺

一、概述

GRC 是玻璃纤维强化水泥(Glass Reinforced Cement)的英文简称，其基本概念是将一种含氧化锆(ZrO_2)的抗碱性玻璃纤维与低碱水泥砂浆混合固化后形成的一种高强的复合物，与传统水泥、玻璃钢造山相比，GRC人造山具有自身重量轻、强度高、可塑性强、抗老化、耐腐蚀、易施工等特点，又能完美再现天然山石的各种肌理与皱纹、充分发挥艺术家的想像力，以此为材料创作的山景或山水景称为GRC假山造景工程。目前这一施工工艺正越来越多地应用在园林景观建设中，特别是对于一些由于受到各种因素的制约而不能采用真石堆筑的特殊场所(如：屋顶花园、地下车库顶面、天井花园、室内花园)中发挥了重量轻、施工速度快、形象逼真等优势。

二、GRC材料的基本技术性能

(一) 物理性能

密度：1.8～2.1t/m^3。

潜变：变形小并随时间的增长而减小。

热膨胀系数：水泥与砂之比愈小，收缩量愈小。当含砂量25%时最大收缩量为1.5mm/m。

渗透性：GRC对水的渗透性低，约为0.02～0.04mL/(m^2·min)。

防火性：完全不燃烧。

热传导系数：均为0.5～1W/(m·℃)。

(二) 力学性能

衡击强度：1.5～3kg/cm^2。

压缩强度：60～100kg/cm^2。

弯曲破坏强度：250～300kg/cm^2。

表面张力为：20～30kg/cm^2。

抗张力极限强度：100～150kg/cm^2。

GRC假山造景工程施工前，应先制作GRC假山石的元件，元件应在加工场内加工，完成后，再运往现场进行拼装，按设计图纸或模型进行GRC塑假山造型工程的施工。

三、GRC假山石元件制作工艺

(一) 选石及准备

(1) 选石：应按设计图纸要求，选用石材，比如：黄石、太湖石、溪坑石等，然后按相应的石材制作模块。要求石材皴纹好，石块脱模部位应选择方形或长方形，外形略整齐，石块平整(石块过陡则制模困难)。

(2) 用扫帚或毛刷清洁石块表面的杂物、尘土后，用清水将石块表面冲洗干净。

(3) 在预脱模部分的外沿用石膏围堰。

(4) 在石块表面喷(刷)隔离剂，干后即可制模。

(二) 做聚氨酯软模

(1) 选用一定配合比例的聚氨酯。

(2) 先将定量的乙料(黄色液，无味)倒入容器，再将定量的甲料(黑色黏稠状液体，无味)倒入乙料中搅拌均匀。

用电动搅拌器，强力搅拌均匀，功率0.3～0.5kW，200～500转/min。

(3) 涂模：将聚氨酯涂于石块表面，要求薄厚均匀。

(三) 制玻璃钢硬模

(1) 目的是以硬模作框架用以支撑软模。

(2) 材料及配比：材料主要有不饱和聚酯树脂、固化剂、催化剂等。

(3) 先将固化剂加入树脂内，待混合充分后，加催化剂。此过程对人有剧毒，制作时注意通风、防火，操作时应戴橡胶手套、防毒面具，切忌将固化剂与催化剂同时或混合加入，以免爆炸起火，为节约材料可适量加入滑石粉。

(四) 制作 GRC 山石元件

(1) 在软模内侧喷(刷)隔离剂一层，要求喷布均匀，干后待用。

(2) 配制面层材料(根据岩石类型而定)。

(3) 配制内层材料。将早强低碱水泥和二维乱向玻璃纤维同时喷入模具。

(4) 将玻璃纤维和水泥进行掺和，每次喷布的厚度为一定值，并滚压夯实，在其中加入预埋件，每个固定铁件约承受 50kg 重量，每 60～100cm^2 应有一个预埋件。继续重复喷布滚压至达到设计厚度。自然养护，成品初凝后即可用塑料膜覆盖养护 3～7 天。

(5) 进行表面处理

1) 用毛刷清洁 GRC 元件表面。

2) 涂有机硅两遍，以提高其抗风化能力，使其表面具有防水、防潮、防腐和耐气候能力，并有防菌类生长的效果。

3) 表面涂乳液地板蜡。待有机硅干后即可上蜡，将乳液地板蜡涂刷于 GRC 元件表面，待数分钟后，用干布或棉丝等摩擦即可。

四、GRC 假山骨架的制作

GRC 假山的骨架是采用角铁、圆钢为基本材料，根据假山坐落地点的实际情况和根据假山的外观造型、设计要求制作，比如：需要遮盖机械设备，需要在屋顶上堆叠假山，需要在地基承载力差的地方堆叠假山等。这些真石假山不能堆筑的地方，骨架采用电焊连接，涂刷两层防锈漆。

如果假山坐落在溪流中，则金属骨架采用与混凝土浇捣在一起，既牢固又有了保护金属骨架不受水的侵蚀。

五、GRC 假山的组装

GRC 山石元件运往现场后，按照设计图纸要求和根据现场的实际情况，将 GRC 山石元件组装、连接。GRC 山石元件在制作时，就在元件的背面预埋入铁件，其数量、规格根据元件的大小而定。山石元件背面的铁件与骨架焊接，就是把假山堆叠而成。

六 、接缝处理

GRC 山石元件之间的接缝采用制作山石元件面层的同类材料进行嵌缝。用毛刷清洁接缝表面，涂刷溶剂两遍。

为使 GRC 塑假山石的形状、纹理、石色、质感逼真，应在 GRC 塑假山石完成后，在其表面喷涂一层石粉，使 GRC 塑假山石真正体现“虽为人作，宛自天开”的效果。

复 习 思 考 题

1. GRC 是由什么材料组成的复合物？
2. 试述 GRC 塑石假山施工工艺。

（本章一至三节摘编自中国林业出版社出版的孟兆祯、毛培琳、黄庆喜、梁伊任编著的《园林工程》。）

第十八章　园林供电与照明

第一节　供电的基本概念

一、交流电源

在现代社会中，广泛应用着交流电。电能的产生、输配以及应用几乎都采用交流电。即使在某些场合需要使用直流电，也是通过整流设备将交流电变成直流电而使用。

大小和方向随时间作周期性变化的电压和电流分别称为交流电压和交流电流，统称为交流电。以交流电的形式产生电能或供给电能的设备，称为交流电源，如发电厂的发电机、公园内的配电变压器、配电盘的电源刀闸、室内的电源插座等，都可以看作是用户的交流电源。我国规定电力标准频率为 50Hz。频率、幅值相同而相位互差 120°的三个正弦电动势按照一定的方式联结而成的电源，并接上负载形成的三相电路，就称为三相交流电路。

三相交流电压是由三相发电机产生的。图 18-1-1 为三相发电机的原理图，它主要由电枢和磁极构成。

电枢是固定的，亦称为定子，而磁极是转动的，称为转子。在定子槽中放置了三个同样的线圈 AX、BY 和 CZ，将三相绕组的起始端 A、B、C 分别引出三根导线，称为相线(又称火线)，而把发电机的三相绕组的末端X、Y、Z联在一起，称为中性点，用N表示。由中性点引出一根导线称为中线(又称地线)，这种由发电机引出四条输电线的供电方式，称为三相四线制供电方式。如图 18-1-2。

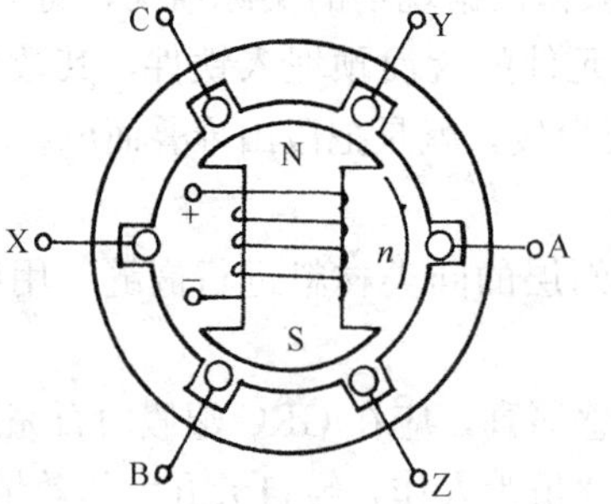

图 18-1-1　三相发电机原理图

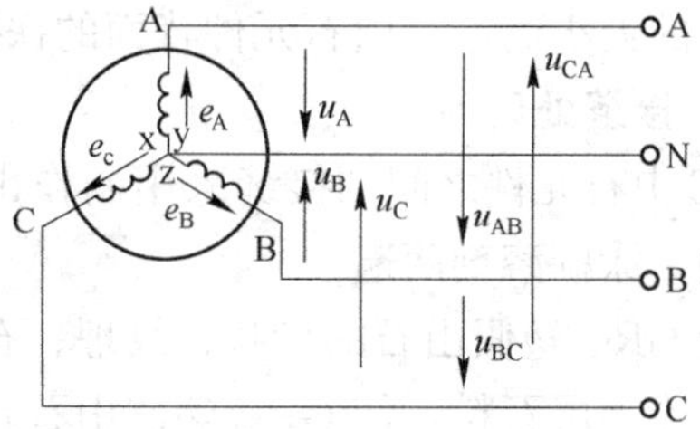

图 18-1-2　三相四线制供电

三相四线制供电的特点是可以得到两种不同的电压，一是相电压 U_φ，一为线电压 U_1，在数值上，线电压为相电压的$\sqrt{3}$倍，即：

$$U_1=\sqrt{3}U_\varphi$$

在三相低压供电系统中，最常采用的便是“380/220V 三相四线制供电”，即由这种供电制可以得到三相 380V 的线电压(多用于三相动力负载)，也可以得到单相 220V 的相电压(多用于单相照明负载及单相用电器)，这两种电压供给不同负载的需要。

二、输配电概述

工农业所需用的电能通常都是由发电厂供给的，而大中型发电厂一般都是建筑在蕴藏能源比较集中的地区，距离用电地区往往是几十公里、几百公里乃至一千公里以上。

发电厂、电力网和用电设备组成的统一整体称为电力系统。而电力网是电力系统的一部分，它包括变电所、配电所以及各种电压等级的电力线路。其中变、配电所是为了实现电能的经济输送以及满足用电设备对供电质量的要求，以对发电机的端电压进行多次变换而进行电能接受、变换电压和分配电能的场所，根据任务不同，将低电压变为高电压称为升压变电所，它一般建在发电厂厂区内。而将高电压变换到合适的电压等级，则为降压变电所，它一般建在靠近电能用户的中心地点。

单纯用来接受和分配电能而不改变电压的场所称为配电所，它一般建在建筑物内部。

从发电厂到用户的输配电过程见图 18-1-3。

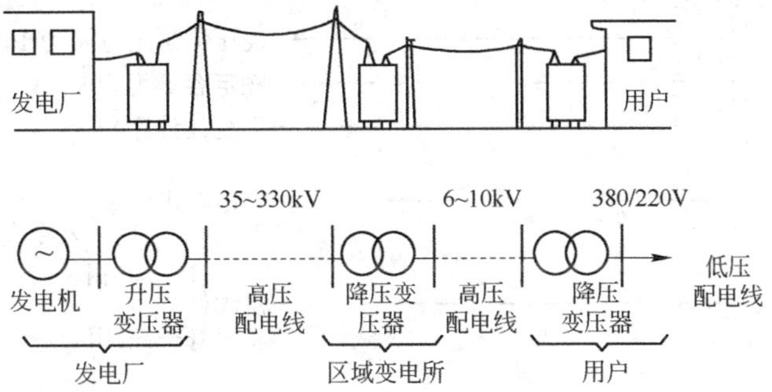

图 18-1-3　从发电厂到用户的输配电过程示意图

根据我国规定，交流电力网的额定电压等级有：220V、380V、3kV、6kV、10kV、35kV、110kV、220kV 等。

习惯上把 1kV 及以上的电压称为高压，1kV 以下的称为低压，但需特别提出的是所谓低压只是相对高压而言，决不说明它对人身没有危险。

在我国的电力系统中，220kV 以上电压等级都用于大电力系统的主干线，输送距离在几百公里；110kV 电压的输送距离在 100km 左右；35kV 电压的输送距离在 30km 左右；而 6～10kV 的为 10km 左右，一般城镇工业与民用用电均由 380/220V 三相四线制供电。

三、配电变压器

变压器是把交流电压变高或变低的电气设备，其种类多，用途广泛，在此只介绍配电变压器。

我们选用一台变压器时，最主要的是注意它的电压以及容量等参数。

变压器的外壳一般均附有铭牌，上面标有变压器在额定工作状态下的性能指标。在使用变压器时，必须遵照铭牌上的规定，表 18-1 为变压器铭牌实例。

变压器铭牌 **表 18-1**

变压器

型号：SJ_1-50/10　　设备种类：户外式　　序号：1450

标准代号：EOT·517，000　　冷却方式：油浸自冷　　频率：50Hz

接线组别：Y，Y_n(Y/Y_o-12)　　相数：3

容量	高压		低压		阻抗电压
kVA	V	A	V	A	%
50	10500	2.89	400	72.2	4.50
	10000				
	9500				

器身吊重：375kg 油重：143kg 总重：518kg

制造厂：年　月

（一）型号

如：

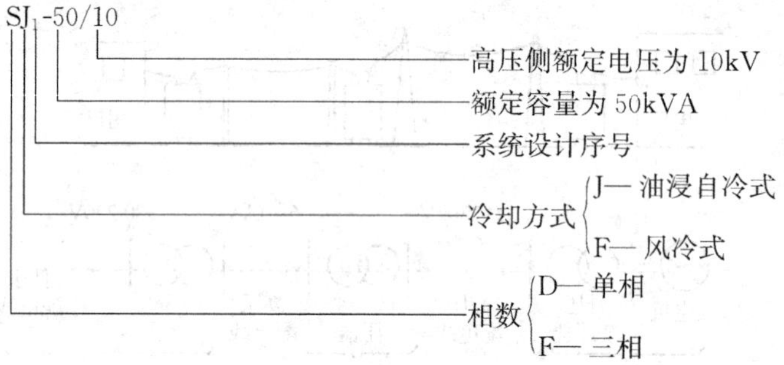

（二）额定容量

变压器在额定使用条件下的输出能力，以视在功率千伏安(kVA)计。三相变压器的额定容量按标准规定为若干等级。

（三）额定电压

变压器各绕组在空载时额定分接头下的电压值，以V(伏)或kV(千伏)表示。一般常用的变压器，其高压侧电压为6300V、10000V等，而低压侧电压为230V、400V等。

（四）额定电流

表示变压器各绕组在额定负载下的电流值。以A(安培)表示。在三相变压器中，一般指线电流。

复习思考题

1. 简述从发电厂到用户的输配电过程。
2. 变压器的额定容量、额定电压、额定电流的含义是什么？

第二节　园　林　照　明

园林绿地(公园、小游园等)和工农业生产一样，需要用电。没有电，园林事业也是无法经营管理的。工农业生产以动力用电为主，建筑、街道等却多以照明用电为主。而园林绿地用电，既要有动力电(如电动游艺设施、喷水池、喷灌以及电动机具等)，又要有照明用电，但一般来说，园林用电中还是照明多于动力。

园林照明除了创造一个明亮的园林环境，满足夜间游园活动、节日庆祝活动以及保卫工作需要等功能要求之外，最重要的一点是园林照明与园景密切相关，是创造新园林景色的手段之一。近年来园内各地的溶洞游览、大型冰灯、各式灯会、各种灯光音乐喷泉；园外搞的“会跳舞的喷泉”、“声与光展览”等均是突出地体现了园林用电的特点，并且也是充分和巧妙地利用园林照明等来创造出各种美丽的景色和意境。

一、照明技术的基本知识

有关光、光谱、光通量、发光强度、照度、亮度等光的物理性能，已在有关课程中讲述，在此仅对以下一些概念作一简单介绍。

(一) 色温

色温是电光源技术参数之一。光源的发光颜色与温度有关。当光源的发光颜色与黑体(指能吸收全部光能的物体)加热到某一温度所发出的颜色相同时的温度，就称为该光源的颜色温度，简称色温。用绝对温标K来表示。例如白炽灯的色温为2400～2900K；管形氙灯为5500～6000K。

(二) 显色性与显色指数

当某种光源的光照射到物体上时，所显现的色彩不完全一样，有一定的失真度。这种同一颜色的物体在具有不同光谱功率的光源照射下，显出不同的颜色的特性，就是光源的显色性，它通常用显色指数Ra来表示。显色指数越高，颜色失真越少，光源的显色性就越好。国际上规定参照光源的显色指数为100。常见光源的显色指数如表18-2-1所示。

常见光源的显色指数 **表18-2-1**

光　源	显色指数(Ra)	光　源	显色指数(Ra)
白色荧光灯	65	荧光水银灯	44
日光色荧光灯	77	金属卤化物灯	65
暖白色荧光灯	59	高显色金属卤化物灯	92
高显色荧光灯	92	高压钠灯	29
水银灯	23	氙灯	94

二、园林照明的方式和照明质量

(一) 照明方式

进行园林照明设计必须对照明方式有所了解，方能正确规划照明系统。其方式可分成下列3种。

1. 一般照明

是不考虑局部的特殊需要，为整个被照场所而设置的照明。这种照明方式的一次投资少，照度均匀。

2. 局部照明

对于景区(点)某一局部的照明。当局部地点需要高照度并对照度方向有要求时，宜采用局部照明，但在整个景(区)点不应只设局部照明而无一般照明。

3. 混合照明

由一般照明和局部照明共同组成的照明。在需要较高照度并对照射方向有特殊要求的场合，宜采用混合照明。此时，一般照明照度按不低于混合照明总照度的5%～10%选取，且最低不低于20lx(勒克斯)。

(二) 照明质量

良好的视觉效果不仅是单纯地依靠充足的光通量，还需要有一定的光照质量要求。

1. 合理的照度

照度是决定物体明亮程度的间接指标。在一定范围内，照度增加，视觉能力也相应提高。表18-2-2示出了各类建筑物、道路、庭园等设施一般照明的推荐照度。

各类设施一般照明的推荐照度 **表18-2-2**

照明地点	推荐照度(lx)	照明地点	推荐照度(lx)
国际比赛足球场	1000～1500	更衣室、浴室	15～30
综合性体育正式比赛大厅	750～1500	库房	10～20
足球、游泳池、冰球场、羽毛球、乒乓球、台球	200～500	厕所、盥洗室、热水间、楼梯间、走道	5～20
篮、排球场、网球场、计算机房	150～300	广场	5～15
绘图室、打字室、字画商店、百货商场、设计室	100～200	大型停车场	3～10
办公室、图书馆、阅览室、报告厅、会议室、博展馆、展览厅	75～150	庭园道路	2～5
一般性商业建筑(钟表、银行等)、旅游饭店、酒吧、咖啡厅、舞厅、餐厅	50～100	住宅小区道路	0.2～1

2. 照明均匀度

游人置身园林环境中，如果有彼此亮度不相同的表面，当视觉从一个面转到另一个面时，眼睛被迫经过一个适应过程。当适应过程经常反复时，就会导致视觉的疲劳。在考虑园林照明中，除力图满足景色的需要外，还要注意周围环境中的亮度分布应力求均匀。

3. 眩光限制

眩光是影响照明质量的主要特征。所谓眩光是指由于亮度分布不适当或亮度的变化幅度太大，或由于在时间上相继出现的亮度相差过大所造成的观看物体时感觉不适或视力降低的视觉条件。为防止眩光产生，常采用的方法是：①注意照明灯具的最低悬挂高度；②力求使照明光源来自优越方向；③使用发光表面面积大、亮度低的灯具。

三、电光源及其应用

(一) 园林中常用照明光源

在园林中常用的照明光源之主要特性、比较及适用场合列于表18-2-3中。

园林常用照明电光源主要特性比较及适用场合 **表 18-2-3**

光源名称 特性	白炽灯 (普通照明灯泡)	卤钨灯	荧光灯	荧光高 压汞灯	高压钠灯	金属卤 化物灯	管形 氙灯
额定功率 范围	10～1000	500～2000	6～125	50～1000	250～400	400～1000	1500～100000
光效 (lm/W)	6.5～19	19.5～21	25～67	30～50	90～100	60～80	20～37
平均寿命 (h)	1000	1500	2000～3000	2500～5000	3000	2000	500～1000
一般显色 指数(Ra)	95～99	95～99	70～80	30～40	20～25	65～85	90～94
色温(K)	2700～2900	2900～3200	2700～6500	5500	2000～2400	5000～6500	5500～6000
功率因数 $\cos\phi$	1	1	0.33～0.7	0.44～0.67	0.44	0.01～0.4	0.4～0.9
表面亮度	大	大	小	较大	较大	大	大
频闪效应	不明显	不明显	明显	明显	明显	明显	明显
耐震性能	较差	差	较好	好	较好	好	好
所需附件	无	无	镇流器 起辉器	镇流器	镇流器	镇流器 触发器	镇流器 触发器
适用场所	彩色灯泡：可用于建筑物、商店橱窗、展览馆、园林构筑物、孤立树、树丛、喷泉、瀑布等装饰照明。水下灯泡：可用于喷泉、瀑布等处装饰用。聚光灯：舞台照明、公共场所等作强光照明	适用于广场、体育场建筑物等照明	一般用于建筑物室内照明	广泛用于广场、道路、园路、运动场所等作大面积室外照明	广泛用于道路、园林绿地、广场、车站等处照明	主要可用于广场、大型游乐场、体育场照明及高速摄影等方面	有"小太阳"之称，特别适合于作大面积场所的照明，工作稳定，点燃方便

（二）光源选择

园林照明中，一般宜采用白炽灯、荧光灯或其他气体放电光源。但因频闪效应而影响视觉的场合，不宜采用气体放电光源。

振动较大的场所，宜采用荧光高压汞灯或高压钠灯。在有高挂条件又需要大面积照明的场所，宜采用金属卤化物灯、高压钠灯或长弧氙灯。当需要人工照明和天然采光相结合时，应使照明光源与天然光相协调。常选用色温在4000～4500K的荧光灯或其他气体放电光源。

同一种物体用不同颜色的光照在上面，在人们视觉上产生的效果是不同的。红、橙、黄、棕色给人以温暖的感觉，人们称之为"暖色光"，而蓝、青、绿、紫色则给人以寒冷的感觉，就称它为"冷色光"。光源发出光的颜色直接与人们的情趣——喜、怒、哀、乐有关，这就是光源的颜色特性。这种用光的颜色特性——"色调"，在园林中就显得更为重要，应尽力运用光的“色调”来创造一个优美的环境，或是各种有情趣的主题环境。如白炽灯用在绿地、花坛、花径照明，能加重暖色，使之看上去更鲜艳。喷泉中，用各色白炽灯组成水下灯，和喷泉的水柱一起，在夜色下可构成各种光怪陆离、虚幻飘渺的效果，分外吸引游人。而高压钠灯等所发出的光线穿透能力强，在园林中常用于滨河路、河湖沿岸等及云雾多的风景区的照明。

部分光源的色调见表 18-2-4。

常见光源色调 **表 18-2-4**

照明光源	光源色调
白炽灯、卤钨灯	偏红色光
日光色荧光灯	与太阳光相似的白色光
高压钠灯	金黄色、红色成分偏多，蓝色成分不足
荧光高压汞灯	淡蓝—绿色光，缺乏红色成分
镝灯(金属卤化物灯)	接近于日光的白色光
氙灯	非常接近日光的白色光

在视野内具有色调对比时，可以在被观察物和背景之间适当造成色调对比，以提高识别能力，但此色调对比不宜过分强烈，以免引起视觉疲劳。我们在选择光源色调时还可考虑以下被照面的照明效果：

(1) 暖色能使人感觉距离近些，而冷色则使人感到距离加大，故暖色是前进色，冷色则是后退色。

(2) 暖色里的明色有柔软感，冷色里的明色有光滑感；暖色的物体看起来密度大些、重些和坚固些，而冷色的物体则看起来轻一些。在同一色调中，暗色好似重些，明色好似轻些。在狭窄的空间宜选冷色里的明色，以造成宽敞、明亮的感觉。

(3) 一般红色、橙色有兴奋作用，而紫色则有抑制作用。

在使用节日彩灯时应力求环境效果和节能的统一。

(三) 灯具的选用

灯具的作用是固定光源，把光源发出的光通量分配到需要的方面，防止光源引起的眩光以及保护光源不受外力及外界潮湿气体的影响等。在园林中灯具的选择除考虑到便于安装维护外，更要考虑灯具的外形和周围园林环境相协调，使灯具能为园林景观增色。

(1) 灯具分类：灯具若按结构分类可分为开启型、闭合型、密封型及防爆型。

而灯具按光通量在空间上、下半球的分布情况，又可分为直射型灯具、半直射型灯具、漫射型灯具、半反射型灯具、反射型灯具等。而直射型灯具又可分为广照型、均匀配光型、配照型、深照型和特深照型五种。详可见各种照明手册。

(2) 灯具选用：灯具应根据使用环境条件、场地用途、光强分布、限制眩光等方面进行选择。在满足下述条件下，应选用效率高、维护检修方便的灯具。

1) 在正常环境中，宜选用开启式灯具。

2) 在潮湿或特别潮湿的场所可选用密闭型防水灯或带防水防尘密封式灯具。

3)可按光强分布特性选择灯具。光强分布特性常用配光曲线表示。如灯具安装高度在 6m 及以下时，可采用深照型灯具；安装高度在 6～15m 时，可采用直射型灯具；当灯具上方有需要观察的对象时，可采用漫射型灯具；对于大面积的绿地，可采用投光灯等高光强灯具。

各类灯具形式多样，具体可参照有关照明灯具手册。

四、公园、绿地的照明原则

公园、绿地的室外照明，由于环境复杂，用途各异，变化多端，因而很难予以硬性规定，仅提出以下一般原则供参考。

(1) 不要泛泛设置照明设施，而应结合园林景观的特点，以能最充分体现其在灯光下的景观效果为原则来布置照明设施。

(2) 关于灯光的方向和颜色的选择，应以能增加树木、灌木和花卉的美观为主要前提。如针叶树只在强光下才反映良好，一般只宜于采取暗影处理法。又如，阔叶树种白桦、垂柳、枫等等对泛光照明有良好的反映效果；白炽灯包括反射型，卤钨灯却能增加红、黄色花卉的色彩，使它们显得更加鲜艳，小型投光器的使用会使局部花卉色彩绚丽夺目；汞灯使树木和草坪的绿色鲜明夺目等等。

(3) 对于水面、水景照明景观的处理上，注意如以直射光照在水面上，对水面本身作用不大，但却能使其附近被灯光所照亮的小桥、树木或园林建筑呈现出波光粼粼，有一种梦幻似的意境。而瀑布和喷水池却可用照明处理得很美观，不过灯光须透过流水以造成水柱的晶莹剔透、闪闪发光。所以，无论是在喷水的四周，还是在小瀑布流入池塘的地方，均宜将灯光置于水面之下。在水下设置灯具时，应注意使其在白天难于发现隐藏在水中的灯具，但也不能埋得过深，否则会引起光强的减弱。一般安装在水面以下 30～100mm 为宜。进行水景的色彩照明时，常使用红、蓝、黄三原色，其次使用绿色。

某些大瀑布采用前照灯光的效果很好，但如让设在远处的投光灯直接照在瀑布上，效果并不理想。潜水灯具的应用效果颇佳，但需特殊的设计。

(4) 对于公园和绿地的主要园路，宜采用低功率的路灯装在 3～5m 高的灯柱上，柱距 20～40m，效果较好，也可每柱两灯，需要提高照度时，两灯齐明。也可隔柱设置控制灯的开关，来调整照明。也可利用路灯灯柱装以 150W 的密封光束反光灯来照亮花圃和灌木。

在一些局部的假山、草坪内可设地灯照明，如要在内设灯杆装设灯具时，其高度应在 2m 以下。

(5) 在设计公园、绿地园路的照明灯时，要注意路旁树木对道路照明的影响，为防止树木遮挡可以适当减少灯间距、加大光源的功率以补偿由于树木遮挡所产生的光损失，也可以根据树形或树木高度不同，安装照明灯具时，采用较长的灯柱悬臂，以使灯具突出树缘外或改变灯具的悬挂方式等以弥补光损失。

(6) 无论是白天或黑夜，照明设备均需隐蔽在视线之外，最好全部敷设电缆线路。

(7) 彩色装饰灯可创造节日气氛，特别反映在水中更为美丽，但是这种装饰灯光不易获得一种安静、安详的气氛，也难以表现出大自然的壮观景象，只能有限度地调剂使用。

复习思考题

1. 园林照明的方式有哪些？
2. 应如何选择园林照明的光源？

第三节　公园绿地配电线路的布置

一、确定电源供给点

公园绿地的电力来源，常见的有以下几种：

(1) 借用就近现有变压器，但必须注意该变压器的多余容量是否能满足新增园林绿地中各用电设施的需要，且变压器的安装地点与公园绿地用电中心之间的距离不宜太长。中小型公园绿地的电源供给常采用此法。

(2) 利用附近的高压电力网，向供电局申请安装供电变压器，一般用电量较大(70～80kW 以上)的公园绿地最好采用此种方式供电。

(3) 如果公园绿地(特别是风景点、区)离现有电源太远或当地电源供电能力不足时，可自行设立小发电站或发电机组以满足需要。

一般情况下，当公园绿地独立设置变压器时，需向供电局申请安装变压器。在选择地点时，应尽量靠近高压电源，以减少高压进线的长度。同时，应尽量设在负荷中心或发展负荷中心。表 18-3 为常用电压电力线路的传输功率和传输距离。

常用电压电力线路的传输功率和传输距离　　**表 18-3**

额定电压(kV)	线路结构	输送功率(kW)	输送距离(km)
0.22	架空线	50 以下	0.15 以下
0.22	电缆线	100 以下	0.20 以下
0.38	架空线	100 以下	0.25 以下
0.38	电缆线	175 以下	0.35 以下
10	架空线	3000 以下	8～15
10	电缆线	5000 以下	10

二、配电线路的布置

公园绿地布置配电线路时，应注意以下原则，要全面统筹安排考虑，主要是：经济合理、使用维修方便，不影响园林景观，从供电点到用电点，要尽量取近，走直路，并尽量敷设在道路一侧，但不要影响周围建筑及景色和交通，地势越平坦越好，要尽量避开积水和水淹地区，避开山洪或潮水起落地带。在各具体用电点，要考虑到将来发展的需要，留足接头和插口，尽量经过能开展活动的地段。因而，对于用电问题，应在公园绿地平面设计时作出全面安排。

1. 线路敷设形式可分为两大类：架空线和地下电缆

架空线工程简单，投资费用少，易于检修，但影响景观，妨碍种植，安全性差；而地下电缆的优缺点正与架空线相反。目前在公园绿地中都尽量地采用地下电缆，尽管它一次性投资大些，但从长远的观点和发挥园林功能的角度出发，还是经济合理的。架空线仅常用于电源进线侧或在绿地周边不影响园林景观处，而在公园绿地内部一般均采用地下电缆。当然，最终采用什么样的线路敷设形式，应根据具体条件，进行技术经济的评估之后才能定。

2. 线路组成

（1）对于一些大型公园、游乐场、风景区等，其用电负荷大，常需要独立设置变电所，其主结线可根据其变压器的容量进行选择，图 18-3-1 为 320kVA 及以下变电所的主结线图。具体设计应由电力部门的专业电气人员设计。

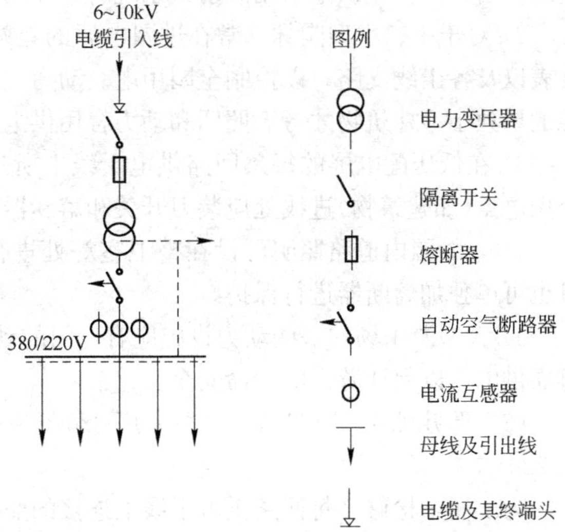

图 18-3-1　320kVA 及以下变电所的主结线图

（2）变压器——干线供电系统。对于变压器已选定或在附近有现成变压器可用时，其供电方式常有以下四种，如图 18-3-2 所示。

1）在前面电源的确定中已提及，在大型园林及风景区中，常在负荷中心附近设置独立的变压器、变电所，但对于中、小型园林而言，常常不需设置单独的变压器，而是由附近的变电所、变压器通过低压配电盘直接由一路或几路

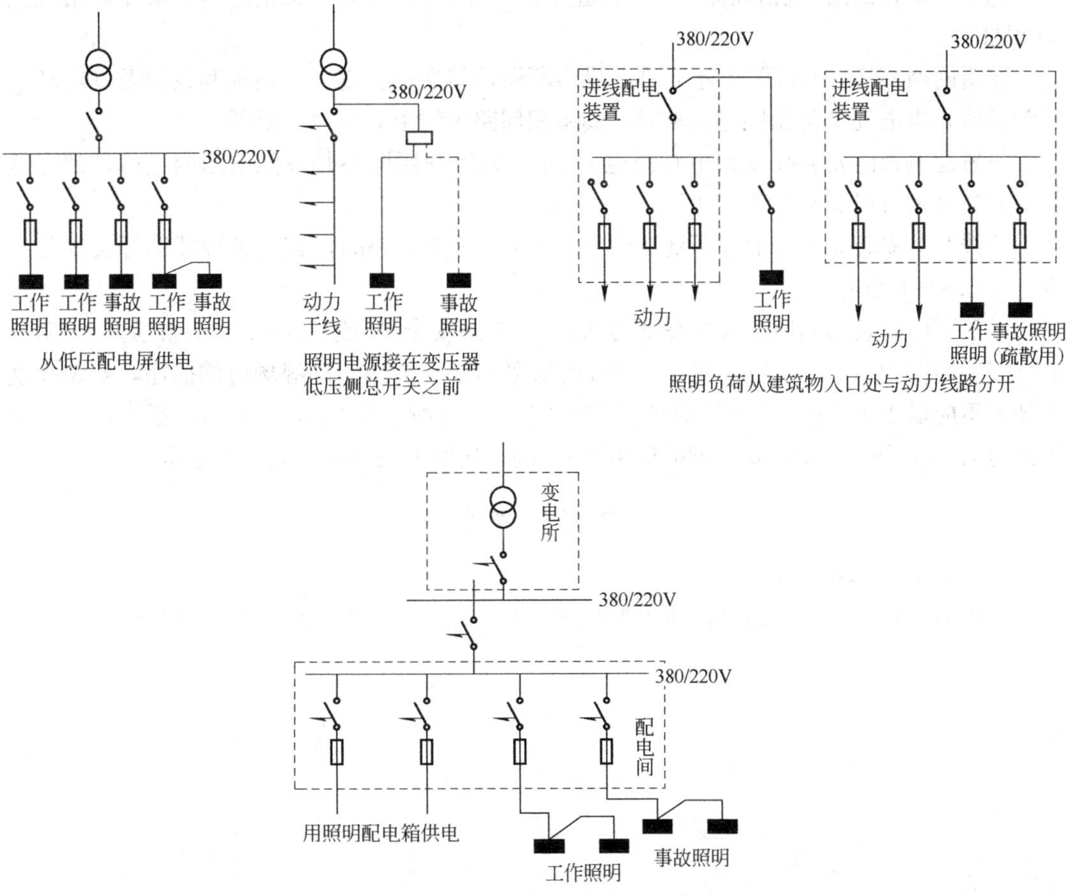

图 18-3-2　供电的结线方式

电缆供给。当低压供电采用放射式系统时，照明供电线可由低压配电屏引出。

2）对于中、小型园林，常在进园电源的首端设置干线配电板，并配备进线开关、电度表以及各出线支路，以控制全园用电。动力、照明电源一般单独设回路。仅对于远离电源的单独小型建筑物才考虑照明和动力合用供电线路。

3）在低压配电屏的每条回路供电干线上所连接的照明配电箱，一般不超过3个。每个用电点(如建筑物)进线处应装刀开关和熔断器。

4）一般园内道路照明可设在警卫室等处进行控制，道路照明除各回路有保护外，灯具也可单独加熔断器进行保护。

5）大型游乐场的一些动力设施应有专门的动力供电线路，并有相应的措施保证安全、可靠供电，以保证游人的生命安全。

(3) 照明网络。照明网络一般采用380/220V中性点接地的三相四线制系统，灯用电压220V。

为了便于检修，每回路供电干线上连接的照明配电箱一般不超过3个，室外干线向各建筑物等供电时不受此限制。

室内照明支线每一单相回路一般采用不大于15A的熔断器或自动空气开关保护，对于安装大功率灯泡的回路允许增大到20～30A。

每一个单相回路(包括插座)一般不超过25个，当采用多管荧光灯具时，允许增大到50根灯管。

照明网络零线(中性线)上不允许装设熔断器，但在办公室、生活福利设施及其他环境正常场所，当电气设备无接零要求时，其单相回路零线上宜装设熔断器。

一般配电箱的安装高度为中心距地1.5m，若控制照明不是在配电箱内进行，则配电箱的安装高度可以提高到2m以上。

拉线开关安装高度一般在距地2～3m(或者距顶棚0.3m)，其他各种照明开关安装高度宜为1.3～1.5m。

一般室内暗装的插座，安装高度为0.3～0.5m(安全型)或1.3～1.8m(普通型)；明装插座安装高度为1.3～1.8m，低于1.3m时应采用安全插座。潮湿场所的插座，安装高度距地面不应低于1.5m，儿童活动场所(如住宅、托儿所、幼儿园及小学)的插座，安装高度距地面不应低于1.8m(安全型插座例外)，同一场所安装的插座高度应尽量一致。

复习思考题

公园绿地配电线路是如何组成的？

(本章摘编自中国林业出版社出版的孟兆祯、毛培琳、黄庆喜、梁伊任编著的《园林工程》。)

第十九章　园 林 灌 溉 工 程

第一节　园林灌溉技术、设备综述

参与园林工程施工的工程、技术人员应当对各种园林灌溉技术、设备有所了解，以便正确地安装、维护园林灌溉设备。

一、园林灌溉技术分类

（一）传统园林灌溉技术

1. 水车拉水，大水漫灌

最传统的灌溉技术。由于能耗高，运行费用高，用水效率低下(低于30％)，将逐步淘汰。

2. 管道输水，皮管浇灌

一次性投资比水车拉水高，但运行费用低，许多地方仍在采用。缺点是用水效率低下(低于40％)，很难满足植物需水要求，不能实施灌溉自动化，拖拉于地面的管道有时严重影响景观。

3. 管道输水，农用摇臂喷头喷灌

采用农用摇臂灌溉园林植物的最大问题是安装喷头的立杆及喷头严重影响景观及维护机具作业。此外，由于立杆及喷头高出地面，受风影响会损失喷洒水量及降低均匀度。

（二）现代园林灌溉技术

1. 地埋自动升降草坪喷灌技术

采用地埋自动升降草坪专用喷头灌溉(图19-1-1)。这种喷头安装时埋藏于地下。灌溉时靠水压将喷头芯体从埋于地下的喷头壳内顶出，实施灌溉。喷灌最适合于草坪灌溉。

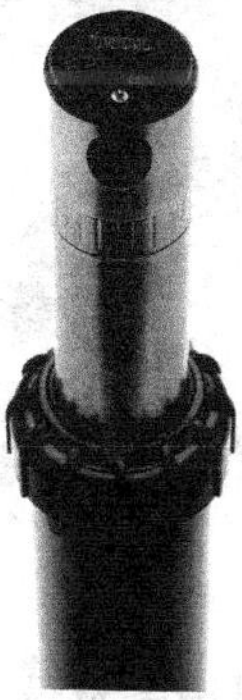

图19-1-1　地埋喷头示意图

2. 微喷灌技术

采用射程、流量较小的微喷头灌溉植物。适合于园林花卉，乔、灌木，地被等。

微喷喷头出水量从数十升到数百升每小时不等。喷洒射程通常小于 10m。滴灌滴头出水量一般小于 10L/h。湿润半径一般不超过 2m。微喷灌属于局部灌溉技术。用水效率高。

3. 滴灌技术

采用滴头，以滴水形式灌溉植物。滴头的出水量很小，一般在 1～10L/h 范围内。滴灌可通过管上滴头，内镶滴灌管(硬管)，滴灌带(图 19-1-2)实施。管上滴头常用于盆栽植物及乔、灌木灌溉。内镶滴灌管常用于绿篱，花卉及乔、灌木灌溉。滴灌带灌溉花卉、绿篱较好。

管上滴头

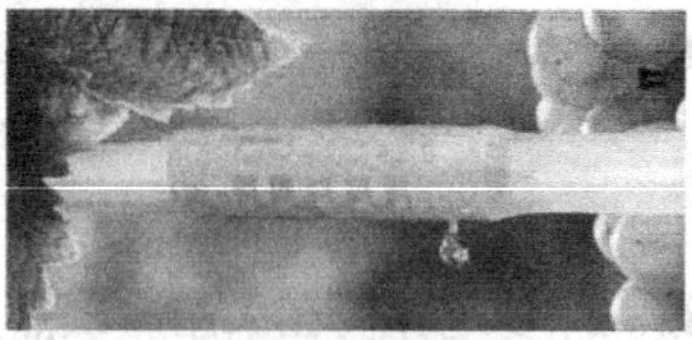

内镶滴灌管

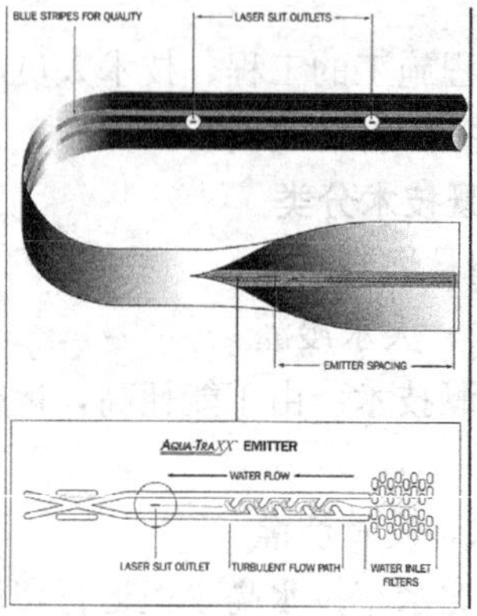

滴灌带

图 19-1-2　滴灌技术的三种实施方式

滴灌的最大优点是用水效率高(可高于 90%)，可通过系统施肥提高肥效，易于满足植物需水、需肥要求，易于自动化控制。

滴头又可分为压力补偿及非补偿两种。

4. 涌泉灌技术

采用涌泉头，以泉水喷涌的形式出水的灌溉技术。涌泉灌溉在园林上多用于乔木、灌木灌，如图 19-1-3 所示。

图 19-1-3　涌泉灌溉图

二、园林灌溉设备及选型

(一) 园林灌溉常用输水管道

聚氯乙烯管(PVC)、聚乙烯管(PE)在园林灌溉中应用最为普遍。经过多年的发展，这两种管道在我国生产厂家众多，品种齐全，配套齐全，质量稳定，已经形成巨大的产业。

PVC管道承压力随管壁厚度和管径不同而异，一般为0.4～1MPa。给水PVC塑料管的优点是：耐腐蚀，使用寿命长，一般可用20年以上；重量小，搬运容易；内壁光滑、水力性能好，过水能力稳定；有一定的韧性，能适应较小的不均匀沉陷。缺点是：材质受温度影响大，高温发生变形，低温变脆；受光、热老化后，强度逐渐降低，膨胀系数大等。

聚氯乙烯管是以聚氯乙烯树脂为主要原料，与稳定剂、润滑剂等配合后经挤压成型的。它具有良好的抗冲击和承压能力，刚性好。但耐高温性能差，在50℃以上时即会发生软化变形。聚氯乙烯管属硬质管，韧性强，对地形的适应性不如半软性高压聚乙烯管道。聚氯乙烯管道内外壁均应光滑平整、无气泡、裂口、波纹及凹陷，对直径为40～200mm的管道的挠曲度不得超过1%，管道同一截面的壁厚偏差不得超过14%，聚氯乙烯管按使用压力分为轻型和重型两类。每节管的长度一般为4～6m。硬聚氯乙烯(PVC)管的规格和技术性能指标见表19-1-1。

硬聚氯乙烯管的规格及尺寸公差 **表19-1-1**

外径(mm)	外径公差(mm)	轻型		重型	
		壁厚及公差(mm)	近似重量(kg/m)	壁厚及公差(mm)	近似重量(kg/m)
32	±0.3	1.5+0.4	0.22	2.5+0.5	0.35
40	±0.4	2.0+0.4	0.36	3.0+0.6	0.52
50	±0.4	2.0+0.4	0.45	3.5+0.6	0.77
63	±0.5	2.5+0.5	0.71	4.0+0.8	1.11
75	±0.5	2.5+0.5	0.85	4.0+0.8	1.34
90	±0.7	3.0+0.6	1.23	4.5+0.9	1.81
110	±0.8	3.5+0.7	1.75	5.5+1.1	2.71
125	±1.0	4.0+0.8	2.29	6.0+1.1	3.55
140	±1.0	4.5+0.9	2.88	7.0+1.2	4.38
160	±1.2	5.0+1.0	3.65	8.0+1.4	5.72
180	±1.4	5.5+1.1	4.52	9.0+1.6	7.26
200	±1.5	6.0+1.1	5.48	10.0+1.7	8.95
225	±1.8	7.0+1.2	7.20		
250	±1.8	7.5+1.3	8.56		
280	±2.0	8.5+1.5	10.88		
315	±2.5	9.5+1.6	13.68		

聚乙烯管分为高压低密度聚乙烯管和低压高密度聚乙烯管两种。低压高密度聚乙烯管为硬管，管壁较薄。高压聚乙烯管为半软管，管壁较厚，对地形的适应性比低压高密度聚乙烯管要强。高压聚乙烯管是由高压低密度聚乙烯树脂加稳定剂、润滑剂和一定比例的炭黑等制成的，它具有很高的抗冲击能力，重量轻、韧性好、耐低温性能强、抗老化性能比聚氯乙烯管好，但不耐磨、耐高温性能差、抗张强度低。为了防止光线透过管壁进入管内，引起藻类等微生物在管道内繁殖，以及为了吸收紫外线，减缓老化的进程，增强抗老化性能，要求聚乙烯管为黑色，外管光滑平整、无气泡、无裂口、沟纹、凹陷和杂质等。聚乙烯管的规格和技术性能标准见表19-1-2。

聚乙烯管的规格及尺寸公差　　表 19-1-2

外径(mm)	外径公差(mm)	壁厚及公差(mm)	近似重量(kg/m)
32	±0.5	2.5+0.5	0.213
40	±0.5	3.0+0.6	0.321
50	±0.5	4.0+0.8	0.532
63	±0.8	5.0+0.8	0.838
75	±0.8	6.0+0.9	

（二）园林灌溉常用喷头

园林灌溉常用地埋自动升降喷头。这种喷头有散射、旋转之分。旋转喷头根据驱动原理又分摇臂、齿轮驱动自动升降喷头。

1. 散射喷头

散射喷头(图 19-1-4)射程比旋转喷头小，适用于小面积绿地喷洒。

散射喷头可选配各种喷洒形式的固定角喷嘴或可调角度的喷嘴，喷灌强度较大，易产生地面径流。散射喷头不但适用于小块草坪，也可用于灌木、绿篱的灌水和洗尘。这类喷头的固定角喷嘴大多为“等灌溉强度喷嘴”，即无论全圆喷洒，还是半圆或 90°及其他角度，其灌溉强度基本相同。这种特性对保证系统的喷洒均匀度极为有利。可调角喷嘴通常不具备等喷灌强度性能。

散射喷头结构简单，易于维护，损坏率小。

2. 旋转喷头

旋转喷头中，齿轮驱动喷头(图 19-1-5)应用最为普遍。这是因为齿轮驱动喷头性能齐全，适合于复杂的植物景观设计，且实出水均匀，喷洒质量高，易满足植物需水。而摇臂驱动喷头(图 19-1-6)性能单一，适应性差，通常只在水质较差情况下选用。

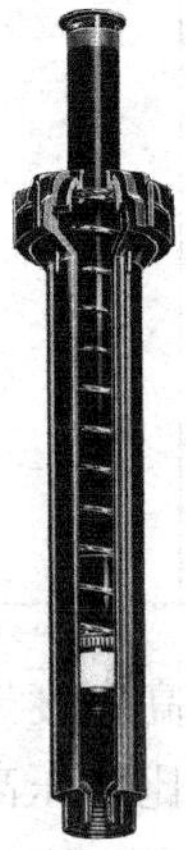
图 19-1-4　散射喷头

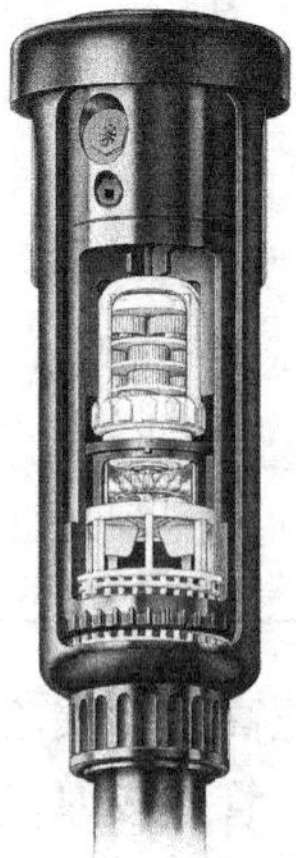
图 19-1-5　齿轮驱动喷头

图 19-1-6　摇臂驱动喷头

3. 地埋旋转喷头性能及选择

经过二十多年的研究、开发、改进，齿轮驱动喷头已具有如下多种功能：

(1) 齿轮驱动，顶部调节；

(2) 旋转角度记忆；

(3) FC/PC 一体；

(4) 流量可调；

(5) 射程可调；

(6) 仰角可调；

(7) 自带截止阀；

(8) 止溢(关闭后防止水从喷头溢出)；

(9) PRX；

(10) MPR；

(11) 防盗；

(12) 旋转射线；

(13) 止漏(喷嘴丢失后防止漏水)。

对施工单位和用户来说，如果每种喷头能兼备上述所有功能当然最好；然而，每增加一种功能，就会增加制造商的研发和制造成本。没有免费的午餐。多一种功能，多一层成本。其实，现实生活中，我们并不需要将上述所有性能集为一体的喷头。因地适宜选择、配置必要的性能，既能满足实际灌溉需要，又可节约成本。

(1) 齿轮驱动，顶部调节

今天的草坪喷头，齿轮驱动、顶部调节已不是什么奢侈的选择了。90%以上的喷头都具有这两种性能。

(2) 起始旋转角记忆功能

起始旋转角记忆功能是一种非常重要的功能，如何强调其重要性都不为过。我们常常看见车水马龙的街道两侧，喷头肆无忌惮地喷洒到马路上，影响路人行走，这些喷头因为不带有角度记忆功能，人为转动后，无法复位。

因此，设计人员和承包商在配置靠近马路的喷头时，一定选择安装有起始角记忆功能的喷头。

(3) FC/PC 一体

几年前，喷灌设计人员和承包商们，还不辞辛苦地在图上标出哪儿安装全圆喷头(FC)，哪儿布置扇形喷头(PC)；代理和经销商们，不得不费心选择要定多少 FC 喷头，多少 PC 喷头。现在，您不必为此劳神了，厂家为了您的方便，已经发明了 FC/PC 一体喷头。

(4) 流量可调

为了追求美感，时下园林景观造型越来越复杂，微地形越来越多。对于陡坡的地方，大流量出水，很容易造成土壤侵蚀，破坏景观。安装流量可调喷头，承包商能根据地形情况现场调节。因此对于地形复杂的草坪，流量调节是不错的性能(TORO V1550 流量可调)。

(5) 射程可调

市场上大部分草坪专用喷头可通过散射螺钉调节射程，但调节范围有限(25%)。如果喷头间距过小，承包商可现场调节螺钉，缩小射程。当射程太大，对花卉造成打击损伤，或冲刷建筑物时，调节散射螺钉可以达到一定效果。市场上真正射程可调的是 TORO 的 300 系列喷头的 OMNI 嘴，调节范围可达 40%以上。

(6) 仰角可调

市场上的喷头喷洒仰角多为 25°，固定喷嘴对在许多情况下会造成不便：

1) 多风地带：仰角大则风的影响大，水量损失大，均匀度差，多风季节喷洒时，现场调节仰角，可减小风的影响，保持草坪生长良好。

2) 现场调节仰角可有效缩短射程，避开不需喷洒的植物，如花卉等。

3) 现场调节，避开喷洒空中障碍物（如变电路，高压电线下），TORO TR50XT、TR70XT、V1550 均是仰角可调喷头（5°～25°，7°～25°）。仰角可调、流量可调是 TORO 喷头独有的性能。

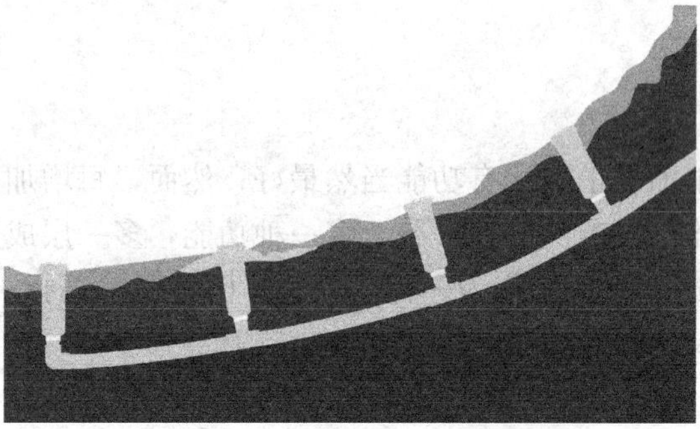

图 19-1-7　坡脚喷头溢水示意图

(7) 止溢（关闭后防止水从喷头溢出）

坡地安装喷头，当阀门关闭后，坡上喷头中及管路中的水会在重力作用下流向坡角喷头（图 19-1-7），使坡角喷头中的水仍有一定压力，自动从喷头溢出。这种溢流对草坪是十分有害的，尤其对黏性土上的草坪危害更大。止溢喷头的止溢高度是有限的，设计安装人员应当仔细研究所选喷头性能。如果支管落差高于喷头止溢高度，就要考虑截短支管了。

(8) PRX

此功能即压力补偿功能。常常在散射喷头上加这种功能。

一条支管上通常安装同一种喷头，同一种喷嘴。由于压力沿程损失的影响及地形坡度的变化。喷嘴处的工作压力是不同的。压力不同则出水量不同。为了保持均匀度，此种情况下选用具有 PRX 功能的散射喷头十分有效。它可补偿压力变化，使出水均匀，保证草坪生长均匀。带 PRX 功能的喷头通常比不带 PRX 的喷头贵。

(9) MPR

MPR 是等喷灌强度的意思。指扇形喷洒或全圆喷洒，喷头喷洒到湿润面上各点的雨强相等。但目前，并非所有喷头都具备 MPR 功能，一般讲，固定角度散射喷头易具有 MPR 功能，其他较难。

(10) 防盗

公共绿地应考虑防盗。然而随着草坪喷头的普及，这种功能越来越不重要。

(11) 旋转射线

多股射流旋转喷洒，一方面灌溉，另一方面则制造一定的景观效果。旋转射流喷头雨强小，不易产生地面径流。

(12) 止漏

所有散射喷头在喷洒时很容易让人拧走。一般喷头的喷嘴一旦被拧走，就造成大量漏水，既浪费水资源且不利草坪生长。具有这种功能的喷头，内部装有一个自动弹出阀门，一旦喷嘴拧走，阀门自动弹出，堵住出水口，从而避免漏水。

(三) 园林灌溉常用微喷设备

微喷头可分为：折射式、旋转式、离心式、缝隙式四种，如图 19-1-8 所示。

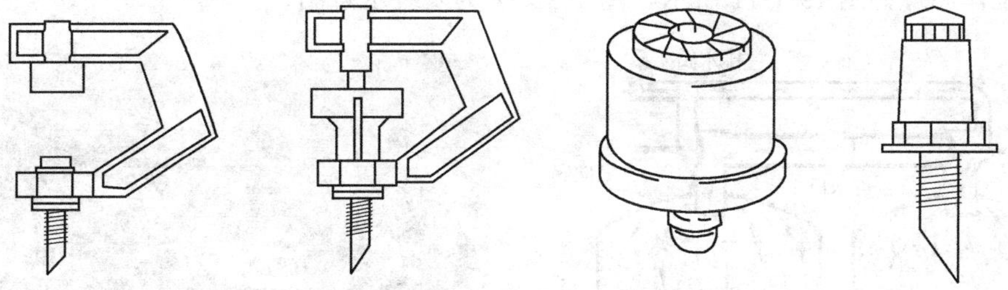

图 19-1-8　微喷头的四种形式

微喷头通常安装在塑料支架上，也可直接安装在PE毛管上。支架插入地中以固定微喷头。支架上的塑料管插入PE毛管。图 19-1-9 为典型的微喷支架及支架微喷头连接图。

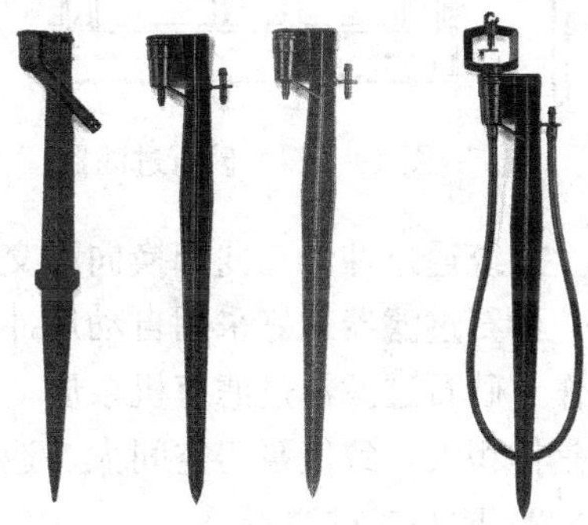

图 19-1-9　微喷支架、支架喷头连接图

（四）园林灌溉常用滴灌设备

滴头、过滤器为滴灌关键设备。

如前所述，滴头可以安在PE管上(管上滴头)，可以镶嵌在硬PE管内(内镶滴灌管)，也可以镶嵌在PE软管内(滴灌带)。滴头有压力补偿、非补偿之分。补偿滴头(图 19-1-10)内装有调节流量的硅橡胶片，压力大时减小流道出流断面，压力小时加大流道出流断面，从而提高灌水均匀度。补偿式滴灌管或滴灌带铺设长度比非补偿式的管、带要长几倍。如果园林植物种植行长于 100m，可以考虑采用压力补偿滴灌管、带。

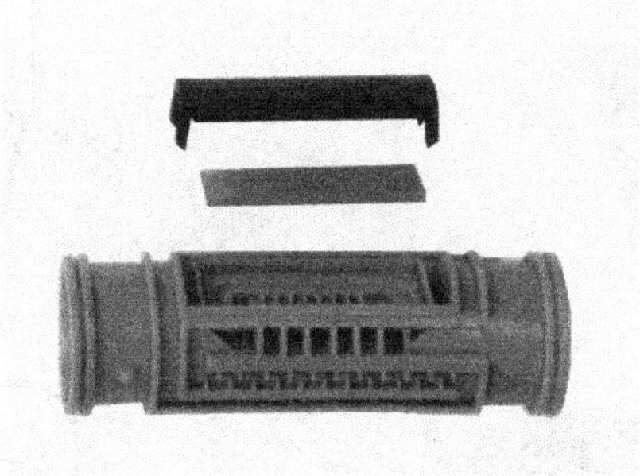

图 19-1-10　滴头

（五）园林灌溉常用过滤器

过滤器是喷、微灌十分重要的部件。是否选配了合理的过滤器，很多情况下决定灌溉系统的成败。

灌溉水源许多情况下为河、湖水或井水，常常含有泥沙及其他有机、无机杂质。如不加处理，会堵塞及损伤灌水器、电磁阀等设备。

过滤器通常有下列几种：

1. 砂石过滤器

砂石过滤器(又叫砂介质过滤器)一般由两个以上充满石英砂的钢罐(碳钢或不锈钢)组

成。其工作原理如图 19-1-11 所示，图 19-1-12 为安装示意图。

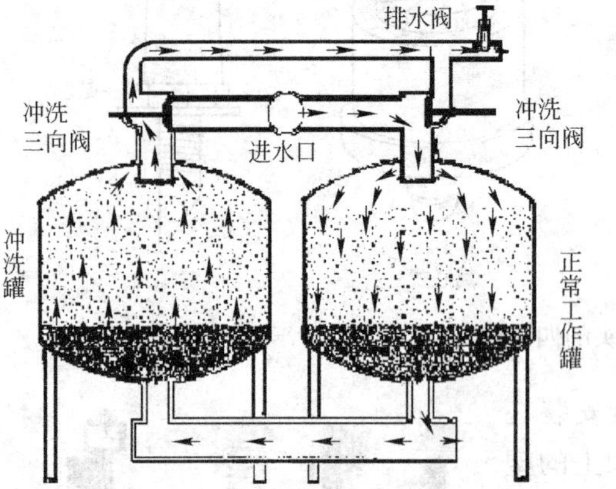

图 19-1-11　砂石过滤器

图 19-1-12　砂石过滤器安装图

系统通过冲洗三向阀换向，交替冲洗沙罐。

砂石过滤器最好采用自动反冲洗(定时或定压差)。只有及时冲洗，才能保持系统正常工作。砂石过滤器过滤有机杂质，效果非常好。所以常作为河、湖水过滤首选过滤器。缺点是体积大，致使泵房空间大、造价高。

2. 离心式过滤器

通过水的离心力，将灌溉水中的无机杂质分离出来，排到泥沙收集室集中排放的过滤器为离心过滤器(图 19-1-13)。

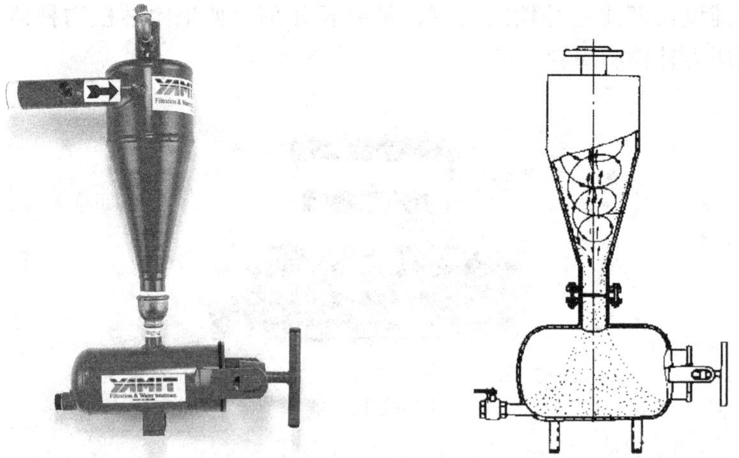

图 19-1-13　立式锥形离心过滤器

离心过滤器常作井水一级过滤或河、湖水二级过滤。

3. 叠片过滤器

叠片过滤器由多片刻有流道的塑料片叠加而成，如图 19-1-14 所示。

叠片过滤器的最大优点是易于清洗。如果水质优良，可以作为一级过滤。否则应当作二级或三级过滤。

4. 网式过滤器

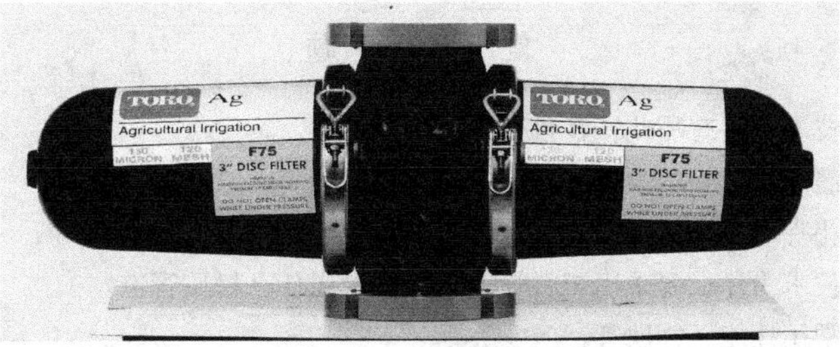

图 19-1-14　叠片过滤器

网式过滤器是最传统的过滤器。手动网式过滤器(图 19-1-15)制造简单，成本低。但过滤有机杂质效果不好，清洗不方便。手动网式过滤器在水质优良时可作一级过滤，其他情况下最好作二级、三级过滤。

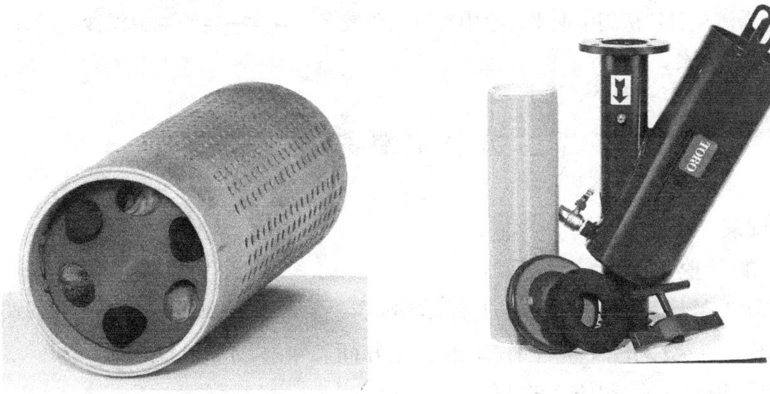

图 19-1-15　手动网式过滤器

近年面市的吸力自清洗网式过滤器(图 19-1-16)过滤有机、无机杂质效果均不错。可以作一级过滤。但有机杂质含量过多时，前边最好加一级砂石过滤器。

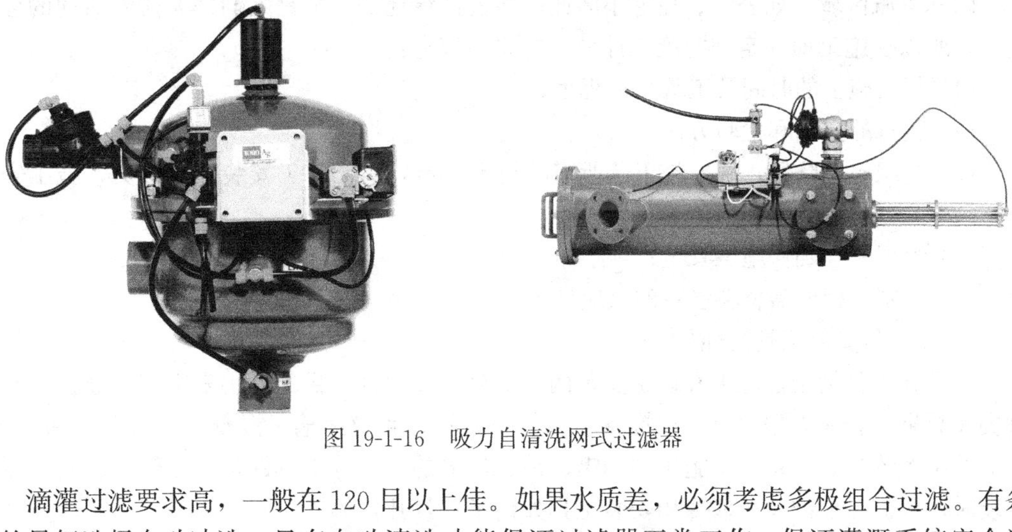

图 19-1-16　吸力自清洗网式过滤器

滴灌过滤要求高，一般在 120 目以上佳。如果水质差，必须考虑多极组合过滤。有条件的最好选择自动冲洗。只有自动清洗才能保证过滤器正常工作，保证灌溉系统安全运行。过滤是滴灌的生命，如何强调滴灌过滤的重要性都不为过。

复习思考题

1. 传统园林灌溉技术主要有哪些？各自有哪些优缺点？

2. 草坪采用什么灌溉技术好？为什么？

3. 乔木、灌木、花卉最好采用什么灌溉技术？为什么？

4. 现代园林灌溉技术为什么要采用塑料管道输水？常用什么材质管道？

5. 描述地埋喷头常用性能。并回答：

(1) 什么情况下安装带 PRX 装置的喷头？

(2) 道路边安装角度记忆功能喷头有什么意义？

(3) 地形起伏大的绿地，不安装止溢喷头会带来什么后果？

6. 什么叫压力补偿功能？安装压力补偿滴灌设备有什么好处？

7. 地下滴灌适合什么植物？安装地下滴灌的潜在风险是什么？应采用什么专用设备？

8. 一个园林灌溉项目拟从湖中取水，水中有机杂质较多，且含一定细颗粒泥沙，设计一个可满足喷灌、滴灌要求的过滤方案。

第二节　园林灌溉系统施工技术

一、管道安装

（一）管沟的开挖与回填

为了保证施工的顺利进行和保证工程质量，在管沟开挖施工之前要认真做好开挖之前的各项准备工作。一般来说主要工作有如下几方面：

1. 熟悉规划设计文件和施工现场

在施工前首先要全面地、详细地了解规划书及图纸，并到施工现场核对。若实际出现无法按照图纸来施工时，应提前与设计部门或设计人员协商研究，以达成一致的修改意见。

2. 制定施工计划

园林灌溉区域，如公园、住宅小区或一些公共绿地等，都是人们每天需要活动的公共场所，所以在施工前一定制定施工计划，主要内容有：

(1) 每天施工的时间及工程总进程表；

(2) 质量的控制和检验方法；

(3) 组织施工队伍，确定施工队所需的技术人员，对无施工安装经验人员，施工安装前必须进行短期培训；

(4) 组织领导确保施工安全；

(5) 编制工程所需材料设备的供应计划。

3. 施工与安装工具的准备

喷灌施工包括土建施工和设备安装两个部分。要根据项目的大小来决定需准备工具的种类及数量，若属大型项目，应准备包括管路开沟、管道运输、混凝土拌合等机械设备。一般的小系统只要准备手工施工用的锹、镐、运输的小车等工具即可。在管道、灌水器等安装时，根据需要准备一些专用安装工具如钳子、打孔器等。

4. 施工放线

施工放线就是把设计图纸上标注的位置标到实地去，作为施工的依据。主要包括管部枢纽的位置、干支管的走向和位置等。一定要对着实地、图纸严格进行放线，在边边角角一定要放到位，以便今后的安装。

5. 管路的开挖工作

开挖时，若原地面种有草坪的需小心将草坪起开，放在一边，开挖出来的土要按照土层的结构堆放在管沟的一侧。一般管沟的宽度要比管径大30～50cm左右，沟深主要要考虑耕种和防冻的情况。为了考虑各级管道的排水，沟底应有一定的坡度(>1‰～3%)。在有条件的地方，也可以用挖沟机来开挖管沟。

6. 回填管沟

在管路铺放完以后，应进行试水，无问题后方可回填管沟，如果管路采用的是承插式PVC管，应对管路进行预埋，以防试水时，管子相互脱开。若为自动系统还应考虑控制电线的铺设，控制电线应每隔10m左右将其用不易腐蚀的细绳捆扎在一起，不宜捆得过紧，然后放在管道一侧管子的下方。电线不要拉得过紧，以防热胀冷缩导致管线位移、接头拉脱等。覆土还应选择天气凉爽或地温比较接近时(一般在清晨)进行。

覆土时对要求较高的工程，如高尔夫球场等，应先在管道周围覆上一定数量的沙层。一般情况也可用较湿的碎土先回填管子的两侧，并拍实，禁止有硬土、瓦砾等直接接触管子。最后进行全面回填。回填时应尽可能按原土层结构进行回填，每次回填15～20cm左右，用轻夯夯实或用脚踩实再覆一层，一直填到比地面稍高5～10cm为止。必要时也可对回填的管沟进行洒水渗实，若原地表有草坪、花卉等，还需按原样恢复。

(二) 管道的连接及安全防护设备的安装

1. 承插管的连接

在管径大于4英寸(101.6mm)时，建议最好采用承插式的PVC管。安装时，应先将PVC管的两端清除干净，在小头上用记号笔标注需插入的深度位置，检查大头内的橡皮密封圈是否在合适的位置，事先没有安装此密封圈，需要用户现场安装，此时一定要注意密封圈的安装方向。当一切就绪后在大头中的密封圈上和小头端插入部位均匀地涂上润滑剂，将PVC管小端对准承插口轻轻推入，承插安装时一定要注意承插与被承插的两根PVC管要在一条直线上。严格禁止两根需承插连接的PVC管不在一条直线上，而采用大锤等，强行砸入。这样有可能会使密封圈变形，跑位而漏水。

在拿不准密封圈是否跑位的情况下，可用小钢板尺从PVC管承插口处的缝中扦入，检查密封圈是否在合适的位置上。

2. 粘接管的连接

一般小口径PVC管之间的连接，以及弯头、三通和变径等管件之间的连接可采用粘连。这种连接方法，便于现场施工，具有安装进度快、价格便宜等特点。

PVC管在出厂时就一端扩孔称为承口，另一端为扦口，但在扦口一端要加工30°左右的一个倒角，便于承扦。现场施工时先将管承口和扦口部位用砂纸打毛(如果采用进口美国PVC管胶时，不需要进行这一步)，用干净的布擦净，均匀涂上粘合剂。涂胶时要注意，应顺着PVC管壁的一个方向涂胶。最后用力将PVC管插入承口中，最好顺一个方向转5°～10°，这样能使PVC胶在两管壁之间更均匀。此时还需用力压着PVC管1～2min，等胶稍稍固化即可松手。

承扦管在连接时，应尽可能不让粘连口变形。有时小口径PVC管需小角度时，应等

PVC管粘接后，稍干一会，再粘下一条PVC管，以便保证粘接的质量。

3. 支墩与镇墩

为了稳定管道，通常在管路上要安装支墩、镇墩。

用来支承管道，当管道经过土质较差的地段时，可设支墩。支墩可用浆砌砖石或混凝土砌筑(图19-2-1、图19-2-2)。

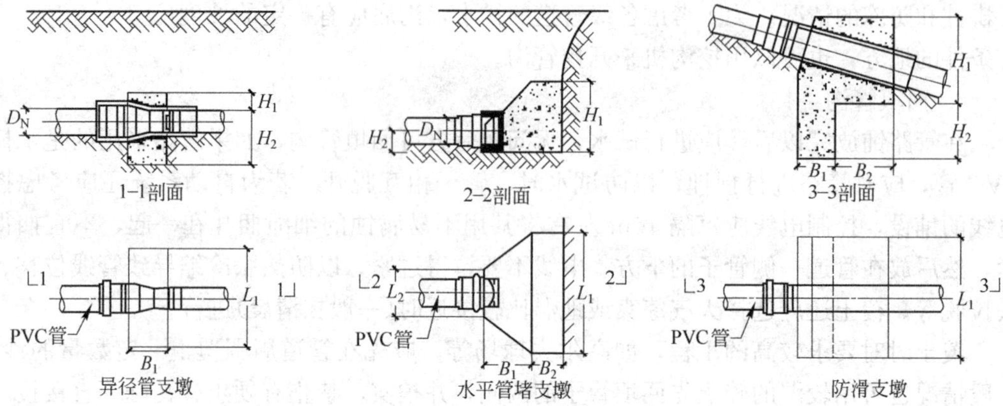

类型	DN(mm)	尺寸(mm)						混凝土用量(m^3)
		H_1	H_2	L_1	L_2	B_1	B_2	
异径管支墩	90～160	100	300	300		200		0.024
	180～315	100	500	500		300		0.090
管堵支墩	90～160	300	150	400	250	200	150	0.033
	180～315	500	250	500	400	300	200	0.101
防滑支墩	90～160	350	250	400		250	300	0.099
	180～315	500	300	500		300	400	0.214

图19-2-1　直管段支墩示意图

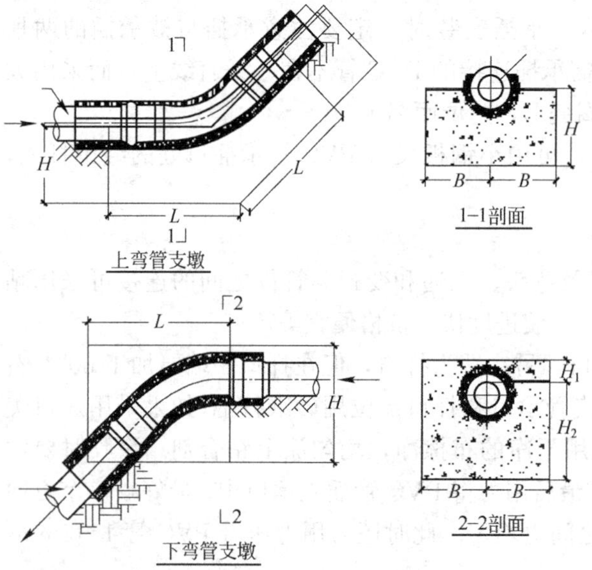

类型	D_N(mm)	尺寸(mm)					混凝土用量(m^3)
		H	H_1	H_2	L	B	
上弯管支墩	90～160	250			300	150	0.037
	180～315	350			500	250	0.150
下弯管支墩	90～160	400	100	300	400	150	0.048
	180～315	500	100	400	500	250	0.125

图19-2-2　弯管段支墩示意图

管道在变坡、转弯或分叉处，应设镇压墩(图 19-2-3)，用以稳定压力管道，承受各种推力，保证压力管道安全。镇墩常用浆砌石或混凝土砌筑。对于重要部位的支墩或镇墩应作专门设计。

(三) 管道水压试验

施工安装期间应对管道进行分段水压试验，施工安装结束后应进行管网水压试验。试验结束后，均应编写水压试验报告。对于较小的工程可不做分段水压试验。

水压试验应选用 0.35 或 0.4 级标准压力表。被测管网应设调压装置。

水压试验前应进行下列准备工作：

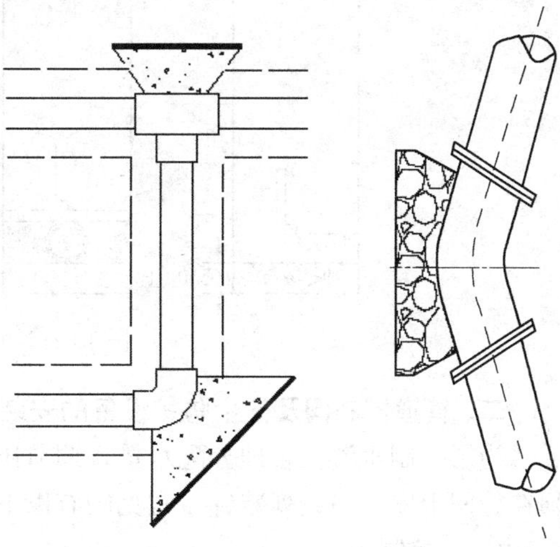

图 19-2-3 镇墩示意图

(1) 检查整个管网的设备状况：阀门启闭应灵活，开度应符合要求；排、进气装置应通畅。

(2) 检查地埋管道填土定位情况：管道应固定，接头处应显露并能观察清楚渗水情况。

(3) 通水冲洗管道及附件：按管道设计流量连续进行冲洗，直到出水口水的颜色与透明度和进口处目测一致。

耐水压试验：

管道试验段长度不宜大于 1000m。管道注满水后，金属管道和塑料管道经 24h 后，方可进行耐水压试验。试验宜在环境温度 5℃以上进行，否则应有防冻措施。试验压力不应小于系统设计压力的 1.25 倍。试验时升压应缓慢，达到试验压力后，保压 10min，无泄漏、无变形即为合格。

(四) 控制电线铺设

自动控制电线及控制器电源线通常铺设在管沟中。管线、电线铺设相对位置如图 19-2-4 所示。

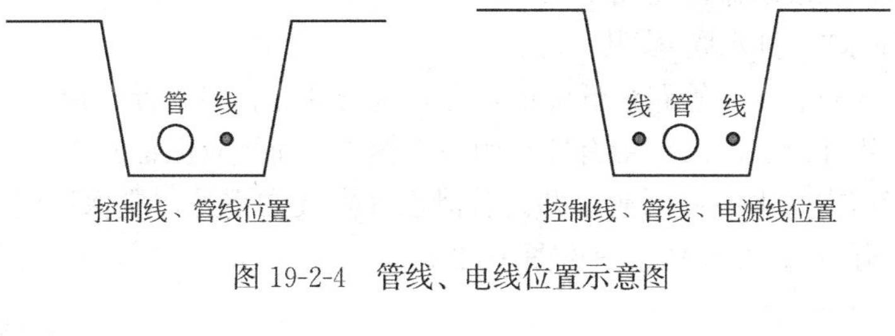

图 19-2-4 管线、电线位置示意图

(五) 管沟回填

管沟回填必须依程序完成，不能急于求成。管底及管顶、管侧必须填足够的沙层，以保护管道。禁止将含有石块的现场土直接回填，冬期施工尤其要注意。回填的土应细心夯实。管沟回填程序如图 19-2-5 所示。

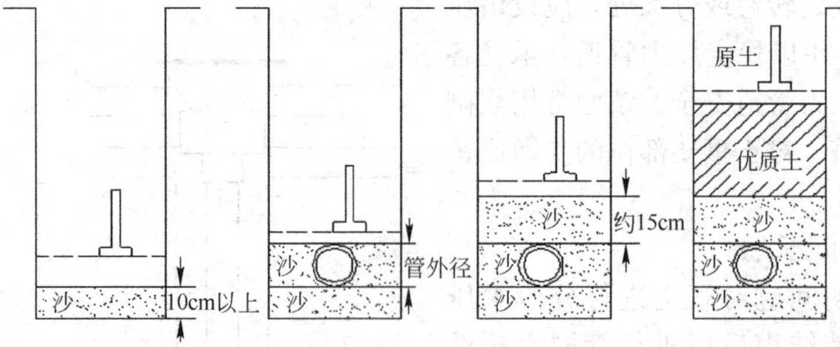

图 19-2-5　管沟回填示意图

二、管道控制阀及安全防护设备的安装

为了控制水流，合理分配水量，调节压力保证管道安全以及管道系统管理的需要，必须在管网上安装一系列装置，常见的有以下几种。

（一）控制阀

在水泵出口处需安装一控制阀，一般采用口径与水泵出水管相同的蝶阀，在较大的系统需在各干管的入口处均安装一个流量控制阀，所有这些阀都是为了便于管理和维护，其作用：一是调节水量和压力。二是当下部某些分干管发生故障时，可关闭节制阀进行故障处理，尽可能减少它对整个系统的灌溉影响，所有这些阀门都可采用蝶阀。

水源为市政自来水时，也需在取水口处安装一控制阀，若为自动系统时，最好在此处安装一个电磁阀作为主阀，由控制器对它进行控制。需说明的是，如果系统还连接有其他水源或系统安有施肥装置时，必须在自来水取水口处安装一特制的止回阀。

（二）进、排气阀

在地形起伏的地面布置干管、分干管和支管，当起泵向主管供水时，空气将向管段高处聚集，形成气囊，减少管道的流量。有时气囊还在管道内来回游动，引起管道水流不稳定，直接影响喷头的正常工作。严重时，由于管中空气被迅速压缩，容易在管中产生水锤现象。另外，在突然停泵，或关闭流量控制阀时，管内某些部位形成水位分离，产生真空，易损坏管道。为解决以上出现的问题，需根据系统的实际情况，在适当的位置安装一定数量的进、排气阀，进、排气阀一般安装在管道高处，主管道和分干管连接的三通处或干管的尾部等处。安装示意图见图 19-2-6。

（三）手动泄水阀(排水阀)安装

手动泄水阀应安装在主管路最低洼的地方，假若系统有多处低洼地，都应该设置手动泄水阀，一般采用球阀、闸阀或带有堵头的一段管子，而且应保证施工过程中有一定的坡度条件，方便管道内的水汇集到泄水井。若泄水井安装在室外，应保证泄水井的干燥(可以采用井底放置砾石)。安装示意图见图 19-2-7。

（四）自动泄水阀安装

自动泄水装置一般安装在支管路或与喷头安装在一起(如采用侧面进水的埋藏喷头)。原理是：每次系统关闭后，自动泄水阀就会泄走喷头或管路里的水(一般自动泄水阀，开阀压力 2m 水头、关阀压力 4m 水头)。自动泄水阀若安装在主管路系统会造成灌溉水的大量浪费。

自动泄水阀［1/2 英寸(12.7mm)、3/4 英寸(19.05mm)阴螺纹接口］应安装在分区

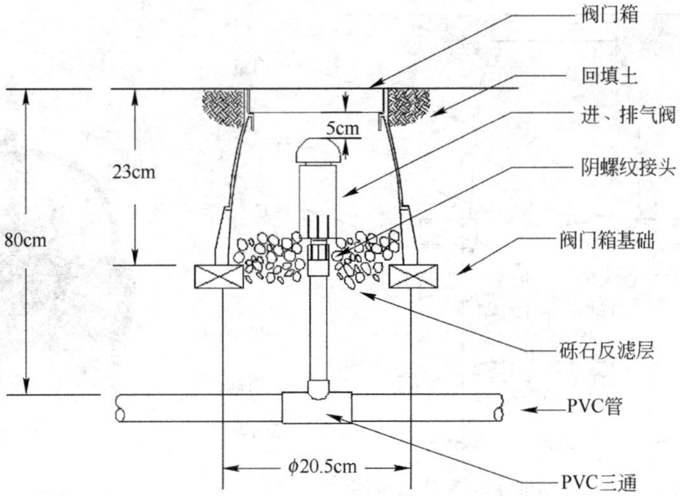

图 19-2-6 进、排气阀安装示意图

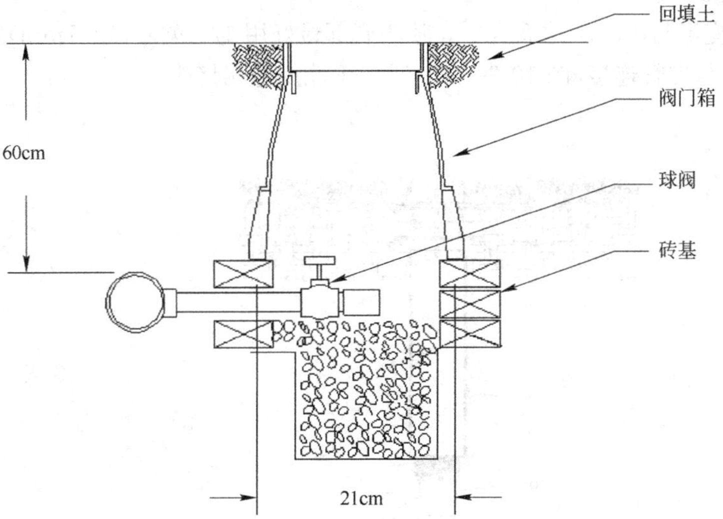

图 19-2-7 手动泄水阀安装示意图

电磁阀的下游低洼地，一般每条支管安装 1～2 个。因为每次当系统关闭时，自动泄水阀都会排除管路里的积水，在管理过程中，应定时检查，以防自动泄水阀堵塞而影响工作。像手动泄水措施一样，对于管路电磁阀或手动阀门清除里面的积水可用压缩空气法、包裹防冻材料或采用阀门拆开的办法，用干布拭擦积水。自动泄水阀安装见示意图见图 19-2-8。

（五）自动泄压阀

用来消除水流过量压力对管道的冲击，阀内多有弹簧，超过工作压力时，它就会自动打开，使系统压力降低(图 19-2-9)。一般安装在系统的首部。当系统很大，而且地形起伏大时，田间部分也需适量安装一些。

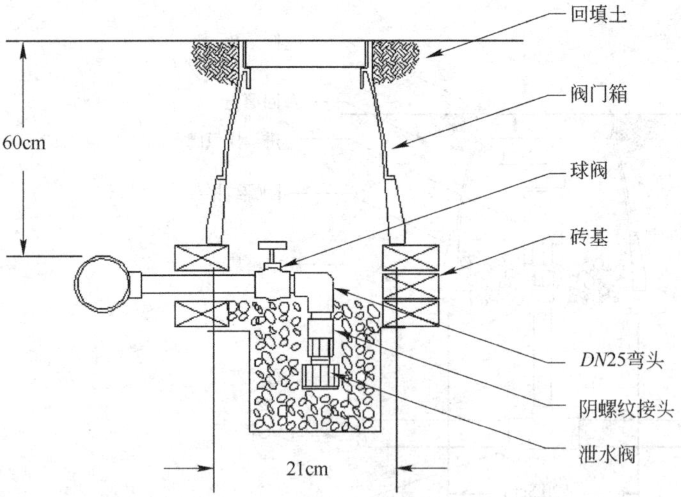

图 19-2-8　自动泄水阀安装示意图

图 19-2-9　自动泄压阀

三、地埋自动升降园林喷头安装

（一）地埋散射喷头安装

喷头顶部应当与沉降后地面齐平。喷头底部最好用 1/2 英寸(12.7mm)PE 铰接接头或 PVC 铰接接头与支管连接(图 19-2-10)，千万不能用金属接头。

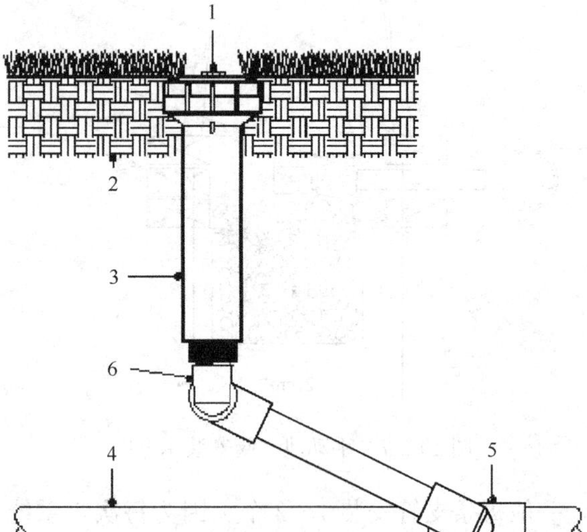

图 19-2-10　地埋散射喷头安装图

1—喷嘴；2—回填土；3—570Z 散射喷头；4—支管；5—支管三通；6—1/2 英寸(12.7mm)铰接接头

（二）地埋旋转喷头安装

旋转喷头入口口径在 3/4 英寸(19.05mm)以上。应选择相应尺寸的 PE 或 PVC 铰接接头。顶部要与沉降后地面齐平，如图 19-2-11 所示。

四、园林滴灌溉设备安装

滴头要用专用打孔器安装。滴灌管、滴灌带采用厂家推荐接头安装，十分简单。滴灌系统首部安装要求高，田间系统简单易学。

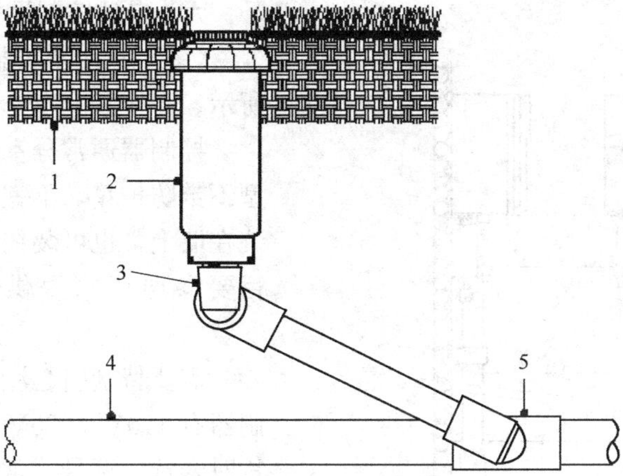

图 19-2-11　旋转喷头安装示意图

1—回填土；2—TR70 1 英寸(25.4mm)旋转喷头；3—1 英寸(25.4mm)铰接接头；4—支管；5—支管三通

五、园林灌溉系统首部安装

(1) 立式离心泵＋砂石过滤器＋立式自动冲洗网式过滤器首部安装：如图 19-2-12 所示。要做好泵房排水，保持室内干燥、通风，这样有利于电器安全，延长使用生命。

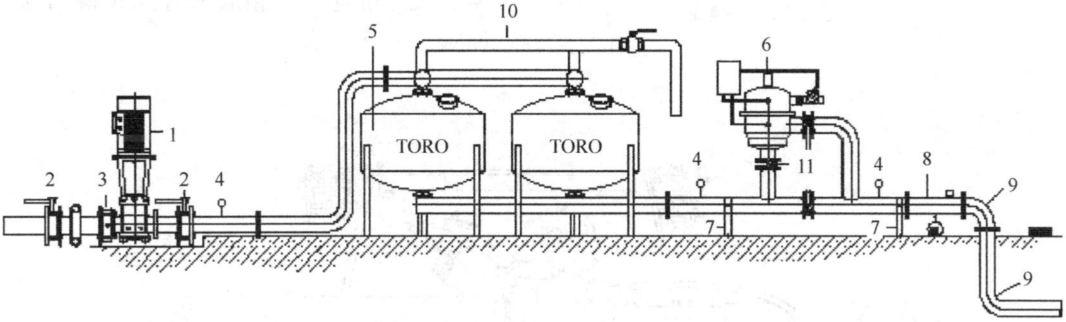

图 19-2-12　典型首部安装示意图 1

1—水泵；2—蝶阀；3—止回阀；4—压力表；5—砂石过滤器；6—自动冲洗过滤器；7—支撑架；8—流量表；9—弯头；10—排污管；11—法兰

(2) 立式离心泵＋卧式自动冲洗网式过滤器＋叠片过滤器首部安装：如图 19-2-13 所示。如要接施肥系统，应当接在过滤器之前。

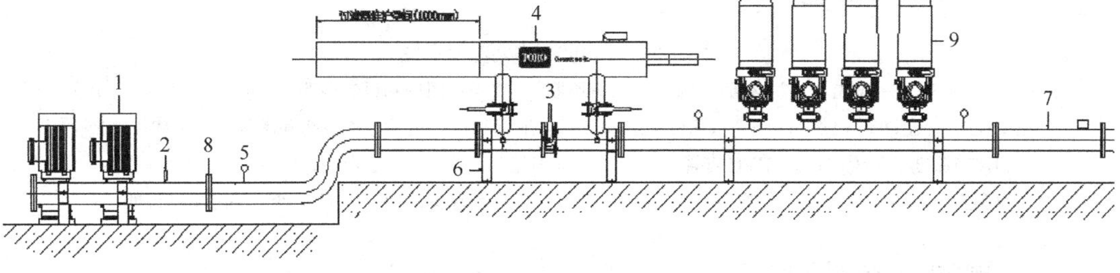

图 19-2-13　典型首部安装示意图 2

1—水泵；2—进、排气阀；3—蝶阀；4—自动清洗网式过滤器；5—压力表；6—支撑架；7—流量表；8—法兰；9—叠片过滤器

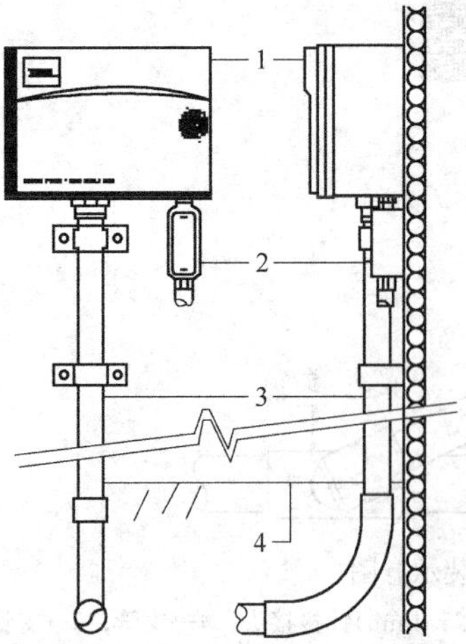

图 19-2-14　定时控制器安装示意图

1—CC 自动控制器；2—220V 接线盒；3—穿线管；4—地面

六、自动控制设备安装

（一）定时控制器安装：如图 19-2-14 所示。

控制器通常分室内型及室外型。室内型不带防护箱，不宜装在室外。室外型可装在墙上，也可装在不锈钢柜中。具体项目要参照厂家提供的安装图及说明书安装。

需要特别引起注意的是，美国产的控制器有 110V，220V 两种。由于用户在订货时未选对型号，常常有 110V 控制器被烧的情况。安装人员在接通电源之前应先检查电压是否相符。

（二）电磁阀安装

电磁阀应当安装在专用阀门箱中。电线连接要采用专业防水接头或防水胶布根据有关标准连接。箱底最好铺设砾石层，如图 19-2-15 所示。

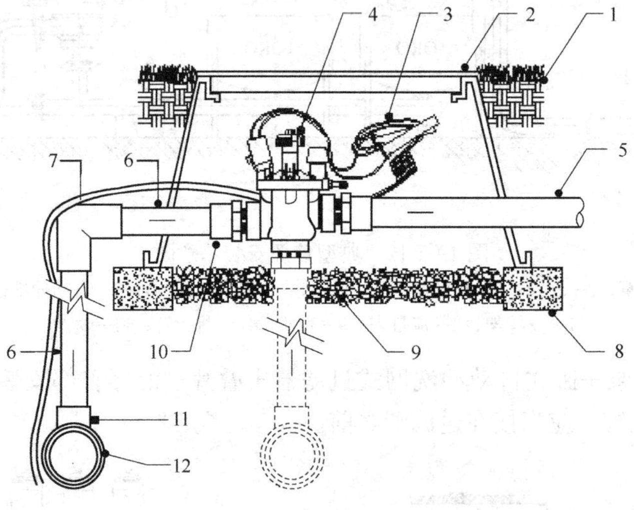

图 19-2-15　电磁阀安装示意图

1—整平的地面；2—VB1419 方形阀箱和阀盖；3—控制线（线径见图例和设计说明）和防水电线接头（公用端 3m DBY，控制端 3m DBR）；4—TORO P220 电磁阀（配置和接口尺寸参见说明和图例）；5—PVC 支管（出口）深度参见说明；6—PVC 支管（入口），长度根据需要；7—PVC 弯头；8—砖块支撑；9—砂砾层（10cm）；10—PVC 外螺纹接头；11—PVC 三通或者弯头；12—PVC 主管，深度参见说明

（三）电磁阀、控制器连接

如图 19-2-16 所示。

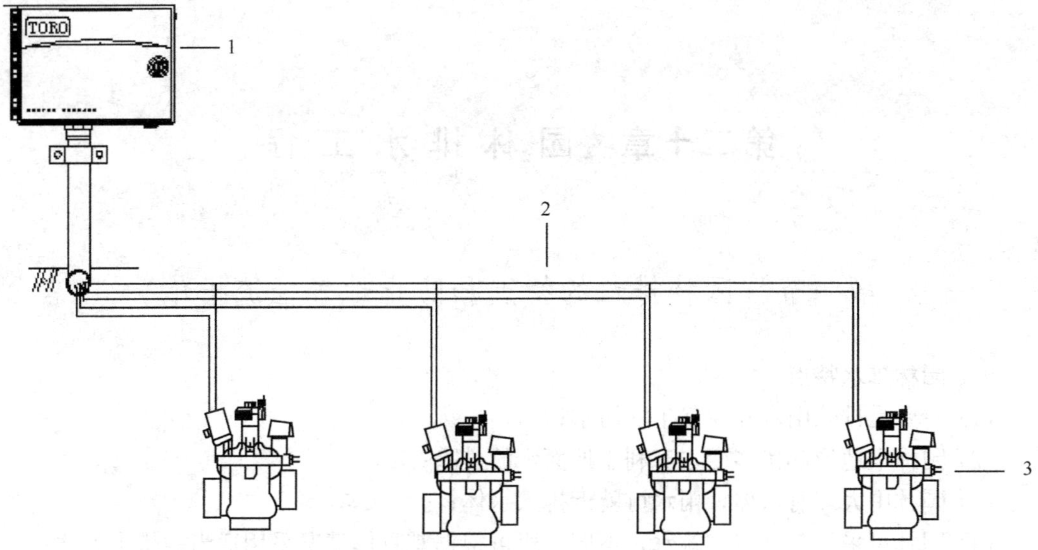

图 19-2-16　时间控制器、电磁阀连接图

1—控制器；2—电线；3—电磁阀

复习思考题

1. 为什么要设置支墩及镇墩，应分别设置在什么位置？
2. 自动、手动泄水阀应当安装在什么位置，为什么？
3. 园林灌溉系统安装进、排气阀有什么意义？应当安装在什么位置？
4. 自动控制电线、电缆应当铺设在管沟的什么位置？
5. 地埋喷头为什么要装铰接？喷头铰接都由哪些材料制作而成？
6. 连接时间控制器时，15 个电磁阀应有多少条电线接入控制器？

第二十章　园林排水工程

第一节　园林排水的特点和防止地表径流措施

一、园林排水特点

(1) 主要是排除雨水和少量生活污水；

(2) 园林中地形起伏多变，有利于地面水的排除；

(3) 园林中大多有水体，雨水可就近排入水体；

(4) 园林可采用多种方式排水，不同地段可根据其具体情况采用适当的排水方式；

(5) 排水设施应尽量结合造景；

(6) 排水的同时还要考虑土壤能吸收到足够的水分，以利植物生长，干旱地区尤应注意保水。

二、园林排水的主要方式——地面排水

公园中排除地表径流，基本上有三种形式，即：地面排水、沟渠排水和管道排水，三者之间以地面排水最为经济。现以几种常见排水量相近的排水设施的造价作一比较。设以管道(混凝土管或钢筋混凝土管)的造价为100%，则石砌明沟约为58%，砖砌明沟约为68%，砖砌加盖明沟约为279%，而土明沟只2%。于此可见利用地面排水的经济性了。

在我国，大部分公园绿地都采用地面排水为主，沟渠和管道排水为辅的综合排水方式。如北京的颐和园、北海公园、广州动物园、杭州动物园、上海复兴岛公园等。复兴岛公园完全采用地面和浅明沟排水，不仅经济实用，便于维修，而且景观自然。

地面排水的方式可以归结为五个字，即：拦、阻、蓄、分、导。

拦——把地表水拦截于园地或某局部之外。

阻——在径流流经的路线上设置障碍物挡水，达到消力降速以减少冲刷的作用。

蓄——蓄包含两方面意义，一是采取措施使土壤多蓄水；一是利用地表洼处或池塘蓄水。这对干旱地区的园林绿地尤其重要。

分——用山石建筑墙体等将大股的地表径流分成多股细流，以减少危害。

导——把多余的地表水或造成危害的地表径流利用地面、明沟、道路边沟或地下管及时排放到园内(或园外)的水体或雨水管渠中去。

三、防止地表径流冲刷地面的措施

造成地表被冲蚀的原因主要是由于地表径流(径流是指经土壤或地被物吸收及在空气中蒸发后余下的在地表面流动的那部分天然降水)的流速过大，冲蚀了地表土层造成的。解决这个问题可以从以下几方面着手。

(一) 竖向设计

(1) 注意控制地面坡度，使之不致过陡，有些地段如较大坡度不可避免，应另采取措施以减少水土流失。

(2) 同一坡度(即使坡度不太大)的坡面不宜延续过长，应该有起有伏，使地表径流不致一冲到底，形成大流速的径流。

(3) 利用盘山道、谷线等拦截和组织排水。

(4) 利用植被护坡，减少或防止对表土的冲蚀。

(二) 工程措施

在我国园林中有关防止冲刷、固坡及护岸等的措施很多，现将常见的几种介绍如下。

1.“谷方”

地表径流在谷线或山洼处汇集，形成大流速径流，为了防止其对地表的冲刷，在汇水线上布置一些山石，借以减缓水流的冲力，达到降低其流速、保护地表的作用。这些山石就叫“谷方”。作为“谷方”的山石须具有一定体量，且应深埋浅露，才能抵挡径流冲击。“谷方”如布置自然得当，可成为优美的山谷景观；雨天，流水穿行于“谷方”之间，辗转跌宕又能形成生动有趣的水景。

2. 挡水石

利用山道边沟排水，在坡度变化较大处，由于水的流速大，表土土层往往被严重冲刷甚至损坏路基，为了减少冲刷，在台阶两侧或陡坡处置石挡水，这种置石就叫做挡水石。挡水石可以本身的形体美或植物配合形成很好的点景物。如图 20-1-1。

图 20-1-1　挡水石

3. 护土筋

其作用与“谷方”或挡水石相仿，一般沿山路两侧坡度较大或边沟底纵坡较陡的地段敷设，用砖或其他块材成行埋置土中，使之露出地面 3～5cm，每隔一定距离(10～20mm)设置三至四道(与道路中线成一定角度，如鱼骨状排列于道路两侧)。护土筋设置的疏密主要取决于坡度的陡缓，坡陡多设，反之则少设。见图 20-1-2。在山路上为防止径流冲刷，除采用上述措施外，还可在排水沟沟底用较粗糙的材料(如卵石、砾石等)衬砌。如图 20-1-3 所示。

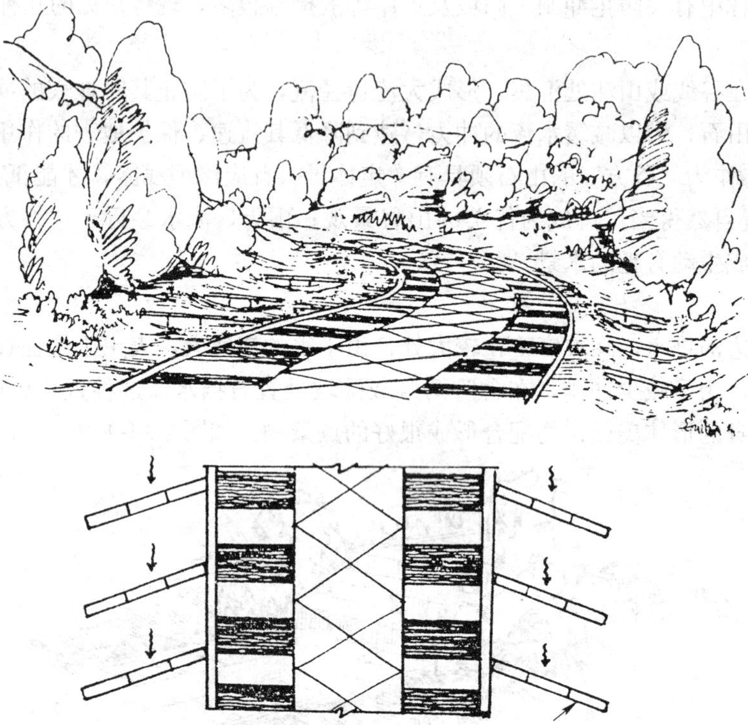

图 20-1-2 护土筋

4. 出水口

园林中利用地面或明渠排水，在排入园内水体时，为了保护岸坡结合造景，出水口应作适应处理，常见的如“水簸箕”，有如下几种方式，如图 20-1-4。

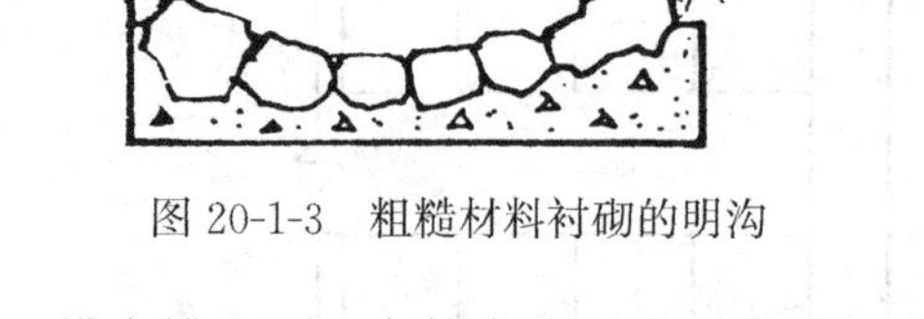

图 20-1-3 粗糙材料衬砌的明沟

“水簸箕”它是一种敞口排水槽，槽身的加固可采用三合土、浆砌块石(或砖)或混凝土。排水槽上下口高较大的，①可以下口前端设栅栏起消力和拦污作用；②在槽底设置“消力阶”；③槽底做成礓䃰状；④在槽底砌消力块等。

在园林中，雨水排水口应结合造景，用山石布置成峡谷、溪涧，落差大的地段还可以处理成跌水或小瀑布。这不仅解决了排水问题，而且丰富了园林地貌景观。见图 20-1-5。

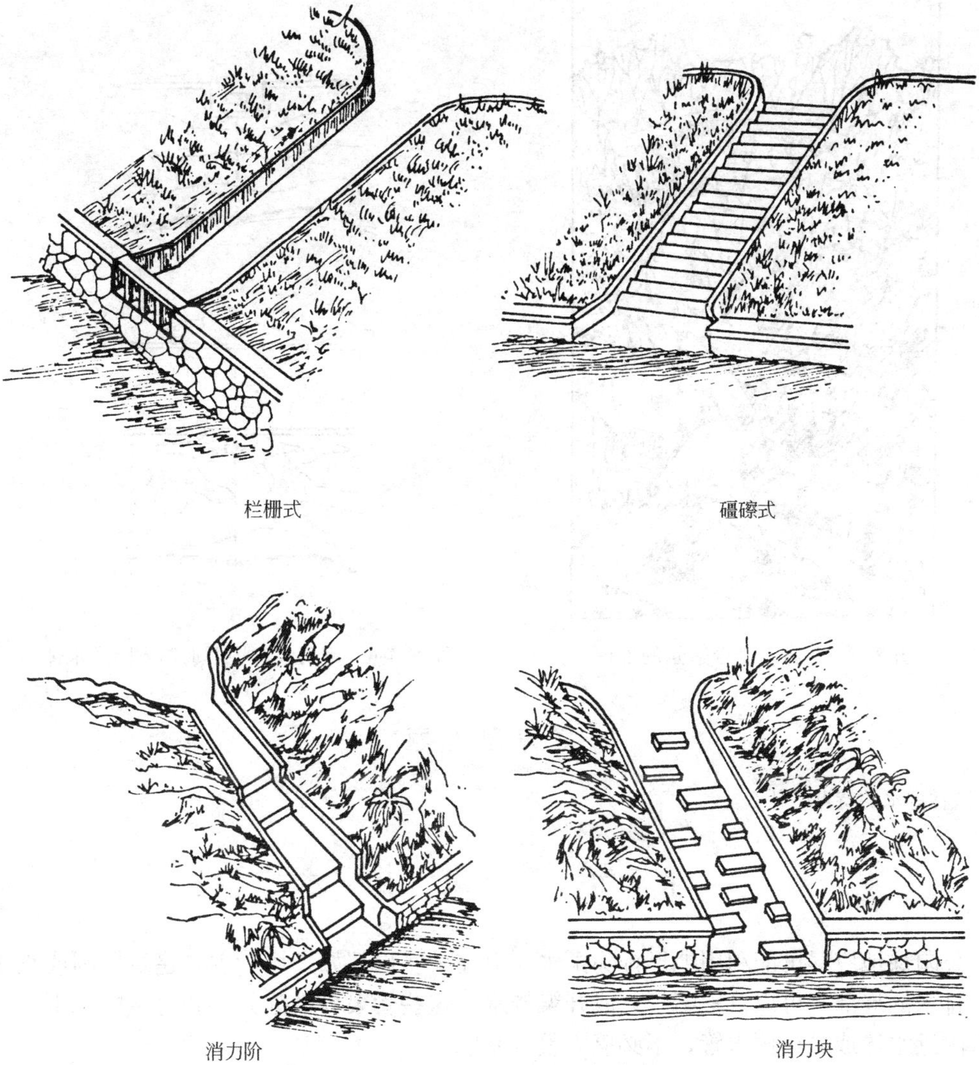

图 20-1-4　各种排水口处理

（三）利用地被植物

裸露地面很容易被雨水冲蚀，而有植被则不易被冲刷。这是因为：一方面植物根系深入地表将表层土壤颗粒稳固住，使之不易被地表径流带走。另一方面，植被本身阻挡了雨水对地表的直接冲击，吸收部分雨水并减缓了径流的流速。所以加强绿化，是防止地表水土流失的重要手段之一。

（四）埋管排水

利用路面或路两侧明沟将雨水引至濒水地段或排放点，设雨水口埋管将水排出。见图20-1-6。

图 20-1-5　排水结合造景的处理

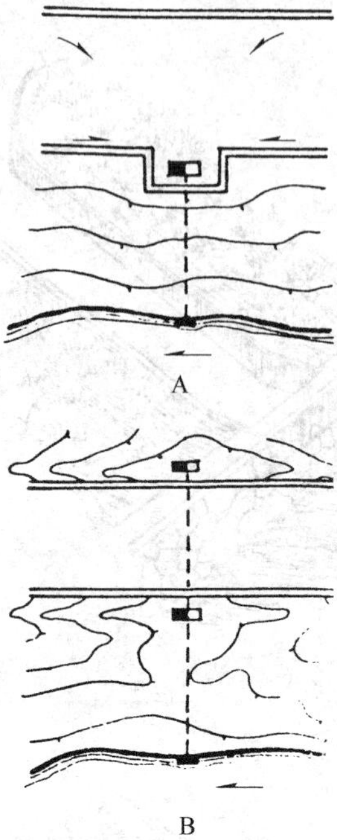

图 20-1-6　用雨水口将雨水排入园中水体

复 习 思 考 题

园林排水的特点是什么？

第二节　管　渠　排　水

公园绿地应尽可能利用地形排除雨水，但在某些局部如广场、主要建筑周围或难于用地面排水的局部，可以设置暗管，或开渠排水。这些管渠可根据分散和直接的原则，分别排入附近水体或城市雨水管，不必搞完整的系统。

一、管道的最小覆土深度

根据雨水井连接管的坡度、冰冻深度和外部荷载情况决定，雨水管的最小覆土深度不小于 0.7m。

二、最小坡度

雨水管道的最小坡度规定见表 20-2-1。

雨水管道各种管径最小坡度　　**表 20-2-1**

管径(mm)	200	300	350	400
最小坡度	0.004	0.0033	0.003	0.002

道路边沟的最小坡度不小于 0.002。

梯形明渠的最小坡度不小于 0.0002。

三、最小容许流速

(1) 各种管道在自流条件下的最小容许流速不得小于 0.75m/s。

（2）各种明渠不得小于0.4m/s（个别地方可酌减）。

四、最小管径及沟槽尺寸

（1）雨水管最小管径不小于300mm，一般水雨口连接最小管径为200mm，最小坡度为0.01。公园绿地的径流中夹带泥沙及枯枝落叶较多，容易堵塞管道，故最小管径限值可适当放大。

（2）梯形明渠为了便于维修和排水通畅，渠底宽度不得小于30cm。

（3）梯形明渠的边坡，用砖石或混凝土块铺砌的一般采用1∶1～1∶0.75的边坡。边坡在无铺装情况下，根据其土壤性质可采用表20-2-2的数值。

梯形明渠的边坡 **表20-2-2**

明渠土质	边坡	明渠土质	边坡
粉砂	1∶3.5～1∶3	砂质黏土和黏土	1∶1.5～1∶1.25
松散的细砂、中砂、粗砂	1∶2.5～1∶2	砾石土和卵石土	1∶1.5～1∶1.25
细实的细砂、中砂、粗砂	1∶2.0～1∶1.5	半岩性土	1∶1～1∶0.5
黏质砂土	1∶2.0～1∶1.5		

五、排水管渠的最大设计流速

（1）管道：金属管为10m/s；非金属管为5m/s。

（2）明渠：水流深度h为0.4～1.0m时，宜按表20-2-3、表20-2-4采用。

明渠最大设计流速 **表20-2-3**

明渠类别	最大设计流速(m/s)	明渠类别	最大设计流速(m/s)
粗砂及贫砂质黏土	0.8	草皮护面	1.6
砂质黏土	1.0	干砌块石	2.0
黏土	1.2	浆砌块石及浆砌砖	3.0
石灰岩及中砂岩	4.0	混凝土	4.0

梯形断面明沟（底宽400mm） **表20-2-4**

坡度i(‰)	流量与速度	边坡1∶1.5					边坡1∶2				
		水深(m)					水深(m)				
		0.2	0.4	0.6	0.8	1.0	0.2	0.4	0.6	0.8	1.0
0.6	Q	28.4	126	290	623	1078	34	152	399	800	1400
	v	0.21	0.31	0.41	0.49	0.57	0.21	0.32	0.42	0.50	0.58
0.8	Q	33.8	145.8	370	720	1240	38.2	175	461	917	1610
	v	0.24	0.36	0.47	0.56	0.65	0.24	0.37	0.48	0.57	0.67
1	Q	37.7	162	414	803	1380	43	196	517	1020	1810
	v	0.27	0.40	0.53	0.63	0.73	0.27	0.41	0.54	0.64	0.75
2	Q	53.3	230	581	1130	1970	60.7	276	732	1295	2570
	v	0.38	0.57	0.75	0.89	1.04	0.38	0.58	0.76	0.90	1.06

续表

坡度 i(‰)	流量与速度	边坡 1∶1.5					边坡 1∶2				
		水深(m)					水深(m)				
		0.2	0.4	0.6	0.8	1.0	0.2	0.4	0.6	0.8	1.0
4	Q	75.3	327	828	1660	2770	86	395	1035	2060	3660
	v	0.54	0.81	1.06	1.25	1.46	0.54	0.82	1.08	1.29	1.52
6	Q	92.5	400	1020	1970	3390	105.7	482	1265	2500	4440
	v	0.66	1.00	1.30	1.54	1.79	0.66	1.00	1.41	1.57	1.84
8	Q	106	458	1162	2260	3930	122	553	1470	2900	5130
	v	0.76	1.15	1.50	1.77	2.07	0.76	1.20	1.53	1.82	2.15
10	Q	129	514	1300	2540	4380	136	621	1630	3245	5700
	v	0.85	1.28	1.67	1.97	2.30	0.85	1.30	1.70	2.02	2.38
30	Q	207	885	2250	4390	7590					
	v	1.47	2.21	2.88	3.42	3.98					
50	Q	267.5	1143	2910	5700	9800					
	v	1.90	2.87	3.75	4.43	5.17					

注：流量 Q，单位 L/s，流速 v，单位 m/s

复习思考题

在无铺装的情况下，各种土壤梯形明渠的边坡值是多少？

第三节　排水管网附属构筑物

在雨水排水管网中常见的附属构筑物有检查井、跌水井、雨水口和出水口等。

一、检查井

检查井的功能是便于管道维护人员检查和清理管道。另外它还是管段的连接点。检查井通常设置在管道方向坡度和管径改变的地方。井与井之间的最大间距在管径小于 500mm 时为 50m。为了检查和清理方便，相邻检查井之间的管段应在一直线上。

检查井的构造，主要由井基、井底、井身、井盖座和井盖等组成，见图 20-3-1。

二、跌水井

跌水井是设有消能设施的检查井。在地形较陡处，为了保证管道有足够覆土深度，管道有时需跌落若干高度。在这种跌落处设置的检查井便是跌水井。常用的跌水井有竖管式和溢流堰式两种类型。但在实际工作中如上、下游管底标高落差不大于 1m 时，只需将检查井底部做成斜坡水管道衔接两端排水管，不必采用专门的跌水措施。

图 20-3-2 是竖管式圆形跌水井的构造图。

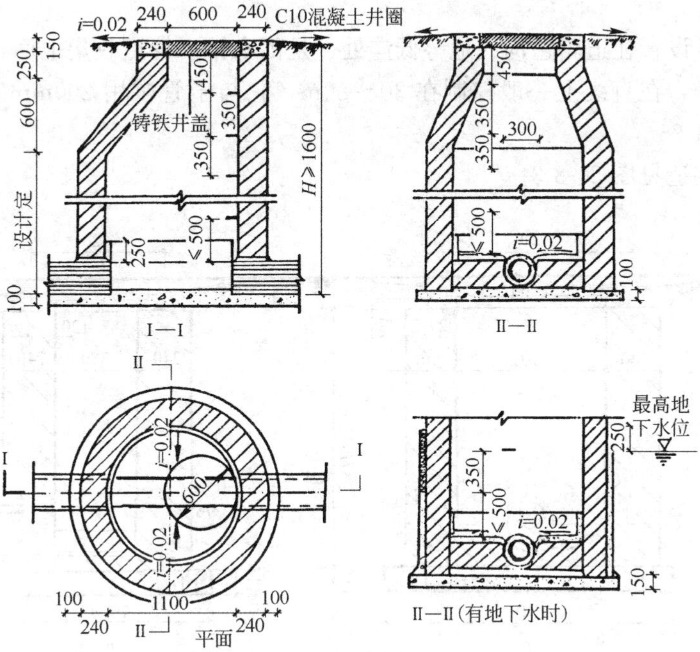

图 20-3-1　普通检查井构造

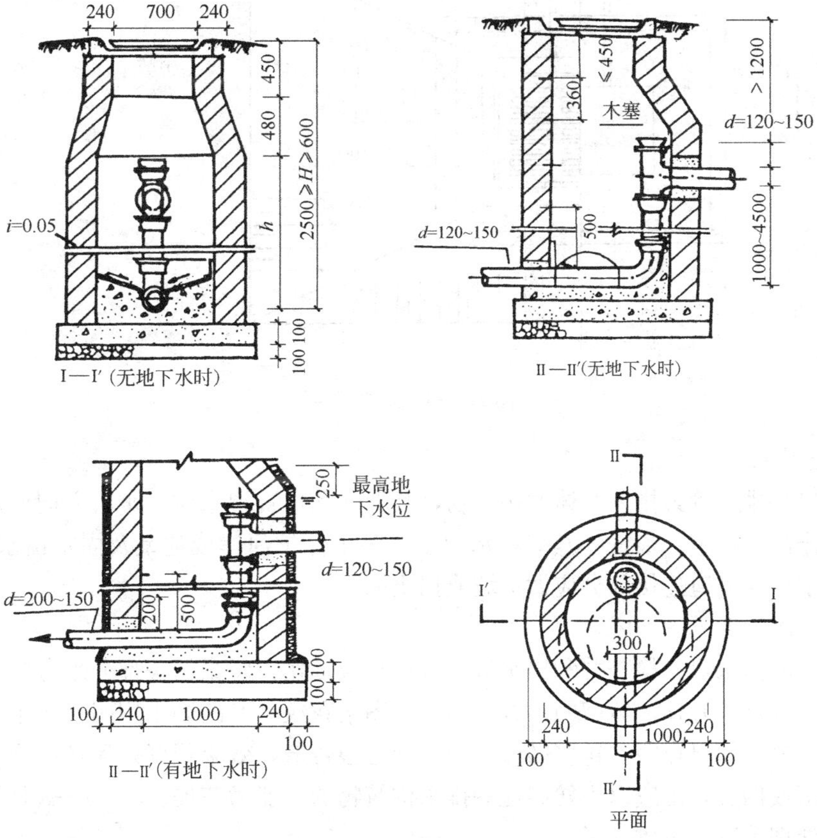

图 20-3-2　竖管式圆形跌水井构造

三、雨水口

雨水口通常设置在道路边沟或地势低洼处，是雨水排水管道收集地面径流的孔道。雨水口设置的间距，在直线上一般控制在 30～80m，它与干管常用 200mm 的连接管连接，其长度不得超过 25m。

雨水口的构造见图 20-3-3。

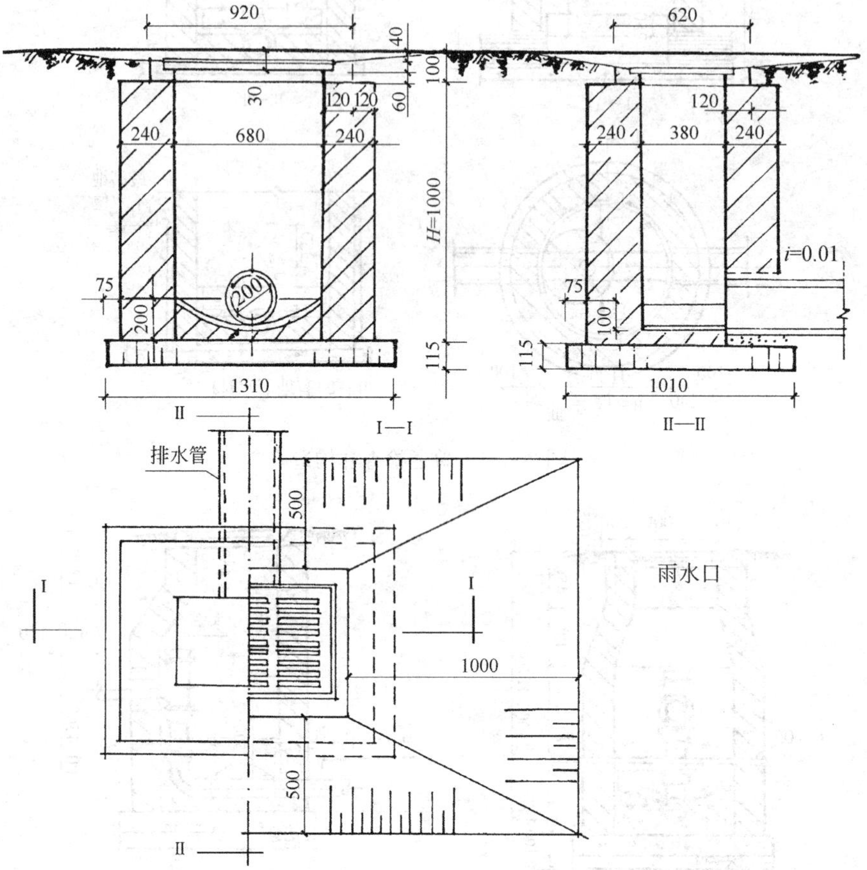

图 20-3-3 雨水口构造

四、出水口

出水口是排水管渠排入水体的构筑物，其形式和位置视水位、水流方向而定，管渠出水口不要淹没于水中。最好令其露在水面上。为了保护河岸或池壁及固定出水口的位置，通常在出水口和河道连接部分应做护坡或挡土墙。

出水口的构造见图 20-3-4。

园林中的雨水口、检查井和出水口，其外观应该作为园景的一部分来考虑。有的在雨水井的箅子或检查井盖上铸(塑)出各种美丽的图案花纹；有的则采用园林艺术手法，以山石、植物等材料加以点缀。这些做法在园林中已很普遍，效果很好，但是不管采用什么方法进行点缀或伪装，都应以不妨碍这些排水构筑物的功能为前提。图 20-3-5 是雨水口、检查井盖的处理手法，可供参考。

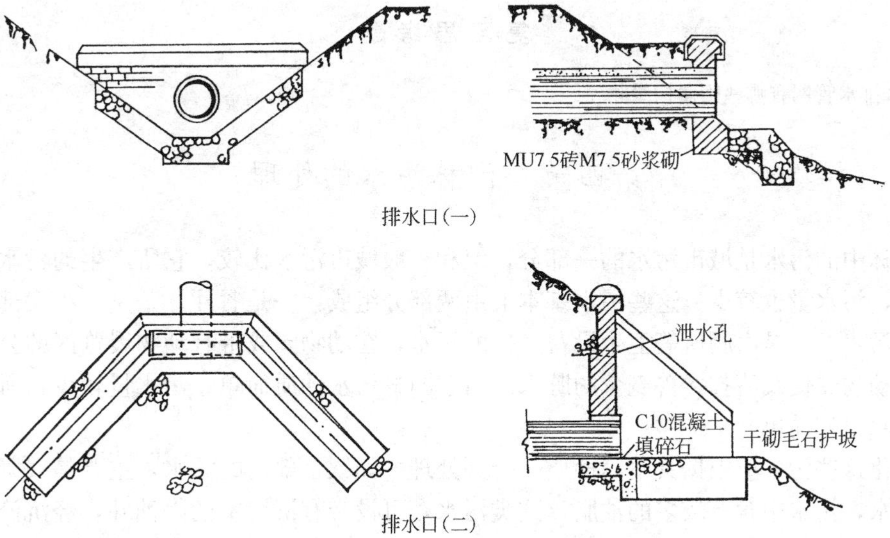

图 20-3-4　出水口构造

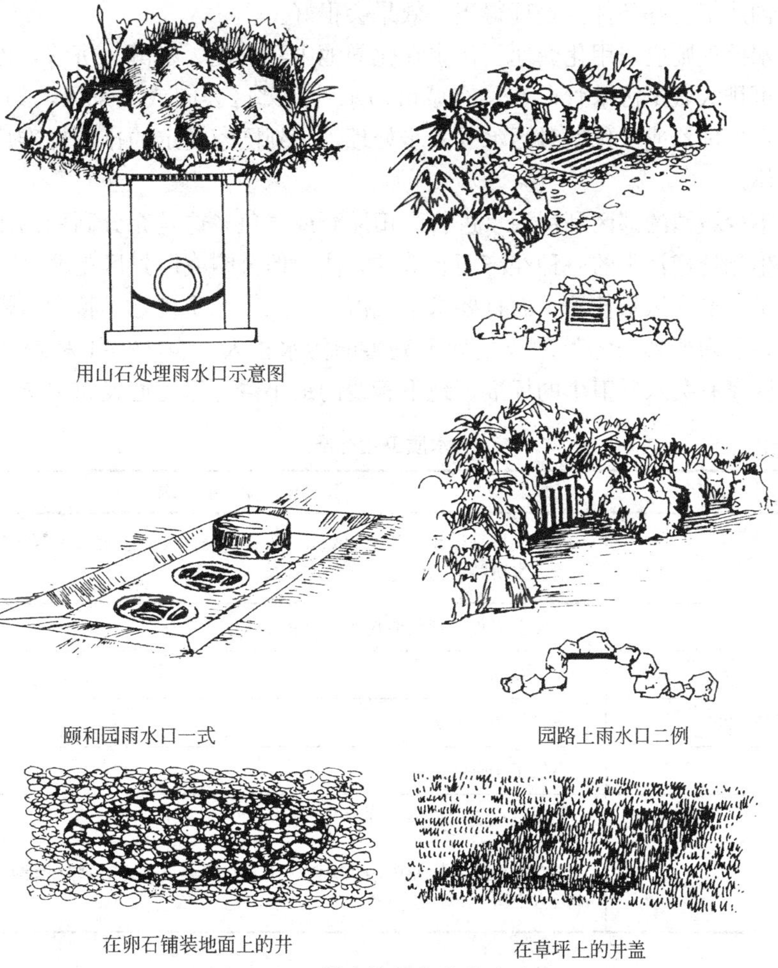

图 20-3-5　排水构筑物的艺术处理

复习思考题

雨水排水管网有哪些附属构筑物？

第四节　园林污水的处理

园林中的污水是城市污水的一部分，但和一般城市污水比较，它所产生的污水的性质较简单，污水量也较少。这些污水基本上由两部分组成：一是餐厅、茶室、小卖部等饮食部门的污水；二是由厕所等卫生设备产生的污水，在动物园或带有动物展览区的公园里还有部分动物粪便及清扫禽兽笼舍的脏水。由于园林污水性质简单，污水量较少，所以处理这些污水也较简单。

净化这些污水应根据其不同性质，分别处理。如饮食部门的污水，主要是残羹剩饭及洗涤废水，污水中含有较多的油脂。这类污水，可设带有沉淀室的隔油井，经沉渣、隔油处理后直接排入就近水体，这些肥水可以养鱼，也可以给水生植物施肥，水体广种藻类、荷花、水浮莲等水生植物，这些水生植物通过光合作用产生大量的氧，溶解于水中，为污水的净化，创造了良好条件。处理得当，效果会很好。

粪便污水处理则应采用化粪池。污水在化粪池中经沉淀、发酵、沉渣，液体再发酵澄清后，污水可排入城市污水管；在没有城市污水管的郊区公园或风景区，如污水量不大，可设小型污水处理器或氧化塘对污水进一步处理，达到国家规定的排放标准后再排入园内或园外的水体。

我国有不少城镇的郊区利用污水进行农田灌溉或养鱼，这是充分利用污水中的有机物成分，也是生化处理污水的一种经济而有效的方法。但公园或风景区是群众进行休闲活动的场所，它不仅要求风景佳美，而且要求空气清新、水体水质良好。特别对那些开展水上活动的水体，必须严禁未经处理或处理不完善的污水排入。表 20-4-1 和表 20-4-2 是我国颁布执行的国家有关水质卫生的标准。地下管线的最小覆土深度见表 20-4-3。

水质卫生标准　　**表 20-4-1**

指　标	卫 生 要 求
悬浮物质色、嗅、味	含有大量悬浮物质的工业废水，不得直接排入地面水体，不得呈现工业废水和生活污水所特有的颜色、异味或异臭
漂浮物质	水面上不得出现较明显的油膜和浮沫
pH 值	6.5～8.5
生化需氧量(5～20℃)	不超过 3～4mg/L
溶解氧	不低于 4mg/L
有害物质	不超过规定的最高允许浓度
病原体	含有病原体的工业废水和医院污水，必须经过处理和严格消毒，彻底消灭病原体后方准排入地面水体

农田灌溉用水水质标准　　　表 20-4-2

编号	项　目	标　准	编号	项　目	标　准
1	水温	≤35℃	11	铜及其化合物(按 Cu 计)	≤1.0mg/L
2	pH 值	5.5～8.5	12	锌及其化合物(按 Zn 计)	≤3mg/L
3	含盐量	非盐碱土农田≤1500mg/L	13	硒及其化合物(按 Se 计)	≤0.0lmg/L
4	氯化物(按 Cl 计)	非盐碱土农田≤300mg/L	14	氟化物(按 F 计)	≤3mg/L
5	硫化物(按 S 计)	≤1mg/L	15	氰化物(以游离氰根计)	≤0.5mg/L
6	汞及其化合物(按 Hg 计)	≤0.001mg/L	16	石油类	≤10mg/L
7	镉及其化合物(按 Cd 计)	≤0.005mg/L	17	挥发性酚	≤1mg/L
8	砷及其化合物(按 As 计)	≤0.05mg/L	18	苯	≤2.5mg/L
9	六价铬化合物(按 Cr^{+6} 计)	≤0.1mg/L	19	三氯乙醛	≤0.5mg/L
10	铅及其化合物(按 Pb 计)	≤0.1mg/L	20	丙烯醛	≤0.5mg/L

地下管线的最小覆土深度表　　　表 20-4-3

管线名称	电力电缆(10kV 以下)	电　讯		给水管	雨水管	污水管 $D\leqslant300$mm
		铠装电缆	管　道			
最小覆土深度(m)	0.7	0.8	混凝土管 0.8 石棉水泥管 0.7	在冰冻线以下在不冻地区可埋设较浅①	应埋在冰冻线以下，但不小于 0.7②	冰冻线以上 30cm，但不小于 0.7③

① 不连续供水的给水管(大多为枝状管网)，应埋设在冰冻线以下，连续供水的管道在保证不冻结情况下(在南方不冻或冻层很浅的地区)可埋设较浅。

② 在严寒地区，有防止土壤冻胀对管道破坏的措施时，可埋设在冰冻线以上，并应以外部荷载验算，在土壤冰冻线很浅的地区，如管子不受外部荷载损坏时，可小于 0.7m。

③ 当有保温措施时，或在冰冻线很浅的地区，或排温水管道，如保证管子不受外部荷载损坏时，可小于 0.7m。

复习思考题

公园水体的水质卫生标准是什么？

第五节　暗　沟　排　水

暗沟又叫盲沟，是一种地下排水渠道，用以排除地下水，降低地下水位。在一些要求排水良好的活动场地，如体育场、儿童游戏场等或地下水位过高影响植物种植和开展游园活动的地段，都可以采用暗沟排水。

暗沟排水的优点是：①取材方便，可废物利用，造价低廉；②不需要检查井或雨水井之类的排水构筑物，地面不留“痕迹”，从而保持了绿地或其他活动场地的完整性，这对公园草坪的排水尤其适用。

暗沟的布置和做法如下。

(一) 布置形式

依地形及地下水的流动方向而定。大致可归纳为如下几种：

1. 自然式

园址处于山坞状地形，由于地势周边高中间低，地下水向中心部分集中，其地下暗渠系统布置应如图 20-5-1(a)所示，将排水干渠设于谷底，其支管自由伸向周围的每个山洼以拦截由周围侵入园址的地下水。

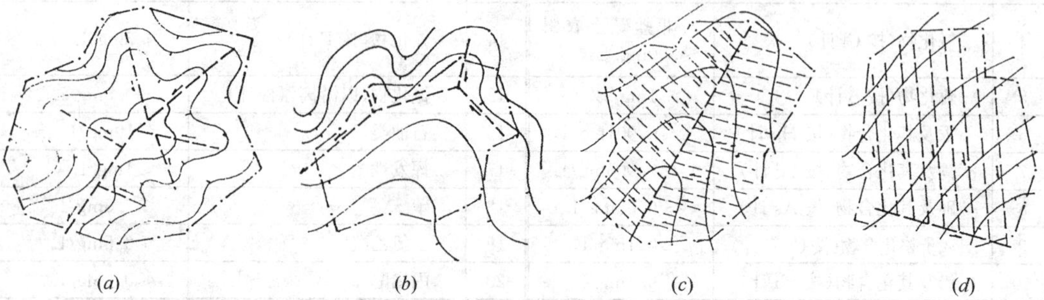

图 20-5-1　暗沟布置的几种形式

(a)自然式；(b)截流式；(c)篦式；(d)耙式

2. 截流式

园址四周或一侧较高，地下水来自高地，为了防止园外地下水侵入园址，在地下水来向一侧设暗沟截流。见图 20-5-1(b)。

3. 篦式

地处溪谷的园址，可在谷底设干管，支管成鱼骨状向两侧坡地伸展。见图 20-5-1(c)，此法排水迅速，适用于低洼地积水较多处。

4. 耙式

此法适合于一面坡的情况，将干管埋设于坡下，支管由一侧接入，形如铁耙式。见图 20-5-1(d)。

以上几种形式可视当地情况灵活采用，单独用某种形式布置或据情况用两种以上形式混合布置均可。

（二）暗沟的埋深和间距

暗沟的排水量与其埋置深度和间距有关。而暗沟的埋深和间距又取决于土壤的质地。

1. 暗沟的埋置深度

影响埋深的因素有如下几方面：①植物对水位的要求。例如草坪区的暗沟的深度不小于 1m，不耐水的松柏类乔木，要求地下水距地面不小于 1.5m；②受根系破坏的影响，不同的植物其根系的大小深浅各异；③土壤质地的影响，土质疏松可浅，黏重土应该深些，见表 20-5-1；④地面上有无荷载；⑤在北方冬季严寒地区，还有冰冻破坏的影响。

暗沟的埋置深度　　**表 20-5-1**

土壤类别	埋深(m)	土壤类别	埋深(m)
砂质土	1.2	黏土	1.4～1.6
壤土	1.4～1.6	泥炭土	1.7

暗沟埋置的深度不宜过浅，否则表土中的养分易被流走。

2. 支管的设置间距

暗沟支管的数量和排水量及地下水的排除速度有直接的关系。在公园或绿地中如需设暗沟排地下水以降低地下水位，暗沟的密度可根据表 20-5-1 和表 20-5-2 选择。

柯派克氏管深管距 **表 20-5-2**

土 壤 种 类	管距(m)	管深(m)
重黏土	8～9	1.15～1.3
致密黏土和泥炭岩黏土	9～10	1.2～1.35
沙质或黏壤土	10～12	1.1～1.6
致密壤土	12～14	1.15～1.55
沙质壤土	1.4～1.6	1.15～1.55
多砂壤土或砂中含腐殖质	16～18	1.15～1.5
砂	20～24	

暗沟沟底纵坡不少于 5‰，只要地形等条件许可，纵坡坡度应尽可能取大些，以利地下水的排出。暗沟的构造，因采用透水材料多种多样，所以类型也多，图 20-5-2 是排水暗沟的几种构造，可供参考。

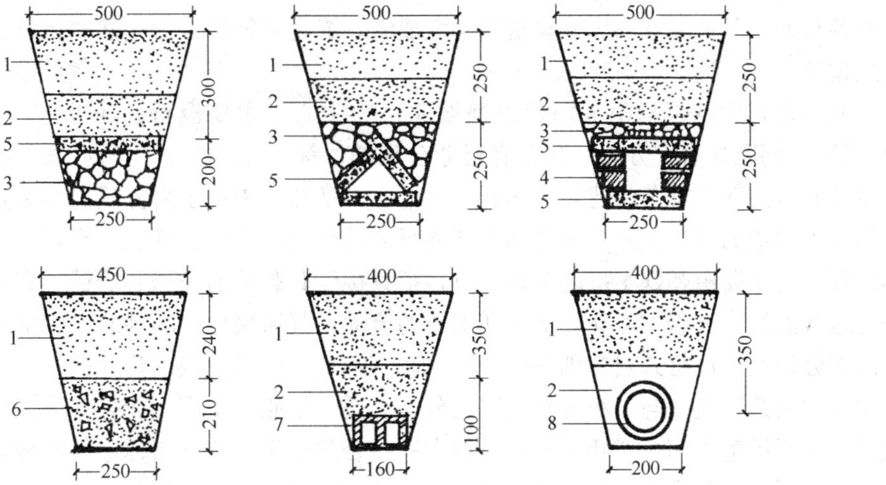

图 20-5-2 排水暗沟的几种沟造

1—土；2—砂；3—石块；4—砖块；5—预制混凝土盖板；6—碎石及碎砖块；7—砖块干叠排水管；8—陶管 $\phi 80$

复 习 思 考 题

暗沟的布置形式主要有几种？

（本章摘编自中国林业出版社出版的孟兆祯、毛培琳、黄庆喜、梁伊任编著的《园林工程》。）

第二十一章　中国古建筑概论

总述

一座典型的中国古建筑是这样构成的：在建筑的下端用砖石砌出一个基座即台基。在台基之上用柱、梁、檩、椽等组成木构架，作为建筑的主体结构。有时还会在木构架体系中使用斗栱。在台基上围绕木构架砌墙用于围护保温和分隔空间等。用木料做成槅扇，作为门窗或室内空间的分隔。在木构架之上用灰泥、瓦料做出屋顶。用木装修、抹灰、粉饰、砖雕、木雕、石雕、脊饰等作为上述各部位的装饰，或本身就具有使用功能。在木构架和槅扇及其他木装修的表面常常还要涂饰油漆，这既增加了色彩也能保护木料。在木构架、木装修或墙壁等处往往还要绘制彩画。

中国历史悠久、幅员辽阔，不同的历史时期、不同的地区、不同的民族，建筑形式都会有所不同。在各个历史时期的建筑中，以汉、唐、宋、明、清这几代的建筑最有代表性。在各个地区的建筑中，以北京地区为代表的北方建筑(或称官式建筑)和以苏州地区为代表的江南建筑最有代表性。在各个民族建筑中，以汉民族的建筑最有代表性。若论中华民族各时期、各地区和各民族建筑的集大成者，或说最能代表中国建筑风格的，当属清代官式建筑。

明清官式建筑是指明清两代以都城北京为中心，主要流行在华北地区的建筑形式。“官式”一词既含有官方的，又含有行业公认的、标准化和定型化的意思。既指符合或接近朝廷颁行的建筑规范的建筑式样和风格，也包括那些未见于官方规定但一直为京城地区匠师奉为规矩的习惯做法。既包括在其流行区域建造的宫殿、坛庙、寺观、王府、皇家园林这样一些主要由朝廷主持的工程，也包括直接受其影响的民居和店铺。官式建筑不但在华北地区流行，随着“敕建”活动和工匠的流动，其风格也影响到北方大部分地区以至南方的部分地区。清官式建筑则是明清官式建筑定型在最后阶段的建筑式样。在明清官式建筑中有“大式建筑”与“小式建筑”之分。宫殿、坛庙、王府、衙署等大多采用大式建筑式样，普通民宅采用小式建筑式样，但在一些公共建筑、皇家园林中的部分建筑以及某些大式建筑群中的的少数建筑也有采用小式建筑式样的。小式建筑与大式建筑的明显区别是：小式建筑不用斗栱、不用琉璃砖瓦、不用筒瓦(影壁、游廊及小型砖门楼可使用最小号的筒瓦)、不用须弥座、不用和玺彩画和旋子彩画以及不用菱花槅扇等等。

本书所称江南古建筑是指以苏州地区古建筑为典型式样的古建筑。南方地区地域辽阔，各地建筑风格其实不尽相同。但因苏州地区在古代素为江南繁盛之地，建筑技艺总体水平长期处于领先地位，苏式建筑经姚承祖及张至刚先生总结整理并编入《营造法原》一书后，其影响超过了其他地区的建筑，现代人多将《营造法原》所载的建筑式样奉为南方建筑之范本，刘敦桢先生亦曾评价此书“是南方中国建筑之惟一宝典”。苏式建筑遂成为南方建筑之典范。

本章将以清官式建筑和典型的江南古建筑为主要编写对象，按建筑的部位组成，分部介绍园林中常见的古建筑在构成方面的一般知识。由于南方建筑的油漆彩画较之官式建筑相对简单，官式做法或能涵盖，因此本章油漆彩画内容以清官式做法为主，不再分别叙述。

第一节　台　基

一、通述

古建筑中的台基在建筑形象方面起着至关重要的作用，不像西方建筑那样是可有可无的部分。对于这样的建筑意匠，宋代人喻皓将其总结为“三分说”，即“自梁以上(指屋顶)为上分，地以上(指屋身)为中分，阶(指台基)为下分”(《木经》)。近代建筑宗师梁思成先生更指出中国建筑具有“三段式”特征。台基作为三段中的一段，对建筑形象的影响必然是举足轻重的。台基在古建筑形象方面的作用主要表现在造型和尺度两个方面。台基造型的基本类型有两种，一种是直方型(或方整型)，一种是须弥座形式。须弥：山名，佛教认为世界由九山八海组成，须弥山为中心之山，须弥座即为须弥山上佛的莲花座。后来这种造型(或其变化形式)也被用作建筑物、建筑装饰物或陈设的基座。作为建筑台基的须弥座，其造型有两类，一类具有明显的莲花外轮廓特征，一类则与莲花相去甚远。据考证，后一类须弥座的造型是由古罗马经古希腊、古印度传至中国的。普通的直方型台基和须弥座台基这两种基本类型还可以演变出它们的叠加形式或组合形式，再加上附设的栏杆和台阶的变化，就使得古建筑的台基式样变得十分丰富。早期的须弥座造型较为简洁，中间部分所占比例较大，至明清时期，线脚变得更加丰富，中间部分的比例缩小，但江南地区的一些须弥座仍保持着唐宋遗风。

关于古建筑台基尺度，梁思成先生曾与日本建筑作过比较：“在这点上日本徒知模仿中国建筑的上部，而不采用底下舒展的基座，致其建筑物常呈上重下轻之势。”中国建筑的台基在尺度上的确表现为既高又宽，这种特征在早期的建筑中表现得尤为突出。明清时期，台基尺度已有所缩小，由“大壮”转向了“适型”。尤其是江南建筑，不但“适型”而且更加“便生”。这个时期的大式建筑台基高度一般保持在檐柱高的1/5～1/4，小式建筑的台基高度一般保持在檐柱高的1/7～1/5。江南园林多与住宅融为一体，为便于生活，台基的高度有所减少，一般不超过檐柱高的1/10。中国建筑的台基宽度(指与屋檐伸出同方向的尺度)既与柱子的尺度有关，也与屋檐伸出的尺度有关。清官式建筑的台基宽度与屋檐的比例一般为：如将屋檐的伸出长度(自柱中算起)分为3份，台基的伸出长度不少于2份。江南园林建筑的台基由于高度偏小，宽度也有所减少，一般不超过屋檐长度的一半。

台基分地上和地下两部分，普通台基地上露明的部分叫作“台明”，须弥座形式的可直接叫作须弥座。无论普通台基还是须弥座，地面以下的部分都叫作“埋身”或“埋头”。近年修建的古建筑一般只在台明和须弥座部分保持传统做法，而埋身部分大多已改为现代地基基础做法。

中国建筑具有“木为瓦骨，石为木根”的构造特征，稍讲究一点的中式建筑，其基座必大部或全部使用石活，尤其是须弥座，多为通体石活。石料具有晶润硬朗的特质，在建筑台基部位的集中使用，使造型更显俊朗清晰，尺度更显舒展大气，而石料的色泽与其他部位的明显不同更使得台基形象在“三段式”中赫然独立，很好地渲染了中国建筑“三段式”的特点。古代诗文中所说的“红墙碧瓦，玉石栏杆”就是对中国建筑这一典型特性的准确写照。

瓦石工程的专业分工：当涉及建筑的形象部位时，瓦石专业可分为台基、墙体和屋面三部分。当涉及专业工种时，则分为“瓦作”与“石作”。“瓦作”的主要工作内容包括砖加工、砌砖或砌石块、抹灰、铺地以及屋面铺装工作。“石作”的主要工作内容包括各种石活(石构件)的制作和安装工作。不同的形象部位可包括相同的专业内容，例如台基的工作内容主要是砌砖，而主体墙的工作内容也主要是砌砖。同一个形象部位往往要由不同的专业共同完成，例如台基常常是由瓦作与石作共同完成的。

二、清官式建筑的台基

台明及须弥座各部位组成如图 21-1-1 所示。

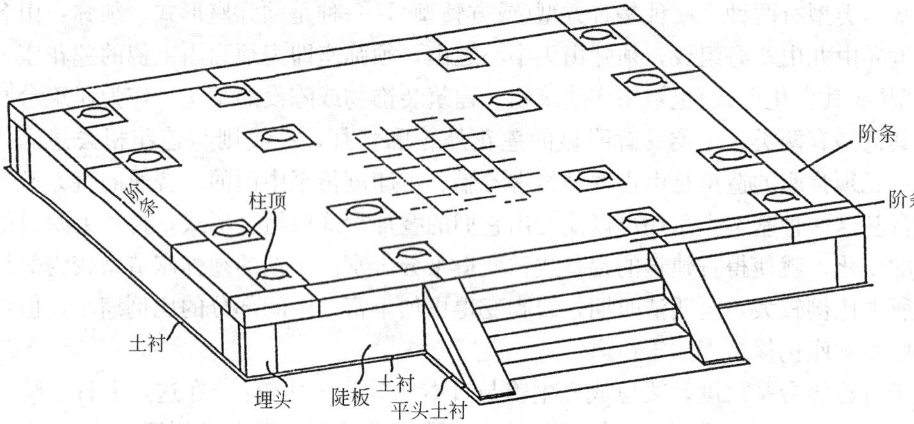

台基各部位组成及名称

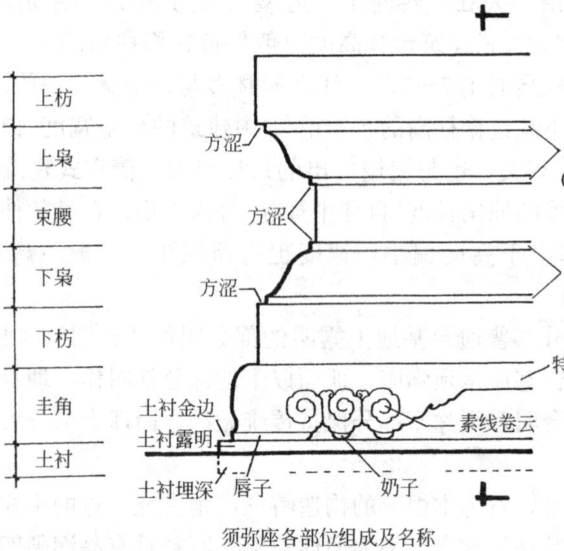

须弥座各部位组成及名称

图 21-1-1 清官式建筑台基组成及各部名称

三、江南古建筑的台基

江南古建筑台基的传统构造做法如图 21-1-2 所示。

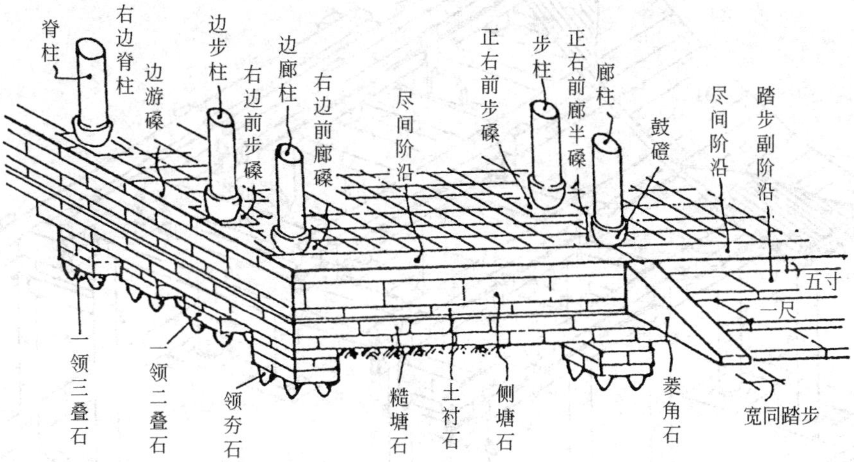

图 21-1-2 江南古建筑台基的传统构造做法

（本图引自姚承祖《营造法原》）

复 习 思 考 题

1. 清官式建筑的台基埋身是由哪两部分组成的？
2. 清官式建筑台明的部位名称有哪些？
3. 清官式建筑须弥座的部位名称有哪些？
4. 江南古建筑台基的部位名称有哪些？

第二节 大 木 构 架

一、通述

以现代的房屋结构理论而言，木构架的结构体系中应包括斗栱，但在古建筑行业中，习惯上是分开看待的，柱梁檩枋椽总称“大木”，大木专业系统称“大木作”，斗栱专业系统称“斗栱作”。本书按传统习惯划分，故本节所称“大木构架”只涉及“大木作”的内容，而不涉及“斗栱作”的内容。

多种多样的古建筑屋面造型是由多种多样的大木构架形式决定的。大木构架的形式虽然多种多样，但常见的最基本的形式却不外六种，即：单坡面的平台(平顶)形式，两坡面的硬山和悬山形式，以及四坡面的歇山、庑殿和攒尖形式(图 21-2-1～图 21-2-6)。这六种基本形式及其变化形式再加上建筑平面上的变化和多重檐的叠加，就可以组合出丰富多变的构架形式。不少学者在谈及中国建筑的屋顶类型时常常会忽略了平顶形式。毫无疑问，坡屋顶是最能代表中国建筑的屋顶形式，但其实平屋顶在古代也一直是一种常见的形式，这其中有其长期存在的必然原因。如不了解这一点就不能更全面更准确地认识和继承传统建筑。

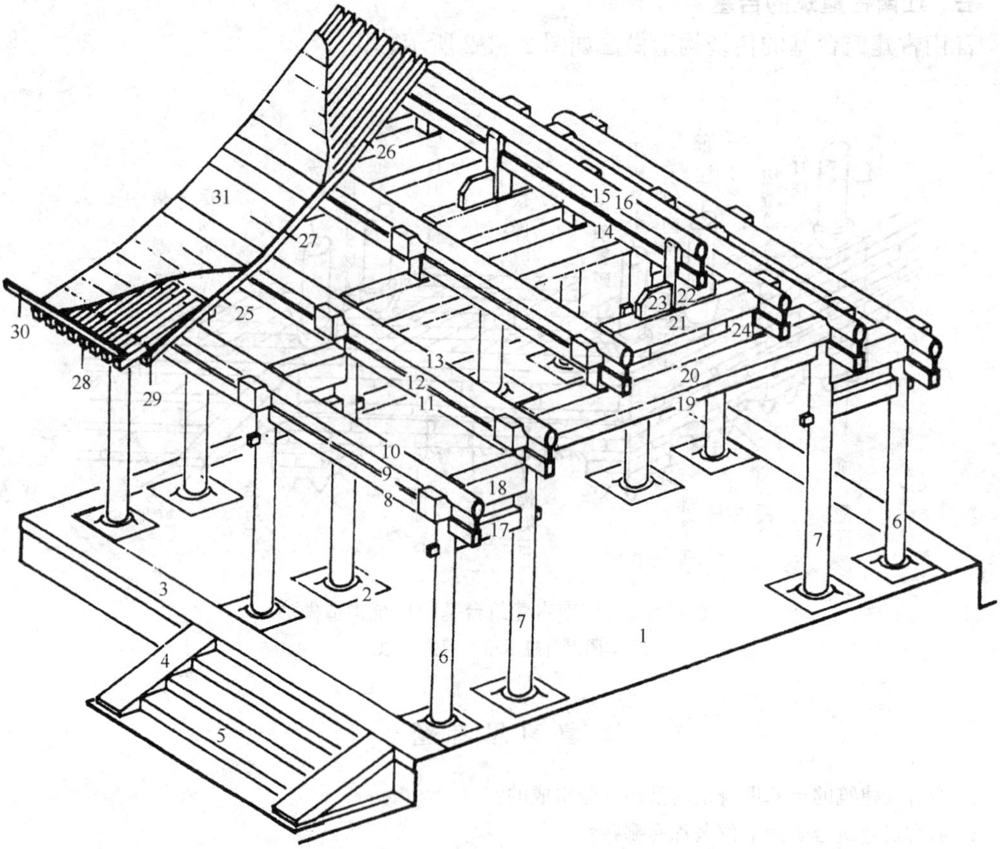

图 21-2-1　清官式硬山建筑木构架一例

1—台明；2—柱顶石；3—阶条；4—垂带；5—踏跺；6—檐柱；7—金柱；8—檐枋；9—檐垫板；10—檐檩；11—金枋；12—金垫板；13—金檩；14—脊枋；15—脊垫板；16—脊檩；17—穿插枋；18—抱头梁；19—随梁枋；20—五架梁；21—三架梁；22—脊瓜柱；23—脊角背；24—金瓜柱；25—檐椽；26—脑椽；27—花架椽；28—飞椽；29—小连檐；30—大连檐；31—望板

（本图引自马炳坚《中国古建筑木作营造技术》）

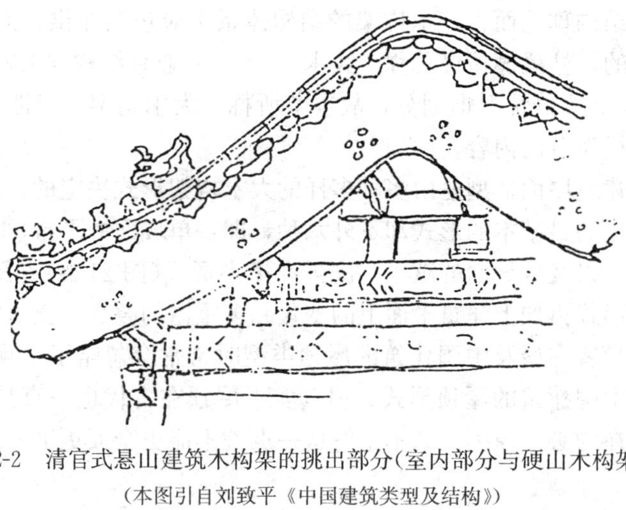

图 21-2-2　清官式悬山建筑木构架的挑出部分（室内部分与硬山木构架相同）

（本图引自刘致平《中国建筑类型及结构》）

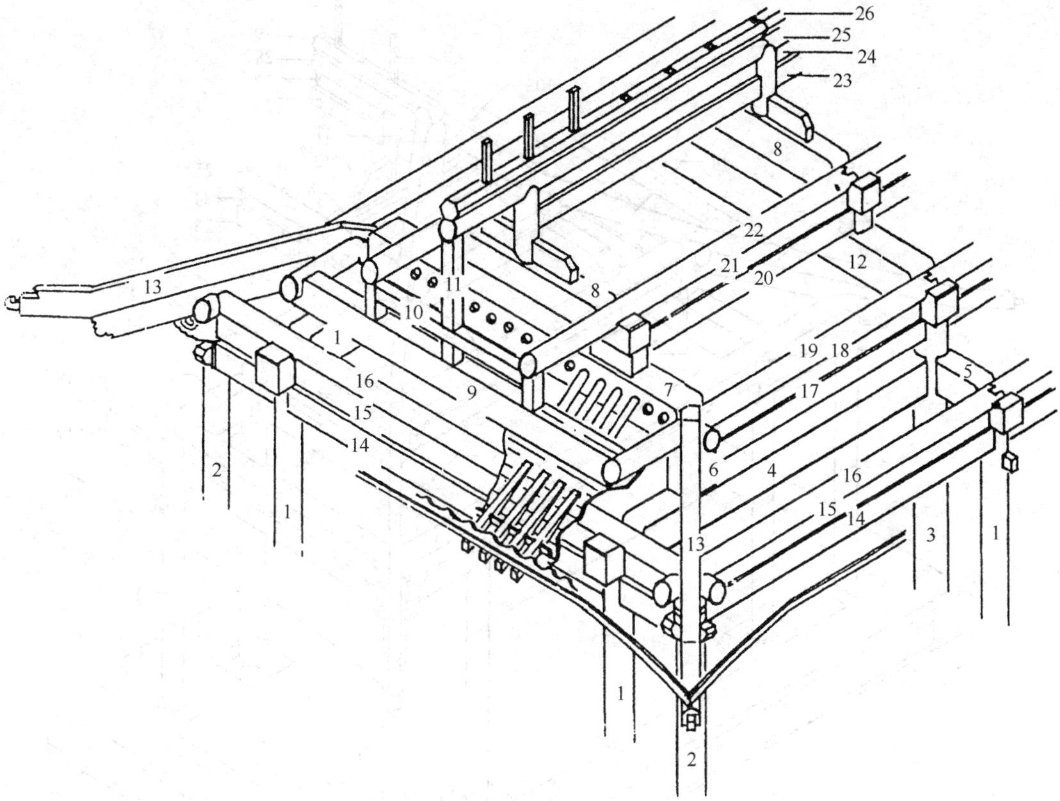

图 21-2-3　清官式歇山建筑木构架一例(以顺梁法前后廊歇山为例)

1—檐柱；2—角檐柱；3—金柱；4—顺梁；5—抱头梁；6—铰金墩；7—踩步金；8—三架梁；9—踏脚木；10—穿；11—草架柱；12—五架梁；13—角梁；14—檐枋；15—檐垫板；16—檐檩；17—下金枋；18—下金垫板；19—下金檩；20—上金枋；21—上金垫板；22—上金檩；23—脊枋；24—脊垫板；25—脊檩；26—扶脊木

(本图引自马炳坚《中国古建筑木作营造技术》)

大木构架的基本受力连接形式是用柱、梁(柁)以搭接方式为主组成排架(今人称之为“抬梁式”)，或用柱、穿(枋)相互穿插组成排架(今人称之为“穿斗式”)。排架间以檩(桁)、枋相连，形成房屋的基本单元“间”，并用以承托屋面木基层。在檩(桁)上以密集的木椽相连，并作为承托瓦屋面的基层。抬梁式的特点是同一排架两柱间的跨度较大，但梁的用料也较大。穿斗式结构的特点正好相反，两柱间的跨度较小但排架方向不必使用长料。抬梁式结构广泛用于北方地区和以《营造法原》为代表的典型的江南古建筑中，穿斗式结构用于南方的部分地区，如岭南、西南及长江流域的部分地区都有使用。在中国建筑木构架形式中，除了抬梁式和穿斗式这两种形式外，还有被今人称为“干阑式”和“井干式”等较简单的结构形式，但都没有成为木结构形式的主流。

将建筑的外围柱子做成略向内倾斜是历代延续的做法，宋元以前称“侧脚”，明清时期称“掰升”，柱脚向外掰升的道理在于“脚大站得稳”。早期建筑的柱侧脚较大，可达到

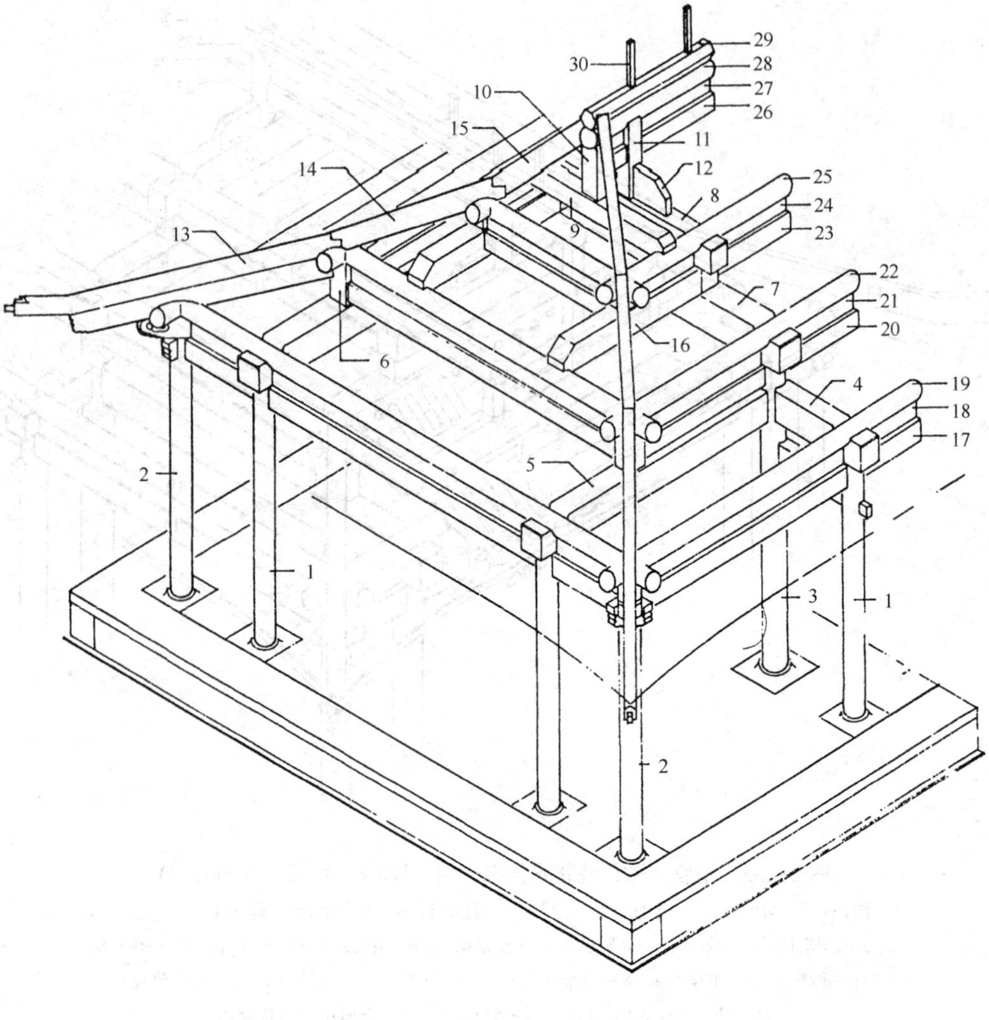

图 21-2-4　清官式庑殿建筑木构架一例

1—檐柱；2—角檐柱；3—金柱；4—抱头梁；5—顺梁；6—交金瓜柱；7—五架梁；8—三架梁；9—太平梁；10—雷公柱；11—脊瓜柱；12—角背；13—角梁；14—由戗；15—脊由戗；16—趴梁；17—檐枋；18—檐垫板；19—檐檩；20—下金枋；21—下金垫板；22—下金檩；23—上金枋；24—上金垫板；25—上金檩；26—脊枋；27—脊垫板；28—脊檩；29—扶脊木；30—脊桩

（本图引自马炳坚《中国古建筑木作营造技术》）

柱高的3%左右，明清以后尤其是清代建筑，柱子掰升已变得较小，一般不超过1%。宋代的建筑，柱子的高度自明间向两侧逐渐提升，至角柱最高，房脊也变成两端翘起的弧状，这种做法称“生起”。一间大殿最多可生起三十多厘米。元代以后，“生起”渐弱，明代生起更小，至清代已不再生起。至今在一些南方建筑中仍保持着的两端上翘的弧状房脊做法就是早期建筑生起做法的遗风。

坡屋面系由檩（桁）的高低不同形成，相邻两檩的高差称“举架”（江南建筑称“提栈”，早期称“举折”）。早期建筑的屋面坡度较缓，如唐代建筑梁架的中脊高度不

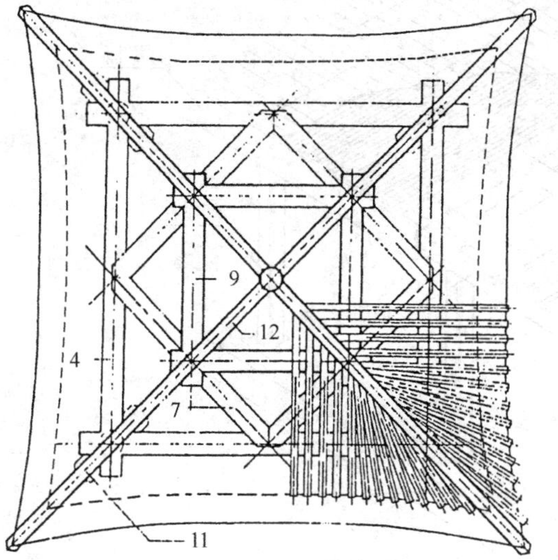

单檐四角亭构架平面(抹角梁法)

单檐四角亭正立面

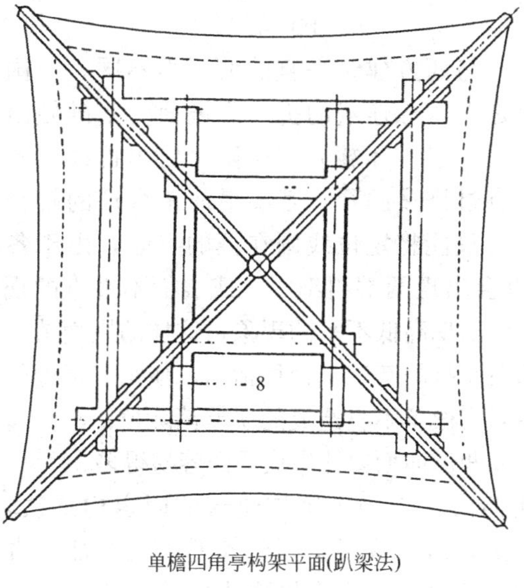

单檐四角亭构架平面(趴梁法)

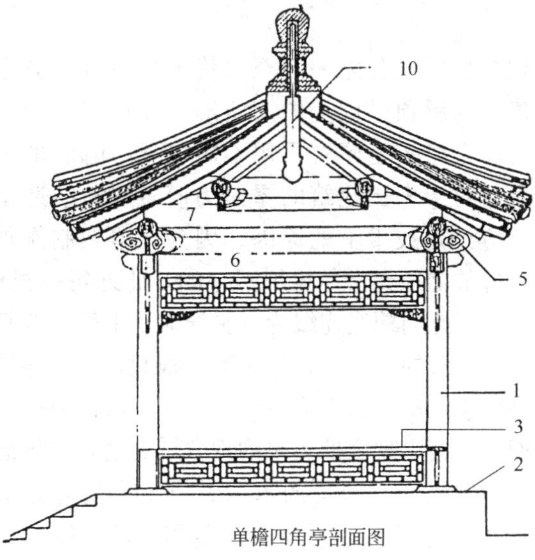

单檐四角亭剖面图

图 21-2-5　清官式攒尖建筑木构架一例(以单檐四方亭为例)

1—檐柱；2—柱顶石；3—坐櫈面；4—檐檩；5—角云；6—檐枋；7—抹角梁；

8—趴梁；9—金檩；10—雷公柱；11—角梁；12—由戗

(本图引自马炳坚《中国古建筑木作营造技术》)

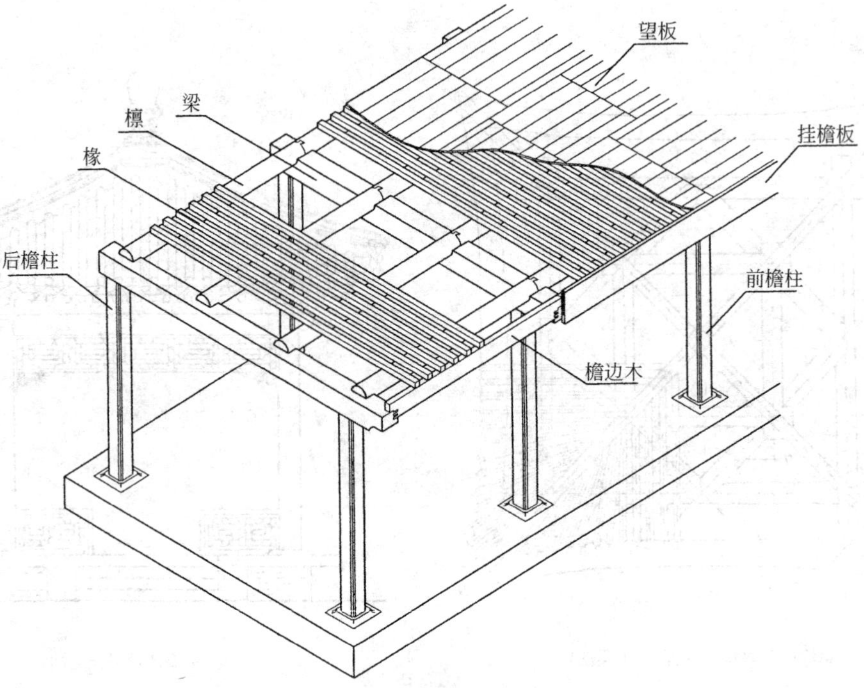

图 21-2-6　清官式平台房木构架一例
（相炳哲绘）

到全长的五分之一，至清代至少占到三分之一。与西方建筑平直的坡屋面不同，中国建筑的屋顶呈优美的凹曲形，而这一曲线效果是以木椽连成的折线形坡面为基础做出的。自檐头至屋脊采用不同（逐渐加高）的举架（提栈），木椽自然会随之钉出折线形效果。对于中国建筑的屋面为何做成曲线造型曾有过许多解释，其实最简单合理的解释还应该是技术上的原因。因为在梁架制作画线时只能将定位线画在檩的下端，由于各个檩的檩径经常是粗细不一的，此外每一根檩也会出现两端粗细不一或表面不平直的现象，因此当檩底连线为一平线时，上端连线必然会出现高低不平的现象，这样的屋面造型是很难看的。如果自檐头第三根起，让每根檩都在原有的基础上稍稍抬起，使每三根檩的檩底连线都可以形成折线，这样就可以将檩径不同或檩条不直造成的误差消除掉，整个屋面就不会出现高低不平的现象。总之，将屋面做成凹形曲面要比做成平面容易得多。

屋架上用密集的木椽做成屋檐向外远远地伸出是中国木结构建筑的固定构造法，最初是为了承载厚重的瓦顶和保护土墙少受雨淋，后来成了中国建筑的一大特征。古人用“上栋下宇”描述宫室屋顶，宇就是屋檐，可见这种由木椽形成的结构美给人的印象有多深。四周都出檐的建筑在转角处的出檐称“翼角”（江南古建筑称“戗角”），翼角椽较普通椽子向上逐渐翘起，在水平方向上形成一优美的曲线。而这一中国建筑中极有代表性的“翘飞”造型，其实也是由角梁的构造方式而自然产生的（图 21-2-7）。

从现存实物看，历代大木构架的总体风格是：唐代木构架柱子粗壮，屋架坡度平缓，

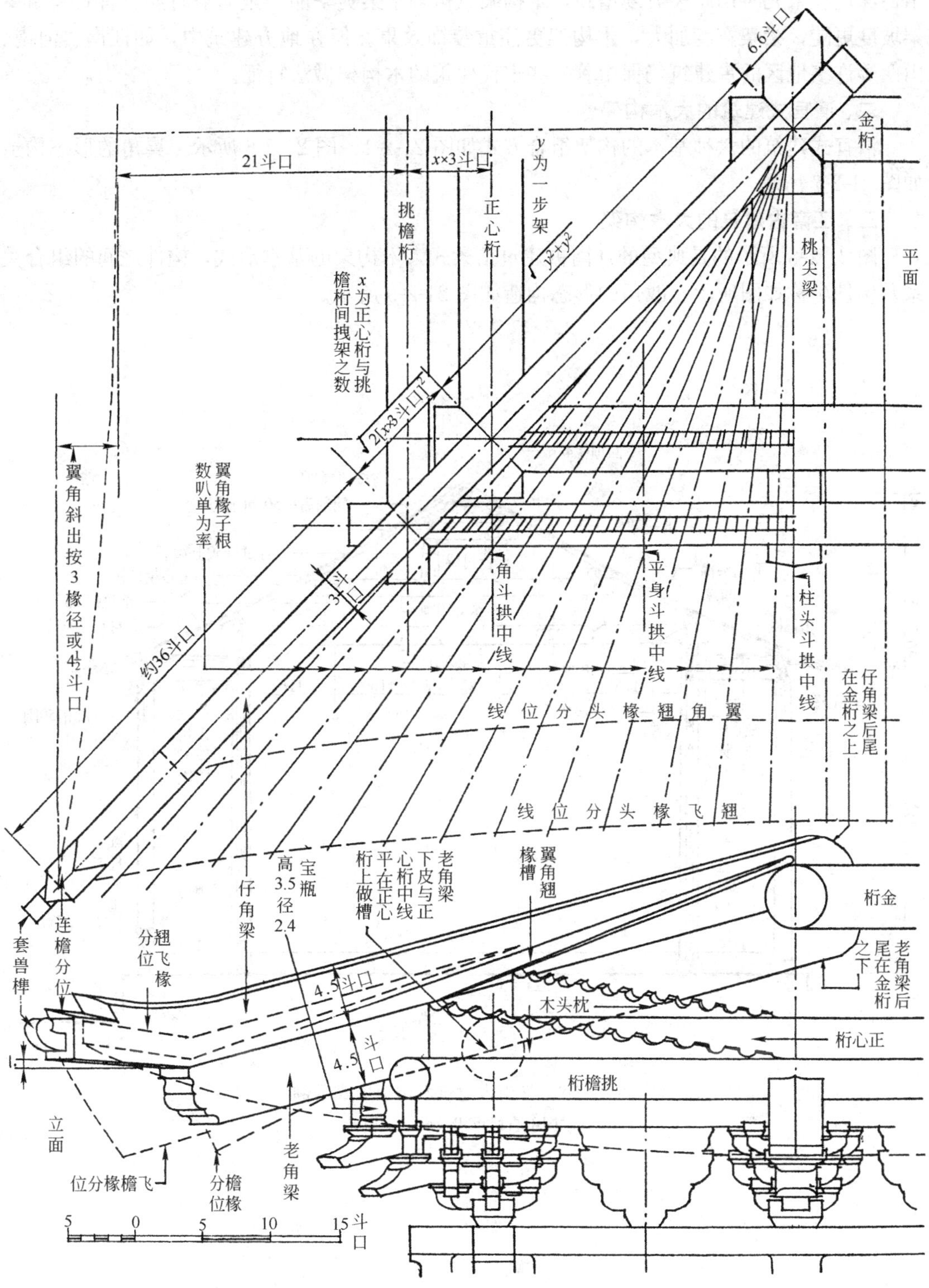

图 21-2-7 清官式建筑的翼角

（本图引自梁思成《清式营造则例》）

出檐深远。宋元时期屋架坡度增高，木构架风格趋于柔美华丽。至明清时期，官式建筑屋架坡度更陡，梁架宽度加大，木构架更注重装饰效果。但在地方建筑中，如江南、河南、山西等许多地区的古建筑仍保留着一些宋代建筑的木构架做法特征。

二、清官式建筑的大木构架

清官式建筑的六种基本的构架组合方式如图 21-2-1～图 21-2-6 所示。翼角的形态构造如图 21-2-7 所示。

三、江南古建筑的大木构架

图 21-2-8 所示的是典型的江南古建筑抬梁式大木构架的基本形式，构件之间的组合关系及构件名称如图所示。戗角的形态构造如图 21-2-9 所示。

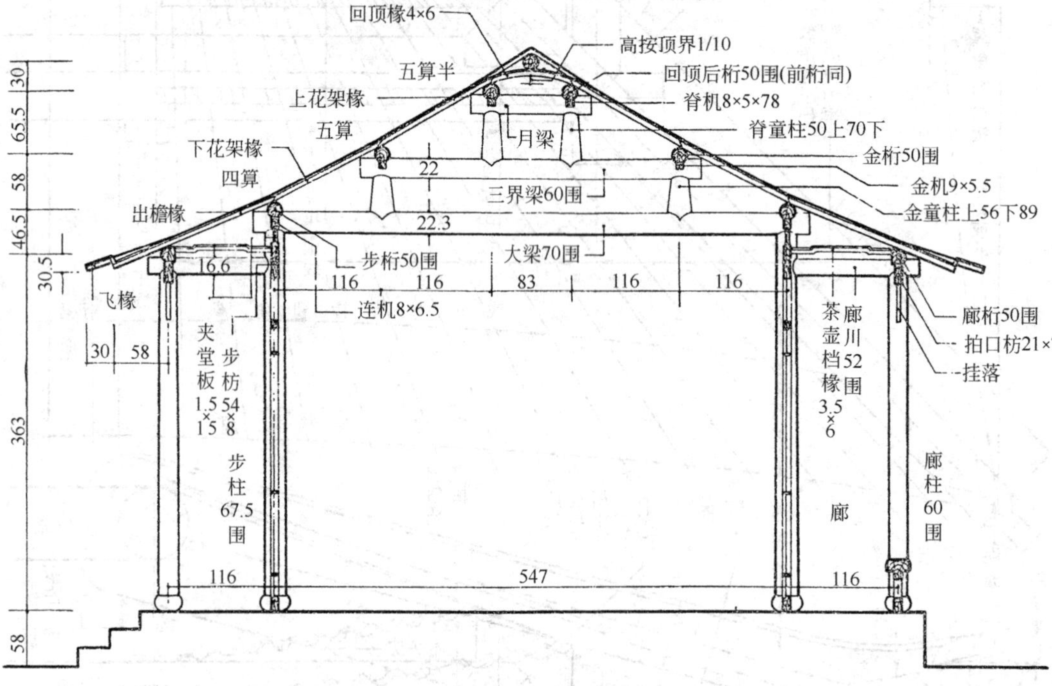

图 21-2-8 江南古建筑木构架形式示例

(本图引自姚承祖《营造法原》)

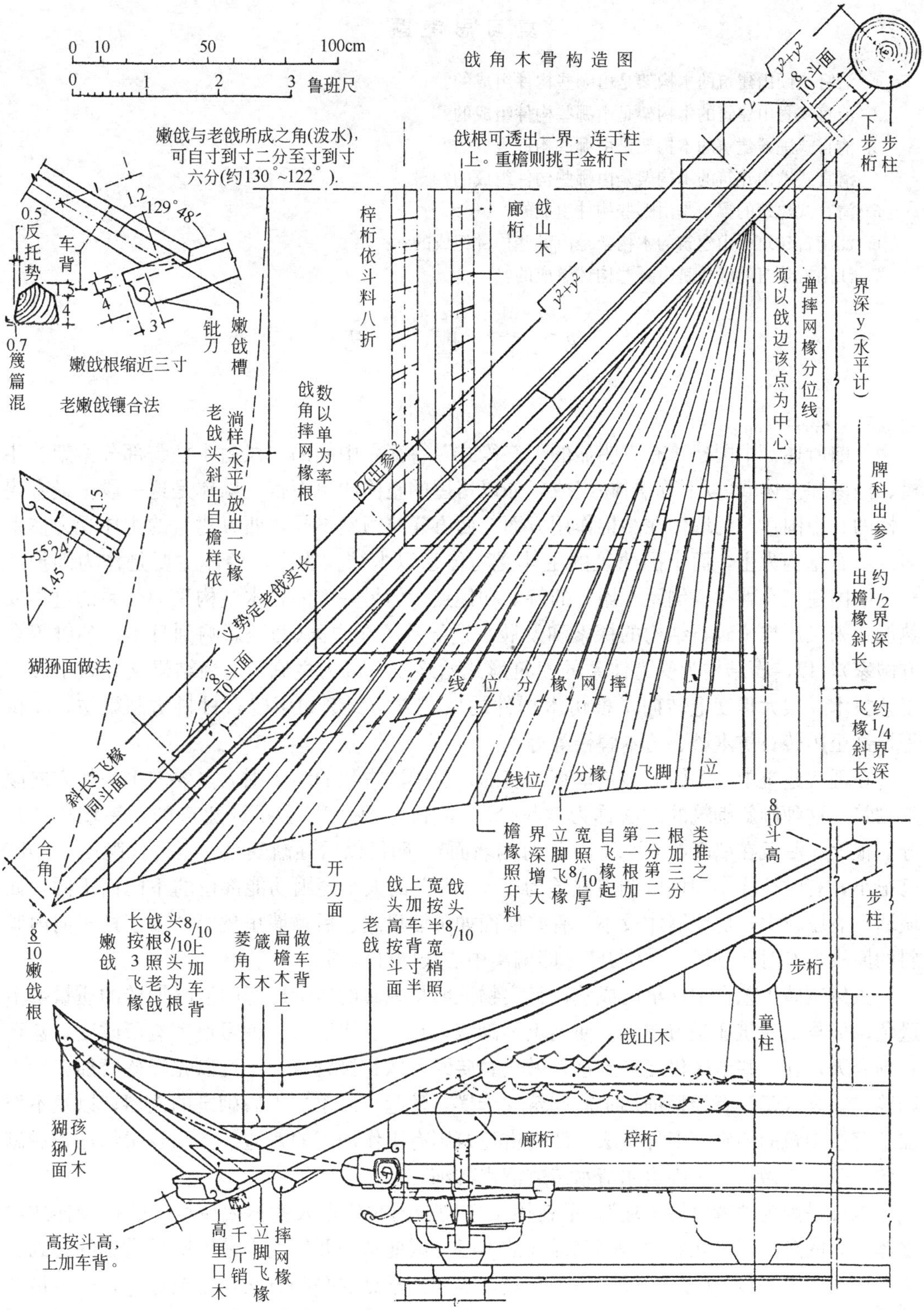

图 21-2-9 江南古建筑的戗角结构

(本图引自姚承祖《营造法原》)

复习思考题

1. 清官式硬山建筑的木构架是由哪些构件组成的？
2. 清官式悬山建筑的木构架是由哪些构件组成的？
3. 清官式庑殿建筑的木构架是由哪些构件组成的？
4. 清官式歇山建筑的木构架是由哪些构件组成的？
5. 清官式建筑的翼角是由哪些构件组成的？
6. 江南古建筑硬山建筑的木构架是由哪些构件组成的？
7. 江南古建筑的戗角是由哪些构件组成的？

第三节　墙　　体

一、通述

如前所述，中国建筑有着明显的“三段式”特征。中间的一段由木柱、部分梁架、斗栱、门窗和主体墙(以下称墙体)组成，如以房屋的整体印象而言，墙体是这一段中最有代表性的。中国建筑的墙体在结构作用方面与西方建筑迥然不同，西方建筑的主体受力体系多以砖石结构为主，而中国建筑的主体受力体系以木结构为主，墙体主要是作为围护结构，中国建筑有着“墙倒屋不塌”的特征和优点。但另一方面，木结构受力体系的过早成熟反过来又压抑了砖石结构的探索和发展，这导致了在中国(乃至影响到日本、朝鲜等东方国家)，以砖石结构为受力体系的建筑形式始终没有成为主流，这种结果又导致了砖石工艺技术在很大程度上转向了模仿木构件的发展方向，例如用砖石材料仿制梁枋、斗栱等，甚至用砖石仿木塔、仿木牌楼等等。

在现代建筑中，墙体大多是垂直砌筑的，但中国古代的墙体则大多要向中心线方向倾斜砌筑，这种倾斜砌筑的做法称为“收分”，清代称为“升”。早期建筑的房屋墙体“收分”很大，一般在墙高的8%以上(指每侧墙面)，明代以后逐渐变小，至清代晚期，“升”已很小，有时往往小到仅以调整视差为度。“升”的大小还因功能部位的不同而不同，如城墙、府墙较大，房屋墙体较小。有些墙面如山墙里皮、后檐墙里皮等，由于柱子向内倾斜的原故，有时还需做出“倒升”，即偏离中心线向外倾斜。

虽然制砖工艺在中国早已成熟，且实物证明早期砖的质量比起明清时期砖的质量毫不逊色，但早期建筑还是习惯大量使用土坯砌墙，直至明代以后这种习惯才有所改变，甚至直到今天，在一些地区仍能见到这种做法。砖既可以直接砌筑，也可以先经砍磨加工后再砌筑，如官式建筑有经精细加工后砌筑的干摆、丝缝，简单加工后砌筑的淌白，以及不作加工直接砌筑的糙砌等多种做法。江南古建筑则有不作加工的普通砌法和经精细加工后砌筑的“砖细”做法。砖细也叫清水砖或清水砖细。

也许是因为“墙倒屋不塌”，早在用土坯砌墙的时代古人就不太在意砖的摆砌样式对墙体受力的影响，更在意的是摆砌样式的本身。因此从一开始就未采用层层卧砌的垒砌方法，而“三平一竖(立砌)”或“一平一竖”等才是常见的垒砌方法，直至近代，受力最合理的“满丁满条”(一层顺砌一层横砌)砌法也未能成为古建筑砌体的排砖方法。至明清时期，仍然看重的是砖缝的摆砌式样而非受力的合理性，常见的摆砌式样官式建筑有十字缝、一顺一丁、三顺一丁等，而在江南古建筑中有实滚墙、花滚墙、斗子墙等多种式样，江南的做法带有更多的早期砌法痕迹。由于采用了不同规格的砖、不同的砌筑方法以及在结构转折处采用了不同的处理形式，因此组合出了多种多样的墙面艺术形式。用石料砌墙也是古建墙体的常见形式，有全部采用石料砌筑者，也有砖石混合砌筑者。石料可加工成规则形状后再砌筑，也可不经加工就砌筑。古建墙面还常采用抹灰做法。有趣的是，墙面抹灰既是普通民居的标示，又是宫殿、坛庙建筑礼制、等级的象征，而造成这两者巨大差别的往往仅在于颜色的区分。至于现代仿古建筑，墙面还可以采用镶贴仿古面砖的做法。显而易见，古代建筑具体的建筑式样和构造方式主要是由当时所能使用的材料和工艺决定的，因此建筑技术是建筑风格的主要影响者。在中国建筑发展史中，由技术决定了的某种建筑风格一旦被确定后，又会作为一种固有模式与技术的继续发展共同影响着后期的建筑风格。而且这种风格上的演进还会因地区的不同或功能的不同而有所不同。例如，早期用土坯砌墙，为避免雨水冲刷，山墙和后檐墙外都需有木椽伸出，因此宋元以前的建筑多为四面出檐的式样。明清以后砖墙大量使用，墙面不再怕雨水冲刷，可以直接用砖“封檐”和“封山”，因此出现了只在房屋的正面一面出檐这样的新式样。但由于这一变化是渐进的，因此虽在明代就已出现了“封山”做法的硬山建筑，但后檐墙大多还是采用“老檐出”做法，直到清代才改为“封后檐”做法，而在江南等许多地区，直到今天，仍能见到许多四面出檐的硬山建筑。又如，早期因采用土坯砌墙，因此墙上大多要抹泥灰，无论建筑的等级如何采用的技术都只能如此，而仅在涂饰的颜色上有所区分。明清时期，一方面确已随着材料工艺的改变出现了大量的砖墙形式，但另一方面，在一些重要的礼制建筑、寺庙和宫殿建筑中，仍常采用墙面抹红灰这一古老的做法。

中国古代砌墙大多要分出下碱(下肩)与上身两部分(江南古建筑称勒脚与墙身)，上身(墙身)较下碱(勒脚)要向内稍稍退进一些。下碱(勒脚)至上身(墙身)交接处，往往还要改砌石活，在墙体的转角处或端头处，也常常使用石活。这是因为早期的土坯墙或夯土墙易受潮损坏，拐角处易磕碰，而石料可以有效地防止墙体受潮和磕碰。到了明清时期虽然砖已大量使用，但古建筑在砌体的转折部位使用石活早已定型为一种风格，并一直延续至今。

自古以来中国人就喜欢用青砖盖房，不像西方建筑大多使用红砖。这种审美取向决定了中国建筑的外墙以素雅宁静的灰色调为主。如外墙抹灰，则因地区或用途不同而不同。如北方民居用灰或深灰色，北方庙宇用深灰色或红色，江南民居用白色，江南庙宇及一些公共建筑(祠堂、会馆等)用黄色，宫殿坛庙外侧用红色、内侧用黄色等等。

古建筑房屋的墙体通常由山墙、槛墙(江南古建筑称半墙)和后檐墙组成(图 21-3-1)。其中山墙在金柱与檐柱之间的一段，其内侧部分称廊心墙。

二、清官式建筑墙体的几种典型类型

(一) 山墙

清官式建筑山墙的常见式样与基本组成如图 21-3-2～图 21-3-5 所示。

(二) 廊心墙

清官式建筑廊心墙的典型做法如图 21-3-6 所示。

(三) 槛墙

清官式建筑槛墙的常见式样如图 21-3-7 所示。

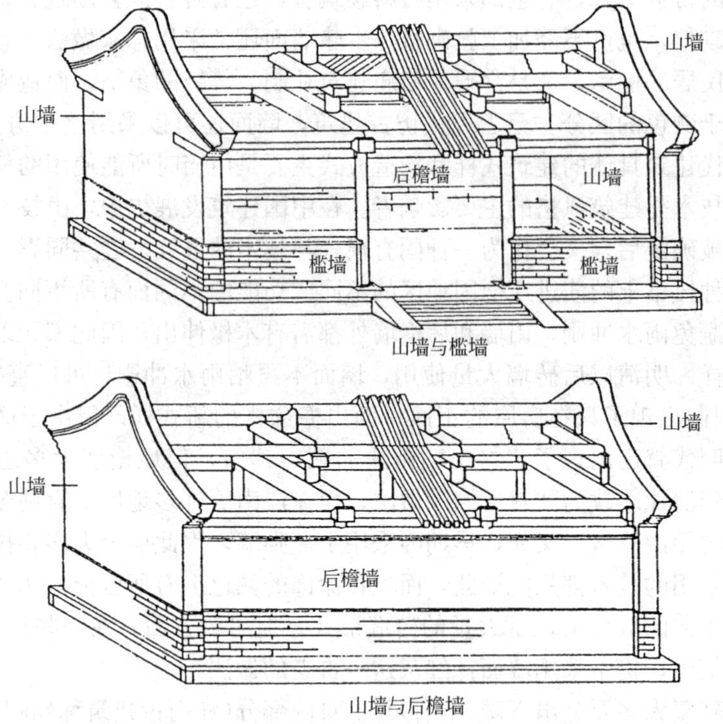

图 21-3-1　古建筑房屋的墙体组成(以硬山建筑为例)

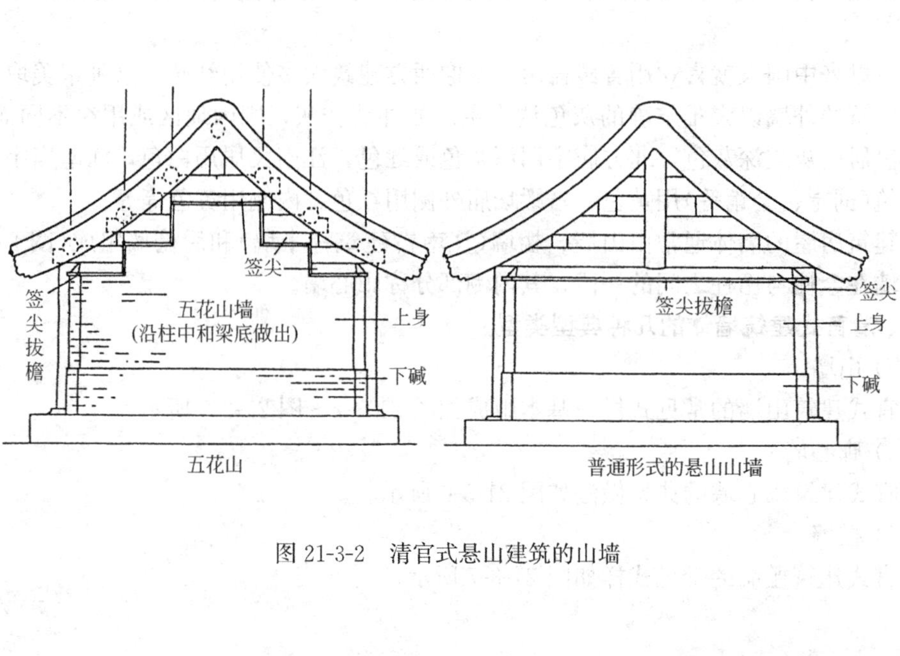

图 21-3-2　清官式悬山建筑的山墙

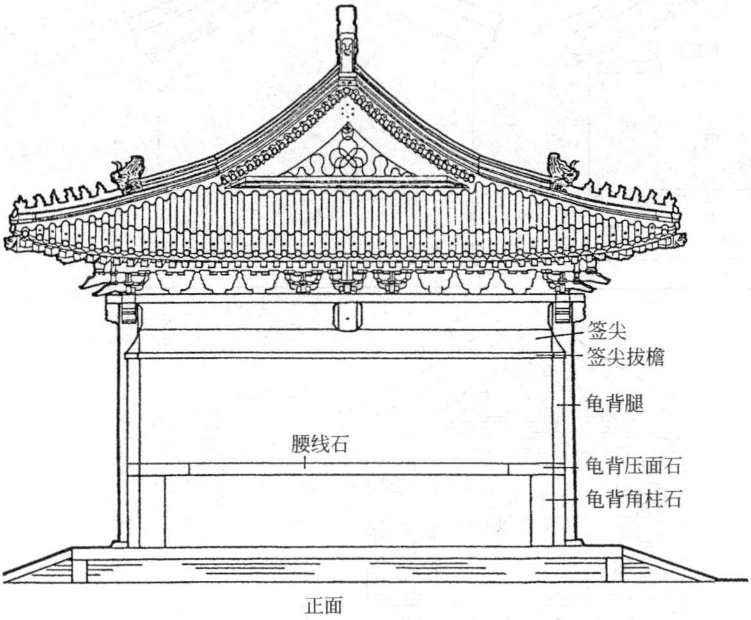

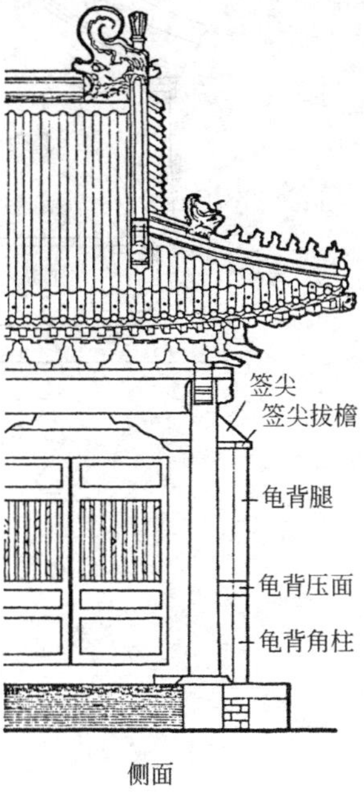

图 21-3-3　清官式庑殿、歇山、攒尖建筑的山墙(以歇山为例)

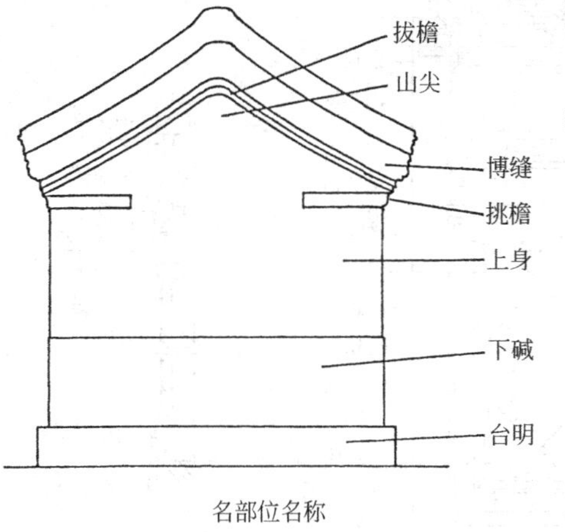

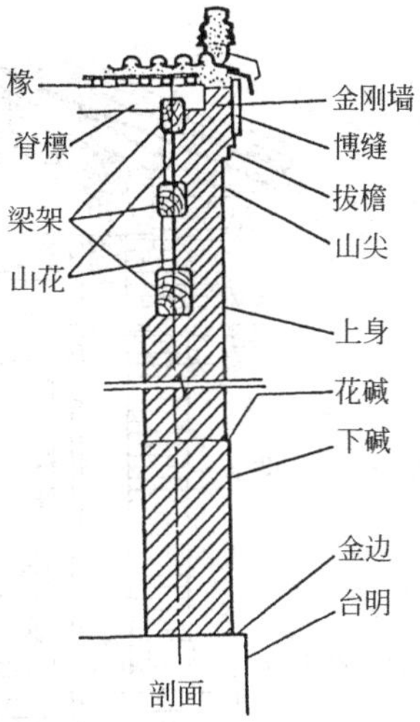

图 21-3-4　清官式硬山建筑山墙的基本组成

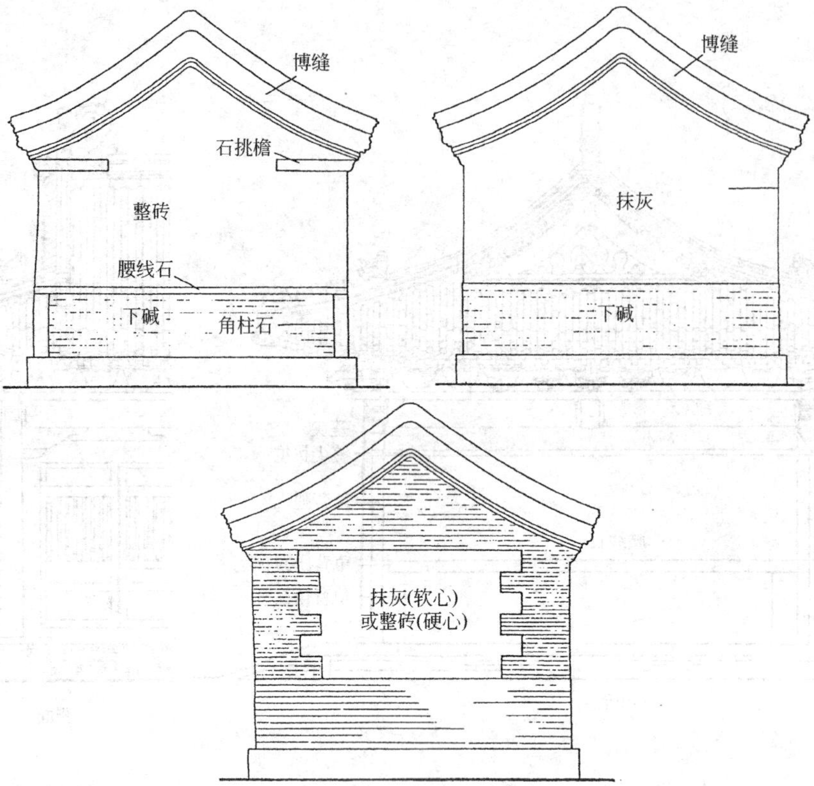

图 21-3-5　清官式硬山墙外立面的常见形式

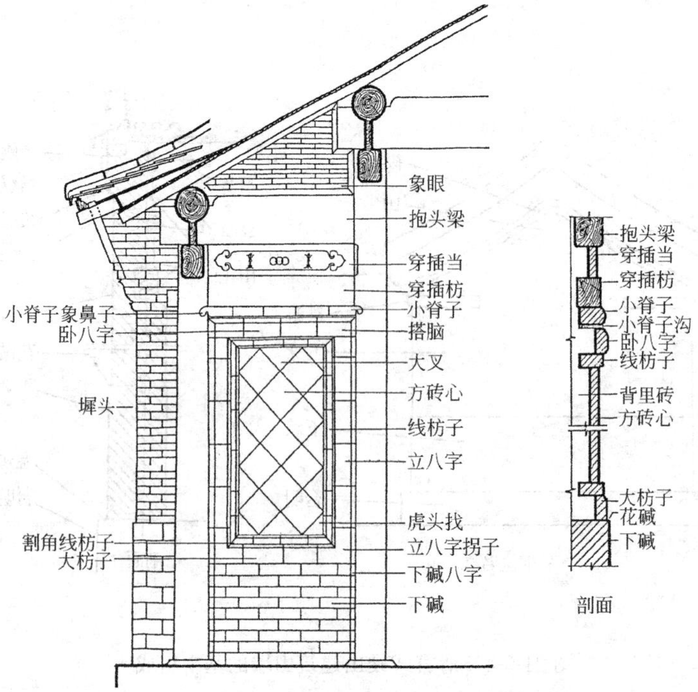

图 21-3-6　典型的清官式建筑廊心墙

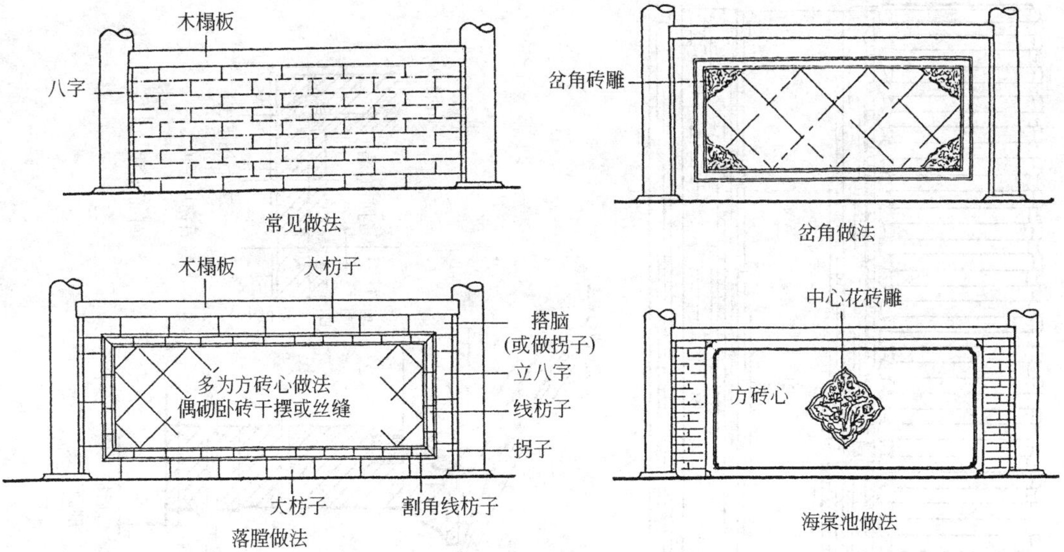

图 21-3-7　清官式建筑槛墙的常见式样

(四) 后檐墙

清官式建筑后檐墙的常见形式如图 21-3-8、图 21-3-9 所示。

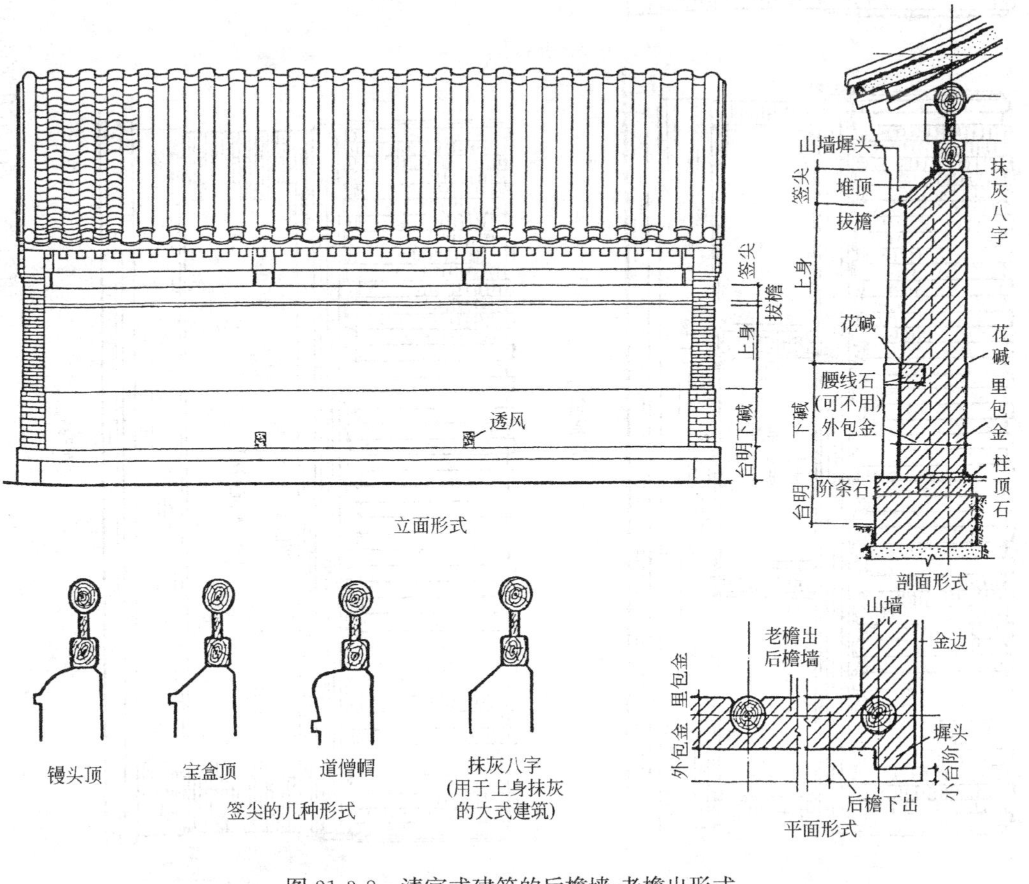

图 21-3-8　清官式建筑的后檐墙-老檐出形式

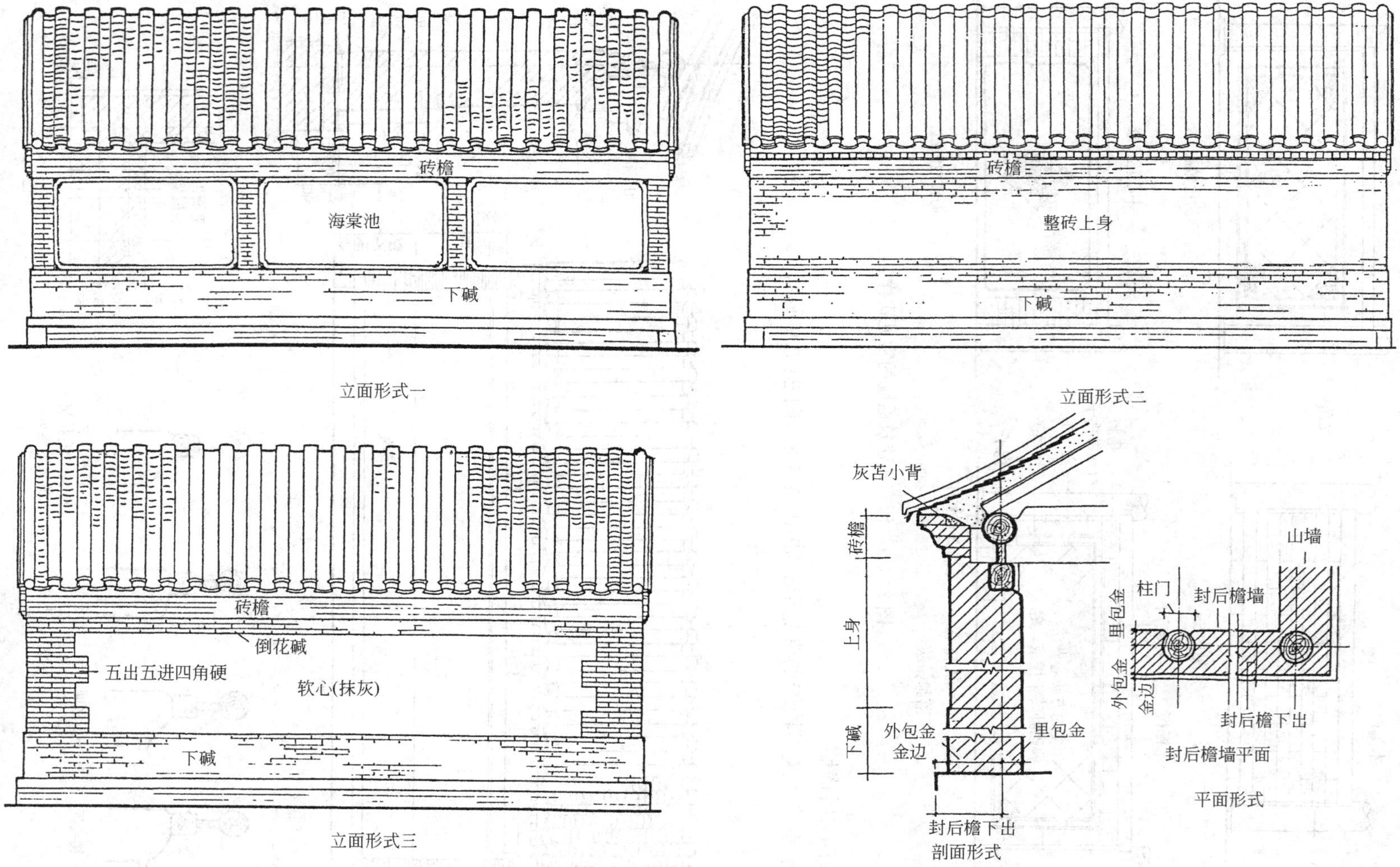

图 21-3-9　清官式建筑的后檐墙-封后檐形式

三、江南古建筑墙体的几种典型类型

（一）山墙

江南古建筑的山墙与清官式建筑的山墙两者相比，风格差异最大的是悬山建筑的山墙和硬山建筑的山墙。清官式悬山山墙的最大特点是本来可以封山（做成硬山）却要有意露出梁架，以展示结构美。江南古建筑的悬山山墙的特点是砖一直砌到顶，墙外延伸出几排椽子，这显然是早期（土坯）建筑的风格传承。南方硬山虽也“封山”，但其山尖式样却与清官式山墙大相径庭。其典型者如“屏风墙”与“观音兜”（图 21-3-10、图 21-3-11）。屏风墙依叠起之多少有五山屏风与三山屏风之分。观音兜依耸起的势态有全观音兜与半观音兜之分，自廊桁处耸起者为全观音兜，自金桁处耸起者为半观音兜。

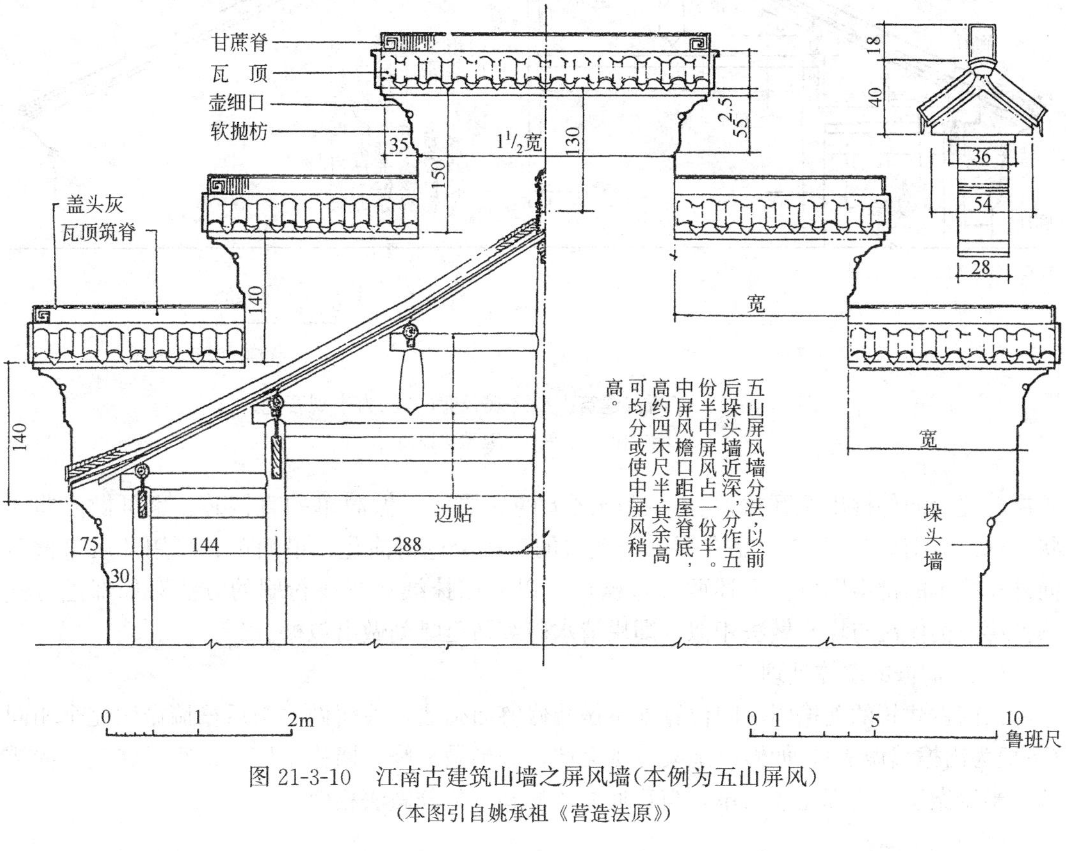

图 21-3-10 江南古建筑山墙之屏风墙（本例为五山屏风）

（本图引自姚承祖《营造法原》）

江南古建筑硬山山墙的前后檐端头处称“垛头”，相当于官式山墙的墀头部分，垛头上端的出挑部分称“马头”，相当于墀头的梢子部分，但做法与梢子差异很大，同样也很有特色。垛头做法也可以用在悬山山墙或其他墙体上。

（二）后檐墙

江南古建筑的后檐墙也有露椽子与不露椽子两种做法，露出椽子的叫出檐墙，不露椽子的叫包檐墙。出檐墙与包檐墙的做法区别主要在上端部分，出檐墙的上端处理与官式做法中的老檐出后檐墙处理方法相似，即砌至木构件枋子下皮结束。包檐墙上端则与官式做法中的封后檐墙上端做法有较大差异，常见的包檐墙上端做法有三类，第一是，先砌一层凸出墙面的圆弧形线脚砖，叫“托浑”。托浑之上立砌略凸出墙面的“抛枋”。抛枋之上用

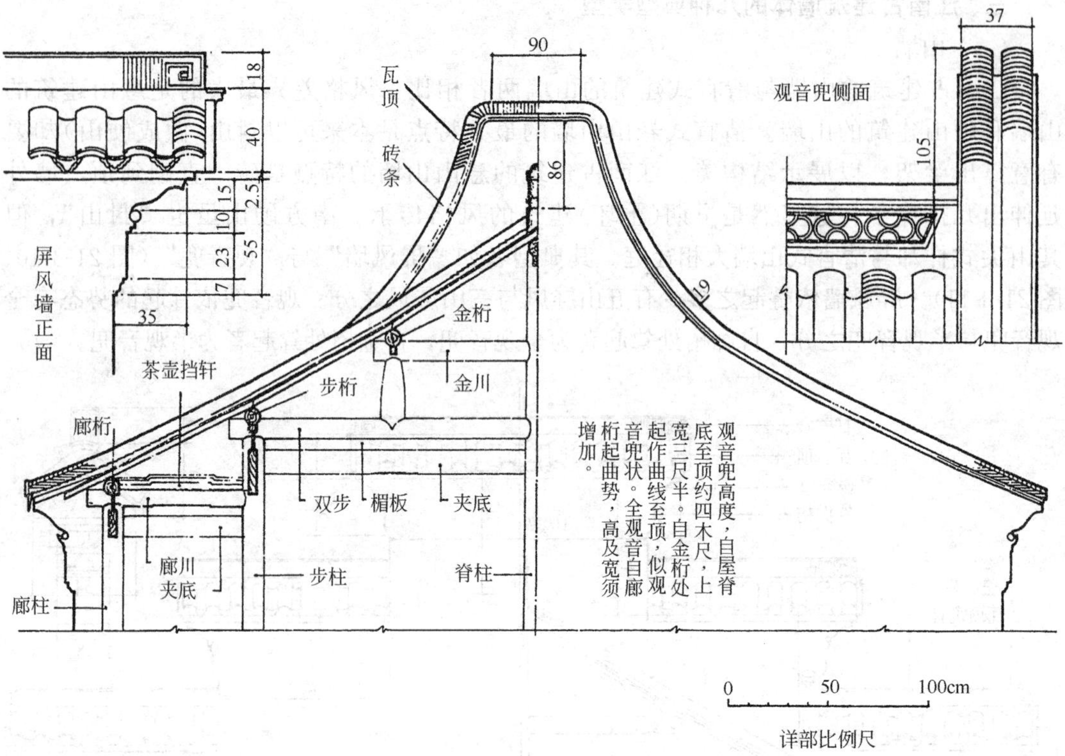

图 21-3-11　江南古建筑山墙之观音兜(本例为半观音兜)

(本图引自姚承祖《营造法原》)

数层砖逐层向外挑出至瓦檐底棱。抛枋之上的数层可只做简单的直棱砖，也可做成曲线状，称“壶细口”。第二类是在第一类做法的基础上进行简化，最简单者可用几层直檐砖向外作简单的挑出即可。上述两类包檐还可以采用抹纸筋灰或粉刷的方法对局部进行修饰。第三类做法与垛头做法相似，即用清水砖细乃至雕刻做出包檐。

（三）前檐的墙体处理

江南古建筑的前檐同一间位置如不做装修整面砌墙，墙面做法与后檐墙做法完全相同(一般为出檐墙做法)，如做落地装修则无墙，如半做装修，墙称半墙，即官式建筑中的槛墙。半墙做法一般都比较简单，与普通墙体的勒脚部分做法相似。

（四）廊心墙

江南古建筑的廊心墙与官式做法的廊心墙做法类同，其装饰的重点在勒脚以上的墙身部分，较讲究的做法一般都采用清水砖细甚至砖雕装饰，廊心墙若处于通道位置需开设门洞时，多采用圆形、海棠形、八角形、葫芦形、蕉叶形等，称“地穴”，相当于官式建筑的“什样锦”。地穴还常用作庭院中的墙门洞形式。

（五）砖门楼与花墙洞

清水砖细是江南建筑砌筑工艺中最有代表性的一种，这一风格集中地反映在砖门楼上(图 21-3-12)。此外花墙洞也是典型的江南墙面形式之一(图 21-3-13)。

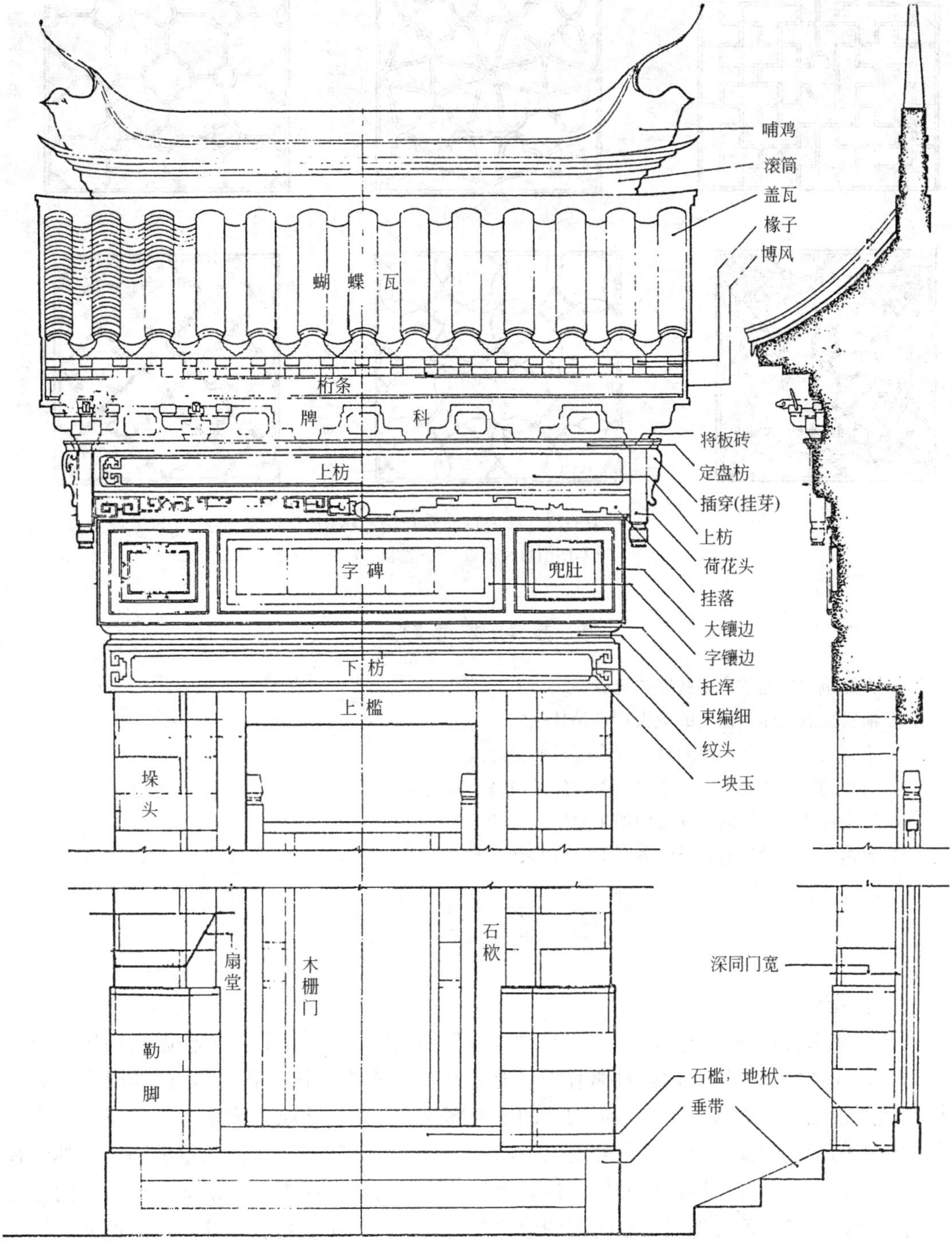

图 21-3-12　江南古建筑清水砖细举例(以某式门楼上的砖细为例)

(本图引自姚承祖《营造法原》)

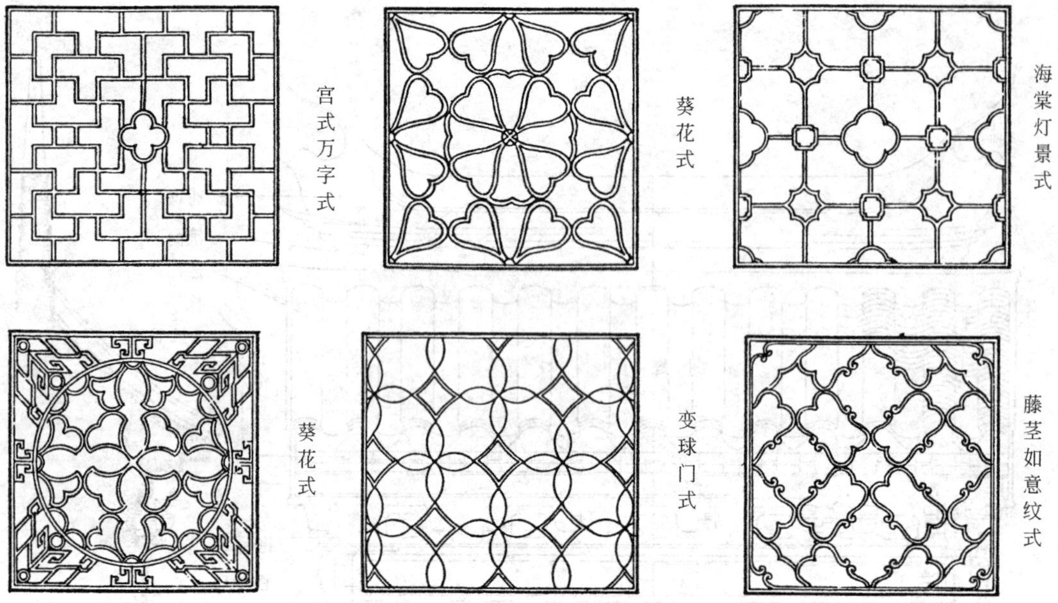

图 21-3-13　江南古建筑花墙洞示例

（本图引自姚承祖《营造法原》）

复习思考题

1. 古建筑房屋通常由哪些墙体组成？
2. 清官式悬山建筑山墙的最大特点是什么？
3. 清官式硬山建筑山墙的外立面有哪些常见形式？
4. 典型的清官式建筑的廊心墙的部位组成及其名称是什么？
5. 江南古建筑屏风墙与观音兜的主要区别是什么？
6. 包檐墙上端做法有几类？各自的特点是什么？

第四节　斗　　栱

一、通述

斗栱在宋代官书《营造法式》中称“铺作”，在清工部颁行的《工程做法则例》中称“斗科”，在江南古建筑的代表性著作《营造法原》一书中，称“牌科”，民国以来通称斗栱。从严格意义上讲，斗栱也是木构架的组成部分。典型的斗栱是梁架之上的具有结构之美的椽檐的承托构件，由数件向外支出的曲木以及夹隔其间的横向曲木重叠而成。林徽音先生曾指出，斗栱是中国建筑构架中最显著且独有的特征，在中国建筑演变中，它的变化极为显著，竟能大部分地代表各时期的建筑技艺及趋向。斗栱具有多种功能，例如结构构造功能、装饰功能、标示建筑特性(历史特性、地域特性等)、标示建筑等级、权衡建筑与构件尺度等。斗栱的产生与木构架力求出檐深远、托垫桁檩使其增加承载能力有关。根据肖东先生的研究，斗栱的构造源于夏商周时期大型房屋柱梁间的“垫托木”、“助托木”及斜撑等原始助力构件。至迟在秦汉时期已出现了简单的斗栱。经过历代的不断探索，至唐代斗栱构造已完备，技术上已完全成熟，这个时期的斗栱悬挑受力特征明显，形象疏朗硕大。至宋代，斗栱的构造做法形成定制，每个建筑上的斗栱数量增加而单个斗栱的体积变小，形象秀巧。金元时期承袭宋代风格而斗栱体积更小。明代开始求变，其形态总体特征“袭元似清”。明末清初斗栱变革成功，并在构造做法上重新形成了定制。以功能而言，其结构功能减弱而装饰功能增强。这个时期的斗栱虽官式做法与地方做法不尽相同，但总体而言，清代斗栱与历代相比体积最小，分布最密，装饰效果最为华丽，是历代斗栱中最能代表中国建筑的斗栱形象。

二、清官式建筑的斗栱

清官式斗栱的名类繁多，即使同一种斗栱也会因分类方法的不同而不同。例如以对应梁架的不同位置命名时，柱上的为柱头科，柱间的为平身科，转角处的为角科；侧重斗栱的分件组合情况时，有单翘单昂、单翘重昂、重翘重昂斗栱等名称；当强调形状特征时，又有麻叶斗栱、溜金斗栱、隔架斗栱、品字斗栱等名称。清官式斗栱以“斗口”为模数。斗口的直观字意是指斗栱最底层构件坐斗的开口宽度。这个宽度有着明确的规定，从 1 寸起按 0.5 寸递增至 6 寸，共有 11 种规格，选定其中一种规格后，所有构件即可按与斗口的倍数关系推算出具体的长宽厚尺寸。如正心瓜栱规定长 6.2 斗口，当斗口选定为 2 寸时，正心瓜栱长应为 1 尺 2 寸 4 分。清官式斗栱模数制的特征还表现在与大木构架的比例关系上，按清代颁行的《工程做法则例》规定，有斗栱的建筑，一旦确定了斗口，大木构架的权衡尺度也就随之确定。例如檐柱净高规定为 60 斗口，檐柱径为 6 斗口，当斗口选定为 3 寸时，檐柱净高应为 18 尺，檐柱径应为 1.8 尺。

斗栱逐层挑出称“出踩”或“出踩”（宋代称“出跳”）。确定出踩数目时先将斗栱中心算作“一”，如向内外各出一踩则称三踩，如此继续出挑则有五踩、七踩、九踩、十一踩等。典型的清官式斗栱在横向（与桁平行的方向）上主要由栱组成，纵向方面主要由翘、昂和耍头组成，纵横构件交汇在斗上，升则位于翘的端头承托上层构件。图 21-4-1 所示的是以单翘单昂五踩斗栱为例的常见的清官式斗栱式样。

三、江南古建筑的牌科

如前所述，民国以后，在官式建筑中斗科一词已改称斗栱。在江南地区，斗栱称谓虽也已出现，但牌科一词仍在延用，时至今日，牌科、斗栱两种说法均有采用，但斗栱已渐成通称。为与清官式做法相区别，本段内容仍采用牌科一词。按照《营造法原》的分类方法，牌科有 5 类：①一斗三升及一斗六升。这类牌科的特点是平面呈一字状，故又叫一字牌科。②十字科。其形态与典型的官式斗栱相同，即主要构件纵横交错，呈十字状。③丁字科。这类斗栱从室外看与十字科完全相同，从室内看则类似一斗六升，故其平面呈丁字状。④琵琶科。类似官式做法的镏金斗栱。⑤网形科。北方称如意斗栱。其最大特点是相邻的栱或昂呈相互交织状。江南牌科不以斗口为规制，规格也不如官式斗栱那么多，常见者仅 3 种，即五七式、四六式和双四六式。每种都有其固定的做法规定。五七式之名由坐斗的规格比例而来，即坐斗高五寸宽七寸。其他分件也都有固定的尺寸，如栱高三寸半厚二寸半，升高二寸半宽三寸半等等。各分件自身各部分的比例关系也是固定的，如斗底宽五寸，斗高分作五份，斗腰占三份，斗底占二份等等。四六式的规格小于五七式，其所有尺寸均按五七式八折（可适当调整），如坐斗高四寸宽六寸。双四六式是三种规格中最大的，其所有尺寸均比四六式大出一倍，如坐斗高八寸宽十二寸。牌科逐层挑出称“出参”，

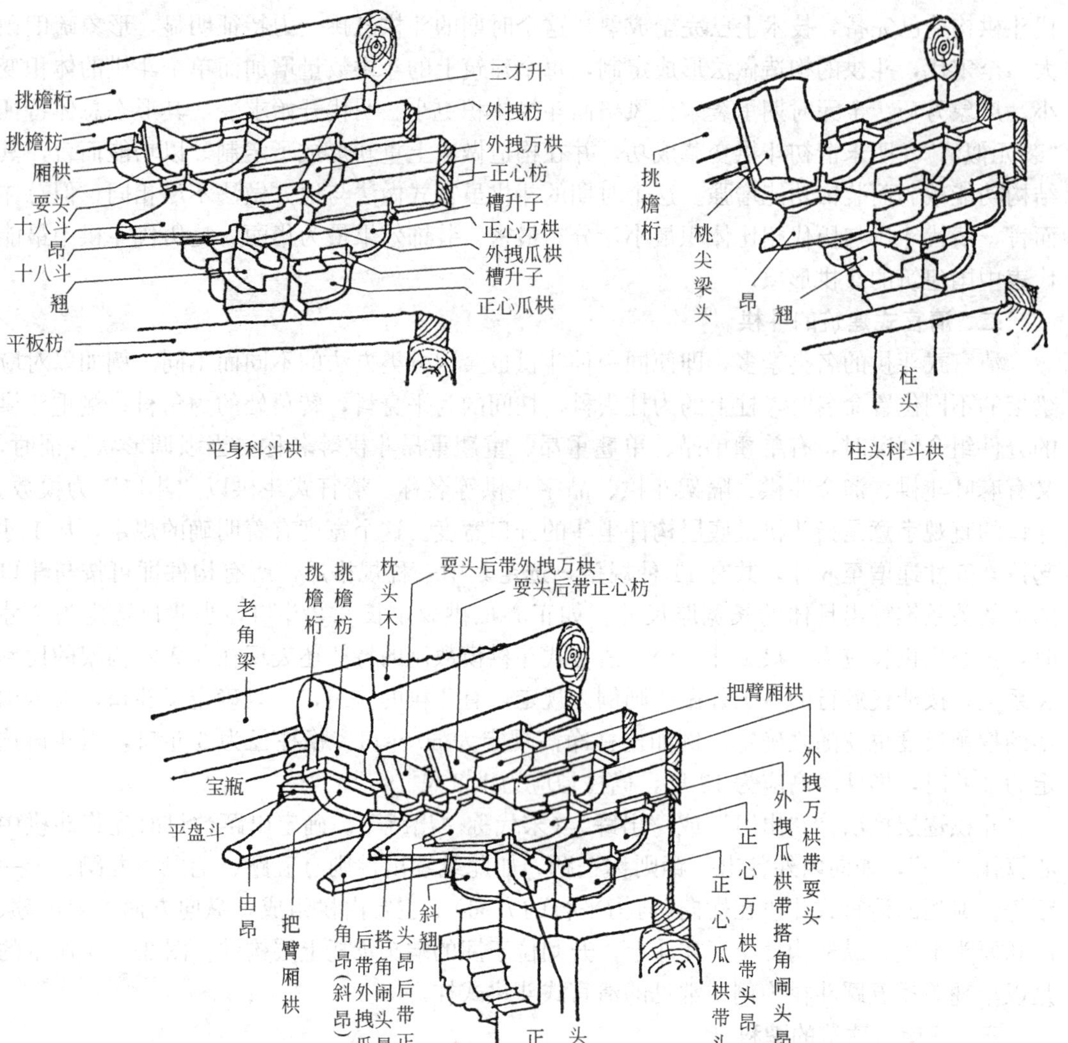

图 21-4-1　常见的清官式斗栱式样(以单翘单昂五踩斗栱为例)
(本图引自梁思成《清式营造则例》)

即清官式斗栱的“出踩”，确定出参数目时，也是先将斗栱中心算作“一”，如向内外各出一参称三出参，如此继续出挑则有五出参、七出参、九出参、十一出参等。图 21-4-2 所示的是两种常见的江南牌科，两种做法的不同之处是：①昂的式样不同，一种为靴脚昂(又称推刨头昂)，一种为凤头昂，靴脚昂是宋式做法的延袭，凤头昂为清代做法，除凤头昂外，清代尚有方头昂、卷珠昂等式样。②图 21-4-2(a)中的桁向栱在图 21-4-2(b)中变成了枫栱(又称枫栱板)，桁向栱是宋式做法的延袭，枫栱为清代做法，这种做法与清官式做法中的三幅云做法类似，为纯粹的装饰构件，无结构受力作用。

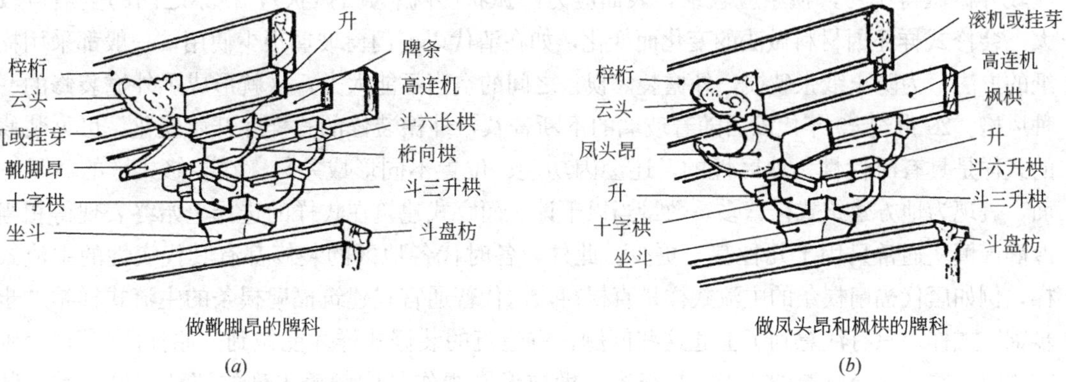

图 21-4-2　两种典型的江南牌科(以五出参桁向栱十字牌科为例)

(本图引自姚承祖《营造法原》)

复习思考题

1. 清官式平身科斗栱主要是由哪些分件组成的?
2. 江南古建筑桁向栱式十字牌科主要是由哪些分件组成的?

第五节　装　修

一、通述

现代建筑中的装修一词来源于古建筑，但两者的含意不尽相同，现代装修所指部位通常包括墙面、地面、吊顶、门窗等，包含的工作有木活、油漆、抹灰、镶贴、裱糊等。而古建筑中的装修仅包含木活，按照《工程做法则例》的规定，装修是指门(板门和槅扇门)窗(槅扇窗)及其周边的槛框(江南古建筑称“宕子”)，以及天花木顶槅。在近代的一些书籍中，也有将栏杆、楣子、花罩、博古架及护墙板等木制品列入古建装修的。在清官式建筑中装修专业称“装修作”，在宋式建筑中，称“小木作”。在以《营造法原》做法为典型代表的江南部分地区，装修称为“装折”。在西方古建筑中，门窗是在墙上开出的洞口上安装的，而在中国古建筑中，门窗是安装在柱间的，因而可以做得更加开敞，布置起来也更加灵便。正是由于这两者的不同，西方建筑的立面给人的印象常以墙面效果为主，而中国古建筑的立面效果，除了墙以外，门窗效果给人的印象也很深，尤其是在正立面，门窗的效果往往会起到主导性的作用。有趣的是，尽管西方建筑的门窗位置选择从建筑构造上讲不如中国建筑那样灵便，但事实上却更加自由随意。而在中国建筑中，门窗一般只设在房屋的前面，在院落中，四面房屋的门窗大多都朝向中心，围成“四合”形式。山墙和后檐墙上往往不设门窗，尤其是临街的一面墙，在典型的中国建筑中更是不能开窗。这种现象是固有的中国早期建筑布局及形态特征的延续，也是中国人内向含蓄性格的必然取向。

装修的式样因所处时代或地域的不同而不同，也因使用功能的不同而不同。例如唐、宋、明清历代的式样不同，地方建筑与皇家建筑的式样不同，各地区的装修风格也不相同。即使在同一建筑中，内、外檐装修也不尽相同。例如同样是清官式做法的槅扇，内檐应较外檐做得小巧，棂条应较细，表面应为凹弧状(外檐为凸弧状)，棂条之间的空当可较大。装修式样还因材料做法的变化而变化，如在清代以前门窗玻璃很少使用，一般都采用糊纸的方法。为防止纸张破损，外檐装修棂条之间的空当不能太大，这就形成了外檐装修的一种风格。20世纪40年代以后随着玻璃的不断普及，外檐装修的式样才开始变化。可见装修的式样是具有时代性、地区性的，还会因功能、位置不同形成差异。在装修式样的数量方面，表现为地方建筑式样繁多，数量当以千计。而官式建筑在式样的选择上始终表现得相当冷静谨慎，通常只用十几种甚至更少。此外，各时代各地区的装修都有其代表性的主流式样，例如唐代槅扇棂条的主流式样是直棂窗，清代普通官式建筑槅扇棂条的主流式样是“步步锦”式样。只有注意到了上述这些问题，古建筑的装修式样才能做到“原汁原味”，否则在资料丰富、交流频繁的今天，是很容易做成像影视作品中频繁出现的那种不伦不类的装修的。

近代多数学者将装修分成内檐装修和外檐装修两大类。需要说明的是，对于许多装修来说，其实都是既可以用在室内也可以用在室外的，例如槅扇、楣子、栏杆、花罩等等都是如此。

二、清官式建筑的装修

清官式建筑中常见的外檐装修类型如图21-5-1所示。门的形式有两种：板门和槅扇门(图21-5-2)。窗的形式主要有三种：槛窗、支摘窗和什锦窗(图21-5-3)。门窗上的仔屉

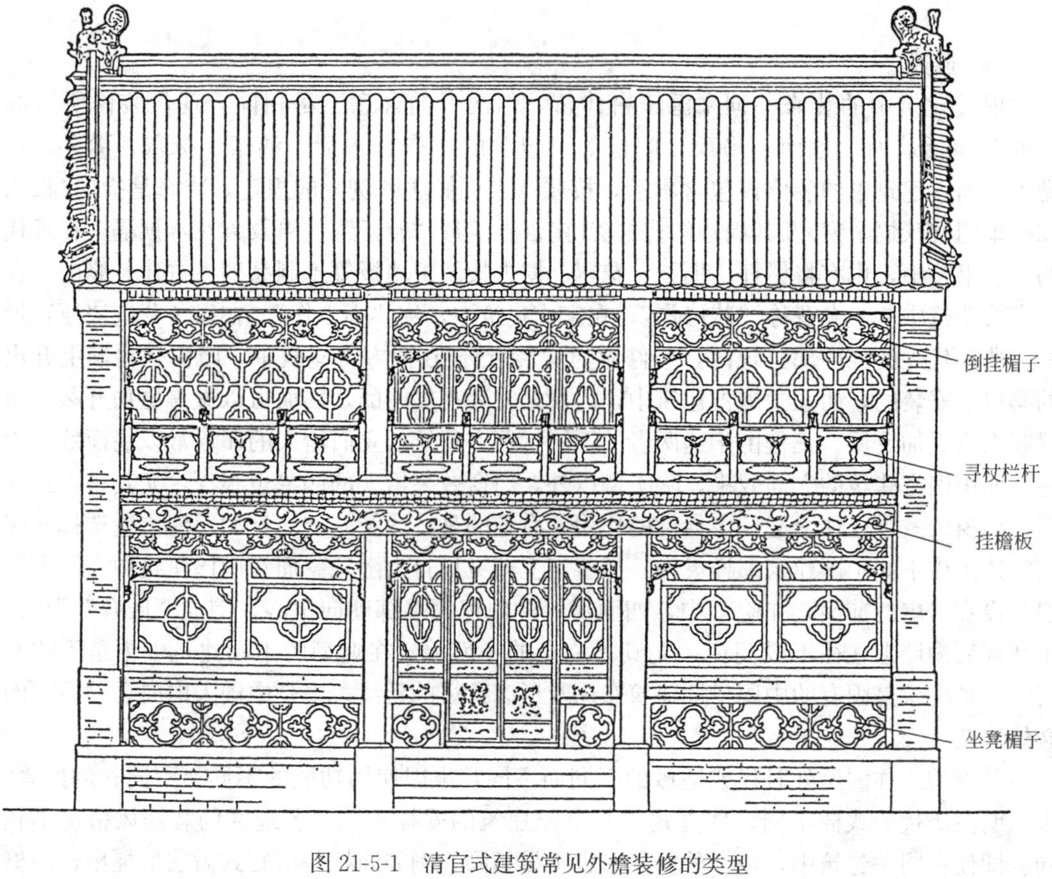

图21-5-1 清官式建筑常见外檐装修的类型

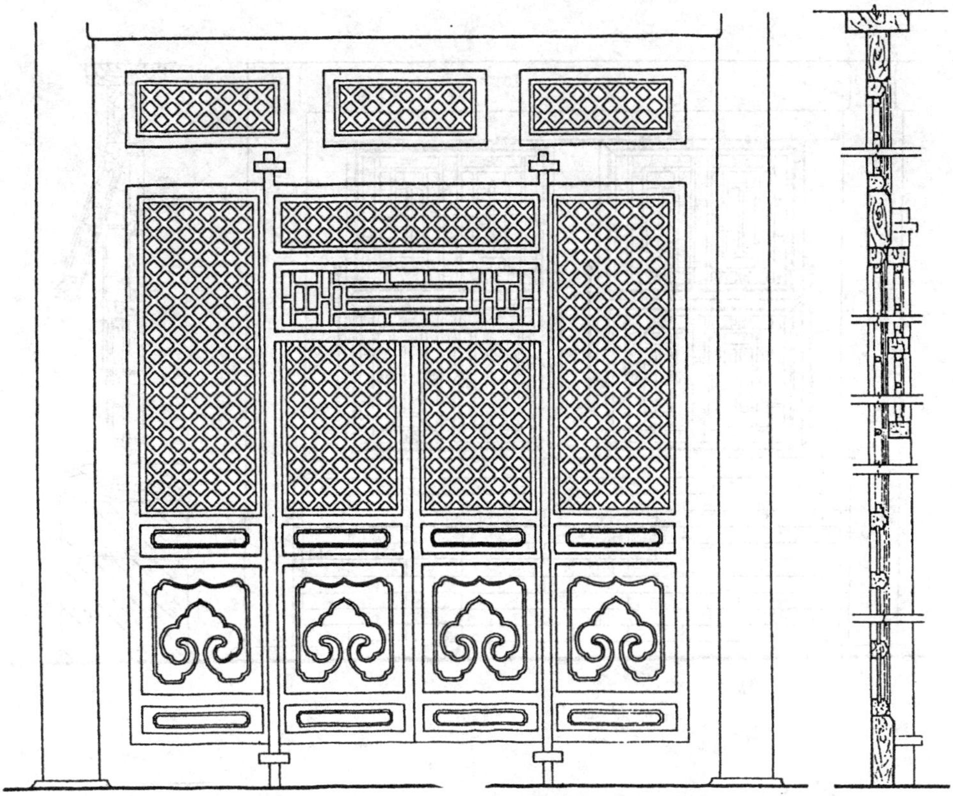

图 21-5-2　清官式槅扇门

槛窗

图 21-5-3　清官式窗的主要形式(一)

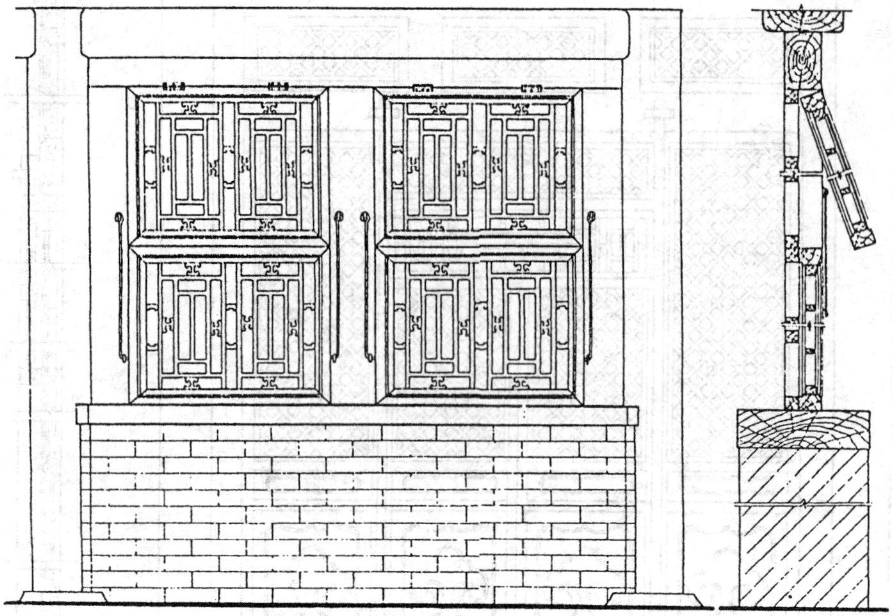

支摘窗

什锦窗

图 21-5-3　清官式窗的主要形式(二)

(本图引自马炳坚《中国古建筑木作营造技术》)

式样主要有两大类，即菱花和棂条(图 21-5-4)。其中菱花式样只用于宫殿寺庙中重要建筑的槅扇中。楣子安装在建筑檐柱间，安装在上面时纯为装饰，称“倒挂楣子”，安装在下面时与坐凳结合，称“坐凳楣子”(图 21-5-5)。清官式建筑中的栏杆有三种：安装在楼阁上的“寻杖栏杆”、用于平屋顶上的“朝天栏杆”和安装在坐凳上的“靠背栏杆”，其中以寻杖栏杆最常见(图 21-5-6)。

双交正交四椀

双交斜交四椀

三交六椀

(*a*)

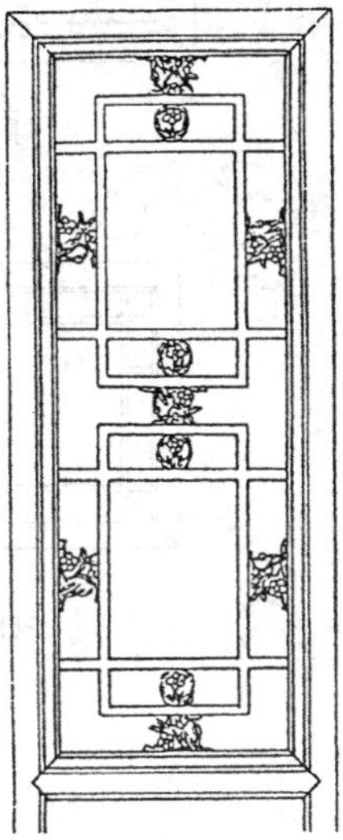

灯笼框

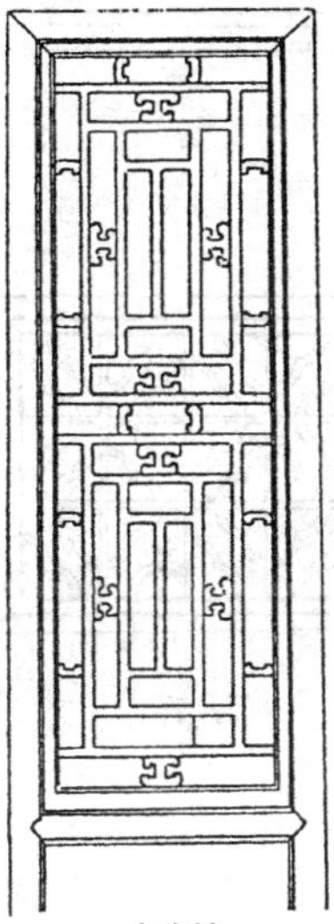

步步锦

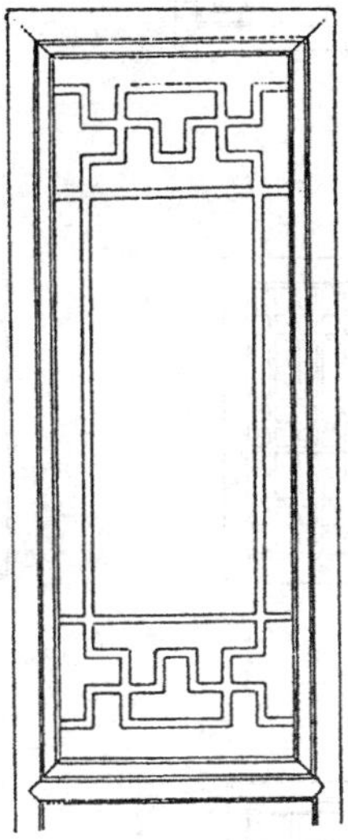

万字灯笼框

正搭正交

正搭斜交

龟背纹

(*b*)

图 21-5-4　清官式门窗仔屉式样举例(一)

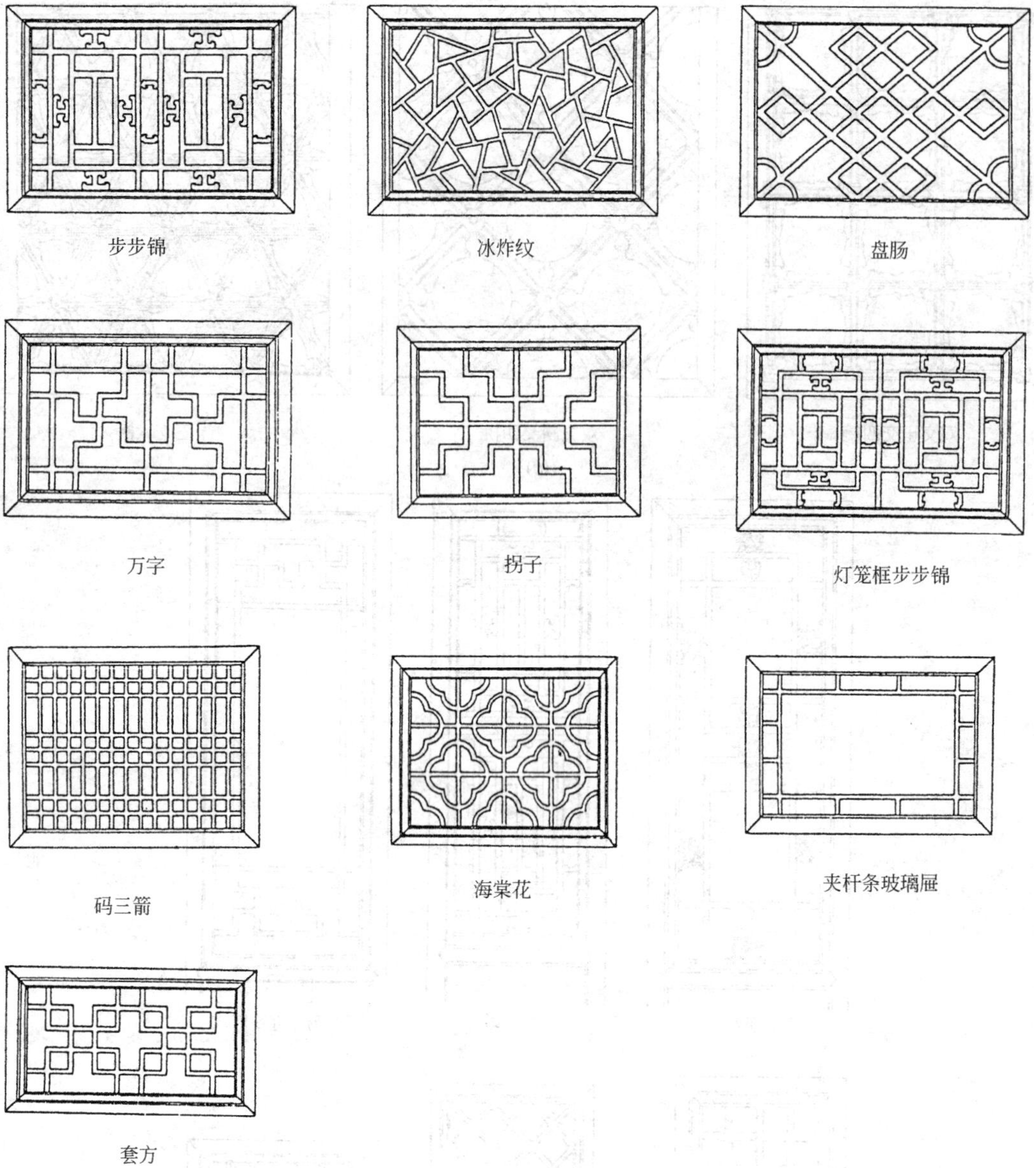

(*c*)

图 21-5-4　清官式门窗仔屉式样举例(二)

(*a*)菱花式样举例；(*b*)槅扇门棂条式样举例；(*c*)槅扇窗棂条式样举例

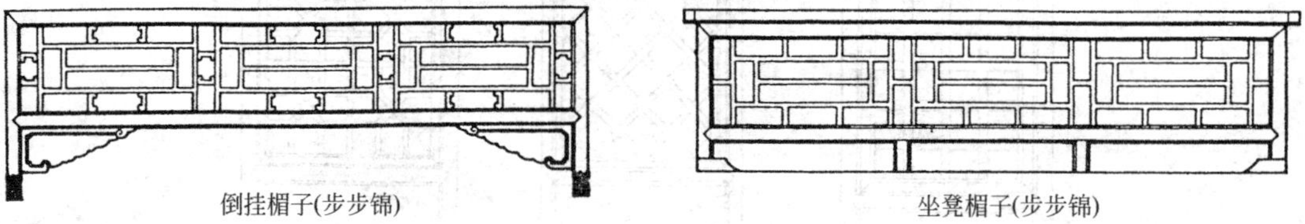

图 21-5-5　清官式外檐装修——倒挂楣子与坐凳楣子

(本图引自马炳坚《中国古建筑木作营造技术》)

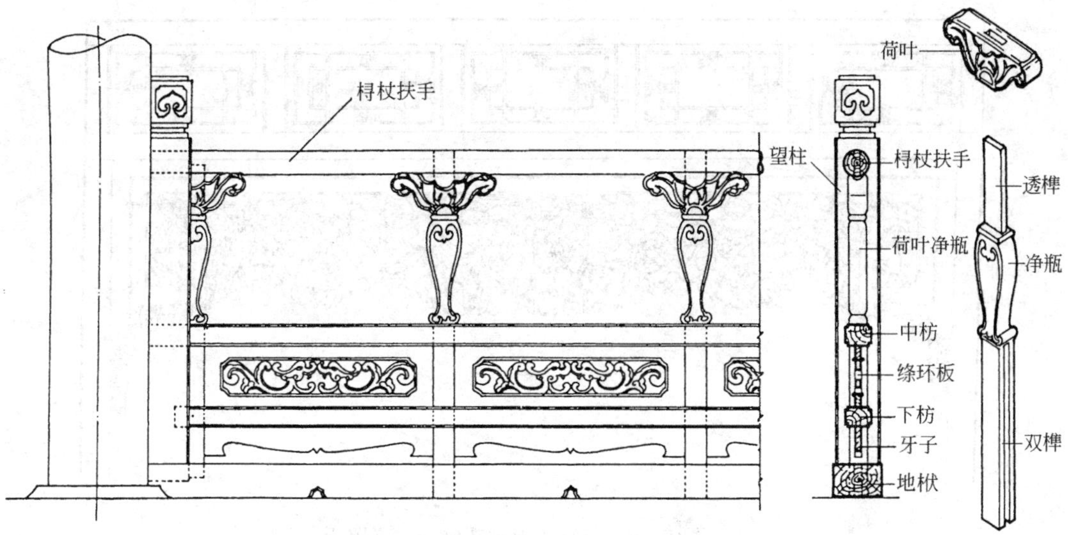

图 21-5-6　清官式外檐装修——寻杖栏杆

(本图引自马炳坚《中国古建筑木作营造技术》)

常见的清官式建筑内檐装修主要有碧纱橱(在柱间通安槅扇门)、各类花罩(飞罩、落地罩等)、博古架等(图 21-5-7～图 21-5-10)。

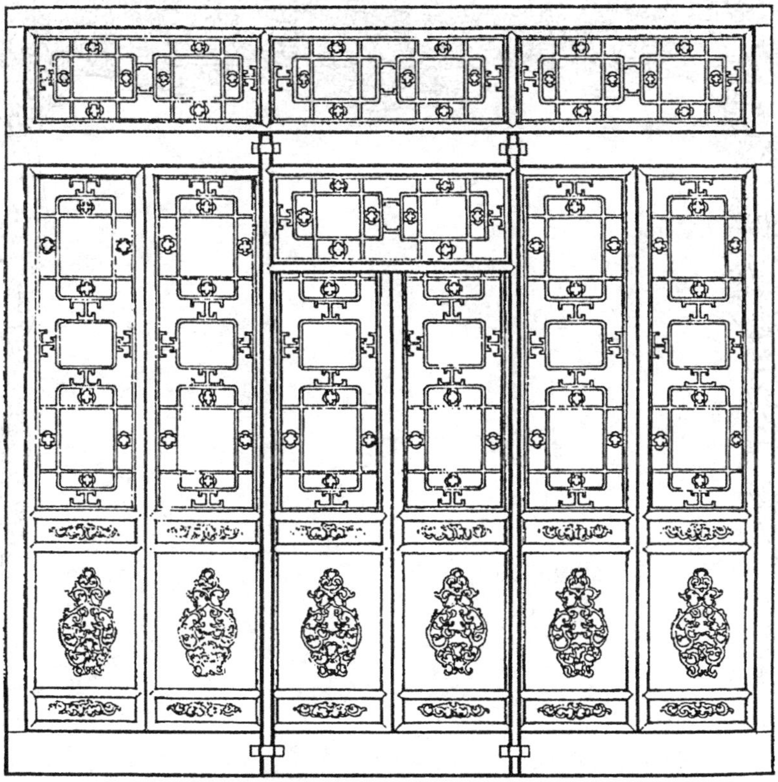

图 21-5-7　清官式内檐装修——碧纱橱

(本图引自侯幼彬《中国建筑美学》)

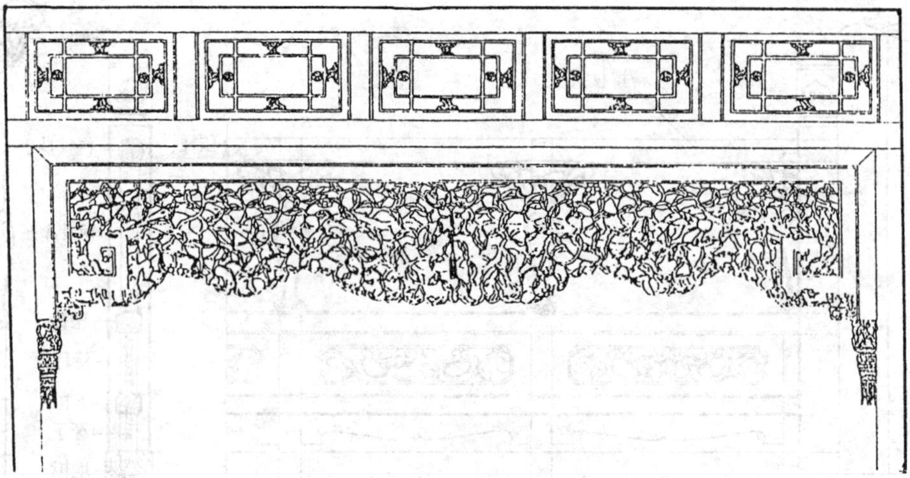

图 21-5-8　清官式内檐装修——飞罩

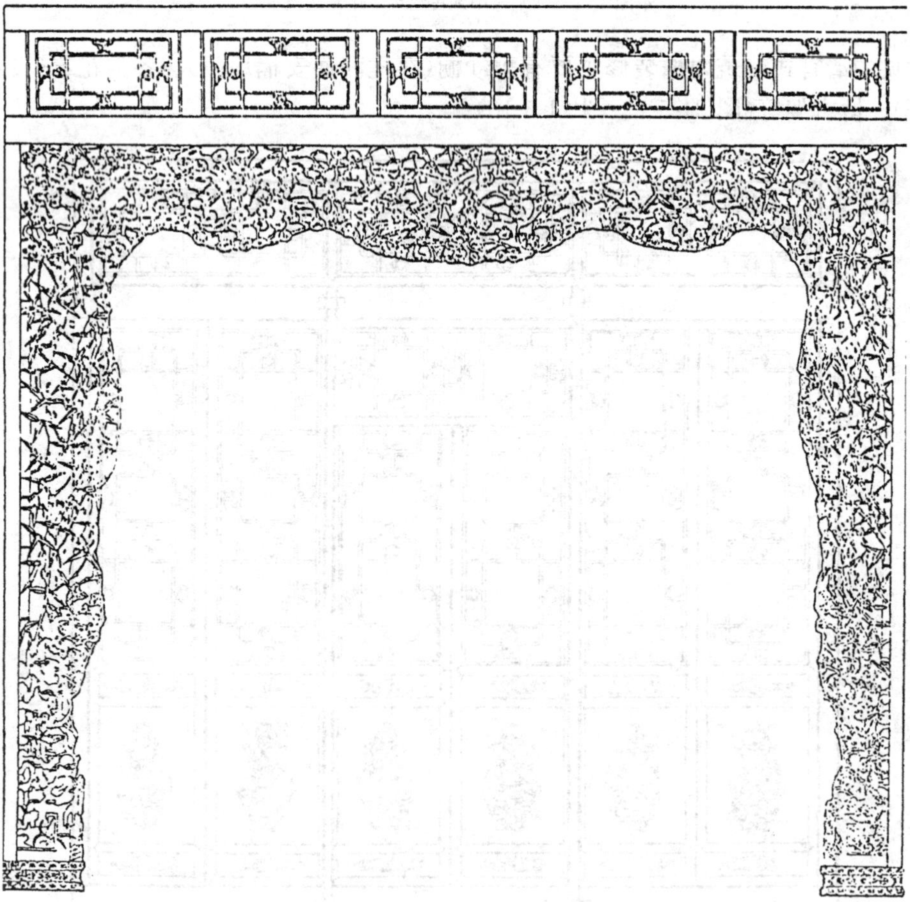

图 21-5-9　清官式内檐装修——落地罩

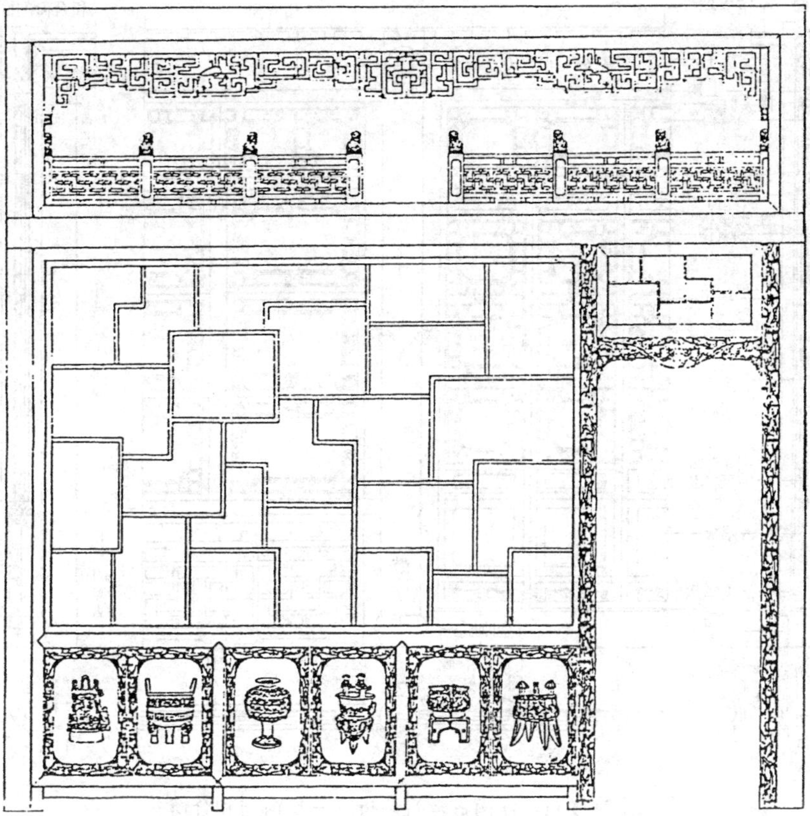

图 21-5-10　清官式内檐装修——博古架

三、江南古建筑的装折

在《营造法原》一书中，装修叫做装折。但南方许多地区，如今也叫做装修。为与清官式做法相区别，本段内容仍采用装折一词。

江南古建筑中常见的内、外檐装折有如下数种：

1. 门：江南古建筑中所称的门是指板门。按制作工艺分，用厚木板拼做的门叫实拼门，相当于官式做法的实榻门。用木枋做成外框，再用木板镶钉的叫框档门，相当于官式做法的攒边门。

2. 长窗：长窗名为窗实为门，相当于官式做法的槅扇门(图 21-5-11、图 21-5-12)，之所以叫窗概因与别类窗的做法用途均相似，仅高矮有别而已。

3. 半窗：半窗相对半墙而言，在半墙(即官式做法的槛墙)之上做窗，即半做墙半做窗者，相当于官式做法的槛窗。半窗式样如图 21-5-13 所示。

4. 地坪窗：即宋《营造法式》所载之钩栏槛窗，指在栏杆上做窗，即半做窗半做栏杆者。窗的样式与半窗相同。

5. 和合窗：和合窗的下面做栏杆，但朝向室内的一面用板封严。也有不做栏杆，窗下都用板封严的。每组窗纵向由三扇组成，上下两扇固定，中间的一扇可向上开启(图 21-5-11、图 21-5-13)。也有做成两扇的，上面的一扇可向上开启。与官式货做法的支摘窗很相似。

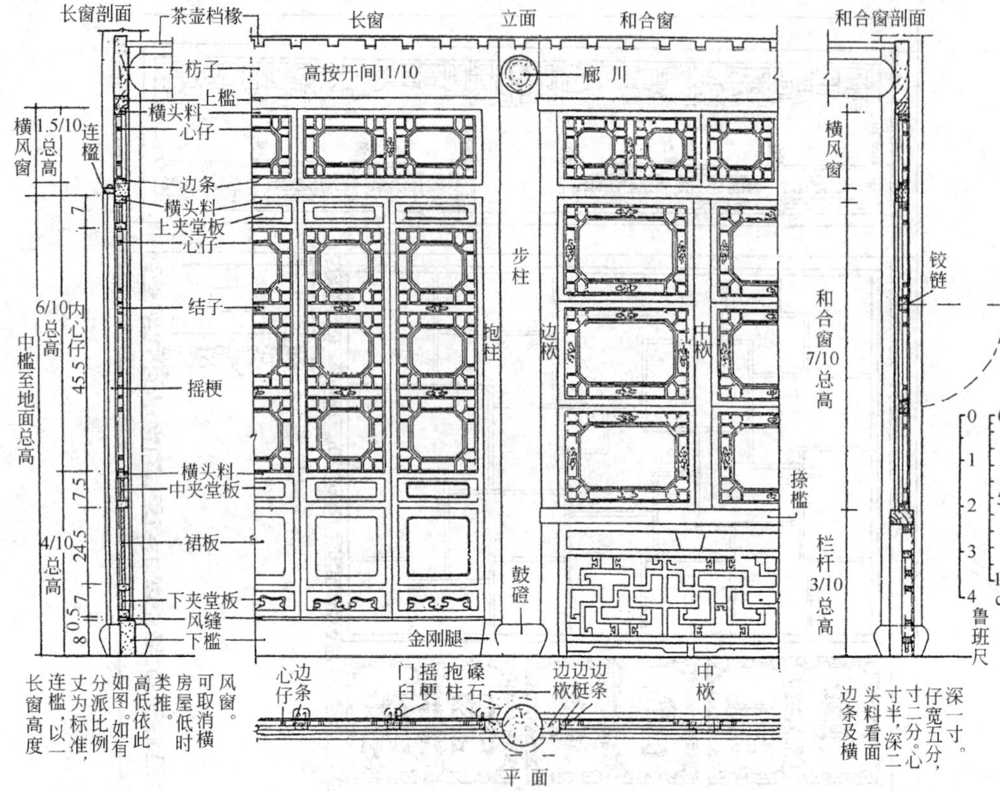

图 21-5-11 江南古建筑装折——长窗与和合窗

（本图引自姚承祖《营造法原》）

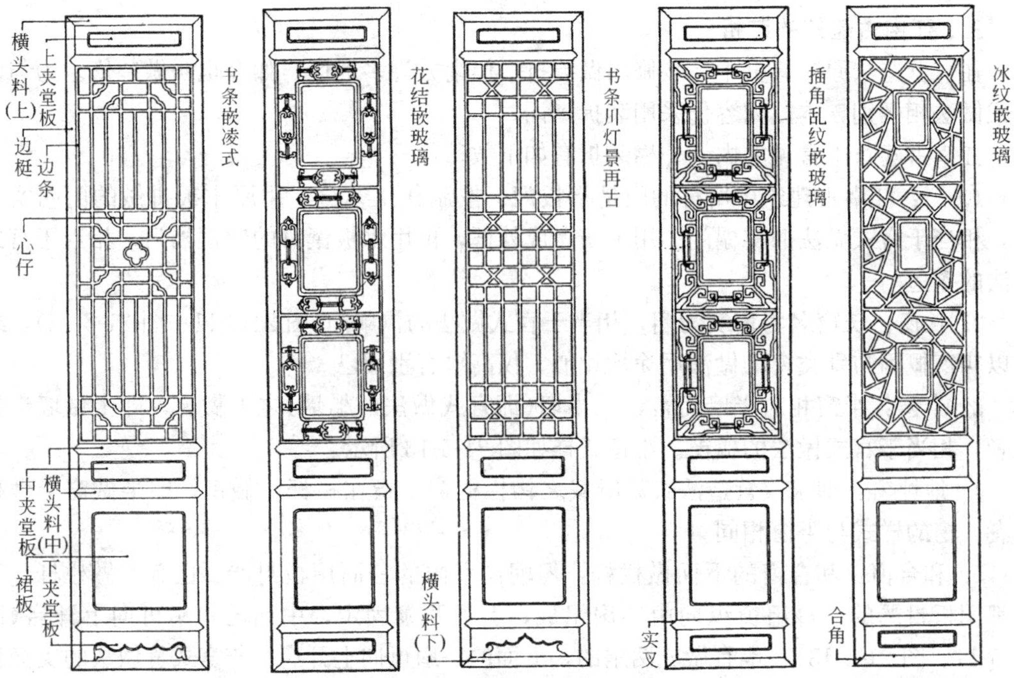

图 21-5-12 江南古建筑装折——长窗式样举例

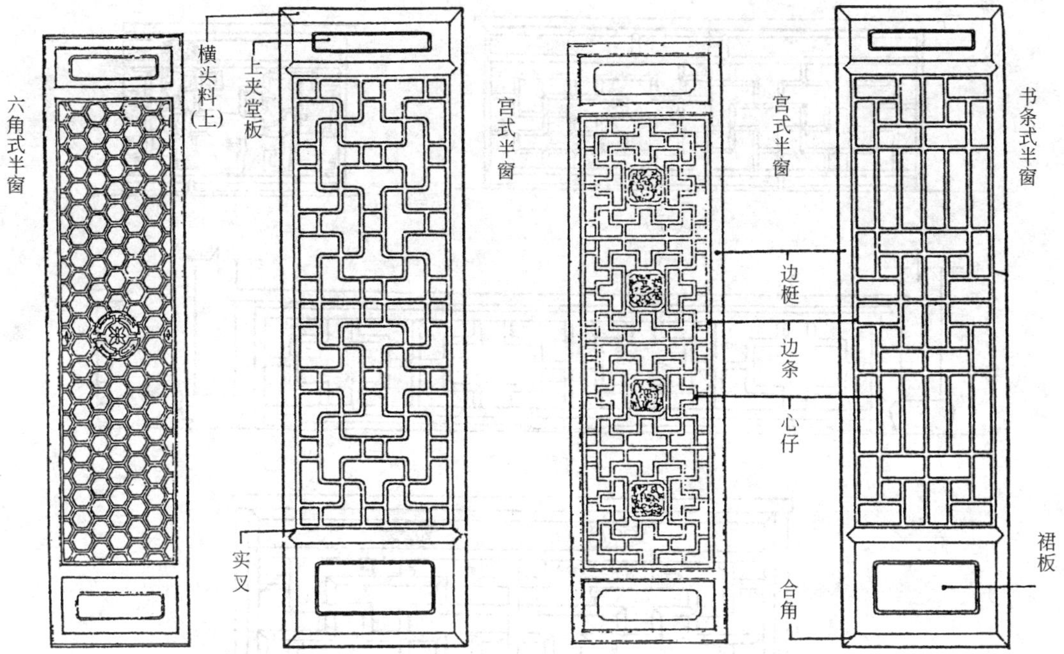

半窗式样举例

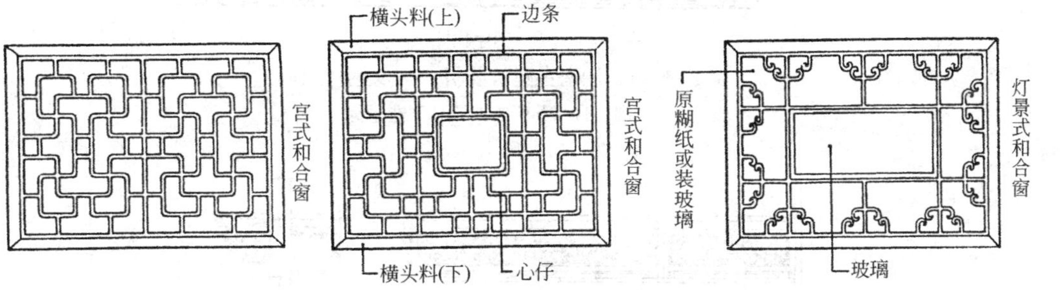

和合窗式样举例

图 21-5-13 江南古建筑装折——半窗与和合窗式样举例

6. 纱隔与屏：纱隔即官式做法之碧纱橱。与长窗做法相似，因多在上部裱糊纱绢绫等得名，也可裱糊书画纸张，清末以后也有镶嵌彩色玻璃的。如将槅扇的上下部分都镶装上木板，即为“屏”。屏上大多都雕刻有书画。

7. 木栏杆：既用于走廊柱间，也用于地坪窗或和合窗之下。与官式做法的栏杆不同的是，官式做法的栏杆只用于拦护，而江南木栏杆有高矮两种，高的一种与官式做法的栏杆作用相同，矮的一种顶面设较宽的坐槛，以备坐息，类似于官式建筑的坐凳楣子(图 21-5-14)。

8. 美人靠：又称吴王靠或飞来椅。安装在廊柱间的半墙外侧或具有坐凳功能的木栏杆的外侧，并向外倾斜(图 21-5-15)。

9. 花罩与挂落：江南古建筑的花罩与官式建筑中花罩相同，但外形轮廓更加自由，图案题材更加丰富(图 21-5-16)。挂落与花罩中的飞罩类同，但不是用木板雕成镂空花纹，而是用棂条拼出图案花样，或以棂条为主并间以木雕(图 21-5-17)。

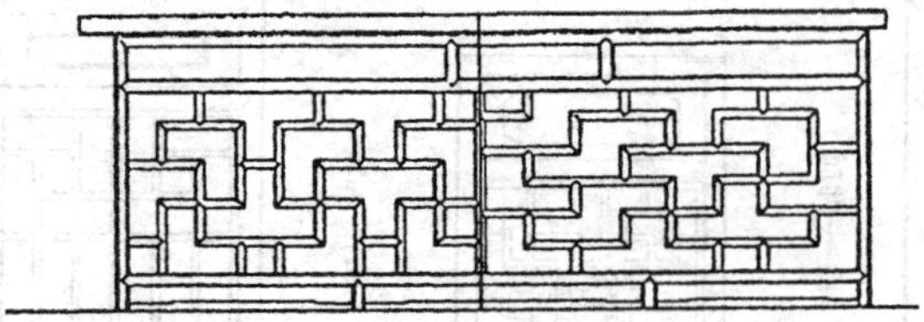

宫式万字

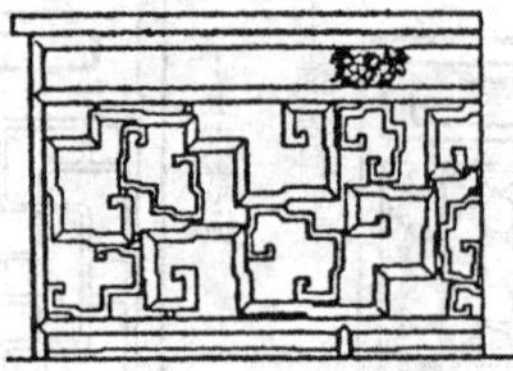

阴阳条乱纹

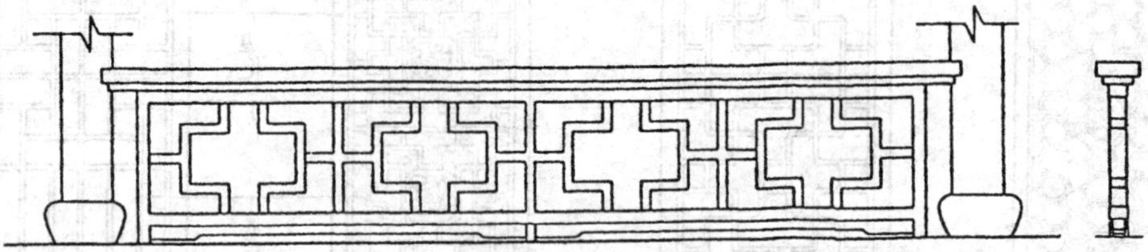

灯景栏杆

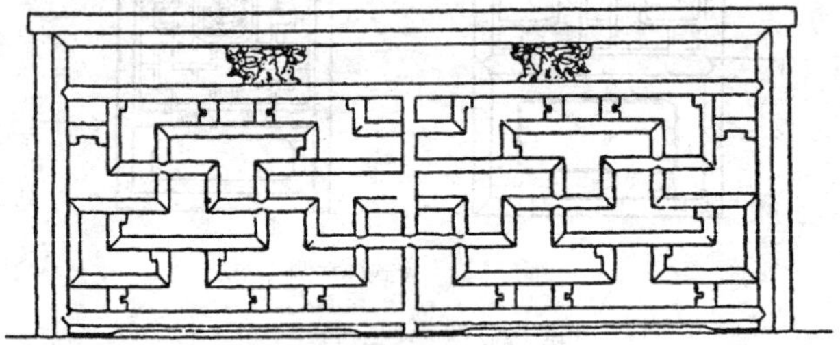

万字栏杆

图 21-5-14　江南古建筑装折——木栏杆示例

（本图引自《苏州古典园林营造录》）

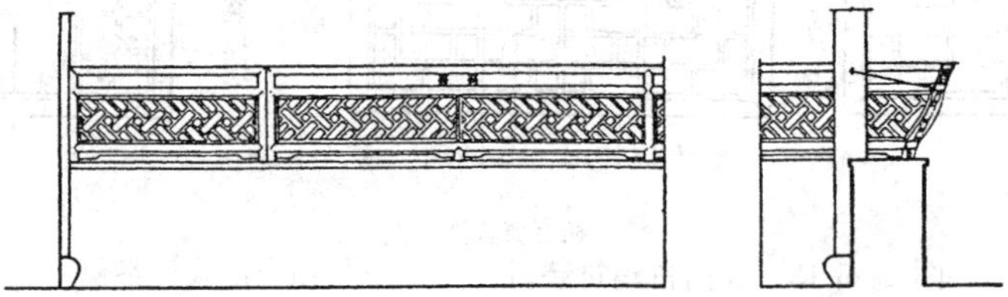

人字

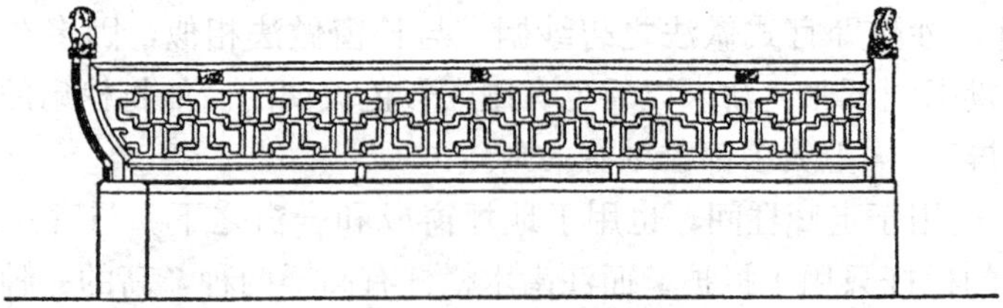

方胜

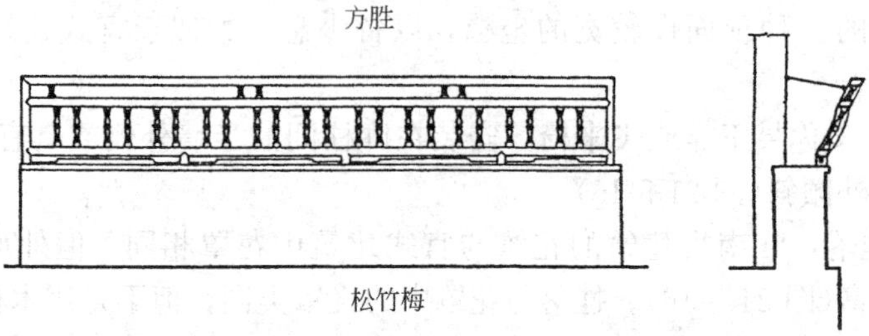

松竹梅

图 21-5-15　江南古建筑装折——美人靠

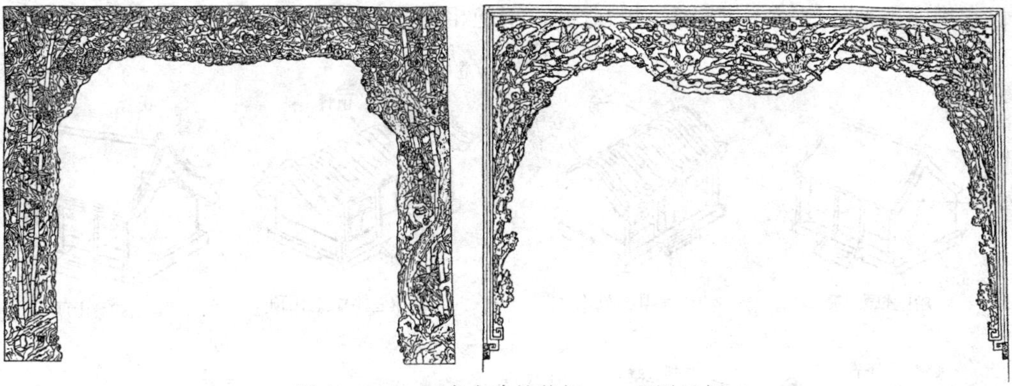

图 21-5-16　江南古建筑装折——花罩示例

（本图引自《苏州古典园林营造录》）

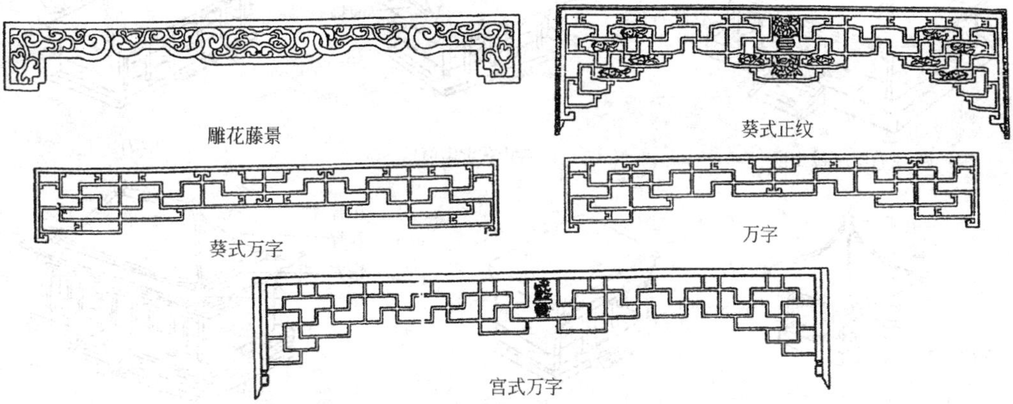

图 21-5-17　江南古建筑装折——挂落示例

（本图引自《苏州古典园林营造录》）

复习思考题

1. 在清官式建筑中，常见的外檐装修类型有哪些？
2. 在清官式建筑中，窗的形式有哪些？
3. 在清官式建筑中，门窗仔屉有哪两大类？
4. 在清官式建筑中，常见的内檐装修类型有哪些？
5. 在江南古建筑中，常见的内外檐装折有哪些？

第六节　屋　　面

一、通述

屋顶是中国建筑三段式中上面的一段，由内构（木架）和外形（屋面）组成。外形也有硬山、悬山、歇山、庑殿（江南称“四合舍”）、攒尖、平顶六个基本形式及各种变化形式如重檐、多角、盝顶等（图 21-6-1）。“大屋顶”曾是 20 世纪五六十年代用于批判所谓“民族形式”的用词，其实恰恰道出了中国建筑所具有的突出特征。如将中、西方建筑的屋顶相比，西方建筑的屋顶一望而知是防雨设施，而中国建筑的屋顶更像是建筑的美丽冠冕。这来自它华丽飘逸的屋檐，优美多变的造型，淡艳相宜的色彩和生动有趣的脊饰。

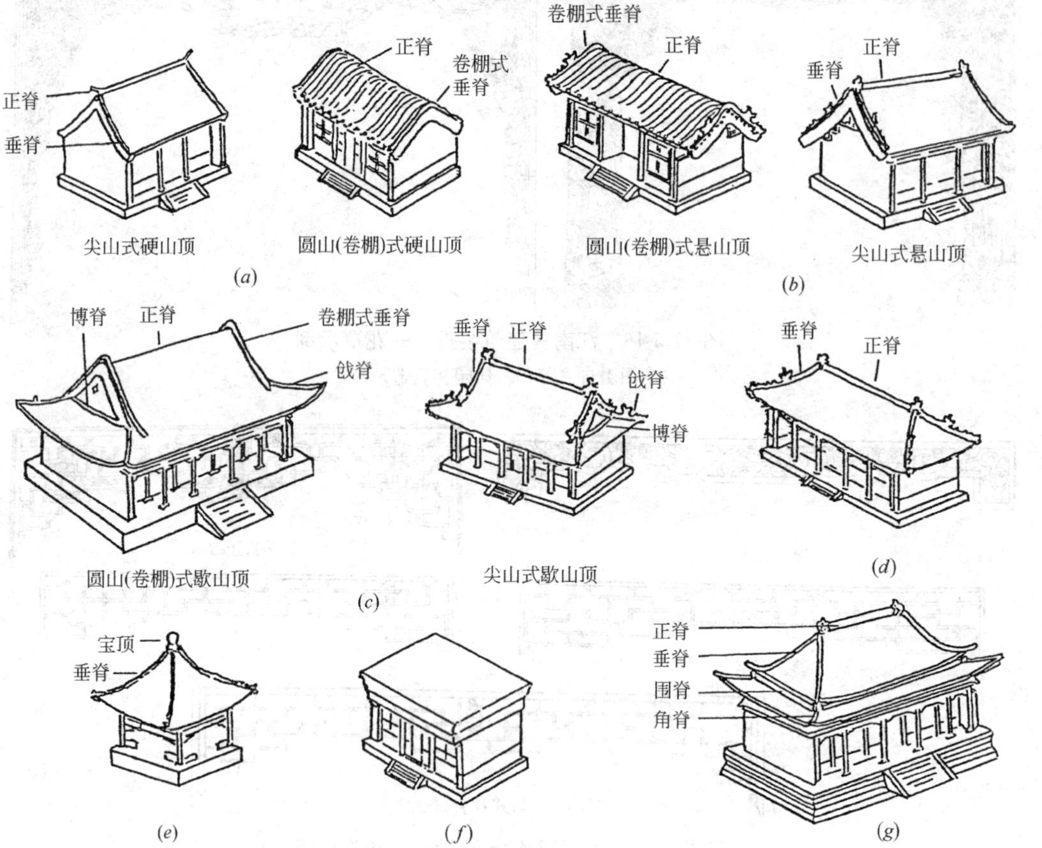

图 21-6-1　清官式屋面的基本造型与屋脊名称

(*a*)硬山顶；(*b*)悬山顶；(*c*)歇山顶；(*d*)庑殿顶；(*e*)攒尖顶；(*f*)平顶；(*g*)重檐顶

除了瓦屋面之外，中国历史上还曾创造出其他多种屋面材料做法，例如：茅草屋面、泥土屋面、灰泥屋面、灰屋面、焦渣灰屋面、石板屋面等等。这些做法虽然不如瓦屋面的工艺技术先进，但却更古老。随着时间的推移，这些工艺技术很可能会被淘汰，这些曾经存在的历史风貌也将随之消失。当然，在各种材料做法中，以瓦屋面取得的成就最高，瓦屋面中又有筒瓦、板瓦、琉璃瓦等多种形式。至迟在周代已出现了筒瓦屋面，那时的筒瓦尺寸较大，且瓦当为半圆形，秦汉时期开始出现圆形瓦当。宋代以后筒瓦尺寸逐渐变小，明清以后尺寸更小。至迟在五代时期就出现了合瓦(小青瓦)屋面，宋代以后小青瓦屋面更是成为了南方广大地区的一种常见做法。北方则仍以筒瓦屋面为主，至元明以后，华北地区的普通民居逐渐改用合瓦屋面，只是在游廊、影壁及小型的砖门楼等处才使用最小号的筒瓦。清代中期，山西地区的工匠创造了世界独一无二的干槎瓦技术，后流传到河北、河南等地区并一直流传至今。在诸多的屋面形式中，以琉璃瓦最能代表中国式屋顶，如果说大屋顶最能代表中国式建筑的话，琉璃屋顶就应该是中国建筑的形象代表，因此梁思成先生断言："琉璃瓦显然代表中国艺术的特征。"琉璃瓦用于屋面至迟始于北魏，后又失传，隋唐重又恢复，但只用在檐口或屋脊处。宋、辽、金时期进一步发展，出现了琉璃塔，但一般房屋仍习惯用在檐口或屋脊处。明清两代是琉璃技术大发展的时期，清乾隆时期达到极盛，建造出了像琉璃阁、琉璃牌楼这样的大型琉璃建筑。由于工艺技术上的原因，从古至今琉璃瓦的颜色一直都是以黄、绿两色为主。唐宋时期的琉璃瓦以绿色为主，宫殿建筑除用琉璃外还使用一种黑陶瓦，宋《营造法式》称青掍瓦，元代沿袭宋代风格，但将青掍瓦改为黑色琉璃瓦。明代沿袭元代风格，黑色琉璃仍有使用，至清代黑琉璃不再用于重要建筑(有特殊寓意的除外)。明清两代尤其是清代除仍以黄绿两色为主外，在园林建筑中还使用了其他多种颜色。琉璃瓦一直是封建等级的象征，黄琉璃为皇家独有，亲王、郡王可以用绿琉璃，其他任何人是不能使用琉璃的。在普通陶瓦的颜色选择上，如同自古以来喜欢用青砖砌墙一样，中国人喜欢用灰瓦，不像西方人那样喜欢用红瓦，虽然灰瓦比红瓦的烧制工艺更复杂。这种审美取向决定了中国建筑的屋面以素雅宁静的灰色调为主。为与琉璃瓦相区别，凡筒瓦、合瓦等灰瓦屋面通称“布瓦”或“黑活”。

与西方建筑相比，中国的瓦面做法更多。中国不但创造了与西方相似的筒瓦屋面，还创造了底瓦垄和盖瓦垄都用板瓦的“合瓦”屋面，尤其是创造了带釉的瓦(琉璃)屋面和只用底瓦垄不用盖瓦垄的“干槎瓦”屋面。就瓦面工艺而言，中、西方相比，中国的水平更高，历代相比，清代的水平最高。

瓦面垫层在古建筑中叫做“背”，其施工过程叫做“苫背”。在北方地区，凡做瓦屋面都要先苫背，清中期以后，屋面苫背发展为更加注重防水功能的施工技术。在南方地区，有苫背的，也有不苫背直接在木椽上铺瓦的。

二、清官式建筑屋面

(一) 瓦面与屋脊的一般知识

1. 屋面造型与屋脊名称

如前所述，清官式屋面的基本造型有 6 种。如将硬山、悬山及歇山的前后坡交接处做成圆弧状，叫圆山或卷棚。如做成尖形，叫尖山。屋面做成两层以上的叫重檐。瓦面与瓦面或瓦面与梁枋、墙面交接处要做屋脊，屋脊因所处的位置不同而有不同的名称，即正脊、垂脊、戗脊(岔脊)、围脊、博脊(图 21-6-1)。

2. 瓦面常见种类

(1) 琉璃瓦：园林建筑中除了黄、绿两种最常见的琉璃瓦外，还使用黑、孔雀蓝、紫色、翡翠等多种颜色的琉璃瓦。园林建筑的琉璃屋面还常做成琉璃剪边形式，即以一种颜色的琉璃瓦做檐头和屋脊，以另一种颜色的琉璃瓦做瓦面。琉璃的规格称“样”，从二样至九样共 8 种规格，二样最大，九样最小。

(2) 布瓦：即灰色黏土瓦，有多种做法。①筒瓦。用弧形片状瓦(板瓦)逐块搭接作为底瓦垄，再用半圆形的瓦(筒瓦)逐块对接作为盖瓦垄盖住底瓦垄之间的缝隙。②合瓦，又叫阴阳瓦。底、盖瓦垄都用板瓦逐块搭接做成。③干槎瓦。只有底瓦没有盖瓦，只用板瓦直接铺成屋面，瓦垄与瓦垄相互搭接。④仰瓦灰梗。也是只有底瓦没有盖瓦，底瓦铺好后要用灰堆做出半圆形的梗条盖住瓦垄之间的缝隙。布瓦的规格称“号”，有特(头)号、一号、二号、三号、十号共 5 种规格，特号最大，十号最小。

(3) 其他做法：①石板瓦。以小块薄石片相互搭接铺盖屋面。②“灰平台”。用于平屋顶，以苫抹的灰背或焦渣背作为屋面。③棋盘心。上半部和两侧用合瓦，中间及下半部用灰背或石板瓦。

3. 苫背分层材料做法

目前通行的传统做法：自木望板以上抹一层厚度为1～2cm的麻刀灰，叫护板灰。在护板灰上苫1～2层掺灰泥背，泥内掺麦秸、稻草等，每层厚不超过5cm。泥背上苫1～2层麻刀灰背，每层厚不超过3cm。

在混凝土屋面上可用水泥砂浆或细石混凝土抹找平层。在找平层上做现代防水卷材或防水涂料。防水层上可抹水泥砂浆保护层。可采取必要的防滑措施：如在防水卷材上粘粗砂或小石砾，铺设金属网，在瓦垄中放置细钢筋(前后坡连接)等等。

(二) 琉璃屋脊

1. 硬、悬山屋面

硬、悬山屋面上的琉璃屋脊如图21-6-2所示。

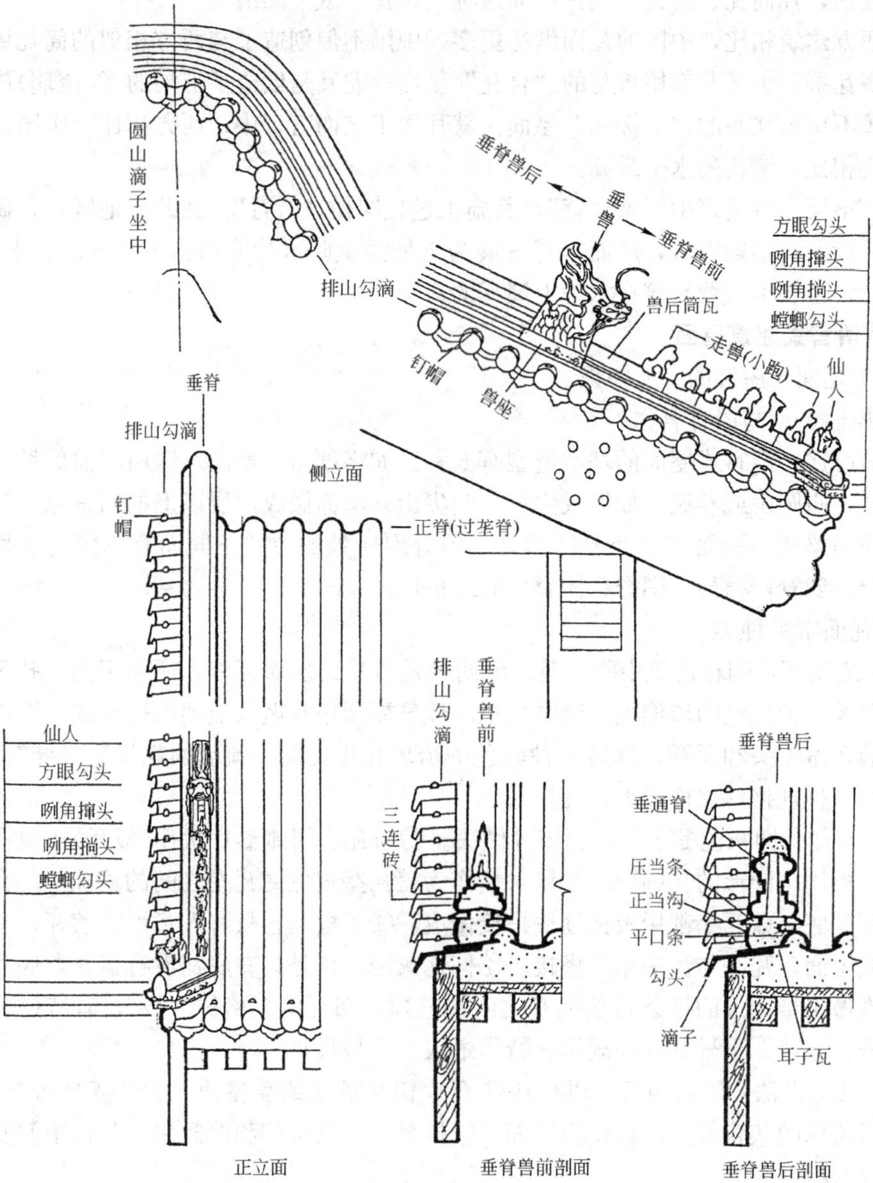

图21-6-2 清官式硬、悬山屋面上的琉璃屋脊(以悬山卷棚式为例)

2. 庑殿屋面

庑殿屋面上的琉璃屋脊如图 21-6-3 所示。

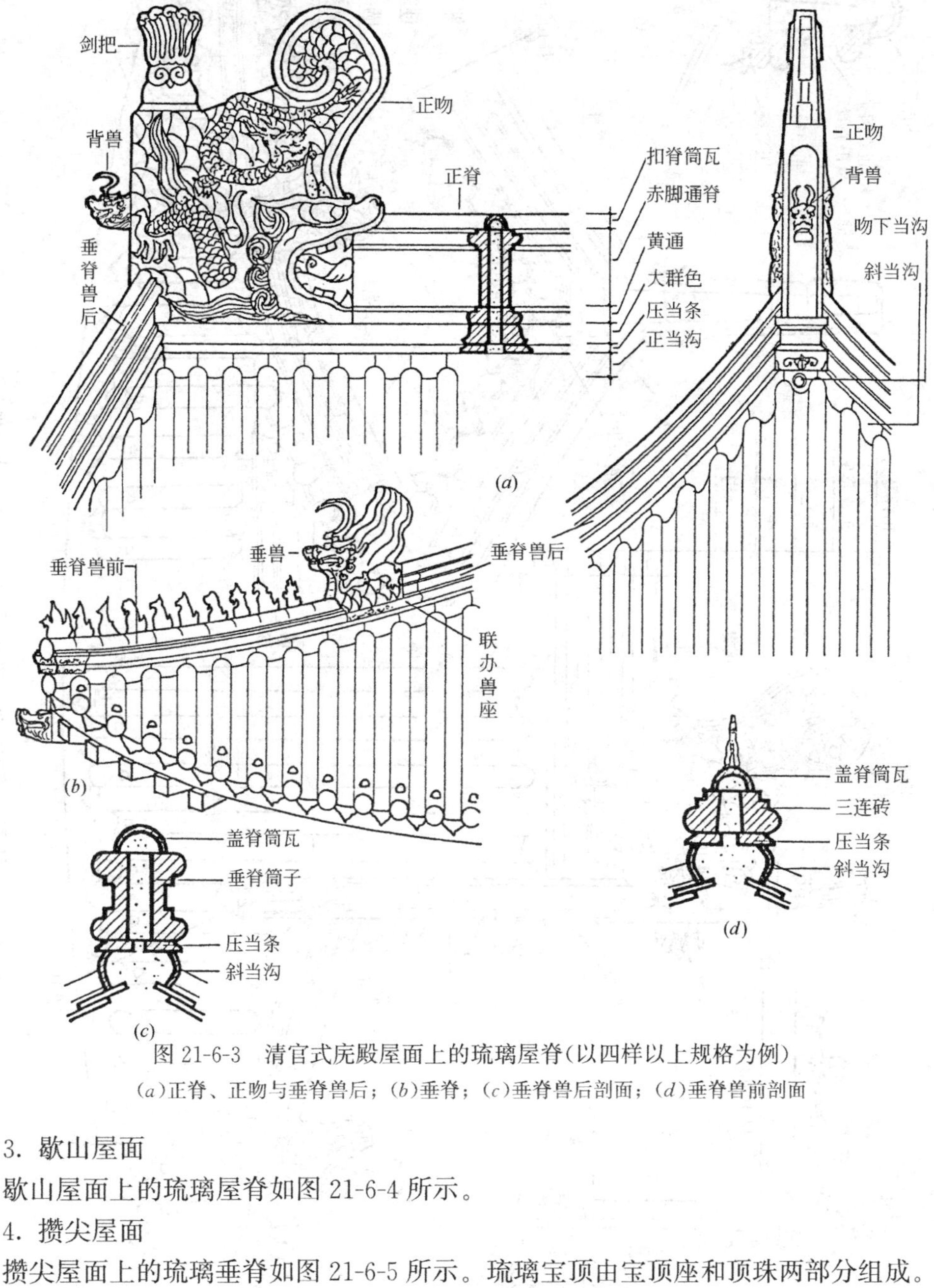

图 21-6-3 清官式庑殿屋面上的琉璃屋脊(以四样以上规格为例)

(a)正脊、正吻与垂脊兽后；(b)垂脊；(c)垂脊兽后剖面；(d)垂脊兽前剖面

3. 歇山屋面

歇山屋面上的琉璃屋脊如图 21-6-4 所示。

4. 攒尖屋面

攒尖屋面上的琉璃垂脊如图 21-6-5 所示。琉璃宝顶由宝顶座和顶珠两部分组成。宝顶座有多种造型，顶珠有琉璃和铜胎镏金两种做法。

5. 重檐屋面

重檐屋面上层檐的屋脊与庑殿、歇山或攒尖屋面的屋脊做法完全相同。无论上层檐的屋面是哪种形式，下层檐的屋脊做法都是相同的，即都要用围脊和角脊。其构造做法如图 21-6-6 所示。

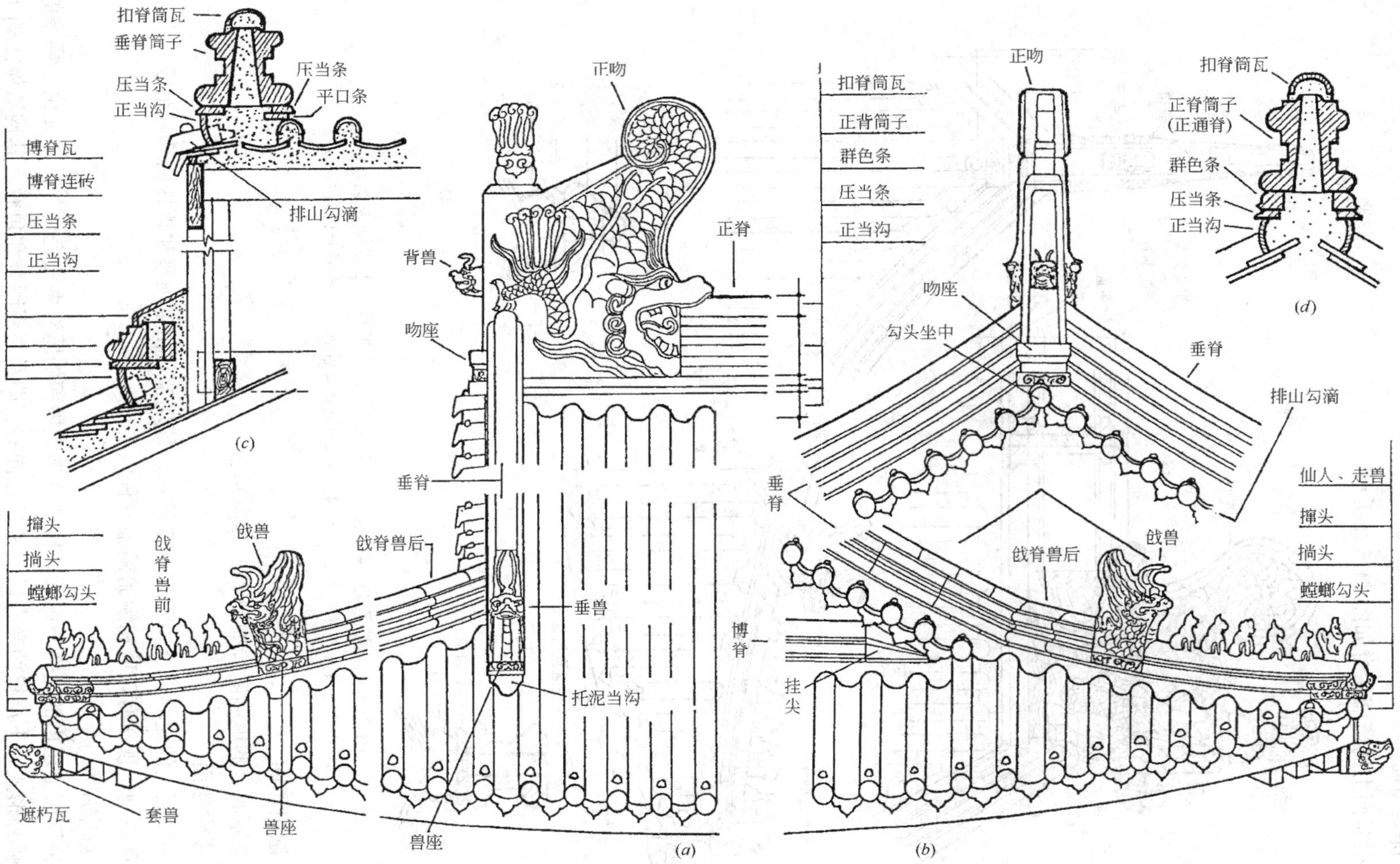

图 21-6-4 清官式歇山屋面上的琉璃屋脊(以尖山式为例)

(a)正立面；(b)侧立面；(c)垂脊及博脊剖面；(d)正脊剖面

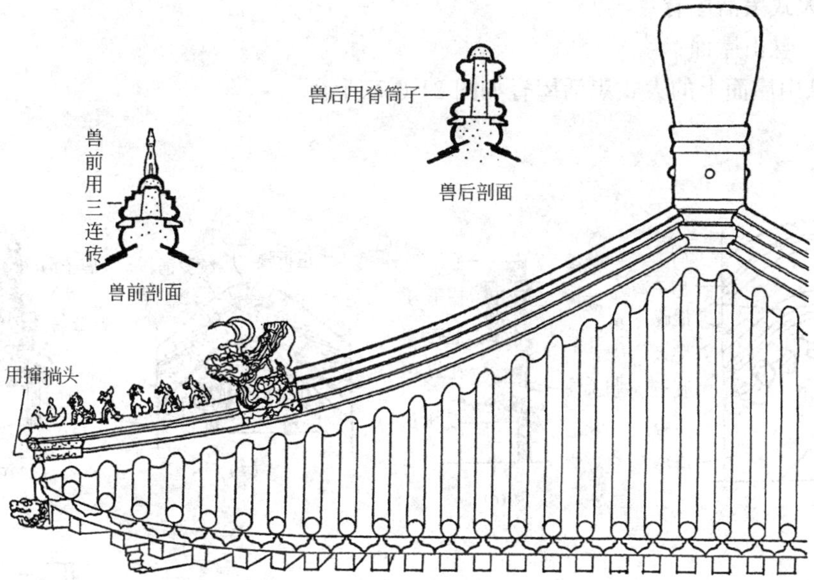

图 21-6-5　清官式攒尖屋面上的琉璃垂脊

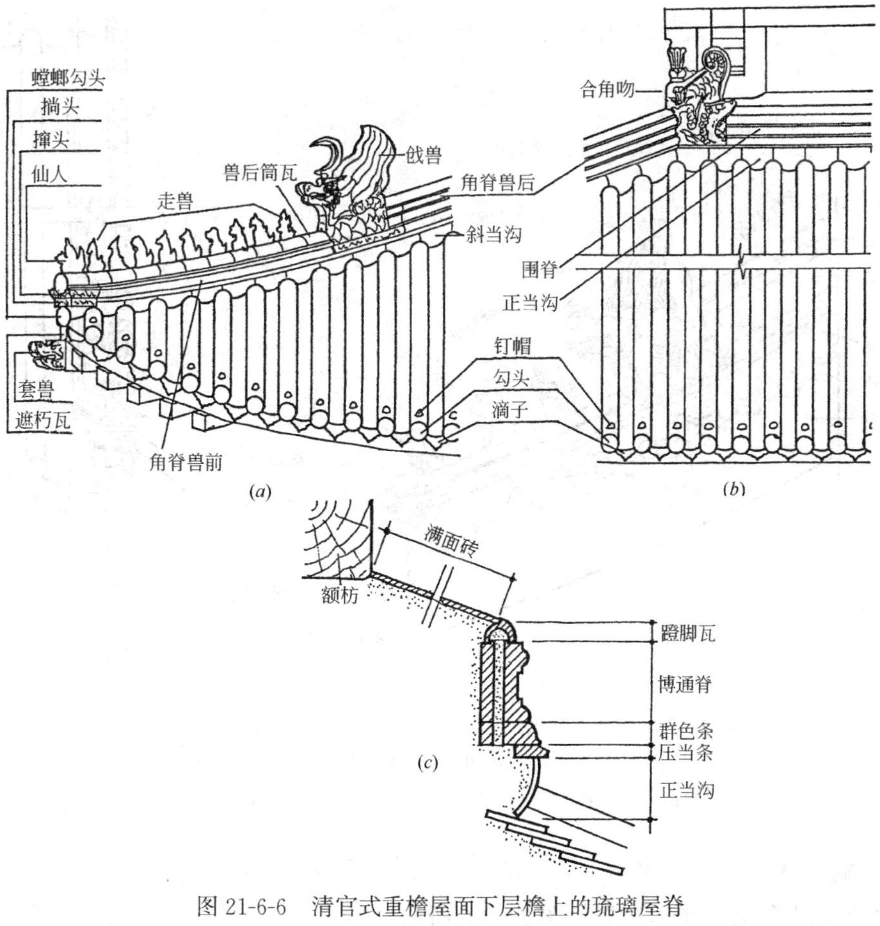

图 21-6-6　清官式重檐屋面下层檐上的琉璃屋脊

(*a*)角脊立面；(*b*)围脊立面；(*c*)围脊剖面

（三）大式黑活屋脊

1. 硬、悬山屋面

硬、悬山屋面上的大式黑活屋脊如图 21-6-7 所示。

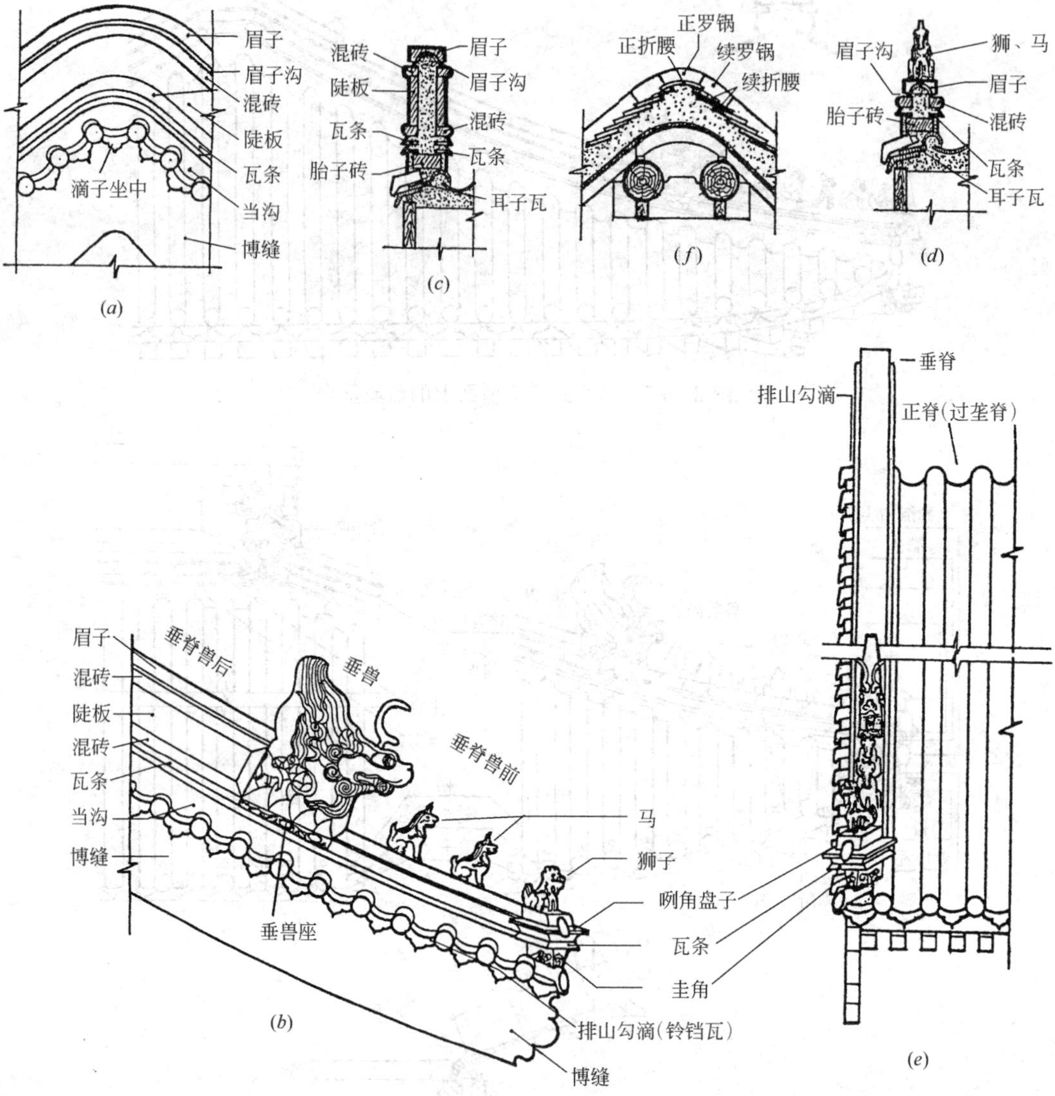

图 21-6-7　清官式硬、悬山屋面上的大式黑活屋脊(以悬山卷棚式为例)

(*a*)箍头脊兽后脊尖部分；(*b*)箍头脊兽后与兽前；(*c*)垂脊兽后剖面；

(*d*)垂脊兽前剖面；(*e*)过垄脊及垂脊正立面；(*f*)过龙脊剖面

2. 庑殿屋面

庑殿屋面上的大式黑活屋脊如图 21-6-8 所示。

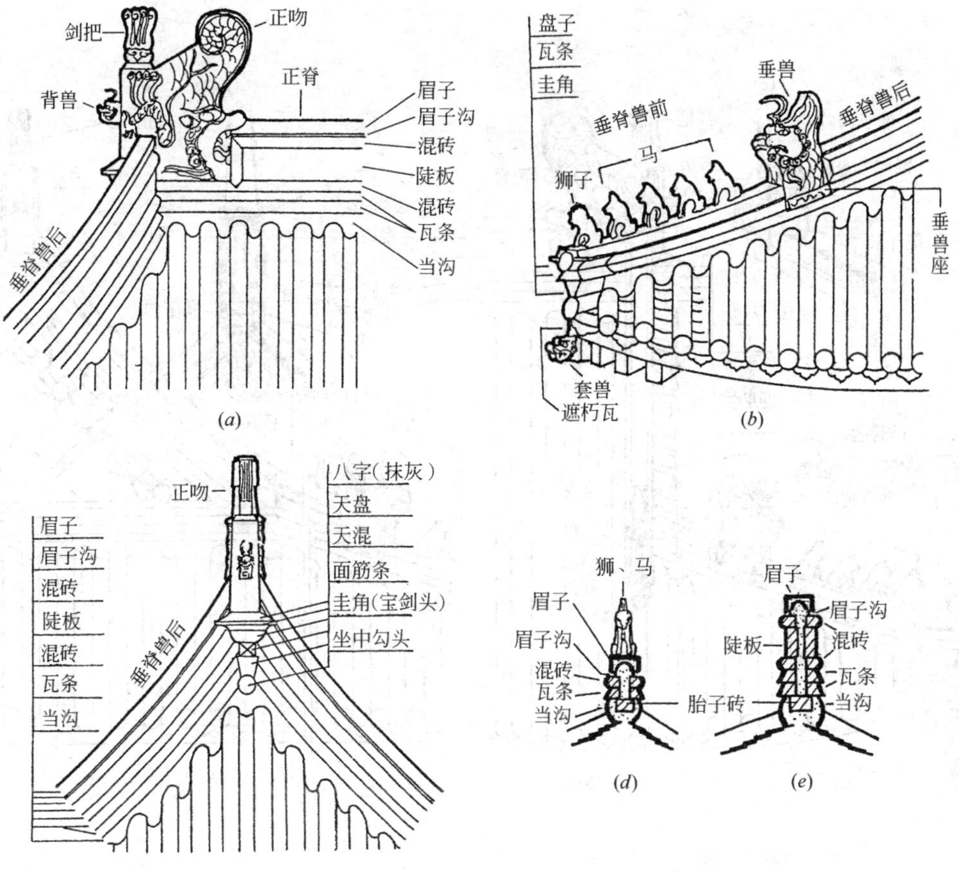

图 21-6-8　清官式庑殿屋面上的大式黑活屋脊

(*a*)正脊和垂脊兽后；(*b*)垂脊兽后与兽前；(*c*)山面；(*d*)垂脊兽前剖面；(*e*)垂脊兽后剖面

3. 歇山屋面

歇山屋面上的大式黑活屋脊如图 21-6-9 所示。

4. 攒尖屋面

攒尖屋面上的大式黑活屋脊如图 21-6-10 所示。

5. 重檐屋面

重檐屋面上层檐的屋脊与庑殿、歇山或攒尖屋面的屋脊做法完全相同。无论上层檐的屋面是哪种形式，下层檐的屋脊做法都是相同的，即都要用围脊和角脊。其构造做法如图 21-6-11 所示。

(四) 小式黑活屋脊

1. 硬、悬山屋面

(1) 正脊

小式黑活屋面上的常见正脊有过垄脊(图 21-6-11)、鞍子脊(图 21-6-12)和清水脊(图 21-6-13)。其中过垄脊用于筒瓦屋面，鞍子脊用于合瓦屋面。清水脊既可用于合瓦屋面，也可用于筒瓦屋面，用于筒瓦屋面时，仅限于十号筒瓦。

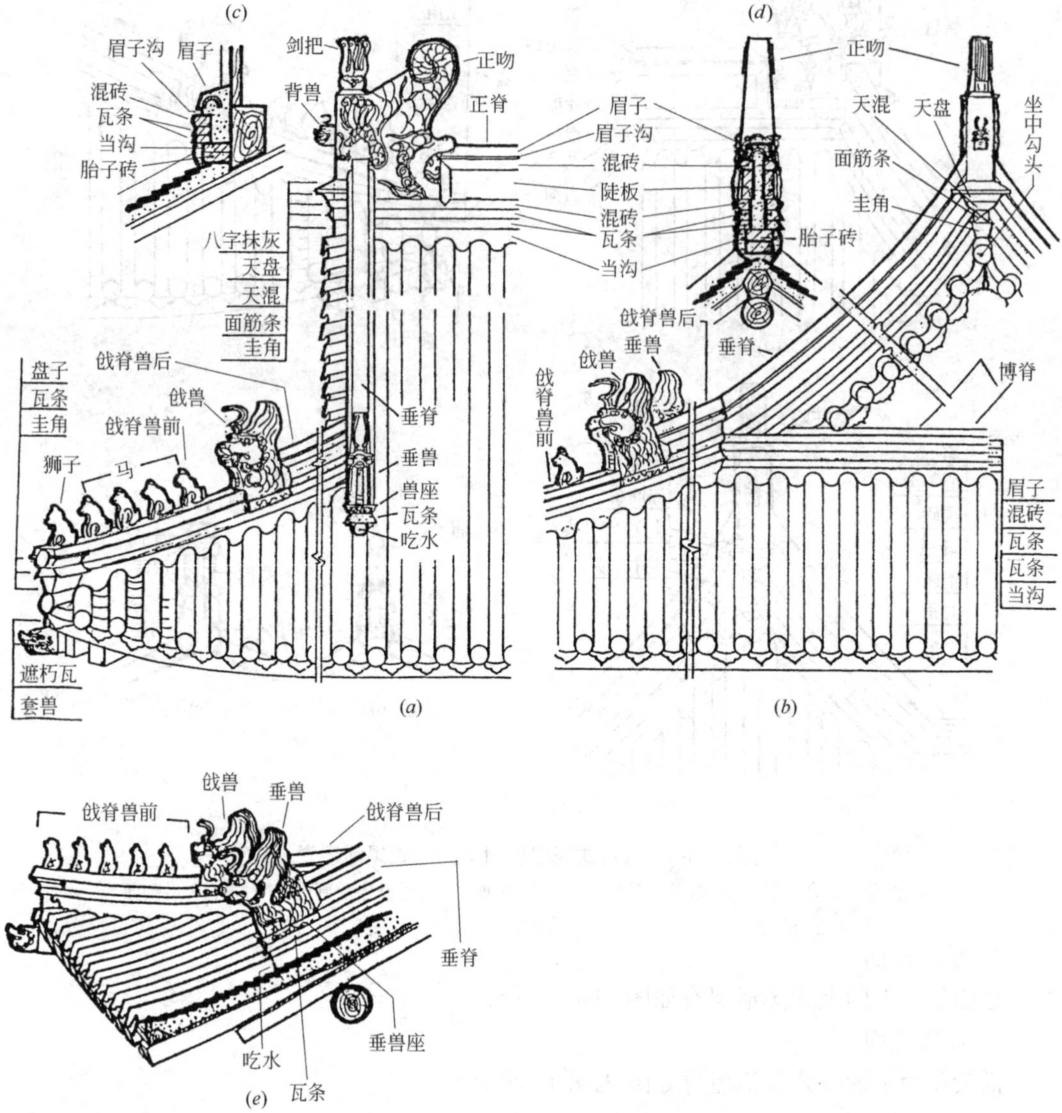

图 21-6-9　清官式歇山屋面上的大式黑活屋脊

(*a*)正立面；(*b*)山面；(*c*)博脊剖面；

(*d*)正脊剖面；(*e*)从内侧面看垂脊和戗脊

(2) 垂脊

硬、悬山屋面小式黑活垂脊有两种：铃铛排山脊(图 21-6-14)和披水排山脊(图 21-6-15)。在一些做法简单的屋面上，往往不做正式的垂脊，而做成“披水梢垄”形式。

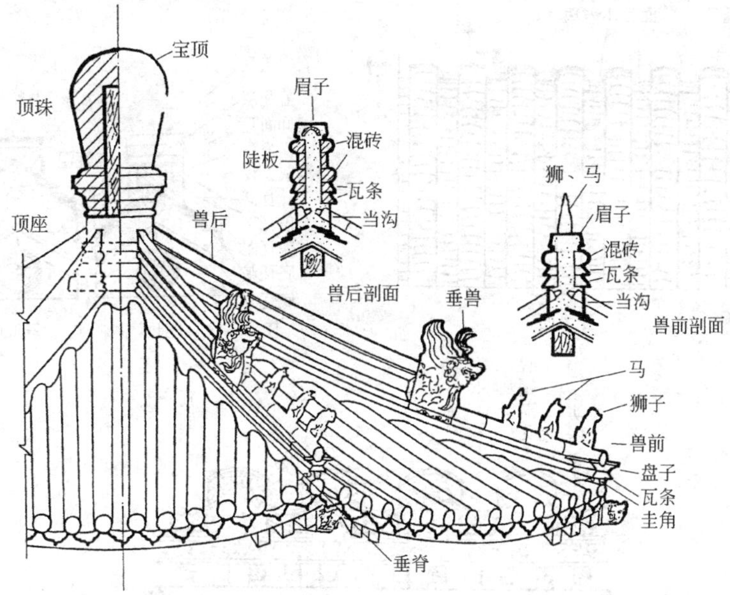

图 21-6-10　清官式攒尖屋面上的大式黑活屋脊

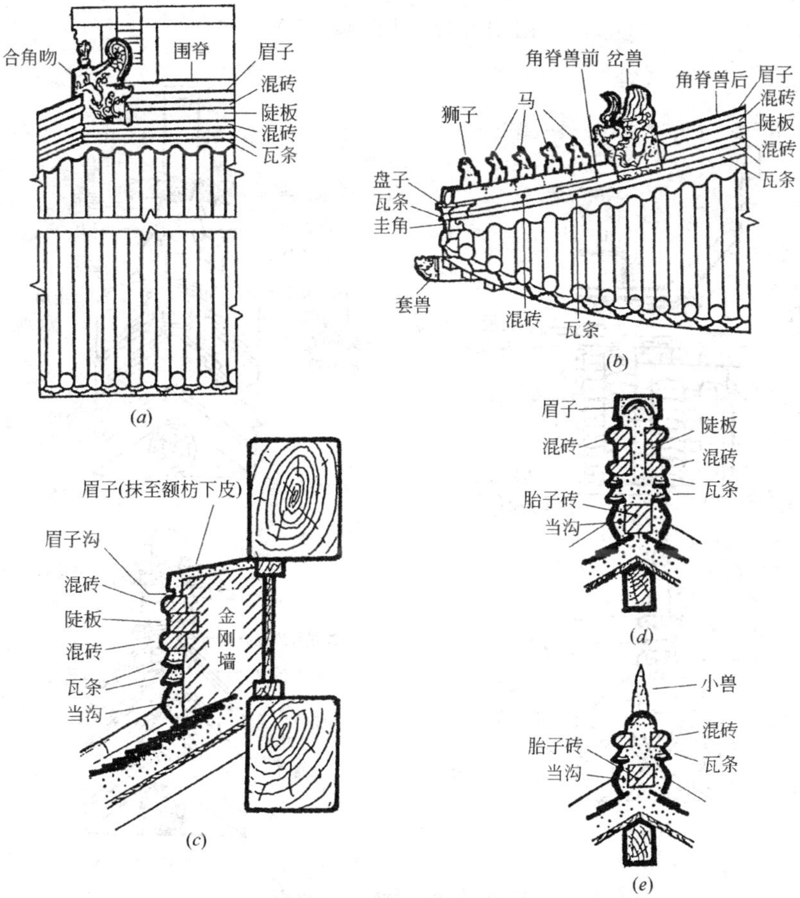

图 21-6-11　清官式重檐屋面下层檐上的大式黑活屋脊

(*a*)围脊与角脊兽后；(*b*)角脊；(*c*)围脊剖面；(*d*)角脊兽后剖面；(*e*)角脊兽前剖面

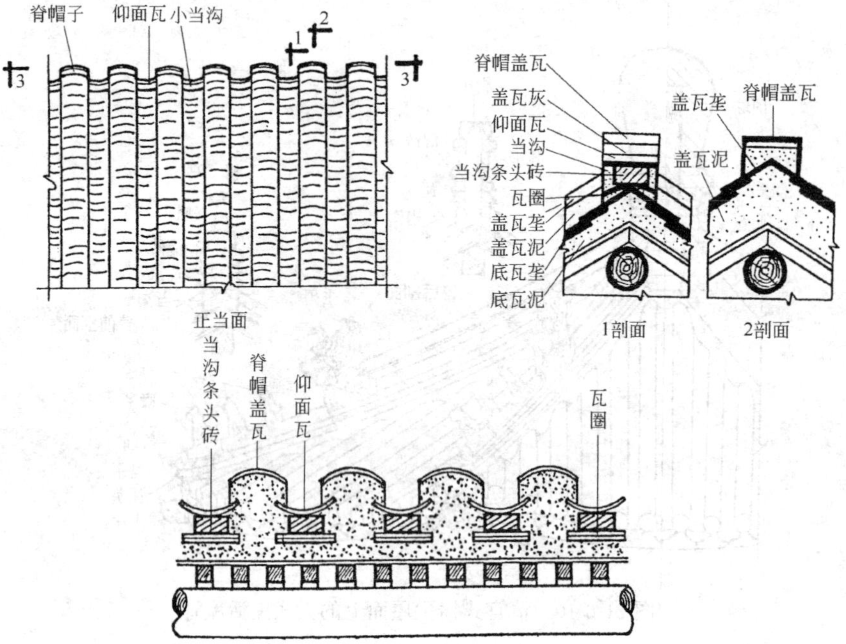

图 21-6-12 清官式鞍子脊

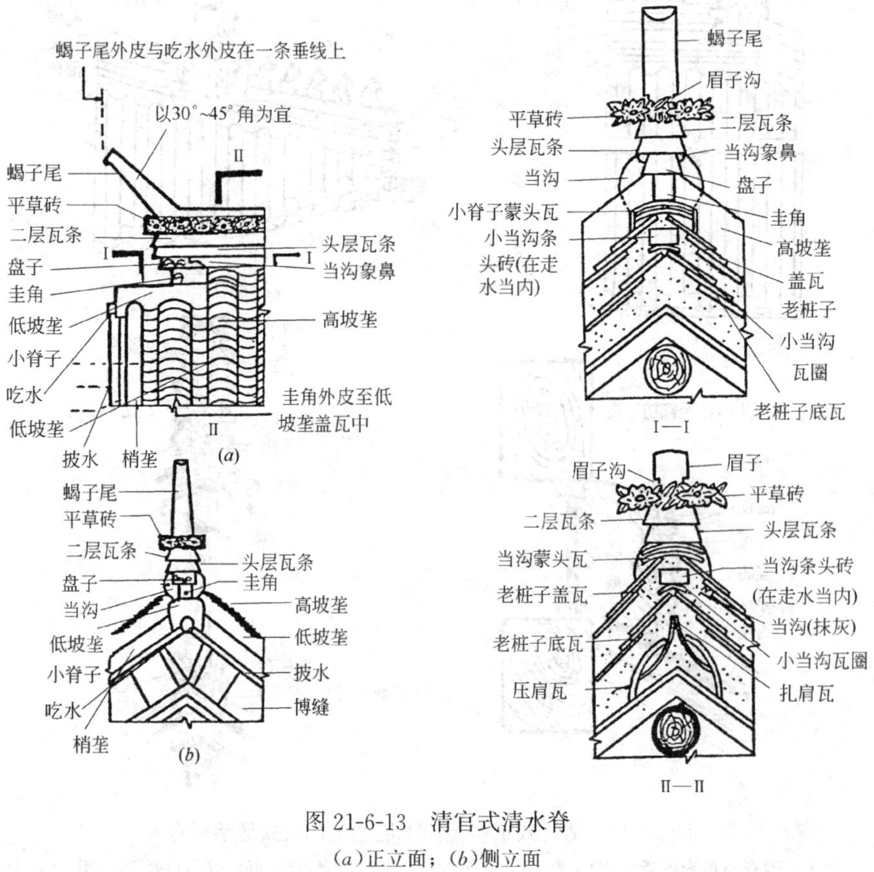

图 21-6-13 清官式清水脊

(*a*)正立面；(*b*)侧立面

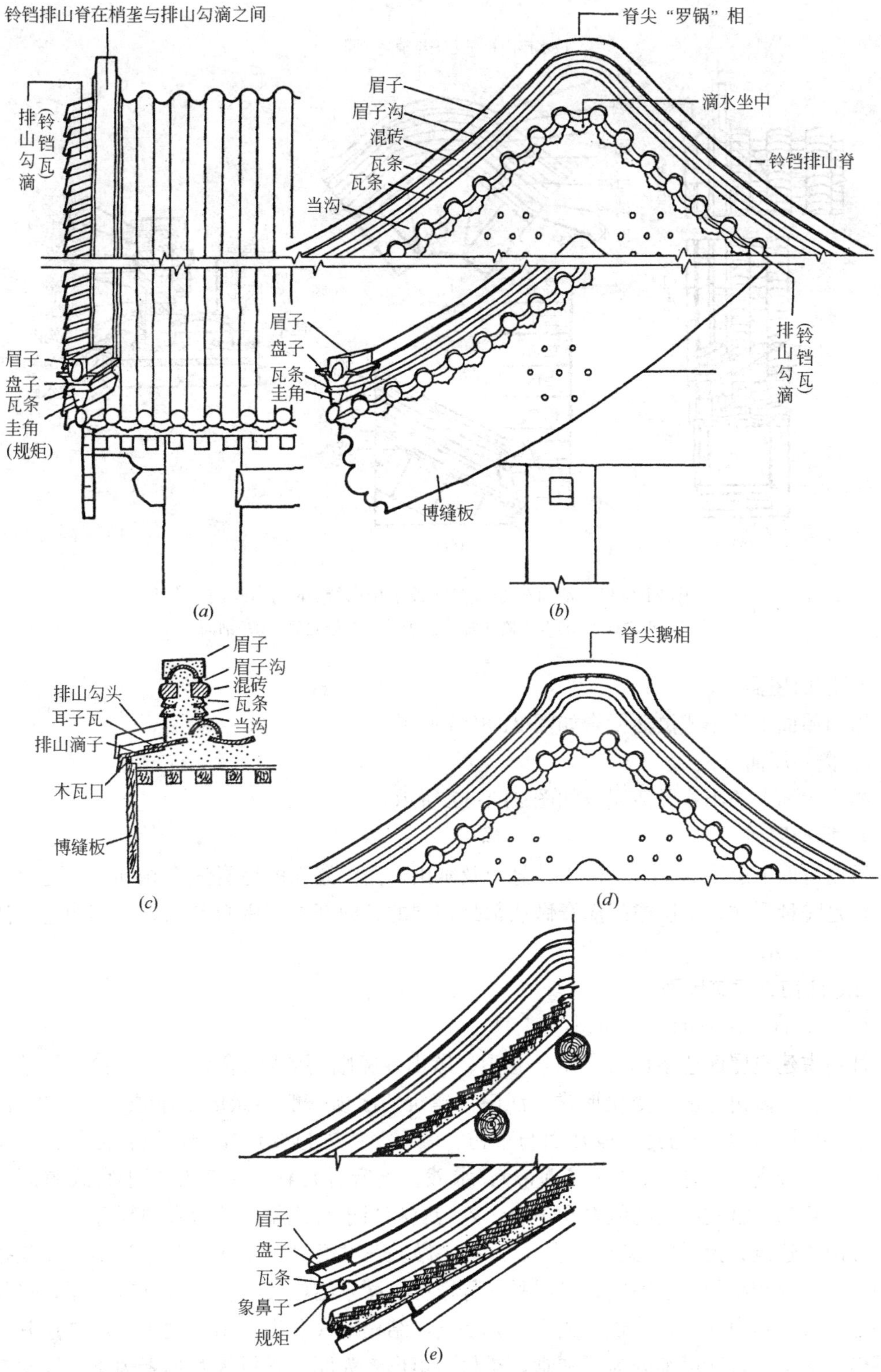

图 21-6-14　清官式小式黑活铃铛排山脊(本例为悬山)

(*a*)正立面；(*b*)侧立面；(*c*)剖面；(*d*)脊尖鹅相的做法；(*e*)从内侧看排山脊

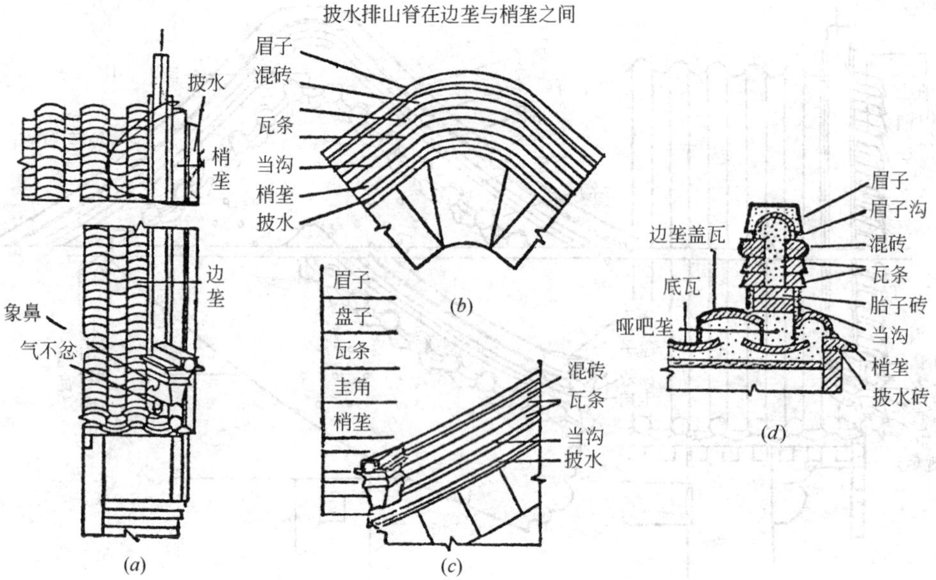

图 21-6-15　清官式小式黑活披水排山脊(本例为硬山)

(a)正立面；(b)脊尖侧立面；(c)垂脊下端侧立面；(d)剖面

2. 歇山屋面

歇山屋面上的小式黑活屋脊如图 21-6-16 所示。

3. 攒尖屋面

攒尖屋面上的小式黑活屋脊如图 21-6-17 所示。

4. 重檐屋面

重檐屋面上层檐的屋脊与硬山、悬山及歇山、攒尖屋面的屋脊完全相同。无论上层檐的屋面是哪种形式，下层檐的屋脊做法都是相同的，即都要用围脊和角脊。其构造做法如图 21-6-18 所示。

三、江南古建筑屋面

（一）瓦面与屋脊的一般知识

江南古建筑屋面造型也有硬山、悬山、歇山、庑殿(称“四合舍”)、攒尖几种基本形式以及重檐、多角等多种变化形式。江南古建筑的屋顶一般不做成平屋顶，庑殿顶(四合舍)也不多见。在瓦面与瓦面或瓦面与梁枋、墙面交接处也要做屋脊，但名称与官式做法不尽相同，分别为正脊、竖带(或垂带)、水戗、赶宕脊几种。竖带相当于官式屋面的垂脊，水戗相当于官式屋面的戗脊和角脊，赶宕脊相当于官式屋面的博脊和围脊。

江南古建筑分为平房(又称民房)、厅堂、殿庭三种类型。平房不是平顶房，而是指结构简单、规模较小的普通民宅。二层平房称楼房。厅堂结构较复杂，装饰较华丽，多作为富裕之家或园林中的主要建筑，或为私人宗祠，结构形式多为歇山或硬山。厅堂按其梁类构件做法的不同，又可细分为厅和堂，梁材为矩形者为厅，梁材为圆形者为堂。厅堂有楼者称楼厅。殿庭俗称大殿，结构最复杂，一般都有斗栱，大都为歇山式样，常作重檐，装饰更华丽，多作为宗教或纪念建筑。

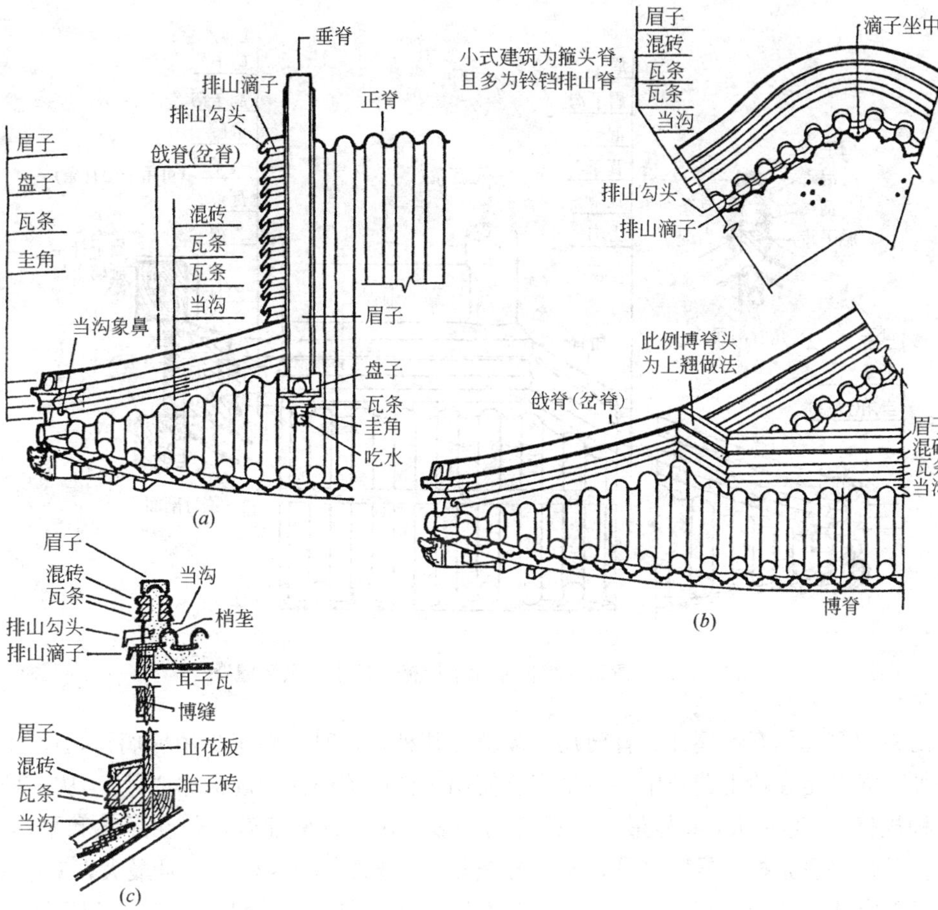

图 21-6-16　清官式歇山屋面上的小式黑活屋脊

(a)垂脊、戗脊、正脊正面；(b)垂脊、戗脊外侧面及博脊正面；(c)博脊、垂脊剖面

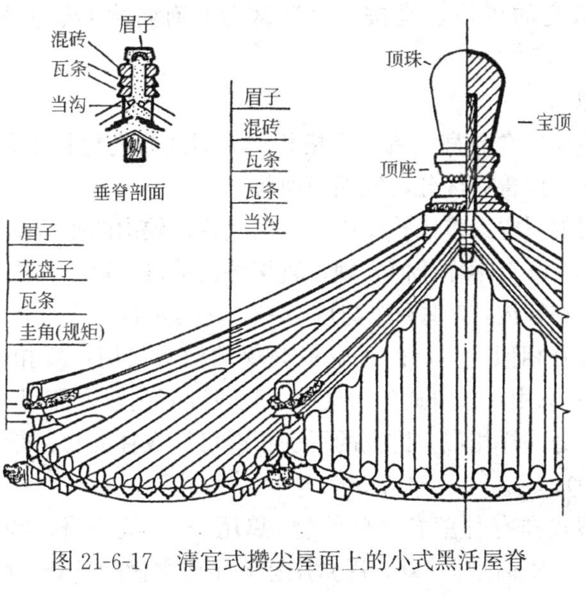

图 21-6-17　清官式攒尖屋面上的小式黑活屋脊

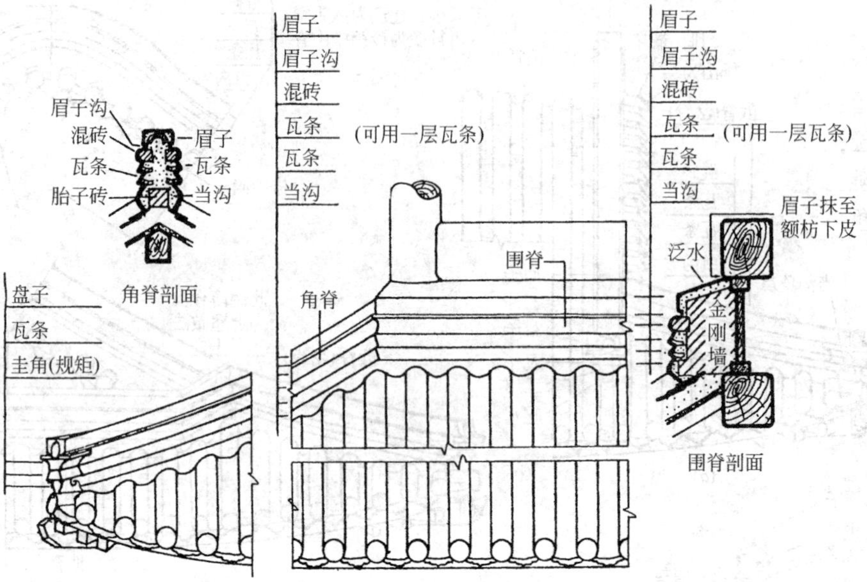

图 21-6-18　清官式重檐屋面下层檐上的小式黑活屋脊

江南古建筑瓦面有琉璃瓦、青筒瓦、蝴蝶瓦几种。古时江南很少用琉璃瓦，民国以后有所增加，尤其是在岭南建筑中，更是多有使用。江南琉璃瓦的规格称“号”，从1号至6号共6种规格，1号最大，6号最小。青筒瓦一般是用于殿庭建筑，但在厅堂和平房中也有使用。其规格也是按“号”区分，有大号及1～5号共6种规格，大号最大，5号最小。蝴蝶瓦类似官式做法的合瓦，也是底、盖瓦都用板瓦。蝴蝶瓦多用在平房或是厅堂上，但也可用在殿庭上。用在平房上时又俗称小青瓦。蝴蝶瓦有两种做法，一种是瓦下铺灰泥，一种是不铺灰泥。不铺灰泥时直接将底瓦摆放在两椽之间，两垄底瓦间空出一椽当，并直接扣放盖瓦垄。蝴蝶瓦的规格也是按“号”区分，有特大号、大号、中号、小号四种规格。

（二）屋脊常见类型

江南古建筑的琉璃屋脊与官式琉璃风格相似，但式样简化且不程式化，竖带(垂脊)、水戗(戗脊)也多不作兽前兽后区分，戗端随曲势上弯。

江南古建筑平房的屋脊大多比较简单。悬山或普通硬山的垂脊部位作法类似官式做法的披水梢垄，更简单者甚至不作任何处理，直接将瓦铺过山墙，伸出墙外。硬山做屏风墙与观音兜的，瓦面压在墙内，“垂脊”与墙合一。平房竖带与水戗较讲究的做法与官式做法中的小式垂脊或戗脊相似。平房的正脊最简单的做法只用瓦反扣遮住前后坡瓦的接缝处，称“游脊”。游脊只用在极普通的平房中，稍讲究者是在脊部用类似铺瓦的方法做出，与官式过垄脊或鞍子脊式样相似。讲究的平房正脊可做成甘蔗脊、雌毛脊(鸱尾脊)、纹头脊等式样(图 21-6-19)。

厅堂正脊的典型式样有甘蔗脊、雌毛脊(鸱尾脊)、纹头脊、哺鸡脊、哺龙脊等(图 21-6-19)。较讲究的厅堂多做哺鸡脊，厅堂用作寺宇时多做哺龙脊。厅堂竖带及水戗的典

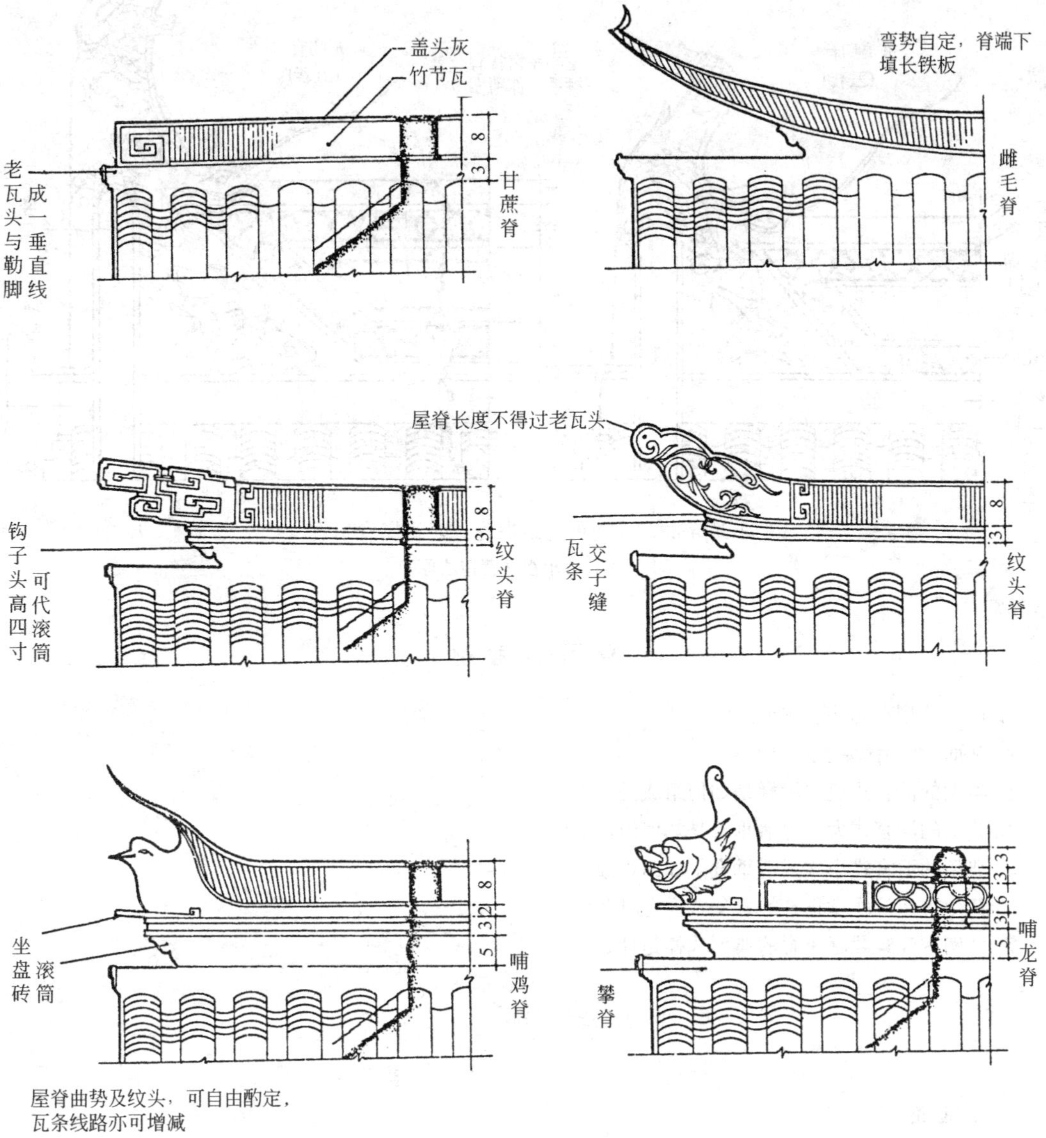

图 21-6-19　江南古建筑平房及厅堂式建筑的正脊式样示例
（本图引自姚承祖《营造法原》）

型做法多先用筒瓦对合成“滚筒”，在滚筒上砌两层瓦条，瓦条上扣筒瓦。水戗戗端用戗座垫高作壶口形，并承以铁板，然后逐层挑出并弯起上扬，或作曲卷状。

殿庭正脊的典型式样是龙吻脊，吻的式样有龙形和鱼龙形，称龙吻和鱼龙吻。竖带和博脊赶宕脊随正脊式样作适当简化。水戗前段与厅堂水戗相似，后段与博脊赶宕脊相似（图 21-6-20）。围脊赶宕脊随正脊式样作适当简化。

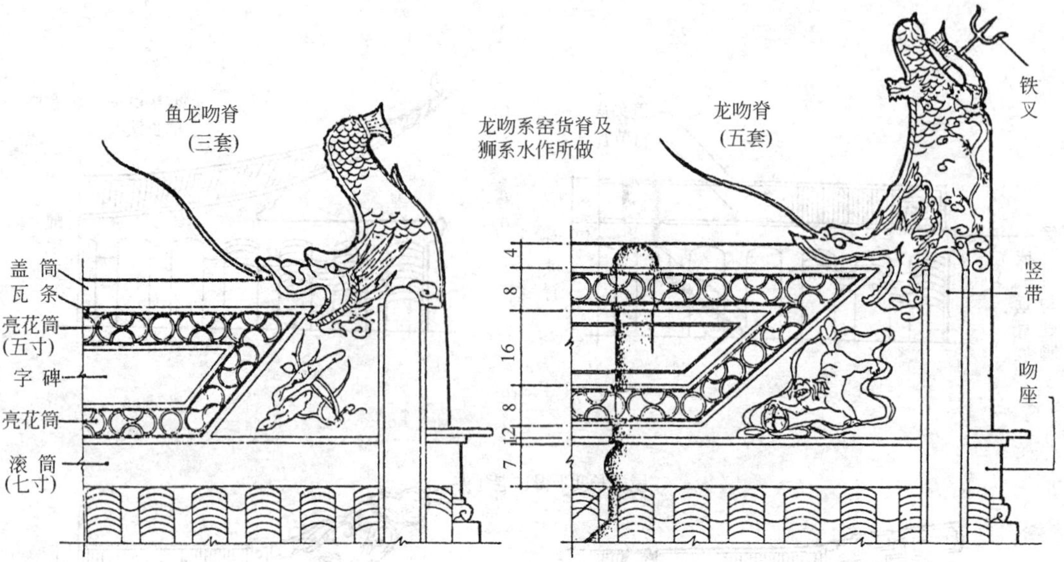

图 21-6-20 江南古建筑殿庭式建筑屋脊示例
(本图引自姚承祖《营造法原》)

复习思考题

1. 屋面造型有哪些基本形式?
2. 瓦面做法有哪些主要种类?
3. 典型的清官式琉璃屋脊是如何组成的?
4. 典型的清官式大式黑活垂脊是如何组成的?
5. 典型的清官式小式黑活垂脊是如何组成的?
6. 江南古建筑厅堂正脊的典型式样有哪些?
7. 江南古建筑殿庭正脊的典型式样是什么?

第七节 地 面

一、通述

古建筑地面的种类主要有:①砖地面。包括方砖和条砖地面,条砖包括城砖和小砖。经特殊工艺制作,质量极好的方砖或城砖称作“金砖”。②石地面。包括毛石、块石、条形石、卵石地面等。③焦渣地面。焦渣与白灰拌和后铺筑的地面。④土地面。以原生土筑打的地面,这是历史上最早的地面做法,直到近代仍有使用。⑤灰土地面。用黄土与白灰拌和后铺筑的地面。用砖、石所做的地面或用砖、石做地面这一过程,在清官式做法中都称作“墁地”,在江南古建筑中则称“铺地”。

现在不少人都以为古代的房子都是用砖铺地,其实在古代用砖铺地是很讲究的做法,对于普通百姓的房子来说,一般都是用土或灰土做地面。虽然至迟在秦汉时期就已经出现了砖做的地面,但直至近现代,土或灰土地面仍很常见。与现代建筑技术不同的是,在古代建筑中最原始的建筑技术可以一直延续,最讲究的做法和最简单的做法可以并行几千年。这一现象同样也反映在墙体和屋面等部位，例如最原始的夯土(或土坯)墙和毛石墙，最原始的茅草房和窑洞到现在还能见到。这是因为最原始的方法肯定都是就地取材，而就地取材是最容易也最省钱的建房方法。步入现代社会后，随着经济水平和人们要求的提高，房子越盖越好，因而一些较原始的技术在逐渐消亡，这无论从建筑史的角度还是从传统技术的角度来说都是一种失传。因此更加全面正确的观点是，不仅仅青砖铺地、干摆砖细和瓦房才是古建筑，黄土铺地、土坯墙和茅草房也是古建筑，而且更远古。

中国建筑的庭院铺地由甬路、散水和海墁组成。散水铺在房子的前后或四周。甬路是院中的道路，在宫殿中称御路。海墁铺在甬路以外。与现代园林地面不同的是，中国式的庭院往往要全院一铺到底。目前经常见到的在甬路之外铺设草坪的“公园式”的做法不是正宗的中国庭院地面形式。

古建地面尤其是砖墁地面是很讲究拼缝形式的，例如同样是方砖地面，在清官式做法中，趟与趟之间必须错半砖(称十字缝)，而在江南古建筑中，多做成横竖缝均相通的“井字格”形式。

古建地面的基层(垫层)传统做法通常有 4 种：①将原土找平夯实后作为基层。②筑打灰土作为基层。③筑打三合土(白灰、黄土、砂子)作为基层。④叠铺多层砖作为基层。地面与基层之间的结合层的传统作法通常有 3 种：①用掺灰泥铺墁。②用白灰铺墁。③用干砂铺墁。

二、清官式建筑地面

1. 地面种类

官式建筑地面无论室内还是庭院均以砖墁地居多，宫殿建筑在重点部位用方整石料铺墁。园林庭院除砖料外，也偶用青石板或鹅卵石等铺墁。砖墁地如按砖的规格划分，有方砖类和条砖类两种。方砖类包括尺二方砖、尺四方砖、尺七方砖以及各种规格的金砖等。条砖类包括城砖、地趴砖、停泥砖、四丁砖等。砖墁地如按做法划分，有细墁地面和糙墁地面两大类。细墁地面的做法特点是，砖料经过了砍磨加工，因此砖的尺寸准确统一、棱角完整挺直、表面平整光洁。砖与砖之间的缝隙很细，表面经桐油浸泡，地面平整、细致、洁净、美观、坚固耐用。细墁地面多用于大式或小式建筑的室内，做法讲究的宅院或宫殿建筑的室外地面也常采用细墁做法，但多限于甬路、散水等主要部位，极讲究的做法才全部采用细墁做法。细墁地面一般都用方砖，小式建筑的室外细墁地面多使用方砖，大式建筑的室外细墁地面除方砖外，还常使用城砖。在明清官式建筑中，金砖只用在宫殿建筑的室内，其铺墁方法类似细墁地面。糙墁地面的做法特点是，砖料不需砍磨加工，砖与砖之间的接缝较宽，砖的相邻处的高低差及整个地面的平整度与细墁地面相比，都要显得粗糙得多。在大式建筑中，多用城砖或方砖糙墁，小式建筑多用方砖糙墁。普通民宅多用四丁砖、开条砖糙墁。

2. 砖墁地排砖通则

(1) 方砖应按“十字缝”排砖(图 21-7-1～图 21-7-4)。

(2) 室内及廊内方砖地面，通缝应与进深方向平行；砖的趟数应为单数；门口正中位置的地块砖应为整砖(图 21-7-1)。

(3) 甬路与海墁的砖缝排列关系：①甬路砖的通缝方向多平行于甬路走向。②海墁砖的通缝方向多垂直于甬路走向。

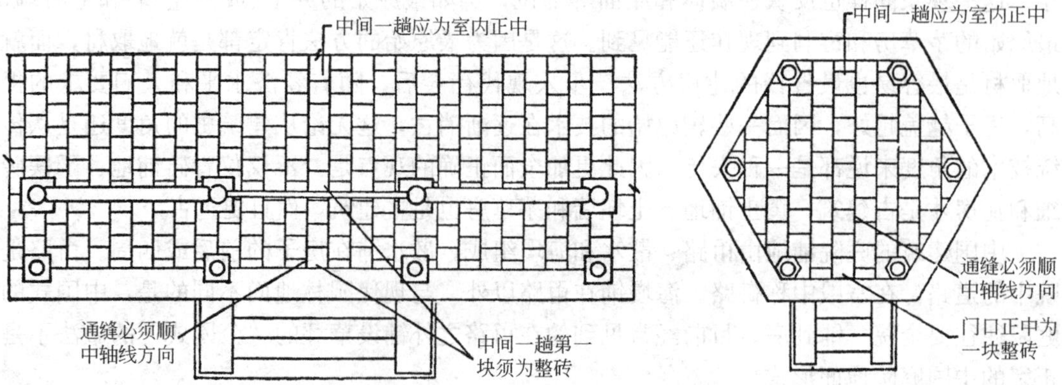

图 21-7-1　清官式室内及廊子地面方砖分位

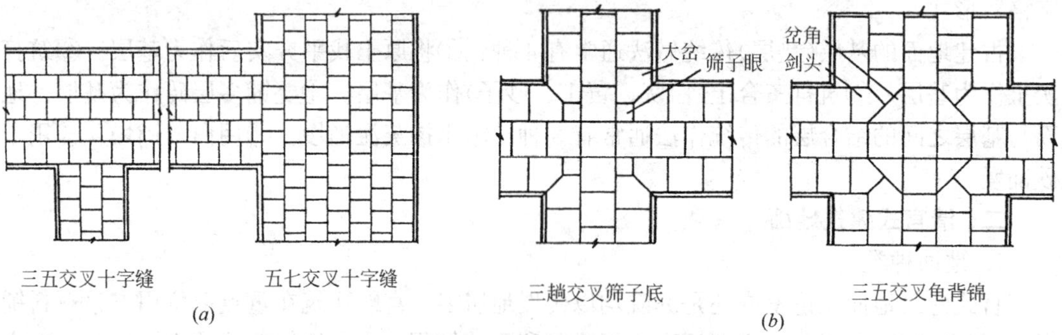

图 21-7-2　清官式方砖甬路交叉转角处的排砖规则

(a)大式排砖规则；(b)小式排砖规则

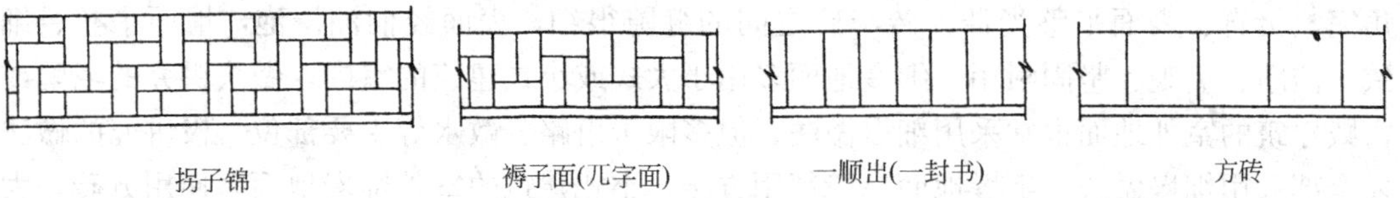

图 21-7-3　清官式散水常见排砖方法

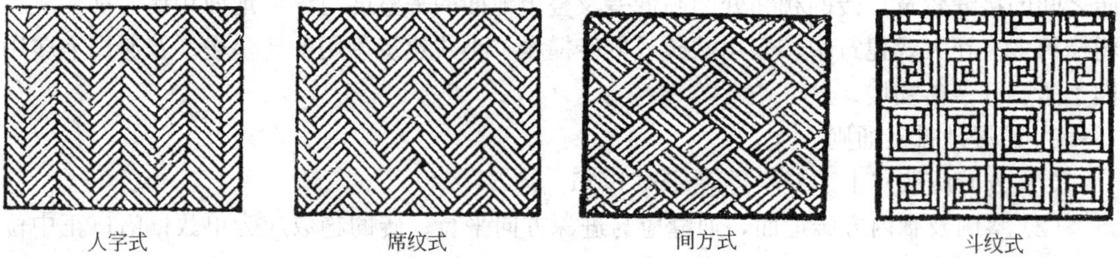

图 21-7-4　江南古建筑黄道砖铺地常见形式

(本图引自金石声《江南古建筑地面构造做法》)

(4) 甬路交叉转角处的砖缝排列形式有大、小式之分，其分位规则如图 21-7-2 所示。

(5) 散水排砖的常见形式如图 21-7-3 所示。

三、江南古建筑地面

江南古建筑室内铺地砖铺地以砖为主，常见的是方砖或黄道砖铺地。黄道砖是一种长约 17cm、厚约 3cm 的条形砖，用于铺地时多将砖陡置并拼成图案，常见的式样有 4 种(图 21-7-4)。除方砖和黄道砖外，也有用其他条砖铺地的。在江南古建筑中最讲究的做法是用金砖铺地，这与官式建筑只在重要的宫殿室内才用金砖墁地的习惯有所不同。

江南古建筑的室外铺地以石料和砖料为主，园林铺地以石料为主。常见的石地做法如：乱石(毛石)地、方整石地、条石地、冰裂纹石板地(图 21-7-5)。

最能代表江南园林庭院铺地风格的是“花街铺地”。这是一种用砖、瓦、各色卵石或陶瓷碎片拼出各式图案花饰的铺地形式(图 21-7-6)。

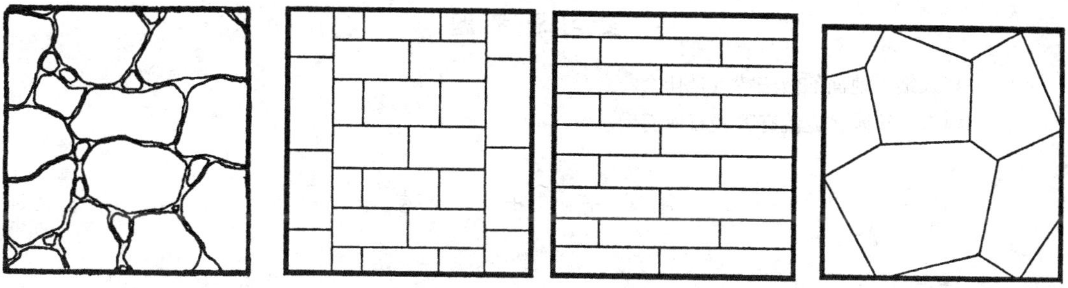

乱石铺砌　　方整石铺砌　　条石铺砌　　冰裂纹铺砌

图 21-7-5　江南古建筑石材铺地常见形式

(本图引自金石声《江南古建筑地面构造做法》)

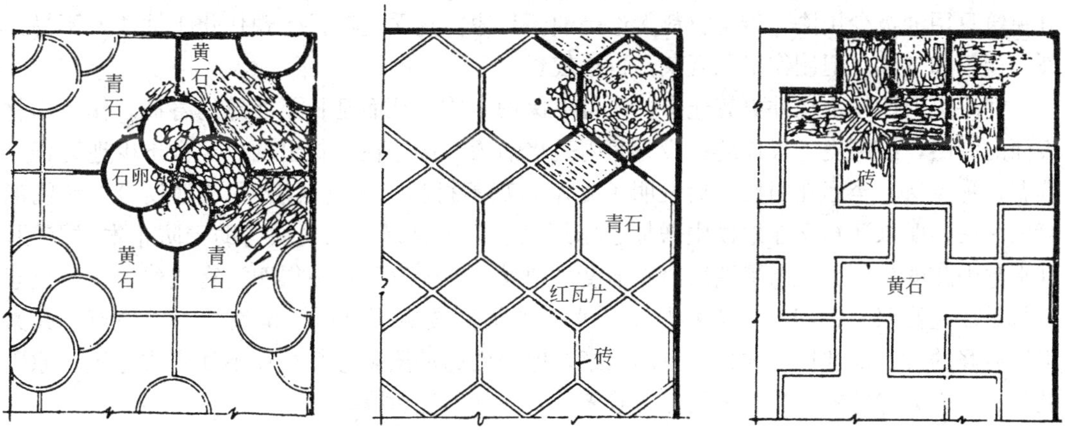

十字海棠式　　套六角式　　卍 字式

图 21-7-6　江南古建筑花街铺地常见形式(一)

冰纹梅花式　　葵花式　　八角橄榄景

图 21-7-6　江南古建筑花街铺地常见形式(二)

(本图引自姚承祖《营造法原》)

复习思考题

1. 清官式细墁地面的做法特点是什么?
2. 江南古建筑园林庭院有哪些石地面做法?

第八节　油　　漆

一、通述

油漆的历史在中国至少已有 6000 年以上。早期使用的油漆是天然材料，清晚期以后逐渐被现代化工材料所取代，近年来在一些文物保护工程中复又要求使用天然材料。对于传统油漆来说，可细分为两类，一类是油，以桐树籽榨出的油(桐油)为主要材料制成；另一类是漆，以漆树上流出的乳液(生漆)为主要材料制成。南方地区建筑既用油也用漆，北方建筑只用油极少用漆。传统材料无论是油还是漆，其质量都优于现代化工油漆，不易开裂、褪色和老化。但制作工艺复杂，价格较贵。

油漆不但能使木构件更有光彩，还可以保护木质，从而延长了建筑的寿命。作为木材表面的涂层，在历史上很长的一段时间内是将油漆直接涂在木材上的，至今不少地区仍延续着这种做法。至迟在明代以后发明了先用砖灰等材料做成基底层(称“地仗”)再涂刷油漆的做法，明末清初又在地仗中增加了麻纤维层。地仗形成的壳层有助于防止木材开裂，其平整细腻的表面更提高了油漆的光洁度。地仗工艺的发明，使得明清官式建筑比历代建筑都更加光彩照人，同时也为彩画工艺水平的提高奠定了基础。南方的一些建筑，其大木、装修的做工往往比官式建筑更加精细，但表面的油漆观感却往往不如官式建筑，原因就是有些南方建筑的油漆工艺仍保持着宋元时期的做法风格。

历代都十分重视和讲究油漆的色彩。《考工记》记述夏朝崇尚黑色，商朝崇尚白色，周朝崇尚红色。《礼记》记述春秋战国时“楹(柱)：天子丹(红)、诸侯黝(黑)、大夫苍(青)、士黈(黄)”，说明自古以来油漆色彩与时代习尚、社会等级都有密切的关系。明清以后，色彩更趋丰富，据清工部《工程做法则例》所记载的油漆颜色就有22种之多，各地区各民族的油漆颜色也十分丰富。至清代晚期以后，中国建筑的油漆颜色以红、黑、棕、绿四种颜色为主，其中最具中国特色的油漆颜色当属红色。

二、清官式建筑油漆

(一) 工艺特征

古建筑的木构部分，即大木构架、斗栱和装修，凡露明的部分，其表面一般都要做油漆。清官式建筑的油漆由两部分做成，即基底层和表层。基底层称“地仗”，表层称“油皮”。

1. 地仗

地仗除作为油漆基底层外，也是彩画的基底层。地仗有两大类做法，一类是以多层地仗灰为基料，灰层间夹以麻(线麻)、布(夏布)等纤维材料，称“麻灰地仗”。根据地仗灰的遍数多少和用麻(或布)的不同，有“一麻五灰”、“一布五灰”、“两麻六灰”、“两麻一布七灰”等不同做法，其中最常见的做法是“一麻五灰”。另一类地仗做法称“单披灰”，即只用砖灰层，不用麻(布)纤维层的地仗做法。根据披灰的遍数多少，有“四道灰”、“三道灰”、“两道灰”等不同做法。麻灰地仗主要施用于大木构件、槛框及门窗大边上。单披灰地仗主要施用于斗栱、椽望、门窗心屉及雕刻件上。

地仗灰主要由砖灰、油满和血料按一定比例调制而成。其中砖灰是地仗材料中的骨料，用砖瓦经粉碎过箩制成细小的颗粒或粉末，因不同的灰层对灰的细度要求不同，有粗、中、细三类七种规格。油满是地仗材料中的粘接材料，用灰油、白面和石灰水按一定比例调制而成。灰油是用生桐油掺少量土籽灰和樟丹熬制而成的。地仗材料中掺入血料可以增加地仗灰的强度。血料是用新鲜的猪血经处理后再加入适量的石灰水制成的。明代只用油满不用血料，清代用血料替代部分油满。

麻灰地仗较之单披灰地仗在工艺上更具官式做法特征，一麻五灰则是麻灰地仗中最常见的做法，现将其工艺简要叙述如下：斩砍(在木料表面砍出斧迹)→撕缝下竹钉(将木料上的细缝撕开，大缝用竹钉或竹片塞严)→汁浆(用油浆涂刷木料表面，油浆用油满、血料加水调成)→捉缝灰(将木料上的缝隙用砖灰填严)→通灰(又叫扫荡灰，用籽粒较大的砖灰将木料表面全部覆盖)→使麻(将麻均匀地粘在砖灰上并轧实)→压麻灰(将麻磨毛再用砖灰覆盖之)→中灰(用中等籽粒的砖灰再次覆盖找平)→细灰(用籽粒细小的砖灰进一步将地仗找平)→磨细钻生(磨平地仗并涂刷生桐油)。

在仿古建筑施工中常对传统工艺做一些改革，较成熟的做法是对混凝土构件地仗的改革，如：不用麻灰地仗，只做单披灰地仗；汁浆改为涂刷界面剂(如众霸胶)；砖灰中不用油满和血料等传统材料，改用纤维素、乳胶和水泥等现代材料等等。实践证明效果不错。近年来有用普通石膏腻子代替砖灰做地仗的，但普通石膏腻子的质量无法与砖灰相比，尤其是用于室外时，质量更是无法保证，因此这种做法是不可取的。

2. 油皮

油皮所用的传统材料称“光油”。光油是用生桐油和苏子油掺少量土籽、黄丹、淀粉、松香熬炼而成的。油皮一般要刷四遍，前三遍油内应掺颜料，最后一遍油则为清油。在现代施工中，除文物建筑有特殊要求外，一般已将传统光油改为现代化工油漆。

（二）清官式油漆用色规律

中国建筑油漆颜色有其用色规律，尤其是官式做法，有许多更是已成定式。用色是否正确决定着建筑的“衣着相貌”是否具有标准的中国味道，某些仿古建筑之所以让人觉得不伦不类，常常就是因为油漆颜色不对造成的。明清官式油饰的常见用色规律如下：①皇家宫殿的大木及门窗多用朱红色（大红）或二朱红（银朱加铁红），王府多为银朱紫（银朱加紫）。普通宫殿或庙宇多用二朱红或铁红色。②小式建筑的大木及门窗用铁红或羊肝色。③柱子按圆柱和方柱分色。宫殿圆柱为朱红或二朱红，普通建筑为铁红。方柱（廊柱）为绿色（绿指墨绿，下同），但皇宫中的重要建筑的廊柱仍为朱红或二朱红。④装修的槛框及槅扇应与柱子同色，如柱子为铁红色，其内的槛框和槅扇即为铁红色。⑤一般建筑的门窗心屉及支摘窗刷绿色。宫殿的门窗心屉及支摘窗同槛框、槅扇颜色，即应为朱红或二朱红，但宫殿群中的住所及皇家园林建筑也可用绿色。⑥宅院大门用铁红、羊肝色、黑色、绿色或瓦灰色，铺户场门多用黑色。屏门多为绿色，居室风门多为铁红色，院内廊子门洞的筒子板多为黑色，也可用瓦灰或绿色。⑦小式建筑有一种“黑红镜”做法，现代已不常使用，其特点是以黑、红两色为主色，相互调换使用，偶尔也间以绿色，例如：柱檩枋及门窗为黑色，槛框为铁红色，或柱檩枋及槛框为黑，门窗为铁红。又如什锦窗贴脸为黑色，边框为朱红，仔屉为绿色。再如院门槛框为红色，大门为黑色，大门上对联的衬底色又为红色等等。⑧廊柱间的坐凳栏杆、坐凳面同柱子色，坐凳楣子的大边固定为银朱色，楣子则与坐凳面相区分，如，圆柱为铁红方柱为绿色，坐凳面即为绿色，楣子则为铁红；如柱为铁红，坐凳面即为铁红，楣子则为绿色。但大边均应刷银朱色。⑨廊子倒挂楣子的大边固定为银朱色，棂条正面刷绿漆或红漆（与柱子颜色对调）。棂条也可不刷油漆而刷颜料，用青绿二色（青指群青蓝色，下同）。棂条侧面一律刷香色或樟丹。⑩木栏杆彩画部分以外，一般为铁红或银朱红，无彩画的栏杆常为绿色。⑪斗栱、雀替和花板，除彩画和贴金部分外，均为银朱红。⑫连檐和瓦口固定为银朱色，望板为铁红色，椽子如椽头无彩画，固定为青、绿两色，飞檐椽头施绿，老檐椽头施青。如只有一层椽子，一般用青色。椽子按“红帮绿底”规则分色，即露明的前五分之四部分的侧面下半部（约占五分之三）连同底部刷绿色，其余部分都刷铁红色。⑬山花板和博缝板一般为铁红，少数宫殿建筑也有用二朱红的。⑭官署衙门从大门、大木到槛框、门窗、心屉等多通刷黑色。⑮室内装修多为硬木色。

三、大漆

大漆是一种天然漆。它是以漆树上割取的汁液经加工制成的漆的统称。因用途不同有多种加工方法，并形成了多种产品，如生漆、熟漆（推光漆）等。大漆施工要求的气温应保持在20～30℃，湿度应保持在80%，因此适用于南方地区，北方地区除了牌匾等可在室内操作的以外，一般不采用大漆做法。与官式油漆工艺相似，大漆工艺也要分基底层和表层两部分来做，即先做漆灰地仗，再做漆皮。漆灰地仗也有麻灰地仗（或布灰地仗）和单披灰地仗（包括单披灰夹纸地仗）两大类。其工序做法也与官式油漆地仗做法类似，但不钻生桐油而应操生漆，以麻灰（或布灰）地仗为例，其一般工序为：基层处理（撕缝下竹钉等）→操生漆→捉缝灰→溜缝（用夏布条糊裂缝处）→通灰→糊布（或使麻）→压布（或压麻）灰→细灰→磨细漆灰→操生漆。地仗干透后才能施涂大漆，一般应涂饰三道。建筑上使用的大漆颜色以黑色和棕色为主。

复习思考题

1. 官式油漆地仗灰是如何调制的?
2. 官式油漆一麻五灰地仗的工艺过程是什么?
3. 清官式油漆有哪些用色规律?
4. 大漆麻灰地仗的工艺过程是什么?

第九节 彩 画

一、通述

(一) 中国建筑彩画概况

据考古发现，原始时期就有建筑彩画，文献证明周代已在梁枋上施彩画。秦、汉、南北朝时期图案纹样已十分丰富。到了隋唐时期工艺技法已很成熟，并已形成了彩画制度。宋代彩画进一步完善，出现了五彩遍装、青绿彩画和土朱刷饰三类形式，梁额彩画构图形成定式，彩画工艺中的典型技法退晕与对晕等也已成熟。由官方编修的《营造法式》一书中记录了详尽的彩画内容，说明中国建筑彩画至宋代无论是设计、施工还是管理，无论是图案、构图、工艺还是等级制度等比起前代都更加完备。元代在沿袭着宋代彩画风格的基础上，创造出了被后人称为"旋子彩画"的形式，并出现了墨线点金五彩遍装、墨线青绿叠晕装和灰底色黑白纹饰三种装饰等级。明代在元代彩画的基础上继续演变，构图更加严谨，枋心部位的端头造型形成定式，枋心内一般不画纹饰，只平涂颜色(素枋心)。旋花进一步图案化，并形成了具有明代风格的固定式样。"箍头"画法作为构件的端头处理，在明代已经定型。彩画的装饰重点转移到了梁、檩、枋等所谓"上架"(柱头部位以上)的大木构件上。画满彩画的斗栱和柱身已很少见了。从现存实物看，明代彩画的类别以旋子彩画为主，少量为龙纹枋心、锦纹找头彩画。总体色调以青(指群青蓝色)、绿为主。

清代彩画比起前代来说画题和工艺更加繁富，构图和纹饰更趋定型，并产生出了适用于不同建筑环境的多种类别的彩画。虽然在清代早期彩画类别就已十分丰富，但那时是直接按工艺做法或纹饰命名，明确地将清官彩画按类别划分是清代晚期以后的事，见诸文字更晚，如"旋子彩画"、"和玺彩画"均出自20世纪30年代梁思成先生编著的《清式营造则例》一书。至20世纪80年代以前，一般认为清官式彩画可分为"和玺彩画"、"旋子彩画"和"苏式彩画"三大类。以后又经一些研究者加以补充，形成了不同的分类方法。本书将清官式彩画归为四大类，即除上述三大类外，其余均归为"其他类别"。清官式彩画的装饰重点是檩(桁)、垫板、檩枋(额枋)、梁及柱头等部位，因此常称为梁枋彩画。所谓和玺、旋子、苏画及其他类别的分类主要是针对这些构件而言，各类彩画在构图、纹样等方面的规制也主要是针对这些部位而言的。与梁枋相关联的其他部位的彩画多集中在斗栱、天花、椽望、角梁等处。应该说，这些部位的彩画没有太明确的类别划分，只是图案纹样和工艺的选择与上述各类彩画是有着一定的对应关系的。以椽头彩画为例，不能说椽头的旋子彩画应当怎么画，而是当梁枋画旋子彩画时，椽头应当怎么画。毋庸置疑，梁枋及斗栱、天花、椽望是明清官式彩画重点或首先应装饰的部位，但在园林建筑或寺庙建筑中，也往往在廊心墙、室内后檐墙及山墙、梁枋间的木板上绘制彩画，这些部位的彩画大多以较自由的壁画形式出现。

除了官式彩画之外，中国各地区各民族也创造出了多种多样的建筑彩画。例如山西、河南、东北、江浙等地区的彩画水平也很高，尤其是山西、河南地区的彩画更为突出，且沿袭了宋代彩画的一些风格特点。与官式彩画相同的是，这些地区的彩画也首先是画在梁枋上。而其他一些地区的彩画的装饰重点往往集中在墙壁或是屋脊等部位。

（二）中国建筑彩画的艺术特征

如果说唐代建筑更多的是表现为一种纯真直率的结构美，宋代转向结构美与装饰美并重，那么明清两代在建筑的装饰美方面表现得更为突出。色彩是装饰的重要手段，在这一方面，除了琉璃和油漆之外，最重要的就是彩画了。在梁枋上遍施彩画是中国建筑的特点之一，而清官式彩画最能代表中国建筑彩画。以清官式彩画为代表的中国建筑彩画的艺术特征主要表现在以下几个方面：①色彩以青(指群青蓝色)、绿色调为主，同时又非常艳丽华美、富丽堂皇，色相和明度反差都很大。中国建筑彩画与西方建筑绘画的一个重要区别是，中国建筑彩画敢于将原色不加调兑直接使用。由于有黑色、白色等中性色的协调，退晕的过渡，同时各种颜色又被统一在明度最高的金色(贴金)之下，这就获得了装饰性极强又十分协调的效果。②图案形式多样，内容丰富。同一种图案又因工艺不同产生出多种效果，形成了千变万化的装饰手段。③构图系统严密。不同的类别有不同的构图方式，种类又有许多等级，各类各等级都有相应的格式、内容、工艺要求和装饰对象。色彩的安排也有相应的规则。④工艺独特。仅常见的绘制工艺就多达十几种，诸如退晕、沥粉贴金、切活等等。相同的纹饰用不同的工艺绘制后，其装饰效果完全不同。

（三）清官式梁枋彩画的基本构图形式与色彩分配规则

1. 基本构图形式

常将檩、梁、枋构件横向分为三段，称“分三停”。中间的一段称“枋心”，两端靠近柱子的竖条图案称“箍头”，箍头与枋心之间称“找头”。如果构件较长，常作两条箍头，其间间隔出的部分称“盒子”。划分这些部位的主要线条称“锦枋线”，简称大线，其中最重要的箍头线、枋心线、皮条线、岔口线和盒子线称五大线或主体框架线(图 21-9-1、图 21-9-2)。

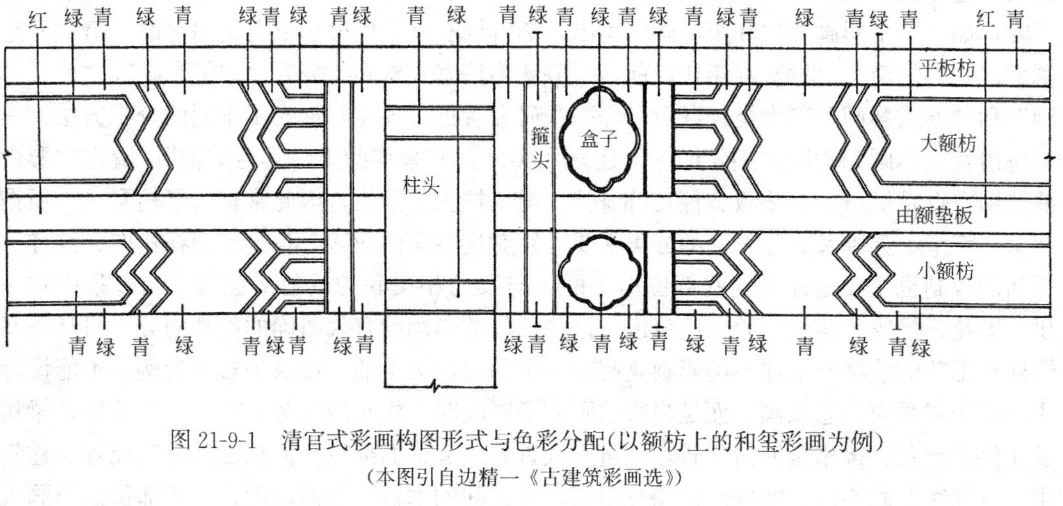

图 21-9-1 清官式彩画构图形式与色彩分配(以额枋上的和玺彩画为例)

(本图引自边精一《古建筑彩画选》)

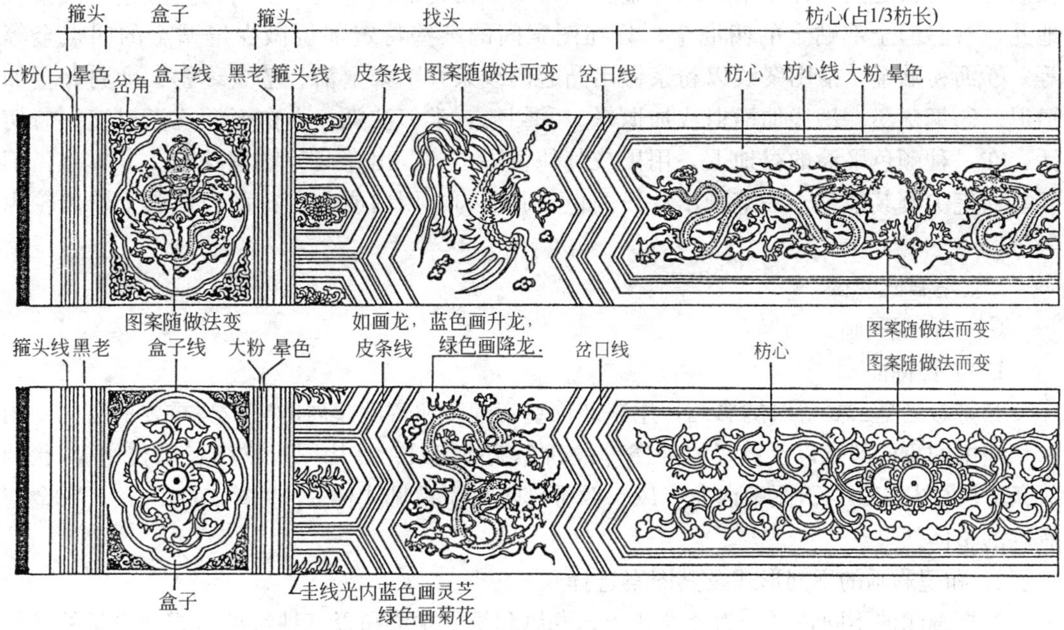

图 21-9-2　和玺彩画各部名称及图案特征

（本图引自边精一《古建筑彩画选》）

2. 色彩分配规则

各类彩画无论是否贴金，均以青(群青蓝色)、绿、红及少量的香色(土黄色)和紫色为主。同一种颜色采用调换位置的手法，尤其是青绿两色的运用更为明显，主要规则如下：①一个建筑物的明间外檐檩(桁)、挑檐桁固定为青色箍头。垫板的箍头颜色同其上构件的箍头颜色。柱头箍头颜色固定为“上青下绿”。②同一间的上下两个相邻的构件，青绿两色应相间使用。如明间的檐檩(挑檐桁)是青色箍头、绿色枋心，则与之相邻的大额枋就为绿箍头、青枋心，小额枋又换回青箍头、青枋心 。③同一构件上的相邻两个部分，青绿两色应相间使用。如箍头为青色时，则皮条线的外晕为绿色，里晕为青色，岔口为绿，楞线为青，枋心又为绿。楞线必须与箍头的颜色相同。工匠将此规则总结为：“青箍头青楞线青栀花，绿箍头绿楞线绿栀花”；“青箍头绿岔角，绿箍头青岔角”。④相邻两间的同一种构件，青绿两色调换使用。如明间大额枋是绿箍头、青枋心，则次间大额枋是青箍头、绿枋心。檐檩与小额枋则是绿箍头、青枋心。⑤大式建筑的由额垫板与平板枋，如不分段划分部位，通画一色，则由额垫板固定为朱红色，平板枋固定为青色(图 21-9-1)。

(四) 清官式彩画常见绘制工艺

清官式彩画所采用的工艺有很多种，现举例如下：①退晕：又称作晕色。由原色开始，形成深、浅、白的色阶。②攒退：沿图案线路用两三种固定的不同颜色依次画出多层次的色带。③玉作：彩画图案效果表现的技法之一。在底色上，自图案线条开始，从外到里依次做出白、浅(与底色相同)、深三种色彩效果。④石碾玉：用攒退工艺处理旋子彩画中的主要图案。⑤贴金：贴饰金箔。采用不同的贴饰手法时有不同的称谓，如：

在沥粉和沥粉之间成片贴金的叫片金；只贴金不沥粉的叫平金；不用任何颜色，图案及地儿(空白处)全部贴金的叫混金；只在图案间的某些特定部位做少量贴金的叫点金等等。⑥沥粉贴金：沿图案线以粉浆做出凸起的线条并贴饰金箔。⑦金琢墨：沥粉贴金加攒退。⑧烟琢墨：墨线加攒退或加退晕。⑨纠粉：类似渲染，由白而深逐渐过渡。⑩切活：在一种颜色平涂的衬地上，用黑或其他色彩“挤”出卷草等图案花纹。⑪拆朵：笔肚蘸白笔尖蘸其他色，一笔画出深浅两色。⑫清勾：用白或金在花草的色彩上勾出轮廓等等。

二、清官式彩画

（一）和玺彩画

1. 主要特征

和玺彩画是最高等级的彩画，用来装饰皇帝理政和帝后起居的宫殿、重要的宫门、国家坛庙中的重要殿堂以及重要的牌楼等最高等级的建筑。在构图上梁枋各部位用 W 状的线条分段(图 21-9-1)。图案以龙、凤、西番莲等皇家常见式样为主(图 21-9-2)，具有金碧辉煌的整体效果。

2. 和玺彩画的不同形式及其图案选择

根据画题的不同，可分为金龙和玺、龙凤和玺、龙草和玺三种常见形式和少量的其他形式。

(1) 金龙和玺

金龙和玺是和玺彩画中的最高等级，其特点是纹饰以龙为主，如枋心，不论青绿地一律画二龙戏珠，青色找头画升龙，绿色找头画降龙，找头较长则不分青绿地均画升、降龙，盒子大多画坐龙，平板枋由两端向中间顺序画行龙，挑檐枋或画流云或“工王云”，由额垫板由两端向中间对画行龙。

(2) 龙凤和玺

在等级上逊于金龙和玺。其特点是主要纹饰为龙和凤，枋心、找头、盒子等部位由龙凤调换构图。一般龙画在青地的枋心、找头、盒子上，凤画在绿的枋心、找头、盒子上。但也有其他的处理方法，例如：在同一间内，凡枋心与盒子均画龙(或凤)，找头部位均画凤(或龙)，相邻的两间，在相同的位置上应龙凤对换，如明间枋心画龙，次间枋心则画凤。又如：在同一枋心内画一龙一凤称龙凤呈祥，或画双凤称双凤昭富。龙凤和玺的平板枋及由额垫板大多画一龙一凤，相间排列。

(3) 龙草和玺

比龙凤和玺又低一个等级。其特点是枋心、盒子、找头由龙和卷草(称“大草”)调换构图，底色红绿互相调换，绿地画龙，红地画大草，大草常配以“法轮”，故又称“法轮吉祥草”，俗称“轱辘草”，由额垫板不画龙，只画轱辘草。

(4) 其他形式的和玺彩画

除上述三种常见的和玺彩画外，还有一些少见或属特例的画法，如只画凤不画龙的“凤和玺”，加入梵文图案的“龙梵和玺”，在找头部位画西番莲、灵芝的“龙凤枋心西番莲灵芝找头和玺”等。

（二）旋子彩画

1. 主要特征

旋子彩画的明显特征是在找头部位画有由多个旋涡状图形组成的图案。旋子彩画在等级上次于和玺彩画。主要用于除和玺彩画之外的大式建筑，如官衙和庙宇的正殿、宫殿建筑中的次要建筑、重要坛庙的配殿以及城门楼、牌楼等等。旋子彩画的等级划分明确而系统，可以做得很华丽，也可以做得很素雅。这里所说的等级主要是指工艺复杂的程度和用金量的多少即主要指工料造价的高低，这与建筑的等级有一定的联系但又不一定完全对应。当然，在同一个建筑群中，中轴线上的建筑则肯定应选用相对高一些的等级。旋子彩画的各部位名称及图案特征如图 21-9-3 所示。旋子图案的基本图形是“一整两破”，由两组旋花组成，一组为一个整圆形，一组为两个半圆形。因建筑构件的实际长度不是固定不变的，因此旋花图案也要以“一整两破”为基础作增减变化，由此形成的图案及名称如图 21-9-4 所示。

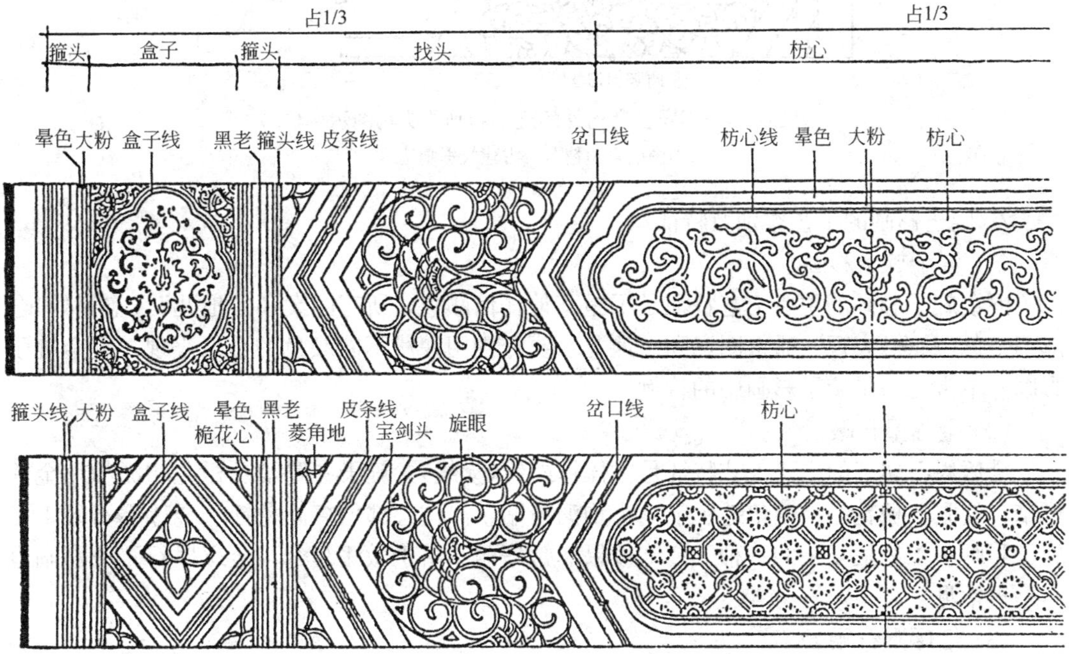

图 21-9-3　旋子彩画各部位名称及图案特征

（本图引自边精一《古建筑彩画选》）

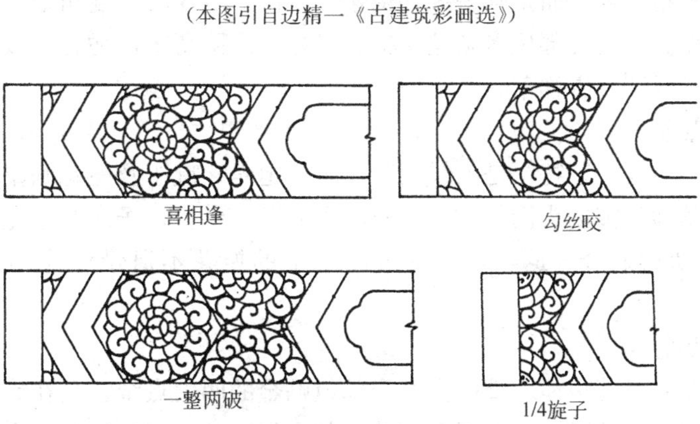

图 21-9-4　不同长度构件的旋子彩画找头构图示例(一)

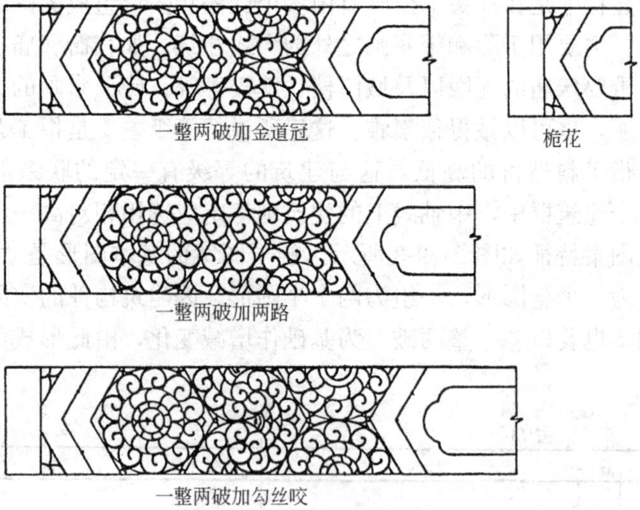

图 21-9-4　不同长度构件的旋子彩画找头构图示例(二)

(本图引自边精一《古建筑彩画选》)

2. 旋子彩画的工艺类别及特征

(1) 混金旋子彩画

混金旋子彩画的主要工艺特征是不施其他任何颜色，所有图案和“地儿”(空当处)全部用金色(贴金)表现。通常图案和“地儿”要分别用深浅不同颜色的金来表现。混金旋子彩画并不常见，是旋子彩画中的特例。

(2) 金琢墨石碾玉

金琢墨石碾玉的主要工艺特征是主体框架线(大线)、旋子各路瓣及栀花均沥粉贴金并退晕，旋眼、栀花心、菱角地、宝剑头均沥粉贴金。枋心部位多画龙锦。金琢墨石碾玉是旋子彩画中工艺最复杂的一种，装饰效果非常华丽。由于做法复杂，金琢墨石碾玉彩画也不是很常见。

(3) 烟琢墨石碾玉

与金琢墨石碾玉相比，烟琢墨石碾玉的主要工艺特征是大线沥粉贴金并退晕，但旋子各路瓣及栀花不沥粉贴金，而是画墨线并退晕。旋眼、栀花心、菱角地、宝剑头与金琢墨相同，也要沥粉贴金。枋心部位多画龙、锦，平板枋画降幕云，栀花墨线、退晕，由额垫板画小池子半个瓢或法轮吉祥草。

(4) 金线大点金

金线大点金的主要工艺特征是大线沥粉贴金并退晕，旋子及栀花画墨线但不退晕，旋眼、栀花心、菱角地、宝剑头沥粉贴金。枋心多画龙、锦，盒子多画坐龙、西番莲草，平板枋画降幕云并沥粉贴金、退晕，降幕云图案上的栀花不退晕仅花心、菱角地、圆珠贴金。

(5) 金线小点金

在旋眼、栀花心、菱角地、宝剑头四个部位贴金的叫大点金，只在旋眼、栀花心两个部位贴金的叫小点金。除了点金上的不同外，其余做法基本同金线大点金。清代没有金线小点金这个类型，近代也很少用。

(6) 墨线大点金

墨线大点金的主要工艺特征是大线、旋子及栀花均画墨线，不退晕，旋眼、栀花心、菱角地、宝剑头沥粉贴金。枋心画龙、锦或“一字枋心”(称“一统天下”)，盒子多画栀花，平板枋画降幕云，云纹与栀花均为墨线，仅花心、菱角地与圆珠贴金，由额垫板画小池子半个瓢或满刷朱红油漆(称“腰断红”)。

(7) 墨线小点金

除旋眼、栀花心贴金即采用小点金做法外，其余与墨线大点金做法基本相同。枋心多画“一字枋心”或夔龙、黑叶子花等，很少画龙、锦，盒子多画栀花，垫板画小池子半个瓢。

(8) 雅伍墨

雅伍墨的最大特点是完全不用金，也不退晕，具有青绿素雅的调子，与上述七种旋子彩画那种华丽、繁富、金光闪闪的特点形成鲜明对照。枋心画“一字枋心”或夔龙、黑叶子花或仅平涂颜色(称“空枋心”或“普照乾坤”)，盒子多画栀花，由额垫板画小池子半个瓢或满刷朱红油漆，平板枋多画栀花或降幕云或长流水。

(9) 雄黄玉

主要特征是以雄黄(一种矿物质，呈土黄色)做底色，绘以退晕的青绿旋花和线条，一般不贴金。这类彩画除了不像一般旋子彩画那样金光闪闪以外，更一反以青绿冷调子为主，而是带有黄色暖调子，属旋子彩画中的特例。

(三) 苏式彩画

1. 主要特征

苏式彩画是装饰园林建筑和住宅的彩画。与和玺彩画和旋子彩画相比，苏式彩画不但绘有图案，还绘有人物故事、山水、花鸟鱼虫等绘画内容，因此显得更加活泼自由，富有生活气息。

2. 构图类别与各部位的图案处理

(1) 构图类别

如按构图方式划分，苏式彩画可分为枋心式、包袱式、掐箍头搭包袱、掐箍头和海墁苏画等五种类别(图 21-9-5)。枋心式的构图特点是以单个构件(如檩)为单位，按“分三停”构图，构件中间设“枋心”。包袱式与枋心式的最大不同在于枋心的变化，将之改成了“包袱”，“包袱”画在多个构件(如檩、垫板、檩枋)上，外轮廓呈开口朝上的圆弧形(图 21-9-6)，掐箍头搭包袱是包袱式的简化形式，找头部位只刷红油漆不再做彩画。掐箍头是在掐箍头搭包袱的基础上的进一步简化，只画两端的箍头，其余均只刷红油漆。海墁苏画的构图特点是打破了梁枋彩画箍头、找头、包袱(或枋心)三段式的程式，构图自由随意。清晚期以后，包袱式逐渐成为最常见的形式，至今成了苏式彩画的典型形式。

(2) 各部位常见图案

找头如果是青色地则画硬卡子、聚锦，如果是绿色地则画软卡子、黑叶子花或异兽。垫板多刷朱红油漆，两端多画卡子，中间多画黑叶子花、博古等。箍头以活箍头为主，画回纹、万字、连珠、方格锦等。包袱线做多层退晕(内层称“烟云”，外层称“托子”)，烟云可由直线(“硬烟云”)或曲线(“软烟云”)构成，烟云退晕以青、紫、黑三色为主，托子以黄(土黄、樟丹)、绿、红三色为主。柁头多画博古、汉瓦、花卉、夔纹等。

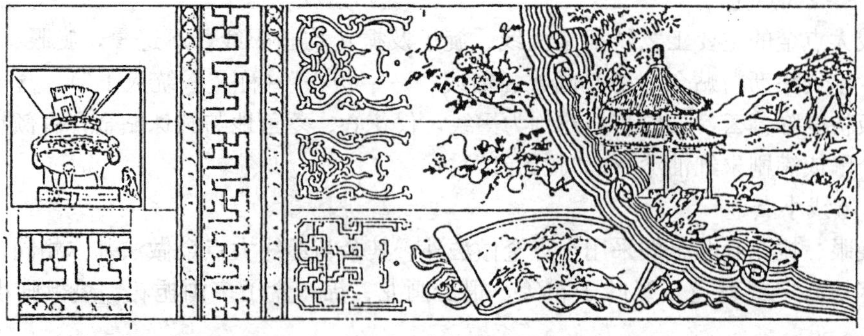

包袱式

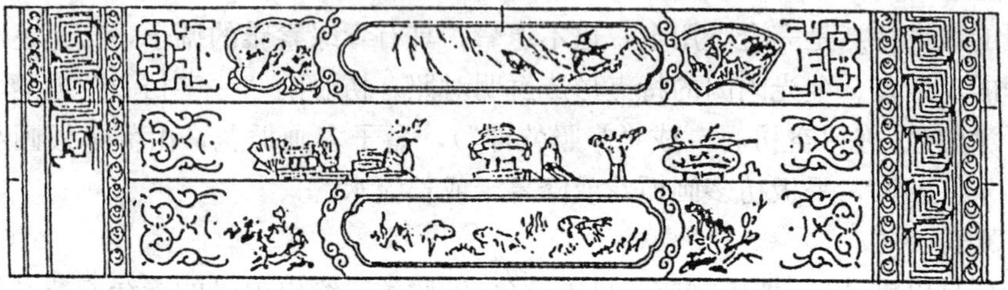

枋心式

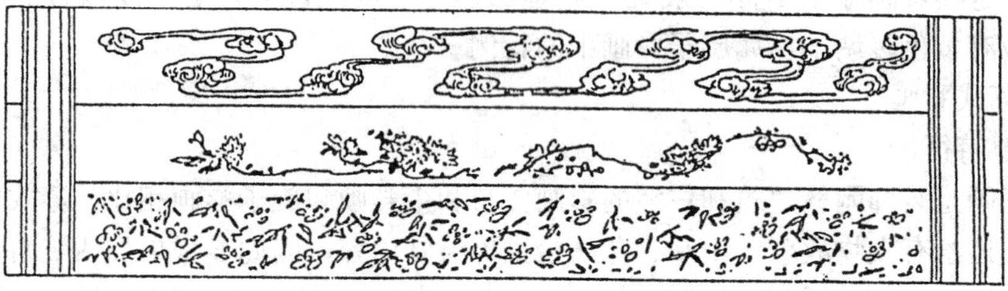

海墁

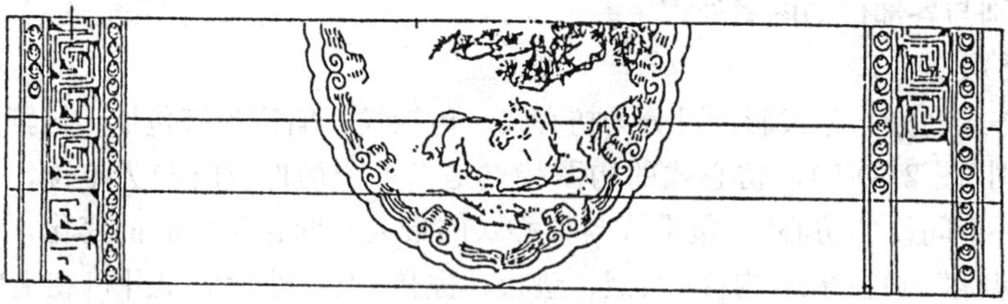

掐箍头搭包袱

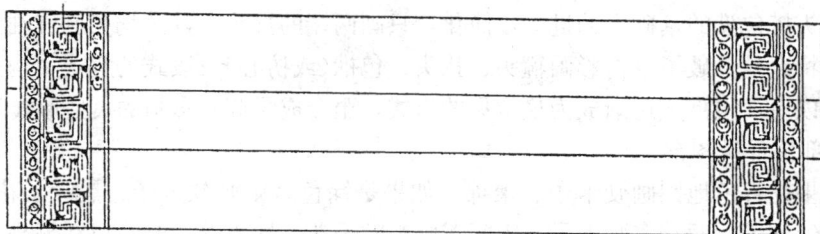

掐箍头

图 21-9-5　苏式彩画的五种构图形式

（本图引自边精一《古建筑彩画选》）

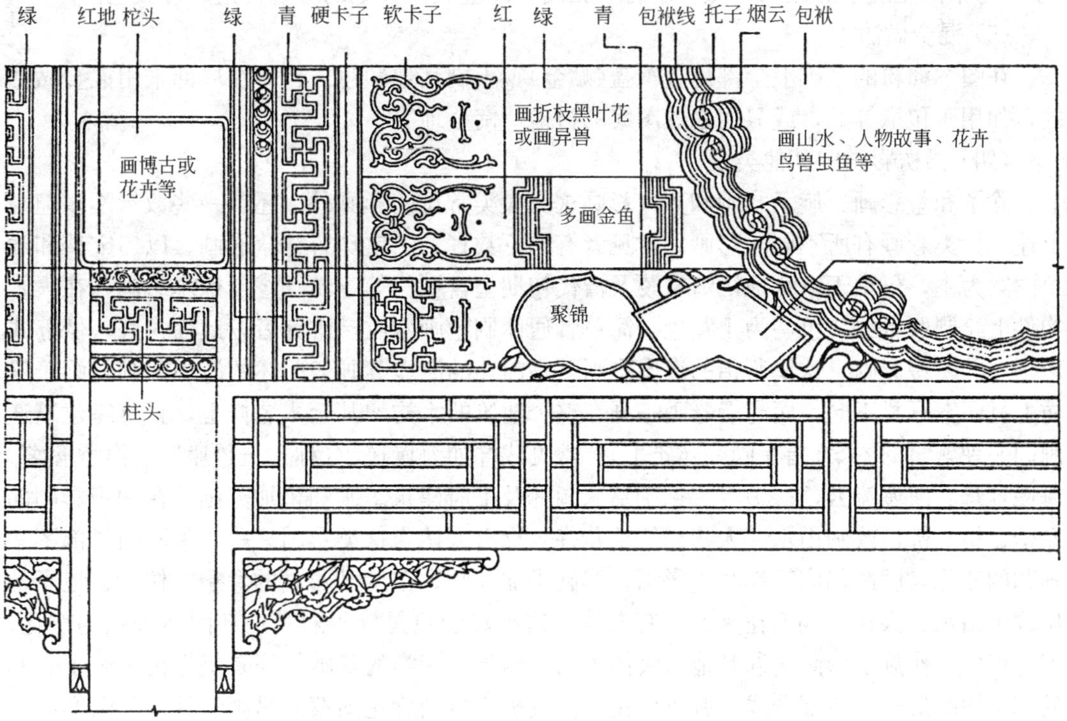

图 21-9-6　包袱式苏式彩画各部名称、设色规则及常见画题

（本图引自边精一《古建筑彩画选》）

3. 工艺类别

苏式彩画的类别除可按构图划分外，也可按照工艺的繁简程度和用金量的多少进行划分，具体类别如下：

(1) 金琢墨苏画

是最讲究，效果最华丽的做法。主要图案如箍头、卡子等大多在退晕花纹的外轮廓又加沥粉贴金边线。各间烟云软硬调换，退晕层次七至九层甚至更多。包袱内的画也极精致华丽，甚至有满用金箔衬地者，称“窝金地”。

(2) 金线苏画

是最常见的做法。主要线路如箍头线、包袱线(或枋心线)、聚锦线等均沥粉贴金，活箍头与卡子也常沥粉贴金。与金琢墨苏画相比，各轮廓线内不再作退晕处理，烟云退晕层次也有所减少，一般为五或七道。

(3) 黄线苏画

可理解为以黄色颜料代替金箔的做法。不贴金或偶尔在极个别部位点金，主要线条均用黄色描绘，箍头内多画单色退晕回纹、万字。青色找头配香色硬卡子，绿地找头配红色或紫色软卡子。烟云退晕层次五道以下。

(4) 墨线苏画

主要线条既不贴金(或偶尔在极个别部位点金)也不用黄色描绘的苏式彩画。主要线条用墨色表现。墨线苏画的主要特点不是以墨为主，只是指明不用金也非黄线。这里的

"墨"与雅伍墨旋子彩画的"墨"字含义相同，即应做广义上的理解，指多种颜色。

(5) 混金做法

在图案沥粉的基础上全部用金覆盖(贴金)，不刷其他颜色。也有在局部采用混金做法的，如用于包袱等处，或只用来做图案的衬地("窝金地")。

(四) 梁枋彩画的其他类别

除了和玺彩画、旋子彩画和苏式彩画这三大类常见的彩画外，还有一些数量不多但与上述三大类彩画有所不同的彩画。常见者有如下数种：①宝珠吉祥草彩画。以三宝珠和卷草图案为主，仅见于东北地区清皇陵及清代初期皇宫城门等建筑。②云楸木彩画。在大木构件上绘制假木纹，色调为土黄色。简单者通体刷色画木纹，讲究者以此为衬底，做苏式彩画。③海墁彩画。这里所指的海墁彩画不是前述的海墁苏画。前述的海墁苏画是画于梁枋上且图案题材不同，而海墁彩画是画在整个建筑的木构架甚至木装修上，且整座建筑通画同一种题材的图案(指在同一建筑上)。常见式样如海墁斑竹(称"斑竹座")、海墁藤萝、海墁牡丹、海墁流云(彩云)等。见于皇家园林及王府建筑。④和玺加苏画。在和玺彩画的盒子、枋心部位改画山水、人物、翎毛花卉。也有人认为这类彩画只是和玺彩画局部图案画题的变化，因此仍应算作和玺彩画。⑤旋子加苏画。在旋子彩画的盒子、枋心、池子部位改画山水、人物、翎毛花卉。也有人认为这类彩画只是旋子彩画局部图案画题的变化，因此仍应算作旋子彩画。⑥其他。大体可归为两类。一类的基本特征是仍保留了旋子彩画的基本构图形式，或部分线型有所变化，但找头不再画旋花图案而是画各种锦类图案或在锦纹衬底上加画盒子。由于这类彩画为枋心式构图且锦纹图案与苏式彩画有相似之处，因此也有人将其看成是枋心式苏画。另一类的基本特征是，有找头与枋心这两大部分的图形区分，但没有明确的枋心线，甚至完全没有枋心与找头的区分。无论有无区分，均满画锦纹图案，或在锦纹衬底上加画池子。这些其他类别的彩画由于不拘于程式化的构图和画题选择，更加清新洒脱、自由轻松，因此适合用在园林建筑中。

(五) 其他部位的彩画

1. 斗栱彩画

色彩以青、绿色为主，间配朱红油漆。青绿两色采用互调的方法：以升、斗为一类，栱、翘、昂为另一类，此类施青，彼类则施绿。设色从柱头科开始，其升、斗一律用青色(群青蓝色)，栱、翘、昂等一律用绿色；柱头科旁边的平身科斗栱则升、斗改用绿色，栱、翘、昂等改用青色；再向中间的一攒平身科斗栱又改与柱头科相同，再向中间的一攒则又与第一攒相同，如此赶至房间中间。如斗栱攒数为双数时，中间的两攒斗栱设色必然完全相同。正身栱眼刷朱红油漆。栱垫板以朱红油漆衬底以绿色退晕作上侧外框，饰以三宝珠、龙、凤、草、佛莲、佛梵字等图案，如为墨线大点金以下等级的旋子彩画可不画纹饰。

斗栱的工艺做法常见者有四种：①金琢墨斗栱。边线沥粉贴金、退晕、齐白粉线，在底色中部画墨线。是最华丽的做法，但很少用。②金线斗栱。边线一般不沥粉，只贴平金、齐白粉线，不退晕。多与金线大点金以上等级的彩画配合使用。③墨线斗栱。用墨线勾边，齐白粉，不贴金。多与墨线大点金以下等级的彩画配合使用。④黄线斗栱。用黄线勾边，齐白粉，不贴金。多与墨线大点金以下等级的彩画配合使用。

2. 天花彩画

天花由木制的支条架成井字方格，格内安木制的顶棚。天花彩画也由顶棚和支条两部分组成。常见的构图形式：顶棚从内至外由“圆光”(“圆鼓子”)、岔角、“方光”(方鼓子)和“大边”组成(图 21-9-7)。支条彩画大多由交角处的十字形“燕尾”和“轱辘”组成。常见的图案内容：圆光内可画龙、凤、云、草、花卉、仙鹤(团鹤)、佛梵字或福寿图案等，岔角常画如意云、卷草或与圆光内图案相配的内容等，燕尾常画如意云或与天花图

井口开花
图案示例

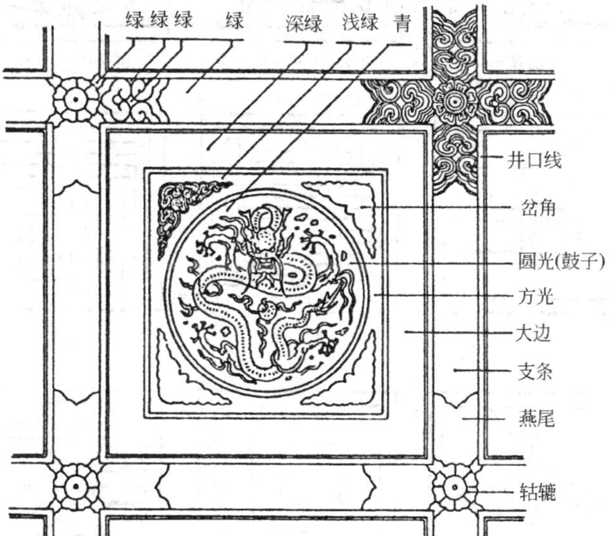

井口天花部位名称及一般设色

图 21-9-7　清官式天花彩画示例

(本图引自边精一《古建筑彩画选》)

案相配的内容等。常用色彩：一般圆光用青色，方光用浅绿(二绿)，大边用深绿(砂绿)，支条用绿色，各图案除可贴金外，用青、绿、红、紫、黄等及各色退晕根据具体内容处理，并应符合颜色对称与对调的原则。

3. 椽头彩画

分飞檐椽椽头和老檐椽椽头，飞檐椽头为方形，老檐椽头有方、圆两种形状。常见图案：飞檐椽头多用万字和栀花，圆形老檐椽头多画圆寿字和龙眼(又称虎眼或宝珠，仅用于大式)，方形老檐椽头多画万字、栀花、长寿字等，与苏式彩画相配时可画百花图或福庆(蝠、磬)等(图 21-9-8)。设色：凡飞檐椽头多一律用绿做底色，上衬金色、黄色或黑色图案。老檐椽头设色与图案有关，如画龙眼应青绿相间，且靠近角梁的第一个椽头固定用青色。其他图案一律用青色做底色。椽头也可不画任何图案，此时飞檐椽头刷绿色，老檐椽头刷青色。如木椽无老檐椽与飞檐椽之分，即只做一层椽子时，椽头固定刷青色。

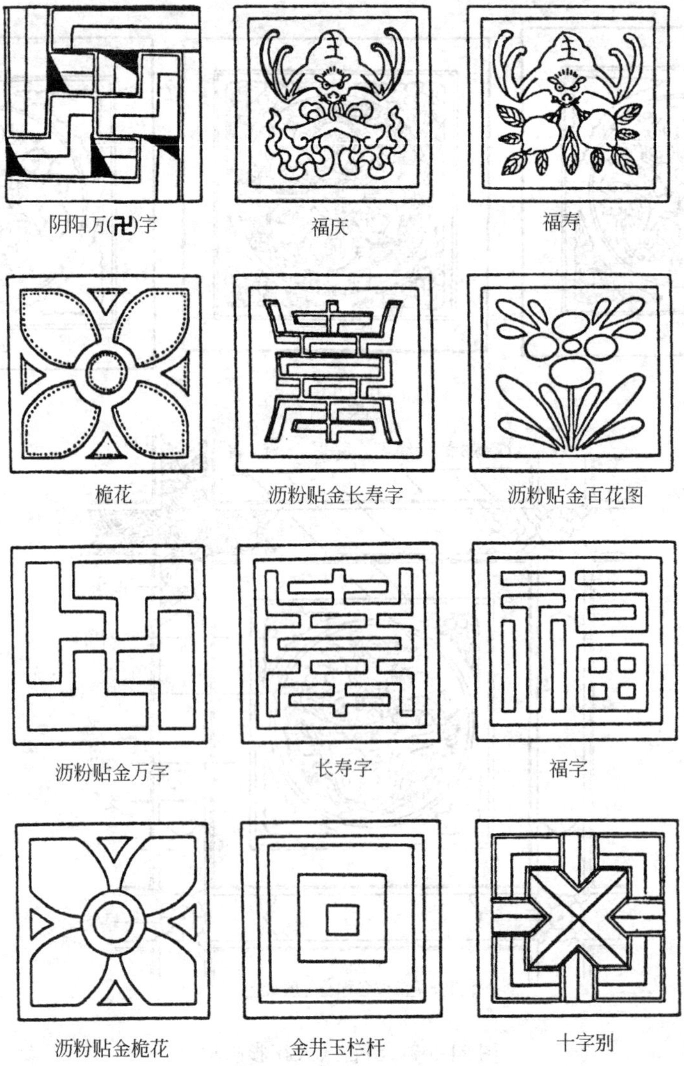

图 21-9-8　清官式椽头彩画示例(一)

图 21-9-8　清官式椽头彩画示例(二)

(本图引自边精一《古建筑彩画选》)

4. 其他

除斗栱、天花和椽头彩画外，还可施做彩画(或只刷色无图案)的部位如：雀替、花牙子、花罩、花板、及其他局部雕刻(门簪、荷叶墩、垂头等)、木栏杆、倒挂楣子、墙壁(常画在廊心墙、室内山墙或后檐墙上，或画整幅壁画，或只画墙边图案)、板壁(如画在门头板、木影壁等处)、挂檐板、屏门、角梁、梁枋头及宝瓶等处。

第二十二章　现代园林建筑及园林小品概论

第一节　现代园林建筑概述

现代园林建筑是相对于传统古典园林建筑而言的。自新中国成立以来，特别是改革开放以后，随着中国经济的发展和国际园林设计潮流的变化，现代园林相对于古典园林发生了性质上的变化，主要体现在以下几个方面。

(1) 园林不再是帝王和私人的领地，园林成为公众休憩场所，随着人们生活质量的提高和环境改造，各地涌现出大量的城市公园、社区花园和城市绿化广场，为市民提供了公共活动空间。

(2) 现代建筑与园林相结合，在一些餐厅、宾馆、度假村等处出现新型室内园林，园林的内容扩大了。

(3) 国际现代园林的设计手法和理念开始影响国内的设计方案。如城市大环境规划设计和园林相结合；园林设计更注重自然环境保护和人与自然的和谐；更注重人居环境的改善等。

(4) 园林的建筑内容由于公众使用的需求更多样化，如为公众服务的售票房、游船码头、茶室、展厅、餐厅、展廊、公共厕所、公共停车场等公众服务设施。

(5) 园林小品更丰富多彩。为适应公众活动要求而设置的园林雕塑、园林喷泉、园林照明灯具、音响设备、公众桌椅、饮水器、果皮箱等，形式多种多样。

(6) 由于公众活动的要求和现行安全规范的修订，园林的公众安全设施得到加强，如设置防火通道、消防设施、疏散通道以及残障人士设施等。

(7) 现代建筑材料大量应用于园林建筑，如钢筋混凝土、玻璃、钢材、装饰石材、塑料、玻璃纤维、新型防水材料等。

(8) 现代照明设施广泛应用于园林，如配合园林内容形式的花饰路灯、草坪灯、地坪灯、聚光射灯、建筑光纤造型灯和水下射灯等。

复习思考题

简单叙述现代园林与传统园林有哪些方面不同?

第二节　现代园林建筑类型

由于现代园林设计手法较为变化多样，除原有的亭台楼榭外，新型园林建筑形式也式样繁多，按功能要求大体分为管理用房、服务用房和安全设施。下面简单介绍一些常见的建筑类型。

一、管理用房

（一）园林大门和售票房

由于现代园林是公众性园林，现代园林大门不仅对园林起管理保安作用，而且也是重要的标志性建筑，可以表现出园林的性质和特色。如一些生态公园园林大门采用自然原始材料或设计成自然树和山石等形态，表现人与自然和谐的主题。

在现在对公众开放的古典园林中很多售票房是由原有古建筑改造而成的，如利用原来的门房、厢房改造而成。而现代园林售票处很多是仿造古建的亭、轩而建，也有配合现代园林的现代建筑形式。其位置通常和园林的入口相结合，不少园林入口同时兼有安全保卫功能，如设有警卫室和监控室。

（二）设备用房

现代公园很多设有湖水循环净化系统、喷灌系统、照明管理系统及音响、通信系统等各类用房，这些管理系统设施用房应本着便于管理、位置隐蔽、不对园景造成破坏的原则设立，其规模在满足设备需要的情况下应尽可能减小。

（三）园林维护用房

现代园林的绿化维护、清洁打扫等设施需留有一定的用房和空间，如绿化所需的机械、用具、药品，卫生打扫用具等都需留有储存空间，一些园林杀虫药品的储藏还需有特殊的隔离措施。垃圾集中清运也需要设置垃圾集运站。这些用房设立的原则是体量不宜太高大，均应设在园林的较为隐蔽、与公众隔离的地区。

（四）后勤人员用房

公园的服务人员需要的食堂、更衣室、淋浴室、办公室等。

上述这些用房除售票房以外，其他房屋应以隐蔽、不影响园林景观为原则，按照《公园设计规范》(CJJ 48—92)规定管理建筑不宜超过 2 层。

二、服务用房

（一）厕所

按照《公园设计规范》规定，公园内各厕所服务半径不应超过 250m。其厕所内蹲位数应符合游客分布密度要求。应设置残疾人厕位。厕所的位置应设立在靠近人流但较隐蔽的位置，建筑风格与公园其他建筑相协调。如有些公园厕所采用假山遮挡或植物进行遮挡，不失为较好的做法。

（二）小卖亭

现代公园为适应公众活动需求，往往在公园不同地点设立小卖亭。小卖亭设置除考虑方便游客外，还应考虑与园林建筑风格相协调，与环境保护相结合，如附近设立垃圾箱、定时定人打扫周边卫生等。

（三）茶室或餐厅

按照《公园设计规范》要求，公园内不得修建与其性质无关的、单纯以营利为目的的餐厅、旅馆和舞厅等建筑。公园中方便游人使用的餐厅、小卖店等服务设施的规模应与游人容量相适应。有些园林内茶室、餐厅本身也成为风景点，常常设在水边、山顶等风景视野较好的位置，方便游人临时休息同时也能观赏到美丽的风景。因此茶室、餐厅设计布局和造型应与周边环境相协调，不要成为破坏景观的建筑物。

值得注意的是茶室、餐厅又是园林环境的污染源，在园林中特别是在风景区里的茶室、餐厅要特别注意解决垃圾、污水的处理问题。

三、现代园林景观建筑

(1) 基于中国传统造园理论的造景手法，同时将传统中式园林中的亭台楼阁取其神貌，加以简化改造，结合现代建筑的材料如混凝土、钢材、玻璃等，形成具有现代感的园林建筑，较早出现和较为典型的如广东地区一些园林景观建筑，目前全国已有不少地区出现此类公园。

这一类园林建筑可以说是现代建筑民族化，因其风格较易和中国传统园林相结合，而维修管理简便，使用功能较适合现代生活，得到人民大众的喜爱。

(2) 在现代建筑理论和造园理论影响下出现的现代园林建筑，如近年居住小区和城市绿地中出现的欧式风格的亭、廊，以及受现代、后现代建筑理论影响产生的现代园林建筑和建筑符号片段如柱廊、建筑符号小品等。

(3) 主题公园景观建筑，以围绕不同的主题而出现的不同风格的园林建筑，最典型的如迪斯尼公园、深圳世界之窗等。

还有一些如自然生态公园、湿地公园、野生动物园等结合环境和主题兴建的观景建筑也是新兴景观建筑类型。

四、安全设施

现代公共园林由于游人较多，游客安全问题较为突出。因此较大型的公园和风景区，特别应注意游客安全问题。

(1) 公园和风景区应设有防火监控系统，设立防火通道，消防车辆应能到达主要建筑物和建筑群，对于消防车难以到达的建筑，要设立足够的消防设施。对人流集中的建筑设立防火报警系统和消防设施。在风景区内应设立防火监控点，以防山火发生。

(2) 在游人较多，面积超过 $10hm^2$ 的公园应设立治安机构。

(3) 在建筑物内和主要行人通道应设立应急照明设施。

(4) 公园内游客通道有高差的位置应注意设立残疾人坡道，按照设计规范残疾人坡道斜度不应大于1∶12。

(5) 在各路口应设立明确的疏散指示标志。

(6) 在较危险的水边、山边等处应设立警告指示牌，必要时应设立防护栏杆。

(7) 风景区内应设立游客报警系统，以防意外发生。

复习思考题

1. 现代园林建筑功能上分哪几类?
2. 按照国家标准，残疾人坡道坡度是多少?

第三节　现代建筑新材料在园林建筑中的应用

随着现代建筑技术的进步，园林建筑也不再局限于原始的砖、木、石传统建筑材料，新型建筑材料开始应用于园林建筑。

一、钢筋混凝土

钢筋混凝土技术是最早应用于园林建筑的。钢筋混凝土具有强度高、耐久年限长、施工方便的优点。通常园林仿古建筑中大部分应用于建筑的基础、下层的梁柱和围护墙体。也有现代仿古建筑直接浇筑屋顶和梁架的。

钢筋混凝土施工时应注意以下几个方面：

(1) 钢筋混凝土模板施工

模板可分为木模板、胶合板模板、钢木模板、钢模板、塑料模板等。近年也有采用玻璃钢模板和铝合金模板的，但由于造价较高，施工中尚未普遍使用。

模板安装必须保证位置正确，立面垂直。模板就位固定后，周边缝隙要封堵严密，防止胀模、漏浆。

混凝土浇筑前应检查钢筋、水电管线、预留洞口、穿墙螺栓及套管是否遗漏，位置是否正确，安装是否牢固并清除模板内杂物。

(2) 混凝土浇筑施工

1) 混凝土配比是否符合设计要求。

2) 混凝土浇筑时要用振捣棒捣实，保证现浇混凝土内部不留气泡、空隙。

3) 混凝土浇筑后要适当浇水养护，养护期内不得拆模加压。

4) 冬期施工要注意保温养护。

5) 拆模后检查浇筑表面，如有缺陷及时剔除或修补。

(3) 仿古建筑混凝土施工

仿古建筑由于造型较为复杂，现应用较多的仍是木模板，目前有些仿古建筑的立柱，采用塑料套筒或钢模做模具，浇筑成型脱模后具有尺寸准确一致、表面光滑便于油漆施工的优点。

二、现代建筑防水材料

现代建筑防水大体可分为卷材防水、涂膜防水、刚性防水和聚氨酯保温防水一体化。

(一) 卷材防水

目前园林建筑中使用最多的防水材料是卷材防水，具有施工简单、防水性能好的特点。目前主要使用的防水卷材包括沥青卷材防水、高聚物改性沥青卷材防水、合成高分子卷材防水三大系列。

1. 三元乙丙橡胶防水卷材

三元乙丙橡胶卷材是用三元乙丙橡胶(简称 EPDM)掺入适量的丁基橡胶硫化剂、促进剂、补强填充剂和软化剂等，经过密炼、拉片、过滤、挤出(或压延)成型、硫化等工序加工制成的高档防水卷材。具有耐久、耐拉、抗老化的特点，是替代普通油毡的新型防水材料。

2. 弹性体 SBS/塑性体 APP 改性沥青防水卷材

该产品系用沥青或热性弹性体(如苯乙烯-丁二烯嵌段共聚物 SBS)、热塑性塑料(如无规聚丙烯 APP 或非结晶态 a-聚烯烃低分子聚合物 APAO 等)、改性沥青浸渍胎基，两面涂以弹性体或塑料体沥青涂盖层，上表面撒以细砂、矿物粒(片)料或覆盖聚乙烯膜等，下表面撒以细砂或覆盖聚乙烯膜所制成的防水卷材。具有良好的防水性能和抗老化性能，并具有高温不流淌、低温不脆裂、施工简便、无污染、使用寿命长的特点。广泛应用于工业与民用建筑的屋面、园林仿古建筑屋面、园林水池等的防水、防潮、隔汽、抗渗工程。

SBS 改性沥青防水卷材适用于寒冷地区、结构变形频繁地区的建筑物防水，而 APP 改性沥青防水卷材则适用于高温、有强烈太阳辐射地区的建筑物防水。

3. 聚乙烯丙纶高分子复合防水卷材

聚乙烯丙纶高分子复合防水卷材是以聚乙烯类合成高分子材料为主防水层，添加助剂、防老化层、增强增粘层与丙纶无纺布经过自动化生产线复合而成的新型防水材料。该产品上下表面粗糙，无纺布纤维呈无规则交叉结构，形成立体网孔，适合多种材料粘合，尤其与水泥材料在凝固过程中直接粘合，只要无明水便可施工。其综合性能良好、抗拉强度高、抗渗能力强、低温柔性好、膨胀系数小、易粘结、摩擦系数小，可直接设于砂土中使用，性能稳定可靠，是一种无毒、无污染的绿色环保产品。该产品适用于工业与民用建筑的屋面防水，地面防水，防潮隔汽，室内墙地面防潮，卫生间防水，水利池库、渠道、桥涵防水、防渗等防水。

（二）涂膜防水材料

是指施工前是液态材料，在施工现场涂刷后经一定时间固化形成整体的、具有一定厚度和弹性的防水保护膜的防水材料。这里主要介绍目前使用较多的聚合物水泥防水涂料(JS 涂料)。此类材料经原国家经济贸易委员会 2001 年第 32 号公告批准，《聚合物水泥防水涂料》(JC/T 894—2001)行业标准于 2002 年 6 月 1 日起正式实施。JS 涂料是以丙烯酸酯等聚合物乳液和水泥为主要原料，加入其他外加剂制得的双组分水性建筑防水涂料。由于这种涂料由“聚合物乳液—水泥”双组分组成，因此具有“刚柔相济”的特性，既有聚合物涂膜的延伸性、防水性，也有水硬性胶凝材料强度高、易与潮湿基层粘结的优点。可以调节聚合物乳液与水泥的比例，满足不同工程对柔韧性与强度等的要求，施工方法方便。

（三）刚性防水

应用于地下室防水较多，一般使用细石混凝土，在防水层混凝土内掺入膨胀剂、防水剂，经多层铺抹而成。在园林建筑中使用较少。

（四）聚氨酯保温防水一体化

这是目前世界上最优良、最经济的屋面保温防水体系。聚氨酯硬泡集耐久性、防水性、保温性、隔热性、无缝性、粘结性、环保性、经济性等多优良性能于一身。

聚氨酯硬泡喷涂是聚氨酯两种黑白料胶体采用高压(大于 10MPa)无气喷涂机，混合式高速旋转及剧烈撞击在枪口上形成均匀细小雾状点滴喷涂物体表面，几秒内产生无数微小的相连但独立的封闭泡孔结构，整个屋面形成无缝的渗透深的粘结牢固的保温防水层，充分地雾化成封闭泡孔结构确保了高标准的聚氨酯硬泡现场施工质量。

聚氨酯的主要特点如下：

(1) 聚氨酯硬微小泡体闭孔率不小于 95%，吸水率不大于 1%，节能、隔热效果好。聚氨酯硬泡体是高密度闭孔的泡沫化合物，导热系数不大于 0.022W/(m·K)，节能效果好。施工厚度不小于 40mm 就可以达到节能 65%的要求。聚氨酯硬泡体的抗压强度不小于 300kPa，还可以根据实际情况加大抗压强度到 600kPa 以上，满足了工程的各种不同要求。

(2) 聚氨酯硬泡体直接喷涂于屋面层，系反应物料受压力作用，通过喷枪形成混合物直接发泡成型，液体物料具有流动性、渗透性，可进入到屋面基层空隙中发泡，与基层牢固地粘合并起到密封空隙的作用。其粘结强度超过聚氨酯硬泡体本身的撕裂强度，从而使硬泡层与屋面基层成为一体，不易发生脱层，避免了屋面水沿层面缝隙渗透。聚氨酯硬泡体能够与木材、金属、砖石、混凝土等各种材料牢固粘结。

(3) 具有很强的抗渗透能力，通过机械化施工，屋面形成无接缝连续壳体。

(4) 异型屋面极易施工，结点处理简单方便，防水性能可靠。

(5) 重量轻、大大减低屋面荷载，聚氨酯硬泡体 40mm 代替了传统做法中的防水层、保温层及其中间的找平层等，且 40mm 厚的聚氨酯硬泡体每平方米重量约为 2.4kg，大大降低屋面荷载，适合各种平面、曲面、结构复杂的屋面。

(6) 抗老化强度的温度范围大。

(7) 聚氨酯硬泡体在低温－50℃情况下不脆裂，在高温＋150℃情况下不流淌，不粘连，可正常使用，且耐弱酸、弱碱等化学物质侵蚀。

(8) 施工简便迅速，简化了屋面整体的施工工艺。机械化施工，施工人员少，减少安全隐患，一套进口设备在良好条件下每天可完成 800～1000m^2 的施工，比常规防水保温材料施工时间节省 80％。

(9) 旧屋面维修翻建时当旧基层未发生脱层、起鼓，可以不铲除旧基层，直接在旧基层上喷涂施工，降低了工程强度和难度，节省了工程造价及施工时间。无氟发泡，绿色无污染；采用先进的无氟发泡技术，符合环保要求。

(五) 仿古建筑坡屋顶防水做法

仿古建筑木结构铺瓦屋顶由于与现代建筑屋面构造不同，其防水卷材的施工方法也与混凝土屋面做法有所区别。

通常做法是在望板上粘贴防水卷材，卷材上再做一层掺有防水剂的钢丝网水泥砂浆，压实抹平后再坐灰铺瓦。江南仿古建筑则在望砖上铺设卷材而不粘贴，在卷材上用木压条钉于椽子以固定，在木条钉穿的位置用涂膜防水材料涂刷封闭防水，上部再用掺有防水剂的钢丝网水泥抹平压实，然后再坐灰铺瓦，实践证明这是适用于仿古建筑的较好的防水措施。

三、钢化玻璃

钢化玻璃是将普通退火玻璃先切割成要求尺寸，然后加热到接近软化点，再进行快速均匀的吹风冷却而得到。钢化处理后玻璃表面形成均匀压应力，而内部则形成张应力，使玻璃的抗弯和抗冲击强度得以提高，其强度约是普通退火玻璃的四倍以上。钢化玻璃破碎后，碎片成均匀的小颗粒并且没有刀状的尖角，国家标准要求钢化玻璃破碎后在任意 50mm×50mm 内的碎片应大于 40 粒。因此，使用起来具有一定的安全性。

目前一些园林中使用钢化玻璃与钢结构结合制作雨篷、围栏、展窗、休息廊甚至桥梁。

四、不锈钢材料

这是目前现代园林中使用较多的材料，如园林灯具、扶手栏杆、园林座椅、垃圾桶以及园林雕塑等，具有耐腐蚀、卫生和现代感的特点。不锈钢材料标准可以参照国家和冶金行业关于不锈钢的(GB、YB)标准。

五、玻璃纤维(玻璃钢)材料

玻璃钢材料原材料是环氧树脂胶液和增强材料(纤维及其织物)，经过一系列物理化学的复杂变化过程，纤维与基体结合成一个整体，最终形成环氧树脂固化物，统称玻璃钢。具有重量轻、强度高、耐腐蚀、耐久性好、容易成型的特点。园林中玻璃纤维(玻璃钢)材料广泛用于园林小品、园林雕塑、屋面及仿假石等方面。

六、弹性塑胶铺地材料

新型弹性塑胶产品在现代园林中广泛应用于儿童游乐场、运动场和跑步径。其面层为人造橡胶颗粒制造，可根据要求制成 4～15mm 厚垫层。

施工做法为：首先清洁混凝土、沥青基底面层；在基底上用聚氨基甲酸乙酯胶粘剂平均涂满地面；粘结橡胶面层，在两卷橡胶之间留 5mm 缝隙，再用聚氨基甲酸乙酯胶粘剂填满。由于橡胶颗粒层具有透水性，因此建议在基底施工时留有千分之五的坡度，并留有排水槽，以利排水。

七、现代饰面材料

现代园林建筑大量采用各种饰面材料，相比传统建材既降低成本，又美观适用。这些材料多种多样，而且目前新型材料不断涌现，这里不再一一赘述，大体有以下种类：

（1）饰面石材：有天然大理石板材、花岗石板材、青石板材、人造石板材以及近年应用较多的文化石，大多用于建筑的墙面、地面、窗台。

（2）面砖：有釉面砖、缸砖、通体砖、玻化砖、陶瓷锦砖和仿古贴面青砖等。

（3）人工化纤草皮：主要用于室内外地面、屋顶等，具有景观效果好、易更换、少维护的特点。

（4）壁纸、壁布。

（5）地板：有木地板、复合木地板、竹地板、高分子塑胶地板等。户外则采用防腐木地板。

（6）地毯：纯毛地毯、化纤地毯。

复 习 思 考 题

1. 混凝土浇筑前应做哪些检查？
2. 建筑防水做法可分为几类？

第四节　园林小品与设施

园林小品是指园林中供休息、装饰、景观照明、展示和为园林管理及方便游人之用的小型设施。大体可分为标志性、观赏性小品和实用性小品。

一、观赏性、标志性小品

（一）古典园林中的小品

牌楼、照壁、华表、石狮、铜狮、麒麟、鹤、香炉等，这些园林小品主要是起烘托园林气氛、丰富园林空间的作用。

牌楼是园林或建筑的入口的象征，同时也用于表征某些人物的功德之用；照壁在古建筑中起阻挡外部视线、围合入口空间作用，它本身也具有装饰性，如故宫的九龙壁和一些寺庙前的照壁；颐和园的铜牛，主要是为体现镇水和神话传说而设立；帝王陵墓前神道的石刻人像、动物是为体现庄严肃穆的气氛和表现空间序列而设。这些古建小品既起标志作用又有观赏价值。

古典园林中的太湖石峰石可以视为抽象的观赏性园林小品，如苏州留园中冠云峰等江南名石、颐和园排云殿前十二生肖湖石。古代文人将赏石当成自然山水看待，“远望若嵯峨，近观怪嵚崟，才高八九尺，势若千万巡”，同时将山石与人的品德结合起来，所谓“水令人性淡，石令人近古，竹直而心虚，松劲而刚健，梅凌寒而放”。表现了造园主人的道德观和处世观。

（二）现代园林标志性小品

在现代园林中，由于时代的进步和新型材料的应用，观赏型、标志性小品内容更广泛，表现手法变得更丰富多彩。如公园中各种采用不锈钢、铜、石、玻璃纤维、钢化玻璃材料制作的具象、抽象雕塑等已脱离了传统古典园林中的模式，更多地表现出时代特征和多样化，如纪念人物、事件、现代科技发展成果、社会关注主题以及艺术作品等。标志性雕塑通常设立在道路交会处、广场的中央、道路、山顶的端头，成为某一区域的视觉中心。

在现代园林中目前较流行的还有与真人同大小的情景雕塑小品，其材质多数为铜制和石制。这些小品往往表现历史和现代人们的现实生活，运用得当可以起到活跃园林环境、画龙点睛的作用。

二、实用性园林小品

这一类小品除造型与园林环境相协调，具有一定装饰功能外，还具有实际的使用功能。

（一）园林桌椅

这是园林中最常见的园林设施，使用材料除传统的木材、石材、混凝土外，还有钢材、铝材、玻璃纤维等材料制作的园林桌椅。其造型也丰富多彩。园林椅通常应安置在园林道路两旁、景点周围。安置时应考虑遮荫和方便游客休息，如能和绿化结合则更好。根据《公园设计规范》桌椅的数量应按游客容量的20％～30％设置，但平均每公顷陆地面积上不得少于20个，最高不超过150个。

（二）园林果皮箱

园林果皮箱是园林中的必需设施，果皮箱设计和放置得合不合理影响到园林的总体环境。园林果皮箱既有装饰性又有实用功能，现代园林果皮箱种类已多种多样，如一些果皮箱用不锈钢作内胆，外用仿木的塑料作外饰面并题有中国书法，和园林环境很协调，也便于卫生清扫。果皮箱设计和采用应以便于丢弃垃圾和便于清理为前提，公共园林中不宜采用掀盖式果皮箱，国外一些园林果皮箱采用垃圾分类的方法，将可回收和不可回收垃圾分类放置，既符合环保要求，也便于清理。目前有一些园林果皮箱过于注重造型而不注重实用功能，往往丢弃口太小，不易丢弃垃圾，容积太小也不利于打扫；一些果皮箱使用易损材料，长期使用容易破损，既不美观也对游人的安全造成隐患。果皮箱的放置应考虑人流多少和人流停留的地点，在园林路口、小卖部、休息凳、休息亭、园林广场、道路和厕所附近都应放置果皮箱并应定人定时经常清扫。

（三）园林花架

园林花架在现代园林中使用广泛，花架除用于园林绿化攀缘植物的依托外，还广泛用于休息场地，许多造型还和园林座椅相结合，形成绿化遮荫。花架材料有混凝土、石材、金属材料、木材、竹、玻璃、玻璃纤维等。在施工中应注意花架的固定和坚固，大型的通常应作结构计算，以混凝土作基础固定，以防出现安全问题。金属花架由于导热系数高，夏季吸收高温，不适合于植物攀缘生长，应与木材等其他材料结合使用。

（四）园林桥

园林桥在园林水景中是重要的景观构筑物，它既是陆路交通的连接也是水面的分隔。

桥在园林中可以起分隔空间，增加园林水景层次的作用。

桥本身的造型也是园林的景观之一。中国传统园林中桥的造型就很多，如折桥、拱桥、平桥、桥廊等。如苏州拙政园中的小飞虹就是用廊桥分隔水面空间，使水面显得更加深远，而廊桥本身也是园中景观构筑物。现代园林中桥的设置原则和古典园林应该一致。在造型方面除古典园林桥外，还出现了一些现代材料建造的桥，如浮桥、汀步桥、金属斜拉桥，用钢材和钢化玻璃建造的桥。需要注意的是，桥的造型与体量应与园林环境相协调，而不是将大桥缩小比例放在园中。出于安全考虑，园桥应经过结构计算，作用在园桥栏杆扶手上的竖向力和栏杆顶部水平荷载均按 1.0kN/m 计算。

（五）帐幕结构

帐幕结构是近年来开始使用在现代园林中的。帐幕结构具有重量轻、施工简单、造型轻盈多样的特点，可以用作表演场地遮挡和用于园林入口、园林遮阳棚、园林雕塑等处，但制作必须经过结构计算。

（六）展廊

展廊通常做一些专题展览或作为艺术品展示的构筑物。展廊往往以固定的墙面和展框作为载体，展示照片、图片、书法等；也有一些展廊是固定制作的艺术品或展示墙体，如一些砖雕、琉璃、陶瓷、玻璃、金属制作的展廊(墙)，成为现代园林中的观赏品。

（七）园林指示牌

园林指示牌在较大型的园林中是必要设施，按照我国《公园设计规范》，面积 $5hm^2$ 以上的公园必须设立指示牌。指示牌主要设在人流集散地，如园林入口、路口、广场等地点都应树立明显的标志指示，指示牌除平时指示道路、景区、服务设施等外，在紧急情况下更是指示游客疏散的重要标志。指示牌应考虑园林的环境，其造型可以有多种式样，还可以与园林地图结合。指示牌、地图还应考虑残疾人士的需要，在主要地点可以考虑设立盲人指示牌或语音指示设施。

（八）饮水器

随着现代园林的发展，公共服务设施日趋完善，饮水器就是其中之一。饮水器通常用不锈钢制作，饮用水必须经过设备灭菌过滤，并应定时有人检查消毒。饮水器的高度应兼顾成人、儿童和残疾人士。

（九）音响装置

园林音响在现代园林中起两方面作用：一方面可以播放背景音乐，丰富园林音响环境；另一方面可以作为安全服务设施，在有公众活动时作广播指挥。如在一些游园集会时，作为组织机构的临时播音辅助设备。音响作为背景音乐时，声音分贝不可过高，按照国家《城市区域环境噪声标准》(GB 3096—93)1 类标准，一般不大于 55dB 较为合适，否则反而污染园林环境。喇叭的造型宜便于隐蔽，如目前有些园林的喇叭外形作成自然石头的形状，很好地隐蔽在绿化花草之中。

（十）电话亭

电话亭在园林中不是必备设施，但随着现代生活的提高以及应对紧急情况的需要，电话亭在现代园林中开始设置，通常电话亭应设置在路边和游客流量较多的地方，古典园林电话亭可利用园林建筑设置在室内或廊内，独立式的电话亭可分为封闭式、半封闭式和开敞式，其色彩和造型应与园林环境相协调。

(十一）花盆与树池

园林花盆是指独立摆放种植植物的大型花盆，这些花盆与栽植植物一起成为现代园林的独立造景。花盆植物具有种植维护简单，布置摆放灵活，更换容易的特点。花盆的材质有陶质、石质、玻璃纤维等，花盆造型也有多种式样，一些造型参照了西方园林中的花盆式样，表现了现代园林中中西融合的设计手法。

树池是现代园林中植物造景运用较多的手法，为防止游人踏踩而造成树池土壤硬化，树池采用多孔树池盖覆盖保护，如用不锈钢、铸铁、石材、玻璃纤维制成形式多样的池盖，较好地防护了乔木周边的土壤硬化。树池盖的使用应注意给树木生长预留空间，应能方便调整树孔的位置。

（十二）儿童游乐设施和成人健身设施

1. 儿童游乐设施

儿童游乐设施是指设在现代园林中的儿童游乐器械，而非大型游乐场的电动游乐机械。通过儿童的活动达到锻炼身体、增长知识的目的。

（1）儿童游乐设施的场地要求

儿童游乐设施通常应专门设置场地，地面要求铺置塑胶软地面防止儿童跌伤，场内园路应平整，路缘不得采用锐利的边石；地表高差应采用缓坡过渡，不宜采用山石和挡土墙。

（2）儿童游乐器械安全要求

儿童游乐器械应将幼儿和学龄儿童分开设置，除娱乐性和科普性外，应特别注意安全性，根据《公园设计规范》，儿童游戏场内的建筑物、构筑物及设施有如下要求：

1）室内外的各种使用设施、游戏器械和设备应结构坚固、耐用，并避免构造上的硬棱角；

2）尺度应与儿童的人体尺度相适应；

3）造型、色彩应符合儿童的心理特点；

4）根据条件和需要设置游戏的管理监护设施。

目前已有专门的厂家生产系列儿童游乐器械与游乐场铺地配套设施。

2. 成人健身设施

随着社会的老龄化趋势和人们保健意识的增强，成人健身设施开始出现在公共园林中，这些设施除了力量型的锻炼器械外，更多的是保健型的器械，如按摩颈、手臂运动、腿部运动、腰部运动、踩自行车、划船等器械，这些器械同样应注意安全性，其运动场地也同样应注意柔软；防止跌伤碰伤。成人活动场地应与儿童活动场地分开，以免对儿童造成伤害。

随着现代园林技术的发展和园林创作的不断更新，新的园林小品不断涌现，以上只是简单归纳当前的一些小品和要求，供施工人员参考。

复习思考题

1. 公园中哪类果皮箱不适合使用？
2. 金属花架使用中应注意什么问题？
3. 儿童游乐设施的场地有什么要求？

第二十三章 中外园林艺术概论

第一节 中国古典园林发展简史

中国是一个历史悠久的文明古国，5000 多年的文明历史创造出了辉煌灿烂的古典文化。中国 960 万平方公里幅员辽阔的土地跨越了几个不同的气候带。钟灵毓秀的山川大地和悠久的历史文化，形成了在世界上独树一帜的中国园林体系。

中国古典园林有大约 3000 年的发展历史，萌发于秦汉，全盛于唐宋，成熟于明清。经历了以下五个发展阶段：

一、生成期(相当于商周—秦汉)

这是中国园林的幼年生成时期，据记载最早的园林应是商纣王的鹿台与沙丘苑台，商周都城遗址在黄河流域的河南、陕西一带。周文王修建灵囿、灵台、灵沼，面积较大，《孟子》：“文王之囿，方七十里”，设管理人员“掌囿游之兽禁，牧百兽，祭礼，表纪宾客……”。这种以游乐、祭祀、狩猎结合在一起的苑囿，是一种粗犷式的园林，除筑台建有宫殿外，人为改变环境的因素比较少，此时的园林基本是以生产、狩猎、游玩、祭拜天地为一体的自然苑囿。

先秦至两汉(公元前 11 世纪—公元 220 年)

这是中国园林产生的初期。随秦始皇统一中国，封建分封采邑制转化为中央集权的郡县制，确立了皇权为首的官僚机构统治。

秦代的古都建在陕西的咸阳附近(图 23-1-1)，由于秦始皇迷信神仙方术，多次派方士

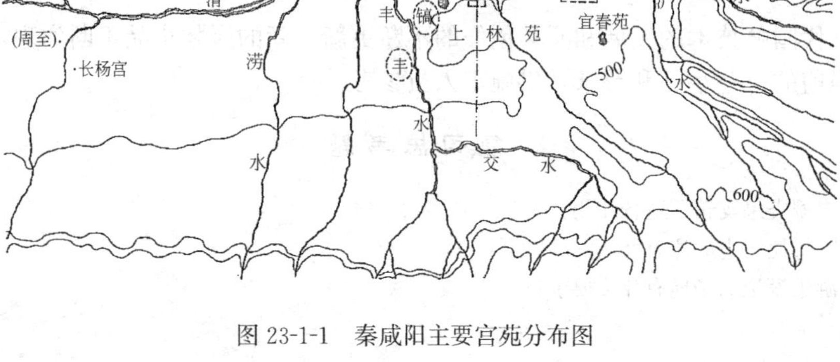

图 23-1-1 秦咸阳主要宫苑分布图

到东海三仙山求取长生不老仙药，其求仙的思想影响也体现在皇家园林中，园林中人工开挖的池岛，出现一池三山，模拟海上仙山，这对后来的皇家园林有着深远的影响，也成为皇家园林的一个特征。

随着汉代的封建社会的强盛，皇家园林规模更大，当时的汉朝古都建在长安城。《长安志》中记录的“上林苑”是当时皇家园林的代表作，园林中除人工开凿水池外，还在池中放置石刻人像、种植荷花、养鱼。在人工开凿的太液池中，筑三岛模拟蓬莱、瀛洲、方丈三仙山。植物方面开始人工种植植物，《西京杂记》中提到群臣远方进贡的树木花草就有2000余种之多。其他的宫廷园林基本上是以自然环境为基础，又大量增加人造景物，建筑数量很多，铺张华丽，讲求气派。帝王园林与宫殿结合，称为宫苑。

二、转折期(相当于魏、晋、南北朝)

(一) 皇家园林

魏、晋、南北朝时期历经约300多年的战乱，北方少数民族南下，国家处于分裂状态。正是这种无序的社会状态，使意识形态方面突破了儒家的正统地位，呈现诸家争鸣、思想活跃的局面。帝王官僚的奢靡生活和乱世争雄的社会状况，使当时文人士大夫阶层充满消极情绪而玩世不恭。不少文人为躲避社会的混乱，寄情自然山水，私家园林由从抄袭自然向抽象、提炼高于自然的探讨转变，出现私家造园的热潮。而此时的皇家园林基本上传承了上代皇家园林的特点，规模宏大，建有池、湖和仙山，比较有代表性如曹魏的铜雀园(图23-1-2)，建康的玄武湖及乐游园。

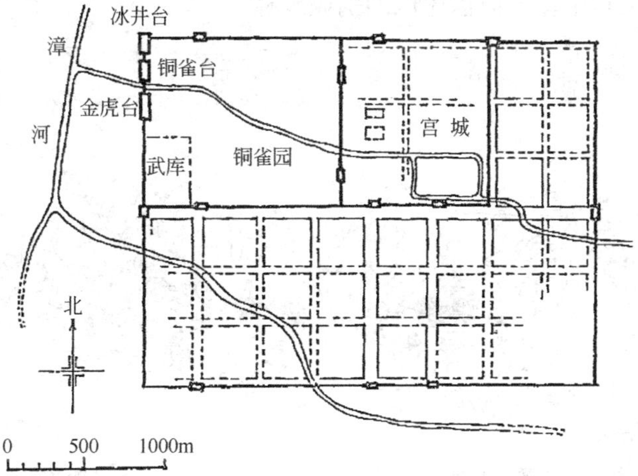

图23-1-2 曹魏邺城平面图

(二) 私家园林

南北朝开始，私家园林异军突起。文人参与造园，以诗画意境作为造园主题，同时渗入了主观的审美理想；构图曲折委婉，讲求趣味。南北朝长期的社会的动乱使人们厌倦现实社会，世人为逃避现实生活致使佛、道流行，寺观园林也开始兴盛。园林艺术兼融儒、道、玄诸家的美学思想向更高水平跃进，奠定了中国风景式园林大发展的基础。

三、全盛期(相当于隋唐)

隋唐中国复归统一，中央政权的官僚机构比以前历代更健全、完善。唐代中国封建经济空前强盛，开创了一个意气风发、勇于开拓、充满活力的全盛时代。思想领域里佛、儒、道已融合共尊，儒家仍居正统地位。皇家宫殿和园林规模更加宏大，集中在长安和洛阳的园林为数众多，园林内容也更加丰富。出现了大园中划分不同景区，由建筑不同穿插划分成小园集群，园中有园的新规划手法，建筑已成为园林的组成部分。作为一个园林体系，它的独特风格已经基本上形成。是中国园林发展的全盛时代。

（一）皇家园林

隋唐时期大内御园、离宫御苑、行宫御苑三个类别区分更为明显。大内御苑特点是与城市规划相结合，以宫殿建筑为核心，园林结合自然环境，以人工筑山、理水为主，人工栽植植物较多，园内建筑较多，以人工造景为主，园林是宫殿建筑群的组成部分，为皇家独自占有。以此为代表的如隋唐时期的西园，唐代的大明宫、兴庆宫。临潼华清池则是离宫园林的代表。由于唐明皇长期居于此地，也具有行政办公的性质，因此建有内外朝，宫廷区也是较为严整的中轴方城，内朝则利用骊山、温泉及自然环境建造了殿宇汤池和依山就势的园林，形式较为自由。曲江池代表了行宫的特点，其形式更为开放，以自然大环境为主题，环池建楼宇，以散点式景观布置，其规模较大。

（二）私家园林

隋唐时期私家园林较魏晋南北朝时期更为兴盛，艺术水平也更高。据《洛阳名园记》所记载的洛阳附近的私家园林就有 19 处。这一时期都城内居住坊里均有宅院或游憩园，称为“山池院”。而郊外一些达官贵人、文人墨客建造了别墅园又叫做山庄、别业、草堂等。最具代表的是王维的辋川别业(图 23-1-3)，王维在辋川别业中按照画意规划设置园林，并在他的诗歌文章中多方面描述他的别业园林。

图 23-1-3　辋川别业局部图(原载《关中胜迹图志》)

与此同时比较著名的还有白居易在风景名胜区建造的庐山草堂，并自撰《草堂记》。由于这篇文章的广为流传，庐山草堂亦得以知名。草堂临池而建，“环池多山竹野卉，池中生白莲、白鱼”。白居易将情思寄托于人工经营与自然环境完美和谐上面，“仰观山、俯听泉，旁睨竹树云石，自辰及酉，应接不暇。”

四、成熟期(相当于两宋—清初)

宋代由于中国封建社会已发展到成熟时期，中国的儒、佛、道教文化发展成熟，文化艺术从唐代豪放大气向精微细腻转化。北宋的中央政权在河南汴梁(今开封)，这一时期的政权腐化，皇亲贵族追求享乐，造园成风。由于北方外族的侵入，宋朝统治者不得不迁都南方城市临安(今杭州)，苟且偏安半壁江山，经济发达而国势羸弱，造成了人们及时享乐，苟且偷安的心理。在这种浮华奢靡的社会风气下，皇家、私家、寺观无不大兴土木，形成造园的热潮。同时由于社会开放，绘画、诗歌等文人文化兴起并达到一个很高的水平，文人参与造园也蔚然成风。

元代时北部少数民族入侵，建都北京。以北海为中心建造宫殿，初步形成北京三海的格局(图 23-1-4)。

明清两代定都北京，中国园林造园达到顶峰时期，这一时期的皇家园林更多地吸收了私家园林的造园手法，中央集权的统治使园林规模更宏大。这一时期造园理论也发展成熟，明代计成所著的《园冶》成为中国造园理论最重要的专著。

(一) 皇家园林

建筑长期的营造实践，到宋代已有了经验的总结，《营造法式》成为了官式建筑标准，喻皓的《木经》则是民间建造经验的总结。此时的皇家园林虽不如唐代宏大气派，但设计更加清新、精致、细密。比较有代表性的园林有东京延福宫艮岳(图 23-1-5)。艮岳除划分

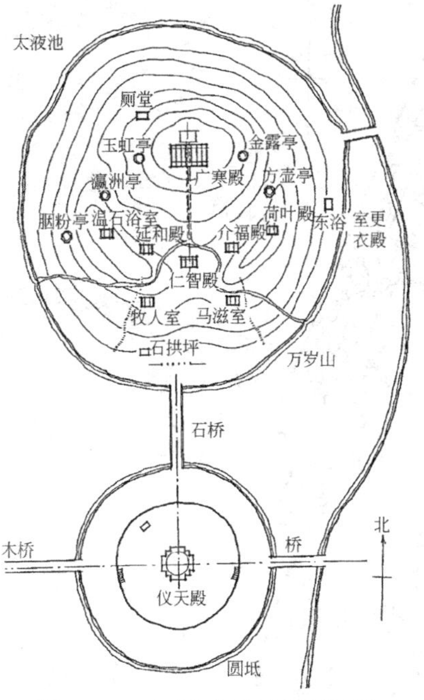

图 23-1-4　万岁山及圆坻平面图

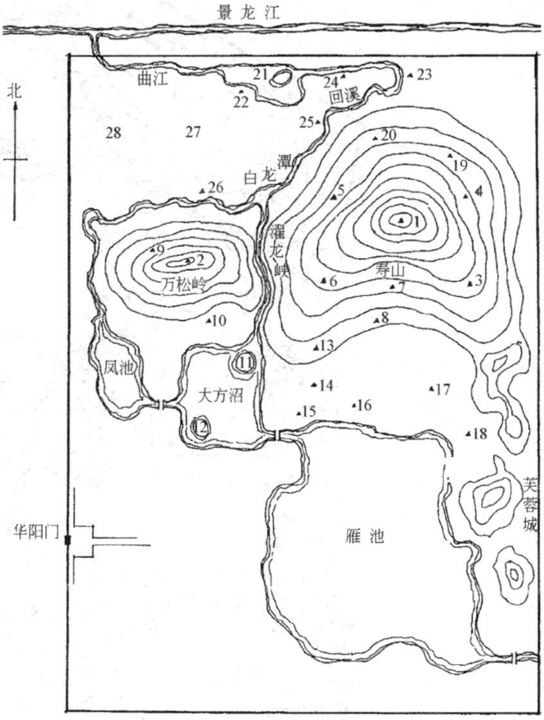

图 23-1-5　艮岳平面设想图

1—介亭；2—巢云亭；3—极目亭；4—萧森亭；5—麓云亭；6—半山亭；7—降霄楼；8—龙吟堂；9—倚翠楼；10—巢凤堂；11—芦渚；12—梅渚；13—揽秀轩；14—萼绿华堂；15—承岚亭；16—昆云亭；17—书馆；18—八仙馆；19—凝观亭；20—罛山亭；21—蓬壶；22—老君洞；23—萧闲馆；24—漱玉轩；25—高阳酒肆；26—胜筠庵；27—药寮；28—西庄

了不同景区外，由于宋徽宗笃信道教，园林布局融入了道教的观点，园名也以道教八卦称之为艮岳。艮岳除规模较大外，园林内容也更为精致多样。其筑山构思独特，叠造精心。用料更是从南方运来精挑细选的太湖石、灵璧石等石材。除叠山外还大量孤置姿态各异的峰石，在园林叠石和置石上达到了前所未有的高超水平。理水方面手法也已成熟，山环水抱，湖、涧、溪、瀑、潭等不同的水的形态都有体现。园内植物配置也丰富多彩，除一般的花木植被外，还有许多水果树和以不同植物划分的景区，如梅岭、椒崖、丁嶂等。

（二）私家园林

江南私家园林由于大运河的开凿和经济活动的活跃由明代开始兴盛，扬州、常熟、苏州等地区，出现许多私家名园。造园手法已经纯熟，相地、叠山、理水、建筑布局达到了极高的水平，从而也影响到皇家园林。

其中最具影响力的当是无锡寄畅园，此园始建于元代，为佛寺的一部分，明万历年间归湖广巡抚秦耀所有，经历代修建成为江南名园之一。康熙、乾隆二帝南巡，均曾驻跸于此(图 23-1-6)。

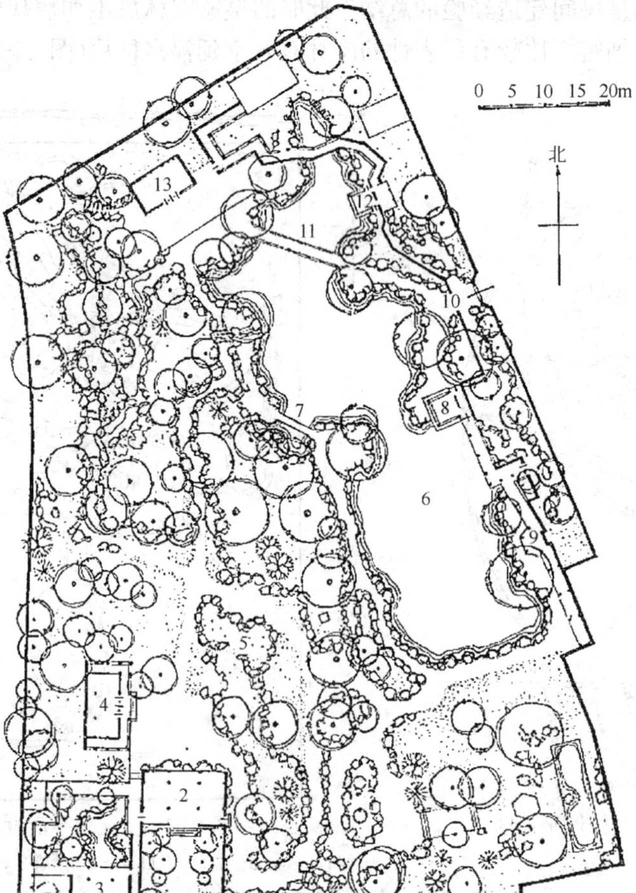

图 23-1-6　寄畅园平面图

1—大门；2—双孝祠；3—秉礼堂；4—含贞斋；5—九狮台；6—锦汇漪；7—鹤步滩；8—知鱼槛；9—郁盘；10—清响；11—七星桥；12—涵碧亭；13—嘉树堂

园林总体保持了明代疏朗的格调，园林主体部分以狭长的水池为中心，池的西、南为山林自然景色，东、北岸则以建筑为主。西岸是一座黄石间土的土石山，起伏有势。山间的幽谷栈道忽浅忽深，予人以高峻的幻觉。山上灌木丛生，古树参天。从惠山引来泉水形成溪流，溪流跌落堑道形成叮咚琴声，故称“八音涧”，假山作成犹如惠山余脉。水池北岸地势较高处原为环翠楼，后改为嘉树堂。此处境界开阔可观赏全园。池北转东点缀小亭“涵碧亭”并以曲廊与嘉树堂相连。东岸建有水榭“知鱼槛”突出水面，形成东岸建筑构图中心。此园借景之佳在于其园址选择能够充分收摄周围的美景，使视野得以最大限度地扩展到园外。

五、成熟后期(相当于清中叶—清末)

(一) 皇家园林

清代，特别是乾隆年间，是中国封建社会的最后一个繁盛时期。乾隆六下江南，将所见到的江南美景和私家造园手法融入皇家园林，由于有明代传承下来的造园经验，同时又有江南园林的蓝本，建造的园林工期快，质量好。这一时代皇家园林建造数量之多、规模之大是历代少见的，如紫禁城内的慈宁宫花园(图 23-1-7)、建福宫花园、乾隆花园以及西苑三海、北京西郊的圆明园、颐和园、行宫承德避暑山庄(图 23-1-8)等。内廷园林由于受宫城空间限制较为规整，而离宫、行宫其特点都是分为两部分，除保留有处理朝政的宫廷及居住建筑群外，园林集各地名胜于园中，以不同景区划分园林空间，利用自然山水巧妙布置建筑，建筑形式也多样化。同时将佛教、道教、儒家思想融入园林规划设计，可以说是集中国文化之大成。

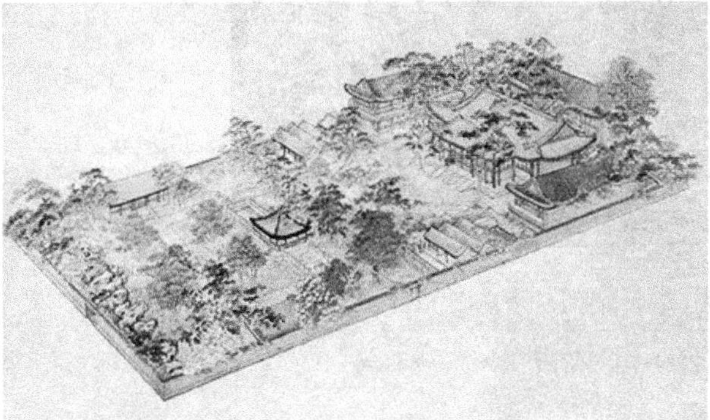

图 23-1-7　慈宁宫花园鸟瞰图

图 23-1-8　承德避暑山庄

(二) 私家园林

这一时期园林是中国园林顶峰，也是随清王朝的没落而衰败的开始。园林的发展一方面继承前一时期的成熟传统而更趋于精致，另一方面逐渐流于繁琐、僵化而丧失了前一时期的积极、创新精神。从乾隆到清末民间私家造园遍布全国各地，形成了众多不同的地方风格，其中江南、北方和岭南最为成熟。

此时期遗留的私家花园，如北京恭王府花园(图 23-1-9)以及北京西郊大量的王府花园，江南扬州瘦西湖两岸的私家园林，苏州的留园(图 23-1-10)、网师园、拙政园等历史遗留下来的私家花园，以及梁园、余荫山房、清晖园(图 23-1-11)、可园(图 23-1-12)等岭南四大名园。

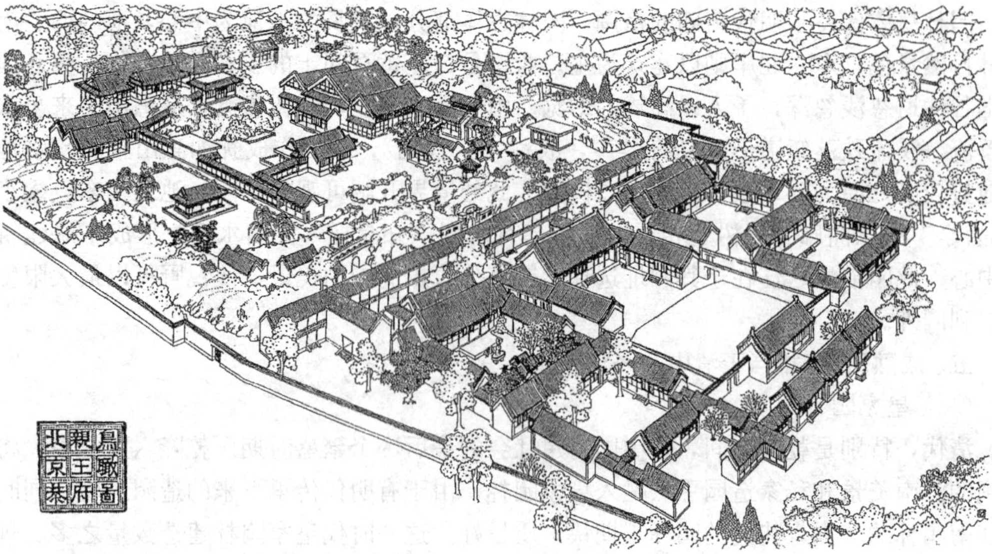

图 23-1-9　恭王府鸟瞰图

图 23-1-10　留园

图 23-1-11　清晖园

图 23-1-12　可园

复习思考题

中国古典园林发展主要分几个时期？各有什么特点？

第二节 中国古典园林造园理论

一、中国古典园林艺术的构成要素

（一）叠山

以原有地形为依据，无一定章法，结合造园之“立意”，师造化（师大自然的规律）而叠。大山可土石结合，小山则用石叠。明代叠山在苏州大体是以黄石为主（如拙政园中部，留园中部原为黄石山，后改为上部是湖石）。清代后湖石用得较多，但耦园是以黄石为主。黄石显得苍劲，湖石则玲珑剔透，但不能贪多好奇，叠石有法，亦能达到浑成之效果，如环秀山庄出于戈裕良之手的北宋山水式“大斧劈法”的假山，简洁苍劲，叠成峰峦洞壑，谷涧岗溪瀑潭的深谷幽壑，景象势若天成（拙政园入门的障景黄石山也是较好的一座）。江南园林之叠山术是2000余年来创作发展的结果。总之，叠山原则不能追求体量之庞大，而求山林意境为上品，这也是艺术之客观规律。

叠山材料江南主要用黄石、湖石两种。北方用北太湖和青石。岭南主要采用英石。

（二）理水

水给人以明洁、清澈、幽静、开朗之感，它给园林意境增添丰富的景色与生气。水对于园林来说有利于调剂局部之气温和滋润草木之生长。水可以衬山，水与山石相互掩映，山因水活，构成中国山水画的意境。江南之理水有优越条件：一是河道纵横引水方便；二是地下水位较高，挖数尺便可得水。水池有大小之别，但理水应有聚分之法。不论水池大小，池水应以聚为主，以分为辅。聚有辽阔自然之趣，分有迂回曲折、似断似续、幽深而引人入胜的掩映野趣。大致小园宜聚而不宜分，而大园则宜分而亦宜聚，使之主次分明，烘托意境（拙政园、网师园、艺圃是理水之佳例）。水池之形以不规则的形状为宜，做到有聚有分、有收有放、留有水口，形似曲折的水湾。望之深远而水未尽，似源流之根，为佳妙的自然意境。池岸宜曲不宜直、宜低不宜高，有贴切之感为好。岸边用湖石或黄石叠砌不规则形池岸，以曲折高低错落为好，但切忌黄石、湖石之混用。池边可于凹凸处设石矶临水，大小要恰如其分。池边亦可设小穴洞，貌似泉源，是好手法。池中置岛来分割水面，则一定注意岛与池面的恰当比例关系。

水面的分隔，多用岛、桥、榭、廊等。特别以桥分隔，它使水面空间达到似分而又不分的相互流通，可将水面划分为主次两部分，使水面达到良好的风景效果。但小溪作桥，则不妥，宜用“点以步石”之法，则更为自然而得体了。

（三）建筑物

如厅、堂、斋、台、亭、榭、廊等，都是构成古典园林艺术的重要部分，在园林内占有较大比重。古典园林以幽静雅淡为主，所以建筑物要求轻巧，平面形式和立面造型方面是“格式随宜”，外观给人轻巧、活泼之感，这是其总的特征。

厅、堂是园主接待宾客之地，地点设置较重要，是观赏园内景物的好地方，所以有的可以四面开敞观景（如拙政园远香堂）或临水而筑，屋顶形式虽有歇山、硬山，但多数采用卷棚式，翼角则起翘为多，使外观轻巧。厅堂大体有三种形式：四面厅（四面观景）、鸳鸯厅（分前后两厅）、荷花厅（临近水池，前有平台，为观赏水景的主要建筑）。榭与舫均是临水建筑，榭置于山旁或水边（如网师园之濯缨水阁、拙政园远香堂西北角之倚玉轩）。

舫亦称旱船，是仿船形的水边建筑，分前舱、中舱、尾舱三段，前高中低尾部为二层，以利眺望，与古时之画舫相似（如拙政园的香洲、怡园的画舫斋）。楼为二层，面阔三至五间，布置时防止压抑感，可作山池的背景，但需注意高低远近的比例关系（如拙政园的见山楼、网师园的集虚斋、留园的明瑟楼）。

阁与楼相似，可登临，四面开窗，重檐，但较楼轻快，平面也活泼，可方形或多边形，建于山上或水边，或依山临水（如拙政园的浮翠阁）。

亭是园林风景的点缀，也是休息和凭眺之地，亭可置于林中、路边、山上、水边等位置适当之处，形式和大小可因地制宜与环境相协调，亭有半亭或独立亭之分。亭的平面形式有方、长方、五角、六角、八角、圆、梅花、扇形等数种，屋顶形式也较丰富多变。

台为水边用石筑成的平台，临水处围以石栏，供人凭眺园景，台可用条石筑砌或用不规则式石块叠砌，但以自然、野趣、简雅为宜。

斋是园内之小型建筑，一为书斋供人读书作画之用，二为古人礼佛信道之小室。造型简朴，体态随环境而定。

廊在园林中是联络建筑物的脉络，是移步换景的通行导游线，又起分隔院宇空间增加层次的作用。列柱覆顶，因地制宜地随形而弯、依势而曲，或傍山、或依水、或靠墙，自由伸展。故筑廊之形式有直廊、曲廊、波形廊、复廊四种，按位置而论有沿墙廊、爬山廊、水廊、空廊等。沿墙廊可局部转折向外，构成小院，院中栽竹布石形成小景空间，这是苏州之特殊手法。水廊可临驾于水面之上，廊地面可有起伏如波形（如拙政园西花园之水廊）。复廊是二廊合而成为一，中隔漏明墙，两面都能行人，使内外空间得以过渡，增加景深（沧浪亭和加拿大温哥华逸园的复廊即是佳例），更觉景色的曲折迂回了。爬山廊沿山势伸展，北海静心斋亦是佳例。

（四）园路

园林的路，是观赏园林风景的联系线。古人说“门内有径，径欲曲”，“室旁有路，路欲分”，这与造园之追求幽静精巧、随宜曲折、引人入胜相通，通过路达到移步换景的变化。路的安排上须从地形出发，主次分明，曲折有度，产生若隐若现、似有似无之妙趣。古典园林中的许多实例是很好的。铺地在种类和图案形式方面是很多的，是造园艺术中一件重要的事，不论主路、曲径、庭前，均须慎重考虑。主路大都用灰砖铺地，亦可拼砌图形，如人字、席纹、间方、斗纹等。小径或庭前，可用碎石，或间用彩色缸片，点缀图案使之细致雅洁为宜，亦可用鹅卵石，或加砖片、瓷片凑成各式图案，更觉细雅，如十字海棠、六角、套六方、套八方等，也可砖瓦、石、鹅卵石混合铺砌，如套钱、球门等；庭前则以石板冰裂地为好，庭前踏跺（步）配以天然石叠，就更觉自然与野趣。更为讲究者，在庭前或入口处做松鹤延年、五福献寿等图案。

（五）园林建筑小品

墙是园林中起着衬托、遮蔽、分隔空间的作用，它是空间构图的一部分，形式和种类较多。从外貌上分有平墙、梯级形墙、云墙等；如从材料和构造上分有乱石墙、磨砖墙、漏明墙、白粉墙等。苏州古典园林所见以白粉墙为最多，所以有粉墙花影之美感。外墙有在上开瓦花窗洞的，既打破高墙之单调感，又是通风、散热之处，是功能与艺术之统一。磨砖墙用于园之入口为多，亦可用于建筑物之墙内一面，如拙政园之原入口。园内则以漏明墙与云墙为多，这种砖砌白粉墙加漏窗的漏明墙既明快又灵巧，效果最佳，云墙则可规则又可不规则砌造，显得自由得体有山野之趣，别具一格。

门洞(门景，地穴)在园中不仅仅是交通的出入口，而且是观景的画框，这是园林中常见的。门洞可用在各个景区之间的联系上，可设在围墙上，或设在亭内、廊下，如拙政园枇杷园“别有洞天”门洞。门洞的形式变化多样，有圆形、有长方形、有贝叶式、有长八方式等，门洞边框镶以磨砖贴面(砖细面)，角上加装饰性砖细花纹，面刻线条，很精巧。门洞内一般不设门扇。

窗洞，这里谈的窗洞，是不装窗扇的窗洞。它一方面可作采光通风之用，另一方面它起造园艺术中隔窗借景的用途。它扩大了空间，增加了画面，使空间穿透而增加景深。这种窗洞之框亦用砖细贴面，刻各式线条，但不必用角饰。窗洞常见的有空窗与漏窗二种类型，但其形状内部图案则有各种变化。窗洞外形一般有长方、六角、八角、圆形、扇形、叶形等。漏窗芯子除各式几何图形外，亦有人物花鸟的，图形有数百种之多。漏窗用材，简者用瓦片搭配成海棠、波纹、套钱、秋叶、鱼鳞等，繁者用砖细构成各种图案；还有以望砖、铁丝为首架，刷以纸筋白灰的，形式有冰纹、竹节、万字、套六角等等，变化较多；亦可用瓦片、望砖、木板混合，构成瓦花灯景、海棠灯景等。由于它花式繁多，所以苏州本地亦称漏窗为花墙洞。园林建筑的装折(装修)，形体宜精巧秀丽。中国古代建筑是木构的系统，柱间装修可自由处理，因此轻灵方便，又可随意搬移，使建筑内部既能功能分区，又能沟通连成一片，使内外空间处于又分又合的境界，即现代建筑所谓的流通空间的境界。装修应用适当，能使建筑形体与细部达到协调与雅致之感。装折(装修)指的是各式各样的门窗做法和布置方式，各种富有变化的挂落、飞罩、地罩、槅扇等，精巧的雕刻和油漆，构成雅洁多姿、玲珑秀丽的外观，装点了造园的艺术效果。从建筑内外来分则有外檐装修与内檐装修之别，外檐指檐下部分(水木两作在内)，内檐是指室内。

花台，江南常用的手法是用湖石或黄石筑成不规则形状的小台，旁置石峰，台中栽植牡丹、芍药等花草。亦有用砖细或石砌台，略施雕纹即可。

栏杆在造园建筑中是最富趣味的部分。造栏之法首以坚固为重，形式以简洁自然为贵。木制栏杆，宜简不宜繁，《园冶》所记载的形式就有三十余种。石栏古朴，池边、台旁、井侧最宜设置，既可观赏，又可凭坐眺望。

(六) 家具陈设

家具陈设是古典园林建筑中不可缺少的。古时供主人的日常起居、接客、饮宴、休息之用，它反映了当时的时代气息和民俗(风土人情)。一般常用的有以下数种：天然几(俗称条案)、方桌(俗称八仙桌)、圆桌、半圆桌(脚用六足或五足，但不能用四足因不雅，足多接近圆形)、琴桌(短长方形)、椅(太师椅规格最高)、禅椅(用古树根作，形奇特有野趣)、凳(有圆、方、梅花、扇面、长方等形式)、炕椅、炕几(形如卧床上置矮几)、几(即茶几，宾主分坐叙谈用)、花几(置花盆用)。家具上附加金砖、琴砖之类的附件，可用之也可观赏。古典园林所用的家具均遵照明、清旧制。明式者用料较细，雕刻线条少，体态自由浑圆，接榫考究，风格简洁大方。清式者用料粗重，雕刻较多，风格精致华丽。总的来说，以明式为好，是上品。用材则红木、榉木、楠木等。

（七）灯具

常以宫灯为主，明式者简练大方，造型淡雅，可张可折，灵活方便，中插烛为光源。其他的什景灯是点缀饰物，不太实用。灯具面可糊宣纸或裱绢，并可绘水墨山水或兰竹小品，更觉高雅。

（八）堂匾联对

堂斋的匾额和柱上之抱对联，它使屋宇增光添色，视周围景观环境和造园立意而定其式和名。匾取其横，联妙在直，这是一定不可忽视的款式。匾用木制，联可用竹、木、纸等制成。总之它是园林中不能少的一种重要点缀品，它是文人画家参与造园设计中在文字上的代表，使游人在其典雅的辞句中览景而生情，更添造园之诗情画意。字体篆隶行书为多，取其古朴与自然，罕用正楷，中国自古书画同源，本身是个艺术品，因此，它更使园林增光添色了。

（九）园林花木

花木在古典园林中是相当重要的，但以乡土树木花草为主，因此有地方特色，是其特征。由于文人画家造园家“立意”、“意境”方面的追求，希望枝叶扶疏、体态纤细潇洒、色香清雅的花木、“古”树、“奇”树是选择的对象。象征富贵的花木也是园主所喜爱的（如玉兰、海棠、牡丹、桂花，谐音玉堂富贵）。有关花木的记述，明·文震亨所编《长物志》卷二花木中就有详述四十多种。现有古典园林的花木大致有六大类：第一类是林木类。常绿的有松、柏、香樟等，但落叶的较多，如榆、榉、枫杨、梧桐、银杏等。第二类是观叶的乔灌木。常绿的有黄杨、天竹、女贞、棕榈、构骨等，落叶的有青枫、红枫、垂柳等。第三类是观赏花类的花木，是园中主要观赏花木，可设四季开花的品种。常绿花木有桂花、山茶、广玉兰、六月雪等，落叶的有牡丹、桃、梅、紫薇、石榴、玉兰、月季花、海棠等。第四类是藤萝。如金银花、木香、薜荔、络石、紫藤、凌霄、爬壁(山)虎、葡萄等。第五类为竹子类，常用的有石竹、箬竹、凤尾竹、慈孝竹、紫竹、寿星竹、斑竹等。第六类为草花，常用的有菊花、兰花、芍药(殿春)、书带草、鸢尾(紫蝴蝶)、秋海棠等。

阶下石隙之中，宜植常绿阴性草类。江南园林面积小，又是封闭性宅园，四周绕以高墙，所以植树栽花，必须注意土地之高低，所处地位的向阳与背阳，花木生长发育和耐寒抗旱的性能。尤为重要的是花木与建筑，花木与山池要有得体布局与配置。如小园宜植生长迟缓的，其次园小墙高，阴地多阳地少，墙阴须植耐寒植物，如女贞、竹、棕树之类，山岩之间宜植松柏之类，池边宜种柳、植芦、栽竹，而屋阴栽爬山虎、修竹、天竹、秋海棠等。古典园林中树木的布置有两个原则：第一用同一种树，植之成林，如留园西部植枫、闻木樨香轩前植桂，怡园听松涛处植松。第二用多种类树同植，以其配置而作画构图，既要注意树的方向、高低，又要注意各种树木树叶色彩的调和对比、常绿与落叶树的多少比例、花季之次序先后、叶态及树的姿势等。树石之关系，达到片山多致、寸石生情之感。总之植树栽花要做到“好花须映好楼台”的造园“立意”效果。

这里引用明末陈继儒著《清闲供》说明中国古典园林的造园艺术要素：门内有径，径欲曲。径转有屏，屏欲小。屏进有阶，阶欲平。阶畔有花，花欲鲜。花外有墙，墙欲低。墙内有松，松欲古。松底有石，石欲怪。石面有亭，亭欲朴。亭后有竹，竹欲疏。竹尽有室，室欲幽。室旁有路，路欲分。路合有桥，桥欲危。桥边有树，树欲高。树荫有草，草欲青。草上有渠，渠欲细。渠引有泉，泉欲瀑。泉上有山，山欲深。山下有屋，屋欲方。屋角有圃，圃欲宽。圃中有鹤，鹤歌舞。鹤报有客，客欲不俗。客至有酒，酒欲不却。酒行有醉，醉欲不归。

二、传统造园理论综述

中国传统造园“有法无式”，造园理论深受绘画、诗词和文学的影响。而诗词和画都十分注重于意境的追求，造园的经营要旨就是追求意境。传统造园理论可简要介绍如下。

（一）因地制宜，顺应自然

因地制宜是指造园时根据不同的基地条件，有山靠山，有水依水，根据实际改造园林地形和环境，规划园林布局。充分攫取自然景色的美为我所用，因地即“随基势高下，体形之端正，碍木删桠，泉流石注，互相借资；宜亭斯亭，宜榭斯榭，不妨偏径，顿置婉转，斯谓‘精而合宜’者也”（《园冶》）。

（二）源于自然，高于自然

中国园林取材于自然，但绝非简单的模仿自然，而是有意识地进行改造、调整、加工、剪裁从而表现一个概括的自然、典型化的自然。达到“虽由人作，宛自天开”的境界。

园林中用天然石块叠砌假山，假山将真山抽象化、典型化。用小尺度创造出峰、峦、岭、岫、洞、谷、悬崖、峭壁等，看到天然山岳构成规律和典型概括。

园林中开凿各种水体，表现自然中河、湖、溪、涧、泉、瀑，利用山石点缀岸、矶，表现出一湾港汊、几座小岛、自然湖堤，这些手法都是提炼自然水景，使“一勺则江湖万里”（图 23-2-1）。

园林植物配置中，以树木为主调，往往以三株五株、虬枝古干而予人蓊郁之感，运用少量树木的艺术概括而表现天然植被的气象万千。

（三）空间对比，小中见大

园林设计巧妙地运用了对比和烘托的手法，使小空间不觉其小，小中见大。小的园林中令人如遨游于无限的大自然中一样，感到怡然自在，从小空间中创造出无限的大空间感受。利用空间大小的对比和明暗的对比产生空间感的变化。利用这种错觉造成许多“壶中天地”的境界。在苏州的留园，造园者利用入口封闭曲折光线灰暗的走廊（图 23-2-2），反衬出水院的明亮和开阔（图 23-2-3）。这就是对比所产生的艺术效果。

图 23-2-1 “一勺则江湖万里”

图 23-2-2 留园入口封闭曲折光线灰暗的走廊

图 23-2-3　留园水院的明亮和开阔

除了对比烘托，还有控制园内的建筑物、假山和桥的尺度。建筑物在满足使用功能和观赏功能的前提下，应该尽量建得小巧玲珑。假山的真实尺度不过于高大，桥宜低平，目的都是扩展空间。即所谓“移天缩地在君怀”。

（四）动静对比，步移景异

中国园林主次分明，景色多变。园林中设置亭、台、楼、阁、轩榭、厅堂，这些建筑的位置往往视野开阔，是园林中观景最佳地点。迎风赏月，花影移墙，窗含千秋雪，门泊万里船，这都是静观。

在行进中把各种最佳的动态观赏点和供人休息、宴客、居住的建筑静态观赏点串联在一起，为此设计出一条最佳的游览路线。或自然曲折，或高下起伏，或临水景，或依山麓，这就是动观，使游览者“步移景异”，犹如观赏一幅山水画长卷，感觉景色变化无穷。

（五）巧于因借，幻化自然

中国园林调动不同的造景手法达到诗情画意的园林景色。常用的造景手法有：

1. 借景

在自身园林中借用园外的景色，将园外的景致巧妙地收进园内游人视野中，与园内景物融为一体，使园林空间得以扩大。如无锡寄畅园，借锡山景达到小中见大的目的（图 23-2-4），同样北京颐和园借玉泉山塔景，使昆明湖更显烟波缥缈，远景无限。让游

图 23-2-4　无锡寄畅园之借景

人的观赏能任意流动与收放。不仅可以突破园内有限的空间，丰富园内景色层次，而且使园林具有象外之象、景外之景的艺术效果。借景可分为远借、邻借、仰借、俯借、因时而借等。

2. 框景

所谓框景就是以园林建筑的窗、门为画框，透过窗门将园林景色形成一幅自然的画面，即所谓“无心画”。使游人产生景在画中的错觉，把自然实景升华为画卷艺术美。如扬州瘦西湖的吹台，透过一边的圆洞门将平山堂塔景纳入框景，而另一面圆洞门纳入二十四桥景色，形成不同的框景(图 23-2-5)。苏州园林中经常利用门窗将室外几竿修竹、几叶芭蕉纳入框中，形成似中国画横卷般的画面。

3. 对景

对景是指在园林中利用相向的景点互为成景。如北京的北海，琼华岛白塔与对岸的五龙亭就是互为对景(图 23-2-6)。再如苏州拙政园中部，水池中以土石垒成东西两山，两山之间，连以溪桥。西山上有“雪香云蔚亭”，东山上有“待霜亭”，形成对景。

图 23-2-5　扬州瘦西湖的吹台

图 23-2-6　北京北海的琼华岛白塔与五龙亭互为对景

4. 障景

用假山、照壁、建筑、乔木等设置屏障，阻隔空间，挡住不利于景观的景物，如北京北海静心斋，用爬山廊将园外嘈杂的街市环境隔离开来，形成相对安静的内院环境(图 23-2-7)。或利用障景采取先抑后扬的手法，给人以空间错觉，为园景丰富层次增添趣味。如北京颐和园东宫门用仁寿殿、假山等将昆明湖遮挡住，当人们绕过假山，曲折来到昆明湖边，顿觉空间豁然开朗。

5. 漏景

利用花窗、半廊、假山、植物等将另外一个空间的景色引导到这边的空间来，通过似隔非隔的手法，给游人造成一种空间的悬念，扩大园林的空间感和趣味性。如苏州的拙政园，利用复廊的花窗和内外空间将园外的湖面景色透入园内，造成园外有园的错觉(图 23-2-8)。

图 23-2-7　北京北海静心斋之障景

图 23-2-8　苏州拙政园之漏景

复习思考题

1. 中国古典园林艺术的构成要素主要有哪些？
2. 简述中国传统园林造园理论。

第三节　东、西方园林简介

一、意大利——台地园

通常以 15 世纪中叶到 17 世纪中叶，即以文艺复兴时期(见意大利文艺复兴建筑)和巴洛克时期(见巴洛克建筑)的意大利园林为代表。

其特点是意大利园林一般附属于郊外别墅，与别墅一起由建筑师设计，布局统一，但别墅不起统率作用。它继承了古罗马花园的特点，采用规则式布局而不突出轴线。园林分两部分：紧挨着主要建筑物的部分是花园，花园之外是园林。意大利境内多丘陵，花园别墅造在斜坡上，花园顺地形分成几层台地，在台地上按中轴线对称布置几何形的水池和用黄杨或柏树组成花纹图案的剪树植坛，很少用花。重视水的处理。借地形修渠道将山泉水引下，层层下跌，叮咚作响。或用管道引水到平台上，因水压形成喷泉。跌水和喷泉是花园里很活跃的景观。外围的林园是天然景色，树木茂密。别墅的主建筑物通常在较高或最高层的台地上，可以俯瞰全园景色和观赏四周的自然风光。意大利园林常被称为“台地园”(图 23-3-1)。

图 23-3-1　意大利“台地园”

二、法国——几何式园林

16 世纪初，法国园林受到意大利文艺复兴时期园林风格的影响，出现了台地式花园布局、剪树植坛、岩洞、果盘式喷泉等(见意大利园林)。结合法国的条件，又有自己的特点：法国地形平坦，因此园林规模更宏大而华丽；在园林理水技巧上多用平静的水池、水渠，很少用瀑布、落水；在剪树植坛的边缘加上花卉镶边，以后逐步大量应用花卉，发展成为绣花式花坛。

凡尔赛宫园林(图 23-3-2)，这座园林布局比较复杂，花园在宫殿西侧，从南至北分为三部分。南、北两部分都是绣花式花坛，南面绣花式花坛再向南是橘园和人工湖，景色开阔，是外向性的；北面花坛被密林包围着，景色幽雅，是内向性的，一条林荫路向北穿过密林，尽端是大水池和海神喷泉。中央部分有一对水池，从这里开始的中轴线长达 3km，向西穿过林园。林园分两个区域，较近的一区叫小林园，被道路划分成 12 块丛林，每块丛林中央分别设有回纹迷路、水池、水剧场、岩洞、喷泉、亭子等，各具特色。远处的大林园全是高大的乔木。中轴线穿过小林园的一段称王家大道，中央有草地，两侧排着雕刻。王家大道东端的水池里立阿波罗母亲的雕像，西端的水池里立阿波罗雕像，阿波罗正驾车冲出水面。这两组雕像表明，王家大道的主题是歌颂太阳神阿波罗，也就是歌颂号称“太阳王”的路易十四。进入大林园以后，中轴线变成一条水渠，另一条水渠与它十字相交，构成横轴线，它的南端是动物园，北端是特里阿农殿。

图 23-3-2　凡尔赛宫园林

三、英国——自然园林

在 18 世纪发展起来的自然风景园。这种风景园以开阔的草地，自然式种植的树丛，蜿蜒的小径为特色(图 23-3-3)。不列颠群岛潮湿多云的气候条件，资本主义生产方式造成庞大的城市，促使人们追求开朗、明快的自然风景。英国本土丘陵起伏的地形和大面积的牧场风光为园林形式提供了直接的范例，社会财富的增加为园林建设提供了物质基础。这些条件促成了独具一格的英国式园林的出现。

图 23-3-3　英国谢菲尔德公园景观之自然风景园一例

这种园林与园外环境结为一体，又便于利用原始地形和乡土植物，所以被各国广泛地用于城市公园，也影响现代城市规划理论的发展。

受中国园林、绘画和欧洲风景画的启发，英国园林师开始从英国自然风景中汲取营养。1713年，园林师C·布里奇曼在白金汉郡的斯托乌府邸拆除围墙，设置界沟，把园外的自然风景引入园内。此后，园林师W. 肯特在园林设计中大量运用了自然式手法。他建造的园林中有形状顺应自然的河流和湖泊，起伏的草地，自然生长的树木，并在规则划分的地块中间修建了弯曲的小径。1730年前后，他用这种手法改造了斯托乌府邸。肯特去世后，他的助手L. 布朗对斯托乌府邸又进行了彻底改造，去除一切规则式痕迹，全园呈现一派牧歌式的自然景色。苏格兰人钱伯斯，是瑞典东印度公司的押货员，1742年至1744年常出入广州，收集大量中国建筑和园林资料，后来他辞去商业职务，学习建筑，成为英国宫庭建筑师，他发表过《中国园林的布局艺术》的文章，还出版了《东方造园艺术汇编》一书，他主持丘园的园林和建筑设计，其中建造了中国式的塔和自然风致式园林。这种英中式花园在18世纪中叶后曾传遍整个欧洲，18世纪后，法国资产阶级大革命造成欧洲思想潮流的变化，中国热消失，但欧洲的造园艺术没有回到纯古典主义上去，至今仍以自然风景园为基调。

四、日本——禅宗海岛园林

图23-3-4　日本禅宗海岛园林(一)

日本园林发源于中国，公元6世纪，中国园林随佛教传入日本。飞鸟时代(公元593—710年)和奈良时代(公元711—794年)，曾派遣隋使和遣唐使进入中国学习造园，在日本以泉源为基地，创立池泉园，即中国的山水园(图23-3-4)。在平安时代(公元794—1185年)大加模仿中国唐朝的山水园，由唐风园林发展为寝殿造园林。日本有一本著名的造园技术专著《作庭记》，是橘俊纲(1028—1094年)根据多年见闻的园事日记所编而成。《作庭记》第一篇立石要旨，第一条就强调"师法自然山水"；第十篇树事，第一条称家居庭园方位宜左青龙(流水)，右白虎(道路)，前朱雀(水池)，后玄武(山丘)。无流水植柳九棵代青龙，无大道植楸七棵代白虎，无水池植桂九棵代朱雀，无丘陵植榆三棵代玄武。《作庭记》是古代中日文化交流的产物，也充分佐证了中国古代造园文化在日本的传播影响和发展。镰仓时代(公元1185—1333年)，随着佛教的传入，掀起了佛教园林的创作，创立了有唐风山水园风格的净土式园林。在日本南北朝时期(公元1333—1392年)，开始了枯山水的实践。室町时代(公元1393—1573年)，创立了茶庭，江户时代(公元1603—1867年)，把池泉园、枯山水、茶庭融于一园之中，形成综合性园林。这种风格，一直延续至今天的日本公园。日本国定的古名园有143处。

日本园林以其清纯、自然的风格闻名于世。它有别于中国园林“人工之中见自然”，而是“自然之中见人工”。它着重体现和象征自然界的景观，创造出一种简朴、清宁的致美境界。

从种类而言，日本庭园一般可分为枯山水、池泉园、筑山庭、平庭、茶庭、露地、回游式、观赏式、坐观式、舟游式以及它们的组合等。

图 23-3-5　日本禅宗海岛园林(二)

枯山水庭园是源于日本本土的缩微式园林景观，多见于小巧、静谧、深邃的禅宗寺院。在其特有的环境气氛中，细细耙制的白沙石铺地、叠放有致的几尊石组，就能对人的心境产生神奇的力量(图 23-3-5)。它同音乐、绘画、文学一样，可表达深沉的哲理，而其中的许多理念便来自禅宗道义，这也与古代大陆文化的传入息息相关。

公元 538 年的时候，日本开始接受佛教，并派一些学生和工匠到古代中国，学习内陆艺术文化。13 世纪时，源自中国的另一支佛教宗派“禅宗”在日本流行，为反映禅宗修行者所追求的“苦行”及“自律”精神，日本园林开始摈弃以往的池泉庭园，而是使用一些如常绿树、苔藓、沙、砾石等静止、不变的元素，营造枯山水庭园，园内几乎不使用任何开花植物，以期达到自我修行的目的。将禅宗的修悟渗入到一草一木、一花一石之中，使其达到佛教所追求的悟境，在一个微小的庭院里营造出内心的天地，即所谓的“一花一世界，一树一菩提”，其抽象意味的浓重已达到了一种超出五感的直接与自然相融的默契，把人引向内省幽玄的神秘境界。

因此，禅宗庭院内，树木、岩石、天空、土地等常常是寥寥数笔即蕴涵着极深寓意，在修行者眼里它们就是海洋、山脉、岛屿、瀑布，一沙一世界，这样的园林无异于一种“精神园林”。后来，这种园林发展臻于极致——乔灌木、小桥、岛屿甚至园林不可缺少的水体等造园惯用要素均被一一剔除，仅留下岩石、耙制的沙砾和自发生长于荫蔽处的一块块苔地，这便是典型的、流行至今的日本枯山水庭园的主要构成要素。而这种枯山水庭园对人精神的震撼力也是惊人的。15 世纪建于京都龙安寺的枯山水庭园是日本最有名的园林精品。它占地呈矩形，面积仅 330m^2，庭园地形平坦，由 15 尊大小不一之石及大片灰色细卵石铺地所构成。石以二、三或五为一组，共分五组，石组以苔镶边，往外即是耙制而成的同心波纹。同心波纹可喻雨水溅落池中或鱼儿出水。看是白沙、绿苔、褐石，但三者均非纯色，从此物的色系深浅变化中可找到与彼物的交相调谐之处。而沙石的细小与主石的粗犷、植物的“软”与石的“硬”、卧石与立石的不同形态等，又往往于对比中显其呼应。因其属眺望园，故除耙制细石之人以外，无人可以迈进此园。而各方游客则会坐在庭园边的深色走廊上——有时会滞留数小时，以在沙、石的形式之外思索龙安寺布道者的深刻涵义(图 23-3-6)。

五、现代美国园林

19 世纪以后美国作为先进的资本主义国家开始崛起，城市以惊人的速度开始发展，

图 23-3-6　日本京都枯山水庭园

人们很少再有机会享受开放的空间。随着乡村的城市化，城市开始感受到越来越大的压力，人们开始对人类居住环境越来越关注。有“美国现代园林之父”之称的奥姆斯特德提出了关于建立城市公园系统，并将所有城市都有机融于这个系统的深远见解，在现代园林史上写下了光辉的一页。他始终相信在 19 世纪美国越来越肮脏的城市中，一片绿色的草地不仅是一个野餐和行走的地方，而更能给人们带来精神上的振奋。虽然这只是人造的园林，但奥姆斯特德仍然力求保持土地的自然特征，这也成为奥姆斯特德的园林设计的特色。他认为享受风景可以使人心灵放松而不感到疲倦，使人安静，并且使心灵的感受贯穿全身，让人得到愉快的休息而振作起来。从纽约中央公园的规划设计(图 23-3-7)到波士顿“宝石—项链”系统、芝加哥的沿河景观设计、蒙特利尔的皇家公园、旧金山的金门公园，奥姆斯特德将仅属于群体环境设计的风景园林提升到对人类生存的总体空间进行全面认真审视的高度(图 23-3-8)。他第一次提出风景园林设计不仅仅是艺术设计，而且是对社会功能需求的满足和实践。

图 23-3-7　纽约中央公园

图 23-3-8　总体空间审视高度的风景园林

随后，大批才华横溢的青年设计师加入风景园林设计行业，最终使风景园林设计和建筑设计、城市规划一起构成了 20 世纪环境设计鼎立的三足。传统风景园林的概念也在以后的一个多世纪里，尤其后工业化时代，发生了根本改变。它不只是简单地营造空间，而成了一种为人类提供生存空间的神圣行为。

第二次世界大战美洲幸免于战火，园林建筑师得到了得天独厚的发展时机。美国建筑大师赖特(F. L. Wriht)提出了将设计与园林融为一体的崭新思想，他建造的“流水别墅”，成为他理论最好的诠释(图 23-3-9)。

1933 年，对现代风景园林设计的发展来说是特殊的一年，这一年美国国家公园系统正式建立，这个包括了绝大部分国家公园、高速路和海岸滩涂资源在内的国家公园系统，为现代园林设计师、规划师们提供了一个完整的研究自然和创造艺术的绿色空间(图 23-3-10)。这个系统的建立使风景园林师们可以站在一个新的高度开始探讨城市与乡村之间日趋显著的相互依存又对立的矛盾关系。

图 23-3-9 “流水别墅”

图 23-3-10 完整的绿色空间

1957 年在风景园林教育年会上美国园林建筑师伊安·麦克哈格第一次提出了：风景园林作为环境，首先应该考虑生态效应。他致力于将风景园林规划发展成为一个更科学合理的自然设计学科。他的《自然设计》(Design with Nature)一书在社会上造成了巨大影响，也使他成为继奥姆斯特德以后，美国现代园林史最具影响力的人物。

随着计算机的大量普及，设计师们开始用计算机辅助分析渐趋复杂的数据、图表和信息。由哈佛硕士生奥姆林等提出的地理信息系统被广泛运用到各个领域。

在工业化和高科技快速发展的现代社会，艺术家的设计空间越来越小。20 世纪五六十年代开始，新先锋派运动(Advance-Guard)的一大批艺术家走出展览馆，渴望在更大的自然和社会环境中表现自我，以罗伯特·莫里斯(R. Morris) 为代表的后现代艺术大师们创造的一系列大地艺术作品，在园林界引起了强烈的反响。

与此同时，风景园林师们在不断的自我实践中逐渐成为现代社会不可或缺的一股力量。

复习思考题

1. 中国园林与日本园林有什么不同？
2. 简单叙述欧洲几种典型园林风格。

后　记

根据建设部关于《建设工程项目管理规范》的要求，所有建设工程项目应设项目经理，对建设工程项目过程全面负责。针对园林绿化项目经理在施工管理中需要掌握的技术知识，本书按照理论联系实际的原则，融科学性、实用性为一体。本书还根据目前园林施工企业普遍走出本地区，在全国范围内参加招投标，承担异地园林绿化工程的实际情况，编写时涵盖华北、江南、岭南等地区，有分有合，融共性和个性为一体。本书在编写过程中多次召开研讨会，听取专家意见，反复修改，以适应园林绿化施工的实际需要和项目经理更新知识、接受继续教育的需要。

本书是中国建筑工业出版社 2005 年 9 月出版的《古建园林工程施工技术》一书的姊妹篇，两书各有侧重地编写了园林古建工程施工技术和园林绿化工程施工技术。在培养园林古建项目经理和园林绿化项目经理时，可分别作为主教材和辅助教材。

本书是由工作在一线的专家和工程技术人员执笔撰稿，由北京金都绿化工程有限责任公司张东林、中外园林建设总公司王泽民任主编，杭州市园林工程有限公司金石声、广州市绿化公司张乔松任副主编。本书在编写过程中得到中外园林建设总公司、北京金都绿化工程有限责任公司、杭州市园林工程有限公司、上海市园林工程有限公司、广州市绿化公司、北京市园林古建工程公司、江苏省古建园林工程有限公司、青岛园林集团有限公司、上海国安园林景观建设有限公司、山东东营胜利油田园林工程有限公司、香港力柯建筑工程有限公司、北京市园林科学研究所、广州市绿化公司园林科学研究所、美国托罗公司北京代表处等单位的大力支持，特此致谢。

由于时间紧迫，水平有限，难免存在不少错误和不足之处，真诚希望广大项目经理和读者批评指正，以便修订。

编委会

2007 年 9 月

参考文献

1. 陈有民. 园林树木学 [M]. 北京：中国林业出版社，1997.
2. 侯学煜. 中国植被地理及优势植物化学成分 [M]. 北京：科学出版社，1982.
3. 姚承祖原著，张至刚增编，刘敦桢校阅. 营造法原 [M]. 第二版. 北京：中国建筑工业出版社，1986.
4. 周维权. 中国古典园林史 [M]. 北京：清华大学出版社，2003.
5. 孟兆祯，毛培琳，黄庆喜，梁伊任. 园林工程 [M]. 北京：中国林业出版社，2005.
6. 陈志华. 外国造园艺术 [M]. 郑州：河南科技出版社，2001.
7. E. w. 腊塞尔. 土壤条件与植物生长 [M]. 谭世文等译. 北京：科学出版社，1979.
8. 崔晓阳等. 城市绿地土壤及其管理 [M]. 北京：中国林业出版社，2001.
9. 吴志行. 实用园艺手册 [M]. 合肥：安徽科学技术出版社，1999.
10. 张东林. 园林绿化与育苗工培训考试教程(初、中、高) [M]. 北京：中国林业出版社，2006.
11. 张东林. 园林苗圃育苗手册 [M]. 北京：中国农业出版社，2003.
12. 赵世伟. 园林工程景观设计——植物配置与栽培应用大全 [M]. 北京：中国农业科技出版社，2000.
13. 罗伯特·爱蒙斯. 草坪科学与管理 [M]. 冯钟粒等译. 北京：中国林业出版社，1992.
14. 黄复瑞等. 现代草坪建植与管理技术 [M]. 北京：中国农业出版社，2000.
15. 赵怀谦等. 园林植物病虫害防治手册 [M]. 北京：中国农业出版社，1994.
16. 徐公天等. 园林植物病虫害防治 [M]. 北京：中国农业出版社，2003.
17. 黄少彬，孙丹萍，朱承美. 园林植物病虫害防治 [M]. 北京：中国林业出版社，2000.
18. 上海市园林学校. 园林植物保护学(上、下册) [M]. 北京：中国林业出版社，1998.
19. 中国建筑业协会古建筑施工分会，中国风景园林学会园林工程分会. 古建园林工程施工技术 [M]. 北京：中国建筑工业出版社，2005.
20. 马炳坚. 中国古建筑木作营造技术 [M]. 第二版. 北京：科学出版社，2004.
21. 刘大可. 中国古建筑瓦石营法 [M]. 北京：中国建筑工业出版社. 1993.
22. 蒋广全著，马炳坚审. 中国清代官式建筑彩画技术 [M]. 北京：中国建筑工业出版社，2005.
23. 《建筑施工手册》编写组. 建筑施工手册 [M]. 第四版. 北京：中国建筑工业出版社，2003.
24. 边精一. 古建筑彩画选 [M]. 北京：北京市建委技术协作委员会内刊，1984.
25. 祁英涛. 怎样鉴定古建筑 [M]. 北京：文物出版社，1983.
26. 甘伟林，王泽民. 文化使节——中国园林在海外 [M]. 北京：中国建筑工业出版社，1999.
27. 陆琦. 岭南园林艺术 [M]. 北京：中国建筑工业出版社，2004.
28. 刘庭风. 中日古典园林比较 [M]. 天津：天津大学出版社，2003.
29. (意)佩内洛佩·霍布豪斯. 意大利园林 [M]. 于晓楠译. 北京：中国建筑工业出版社，2004.
30. 夏建统. 对岸的风景 美国现代园林艺术 [M]. 昆明：云南大学出版社，1999.
31. 朱建宁. 永久的光荣 法国古典园林艺术 [M]. 昆明：云南大学出版社，1999.
32. 朱建宁. 户外的厅堂——意大利传统园林艺术 [M]. 昆明：云南大学出版社，1999.
33. 朱建宁. 情感的自然——英国传统园林艺术 [M]. 昆明：云南大学出版社，1999.

34. 郭明．景观小品工程［M］．北京：中国建筑工业出版社，2006.
35. 北京市园林局．CJJ 48—92 公园设计规范［S］．北京：中国建筑工业出版社，1992.
36. 建设部城市建设研究院．CJJ/T 91—2002 园林基本术语标准［S］．北京：中国建筑工业出版社，2002.
37. 北京市园林局．城市园林绿化养护管理标准［S］．北京市质量技术监督局发布，2003.
38. 北京市园林局．城市园林绿化工程施工及验收规范［S］．北京市质量技术监督局发布，2003.
39. 北京市园林局．居住区绿地设计规范［S］．北京市质量技术监督局发布，2003.
40. 北京海淀区农业区划办公室．海淀区土壤普查报告［R］．1982.
41. 浙江省建设厅．浙江省园林绿化技术规程［S］．浙江省建设厅发布，2001.
42. 杭州市园林文物局．杭州市园林绿化技术规程［S］．杭州市城乡建设委员会发布，1999.
43. 杭州市园林文物局，杭州市劳动和社会保障局．园林绿化［M］．杭州：浙江科学技术出版社，2005.
44. 浙江省建设厅．园林绿化项目经理岗位培训教材，2002.
45. 广东省风景园林学会．DB44/T 268—2005 城市绿地养护技术规范［S］．广东省质量技术监督局发布．
46. 广东省风景园林学会．DB44/T 269—2005 城市绿地养护质量标准［S］．广东省质量技术监督局发布．
47. 广州市市政园林局．DB440100—T 114/2007 城市绿化工程施工和验收规范［S］．广州市质量技术监督局发布．
48. 广州市市政园林局．DB440100/T 111—2007 屋顶绿化技术规范［S］．广州市质量技术监督局发布．
49. 广州市市政园林局．DB440100/T 105—2006 园林绿化用植物材料［S］．广州市质量技术监督局发布．
50. 广州市市政园林局．DB440100/T 106—2006 园林植物［S］．广州市质量技术监督局发布．